Technische
Thermodynamik

Von

Prof. Dipl.-Ing. **W. Schüle**

Dritte, erweiterte Auflage der „Technischen Wärmemechanik“

Erster Band

Die für den Maschinenbau wichtigsten Lehren
nebst technischen Anwendungen

Mit 244 Textfiguren und 7 Tafeln

Springer-Verlag Berlin Heidelberg GmbH
1917

ISBN 978-3-662-37570-9 ISBN 978-3-662-38349-0 (eBook)
DOI 10.1007/978-3-662-38349-0

Ursprünglich erschienen bei Julius Springer in Berlin 1917.
Softcover reprint of the hardcover 3rd edition 1917

Aus dem Vorwort der ersten Auflage.

(Technische Wärmemechanik.)

In diesem Buche hat sich der Verfasser das Ziel gesetzt, die für den Maschinenbau wichtigsten Grundlagen aus der Mechanik der Gase und Dämpfe und der mechanischen Wärmetheorie in einfacher, leicht verständlicher Form und unter Wahrung eines engen Zusammenhanges mit der praktischen Wärmetechnik darzustellen.

In der Benutzung mathematischer Hilfsmittel ist soweit wie möglich Beschränkung geübt worden, so daß auch Leser mit guter elementar-mathematischer Vorbildung kaum irgendwo Schwierigkeiten finden werden. Die Grundvorstellungen und Zeichen der Differential- und Integralrechnung mußten selbstverständlich in Anwendung kommen in einem Gebiete, in dem es sich auf Schritt und Tritt um die Darstellung von stetig veränderlichen Vorgängen handelt. Die formellen Methoden der höheren Analysis werden indessen nur wenig verwendet. Einfache geometrische Vorstellungen und Sätze führen fast überall leicht zum Ziele, ohne daß weitschweifige „elementare“ Methoden nötig wären. Im übrigen wurde die sachliche Erklärung und die Verbildlichung der Vorgänge an Hand graphischer Darstellungen der rein mathematischen Zeichensprache und dem Formelmäßigen gegenüber bevorzugt. . . .

Die meisten Figuren sind nicht nur schematisch, sondern auch maßstäblich richtig gezeichnet. Auf möglichst scharfe Wiedergabe der Diagramme wurde Gewicht gelegt. Viele der Textfiguren können als graphische Tabellen Verwendung finden.

Die neueren Forschungsergebnisse sind soweit wie möglich verarbeitet worden.

Die Dreiteilung des Stoffes in Gase, Dämpfe und allgemeine Grundlagen der mechanischen Wärmetheorie ist so durchgeführt, daß der erste und zweite Teil, ohne den dritten, für sich verständlich sind. Sie enthalten alles für die unmittelbare Anwendung Wichtige und alle zahlenmäßigen Unterlagen. Mit Absicht wurden die Sätze der mechanischen Wärmetheorie in ihrem allgemeinsten Ausdruck ans Ende, nicht an den Anfang des Buches gestellt. Der Sinn und Nutzen dieser Sätze wird dadurch, nach Ansicht des Verfassers, dem noch nicht kundigen Leser leichter verständlich als auf dem umgekehrten Wege. Der erste und der zweite Hauptsatz werden selbstverständlich, in dem Umfange als es die Anwendung erfordert, im ersten und zweiten Teile vorweggenommen. So wird auch der Entropiebegriff, der dem Verständnis die größten Schwierigkeiten bereitet, wenn er nur in der abstrakten mathematischen Form aus der Betrachtung der Kreisprozesse gewonnen wird, schon im ersten Teile aus den Gasgleichungen abgeleitet und zur Darstellung der Wärmemengen, sowie für die Entropietafel der Gase verwendet. Im zweiten Teile wird er für die Zustandsänderungen der Dämpfe verwertet, wobei sein Nutzen ganz besonders ersichtlich wird, und im dritten Teile nach seiner allgemeinen

Gültigkeit und Bedeutung begründet. In ähnlicher Weise wird mit dem Begriffe der Energie der Körper verfahren. . . .

Das Buch ist wesentlich zum Selbststudium für Ingenieure und Studierende bestimmt.

Die Teile des Inhaltes, die für den Unterricht an technischen Mittelschulen in Frage kommen, dürften in der Form, wie sie in dem Buche enthalten sind, verwertbar sein.

An mehr als einer Stelle hätte der Inhalt eine Erweiterung erfahren können, die vielleicht von diesem und jenem Leser vermißt werden wird. Der Verfasser erblickte aber, wie erwähnt, seine Aufgabe in der Behandlung der wichtigsten Grundlagen, weniger in einer den Stoff völlig erschöpfenden Darstellung.

Breslau, Februar 1909.

Aus dem Vorwort der zweiten Auflage.

Der vorliegende I. Band enthält den Stoff der 1909 erschienenen „Technischen Wärmemechanik“ des Verfassers. Der Aufbau und die Darstellungsweise sind im wesentlichen gleich geblieben, dagegen ist der Umfang erheblich größer geworden. Dies erklärt sich einmal aus der bedeutenden Erweiterung einiger Abschnitte, wie derjenigen über die Verbrennungsvorgänge, über die Spezifische Wärme, die Entropietafeln, und insbesondere der Abschnitte über die Strömungslehre, einschließlich des Luftwiderstandes. . . .

Seinen größeren Umfang verdankt das Buch aber noch einem anderen Gesichtspunkte. Aus zahlreichen Äußerungen über die 1. Auflage konnte Verfasser zwar entnehmen, daß mit seiner Darstellungsweise dem praktischen Bedürfnis entsprochen wurde. Daher war keine Veranlassung gegeben, am Grundaufbau Wesentliches zu ändern. Andererseits konnte Verfasser wahrnehmen, daß manches zu knapp gehalten war, sei es in der Darstellung oder im stofflichen Inhalt. Aus diesem Grunde sind an zahlreichen Stellen Zusätze und Erweiterungen angebracht und die Beispiele noch vermehrt worden. Auch in den angewandten Abschnitten über Kolbendampfmaschinen und Dampfturbinen ist manches hinzugekommen. . . .

So sind viele Schranken, die der 1. Auflage gezogen waren, verschwunden, unbeschadet der früheren Einfachheit der Darstellung.

Um das Buch auch für praktische Rechnungen möglichst verwendbar zu machen, sind drei Entropietafeln in größerem Maßstab beigegeben worden. Die zahlenmäßigen Grundlagen der beiden Dampftafeln sind die gleichen, wie in den vom Verfasser in der Zeitschrift des Vereins Deutscher Ingenieure 1911 veröffentlichten beiden Tafeln. Im Maßstab und in der Zahl der Kurven unterscheiden sie sich von jenen. In der Tafel für Luft ist das Volumen in gleicher Weise dargestellt, wie zum erstenmal in der TVS-Tafel des Verfassers am gleichen Orte.

Die Zahlentafeln für Wasserdampf (Dampftabellen) sind der Bearbeitung des Verfassers an gleicher Stelle entnommen. Hinzugefügt sind zwei neue Tabellen für niedrige Dampfdrucke.

Die Verhandlungen des „Ausschuß für Einheiten und Formzeichen“ bewogen den Verfasser, an Stelle des in deutschen technischen Kreisen bisher allein üblichen WE für die Einheit der Wärmemenge die international verständliche Abkürzung Cal (Calorie) zu setzen.

Nachdem sich Verfasser entschlossen hatte, in der neuen Auflage eine vom Standpunkt des praktischen Ingenieurs vollständigere Darstellung des Gebietes zu geben — soweit eine solche in knapper Form heute noch möglich ist — ergab sich trotz der erheblichen Vergrößerung des I. Bandes gegenüber der 1. Auflage die Notwendigkeit, einen zweiten Band in Aussicht zu nehmen. Während der I. Band, wie früher die Technische Wärmemechanik, sozusagen dem laufenden Bedarf der technischen Praxis gerecht werden will und auch die Grundlagen jedes technischen Unterrichts auf dem Gebiete enthält, soll der II. Band vorzugsweise solche Gegenstände behandeln, die in der Ingenieurtätigkeit seltener vorkommen, aber zur wissenschaftlichen Ausrüstung des Maschineningenieurs gehören. . . . Den II. Band gleichzeitig herauszubringen war mit Rücksicht auf die erhebliche Erweiterung des I. Bandes gegenüber der 1. Auflage nicht möglich. Um so größerer Wert wurde darauf gelegt, den I. Band als ein in sich geschlossenes Ganzes und durchaus unabhängig vom II. Band zu behandeln. . . .

Breslau, Mai 1912.

Vorwort zur dritten Auflage.

In der Anordnung des Stoffes ist keine wesentliche Veränderung eingetreten. Auch die durchlaufende Numerierung der einzelnen Abschnitte ist trotz Einfügung neuer Abschnitte im ganzen unverändert geblieben.

In Einzelheiten weist die neue Auflage viele kleinere Veränderungen und Verbesserungen auf. Weitergehende Änderungen haben die Abschnitte über die spezifische Wärme der mehratomigen Gase und technischen Feuergase erfahren, und im Zusammenhang damit ist auch die Texttafel I erneuert worden. Der Abschnitt über den Spannungsverlust in Rohrleitungen ist auf der Grundlage des hydrodynamischen Ähnlichkeitsgesetzes vollständig umgearbeitet und in zwei Abschnitte zerlegt worden.

Folgende neue Abschnitte sind hinzugekommen: 15a, Verbrennungstemperatur; 15b, Abgasverluste; 58, e, Überschallgeschwindigkeit bei einfachen Mündungen; 58a, Strahlablenkung und Überschallgeschwindigkeit bei einfachen, schief abgeschnittenen Mündungen; 62a, Graphische Düsenberechnung; 62b, Verdichtungsströmung mit Widerständen; 80, Die Energieverhältnisse der Flugmaschine; 81a, Kälteerzeugung durch Wasserdampf. Um für diese umfangreichen Zusätze Platz zu gewinnen, sind die früheren Abschnitte 9c, 29a und 60 weggefallen; sie werden später, soweit nötig, im zweiten Band berücksichtigt werden. Außerdem wurde bei sämtlichen angewandten Abschnitten der kleinere Druck verwendet. Durch diese Maßnahmen ist es gelungen, trotz des vermehrten Inhalts die Übersichtlichkeit zu erhöhen und den Zuwachs des Umfangs auf einen Bogen (16 Seiten) zu beschränken.

Hinsichtlich der Benützung des II. Bandes, der im Frühjahr 1914 erschienen ist und von dem vorläufig eine Neuauflage nicht in Frage kommt, können keine Schwierigkeiten entstehen. Die neue Auflage des ersten Bandes ist vom zweiten Band ebenso unabhängig, wie die vorhergehende; nur konnte jetzt an manchen Stellen auf die weitergehenden Darlegungen in diesem Band hingewiesen werden.

Breslau, im Sommer 1917.

W. Schüle.

Inhaltsverzeichnis.

Einleitung.

I. Die Gase.

II. Die Dämpfe.

Mechanische Wirkungen strömender Gase und Dämpfe.

Luftwiderstand.

Kälteerzeugung.

V. Allgemeine Grundlagen der mechanischen Wärmetheorie.

Tafeln im Text.

Tafeln im Anhang.

(Die Seitenzahlen verweisen auf den Text dazu.)

Einleitung.

1. Allgemeine Begriffsbestimmung der Gase, Dämpfe und Flüssigkeiten.

Gase. Solche luftartige Stoffe, die auch durch starke Verdichtung bei den gewöhnlichen Temperaturen nicht ganz oder teilweise in den flüssigen Zustand übergeführt werden können, heißen Gase. In der freien Natur kommen sie im nebelförmigen oder flüssigen Zustande nicht vor.

Einfache (zweiatomige) Gase sind: Sauerstoff O_2, Stickstoff N_2, Wasserstoff H_2, Kohlenoxyd CO, Stickoxyd NO; mehratomige Gase: Methan oder Sumpfgas CH_4, Äthylen C_2H_4, Azetylen C_2H_2. Außer diesen noch zahlreiche andere, die z. Zt. nicht von technischer Bedeutung sind.

Als Gase können auch angesehen werden: Kohlensäure (CO_2) bei hohen Temperaturen, bei Feuergastemperaturen oder sehr geringen Drücken auch der Wasserdampf (H_2O).

Technisch wichtige Gasmischungen: die atmosphärische Luft, das Leuchtgas, das Generator- oder Kraftgas, das Hochofengas oder Gichtgas, das Koksofengas, die Verbrennungsprodukte in Feuerungen und Verbrennungskraftmaschinen im heißen Zustand.

Gesättigte Dämpfe und Flüssigkeiten. Im Gegensatz zu den Gasen ist der Aggregatzustand der gesättigten Dämpfe durchaus unbeständig. Kleine Änderungen von Temperatur, Druck oder Rauminhalt können einen teilweisen Übergang aus dem luftförmigen in den flüssigen Zustand (Nebelbildung) oder umgekehrt zur Folge haben. Viele Dämpfe kommen gleichzeitig als Flüssigkeiten vor. Die technisch wichtigsten Dämpfe und Flüssigkeiten sind das Wasser (H_2O), das Ammoniak (NH_3), die Schwefligsäure (SO_2), die Kohlensäure (CO_2) bei gewöhnlichen Temperaturen (unter 32^0), das Chlor (Cl_2). Ferner die in Verbrennungskraftmaschinen verwendeten Erdöldestillate (Gasolin, Benzin, Petroleum oder Leuchtöl, Gasöl), die aus Kohlenwasserstoffen verschiedener Zusammensetzung bestehen, sowie das rohe Erdöl (Naphtha, Rohöl) und die Rückstände (Residuen) der Erdöldestillation (Masut); der Spiritus (Alkohol C_2H_6O und Wasser).

Eine immer größere Bedeutung erlangen ferner die aus der Destillation der Steinkohle (Kokerei) und der Braunkohle hervorgehenden Öle, die als Steinkohlenteeröle bezw. Braunkohlenteeröle bezeichnet werden. Zu den ersteren gehört z. B. das Benzol C_6H_6, das als Handelsbenzol mit größeren oder kleineren Mengen von Toluol C_7H_8 und Xylol C_8H_{10} vermengt ist, sowie die rohen Teeröle verschiedener Art. Die Braunkohlenteeröle heißen auch Paraffinöle (Paraffin-Rohöl und die daraus abgeleiteten Öle verschiedener Zusammensetzung).

Bezeichnend für das Verhalten der Dämpfe im allgemeinen ist das des Wasserdampfs der Atmosphäre. Dieser geht fortwährend infolge von verhältnismäßig geringen Änderungen des Drucks und der Temperatur in den feuchten Zustand (Nebel, Wolken) oder in den flüssigen (Regen) über, und umgekehrt.

Feuchter und trockener Dampf. Stehen die Dämpfe in Verbindung mit einem Flüssigkeitsspiegel (z. B. in Dampfkesseln), so enthalten sie in Nebelform selbst Flüssigkeitströpfchen und werden dann feuchte oder nasse Dämpfe genannt. Dieser Zustand ist der gewöhnliche der gesättigten Dämpfe, er kann auch ohne Flüssigkeitsspiegel bestehen. Vollkommene Trockenheit ist ein Grenzzustand (zwischen feuchter Sättigung und Überhitzung), der leicht gestört wird.

Der Zustand der trockenen Sättigung ist aber deshalb wichtig, weil feuchter Dampf als Mischung von trockenem gesättigtem Dampf und flüssigem Wasser von gleicher Temperatur anzusehen ist.

Überhitzte oder ungesättigte Dämpfe. Wie die Gase sind diese Stoffe bei Änderungen von Temperatur, Druck oder Raum in Hinsicht ihres Aggregatzustandes beständig, aber nur innerhalb bestimmter, mäßig weiter Grenzen. Sie können im Gegensatz zu den Gasen schon durch mäßige Änderungen von Druck oder Temperatur in den Zustand der gesättigten Dämpfe versetzt werden.

Umgekehrt können auch alle gesättigten Dämpfe durch Wärmezufuhr überhitzt werden.

Beim gleichen Körper, z. B. Wasser, müssen die Zustände der Sättigung und Überhitzung deshalb streng unterschieden werden, weil der Körper in beiden Zuständen verschiedenen Gesetzen folgt. Aus dem gleichen Grunde ist eine Unterscheidung zwischen Gasen und überhitzten Dämpfen erforderlich.

Enthält ein Raum, etwa infolge von Verdunstung von Flüssigkeit, weniger Dampf, als er bei der augenblicklichen Temperatur aufnehmen kann (also keinenfalls „Nebel"), so ist dieser Dampf im überhitzten Zustand. In diesem Zusammenhang ist auch die Bezeichnung „ungesättigt", die für überhitzte Dämpfe verwendet wird, verständlich. Der Raum ist erst gesättigt mit Dampf, wenn er keinen weiteren Dampf mehr aufnehmen kann.

Bezeichnend für das Verhalten überhitzter Dämpfe ist wieder das des atmosphärischen Wasserdampfs. Ein Niederschlag dieser (ungesättigten) Dämpfe erfolgt erst, nachdem die Temperatur um ein bestimmtes, vom Sättigungsgrad abhängiges Maß gefallen ist. — In Dampfleitungen schlägt sich überhitzter Dampf nicht nieder (solange er die Überhitzung nicht verloren hat), während gesättigter Dampf (Sattdampf) infolge der Wärmeentziehung durch die Rohrwände stets mehr oder weniger kondensiert.

Zusatz. Auch Gase können durch künstliche, sehr tiefe Abkühlung und gleichzeitige Verdichtung in den Zustand feuchter Dämpfe, bzw. in den flüssigen Zustand versetzt werden. Dabei durchschreiten sie das Gebiet der überhitzten Dämpfe. Umgekehrt können die gewöhnlich flüssigen und dampfförmigen Körper durch sehr bedeutende Erhitzung oder Druckverminderung in gasartigen Zustand gebracht werden.

Je nach dem unter gewöhnlichen Temperatur- und Druckverhältnissen vorherrschenden Verhalten bezeichnet man daher einen Körper entweder als Gas oder als überhitzten Dampf, gesättigten Dampf, Flüssigkeit.

Nicht immer ist die Überführung eines festen oder flüssigen Körpers in den Dampf- oder Gaszustand ohne gleichzeitige chemische Zersetzung (Dissoziation) möglich; in zahlreichen Fällen ist sie überhaupt unmöglich.

2. Die Größen, welche den Zustand der Gase und Dämpfe bestimmen, und ihre technisch gebräuchlichen Einheiten. Druckmessung, Temperaturmessung.

Der „Zustand“ eines Gases oder Dampfes gilt in mechanischer Hinsicht als bestimmt, wenn die nachstehenden Größen bekannt sind.

1. Das Gewicht der Raumeinheit oder spezifische Gewicht (γ). Gleichwertig hiermit ist die Angabe des Rauminhaltes der Gewichtseinheit oder des „spezifischen Volumens“ (v).

Es ist
$$v = \frac{1}{\gamma}.$$

Anstatt v oder γ kann auch das Gewicht G eines beliebigen Volumens V gegeben sein. Es ist dann

$$\gamma = \frac{G}{V} \quad \text{oder} \quad G = \gamma \cdot V$$

$$v = \frac{V}{G} \quad \text{oder} \quad V = v \cdot G.$$

Für spez. Gewicht wird gelegentlich auch Dichte gesetzt werden. Die Masse der Raumeinheit heißt spezifische Masse, $\varrho = \gamma/g$, (auch Massendichte).

Im absoluten Maßsystem wird unter spez. Volumen das Volumen der Masseneinheit, also das Volumen von 1 g in ccm verstanden; mit Dichte oder spez. Dichte wird die Masse der Raumeinheit, also die Masse in Gramm von 1 ccm des Körpers bezeichnet.

Das Verhältnis der Dichte eines Stoffes zur Dichte der Luft (oder bisweilen des Wasserstoffs) vom gleichen Zustand heißt spez. Dichte in bezug auf Luft, bzw. Wasserstoff, häufig auch Dichte schlechthin. Für spez. Dichte findet sich auch die Bezeichnung spez. Gewicht; besonders bei flüssigen und festen Körpern, wo sie auf flüssiges Wasser von 4° C bezogen wird. In physikalischen Lehr- und Schulbüchern wird das spez. Gewicht meist als Verhältnis des

Gewichtes eines Körpers zum Gewicht des gleichen Volumens Wasser, bzw. Luft definiert.

In diesem Buch muß am technischen Maßsystem und den entsprechenden technischen Bezeichnungen festgehalten werden. Die hier angenommene Begriffsbestimmung des spez. Gewichtes ist in Übereinstimmung mit Zeuner, Grashof, Lorenz, Stodola u. a.[1]). Das Gewichtsverhältnis gleicher Rauminhalte bezeichnet Zeuner als relatives Gewicht. In Anlehnung an den Sprachgebrauch der wissenschaftlichen Physik wird Verf. diesen Wert als relative Dichte (oder Dichteverhältnis) bezeichnen, und das Wort Dichte allein gleichbedeutend mit spez. Gewicht gebrauchen.

2. Der auf die (eben gedachte) Flächeneinheit des einschließenden Gefäßes vom Gase oder Dampfe ausgeübte Druck (p, spezifischer Druck oder einfach Druck, Spannung, Pressung).

3. Die Temperatur, in Celsiusgraden t, als absolute Temperatur T.

Durch zwei dieser Größen ist bei Gasen und überhitzten Dämpfen immer die dritte mitbestimmt. Die Beziehung zwischen den drei Größen heißt die „Zustandsgleichung" des Gases oder überhitzten Dampfes.

Bei trocken gesättigten Dämpfen bestimmt die Temperatur allein sowohl den Druck als das Volumen, jedes nach einem besonderen Gesetz. Hier bestehen also zwei Zustandsgleichungen, eine zwischen Temperatur und Druck (t, p), eine zweite zwischen Temperatur und Volumen (t, v); eine dritte, zwischen Druck und Volumen (p, v) folgt aus ihrer Verbindung oder kann eine der beiden anderen vertreten.

Bei feuchten Dämpfen kommt hierzu noch der Feuchtigkeitsgehalt oder der Dampfgehalt der Gewichtseinheit mit seinem Einfluß auf das spezifische Gewicht und Volumen.

Das Volumen tropfbarer Flüssigkeiten ist in erster Linie durch die Temperatur bestimmt, während der Druck im allgemeinen eine geringe Rolle spielt.

Einheiten. Als Gewichtseinheit gilt das kg, als Raumeinheit das cbm. Das spezifische Gewicht ist also das Gewicht von 1 cbm in kg ($\gamma = $ kg/cbm); das spezifische Volumen ist der Rauminhalt von 1 kg in cbm ($v = $ cbm/kg). Wegen des hiermit festgelegten qm als Flächeneinheit ist daher der Druck in kg auf 1 qm anzugeben ($p = $ kg/qm), bzw. jedenfalls in die Zustandsgleichung so einzuführen.

Im praktischen Gebrauch wird der Druck meist nicht in kg/qm, sondern in kg/qcm angegeben. Ein Druck von 1 kg auf die Fläche von 1 qcm heißt „eine Atmosphäre" (at). Es ist also 1 kg/qcm = 1 at = 10000 kg/qm.

Abweichend hiervon wird in der Physik mit „Atmosphäre" der Druck von 1,033 kg auf 1 qcm bezeichnet. Dies ist der durchschnittliche Druck der atmosphärischen Luft in Meereshöhe (760 mm am Quecksilber-Barometer). Sehr vielen Angaben über spezifisches Gewicht usw. liegt daher diese Druckeinheit zugrunde, was wohl zu beachten ist. Unzulässig ist es aber, wenn die technische

[1]) Vgl. auch O. Linders, Physikal. Größen, S. 50—52. Ferner die Verhandlungen des Ausschusses für Einheiten und Formelgrößen *(AEF)*.

Atmosphäre wegen ihrer angenäherten Übereinstimmung mit der physikalischen als „rund 1 kg/qcm“ bezeichnet wird. Die in der Technik ausschließlich gebräuchliche „Atmosphäre“ ist genau 1,000 kg/qcm.

In England und Amerika wird der Druck in „Pfund auf 1 Quadratzoll“ (englisch) gemessen. Es ist 1 kg/qcm = 14,223 Pfund für den Quadratzoll (lb. per square inch). Man merke sich: 100 lbs. per sq. in. = rund 7 kg/qcm.

Überdruck, Unterdruck und absoluter Druck. Die gewöhnlichen technischen Instrumente für Druckmessung (Federmanometer, Vakuummeter, Manovakuummeter, Flüssigkeitssäulen) messen den Überdruck oder Unterdruck des Gases oder Dampfes über (bzw. unter) dem augenblicklich herrschenden Luftdruck, also einen Druckunterschied. Der wahre oder absolute Gasdruck wird hieraus bei Überdruck durch Addition zum äußeren Luftdruck, bei Unterdruck durch Subtraktion vom Luftdruck erhalten.

Das Barometer mißt dagegen absoluten Druck. Überdruck und absoluter Druck werden deshalb gelegentlich als barometrischer und manometrischer Druck unterschieden. In den Zustandsgleichungen muß, wie leicht verständlich, stets mit dem absoluten Druck (p) gerechnet werden. Der gleiche absolute oder wahre Druck kann je nach dem Barometerstand (Witterung, Meereshöhe) die verschiedensten manometrischen Anzeigen ergeben.

Druckmessung durch Flüssigkeitssäulen. Wird das eine Ende einer gebogenen Röhre, Fig. 1, die teilweise mit Flüssigkeit gefüllt ist, mit einem Raum verbunden, in dem Gas oder Dampf unter Überdruck steht, während das andere Ende offen bleibt, so steigt die Flüssigkeit im freien Schenkel, während sie im anderen fällt. Der Höhenunterschied h der Flüssigkeitsspiegel ist ein Maß für den Überdruck. Bei Unterdruck steigt die Säule im geschlossenen Schenkel. Gleichgültig ist hierbei die Form der Röhre, ob diese senkrecht gerade, schief gerade, beliebig gebogen, gleich oder ungleich weit ist.

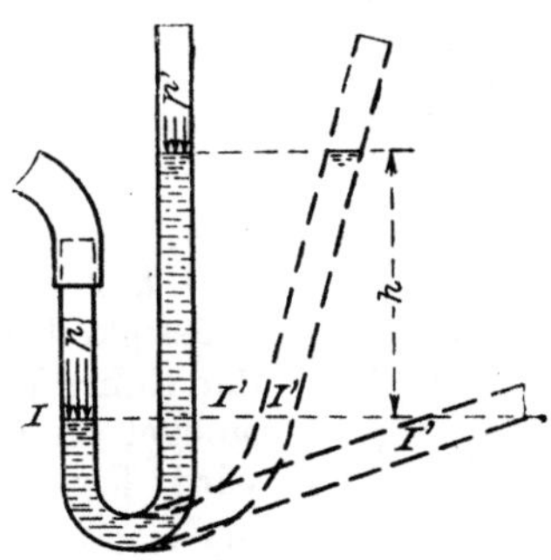

Fig. 1.

Nach einem bekannten Satz der Hydraulik ist der Gewichtsdruck einer Flüssigkeit in der Tiefe h unter dem Spiegel gleich dem Gewicht einer Flüssigkeitssäule von der Höhe h und der gedrückten Fläche als Grundfläche. Der Druck auf die Flächeneinheit (qm) im Querschnitt I' ist daher $\gamma \cdot h$, sofern er vom Gewicht der Säule h herrührt. Der Oberflächendruck p' pflanzt sich bis I' fort, so daß in I' die absolute Pressung $p' + \gamma h$ beträgt. — Die Säule $I\,I'$ hält sich selbst das Gleichgewicht, bewirkt also in I' keinen Druck. Nur der Oberflächendruck p, der mit dem absoluten Gasdruck identisch ist, gelangt von I aus nach I'. In I' herrscht also von oben der Druck $p' + \gamma \cdot h$, von unten p, es ist somit

$$p = p' + \gamma h,$$

oder

$$\boldsymbol{p - p' = \gamma \cdot h}.$$

p und p' sind die absoluten Drücke von Gas und Luft, $p - p'$ der Überdruck (Unterdruck), und dieser ist nach der Gleichung der Höhe h proportional.

Für Wasser ist mit $\gamma = 1000$ kg/cbm $p - p' = 1000 \cdot h$; einem **Überdruck** von 1 kg/qcm = 10000 kg/qm = $p - p'$ entspricht also eine Säule

$$h = \frac{10000}{1000} = 10 \text{ m}.$$

Wassersäulen werden besonders zur Messung **sehr kleiner** Überdrücke oder Unterdrücke (z. B. Kesselzug) verwendet. Es ist

$$1 \text{ m } H_2O = \frac{1}{10} \text{ kg/qcm}$$

$$1 \text{ mm } H_2O = \frac{1}{10000} \text{ kg/qcm} = \frac{1}{10000} \text{ at}.$$

Durch einen Druck von 1 mm H_2O wird eine Fläche von 1 qm = 10000 qcm mit 1 kg im ganzen belastet. Es ist also

$$\mathbf{1 \text{ mm } H_2O = 1 \text{ kg/qm}.}$$

Für **Quecksilber** (Hg) ist mit $\gamma = 13{,}595 \cdot 1000$ kg/cbm (bei 0°)

$$p - p' = 13595 \cdot h \quad (h \text{ in m}).$$

Einem Überdruck von 1 at $= p - p' = 10000$ kg/qm entspricht also eine Säule von

$$h = \frac{10000}{13595} = 0{,}7356 \text{ m} = \mathbf{735{,}6 \text{ mm}} \text{ (bei } 0^0\text{)}.$$

Einem Überdruck von 1,0333 at = 10333 kg/qm (physikal. Atm.) entspricht eine Säule von 1,0333 · 735,6 = **760 mm Hg.**

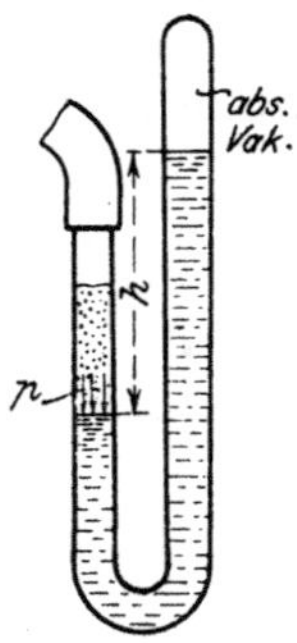

Fig. 2.

Quecksilbersäulen werden im technischen Gebrauch meist in cm gemessen. Es ist also

$$1 \text{ at} = 73{,}56 \text{ cm Hg und}$$

$$1 \text{ cm Hg} = 0{,}013595 \text{ at und}$$

$$1 \text{ cm Hg} = 0{,}13595 \text{ m } H_2O$$

$$= 13{,}595 \text{ cm } H_2O.$$

Zur Messung des absoluten Gasdrucks wird die Flüssigkeitssäule geeignet, wenn das rechte offene Ende der Röhre Fig. 1 geschlossen und über dem Flüssigkeitsspiegel an diesem Ende ein luftleerer Raum geschaffen wird, Fig. 2.

Voraussetzung ist dabei, daß die Flüssigkeit unter der herrschenden Temperatur einen verschwindend kleinen Dampfdruck besitzt. Wasser hat bei + 10° einen Dampfdruck von 9,16 mm Hg gleich 124,5 mm H_2O, ist also für kleine **absolute** Drücke unbrauchbar. Der Dampfdruck des Quecksilbers ist dagegen bei dieser Temperatur kleiner als $\frac{1}{1000}$ mm Hg.

Als Flüssigkeit für **Barometer** wird ausschließlich Quecksilber verwendet. Es ist also

$$\mathbf{1 \text{ kg/qcm abs.} = 1 \text{ at abs.} = 735{,}6 \text{ mm Hg}.}$$

Zur Messung kleiner absoluter Drücke (Vakuum in Kondensatoren u. ä.) können kurze Quecksilbersäulen, sog. abgekürzte Barometer oder **Vakuummeter für absoluten Druck** dienen, die, solange kein hinreichend tiefer Unterdruck herrscht, im geschlossenen Ende ganz mit Quecksilber gefüllt bleiben (Fig. 2). Fällt das Quecksilber im geschlossenen Ende, so gilt

$$p\,(\text{abs.}) = \gamma \cdot h.$$

Der lotrechte Abstand der beiden Quecksilberspiegel ist der absolute Druck in cm Hg.

Beispiele. 1. Das Manometer eines Dampfkessels zeige 5,0 kg/qcm. Wie groß ist die wahre (absolute) Dampfspannung p im Kessel, wenn der gleichzeitige Barometerstand 650 mm Hg beträgt?

Da 735,6 mm Hg = 1 kg/qcm, so sind

$$650 \text{ mm} = \frac{650}{735{,}6} = 0{,}884 \text{ kg/qcm}.$$

Daher ist

$$p = 5 + 0{,}884 = 5{,}884 \text{ kg/qcm (also nicht } 5 + 1 = 6).$$

2. Das Vakuummeter (gewöhnliches Röhrenfederinstrument) eines Dampfmaschinenkondensators zeige einen Unterdruck von 55 cm Hg. Wie groß ist die absolute Spannung im Kondensator, wenn das Barometer gleichzeitig auf 710 mm steht?

Der absolute Druck im Kondensator beträgt 71 — 55 = 16 cm Hg, dies sind

$$p = \frac{16}{73{,}56} = 0{,}218 \text{ at abs. (vgl. Fig. 3).}$$

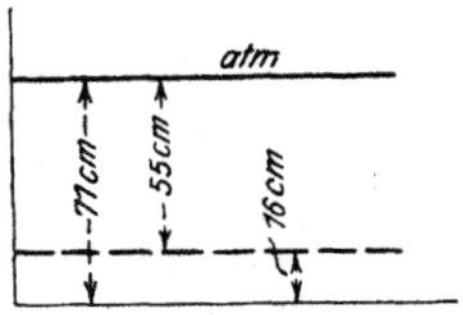

Fig. 3.

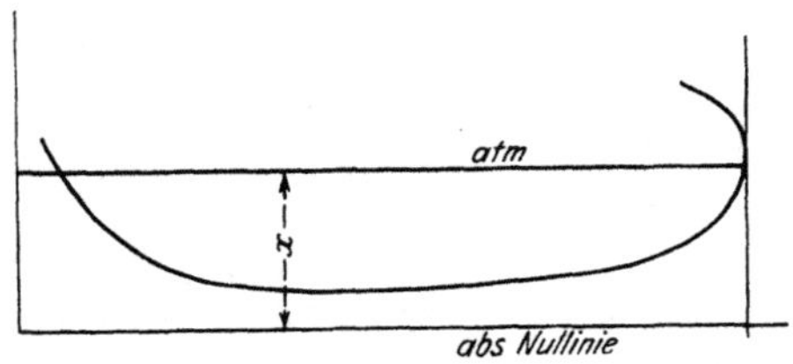

Fig. 4.

3. Wieviel mm unter der vom Indikatorstift geschriebenen „atmosphärischen Linie“ ist in einem Indikatordiagramm die „absolute Nullinie“ einzutragen, wenn der Federmaßstab des Indikators 10 mm/at beträgt und zur Zeit der Entnahme des Diagramms das Barometer auf 700 mm stand? (Fig. 4.)

Die atmosphärische Spannung ist gleich $\frac{700}{735{,}6} = 0{,}952$ kg/qcm, also liegt die Linie des absoluten Nulldrucks um $x = 0{,}952 \cdot 10 = 9{,}52$ mm unterhalb der atmosphärischen Linie (nicht um 10 mm!).

4. Die Vakuummeter der Dampfmaschinen und Dampfturbinen zeigen unter sonst gleichen Umständen ein tieferes Vakuum bei hohem Barometerstand. Wie erklärt sich dies?

Der absolute Druck im Kondensator ist unter gleichen Umständen (Belastung, Wassermenge, Wassertemperatur, Dichtheit) der gleiche; daher ist der Unterdruck, den das Vakuummeter angibt, um so größer, je größer der absolute Luftdruck ist, Fig. 3.

Geht man von der absoluten Nullinie aus, so rückt die atmosphärische Linie höher, bzw. tiefer, wenn das Barometer steigt, bzw. fällt.

Vakuummeter für absoluten Druck, wie man sie bei Turbinen häufiger findet (abgekürzte Barometer nach Fig. 2), sind unabhängig vom Luftdruck.

5. Ein Instrument nach Fig. 2 zeigt bei einer Dampfturbine einen Kondensatordruck von b cm abs. Wieviel Hundertteile vom augenblicklichen Luftdruck B beträgt der Unterdruck (das Vakuum) im Kondensator?

$$\text{v. H. Vak.} = \frac{B-b}{B} \cdot 100, \text{ z. B. } b = 5 \text{ cm},$$

$$B = 75{,}1 \text{ cm, v. H. Vak.} = \frac{70{,}1}{75{,}1}\, 100 = 93{,}3 \text{ v. H.}$$

6. Das im Wasserstandsglas eines Dampfkessels befindliche Wasser kann infolge der äußeren Abkühlung und der schlechten Wärmeleitung des Wassers um eine Anzahl Grade kälter sein, als das Kesselwasser. Infolgedessen kann der Wasserstand im Glas tiefer stehen als im Kessel; Fig. 5. Den Unterschied $h - h_1$ zu bestimmen.

Auf beiden Spiegeln liegt der gleiche absolute Dampfdruck, sofern dieser vom Dampfgewicht unabhängig ist. In Wirklichkeit ist der Spiegel im Glas durch das Gewicht der Dampfsäule $h - h_1$ stärker belastet. Mit γ_s als spez. Dampfgewicht, γ_1 als spez. Wassergewicht im Glas, γ als spez. Wassergewicht im Kessel gilt die Gleichgewichtsbedingung $\gamma_s\ (h - h_1) + \gamma_1 h_1 = \gamma h$, woraus $h - h_1 = h \dfrac{\gamma_1 - \gamma}{\gamma_1 - \gamma_s}$, also abhängig von der Höhe h des Wasserstands.

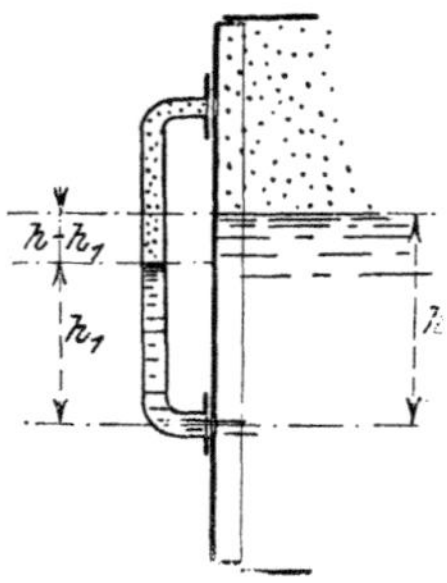

Fig. 5.

Für Dampf von 10 at abs. wird z. B. mit $\gamma_s = 5{,}05$, $\gamma = 1000 : 1{,}1246 = 890$ kg/cbm, $h - h_1 = h \cdot \dfrac{\gamma_1 - 890}{\gamma_1 - 5{,}05}$. Ist nun z. B. im Glas die Temperatur um 20^0 niedriger als im Kessel, also statt 179^0 nur 159^0, so wird $\gamma_1 = 1000 : 1{,}0989 = 911$, $h - h_1 = \dfrac{h}{43}$. Bei $h = 100$ mm wäre der Spiegelunterschied nur 2,3 mm. Bei einer Wassertemperatur im Glas von nur rd. 100^0 wäre $h - h_1 = \dfrac{h}{14}$, also z. B. für $h = 150$ mm, $h - h_1 =$ rd. 11 mm.

Beobachtungen über die möglichen Temperaturunterschiede im Glas und im Kessel fehlen.

Zusatz. **Reduktion des Barometerstandes auf 0^0.** Das spez. Gewicht des Quecksilbers ist bei Temperaturen über 0^0 kleiner als oben angenommen. Daher steht das Barometer bei höherer Temperatur höher, als es unter gleichem Luftdruck bei 0^0 stehen würde.

Es sind für je **1000 mm** Quecksilbersäule vom abgelesenen Barometerstand abzuziehen[1]):

bei	0^0	5^0	10^0	15^0	20^0	25^0	30^0 C
	0,00	0,87	1,73	2,59	3,45	4,31	5,17 mm Hg.

Bei Kältegraden sind ebensoviel mm zu addieren.

Wird z. B. bei $+20^0$ am Barometer 755 mm abgelesen, so ist der Barometerstand für 0^0 um $0{,}755 \cdot 3{,}45 = 2{,}6$ mm kleiner, also $755 - 2{,}6 =$ **752,4 mm.**

[1]) Landolt und Börnstein, 3. Aufl., S. 34

Die Temperatur (t) wird in Celsiusgraden (° C) gemessen. Die Festpunkte des Celsiusthermometers liegen beim Schmelzpunkt des Eises (0° C) und beim Siedepunkt des Wassers unter dem Druck von 760 mm Hg (100° C). 1° C am Quecksilberthermometer ist der hundertste Teil des Abstandes dieser Festpunkte.

In England und Amerika ist die Skala nach Fahrenheit (° F) gebräuchlich. Diese ist zwischen dem Schmelzpunkt des Eises und dem Siedepunkt des Wassers in 180 gleiche Teile geteilt. Ihr Nullpunkt liegt 32° F unter dem Eispunkt. Allgemein ist

$$^0\mathrm{F} = 32 + \frac{18}{10}\,^0\mathrm{C}; \quad ^0\mathrm{C} = \frac{10}{18}(^0\mathrm{F} - 32); \quad 0^0\mathrm{F} = -17{,}8^0\mathrm{C}; \quad 0^0\mathrm{C} = 32^0\mathrm{F}.$$

Als Normalskala (Urmaß) gilt die des Wasserstoffthermometers mit den gleichen Festpunkten. Gasthermometer mit Stickstoff- oder Kohlensäurefüllung stimmen nicht absolut überein mit dem Wasserstoffthermometer. Für praktische Messungen kommen Gasthermometer als zu umständlich nicht in Betracht.

Vom Wasserstoffthermometer weicht die Angabe des Quecksilberthermometers etwas ab, je nach der Glassorte in verschiedener Weise, am meisten zwischen 40° und 60°. Bei geeignetem Glas übersteigt der Unterschied nicht 0,1°, kommt also für die technischen Messungen nicht in Betracht.

Viel wichtiger sind andere Fehlerquellen, die das gewöhnliche Thermometer zu einem ziemlich unsicheren Instrument machen. Hier seien nur erwähnt: Die Abweichung der Kapillare von der zylindrischen Form, der Einfluß der Temperaturänderungen auf den Rauminhalt der Gefäße (thermische Nachwirkung, bleibende Formänderungen im Glas), das „Nachhinken" der Thermometeranzeige hinter der zu messenden Temperatur; Bestrahlung des Thermometers von einem in der Nähe befindlichen wärmeren Körper oder Ausstrahlung nach einem kälteren; in schnell strömenden Gasen und Dämpfen Erwärmung durch Gasverdichtung am Thermometergefäß. — Die Fehler, die hieraus folgen, sind oft von ungeahnter Größe und überschreiten häufig einen Teilstrich der jeweiligen Skala, besonders bei höheren Temperaturen. Heißdampfthermometer zeigen oft um eine ganze Anzahl von Graden unrichtig. Bezüglich des „Nachhinkens" stehen die sog. Graphitpyrometer in erster Reihe. Abweichungen bis 100° und mehr zwischen der Anzeige und der wahren Temperatur, wenn diese nicht sehr lange konstant bleibt, sind hier nicht selten. Unvergleichlich schneller zeigen die Quecksilberpyrometer mit Kohlensäurefüllung über dem Faden, die bis 550° verwendbar sind.

Elektrische Widerstandsthermometer (Platindraht in Quarzglas) und Thermoelemente sind besonders als Fernthermometer in Gebrauch.

Fadenkorrektion. Der aus dem Meßraum herausragende Teil des Quecksilberfadens besitzt eine tiefere Temperatur (t_f) als das Quecksilber im Behälter. Infolgedessen zeigen die Thermometer mit herausragendem Faden grundsätzlich zu niedrig, falls die Außentemperatur niedriger ist, dagegen zu hoch, falls die Außentemperatur höher ist als die zu messende Temperatur.

Allgemein gilt für die Korrektion

$$\Delta t = \frac{n \cdot (t - t_f)}{6300}$$

bei n herausragenden Graden. Schwierig ist die Bestimmung bzw. Schätzung der Fadentemperatur t_f, zumal diese an verschiedenen Stellen des Fadens verschieden sein kann. Wenn man sie gleich der Außentemperatur in nächster Nähe der Quecksilbersäule setzt, wird man sie bei hoher Innentemperatur eher unterschätzen als überschätzen; umgekehrt bei Kältegraden[1]).

Beispiel. Das Thermometer einer Heißdampfmaschine zeige eine Eintritts-Dampftemperatur von 300°. Die Skala tritt bei 100° aus der Fassung. Die Außentemperatur am Thermometer beträgt 60° (infolge Strahlung vom Zylinder her). Die Fadenkorrektion wird daher, da $n = 300 - 100 = 200$ Grade herausragen,

$$\Delta t = \frac{200 \cdot (300 - 60)}{6300} = 7{,}6^{\circ},$$ so daß die Dampftemperatur $300 + 7{,}6 = 307{,}6^{\circ}$ ist.

---

[1]) Mitteilungen des Kgl. Materialprüfungsamts in Großlichterfelde-West, 1915, H. Schlüter, Über die Berechnung der Fadenberichtigung für geeichte Thermometer, enthält eine sehr ausführliche Darlegung über die Berechnung der Fadenkorrektion unter verschiedensten Verhältnissen, insbesondere für Thermometer in chemischen Fabriken.

I. Die Gase.

3. Die Gasgesetze von Boyle (Mariotte) und von Gay-Lussac, und das vereinigte Boyle-Gay-Lussacsche Gesetz.

Das Gesetz von Boyle (Mariotte). Wird der Raum V_0 einer beliebigen Gasmenge von der Temperatur t_0, dem absoluten Druck p_0 und dem spez. Volumen v_0 auf V vergrößert oder verkleinert und zwar so, daß am Ende die Temperatur wieder t_0 ist, so fällt (bzw. steigt) der absolute Gasdruck im umgekehrten Verhältnis der Räume. Es ist also

$$\frac{p}{p_0} = \frac{V_0}{V} = \frac{v_0}{v},$$

oder

$$p\,V = p_0\,V_0; \qquad p\,v = p_0\,v_0.$$

Wird, wie hier, nur der Endzustand in Betracht gezogen, so ist es gleichgültig, ob auch in den Zwischenstufen der Raumänderung die Temperatur unverändert bleibt oder nicht, wenn nur die Endtemperatur der Anfangstemperatur gleich ist.

Mit Bezug auf das spezifische Gewicht der Gase besagt das Gesetz, daß sich bei gleicher Temperatur die spezifischen Gewichte wie die absoluten Drücke verhalten. Denn wegen $\frac{v_0}{v} = \frac{\gamma}{\gamma_0}$ ist auch

$$\frac{p}{p_0} = \frac{\gamma}{\gamma_0}.$$

Beispiele: 1. Atmosphärische Luft von 0,10 kg/qcm Unterdruck und 20° C wird auf 7 kg/qcm Überdruck verdichtet. Auf welchen Teil des anfänglichen Raumes muß ihr Raum verkleinert werden, wenn der Barometerstand 720 mm beträgt; gleiche Endtemperatur vorausgesetzt.

Der abs. Anfangsdruck ist $\frac{720}{735{,}6} - 0{,}10 = 0{,}98 - 0{,}10 = 0{,}88$ at.

Der abs. Enddruck $\frac{720}{735{,}6} + 7{,}00 = 7{,}98$.

Daher ist das Raumverhältnis („Verdichtungsverhältnis")

$$\frac{V_0}{V} = \frac{p}{p_0} = \frac{7{,}98}{0{,}88} = \underline{9{,}07.}$$

Die Höhe der Temperatur spielt hierbei keine Rolle.

2. **Wie groß ist das spez. Gewicht der Luft von 0° bei 600 mm Barometerstand, wenn es bei 760 mm (und 0°) gleich 1,293 ist?**

$$\text{Es ist } \gamma = 1{,}293 \cdot \frac{600}{760} = \underline{1{,}02 \text{ kg/cbm.}}$$

3. **Eine beliebige Luftmenge von 1 kg/qcm Überdruck dehne sich bei unveränderlicher Temperatur auf das Dreifache ihres Raumes aus. Wie groß wird die manometrische Endspannung? Barometerstand 550 mm.**

Der abs. Anfangsdruck ist $\frac{550}{735{,}6} + 1 = 1{,}747$,

daher ist der abs. Enddruck $p = 1{,}747 \cdot \frac{1}{3} = 0{,}582$ at abs.,

also $0{,}747 - 0{,}582 = \underline{0{,}165 \text{ at Unterdruck.}}$

Das Gesetz von Gay-Lussac. Wird eine unter beliebigem unveränderlichem Druck stehende Gasmenge erwärmt (oder abgekühlt), so nimmt ihr Raum für jeden Grad Erwärmung (bzw. Abkühlung) um $^1/_{273}$ des Raumes zu (bzw. ab), den sie bei 0° C und gleichem Drucke einnimmt. Dieses Gesetz gilt für alle Gase.

1. Form. Mit v_0 als Volumen bei 0° ist demnach das Volumen v_1 bei $t_1{}^0$

$$v_1 = v_0 + v_0 \cdot \frac{t_1}{273} = v_0 \cdot \left(1 + \frac{t_1}{273}\right).$$

Bei einer anderen Temperatur $t_2 > t_1$ wäre das Volumen

$$v_2 = v_0 + v_0 \cdot \frac{t_2}{273}.$$

Durch Subtraktion folgt

$$v_2 - v_1 = v_0 \cdot \frac{t_2 - t_1}{273}$$

(abs. Raumvergrößerung bei Erwärmung von t_1 auf t_2).

2. Form. Durch Division der Volumina v_2 und v_1 folgt die verhältnismäßige Raumänderung

$$\frac{v_2}{v_1} = \frac{1 + \frac{t_2}{273}}{1 + \frac{t_1}{273}}$$

oder

$$\boldsymbol{\frac{v_2}{v_1} = \frac{273 + t_2}{273 + t_1}}.$$

In dieser Gleichung sind t_1 und t_2 Celsiusgrade. Daher müssen auch die Zahlen 273 im Zähler und Nenner, die zu t_1 und t_2 addiert sind, Celsiusgrade vorstellen.

Denkt man sich den Nullpunkt der Celsiusskala um 273 Celsiusgrade nach unten verlegt, so erhält man eine neue Skala, in der die gleiche Temperatur durch eine um 273 größere Gradzahl (T) ausgedrückt wird. Es ist also

$$T_1 = 273 + t_1$$
$$T_2 = 273 + t_2.$$

Diese neue Skala wird als absolute Temperaturskala bezeichnet und T, T_1, T_2 heißen „absolute Temperaturen". Nun ist auch

$$\frac{v_2}{v_1} = \frac{T_2}{T_1},$$

in Worten: Bei gleichem Druck verhalten sich die Rauminhalte gleicher Gewichtsmengen desselben Gases wie die absoluten Temperaturen.

Die Bezeichnung „absolute Temperatur" erscheint zunächst willkürlich. Für die rechnerische Behandlung des Gay-Lussacschen Gesetzes ist diese Größe aber ähnlich zweckmäßig, wie der absolute Druck beim Boyleschen Gesetz. — Es ist immerhin merkwürdig, daß die Zahl 273 für Stoffe der verschiedensten Art (H_2, N_2, O_2, CO) Geltung hat, desgleichen für Gasmischungen, z. B. die atmosphärische Luft. Die tiefere Begründung des Begriffes der absoluten Temperatur folgt aus Abschn. 87.

Daß übrigens das Gesetz von Gay-Lussac nicht bis zu beliebig tiefen Temperaturen gültig sein kann, geht daraus hervor, daß mit $T_2 = 0$ ($t_2 = -273^0$) das Volumen des Gases $v_2 = 0$ sein, das Gas also keinen Raum mehr einnehmen würde, was nicht denkbar ist.

Für das spezifische Gewicht der Gase besagt das Gesetz: Bei verschiedener Temperatur, aber gleichem Drucke, verhalten sich die spezifischen Gewichte desselben Gases umgekehrt wie die absoluten Temperaturen.

Weil $\frac{v_2}{v_1} = \frac{\gamma_1}{\gamma_2}$ ist, so ist auch

$$\frac{\gamma_1}{\gamma_2} = \frac{T_2}{T_1} \; (p = \text{konst.}).$$

Trägt man die Volumina als Abszissen, die Temperaturen (t oder T) als Ordinaten auf (Fig. 6), so erhält man als graphisches Bild des Gay-Lussacschen Gesetzes eine Gerade I—II, die durch den absoluten Nullpunkt geht. Bei irgendeinem anderen Druck nimmt auch die Gerade eine andere Richtung durch den Nullpunkt an, und zwar verläuft sie bei niedrigerem Druck tiefer, weil zu solchem bei gleicher Temperatur größere Volumina gehören, bei höherem Druck höher. Das Gesetz in seinem ganzen Umfang wird also durch eine Schar von unendlich vielen Geraden aus dem absoluten Nullpunkt verbildlicht. Fig. 6 ist die einfachste Form einer Zustandstafel der Gase. Jeder Punkt der Tafelebene entspricht einem bestimmten Gaszustand.

Beispiele: 1. Wievielmal kleiner ist unter gleichem Druck der Rauminhalt derselben Gasmenge bei -20^0 als bei $+20^0$?

Es ist

$$\frac{v_{(+20)}}{v_{(-20)}} = \frac{273 + 20}{273 - 20} = \frac{293}{253} = 1{,}16.$$

Das Volumen ist also 1,16 mal kleiner; oder: das spezifische Gewicht ist bei -20^0 um 16 v. H. größer als bei $+20^0$.

2. Wenn sich die Rauchgase einer Feuerung von 1200° C auf 250° C abkühlen, wievielmal weniger Raum nehmen sie am Ende der Feuerzüge ein als am Anfang?

Es ist

$$\frac{v_{(1200)}}{v_{(250)}} = \frac{273 + 1200}{273 + 250} = \frac{1473}{523} = 2{,}82.$$

Das Endvolumen ist 2,82 mal kleiner. (Demgemäß können die Feuerzüge gegen den Schornstein hin enger werden.)

3. Wievielmal mehr Luft (dem Gewicht nach) faßt ein Luftbehälter, wenn die Luft 10°, als wenn sie 50° warm ist?

Die spezifischen Gewichte bei 10° und bei 50° verhalten sich wie $(273 + 50):(273 + 10) = 1{,}14$. Der Behälter faßt also bei 10° das 1,14fache Luftgewicht von 50°, oder um 14 v. H. mehr.

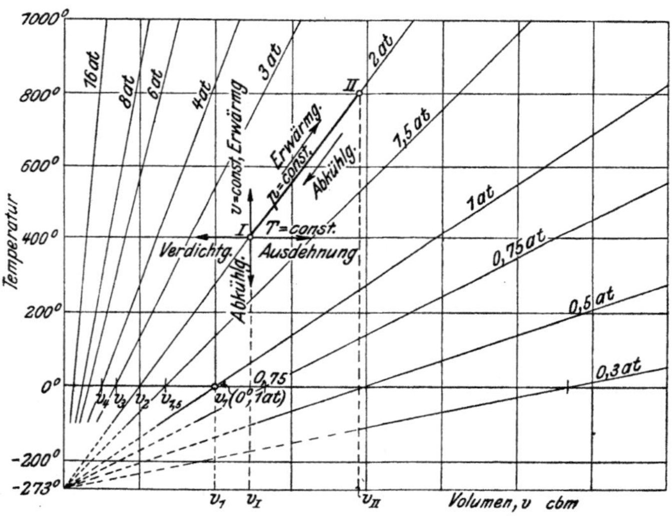

Fig. 6.

Das vereinigte Boyle-Gay-Lussacsche Gesetz. Das spezifische Gewicht eines Gases ist nach dem Boyleschen Gesetz dem Druck direkt und nach dem Gay-Lussacschen Gesetz der absoluten Temperatur umgekehrt proportional. Ist also γ_1 das spez. Gewicht bei t_1^0 und p_1 at abs., so ist nach dem Boyleschen Gesetz das spez. Gewicht bei t_1^0 und p at abs. gleich $\gamma_1 \cdot \frac{p}{p_1}$. Nach dem Gay-Lussacschen Gesetz ist es daher bei p at und t^0 im Verhältnis $(273 + t_1):(273 + t) = T_1 : T$ größer als $\gamma_1 \cdot \frac{p}{p_1}$, daher

$$\gamma = \gamma_1 \cdot \frac{p}{p_1} \cdot \frac{T_1}{T}.$$

Diese Schlußfolgerung ist deshalb zulässig, weil das Boylesche Gesetz für jede Temperatur, das Gay-Lussacsche für jeden Druck gilt.

Mit $\gamma = \frac{1}{v}$, $\gamma_1 = \frac{1}{v_1}$ wird auch

$$v = v_1 \cdot \frac{p_1}{p} \cdot \frac{T}{T_1}$$

und wegen $v = \frac{V}{G}$, $v_1 = \frac{V_1}{G}$ auch

$$V = V_1 \cdot \frac{p_1}{p} \cdot \frac{T}{T_1}.$$

Beispiele: 1. Das spez. Gew. trockener Luft ist bei 0° und 760 mm Hg 1,293 kg/cbm. Wie groß ist es bei + 20° und 710 mm?

$$\gamma = 1{,}293 \cdot \frac{710}{760} \cdot \frac{273 + 0}{273 + 20} = \underline{1{,}126 \text{ kg/cbm}}.$$

2. In einem luftverdünnten Raum von 0,9 cbm Inhalt herrscht eine Luftleere von 60 cm Hg (Unterdruck), bei einem Barometerstand von 740 mm und einer (inneren) Temperatur von 17°. Welches Luftgewicht ist in dem Raum enthalten?

Mit

$$\gamma = 1{,}293 \cdot \frac{74 - 60}{76} \cdot \frac{273}{273 + 17} = 0{,}225 \text{ kg/cbm}$$

ist

$$G = \gamma \cdot V = 0{,}225 \cdot 0{,}9 = \underline{0{,}2025 \text{ kg}}.$$

3. Eine Gasmaschine verbraucht für die Nutzpferdestärke und Stunde 550 l Leuchtgas von 20°. Barometerstand 700 mm. Wieviel Liter Gas sind dies bei 0° und 760 mm? (Reduktion des Gasverbrauchs auf den Normalzustand.)

Es ist

$$V_0 = V \cdot \frac{p}{p_0} \cdot \frac{T_0}{T}$$

$$V_0 = 550 \cdot \frac{700}{760} \cdot \frac{273}{293} = \underline{472 \text{ l}}.$$

4. Von großer praktischer Bedeutung ist die Veränderung des Rauminhalts und der Dichte der Gase mit Druck und Temperatur für die Ballon-Luftschiffahrt, sowohl für Freiballons als für Lenkballons. Der Gasraum der Ballons muß mit dem freien Luftraum verbunden sein, damit der Gasdruck stets dem mit der Höhenlage, der Temperatur und Witterung veränderlichen Luftdruck gleich oder um ein sehr geringes Maß größer als dieser bleibt. Die Ballonhüllen können nennenswerte Überdrücke nicht aushalten.

Bei jeder Ursache, die geeignet wäre, im geschlossen gedachten Ballon inneren Überdruck zu erzeugen, muß daher aus dem prallen Ballon Gas entweichen (Gasverlust). Solche Ursachen sind: Abnahme des äußeren Luftdrucks beim Steigen des Ballons oder aus anderen Gründen und Erwärmung des Ballon-Inhaltes durch Bestrahlung oder Eintritt in wärmere Luftschichten.

Umgekehrt haben solche Ursachen, die einen Unterdruck im geschlossen gedachten Ballon herbeiführen würden, also Erhöhung des äußeren Luftdrucks beim Fallen des Ballons oder aus anderen Gründen und Abkühlung des Gasinhaltes durch Eintritt in kältere Luftschichten oder durch Ausstrahlung eine

Verminderung des inneren Gasraumes (ohne Gasverlust) und Schlaffwerden der Ballonhülle zur Folge.

Wieviel Kubikmeter Gas entweichen aus einem prallen Ballon von 1000 cbm Inhalt, wenn der äußere Luftdruck von 700 mm bis 500 mm abnimmt und die Gastemperatur von ursprünglich + 10° auf + 20° steigt?

Das Gas müßte im Endzustand ein Volumen einnehmen

$$V = V_0 \frac{p_0}{p} \frac{T}{T_0}, \text{ d. h.}$$

$$V = 1000 \frac{700}{500} \cdot \frac{293}{283} = 1450 \text{ cbm},$$

während im Ballon nur 1000 cbm Platz haben; also entweichen 450 cbm Gas vom Endzustand. Von dem Füllgas im Anfangszustand sind dies

$$450 \cdot \frac{500}{700} \cdot \frac{283}{293} = 313 \text{ cbm}.$$

4. Die allgemeine Zustandsgleichung der Gase.

Die Beziehung zwischen Druck, Raum und Temperatur im vor. Abschnitt

$$v_1 = v \cdot \frac{p}{p_1} \cdot \frac{T_1}{T}$$

kann man in der Form schreiben

$$\frac{p\,v}{T} = \frac{p_1 v_1}{T_1}.$$

Der Wert $\frac{p\,v}{T}$ ist also, so verschieden auch p, v und T sein mögen, für ein und dasselbe Gas von unveränderlicher Größe. Wird dieser Wert mit R bezeichnet, so ist

$$\frac{p\,v}{T} = R \; (= \text{konst.}),$$

oder

$$\boldsymbol{p\,v = R\,T} \; (p \text{ in kg/qm, } v \text{ in cbm/kg}).$$

Dies ist die allgemeine Zustandsgleichung der Gase. Sie setzt die drei Größen p, v, T, die den Zustand des Gases bestimmen, in eine allgemeine Beziehung, die immer gilt, wie auch im einzelnen Druck, Volumen und Temperatur sein mögen. Man erkennt, daß durch zwei dieser Größen immer die dritte bestimmt ist.

Die Konstante R ist für die verschiedenen Gasarten verschieden. Ihr Wert

$$R = \frac{p\,v}{T} = \frac{p}{\gamma T}$$

läßt sich berechnen, wenn das spez. Gewicht (γ_0) für einen beliebigen

Druck (p_0) und eine beliebige Temperatur ($T_0 = 273 + t_0$) bekannt ist. Ist z. B. $t_0 = 0^0$, $p_0 = 10333$ kg/qm, so ist

$$R = \frac{10333}{\gamma_0 \cdot 273} = \frac{\mathbf{37{,}85}}{\gamma_0}.$$

Für trockene Luft ist z. B. $\gamma_0 = 1{,}293$ kg/cbm bei 0^0 und 760 mm Daher

$$R = \frac{37{,}85}{1{,}293} = 29{,}27.$$

Die Angabe der „Gaskonstanten" ist also gleichwertig mit der Angabe des spez. Gewichtes für einen bestimmten Zustand. — Über die mechanische Bedeutung der Gaskonstanten vgl. Abschn. 20. — Zahlentafel über die Konstanten verschiedener Gase vgl. Abschn. 6. Weitere Erörterungen über R ebenda.

Es ist wichtig, zu bemerken, daß in der Zustandsgleichung und allen später daraus hervorgehenden Beziehungen der Druck p als abs. Druck und in kg/qm einzuführen ist. — Nur wo Druckverhältnisse vorkommen, kann ohne weiteres mit einer anderen Druckeinheit, z. B. kg/qcm oder Quecksilbersäulen (abs.) gerechnet werden!

Die Zustandsgleichung in der obigen Form gilt für 1 kg Gas, weil sie das Volumen v von 1 kg enthält. Ersetzt man v durch V und G, gemäß

$$v = \frac{V}{G},$$

so wird

$$\boldsymbol{pV = GRT}.$$

In dieser Form gilt die Zustandsgleichung für ein beliebiges Gasgewicht.

Bemerkung und Beispiel. Die übliche Ausdrucksweise, der Zustand eines Gases sei durch zwei der drei Größen Druck, Volumen und Temperatur bestimmt, ist ungenau; es muß statt Volumen heißen „Volumen der Gewichtseinheit" oder spezifisches Volumen. Wenn Druck und Temperatur gegeben sind, so ist allerdings das Volumen v der Gewichtseinheit aus $pv = RT$ bestimmbar, wenn die Gaskonstante bekannt ist. Auch das Gewicht G ist dann berechenbar, falls man das Gesamtvolumen V kennt. Ist hingegen der Druck und das Gesamtvolumen V gegeben, wie z. B. in den Indikatordiagrammen der Gasmaschinen und Kompressoren, so kann man daraus weder die Temperatur noch das spez. Volumen berechnen. Bekannt ist damit nur das Produkt GRT, und wenn R gegeben ist, das Produkt GT. Um also T und v oder γ zu bestimmen, muß man das Gewicht der arbeitenden Gasmasse kennen, dessen Bestimmung sehr umständlich, auf einfache Weise meist nicht durchführbar ist.

Ist jedoch in irgendeinem Punkte eines Indikatordiagramms die Temperatur wenigstens annähernd bekannt, so läßt sich die Temperatur in allen Punkten, in denen das Gasgewicht und die Gaskonstante die gleichen sind, mit der gleichen Annäherung bestimmen.

Es ist

$$T = T_1 \cdot \frac{p}{p_1} \cdot \frac{V}{V_1}.$$

In dieser Weise ist zu dem Indikatordiagramm einer Gasmaschine (Fig. 7) der Temperaturverlauf während der Verdichtung, Verbrennung und Ausdehnung berechnet und in Fig. 7 aufgetragen. Ausgegangen ist von einer Temperatur t_1 von schätzungsweise 90^0 beim Beginn der Verdichtung. Da nur Verhältnisse von Drucken und von Räumen auftreten, so brauchen die Maßstäbe von Druck und Volumen nicht berücksichtigt zu werden. Der Einfachheit wegen ist für den ganzen Vorgang die gleiche Gaskonstante angenommen, auf deren Wert es dann nicht ankommt.

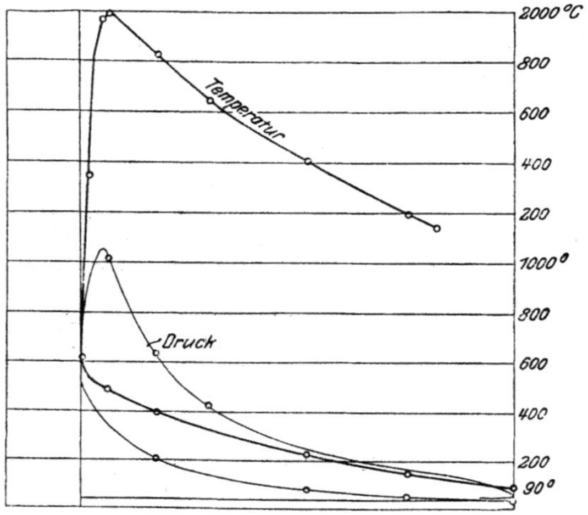

Fig. 7.

In Wirklichkeit ist die Gaskonstante R_f während der Ausdehnung mehr oder weniger kleiner (Verbrennungsprodukte) als während der Verdichtung R_0 (unverbranntes Gemisch). Für die Verdichtung gilt

$$p_1 V_1 = G R_0 T_1,$$

für die Ausdehnung

$$p V = G R_f \cdot T.$$

Also ist

$$T = T_1 \cdot \frac{R_0}{R_f} \cdot \frac{p}{p_1} \cdot \frac{V}{V_1},$$

somit die Temperatur etwas höher als für $R_f = R_0$, weil nach Abschn. 9 $R_f < R_0$ ist.

5. Zusammensetzung von Gasgemischen nach Gewichtsteilen und Raumteilen. Spezifisches Gewicht aus der Zusammensetzung. Mittleres oder scheinbares Molekulargewicht.

Die einzelnen Bestandteile eines Gasgemisches können nach Gewichtsanteilen oder nach Raumanteilen angegeben werden. Während das erstere keiner Erklärung bedarf, ist die Zusammensetzung nach Raumanteilen so aufzufassen: Man denkt sich die Einzelgase abgesondert und auf unter sich gleiche, sonst beliebige Drücke und Temperaturen gebracht. Das Verhältnis des so gewonnenen Einzelraumes $\mathfrak{v}$ zur Summe aller dieser Einzelräume ($\Sigma \mathfrak{v}$) ist der Raumanteil des Einzelgases. Die raumprozentische Zusammensetzung folgt daraus durch Multiplikation mit 100.

Aus den Raumanteilen $\mathfrak{v}_1, \mathfrak{v}_2, \mathfrak{v}_3 \ldots$ lassen sich die Gewichtsanteile g_1, g_2, g_3 berechnen (und umgekehrt), wenn die spezifischen Gewichte oder die Molekulargewichte aller Bestandteile bekannt sind. Das Gesamtgewicht der Raumeinheit ist nämlich (spez. Gew.)

$$\gamma = \mathfrak{v}_1 \cdot \gamma_1 + \mathfrak{v}_2 \cdot \gamma_2 + \mathfrak{v}_3 \cdot \gamma_3 \quad \ldots \ldots \ldots (1)$$

also der Gewichtsanteil des Einzelgases

$$g_1 = \frac{\mathfrak{v}_1 \cdot \gamma_1}{\mathfrak{v}_1 \cdot \gamma_1 + \mathfrak{v}_2 \gamma_2 + \ldots}, \quad g_2 = \frac{\mathfrak{v}_2 \cdot \gamma_2}{\mathfrak{v}_1 \cdot \gamma_1 + \mathfrak{v}_2 \gamma_2 + \ldots} \quad \ldots (2)$$

Andererseits sind bei gegebenen Gewichtsteilen die Rauminhalte der Einzelgase im obigen Sinne $\frac{g_1}{\gamma_1}, \frac{g_2}{\gamma_2} \ldots$, ihre Summe also $\frac{g_1}{\gamma_1} + \frac{g_2}{\gamma_2} + \ldots$, daher die verhältnismäßige Größe des einzelnen Raumes

$$\mathfrak{v}_1 = \frac{\frac{g_1}{\gamma_1}}{\frac{g_1}{\gamma_1} + \frac{g_2}{\gamma_2} + \ldots}, \quad \mathfrak{v}_2 = \frac{\frac{g_2}{\gamma_2}}{\frac{g_1}{\gamma_1} + \frac{g_2}{\gamma_2} + \ldots} \quad \ldots (3)$$

An Stelle von $\gamma_1, \gamma_2, \gamma_3 \ldots$ können überall auch die (bequemeren) Molekulargewichte $m_1, m_2, m_3 \ldots$ gesetzt werden, da diese bei Gasen den spezifischen Gewichten proportional sind.

Mittleres Molekulargewicht. Aus

$$\gamma = \mathfrak{v}_1 \cdot \gamma_1 + \mathfrak{v}_2 \cdot \gamma_2 + \mathfrak{v}_3 \cdot \gamma_3 + \ldots$$

folgt unmittelbar, wenn $\gamma_1, \gamma_2, \gamma_3$ und γ durch die Molekulargewichte m_1, m_2, m_3 und m ersetzt werden, der Mittelwert (Durchschnittswert) des Molekulargewichtes, also das (scheinbare) Molekulargewicht der Mischung

$$m = \mathfrak{v}_1 \cdot m_1 + \mathfrak{v}_2 \cdot m_2 + \mathfrak{v}_3 \cdot m_3 + \ldots \quad \ldots \ldots (4)$$

Das spezifische Gewicht wird hieraus nach Abschn. 6

$$\gamma = \frac{m}{22{,}4} \quad (\text{für } 0^0 \text{ und } 760 \text{ mm}) \quad \ldots \ldots (5)$$

Beispiele: 1. Atmosphärische Luft besteht aus 23,2 Gewichtsteilen O_2 und 76,8 Teilen N_2 in 100 Teilen. Wieviel Raumteile sind dies? Wie groß ist das mittlere Molekulargewicht der atm. Luft?

$$[\gamma(O_2) = 1{,}43, \quad \gamma(N_2) = 1{,}25].$$

Es ist

$$\mathfrak{v}(O_2) = \frac{\frac{23{,}2}{1{,}43}}{\frac{23{,}2}{1{,}43} + \frac{76{,}8}{1{,}25}} = 0{,}21; \quad \mathfrak{v}(N_2) = 0{,}79.$$

Oder es wird mit $m(O_2) = 32$, $m(N_2) = 28{,}08$

$$\mathfrak{v}(O_2) = \frac{\frac{23{,}2}{32}}{\frac{23{,}2}{32} + \frac{76{,}8}{28{,}08}} = 0{,}21, \quad \mathfrak{v}(N_2) = 0{,}79.$$

Das mittlere Molekulargewicht ist $m = 32 \cdot 0{,}21 + 28{,}08 \cdot 0{,}79 = 28{,}70$. — Etwas genauer folgt nach Abschn. 6 aus dem spez. Gewicht 1,293 bei 0° und 760 mm $m = 1{,}293 \cdot 22{,}4 = 28{,}96$.

2. Für ein Rauchgas hat sich folgende räumliche Zusammensetzung ergeben.

$$\mathfrak{v}(CO_2) = 12, \quad \mathfrak{v}(O_2) = 6, \quad \mathfrak{v}(N_2) = 82.$$

Wieviel Gewichtsteile sind dies? Wie groß ist das spezifische Gewicht?

Mit $m(CO_2) = 44$, $m(O_2) = 32$, $m(N_2) = 28{,}08$ wird

$$g(CO_2) = \frac{12 \cdot 44}{12 \cdot 44 + 6 \cdot 32 + 82 \cdot 28{,}08} = 0{,}173 \quad (17{,}3 \text{ v. H.}).$$

$$g(O_2) = 0{,}063, \quad g(N_2) = 0{,}763.$$

Die einzelnen spezifischen Gewichte sind 1,965, 1,429, 1,254. Daher das spezifische Gewicht des Rauchgases

$$\gamma = 0{,}12 \cdot 1{,}965 + 0{,}06 \cdot 1{,}429 + 0{,}82 \cdot 1{,}254 = 1{,}35 \text{ kg/cbm}.$$

Bequemer wird, nach Gl. 5,

$$\gamma = \frac{m}{22{,}4},$$

wobei

$$m = 0{,}12 \cdot 44 + 0{,}06 \cdot 32 + 0{,}82 \cdot 28{,}08 = 30{,}2,$$

daher

$$\gamma = 1{,}35.$$

6. Grundgesetze der chemischen Verbindung der Stoffe nach Gewicht und Raum. Gemeinsame Beziehungen für alle Gase.

Die chemische Verbindung eines Stoffes mit einem beliebigen anderen Stoff, mit dem eine solche erfahrungsgemäß möglich ist, erfolgt nach einem von Dalton gefundenen Gesetz in festen Gewichtsverhältnissen. Werden mit $A, B, C, D \ldots$ Elementarstoffe (Elemente) verschiedener Art bezeichnet, und mit $a, b, c, d \ldots$ die unveränderlichen Gewichtsverhältnisse, in denen diese Stoffe Verbindungen eingehen, so sagt das Daltonsche Gesetz aus, daß bei einer Verbindung von A und B zu einem neuen Stoff a Gewichtsteile von A mit b Gewichtsteilen von B zusammentreten und $a + b$ Gewichtsteile des neuen Stoffes bilden. Wesentlich ist, daß dies immer eintritt, auch wenn die Stoffe vor der Verbindung in anderen Gewichtsverhältnissen gemischt sind. In diesem Falle bleibt dann von dem Grundstoff, der im Überschuß über das Verhältnis $a : b$ vorhanden ist, eine entsprechende Menge übrig, die nicht in die Verbindung eingeht (z. B. Luftüberschuß bei der Verbrennung). Bei der Zersetzung eines aus A und B bestehenden Stoffes stehen die Zersetzungsprodukte stets im Verhältnis $a : b$, gleichgiltig ob die ganze Stoffmenge oder nur ein Teil davon zersetzt wird.

Nach dem Daltonschen Gesetz treten aber auch dann, wenn eine Verbindung von A mit C oder D erfolgt, a Gewichtsteile von A zusammen mit c bzw. d Gewichtsteilen von C bzw. D. Man erhält also neue Stoffe, in denen a in den Verhältnissen $a : b$, $a : c$, $a : d$ enthalten ist.

Verbindet sich ferner B mit C, so enthält der neue Stoff die Grundstoffe im Verhältnis $b : c$ usw. Wählt man für einen willkürlichen Stoff die Grundzahl a beliebig, so erhält man für die Elemente eine fortlaufende Reihe von Verbindungsgewichten (Äquivalentgewichten)

$$a : b : c : d \text{ usw.},$$

aus denen immer zwei oder mehrere zu einem neuen Stoff zusammentreten können. Es hat sich ferner gezeigt, daß auch **ganze** Vielfache von a, b, c, d ... usw. sich verbinden können, also ma, nb ... Gewichtsteile von A, B ..., wobei m und n = 1, 2, 3, 4 ... sein kann. (Gesetz der konstanten und multiplen Proportionen.)

Als Vergleichsgrundzahl wird heute $a = 16$ für Sauerstoff gewählt und diese Zahl wird das Atomgewicht des Sauerstoffs genannt. Jedem anderen Grundstoff kommt sein bestimmtes unveränderliches Atomgewicht zu (b, c, d usw.).

Denkt man sich unter den üblichen chemischen Benennungen der Stoffe, z. B. C = Kohlenstoff, O = Sauerstoff, H = Wasserstoff auch die Atomgewichtszahlen, so ergibt sich z. B. für Kohlenoxyd CO wegen

$$CO = C + O,$$

daß in diesem Stoff auf je C = 12 Gewichtsteile Kohlenstoff O = 16 Gewichtsteile Sauerstoff kommen. In 28 Gewichtsteilen CO sind 12 Gewichtsteile C und 16 Gewichtsteile O enthalten.

In der Kohlensäure (Kohlenoxyd) CO_2 sind gemäß

$$C + 2\,O = CO_2$$

oder

$$12 + 2 \cdot 16 = 44$$

auf **44** Gewichtsteile dieses Stoffes 12 Teile Kohlenstoff und 32 Teile Sauerstoff enthalten. Zur Verbrennung von 12 kg Kohlenstoff sind 32 kg Sauerstoff nötig, also für 1 kg C $32/12 = 8/3 = 2{,}667$ kg O, und es werden bei der Verbrennung $44/12 = 11/3 = 3{,}667$ kg CO_2 gebildet.

Während die kleinsten Teilchen der Elemente Atome genannt werden, heißen die kleinsten Teilchen von Verbindungen der Elemente Moleküle. Als Molekulargewicht einer Verbindung wird die Summe der in der Verbindung enthaltenen Atomgewichte bezeichnet. Das Molekulargewicht des CO ist somit $12 + 16 = 28$, das der CO_2 $12 + 2 \cdot 16 = 44$, das des Wassers $H_2O = 2 \cdot 1{,}008 + 16 = 18{,}016$.

Doppel-Atome, wie die des Wasserstoffs im Wasser, oder des Sauerstoffs in der Kohlensäure kommen auch bei gewissen Elementen in ihrem freien Gaszustand vor und werden dann ebenfalls Moleküle genannt. So sind z. B. der Wasserstoff, Sauerstoff und Stickstoff zweiatomige Gase und werden als solche mit H_2, O_2, N_2 bezeichnet. Dagegen sind z. B. Argon, Helium und Quecksilber auch im Gaszustand einatomig.

Sofern nun z. B. an die Verbrennung von festem Kohlenstoff mit gasförmigem Sauerstoff gedacht wird, ist es deshalb richtiger, die Reaktionsgleichung zu schreiben

$$C + O_2 = CO_2$$

oder für die Bildung von Kohlenoxyd

$$2\,C + O_2 = 2\,CO.$$

Im ersteren Falle verbindet sich 1 Atom C mit einem Molekül O, d. h. O_2, zu 1 Molekül CO_2; im zweiten Falle bilden 2 Atome Kohlenstoff mit 1 Molekül Sauerstoff 2 Moleküle CO.

Für die Gewichtsverhältnisse bleibt es allerdings gleich, ob man die erste oder die zweite Schreibweise wählt, jedoch nicht für die Raumverhältnisse, wie aus dem folgenden hervorgeht.

Ein zweites Grundgesetz, das von Gay-Lussac entdeckt wurde, betrifft die räumlichen Verhältnisse bei der Verbindung zweier oder mehrerer Gase zu einem neuen gasförmigen (oder andersartigen) Stoff. Gay-Lussac fand, daß sich die Gase in den denkbar einfachsten räumlichen Verhältnissen verbinden; es treten bei jeder Verbindung entweder gleiche Rauminhalte oder ganze Vielfache davon zusammen und das neue Gas nimmt je nachdem den gleichen Raum wie eines der Gase oder ein rationales Vielfaches davon ein. So verbinden sich z. B. stets 2 Raumteile Wasserstoff und 1 Raumteil Sauerstoff zu 2 Raumteilen Wasserdampf, alle drei Stoffe bei gleichem Druck und gleicher Temperatur gedacht. Für die räumlichen Verhältnisse der Reaktion gilt also

$$2\,(H_2) + (O_2) = 2\,(H_2O),$$

wenn die eingeklammerten Buchstaben gleiche Raumgrößen der Stoffe bezeichnen. Die Gleichung hat genau den gleichen Bau wie die obige zweite Gleichung für die Gewichtsverhältnisse, und diese Regel, nach welcher die Gewichtsgleichung auch räumlich gedeutet werden kann, ist für gasartige Stoffe allgemein gültig. Schreibt man also die Reaktionsgleichung für die Gewichtsverhältnisse so an, daß die Einzelgase mit ihren Molekulargewichten auftreten, so ergibt diese Gleichung auch die räumlichen Verhältnisse. Wenn z. B. Kohlenoxyd mit Sauerstoff zu Kohlensäure verbrennt, so gilt

$$2\,CO + O_2 = 2\,CO_2;$$

räumlich gedeutet heißt dies: 2 Raumeinheiten Kohlenoxyd verbrennen mit 1 Raumeinheit Sauerstoff und die entstandene Kohlensäure nimmt den gleichen Raum ein, wie ursprünglich das Kohlenoxyd. Gegenüber dem Gesamtraum des Kohlenoxyds und des Sauerstoffs von $2 + 1 = 3$ Raumeinheiten nimmt die Kohlensäure nur 2 Raumeinheiten ein.

Aus der Vereinigung des Daltonschen und des Gay-Lussacschen Gesetzes in Verbindung mit der Atom- und Molekularhypothese ging die Regel von Avogadro hervor.

Nach dieser enthalten alle Gase bei gleicher Temperatur und gleichem Druck in gleichen Räumen die gleiche Anzahl von Molekülen. Die spez. Gewichte (γ) der Gase verhalten sich also wie die Molekulargewichte (m). Für zwei beliebige Gase 1 und 2 ist:

$$\frac{\gamma_1}{\gamma_2} = \frac{m_1}{m_2}.$$

Mit

$$\gamma_1 = \frac{1}{v_1}, \quad \gamma_2 = \frac{1}{v_2}$$

wird hieraus

$$m_1 v_1 = m_2 v_2.$$

v_1, v_2 sind die Rauminhalte von 1 kg. $m_1 v_1$ und $m_2 v_2$ können daher als die Rauminhalte von m_1 kg, bzw. m_2 kg dieser Gase angesehen werden. Wenn m die Zahl des Molekulargewichts ist, so bezeichnet man ein Gewicht von m kg als Kilogramm-Molekül (oder Mol). $m_1 v_1$, $m_2 v_2$ sind also die Rauminhalte von 1 Mol und diese sind für alle Gase bei gleichen Drücken und Temperaturen gleich groß. Daher gilt das Gesetz:

> Gewichtsmengen verschiedener Gase, die im Verhältnis der Molekulargewichte der Gase stehen, haben gleichen Rauminhalt.

So nehmen z. B. 32 kg O_2 den gleichen Raum ein wie 28,08 kg N_2 oder 28 kg CO oder 44 kg CO_2 usw., vorausgesetzt, daß sie unter gleichem Druck und gleicher Temperatur stehen. Dieser Raum wird aus dem Gewicht $\gamma\,(O_2)$ von 1 cbm Sauerstoff bei 0^0 und 760 mm bestimmt. Mit $\gamma\,(O_2) = 1{,}429234$ kg/cbm wird der Raum von 1 kg O_2

$$v = \frac{1}{1{,}429234}\ \text{cbm}.$$

Das Molekulargewicht des Sauerstoffs ist $m = 32$, es ist also 1 Mol Sauerstoff = 32 kg und diese nehmen bei **0° und 760 mm** einen Raum von

$$\frac{32}{1{,}429234} = \mathbf{22{,}4\ cbm}$$

ein. Gleich groß ist der Raum von 1 Mol eines beliebigen Gases.

Die spez. Gewichte aller Gase lassen sich demnach aus der Beziehung ermitteln

$$\frac{m}{\gamma} = 22{,}4$$

oder

$$\gamma = \frac{m}{22{,}4} \quad \ldots\ldots\ldots\ldots (1)$$

(für 0° und 760 mm). Aus dem bekannten spez. Gewicht läßt sich hiernach umgekehrt auch das Molekulargewicht berechnen, was besonders für Gasmischungen bequem ist. Man erhält $m = 22{,}4\,\gamma$, also für Gasmischungen von bekannter räumlicher Zusammensetzung

$$m = 22{,}4\ (\mathfrak{v}_1\gamma_1 + \mathfrak{v}_2\gamma_2 + \ldots)$$

Die Tabelle enthält die Molekulargewichte und die spez. Gewichte der wichtigsten Gase:

Stoff	Zeichen	Molek.-Gew. m	spez. Gew. bei 0° und 760 Hg	Gaskonst. R
Sauerstoff	O_2	32	1,429	26,52
Wasserstoff	H_2	2,016 (2)	0,090	420,9
Stickstoff	N_2	28,08	1,254	30,13
Kohlenoxyd . . .	CO	28	1,251	30,30
Kohlensäure . . .	CO_2	44	1,965	19,28
Wasserdampf . . .	H_2O	2,016 + 16 = 18,016	—	47,1
Methan	CH_4	16,03	0,716	52,81
Luft	—	29 (28,95)	1,293	29,27
Leuchtgas	—	11,5	0,515	73,5
Kraftgas	—	22,4—26,9	1—1,2	32—36

Für eine beliebige Gasmenge lautet nach Abschn. 4 die Zustandsgleichung

$$pV = GRT.$$

Setzt man hierin $G = m$ (Gewicht von 1 Mol), so ist für 0°, also $T = 273$, und 760 mm Hg, also $p = 10333$ kg/qm das Volumen $V = 22{,}4$ cbm zu setzen. Daher wird

$$10333 \cdot 22{,}4 = m \cdot R \cdot 273$$

$$m \cdot R = 848 = \mathfrak{R}.$$

Die Gaskonstante eines beliebigen Gases vom Molekulargewicht m oder einer Gasmischung vom scheinbaren Molekulargewicht m, vgl. Abschn. 5, kann daher aus

$$R = \frac{848}{m} \quad \ldots\ldots\ldots\ldots (2)$$

berechnet werden.

Die relative Dichte oder das Dichte-Verhältnis eines Gases mit Bezug auf Luft vom gleichen Druck und gleicher Temperatur wird

$$\delta = \frac{\gamma}{\gamma_L}$$

und wegen

$$\gamma = \frac{p}{RT}, \quad \gamma_L = \frac{p}{R_L T}$$

$$\delta = \frac{R_L}{R} = \frac{29{,}27}{R} \quad \ldots\ldots\ldots\ldots (3)$$

Das Dichte-Verhältnis eines Gases in bezug auf Luft ist also unabhängig von Druck und Temperatur und eine jedem Gase eigentümliche Konstante. Mit der Beziehung zwischen R und dem Molekulargewicht erhält man auch

$$\delta = \frac{m}{m_L} = \frac{m}{28{,}95},$$

wie auch aus der Regel von Avogadro unmittelbar folgt.

So ist z. B. das Dichte-Verhältnis des gasförmigen Wasserdampfes

$$\delta_{H_2O} = \frac{29{,}27}{47{,}1} = 0{,}622; \quad \text{oder} \quad \frac{18{,}016}{28{,}95} = 0{,}622.$$

So läßt sich für einen beliebigen Stoff, dessen Molekulargewicht im Gaszustand das gleiche wie im festen oder flüssigen, oder sonst bekannt ist, die relative Gasdichte angeben. Umgekehrt läßt sich aus dem durch Versuch ermittelten Dichteverhältnis das Molekulargewicht des Stoffes im Gaszustand entnehmen.

Wird mit $\mathfrak{V}$ das Volumen von 1 Mol beim Drucke p kg/qm und der abs. Temperatur T bezeichnet, so wird

$$p \cdot \mathfrak{V} = m \cdot R \cdot T,$$

also

$$p \cdot \mathfrak{V} = 848\, T.$$

Diese Gleichung gilt für alle Gase und Gasgemenge gemeinsam, und zwar für eine Gewichtsmenge von m kg des jeweiligen Gases. Bei maschinentechnischen Rechnungen wird letztere Form der Zustandsgleichung kaum verwendet, dagegen bei physikalisch-chemischen Rechnungen vorzugsweise (Bd. II). Die Zahl 848 heißt die „allgemeine Gaskonstante", weil sie für alle Gase gilt.[1])

[1]) Vgl. auch Abschn. 21, Schluß.

7. Zustandsgleichung der Gasmischungen. (Daltonsches Gesetz.)

Die Gesetze von Boyle und Gay-Lussac gelten für Mischungen beliebiger Gase gleicherweise wie für einfache Gase. Daher hat auch die Zustandsgleichung beliebiger Gasmischungen die Form

$$pv = RT \quad \ldots\ldots\ldots\ldots \quad (1)$$

Es handelt sich nur darum, für eine Mischung von bestimmter Zusammensetzung (z. B. atmosphärische Luft oder eine Mischung aus Luft und Brenngas oder für Feuergase), die Gaskonstante („Mischungskonstante") aus den Konstanten der Bestandteile herzuleiten.

Hierzu sind zwei weitere Erfahrungssätze erforderlich.

1. Innerhalb einer Gasmischung befolgt das einzelne Gas seine Zustandsgleichung, als ob die anderen Bestandteile nicht vorhanden wären.

2. Der Druck p der Mischung ist als Summe der Drücke (p_1, p_2, p_3) der Bestandteile anzusehen (Daltonsches Gesetz), also

$$p = p_1 + p_2 + p_3 \quad \ldots\ldots\ldots \quad (2)$$

p_1, p_2, p_3 werden als Teildrücke (Partialdrücke) bezeichnet. Es sind diejenigen Drücke, die sich einstellen würden, wenn jeweils alle Bestandteile bis auf einen bei unverändertem Volumen und unveränderter Temperatur entfernt werden könnten (z. B. durch chemische Absorption). In der Luft z. B. besitzen der Sauerstoff und der Stickstoff verschiedenen Druck, jeder einen kleineren als den Atmosphärendruck. — Dagegen haben in einer Mischung alle Bestandteile gleiches Gesamtvolumen (nämlich das ganze Volumen) und gleiche Temperatur. Das spezifische Volumen der Bestandteile ist daher verschieden.

Wiegen nun in einer Gasmenge von G kg die Bestandteile G_1, G_2, G_3 kg, so daß

$$G = G_1 + G_2 + G_3$$

ist, so gilt für die Einzelgase nach dem obigen ersten Satz

$$p_1 V = G_1 R_1 T$$
$$p_2 V = G_2 R_2 T$$
$$p_3 V = G_3 R_3 T.$$

Durch Summation folgt

$$(p_1 + p_2 + p_3) \cdot V = (G_1 R_1 + G_2 R_2 + G_3 R_3) T,$$

mit

$$p_1 + p_2 + p_3 = p$$

ist daher

$$pV = (G_1 R_1 + G_2 R_2 + G_3 R_3) T \quad \ldots\ldots \quad (3)$$

Für die Mischung als Ganzes gilt aber die allgemeine Zustandsgleichung mit der noch unbekannten Mischungskonstanten R_m, also

$$pV = G R_m T.$$

Durch Vergleichung der beiden Ausdrücke folgt

$$G R_m = G_1 R_1 + G_2 R_2 + G_3 R_3$$

oder

$$\boldsymbol{R_m = \frac{G_1}{G} \cdot R_1 + \frac{G_2}{G} \cdot R_2 + \frac{G_3}{G} \cdot R_3} \quad \ldots\ldots (4)$$

Die einzelnen Gaskonstanten beteiligen sich also an der Mischungskonstanten im Verhältnis der Gewichtsanteile der Einzelgase. Mit

$$\frac{G_1}{G} = g_1, \qquad \frac{G_2}{G} = g_2 \text{ usw.}$$

wird auch

$$\boldsymbol{R_m = g_1 R_1 + g_2 R_2 + g_3 R_3} \quad \ldots\ldots\ldots (4a)$$

wobei g_1, g_2 die verhältnismäßigen Anteile der Einzelgase am Gesamtgewicht sind (vgl. Abschn. 5).

Nach Abschn. 6 kann jedoch die Mischungskonstante auch ohne Benutzung der einzelnen Gaskonstanten bestimmt werden, lediglich aus der bekannten Zusammensetzung des Gases nach Raum- oder Gewichtsteilen. Es ist

$$R_m = \frac{848}{m} = \frac{848}{m_1 \mathfrak{v}_1 + m_2 \mathfrak{v}_2 + m_3 \mathfrak{v}_3} \quad \ldots\ldots (4b)$$

Das spez. Gewicht der Gasmischung, ausgedrückt in dem der Bestandteile, ist wegen

$$\gamma_m = \frac{p}{R_m T}$$

und mit

$$R_1 = \frac{p}{\gamma_1 T}, \qquad R_2 = \frac{p}{\gamma_2 T}$$

$$\gamma_m = \frac{1}{\dfrac{g_1}{\gamma_1} + \dfrac{g_2}{\gamma_2} + \dfrac{g_3}{\gamma_3}} \quad \ldots\ldots\ldots (5)$$

Hierin sind alle spez. Gew. auf gleichen Druck und gleiche Temperatur zu beziehen, z. B. auf 760 mm und 0°.

Nach Abschn. 6 läßt es sich aber auch aus

$$\gamma_m = \frac{m}{22{,}4} = \frac{m_1 v_1 + m_2 v_2 + m_3 v_3 \ldots}{22{,}4} \quad \ldots\ldots (6)$$

berechnen, also ohne Kenntnis der spez. Gewichte der Bestandteile.

Größe der Teildrücke. Nach der Zustandsgleichung ist

$$p_1 = \frac{G_1 R_1 T}{V}$$

$$p_2 = \frac{G_2 R_2 T}{V} \text{ usw.}$$

Hiernach können die Teildrücke berechnet werden. Sie lassen sich aber übersichtlicher als Bruchteile des Gesamtdrucks darstellen. Dieser ist

$$p = \frac{G R_m T}{V};$$

daher ist, durch Division

$$\frac{p_1}{p} = \frac{G_1}{G} \frac{R_1}{R_m},$$

oder

$$p_1 = g_1 \cdot \frac{R_1}{R_m} \cdot p \quad \ldots\ldots\ldots\ldots \quad (7)$$

und in gleicher Weise

$$p_2 = g_2 \cdot \frac{R_2}{R_m} \cdot p$$

$$p_3 = g_3 \cdot \frac{R_3}{R_m} \cdot p \text{ (Partialdrücke).}$$

Am gesamten Gasdruck beteiligen sich demnach die Bestandteile einer Gasmischung im Verhältnis ihres Gewichtsanteils und ihrer Gaskonstanten.

Wesentlich einfacher lassen sich die Partialdrücke in der räumlichen Zusammensetzung des Gasgemisches ausdrücken. Denkt man sich die Einzelgase bei unveränderter Temperatur auf den Gesamtdruck p der Mischung gebracht, so gilt für das erste Gas

$$\overset{\circ}{p} \cdot V_1 = G_1 R_1 T.$$

Für dasselbe Gas innerhalb der Mischung gilt

$$p_1 V = G_1 R_1 T.$$

Daher ist

$$p V_1 = p_1 V$$

oder

$$\boldsymbol{p_1} = p \cdot \frac{V_1}{V} = \boldsymbol{p} \cdot \mathfrak{v}_1 \quad \ldots\ldots\ldots\ldots \quad (8)$$

ebenso

$$\boldsymbol{p_2} = \boldsymbol{p} \cdot \mathfrak{v}_2,$$

$$\boldsymbol{p_3} = \boldsymbol{p} \cdot \mathfrak{v}_3.$$

Die verhältnismäßigen Partialdrücke $p_1 : p$, $p_2 : p$ usw. sind also identisch mit den Verhältniszahlen der räumlichen Zusammensetzung.

Beispiele: 1. Die Luft besteht aus 23,6 Gewichtsteilen Sauerstoff und 76,4 Teilen Stickstoff in 100 Teilen. Wieviel Millimeter Hg Druck besitzen Sauerstoff (O) und Stickstoff (N) für sich in Luft von 760 mm Druck?

$$R_{(\mathrm{O})} = 26{,}52; \quad R_{(\mathrm{N})} = 30{,}13.$$

Es ist zunächst die Gaskonstante der Luft

$$R_l = 0{,}236 \cdot 26{,}52 + 0{,}764 \cdot 30{,}13 = 29{,}27,$$

daher

$$p_{\mathrm{O}} = 0{,}236 \cdot \frac{26{,}52}{29{,}27} \cdot p = 0{,}213 \cdot p$$

$$p_{\mathrm{N}} = 0{,}764 \cdot \frac{30{,}13}{29{,}27} \cdot p = 0{,}787 \cdot p.$$

Der Sauerstoffdruck beträgt daher

$$0{,}213 \cdot 760 = \underline{\underline{161{,}8 \text{ mm Hg}}},$$

der Stickstoffdruck

$$0{,}787 \cdot 760 = \underline{\underline{598{,}2 \text{ mm Hg}}}.$$

Viel einfacher folgt dieses Ergebnis aus der bekannten räumlichen Zusammensetzung der Luft

$$\mathfrak{v}_O = 0{,}21, \quad \mathfrak{v}_N = 0{,}79, \quad \text{nämlich}$$

$$p_O = 0{,}21 \cdot 760 = 159{,}8, \quad p_N = 0{,}79 \cdot 760 = 600{,}2.$$

Die Übereinstimmung ist wegen der Abrundung von $\mathfrak{v}$ auf 2 Dezimalen nicht vollständig.

2. Welche Gaskonstante, welches spez. Gewicht, welche Partialdrücke besitzt ein Gemenge aus 20 Gewichtsteilen Luft und 1 Gewichtsteil Leuchtgas? Leuchtgas spez. Gew. bei 0° und 760 mm gleich 0,52 kg/cbm.

Die Gaskonstante des Leuchtgases ist $R_g = \frac{37{,}85}{0{,}52} = 72{,}8$, die der Luft $= 29{,}27$. Daher ist für die Mischung

$$R = \frac{20}{21} \cdot 29{,}27 + \frac{1}{21} \cdot 72{,}8 = \underline{31{,}4}.$$

Das spez. Gewicht:

$$\gamma = \frac{37{,}85}{31{,}4} = 1{,}21.$$

Die Partialdrücke: der Luft

$$\frac{20}{21} \cdot \frac{29{,}27}{31{,}4} \cdot p = 0{,}888 \cdot p,$$

des Leuchtgases

$$\frac{1}{21} \cdot \frac{72{,}8}{31{,}4} \cdot p = 0{,}111 \cdot p.$$

Daraus folgt nebenbei die räumliche Zusammensetzung der Mischung zu 0,888 Teilen Luft und 0,111 Teilen Leuchtgas, die man nach Abschn. 5 auch unmittelbar erhalten kann.

3. Welche Gaskonstante und welche Partialdrücke besitzt eine brennbare Mischung aus 1,3 cbm Luft auf 1 cbm Generatorgas, wenn letzteres bei 0° und 760 mm ein spez. Gewicht 1,2 kg/cbm (also eine Gaskonstante 31,6) besitzt?

Die räumliche Zusammensetzung des Gemisches ist

$$\frac{1}{2{,}3} = 0{,}435 \text{ Generatorgas,}$$

$$\frac{1{,}3}{2{,}3} = 0{,}565 \text{ Luft,}$$

daher der Druck des Generatorgases 0,435, der der Luft 0,565 vom Gesamtdruck.

Das mittlere Molekulargewicht des Generatorgases ist $m_1 = 22{,}4 \cdot 1{,}2$, das der Luft $m_2 = 22{,}4 \cdot 1{,}293$, daher das der Mischung

$$m = 22{,}4 \cdot 1{,}2 \cdot 0{,}435 + 22{,}4 \cdot 1{,}293 \cdot 0{,}565 = 28{,}1$$

(vgl. Abschn. 5). Die Gaskonstante ist daher

$$R = \frac{848}{28{,}1} = 30{,}2.$$

4. Welchen Teildruck in mm Hg besitzt der Wasserdampf in feuchter Luft von 760 mm Druck, die auf 1 kg Gewicht 5 g Wasser enthält (vorausgesetzt, daß die Luft nicht kälter als etwa 6° ist)? — Gaskonstante für ungesättigten Wasserdampf $R_w = 47$.

Der Dunstdruck ist

$$p_w = \frac{0{,}005}{1} \cdot \frac{47}{29{,}27} \cdot p = 0{,}008 \cdot p,$$

also

$$0{,}008 \cdot 760 = \underline{6{,}08 \text{ mm Hg}}.$$

(Streng genommen wäre anstatt 29,27 die etwas größere Konstante der feuchten Luft zu nehmen.)

7a. Feuchte Luft[1]).

Die atmosphärische Luft enthält stets einen gewissen Zusatz von Wasserdampf, der im klaren Zustande der Atmosphäre ungesättigt (überhitzt) ist. Es ist zulässig und gebräuchlich, diesen „Dunst", der einen sehr geringen Druck besitzt, als gasförmige Beimengung zu behandeln, selbstverständlich nur so lange, als er noch nicht gesättigt oder naß ist (Nebel, Wolken).

Der Grenzzustand der Sättigung, in dem nicht nur der Wasserdampf, sondern auch die Luft als „gesättigt" (mit Wasserdampf) bezeichnet wird, muß gemäß den Eigenschaften des Wasserdampfs eintreten, sobald die Luft auf 1 cbm so viel Dampf dem Gewichte nach enthält (γ_s kg/cbm), als nach den Dampftabellen der Lufttemperatur, die auch die Dampftemperatur ist, entspricht. In diesem Zustande besitzt nämlich der Dampf den größten Druck, den er bei der gerade vorliegenden Temperatur überhaupt annehmen kann. Das Eindringen von weiterem Dampf in die Luft wäre nur denkbar, wenn der Dampfdruck über dieses Maß steigen könnte. Gesättigte Luft oder jedes andere mit Wasserdampf gesättigte Gas enthält also auf 1 cbm ein ganz bestimmtes Dampfgewicht, das nur von der Temperatur, nicht vom Drucke der Luft abhängt und identisch ist mit dem Gewicht von 1 cbm gesättigten Dampfes von Lufttemperatur.

Ist der Wasserdampf der Luft naß, so ist sein Gewicht in 1 cbm größer als γ_s, die Luft ist übersättigt. Die Feuchtigkeit wird sichtbar in Wolken und Nebel.

Enthält die Luft aber weniger Dampf als γ_s kg/cbm, so ist der Dampf (Dunst) ungesättigt. Das Gewicht des in 1 cbm feuchter Luft enthaltenen Wasserdampfes heißt absolute Feuchtigkeit.

Der Druck der feuchten Luft p ist nach dem Daltonschen Gesetz die Summe des Dampfdruckes p' und des Druckes p_l der reinen Luft. Der Teildruck der letzteren läßt sich schwer direkt bestimmen, leichter derjenige bes Dampfes (Dunstdruck). Ist die Luft gerade gesättigt oder übersättigt, so hätte man nur die Lufttemperatur t zu bestimmen, um sogleich aus den Dampftabellen den dazu gehörigen Dampfdruck p_s entnehmen zu können. In ungesättigter Luft ist der Dunstdruck unter allen Umständen kleiner als dieser Wert, der die obere Grenze bildet.

Aus den Tabellen für Wasserdampf im Anhang ergibt sich hiernach der größte mögliche Dunstdruck und Wassergehalt in Luft von

	-20^0	0^0	$+20^0$	$+30^0$	$+40^0$	
$p_s =$	0,96	4,6	17,5	31,8	55 mm Hg.
$\gamma_s =$	1,0	4,7	17,0	30,1	51,3 g/cbm.

[1]) Dieser Abschnitt setzt die Kenntnis der einfachsten Eigenschaften der Dämpfe voraus, vgl. Abschn. 37.

Der Dunstdruck in ungesättigter Luft kann wie folgt ermittelt werden. Man kühlt die Luft bei unveränderlichem Druck an einer kalten spiegelnden Fläche ab, deren Temperatur allmählich vermindert wird und in jedem Augenblick beobachtet werden kann. In dem Augenblick, wo sich der Spiegel trübt (Taupunkt), ist die dort befindliche Luft gesättigt, und man kann aus ihrer Temperatur (der Spiegeltemperatur) ihren Druck nach den Dampftabellen bestimmen. Bei der Abkühlung bleibt mit dem Gesamtdruck auch jeder der Teildrücke unverändert, da diese nur vom Gesamtdruck, den Gewichtsanteilen und den Gaskonstanten der Bestandteile abhängen. Der zur Taupunkt-Temperatur gehörige Druck p ist also mit dem Dunstdruck der ursprünglichen Luft identisch. Nach diesem Prinzip ist das Daniellsche Hygrometer und verwandte Instrumente gebaut.

Weit bequemer ist das Augustsche Psychrometer, das allgemein verwendet wird. Es beruht auf der Erscheinung, daß flüssiges Wasser an der freien Luft um so intensiver verdunstet, je weniger die Luft gesättigt ist. (In gesättigter Luft, Nebel, hört die Verdunstung auf.) Bei der Verdunstung wird nun Wärme verbraucht, die dem verdunstenden Wasser selbst entzogen wird und eine Temperaturerniedrigung zur Folge hat („Naßkälte"). Das Psychrometer besteht aus zwei ganz gleichen nebeneinanderstehenden Thermometern. Über die Quecksilberkugel des einen wird ein nasser Lappen aus weitmaschigem Stoff gelegt während die andere Kugel frei bleibt. Es zeigt sich, daß das befeuchtete Thermometer eine (mehr oder weniger) tiefere Temperatur anzeigt, als das trockene. Aus dieser „psychrometrischen Differenz" kann mittels Tabellen, die dem Instrument beigegeben sind, die Dunstsättigung und der Dunstdruck berechnet werden.[1])

Angenähert kann der Dunstdruck p' berechnet werden aus

$$p' = p_s - \frac{1}{2}\tau\frac{B}{755},$$

wobei p_s der Sättigungsdruck für die Temperatur des befeuchteten Thermometers, B der Barometerstand (mm Hg), τ die Temperaturdifferenz der Thermometer ist.

Beim sog. Aspirationspsychrometer (nach Assmann) wird die Luft, deren Feuchtigkeit bestimmt werden soll, in einem ununterbrochenen Strom mit 2 bis 3 m/sek Geschwindigkeit über die in Hüllrohren steckenden beiden Thermometer gesaugt. Auch für dieses gilt die Formel.

Das Verhältnis des Gewichtes γ' des in 1 cbm ungesättigter Luft enthaltenen Dampfes zum Gewichte γ_s des Kubikmeters gesättigten Dampfes von gleicher Temperatur wird als relative Feuchtigkeit oder Dunstsättigung (x) bezeichnet; es ist

$$x = \frac{\gamma'}{\gamma_s} \quad \ldots\ldots\ldots\ldots \quad (1)$$

Die relative Feuchtigkeit ist also das Verhältnis der wirklichen absoluten Feuchtigkeit zur absoluten Feuchtigkeit der eben gesättigten Luft von gleicher Temperatur.

Ist der Dunstdruck p' und die Lufttemperatur t bestimmt worden, so läßt sich daraus x leicht berechnen. Für den ungesättigten Zustand des Dunstes gilt nämlich die Zustandsgleichung

$$p'v' = R_d(273 + t),$$

---

[1]) Eine anschauliche, aber weniger bekannte Theorie des Instruments ist in dem Buche von Weiss, Kondensation, enthalten.

für den gesättigten dagegen bei gleicher Temperatur

$$p_s v_s = R_d (273 + t),$$

daher ist

$$p' v' = p_s v_s,$$

mit v' und v_s als Volumen von 1 kg Dunst im ungesättigten und gesättigten Zustand. Nun ist aber

$$v' = \frac{1}{\gamma'} \text{ und } v_s = \frac{1}{\gamma_s},$$

daher

$$\frac{\gamma'}{\gamma_s} = \frac{p'}{p_s} = x \quad . \quad . \quad . \quad . \quad . \quad . \quad . \quad . \quad . \quad . \quad (2)$$

Man hat also, wenn p' bekannt ist, nur noch p_s gemäß t aus den Dampftabellen zu entnehmen, um in dem Quotienten beider Drücke die Dunstsättigung zu erhalten.

Das Gewicht γ' des in 1 cbm enthaltenen Dunstes, die absolute Feuchtigkeit, wird

$$\gamma' = x \cdot \gamma_s = \frac{p'}{p_s} \gamma_s \quad . \quad . \quad . \quad . \quad . \quad . \quad . \quad . \quad . \quad (2a)$$

wobei γ_s den Dampftabellen zu entnehmen ist.

Der Druck der im gleichen Raume enthaltenen reinen Luft ist gleich $p - p'$, daher ihr Gewicht

$$\gamma_l = 1{,}293 \cdot \frac{p - p'}{760} \cdot \frac{273}{273 + t},$$

mit $p - p'$ in mm Hg.

Daher ist schließlich das Gewicht von 1 cbm feuchter Luft (spez. Gewicht)

$$\boldsymbol{\gamma = \gamma' + \gamma_l = x \gamma_s + 1{,}293 \cdot \frac{p - p'}{760} \cdot \frac{273}{T}} \quad . \quad . \quad . \quad (3)$$

Die Gaskonstante der feuchten Luft ist somit

$$R = \frac{p}{\gamma (273 + t)},$$

mit p in kg/qm.

Einfacher erhält man R auf folgendem Wege. Nach Raumteilen ist die feuchte Luft zusammengesetzt aus $\frac{p'}{p}$ Teilen Wasserdunst und $1 - \frac{p'}{p}$ Teilen trockener Luft. Ihr mittleres Molekulargewicht ist daher

$$m = \frac{p'}{p} m_{H_2O} + \left(1 - \frac{p'}{p}\right) m_l$$

$$= 18{,}016 \frac{p'}{p} + \left(1 - \frac{p'}{p}\right) 28{,}95$$

$$\boldsymbol{m = 28{,}95 - 10{,}93 \frac{p'}{p}} \quad . \quad . \quad . \quad . \quad . \quad . \quad . \quad . \quad . \quad (4)$$

Feuchte Luft ist daher stets leichter als trockene vom gleichen Druck- und Temperaturzustand.

Aus m folgt die Gaskonstante

$$R = \frac{848}{28{,}95 - 10{,}93\,\frac{p'}{p}} \quad \ldots\ldots\ldots \quad (5)$$

und das spez. Gewicht (für 0° und 760 mm)

$$\gamma_0 = \frac{m}{22{,}4} = 1{,}293 - 0{,}488\,\frac{p'}{p} \quad \ldots\ldots \quad (6)$$

und für t^0 und B mm

$$\gamma = \gamma_0\,\frac{273}{273 + t}\cdot\frac{B}{760} \quad \ldots\ldots\ldots \quad (6\,a)$$

Das Gewicht q des in 1 kg feuchter Luft enthaltenen Wasserdampfs ist nach Abschn. 7 Gl. 7

$$q = \frac{p'}{p}\cdot\frac{R}{R'},$$

also mit Gl. 5 und

$$R' = \frac{848}{18{,}016}$$

$$q = \frac{18{,}02}{28{,}95 - 10{,}93\,\frac{p'}{p}}\cdot\frac{p'}{p}$$

oder

$$q = \frac{0{,}622}{1 - 0{,}378\,\frac{p'}{p}}\cdot\frac{p'}{p} \quad \ldots\ldots\ldots\ldots \quad (7)$$

Für kleine Werte p'/p wird hieraus angenähert

$$q = 0{,}622\,\frac{p'}{p} \quad \ldots\ldots\ldots\ldots \quad (7\,a)$$

Den Taupunkt, die Temperatur bis zu welcher die ungesättigte Luft sich abkühlen muß, bis sie gesättigt wird, erhält man aus den Dampftabellen, indem man die zu dem gemessenen Dunstdruck p' gehörige Sättigungstemperatur aufsucht.

Bemerkung. Wie man aus der Dampftabelle Anhang III erkennt, sind die Zahlen für p in mm Hg und für γ in g/cbm annähernd gleich groß. Aus dieser Zufälligkeit folgt, daß der Dunstdruck und die absolute Feuchtigkeit durch ungefähr gleiche Zahlen ausgedrückt werden, wobei die Feuchtigkeitsziffer etwas kleiner ist. Nach Gl. 2a ist mit $\gamma_s \cong p_s$

$$\gamma' \cong p' \quad \ldots\ldots\ldots\ldots\ldots \quad (2\,b)$$

Beispiel. Bei einem Barometerstand von 758,7 mm (für 0°) und einer Lufttemperatur von + 15,0° wurde der Dunstdruck mittels des Psychrometers zu 9,5 mm Hg bestimmt. Wie groß ist die Dunstsättigung, das Gewicht γ' des in 1 cbm Luft enthaltenen Dunstes, das spez. Gew., die Gaskonstante der feuchten Luft und die Temperatur des Taupunktes?

Die Dampftabellen ergeben für $+15^0$ einen Sättigungsdruck von 12,73 mm, daher ist die Dunstsättigung

$$x = \frac{9,5}{12,73} = 0,746$$

Nach den Dampftabellen ist ferner $\gamma_s = 0,0133$ kg/cbm oder 13,3 g/cbm. Daher enthält die Luft $\gamma' = 0,746 \cdot 13,3 = 9,9$ g/cbm Wasserdunst (absol. Feuchtigkeit).

Das Gewicht der reinen Luft in 1 cbm ist

$$\gamma_l = 1,293 \cdot \frac{758,7 - 9,5}{760} \cdot \frac{273}{273 + 15} = 1,209 \text{ kg}.$$

Das spez. Gew. der feuchten Luft ist somit

$$\gamma = 1,209 + 0,0099 = \underline{1,2189 \text{ kg/cbm.}}$$

Die Gaskonstante ist

$$R = 10\,000 \cdot \frac{758,7}{735,6 \cdot 1,2189 \cdot 288} = \underline{29,4.}$$

Zum Drucke von 9,5 mm gehört eine Sättigungstemperatar von $\underline{10,5^0}$. Dies ist die Temperatur des Taupunktes.

Andere Rechnung:

$$m = 28,95 - 10,93 \cdot \frac{9,5}{758,7} = 28,85, \quad \gamma_0 = 1,287, \quad \gamma = 1,218,$$

$$R = \frac{848}{28,85} = 29,4.$$

In 1 kg der feuchten Luft sind enthalten

$$q = 622 \cdot \frac{9,5}{758,7} = 7,8 \text{ g Wasserdampf.}$$

8. Die Brennstoffe und ihre Zusammensetzung.

Die brennbaren Elemente der technisch wichtigen Brennstoffe sind Kohlenstoff und Wasserstoff, meist enthalten als Verbindungen dieser beiden Stoffe, also Kohlenwasserstoffe in der verschiedenartigsten Zusammensetzung und Vermengung untereinander und mit den Elementen. In gasförmigen Brennstoffen außerdem Kohlenoxyd. Schwefel in geringen Mengen. Nicht brennbare Beimengungen: Sauerstoff- und Stickstoff-Verbindungen, Feuchtigkeit (Wasser) und mineralische Bestandteile (Asche).

Feste Brennstoffe: Holz, Torf, Braunkohle, Steinkohle; Briketts aus Braunkohle und Steinkohle; Holzkohle und Koks als Destillationsrückstände.

Flüssige Brennstoffe: Das rohe Erdöl (Naphtha, Rohöl) und seine Destillate: Gasolin, Benzin, Petroleum und Rückstände der Destillation (Masut).

Der Steinkohlenteer, insonderheit seine Destillate, die Steinkohlen-Teeröle verschiedenster Zusammensetzung. Unterschieden in Leichtöle und schwere Teeröle. Zu ersteren das Benzol, als Handelsbenzol vermengt mit Toluol und Xylol in verschiedenen Mengen; das Steinkohlenbenzin oder Solventnaphtha. Die Schweröle bilden 40 v. H. des ganzen Teers, die Leichtöle nur rd. 10 v. H., 50 v. H. sind Pech. Zu den Schwerölen gehören z. B. das Anthracenöl, Kreosotöl, Solaröl, Gasöl.

Die Benzol-Kohlenwasserstoffe werden in Deutschland aus den Kokereigasen, nur zum geringsten Teil aus dem Teer gewonnen. Die Kokereien erzeugen das sog. Leichtöl (Benzol + Toluol + Xylol + Solventnaphtha), das in den

Benzolfabriken weiter verarbeitet wird. Auch das feste Naphthalin, als motorischer Brennstoff verwendbar, wird aus Teer oder Kokereigasen gewonnen.

Die Braunkohlenteeröle, das Rohöl verschiedener Qualität, Solaröl, Gasöl, Paraffinöl.

Der Spiritus, mit verschiedenen Mengen Wasser vermengter Alkohol.

Mittelwerte der elementaren Zusammensetzung fester und flüssiger Brennstoffe in Hundertteilen des Gewichts.

Stoff	C	H	S	N	O	H_2O	Asche	Bemerkungen
Holz	49	6	—	—	44	bis 20	< 0,8	Auf die Trockensubstanz bezogen. Feuchtigkeit im lufttrockenen Zustand.
Torf	48	4,5	0,5 bis 0,9	1,1 — 2,7	20 — 34	bis 20	2 bis 30	„ „ „
Braunkohle	52	4	1 bis 4	0,6 — 1,7	15 — 20	12 — 14	4 — 11 u. m.	lufttrocken
Braunkohle-Briketts	54	4,4	1	0,5	22	12	6	„
Steinkohle	80	4,7	0,5 bis 1,5	0,7 — 1,7	6 — 11	1,3	6,5	„
Anthrazit	92	3,2	0,8	0,7	2,3	—	1,2	„
Koks	88 92	0,7 0,7	0,86 0,8		1,4 1,5	2 1,5	7 3,5	aus Ruhrmagerkohle aus Ruhrfettkohle
Erdöl und Destillate	85	14	—	—	1	—	—	Gemenge v. Kohlenwasserstoffen Benzin = Hexan + Heptan $C_6H_{14} + C_7H_{16}$
Steinkohlen-Teeröl (schwer)	90 bis 85	7 bis 13	0,4 bis 1					Aromatische (kohlenstoffreiche) Kohlenwasserstoffe
Steinkohlen-Teeröl Leichtöl (roh)								$0{,}59\,C_6H_6 + 0{,}11\,C_7H_8$ (Benzol) (Toluol) $+ 0{,}09\,C_8H_{10} + 0{,}06\,C_9H_{12}$ (Xylol) (Steinkohlenbenzin) $+ 0{,}15$ Rückst.
Benzol (C_6H_6)	92,3	7,7						
Braunkohlen-Teeröl (Paraffinöle)	85	12						Fett-Kohlenwasserstoffe C_nH_{2n+2}, C_nH_{2n}, C_nH_{2n-2} (wasserstoffreich)
Alkohol (Äthyl-)	52,2	13,0			34,8			C_2H_6O.
Naphthalin	93,7	6,3						$C_{10}H_8$
Steinkohlenteer	87 bis 93	2 bis 6	0,2 — 1					

Gasförmige Brennstoffe. Das Leuchtgas, Destillationsprodukt der Steinkohle (Entgasung durch Erhitzung unter Luftabschluß). Zusammensetzung nicht unerheblich wechselnd mit der Kohle, dem zeitlichen Verlauf und der Temperatur der Entgasung. Nahe verwandt damit das Kokereigas.

Mittlere Zusammensetzung für Leuchtgas:

	H_2	CH_4	C_nH_{2n}	CO	CO_2	O_2	N_2
Raumteile	48,5	35,0	4,56	7,18	1,82	0,25	2,70
Gewichtsteile	8,4	48,7	10,9	17,0	7,6	0,7	6,7

Spez. Gewicht 0,515 kg/cbm für 0° und 760 mm; Gaskonstante $R = 73,5$.
Andere Analysen (Raumteile)

H_2	CH_4	C_2H_4	C_3H_6	C_6H_6	CO	CO_2	O_2	N_2
46,2	34,02	2,55	1,21	1,33	8,88	3,01	0,65	2,15
49,0	27,0	3,0	—	0,3	10,0	3,0	1,0	6,7

Kokereigas. Die Zusammensetzung wechselt während der Vergasungszeit stetig. So ergab sich in einem Falle nach 6 stündiger Vergasung für luftfreies Gas

H_2	CH_4	C_mN_n	CO	CO_2	N_2	
35,88	35,95	6,47	7,44	4,42	9,84,	dagegen
43,03	29,49	2,76	8,38	2,23	14,11	

nach 19 Stunden. Das spez. Gewicht nach 2 Stunden war 0,565, nach 19 Stunden 0,468, nach 34 Stunden 0,410.

Die meisten Kokereien werden mit Gewinnung der Nebenprodukte aus den Kokereigasen betrieben. Das von den Nebenprodukten freie Gas, das als Brennstoff für Dampfkessel oder Gasmaschinen verfügbar ist, hat daher eine von dem Destillationsgas etwas verschiedene Zusammensetzung, da Benzol, Ammoniak und Teer ausgeschieden sind. Mittelwerte der Zusammensetzung sind nach Greiner:

H_2	CH_4	CO	CO_2	N_2
57	23	6	2	12 (Raumteile).

Generatorgas, aus Koks, Steinkohle, Anthrazit, Braunkohlenbriketts, Torf. Bei den drei ersten Stoffen durch Einblasen (Durchsaugen) von Luft und Wasserdampf unter den Rost des Generators (Mischgas). Zusammensetzung verschieden je nach Brennstoff und Wassermenge.

Beispiele von Analysen von Generatorgas aus.

	H_2	CH_4	CO	CO_2	N_2	
Koks:	7,0	2,0	27,6	4,8	58,6	(Mittel aus vielen Analysen)
Steinkohle:	11,5	1,1	23,3	5,7	58,4	(Mittel aus 12 Analysen)
Belg. Anthrazit:	11,0	2,3	24,83	2,43	58,74	(Mittel aus 5 Analysen)
Braunkohlenbriketts:	25,9	2,1	17,1	10,5	44,3	(Mittel aus 4 Analysen),
Nasser Torf:	16,75	3,0	9,1	16,0	53,4	(Mittel aus 2 Analysen).

Gichtgas. Die Zusammensetzung dieser Gase schwankt naturgemäß. Versuche an einer größeren Zahl amerikanischer Hochöfen, die sich über 2 Jahre ohne Unterbrechung erstreckten, ergaben eine gesetzmäßige Abhängigkeit der Zusammensetzung und des Heizwertes der Gichtgase vom Koksverbrauch der Öfen. (Stahl und Eisen 1916, S. 119). Es fand sich für

75	100	140	v. H. Koksverbrauch
2,7	2,78	2,9	v. H. H_2
24	26,7	31	„ CO
15	12,3	8	„ CO_2
0,2	0,2	0,2	„ CH_4
58	58	58	„ N_2
750	830	950	Cal./cbm 0° 760, Heizwert.

9. Die technischen Verbrennungsprodukte.

Die Verbrennung erfolgt bei fast allen technischen Verbrennungsprozessen durch atmosphärische Luft, deren Sauerstoff sich bei hinreichend hoher Temperatur mit dem Kohlenstoff der Brennstoffe zu Kohlensäure, mit dem Wasserstoff zu Wasserdampf verbindet. Die Verbrennungsprodukte (Feuergase, Rauchgase) sind daher, sofern vollständige Verbrennung, sowohl hinsichtlich der Masse als des Oxydationsgrades stattfindet, aus Kohlensäure, Wasserdampf, Sauerstoff und Stickstoff in verschiedenen Mengen zusammengesetzte, gasförmige Körper. Die Gesetze für Gasmischungen können daher auf sie, jedenfalls im heißen Zustand, angewendet werden.

Der Luftbedarf zur vollständigen Verbrennung.

Den zur Verbrennung erforderlichen Sauerstoff liefert die atmosphärische Luft, die aus 23,2 Gewichtsteilen Sauerstoff und 76,8 Gewichtsteilen Stickstoff (+ Argon) besteht, von anderen dem Gewicht nach unbedeutenden Beimengungen abgesehen. In Raumteilen enthält sie 21 Teile O_2, 79 Teile N_2.

Ist der Sauerstoffbedarf $k(O_2)$ in kg für 1 kg Brennstoff bekannt, so ist daher der Luftbedarf

$$L_0 = \frac{1}{0,232} k(O_2) \text{ kg/kg}.$$

Dieser Mindestwert ist für praktische Verbrennungsvorgänge nicht ausreichend, wenn vollständige Verbrennung eintreten soll. Sowohl Feuerungen als Motoren bedürfen mehr Luft (25 bis 100 v. H.), so daß der wirkliche Luftbedarf

$$L = n L_0$$

ist, mit $n = 1,25$ bis 2,0 und mehr.

Von dieser Luft gehen aber nur L_0 kg mit ihrem Sauerstoff in die Verbrennung ein. Der Rest $(n-1)\,L_0$ kg Luft wird lediglich mit erhitzt, desgleichen der Stickstoff von L_0 kg Luft, also $0,768\,L_0$ kg Stickstoff. Der überschüssige Sauerstoff in $(n-1)L_0$ kg überschüssiger Luft wiegt $0,232\,(n-1)\,L_0$ kg.

Liegt die Elementaranalyse vor, wie bei festen und flüssigen Brennstoffen, so kann $k(O_2)$ berechnet werden aus

$$k(O_2) = \frac{8}{3}C + 8H - O,$$

wenn C, H und O Gewichtsanteile in 1 kg Brennstoff bedeuten. — Ist dagegen bei gasförmigen Brennstoffen die Zusammensetzung nach Gewichtsteilen der Einzelgase gegeben, so kann $k(O_2)$ mit Hilfe der nachstehenden Verbindungsgewichte berechnet werden. Es verbrennen

1 kg	H_2	mit	8 kg	O_2	zu	9 kg	H_2O		
1 „	C	„	$\frac{8}{3}$ „	„	„	$\frac{11}{3}$ „	CO_2		
1 „	CO	„	$\frac{4}{7}$ „	„	„	$\frac{11}{7}$ „	„		
1 „	CH_4	„	4 „	„	„	$\frac{11}{4}$ „	„	und $\frac{9}{4}$ kg	H_2O
1 „	C_nH_{2n}	„	$\frac{24}{7}$ „	„	„	$\frac{22}{7}$ „	„	„ $\frac{9}{7}$ „	„

Daraus ergibt sich

für Leuchtgas $k(O_2) = 4CH_4 + 8H_2 + \frac{4}{7}CO + \frac{24}{7}C_nH_{2n} - O_2$ (kg),

worin CH_4 usw. Gewichtsanteile bedeuten;

für Kraftgas $k(O_2) = 4CH_4 + 8H_2 + \frac{4}{7}CO$.

Die Verbrennungsprodukte (Feuergase) bestehen, soweit sie aus den brennbaren Bestandteilen herstammen, aus CO_2 und H_2O; im übrigen aus $(n-1)\,L_0$ kg Luft und $0{,}768\,L_0$ kg Stickstoff, sowie dem ursprünglichen Gehalt des Brennstoffs an unverbrennlichen gasförmigen Bestandteilen (CO_2, O_2, N_2).

Da die Gaskonstanten von Luft und Stickstoff wenig verschieden sind, so können die $(n-1)\,L_0$ kg Luft und $0{,}768\,L_0$ kg Stickstoff, einschließlich des meist unbedeutenden O_2-, N_2- und CO_2-Gehaltes (g_r) der Brennstoffe zusammengefaßt und mit dem abgerundeten Werte $R = 30$ der Gaskonstanten, sowie mit der spezifischen Wärme des Stickstoffs in Rechnung gestellt werden.

Das Gewicht der Feuergase aus 1 kg Brennstoff ist $1 + n \cdot L_0$ kg, daher ist ihre Zusammensetzung nach Gewichtsanteilen

$$g(CO_2) = \frac{k(CO_2)}{1 + nL_0}; \qquad g(H_2O) = \frac{k(H_2O)}{1 + nL_0}; \qquad g(N+O) = \frac{k(N+O)}{1 + nL_0}.$$

Hierin ist nun bei gegebener Elementaranalyse (feste und flüssige Brennstoffe)

$$k(CO_2) = \frac{11}{3} C$$

$$k(H_2O) = 9\,H,$$

$$k(N + O) = (n - 0{,}232)\,L_0 + g_r$$

und für gasartige Brennstoffe:

$$k(CO_2) = \frac{11}{4} CH_4 + \frac{11}{7} CO + \frac{22}{7} C_n H_{2n},$$

$$k(H_2O) = \frac{9}{4} CH_4 + 9\,H + \frac{9}{7} C_n H_{2n}.$$

Daraus folgt nun für Leuchtgasverbrennungsprodukte mittlerer Zusammensetzung

$k(O_2) = 3{,}095$ kg/kg; $L_0 = 13{,}1$ kg/kg

$k(CO_2) = 1{,}95$; $k(H_2O) = 2{,}23$; $k(N + O) = (n - 0{,}232)\,13{,}1 + 0{,}15$.

Für Kraftgas wird

$k(O_2) = 0{,}25$ kg/kg; $L_0 = 1{,}078$;

$k(CO_2) = 0{,}489$; $k(H_2O) = 0{,}072$; $k(N + O) = (n - 0{,}232) \cdot 1{,}078 + 0{,}695$.

Für Erdöldestillate wird

$L_0 = 14{,}5$ kg/kg; $k(CO_2) = 3{,}12$; $k(H_2O) = 1{,}26$.

Die entstandene Kohlensäure wiegt also bei Leuchtgas ungefähr das Doppelte, bei Kraftgas die Hälfte, bei Erdöl das Dreifache des Brennstoffs; der entstandene Wasserdampf entsprechend das 2,2, 0,07, 1,26 fache des Brennstoffgewichtes; und die gesamten Verbrennungsprodukte wiegen bei Leuchtgas mindestens das 14 fache, bei Kraftgas das Doppelte, bei Erdöl das 15,5 fache des Brennstoffs.

Hieraus ergibt sich nun die Zusammensetzung der Feuergase nach Gewichtsteilen,

für Leuchtgas

	$g(CO_2)$	$g(H_2O)$	$g(N + O)$
mit $n = 1$ (theor. Luftmenge),	0,138	0,158	0,709
$n = 1{,}5$	0,095	0,108	0,80

für Kraftgas (aus Koks)

	$g(CO_2)$	$g(H_2O)$	$g(N + O)$
$n = 1$,	0,145	0,095	0,766
$n = 1{,}5$	0,112	0,070	0,818

für Petroleum und Benzin

	$g(CO_2)$	$g(H_2O)$	$g(N + O)$
$n = 1$,	0,201	0,081	0,72
$n = 1{,}5$	0,137	0,055	0,81.

Als Durchschnittswerte für den praktisch allermindestens erforderlichen Luftüberschuß von 25 v. H. ($n = 1{,}25$) setzen wir

	$g(CO_2)$	$g(H_2O)$	$g(N + O)$
für Leuchtgas	0,11	0,13	0,76
für Kraftgas	0,17	0,055	0,775
für Erdöldestillate . . .	0,17	0,07	0,76
für Steinkohle	0,20	0,03	0,77

Gaskonstanten der Gemenge aus Brenngasen und Verbrennungsluft und der Feuergase. Für das Gemenge vor der Verbrennung ist

$$g_g = \frac{1}{1 + n L_0} \quad \text{(Gewichtsanteil des Brenngases)}$$

$$g_L = \frac{n L_0}{1 + n L_0} \quad \text{(Gewichtsanteil der Luft).}$$

Daher ist die Gaskonstante vor der Verbrennung

$$R_0 = g_g \cdot R_g + g_L \cdot R_L .$$

Nach der Verbrennung ist (Feuergas)

$$R_f = g(CO_2) \cdot R_{CO_2} + g(H_2O)\, R_{H_2O} + g(N + O) \cdot 30 .$$

Nun wird R_f immer mehr oder weniger verschieden von R_0 ausfallen. Nach dem Gasgesetz verhalten sich aber bei gleichen Drücken und Temperaturen die Räume gleicher Gewichtsmengen verschiedener Gase wie die Gaskonstanten, also

$$\frac{R_f}{R_0} = \frac{v}{v_0} .$$

Wenn also nach der Verbrennung R_f kleiner ist als vor der Verbrennung R_0, so ist auch der Rauminhalt der Verbrennungsprodukte (diese auf die Temperatur vor der Verbrennung abgekühlt gedacht) kleiner als der Raum, den das brennbare Gemisch einnimmt. Diese Erscheinung, die bei den meisten Brennstoffen eintritt, wird als Volumenkontraktion (Raumverminderung) bezeichnet.

Für das Durchschnitts-Leuchtgas ist z. B. mit $n = 1{,}25$ vor der Verbrennung

$$g_g = 0{,}057, \quad g_L = 0{,}943,$$

daher $$R_0 = 0{,}057 \cdot 73{,}5 + 0{,}943 \cdot 29{,}3 = \mathbf{31{,}8} .$$

Nach der Verbrennung, also für die Feuergase, wird dagegen mit

$$g(CO_2) = 0{,}11, \quad g(H_2O) = 0{,}13, \quad g(N + O) = 0{,}76$$

$$R_f = 0{,}11 \cdot 19{,}3 + 0{,}13 \cdot 47 + 0{,}76 \cdot 30 = \mathbf{31{,}0} .$$

Die Volumenkontraktion ist somit $\frac{31{,}0}{31{,}8} = 0{,}975$, also verhältnismäßig gering. Noch kleiner wird sie bei größerem Luftüberschuß. Weiteres vgl. nächsten Abschnitt.

9a. Die Raumverhältnisse beim Verbrennungsvorgang.

Diese lassen sich zwar aus den Gewichtsverhältnissen herleiten gemäß Abschn. 5. Da jedoch die räumlichen Verhältnisse bei der Verbindung der Gase nach Abschn. 6 sehr einfachen Gesetzen folgen, so ist es im allgemeinen viel bequemer, sie ohne Bezugnahme auf die Gewichte zu verfolgen.

a) Gasförmige Brennstoffe.

Die Verbrennung des gasförmigen Kohlenoxyds CO zu Kohlensäure erfolgt z. B. nach der Formel

$$2\,CO + O_2 = 2\,CO_2.$$

Räumlich bedeutet dies, daß 2 Raumteile CO (z. B. 2 cbm) zur vollständigen Verbrennung 1 Raumteil (1 cbm) O_2 erfordern, und daß die entstandene Kohlensäure (auf die Temperatur und den Druck wie vor der Verbrennung gebracht) einen Raum von 2 cbm einnimmt. Also verwandeln sich $2 + 1 = 3$ cbm Gasgemenge in 2 cbm Verbrennungsprodukte. Es findet eine Verminderung auf $^2/_3$ des ursprünglichen Gesamtraumes, also um 1 cbm, statt. Der Sauerstoffbedarf in cbm ist gleich der Hälfte des Raumes des zu verbrennenden Kohlenoxyds. Es wird ebensoviel Kohlensäure gebildet, als Kohlenoxyd zu verbrennen war.

Für die Verbrennung des gasförmigen Wasserstoffs zu Wasserdampf folgt aus

$$2\,H_2 + O_2 = 2\,H_2O$$

eine Raumverminderung auf $^2/_3$ des Gesamtraumes und eine Sauerstoffmenge gleich der Hälfte der Wasserstoffmenge, wie bei Kohlenoxyd.

Kohlenwasserstoffe der Zusammensetzung C_mH_n verbrennen nach der Gleichung:

$$C_mH_n + \left(m + \frac{n}{4}\right) O_2 = m\,CO_2 + \frac{n}{2} H_2O.$$

Für 1 cbm C_mH_n sind also $m + \frac{n}{4}$ cbm Sauerstoff erforderlich. Es entstehen aus $1 + m + \frac{n}{4}$ cbm gasförmigem Gemenge $m + \frac{n}{2}$ cbm Verbrennungsgase, die Raumveränderung beträgt also:

$$\left(m + \frac{n}{2}\right) - \left(1 + m + \frac{n}{4}\right) = \frac{n}{4} - 1 \text{ cbm} \quad . \quad . \quad . \quad . \quad (1)$$

Bei der Verbrennung von CH_4, Methan, ist also die Raumänderung gleich Null; der Sauerstoff hat den $m + \frac{n}{4} = 2$ fachen Raum des Methans. — Für Kohlenwasserstoffe mit mehr als 4 Atomen H geht die Raumverminderung (Kontraktion) in eine Raumvergrößerung (Dilatation) der Verbrennungsprodukte gegenüber dem gasförmigen Gemisch über. Bei der Verbrennung von 1 cbm gasförmigem Benzol, C_6H_6, ist z. B. der Raum der Verbrennungsgase um $\frac{6}{4} - 1 = \frac{1}{2}$ cbm größer als der des Gemisches; ähnlich bei den Komponenten des Benzins, C_6H_{14} und C_7H_{16}.

Beliebiges Brenngas. Mit Rücksicht auf die beschriebenen Raumverhältnisse lassen sich für ein ganz beliebiges Gasgemisch von bekannter räumlicher Zusammensetzung die zur Verbrennung nötigen Sauerstoffmengen und die Gasmengen, aus denen die Verbrennungsprodukte bestehen, leicht bestimmen.

Das Brenngas sei zusammengesetzt nach dem Schema:

$$\mathfrak{v}(H_2) + \mathfrak{v}(CO) + \mathfrak{v}(CH_4) + \mathfrak{v}(C_2H_4) + \mathfrak{v}(C_2H_2) + \mathfrak{v}(O_2) + \mathfrak{v}(N_2) + \mathfrak{v}(CO_2) + \mathfrak{v}(H_2O) = 1 \quad . \; . \; . \; . \; . \; . \; . \; (2)$$

Dann werden gebraucht (für 1 cbm Brenngas):

$$(O)_{\min} = \frac{\mathfrak{v}(CO) + \mathfrak{v}(H_2)}{2} + 2\mathfrak{v}(CH_4) + 3\mathfrak{v}(C_2H_4) + 2{,}5\,\mathfrak{v}(C_2H_2) - \mathfrak{v}(O_2) \text{ cbm Sauerstoff}, \quad . \; . \; . \; . \; . \; . \; . \; (3)$$

also

$$L_{min} = \frac{(O)_{\min}}{0{,}21} \text{ cbm Luft} \quad . \; . \; . \; . \; . \; . \; . \; (3a)$$

In den Verbrennungsprodukten von 1 cbm Brenngas sind enthalten:

Kohlensäure:

$$\mathfrak{v}(CO) + \mathfrak{v}(CH_4) + 2\mathfrak{v}(C_2H_4) + 2\mathfrak{v}(C_2H_2) + \mathfrak{v}(CO_2) \text{ cbm} = V[CO_2]. \quad (4)$$

Wasserdampf:

$$\mathfrak{v}(H_2) + 2\mathfrak{v}(CH_4) + 2\mathfrak{v}(C_2H_4) + \mathfrak{v}(C_2H_2) + \mathfrak{v}(H_2O) \text{ cbm} = V[H_2O]. \quad (5)$$

Sauerstoff:

$$(n - 1)(O)_{\min} \text{ cbm, mit } n \text{ als Luftüberschußzahl,} = V[O_2]. \quad (6)$$

Stickstoff:

$$0{,}79\, n\, L_{min} + \mathfrak{v}(N_2) \text{ cbm} = V[N_2] \quad . \; . \; . \; . \; . \; (7)$$

Die Summe dieser 4 Anteile ist die gesamte Rauchgasmenge aus 1 cbm Brennstoff. Zieht man von dieser Menge $1 + n\,L_{min}$ cbm, das Volumen des unverbrannten Gemisches ab, so erhält man die gesamte Raumänderung ΔV bei der Verbrennung von 1 cbm Brenngas. Die Rechnung ergibt

$$\Delta V = -\frac{1}{2}\mathfrak{v}(CO) - \frac{1}{2}\mathfrak{v}(H_2) - \frac{1}{2}\mathfrak{v}(C_2H_2) \text{ cbm/cbm}, \quad . \; . \; (8)$$

wie sich auch unmittelbar anschreiben läßt. Raumänderung, und zwar Raumverminderung findet daher nur statt, sofern das Brenngas Kohlenoxyd, freien Wasserstoff und C_2H_2 (Azetylen) enthält. Bei Generatorgas und Leuchtgas wird stets Raumverminderung eintreten; am meisten bei dem Generatorgas wegen seines hohen CO-Gehaltes. Durch einen etwaigen Gehalt des Leuchtgases an Kohlenwasserstoffen mit mehr als 4 Atomen H wird die Raumänderung verringert. — Brenngase wie gasförmiges Benzol oder Benzin zeigen aus gleichem Grunde Volumvergrößerung. Im obigen Brenngasschema sind diese Stoffe nicht inbegriffen.

Bei einem Brenngas, das neben CO und H_2 beliebige Kohlenwasserstoffe C_mH_n enthält, wird die Raumänderung auf 1 cbm Brenngas allgemein

$$\Delta V = -\frac{1}{2}\,\mathfrak{v}(CO) - \frac{1}{2}\,\mathfrak{v}(H_2) + \sum\left(\frac{n}{4} - 1\right)\cdot\mathfrak{v}(C_mH_n) \quad . \; . \; . \quad (9)$$

Werden nach der Verbrennung die Rauchgase so weit abgekühlt, daß der ganze oder nahezu der ganze Wasserdampf kondensiert, so wird die Raumverminderung um den Betrag $V(H_2O)$ größer, also im ganzen

$$\Delta V = -\frac{1}{2}\,\mathfrak{v}(CO) - \frac{3}{2}\,\mathfrak{v}(H_2) - \sum\left(\frac{n}{4} + 1\right)\cdot\mathfrak{v}(C_mH_n) \quad . \; . \; . \quad (10)$$

Das Volumen des gasförmigen Gemenges mit 1 cbm Brenngasgehalt vor der Verbrennung ist

$$V_0 = 1 + n\,L_{min}.$$

Das **Rauchgasvolumen** bei gleichem Druck und gleicher Temperatur ist

$$V_g = 1 + n\,L_{min} + \Delta V \quad . \; . \; . \; . \; . \; . \; . \quad (11)$$

wobei ΔV in den meisten Fällen negativ ist, also $V_g < V_0$.

Die **Gaskonstanten** R_0 und R_f vor und nach der Verbrennung stehen im Verhältnis

$$\frac{R_0}{R_f} = \frac{V_0}{V_g}$$

also ist

$$R_f = R_0 \cdot \frac{1 + n\,L_{min} + \Delta V}{1 + n\,L_{min}}$$

oder

$$R_f = R_0\left(1 + \frac{\Delta V}{1 + n\,L_{min}}\right) \quad . \; . \; . \; . \; . \; . \; . \quad (12)$$

Da ΔV meist negativ ist, so wird meist $R_f < R_0$.

Beispiel. Für das Durchschnittsgeneratorgas S. 35 mit

$$H_2 = 7{,}0, \quad CH_4 = 2{,}0, \quad CO = 27{,}6, \quad CO_2 = 4{,}8, \quad N_2 = 58{,}6$$

wird

$$(O)_{min} = \frac{1}{2}\cdot 0{,}276 + \frac{1}{2}\cdot 0{,}07 + 2\cdot 0{,}02 = 0{,}213 \text{ cbm/cbm}$$

$$L_{min} = \frac{0{,}213}{0{,}21} = 1{,}014 \text{ cbm/cbm;}$$

$$\Delta V = -\frac{1}{2}\cdot 0{,}276 - \frac{1}{2}\cdot 0{,}07 = -0{,}173 \text{ cbm/cbm.}$$

Mit der theoretischen Luftmenge, also $n = 1$, wird das Gemischvolumen $1 + 1{,}014 = 2{,}014$, das Rauchgasvolumen $2{,}014 - 0{,}173 = \underline{1{,}841}$ cbm, das Verhältnis der Gaskonstanten

$$R_f : R_0 = 1 - \frac{0{,}173}{2{,}014} = 0{,}914;$$

ebenso groß ist das Volumenverhältnis nach und vor der Verbrennung. Die Rauchgase haben ein im Verhältnis 1 : 0,914, oder 1,1 mal größeres spez. Gewicht als die Brenngas-Luftmischung. Ferner wird $V(CO_2) = 0{,}344$ cbm, $V(H_2O) = 0{,}11$, $V(O_2) = (n-1)\,0{,}213$, $V(N_2) = 0{,}802\,n + 0{,}586$; für $n = 1$ $V(N_2) = 1{,}388$; für $n = 1{,}5$ $V(N_2) = 1{,}789$, $V(O_2) = 0{,}1065$. Das Rauchgasvol. $0{,}344 + 0{,}11 + 1{,}388 = 1{,}842$ bzw. 2,3495 cbm. Die räumliche Zusammensetzung des feuchten Gases für $n = 1{,}5$

	$\mathfrak{v}(CO_2)$	$\mathfrak{v}(O_2)$	$\mathfrak{v}(N_2)$	$\mathfrak{v}(H_2O)$
	$= 0{,}1465$	$= 0{,}0454$	$= 0{,}763$	$= 0{,}0468$;
die des trockenen	0,153	0,048	0,799	

b) Flüssige und feste Brennstoffe.

Ein beliebiger flüssiger oder fester Brennstoff enthalte C kg Kohlenstoff, H kg Wasserstoff und O kg Sauerstoff auf 1 kg.

Nach der Verbrennungsgleichung für Kohlenstoff

$$C + O_2 = CO_2$$

ist für 1 kg-Molekül, d. h. 12 kg Kohlenstoff, 1 kg-Molekül Sauerstoff nötig, dessen Volumen $\mathfrak{V}_0 = 22{,}4$ cbm für 0^0 und 760 mm ist (Abschn. 6). Zur Verbrennung von 1 kg Kohlenstoff sind demnach $\mathfrak{V}_0/12$ cbm Sauerstoff nötig und für C kg Kohlenstoff daher $C\,\mathfrak{V}_0/12$ cbm Sauerstoff.

Bei der Verbrennung des Wasserstoffs gemäß

$$2\,H_2 + O_2 = 2\,H_2O$$

wird für je 2 kg-Moleküle, d. h. $2 \cdot 2{,}016$ kg Wasserstoff 1 kg-Molekül $= \mathfrak{V}_0$ cbm Sauerstoff gebraucht, für 1 kg Wasserstoff also $\dfrac{\mathfrak{V}_0}{2 \cdot 2{,}016}$ und für H kg daher $\dfrac{\mathfrak{V}_0 H}{2 \cdot 2{,}016}$ cbm Sauerstoff.

Im ganzen werden also für 1 kg Brennstoff

$$\frac{\mathfrak{V}_0 C}{12} + \frac{\mathfrak{V}_0 H}{2 \cdot 2{,}016} \text{ cbm Sauerstoff}$$

gebraucht, wovon indessen noch das Volumen des im Brennstoff selbst enthaltenen Sauerstoffs abgeht. Letzteres ist, da 32 kg Sauerstoff das Volumen $\mathfrak{V}_0$ besitzen, gleich $\mathfrak{V}_0 O/32$, so daß die Sauerstoffzufuhr aus der Verbrennungsluft nur

$$O_{min} = \mathfrak{V}_0 \left(\frac{C}{12} + \frac{H}{4} - \frac{O}{32}\right) \text{cbm} \quad . \; . \; . \; . \; . \; . \; . \; . \quad (13)$$

beträgt. Daher ist

$$L_{min} = \frac{\mathfrak{V}_0}{0{,}21} \cdot \left(\frac{C}{12} + \frac{H}{4} - \frac{O}{32}\right) \text{cbm Luft} \quad . \; . \; . \quad (14)$$

für 1 kg Brennstoff.

In ganz gleicher Weise folgt für 1 kg Kohlenstoff eine Kohlensäuremenge $\mathfrak{V}_0/12$ cbm und für 1 kg Wasserstoff eine Wasserdampfmenge $\mathfrak{V}_0/2$ cbm, daher für C kg Kohlenstoff

$$V(CO_2) = \frac{\mathfrak{V}_0 C}{12},$$

für H kg Wasserstoff

$$V(H_2O) = \frac{\mathfrak{B}_0 H}{2} \text{ cbm.}$$

Wird nun mit n facher Luftmenge verbrannt, so sind nach der Verbrennung noch

$$V(O_2) = (n - 1)\, O_{min} \text{ cbm}$$

überschüssiger Sauerstoff in den Verbrennungsgasen, während die gesamte Stickstoffmenge

$$V(N_2) = \frac{79}{21}\, n\, O_{min} \text{ cbm} \quad \ldots \ldots \ldots (15)$$

beträgt.

Die gesamte Verbrennungsgasmenge aus 1 kg Brennstoff ist somit

$$V_g = V(CO_2) + V(H_2O) + V(O_2) + V(N_2)$$

$$= \frac{\mathfrak{B}_0 C}{12} + \frac{\mathfrak{B}_0 H}{2} + (n - 1)\, O_{min} + \frac{79}{21}\, n\, O_{min}$$

$$= \frac{\mathfrak{B}_0 C}{12} + \frac{\mathfrak{B}_0 H}{2} + \left(\frac{n}{0{,}21} - 1\right) \mathfrak{B}_0 \cdot \left(\frac{C}{12} + \frac{H}{4} - \frac{O}{32}\right)$$

$$\boldsymbol{V_g = \mathfrak{B}_0 \cdot \left[\frac{H}{4} + \frac{n}{0{,}21}\left(\frac{C}{12} + \frac{H}{4} - \frac{O}{32}\right) + \frac{O}{32}\right]} \quad \ldots \ldots (16)$$

Das Volumen der Verbrennungsluft ist dagegen

$$L = \frac{n\, \mathfrak{B}_0}{0{,}21}\left(\frac{C}{12} + \frac{H}{4} - \frac{O}{32}\right) \quad \ldots \ldots \ldots \ldots (17)$$

Man hat daher auch

$$V_g = L + \frac{\mathfrak{B}_0 H}{4} + \frac{\mathfrak{B}_0 O}{32} = L + 5{,}6\, H + 0{,}07\, O \quad \ldots \ldots (18)$$

Das Rauchgasvolumen ist also um den Betrag $\mathfrak{B}_0 \left(\frac{H}{4} + \frac{O}{32}\right)$ cbm größer als das Luftvolumen.

Nun ist aber $\mathfrak{B}_0 H/2$ das Volumen des Verbrennungswasserdampfs. Für Brennstoffe mit geringem eigenem Sauerstoffgehalt gilt also die Regel: Das Rauchgasvolumen ist um rund die Hälfte des Volumens des Verbrennungs-Wasserdampfs, d. h. um 5,6 H cbm größer als das Luftvolumen.

Bemerkung. Das Volumen der heißen Verbrennungsgase ist in Wirklichkeit im Verhältnis $\frac{273 + t}{273}$ größer als die vorstehenden Werte, bei $t = 273^0$ noch doppelt so groß, also auch reichlich doppelt so groß als das Volumen der in die Feuerung oder die Verbrennungskraftmaschine einströmenden Luft. — Über das Verhalten des Wasserdampfs der Verbrennungsgase ist folgendes zu erwähnen. Nach Abschn. 9 sind in 1 kg Verbrennungsgasen höchstens (bei Leuchtgas) 0,16 kg Wasserdampf enthalten, sofern der Brennstoff und die Luft trocken ist. Nun besitzt 1 kg solcher Gase ungefähr das Volumen von 1 kg Luft gleicher Temperatur, also z. B. bei 100^0 noch $\frac{373}{1{,}293 \cdot 273} = 1{,}77$ cbm. In 1 cbm Gasen sind also höchstens $0{,}16 : 1{,}77 = 0{,}09$ kg Wasserdampf enthalten. Nun kann jedes Gas bei 100^0 und 1 at bis zur Sättigung rund 0,6 kg Wasserdampf aufnehmen. Daher ist der Wasserdampf noch bei 100° in jedem Falle im überhitzten Zustand in den Gasen enthalten. Sättigung tritt für einen Teildruck von 0,11 at, wie er dem Dampfgehalt von 0,16 kg entspricht, nach den Dampftabellen bei rund 47° auf. Feuergase mit kleinerem Dampfgehalt werden erst bei noch tieferen Temperaturen gesättigt.

Bei der Behandlung im Orsatapparat sättigen sich die abgekühlten Gase auf alle Fälle mit Wasserdampf aus dem Sperrwasser. Nun ist bei gesättigtem Gas von 20° der Teildruck des Wasserdampfes erst 17,4 mm Hg, bei 760 mm gesamtem Gasdruck also nur 17,4 : 760 = 0,023 Bruchteile davon. Der Wasserdampfgehalt der Rauchgase im Orsatapparat kann also nach Abschn. 7 2,3 v. H. Raumteile nicht übersteigen gegen z. B. 11 Raumteilen im obigen Rauchgas. Der Orsatapparat liefert im übrigen die Zusammensetzung des wasserfrei gedachten Rauchgases, weil bei den Volumenverminderungen des Gases im Apparat der gesättigte Wasserdampf in jeweils gleichem Verhältnis kondensiert.

Das Volumen der trockenen (wasserdampffreien) Rauchgase V'_g ist um dasjenige des Verbrennungswasserdampfs kleiner als das gesamte Rauchgasvolumen, somit

$$V'_g = V_g - \frac{\mathfrak{B}_0 H}{2}$$

$$= L - \frac{\mathfrak{B}_0 H}{4} + \frac{\mathfrak{B}_0 O}{32} \simeq L - \frac{\mathfrak{B}_0 H}{4}$$

Enthält der Brennstoff selbst freies Wasser (Feuchtigkeit), H_2O kg in 1 kg, so nimmt dieses als Wasserdampf das Volumen ein

$$\frac{\mathfrak{B}_0 \cdot (H_2O)}{18} \text{ cbm } (0^0, 760 \text{ mm}).$$

Um diesen Betrag ist V_g dann größer als oben berechnet, wogegen V'_g unverändert bleibt.

Die **räumliche Zusammensetzung** der dampfhaltigen Rauchgase ist nun hiernach, wenn der Brennstoff nur C, H und O enthält,

$$\mathfrak{v}(CO_2) = \frac{\mathfrak{B}_0}{12} \frac{C}{V_g}, \text{ mit } \mathfrak{B}_0 = 22{,}4 \quad \ldots \quad (19)$$

$$\mathfrak{v}(H_2O) = \frac{\mathfrak{B}_0}{2} \frac{H}{V_g} \quad \ldots \quad (20)$$

$$\mathfrak{v}(O_2) = \frac{(n-1)\, O_{min}}{V_g} \quad \ldots \quad (21)$$

$$\mathfrak{v}(N_2) = \frac{79}{21} \frac{n\, O_{min}}{V_g} \quad \ldots \quad (22)$$

Führt man zur Abkürzung ein

$$\mu^{1)} = \frac{H}{4} + \frac{n}{0{,}21}\left(\frac{C}{12} + \frac{H}{4} - \frac{O}{32}\right) + \frac{O}{32} \quad \ldots \quad (23)$$

also

$$V_g = \mu \mathfrak{B}_0 \quad \ldots \quad (16\,a)$$

---

[1]) μ ist die Anzahl Molen (kg-Moleküle), die aus 1 kg Brennstoff bei der Verbrennung entstehen.

so wird auch

$$\mathfrak{v}(CO_2) = \frac{C}{12\mu} \quad \ldots \quad (19\,a)$$

$$\mathfrak{v}(H_2O) = \frac{H}{2\mu} \quad \ldots \quad (20\,a)$$

$$\mathfrak{v}(O_2) = \frac{n-1}{\mu}\left(\frac{C}{12} + \frac{H}{4} - \frac{O}{32}\right) \quad \ldots \quad (21\,a)$$

$$\mathfrak{v}(N_2) = \frac{79}{21}\frac{n}{\mu}\left(\frac{C}{12} + \frac{H}{4} - \frac{O}{32}\right) \quad \ldots \quad (22\,a)$$

Hiernach läßt sich für einen beliebigen festen oder flüssigen Brennstoff, für den C, H und O in Gewichtsteilen auf 1 kg bekannt sind, die räumliche Zusammensetzung der Rauchgase bei einer beliebigen $n$fachen Luftmenge ermitteln.

Für einen Brennstoff mit dem **Stickstoffgehalt** N wird statt Gl. 23

$$\mu = \frac{H}{4} + \frac{n}{0{,}21}\left(\frac{C}{12} + \frac{H}{4} - \frac{O}{32}\right) + \frac{O}{32} + \frac{N}{28{,}08} \quad \ldots \quad (23\,a)$$

und statt Gl. 22 a

$$\mathfrak{v}(N_2) = \frac{79}{21}\frac{n}{\mu}\left(\frac{C}{12} + \frac{H}{4} - \frac{O}{32}\right) + \frac{N}{28{,}08\,\mu} \quad \ldots \quad (22\,b)$$

Für Brennstoffe mit dem **Wassergehalt** H_2O (Feuchtigkeit in Kohle, Holz usw., Beimischung bei Spiritus) wird μ um $H_2O/18$ größer, also statt Gl. 23 a

$$\mu = \frac{H}{4} + \frac{n}{0{,}21}\left(\frac{C}{12} + \frac{H}{4} - \frac{O}{32}\right) + \frac{O}{32} + \frac{N}{28{,}08} + \frac{H_2O}{18} \quad \ldots \quad (23\,b)$$

und statt Gl. 20 a

$$\mathfrak{v}(H_2O) = \frac{H}{2\mu} + \frac{H_2O}{18\mu} \quad \ldots \quad (20\,b)$$

Beispiel. Für eine Steinkohle sei C = 0,80 kg/kg, H = 0,047, O = 0,06. Der Luftbedarf für 1 kg ist ohne Luftüberschuß

$$L_{min} = \frac{22{,}4}{0{,}21}\left(\frac{0{,}8}{12} + \frac{0{,}047}{4} - \frac{0{,}06}{32}\right) = 8{,}17 \text{ cbm von } 0^0 \text{ und } 760 \text{ mm}.$$

Das Rauchgasvolumen

$$V_g = 8{,}17 + 5{,}6 \cdot 0{,}047 + 0{,}07 \cdot 0{,}06 = 8{,}17 + 0{,}263 + 0{,}042 = \underline{8{,}47} \text{ cbm},$$

bei 0^0 und 760 mm, bei 273^0 und 760 mm daher $2 \cdot 8{,}47 = \overline{16{,}94 \text{ cbm/kg}}$.

Ferner ist, mit $\mu = 0{,}379$ (für $n = 1$),

$$\mathfrak{v}(CO_2) = \frac{0{,}80}{12 \cdot 0{,}379} = 0{,}175 \ (17{,}5 \text{ v. H.}),$$

$$\mathfrak{v}(H_2O) = \frac{0{,}047}{2 \cdot 0{,}379} = 0{,}062 \ (6{,}2 \text{ v. H.}).$$

$$\mathfrak{v}(O_2) = 0$$

$$\mathfrak{v}(N_2) = \frac{79}{21}\frac{1}{0{,}379} \cdot 0{,}0766 = 0{,}758 \ (75{,}8 \text{ v. H.})$$

$$\mathfrak{v}(CO_2) + \mathfrak{v}(O_2) = 17{,}5 \text{ v. H.}, \quad \mathfrak{v}(H_2O) + \mathfrak{v}(N_2) = 82 \text{ v. H.}$$

Mit $n = 1{,}7$facher Luftmenge ist dagegen die Luftmenge $1{,}7 \cdot 8{,}17 = 13{,}9$ cbm, die Rauchgasmenge $13{,}9 + 0{,}263 + 0{,}042 = 14{,}20$ cbm, bei 273° $2 \cdot 14{,}20 = 28{,}4$ cbm/kg; der Beiwert $\mu = 14{,}20 : 22{,}4 = 0{,}634$.

$$\mathfrak{v}(CO_2) = \frac{0{,}8}{12 \cdot 0{,}634} = 0{,}104 = 10{,}4 \text{ v. H.},$$

$$\mathfrak{v}(H_2O) = \frac{0{,}047}{2 \cdot 0{,}634} = 0{,}037 = 3{,}7 \text{ v. H.},$$

$$\mathfrak{v}(O_2) = \frac{0{,}7}{0{,}634} \cdot 0{,}0766 = 0{,}085 = 8{,}5 \text{ v. H.},$$

$$\mathfrak{v}(N_2) = \frac{79}{21}\frac{1{,}7}{0{,}634} \cdot 0{,}0766 = 0{,}774 = 77{,}4 \text{ v. H.},$$

$$\mathfrak{v}(CO_2) + \mathfrak{v}(O_2) = 19 \text{ v. H.}, \qquad \mathfrak{v}(H_2O) + \mathfrak{v}(N_2) = 81 \text{ v. H.}$$

9b. Zur Beurteilung des Luftüberschusses aus der Rauchgasanalyse.

Aus der räumlichen Zusammensetzung der Rauchgase, die durch volumetrische chemische Analyse der Rauchgase (meist im sog. Orsatapparat) ermittelt wird, lassen sich, auch ohne Kenntnis der Zusammensetzung der Kohle, bestimmte Schlüsse auf die Größe des Luftüberschusses ziehen. Für den Feuerungsbetrieb ist dies von großer Wichtigkeit, weil bei zu großem Luftüberschuß zu viel Wärme mit den Rauchgasen aus dem Schornstein entweicht, bei ungenügender Luftmenge dagegen die Rauchgase noch brennbare Bestandteile enthalten.

Der Sauerstoffgehalt der Rauchgase bietet den nächstliegenden Anhalt für den Luftüberschuß. Bei Luftüberschuß enthalten die Rauchgase von 1 kg Brennstoff einen Luftrest von $(n-1)\,L_{min}$ cbm, also $0{,}21\,(n-1)\,L_{min}$ cbm Sauerstoff. Das Volumen der Rauchgase ist mit ziemlicher Annäherung gleich dem Luftvolumen (s. oben). Somit ist der räumliche Anteil des Sauerstoffs in den Rauchgasen sehr angenähert

$$\mathfrak{v}(O_2) = \frac{0{,}21\,(n-1)\,L_{min}}{n\,L_{min}} = 0{,}21\,\frac{n-1}{n}, \quad \ldots\ldots\ldots \quad (1)$$

daher

$$n = \frac{21}{21 - 100 \cdot \mathfrak{v}(O_2)} \quad \ldots\ldots\ldots\ldots \quad (2)$$

Die genauere Darstellung ergibt folgendes. Man hat mit V_g' als Rauchgasvolumen ohne Dampf

$$\text{I.} \qquad \mathfrak{v}(CO_2) = \frac{\mathfrak{V}_0\,C}{12\,V_g'},$$

$$\text{II.} \qquad \mathfrak{v}(O_2) = \frac{(n-1)\,O_{min}}{V_g'}$$

und

$$\text{III.} \qquad \mathfrak{v}(N_2) = 1 - \mathfrak{v}(CO_2) - \mathfrak{v}(O_2),$$

$$\text{III a.} \qquad \mathfrak{v}(N_2) = \frac{79}{21}\,\frac{n\,O_{min}}{V_g'}.$$

Gl. III gilt allgemein, weil sich der Stickstoff bei vollständiger Verbrennung von C und H stets als Restglied des trockenen Feuergases ergibt; Gl. IIIa nur dann, wenn der Brennstoff keinen (oder wenig) eigenen Stickstoff enthält.

Anderen Falles ist, wenn N der Gewichtsanteil Stickstoff in 1 kg Brennstoff ist,

$$\text{IIIb.} \qquad \mathfrak{v}(N_2) = \frac{79}{21}\frac{n\,O_{\min}}{V_g'} + \frac{\mathfrak{V}_0 N}{28\,V_g'}.$$

Aus Gl. II und IIIa folgt

$$\frac{\mathfrak{v}(O_2)}{\mathfrak{v}(N_2)} = \frac{21}{79}\frac{n-1}{n},$$

somit

$$n = \frac{21}{21 - 79\,\dfrac{\mathfrak{v}(O_2)}{\mathfrak{v}(N_2)}} \quad . \; . \; . \; . \; . \; . \; . \; . \; . \quad (3)$$

Bei festen Brennstoffen unterscheidet sich $100 \cdot \mathfrak{v}(N_2)$ immer nur wenig von 79 und daher gibt diese genaue Gleichung nur wenig von Gl. 2 verschiedene Werte. Ihre Anwendung setzt voraus, daß mittels der Rauchgasanalyse $\mathfrak{v}(CO_2)$ und $\mathfrak{v}(O_2)$ bestimmt worden sind.

Enthält der Brennstoff selbst wesentliche Mengen von Stickstoff (N-Gewichtsteile auf 1 kg), so wird die Luftüberschußzahl aus den Gleichungen II und IIIb

$$n = n_0\left[1 + \frac{\mathfrak{v}(O_2)}{\mathfrak{v}(N_2)} \cdot \frac{\mathfrak{V}_0 N}{28\,O_{\min}}\right],$$

worin n_0 der Wert von n nach Gl. 3 ist.

Mit $\mathfrak{V}_0 = 22{,}4$, $O_{\min} = 0{,}21\,L_{min}$ (cbm/kg) wird

$$n = n_0\left[1 + 3{,}81\,\frac{\mathfrak{v}(O_2)}{\mathfrak{v}(N_2)} \cdot \frac{N}{L_{min}}\right] \quad . \; . \; . \; . \; . \; . \; . \; . \; . \quad (3\,a)$$

für feste Brennstoffe.

Für gasförmige Brennstoffe, deren Stickstoffgehalt gewöhnlich in Raumteilen gegeben ist, $\mathfrak{v}(N_2)_{Br}$, wird nach einigen Umformungen

$$n = n_0\left[1 + \frac{\mathfrak{v}(O_2)}{\mathfrak{v}(N_2)} \cdot \frac{\mathfrak{v}(N_2)_{Br}}{0{,}21\,L_{min}}\right] \quad . \; . \; . \; . \; . \; . \; . \; . \; . \quad (3\,b)$$

mit L_{min} in cbm/cbm.

Die Summe von Kohlensäure und Sauerstoff im Rauchgas ist, wenn der Brennstoff nur Kohlenstoff als brennbaren Bestandteil enthält, bei jedem Luftüberschuß gleich groß, nämlich gleich dem Sauerstoffgehalt der Luft,

$$\mathfrak{v}(CO_2) + \mathfrak{v}(O_2) = 0{,}21, \quad . \; . \; . \; . \; . \; . \; . \; . \quad (4)$$

weil die neugebildete CO_2 den gleichen Raum einnimmt, wie der dazu verbrauchte Sauerstoff. Ohne Luftüberschuß ist also $\mathfrak{v}(CO_2) = 0{,}21$, $\mathfrak{v}(O_2) = 0$, mit Luftüberschuß ist $\mathfrak{v}(CO_2) < 0{,}21$. Für einen solchen Brennstoff würde es also genügen, $\mathfrak{v}(CO_2)$ zu bestimmen, um den Luftüberschuß berechnen zu können. Aus Gl. 1 und 4 folgt einfach

$$n = \frac{0{,}21}{\mathfrak{v}(CO_2)}, \quad . \; . \; . \; . \; . \; . \; . \; . \; . \; . \quad (1\,a)$$

gleichbedeutend mit Gl. 2. In Wirklichkeit enthalten die meisten Brennstoffe auch Wasserstoff und dann ist

$$\mathfrak{v}(CO_2) + \mathfrak{v}(O_2) < 0{,}21,$$

weil der Teil des Luftsauerstoffs, der zur Verbrennung des Wasserstoffs dient, mit dem Verbrennungswasser aus der Analyse verschwindet. Gl. 3 ergibt dann den genauen Luftüberschuß.

Wie groß in diesem Fall die Summe ist, ergibt sich wie folgt. Aus Gl. 1 und 2 wird

$$\mathfrak{v}(CO_2) + \mathfrak{v}(O_2) = \frac{\mathfrak{V}_0 C}{12 V_g'} + \frac{(n-1)\, O_{min}}{V_g'}.$$

Nun ist nach Abschn. 9a

$$O_{min} = \mathfrak{V}_0 \left(\frac{C}{12} + \frac{H}{4} - \frac{O}{32}\right)$$

also

$$\mathfrak{v}(CO_2) + \mathfrak{v}(O_2) = \frac{\mathfrak{V}_0}{V_g'} \cdot \left[\frac{C}{12} + (n-1)\left(\frac{C}{12} + \frac{H}{4} - \frac{O}{32}\right)\right].$$

Nach Abschn. 9a ist ferner die trockene Rauchgasmenge

$$V_g' = L - \frac{\mathfrak{V}_0 H}{4} + \frac{\mathfrak{V}_0 O}{32},$$

oder unter Vernachlässigung des kleinen zweiten und dritten Gliedes

$$V_g' \cong L = \frac{n \cdot O_{min}}{0{,}21} = \frac{n}{0{,}21} \cdot \mathfrak{V}_0 \left(\frac{C}{12} + \frac{H}{4} - \frac{O}{32}\right).$$

Damit wird

$$\mathfrak{v}(CO_2) + \mathfrak{v}(O_2) = \frac{0{,}21}{n}\left(n - 1 + \frac{C}{C + 3H - \frac{12}{32} O}\right)$$

oder

$$\mathbf{\mathfrak{v}(CO_2) + \mathfrak{v}(O_2) = 0{,}21 - \frac{0{,}21}{n} \frac{3H - \frac{12}{32} O}{C + 3H - \frac{12}{32} O}} \quad \ldots \ldots \quad (5)$$

Für reinen Kohlenstoff, $C = 1$, oder Brennstoff ohne Wasserstoff- und Sauerstoffgehalt (Koks), wird hieraus $\mathfrak{v}(CO_2) + \mathfrak{v}(O_2) = 0{,}21$, wie oben. Für Brennstoffe mit H- und O-Gehalt ist nach Gl. 5 die Summe abhängig von der Luftüberschußzahl und von der Zusammensetzung des Brennstoffs und stets kleiner als 0,21, solange $H > \frac{1}{8} O$. Mit dem Luftüberschuß vergrößert sie sich. Bei unterbrochener Beschickung einer Feuerung, wobei der Brennstoff allmählich wasserstoffärmer wird, ändert sich die Summe während der Verbrennung.

Ist $\mathfrak{v}(CO_2)$ aus der Rauchgasanalyse bekannt, so kann das Volumen der trockenen Rauchgase berechnet werden, wenn man den C-Gehalt des Brennstoffs kennt. Nach Abschn. 9 ist

$$\mathfrak{v}(CO_2) = \frac{\mathfrak{V}_0}{12} \frac{C}{V_g'},$$

daher mit $\mathfrak{V}_0 = 22{,}4$

$$V_g' = \frac{22{,}4\, C}{12 \cdot \mathfrak{v}(CO_2)}. \quad \ldots \ldots \ldots \quad (6)$$

Das Volumen des **Wasserdampfes** aus 1 kg Brennstoff ist

$$22{,}4 \cdot \left(\frac{H}{2} + \frac{H_2O}{18}\right),$$

ein Wert, der sich berechnen läßt, wenn der Wasserstoffgehalt H und der Feuchtigkeitsgehalt H_2O von 1 kg Brennstoff bekannt ist.

Das gesamte Rauchgasvolumen ist also

$$V_g = 22{,}4 \cdot \left[\frac{C}{12 \cdot \mathfrak{v}(CO_2)} + \frac{H}{2} + \frac{H_2O}{18}\right] \quad . \quad . \quad . \quad . \quad (7)$$

Ist C und H nicht bekannt, so kann die Rauchgasanalyse selbst dazu verwendet werden, um diese Werte mit guter Annäherung zu ermitteln.

Der Sauerstoffbedarf der vollkommenen Verbrennung ist ohne Rücksicht auf den O-Gehalt des Brennstoffs

$$22{,}4 \cdot \left(\frac{C}{12} + \frac{H}{4}\right) \cdot n,$$

somit das Stickstoffvolumen

$$V(N_2) = \frac{79}{21} n \cdot \left(\frac{C}{12} + \frac{H}{4}\right) \cdot 22{,}4 \text{ cbm/kg}.$$

Das Kohlensäurevolumen ist

$$V(CO_2) = \frac{C}{12} \cdot 22{,}4 .$$

Nun ist

$$\frac{V(N_2)}{V(CO_2)} = \frac{\mathfrak{v}(N_2)}{\mathfrak{v}(CO_2)},$$

also

$$\frac{\mathfrak{v}(N_2)}{\mathfrak{v}(CO_2)} = \frac{79}{21} n \cdot \frac{\frac{C}{12} + \frac{H}{4}}{\frac{C}{12}}$$

und daraus

$$3\frac{H}{C} = \frac{21}{79\, n} \frac{\mathfrak{v}(N_2)}{\mathfrak{v}(CO_2)} - 1 \quad . \quad . \quad . \quad . \quad . \quad . \quad . \quad . \quad . \quad . \quad (8)$$

Ist nun der Aschengehalt des Brennstoffs bekannt und kann der N + O-Gehalt geschätzt werden, so läßt sich H und C berechnen, weil

$$H + C = 1 - (N + O) - \text{Asche}.$$

Beispiel. Bei einem Verdampfungsversuch an einem Flammrohrkessel wurde als Mittelwert von zahlreichen Rauchgasanalysen gefunden

$$\mathfrak{v}(CO_2) = 0{,}10, \qquad \mathfrak{v}(O_2) = 0{,}093,$$

daher

$$\mathfrak{v}(N_2) = 1 - 0{,}193 = 0{,}807.$$

Der Luftüberschuß ist angenähert

$$n = \frac{21}{21 - 9{,}3} = 1{,}80\,,$$

genauer

$$n = \frac{21}{21 - \frac{79}{80{,}7} \cdot 9{,}3} = \underline{1{,}765}\,.$$

Ferner ist

$$3\frac{\mathrm{H}}{\mathrm{C}} = \frac{21}{79 \cdot 1{,}765} \cdot \frac{80{,}7}{10} - 1 = 0{,}216$$

$$\frac{\mathrm{H}}{\mathrm{C}} = 0{,}072\,.$$

Der Aschengehalt der Kohle fand sich zu rd. 0,11 des Gewichts; wird nun $\mathrm{N} + \mathrm{O} = 0{,}06$ geschätzt, so ist

$$\mathrm{C} + \mathrm{H} = 1 - 0{,}17 = 0{,}83\,,$$

somit

$$1{,}072\,\mathrm{C} = 0{,}83$$

$$\mathrm{C} = 0{,}773\,, \quad \mathrm{H} = 0{,}057\,.$$

Daher wird das Rauchgasvolumen von 1 kg Brennstoff (bei 760 mm und 0°)

$$V_i = \frac{0{,}773}{0{,}537 \cdot 0{,}10} + 22{,}4 \cdot 0{,}0285 = 14{,}4 + 0{,}64 = 15{,}04 \text{ cbm/kg}\,,$$

ungerechnet den aus der Feuchtigkeit der Kohle entstehenden Dampf. Bei 273° C wäre das Volumen $2 \cdot 15{,}04 = 30{,}08$ cbm.

10. Wärmemenge und Temperatur, spezifische Wärme.

Von der Wärme wissen wir heute, daß sie eine Form der Energie ist. Es wird angenommen, daß sie in Bewegungen der kleinsten Teile (Moleküle) der Körper besteht. Auf alles Folgende ist die Vorstellung, die man sich hiervon macht (kinetische Theorie), ohne Einfluß.

Die Wärme haftet den Körpern an und breitet sich gleichmäßig in ihnen aus. Gleiche Gewichtsteile eines in sich gleichartigen Körpers, der von anderen Körpern isoliert ist, enthalten im Wärmegleichgewicht gleiche Bruchteile der ganzen im Körper befindlichen Wärmeenergie oder Wärmemenge.

Der gleiche Körper kann Wärmeenergie in den verschiedensten Mengen enthalten, wie schon die alltägliche Erfahrung lehrt. Man kann einem Körper, etwa durch eine wärmeabgebende Flamme oder aus einer sonstigen „Wärmequelle" mehr oder weniger Wärme mitteilen; umgekehrt kann der Körper von seiner eigenen Wärme an fremde Körper abgeben.

Wenn über den Weg, auf dem ein Körper seine Wärme erhalten hat, nichts bekannt ist, so können wir vermöge unseres Wärmesinns beurteilen, ob er im jeweiligen Zustande mehr oder weniger Wärme als in einem anderen enthält. Wir unterscheiden „wärmere" und „kältere" Körper; den Grad der Erwärmung bezeichnen wir als Temperatur.

Der gleiche Körper oder verschiedene gleichschwere Körper aus gleichem Stoff enthalten im wärmeren Zustand mehr Wärme als im kälteren. Die Erfahrung lehrt aber weiter, daß gleichschwere Körper von verschiedenem Stoff, z. B. 1 kg Wasser und 1 kg Eisen, sehr verschiedene Wärmemengen enthalten und doch den gleichen Grad der Erwärmung, gleiche Temperatur besitzen können. Wasser braucht z. B., um in den gleichen Wärmezustand zu kommen, rund neunmal mehr Wärme als das gleiche Gewicht Schmiedeeisen.

Körper von verschiedenem Wärmezustand und verschiedenster Beschaffenheit nehmen die gleiche Temperatur an, wenn sie nur lange genug miteinander in Berührung (in „leitender“ Verbindung) stehen. Die Temperatur ist demnach an sich ein von der Menge der Wärme unabhängiges, besonderes Zustandskennzeichen der Wärmeenergie, etwa vergleichbar der „Spannung“ der elektrischen Energie.

Bei Körpern aus gleichem Stoff vermögen wir noch nach dem Gefühl mit einiger Sicherheit zu entscheiden, ob und um wieviel der eine wärmer oder kälter ist als der andere. Bei Körpern aus verschiedenem Stoff versagt im allgemeinen dieses Mittel, sofern nicht bedeutende Unterschiede der Temperatur vorliegen. Naturgemäß kann das Gefühl überhaupt keinen quantitativen Maßstab abgeben.

Einen vom Wärmesinn unabhängigen Maßstab für die Temperatur erhält man aus den Veränderungen des Zustands der Körper bei der Wärmeaufnahme oder -abgabe. Fast alle physikalischen Eigenschaften der Körper werden durch die Wärme verändert.

Vor allem ist es die Raumänderung der Körper durch die Wärme, die zur Temperaturbestimmung geeignet ist. Zwei verschiedenartige oder gleichartige Körper besitzen gleiche Temperatur, wenn sie, miteinander in Verbindung gebracht, keinerlei Raumänderung (Ausdehnung oder Zusammenziehung) erfahren. Auch dann ist die Temperatur gleich, wenn sie, mit einem dritten Körper verbunden, an diesem die gleiche Raumänderung bewirken. Dabei ist Voraussetzung, daß die Masse dieses dritten Körpers verschwindend ist gegenüber den Massen der beiden anderen. Wollen wir z. B. entscheiden, ob Wasser und Luft gleiche Temperatur besitzen, so legen wir eine mit Quecksilber teilweise gefüllte Röhre (Thermometer) in das Wasser. Erfährt das Quecksilber, nachdem es vorher lange genug in der Luft gehangen hat, im Wasser keine Ausdehnung oder Zusammenziehung, so sind Luft und Wasser gleich warm. Steigt aber das Quecksilber, so ist das Wasser wärmer als die Luft, fällt es, so ist die Luft wärmer als das Wasser. Die Höhe der Temperatur wird nach dem Stand des Quecksilberfadens beurteilt. Um ein bestimmtes Maß der Temperatur zu erhalten, müssen zwei Fixpunkte am Faden bezeichnet werden. Bei der Celsiusskala sind dies die Endpunkte des Fadens, wenn die Thermometerröhre im schmelzenden Eis, andererseits, wenn sie in Wasser liegt, das bei 760 mm Barometerstand siedet.

Das Urmaß für die Temperaturskala wird durch die Ausdehnung der Gase gewonnen, da diese unter allen Körpern die stärksten Raumänderungen durch die Wärme erleiden. Unter den Gasen zeichnet sich wiederum der Wasserstoff durch das gleichmäßigste Verhalten aus (Wasserstoffthermometer).

Von anderen, durch die Wärme hervorgebrachten Veränderungen werden hauptsächlich die Änderung des elektrischen Leitungswiderstandes mit der Temperatur (Platindraht, oft in Quarzglas eingeschlossen, sog. Quarzglas-Widerstandsthermometer) und die durch Temperaturunterschiede wachgerufenen thermoelektrischen Ströme bez. Spannungsunterschiede (thermoelektrische Pyrometer) zur Temperaturmessung benützt. Bei den letzteren sind zwei Metalldrähte aus verschiedenem Metall zusammengelötet. Die eine Lötstelle wird der zu messenden Temperatur, die andere der Luft- oder Eistemperatur ausgesetzt. Der bei Temperaturdifferenz beider Lötstellen auftretende thermoelektrische Spannungsunterschied ist dem Temperaturunterschied annähernd verhältnisgleich. Für Feuertemperaturen besteht der eine Draht des „Elements" aus Platin, der andere aus der Legierung Platinrhodium. Bei Heißdampftemperaturen wird Kupfer und Constantan gewählt.

Spezifische Wärme. Wenn die in einem Körper enthaltene Wärmemenge auf irgendeine Weise vergrößert (oder vermindert) wird, so steigt (oder fällt) seine Temperatur. Gleichen Temperatursteigerungen entsprechen jedoch, unter sonst gleichen Umständen, bei verschiedenen Körpern gleichen Gewichtes sehr ungleiche Wärmemengen. Die „Aufnahmefähigkeit" für die Wärme (Wärmekapazität) ist von der Natur der Körper abhängig.

Die Wärmemenge, die man 1 kg flüssigem Wasser zuzuführen hat, um seine Temperatur um 1° C zu erhöhen, wird als „Einheit der Wärmemenge" (Wärmeeinheit, Kalorie, abgekürzt WE bez. Cal) angenommen[1]).

Zur Erwärmung von 1 Gramm Wasser ist der 1000te Teil dieser Wärmemenge erforderlich. Diese Einheit ist in der Physik gebräuchlich und wird als Gramm-Kalorie bezeichnet (cal). Die technische Kalorie kann man als Kilogramm-Kalorie bezeichnen, abgekürzt kcal. In diesem Buche ist die technische Kalorie mit Cal abgekürzt (vgl. Vorwort zur II. Aufl.), es ist also 1 Cal = 1 kcal.

Unter „spezifischer Wärme" (c) eines beliebigen Körpers versteht man die Anzahl Wärmeeinheiten, die gebraucht werden, um 1 kg des Körpers um 1° C zu erwärmen.

Bei festen und flüssigen Körpern ist die spez. Wärme eindeutig (abgesehen von etwaiger Abhängigkeit von der Temperatur). Bei Gasen und Dämpfen dagegen kann c alle möglichen Werte annehmen, je nach den äußeren Umständen, unter denen die Erwärmung vor sich geht.

Die Messung von Wärmemengen geschieht in der Weise, daß die Körper, welche die zu messende Wärme enthalten, mit Wasser in leitende Verbindung gebracht werden, das die Körperwärme aufnimmt. Aus der Temperaturerhöhung und dem Gewicht des erwärmten Wassers kann die übertragene Wärmemenge berechnet werden (Kalorimeter).

---

[1]) Für verschieden hohe Temperaturen des Wassers ist dieser Wert nicht ganz gleich. Die Temperatur, für welche die Einheit gilt, ist 15 bis 18° C. Die Änderungen sind aber, wenigstens zwischen 0 und 100°, nicht so groß, daß sie bei gewöhnlichen technischen Rechnungen berücksichtigt werden müssen.

Mittelwerte von spez. Wärmen fester und flüssiger Körper für gewöhnliche Temperaturen.

(Spez. Wärmen der Gase siehe Abschn. 11 und 12. Sehr tiefe Temperaturen vgl. Bd. II.)

Stoff	spez. Wärme (Cal/kg)
Aluminium	0,17—0,22
Blei	0,03
Eisen aller Art	0,11 (bis ca. 100°)
Kupfer	0,09
Zink	0,09
Zinn	0,056
Bronze	0,09
Gestein verschiedener Art	rd. 0,20 im trockenen Zustand
Steinkohle	0,31
Glas	0,11—0,22
Wasser	1 (bei 15° und zwischen 0° und 100° im Mittel)
Eis	0,502 (zwischen — 1 und — 21°)
Ammoniak (flüssig)	0,93 (0 — + 20°), 0,86 (0 — — 20°)
Schwefligsäure (flüssig)	0,33 (0 — + 20°), 0,31 (0 — — 20°)
Kohlensäure (flüssig)	0,64 (0 — + 20°), 0,48 (0 — — 20°)
Alkohol	0,56 (0—15°)
Olivenöl	0,47
Petroleum und Benzin	0,50

11. Abhängigkeit der spezifischen Wärme von der Temperatur. Wahre und mittlere spezifische Wärme.

Die spez. Wärme fester und flüssiger Körper ist zwar von der Höhe der Temperatur nicht völlig unabhängig, auch in weiter Entfernung von dem Schmelz- bzw. Siedepunkte nicht. Jedoch sind die Unterschiede innerhalb nicht zu weiter Grenzen nicht bedeutend. So nimmt z. B. die spez. Wärme des Quecksilbers von 0° bis 100° stetig ab von rd. 0,335 bis rd. 0,327, also um noch nicht 2,5 v. H. Beim flüssigen Wasser erreichen die Unterschiede in diesem Gebiet kaum 1 v. H. Ganz anders ist allerdings das Verhalten bei sehr tiefen Kältegraden. (Bd. II).

Solange nur mäßige Temperaturunterschiede untersucht wurden, hielt man auch die spez. Wärme der Gase (c_p und c_v) für gar nicht oder nur sehr wenig veränderlich. Die Untersuchungen bei Temperaturen von 0° bis rd. 3000° (Mallard und Le Chatelier u. a.), von A. Langen (1500 bis rd. 2000°), und von Pier, sowie von der Physikal. Techn. Reichsanstalt ergaben jedoch, daß bei diesen Temperaturen c_v und c_p doch sehr erheblich größer sind, als zwischen 0° und 100°. Diese Tatsache ist für die Beurteilung der Vorgänge in den Verbrennungskraftmaschinen, in denen Temperaturen bis 2000° auftreten, von größter Wichtigkeit.

Bei überhitzten Dämpfen, die dem Kondensationspunkt nahe sind, wie z. B. Kohlensäure bei Lufttemperatur, kommt die Veränderlichkeit schon in kleineren Temperaturgrenzen deutlich zum Ausdruck. Für überhitzten Wasserdampf von 1 bis 8 at abs. und Temperaturen zwischen 100 und 400° ist neuerdings der Verlauf der spez. Wärme c_p genau festgestellt worden. Dabei hat sich ergeben, daß nicht nur die Temperatur, sondern auch der Druck (also die Dichte) von bedeutendem Einfluß ist, und zwar um so mehr, je näher jeweils die Temperatur bei der Sättigungstemperatur liegt. Dagegen scheint bei den Gasen, wenn sie nur weit genug vom Kondensationspunkt entfernt sind, der Druck ohne erheblichen Einfluß zu sein.

Mittlere und wahre spez. Wärme. Ist zur Erwärmung des Kilogramms eines beliebigen Körpers von t_0 auf $t_1{}^0$ die Wärme Q erforderlich, so wird der Wert

$$\frac{Q}{t_1 - t_0} = c_m$$

als „mittlere spez. Wärme zwischen t_0 und t_1" bezeichnet. Dies ist die durchschnittlich für 1° Erwärmung nötige Wärmemenge.

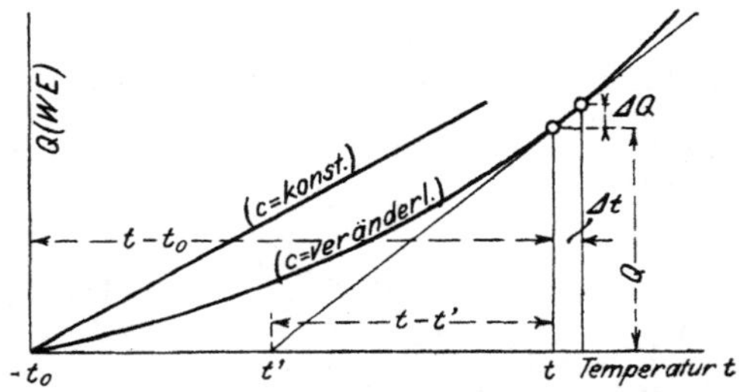

Fig. 8.

Erweist sich dieser Quotient auch zwischen beliebigen anderen Temperaturintervallen innerhalb $t_1 - t_0$ als gleich groß, so ist er mit der „wahren" spez. Wärme identisch. Es ist alsdann für jeden einzelnen Grad die gleiche Wärme c erforderlich; die mittlere, gleichzeitig die wahre spez. Wärme, ist unveränderlich.

Werden aber für gleiche Temperaturunterschiede bei verschiedener Höhe der Temperatur verschiedene Wärmemengen gebraucht, z. B. von 0° auf 100° eine andere als von 100° auf 200°, von 600—700° usw., so ist zunächst die mittlere spez. Wärme für alle diese Intervalle ungleich. Aber auch innerhalb der einzelnen Intervalle werden die Werte c_m ungleich ausfallen, z. B. anders von 0—10° als von 10—20°, von 20—30° usw. Selbst für einzelne Grade oder Bruchteile davon ist dann die spez. Wärme verschieden.

Je kleiner indessen der Temperaturunterschied gewählt wird, um so geringer wird der Unterschied zwischen der mittleren und der wahren spez. Wärme ausfallen. Die mittlere spez. Wärme für ein unbeschränkt kleines Temperaturintervall wird als wahre spez. Wärme bezeichnet. Ist also zur Erwärmung um Δt^0 die Wärme ΔQ erforderlich, so ist

$$c = \frac{\Delta Q}{\Delta t}$$

(wahre spez. Wärme).

Trägt man die zur Erwärmung von t_0 auf t^0 erforderlichen Wärmemengen Q als Ordinaten zu den Temperaturen als Abszissen auf, Fig. 8, so wird man bei veränderlichem c_m eine krumme Linie erhalten, dagegen bei unveränderlichem eine Gerade. Denn nur im letzteren Falle ist die Wärmemenge der Temperaturerhöhung proportional.

Bei veränderlichem c wird der wahre Wert von c durch das Verhältnis der Strecken ΔQ und Δt dargestellt und dieses ist an jeder Stelle (bei jeder Temperatur) ein anderes, da die Tangente eine andere Neigung besitzt. Ist die Q-Linie gegeben, d. h. durch Versuche bestimmt, so kann man sowohl c, als auch für ein beliebiges Intervall c_m bestimmen. Man zieht die Tangente bei t, so ist

$$c = \frac{\Delta Q}{\Delta t} = \frac{Q}{t - t'}$$

(wahre spez. Wärme bei t).

Mit genügender Sorgfalt ausgeführt dürfte dieses Verfahren erheblich sicherer sein als das vielfach übliche, wonach zunächst die mittlere spez. Wärme durch eine mehr oder weniger willkürliche Funktion analytisch dargestellt und dann durch Ableitung (Differentiation) die wahre spez. Wärme berechnet wird gemäß

$$c = \frac{d\,(c_m t)}{d t}.$$

Dagegen ist

$$c_m = \frac{Q}{t - t_0}$$

(mittlere spez. Wärme von t_0 bis t).

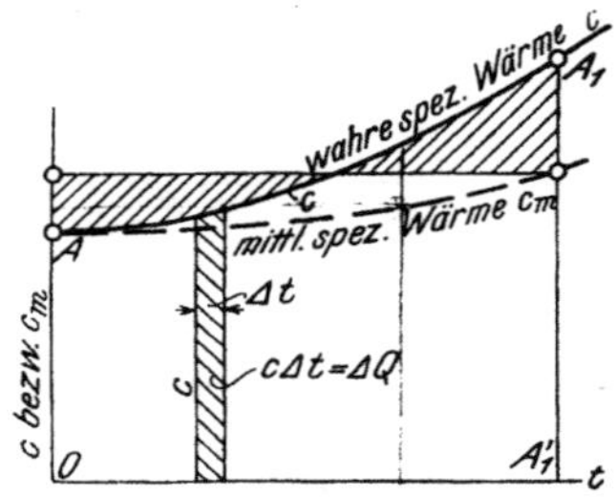

Fig. 9.

Trägt man die wahren spez. Wärmen c als Ordinaten zu den Temperaturen als Abszissen auf, Fig. 9, so ist der schraffierte schmale Streifen $c \cdot \Delta t = \Delta Q$. Die ganze zur Erwärmung von t_0 auf t nötige Wärme wird demnach durch die Fläche OAA_1A_1' dargestellt. Die mittlere spez. Wärme c_m ist die mittlere Höhe dieser Fläche. Trägt man zu t als Abszissen c_m als Ordinaten auf, so erhält man den Verlauf der mittleren spez. Wärme, die in Fig. 9 überall kleiner als die wahre ist.

Ist im besonderen Falle die c-Linie eine Gerade (die spez. Wärme ändert sich „linear“ mit der Temperatur), so wird auch die c_m-Linie gerade. Die mittlere spez. Wärme c_m zwischen t_0 und t ist dann gleich der wahren spez. Wärme für die halbe Temperatur (z. B. die mittlere zwischen 0 und 2000° gleich der wahren bei 1000°) Fig. 10. Wenn allgemein

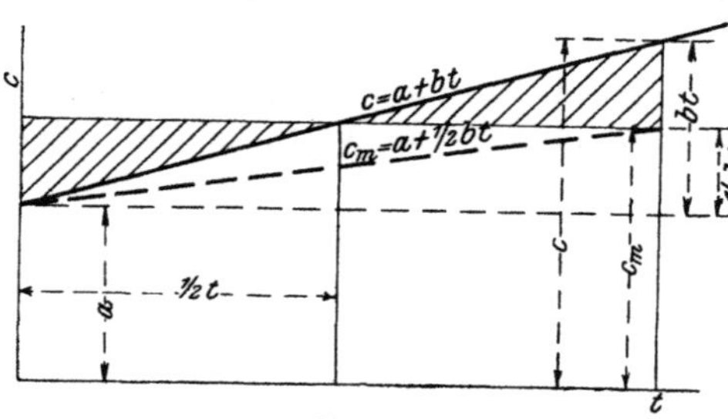

Fig. 10.

$$c = a + bt$$

ist, so ist

$$c_m = a + \frac{1}{2} bt,$$

zwischen 0° und t^0.

Liegt die Anfangstemperatur nicht bei 0°, sondern bei $t_0{}^0$, und findet Erwärmung bis t^0 statt, so ergibt sich die mittlere spez. Wärme für das Gebiet zwischen $t_0{}^0$ und t^0, wie leicht folgt,

$$(c_m)_{t_0}^{t} = a + \frac{1}{2} b (t + t_0) .$$

Zusammenhang der mittleren spez. Wärmen c_{p_m} und c_{v_m} zwischen gleichen Temperaturgrenzen.

Bei den Versuchen über die spez. Wärmen ergeben sich fast immer die Mittelwerte von c_p und c_v zwischen zwei Temperaturen. Auch zwischen diesen Mittelwerten besteht ein Zusammenhang, so daß sich einer aus dem anderen herleiten läßt. Zwischen den wahren spez. Wärmen besteht nach Abschn. 12 bei gleicher Temperatur die streng gültige Beziehung (im Gaszustand)

$$c_p = c_v + \frac{1{,}985}{m} .$$

Durch Multiplikation beider Seiten mit dt folgt

$$c_p\, dt = c_v\, dt + \frac{1{,}985}{m}\, dt .$$

Die Integration zwischen den Grenzen t_0 und t liefert

$$\int_{t_0}^{t} c_p\, dt = \int_{t_0}^{t} c_v\, dt + \frac{1{,}985}{m} (t - t_0) .$$

Für die mittleren spez. Wärmen gilt

$$c_{p_m} (t - t_0) = \int_{t_0}^{t} c_p\, dt, \qquad c_{v_m} (t - t_0) = \int_{t_0}^{t} c_v\, dt .$$

Damit erhält man

$$c_{p_m} (t - t_0) = c_{v_m} (t - t_0) + \frac{1{,}985}{m} (t - t_0),$$

oder

$$\mathbf{c_{p_m} = c_{v_m} + \frac{1{,}985}{m}} .$$

12. Spezifische Wärme der Gase.

Während die spez. Wärmen fester und flüssiger Körper von den äußeren Umständen bei der Erwärmung oder Abkühlung, insbesondere von Änderungen des Druckes und Volumens fast unabhängig sind, zeigen die spez. Wärmen gasartiger Körper eine sehr bedeutende Abhängigkeit von diesen Umständen.

Zwei Fälle sind von grundsätzlicher Wichtigkeit, die Erwärmung bei konstantem Volumen und die Erwärmung bei konstantem Druck des Gases. Im ersten Falle wird das Gas in einem allseitig fest geschlossenen Gefäß, ohne die Möglichkeit einer Ausdehnung oder Zusammenziehung seines Raumes, erwärmt bzw. gekühlt, wobei die Wärmemenge c_v für 1 kg und 1° gebraucht wird (spez. Wärme bei konstantem Volumen). Im zweiten Falle wird das Gas in einem offenen Gefäß oder in einem durch einen Kolben oder sonstigen beweglichen Verschluß abgesperrten Gefäß erwärmt, so daß es, ohne seinen Druck zu ändern, seinen Raum beliebig vergrößern oder verkleinern kann. Dabei wird für 1 kg und 1^0 die Wärmemenge c_p gegebraucht (spez. Wärme bei konstantem Druck).

Alle Messungen der spez. Wärme von Gasen beziehen sich auf diese zwei Fälle. Ist c_v oder c_p bekannt, so lassen sich die spez. Wärmen für beliebige andere Fälle herleiten. Selbst c_v und c_p bestimmen sich gegenseitig (Abschn. 21 und unten). Mit der absoluten Höhe der Temperatur ändern sich, wie in Abschn. 11 allgemein erwähnt, auch die Werte von c_v und c_p.

Die verschiedenen Gasarten lassen sich hinsichtlich des Verhaltens ihrer spez. Wärmen c_v und c_p in drei scharf unterschiedene Gruppen einteilen. Die erste, technisch bedeutungslose Gruppe bilden die einatomigen Gase (Argon, Helium u. a.), die zweite und technisch weitaus wichtigste die zweiatomigen oder einfachen Gase und ihre Mischungen (O_2, H_2, N_2, CO usw.), die dritte die mehratomigen Gase, unter denen CH_4, C_2H_4, C_2H_2 die technisch wichtigsten sind. Auch SO_2, NH_3, CO_2 und H_2O im gasartigen Zustand rechnen hierzu. Für die erste und zweite Gruppe läßt sich mit guter Annäherung ein allgemeines Gesetz aufstellen, das lautet:

Zur Erwärmung gleicher Volumina verschiedener Gase von gleicher Atomzahl sind unter gleichen äußeren Umständen gleiche Wärmemengen nötig, Druck und Temperatur bei allen Gasen als gleich vorausgesetzt.

Bezeichnet man also die auf die Masse von 1 cbm von 0^0 und 760 mm bezogenen spezifischen Wärmen bei konstantem Volumen und bei konstantem Druck mit $\mathfrak{C}_\mathfrak{v}$ bzw. $\mathfrak{C}_\mathfrak{p}$, so haben die zweiatomigen Gase gleiches $\mathfrak{C}_\mathfrak{v}$ und gleiches $\mathfrak{C}_\mathfrak{p}$; es ist

$$\mathfrak{C}_\mathfrak{v}(O_2) = \mathfrak{C}_\mathfrak{v}(N_2) = \mathfrak{C}_\mathfrak{v}(CO) = \mathfrak{C}_\mathfrak{v}(H_2) = \mathfrak{C}_\mathfrak{v}(\text{Luft})$$

ebenso für $\mathfrak{C}_\mathfrak{p}$.

Für die einatomigen Gase gilt das gleiche Gesetz, aber mit einem im Verhältnis 3 : 5 kleineren Werte $\mathfrak{C}_\mathfrak{v}$.

Die gewöhnliche auf 1 kg bezogene spez. Wärme ergibt sich daraus wie folgt. Die Gewichte gleicher Volumina verschiedener Gase verhalten sich wie ihre Molekulargewichte m_1, m_2 usw. Zur Erwärmung von m_1, m_2, m_3 ... kg der Gase sind z. B. bei konstantem Druck $m_1 c_{p_1}$, $m_2 c_{p_2}$, $m_3 c_{p_3}$ ... Cal erforderlich. Alle diese Werte sind nach dem obigen Gesetz für die zweiatomigen Gase unter sich gleich, weil m_1, m_2, m_3 kg von jedem Gas das gleiche Volumen, nämlich 22,4 cbm bei 0^0 und 760 mm einnehmen (Abschn. 6), also

$$m_1 c_{p_1} = m_2 c_{p_2} = m_3 c_{p_3}.$$

Andererseits ist die spez. Wärme bezogen auf die Masse von 22,4 cbm von 0^0 und 760 mm gleich 22,4 $\mathfrak{C}_\mathfrak{v}$. Man hat also

$$m_1 c_{p_1} = m_2 c_{p_2} = m_3 c_{p_3} = 22{,}4\ \mathfrak{C}_\mathfrak{p}.$$

Das Produkt mc_p, d. h. die spez. Wärme bezogen auf die Menge von m kg eines Gases, bezeichnet man als Molekularwärme. Die zweiatomigen Gase haben also gleiche Molekularwärmen, ebenso die einatomigen unter sich.

Für die zweiatomigen Gase[1]) können als Mittelwerte bei 0^0 angenommen werden

$$mc_p = 6{,}86,$$
$$mc_v = 4{,}88,$$

daher

$$\mathfrak{C}_p = 0{,}306,$$
$$\mathfrak{C}_v = 0{,}218 \text{ Cal/cbm } 0^0, 760 \text{ mm}.$$

Die hieraus mit den entsprechenden Molekulargewichten berechneten Werte, sowie die aus direkten Versuchen ermittelten Werte c_p sind nebenan zusammengestellt.

	O_2	H_2	N_2	CO	Luft	
$m =$	32	2,016	28,08	28	28,95	
$c_p =$	0,214	3,40	0,244	0,245	0,237	(berechnet)
$c_p =$	0,218	3,40—3,41	0,249[2])	0,242	0,241[2])	(Versuch).

Die nicht vollkommene Übereinstimmung kann sowohl den Versuchen als dem nicht absolut genauen Zutreffen des angenommenen Gesetzes entspringen. Für die technische Anwendung sind die Unterschiede wohl bedeutungslos, da schon die unvermeidlichen Verunreinigungen aller im technischen Gebrauch befindlichen Gase (z. B. die Feuchtigkeit) u. U. größere Abweichungen bedingen. Für c_v erhält man

	O_2	H_2	N_2	CO	Luft	
$c_v =$	0,152	2,42	0,174	0,174	0,168	(berechnet)
$c_v =$	0,156	2,415	0,178	0,171	0,172	(Versuch).

Abhängigkeit von der Temperatur. Nach den neueren Versuchen ist es sicher, daß die spez. Wärmen c_v und c_p aller Gase, außer den 1atomigen, mit wachsender Temperatur zunehmen, und zwar für 2atomige Gase proportional mit der Temperatur. Man hat also

$$c_p = c_{p_0} + bt$$
$$c_v = c_{v_0} + bt.$$

Der Faktor b ist für c_p und c_v deswegen der gleiche, weil der Unterschied von c_p und c_v bei allen Temperaturen gleich groß ist (s. u.).

Für Stickstoff gilt nach Versuchen von Holborn und Henning bei Temperaturen zwischen 0^0 und 1400^0

$$c_p = c_{p_0} + 0{,}000038\, t,$$

[1]) Mit Ausnahme der Gase mit hohem Molekulargewicht (Halogene) wie Chlor. Nach neueren Bestimmungen im Nernstschen Laboratorium ist für Chlorgas bei 16^0 und 1 at: $mc_v = 6{,}39$, $mc_p = 8{,}49$, $c_p/c_v = 1{,}33$.

[2]) Für 20^0, nach Scheel u. Heuse, Zeitschr. f. Instrumentenkunde 1912, Apr.

und nach Versuchen von Langen

$$c_v = c_{v_0} + 0{,}0000378\,t.$$

Bezüglich des Wachstums mit der Temperatur stimmen die Versuchsreihen, trotz der großen Verschiedenheit der Methoden, fast vollkommen überein.

Das obenerwähnte Gesetz von der sehr angenäherten Gleichheit der Molekularwärmen der 2 atomigen Gase gilt, wie Langen durch Versuche mit den verschiedensten Mischungen dieser Gase bewiesen hat, auch für hohe Temperaturen. Es ist also

$$mc_v = 4{,}88 + 0{,}00106\,t$$
$$mc_p = 6{,}86 + 0{,}00106\,t.$$

Nimmt man nun das Wachstum nach dieser Formel für richtig an, entsprechend dem Wert 0,0000378 für Stickstoff, legt jedoch für c_v und c_p bei 0° die oben erwähnten unmittelbaren Versuchswerte zugrunde, so ergeben sich folgende Beziehungen:

Sauerstoff	$c_v = 0{,}156 + 0{,}0000332\,t$;	$c_p = 0{,}218 + 0{,}0000332\,t$
Stickstoff	$c_v = 0{,}178 + 0{,}0000378\,t$;	$c_p = 0{,}249 + 0{,}0000378\,t$
Wasserstoff	$c_v = 2{,}415 + 0{,}000526\,t$;	$c_p = 3{,}40 + 0{,}000526\,t$
Kohlenoxyd	$c_v = 0{,}171 + 0{,}0000378\,t$;	$c_p = 0{,}242 + 0{,}0000378\,t$
Luft	$c_v = 0{,}172 + 0{,}0000366\,t$;	$c_p = 0{,}241 + 0{,}0000366\,t$

Die mittleren spez. Wärmen folgen daraus, indem man den Faktor von t überall halbiert, also von dem Temperaturzuschlag nur die Hälfte nimmt.

Beziehung zwischen c_p und c_v. Verhältnis $k = c_p : c_v$.

In Abschn. 21 wird gezeigt, daß bei Gasen zwischen c_p und c_v die Beziehung besteht

$$c_p - c_v = \frac{R}{427}.$$

c_p ist also stets größer als c_v.

Nun ist nach Abschn. 6

$$R = \frac{848}{m}, \text{ somit}$$

$$mc_p - mc_v = \frac{848}{427} = \underline{1{,}985.}$$

Der Unterschied der beiden Molekularwärmen ist für alle Gase gleich 1,985.

Wenn für ein beliebiges Gas c_p und das Molekulargewicht m bekannt ist, so läßt sich c_v berechnen aus

$$\boldsymbol{c_v = c_p - \frac{1{,}985}{m}}.$$

Mit

$$c_p = c_v + \frac{1{,}985}{m}$$

folgt ferner das Verhältnis der beiden spez. Wärmen

$$\boldsymbol{k = \frac{c_p}{c_v} = 1 + \frac{1{,}985}{mc_v}},$$

oder

$$k = \frac{mc_p}{mc_p - 1{,}985}.$$

Umgekehrt ist

$$c_v = \frac{1{,}985}{m} \frac{1}{k-1}$$

$$c_p = \frac{1{,}985}{m} \frac{k}{k-1}.$$

Ist daher von irgendeinem Gas der Wert von k bekannt (dieser Wert ist experimentell vielfach bestimmt worden), so läßt sich daraus c_v und c_p berechnen, und umgekehrt.

Beispiel: Wie groß müßte c_p für Stickstoff sein, wenn $k = 1{,}41$ der genaue Wert für k ist?

$$mc_p = 1{,}985 \frac{1{,}41}{0{,}41} = 6{,}824 \text{ (Molekularwärme)},$$

$$c_p = \frac{6{,}824}{28{,}08} = \underline{0{,}243.}$$

Nach dem Ausdruck für k müssen die 2atomigen Gase gleiches k besitzen, falls ihre Molekularwärme die gleiche ist. Wird diese, wie oben, $mc_v = 4{,}88$ gesetzt, so erhält man

$$k = 1 + \frac{1{,}985}{4{,}88} = \mathbf{1{,}407}.$$

Nach den genauesten direkten Messungen ist für H_2 $k = 1{,}408$, N_2 1,41, O_2 1,398, Luft 1,401 bis 1,406, CO 1,403 (Mittel daraus **1,404**). Die Molekularwärmen der 2atomigen Gase bei Temperaturen um 20° wären hiernach mindestens $mc_v = 4{,}88$ bis 4,9, $mc_p = 4{,}88 + 1{,}985 = \mathbf{6{,}87}$ zu setzen.

Einfluß der Temperatur auf *k*. Die Beziehung

$$k = 1 + \frac{1{,}985}{mc_v}$$

gilt für alle Temperaturen. Nun ist aber für die 2atomigen Gase

$$mc_v = 4{,}9 + 0{,}00106\, t,$$

daher

$$k = 1 + \frac{1{,}985}{4{,}9 + 0{,}00106\, t}.$$

Mit zunehmender Temperatur nimmt somit k ab. Innerhalb kleinerer Temperaturunterschiede ist allerdings die Veränderlichkeit gering.

Z. B. ist noch für 100^0, 200^0, $k = 1{,}397$, $1{,}388$, während für 0^0 $k = 1{,}406$ ist. Man kann daher bei den gewöhnlichen Temperaturen unter 100^0 bis 200^0 mit dem Mittelwert $\boldsymbol{k = 1{,}40}$ rechnen.

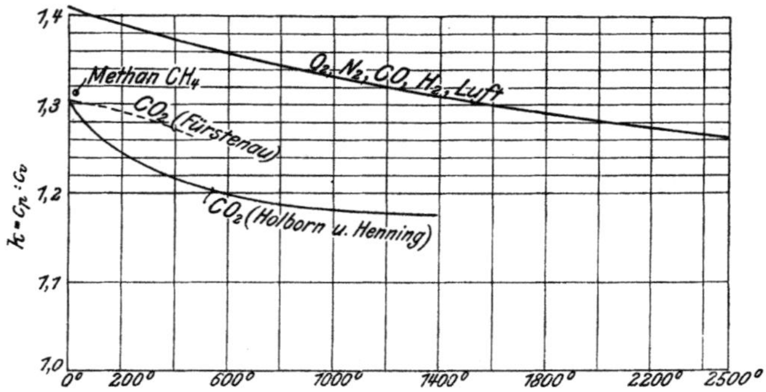

Fig. 11.

Bei sehr hohen Temperaturen (Feuergastemperaturen) wird jedoch k erheblich kleiner. So hat man bei 1000^0, 2000^0, $k = 1{,}333$, $1{,}283$. Fig. 11 zeigt den Verlauf von k mit wachsender Temperatur. Zwischen 500^0 und 2000^0 kann mit guter Annäherung gesetzt werden

$$k = 1{,}395 - \frac{0{,}572}{10000}\,t \quad (O_2,\ N_2,\ H_2,\ CO,\ \text{Luft}),\ \text{oder mit}\ t = T - 273$$

$$k = 1{,}411 - \frac{0{,}572}{10000}\,T. \quad \text{Vgl. auch Taf. I.}$$

12a. Spezifische Wärmen mehratomiger Gase.

Kohlensäure, CO_2.

Als zuverlässigster Wert bei 0^0 kann gelten (für atmosph. Druck)

$$c_p = 0{,}202.$$

nach Scheel und Heuse.[1])

Für die mittlere spez. Wärme fanden Holborn und Henning[2]) zwischen 20^0 und t^0 folgende Werte

$t =$	200^0	440^0	630^0	800^0	847^0	1000^0	1200^0	$1360^0 C$
$c_{p_m} =$	0,2168	0,2306	0,2423	0,2493	0,2491	0,2602	0,2654	0,2678.

Diese Werte wurden durch Abkühlung einer bestimmten, vorher elektrisch erhitzten Gasmenge im Ölkalorimeter gewonnen.

Versuche nach dem Explosionsverfahren (Verbrennung von CO zu CO_2 in der Bombe und Messung des Höchstdrucks) sind von A. Langen[3]), Pier und Bjerrum[4]) ausgeführt worden.

[1]) Jahresber. 1912 d. Physik.-Techn. Reichsanst.
[2]) Annalen d. Physik, 1907, Bd. 23 (Physik.-Techn. Reichsanst).
[3]) Z. Ver. deutsch. Ing. 1903, Nr. 18.
[4]) Im Nernstschen Laboratorium.

Hierbei erhält man die mittlere spez. Wärme für konst. Volumen. Langens Versuche ergaben nach Schreber

zwischen 17⁰ u. 1500⁰ $(mc_v)_m = 10{,}45$, also $(mc_p)_m = 12{,}43$, $c_{p_m} = 0{,}283$

„ 17⁰ u. 1700⁰ 11,20, „ 13,18 0,300.

Nach Bjerrum (und Pier) ist der wahrscheinliche Wert zwischen 17⁰ und 2714⁰

$$(mc_v)_m = 10{,}9, \text{ also } (mc_p)_m = 12{,}88,\ c_{p_m} = 0{,}293.$$

In Fig. 12 sind nun die Werte von c_{p_m} aufgetragen (unterste Kurve), wobei sämtliche Versuche berücksichtigt sind. Ferner wurden aus den ursprünglichen Werten von c_{p_m} nach dem in Abschn. 11 angegebenen Verfahren (aus der Kurve der Wärmemengen) die wahrscheinlichen Werte von c_p ermittelt, die ebenfalls in Fig. 12 eingetragen sind, ebenso wie die Molekularwärmen mc_p (Maßstab dafür rechts in Fig. 12).

Mittlere und wahre spez. Wärme der Kohlensäure bei konstantem Druck.

$t^0 C$	0	100	200	300	400	500	600	700	800	900	1000
c_{p_m}	0,202	0,209	0,217	0,225	0,232	0,238	0,243	0,248	0,253	0,257	0,260
c_p	0,202	0,215	0,230	0,244	0,257	0,268	0,275	0,283	0,289	0,293	0,297
t	1200	1400	1600	1800	2000	2200	2400	2600	2800	3000	
c_{p_m}	0,265	0,270	0,275	0,280	0,283	0,286	0,289	0,291	0,294	0,296	
c_p	0,301	$0{,}307_5$	0,311	0,315	0,319	0,322	0,325	0,329	0,333	0,336	

Für k ergaben unmittelbare Messungen bei Temperaturen von 10—20⁰ nach verschiedenen Methoden

$$k = 1{,}30.$$

Mit $c_p = 0{,}202$ würde folgen

$$\frac{c_p}{c_v} = k = \frac{44 \cdot 0{,}202}{44 \cdot 0{,}202 - 1{,}985} = 1{,}288,$$

vorausgesetzt, daß die Kohlensäure von 1 at und 0⁰ noch hinreichend genau dem Gasgesetz folgt. Berücksichtigt man die kleine Abweichung davon, so wird nach Scheel

$$k = 1{,}298.$$

Die für höhere Temperaturen nach dem Gasgesetz aus c_p errechneten Werte von k sind in Fig. 11 eingetragen. Dagegen wurden aus Schallversuchen etwas andere Werte gewonnen,[1]) wie Fig. 11 ebenfalls zeigt.

[1]) R. Fürstenau, Verhältnis der spez. Wärme der Gase und seine Abhängigkeit von der Temperatur. Dissertat. 1908.

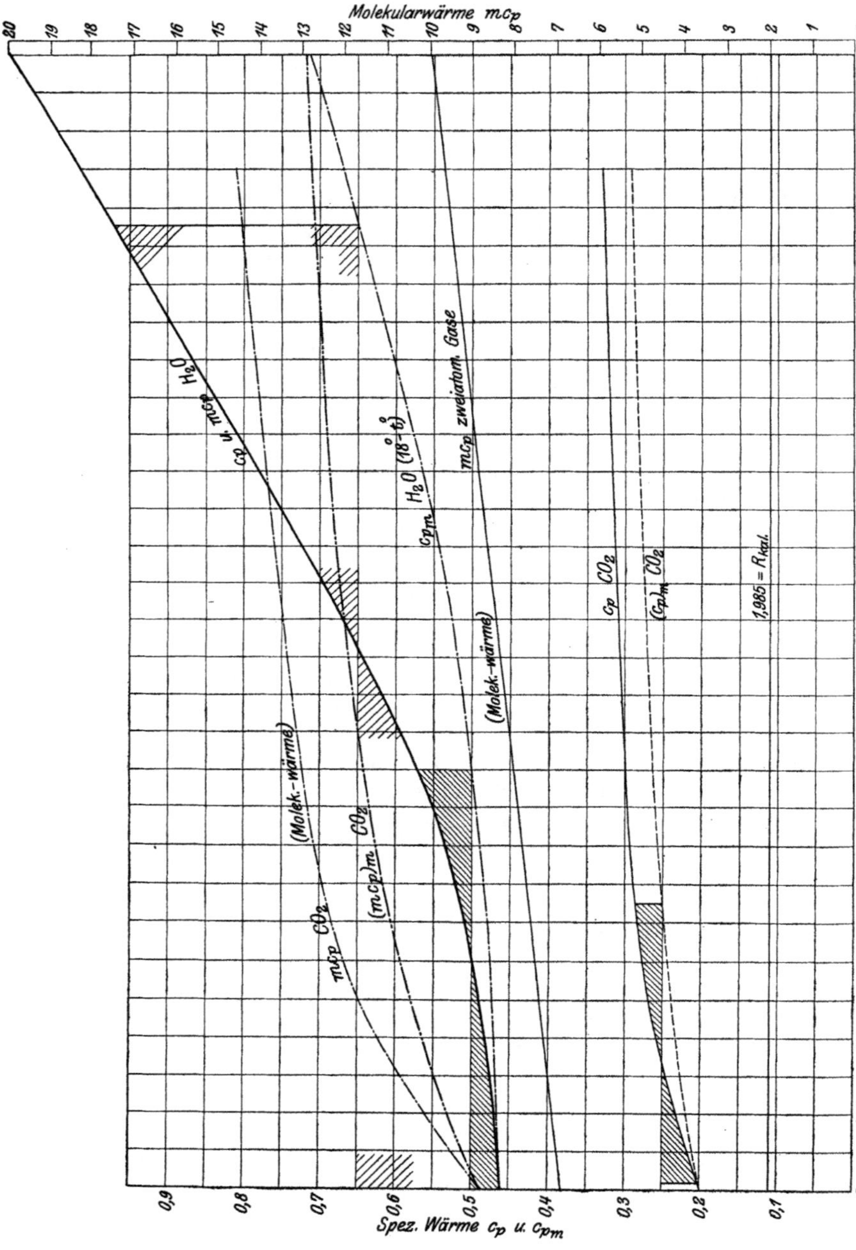
Molekularwärme mc_p
Spez. Wärme c_p u. c_{pm}
c_p u. mc_p H_2O
c_{pm} H_2O $(18^0 - t^0)$
mc_p zweiatom. Gase
(Molek.-wärme)
mc_p CO_2
(Molek.-wärme)
$(mc_p)m$ CO_2
c_p CO_2
$(c_p)_m$ CO_2
$1{,}985 = R_{kal.}$
3000 °C

Fig. 12.

Wasserdampf, H_2O (im gasartigen Zustand).

Die spez. Wärme des Wasserdampfes von 1 at Druck wurde von Holborn und Henning in gleicher Weise bestimmt, wie für CO_2 angegeben, und zwar zwischen 110° unterer und bis zu 1350° C oberer Temperatur.

Die Werte für Temperaturen über 1400° sind Explosionsversuchen (Verbrennung von H_2 in der Bombe) entnommen und zwar nach der Zusammenstellung von Bjerrum (Zeitschr. f. physik. Chemie 1912). Darnach ist bei 18° C unterer Temperatur

für $t = 1811°$ C	$(mc_v)_m = 7{,}92$	nach Pier, umger. von Bjerrum
2110	8,54	
2377	9,37	
2663	10,00	nach Bjerrum.
2908	10,50	
3064	10,90	

Die hieraus gewonnenen Werte von c_{p_m} sind ebenfalls in Fig. 12 eingetragen (gestrichelt). Aus den Versuchswerten von c_{p_m} wurden ferner die wahren spez. Wärmen c_p mit Hilfe der Wärmemengenkurve bestimmt und in Fig. 12 aufgetragen (ausgezogen). Die gleiche Kurve stellt auch die Molekularwärmen $m \cdot c_p$ ($= 18{,}016\ c_p$) dar, wenn der rechts angegebene Maßstab verwendet wird.

Der Anstieg von c_p mit der Temperatur ist also viel stärker und folgt einem ganz anderen Gesetz als bei der Kohlensäure.

Mittlere und wahre spez. Wärme des hoch überhitzten Wasserdampfes bei konstantem Druck.

$t°C$	0°	100	200	300	400	500	600	700	800	900	1000
c_{p_m}	0,462	0,464	0,465	0,468	0,470	0,473	0,476	0,479	0,484	0,490	0,495
c_p	0,462	0,465	0,470	0,475	0,481	0,489	0,499	0,509	0,521	0,535	0,551

$t°C$	1100°	1200	1400	1600	1800	2000	2200	2400	2600	2800	3000
c_{p_m}	0,500	$0{,}506_5$	0,520	0,535	0,554	0,578	0,603	0,629	0,655	0,683	0,713
c_p	0,572	0,594	0,644	0,696	0,750	0,808	0,865	0,924	0,984	1,044	1,105

Weiteres über den Wasserdampf im mäßig überhitzten Zustand vgl. den nächsten Abschn., sowie Abschn. 39 und Bd. II Abschn. 9 u. 10.

Methan, CH_4. Gemessen wurde $k = \mathbf{1{,}316}$ und $\mathbf{1{,}313}$ (bei 11° bis 30°), woraus sich ergibt

$$mc_v = \frac{1{,}985}{0{,}3145} = 6{,}32,$$

also ein erheblich größerer Wert der Molekularwärme als bei 2 atomigen Gasen (4,9). Ferner folgt daraus mit $m = 16{,}032$ Molekulargewicht

$$c_{v_0} = 0{,}394,$$
$$c_{p_0} = 0{,}518.$$

Ferner wurde gemessen $(c_p)_m = 0{,}593$ zwischen 18° und 208°, was auf eine erhebliche Zunahme von c_p mit der Temperatur schließen läßt. Zur Herleitung einer bestimmten Abhängigkeit dürften die beiden Zahlen nicht die nötige Sicherheit bieten.

Äthylen, C_2H_4. Gemessen $k = \mathbf{1{,}244}$ zwischen 0° und 40°, $(c_p)_m = \mathbf{0{,}404}$ zwischen 10° und 202°.

Aus k folgt

$$mc_v = \frac{1{,}985}{0{,}244} = 8{,}13, \text{ daher mit } m = 28{,}032$$

$$c_{v_0} = 0{,}290,$$

$$c_{p_0} = 0{,}361.$$

Der Vergleich zwischen $(c_p)_m$ und c_{p_0} zeigt auch hier Zunahme von c_p mit der Temperatur.

Azetylen, C_2H_2. Gemessen $k = 1{,}26$; daher ist

$$mc_v = \frac{1{,}985}{0{,}26} = 7{,}64; \text{ mit } m = 26{,}016$$

$$c_v = 0{,}294,$$

$$c_p = 0{,}370.$$

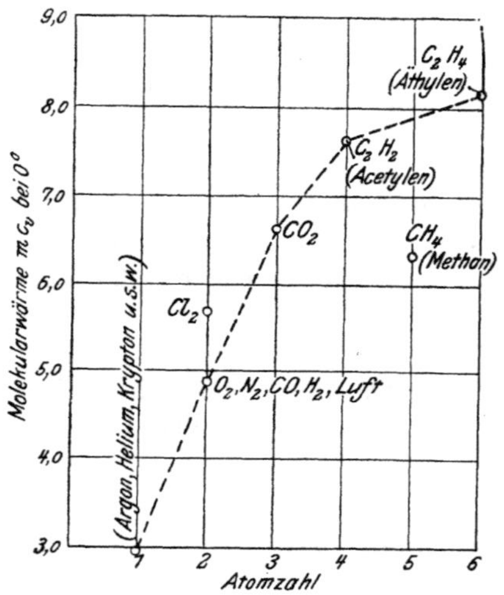

Fig. 13.

Zusammenfassend läßt sich sagen, daß die spezifischen Molekularwärmen der Gase bei gleicher Temperatur um so größer sind, je größer die Zahl der Atome im Molekül ist. Jedoch besteht keine allgemein gültige Regel und die spez. Wärmen müssen auch noch von anderen Umständen abhängen, als von der Atomzahl. Fig. 13 zeigt für einige Gase die Molekularwärmen bei konstantem Volumen für ungefähr 0° Temperatur. Deutlich erhellt daraus das Wachstum mit der Zahl der Atome im Molekül.

13. Spezifische Wärme des überhitzten Wasserdampfes.

Für die spez. Wärme des überhitzten Wasserdampfs im Gebiete der technisch verwendeten Drücke und Temperaturen wurde früher allgemein der Wert $c_p = 0{,}48$ benutzt, der aus einer Messung Regnaults unter atmosphärischem Druck und in den Temperaturgrenzen 128° bis 217° herrührt. Die Zweifel, die später gegen die Berechtigung einer derartigen Anwendung dieser Zahl erhoben wurden, veranlaßten in Anbetracht der wachsenden Verwendung des überhitzten Wasserdampfs zum Dampfmaschinenbetrieb im Jahre 1902 den Verein deutscher Ingenieure, zur Durchführung umfangreicher Versuche Mittel bereitzustellen[1]. Bevor diese von H. Lorenz, Göttingen, geplanten Versuche ausgeführt wurden, fand C. Bach bei Versuchen über den Wärmedurchgang, daß der Wärmeinhalt

[1] Z. Ver. deutsch. Ing. 1902, S. 328.

von überhitztem Dampf von ca. 326° und 3 bis 8 at erheblich größer war, als sich nach dem Wert $c_p = 0{,}48$ schließen ließ[1]).

Die Versuche von Lorenz[2]) ließen folgendes erkennen: c_p ist eine mit dem Dampfdruck und dem Überhitzungsgrad stark veränderliche Größe. Wird gesättigter Dampf unter unveränderlichem Druck überhitzt (wie in den technischen Überhitzern), so fällt die spez. Wärme c_p mit steigender Temperatur. Bei höheren Drücken hat auch c_p höhere Werte.

Die endgültige Entscheidung über das Gesetz der Veränderung von c_p mit Druck und Temperatur brachten die bekannten Versuche von Knoblauch und Jakob im Laboratorium für technische Physik der Technischen Hochschule in München[3]). Nach diesen Versuchen nimmt

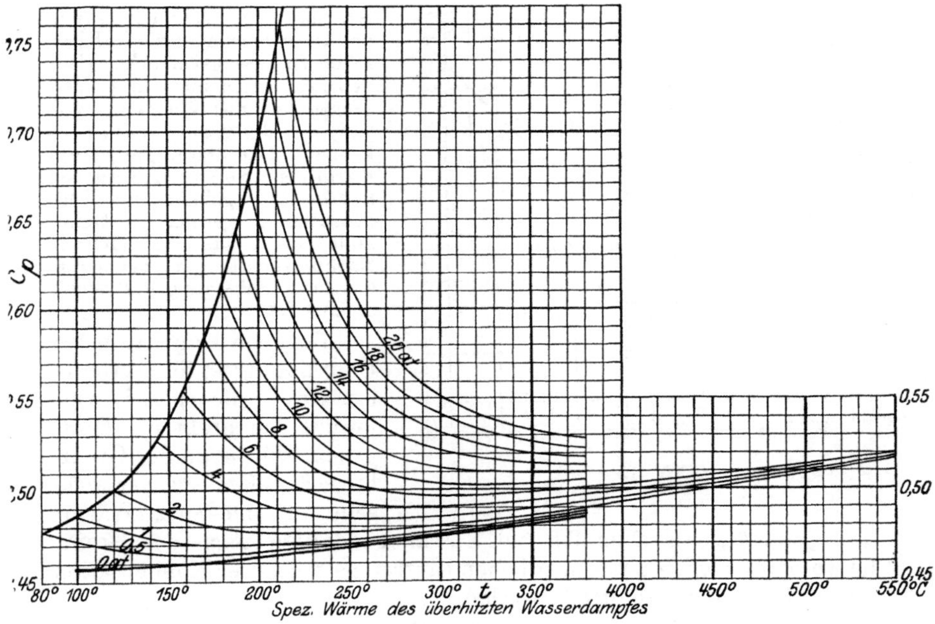

Fig. 14.

c_p bei Überhitzung unter konstantem Druck von der Sättigung an mit wachsender Temperatur zunächst ab, aber nur bis zu einer gewissen vom Druck abhängigen Überhitzungstemperatur, um alsdann wieder zuzunehmen.

Fig. 14 zeigt die letzten Münchener Versuchsergebnisse[4]). Die Tempe-

---

1) Z. Ver. deutsch. Ing. 1902, S. 729.

2) Forsch.-Arb. 21.

3) Forsch.-Arb. 35 und 36, 1906; Wiederholung und Erweiterung Z. Ver. deutsch. Ing. 1911, S. 665.

4) Z. Ver. deutsch. Ing. 1915, Knoblauch und Winkhaus, Die spez. Wärme c_p des überhitzten Wasserdampfs für Drucke von 8—20 at und von Sättigungstemperatur bis 380° C.

ratur, von der an c_p wieder zunimmt, liegt hiernach zwischen 200^0 und 310^0 je nach dem Druck. Der größte Wert von c_p für 20 at beträgt rd. 0,76.

Fig. 15 zeigt die mittleren spez. Wärmen $(c_p)_m$, von Sättigung an gerechnet, auch für diese bleibt die Gesetzmäßigkeit bestehen (Zahlentafel hierüber in Abschnitt 39).

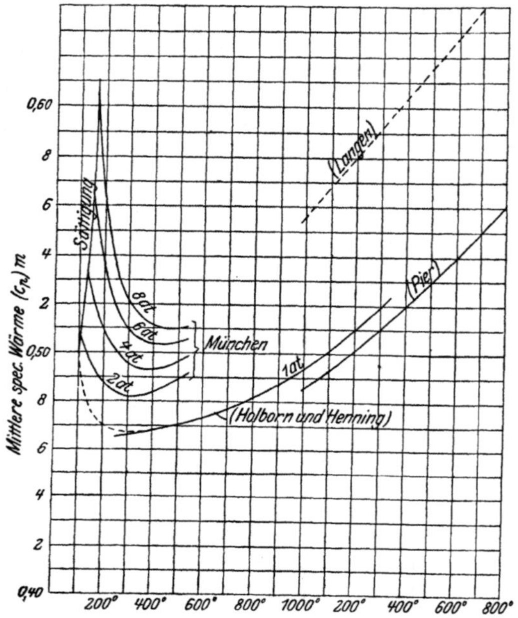

Fig. 15.

Fig. 15 zeigt ferner die Ergebnisse der im Abschn. 12 erwähnten Versuche von Holborn und Henning in der Physikalisch-Techn. Reichsanstalt, die für atmosphärischen Druck gelten und bis zu sehr hohen Temperaturen reichen, sowie die Pierschen Explosionsversuche. Sehr deutlich lassen auch diese Versuchsreihen das Wachstum von $(c_p)_m$ mit der Temperatur erkennen. Der überhitzte Dampf wurde bei den ersteren Versuchen nur bis 110^0 gekühlt, um Kondensation zu vermeiden. Daher fehlt das Gebiet in nächster Nachbarschaft der Sättigung, das nach Schätzung gestrichelt ergänzt ist.

Bei eben beginnender Überhitzung ist für bestimmten Druck die spez. Wärme jeweils am größten. Diese „spez. Wärme an der Grenzkurve" (nicht zu verwechseln mit der spez. Wärme des gesättigten Dampfes bei Zustandsänderung nach der Grenzkurve) kann wegen unvermeidlichen Eintretens teilweiser Kondensation schwerlich direkt ermittelt werden.

Jedoch läßt sich gerade dieser Wert theoretisch streng aus anderen Versuchswerten berechnen[1]), und zwar aus dem Verlauf der Verdampfungswärme und aus der Wärmeausdehnung des flüssigen Wassers, sowie des überhitzten Dampfes vom gleichen Druck. Diese Berechnungsweise, die von M. Planck[2]) angegeben, später von dem Amerikaner H. N. Davis unter Heranziehung der Münchener Versuche über das Volumen auf den vorliegenden Fall angewendet wurde, liefert nach Planck bei 100^0 $c_p = 0{,}50$.

14. Spezifische Wärme von Gasgemengen.

Ein Gasgemenge bestehe aus g_1, g_2, g_3 Gewichtsteilen verschiedener Gase mit den spez. Wärmen c_1, c_2, c_3. Seine spez. Wärme c ergibt sich dann wie folgt:

---

[1]) Vgl. auch Bd. II, Abschn. 17.

[2]) M. Planck, Vorlesungen über Thermodynamik, 2. Aufl., 1905, S. 144; 3. Aufl., 1911, S. 152.

Zur Erwärmung der Einzelgase in der Mischung um je 1^0 sind erforderlich $g_1 c_1$, $g_2 c_2$, $g_3 c_3$ Cal., wobei vorausgesetzt wird, daß c_1, c_2, c_3 vom Druck unabhängig sind. Zur Erwärmung des Ganzen sind $(g_1 + g_2 + g_3 + \ldots) \cdot c$, oder wegen $g_1 + g_2 + g_3 + \ldots = 1$ kg, c Cal. erforderlich. Es ist also

$$\boldsymbol{c = g_1 c_1 + g_2 c_2 + g_3 c_3}$$

(spez. Wärme der Mischung).

Sind c_1, c_2, c_3 von der Temperatur abhängig, so behält die Formel ihre Richtigkeit. Man braucht sich nur eine Erwärmung um Δt oder dt Grade vorzustellen. Der Faktor Δt fällt dann wieder heraus.

Für die Ausrechnung ist es zweckmäßig, zwischen Mischungen der 2atomigen Gase unter sich (O_2, H_2, N_2, CO), zwischen Mischungen 2atomiger und mehratomiger Gase untereinander (z. B. Leuchtgas oder Kraftgas u. ä.) und zwischen solchen Mischungen zu unterscheiden, die neben Gasen auch CO_2 und H_2O enthalten (z. B. Feuergase). Die beiden letzten Gruppen können der allgemeinen Darstellung nach gemeinsam behandelt werden.

1. Für Mischungen 2atomiger Gase läßt sich c angeben, ohne auf c_1, c_2, c_3 zurückzugreifen. Denn es ist:

$$m_1 c_{v_1} = m_2 c_{v_2} = m_3 c_{v_3} = 4{,}88 + 0{,}00106\, t$$
$$m_1 c_{p_1} = m_2 c_{p_2} = m_3 c_{p_3} = 6{,}86 + 0{,}00106\, t.$$

Für die Mischung wird daher, wenn man die obige Formel schreibt

$$c = \frac{m_1 c_1}{m_1} \cdot g_1 + \frac{m_2 c_2}{m_2} \cdot g_2 + \ldots$$

$$\boldsymbol{c_v = \left(\frac{g_1}{m_1} + \frac{g_2}{m_2} + \frac{g_3}{m_3} + \ldots\right)(4{,}88 + 0{,}00106\, t)} \quad . \quad . \ (1)$$

Für konstanten Druck hat man 6,86 an Stelle von 4,88 einzuführen.

Noch kürzer erhält man dieses Ergebnis mit Rücksicht auf den Satz, daß die Molekularwärme der Mischung ebenso groß ist, wie die der reinen Gase, also

$$\boldsymbol{m c} = \boldsymbol{m_1 c_1} = m_2 c_2 = m_3 c_3 .$$

Dabei ist für m das „mittlere Molekulargewicht" nach Abschn. 5 einzuführen

$$m = \frac{1}{\frac{g_1}{m_1} + \frac{g_2}{m_2} + \frac{g_3}{m_3} + \ldots}$$

oder

$$m = m_1 \mathfrak{v}_1 + m_2 \mathfrak{v}_2 + m_3 \mathfrak{v}_3 .$$

Ist die Zusammensetzung des Gemisches in Raumteilen gegeben, so erhält man

$$\boldsymbol{c_v = \frac{4{,}88 + 0{,}00106\, t}{m_1 \mathfrak{v}_1 + m_2 \mathfrak{v}_2 + m_3 \mathfrak{v}_3}} \quad . \quad . \quad . \quad . \quad . \quad . \ (2)$$

und c_p durch Vertauschung von 4,88 mit 6,86.

2. Mischungen 2atomiger mit mehratomigen Gasen. Wenn die Zusammensetzung der Mischung nach Gewichtsteilen der Einzelgase gegeben ist, kann man c nach der allgemeinen Formel oben berechnen, falls die spez. Wärmen der Bestandteile bekannt sind. Enthält die Mischung mehrere 2atomige Gase, so lassen sich diese zusammenfassen, wodurch sich die Rechnung vereinfacht. Aus

$$c = \frac{m_1 c_1}{m_1} g_1 + \frac{m_2 c_2}{m_2} g_2 + \dots + \frac{m' c'}{m'} g' + \frac{m'' c''}{m''} g'' + \dots,$$

mit c_1, c_2, c_3 für die 2atomigen, c', c'', c''' für die anderen Gase folgt

$$c = (mc)_{2\text{atom}} \sum \frac{g}{m} + c' g' + c'' g'' + \dots \quad . \; . \; . \; (3)$$

Ist die Zusammensetzung des Gemisches nach Raumteilen $\mathfrak{v}_1, \mathfrak{v}_2, \mathfrak{v}_3$ gegeben, so muß entweder die Zusammensetzung in Gewichtsteile umgerechnet (Abschn. 5) und dann nach vorstehender Formel gerechnet werden oder es ist einfacher wie folgt zu verfahren.

Denkt man sich von der Mischung eine Menge von 22,4 cbm $=$ 1 Mol $= m$ kg, so sind darin enthalten vom ersten Gas $\mathfrak{v}_1 \cdot 22{,}4$ cbm $= \mathfrak{v}_1$ Mol $= \mathfrak{v}_1 m_1$ kg, vom zweiten Gas $\mathfrak{v}_2 \cdot m_2$ kg usw.. Zur Erwärmung von $\mathfrak{v}_1 m_1$ kg sind $\mathfrak{v}_1 m_1 c_1$ Cal. für 1^0 erforderlich, zur Erwärmung von $\mathfrak{v}_2 m_2$ kg $\mathfrak{v}_2 m_2 c_2$ Cal. usw. Es ist daher

$$mc = \mathfrak{v}_1 \cdot (m_1 c_1) + \mathfrak{v}_2 \cdot (m_2 c_2) + \mathfrak{v}_3 \cdot (m_3 c_3) + \dots \quad . \; . \; (4)$$

worin m als mittleres Molekulargewicht bestimmt ist aus

$$m = \mathfrak{v}_1 m_1 + \mathfrak{v}_2 m_2 + \mathfrak{v}_3 m_3 + \dots \quad . \; . \; . \; . \; . \; . \; (4\text{a})$$

Die Klammerwerte sind die Molekularwärmen der Einzelgase. Faßt man wieder die unter sich gleichen Molekularwärmen der 2atomigen Bestandteile zusammen, so läßt sich auch schreiben

$$\begin{aligned} m c_p = {} & (\mathfrak{v}_{H_2} + \mathfrak{v}_{O_2} + \mathfrak{v}_{N_2} + \mathfrak{v}_{CO} + \mathfrak{v}_{Luft} + \dots)(6{,}86 + 0{,}00106\, t) \\ & + \mathfrak{v}_{CO_2} (m c_p)_{CO_2} + \mathfrak{v}_{H_2O} (m c_p)_{H_2O} + \mathfrak{v}_{CH_4} (m c_p)_{CH_4} \\ & + \sum \mathfrak{v}_{C_m H_n} (m c_p)_{C_m H_n} \quad . \; . \; . \; . \; . \; . \; . \; . \; . \; . \; . \; (5) \end{aligned}$$

wenn man sich das Gas aus beliebig vielen 2atomigen Gasen, aus Kohlensäure, Wasserdampf, Methan und beliebigen anderen gasartigen Kohlenwasserstoffen bestehend denkt. Eine genau entsprechende Formel gilt für c_v, wenn 4,88 an Stelle von 6,86 gesetzt wird.

Das Verhältnis der spez. Wärmen $k = c_p : c_v$ erhält man als Quotienten dieser beiden Werte, oder aus

$$k = 1 + \frac{1{,}985}{m c_v} \qquad \text{bzw.}$$

$$k = \frac{m c_p}{m c_p - 1{,}985}.$$

Beispiel. Für das Leuchtgas nach Abschn. 8 ist c_p, c_v und k zu berechnen, $H_2 = 48{,}5$, $CH_4 = 35{,}0$, $C_nH_{2n} = 4{,}6$, $CO = 7{,}2$, $CO_2 = 1{,}82$, $O_2 = 0{,}25$, $N_2 = 2{,}70$ v. H. Raumteile.

Man erhält nach Gl. 4a

$$m = 2{,}016 \cdot 0{,}485 + 16{,}032 \cdot 0{,}35 + 28 \cdot 0{,}072 + 44 \cdot 0{,}0182 + 32 \cdot 0{,}0025 + 28{,}016 \cdot 0.027 + n \cdot 14{,}016 \cdot 0{,}046 = 10{,}25 + 0{,}645\, n.$$

Von C_nH_{2n} kommen C_3H_6 und C_2H_4 in Betracht. Setzt man mangels genauerer Angabe als rechnungsmäßigen Durchschnitt $n = 2{,}5$, so wird

$$m = 10{,}25 + 1{,}61 = 11{,}86.$$

Damit wird, für gewöhnliche Temperatur, nach Gl. 5

$$mc_p = (0{,}485 + 0{,}072 + 0{,}0025 + 0{,}027) \cdot 6{,}86 + 0{,}0182 \cdot 44 \cdot 0{,}20 + 0{,}35 \cdot 16{,}032 \cdot 0{,}518 + (\mathfrak{v} \cdot mc_p)_{C_n H_{2n}}.$$

Rechnet man nach Fig. 13 für $n + 2n = 7{,}5$ rd. $(mc_p)_{7,5} = 8{,}5 + 1{,}985 = 10{,}5$,

so wird $11{,}86\, c_p = 7{,}56$, $c_p = \mathbf{0{,}638}$, also $c_v = \mathbf{0{,}470}$, $k = \mathbf{1{,}36}$.

Daraus ist zu folgern, daß selbst für Gemische aus dem stark CH_4-haltigen Leuchtgas und Luft, wie sie z. B. in Gasmaschinen auftreten, wegen des verhältnismäßig kleinen Leuchtgasgehaltes ($< 1:6$) der Wert k sich nur sehr wenig von 1,4 unterscheiden wird. Dagegen wird z. B. für adiabatische Verdichtung von Leuchtgas allein $k = 1{,}36$ zu setzen sein.

14a. Spezifische Wärme der Feuergase.

Bei vollständiger Verbrennung mit Luft sind die technischen Feuergase Mischungen aus Kohlensäure, Wasserdampf, Stickstoff und Sauerstoff. Der Sauerstoff fehlt, wenn die Verbrennung ohne überschüssige Luft erfolgt. Die Zusammensetzung eines Feuergases wird meist in Raumteilen angegeben sein

$$\mathfrak{v}(CO_2) + \mathfrak{v}(H_2O) + \mathfrak{v}(N_2) + \mathfrak{v}(O_2) = 1 \quad . \; . \; . \; . \; (1)$$

Auch für die Ermittelung der spez. Wärme eignet sich diese Bestimmungsweise am besten. Nach Abschn. 14 unter 2) ist nämlich die Molekularwärme der Mischung einfach

$$mc_p = \mathfrak{v}(CO_2) \cdot (mc_p)_{CO_2} + \mathfrak{v}(H_2O) \cdot (mc_p)_{H_2O} + [\mathfrak{v}(N_2) + \mathfrak{v}(O_2)]\,(mc_p)_{2\,atom} \quad . \; . \; . \; . \; . \; . \; (2)$$

Darin ist das Molekulargewicht des Feuergases

$$m = 44 \cdot \mathfrak{v}(CO_2) + 18 \cdot \mathfrak{v}(H_2O) + 28{,}08 \cdot \mathfrak{v}(N_2) + 32 \cdot \mathfrak{v}(O_2) \;.\; (3)$$

$$\text{und } (mc_p)_{2\,atom} = 6{,}86 + 0{,}00106\, t \quad . \; . \; . \; . \; . \; (3a)$$

Die Molekularwärmen $(mc_p)_{CO_2}$ der Kohlensäure und $(mc_p)_{H_2O}$ des Wasserdampfs, sowie $(mc_p)_{2\,atom}$ sind in Fig. 12 enthalten und mit diesen Werten kann nach Gl. 2 die Molekularwärme eines beliebig zusammengesetzten Feuergases berechnet werden.

Um diese Bestimmung zu vereinfachen und ein übersichtliches Bild zu gewinnen, ist Fig. 16 entworfen. Die Abszissen der Figur sind die Temperaturen, von denen nach Abschn. 12 u. f. die spez. Wärmen abhängen. Als Ordinaten sind die Molekularwärmen von CO_2, H_2O und Luft (bezw. der 2 atom. Gase) in glatten Bruchteilen aufgetragen, und zwar für Luft die Werte mc_p, $0{,}9\,mc_p$ bis $0{,}5\,mc_p$; für CO_2 und

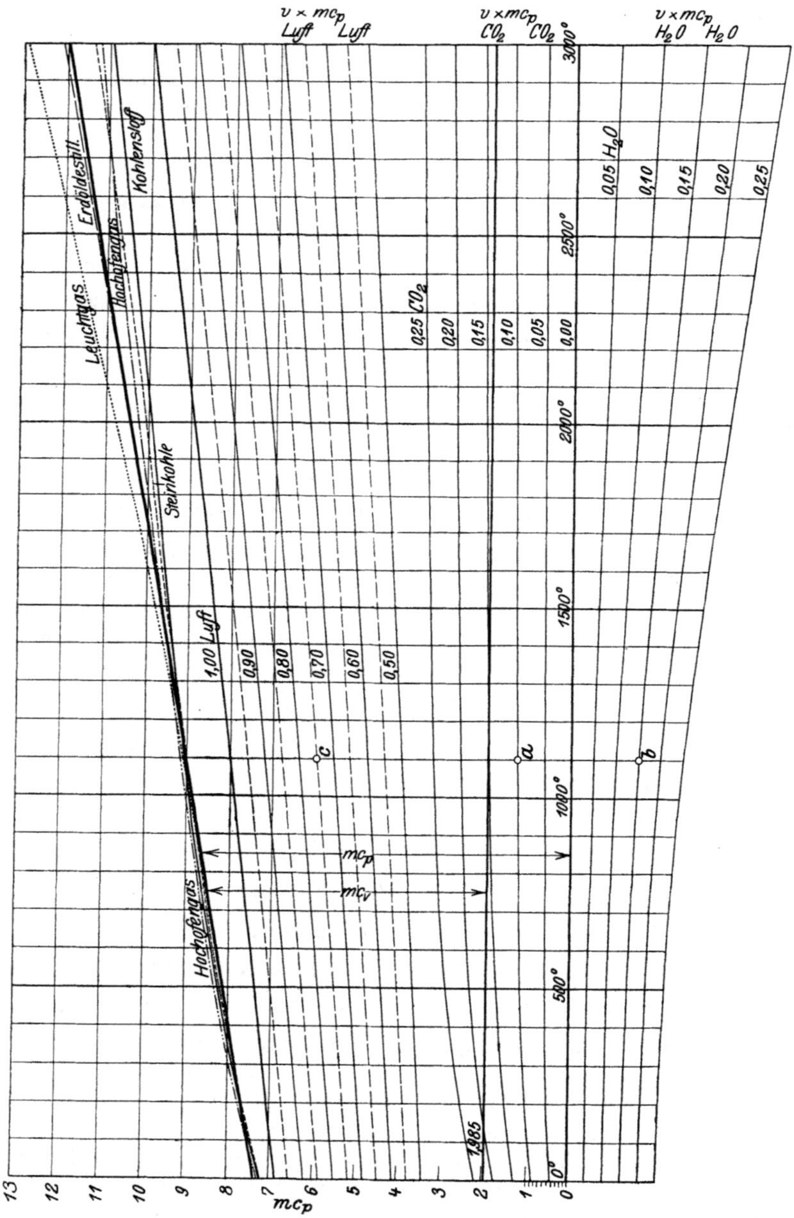

Fig. 16.

H_2O 0,05 mc_p bis 0,25 mc_p. Man kann nun leicht für ein beliebig zusammengesetztes Feuergas bei irgend einer Temperatur die Molekularwärme mc_p ermitteln, indem man die jeweiligen Anteile der drei Bestandteile den Kurven entnimmt und aneinander trägt.

Die Feuergase eines bestimmten Brennstoffs besitzen bei der gleichen Temperatur verschieden große spez. Wärmen je nach dem Luftüberschuß. Wegen des Überwiegens der Molekularwärmen von CO_2 und H_2O über die der Luft ist die Molekularwärme des ohne Luftüberschuß entstandenen Feuergases, das als „reines Feuergas" bezeichnet sei, am größten. Mit zunehmendem Luftüberschuß nähert sich mc_p immer mehr den Werten der zweiatomigen Gase. Die Gerade dieser Gase bildet somit die untere Grenze für alle Feuergase, während die obere Grenze durch die Kurve des jeweiligen reinen Feuergases gebildet wird (das zwar Stickstoff aus der Verbrennungsluft, aber keinen Sauerstoff enthält).

In Fig. 16 sind die Kurven des reinen Feuergases für die wichtigsten Brennstoffe eingetragen. Die Gas-Zusammensetzung ist für

1.	Kohlenstoff	$\mathfrak{v}(CO_2) = 0,21$,	$\mathfrak{v}(H_2O) = 0$,	$\mathfrak{v}(N_2) = 0,79$;	$m = 31,4$
2.	Steinkohle	„ 0,17,	„ 0,05,	„ 0,78;	30,3
3.	Braunkohle-Briketts	„ 0,17,	„ 0,12,	„ 0,71;	29,5
4.	Erdöl und Destillate	„ 0,13,	„ 0,14,	„ 0,73;	28,7
5.	Leuchtgas	„ 0,10,	„ 0,25,	„ 0,65;	27,2
6.	Generatorgas aus Braunkohlen	„ 0,13,	„ 0,14,	„ 0,73;	28,7
	aus Koks	„ 0,19,	„ 0,06,	„ 0,75;	30,5
7.	Hochofengas	„ 0,24,	„ 0,02,	„ 0,74;	31,8
8.	Spiritus mit 90 v. H. Gew. Alkohol	„ 0,12,	„ 0,20,	„ 0,68;	m 28

Fig. 16 zeigt, daß die Kurven aller dieser Feuergase zwischen 0^0 und 1500^0 bis 2000^0, also im gewöhnlichen technischen Bereich, nahe zusammenfallen und nur geringe Abweichung von einer Geraden besitzen. Erst bei noch höheren Temperaturen macht sich der rasche Aufstieg der spez. Wärme des Wasserdampfs geltend, so daß die Kurven auseinanderlaufen. Man kann also annehmen, daß die spez. Molekularwärmen aller reinen technischen Feuergase (mit Luft als Sauerstoffträger) bis ca. 2000^0 miteinander übereinstimmen. Die mittlere Gerade ergibt die Beziehung

$$mc_p = 7,3 + \frac{1,6}{1000} \cdot t = 6,86 + \frac{1,6}{1000} \cdot T \quad . \quad . \quad . \quad . \quad (4)$$

Für konstantes Volumen ist

$$mc_v = 5,315 + \frac{1,6}{1000} \cdot t = 4,875 + \frac{1,6}{1000} \cdot T \quad . \quad . \quad . \quad (4a)$$

Wegen der Verschiedenheit der Molekulargewichte m sind die auf 1 kg bezogenen Werte c_p bezw. c_v verschieden. Mit dem mittleren Wert $m = 30$ wäre aber für alle reinen Feuergase durchschnittlich

$$c_p = 0{,}243 + \frac{0{,}533\,t}{10\,000} = 0{,}229 + \frac{0{,}533}{10000}\cdot T \quad \ldots\ldots \quad (5)$$

$$c_v = 0{,}177 + \frac{0{,}533\,t}{10\,000} = 0{,}162 + \frac{0{,}533}{10000}\cdot T \quad \ldots\ldots \quad (5a)$$

Aus der Molekularwärme folgt die spez. Wärme bezogen auf die Masse von 1 cbm bei 0° und 760 mm durch Division mit dem allen Gasen gemeinsamen Molvolumen von 22,4 cbm, also

$$\mathfrak{C}_p = 0{,}326 + \frac{0{,}715}{10000}\cdot t \quad \ldots\ldots\ldots\ldots \quad (6)$$

$$\mathfrak{C}_v = 0{,}237 + \frac{0{,}715}{10000}\cdot t \quad \ldots\ldots\ldots\ldots \quad (6a)$$

Feuergase mit Luftüberschuß. Bei bekannter Zusammensetzung läßt sich nach Gl. 2 mit Hilfe von Fig. 16 mc_p ebenso bestimmen, wie ohne Luftüberschuß. Der Stickstoff- und Sauerstoffgehalt kommt nur als Ganzes in Betracht.

Nimmt man jedoch für alle Brennstoffe eine gemeinsame Linie der reinen Feuergase an, so lassen sich auch gemeinsame Linien für die Feuergase mit Luftüberschuß angeben.

Ist nämlich in einem solchen Feuergas $\mathfrak{v}_{g0}$ der räumliche Anteil des reinen Feuergases, $\mathfrak{v}_l$ derjenige der überschüssigen Luft, also

$$\mathfrak{v}_{g0} + \mathfrak{v}_l = 1,$$

so ist

$$mc_p = \mathfrak{v}_{g0}\cdot(mc_p)_f + \mathfrak{v}_l\cdot(mc_p)_l \quad \ldots\ldots\ldots \quad (7)$$

oder

$$mc_p = (mc_p)_f - \mathfrak{v}_l\cdot[(mc_p)_f - (mc_p)_l].$$

Für Feuergase mit Luftüberschuß wird daher mit Gl. 4 und 3a

$$mc_p = \mathfrak{v}_{g0}\cdot\left(7{,}3 + \frac{1{,}6}{1000}t\right) + \mathfrak{v}_l\cdot\left(6{,}86 + \frac{1{,}06}{1000}t\right) \quad . \; . \quad (7a)$$

und entsprechend

$$mc_v = \mathfrak{v}_{g0}\left(5{,}315 + \frac{1{,}6}{1000}t\right) + \mathfrak{v}_l\cdot\left(4{,}875 + \frac{1{,}06}{1000}t\right) \quad . \quad (7b)$$

Für feste und flüssige Brennstoffe ist darin angenähert (s. unten)

$$\mathfrak{v}_{g0} = \frac{1}{n},\quad \mathfrak{v}_l = \frac{n-1}{n}.$$

Man hat hiernach von den Strecken zwischen der reinen Feuergas- und Luftlinie $\mathfrak{v}_l$ Bruchteile zu nehmen und von $(mc_p)_0$, den Ordinaten der reinen Feuergaslinie, abzuziehen, um Punkte der Linie des mit Luft verdünnten Feuergases zu erhalten.

Mit der Luftüberschußzahl n steht $\mathfrak{v}_l$ in folgendem Zusammenhang. Der Raum der überschüssigen Luft in den Feuergasen von 1 kg (bezw. 1 cbm) Brennstoff ist

$$V_l = (n-1)\; L_{min}\,.$$

Ist nun V_{g_0} der Raum des reinen Feuergases, so ist der Feuergasraum bei Luftüberschuß

$$V_g = V_{g_0} + (n-1) L_{min}.$$

Daher ist wegen

$$\frac{\mathfrak{v}_{g_0}}{\mathfrak{v}_l} = \frac{V_{g_0}}{V_l}$$

$$\frac{\mathfrak{v}_{g_0}}{\mathfrak{v}_l} = \frac{1}{n-1} \cdot \frac{V_{g_0}}{L_{min}} \quad \ldots \ldots \ldots \ldots \ldots (8)$$

oder

$$n = 1 + \frac{\mathfrak{v}_l}{\mathfrak{v}_{g_0}} \cdot \frac{V_{g_0}}{L_{min}} \quad \ldots \ldots \ldots \ldots \ldots (8a)$$

Bei solchen Brennstoffen, wo sich V_{g_0} nur wenig von L_{min} unterscheidet, wie bei Steinkohle, Erdöldestillaten, Spiritus ist daher

$$n \cong 1 + \frac{\mathfrak{v}_l}{\mathfrak{v}_{g_0}}, \text{ also } \mathfrak{v}_l \cong \frac{n-1}{n}, \mathfrak{v}_{g_0} \cong \frac{1}{n} \quad \ldots \ldots (8b)$$

Dagegen unterscheidet sich bei den gasförmigen Brennstoffen V_{g_0} recht erheblich von L_{min}. Es ist nämlich für 1 cbm Brennstoff

$$V_{g_0} = 1 + L_{min} + \Delta V,$$

wenn ΔV die Raumänderung infolge der Verbrennung bedeutet (Abschn. 9a). Daher wird

$$\frac{V_{g_0}}{L_{min}} = \frac{1 + L_{min} + \Delta V}{L_{min}}.$$

Wird nun wie z. B. bei Kraftgas $L_{min} = 1$, so wird $V_{g_0}/L_{min} \cong 2$. Gl. 8b gilt dann nicht mehr, sondern Gl. 8a. Aus dieser Beziehung folgt nun, daß zu einem bestimmten Wert von $\mathfrak{v}_l/\mathfrak{v}_{g_0}$ oder $\mathfrak{v}_l$ der gleiche Wert n nur für den gleichen Brennstoff gehört, da für die verschiedenen Brennstoffe V_{g_0}/L_{min} recht verschiedene Werte annehmen kann. So ist für Steinkohle $V_{g_0}/L_{min} = 1{,}03$, für Erdöldestillate 1,07, für Leuchtgas 1,13, für Generatorgas 1,815, für Hochofengas 2,24. Nach Gl. 8a besteht ein linearer Zusammenhang zwischen n und $\mathfrak{v}_l/\mathfrak{v}_{g_0}$, der in Taf. I (Nebenfig.) für verschiedene Brennstoffe dargestellt ist. Daraus kann für ein gegebenes n der Wert $\mathfrak{v}_l$ entnommen werden, der den Abszissen $\mathfrak{v}_l/\mathfrak{v}_{g_0}$ beigeschrieben ist.

Beispiel: Die spezifische Wärme der Verbrennungsgase von Hochofengas bei 1,5facher Luftmenge zu bestimmen für $t = 1200^0$.

Für Hochofengas gehört nach Taf. I zu $n = 1{,}5$ der Wert $\mathfrak{v}_l/\mathfrak{v}_{g_0} = 0{,}22$, also

$$\mathfrak{v}_{g_0} = \frac{1}{1 + \mathfrak{v}_l/\mathfrak{v}_{g_0}} = 0{,}82, \mathfrak{v}_l = 0{,}18.$$

Nun ist nach Fig. 16 $(mc_p)_0 = 9{,}2, (mc_p)_l = 8{,}1$, daher

$$mc_p = 0{,}82 \cdot 9{,}2 + 0{,}18 \cdot 8{,}1 = 9{,}0.$$

Mit $m \cong 31$ wird

$$c_p = 0{,}29$$

und für 1 cbm, 0^0,760 mm $\mathfrak{C}_p = 9/22{,}4 = 0{,}40$.

Für Steinkohle würde unter gleichen Umständen

$$\mathfrak{v}_l/\mathfrak{v}_{g_0} \cong n - 1 = 0{,}5, \mathfrak{v}_{g_0} = \frac{2}{3}, \mathfrak{v}_l = \frac{1}{3}, \text{ daher}$$

$$mc_p = \frac{2}{3} \cdot 9{,}2 + \frac{1}{3} \cdot 8{,}1 = 8{,}8,$$

mit $m \simeq 30$, $c_p = 0{,}29$, $\mathfrak{C}_p = 0{,}393$, also nur wenig anders.

Mittlere spezifische Wärmen. Trägt man nach Art der Fig. 16 auch die mittleren spez. Molekularwärmen von CO_2, H_2O und Luft auf (Fig. 17), so erhält man für die verschiedenen Brennstoffe Linien der reinen Feuergase, die noch näher als in Fig. 16 und noch auf eine weitere Strecke als dort zusammenfallen und ohne praktischen Fehler durch eine mittlere Gerade ausgeglichen werden können.

Es wird für das reine Feuergas

$$(mc_p)_m = 7{,}3 + \frac{0{,}8}{1000} \cdot t \quad . \; . \; . \; . \; . \; . \; . \; . \; (9)$$

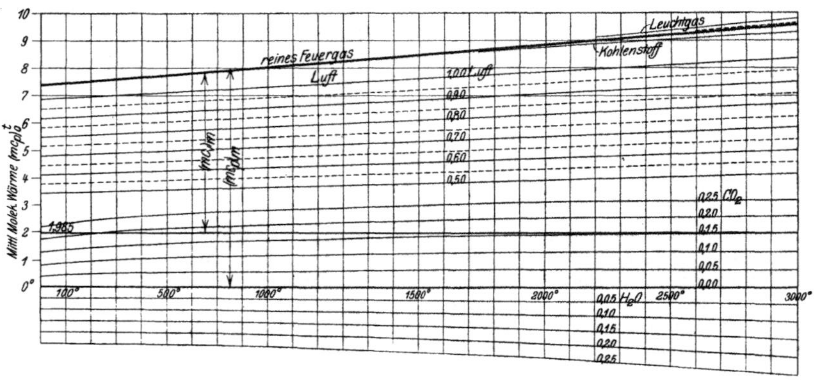

Fig. 17.

wie auch aus Gl. 4 zu folgern ist. In Fig. 17 u. Taf. I ist diese Gerade sowie diejenige für Luft aufgetragen. Die gestrichelten Geraden im Zwischenraum in Taf. I stellen die mittleren spez. Wärmen der Feuergase mit Luftüberschuß dar, für Werte von $\mathfrak{v}_l = 0{,}1$ bis $0{,}9$. Das zugehörige n ist, wie oben, der Hilfsfigur zu entnehmen.

Die gleiche Geradenschar stellt auch die Werte $(mc_v)_m$ dar, die sich von $(mc_p)_m$ um den Betrag 1,985 unterscheiden. Man hat, anstatt bis zur Abszissenachse, nur bis zur parallelen Achse im Abstand 1,985 von dieser zu messen. Allgemein ist für reine Feuergase

$$(mc_v)_m = 5{,}315 + \frac{0{,}8}{1000} \cdot t \quad . \; . \; . \; . \; . \; . \; . \; (10)$$

Verhältnis der spez. Wärmen $c_p/c_v = k$.

Nach Abschn. 12 ist

$$k = 1 + \frac{1{,}985}{mc_v}.$$

Daher wird mit Gl. 4a für reine Feuergase

$$k = 1 + \frac{1{,}985}{5{,}315 + \frac{1{,}6}{1000} \cdot t} \quad \ldots \ldots \quad (10)$$

während für Luft wegen

$$mc_v = 4{,}875 + \frac{1{,}06}{1000} \cdot t$$

$$k = 1 + \frac{1{,}985}{4{,}875 + \frac{1{,}06}{1000} \cdot t} \quad \ldots \ldots \quad (11)$$

Für ein Feuergas mit Luftüberschuß ist k wegen

$$mc_v = \mathfrak{v}_{\mathfrak{g}_0} \cdot \left(5{,}315 + \frac{1{,}6}{1000}\, t\right) + \mathfrak{v}_l \cdot \left(4{,}875 + \frac{1{,}06}{1000}\, t\right)$$

ebenso leicht zu berechnen.

Taf. I enthält die Werte von k für reines Feuergas und für Luft, sowie für lufthaltiges Feuergas mit $\mathfrak{v}_l = 0{,}5$.

Angenähert kann man für reines Feuergas zwischen etwa 200° und 2000° setzen

$$k = 1{,}36 - \frac{0{,}675}{10000} \cdot t = 1{,}378 - \frac{0{,}675}{10000} T \quad \ldots \quad (12)$$

während für Luft nach Abschn. 12 gilt

$$k = 1{,}395 - \frac{0{,}572}{10000}\, t = 1{,}411 - \frac{0{,}572}{10000} T.$$

Für verdünnte Feuergase liegen die Koeffizienten der Gleichung

$$k = k_0 - \alpha T$$

zwischen denen der reinen Feuergase und der Luft.

Wärmeinhalt der Feuergase. Wärmetafel.

Die zur Erwärmung von 0° auf t^0 oder zur Abkühlung von t^0 auf 0° bei unveränderlichem Druck erforderliche Wärmemenge ist für 1 kg Feuergas

$$Q_p = c_{p_m} \cdot t, \quad \ldots \ldots \ldots \quad (13)$$

für 1 Mol = m kg Feuergas

$$m\, Q_p = (mc_p)_m \cdot t \quad \ldots \ldots \ldots \quad (14)$$

und für die Gasmasse von 1 cbm von 0° und 760 mm

$$Q'_p = \frac{(mc_p)_m}{22{,}4} \cdot t = (\mathfrak{C}_p)_m \cdot t \quad \ldots \quad (15)$$

Erfolgt die Temperaturänderung zwischen den Grenzen t_1 und t_2, so ist

$$Q_p = (c_{p_m})_2 \cdot t_2 - (c_{p_m})_1 \cdot t_1 \quad \dots \dots \dots (16)$$

wenn $(c_{p_m})_1$ und $(c_{p_m})_2$ die mittleren spez. Wärmen zwischen 0^0 und $t_1{}^0$ bezw. 0^0 und $t_2{}^0$ sind.

Bei Erwärmung unter unveränderlichem Raum tritt an Stelle von $(c_p)_m$ überall $(c_v)_m$.

Für die Anwendung bequemer sind die hiernach berechneten Kurven der Wärmemengen in Tafel I. Für alle reinen Feuergase ist die Wärmemenge für 1 cbm oder 1 Mol. zwischen gleichen Temperaturen gleich groß. Tafel I enthält diese Kurve, sowie diejenige für Luft. Die dazwischen liegenden gestrichelten Kurven gelten für Feuergase mit einem Luftüberschuß von $\mathfrak{v}_l$ Raumteilen, dem nach früherem für jedes Feuergas ein besonderer Wert der Luftüberschußzahl n entspricht, gemäß der Nebenfigur unten.

Will man die Wärmemengen für 1 Mol statt für 1 cbm, so hat man die Tafelwerte mit dem Molvolumen 22,4 zu vervielfachen; für 1 kg erhält man die Wärmemengen durch Vervielfachung mit $m/22{,}4$, ein Wert, der identisch ist mit dem spez. Gewicht γ_0 des Feuergases (bei 0^0 und 760 mm).

Für unveränderlichen Raum sind die Wärmemengen für 1 Mol und 1^0 um 1,985 Cal. kleiner als für unveränderlichen Druck, daher für t^0 um $1{,}985 \cdot t$ Cal., und für 1 cbm um $1{,}985\ t/22{,}4$ Cal. Diese Wärmemengen sind in Taf. I durch die schräge Gerade dargestellt. Man erhält daher die Wärmeinhalte für unveränderlichen Raum zwischen t^0 und 0^0 als Ordinatenstücke der Wärmekurven bis zu dieser Geraden.

Die Tafel enthält ferner die mittleren Molekularwärmen von reinen und verdünnten Feuergasen und Luft, sowie die Verhältnisse $k = c_p/c_v$ für diese Fälle.

Über den Gebrauch der Tafel zur Bestimmung von Feuergastemperaturen vgl. Abschn. 15a.

15. Heizwert der Brennstoffe.

Die für technische Zwecke verbrauchte, insbesondere alle zur Gewinnung mechanischer Arbeit verwendete Wärme wird aus den Verbrennungsvorgängen gewonnen. Bei der chemischen Vereinigung des Sauerstoffs mit Kohlenstoff, Kohlenoxyd, Wasserstoff und den Kohlenwasserstoffen, die in den Brennstoffen enthalten sind, werden sehr erhebliche Energiemengen als Wärme (Verbrennungswärme) frei. Man versteht unter Heizwert (H) eines einfachen oder zusammengesetzten Brennstoffes die Anzahl Wärmeeinheiten, die durch die Verbrennung von 1 kg oder von 1 cbm (bei gasförmigen Stoffen) entstehen.

Mit Wärmetönung wird in der Chemie die Wärmemenge bezeichnet, die bei irgendwelchen chemischen Reaktionen zwischen zwei Stoffen im ganzen

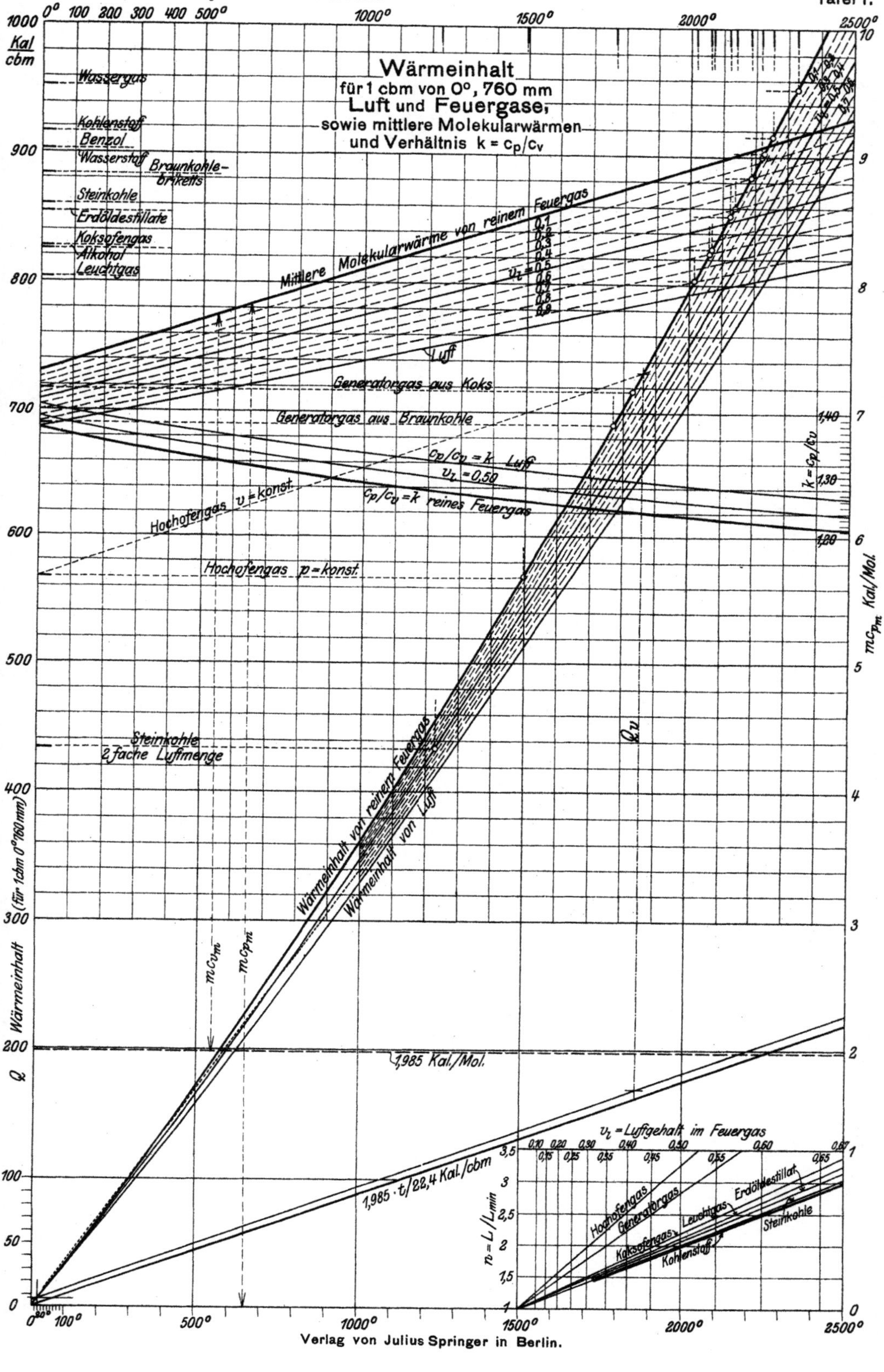
Wärmeinhalt
für 1 cbm von 0°, 760 mm
Luft und Feuergase,
sowie mittlere Molekularwärmen
und Verhältnis k = cp/cv
Kal
cbm
Wassergas
Kohlenstoff
Benzol
Wasserstoff
Braunkohle-
briketts
Steinkohle
Erdöldestillate
Koksofengas
Alkohol
Leuchtgas
Mittlere Molekularwärme von reinem Feuergas
Luft
Generatorgas aus Koks
Generatorgas aus Braunkohle
cp/cv = k Luft
vl = 0,50
cp/cv = k reines Feuergas
Hochofengas v = konst.
Hochofengas p = konst.
Steinkohle
2 fache Luftmenge
Wärmeinhalt von reinem Feuergas
Wärmeinhalt von Luft
Qv
k = cp/cv
mcpm Kal./Mol.
mcvm
mcpm
1,985 Kal./Mol.
1,985 · t/22,4 Kal./cbm
Q Wärmeinhalt (für 1 cbm 0° 760 mm)
vl = Luftgehalt im Feuergas
n = L/Lmin
Hochofengas
Generatorgas
Koksofengas
Leuchtgas
Erdöldestillat
Steinkohle
Kohlenstoff

frei oder gebunden wird. Die Verbrennungswärme oder der Heizwert ist ein besonderer Fall von Wärmetönung.

Die Bestimmung des Heizwerts gasförmiger und leichtflüssiger Stoffe kann durch Verbrennung an freier Luft, also unter dem unveränderlichen atmosphärischen Druck, erfolgen. Den Verbrennungsprodukten, die mit beliebigem Luftüberschuß behaftet sein können, wird zu dem Zwecke die Wärme, die sie bei der Verbrennung erhalten haben, durch kaltes Wasser vollständig entzogen. Nach diesem Grundsatze ist das Junkers'sche Kalorimeter gebaut, das im wesentlichen aus einem kleinen Heizröhrenkessel besteht, dessen Abgase bis auf die Lufttemperatur abgekühlt die Züge verlassen. Die entwickelte Wärme wird aus der Temperaturerhöhung und Menge des stetig durchströmenden Kesselwassers bestimmt.

Bei festen Brennstoffen muß anders verfahren werden. Die Verbrennung wird in einem geschlossenen starkwandigen Gefäß, der kalorimetrischen Bombe, vorgenommen. Da feste Brennstoffe viel schwerer in kalter Umgebung verbrennen, als gas- oder dampfförmige, so wird zur Verbrennung reiner Sauerstoff, nicht Luft, verwendet. Des kleineren Raumes des Kalorimeters wegen wird verdichteter Sauerstoff benutzt.

Die Entzündung wird auf elektrischem Wege eingeleitet. Während der Verbrennung steigt der Druck, da sich die hoch erhitzten Gase nicht ausdehnen können, zu bedeutender Höhe. Mit zunehmender Abkühlung durch das im Mantel der Bombe befindliche kalte Wasser fällt der Druck allmählich auf den Anfangswert, oder, falls der Brennstoff Wasserstoff enthielt, wegen der Volumenkontraktion bei der Verflüssigung des Verbrennungswasserdampfes noch darunter. Die Verbrennungswärme wird wieder aus der Temperaturzunahme und der Menge des erwärmten Wassers bestimmt. Die kalorimetrische Bombe ist auch für gasförmige und flüssige Brennstoffe geeignet.

Um vollständige Verbrennung zu sichern, ist ein erheblicher Sauerstoffüberschuß erforderlich. Zur Verbrennung von 1 g Brennstoff sind nach Abschnitt 9a nötig

$$22{,}4\left(\frac{C}{12}+\frac{H}{4}-\frac{O}{32}\right) \text{ Liter Sauerstoff,}$$

z. B. bei $C = 0{,}80$, $H = 0{,}05$, $O = 0{,}06$ 1,74 l von 760 mm. Eine Bombe mit dem üblichen Inhalt von rd. $^1/_3$ Liter müßte also für 1 g Brennstoff mit Sauerstoff von $3 \cdot 1{,}74 \cdot 1{,}03 = 5{,}4$ at gefüllt werden, wenn kein Sauerstoffüberschuß nötig wäre. In Wirklichkeit sind 15—20 at Sauerstoff nötig, also drei- bis vierfacher Überschuß.

Die beiden bei unveränderlichem Druck und unveränderlichem Raum ermittelten Heizwerte sind für den gleichen Brennstoff nur dann von gleicher Größe, wenn die Verbrennung ohne Volumenkontraktion verläuft. Der Unterschied im anderen Falle rührt daher, daß bei unveränderlichem Drucke dieser (im Junkerskalorimeter also die Atmosphäre) die Zusammendrückung der Verbrennungsgase auf den um die Raumminderung ΔV kleineren Raum besorgt. Dabei verrichtet der Luftdruck die Arbeit $10333\,\Delta V$ mkg, die in die äquivalente Wärme

$$\frac{10333}{427}\,\Delta V = 24{,}2\,\Delta V \text{ Cal.}$$

übergeht. Bei der Verbrennung in der Bombe wird diese Wärme nicht gewonnen.

Der Unterschied ist verhältnismäßig gering. Findet z. B. wie bei der Verbrennung von Kohlenoxyd eine Raumminderung um 1 cbm, bei einer ursprünglichen Menge von 2 cbm CO, statt, so beträgt der Unterschied für 2 cbm Brennstoff 24,2 Cal. Der Heizwert von 1 cbm CO ist 3050 Cal., der Unterschied erreicht also nur

$$\frac{24,2}{2\cdot 3050}\cdot 100 = 0,4 \text{ v. H.},$$

was als unerheblich gelten kann.

Oberer und unterer Heizwert. Dieser Unterschied ist viel wichtiger als der eben erwähnte, weil viel bedeutender. Er tritt nur bei Brennstoffen mit Wasserstoffgehalt und Feuchtigkeit auf, deren Feuergase Wasserdampf enthalten. Dieser geht nämlich bei der Abkühlung auf die Anfangstemperatur im Kalorimeter in den gesättigten Zustand und schließlich in flüssiges Wasser über (Verbrennungswasser), und dabei gibt er auch seine Verdampfungswärme und Flüssigkeitswärme ab. Bei der kalorimetrischen Heizwertbestimmung wird also diese Wärme mit gemessen.

Als technischer Heizwert gilt jedoch nicht dieser kalorimetrische oder „obere" Heizwert. Für die nutzbare Verwendung der Verbrennungswärme in Feuerungen und Verbrennungsmotoren kommt nämlich so tiefe Abkühlung wie im Kalorimeter gar nicht in Frage. Das Verbrennungswasser kann mit den Schornstein- bzw. Auspuffgasen nur dampfförmig, äußerstenfalls als trocken gesättigter Dampf, in Wirklichkeit stark überhitzt, entweichen, also keinesfalls die Verdampfungswärme, noch weniger die Flüssigkeitswärme nutzbringend abgeben. Für die Ausnutzung der Verbrennungswärme zur Dampf- oder Krafterzeugung kann daher dieser Betrag nicht in Rechnung gestellt werden.

Wollte man bei feuchtem Brennstoff den kalorimetrischen oberen Heizwert, der vom Feuchtigkeitsgehalt unabhängig ist, im praktischen Kesselbetrieb der Beurteilung des Kesselwirkungsgrades zugrunde legen, so würde man den Wirkungsgrad zum Nachteil des Kessels unterschätzen. Wenn feuchter Brennstoff verfeuert wird, so geht die Flüssigkeits- und Verdampfungswärme des Feuchtigkeitswassers auf alle Fälle durch den Schornstein, woran nicht der Kessel, sondern der feuchte Brennstoff die Schuld trägt. Erst durch Ausschaltung dieser Wärme aus dem kalorimetrischen Heizwert wird eine gerechte Beurteilung des Kessels möglich.

Demgemäß wird als nutzbarer oder „unterer" Heizwert der um die Gesamtwärme des Verbrennungs- und Feuchtigkeitswassers verminderte obere Heizwert bezeichnet. Die Gesamtwärme des Wassers ist mit Rücksicht auf die Ausgangstemperatur von rd. 20^0 ungefähr 600 Cal. für 1 kg Wasser. Bilden sich also aus 1 kg (oder 1 cbm) Brennstoff W kg Verbrennungswasser einschl. der ursprünglichen Feuchtigkeit, so ist der untere Heizwert

$$H_u = H - 600\,W.$$

Im Junkers-Kalorimeter kann das Verbrennungswasser aufgefangen, somit außer dem oberen auch der untere Heizwert bestimmt werden.

Bei der Verbrennung von Wasserstoff bilden sich aus 2 kg H und 16 kg O 18 kg Wasser, also aus 1 kg H 9 kg Wasser, die eine Gesamtwärme von $9 \cdot 600 = 5400$ Cal. besitzen. Nun beträgt der obere Heizwert des Wasserstoffs 34200 Cal/kg, daher ist sein unterer Heizwert

$$H_u = 34200 - 5400 = 28800 \text{ Cal/kg}.$$

Bei Leuchtgas, das viel Wasserstoff enthält, ist deshalb der Unterschied beider Heizwerte ziemlich groß. Für ein bestimmtes Leuchtgas ergab sich z. B. mit dem Junkers-Kalorimeter

$$H = 5410 \text{ Cal/cbm } (0^0,\ 760 \text{ mm}).$$
$$H_u = 4840 \quad \text{"}$$

Bei Steinkohle ist der untere Heizwert um ca. 300 Cal. kleiner als der obere, im übrigen abhängig vom Gehalt der Kohle an H und H_2O.

Allgemein gilt

$$(H - H_u) = 9 \cdot 600\, H + 600\, H_2O = 600\,(9\, H + H_2O),$$

mit H und H_2O als Gewichtsanteilen in 1 kg Brennstoff.

Steinkohle, Braunkohle, Torf und Holz können sehr verschiedene Feuchtigkeitsgrade (f kg Wasser in 1 kg feuchtem Brennstoff) besitzen. Die Zusammensetzung und der Heizwert dieser Stoffe wird daher häufig auf den wasserfreien Zustand bezogen. Bei der Verwendung werden jedoch die Brennstoffe stets einen gewissen Feuchtigkeitsgrad besitzen, oft z. B. nur „lufttrocken" ($f = f_l$) sein. Ist H_0 der untere Heizwert des wasserfreien Brennstoffs, so ist der untere Heizwert beim beliebigen Feuchtigkeitsgrad f

$$H_f = (1 - f) \cdot H_0 - 600\, f,$$

weil 1 kg Brennstoff nur $1 - f$ kg Trockensubstanz enthält und f kg Wasser zu verdampfen sind[1]).

Heizwert von Gasgemischen. Sind bei Gasgemischen, z. B. bei Generatorgas oder Leuchtgas, die Mischungsbestandteile (CO, H_2, CH_4 u. a.) dem Raum oder Gewicht nach bekannt, so kann der Heizwert als Summe der Heizwerte der Bestandteile, nach Maßgabe ihres Gewichts- oder Raumanteils, berechnet werden. Wesentlich einfacher als die Ermittlung der Mischungsbestandteile ist jedoch die unmittelbare Bestimmung mittels des Junkers-Kalorimeters.

Heizwert aus der Elementaranalyse. Für Steinkohle kann der Heizwert annähernd als Summe der Heizwerte der brennbaren Elementarbestandteile (Kohlenstoff, Wasserstoff, Schwefel) berechnet werden[2]).

Es gilt (Verbandsformel)

$$H_u = 8100\, C + 29000\left(H - \frac{O}{8}\right) + 2500\, S - 600\, W,$$

worin C, H, O, S, W die Gewichtsanteile der betreffenden Stoffe (W = Wassergehalt) in 1 kg Kohle sind.

Für andere Brennstoffe gibt diese Formel weniger genaue Werte.

Der Sauerstoffgehalt O wird als chemisch gebunden mit Wasserstoff angesehen, wodurch die Menge des brennbaren Wasserstoffs auf $H - \frac{O}{8}$ vermindert erscheint.

---

[1]) Vgl. hierüber „Mitteil. aus d. Kgl. Materialprüfungsamt zu Berlin-Lichterfelde West, 1914, Verfahren und Ergebnisse der Prüfung von Brennstoffen. I. u. II."

[2]) Über diese Frage vgl. Bd. II, Abschn. 21, 5. Beisp.

Heizwert von Brennstoff-Luftgemischen. Ist einem brennbaren Gase so viel Luft beigemengt, als zur vollständigen Verbrennung nötig ist, allgemein $n \cdot L_0$ kg (oder cbm) auf 1 kg (oder cbm) Brennstoff, so ist der untere Heizwert dieses Gemisches

$$H_g = \frac{H_u}{1 + n L_0}.$$

Für die Leistungsfähigkeit von Verbrennungsmotoren kommt dieser Wert, der sog. Gemisch-Heizwert, nicht H_u selbst, in Betracht.

Mit $n = 1$ wird z. B. für

	CO	H_2	CH_4	Leuchtgas	Kraftgas	Gichtgas
$(H_g)_{max} =$	900	906	810	800	600	530 Cal/cbm.

Bei Luftüberschuß wird H_g entsprechend kleiner.

Heizwerte einiger Brennstoffe.

Stoff	H		H_u	
	1 kg	1 cbm (0°, 760 mm)	1 kg	1 cbm (0°, 760 mm)
Kohlenstoff C	8080	—	—	—
Kohlenoxyd CO	2440	3050	—	—
Wasserstoff H_2	34200	3070	28800	2570
Sumpfgas CH_4	13240	9470	11910	8510
Leuchtgas	10700	5500	—	5000
Kokereigas	—	—	—	3760
Kraftgas	—	—	—	1300
Gichtgas	—	—	—	750—950
Acetylen	12000	13900	11600	13470
Petroleum	—	—	10500	—
Gasöl	—	—	9800—10150	—
Benzin	—	—	10500	—
Alkohol	7184	—	6480	—
Steinkohle[1]	—	—	6800—7700	—
Gaskoks	—	—	6900	—
Braunkohle[1]	—	—	4500—5000	—
Braunkohlenbriketts[1]	—	—	4800—5100	—
Torf[1]	—	—	3600—4600	—
Holz	—	—	4500	—
Naphthalin	9700	—	9370	—
Benzol	10000	—	9590	—
Braunkohlen-Teeröl	—	—	9000—9800	—
Steinkohlen-Teeröl	—	—	8800—9200	—
Rohteer	—	—	8000—8800	—

[1]) Die Heizwerte dieser natürlichen Brennstoffe unterliegen ziemlich großen Schwankungen je nach ihrem Herkommen, Aschengehalt und Feuchtigkeitsgrad. Die gewöhnlich (auch oben) angegebenen Werte beziehen sich auf den luft-

15a. Verbrennungs-Temperaturen.

Ist von einem Brennstoff der Heizwert und die chemische Zusammensetzung bekannt, so kann auch die Verbrennungstemperatur mit Hilfe der bekannten spezifischen Wärmen der Feuergase bestimmt werden. Am einfachsten wird diese Bestimmung nach Tafel I, in der die Wärmeinhalte der Feuergase zwischen 0^0 und 3000^0 C enthalten sind.

Um eine Feuergasmasse, die bei 0^0 und 760 mm den Raum von 1 cbm einnimmt, von der unbekannten Verbrennungstemperatur t bis zur Anfangstemperatur t_0 der Verbrennungsluft oder des Gasgemisches abzukühlen, muß ihr eine Wärmemenge Q entzogen werden gleich der Verbrennungswärme der Brennstoffmenge, die zur Bildung dieser Feuergasmenge nötig war.

Ist V_{g_0} die Feuergasmenge in cbm von 0^0 und 760 mm, die bei der Verbrennung von 1 kg (oder 1 cbm) Brennstoff ohne überschüssigen Sauerstoff entsteht, so ist

$$Q = \frac{H_u}{V_{g_0}} \quad \ldots\ldots\ldots\ldots (1)$$

der größtmögliche Wärmeinhalt von 1 cbm Feuergas.

Bei n-fachem Luftüberschuß wird dagegen der Feuergasraum, mit L_{min} als theoretischer Luftmenge,

$$V_g = V_{g_0} + (n-1)\,L_{min}$$

und daher

$$Q = \frac{H_u}{V_{g_0} + (n-1)\,L_{min}} = \frac{H_u}{V_{g_0}} \cdot \frac{1}{1 + (n-1)\dfrac{L_{min}}{V_{g_0}}} \quad \ldots (2)$$

Die Werte V_{g_0} und L_{min} können für feste und flüssige Brennstoffe nach Abschn. 9a, Gl. 16, 16a, 23, 23a, für gasförmige nach Gl. 11, 3, 3a berechnet werden. Für die wichtigsten Brennstoffe sind diese Werte, nebst denen von H_u/V_{g_0}, in der folgenden Zahlentafel zusammengestellt, eine mittlere Zusammensetzung des Brennstoffs vorausgesetzt.

Die Stoffe sind nach der Größe des Wärmeinhalts von 1 cbm reinem Feuergas geordnet, wonach Azetylen an erster, Hochofengas an letzter Stelle steht. Trotz der sehr großen Unterschiede in den Heizwerten sind die Werte H_u/V_{g_0} nicht allzu verschieden, sie liegen für die am meisten verwendeten Brennstoffe zwischen etwa 700 und 900 Cal/cbm.

---

trockenen Zustand, in dem Steinkohle etwa 2 bis 5, Braunkohlen und Braunkohlenbriketts 10 bis 14 Hundertteile des Gewichts Feuchtigkeit enthalten. Der Aschengehalt beträgt durchschnittlich bei Steinkohlen etwa 5 bis 12, bei Braunkohlen 5 bis 20, bei Braunkohlenbriketts 6 bis 10 Hundertteile. Man kann den Heizwert auch auf die sogenannte „Reinkohle", d. h. auf die Gewichtseinheit brennbarer (asche- und wasserfreier) Substanz beziehen. Für Steinkohle findet sich dafür am häufigsten etwa 7950, für Braunkohle 6050, für Torf 5200 Cal/kg.

Die bei der Abkühlung von t_{max} bis t_0 der Masse von 1 cbm Feuergas zu entziehende Wärmemenge ist nun bei unveränderlichem Druck

$$(\mathfrak{C}_p)_m \cdot t_{max} - (\mathfrak{C}_{p_0})_m \cdot t_0 = \frac{H_u}{V_{g_0}} \quad \ldots \ldots \ldots (3)$$

Höchste Verbrennungstemperaturen für 20° Anfangstemperatur.

Brennstoff	L_{min} cbm	V_{g_0} cbm	H_u Cal	H_u/V_{g_0} Cal/cbm	L_{min}/V_{g_0}	t_{max} p = const.	t_{max} v = const.
Azetylen . . .	11,9	12,4	13470	1085	0,960	2580°	> 2500
Wassergas . .	2,24	2,78	2630	946	0,806	2325°	"
Kohlenstoff . .	8,9	8,9	8100	910	1,00	2255°	"
Benzol (C_6H_6) .	10,3	10,7	9590	896	0,877	2230°	"
Wasserstoff . .	2,38	2,88	2570	894	0,827	2220°	"
Steinkohle . .	8,5	8,8	7500	853	0,966	2145°	"
Braunkohle-Briketts	4,78	5,35	4720	883	0,894	2180°	"
Erdöldestillate .	11,6	12,4	10500	848	0,936	2125°	"
Koksofengas .	3,69	4,38	3600	821	0,843	2070°	"
Alkohol	6,94	7,91	6480	820	0,877	2060°	"
Leuchtgas . .	5,57	6,28	5000	797	0,889	2020°	2470°
Generatorgas aus Koks	1,00	1,83	1300	710	0,547	1830°	2260°
Generatorgas aus Braunkohle-Briketts . .	1,22	2,00	1365	683	0,610	1770°	2190°
Hochofengas .	0,69	1,55	870	561	0,445	1500°	1865°

Die in Gl. 3 links stehenden Wärmeinhalte zwischen 0° und t_{max} bzw. 0° und t_0 sind die Ordinaten der in Taf. I aufgetragenen Wärmekurve der reinen Feuergase. Man hat also nur auf dieser Kurve den Punkt zu suchen, dessen Ordinate um H_u/V_{g_0} länger ist als die Ordinate für die Temperatur t_0, um in der Temperatur dieses Punktes die höchstmögliche Verbrennungstemperatur zu finden.

In ganz gleicher Weise erhält man für einen beliebigen Luftüberschuß n die Verbrennungstemperatur, indem man den Ordinaten-Unterschied zwischen t_0 und t auf der Kurve für n-fache Luftmenge gleich macht dem Wert

$$\frac{H_u}{V_{g_0}} \cdot \frac{1}{1 + (n-1)\dfrac{L_{min}}{V_{g_0}}}.$$

Zur Bestimmung der dem Wert n zugehörigen Wärmekurve ist $\mathfrak{v}_l$ aus der Hilfsfigur, Taf. I, gemäß Abschn. 14a, oder aus $\mathfrak{v}_l = \frac{(n-1)\,L_{min}}{V_{g_0} + (n-1) L_{min}}$ zu ermitteln.

Um die Verbrennungstemperatur bei unveränderlichem Raum zu finden (Gasmaschine), hat man die schräge Gerade durch den Ursprung als Abszissenachse zu betrachten. Eine mit dieser Richtung parallele Gerade durch den Punkt auf der Ordinatenachse mit dem Ordinatenunterschied H_u/V_{g_0} schneidet die Wärmekurve im gesuchten Punkt, wie Tafel I für Hochofengas zeigt.

Die in Tafel I und der Zahlentafel enthaltenen Verbrennungstemperaturen gelten für eine Anfangstemperatur von 20^0.

Bei Temperaturen über 2500^0, wie sie bei Verbrennung unter unveränderlichem Raume bei einer ganzen Reihe von Brennstoffen auftreten, wird die Dissoziation der Kohlensäure und des Wasserdampfs von größerem Einfluß. — Noch mehr wird dies der Fall sein bei Verbrennung mit reinem Sauerstoff, anstatt mit Luft. Dieser Fall bedarf besonderer Behandlung.

Bemerkung. Als Heizwert wurde oben stets der untere Heizwert verwendet. Enthält nämlich der Brennstoff Wasserstoff oder Feuchtigkeit, so schlägt sich bei dem Vorgang der Abkühlung der Wasserdampfgehalt des Feuergases als flüssiges Wasser nieder. Der Niederschlag beginnt bei der Temperatur t_s, die als Sättigungstemperatur zu dem Teildruck des Wasserdampfs im Feuergas gehört. Die Wärmemenge, die den aus 1 kg Brennstoff entstandenen Feuergasen zu entziehen ist, um den Wasserdampf vollständig niederzuschlagen, ist in rundem Betrag 600 w, mit w als Summe von Verbrennungs- und Feuchtigkeitswasser von 1 kg Brennstoff. Zu 1 cbm Feuergas gehört also die Verflüssigungswärme 600 w/V_g. Kühlt man nun ein dampfhaltiges Feuergas bis t_0 ab, so sind ihm folgende Wärmemengen zu entziehen:

1. zwischen t und t_s die Wärme $(\mathfrak{C}_p)_m \cdot t - (\mathfrak{C}_{p_s})_m \cdot t_s$;
2. „ t_s „ t_0 „ „ $[1 - \mathfrak{v}(H_2O)]\,[(\mathfrak{C}_{p_s})_m t_s - (\mathfrak{C}_{p_0})_m \cdot t_0]$;
3. für Dampfniederschlag 600 w/V_g.

Die Summe ist gleich H/V_g, mit H als oberem Heizwert.

Die Gleichsetzung ergibt

$$(\mathfrak{C}_p)_m \cdot t - (\mathfrak{C}_{p_0})_m \cdot t_0 = \frac{H - 600\,w}{V_g} + \mathfrak{v}(H_2O) \cdot [(\mathfrak{C}_{p_s})_m \cdot t_s - (\mathfrak{C}_{p_0})_m \cdot t_0]$$

$$= \frac{H_u}{V_g} + \Delta \quad \ldots\ldots\ldots\ldots\ldots \quad (4)$$

Hierin ist $H - 600\,w = H_u$ der untere Heizwert. Das zweite Glied rechts kann bei bekanntem Raumanteil $\mathfrak{v}(H_2O)$ des Wasserdampfs im Feuergas bestimmt werden, indem man die Wärmemenge der eckigen Klammer der Wärmekurve in Tafel I zwischen t_s und t_0 entnimmt. Bei atmosphärischem Druck der Feuergase ist z. B. mit dem hohen Wert $\mathfrak{v}(H_2O) = 0{,}25$ der Wasserdampf-Teildruck 0,25 at, die Sättigungstemperatur also 65^0. Ist nun $t_0 = 20^0$, so ist das Klammerglied gleich 16 Cal, somit $\Delta = 4$ Cal. Dies ist gegenüber dem Wert 700 bis 900 des ersten Glieds vernachlässigbar und Gl. 4 geht in Gl. 3 über. Will man das zweite Glied berücksichtigen, so hat man H_u/V_g um Δ zu vermehren und damit die Temperatur wie früher zu bestimmen.

15b. Abgasverluste.

Mit den heißen Abgasen der Feuerungen und Verbrennungskraftmaschinen entweicht ein Teil der Verbrennungswärme des Brennstoffs unausgenützt. Es handelt sich um eine einfache und doch genaue Bestimmung dieses Wärmeverlustes, ausgedrückt in Bruchteilen des Heizwerts des Brennstoffs.

In dem Temperaturgebiet zwischen 0^0 und etwa 600^0, das in Frage kommt, nimmt nach Taf. I der Wärmeinhalt von Feuergasen jeder Art, ob rein oder verdünnt, sehr angenähert linear mit der Temperatur zu. Gemäß der punktierten Geraden durch den Ursprung in Taf. I kann man für die Masse von 1 cbm eines beliebigen Feuergases (0^0, 760 mm) setzen

$$Q = 0{,}34\,(t - t_0) \quad \dots\dots\dots \quad (1)$$

Mit H_u als unterem Heizwert, V_g als Feuergasraum von 1 kg (oder 1 cbm) Brennstoff wird der ursprüngliche Wärmeinhalt der Masse von 1 cbm Feuergas gleich H_u/V_g.

Der verhältnismäßige Abgasverlust ist als Verhältnis dieser beiden Beträge

$$s = \frac{0{,}34\,(t - t_0)}{H_u/V_g} \quad \dots\dots\dots \quad (2)$$

Hierin ist nach Abschn. 15a, mit V_{g_0} als Feuergasmenge ohne Luftüberschuß, L_{min} als theoretischer Luftmenge, n als Luftüberschußzahl

$$V_g = V_{g_0} \cdot \left[1 + (n-1)\frac{L_{min}}{V_{g_0}}\right]$$

und folglich der Abgasverlust

$$s = \frac{0{,}34\,(t - t_0)}{H_u/V_{g_0}}\left[1 + (n-1)\frac{L_{min}}{V_{g_0}}\right] \quad \dots\dots \quad (3)$$

Nun ist H_u/V_{g_0}, der ursprüngliche Wärmeinhalt von 1 cbm reinem Feuergas, ein für einen Brennstoff mit bekanntem H_u und bekannter Zusammensetzung berechenbarer Wert. Nach Abschn. 15a zeigt er selbst für Brennstoffe sehr verschiedener Art nur mäßige Unterschiede und wird daher für solche gleicher Art, z. B. verschiedene Sorten Steinkohle, um so weniger von einem dieser Art eigentümlichen Mittelwert abweichen. Ähnliches gilt von dem Verhältnis L_{min}/V_{g_0}. Es genügt also im allgemeinen, wenn die Art des Brennstoffs — ob Steinkohle, Erdöldestillate, Generatorgas usw. — bekannt ist, aus dem die Feuergase stammen, um den Abgasverlust nach Gl. 3 berechnen zu können. Durch Messung zu bestimmen sind lediglich die Abgas- und Lufttemperatur, sowie der Luftüberschuß (Abschn. 9b).

Der Abgasverlust wächst nach Gl. 3 gegenüber seinem Wert bei reinem Feuergas, der durch den Ausdruck vor der Klammer dargestellt wird, im gleichen Verhältnis mit $n - 1$. Trägt man also

$n-1$ (oder n) als Abszissen, die Werte $s/(t-t_0)$, d. h. die Abgasverluste für je 1° Temperaturüberschuß, als Ordinaten auf, so erhält man für jeden Brennstoff eine Gerade. In Fig. 18 ist dies für die wichtigsten Brennstoffe ausgeführt. Die Ordinaten der Figur sind

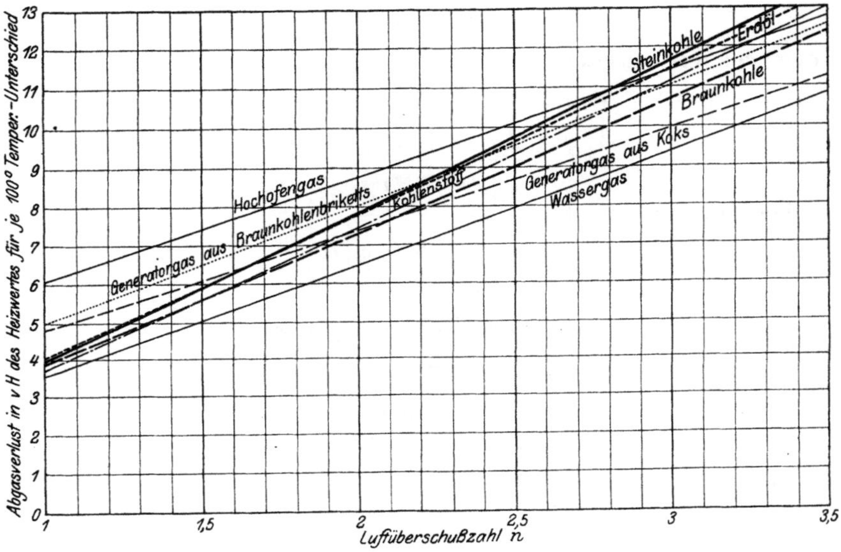

Fig. 18.

die Abgasverluste in Hundertteilen des Heizwerts für je 100° Temperaturüberschuß der Abgase.

Ist z. B. bei einer mit Steinkohle betriebenen Feuerung die Abgastemperatur 320°, die Außentemperatur 20°, der Luftüberschuß $n = 1{,}5$ fach, so ist der Abgasverlust für je 100° nach Fig. 18 gleich 5,9 v. H., also für 300° gleich $3 \cdot 5{,}9 = \mathbf{17{,}7}$ v. H.

16. Vermischungsdruck und Vermischungstemperatur von Gasen.

In mehreren Gefäßen mit den Rauminhalten V_1, V_2, V_3 cbm seien gleichartige oder ungleichartige Gase vom Drucke p_1, p_2, p_3 und der Temperatur t_1, t_2, t_3 (T_1, T_2, T_3) enthalten.

Welcher Druck und welche Temperatur stellt sich, wenn die Gefäße untereinander in Verbindung gebracht werden, nach dem vollständigen Ausgleich (Vermischung) in dem gemeinsamen Raum

$$V = V_1 + V_2 + V_3$$

ein?

Der Inhalt eines Kilogramm Gas an fühlbarer Wärme (über 0°) wird durch $c_v \cdot t$ dargestellt. Die Summe der Wärmeinhalte der einzelnen Gase vor der Vermischung ist gleich dem Wärmeinhalte des Gemenges. Sind daher G_1, G_2, G_3 die Einzelgewichte,

$$G = G_1 + G_2 + G_3$$

das Gesamtgewicht, so ist

$$G_1 c_{v_1} t_1 + G_2 c_{v_2} t_2 + G_3 c_{v_3} t_3 = G c_v t\,,$$

demnach die Mischungstemperatur, wegen

$$G c_v = G_1 c_{v_1} + G_2 c_{v_2} + G_3 c_{v_3}$$

$$t = \frac{G_1 c_{v_1} t_1 + G_2 c_{v_2} t_2 + \ldots}{G_1 c_{v_1} + G_2 c_{v_2} + \ldots},$$

daher mit $T = 273 + t$

$$T = \frac{G_1 c_{v_1} T_1 + G_2 c_{v_2} T_2 + \ldots}{G_1 c_{v_1} + G_2 c_{v_2} + \ldots}.$$

Nun ist nach der Zustandsgleichung der Gase

$$p_1 V_1 = G_1 R_1 T_1\,,$$

daher

$$G_1 = \frac{p_1 V_1}{R_1 T_1},$$

ebenso für G_2, G_3. Damit wird

$$T = \frac{p_1 V_1 \cdot \frac{c_{v_1}}{R_1} + p_2 V_2 \cdot \frac{c_{v_2}}{R_2} + \ldots}{\frac{p_1 V_1}{T_1} \cdot \frac{c_{v_1}}{R_1} + \frac{p_2 V_2}{T_2} \cdot \frac{c_{v_2}}{R_2} + \ldots}.$$

Nun ist nach Abschn. 12 für die zweiatomigen Gase $m \cdot c_v$ gleich groß, und nach Abschn. 6 ebenso $m \cdot R$ für alle Gase. Daher sind die Quotienten

$$\frac{c_{v_1}}{R_1}, \quad \frac{c_{v_2}}{R_2} \ldots$$

bei zweiatomigen Gasen und ihren Gemischen unter sich gleich. Es ist daher für solche Gase

$$\boldsymbol{T = \frac{p_1 V_1 + p_2 V_2 + p_3 V_3 + \ldots}{\frac{p_1 V_1}{T_1} + \frac{p_2 V_2}{T_2} + \ldots}} \quad \ldots\ldots \quad (1)$$

(**Vermischungs-Temperatur**).

Mit

$$\frac{p_1 V_1}{T_1} = G_1 R_1$$

usw. ist auch

$$T = \frac{p_1 V_1 + p_2 V_2 + \ldots}{G_1 R_1 + G_2 R_2 + \ldots}$$

und mit

$$GR = G_1 R_1 + G_2 R_2 + \dots$$

$$T = \frac{p_1 V_1 + p_2 V_2 + \dots}{RG};$$

der **Mischungsdruck** p folgt hiermit, wegen $T = \frac{pV}{GR}$, aus

$$\boldsymbol{pV = p_1 V_1 + p_2 V_2 + p_3 V_3 + \dots} \quad . \quad . \quad . \quad . \quad (2)$$

Die Summe der Produkte aus Druck und Volumen vor der Mischung ist gleich dem Produkt aus Druck und Volumen nachher.

Sind die Drücke vor der Vermischung gleich, nur die Temperaturen verschieden, so wird die Mischungstemperatur

$$T = \frac{V_1 + V_2 + V_3 + \dots}{\frac{V_1}{T_1} + \frac{V_2}{T_2} + \frac{V_3}{T_3} + \dots} = T_1 \frac{V_1 + V_2 + V_3 + \dots}{V_1 + V_2 \frac{T_1}{T_2} + V_3 \frac{T_1}{T_3} + \dots} \quad . \quad . \quad . \quad (3)$$

Sind dagegen die Temperaturen vor der Mischung gleich und die Drücke verschieden, so folgt

$$T = T_1,$$

d. h. durch die Mischung tritt keine Temperaturänderung ein.

Der Mischungsdruck ist nach Gl. 2 überhaupt von den Temperaturen unabhängig, kann also ohne Kenntnis derselben berechnet werden.

Die Zulässigkeit des obigen Ansatzes beruht darauf, daß die Energie der Gase durch $c_v \cdot t$ bestimmt ist und bei der Vermischung unverändert bleibt (Abschn. 23).

Beispiele. 1. 0,5 cbm Druckluft von 5 kg/qcm Überdruck und 40° C werden mit 2 cbm Luft von atmosphärischem Druck (1,033 kg/qcm) und −10° C gemischt. Wie groß wird der Mischungsdruck (p) und die Mischungstemperatur t?

Es ist nach Gl. 2

$$p \cdot (0{,}5 + 2) = 6{,}033 \cdot 0{,}5 + 1{,}033 \cdot 2$$

$$p = 2{,}03 \text{ at abs.}$$

oder

$$\underline{1{,}0 \text{ at Überdruck,}}$$

ferner nach Gl. 1

$$T = \frac{5 \cdot 0{,}5 + 1{,}033 \cdot 2}{\frac{5 \cdot 0{,}5}{313} + \frac{1{,}033 \cdot 2}{263}} = 288 \text{ abs.}$$

$$t = 288 - 273 = \underline{+15^\circ \text{ C.}}$$

2. In einer Trockenanlage sollen Feuergase von 1000° durch Vermischung mit kalter Luft von +10° auf eine Temperatur von 550° gebracht werden. Wieviel Luft (dem Volumen nach) ist im Verhältnis zu den Feuergasen erforderlich?

Mit V_2 als Luftvolumen, V_1 als Feuergasvolumen wird nach Gl. 3

$$550 + 273 = (1000 + 273) \cdot \frac{1 + \frac{V_2}{V_1}}{1 + \left(\frac{V_2}{V_1}\right) \frac{1000 + 273}{10 + 273}}.$$

Hieraus
$$\frac{V_2}{V_1} = 0{,}185\,.$$

Es ist also eine Luftmenge gleich dem 0,185fachen des Feuergasvolumens zuzuführen.

3. Im schädlichen Raum des Niederdruckzylinders einer Verbunddampfmaschine, der 10 v. H. des Hubraumes beträgt, befindet sich Dampf von 0,7 kg/qcm abs. Durch Überströmen aus dem Behälter vermischt sich Dampf von 2,8 kg/qcm abs. mit dem Dampf des schädlichen Raumes. Welchen Druckabfall erfährt der Behälterdampf, wenn er ein Volumen gleich dem 0,75fachen des Niederdruckzylinders besitzt?

Annähernd kann die Formel für den Vermischungsdruck auch auf Dampf Anwendung finden. Wird das Niederdruckvolumen 1 gesetzt, so wird

$$p\cdot(0{,}1 + 0{,}75) = 0{,}7\cdot 0{,}1 + 2{,}8\cdot 0{,}75$$
$$p = 2{,}55\,.$$

Daher ist der Druckabfall

$$2{,}80 - 2{,}55 = \underline{0{,}25\text{ kg/qcm}}\,.$$

4. Im Verdichtungsraum der Gasmaschinenzylinder befindet sich beim Beginn des Saughubes ein heißer Abgasrest vom vorhergehenden Arbeitsspiel, der sich beim Ansaugen mit dem frischen Gemenge vermischt und dessen Temperatur und Menge beeinflußt.

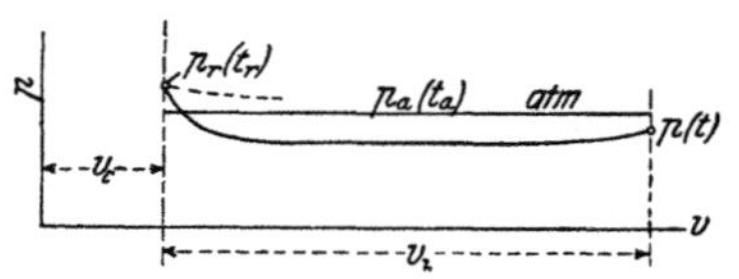

Fig. 19.

Der Verdichtungsraum enthalte V_c cbm Abgasreste von $t_r{}^0$ und p_r at; der Hubraum sei V_h cbm. Die Temperatur des Gemenges vor dem Eintritt in den Saugraum sei t_a, sein Druck p_a. Wenn nun der Druck im Zylinder am Ende des Saughubes p ist, wie groß ist dann die Endtemperatur t und die angesaugte Gemischmenge V_a im Außenzustand p_a, t_a?

Für die Drücke und Räume gilt ohne Rücksicht auf die Temperaturen

$$p\,(V_h + V_c) = p_r V_c + p_a V_a\,.$$

Bei der Einströmung, die durch Drosselung vom Außendruck p_a auf den Innendruck erfolgt, ändert sich nämlich (nach Abschn. 47) das Produkt $p_a V_a$ aus Druck und Volumen nicht.

Es folgt
$$V_a = \frac{p}{p_a}(V_h + V_c) - \frac{p_r}{p_a} V_c\,.$$

Die Mischungstemperatur ist

$$T = \frac{p_r V_c + p_a V_a}{\dfrac{p_r V_c}{T_r} + \dfrac{p_a V_a}{T_a}} = \frac{p(V_h + V_c)}{\dfrac{p_r V_c}{T_r} + \dfrac{p(V_h + V_c) - p_r V_c}{T_a}}\,.$$

Es sei z. B. $V_c = 0{,}2\,V_h$, $p_r = 1{,}05$ at, $t_r = 500^0$; $p_a = 1{,}02$ at, $t_a = 20^0$; $p = 0{,}95$ at.

Dann wird

$$\frac{V_a}{V_h} = \frac{0{,}95}{1{,}02}(1 + 0{,}2) - \frac{1{,}05}{1{,}02}\cdot 0{,}2 = \mathbf{0{,}912} \text{ (Lieferungsgrad)}.$$

$$T = \frac{0{,}95\cdot(1 + 0{,}2)}{\dfrac{1{,}05\cdot 0{,}2}{773} + \dfrac{1{,}02\cdot 0{,}912}{293}} = 334 \text{ abs.},\quad t = 61^0\,\text{C}.$$

Es ist bemerkenswert, daß die Liefermenge V_a durch die Temperatur der Rückstände gar nicht beeinflußt wird; die einströmende Luft dehnt sich eben bei der Vermischung um soviel aus, als die Rückstände sich zusammenziehen. In Wirklichkeit findet allerdings eine zusätzliche Erwärmung der einströmenden Luft an den Wandungen statt, wodurch der Liefergrad vermindert und die Endtemperatur über das wie oben berechenbare Maß erhöht wird.

17. Die Ausdehnungs- und Verdichtungsarbeit (Raumarbeit) der Gase und Dämpfe. Die absolute Arbeit und die Betriebsarbeit (Nutzarbeit).

Eine in einem festen Gefäß (Fig. 20) eingeschlossene Gasmenge von atmosphärischem Druck, deren Raum durch einen dicht schließenden Kolben vergrößert oder verkleinert werden kann, verhält sich gegenüber von außen veranlaßten Bewegungen des Kolbens wie eine elastische Feder. Um den Kolben

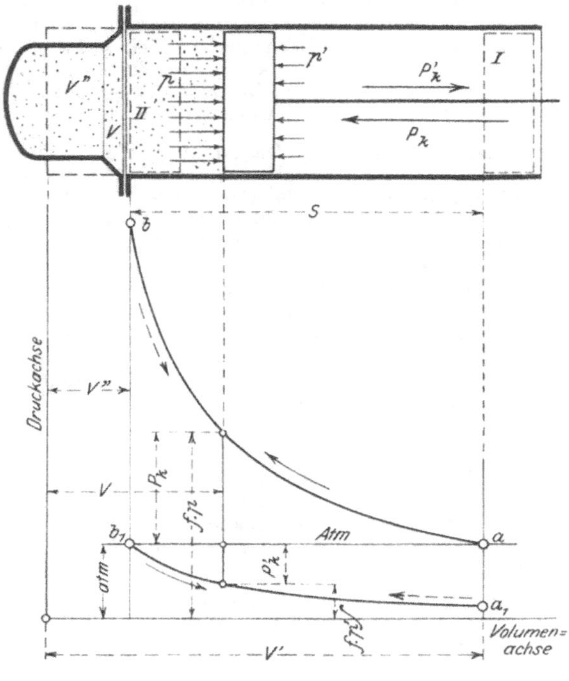

Fig. 20.

von I aus nach innen zu treiben, bedarf es einer Druckkraft P_k an der Kolbenstange, die in dem Maße anwächst, als der Gasraum verkleinert wird. Das Wachstum von P_k auf dem Wege I—II des Kolbens soll durch den Verlauf der Kurve ab dargestellt werden, deren Ordinaten, über der Linie ab_1 gemessen, gleich P_k seien. Auf dem Wege I—II verrichtet die Kraft P_k an der Kolbenstange, aber auch der auf der Außenfläche des Kolbens lastende Atmosphärendruck Arbeit, und der Druck der eingeschlossenen Gasmenge leistet an der Innenfläche des Kolbens Widerstandsarbeit.

Befindet sich der Kolben in II und ist in dieser Stellung das Gefäß mit Gas vom Außendruck gefüllt, so bedarf es zum Herausziehen des Kolbens einer Zugkraft P_k' an der Stange, die in dem Maße zunimmt, als der Gasraum vergrößert wird. Die Kurve $b_1 a_1$ zeigt die zu den verschiedenen Kolbenstellungen gehörigen Zugkräfte, die von $a b_1$ nach unten abgetragen sind. Wieder leistet die Zugkraft P_k' Arbeit, während der Außendruck Widerstandsarbeit verrichtet. Auch der innen auf dem Kolben lastende Gasdruck verrichtet Arbeit, diesmal im Sinne der äußeren Kraft P_k'.

Ist ferner in der Kolbenstellung II das Gefäß mit Gas von höherem als dem Außendruck gefüllt, so kann der Gasdruck den Kolben unter Überwindung einer Widerstandskraft P_k an der Stange, sowie des von außen auf dem Kolben lastenden Atmosphärendrucks so weit nach außen treiben, bis infolge der Raumvergrößerung der Überdruck des Gases verschwunden ist. Das Gas verrichtet dabei Arbeit.

Wenn sich endlich in der Stellung I verdünntes Gas, d. h. Gas von kleinerem Druck als dem Außendruck, im Gefäß befindet, so kann der Kolben bei der Einwärtsbewegung eine ziehende Widerstandskraft P_k' so lange überwinden, bis durch die Raumverminderung der Unterdruck verschwunden ist.

Diese Vorgänge lassen sich dahin zusammenfassen, daß bei jeder Raumänderung eines Gases oder Dampfes mechanische Arbeit geleistet wird. Es kann sich hierbei entweder um die vom Gase selbst aufgenommene oder abgegebene Arbeit, die absolute Gasarbeit, handeln, oder um die an der Kolbenstange verrichtete Arbeit (Betriebsarbeit, Nutzarbeit).

Wert der absoluten Gasarbeit. Die Art und Weise, wie sich der Gasdruck auf den Kolben mit der Raumänderung verändert, kann sehr verschieden sein, je nach den Wärmemengen, die das Gas während der Raumänderung aufnimmt oder abgibt. Der Verlauf der Gasdrucklinie kann also ganz beliebig gewählt werden, wenn es sich, wie hier, darum handelt, für einen gegebenen Druckverlauf die Gasarbeit zu bestimmen.

Rückt der Kolben um den sehr kleinen Weg ds vor, so steigt zwar der absolute Gasdruck p, aber nur um den im Verhältnis zu seiner Größe verschwindend kleinen Betrag dp. Die Arbeit des Gasdruckes $f \cdot p$ kann daher gleich $f \cdot p \cdot ds$ gesetzt werden. Nun ist $f \cdot ds$ die Änderung (Zunahme oder Abnahme) des Gasraumes durch die Veränderung der Kolbenstellung, $dV = f \cdot ds$. Die Arbeit auf dem Wege ds ist daher

$$dL = p \cdot dV.$$

Läßt man den Kolben ruckweise um ds_1, ds_2, ds_3 usw. vorrücken oder zurückweichen, wobei der Gasraum um dV_1, dV_2, $dV_3 \ldots$ abnimmt bzw. zunimmt, so werden vom Gasdruck nacheinander die Arbeiten $p_1 dV_1$, $p_2 dV_2$, $p_3 dV_3 \ldots$ verrichtet. Auf einem Wege von beliebiger Länge wird daher vom Gasdruck die Arbeit

$$L_G = p_1 dV_1 + p_2 dV_2 + p_3 dV_3 + \ldots$$

(von V'' bis V') oder abgekürzt

$$L_G = \int_{V''}^{V'} p\, dV$$

geleistet.

Dies ist die von einer beliebigen Gasmenge vom Volumen V und vom Gewichte G bei einer Raumänderung von V' auf V'' geleistete bzw. aufgenommene mechanische Arbeit.

Für $G = 1$ kg Gas wird wegen $V = v$ (spez. Vol.)

$$L = \int_{v''}^{v'} p \cdot dv.$$

L und L_G hängen zusammen durch die Beziehung

$$L_G = G \cdot L,$$

d. h., unter gleichen Umständen leisten G kg Gas die Gfache Arbeit von 1 kg Gas.

Wegen $V = G \cdot v$ ist nämlich $dV = G \cdot dv$, somit

$$L_G = \int_{v''}^{v'} p \cdot G \cdot dv = G \cdot \int_{v''}^{v'} p \cdot dv = G \cdot L.$$

Arbeit, die vom Gase abgegeben wird, also Ausdehnungsarbeit, gilt als positiv, aufgenommene Arbeit, also Verdichtungsarbeit, als negativ.

Graphische Darstellung der Gasarbeit. (Arbeitsdiagramm, Druckvolumendiagramm.) Werden die absoluten Gasdrücke p als Ordinaten, die dazugehörigen Gasräume V (oder v) als Abszissen aufgetragen, Fig. 21 (Druckvolumendiagramm), so wird das Arbeitselement $p \cdot dV$ durch den schraffierten Flächenstreifen dargestellt. Die ganze von dem Gase bei einer Volumenänderung von V' auf V'' aufgenommene bzw. bei Ausdehnung verrichtete Arbeit entspricht demnach als Summe der Arbeitselemente der Kurvenfläche $ABB'A'$. Aus diesem Grunde heißt das Diagramm auch „Arbeitsdiagramm".

Wie im praktischen Falle die Druckachse zu legen ist, geht aus Fig. 20 hervor. Die eigentliche Diagrammkurve verläuft innerhalb des Hubraumes (oder Hubes) des Kolbens. Das jeweilige Gas- (oder Dampf-) Volumen ist aber die Summe aus dem vom Kolben freigemachten (oder verdrängten) Volumen und dem Raum V'', in welchen das Gas bei der innersten Kolbenstellung zurückgedrängt wird. Bei Gasmaschinen heißt V'' Verdichtungs- oder Kompressionsraum, bei Dampfmaschinen schädlicher Raum. Die Druckachse liegt also um die verhältnismäßige Größe dieses Raumes jenseits des Diagrammanfanges.

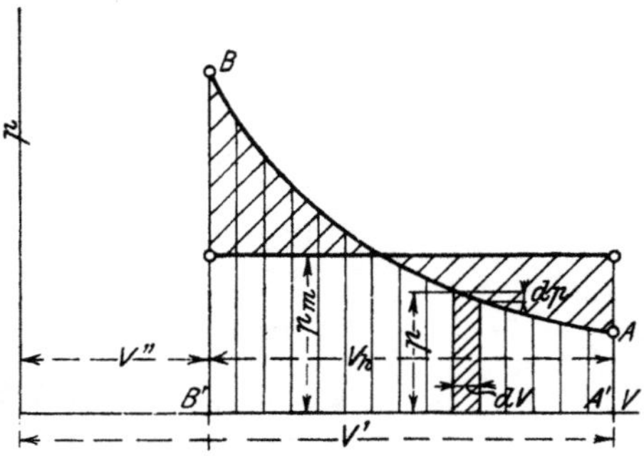

Fig. 21.

Mittlerer Arbeitsdruck. Man kann sich vorstellen, daß die Gasarbeit, die tatsächlich von dem nach dem Gesetz der Kurve AB veränderlichen Gasdruck p verrichtet wird, durch einen unveränderlichen Druck von einer gewissen mittleren Größe p_m während der gleichen Raumänderung geleistet würde.

Im Arbeitsdiagramm ist dann p_m die Höhe des Rechtecks, dessen Länge gleich $A'B'$ und dessen Fläche gleich der Arbeitsfläche $ABB'A'$ ist. Aus dem Diagramm kann also p_m durch Planimetrieren dieser Fläche und Dividieren durch $A'B'$ (ohne Rücksicht auf den Längenmaßstab) erhalten werden. Die Gasarbeit selbst ist dann

$$L = p_m \cdot (V' - V''),$$

worin p_m in kg/qm, V' und V'' in cbm einzuführen sind.

In praktischen Fällen ist häufig $V' - V''$ das Hubvolumen eines Zylinders mit der Kolbenfläche O und dem Kolbenhub H. Dann ist

$$L = O \cdot p_m \cdot H.$$

Hier kann p_m auch in kg/qcm eingeführt werden, wenn O in qcm ausgedrückt wird; H in m.

Die absolute Gasarbeit und die Betriebsarbeit (Nutzarbeit). Der oben ermittelte Arbeitswert stellt im Falle der Ausdehnung die Arbeit dar, die das Gas an die Innenfläche des Kolbens abgibt, und im Falle der Raumverkleinerung die Arbeit, die durch die äußeren Kräfte mittels der Innenfläche des Kolbens auf das Gas übertragen wird. Er wird als absolute Gasarbeit bezeichnet.

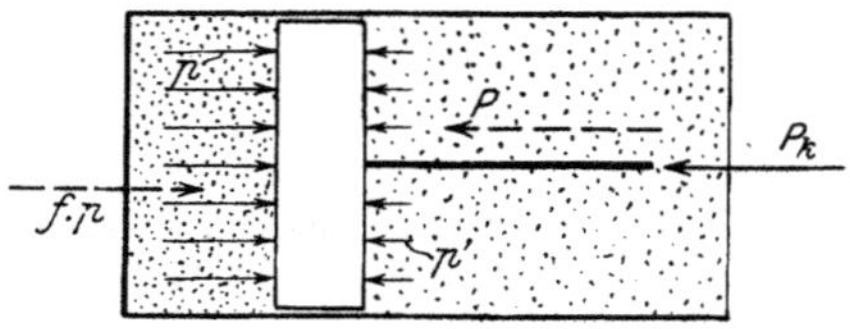

Fig. 22.

Da nun der Außenraum des Gefäßes Fig. 22 nie völlig luftleer ist, sondern stets Gase oder Dämpfe von mehr oder weniger hohem Drucke p' enthält, so besteht die Kraft P, die im ganzen von außen auf den Kolben einwirkt, immer aus einem gleichmäßig über seinen Querschnitt f verteilten Drucke fp' und einer Einzelkraft $\pm P_k$ an der Stange. Es ist, Fig. 22,

$$P = fp' \pm P_k.$$

An der Innenfläche wirkt auf die Kolbenfläche die Kraft fp, die im Falle des Gleichgewichts gleich der Außenkraft sein muß. Man hat daher

$$f \cdot p = f \cdot p' \pm P_k,$$

somit

$$\pm P_k = f \cdot (p - p').$$

Bei der Ausdehnung drückt das Gas mit der Kraft fp auf den Kolben. Die Nutzkraft P_k an der Kolbenstange ist um fp' kleiner. Die Arbeit, die von P_k verrichtet wird (Nutzarbeit), ist demgemäß um die Arbeit von fp' kleiner als die absolute Gasarbeit.

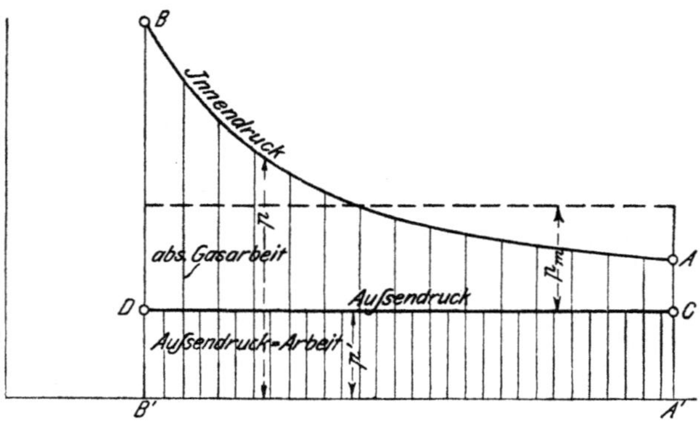

Fig. 23.

Bei der Verdichtung ist dagegen nicht die Kraft fp aufzuwenden, die auf das Gas wirkt, sondern eine um fp' kleinere Kraft. Der wirkliche Arbeitsaufwand (Betriebsarbeit) zur Verdichtung ist um die Arbeit des Außendrucks kleiner als die absolute Verdichtungsarbeit.

Ist der Außendruck unveränderlich, etwa gleich dem Luftdruck oder einem unveränderlichen Vakuum p', so entspricht im Arbeitsdiagramm seiner Arbeit die Rechteckfläche von der Höhe p'. Bei der Gasverdichtung ist dann (Fig. 23) die mittels der Kolbenstange zuzuführende Arbeit (Betriebsarbeit) $ABDC$; bei der Ausdehnung von gespanntem Gas ist $ABDC$ die an die Kolbenstange abgegebene Arbeit (Nutzarbeit).

Ist der Gasdruck kleiner als der Außendruck, Fig. 24, so kann der Außendruck bei dem Verdichtungsvorgang AB außer der von ihm geleisteten Verdichtungsarbeit noch die Nutzarbeit $ABDC$ an die Kolbenstange abgeben (Nutzen des Vakuums).

Umgekehrt muß bei dem Verdünnungsvorgang (BA) an der Kolbenstange die Arbeit $ABDC$ von außen aufgewendet werden, denn der Gasdruck p selbst hält nur einem gleich großen Teil des Gegendrucks p' das Gleichgewicht (Luftpumpenarbeit).

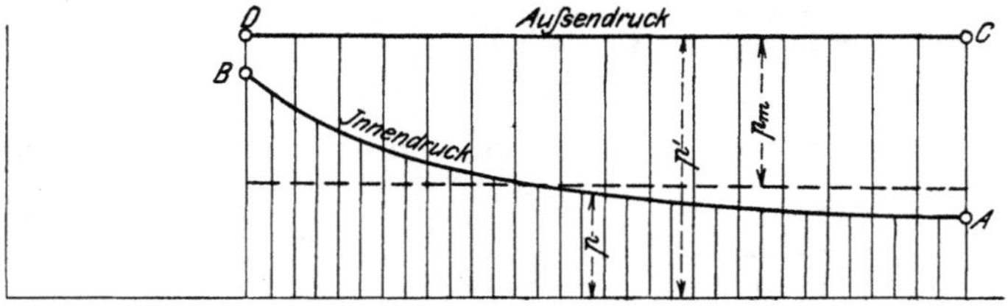

Fig. 24.

Ist der Außendruck p' selbst nach irgendeinem Gesetz veränderlich, Fig. 25, so liegen die Verhältnisse genau ebenso. Der an der Kolbenstange zur Wirkung gelangende Arbeitsgewinn bzw. Arbeitsaufwand ist gleich $ABDC$, zum Unterschied von der absoluten Gasarbeit, die der Fläche $ABB'A'$ entspricht.

Zur Berechnung des Arbeitsgewinnes oder Arbeitsaufwandes wird am besten der mittlere Druck benützt. Man bestimmt den mittleren Gasdruck $(p_m)_1$

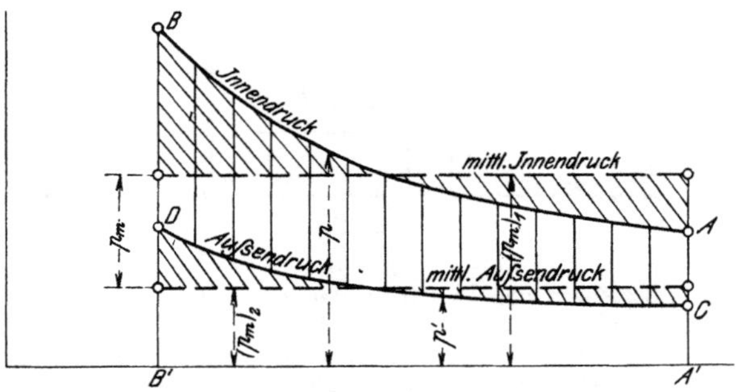

Fig. 25.

und den mittleren Gegendruck $(p_m)_2$. Der mittlere Nutzdruck (bzw. Widerstandsdruck) ist dann

$$p_m = (p_m)_1 - (p_m)_2 .$$

Man kann auch p_m ohne diesen Umweg bestimmen, indem man die Fläche $ABDC$ planimetriert und durch die Länge $A'B'$ dividiert.

Arbeitsermittlung bei geschlossener Diagrammfläche. Bei den Arbeitsvorgängen in Dampf- und Gasmaschinen, in Kompressoren und Luftpumpen mit Kolbenbewegung handelt es sich in erster Linie um die bei einem vollen Arbeitsspiel vom Kolben abgegebene oder aufgenommene Arbeit. Ein Spiel erstreckt sich über 2 Hübe (Hingang und Rückgang) des Kolbens, bei Gasmaschinen meist (Viertakt) über 4 Hübe.

Während eines Spieles verläuft z. B. bei Kondensationsdampfmaschinen der Druck im Zylinder auf einer Kolbenseite nach Art der Fig. 26. Von

A aus fällt der Druck während des ganzen Hinganges AB; auf dem Rückgang BFA fällt er zunächst ebenfalls, um dann allmählich wieder bei A zum Anfangswert zurückzukehren. Die Diagrammlinie ist also zum Unterschied von vorhin geschlossen.

Die Maschine sei einfach wirkend, d. h. die andere Zylinderseite sei offen, der Kolben also von außen mit dem Atmosphärendruck belastet (Linie CD).

Gemäß den obigen Ermittlungen ist nun die Nutzarbeit während des Hingangs gleich $ABDC$, während des Rückgangs $E'FE - BDE' - EAC$, also im ganzen während des Doppelhubes

$$L = ABDC + E'FE - BDE' - EAC.$$

Diese Flächensumme ist die Fläche innerhalb der geschlossenen Diagrammlinie $ABFEA$.

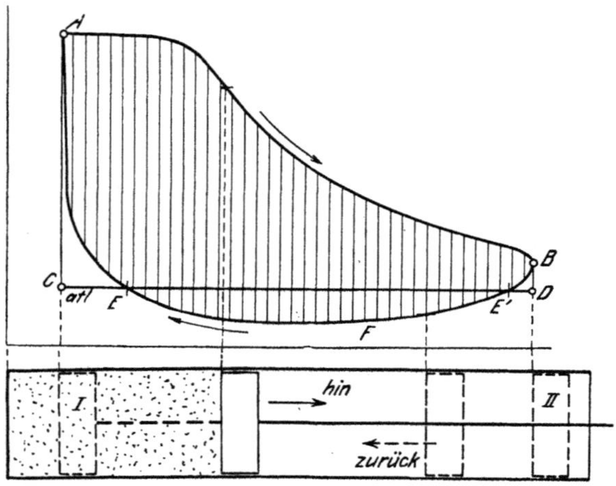

Fig. 26.

Für die Nutzarbeit des Dampfes der einen Kolbenseite ist es demnach ohne Belang, in welcher Höhe die Drucklinie der anderen Seite verläuft. Die zweite Kolbenseite kann mit der Atmosphäre, einem Vakuum oder einem Raum von höherem Druck verbunden sein. Die Fläche des „Indikatordiagramms“ stellt unter allen Umständen die vom Dampfe einer Kolbenseite an den Kolben während einer Umdrehung abgegebene Nutzarbeit dar.

Auf die Größe dieser Fläche selbst ist es natürlich von Einfluß, ob der Arbeitsraum mit der Atmosphäre oder einem Vakuum verbunden ist (Verlauf der Linie BFE).

Die doppelt wirkende Maschine kommt der Wirkung nach zwei einfach wirkenden Maschinen gleich. Die Dampfarbeit beider Kolbenseiten zusammen während einer Umdrehung ist gleich der Summe der Diagrammflächen beider Kolbenseiten. Das einzelne Dampfdiagramm stellt die Arbeit des Dampfes einer Kolbenseite während einer Umdrehung dar.

Der Umstand, daß hier der Gegendruck jeder Kolbenseite aus dem Dampfdruck der anderen besteht, ändert nichts an der ganzen Nutzarbeit, wohl aber an der Verteilung dieser Arbeit über die Umdrehung.

Man kann die Nutzarbeit einer Kolbenseite auch als den Unterschied der absoluten Dampfarbeiten der einen Seite beim Hingang und Rückgang auffassen.

18. Einfluß der Wärme auf den Gaszustand im allgemeinen. Die verschiedenen Zustandsänderungen.

Wird ein Gas in einem Gefäß, das durch einen beweglichen Kolben verschlossen ist, von außen erhitzt oder abgekühlt, so ändern sich mit der Temperatur im allgemeinen Druck und Volumen gleichzeitig. Denn diese Größen sind durch die Zustandsgleichung $pv = RT$ mit der Temperatur und miteinander verbunden. Im besonderen Falle kann eine der Größen auch unverändert bleiben. Wird z. B. durch Erhitzung T verdoppelt, so kann dabei v unverändert bleiben; dann steigt p auf das Doppelte. Es kann auch p unverändert bleiben, dann muß, wenn T verdoppelt werden soll, auch v verdoppelt werden. Die Wärmemengen in beiden Fällen sind verschieden (c_v und c_p), überhaupt entspricht der gleichen Temperaturänderung in jedem besonderen Falle, je nach der dabei eintretenden Volumenänderung (oder Druckänderung), eine andere Wärmemenge.

Umgekehrt ist im allgemeinen mit jeder Zustandsänderung (d. h. Änderung von Druck, Volumen und Temperatur) ein Zugang oder Abgang von Wärme verbunden. Die Temperaturänderung allein besagt aber bei den Gasen, im vollen Gegensatz zu den festen Körpern, noch nichts über die Größe der Wärmemenge. Diese hängt durchaus von den gleichzeitigen Änderungen von Druck und Volumen ab.

Hinsichtlich der Zustandsänderung sind folgende Fälle möglich:

1. Das Gefäß ist von unveränderlichem Rauminhalt. Nur Temperatur und Druck können sich durch Zufuhr oder Entziehung von Wärme ändern. $v = \text{konst.}$

2. Das Gefäß ist durch einen Kolben verschlossen, auf dem ein unveränderlicher Druck liegt, so daß auch der Gasdruck sich nicht ändern kann. Dann nimmt bei der Erwärmung mit der Temperatur der Raum zu, bei der Abkühlung ab. $p = \text{konst.}$

Die Erwärmung in einem offenen Gefäß gehört hierher.

3. Der Rauminhalt wird während der Erwärmung durch einen Kolben derart verändert, daß trotz der Wärmezufuhr keine Temperatursteigerung eintritt. Gemäß der Zustandsgleichung der Gase bleibt dann das Produkt pv unverändert, und zwar muß das Volumen, wie aus dem Späteren hervorgeht, bei Wärmezufuhr vergrößert, bei Wärmeentziehung verkleinert werden. Isothermische Zustandsänderung. $T = \text{konst.}$ oder $t = \text{konst.}$

4. Druck, Volumen und Temperatur können auch ohne gleichzeitige Wärmezufuhr oder -entziehung, also auf rein mechanischem Wege, durch Zusammendrücken oder Ausdehnen geändert werden. Diese Zustandsänderung ist streng genommen nur in einem für Wärme gänzlich undurchlässigen Gefäß möglich. Daher trägt sie den Namen „adiabatische Zustandsänderung".

5. Druck und Volumen und mit ihnen die Temperatur ändern sich unter Zufuhr oder Entziehung von Wärme nach einem beliebigen Gesetz. (Allgemeinster Fall der Zustandsänderung.)

19. Zustandsänderung bei unveränderlichem Rauminhalt.

In einem Raum von unveränderlicher Größe, V cbm, wird ein beliebiges Gas vom Druck p_1 und der absoluten Temperatur T_1 durch Mitteilung von Wärme erhitzt. Zur Erhöhung der Temperatur auf T_2 ist für jedes kg Gas die Wärme

$$Q = c_v \cdot (T_2 - T_1)$$

erforderlich. Handelt es sich nur um mäßige Temperatursteigerung, so ist c_v als unveränderlich, d. h. unabhängig von T_1 und T_2 zu betrachten. Bei Erhitzung auf Feuergastemperaturen ist dies unstatthaft. Wenn T_2 gegeben ist, so kann Q aus

$$Q = (c_v)_m \cdot (T_2 - T_1)$$

berechnet werden, mit $(c_v)_m$ als mittlerer spez. Wärme zwischen T_2 und T_1. Ist aber Q gegeben und $T_2 - T_1$ gesucht, so führt Taf. I zum Ziel (durch Abgreifen mit dem Zirkel).

Im Raum von V cbm sind

$$G = \frac{p_1 V}{R T_1} \text{kg}$$

enthalten. Die wirklich erforderliche Wärme ist also $G \cdot Q$ Cal.

Mit dem gesamten Volumen V bleibt auch das spez. Volumen unverändert. Für den Anfang gilt also

$$p_1 v = R T_1,$$

für das Ende

$$p_2 v = R T_2.$$

Daraus folgt

$$\frac{p_2}{p_1} = \frac{T_2}{T_1},$$

d. h., der Druck des Gases wächst im Verhältnis der absoluten Temperaturen.

Ist nicht T_2 gegeben, sondern Q, so schreibe man

$$\frac{p_2 - p_1}{p_1} = \frac{T_2 - T_1}{T_1},$$

oder

$$\frac{p_2}{p_1} - 1 = \frac{T_2 - T_1}{T_1}.$$

$T_2 - T_1$ erhält man bei veränderlicher spez. Wärme aus Taf. I und damit

$$\frac{p_2}{p_1} = 1 + \frac{T_2 - T_1}{T_1}.$$

Die gleiche Temperatursteigerung $T_2 - T_1$ bringt also eine um so größere verhältnismäßige Drucksteigerung p_2/p_1 hervor, je niedriger die Anfangstemperatur ist.

Bei **Abkühlung** ist entsprechend zu verfahren. Hierbei fällt der Druck. Die Formeln ändern sich nicht.

Mechanische Arbeit wird bei dieser Zustandsänderung nicht verrichtet.

Beispiele: 1. Welche Erwärmung ist nötig, um Luft von 15° in einem geschlossenen Raum vom atmosphärischen Druck bis auf 2 kg/qcm Überdruck zu bringen?

Es ist

$$\frac{T_2}{273+15} = \frac{2+1{,}033}{1{,}033}, \quad \text{daher } T_2 = 835 \text{ abs.}, \quad t_2 = \underline{572^0 \text{ C.}}$$

Es ist also mit Rücksicht auf die viel zu hohen Temperaturen technisch ausgeschlossen, Gase in geschlossenen Kesseln nach Art der Dampfkessel durch äußere Feuerung auf Drücke von mehr als 2 kg/qcm zu bringen.

2. Ein brennbares Gemisch aus Leuchtgas und Luft enthalte so viel Gas, daß auf 1 cbm Gemisch von 0° und 760 mm bei der Verbrennung 500 Cal. frei werden.

Welche Temperatur- und Drucksteigerung tritt bei der plötzlichen Verbrennung unter unveränderlichem Rauminhalt ein?

Die Temperatursteigerung hängt wegen der Zunahme der spez. Wärme mit der Temperatur in gewissem Grade von der Anfangstemperatur T_1 ab. Ist diese bekannt, so folgt die Temperatursteigerung τ aus Taf. I gemäß Abschn. 15a. Unter der Voraussetzung, daß das Feuergas etwa 50 v. H. Raumteile Luft enthält, ergibt die Wärmemengenkurve für $\mathfrak{v}_l = 0{,}5$ in Taf. I bei den Anfangstemperaturen

	$t_1 = 100^0$	200^0	300^0	500^0,
oder	$T_1 = 373$	473	573	773 abs.

die Endtemperaturen

	$t_2 = 1475$	1560	1635	1800^0 C,
daher	$T_2 = 1748$	1833	1908	2073,

damit wird das Drucksteigerungsverhältnis

$$\frac{p_2}{p_1} = \frac{T_2}{T_1} = 4{,}69 \qquad 3{,}88 \qquad 3{,}33 \qquad 2{,}68,$$

also abnehmend mit wachsender Anfangstemperatur.

Der Enddruck p_2 ist durch den Anfangsdruck mitbestimmt.

Beträgt dieser beziehungsweise (etwa infolge adiabatischer Verdichtung eines Gemenges von 1 at)

	$p_1 = 1$	2,5	5	14 at abs.,
so wird	$p_2 = 4{,}69$	9,70	16,65	37,6 at abs.

Bei innerer Wärmeentwicklung, wie sie in den Verbrennungsmotoren benutzt wird, ist also im Gegensatz zu äußerer Erhitzung die „Wärmezufuhr unter konstantem Volumen" ein sehr geeignetes Mittel zur Erzielung von motorisch brauchbaren Drücken. Die hohen Temperaturen werden in den Verbrennungsmotoren durch ihre kurze Dauer und die kräftige Kühlung der Wände unschädlich. Diese erhitzen sich weitaus nicht so hoch, wie die Verbrennungsprodukte.

20. Zustandsänderung bei unveränderlichem Druck.

In einem Gefäß vom Volumen V_1, Fig. 27, wird Gas von der Temperatur T_1 durch einen mit der festen Belastung P versehenen Kolben auf der Spannung p erhalten. Bei Erwärmung von außen steigt die Temperatur und gleichzeitig dehnt sich das Gas aus, der Kolben steigt.

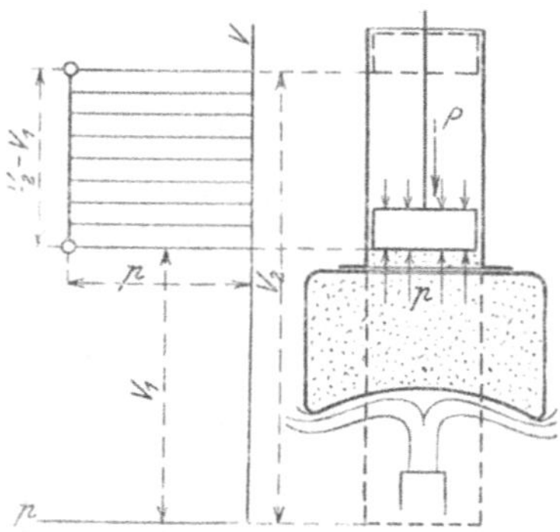

Fig. 27.

Die ganze Raumvergrößerung beträgt nach dem Gesetz von Gay-Lussac

$$V_2 - V_1 = V_0 \cdot \frac{T_2 - T_1}{273}$$

(vgl. Abschn. 3, 1. Form), woraus sich durch Division mit der Kolbenfläche O der Kolbenweg s ergibt. V_0 ist das Volumen der Gasmenge bei 0^0 C. — Die verhältnismäßige Raumvergrößerung ist

$$\frac{V_2}{V_1} = \frac{T_2}{T_1}$$

(Gay-Lussacsches Gesetz, 2. Form).

Die zur Erwärmung von 1 kg des Gases um $\tau^0 = T_2 - T_1$ erforderliche Wärme ist

$$Q = c_p \cdot \tau,$$

mit c_p als spez. Wärme bei konstantem Druck. Über diese gilt das gleiche wie über c_v in Abschn. 19. Vgl. die Werte und die Veränderlichkeit von c_p mit der Temperatur in Abschn. 12. Bei gegebenem Q kann τ, bei gegebenem τ kann Q aus Tafel I abgelesen werden.

Mit

$$G = \frac{p_1 V_1}{R T_1}$$

wird die gesamte Wärmemenge gleich $G \cdot Q$ Cal.

Mechanische Arbeit. Zum Unterschied vom vorhergehenden Falle wird von dem Gase die mechanische Arbeit (absolute Gasarbeit)

$$L_G = f p s$$

verrichtet, oder wegen

$$f s = V_2 - V_1$$

$$L_G = p\,(V_2 - V_1).$$

Die Arbeit von 1 kg Gas wird mit $V_2 = v_2$, $V_1 = v_1$

$$L = p\,(v_2 - v_1).$$

Dies läßt sich noch anders ausdrücken. Für den Anfang gilt

$$p v_1 = R T_1,$$

für das Ende

$$pv_2 = RT_2.$$

Durch Subtraktion wird

$$p(v_2 - v_1) = L = R(T_2 - T_1).$$

Mechanische Bedeutung der Gaskonstanten R. Mit $T_2 - T_1 = 1^0$ C wird

$$L \text{ (für } 1^0) = R.$$

R bedeutet also die absolute Ausdehnungsarbeit in mkg, die 1 kg des betreffenden Gases bei Erwärmung unter konstantem Druck um 1^0 C verrichtet.

Beispiele: 1. Wieviel Wärme ist in einer Luftheizung durch die Feuerung auf die Luft zu übertragen, wenn stündlich 1000 cbm warme Luft von 60^0 aus Luft von -15^0 herzustellen sind?

Zur Erwärmung von 1 kg um $60 + 15 = 75^0$ sind $75 \cdot c_p = 75 \cdot 0{,}238 = 17{,}85$ Cal. erforderlich. — Das spez. Gewicht der Luft von 60^0 ist bei 760 mm gleich $1{,}3 \cdot \frac{273}{273 + 60} = 1{,}07$ kg/cbm. Daher wiegen 1000 cbm warme Luft $1000 \cdot 1{,}07 = 1070$ kg. Es müssen also der Luft stündlich $1070 \cdot 17{,}85 = \underline{19\,100 \text{ Cal.}}$ mitgeteilt werden.

2. Wenn die Luft des 1. Beispiels sich beim Verbrauch bis $+20^0$ C abkühlt, wieviel Wärme gibt sie dann an die geheizten Räume ab? Wieviel v. H. der aus der Feuerung aufgenommenen Wärme sind dies?

Die Abkühlung beträgt $60 - 20 = 40^0$, jedem Kilogramm Luft werden somit $40 \cdot 0{,}238 = 9{,}52$ Cal. entzogen. Im ganzen werden also $1070 \cdot 9{,}52 = 10\,190$ Cal., d. i. $100 \cdot \frac{10\,190}{19\,100} = 53{,}3$ v. H. des Wärmeaufwandes nutzbar gemacht.

3. In einem mit Luft von 35 at abs. und 700^0 gefüllten Zylinder wird Brennstoff (Petroleum) allmählich in solcher Weise eingeführt, daß während der Verbrennung der Gasdruck hinter dem ausweichenden Kolben unveränderlich 35 at bleibt. (Gleichdruck-Verbrennungsmotor.)

Welche Temperatur T_2 herrscht im Gase bei Schluß der Brennstoffzufuhr, wenn sein Rauminhalt durch den Kolben bis dahin auf das $2^1/_2$fache angewachsen ist? Welche Wärmemenge ist, für 1 cbm von 0^0 760 mm, durch die Verbrennung entstanden? Welche absolute Arbeit hat der Gasdruck während der Verbrennung verrichtet?

Es ist

$$\frac{T_2}{273 + 700} = \frac{2{,}5}{1}, \quad T_2 = 2430 \text{ abs.}; \quad t_2 = 2157^0 \text{ C.}$$

Die Temperatursteigerung ist $\tau = 2157 - 700 = 1457^0$ C. bei einer Anfangstemperatur von 700^0 C. Dies entspricht nach Taf. I für die Verbrennungsprodukte einer Wärmezufuhr von rd. 580 Cal/cbm. Die absolute Gasarbeit ist $L = R \cdot (T_2 - T_1) = 29{,}3 \cdot 1457 = 42\,800$ mkg/kg.

21. Verwandlung von Wärme in Arbeit und von Arbeit in Wärme bei der Zustandsänderung mit unveränderlichem Druck. Mechanisches Wärmeäquivalent. Erster Hauptsatz der Mechanischen Wärmetheorie.

Wird die gleiche Gasmenge bei unveränderlichem Druck um die gleiche Anzahl von Graden erwärmt, wie bei unveränderlichem Raum, so ist für jedes Kilogramm und jeden Grad eine um $c_p - c_v$ größere Wärmemenge erforderlich. Der Mehrbetrag an fühlbarer im Gase wirklich vorhandener Wärme ist jedoch in beiden Fällen am Ende der gleiche; denn er hängt nicht davon ab, wie die höhere Temperatur zustande kommt, sondern nur von dieser Temperatur selbst. Dieser Betrag ist gleich $c_v \cdot t$, da bei unveränderlichem Raum die ganze zugeführte Wärme auf Temperatursteigerung verwendet wird.

Von den $c_p \cdot t$ Cal, die das Gas bei unveränderlichem Druck aufnimmt, verschwinden also während der Ausdehnung $c_p \cdot t - c_v \cdot t$, oder für jeden Grad Erwärmung $c_p - c_v$ Cal (sie werden „latent").

Der wesentliche Unterschied zwischen beiden Zustandsänderungen liegt nun darin, daß bei konstantem Druck vom Gase mechanische Arbeit verrichtet wird, bei konstantem Volumen nicht. Die Ursache des Mehrverbrauchs an Wärme im ersten Falle kann lediglich darin begründet sein. Die Ausdehnung und die dabei verrichtete Gasarbeit ist ebenso eine Folge der Wärmemitteilung an das Gas wie die Temperaturerhöhung. Bei unveränderlichem Raum hat die Wärme nur die letztere zu leisten.

Man stellt sich nun vor, daß die latent gewordenen $c_p - c_v$ Cal zur Leistung der Ausdehnungsarbeit verbraucht wurden. Die letztere beträgt nach Abschn. 20 für je 1^0 R mkg/kg. Es entspricht also einem Meterkilogramm geleisteter Arbeit ein Wärmeverbrauch von

$$A = \frac{c_p - c_v}{R} \text{ Cal.}$$

Dieser Wert erweist sich nun, wenn man die Zahlenwerte von c_p, c_v und R, soweit sie aus unmittelbaren Versuchen genau bekannt sind, einführt, als gleich groß für alle Arten von Gasen und als unabhängig von der Veränderlichkeit des c_p und c_v mit der Temperatur. Es ist

$$A = \frac{1}{427} \text{ Cal/mkg.}$$

Zwecks Bestätigung dieser Tatsache ist zu beachten, daß nur c_p, $k = \frac{c_p}{c_v}$ und R aus Versuchen direkt ermittelt sind, während sich c_v, von den Explosionsversuchen abgesehen, bis jetzt aus Versuchen direkt nicht genau ermitteln läßt. $R = 37{,}85/\gamma_0$ wird aus dem spez. Gewicht berechnet. Mit Rücksicht auf diese Umstände schreiben wir

$$A = \frac{\gamma_0 c_p}{37{,}85}\left(1 - \frac{1}{k}\right)$$

und setzen hierin die aus unabhängigen Versuchen ermittelten Werte von γ_0, c_p und k ein. Hierbei ist für c_p und k, die sich mit der Temperatur ändern, gleiche Temperatur vorauszusetzen, während γ_0 für 0^0 und 760 mm gilt.

Nun ist z. B. für Sauerstoff[1])

$$\gamma_0 = 1{,}4292 \text{ kg/cbm}, \quad c_p = 0{,}2175 \text{ Cal/kg}, \quad k = 1{,}40,$$

daher

$$A = \frac{1{,}4292 \cdot 0{,}2175}{37{,}85}\left(1 - \frac{1}{1{,}4}\right) = \frac{1}{427}.$$

---

[1]) Nach Landolt u. Börnstein, Physik.-chem. Tabellen, 3. Aufl. 1905.

Für Wasserstoff ist[1])

$$\gamma_0 = 0{,}09004,\quad c_p = 3{,}40,\quad k = 1{,}408,$$

daher

$$A = \frac{0{,}09004 \cdot 3{,}40}{37{,}85}\left(1 - \frac{1}{1{,}408}\right) = \frac{1}{427}.$$

Für Luft ist

$$\gamma_0 = 1{,}2928,\quad c_p = 0{,}240,\quad k = 1{,}40,$$

daher

$$A = \frac{1{,}2928 \cdot 0{,}240}{37{,}85}\left(1 - \frac{1}{1{,}40}\right) = \frac{1}{427}.$$

Der Einfluß der Temperatur auf c_p und c_v ist nur für Stickstoff unabhängig ermittelt. Nach Abschn. 12 ist für Stickstoff

$$c_p = c_{p0} + 0{,}000\,038\,t \text{ (Holborn u. Henning)}$$
$$c_v = c_{v0} + 0{,}000\,037\,8\,t \text{ (Langen).}$$

Die Temperaturkoeffizienten sind also, wenn man die nicht sehr sichere letzte Dezimale in c_v wegläßt und den Wert auf 0,000038 aufrundet, einander gleich. Daher wird

$$A = \frac{c_p - c_v}{R} = \frac{c_{p0} + 0{,}000\,038\,t - c_{v0} - 0{,}000\,038\,t}{R} = \frac{c_{p0} - c_{v0}}{R}.$$

Sieht man die Gleichheit der Temperaturkoeffizienten von c_p und c_v für alle 2atomigen Gase als gültig an, so fällt wie beim Stickstoff die Temperatur aus dem Quotienten $(c_p - c_v) : R$ heraus und A ist wie oben aus den Werten um 0^0 bestimmt.

Soweit demnach genaueste Versuchswerte von c_p, c_v, k und γ_0 vorliegen, findet sich tatsächlich A unveränderlich gleich $1:427$.

Demnach entspricht einer in mechanische Arbeit umgesetzten Wärmemenge von $^1/_{427}$ Cal. ein Arbeitsgewinn von 1 mkg.

Wird das Gas bei konstantem Druck um t^0 abgekühlt (vgl. Beisp. 2, vor. Abschn.), so muß ihm die Wärme $c_p \cdot t$ entzogen werden. Seinem Inhalt an fühlbarer Wärme nach könnte es jedoch bei dieser Abkühlung aus sich selbst nur $c_v \cdot t$ Cal. abgeben, aus dem gleichen Grunde wie es oben nur $c_v \cdot t$ Cal. als Wärme in sich aufnehmen konnte. Der Mehrbetrag von $(c_p - c_v) \cdot t$, den es darüber hinaus abgibt, entsteht dadurch, daß die mechanische Arbeit, die von dem Außendruck bei der Raumverminderung auf das Gas übertragen wird, im Gase selbst in Wärme verwandelt und als solche abgeleitet wird. Es entspricht daher einer Wärmeeinheit, die durch Umsetzung von mechanischer Arbeit in Wärme entsteht, ein Arbeitsaufwand von

$$\frac{R}{c_p - c_v} = \frac{1}{A} = 427 \text{ mkg/Cal.}$$

Dieser Umsetzung oder „Verwandlung“ von Wärme in Arbeit und umgekehrt liegt ein ganz allgemein gültiges, von den besonderen Eigenschaften der Gase gänzlich unabhängiges Gesetz zugrunde, das Gesetz von der Äquivalenz von Wärme und Arbeit. Es lautet:

Wenn auf irgendeinem Wege aus Wärme mechanische Arbeit oder aus mechanischer Arbeit Wärme entsteht, so

[1]) Nach Landolt u. Börnstein, Physik.-chem. Tabellen, 3. Aufl. 1905.

entspricht jeder wirklich in Arbeit verwandelten, also als Wärme verschwundenen Wärmeeinheit eine Arbeit von 427 mkg (Mechanisches Wärmeäquivalent). Umgekehrt entspricht jedem Meterkilogramm verschwundener, in Wärme verwandelter mechanischer Arbeit eine neu gebildete Wärmemenge von 1/427 Cal.

Dieses Gesetz ist 1842 von Robert Mayer entdeckt worden. Seine allgemeine Gültigkeit wurde 1843 zuerst von Joule durch mannigfaltige Versuche, seitdem durch zahllose Erfahrungen und Versuche mit Körpern und unter Umständen aller Art bewiesen. Mayer berechnete die Äquivalentzahl mittels der damals bekannten Werte von c_p, c_v und R nach dem obigen Verfahren. Diese heute genauer bekannten Werte liefern, wie oben gezeigt, bei Sauerstoff und Stickstoff den Wert 427, der in dieser Größe auch aus Versuchen ermittelt ist, bei denen mechanische Arbeit durch Reibung bzw. Wirbelung in Wärme übergeführt wird.

Setzt man nun das Äquivalenzgesetz als allgemein gültig voraus, so gilt für alle gasförmigen Körper, die der Zustandsgleichung

$$pv = RT$$

folgen, die wichtige Beziehung

$$c_p - c_v = \frac{1}{427} R$$

oder mit

$$R = \frac{848}{m}$$

$$mc_p - mc_v = \frac{848}{427} = 1{,}98,$$

d. h. der Unterschied der Molekularwärmen bei konstantem Druck und konstantem Volumen ist für alle Gase bei allen Temperaturen gleich 1,98.

Man findet auch **1,985** und 1,99, je nach geringen Unterschieden in den Grundlagen.

Die Zahl 848 ist die sog. allgemeine Gaskonstante (Abschn. 6); sie stellt die Arbeit in mkg dar, die ein Mol eines beliebigen Gases verrichtet, wenn es bei unveränderlichem Druck um 1^0 erwärmt wird.

Der Wert $848/427 = 1{,}98$ ist das Wärmeäquivalent dieser Arbeit oder die im kalorischen Maß ausgedrückte Gaskonstante, die im II. Bd. mit $\mathfrak{R}_{cal}$ bezeichnet wird.

22. Wirtschaftlicher Wirkungsgrad der Wärmekraftmaschinen.

Dampfmaschinen, Dampfturbinen und Verbrennungsmotoren sind Wärmekraftmaschinen, da die Quelle der Arbeitsfähigkeit dieser Maschinen in der Wärme liegt, die ihnen mit dem Dampf bzw. dem Heizwert der Treibgase zugeführt wird. Ein Teil dieser Wärme wird in den Maschinen durch Vermittlung des Dampfs oder der Gase in mechanische Arbeit verwandelt, während der Rest als Wärme des

Abdampfs, des Kondensats, der Abgase, des Kühlwassers wieder ausgestoßen wird. Es ist selbstverständlich, daß man im allgemeinen den ersten Teil der in der Maschine arbeitenden Wärme möglichst groß zu machen bestrebt ist. Dadurch werden einerseits die Brennstoffkosten für eine verlangte Arbeitsleistung möglichst klein, andererseits werden die Maschinen bei gleicher Größe arbeitsfähiger.

Ein Gasmotor mit schlechter Verbrennung wird die erwartete Leistung trotz großen Gasverbrauchs nicht erreichen; ein Motor mit guter Wärmeverwandlung erhält bei gleicher Leistung kleinere Abmessungen.

Erst durch die Entdeckung des mechanischen Äquivalents der Wärme ist ein Urteil darüber möglich geworden, in welchem Grade eine im Betriebe befindliche Maschine die ihr zugeführte Wärme überhaupt ausnützt. Denn vordem war es nicht bekannt, welche absolute Arbeitsfähigkeit die der Maschine zugeführte Wärme besitzt, und ein Vergleich dieser Wärme mit der tatsächlichen Maschinenleistung war deshalb unmöglich.

Unter dem „wirtschaftlichen Wirkungsgrad" versteht man das Verhältnis der Nutzarbeit (effektiven Leistung) der Maschine zum absoluten Arbeitswert der für den Betrieb der Maschine in der gleichen Zeit verbrauchten Wärme.

Aus dem gemessenen Brennstoffverbrauch C der Maschine für die effektive Pferdestärke und Stunde ergibt sich dieser Wert wie folgt.

Hat der Brennstoff einen Heizwert von H Cal. für 1 kg oder 1 cbm (oder bei Dampfmaschinen 1 kg Dampf den Wärmeinhalt H), so werden zur Leistung von 1 PS-St. $C \cdot H$ Cal. verbraucht. Diese Wärme, wenn vollständig in Arbeit verwandelt, würde 427 $C \cdot H$ mkg Arbeit liefern. Tatsächlich werden von der Maschine mit dieser Wärme 1 PS-St. = 75 · 3600 mkg geleistet. Daher ist der wirtschaftliche Wirkungsgrad

$$\eta_w = \frac{3600 \cdot 75}{427\, C \cdot H} = \frac{632}{C \cdot H}.$$

Beispiele: 1. Eine Dampflokomobile verbrauche für die Nutzpferdestärke und Stunde 0,9 kg Kohle mit 7000 Cal/kg Heizwert.

Wieviel Bruchteile der in der Kohle enthaltenen Wärmeenergie werden in Nutzarbeit verwandelt?

$$\eta_w = \frac{632}{0{,}9 \cdot 7000} \cong 0{,}10 \text{ oder } 10 \text{ v. H.}$$

2. Eine Gasmaschine verbrauche stündlich auf jede Nutzpferdestärke 500 l Gas von 5100 Cal/cbm Heizwert. $\eta_w = ?$

$$\eta_w = \frac{632}{0{,}5 \cdot 5100} = 0{,}248 \text{ oder } 24{,}8 \text{ v. H.}$$

3. Eine Dampfmaschine verbrauche für jede Nutzpferdestärke und Stunde 10 kg Dampf. Wieviel von der durch den Dampf im Kessel aufgenommenen Wärme im Betrag von 650 Cal/kg werden in mechanische Arbeit umgesetzt?

$$\eta = \frac{632}{10 \cdot 650} = 0{,}097 \text{ oder } 9{,}7 \text{ v. H.}$$

Auf Dampf von 632 Cal. Wärmeinhalt bezogen ist allgemein

$$\eta = \frac{1}{C},$$

mit C als Dampfverbrauch für 1 PS.

Der Wärmeverbrauch für 1 PS-St., also das Produkt $W = C \cdot H$, wird auch als Maßstab für die Wärmeausnutzung verwendet. Der kleinste denkbare (aber nicht mögliche) Wert wäre $W = 632$. In den drei obigen Beispielen ist bzw. $W = 6300$, 2550 und 6500 Cal/PS-St. Bei den besten neuen Heißdampflokomobilen sind gegen 3000 Cal. für 1 PS-St. erreicht worden, bei Gas- und Ölmotoren bis 2000 Cal.

Die Werte η_{th} und W gestatten einen unmittelbaren Vergleich der Güte der Wärmeausnutzung von Dampfmaschinen und Gas- oder Ölmaschinen mit beliebigen Dampfzuständen und Brennstoffen.

23. Die Wärmegleichung der Gase; Verhalten der Gase bei beliebigen Zustandsänderungen.

Nach Abschn. 18 ist mit jeder Zustandsänderung der Gase, mit einer Ausnahme, ein Zu- oder Abgang von Wärme verbunden; andererseits bewirkt jede Wärmemitteilung oder -Entziehung eine Änderung des Gaszustandes, d. h. von Temperatur, Druck und Volumen.

Die Rolle, die hierbei die Wärme spielt, geht deutlich aus Abschn. 20 hervor. Ein Teil wird zur Temperatursteigerung verbraucht und bleibt als Wärme im Gas; der andere Teil verschwindet als Wärme und wird zur Leistung der absoluten Gasarbeit verbraucht, bzw. in diese verwandelt. Ob dabei der Druck wie in Abschn. 20 unveränderlich bleibt oder nicht, ist für diesen allgemeinen Vorgang ohne Belang.

Erfährt 1 kg Gas eine Temperatursteigerung von t_1 auf t_2, so wird die Zunahme an fühlbarer Wärme unter allen Umständen durch $c_v \cdot (t_2 - t_1)$ dargestellt, ganz gleichgültig, ob das Volumen oder der Druck gleich bleiben oder nicht. Dies ist ein durch die Erfahrung bestätigtes Gesetz.

Streng gilt dieses Gesetz nur für ideale Gase; für die wirklichen Gase ist es als eine um so genauere Näherung zu betrachten, je weiter dieselben von ihrem „Kondensationspunkt“ entfernt sind.

Bei einer beliebigen Zustandsänderung wird also die Wärmemenge $c_v \cdot (t_2 - t_1)$ zur Erwärmung verbraucht. Ist ferner L die bei dieser Zustandsänderung verrichtete absolute Gasarbeit, so ist die für diesen Zweck verbrauchte Wärme $L/427 = A \cdot L$. Wenn nun Q die im ganzen für 1 kg zugeführte Wärmemenge ist, so muß

$$\boldsymbol{Q = c_v \cdot (t_2 - t_1) + A \cdot L}$$

sein.

Wird nicht Arbeit vom Gase verrichtet (Expansion), sondern aufgenommen (Kompression), so ist L als negative Größe einzuführen.

L wird durch die Fläche des „Arbeitsdiagramms" dargestellt. Wegen $t_2 - t_1 = T_2 - T_1$ ist auch

$$Q = c_v \cdot (T_2 - T_1) + AL.$$

Für den Anfangszustand gilt

$$p_1 v_1 = RT_1,$$

für das Ende

$$p_2 v_2 = RT_2,$$

daher wird

$$Q = \frac{c_v}{R} \cdot (p_2 v_2 - p_1 v_1) + AL.$$

Nach Abschn. 21 ist nun

$$c_p - c_v = AR,$$

somit

$$\frac{R}{c_v} = \frac{1}{A} \cdot \left(\frac{c_p}{c_v} - 1\right),$$

daher mit

$$\frac{c}{c_v} = k, \qquad \frac{c_v}{R} = \frac{A}{k-1}.$$

Also wird

$$\boldsymbol{Q = \frac{A}{k-1} \cdot (p_2 v_2 - p_1 v_1) + AL},$$

gültig für 1 kg.

Für eine beliebige Gasmenge von G kg wird

$$Q_G = \frac{A}{k-1} \cdot (p_2 V_2 - p_1 V_1) + A L_G,$$

wegen

$$L_G = GL$$

und

$$G v_2 = V_2, \qquad G v_1 = V_1.$$

Die Beziehungen zwischen c_p, c_v, k und R kommen später häufig vor. Die wichtigsten sind

$$\frac{c_p}{c_v} = k$$

$$\frac{AR}{c_v} = k - 1; \qquad \frac{c_v}{AR} = \frac{1}{k-1},$$

$$\frac{AR}{c_p} = \frac{k-1}{k}; \qquad \frac{c_p}{AR} = \frac{k}{k-1}.$$

Die entwickelte Beziehung erlaubt z. B. folgende Anwendung. Ist für eine ganz beliebige Zustandsänderung allgemeinster Art, wie z. B. der Ausdehnungs- und Verdichtungsvorgang in Gasmaschinen oder Luftkompressoren, der Verlauf des Druckvolumendiagramms bekannt (Indikatordiagramm), so kann nach Planimetrieren des fraglichen Diagrammteiles die zwischen zwei beliebigen Punkten der Druckkurve an das Gas übergegangene oder aus ihm in die Wände abgeleitete Wärmemenge berechnet werden. (Selbstverständlich dürfen nicht Diagrammpunkte gewählt werden, zwischen denen die Gasmenge sich geändert hat.)

Wärmegleichung mit Rücksicht auf die Abhängigkeit der spezifischen Wärme c_v von der Temperatur. Anstatt $c_v(T_2 - T_1)$ wird die vom Gase aufgenommene (bzw. abgegebene) fühlbare Wärme

$$(Q_v)_{T_1}^{T_2} = (c_v)_m (T_2 - T_1),$$

ein Wert, der, wenn T_1 und T_2 bekannt sind, z. B. aus Tafel I (für 1 cbm von $0^0, 760$ mm) abgelesen werden kann. — Die Wärmegleichung lautet dann

$$Q = (c_v)_m \cdot (T_2 - T_1) + AL$$

oder

$$= (Q_v)_{T_1}^{T_2} + AL.$$

Den Temperaturunterschied $T_2 - T_1$ erhält man aus dem Druckvolumendiagramm mit

$$T_2 - T_1 = T_1 \cdot \left(\frac{p_2 V_2}{p_1 V_1} - 1\right) = T_2 \cdot \left(1 - \frac{p_1 V_1}{p_2 V_2}\right).$$

Für eine beliebige Gasmenge G kg wird

$$Q_G = G \cdot Q = \frac{p_1 V_1}{R T_1} \cdot Q,$$

also

$$\boldsymbol{Q_G = \frac{p_1 V_1}{R T_1} \cdot (Q_v)_{T_1}^{T_2} + A \cdot L_G}.$$

Wärmegleichung für unbeschränkt kleine Zustandsänderungen. Jede Zustandsänderung zwischen zwei beliebig großen Grenzwerten p_1 und p_2, v_1 und v_2, T_1 und T_2 kommt zustande durch die stetige Aufeinanderfolge einzelner unmerklich kleiner Änderungen von p, v und T. In Fig. 28 ist dies an der Druckvolumenkurve gezeigt. Bei der Berechnung der Gasarbeit in Abschn. 17 ist davon bereits Gebrauch gemacht.

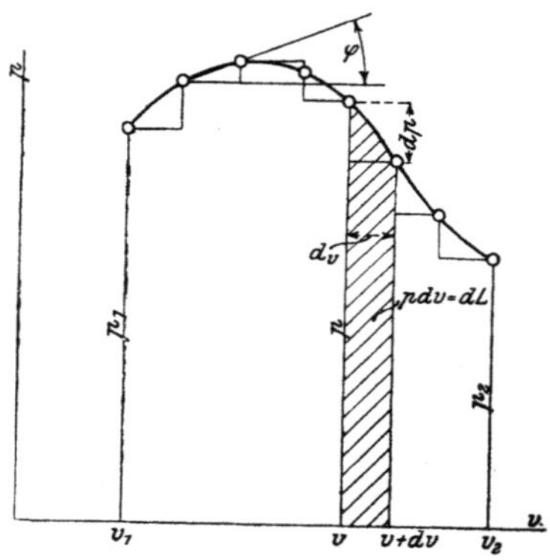

Fig. 28.

Die kleine Wärmemenge dQ, die bei einer solchen „elementaren" Zustandsänderung dem Gase zuströmen oder von ihm abströmen muß, kann in gleicher Weise wie für die gesamte Zustandsänderung angeschrieben werden. In der Gleichung

$$Q = c_v (T_2 - T_1) + AL$$

tritt an Stelle von $T_2 - T_1$ die kleine Änderung (das Differential) dT, an Stelle von L das „Arbeitselement“ dL, dessen Wert nach Abschn. 17 durch $p\,dv$ ausgedrückt wird. Also ist

$$dQ = c_v dT + A p\,dv.$$

Diese Gleichung gilt sowohl für unveränderliche, als für veränderliche spezifische Wärme c_v. Bei weiteren Operationen mit der Gleichung ist gegebenenfalls auf den letzteren Umstand entsprechend Rücksicht zu nehmen (vgl. Abschn. 27).

Zustandsgleichung für die elementare Zustandsänderung. Für den Beginn der Änderung gilt

$$pv = RT,$$

für das Ende

$$(p + dp)(v + dv) = R(T + dT),$$

oder

$$pv + p\,dv + v\,dp + dp\,dv = RT + R\,dT.$$

Durch Subtraktion wird

$$p\,dv + v\,dp + dp\,dv = R\,dT.$$

Division mit dp ergibt

$$p\frac{dv}{dp} + v + dv = R\frac{dT}{dp}.$$

$\dfrac{dv}{dp}$ ist im Druckvolumendiagramm (Fig. 28) das Maß für die Neigung der Kurve an der betreffenden Stelle ($= \operatorname{cotg} \varphi$), hat also einen bestimmten endlichen Wert. Ebenso ist $\dfrac{dT}{dp}$ das Maß für die Neigung der Drucktemperaturkurve, deren Verlauf aus der p, v-Kurve ermittelt werden könnte. Die letzte Gleichung enthält also nur Werte von endlicher Größe, bis auf die unbeschränkt kleine Größe dv. Im Grenzfall verschwindet diese gegen den Wert der übrigen und es wird

$$p\frac{dv}{dp} + v = R\frac{dT}{dp},$$

oder einfacher

$$p \cdot dv + v \cdot dp = R \cdot dT$$

(Zustandsgleichung für unbeschränkt kleine Zustandsänderung).

Mit $R = \dfrac{pv}{T}$ ergibt sich hieraus auch, nach Division mit pv

$$\frac{dv}{v} + \frac{dp}{p} = \frac{dT}{T},$$

eine Beziehung, die unabhängig von der besonderen Gasart besteht.

Durch Verbindung dieser Gleichungen mit der Wärmegleichung läßt sich eine der Größen dp, dv und dT eliminieren und man erhält damit die Gesetzmäßigkeit für die Änderung von p, v oder p, T oder v, T, die einem bestimmten

Gesetz der Wärmeänderung dQ entspricht, oder umgekehrt die elementare Wärmemenge, die einer beliebigen p, v-Kurve zukommt. Es ist mit

$$dT = \frac{1}{R} \cdot (p\,dv + v\,dp)$$

$$dQ = \frac{c_v}{R} \cdot (p\,dv + v\,dp) + A\,p\,dv.$$

Mit

$$\frac{c_v}{R} = \frac{A}{k-1}$$

wird

$$\frac{dQ}{A} = \frac{1}{k-1} v\,dp + \frac{k}{k-1} p\,dv,$$

oder auch

$$\frac{1}{A}\frac{dQ}{dv} = \frac{v}{k-1} \cdot \left(\frac{dp}{dv} + k\frac{p}{v}\right).$$

Mittels der letzten Beziehung läßt sich entscheiden, ob an einer beliebigen Stelle einer p, v-Kurve (Fig. 29) Wärmezufuhr oder Wärmeentziehung stattfindet. Ist nämlich bei zunehmendem Volumen (dv positiv) die rechte Seite positiv, so ist auch dQ positiv; dies bedeutet Wärmezufuhr; umgekehrt würde $-dQ$ Wärmeentziehung andeuten.

Ist bei abnehmendem Volumen (Kompression, dv negativ) die rechte Seite positiv, so wird dQ negativ sein (Wärmeentziehung), und umgekehrt. Es handelt sich also darum, zu ermitteln, ob $\frac{dp}{dv} + k\frac{p}{v}$ positiven oder negativen Wert hat.

Wächst also der Druck mit wachsendem Volumen (dp und dv positiv), Stelle I, so liegt hiernach immer Wärmezufuhr vor. Fällt ferner der Druck bei abnehmendem Volumen, Stelle II, so wird der Ausdruck wieder positiv, aber es findet Wärmeentziehung statt, weil dv negativ ist.

Fällt ferner der Druck mit zunehmendem Volumen (Stelle III, Expansion), so kann $\frac{dp}{dv} + k\frac{p}{v}$, weil dp negativ, dv positiv ist, entweder positiv oder negativ sein. Je nachdem, absolut genommen,

$$\frac{dp}{dv} \lesseqgtr k\frac{p}{v}$$

ist, wird vom Gase Wärme aufgenommen oder abgegeben. Nach Fig. 29 ist

$$\frac{dp}{dv} = \frac{p}{s}.$$

Die Bedingungsgleichung wird hiermit

$$\frac{p}{s} \lesseqgtr k\frac{p}{v}$$

oder

$$\frac{v}{s} \lesseqgtr k.$$

Wenn also das Verhältnis von Abszisse v und Subtangente s kleiner als k ist, findet Wärmezufuhr, wenn es größer als k ist, Wärmeentziehung statt.

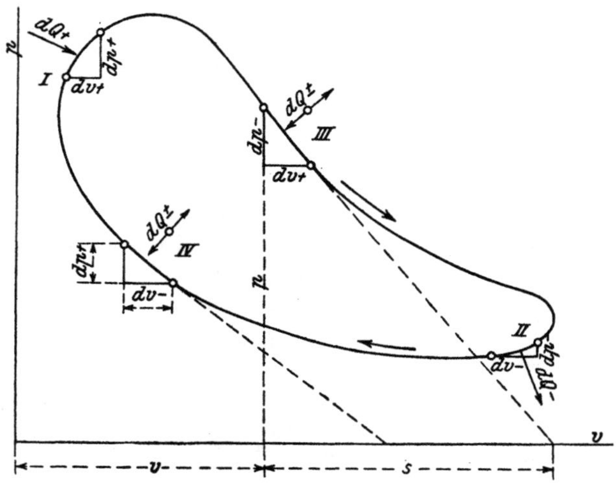

Fig. 29.

Für die Verdichtung (Stelle IV) gilt das Umgekehrte, weil dv negativ ist und daher $\frac{dQ}{dv}$, wenn dQ positiv sein soll, negativ sein muß. Wenn $\frac{v}{s} < k$ ist, findet Wärmeentziehung, wenn es größer als k ist, Wärmezufuhr statt. Durch Ziehen der Tangente an eine gegebene Druckkurve läßt sich also die Frage aufs leichteste entscheiden.

24. Zustandsänderung bei gleichbleibender Temperatur.

(Isothermische Zustandsänderung.)

Bei unveränderlicher Temperatur stehen Druck und Volumen im reziproken Verhältnis

$$\frac{p_1}{p_2} = \frac{v_2}{v_1}.$$

Es ist

$$p_1 v_1 = p_2 v_2$$

oder

$$\boldsymbol{pv = \textbf{konst.}}$$

Die Druckvolumenkurve ist also eine gleichseitige Hyperbel. Sind Druck und Volumen in einem Anfangszustand durch Punkt A (Fig. 30) gegeben, so kann leicht der Endpunkt B, der einer Raumzunahme von v_1 auf v entspricht gefunden werden.

Ziehe durch A eine Horizontale und eine Vertikale und durch O den Strahl OB''. Durch den Punkt A'', wo dieser die Vertikale durch A trifft, ziehe eine Horizontale, die sich mit der Vertikalen durch B'' in B trifft. Dies ist der gesuchte Endpunkt.

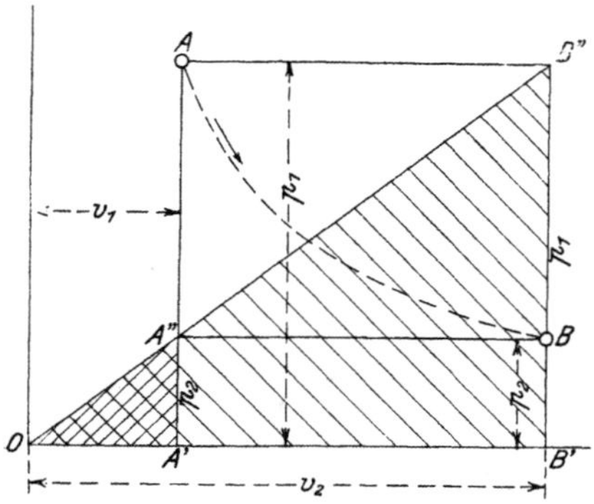

Fig. 30.

Beweis: Es verhält sich

$$B'B'' : A'A'' = OB' : OA',$$

oder

$$p_1 : p_2 = v_2 : v_1,$$

wie es verlangt ist.

Hieraus folgt die bekannte, vielbenützte Konstruktion, Fig. 31 für Expansion, Fig. 32 für Kompression von A aus.

Regel: Ziehe durch A eine Horizontale und Vertikale. Von O aus ziehe beliebige Strahlen und durch ihre Schnittpunkte mit jenen wieder Horizontale und Vertikale. Diese treffen sich in Punkten der Hyperbel.

Isothermen für verschiedene Temperaturen. Einer bestimmten Hyperbel im p, v-Diagramm entspricht eine bestimmte Temperatur, die aus der Zustandsgleichung $pv = RT$ folgt,

$$T = \frac{pv}{R}.$$

Den höher liegenden Hyperbeln (höherer Druck bei gleichem Volumen) entsprechen höhere, den tiefer liegenden niedrigere Temperaturen.

Sind die Abszissen des Druckvolumdiagramms nicht die spezifischen, sondern die ganzen Volumina (V), so ist die Temperatur einer Isotherme nur bestimmbar, wenn das arbeitende Gewicht bekannt ist, gemäß

$$T = \frac{pV}{GR}.$$

Aus einer beliebigen Hyperbel können höher- oder tieferliegende durch proportionale Vergrößerung oder Verkleinerung der Ordinaten (oder der Abszissen) erhalten werden.

Tangenten an die Hyperbel erhält man bequem auf Grund des Satzes, daß P'' in Fig. 31 von P' so weit entfernt ist, wie P' von O. ($P'P'' = OP'$.)

Die absolute Gasarbeit L, die bei der Ausdehnung abgegeben, bei der Verdichtung aufgenommen wird, ist gleich der Fläche $ABB'A'$ (Fig. 31). Gemäß den bekannten Eigenschaften der gleichseitigen Hyperbel ist diese Fläche

$$L = p_1 v_1 \ln \frac{p_1}{p_2}$$

oder

$$L = p_1 v_1 \ln \frac{v_2}{v_1}.$$

Für die Rechnung sind die Logarithmen mit der Basis 10 bequemer. Mit diesen wird

$$L = 2{,}303\, p_1 v_1 \log \frac{p_1}{p_2}$$

(für 1 kg Gas),

$$L_G = 2{,}303\, p_1 V_1 \log \frac{p_1}{p_2}$$

(für beliebige Gasmenge).

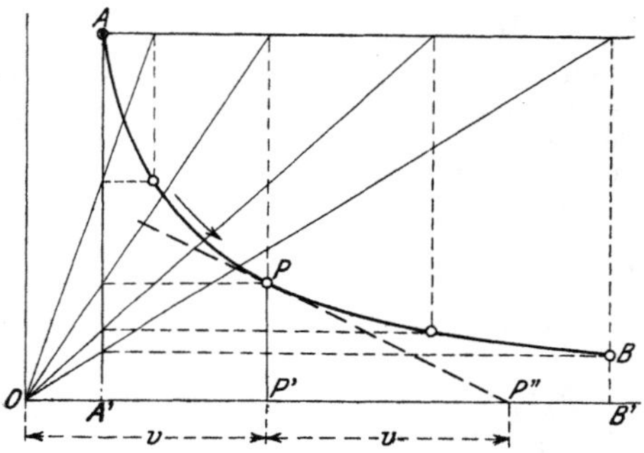

Fig. 31.

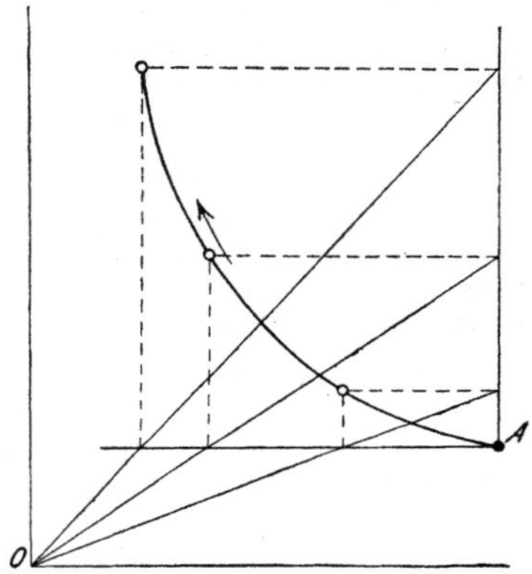

Fig. 32.

Die Wärmemenge, die von A bis B zuzuführen ist, folgt aus

$$Q = c_v \cdot (T_2 - T_1) + AL.$$

Wegen $T_2 - T_1 = 0$ fällt das erste Glied weg, es ist

$$\boldsymbol{Q = + A \cdot L.}$$

Soll also bei der Ausdehnung die Temperatur nicht fallen, so muß eine Wärmemenge gleich dem Äquivalent der geleisteten absoluten Gasarbeit zugeführt werden.

Man kann dies auch so ausdrücken: Bei der isothermischen Expansion wird die gesamte zugeführte Wärme und nur diese in absolute Gasarbeit verwandelt.

Für Verdichtung, wobei L negativ ist, gilt

$$\boldsymbol{Q = - A \cdot L.}$$

Soll demnach bei Verdichtung die Temperatur nicht steigen, so muß eine Wärmemenge gleich dem Äquivalent der absoluten Verdichtungsarbeit abgeleitet werden. — Bei der isothermischen Kompression wird die ganze absolute Verdichtungsarbeit in Wärme verwandelt und mit dem Kühlwasser abgeführt.

Soll die p, v-Kurve in allen Teilen der Hyperbel folgen, so muß in jedem Augenblick die dem Arbeitselement äquivalenteW ärme zu- bzw. abgeleitet werden. Es muß gemäß Abschn. 23 $dQ = A p dv$ sein, und zwar $+dQ$ für $+dv$ (Expansion) und $-dQ$ für $-dv$ (Kompression). Die für gleiche (kleine) Volumzunahmen erforderlichen Wärmemengen nehmen also proportional mit dem Drucke ab. — Bei der Verdichtung nehmen die abzuführenden Wärmemengen (für gleiche kleine Zusammendrückungen) im gleichen Verhältnis mit dem Druck zu.

Es ist schwierig, bei rasch verlaufenden Vorgängen, wie z. B. in Kompressoren, den isothermischen Verlauf zu verwirklichen. Das Gesetz der Wärmeentziehung ist hierzu zu verwickelt. Es bleibt nur übrig, wo diese Zustandsänderung erstrebenswert ist, gleichmäßige kräftige Kühlung anzuwenden.

Beispiel (vgl. auch Abschn. 3, Boylesches Gesetz).

1. Luft vom Drucke p_0 soll isothermisch auf den absoluten Druck p at verdichtet werden. Welche absolute Verdichtungsarbeit ist auf die Luft zu übertragen? Welche Wärmemenge ist während der Verdichtung aus der Luft abzuleiten? Als Bezugseinheit soll 1 cbm Druckluft dienen.

Es ist, da p in at abs. gegeben ist,

$$L = 2{,}303 \cdot 10\,000\, p V \log \frac{p}{p_0},$$

daher mit

$$V = 1 \text{ cbm}$$

$$L = 23\,030\, p \log \frac{p}{p_0} \text{ mkg/cbm}.$$

$$Q = \frac{1}{427} L.$$

Es wird mit $p_0 = 1$ kg/qcm für

$p =$	1,5	3	6	9	15 kg/qcm abs.
$L =$	6100	32950	107400	197500	406000 mkg/cbm
$Q =$	14,3	77,2	252	463	952 Cal./cbm.

25. Zustandsänderung ohne Wärmezufuhr und Wärmeentziehung.

(Adiabatische Zustandsänderung.)

Wenn sich bei der mechanischen Verdichtung eines Gases die Temperatur nicht ändern soll, so muß ihm nach Abschn. 23 eine bestimmte Wärmemenge entzogen werden. Geschieht dies nicht, so steigt die Temperatur. Soll umgekehrt bei der Ausdehnung von gespanntem Gas die Temperatur unverändert bleiben, so ist ihm Wärme zuzuführen. Unterbleibt dies, so muß die Temperatur fallen.

In diesem Abschnitt handelt es sich um die Ermittlung der Temperaturänderungen, der Druckvolumenkurve und der Gasarbeit, wenn das Gas verdichtet wird oder sich ausdehnt, ohne daß es nach außen Wärme abgibt oder Wärme von außen aufnimmt.

Für die Ausdehnung und Verdichtung der Gase in den Motoren ist diese Zustandsänderung sehr wichtig. Wenn auch die Metallzylinder die Eigenschaft als Isolatoren für Wärme nicht besitzen und unter Umständen sogar absichtlich gekühlt oder erwärmt werden, so gilt doch die adiabatische Zustandsänderung als idealer Fall[1]), weil bei ihr die Arbeitsabgabe ganz aus dem Wärmeinhalt des Gases erfolgt; der Wärmeaustausch zwischen Gas und Wänden ist bei dem raschen Gange der Maschinen während der Expansion nicht allzu erheblich.

Die Wärmegleichung

$$Q = c_v (T_2 - T_1) + AL$$

ergibt mit $Q = 0$

$$-c_v (T_2 - T_1) = AL.$$

Für $+AL$ (Ausdehnung) muß daher $T_2 - T_1 < 0$, d. h. $T_2 < T_1$ sein. Die Temperatur sinkt. Die Ausdehnungsarbeit ist $\frac{c_v}{A} \cdot (T_1 - T_2)$, also gleich dem Arbeitsäquivalent der aus dem Gas verschwundenen Wärmemenge. Für $-AL$ (Verdichtung) muß $T_2 > T_1$ sein, damit die linke Seite negativ wird. Die Temperatur steigt. Die Vermehrung der Gaswärme, die der Erwärmung um $T_2 - T_1$ entspricht, nämlich $c_v (T_2 - T_1)$ ist gleich dem Wärmeäquivalent AL der Verdichtungsarbeit L.

Bei der adiabatischen Zustandsänderung findet sich also die absolute Verdichtungsarbeit vollständig als Wärme im Gase wieder, während umgekehrt die bei der Ausdehnung verrichtete absolute Gasarbeit vollständig und ausschließlich aus der Eigenwärme des Gases stammt.

Gasarbeit, Druckvolumenkurve. Für den Anfangszustand gilt (Fig. 33)

$$p_1 v_1 = R T_1,$$

für das Ende

$$p_2 v_2 = R T_2.$$

Durch Subtraktion wird

$$T_2 - T_1 = \frac{p_2 v_2 - p_1 v_1}{R}.$$

Damit wird die Gasarbeit

$$L = \frac{c_v}{AR} (p_1 v_1 - p_2 v_2),$$

oder mit

$$\frac{c_v}{AR} = \frac{1}{k-1}$$

(s. Abschn. 23)

$$\boldsymbol{L = \frac{1}{k-1} (p_1 v_1 - p_2 v_2)}.$$

Nun ist L gleich der Fläche $ABB'A'$ der p, v-Kurve. Diese Kurve muß gemäß der letzten Beziehung so beschaffen sein, daß ihre Fläche zwischen zwei Ordinaten p_1 und p_2 immer der $(k-1)$te Teil des Unterschieds der Koordinaten-Rechtecke $p_1 v_1$ (am Anfang) und $p_2 v_2$ (am

[1]) Eine Ausnahme vgl. Abschn. 32.

Ende) ist. Dieser Gesetzmäßigkeit entspricht nur eine bestimmte Kurvengattung. Es läßt sich leicht noch eine andere Eigenschaft der p, v-Kurve finden.

Für eine elementare Zustandsänderung ist die Wärmegleichung (s. Abschn. 23)

$$dQ = c_v dT + A p dv.$$

Hier wird mit

$$dQ = 0.$$

$$c_v dT = - A p dv.$$

Die Zustandsgleichung (s. Abschn. 23) lautet

$$p dv + v dp = R dT.$$

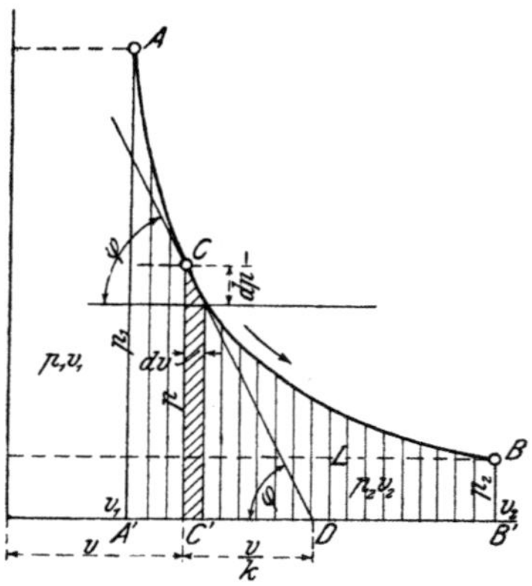

Fig. 33.

Eliminiert man dT aus beiden Beziehungen, so wird

$$- v dp = p dv \cdot \left(1 + \frac{AR}{c_v}\right).$$

Nach Abschn. 23 ist

$$\frac{AR}{c_v} = k - 1,$$

also

$$1 + \frac{AR}{c_v} = k;$$

hiermit wird

$$\frac{dp}{dv} = - k \frac{p}{v} \quad . \quad . \quad . \quad (1)$$

Diese Beziehung bestimmt die Richtung der Tangente an die p, v-Kurve in einem beliebigen Punkte mit den Koordinaten p, v. Nach Fig. 33 ist

$$\operatorname{tg} \varphi = \frac{-dp}{dv},$$

daher

$$C'D = \frac{CC'}{\operatorname{tg} \varphi} = \frac{p}{\operatorname{tg} \varphi}.$$

Mit

$$\operatorname{tg} \varphi = \frac{kp}{v}$$

wird also

$$C'D = \frac{v}{k}.$$

$C'D$ ist die Projektion der Tangente CD auf die Abszissenachse (Subtangente). Diese ist also für alle Kurvenpunkte der $k$te Teil der jeweiligen Abszisse.

Diese geometrische Eigenschaft, wie auch die oben für die Fläche ermittelte, kommt den sogenannten allgemeinen Hyperbeln[1]) zu, deren Gleichung, mit p und v als Koordinaten, lautet

$$\boldsymbol{p v^k = \text{konst.}} \qquad (2)$$

Diese Beziehung heißt auch das Poissonsche Gesetz. Wir werden sie stets als Gleichung der Adiabate, die Kurve selbst als Adiabate bezeichnen.

Für alle zweiatomigen Gase ist $k = \frac{c_p}{c_v}$ gleich groß, bei den gewöhnlichen Temperaturen $k = 1{,}4$ (s. Abschn. 12). Diese Gase haben also gleiche Adiabaten. (Dagegen ist für Methan $k = 1{,}31$, Äthylen 1,24, Argon 1,67.)

Temperaturänderung. Aus den Zustandsgleichungen für Anfang und Ende folgt

$$\frac{T_2}{T_1} = \frac{p_2 v_2}{p_1 v_1}.$$

Wegen

$$p_1 v_1^k = p_2 v_2^k$$

$$\frac{p_2}{p_1} = \left(\frac{v_1}{v_2}\right)^k \quad \text{wird also}$$

$$\boldsymbol{\frac{T_2}{T_1} = \left(\frac{v_1}{v_2}\right)^{k-1}} \qquad (3)$$

Mit

$$\frac{v_2}{v_1} = \left(\frac{p_1}{p_2}\right)^{\frac{1}{k}}$$

wird auch

$$\boldsymbol{\frac{T_2}{T_1} = \left(\frac{p_2}{p_1}\right)^{\frac{k-1}{k}}} \qquad (4)$$

Für unbeschränkt kleine Änderungen folgt durch Elimination von dv und v aus den Beziehungen in Abschn. 23

$$\boldsymbol{\frac{dT}{dp} = \frac{k-1}{k} \frac{T}{p}} \qquad (5)$$

Mechanische Arbeit. Man kann diese entweder, wie im Anfang gezeigt, aus der Temperaturänderung bestimmen nach

$$\boldsymbol{L = \frac{c_v}{A}(T_1 - T_2)} \qquad (6)$$

oder aus der Druck- und Volumänderung nach

$$\boldsymbol{L = \frac{1}{k-1}(p_1 v_1 - p_2 v_2)} \qquad (7)$$

---

[1]) Eine leichtverständliche mathematische Darstellung vgl. F. Ebner, Technisch wichtige Kurven.

Unmittelbar aus der Druck- oder Volumänderung ergibt sich L, wenn in dieser Beziehung gemäß der p, v-Kurve

$$p_2 = p_1 \cdot \left(\frac{v_1}{v_2}\right)^k$$

gesetzt wird. Dann wird

$$L = \frac{p_1 v_1}{k-1} \cdot \left[1 - \left(\frac{v_1}{v_2}\right)^{k-1}\right]; \quad \ldots \ldots \quad (8)$$

in gleicher Weise mit der Druckänderung

$$L = \frac{p_1 v_1}{k-1} \cdot \left[1 - \left(\frac{p_2}{p_1}\right)^{\frac{k-1}{k}}\right] \quad \ldots \ldots \quad (9)$$

Je nach Umständen kommt der eine oder andere dieser vier Ausdrücke zur Anwendung. Sie gelten für 1 kg Gas. Für eine beliebige

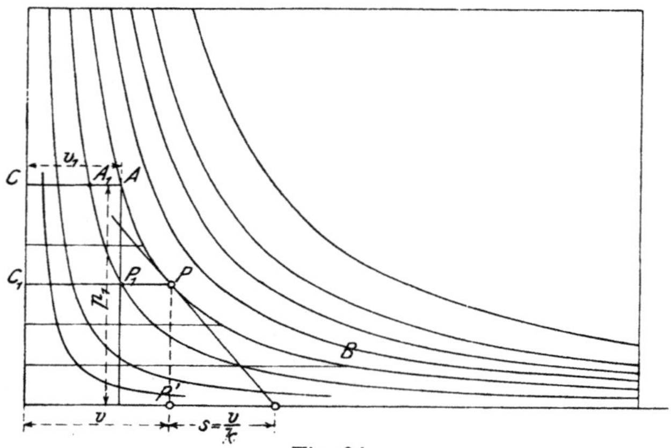

Fig. 34.

Gasmenge vom Volumen V (Gewicht G) ist überall v durch V zu ersetzen. Gleichung 9 kann auch in

$$L = \frac{p_1 v_1}{k-1} \cdot \left(1 - \frac{T_2}{T_1}\right) \quad \ldots \ldots \ldots \quad (10)$$

umgeformt werden.

Beim Verdichtungsvorgang werden diese Ausdrücke negativ, weil $v_2 < v_1$, $p_2 > p_1$, $T_2 > T_1$. Bei praktischen Rechnungen hat es keinen Zweck, das negative Vorzeichen mitzunehmen. Man kann einfach die Vorzeichen in den Klammern umkehren und erhält dann z. B.

$$L = \frac{p_1 v_1}{k-1} \left[\left(\frac{p_2}{p_1}\right)^{\frac{k-1}{k}} - 1\right] \quad \ldots \ldots \ldots \quad (9\,a)$$

Konstruktion der Adiabate. Es sei ein Punkt A und der Exponent k gegeben. Die Kurve zu zeichnen.

1. Das Verfahren, die Punkte einzurechnen, führt im allgemeinen am raschesten zum Ziel und ist am genauesten. Es sei z. B. in A, Fig. 34, $p_1 = 55$ mm, $v_1 = 23$ mm. Für $p = 40, 30, 20, 10$ mm wird dann die Abszisse $v = 23 \cdot \left(\frac{55}{40}\right)^{\frac{1}{1,4}} = 28,8$ mm (bzw. 35,8, 48,0, 79 mm).

Beliebige andere Adiabaten, z. B. durch A_1, erhält man aus AB dadurch, daß man die Abszissen $(C_1 P)$ von AB im Verhältnis $CA_1 : CA$ teilt und die Teilpunkte (P_1) verbindet. Fig. 34 enthält eine Schar von Adiabaten, zwischen denen man auf diese Weise leicht beliebige weitere Kurven einschalten kann.

Da für einen bestimmten Wert von k die verhältnismäßige Raumänderung $v : v_0$ durch die verhältnismäßige Druckänderung bestimmt ist, so kann man bei gegebenem Anfangszustand p_0, v_0 die adiabatische Druckkurve aus Tabellen wie die nachstehenden, die für $k = 1,4$ gelten, einrechnen.

Ausdehnung.

$\frac{p}{p_0} =$ 1	0,9	0,8	0,7	0,6	0,5	0,4	0,3	0,2	0,1	0,05	0,025
$\frac{v}{v_0} =$ 1	1,078	1,173	1,290	1,440	1,640	1,924	2,363	3,157	5,180	8,498	13,942

Verdichtung.

$\frac{p}{p_0} =$ 1	1,5	2	3	4	5	6	7	8	9	10
$\frac{v}{v_0} =$ 1	0,748	0,610	0,457	0,372	0,317	0,279	0,249	0,227	0,209	0,193.

2. **Graphisches Verfahren** a) nach Brauer. (Fig. 35.) Von O aus ziehe man unter dem beliebigen Winkel α einen Strahl. Ein zweiter Strahl wird unter β zur Druckachse gezogen, wobei β (bzw. tg β) aus

$$\operatorname{tg} \beta = (1 + \operatorname{tg} \alpha)^k - 1$$

bestimmt werden muß. Dann befolgt man, von A ausgehend, die durch die Pfeile angegebene Zickzackkonstruktion. Die Parallelen müssen unter 45^0 geneigt sein.

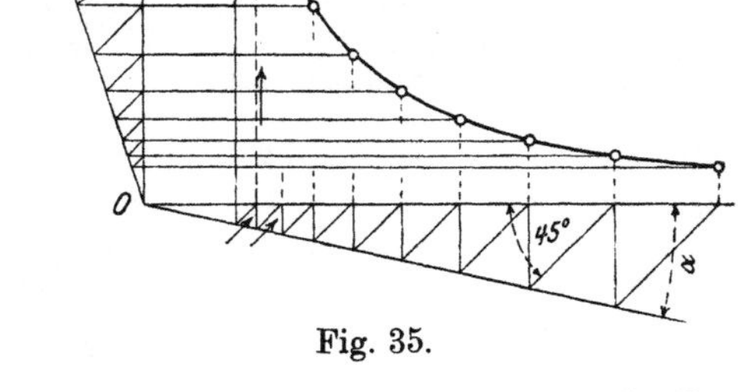

Fig. 35.

Je größer man α wählt, um so weiter fallen die Punkte auseinander.

Für tg $\alpha = 0,2$ (oder 20 : 100) wird z. B., mit $k = 1,4$, tg $\beta = 29,08 : 100$.

Die Konstruktion muß sehr sorgfältig ausgeführt werden, da sich alle kleinen Zeichenfehler auf die nachfolgenden Punkte fortpflanzen!

b) Sind 2 Punkte (A und A_1) gegeben, wobei also A_1 einzurechnen ist, so können die Winkel α und β beide beliebig gewählt werden. Die Parallelenrichtungen ergeben sich dabei aus der Konstruktion.

Ermittlung des Exponenten k aus einem Indikatordiagramm. Ziehe in dem betr. Punkte P die Tangente, Fig. 34. Der Abschnitt s zwischen dem Fußpunkt der Ordinate und dem Schnittpunkt der Tangente, dividiert in die Abszisse, ergibt den Exponenten

$$k = \frac{v}{s}.$$

Über ein anderes Verfahren vgl. 26.

Bei Indikatordiagrammen ist k an verschiedenen Stellen meist mehr oder weniger verschieden, d. h. der Verlauf nicht rein adiabatisch.

Der Wert von k läßt sich auch aus Messungen des Druckes und der Temperatur bei adiabatischen Zustandsänderungen herleiten. Läßt man z. B. gespanntes Gas aus einem Gefäß ohne Zufluß ausströmen, so dehnt sich der Gasrest, wenn bei hinreichend rascher Entspannung die Wärmezufuhr seitens der Wände vernachlässigbar ist, im Gefäß adiabatisch aus. Es gilt dann

$$\frac{k-1}{k} = \frac{\log \frac{T_2}{T_1}}{\log \frac{p_2}{p_1}}.$$

Aus k ist dann auch c_p und das schwer bestimmbare c_v berechenbar gemäß

$$c_p = AR\frac{k}{k-1}$$

$$c_v = \frac{AR}{k-1}.$$

Auch die adiabatische Verdichtungsarbeit ist schon zur Messung von k, bzw. c_p und c_v benutzt worden.

Beispiele. 1. Ein Leuchtgas-Luftgemisch von 0,9 at abs. und 50° wird bis auf den fünften Teil seines Raumes adiabatisch verdichtet. Wie groß ist der Druck und die Temperatur am Ende? $k = 1{,}38$.

$$\frac{p_2}{p_1} = \left(\frac{v_1}{v_2}\right)^{1,38}; \qquad p_2 = 0{,}9 \cdot 5^{1,38} = 8{,}295 \text{ at abs.};$$

$$\frac{T_2}{T_1} = \left(\frac{v_1}{v_2}\right)^{k-1}; \qquad T_2 = (273 + 50)\cdot 5^{0,38} = 595 \text{ abs.}; \qquad t_2 = 595 - 273 = \underline{\underline{322^0}}.$$

2. Druckluft von 4 at Überdruck und 40° soll auf 0,5 at Überdruck in einem Zylinder expandieren. Um das Wievielfache ist ihr Volumen zu vergrößern, wie groß ist die Endtemperatur?

$$\frac{v_2}{v_1} = \left(\frac{p_1}{p_2}\right)^{\frac{1}{k}}$$

$$\log\frac{v_2}{v_1} = \frac{1}{1{,}41}\cdot\log\frac{4 + 1{,}033}{0{,}5 + 1{,}033} = 0{,}3659.$$

$$\underline{\underline{v_2 = 2{,}322\, v_1,}}$$

$$\frac{T_2}{T_1} = \left(\frac{0{,}5 + 1{,}033}{4 + 1{,}033}\right)^{\frac{0,41}{1,41}} = \frac{1}{1{,}414},$$

somit

$$T_2 = \frac{273 + 40}{1{,}414} = 221 \text{ abs.}, \quad t_2 = -52^0.$$

3. Bis zu welchem Druck muß ein Gemisch aus Luft und Benzindampf adiabatisch verdichtet werden, wenn infolge der Erhitzung gerade Selbstentzündung eintreten soll? Entzündungstemperatur rund 430^0 [1]); Anfangstemperatur 100^0; $k = 1{,}4$.

$$\frac{T_2}{T_1} = \left(\frac{p_2}{p_1}\right)^{\frac{k-1}{k}},$$

daher

$$\frac{p_2}{p_1} = \left(\frac{273+430}{273+100}\right)^{\frac{1,4}{0,4}} = 9{,}2.$$

Für $p_1 = 0{,}9$ at abs.

ist also $p_{2\,max} = 0{,}9 \cdot 9{,}2 = 8{,}3$ at abs.

oder <u>7,3 at Überdruck.</u>

In Wirklichkeit darf bei Benzinmaschinen die Kompression nicht so hoch getrieben werden, da mit Sicherheit Vorzündungen zu vermeiden sind. Auch kann an einzelnen heißeren Stellen der Wandungen die Gastemperatur das berechenbare Maß übersteigen. Bei kleinerer Anfangstemperatur als 100^0 ist auch eine entsprechend höhere Verdichtung möglich.

4. Im Diesel-Motor wird Luft so hoch verdichtet, daß ihre Temperatur über die Entzündungstemperatur des Petroleums steigt. Wie groß ist der (kleinste) Verdichtungsraum im Verhältnis zum ganzen Raum des Zylinders zu nehmen und wie hoch steigt die Verdichtungsspannung, wenn die Endtemperatur 850^0 C sein soll? Anfangstemperatur 100^0; $k = 1{,}4$.

Wegen

$$\frac{T_2}{T_1} = \left(\frac{v_1}{v_2}\right)^{k-1}$$

ist

$$\frac{v_1}{v_2} = \left(\frac{273+850}{273+100}\right)^{\frac{1}{0,4}} = 15{,}73;$$

oder

$$v_2 = 0{,}0636\, v_1,$$

d. h. 6,36 v. H. des Gesamtraumes, oder

$$100 \cdot \frac{v_2}{v_1 - v_2} = \frac{100}{14{,}73} = 6{,}8 \text{ v. H. des Hubraums.}$$

Ferner ist

$$\frac{p_2}{p_1} = \frac{v_1 \cdot T_2}{v_2 \cdot T_1} = 15{,}73 \cdot 3{,}01 = 47{,}4.$$

Mit $p_1 = 0{,}9$ at abs.

daher <u>$p_2 \cong 42{,}8$ at abs.</u>

5. Im schädlichen Raum eines Luftkompressors befindet sich zu Beginn des Saughubes vom vorhergehenden Druckhub her ein Luftrest von 4 at Überdruck und 110^0. Welche Temperatur herrscht im schädlichen Raum, nachdem der Druck darin durch Expansion hinter dem Kolben bis auf den Ansaugedruck von 0,1 at Unterdruck gefallen ist? 760 mm äußerer Luftdruck.

$$T_2 = (273+110) \cdot \left(\frac{1{,}033 - 0{,}1}{4 + 1{,}033}\right)^{\frac{0,4}{1,4}} = 236{,}6.$$

<u>$t_2 = -36{,}4^0$.</u>

[1]) Bd. II Abschn. 58.

6. Die Beziehung Gl. 5 oben kann mit Vorteil auch zur numerischen Berechnung der Temperaturänderungen bei kleinen Druckänderungen dienen, vgl. z. B. Abschn. 49.

Fällt z. B. der Luftdruck beim Steigen eines Ballons um 10 mm Hg bei 750 mm Hg Anfangsdruck und 20° Anfangstemperatur, so sinkt der Gasdruck im Ballon um ebensoviel, weil der Gasraum mit der Atmosphäre Verbindung hat. Steigt der Ballon so schnell, daß kein Temperaturausgleich mit der Hülle und dem Außenraum zustande kommt, so ist die Zustandsänderung der Gasmasse adiabatisch. Man hat dann

$$\Delta T = -\frac{0{,}4}{1{,}4} \cdot \frac{273+20}{750+5} \cdot 10 = -1{,}1^{\circ}.$$

Die Gastemperatur sinkt also um je rd. 1°, wenn der Gasdruck um 10 mm Hg fällt; bei größeren Höhen um mehr.

Um ebenso viel nimmt beiläufig auch im freien Luftraum die Temperatur nach oben hin ab (sog. konvektives Gleichgewicht der Atmosphäre). Auf die Höhe, statt auf den Luftdruck, bezogen, beträgt diese Abnahme rd. 1° für je 100 m Erhebung.[1])

26. Verlauf der Druckkurven im allgemeinen. Polytropische Zustandsänderung oder Zustandsänderung mit unveränderlicher spezifischer Wärme.

Wird ein Gas unter gleichzeitiger, mehr oder minder ausgiebiger Kühlung mechanisch verdichtet, so wird stets die ganze absolute Gasarbeit in Wärme umgesetzt. Nach der allgemeinen Wärmegleichung für Gasverdichtung

$$Q = c_v (T_2 - T_1) - AL$$

(Abschn. 23) ist nämlich

$$AL = c_v (T_2 - T_1) - Q.$$

Bei Wärmeentziehung ist Q negativ, es wird dann

$$AL = c_v (T_2 - T_1) - (-Q) = c_v (T_2 - T_1) + Q,$$

in Worten: Die Summe der im Gase neu entstandenen Wärme $c_v \cdot (T_2 - T_1)$ und der fortgeleiteten Wärme Q ist gleich dem Wärmeäquivalent der abs. Gasarbeit AL.

Der Unterschied im Druckverlauf bei den verschiedenen möglichen Verdichtungsarten wird lediglich dadurch bedingt, wieviel von der jeweils aufgewendeten Verdichtungsarbeit als Wärme im Gase verbleibt und welcher Teil durch Leitung oder Strahlung fortgeleitet wird. Bei isothermischer Verdichtung (Abschn. 24) geht die ganze Verdichtungsarbeit als Wärme ins Kühlwasser, bei adiabatischer Verdichtung bleibt sie im Gase. Die beiden Verdichtungslinien verlaufen dementsprechend verschieden.

Bei vorhandener Kühlung entsteht ein Druckverlauf unter der Adiabate nach AB_1, AB_2; erst wenn so viel Wärme abgeleitet wird, als das Äquivalent der absoluten Verdichtungsarbeit beträgt, fällt die Verdichtungslinie auf die Isotherme AB_i, Fig. 36.

---

[1]) Näheres hierüber vgl. z. B. Wegener, Thermodynamik der Atmosphäre.

Ist die Kühlung so stark, daß während der ganzen Verdichtung die Temperatur stetig f ä l l t, so entsteht AB_4.

Wird während der Verdichtung nicht gekühlt, sondern erwärmt, so erhält man AB_3. Selbst ein Verlauf nach AB_5 ist möglich, z. B. bei gekühlten Schleudergebläsen, wo das Gas im Inneren durch Reibung und Wirbel erhitzt und gleichzeitig von außen gekühlt wird.

Bei der Ausdehnung unter Wärmezufuhr wird, solange die Temperatur fällt ($T_2 < T_1$), stets die ganze zugeführte Wärme (Q) und außerdem ein Teil der Eigenwärme des Gases, $c_v(T_1 - T_2)$, in mechanische Arbeit umgesetzt. Aus der Wärmegleichung für Ausdehnung

$$Q = c_v(T_2 - T_1) + AL$$

geht dies, wenn sie in der Form

$$AL = Q + c_v(T_1 - T_2)$$

geschrieben wird, unmittelbar hervor.

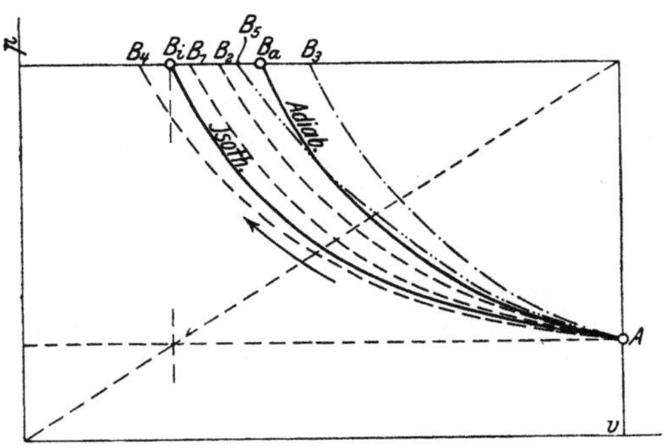

Fig. 36.

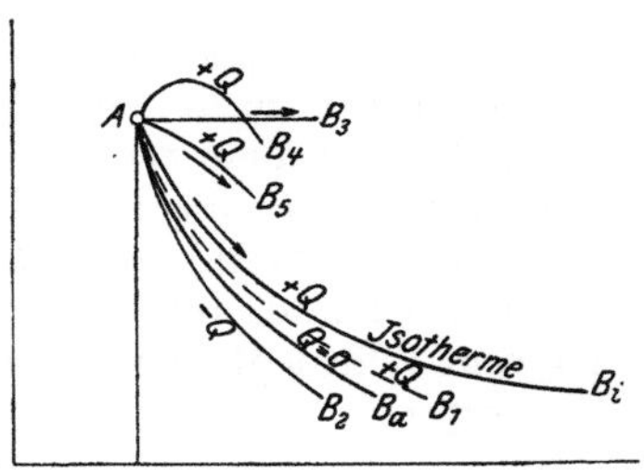

Fig. 37.

Auch hier hängt der jeweilige Verlauf der Druckkurven, Fig. 37, nur davon ab, wieviel von der Gasarbeit durch die äußere Wärmezufuhr und wieviel durch die Eigenwärme entsteht. Die Adiabate AB_a ergibt sich, wenn die ganze Gasarbeit von der Eigenwärme, die Isotherme AB_i, wenn sie von der äußeren Wärme geliefert wird. Wird zwar Wärme während der ganzen Ausdehnung zugeführt, aber nicht so viel, daß isothermischer Verlauf eintritt, so fällt die Drucklinie AB_1 zwischen Isotherme und Adiabate.

Wird aber so viel Wärme zugeführt, daß trotz der Ausdehnung die Temperatur s t e i g t, z. B. bei Ausdehnung unter gleichem Druck nach AB_3, bei der Verbrennung im Diesel-Motor oder bei zu langsamer Verbrennung im Gasmotor nach AB_4 oder AB_5, so verläuft die Drucklinie oberhalb der Isotherme AB_i. Die Wärmegleichung in der Form

$$AL = Q - c_v(T_2 - T_1)$$

besagt jetzt, daß n i c h t die ganze zugeführte Wärme Q in Arbeit L verwandelt wird, sondern ein um die Zunahme der Eigenwärme $c_v(T_2 - T_1)$ g e r i n g e r e r Betrag.

Wird endlich Wärme abgeleitet, während das Volumen wächst, so fällt die Drucklinie AB_2 unter die Adiabate.

Die Druckkurven können überhaupt, je nach der Menge der für 1 kg Gas zugeführten Wärme und nach der Art ihrer Verteilung über die Zustandsänderung, die verschiedensten Formen annehmen.

Besonders einfache Kurven ergeben sich, wenn die Wärme Q in solcher Verteilung zugeführt (oder abgeleitet) wird, daß immer der gleiche Bruchteil ψQ davon zur Vermehrung der Eigenwärme, d. h. zur Temperaturerhöhung Verwendung findet. Der Rest $(1-\psi)Q$ wird dabei in Arbeit verwandelt. Es ist dann

$$\psi Q = c_v (T_2 - T_1)$$

oder

$$Q = \frac{c_v}{\psi}(T_2 - T_1) = c(T_2 - T_1) \quad . \quad . \quad . \quad . \quad . \quad (1)$$

Den unveränderlichen Wert

$$c = \frac{c_v}{\psi}$$

kann man als „spezifische Wärme“ bezeichnen, da dies die Wärme ist, die in diesem Falle zur Temperatursteigerung (oder Verminderung) um je 1^0 verbraucht wird. Bei beliebiger Zustandsänderung ist dieser Wert für jeden einzelnen Grad ein anderer, die spez. Wärme ist „veränderlich“, während sie in diesen besonderen Fällen unveränderlich ist.

Der Verlauf der entsprechenden Druckkurven ergibt sich leicht aus der Wärmegleichung in Verbindung mit der Zustandsgleichung. Die erstere

$$Q = c_v (T_2 - T_1) + AL$$

ergibt

$$AL = \frac{c_v}{\psi}(T_2 - T_1) - c_v (T_2 - T_1),$$

oder

$$AL = (c - c_v)(T_2 - T_1) \quad . \quad . \quad . \quad . \quad . \quad . \quad . \quad . \quad (2)$$

Mit

$$T_1 = \frac{p_1 v_1}{R}, \qquad T_2 = \frac{p_2 v_2}{R}$$

wird hieraus

$$L = \frac{c - c_v}{AR}(p_2 v_2 - p_1 v_1),$$

oder mit

$$AR = c_p - c_v$$

$$L = \frac{c_v - c}{c_p - c_v}(p_1 v_1 - p_2 v_2) \quad . \quad . \quad . \quad . \quad . \quad . \quad . \quad (3)$$

Die Druckvolumenkurve hat demnach, wie diejenige der adiabatischen Zustandsänderung, die Eigenschaft, daß ihre Fläche (L) zwischen zwei Ordinaten überall das gleiche Vielfache $\left(\frac{c_v - c}{c_p - c_v}\right)$

des Unterschieds der Koordinaten-Rechtecke $(p_2 v_2 - p_1 v_1)$ ist. Sie ist daher eine Kurve derselben Art, wie die Adiabate, d. h. eine allgemeine Hyperbel mit der Gleichung

$$p v^m = \text{konst.}, \quad \ldots \ldots \ldots \quad (4)$$

wo m an Stelle von k getreten ist.

Die Fläche einer solchen Kurve ist nach Abschn. 25

$$L = \frac{1}{m-1}(p_1 v_1 - p_2 v_2) \quad \ldots \ldots \quad (5)$$

Zur Auswertung von m dient also die Beziehung

$$\frac{1}{m-1} = \frac{c_v - c}{c_p - c_v}.$$

Daraus folgt

$$m = \frac{c_p - c}{c_v - c} \quad \ldots \ldots \ldots \quad (6)$$

und umgekehrt

$$c = \frac{m c_v - c_p}{m-1} = c_v \cdot \frac{m-k}{m-1} \quad \ldots \ldots \quad (6\,a)$$

Das Temperaturverhältnis ist

$$\frac{T_2}{T_1} = \frac{p_2 v_2}{p_1 v_1}$$

oder mit $p_1 v_1{}^m = p_2 v_2{}^m$

$$\frac{T_2}{T_1} = \left(\frac{p_2}{p_1}\right)^{\frac{m-1}{m}} = \left(\frac{v_1}{v_2}\right)^{m-1} \quad \ldots \ldots \quad (7)$$

und die Temperatursteigerung

$$T_2 - T_1 = T_1 \cdot \left[\left(\frac{p_2}{p_1}\right)^{\frac{m-1}{m}} - 1\right] \quad \ldots \ldots \quad (7\,a)$$

Für die Arbeit folgt aus Gl. 5

$$L = \frac{p_1 v_1}{m-1} \cdot \left[1 - \left(\frac{p_2}{p_1}\right)^{\frac{m-1}{m}}\right] = \frac{p_1 v_1}{m-1} \cdot \left[1 - \left(\frac{v_1}{v_2}\right)^{m-1}\right]. \quad (8)$$

Das Verhältnis der zugeführten Wärme zur absoluten Gasarbeit wird aus Gl. 1 und 2

$$\frac{Q}{A L} = \frac{c}{c - c_v} = \frac{k-m}{k-1} \quad \ldots \ldots \quad (9)$$

Allgemeine Bedeutung der polytropischen Zustandsänderung. Die früher behandelten Fälle der Zustandsänderungen können als besondere Fälle der polytropischen aufgefaßt werden. (Daher der Name „polytropisch" für den allgemeineren Fall.) Es wird nämlich aus der Gleichung

$$p v^m = \text{konst.}$$

mit

$$\begin{array}{llll} m = 1 & pv = \text{konst.}; & \text{isothermisch}; & c = \pm\infty \\ m = k & pv^k = \text{konst.}; & \text{adiabatisch}; & c = 0 \\ m = 0 & p = \text{konst.}; & \text{konstanter Druck}; & c = c_p \\ m = \pm\infty & v = \text{konst.}; & \text{konst. Volumen}; & c = c_v. \end{array}$$

Fig. 38 zeigt diese Hauptfälle und eine Anzahl von Zwischenfällen.

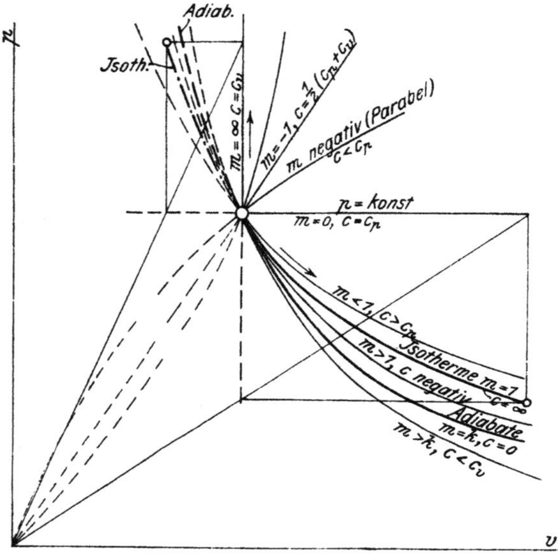

Fig. 38.

Im Maschinenbetrieb (Motoren, Luftpumpen, Kompressoren) verlaufen die Zustandsänderungen nie genau adiabatisch oder isothermisch. Dagegen kann oft der wirklichen Drucklinie mit für Vorausberechnungen hinreichender Genauigkeit eine Polytrope unterstellt werden.

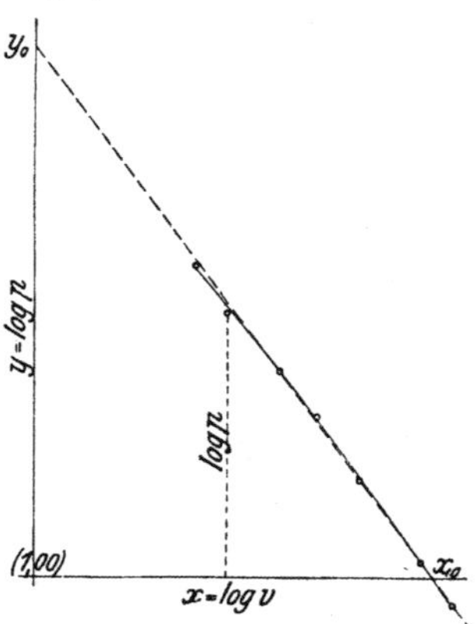

Fig. 39.

Zur Untersuchung von indizierten Druckkurven und Bestimmung von m ist das **graphische logarithmische Verfahren** sehr geeignet. Aus

$$p v^m = C$$

folgt

$$\log p + m \log v = \log C.$$

Trägt man nun die Werte $\log p$ als Ordinaten (y), $\log v$ als Abszissen (x) auf, so erhält man, wenn wirklich die Druckkurve in ihrem Verlauf polytropisch ist, eine Punktreihe, die auf einer **Geraden** liegt. Denn für jeden Punkt gilt

$$y + m x = \text{konst.} = C_1.$$

Mit $x = 0$ wird $y_0 = C_1$, mit $y = 0$, $x_0 = C_1/m$, daher ist $C_1 = y_0 = m x_0$; $m = y_0/x_0$.

m ist also das Steigungsverhältnis der Geraden gegen die Abszissenachse, Fig. 39.

Die in dieser Figur eingetragenen Punkte entsprechen Punkten der Expansionslinie des Gasmaschinendiagramms, Fig. 41. Sie liegen nicht genau auf einer Geraden, d. h. diese Kurve befolgt nicht genau das polytropische Gesetz. Die gestrichelte Gerade schmiegt sich den Punkten an, ihr entspricht nach Fig. 39 ein mittlerer Exponent $m = y_0/x_0 = 1{,}32$. — Die Maßstäbe der p, v-Kurve sind bei dem Verfahren gleichgültig, man kann $\log p$ und $\log v$ für p und v in mm, wie diese im Diagramm enthalten sind, entnehmen.

27. Die adiabatische Zustandsänderung bei sehr großen Unterschieden von Temperatur, Druck und Volumen, und bei sehr hohen Temperaturen.

Die adiabatische Zustandsänderung wurde in Abschn. 25 unter der Voraussetzung behandelt, daß das Verhältnis $c_p/c_v = k$, sowie c_p und c_v selbst von der Temperatur unabhängig seien. Je nach dem verlangten Genauigkeitsgrad ist diese Annahme bis zu mehreren hundert Grad Temperaturänderung statthaft.

Handelt es sich aber, wie in den Gas- und Ölmotoren, um Temperaturänderungen bis 1000^0 und darüber, so werden die gewöhnlichen Formeln ungenau. Denn in Wirklichkeit nimmt k gemäß der Beziehung

$$k = k_0 - aT$$

mit der Temperatur ab.

Es ist nach Abschn. 12 u. 14 für Gase und Gasmischungen

$$k_0 = 1{,}41 \qquad a = \frac{0{,}572}{10000},$$

dagegen für technische Verbrennungsprodukte mit etwa 25 v. H. Luftüberschuß

$$k_0 = 1{,}39, \qquad a \cong \frac{0{,}66}{10000}.$$

Handelt es sich um Zustandsänderungen bei sehr hoher Temperatur, so kann zwar k, wenn die Temperaturänderungen einige hundert Grad nicht übersteigen, unveränderlich wie sonst eingeführt werden. Aber sein Wert ist dann von den gewöhnlichen Werten nicht unerheblich verschieden, vgl. Abschn. 14 und Taf. I. Für Feuergase von 2000^0 ist z. B. $k \cong 1{,}23$ (statt 1,4), die Adiabate verläuft bei diesen hohen Temperaturen flacher.

Den Einfluß der Veränderlichkeit von k auf den Verlauf der adiabatischen Druck-Volumenkurve läßt die folgende Überlegung erkennen. Nach Abschn. 25 besteht für eine unbeschränkt kleine adiabatische Zustandsänderung die Beziehung

$$\frac{dp}{dv} = -k\frac{p}{v}.$$

Dabei ist es ohne Belang, ob k über ein größeres Gebiet veränderlich oder unveränderlich ist, wenn nur sein augenblicklicher Wert entsprechend der Temperatur eingeführt wird.

Diese Beziehung führte zu der in Abschn. 25 angegebenen Tangentenkonstruktion der adiabatischen Druckkurve, die auch bei veränderlichem k Geltung behält.

Es sei nun in Fig. 40 die Kurve AB' die Gasadiabate für unveränderliches $k = 1{,}40$, also die Hyperbel $p \cdot v^{1,4} = \text{konst.}$ — Die Adiabate der Feuergase verläuft ganz anders. Bei 2500^0 in A ist für diese $k \sim 1{,}2$, bei 1100^0 in B $k \sim 1{,}29$. Die Feuergas-Adiabate verläuft also bei A gemäß der in Fig. 40 eingezeichneten Tangentenrichtung merklich flacher. Da auch in B' die Tangente noch flacher als die der Hyperbel mit $k = 1{,}4$ verläuft, so besitzt die ganze Kurve AB' von Anfang bis

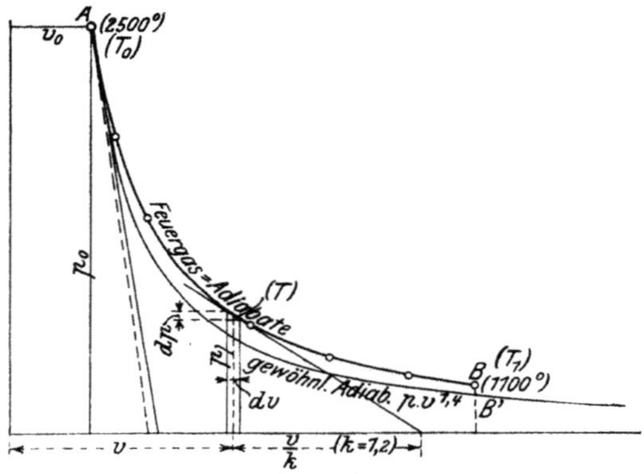

Fig. 40.

Ende eine geringere Neigung gegen die Volumenachse. Sie liegt daher ganz über der Hyperbel mit $k = 1{,}4$. Sie läßt sich auch, wegen des veränderlichen Charakters von k, durch eine Hyperbel mit von 1,4 abweichenden Exponenten nicht genau ersetzen.

Ebensowenig kann nun die Temperaturänderung, die einer bestimmten Raumänderung entspricht, nach der früheren Gleichung

$$\frac{T_0}{T} = \left(\frac{v}{v_0}\right)^{k-1}$$

berechnet werden.

Sie läßt sich aber in folgender Weise einfach bestimmen.

Aus der Wärmegleichung

$$dQ = c_v dT + A p dv$$

folgt mit $dQ = 0$

$$\frac{dT}{dv} = -\frac{Ap}{c_v}.$$

Mit

$$p = \frac{RT}{v}$$

wird hieraus

$$\frac{dT}{dv} = -\frac{AR}{c_v}\frac{T}{v}$$

und wegen

$$\frac{AR}{c_v} = k - 1 \text{ (Abschn. 23)}$$

$$\frac{dT}{dv} = -(k-1)\frac{T}{v}.$$

Mit der Beziehung für k wird dies

$$\frac{dT}{dv} = -(k_0 - 1 - \alpha T)\frac{T}{v}$$

oder

$$\frac{dT}{T(k_0 - 1 - \alpha T)} = -\frac{dv}{v}.$$

Nun ist

$$\frac{1}{T(k_0 - 1 - \alpha T)} = \frac{1}{k_0 - 1}\left(\frac{1}{T} + \frac{\alpha}{k_0 - 1 - \alpha T}\right).$$

wie leicht nachzuweisen; daher wird

$$\frac{dT}{T} + \alpha\frac{dT}{k_0 - 1 - \alpha T} = -(k_0 - 1)\frac{dv}{v}.$$

Schreibt man diese Beziehung für eine Reihe aufeinanderfolgender kleinster Zustandsänderungen an und addiert (integriert), so wird

$$\int_{T_0}^{T}\frac{dT}{T} + \alpha\int_{T_0}^{T}\frac{dT}{k_0 - 1 - \alpha T} = -(k_0 - 1)\int_{v_0}^{v}\frac{dv}{v}.$$

Mit den Werten dieser leicht zu ermittelnden Summen, die als Hyperbelflächen berechnet werden können, wird daher

$$\ln\frac{T}{T_0} - \ln\frac{k_0 - 1 - \alpha T}{k_0 - 1 - \alpha T_0} = -(k_0 - 1)\ln\frac{v}{v_0}.$$

Ersetzt man ln durch log, so wird nach Zusammenfassung

$$\log\left(\frac{T}{T_0}\cdot\frac{k_0 - 1 - \alpha T_0}{k_0 - 1 - \alpha T}\right) = (k_0 - 1)\log\frac{v_0}{v}$$

oder

$$\frac{T}{T_0}\cdot\frac{k_0 - 1 - \alpha T_0}{k_0 - 1 - \alpha T} = \left(\frac{v_0}{v}\right)^{k_0 - 1}$$

Also ist

$$\frac{v_0}{v} = \left(\frac{T}{T_0}\cdot\frac{k_0 - 1 - \alpha T_0}{k_0 - 1 - \alpha T}\right)^{\frac{1}{k_0 - 1}} \quad \ldots\ldots\ldots (1)$$

Umgekehrt folgt

$$\frac{T_0}{T} = \left(1 - \frac{\alpha T_0}{k_0 - 1}\right)\cdot\left(\frac{v}{v_0}\right)^{k_0 - 1} + \frac{\alpha T_0}{k_0 - 1} \quad \ldots\ldots (2)$$

Endlich ist wegen

$$\frac{p_0}{p}=\frac{v}{v_0}\cdot\frac{T_0}{T} \text{ (Zustandsgleichung)}$$

die **Gleichung der Druckvolumenkurve**

$$\frac{p_0}{p}=\left(1-\frac{\alpha T_0}{k_0-1}\right)\cdot\left(\frac{v}{v_0}\right)^{k_0}+\frac{\alpha T_0}{k_0-1}\cdot\frac{v}{v_0} \quad \ldots\ldots \quad (3)$$

Die **absolute Gasarbeit** folgt aus der allgemeinen Wärmegleichung für Gase (Abschn. 23)

$$Q=(c_v)_0{}^I(T-T_0)+AL$$

mit

$$Q=0$$

$$L=427\cdot(c_v)_0{}^I\cdot(T_0-T) \quad \ldots\ldots\ldots \quad (4)$$

Hierin ist $(c_v)_0{}^I$ die mittlere spez. Wärme zwischen T_0 und T. Man kann auch setzen

$$L=427\,(Q_v)_0{}^I,$$

wobei $(Q_v)_0{}^I$ die bei konstantem Volumen für eine Temperaturerhöhung bzw. Abkühlung von T_0 auf T erforderliche Wärme ist. Diese kann bei gegebenem T_0 aus Taf. I abgelesen werden, sobald T berechnet ist.

Für L läßt sich auch ein allgemeiner Ausdruck bilden.

Man erhält nach Abschn. 10

$$(c_v)_0{}^I=a+\tfrac{1}{2}b\,(t+t_0),$$

daher

$$L=427\,[a+\tfrac{1}{2}b\,(t+t_0)]\,(T_0-T) \quad \ldots\ldots \quad (5)$$

Die Form, die dieser Wert annimmt, wenn man darin T nach Gl. 2 einführt, wird umständlich. Für praktische Rechnungen empfiehlt es sich, wenn man nicht von Tafel I Gebrauch machen will, zunächst T zahlenmäßig und daraus L zu berechnen.

Die früheren, einfacheren Gleichungen für $\frac{v}{v_0}$, $\frac{p}{p_0}$, $\frac{T}{T_0}$ und L gehen aus den obigen unmittelbar hervor, wenn $\alpha=0$, d. h. $k=$ konst. und $(c_v)_0{}^I=c_v=$ konst. gesetzt wird. Es wird

$$\frac{T_0}{T}=\left(\frac{v}{v_0}\right)^{k-1}, \qquad \frac{p_0}{p}=\left(\frac{v}{v_0}\right)^k, \qquad L=427\,c_v\,(T_0-T).$$

Die zu einer gegebenen Raumänderung $\frac{v}{v_0}$ gehörige Temperaturänderung, Druckänderung und Arbeit bei veränderlichen spez. Wärmen läßt sich aus den abgeleiteten Formeln in einfacher Weise bestimmen.

Weniger bequem ist die Berechnung, wenn $\frac{p}{p_0}$ gegeben und die übrigen Größen gesucht sind. Dieser Fall kommt indessen seltener vor.

Die obigen Beziehungen können bei der Ausdehnung heißer Feuergase in Gas- und Ölmotoren zur Berechnung der idealen Druckkurve, der Temperaturänderungen und der Gasarbeit Verwendung finden. Von den Expansionslinien der Gasmotoren ist hiernach nicht zu erwarten, daß sie nach der gewöhnlichen Adiabate $pv^{1,4}=$ konst. verlaufen. Wegen der hohen Temperaturen wird vielmehr der Exponent erheblich kleiner und veränderlich sein müssen (durch den Einfluß der Kühlung wird er allerdings gegenüber dem adiabatischen Verlauf wieder etwas vergrößert).

Beispiele. 1. In einem Diesel-Motor wird Luft von 100^0 und 0,9 at abs. auf den 15,73ten Teil des Anfangsvolumens adiabatisch verdichtet. Wie hoch steigen Druck und Temperatur (mit Berücksichtigung der Veränderlichkeit der spez. Wärme)? Wie groß ist die absolute Verdichtungsarbeit und ihr Wärmeäquivalent?

Es ist

$$\frac{T_0}{T_1} = \left(1 - \frac{\alpha T_0}{k_0 - 1}\right)\left(\frac{v_1}{v_0}\right)^{k_0 - 1} + \frac{\alpha T_0}{k_0 - 1},$$

also mit

$$k_0 = 1{,}41, \qquad \alpha = \frac{0{,}572}{10000}$$

$$\frac{T_0}{T_1} = \frac{0{,}9494}{15{,}73^{0{,}41}} + 0{,}0506 = 0{,}347.$$

Hiermit

$$T_1 = \frac{100 + 273}{0{,}347} = 1044 \text{ abs.}, \quad \underline{t_1 = 771^0.}$$

Der Verdichtungsdruck wird

$$p_1 = p_0 \cdot \frac{v_0}{v_1} \cdot \frac{T_1}{T_0} = \frac{0{,}9 \cdot 15{,}73}{0{,}347} = \underline{40{,}8 \text{ at abs.}}$$

Die Verdichtungsarbeit im Wärmemaß folgt aus Taf. I (Kurve für Luft) mit $t_0 = 100^0$, $t_1 = 771^0$ zu

$$(Q_v)_0{}^I = 160 \text{ Cal.},$$

also die Verdichtungsarbeit

$$L_0{}^I = 160 \cdot 427 = 68\,320 \text{ m/kg}$$

für 1 cbm Luft von 0^0 760 mm.

In Abschn. 22, Beispiel 4, ergab sich unter Annahme unveränderlicher spez. Wärme $t_1 = 850^0$ (also um **79°** mehr), $p_1 = 42{,}8$ at (also 2 at mehr).

Der Einfluß des veränderlichen c_v auf die Temperatursteigerung ist in diesem Falle ziemlich erheblich, auch in der Endspannung ist er bemerkbar. — Fig. 64 Abschn. 35 läßt den Unterschied des Druckverlaufs erkennen.

2. Bei den Verdichtungsgraden, wie sie in Gasmotoren vorkommen (bis etwa $^1/_7$ des Anfangsraumes) ist der Einfluß der Veränderlichkeit von c_v auf die Verdichtungslinie noch verhältnismäßig gering. — Fig. 41 zeigt das Diagramm

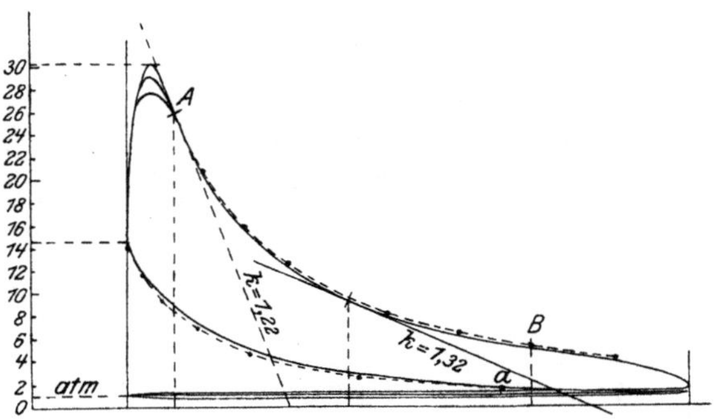

Fig. 41.

eines Leuchtgasmotors mit 6,84facher Verdichtung. Unter Annahme von 90^0 Anfangstemperatur steigt die adiabatisch berechnete Temperatur im Verhältnis $1 : 0{,}4716$, also auf $T_1 = 770$, $t_1 = \mathbf{497^0}$, der Druck auf das 14,5fache. Unveränderliches c_v ergibt mit $k = 1{,}40$ eine Endtemperatur von 509^0 und eine (berechnete) Drucksteigerung von 14,72. Die Endspannung nach dem Diagramm fällt mit diesem Wert zusammen.

Die von Punkt *a* aus, Fig. 41, berechnete Verdichtungslinie (gestrichelt) läuft etwas unter der Diagrammlinie. Die Adiabate mit $k =$ konst. $= 1{,}4$ fällt fast genau mit der letzteren zusammen. Der Einfluß der Kühlung ist demnach nicht nachweisbar, es scheint während der Verdichtung eher Wärme aus den Wandungen an das Gas überzugehen.

3. In dem Leuchtgasmotor Beispiel 2, Diagramm Fig. 41, vergrößern die Feuergase während der Expansion ihren Raum von A bis B auf das 3,5fache. In welchem Verhältnis müßten bei adiabatischer Ausdehnung Druck und Temperatur von A bis B fallen? Den Verlauf der Adiabate in Fig. 41 einzuzeichnen.

Die Temperatur T_0 bei A berechnet sich nach der Zustandsgleichung aus der Temperatur T' beim Anfang der Verdichtung (rechtes Ende des Diagramms) zu $T_0 = T' \cdot \frac{p\,v}{p'v'}$. Mit dem Werte des Quotienten $\frac{p\,v}{p'v'}$ aus dem Diagramm ergibt sich der Mindestwert $\underline{t_0 = 1700^0}$ (für $t' = 50^0$).

Für das adiabatische Temperaturverhältnis bei A und B gilt

$$\frac{T_0}{T} = \left(1 - \frac{\alpha\,T_0}{k_0 - 1}\right) \cdot 3{,}5^{k_0 - 1} + \frac{\alpha\,T_0}{k_0 - 1}.$$

Bei den Verbrennungsprodukten von Leuchtgas ist nach Abschn. 14 etwa

$$k_0 = 1{,}4 \qquad \alpha = \frac{0{,}716}{10000}$$

zu setzen. Hiernach wird mit $T_0 = 1700 + 273 = 1973$ der Wert

$$\frac{\alpha\,T_0}{k_0 - 1} = 0{,}357$$

und

$$\frac{T_0}{T} = (1 - 0{,}357) \cdot 3{,}5^{0{,}4} + 0{,}357 = \underline{1{,}415}.$$

Daher wird

$$\frac{p}{p_0} = \frac{T}{T_0} \cdot \frac{v_0}{v} = \frac{1}{1{,}415 \cdot 3{,}5} = \frac{1}{4{,}95}.$$

Das Diagramm zeigt auf der Strecke AB einen Druckabfall von $\frac{1}{5{,}1}$.

Die adiabatische Endtemperatur bei B wäre $T = 1394$, $\underline{t = 1121^0}$. Die übrigen in das Diagramm eingetragenen adiabatischen Punkte sind in gleicher Weise berechnet. Die berechnete Linie fällt auf der ganzen Strecke nur sehr wenig über die Diagrammlinie (im Originaldiagramm in die oberste Grenzlinie der Streuung der Expansionslinie). Hiernach würde die Zylinderkühlung nur geringen Einfluß auf den Verlauf der Expansionslinie besitzen.

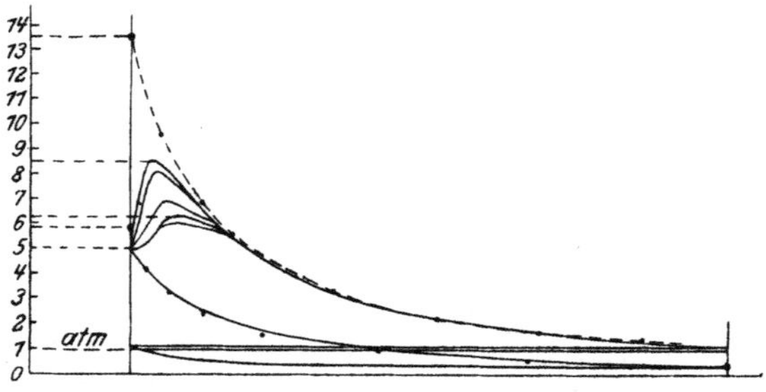

Fig. 42.

Würde die Adiabate, wie nach der bisherigen Annahme, dem Gesetze $p \cdot v^{1{,}41} =$ konst. folgen, so würde die Linie des Indikatordiagramms, den kleinen

Exponenten 1,2 bis 1,3 entsprechend, auf starke Wärmezufuhr während der Expansion hinweisen, die nur durch Nachbrennen während des ganzen Hubes zu erklären wäre. Der Einfluß der Kühlung würde hierdurch im Diagramm völlig überdeckt. Die Annahme $k = 1{,}41 =$ konst. ist jedoch nach der heutigen Kenntnis der spez. Wärmen für Feuergase hinfällig und damit auch diese Deutung des Diagrammverlaufes. Ein merkbares Nachbrennen findet, da die wahre Adiabate noch oberhalb der Diagrammlinie verläuft, nicht statt; der Einfluß der Kühlung ist dagegen wahrnehmbar. — Ein ganz ähnliches Verhalten zeigt das Leerlaufdiagramm Fig. 42 der gleichen Maschine, wenn auch hier die Verbrennung etwas längere Zeit dauert.

4. Diagramme eines Diesel-Motors von 40 PS_i, Fig. 43. Die Kompressionslinie liefert im unteren Teile nach dem Tangentenverfahren Exponenten $k = 1{,}45$, im oberen, wie es der Zunahme der Temperatur (und der Kühlung) entspricht, kleinere Werte bis $k = 1{,}36$. Die Expansionslinien weisen bei sämtlichen Belastungen wesentlich kleinere Exponenten auf, im unteren Teile rund 1,26, im oberen sogar 1,16 bis 1,18, entsprechend den herrschenden Feuergastemperaturen von gegen 2000°. Wegen des immerhin vorhandenen Einflusses der Kühlung und des hier nicht ganz ausgeschlossenen Nachbrennens sowie der teilweisen Dissoziation und allmählichen Rückbildung der Kohlensäure während der Expansion sind diese Werte nicht völlig identisch mit den adiabatischen. — Über die nicht normale Form der Verbrennungslinie vgl. Abschnitt 34.

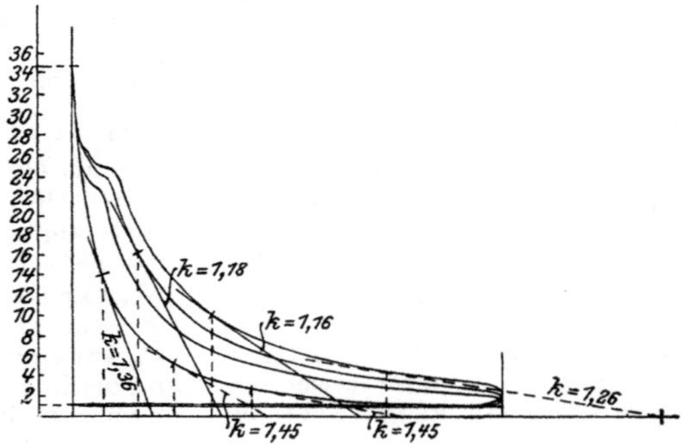

Fig. 43.

Bei Versuchen an einer kleinen (15 PS) Maschine fand Münzinger (Dissert. Berlin 1913), daß bei allen Belastungen die Exponenten der Ausdehnungslinie von Anfang bis Ende stetig zunehmen, und zwar bei den stärksten Belastungen von etwa 1,1 bis 1,4, bei schwachen von etwa 1,35 bis 1,48. Für die Verdichtungslinie wurde durchschnittlich 1,44 gefunden.

Über Versuche an 9 verschiedenen Dieselmaschinen mit 30 bis 150 PS in einem Zylinder vgl. Z. Ver. deutsch. Ing. 1916 S. 276, Weißhaar, Unters. über den Verlauf d. Verbrennung im Dieselmotor.

28. Das Wärmediagramm und die Entropie der Gase.

Die Wärmemengen, die bei beliebigen Zustandsänderungen eines Gases von diesem aufgenommen oder abgegeben werden, lassen sich in ähnlicher Weise, wie dies mit der Gasarbeit im Druck-Volumendiagramm geschieht, durch Diagrammflächen zur Darstellung bringen. Bei den folgenden hierauf bezüglichen Ermittlungen tritt eine bisher nicht erwähnte Zustandsgröße, die Entropie der Gase, in die Erscheinung.

Die Wärmemenge, die 1 kg eines Körpers enthält, ist durch seine Temperatur und seine spezifische Aufnahmefähigkeit für die Wärme (spez. Wärme c) bestimmt. Die Bestimmungsgrößen der Wärme, sofern sie an Körper gebunden ist, sind also die Temperatur und die spez. Wärme. Bei einer kleinen Zustandsänderung beliebiger Art gibt 1 kg Gas die Wärme

$$dQ = c\,dT$$

ab (oder nimmt sie auf). Aber hierin ist c eine Größe, die sowohl von der Gasart als von dem besonderen Verlauf der Zustandsänderung abhängt. Dies ergibt sich aus der Wärmegleichung

$$dQ = c_v dT + A p dv$$

ganz allgemein, wenn man darin dQ durch $c dT$ ersetzt. Dann wird nämlich

$$c = c_v + \frac{A p dv}{dT}$$

und mit der Zustandsgleichung

$$p dv + v dp = R dT$$

$$c = c_v + \frac{A}{R} \cdot \frac{1}{1 + \frac{v}{p} \cdot \frac{dp}{dv}}.$$

Hierin ist c_v von der Gasart, $\frac{dp}{dv}$ von dem besonderen Verlauf der Druck-Volumenkurve (Tangentenrichtung), also c von beiden abhängig.

Man könnte nun T als Abszissen, c als Ordinaten auftragen. Dann wäre $dQ = c dT$ ein zwischen zwei benachbarten Ordinaten liegender Flächenstreifen und die ganze zwischen zwei Temperaturen zugeführte Wärme Q wäre die Fläche zwischen den entsprechenden Ordinaten, ganz wie bei der mechanischen Arbeit.

Dieses Verfahren wäre nur für Zustandsänderungen mit konstanter und endlicher spez. Wärme (c_p = konst., c_v = konst., c = konst.) bequem, für die isothermischen und benachbarte nicht anwendbar und im allgemeinen Falle umständlich und unpraktisch. Zur graphischen Darstellung von Wärmemengen findet es deshalb keine Verwendung, außer etwa bei der Bestimmung von c_p oder c_v aus Versuchen.

Auf dem folgenden Wege ergibt sich ein für alle Fälle geeignetes Verfahren zur Darstellung der Wärmemengen, das nicht nur auf Gase, sondern auch auf Dämpfe anwendbar und von allgemeiner Bedeutung ist.

Bei der Verrichtung mechanischer Arbeit, etwa durch gespannte Gase, ist die Kraft, der Gasdruck, das eigentlich treibende, arbeitende Element. Der Weg, beim Gase die Raumänderung, ist nur die unerläßliche Bedingung, daß die Kraft Arbeit leistet. Der Wert der absoluten Arbeit ist durch das Produkt $p dv$ aus absolutem Gasdruck und Raumänderung, bzw. durch $p_m (v - v_0)$ bei endlichen Zustandsänderungen mit veränderlichem oder unveränderlichem Druck bestimmt.

Nun ist auch die Wärme, wie die mechanische oder elektrische Energie, eine Energieform besonderer Art. Man kann daher fragen, welche Wärmegröße der treibenden Kraft der mechanischen, der Spannung der elektrischen Energie entspricht. Dies ist offenbar die Temperatur, das Maß für die „Spannkraft" der Wärme, für ihre „Intensität". Der Temperaturüberschuß über die Temperatur der Umgebung ist ja auch für den verfügbaren mechanischen Energiewert der Wärme die maßgebende Bestimmungsgröße, ganz wie der Überdruck des Gases für die Nutzarbeit. Ohne entsprechend hohe Temperaturen haben die größten Mengen von Wärmeenergie geringen oder gar keinen mechanischen Wert.

Will man nun den Absolutwert der Wärmeenergie, die Wärmemenge, als ein Produkt darstellen, in dem die absolute Temperatur T, entsprechend dem absoluten Druck der mechanischen Energie, als der eine Faktor auftritt, so hat man analog

$$dL = p\,dv$$

zu setzen

$$dQ = T\,dS.$$

Hierin ist dS die elementare Änderung derjenigen noch unbekannten Bestimmungsgröße der Wärmeenergie, die dem Weg oder der Raumänderung (dv) der mechanischen Energie entspricht.

Für endliche Wärmemengen Q, die mit veränderlicher Temperatur (entsprechend dem veränderlichen Druck) arbeiten, wäre analog

$$L = p_m(v - v_0)$$

zu setzen

$$Q = T_m(S - S_0),$$

mit T_m als Mittelwert der veränderlichen Temperatur.

Die Temperatur T ist eine Größe, die an sich mit den besonderen Eigenschaften der Körper nichts zu tun hat. Körper der denkbar verschiedensten Art nehmen, miteinander in Berührung gebracht, gleiche Temperaturen an. Das gleiche gilt für den Druck und das Volumen. p, v und T sind nicht Eigenschaften der Körper, wie etwa das Gewicht, das optische, das elektrische, das elastische Verhalten, sondern sie sind allgemeine Kennzeichen für den augenblicklichen Körperzustand. Es fragt sich nun, ob die oben eingeführte Größe S auch von solcher Art ist oder nicht. Die spez. Wärme c ist auf keinen Fall ein derartiges Zustandskennzeichen, denn sie enthält die spez. Wärme c_v, die eine Körpereigenschaft ist, und außerdem das zufällige Gesetz der Zustandsänderung.

Die bekannten Eigenschaften der Gase ermöglichen in einfacher Weise die Entscheidung dieser Frage, wenigstens für die Gase. Ersetzt man in der Wärmegleichung der Gase dQ durch TdS, so wird

$$T\,dS = c_v\,dT + A\,p\,dv,$$

also

$$dS = c_v \frac{dT}{T} + A \frac{p\,dv}{T} \quad \ldots\ldots\ldots \quad \text{(I)}$$

Setzt man im zweiten Gliede für T den Wert $\frac{pv}{R}$, so wird

$$dS = c_v \frac{dT}{T} + AR \frac{dv}{v} \quad \ldots\ldots\ldots \quad \text{(II)}$$

Eine dritte Form wird hieraus wegen

$$\frac{dv}{v} + \frac{dp}{p} = \frac{dT}{T} \text{ (Abschn. 23)}$$

und

$$c_p - c_v = AR \text{ (Abschn. 21)}$$

$$dS = c_p \frac{dv}{v} + c_v \frac{dp}{p} \quad \ldots\ldots\ldots \quad \text{(III)}$$

Für eine ganz beliebige endliche Zustandsänderung zwischen T_0, v_0 als Anfangs-, T, v als Endwerten wird daher durch Addition der kleinen Änderungen dS_1, dS_2 usw. (Integration) in Gl. II der ganze Zuwachs, den die Größe S erfährt

$$S - S_0 = c_v \ln \frac{T}{T_0} + AR \ln \frac{v}{v_0} \quad . \quad . \quad . \quad . \quad . \quad \text{(IV)}$$

Gelangt also ein Gas auf ganz beliebigem Wege, deren es unendlich viele mit den verschiedensten Werten der zu- und abgeleiteten Wärmemengen gibt, vom Zustande T_0, v_0, p_0 in den Zustand T, v, p, so ändert sich die Größe S, wie diese Gleichung lehrt, immer um den **gleichen** Betrag. Ihre Änderung ist also in der Tat ein Kennzeichen für den Zustand B, genauer für den Unterschied dieses Zustandes gegenüber dem gegebenen Anfangszustand A; denn sie ist gänzlich unabhängig von dem zufälligen Wege, auf welchem B von A aus erreicht wird. Hierin unterscheidet sie sich scharf z. B. von der Wärmemenge Q und der Arbeit L, die in hohem Maße von den Zwischenzuständen abhängen, über welche das Gas von dem einen Zustand (A) in den anderen (B) übergeht. Für S ist wegen der Rolle, die diese Größe bei der Verwandlung von Wärme in Arbeit, also für den in Maschinen nutzbaren Arbeitswert der Wärme spielt, von Clausius der Name Entropie (Verwandlungsinhalt) eingeführt worden.

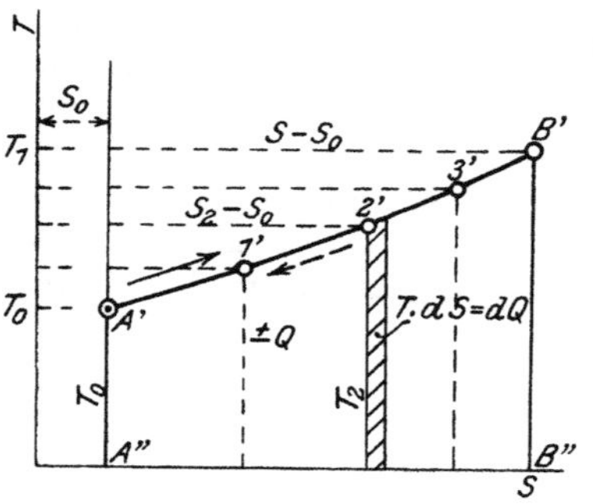

Fig. 44.

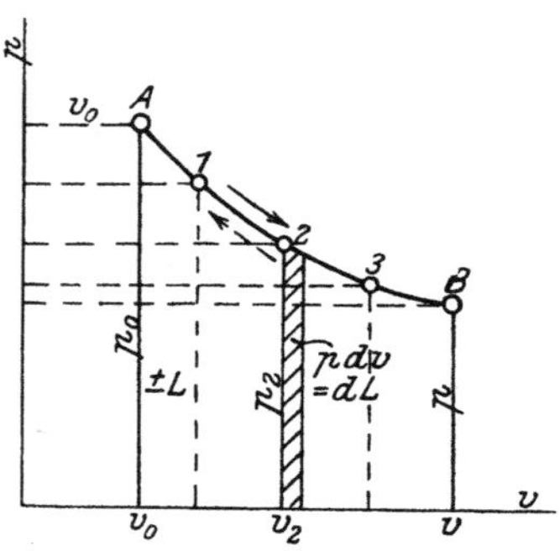

Fig. 45.

Trägt man als Ordinaten die absoluten Temperaturen T, als Abszissen die Entropiewerte S auf, so erhält man das sogenannte Wärmediagramm (T, S-Diagramm), auch Entropiediagramm schlechthin, Fig. 44. In diesem stellt gemäß $dQ = TdS$ ein schmaler Streifen zwischen zwei Ordinaten die Wärme dQ dar, die das Gas bei der entsprechenden kleinen Zustandsänderung aufnimmt (oder bei abnehmendem S abgibt). Die einer endlichen Zustandsänderung entsprechende Wärmezufuhr Q wird daher durch die Fläche $A'B'B''A''$ zwischen der Anfangs- und der Endordinate des Entropiediagramms dargestellt.

Liegt z. B. eine beliebige Druckkurve AB (Fig. 45) vor, so kann man nach der Gleichung der Gasentropie die Entropieänderungen (von A ab) für den Endpunkt B und für beliebige Zwischenpunkte auf AB berechnen. Diese Werte trägt man in Fig. 44 als Abszissen zu den (ebenfalls aus AB bestimmbaren) Temperaturen T als Ordinaten auf. Man erhält dann die Kurve $A'B'$, die man als „Abbildung" der Druckkurve AB im Entropiediagramm bezeichnen kann. Die auf dem Wege AB zuzuführende Wärme Q ist gleich der Fläche $A'B'B''A''$. Fig. 44 und 45 entsprechen sich maßstäblich. AB ist also eine unter kräftiger Wärmezufuhr verlaufende Zustandsänderung.

Der obige Ausdruck für die Entropieänderung läßt sich, mit dem gewöhnlichen Logarithmus, schreiben

$$S - S_0 = 2{,}303\left(c_v \log \frac{T}{T_0} + AR \log \frac{v}{v_0}\right); \quad . \; . \; . \quad (1)$$

durch einfache Umformungen mit Hilfe der Zustandsgleichung und der Beziehungen zwischen k, c_p, c_v und AR erhält man auch

$$S - S_0 = 2{,}303\left(c_p \log \frac{T}{T_0} - AR \log \frac{p}{p_0}\right), \quad . \; . \; . \quad (2)$$

oder

$$S - S_0 = 2{,}303\left(c_p \log \frac{v}{v_0} + c_v \log \frac{p}{p_0}\right). \quad . \; . \; . \; . \; . \quad (3)$$

Je nachdem T und v, T und p oder p und v bekannt sind, kann der eine oder andere dieser Ausdrücke Anwendung finden. Sie gelten für unveränderliches c_p und c_v.

Für mit der Temperatur veränderliche spez. Wärmen behalten die Gl. I, II und III ihre Geltung. An Stelle der Gl. 1 bis 3 treten jedoch andere Beziehungen, je nach dem Gesetz der Abhängigkeit der spez. Wärmen von der Temperatur. Gilt z. B. wie bei zweiatomigen Gasen

$$c_v = c_{v_0} + bT,$$

so wird aus Gl. II

$$dS = c_{v_0} \frac{dT}{T} + b\,dT + AR \frac{dv}{v},$$

also durch Integration

$$S - S_0 = c_{v_0} \ln \frac{T}{T_0} + b(T - T_0) + AR \ln \frac{v}{v_0} \quad . \; . \; . \quad \text{(IVa)}$$

Für 1 kg Luft wird z. B.

$$S - S_0 = 0{,}365 \log \frac{T}{T_0} + 0{,}0000366\,(T - T_0) + 0{,}158 \log \frac{v}{v_0}. \; (4)$$

Eine ausführliche Darlegung hierüber nebst Tafeln vgl. Z. Ver. deutsch. Ing. 1916, S. 630 u. f. W. Schüle, Die thermischen Eigenschaften der einfachen Gase und der technischen Feuergase zwischen 0^0 und 3000^0 C.[1])

[1]) Sonderabdruck im Verlag des Ver. deutsch. Ing.

29. Entropie-Temperatur-Diagramme für die wichtigsten Zustandsänderungen.

1. Die isothermische Zustandsänderung. ($T = \text{konst.}$)

Sind die Temperaturen, also die Ordinaten der Entropielinie, unveränderlich, so ergibt sich als Bild der Zustandsänderung eine der Abszissenachse parallele Gerade $A'B'$ (Fig. 46).

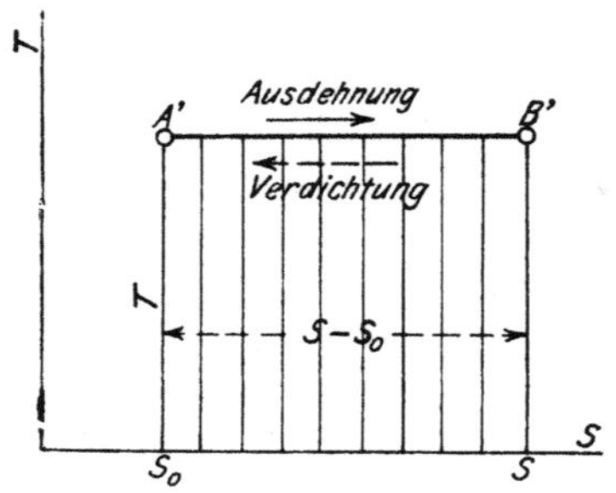

Fig. 46.

Die bei der Ausdehnung zuzuführende Wärme ist gleich dem Rechteck unter $A'B'$, also

$$Q = T(S - S_0).$$

Bei der Verdichtung ist dieselbe Wärmemenge

$$T(S_0 - S) = -T(S - S_0)$$

zu entziehen. Der Entropieunterschied für die zwei Zustände A' und B' ist wegen $\log \frac{T}{T_0} = 0$

$$\boldsymbol{S - S_0 = AR \ln \frac{v}{v_0}}$$

oder mit $\frac{v}{v_0} = \frac{p_0}{p}$

$$S - S_0 = AR \ln \frac{p_0}{p}.$$

Hiermit wird

$$Q = ART \ln \frac{p_0}{p}$$

oder mit $pv = p_0 v_0 = RT$

$$Q = A p_0 v_0 \ln \frac{p_0}{p},$$

wie schon in Abschn. 24 abgeleitet.

2. Die adiabatische Zustandsänderung. (Fig. 47.)

Für diese gilt (Abschn. 25) $dQ = 0$, daher ist wegen

$$dQ = T dS$$

auch

$$\boldsymbol{dS = 0},$$

somit

$$S - S_0 = 0 \quad \text{oder} \quad S = \text{konst.}$$

Während des Verlaufes dieser Zustandsänderung ändert sich also die Entropie nicht, sie wird deshalb auch als isentropisch bezeichnet (von gleichbleibender Entropie).

Im Entropie-Temperatur-Diagramm wird sie durch eine zur T-Achse parallele Gerade dargestellt. Diese ist die Abbildung der adiabatischen Druck-Volumenkurve im Arbeitsdiagramm. Sie zeigt die Abnahme bzw. Zunahme der Temperatur bei adiabatischer Ausdehnung bzw. Verdichtung. Gemäß der Gleichung der Gasentropie

$$dS = c_v \frac{dT}{T} - AR \frac{dv}{v}$$

ist mit $dS = 0$

$$dT = -\frac{ART}{c_v} \cdot \frac{dv}{v}.$$

Ist also dv positiv (Ausdehnung), so wird dT negativ (Abkühlung); ist dagegen dv negativ (Verdichtung), so wird dT positiv (Erhitzung). Dieses Ergebnis wurde in Abschn. 25 auf andere Weise gewonnen.

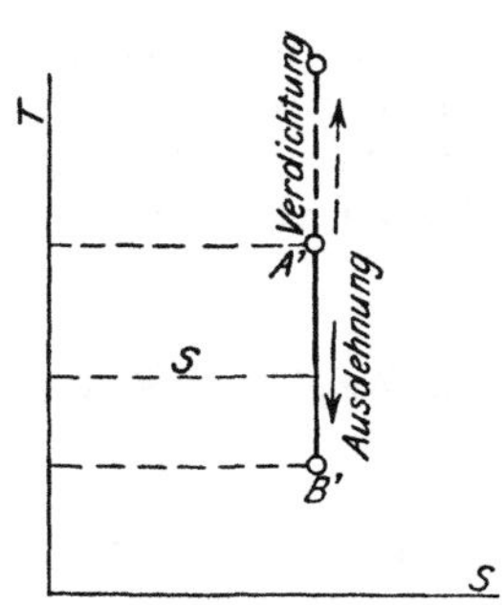

Fig. 47.

Die Gleichung der Druck-Volumenkurve folgt aus

$$S - S_0 = 2{,}303 \left(c_v \log \frac{p}{p_0} + c_p \log \frac{v}{v_0} \right)$$

mit $S - S_0 = 0$ zu

$$\log \frac{p}{p_0} = -\frac{c_p}{c_v} \log \frac{v}{v_0}$$

oder mit $k = \frac{c_p}{c_v}$ $\quad \frac{p}{p_0} = \left(\frac{v_0}{v}\right)^k$

$$p v^k = p_0 v_0^{\,k}. \quad \text{(Vgl. Abschn. 25.)}$$

In gleicher Weise folgen aus den beiden anderen Ausdrücken für die Entropie am Ende von Abschn. 28 die schon aus Abschn. 25 bekannten Beziehungen

$$\frac{T}{T_0} = \left(\frac{p}{p_0}\right)^{\frac{k-1}{k}} \quad \text{und} \quad \frac{T}{T_0} = \left(\frac{v_0}{v}\right)^{k-1}.$$

3. Zustandsänderung bei konstantem Druck. ($p = p_0$.)

Vgl. Abschn. 20.

Die allgemeine Formel

$$S - S_0 = 2{,}303\, c_v \left(\log \frac{p}{p_0} + k \log \frac{v}{v_0} \right)$$

geht mit $p = p_0$, also $\log \frac{p}{p_0} = 0$, über in

$$S - S_0 = 2{,}303\, c_p \log \frac{v}{v_0}$$

oder mit $\quad \frac{T}{T_0} = \frac{v}{v_0}$

$$S - S_0 = 2{,}303\, c_p \log \frac{T}{T_0}.$$

Im Entropie-Temperatur-Diagramm wird also diese Zustandsänderung durch eine logarithmische Linie dargestellt, $A'B'$ (Fig. 48). Die unter $A'B'$ liegende Fläche ist die während der Zustandsänderung zugeführte Wärme

$$Q_p = c_p (T - T_0).$$

4. Zustandsänderung bei konstantem Volumen. ($v = v_0$.)

Vgl. Abschn. 19.

In gleicher Weise wie bei 3. wird mit $v = v_0$, also $\log \frac{v}{v_0} = 0$

$$S - S_0 = 2{,}303\, c_v \log \frac{p}{p_0}$$

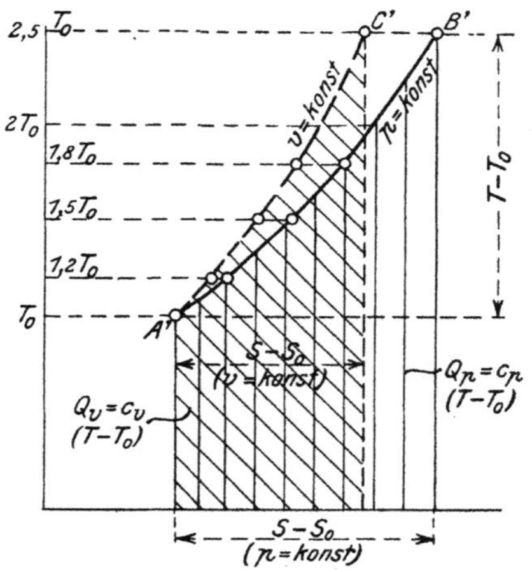

Fig. 48.

oder mit $\frac{p}{p_0} = \frac{T}{T_0}$

$$S - S_0 = 2{,}303\, c_v \log \frac{T}{T_0}.$$

Im Entropie-Temperatur-Diagramm ist diese Zustandsänderung wie 3. durch eine logarithmische Linie dargestellt, $A'C'$ (Fig. 48). Die Abszissen der Linie $v =$ konst. sind vom gleichen Ausgangspunkt A' an im Verhältnis c_v/c_p, also $k$mal kürzer als die entsprechenden für gleiche Temperatursteigerung T/T_0 für $p =$ konst. Die Kurve $v =$ konst. verläuft also steiler.

Die zugeführte Wärme $Q = c_v (T - T_0)$ wird durch die unter $A'C'$ liegende, schräg schraffierte Fläche dargestellt.

5. Polytropische Zustandsänderung.

Bei dieser Zustandsänderung, in der die vier vorhergehenden als Sonderfälle enthalten sind, sind die zu- und abzuleitenden Wärmemengen Q den Temperaturänderungen proportional; oder, mit anderen Worten, sie verlaufen mit unveränderlicher spez. Wärme c. Es ist nach Abschn. 26

$$Q = c\,(T_2 - T_1),$$

oder für unbeschränkt kleine Änderungen

$$dQ = c\,dT.$$

Daher ist die Entropie-Änderung

$$dS = \frac{dQ}{T} = c\,\frac{dT}{T}.$$

Daraus folgt, wie unter 3. und 4. oben,

$$S - S_0 = c \ln \frac{T}{T_0} = 2{,}303\, c \log \frac{T}{T_0}.$$

Hierin ist, wenn m den Exponenten der polytropischen Druckvolumenkurve bedeutet, nach Abschn. 26

$$c = c_v \frac{m - k}{m - 1}.$$

Die Darstellung einer beliebigen polytropischen Zustandsänderung nach dem Gesetz

$$p v^m = \text{konst.}$$

im Entropie-Temperatur-Diagramm ist demnach, wie diejenigen der Zustandsänderung bei konstantem Druck und Volumen, eine logarithmische Linie.

Die von einem bestimmten Punkt aus gezogenen Entropiekurven für beliebige polytropische Änderungen unterscheiden sich voneinander nur durch den Abszissen-, d. h. den Entropiemaßstab. Dieser ist am größten, $c = \pm\infty$, für die isothermische Änderung ($m = 1$), daher wird die logarithmische Kurve zur wagrechten Geraden; am kleinsten ist der Maßstab, $c = 0$ mit $m = k$, für die adiabatische Änderung, daher wird die logarithmische Kurve zur senkrechten Geraden. In allen übrigen Fällen wird die Zustandsänderung durch Kurven abgebildet, die um so flacher bzw. steiler verlaufen, und um so weniger von einer schrägen Geraden abweichen, je näher die Zustandsänderung entweder dem isothermischen oder dem adiabatischen Falle liegt[1]).

Bei verhältnismäßig kleinen Änderungen nach dem Gesetz $p v^m = \text{konst.}$, mit Werten von m zwischen 1 und 1,4, kann man daher die logarithmische Linie angenähert durch eine schräge Gerade ersetzen. Ihre Richtung ist die der Tangente an die Kurve im Anfangspunkt, deren Steigung gegen die S-Achse gleich dT/dS ist.

Wegen $\frac{dS}{dT} = \frac{c}{T}$ ist die Projektion der Tangente an die S-Kurve auf die S-Achse gleich der spez. Wärme c, wie aus der Ähnlichkeit des kleinen Dreiecks mit den Seiten dT und dS und des Dreiecks mit T und der Subtangente als Seiten folgt (Fig. 49); eine Beziehung, die übrigens nicht nur für polytropische, sondern auch für jede andere Zustandsänderung gilt. Bei der Polytrope hat aber die Subtangente (c) für jeden Kurvenpunkt den gleichen Wert, bei anderen Zustandsänderungen nicht.

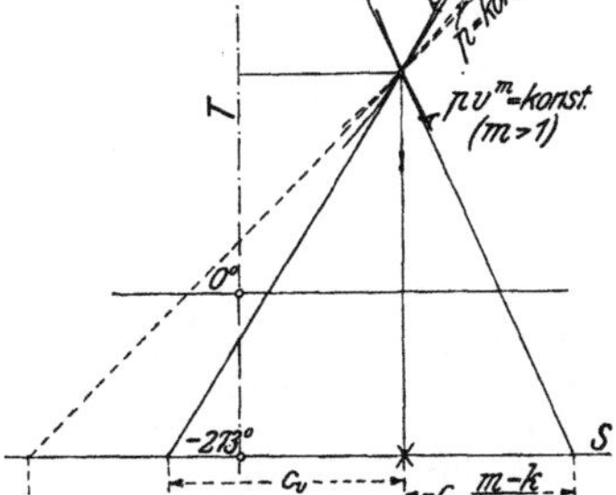

Fig. 49.

Um in einer Entropietafel diese Richtung einzutragen, hat man erst

$$c = c_v \frac{m - k}{m - 1}$$

auszurechnen und diesen Wert im Tafel-Maßstab der Entropie auf der absoluten Nullinie vom Endpunkt der Abszisse des gegebenen Punktes aus abzutragen, und zwar im Sinne der zunehmenden Entropie, wenn c negativ, im Sinne der abnehmenden Entropie, wenn c positiv ist. Befindet sich die absolute Nullinie, wie gewöhnlich,

[1]) Bei negativen Werten von c kehren die Kurven im Gegensatz zu Fig. 48 der T-Achse die konvexe Seite zu.

nicht auf der Tafel, so kann man z. B. in Höhe der halben absoluten Temperatur T (oder eines beliebigen anderen Bruchteils von T) die Hälfte von c (bzw. jenen Bruchteil) auftragen. Die Verbindungslinie des gefundenen Punktes mit dem Anfangspunkt ist die gesuchte Tangente.

Für zweiatomige Gase wird mit $k = 1{,}4$ für

$$m = 1{,}35 \qquad 1{,}3 \qquad 1{,}25 \qquad 1{,}2 \qquad 1{,}1$$

$$\frac{m-k}{m-1} = -\frac{1}{7} \qquad -\frac{1}{3} \qquad -\frac{3}{5} \qquad -1 \qquad -3,$$

daher z. B. für Luft mit $c_v = 0{,}168$

$$c = -0{,}024 \qquad -0{,}056 \qquad -0{,}1008 \qquad -0{,}168 \qquad -0{,}504.$$

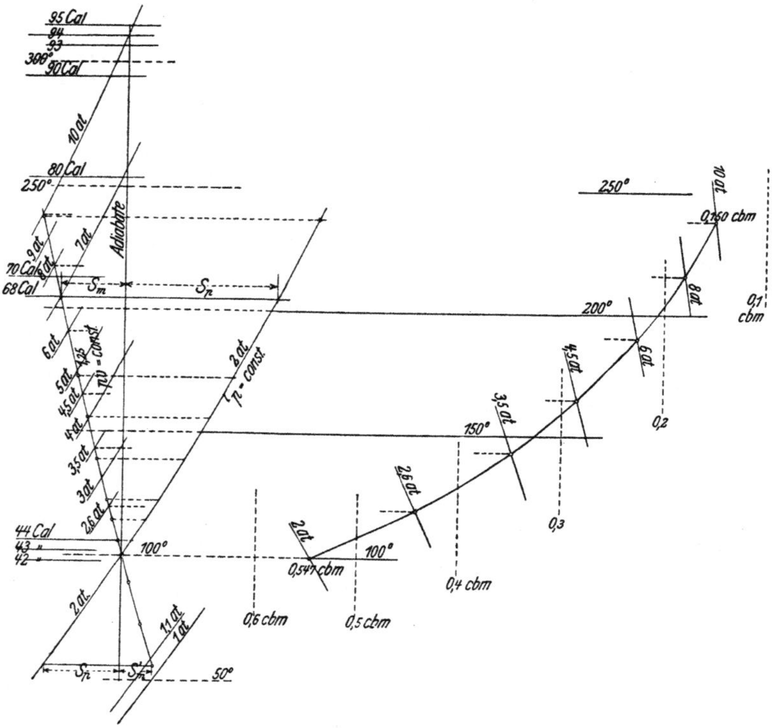

Fig. 50.

Da in der Entropietafel Kurven konstanten Druckes vorhanden sind, so kann man sehr leicht eine beliebige, von einem gegebenen Punkt ausgehende Polytrope einrechnen. Meist werden des flachen Verlaufes wegen wenige Punkte (2 bis 3) genügen. Ist nämlich für eine beliebige Änderung der Temperatur, von T_0 bis T, S_p die Änderung der Entropie bei konstantem Druck, so gilt

$$S_p = c_p \ln \frac{T}{T_0}.$$

Dagegen ändert sich bei gleicher Temperaturänderung, aber auf polytropischem Wege, die Entropie um

$$S_m = c \ln \frac{T}{T_0}.$$

Die beiden Änderungen verhalten sich also

$$S_m : S_p = c : c_p,$$

d. h. wie die spez. Wärmen in beiden Fällen, Fig. 50. Man erhält mit dem Wert von c

$$S_m = \frac{m-k}{k(m-1)} \cdot S_p .$$

So wird für $k = 1,4$ bei

$m =$	1,35	1,3	1,25	1,2	1,1
$\frac{m-k}{k(m-1)} =$	$-\frac{1}{9,8}$	$-\frac{1}{4,2}$	$-\frac{1}{2,33}$	$-\frac{1}{1,4}$	$-2,143$.

Diese Werte gelten für beliebige zweiatomige Gase bei gewöhnlichen Temperaturen.

Fig. 50 zeigt den Verlauf der Kurve $p \cdot v^{1,25} =$ konst. im Entropiediagramm der Luft[1]) maßstäblich. Die Kompression beginnt mit Luft von 2 at und 100° und steigt bis 10 at, wo eine Temperatur von 233° erreicht wird. Das Volumen nimmt von 0,547 cbm im Anfang auf 0,150 cbm ab.

30. Die Entropietafel für Gase bei großen Temperaturänderungen.

Die rechnerische Behandlung der adiabatischen Zustandsänderungen ist zwar, selbst bei veränderlicher spez. Wärme, verhältnismäßig einfach (s. Abschn. 25 und 27). Die Tatsache, daß sich bei dieser Zustandsänderung die Entropie nicht ändert, bietet indessen das Mittel zu einer einfachen, rein graphischen Behandlungsweise in der sog. Entropietafel, Taf. II. Diese kommt in folgender Art zustande.

In Taf. II sind die Ordinaten die Gastemperaturen, die Abszissen die Entropiewerte. Die Entropie von 1 kg Gas von 0° und dem beliebigen Drucke p_0 bzw. Volumen v_0 werde gleich Null gesetzt, Punkt A. Wird das Gas von A aus unter konstantem Druck erwärmt, so andert sich die Entropie mit der Temperatur nach der Kurve AB, vgl. Abschn. 29. Wird aber unter konstantem Volumen erwärmt, so wächst die Entropie nach AC. Wird dagegen vor der Wärmezufuhr das Gas adiabatisch verdichtet, z. B. auf den 12 fachen Druck, also $12\,p_0$, so steigt die Temperatur von A bis zur Stelle A_{12}, wobei sich (nach Abschn. 25)

$$T_{12} = (OA_{12}) \text{ aus } \frac{T_{12}}{T_0} = \left(\frac{12\,p_0}{p_0}\right)^{\frac{k-1}{k}} = 12^{\frac{k-1}{k}}$$

ergibt (für veränderliche spez. Wärme s. Abschn. 27). Wird nun von A_{12} aus unter konstantem Druck erwärmt, so wächst die Entropie auf der Kurve $A_{12}B_{12}$. In dieser Weise kommen die „Kurven konstanten Druckes" $(A_n B_n)$ für die Drücke $n \cdot p_0$ $\left(\text{z. B. } n = 2, 3, 4 \ldots 30, 40, 50; \frac{1}{2}, \frac{1}{6}\right)$ zustande.

[1]) Vgl. Abschn. 30a.

Wird in gleicher Weise von A aus zuerst nach AD_9 adiabatisch bis auf den neunten Teil des Anfangsvolumens, also $^1/_9 v_0$, verdichtet, so steigt die Temperatur auf T_9' gemäß

$$\frac{T_9'}{T_0} = \left(\frac{v_0}{^1/_9 v_0}\right)^{k-1} = 9^{k-1}.$$

Die Erwärmung unter konstantem Volumen ($^1/_9 v_0$) ergibt die Kurve $D_9 C_9$. In dieser Weise sind auch die übrigen Kurven „konstanten Volumens" gezeichnet, jedoch unter Berücksichtigung der Änderung von c_v und k mit der Temperatur.

Die Zwischenräume können natürlich, je nach dem verlangten Genauigkeitsgrad und den in Frage kommenden Ausdehnungs- und Verdichtungsverhältnissen, auch anders gewählt werden.

Die Verwendung der Tafel ist folgende. Man will z. B. ermitteln, wie hoch die Temperatur und der Druck steigt, wenn Luft von 100^0 und $p = 0{,}9$ kg/qcm abs. bis auf $^1/_4$ ihres Raumes adiabatisch verdichtet wird. — Die Kurve v_0 trifft die Wagerechte für 100^0 bei a. Die Vertikale ad (adiab. Verdichtungslinie) schneidet die Kurve $^1/_4 v_0$ in d. Die Verdichtungstemperatur ist also (bei d) 370^0. Um die Drucksteigerung zu erhalten, geht man von b vertikal, bis zur Höhe von d, nach f. Dieser Punkt liegt auf einer nicht gezeichneten Linie gleichen Druckes zwischen 6 und $12 p_0$. Da die Drucklinien alle kongruent, nur wagerecht verschoben sind, so kann man mit ef im Zirkel auf dem Druckmaßstab am oberen Ende von 6 an nach links den Druck finden, der f entspricht. Man erhält reichlich $6{,}9 p_0$. Der Enddruck ist also rund $7 \cdot 0{,}9 = 6{,}3$ at abs.

Die absolute Gasarbeit für die adiabatische Zustandsänderung, die gleich der Änderung der Gasenergie ist, kann, sobald die Temperaturen aus Tafel II ermittelt sind, für eine Gasmenge von 1 cbm von 0^0, 760 mm aus Tafel I abgegriffen werden (Kurven für die Wärmeinhalte bei konstantem Volumen).

Tafel II ist für veränderliche spez. Wärmen entworfen. Sie gilt genau nur für die eigentlichen Gase. Für Feuergase kann sie mit um so größerer Annäherung verwendet werden, je mehr überschüssige Luft und je weniger Wasserdampf sie enthalten[1]).

Beispiele zur Entropietafel. 1. (Vgl. Abschn. 27, Beisp. 1.)

Luft von 100^0 wird auf den 15,73ten Teil ihres Raumes adiabatisch verdichtet. Wie hoch steigen Druck und Temperatur? (Spez. Wärme veränderlich.)

Vertikale an. Um n zu erhalten, hat man von dem Teilpunkt 1/15 des oberen Volumenmaßstabes schätzungsweise das Stück bis zum Teil 1/15,73 (kurz vor $^1/_{16}$) abzugreifen. Mit dieser Strecke im Zirkel bestimmt man nq zwischen der Vertikalen durch a und der Kurve 1/15 v_0. Hierdurch ergibt sich n bei 780^0. Um die Drucksteigerung zu erhalten, geht man zunächst von a nach b (auf die Kurve p_0) und dann von b senkrecht nach oben bis auf die Höhe von 780^0, Punkt r. Dieser Punkt liegt zwischen den Druckkurven $50 p_0$ und $25 p_0$. Die ihm entsprechende Druckkurve erhält man z. B. durch Abtragen

[1]) Eine größere Gasentropietafel des Verfassers für Gase und Feuergase bis 3000^0 ist in der Zeitschr. d. Ver. deutsch. Ingenieure 1916, S. 637 erschienen.

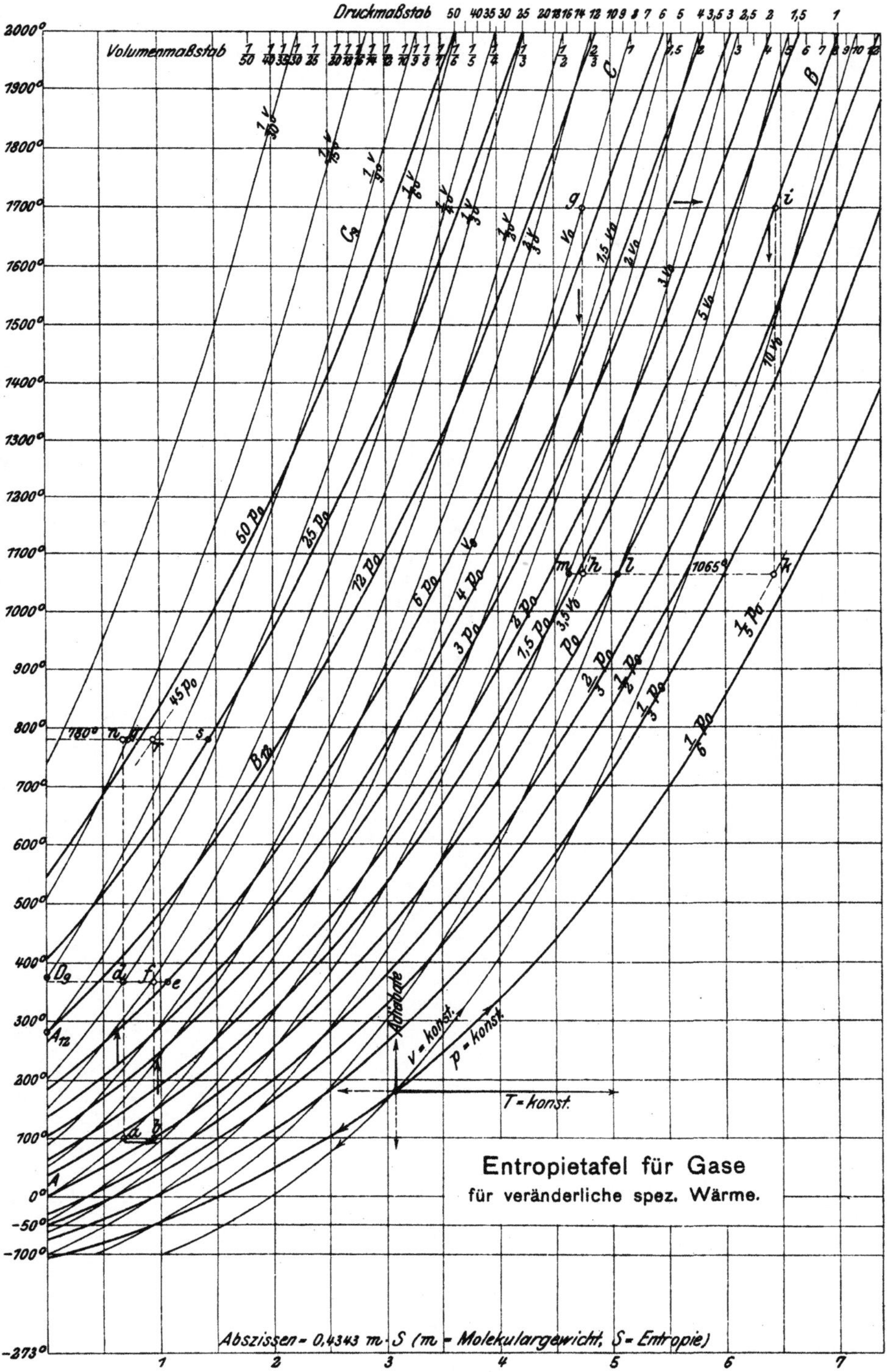

Entropietafel für Gase
für veränderliche spez. Wärme.

Verlag von Julius Springer in Berlin.

der Strecke sr vom Teilpunkt 25 der oberen Druckskala nach links; man kommt auf den Teil 45. Der Druck steigt also um das 45fache.

2. (Vgl. Abschn. 27, Beisp. 3.)

Gase von 1700° dehnen sich adiabatisch auf den 3,5fachen Raum aus Wie tief fallen Temperatur und Druck?

Vertikale gh. Um h zu erhalten, greift man, da die Kurve $3{,}5\,v_0$ nicht eingezeichnet ist, auf dem oberen Volumenmaßstab die Strecke zwischen 3 und 3,5 ab. — Mit dieser Strecke im Zirkel bestimmt man mh zwischen der Vertikalen und der Kurve $3\,v_0$. h ergibt sich hiermit in einer Höhe von 1065°. (Zweckmäßig ist es, die Hilfslinien auf Pauspapier zu ziehen.)

Den Druckabfall findet man, indem man zunächst von g nach der Kurve p_0 herübergeht (Punkt i) und von i vertikal herab bis zur Höhe von mh (Punkt k). Die dem Punkt k entsprechende Drucklinie könnte man finden, indem man mit lk auf dem Druckmaßstab nach rechts ginge. Dabei kommt man über die Tafel hinaus. Man kann aber ebensogut nach links abtragen und gelangt dadurch auf den Teilstrich 5. Der Druck fällt auf den fünften Teil seines Anfangswertes. (Vgl. die etwas verschiedenen Werte für Feuergase, Abschn. 27, Beispiel 3.)

30a. Die $TVJS$-Tafel (für Luft). Tafel IIa, Anhang.

Diese Tafel erstreckt sich, im Gegensatz zur Texttafel II, die bis zu Temperaturen von 2000° reicht, auf das Temperaturgebiet zwischen —50° und +350°. Ferner sind die Volumina nach einem anderen Verfahren zum Ausdruck gebracht, als in der Texttafel. Außerdem sind Linien (Gerade) konstanten Wärmeinhalts eingetragen, mit deren Hilfe es möglich ist, den nutzbaren Arbeitsaufwand von Luftkompressoren in Cal. unmittelbar aus der Tafel abzugreifen.

In der Tafel sind zwei Tafeln übereinandergelegt, deren Kurven als gemeinsame Ordinaten die Temperatur besitzen, während die Abszissen bei der einen Teiltafel die Volumina, bei der anderen die Entropien sind.

Die Ordinatenachse der TV-Tafel ist die vertikale Grenzlinie rechts. Ihre Abszissenachse liegt um 273° unterhalb der stärker ausgezogenen Wagrechten (0°), der Koordinatenanfang ist also der absolute Nullpunkt. Nach diesem laufen alle Gerade „konstanten Druckes" wie früher in Fig. 6 gezeigt. Die TV-Tafel mit ihren Geraden, deren zugehöriger Druck angeschrieben ist, bildet also ein vollständiges Zustandsdiagramm. Jeder Punkt stellt zusammengehörige Werte von Temperatur, Volumen (von 1 kg Luft) und Druck dar: die Ordinaten bis zur Wagrechten 0° die Temperatur in Celsiusgraden, die Abszissen bis zur rechten Vertikalen die spez. Volumina und die den Geraden angeschriebenen Ziffern den Druck. Für Punkte, die nicht auf einer der Geraden liegen, ist der Druck einzuschätzen.

Die Ordinatenachse der zweiten Teiltafel, einer TS-Tafel, ist die stärker ausgezogene Vertikale, links von der Mitte. In dem Punkt wo sich diese mit der Wagrechten 0° trifft, ist die Entropie gleich 0 gesetzt und der Druck gleich 1 at abs. Die Abszissenachse fällt mit derjenigen der TV-Tafel zusammen, liegt also bei — 273° (außerhalb des Blattes).

Die schräg von links unten nach rechts oben verlaufenden Kurven sind Kurven konstanten Druckes, wie in Fig. 48. Sie sind nach dem am Schluß des Abschnitts 28 entwickelten Verfahren berechnet, also unter Berücksichtigung des Wachstums von c_p mit der Temperatur.

Die Wagrechten im rechten Teil der Tafel sind die Temperaturen in Abständen von 10^0 ($1^0 = 1$ mm). Die ausgezogenen Wagrechten innerhalb des Gebietes der Kurven sind die Temperaturen, die glatten Werten des Wärmeinhalts bei konstantem Druck entsprechen. Die zugehörigen Wärmeinhalte sind jeder Geraden angeschrieben. Es fällt hierbei auf, daß der Wärmeinhalt bei 0^0 nicht gleich 0 Cal. gesetzt ist. Dies rührt daher, daß, wie in Abschn. 90 gezeigt, der Wärmeinhalt bei konstantem Druck für 0^0 gleich $A p_0 v_0$ oder gleich $273\, AR = 273\,(c_p - c_v)$ Cal. zu setzen ist, wenn die Energie bei 0^0 gleich Null gesetzt wird. Da es in der Tafel nur auf die Unterschiede des Wärmeinhalts ankommt, so hätte ebensogut auch $i = 0$ für 0^0 gesetzt werden können. In der Tafel ist also bei 0^0 $i = 273 \cdot (0{,}237 - 0{,}168) = 18{,}84$ Cal., was zu beachten ist, wenn man das Wachstum von i zwischen 0^0 und t^0 aus der Tafel entnehmen will. Wäre $c_v =$ konst. gesetzt, so hätten die Parallelen $i =$ konst. untereinander gleiche Abstände. In Wirklichkeit werden die Abstände nach oben etwas enger, so daß bei den höchsten Temperaturen 2 Cal. = 8 mm, in der Gegend von 0^0 dagegen 2 Cal. = 8,4 mm sind.

Im rechten Teil der Tafel sind, als Beispiel, noch zwei gestrichelte Kurven eingetragen. Die obere Kurve ist die adiabatische Volumen-Temperaturkurve, die untere die adiabatische Druck-Volumenkurve, beide für Verdichtung von 20^0 und 1 at aus.

Die erste entsteht dadurch, daß zunächst von dem Punkt 20^0 auf der Entropiekurve für 1 at eine Vertikale gezogen wird. Die Ordinaten der Schnittpunkte dieser Vertikalen mit den Entropiekurven höheren Druckes sind die adiabatischen Verdichtungstemperaturen bis zu dem betreffenden Druck. Von diesen Schnittpunkten aus werden Wagrechte bis zu den entsprechenden Strahlen gleichen Druckes im TV-Teil der Tafel gezogen. Die Abszissen der neuen Schnittpunkte (von der rechten Grenze des Blattes aus gemessen) sind die Volumina, auf die die Luft adiabatisch zusammenzudrücken ist, damit der betreffende Druck entsteht. Ihre Verbindungskurve ist die adiabatische v, T-Kurve (nach Abschn. 25 angenähert $T v^{k-1} =$ konst.).

Um auf dem gleichen Blatt auch die p, v-Kurve zeichnen zu können, ist auf der rechten Grenz-Vertikale, von 0^0 aus, noch ein Druckmaßstab mit 1 at = 20 mm aufgetragen (eingeklammerte Ziffern), der im übrigen mit der Tafel nichts zu tun hat. Man hat nun nur die Punkte der vT-Kurve auf die Wagrechten dieses Druckmaßstabes für den gleichen Druck herabzuholen, um sogleich die adiabatische p, v-Kurve zu erhalten (angenähert $p v^k =$ konst.).

Die Betriebsarbeit für die Verdichtung von 1 kg Luft bis zu einem beliebigen Druck (Abschn. 31) erhält man als Unterschied der Wärmeinhalte zwischen dem Anfangs- und dem jeweiligen Endzustand der Luft. Im Anfangszustand von 20^0 ist z. B. $i_1 = 23{,}4$ Cal., im Endzustand der adiab. Verdichtung von 1 auf 6 at abs. $i_2 = 70{,}3$ Cal.; daher die Betriebsarbeit $i_2 - i_1 = 46{,}9$ Cal. oder $427 \cdot 46{,}9 = 20\,000$ mkg für 1 kg.

Für 1 cbm Luft im Anfangszustand erhält man die Betriebsarbeit durch Multiplikation von $427\,(i_2 - i_1)$ mit dem spez. Gewicht γ_1 des Anfangszustandes. Da bei 0^0 und 1 at 1 cbm Luft 1,25 kg wiegt, so ist

$$\gamma_1 = 1{,}25\, p_1 \frac{273}{273 + t_1}.$$

Für 1 at und 20^0 ist daher $\gamma_1 = 1{,}164$, also im Beispiel die Betriebsarbeit für 1 cbm angesaugte Luft $1{,}164 \cdot 20000 = 23280$ mkg.

Man kann jedoch, da die Tafel selbst die spez. Volumina enthält, auch so verfahren, daß man das spez. Volumen $v_1 = 0{,}86$ cbm/kg aus der Tafel abliest, und die Arbeit für 1 kg mit dieser Zahl dividiert.

Bezüglich der Verwendung der Tafel für andere zweiatomige Gase gilt folgendes. Die Änderungen von Druck, Temperatur und Volumen sind bei gleichartigen Zustandsänderungen bei allen diesen Gasen gleich. Soweit es sich daher um Änderungen von p, v und T handelt, gilt die Tafel für beliebige zweiatomige Gase.

Dagegen sind die spez. Gewichte und Volumina, wie auch die spez. Wärmen für verschiedene Gase verschieden. Die spez. Volumina sind umgekehrt proportional dem Molekulargewicht m. Da für Luft $m = 28{,}95$ ist, so hat man für ein anderes Gas als Luft den Volumenmaßstab mit

$$\frac{28{,}95}{m}$$

zu multiplizieren, wenn man die Absolutwerte der spez. Volumina braucht. Wenn es sich nur um die Volumen-Verhältnisse handelt, erübrigt sich dies.

Die spez. Wärmen c sind ebenfalls dem Molekulargewicht umgekehrt proportional. Die Änderungen des Wärmeinhalts von 1 kg, die man für Luft ermittelt, sind demgemäß für ein anderes Gas ebenfalls mit $28{,}95/m$ zu multiplizieren.

Dagegen gelten alle Wärmeänderungen, die man für 1 cbm Luft ermittelt hat, auch für die anderen zweiatomigen Gase, da hierbei m wieder wegfällt[1]). Um z. B. die Betriebsarbeit zur adiabatischen Verdichtung von 1 cbm Wasserstoff zu bestimmen, kann man annehmen, daß man es mit Luft zu tun hat. Für 1 kg Wasserstoff ist dagegen die Betriebsarbeit $28{,}95/2 = 14{,}47$ mal größer als für 1 kg Luft.

---

[1]) Denkt man sich einen Zylinder von bestimmten Abmessungen mit den verschiedensten zweiatomigen Gasen von gleichem Druck und gleicher Temperatur gefüllt, so ergibt sich, da die Verdichtungslinie den gleichen Verlauf nimmt, selbstverständlich die gleiche Betriebsarbeit.

Anwendungen zur Lehre von den Gasen.

31. Arbeitsaufwand zur Herstellung von Druckluft.

Der Arbeitsvorgang in den Kolbenmaschinen zur Luftverdichtung (Kolbenkompressoren). Während des Hingangs des Kolbens (von links nach rechts, Fig. 51) füllt sich der Zylinder durch das Saugventil mit Luft von (annähernd) atmosphärischer Spannung p_0, Druckverlauf AB. Während des Rückgangs verdichtet der Kolben die Luft, wobei die Spannung stetig steigt, Druckverlauf BC. Das Druckventil öffnet sich (Punkt C), sobald die Zylinderspannung die Höhe des Gegendrucks p des Druckluftbehälters erreicht (bzw. um ein geringes übersteigt). Von da ab verdrängt der Kolben unter Überwindung des unveränderlichen Druckes p die Druckluft aus dem Zylinder und befördert sie in den Druckluftkessel. — Ist der Behälterdruck nicht p, sondern $p_1 < p$, so öffnet das Druckventil schon bei C_1, ist er $p_2 > p$, erst bei C_2. — Ist der Kessel anfänglich ohne Druckluft, so muß er allmählich aufgefüllt werden, wobei das Druckventil ganz nahe bei B, dann immer weiter von B entfernt, bei C_1, C, C_2 öffnet. Die Entnahme von Luft aus dem Kessel muß, wenn der Druck unveränderlich p bleiben soll, gleich der in gleicher Zeit vom Kompressor zugeschobenen Luftmenge sein.

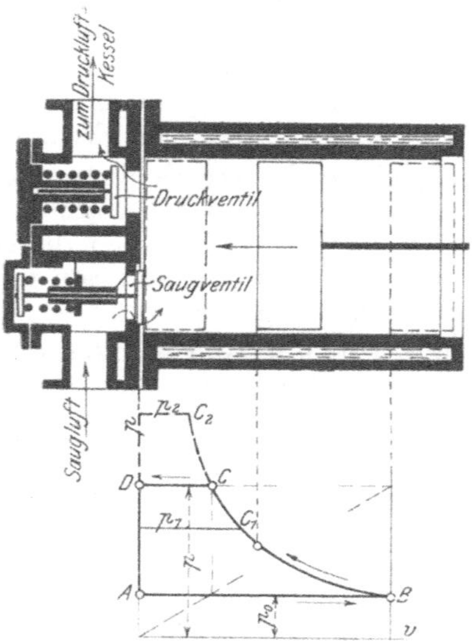

Fig. 51.

Der Druckverlauf im Luftzylinder während eines Arbeitsspieles wird durch das geschlossene Diagramm $ABCD$ dargestellt. Nach Abschn. 17 ist die von der Kolbenstange auf die Luft während eines Spieles übertragene Arbeit, der Arbeitsaufwand (Betriebsarbeit), gleich der Fläche $ABCD$.

Die Größe dieser Fläche hängt außer von der Druckhöhe p, auf die gefördert wird, von dem besonderen Verlauf der Verdichtungslinie BC ab. Es sind verschiedene Fälle möglich.

1. Die Verdichtung erfolgt adiabatisch, also in einem ungekühlten Zylinder. Dann folgt BC dem Gesetz $p \cdot v^k =$ konst. (Adiabate). Die Lufttemperatur steigt von B bis C.

2. Die Verdichtung erfolgt ohne Temperatursteigerung, isothermisch. Dann muß nach Abschn. 24 der Zylinder gekühlt sein. Fig. 51.

3. In Wirklichkeit liegt bei gekühlten Kompressoren die Verdichtungslinie zwischen Isotherme und Adiabate. Denn es ist im allgemeinen selbst durch kräftige Kühlung nicht möglich, die Temperatursteigerung ganz zu verhindern. Der wirklichen Verdichtungslinie kann für viele Zwecke eine Polytrope mit $m \lesseqgtr {k \atop 1}$ unterstellt werden.

Fig. 52 läßt erkennen, daß die Betriebsarbeit für gleiche Luftgewichte am größten für adiabatische, am kleinsten für isothermische Verdichtung ist. Der Unterschied wächst mit dem Druck. In der Praxis der Luftverdichtung sucht man daher dem isothermischen Vorgang möglichst nahe zu kommen. Bei der adiabatischen Verdichtung bleibt zwar die ganze abs. Verdichtungsarbeit als Wärme in der Luft. Bis zum Verwendungsort der Druckluft geht jedoch diese Wärme durch Leitung und Strahlung verloren, so daß sich am Ende die adiabatisch verdichtete Luft in keinem anderen Zustand befindet, als die isothermisch verdichtete, die mit kleinerem Arbeitsaufwand, also im allgemeinen billiger herzustellen ist.

a) Isothermische Verdichtung. Die Arbeitsfläche L (theoretische Betriebsarbeit) besteht aus den drei Teilen $L_1 = BCC_1B_1$ (absolute Verdichtungsarbeit), $L_2 = ABB_1O$ (absolute Luftarbeit beim Ansaugen), $L_3 = CDOC_1$ (absolute Ausschubarbeit), Fig. 52. Es ist

$$L = L_1 + L_3 - L_2.$$

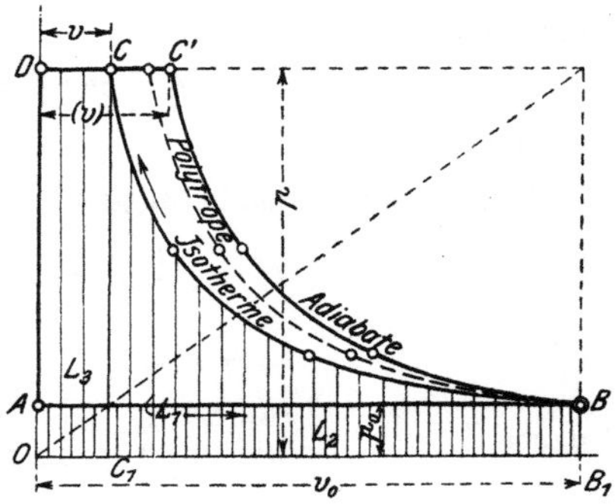

Fig. 52.

Hierin ist für 1 kg nach Abschn. 24

$$L_1 = 2{,}303\, p_0 v_0 \log \frac{p}{p_0},$$

ferner

$$L_3 = pv$$

$$L_2 = p_0 v_0,$$

daher

$$L = 2{,}303\, p_0 v_0 \log \frac{p}{p_0} + pv - p_0 v_0.$$

Wegen $pv = p_0 v_0$ (Isotherme) ist daher

$$L = 2{,}303\, p_0 v_0 \log \frac{p}{p_0} \quad . . . . \quad (1)$$

für 1 kg Luft. Für ein beliebiges Luftgewicht G vom Anfangsvolumen V_0 ist die Arbeit Gmal so groß, also wegen $Gv_0 = V_0$

$$L_G = 2{,}303\, p_0 V_0 \log \frac{p}{p_0} \quad . . . . \quad (2)$$

Für 1 cbm Saugluft, $V_0 = 1$, ist also

$$\mathbf{L_0 = 2{,}303\, p_0 \log \frac{p}{p_0}} \quad . . . . \quad (2a)$$

Für ein beliebiges Druckluftvolumen V wird wegen

$$pV = p_0 V_0$$

$$L_V = 2{,}303\, pV \log \frac{p}{p_0},$$

daher für 1 cbm Druckluft ($V = 1$) die Betriebsarbeit in mkg

$$\mathbf{L\,(1\,cbm) = 2{,}303\, p \log \frac{p}{p_0}}\ (p \text{ in kg/qm}) \quad . . . . . . \quad (3)$$

Die Betriebsarbeit ist, wie man sieht, bei isothermischer Verdichtung (aber **nur** bei dieser) gleich der absoluten Verdichtungsarbeit.

Die bei der isothermischen Verdichtung abzuleitende Wärme ist für 1 kg Luft AL_1 Cal. (Abschn. 24), also im vorliegenden Falle das Wärmeäquivalent der Betriebsarbeit. Dies sind

$$Q = \frac{2{,}303}{427}\, p_0 v_0 \log \frac{p}{p_0} \text{ Cal.}$$

für 1 kg Luft, oder

$$Q_0\,(1\text{ cbm}) = \frac{1}{185}\,p_0 \log\frac{p}{p_0}\text{ Cal.}$$

für 1 cbm Saugluft, oder

$$Q\,(1\text{ cbm}) = \frac{1}{185}\,p \log\frac{p}{p_0}\text{ Cal.}$$

für 1 cbm Druckluft.

b) **Adiabatische Verdichtung.** Hier ist

$$L_1 = \frac{1}{k-1}\cdot(pv - p_0v_0)\text{ (nach Abschn. 25)}$$

$$L_2 = p_0v_0$$

$$L_3 = pv,$$

daher

$$L = L_1 + L_3 - L_2 = \frac{k}{k-1}\cdot(pv - p_0v_0).$$

Es ist demnach

$$L = kL_1,$$

d. h. die Betriebsarbeit ist $k = 1{,}4$ mal so groß als die absolute Verdichtungsarbeit. Diese ist nach Abschn. 25

$$L_1 = \frac{p_0v_0}{k-1}\left[\left(\frac{p}{p_0}\right)^{\frac{k-1}{k}} - 1\right],$$

daher die Betriebsarbeit

$$\boldsymbol{L = \frac{k}{k-1}\,p_0v_0\left[\left(\frac{p}{p_0}\right)^{\frac{k-1}{k}} - 1\right]} \quad \ldots\ldots \quad (4)$$

Nach Abschn. 25 ist ferner

$$L_1 = 427\,c_v\,(T - T_0),$$

daher mit

$$\tau = T - T_0\text{ (adiabatische Erwärmung)}$$

$$L = 427\,kc_v\tau \qquad \text{oder wegen } k = c_p/c_v$$

$$\boldsymbol{L = 427\,c_p\tau} \quad \ldots\ldots\ldots\ldots\ldots\ldots \quad (5)$$

Hierin ist wegen

$$\frac{T}{T_0} = \left(\frac{p}{p_0}\right)^{\frac{k-1}{k}}$$

$$\boldsymbol{\tau = T - T_0 = T_0\cdot\left[\left(\frac{p}{p_0}\right)^{\frac{k-1}{k}} - 1\right]} \quad \ldots\ldots\ldots \quad (6)$$

Aus Gl. 4 erhält man auch mit $pv^k = p_0v_0^k$ leicht

$$L = pv\cdot\frac{k}{k-1}\cdot\left[1 - \left(\frac{p_0}{p}\right)^{\frac{k-1}{k}}\right].$$

Für 1 cbm wird, wenn v durch V ersetzt wird und $V = 1$ gesetzt wird

$$L\,(1\text{ cbm}) = p\cdot\frac{k}{k-1}\cdot\left[1 - \left(\frac{p_0}{p}\right)^{\frac{k-1}{k}}\right]$$

(theoretische Betriebsarbeit für 1 cbm warme Druckluft).

Auf 1 cbm **kalte** Druckluft von der Sauglufttemperatur berechnet wird die Betriebsarbeit, da die abgekühlte Luft ein im Verhältnis T_0 / T kleineres Volumen besitzt (statt 1 cbm nur T_0 / T cbm), im Verhältnis T / T_0 **größer**, also mit $k = 1{,}4$

$$L\,(1\,\text{cbm, kalt}) = 3{,}44\,p \left[\left(\frac{p}{p_0}\right)^{\frac{k-1}{k}} - 1\right] \quad \ldots\ldots \quad (7)$$

(adiabatische Betriebsarbeit für 1 cbm **kalte** Druckluft).

Fig. 53 zeigt für Drücke von 1 bis 15 kg/qcm abs. die Betriebsarbeit für 1 cbm kalte Druckluft bei isothermischer und adiabatischer Verdichtung, sowie die Drucklufttemperatur für 20° Anfangstemperatur. Bei Verdichtungsdrücken über 5 at abs. übersteigt die adiabatische Drucklufttemperatur bereits 200°, der Betrieb wird also mit Rücksicht auf Kolbenschmierung und Stopfbüchsen schwierig. — Der Arbeitsmehrverbrauch bei adiabatischer Verdichtung gegenüber isothermischer erreicht bei 10 at abs. bereits 100000 mkg/cbm, oder im Wärmemaß 234 Cal.|cbm.

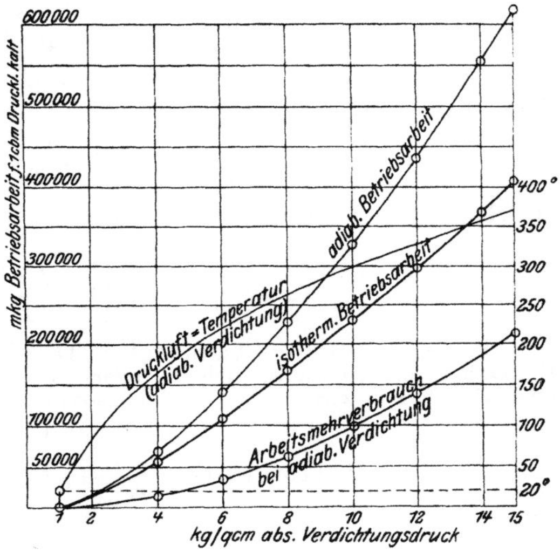

Fig. 53.

c) **Polytropische Verdichtung.** Folgt die Verdichtungslinie der Polytrope $pv^m = \text{konst.}$ mit $m < k$, so wird in ganz gleicher Weise wie bei dem adiabatischen Vorgang die Betriebsarbeit

$$L = \frac{m}{m-1}(pv - p_0 v_0),$$

also auch hier

$$L = m L_1.$$

Die Betriebsarbeit wird m mal größer als die abs. Verdichtungsarbeit. Nach Abschn. 26 ist ferner

$$L_1 = 427\,(c_v - c)(T - T_0),$$

worin

$$c = c_v \frac{m-k}{m-1}.$$

Damit wird

$$L = 427\,m\,\frac{c_p - c_v}{m-1}(T - T_0)$$

oder mit

$$c_p - c_v = \frac{R}{427}$$

$$\boldsymbol{L = \frac{m}{m-1} R\,(T - T_0)} \quad \ldots\ldots\ldots\ldots \quad (8)$$

Hierin ist $T - T_0$ bestimmt durch

$$\frac{T}{T_0} = \left(\frac{p}{p_0}\right)^{\frac{m-1}{m}};$$

hiermit wird

$$L = \frac{m}{m-1} R T_0 \left[\left(\frac{p}{p_0}\right)^{\frac{m-1}{m}} - 1\right].$$

Mit $RT_0 = p_0 v_0$ läßt sich auch schreiben

$$\boldsymbol{L = \frac{m}{m-1} p_0 v_0 \left[\left(\frac{p}{p_0}\right)^{\frac{m-1}{m}} - 1\right]} \quad \ldots \ldots \quad (9)$$

Wird Gl. 8 in der Form geschrieben

$$L = \frac{m}{m-1} R T \left(1 - \frac{T_0}{T}\right),$$

so folgt, wenn man vom Endzustand der Luft ausgehen will,

$$\boldsymbol{L = \frac{m}{m-1} p v \left[1 - \left(\frac{p_0}{p}\right)^{\frac{m-1}{m}}\right]} \text{ (für 1 kg)} \quad \ldots \quad (10)$$

Für eine beliebige Luftmenge ergibt sich die Betriebsarbeit durch Multiplikation mit dem Luftgewicht G, oder durch Ersatz von v bzw. v_0 durch V oder V_0. Damit wird für $V = 1$ cbm warme Druckluft

$$L\,(1 \text{ cbm warm}) = \frac{m}{m-1} p \left[1 - \left(\frac{p_0}{p}\right)^{\frac{m-1}{m}}\right]$$

oder

$$= \frac{m}{m-1} p \left(1 - \frac{T_0}{T}\right).$$

Für 1 cbm bis auf die Anfangstemperatur T_0 abgekühlte Druckluft wird wie oben unter b)

$$L\,(1 \text{ cbm kalt}) = \boldsymbol{\frac{m}{m-1} p \left(\frac{T}{T_0} - 1\right)}$$

$$= \frac{m}{m-1} p \left[\left(\frac{p}{p_0}\right)^{\frac{m-1}{m}} - 1\right] \quad \ldots \ldots \quad (11)$$

Für 1 cbm Saugluft wird dagegen aus Gl. 9

$$L\,(1 \text{ cbm Saugl.}) = \frac{m}{m-1} \cdot p_0 \left[\left(\frac{p}{p_0}\right)^{\frac{m-1}{m}} - 1\right] \quad \ldots \ldots \quad (11\text{a})$$

Die für 1 kg abzuführende Wärme wird nach Abschn. 26

$$Q = c\,(T - T_0),$$

$$Q = c_v \cdot \frac{m-k}{m-1} \cdot (T - T_0).$$

Aus der Betriebsarbeit kann die erforderliche Wärmeabfuhr (innerhalb des Kompressors) mittels

$$\boldsymbol{Q = \frac{1}{427} \frac{m-k}{m\,(k-1)} \cdot L} \quad \ldots \ldots \ldots \quad (12)$$

berechnet werden.

Leistungsbedarf. Die für eine stündliche Luftmenge von V cbm erforderliche Leistung in Pferdestärken ist wegen 1 PS/St. $= 3600 \cdot 75$ mkg

$$N_0 = \frac{L \cdot V}{3600 \cdot 75} = \frac{L \cdot V}{270\,000} \text{ PS}$$

(theoretische indizierte Leistung).

Für 1 cbm stündlich angesaugte Luft ist z. B. die erforderliche Leistung mit Gl. 9

$$N_0 = \frac{m}{m-1} \, \frac{p_0}{270\,000} \cdot \left[\left(\frac{p}{p_0} \right)^{\frac{m-1}{m}} - 1 \right], \quad \ldots \ldots \quad (13)$$

eine Beziehung, die mit $m = k$ auch für adiabatische Verdichtung gilt. Für isothermische Verdichtung ist dagegen

$$N_0 = 2{,}303 \, \frac{p_0}{270\,000} \log \frac{p}{p_0} \quad \ldots \ldots \ldots \ldots \quad (14)$$

Bei ausgiebiger Kühlung kann der Exponent m durchschnittlich gleich 1,25 bis 1,30 gesetzt werden, bei langsamem Gang des Kompressors u. U. noch kleiner. In Wirklichkeit ist m nicht unveränderlich, d. h. die wirkliche Verdichtungslinie ist meist keine Polytrope im obigen Sinn. Am Anfang pflegt der Exponent größer, am Ende der Verdichtung kleiner zu sein, als dem durchschnittlichen Verlauf der Verdichtungslinie entspricht, wenn man diese durch eine Polytrope ausgleicht. Dies rührt von dem verschiedenen Temperaturunterschied und dem entsprechend verschiedenen Wärmeübergang zwischen Luft und Zylinderwand am Anfang und Ende her. Fig. 54 zeigt ein Indikatordiagramm[1]).

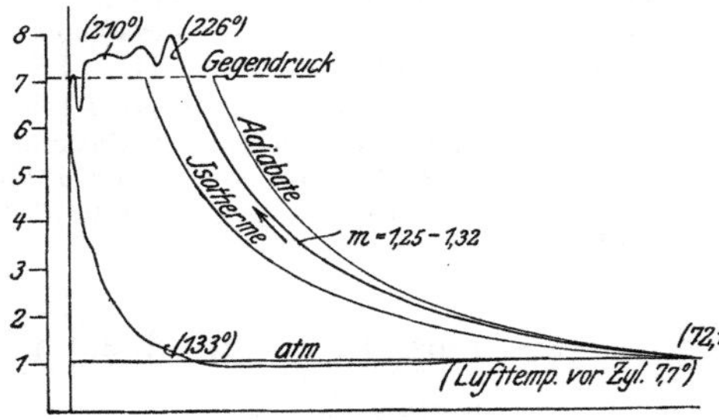

Fig. 54.

Man kann noch die Frage stellen, wie bei einem Gas, dessen Adiabate einen anderen Exponenten k als 1,4 besitzt, der Verlauf der Polytrope unter sonst gleichen Umständen sein wird, z. B. für Leuchtgas mit $k = 1{,}36$ oder für Chlorgas mit $k = 1{,}33$. Nach Abschn. 26 entspricht einem bestimmten Wert von m bei gegebenem k ein bestimmtes Verhältnis von abgeleiteter Wärme Q und bei der Verdichtung aufgewendeter absoluter Gasarbeit AL. Dieses Verhältnis, dessen Wert nach Gl. 9, Abschn. 26 gleich $\frac{k-m}{k-1}$ ist, wird unter sonst gleichen Umständen, aber anderen Werten k_1 und m_1 gleichgroß sein. Man hat daher

$$\frac{k-m}{k-1} = \frac{k_1 - m_1}{k_1 - 1}, \text{ also } m_1 = k_1 - (k-m) \frac{k_1 - 1}{k-1}.$$

Dem polytropischen Exponenten $m = 1{,}25$ für Luft entspricht demnach für Leuchtgas mit $k_1 = 1{,}36$ der Exponent

$$m_1 = 1{,}36 - (1{,}4 - 1{,}25) \frac{1{,}36 - 1}{1{,}4 - 1} = 1{,}18.$$

Einfluß der Kühlung. Der Arbeitsaufwand für die Herstellung von Druckluft stellt sich, wie schon aus Fig. 52 erhellt, um so günstiger, je kleiner der

[1]) Nach F. L. Richter, F. A. 32.

Exponent der Polytrope ausfällt, je stärker sich also der Einfluß der Kühlung während der Verdichtungsperiode äußert. Die Kühlung ist aber noch aus einem weiteren Grunde von günstigem Einfluß auf die Arbeit. Da sich der isothermische Vorgang nicht verwirklichen läßt, so erhitzen sich die Zylinderwände mit der Luft während der Verdichtungsperiode. Die in der folgenden Saugperiode in den Zylinder eintretende Frischluft findet daher warme Innenwände vor, an denen sie sich von T_0 auf T_0' erwärmt. Das spez. Ansaugevolumen v_0 wird dadurch vergrößert im Verhältnis $T_0' : T_0$. Nun ist die Gesamtarbeit, wie auch der Verdichtungsvorgang sich abspielen mag, nach Gl. 1, 4 und 9 dem Produkt $p_0 v_0$ proportional. Durch die Erwärmung beim Ansaugen wird demnach in jedem Falle die Arbeit im Verhältnis von $T_0' : T_0$ vergrößert. Durch den Einfluß der Kühlung wird nun T_0' gegenüber adiabatischer Verdichtung herabgesetzt und man hat gefunden, daß der hierdurch erzielbare Gewinn von gleicher Größenordnung sein kann, wie der aus der Erniedrigung der Verdichtungslinie herrührende, der allein im Diagramm sichtbar wird. Erwärmt sich z. B. die Saugluft von 15° auf 50°, so nimmt der Arbeitsbedarf zu um das $(273 + 50) : (273 + 15) = 1{,}12$ fache, d. h. um 12 v. H. gegenüber unveränderlicher Saugtemperatur. Ohne Kühlung würde sich aber die Saugluft bei höheren Verdichtungsgraden noch viel stärker erwärmen. Bei 6 at Überdruck beträgt die adiabatische Endtemperatur bereits ca. 220°, so daß es denkbar ist, daß die Saugluft sich auf 100° oder mehr erwärmt, wenn nicht gekühlt wird. Der Arbeitsbedarf würde dann das $(273 + 100) : (273 + 15) = 1{,}3$ fache betragen.

Beispiel. 1. Welche Betriebsarbeit in PS ist mindestens in einem Kompressor aufzuwenden, um stündlich 100 cbm von 4 at Überdruck und Außenlufttemperatur herzustellen? Luftdruck 1,033 at abs.

a) bei isothermischer, b) bei adiabatischer, c) bei polytropischer Verdichtung mit $m = 1{,}22$.

Zu a)

$$L = 2{,}303\, p \log \frac{p}{p_0} = 2{,}303 \cdot (4 + 1{,}033) \cdot 10000 \cdot \log \frac{4 + 1{,}033}{1{,}033}$$

$$= 79\,712 \text{ mkg/cbm}$$

$$N_0 = \frac{79\,712 \cdot 100}{270\,000} = \underline{29{,}5 \text{ PS}_i.}$$

Stündlich im ganzen abzuführende Wärme

$$\frac{79\,712 \cdot 100}{427} = 18\,660 \text{ Cal.}$$

Zu b)

$$L = 3{,}44\, p \left[\left(\frac{p}{p_0}\right)^{\frac{k-1}{k}} - 1\right] = 3{,}44 \cdot (4 + 1{,}033) \cdot 10000 \cdot \left[\left(\frac{5{,}033}{1{,}033}\right)^{\frac{0{,}41}{1{,}41}} - 1\right]$$

$$= 101\,300 \text{ mkg/cbm}$$

$$N_0 = \frac{101\,300 \cdot 100}{270\,000} = \underline{37{,}5 \text{ PS}_i.}$$

Zu c)

$$L = \frac{m}{m-1}\, p \left[\left(\frac{p}{p_0}\right)^{\frac{m-1}{m}} - 1\right] = \frac{1{,}22}{0{,}22} \cdot 50\,330 \cdot \left[\left(\frac{5{,}033}{1{,}033}\right)^{\frac{0{,}22}{1{,}22}} - 1\right]$$

$$= \underline{92\,000 \text{ mkg/cbm}}$$

$$N_0 = \underline{34{,}1 \text{ PS}_i.}$$

Lufttemperatur beim Austritt aus dem Kompressor

$$T = T_0 \cdot \left(\frac{5{,}033}{1{,}033}\right)^{\frac{0{,}22}{1{,}22}} = T_0 \cdot 1{,}330.$$

Mit $t_0 = 20^0$ Anfangstemperatur

$$273 + t = (273 + 20) \cdot 1{,}33; \quad \underline{t = 117^0.}$$

Stündlich abzuführende Wärme

$$\frac{1}{427} \cdot \frac{m - k}{m(k-1)} \cdot L V = \frac{1}{427} \cdot \frac{1{,}22 - 1{,}41}{1{,}22 \cdot 0{,}41} \cdot 92000 \cdot 100 = -8180 \text{ Cal.}$$

Bei Erwärmung des Kühlwassers um 10^0 ist also eine stündliche Kühlwassermenge von

$$\frac{8180}{10} = \underline{818 \text{ l}}$$

erforderlich.

2. Berechnung der Betriebsarbeit von ausgeführten Kompressoren aus der Erwärmung der Luft und des Kühlwassers. Die Wärmegleichung ergibt bei Verdichtung unter gleichzeitiger Kühlung für die absolute Verdichtungsarbeit L_1 nach Abschn. 26

$$A L_1 = Q + c_v (T - T_0)$$

gleichgültig, nach welchem Gesetze die Verdichtung erfolgt. Aus L_1 folgt die Betriebsarbeit für 1 kg

$$L = L_1 + p v - p_0 v_0.$$

Mit dem Werte von L_1 wird daher

$$L = \frac{Q}{A} + \frac{c_v}{A} \cdot (T - T_0) + p v - p_0 v_0.$$

Mit

$$p_0 v_0 = R T_0, \qquad p v = R T$$

wird

$$L = \frac{Q}{A} + \left(\frac{c_v}{A} + R\right)(T - T_0).$$

Hieraus mit

$$c_p = c_v + A R$$

$$L = 427\, Q + 427\, c_p (T - T_0).$$

Für ein beliebiges Luftgewicht G wird also wegen

$$L_G = G \cdot L$$

$$\mathbf{L_G = 427\,(G\,Q) + 427\, G c_p (T - T_0).}$$

Um hiernach L_G berechnen zu können, sind am Kompressor zu messen:

1. Kühlwassermenge W in einer bestimmten Zeit (z. B. 1 Stunde) und Erwärmung τ_W des Kühlwassers. Dann ist

$$G Q = W \cdot \tau_W.$$

2. Temperatur t_0 der zuströmenden, t der abströmenden Luft. Dann ist

$$T - T_0 = t - t_0.$$

3. Volumen der zuströmenden oder abströmenden Luft V_0 oder V. Dann ist

$$G = \frac{p_0 V_0}{R(273 + t_0)} = \frac{p V}{R(273 + t)},$$

mit p_0 bzw. p als absolutem Druck der Luft in kg/qm. Aus L_G folgt die Leistung in PS durch Division mit 270000.

Besonders die letztere Messung ist mit erheblichen Schwierigkeiten verbunden. Man bestimmt daher die Luftarbeit bei Kolbenkompressoren einfacher mit dem Indikator.

Dagegen ist dieses Verfahren mit Nutzen zur Bestimmung der für die Luftverdichtung verbrauchten Arbeit bei Schleuder- und Turbinengebläsen (Turbokompressoren) verwendbar, da hier der Indikator versagt (vgl. Z. Ver. deutsch. Ing. 1907, S. 1669). Jedoch macht die Temperaturmessung im Gasstrom Schwierigkeiten.

Zweistufige Kompression (Verbundkompressoren). Die Verwirklichung der isothermischen Verdichtung, die auf der Wirksamkeit der Kühlung des Zylinders beruht, wird um so schwieriger, je höher verdichtet wird. Deshalb werden Kompressoren für höhere Drücke zweistufig ausgeführt. Im ersten Zylinder wird die Spannung nur bis zu einem Teil der gewünschten Druckluftspannung getrieben; diese Luft wird in einen Zwischenbehälter ausgestoßen, dort gekühlt (Zwischenkühlung) und dann im zweiten Zylinder vollends verdichtet.

In Fig. 55 ist $ABCD$ das Diagramm des Niederdruckzylinders bei adiabatischer Verdichtung BC. Die warme Druckluft vom Druck p_1 und Volumen CD wird nun in einem Zwischenbehälter auf die Temperatur bei B abgekühlt und schrumpft darin auf das Volumen DE zusammen (Kurve BE gedachte Isotherme). Mit diesem Volumen wird sie vom Hochdruckzylinder angesaugt, Strecke DE, und nach EF verdichtet (in Fig. 55 adiabatisch). Würde die Verdichtung in einem einzigen Zylinder, also dem Niederdruckzylinder, adiabatisch erfolgen, so wäre der Arbeitsbedarf gleich $ABF'A$. Bei adiabatischer Verdichtung in zwei Stufen mit Zwischenkühlung ist die Arbeit um die Fläche $CF'FE$ kleiner. Werden nun außerdem noch die beiden Zylinder gekühlt, so wird der Arbeitsbedarf weiter vermindert, weil die Verdichtungskurven zwischen C und E, bzw. F' und F endigen (Polytropen).

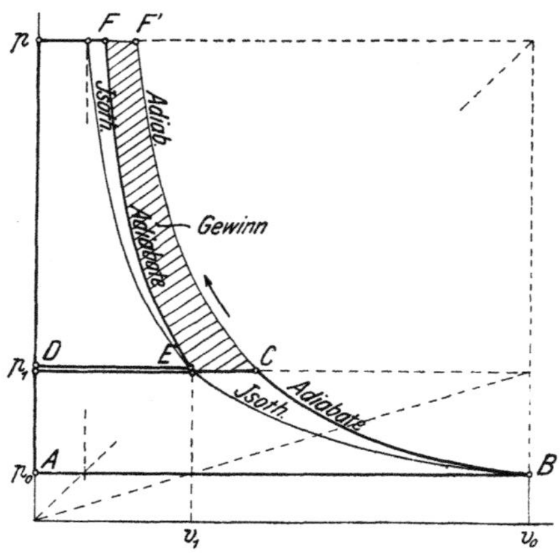

Fig. 55.

Auch hier ist im übrigen die durch die Kühlung der Zylinder bewirkte Arbeitsersparnis größer als sie nach den Diagrammen erscheint, weil auch die Saugluft, wie oben erörtert, durch die Kühlung günstig beeinflußt wird. Dies ist bei zweistufiger Verdichtung noch in höherem Grade der Fall als bei einstufiger, weil bei gleichgedachtem Verlauf der Verdichtungs-Polytropen die Drucklufttemperaturen in beiden Zylindern ganz wesentlich kleiner sind als bei einstufiger Verdichtung. Für Verdichtungsdrücke über 6 at wird die zweistufige Verdichtung allgemein verwendet.

Der Verdichtungsdruck des Niederdruckzylinders ist so zu bemessen, daß die Betriebsarbeiten beider Zylinder ungefähr gleich werden, d. h. daß der Niederdruckzylinder die Hälfte der gesamten Arbeit verrichtet. Es genügt zum Zwecke vorläufiger Ermittlung, wenn man die isothermischen Betriebsarbeiten zugrunde legt. Die Niederdruckarbeit wäre dann $p_0 v_0 \ln p_1/p_0$, die Gesamtarbeit $p_0 v_0 \ln p/p_0$. Man hat also

$$p_0 v_0 \ln \frac{p_1}{p_0} = \frac{1}{2} p_0 v_0 \ln \frac{p}{p_0},$$

oder

$$\ln \frac{p_1}{p_0} = \frac{1}{2} \ln \frac{p}{p_0},$$

also

$$\frac{p_1}{p_0} = \sqrt{\frac{p}{p_0}}.$$

Das Zylinder-Volumenverhältnis $v_0 : v_1$ ist wegen

$$\frac{v_0}{v_1} = \frac{p_1}{p_0}$$

ebenfalls

$$\frac{v_0}{v_1} = \frac{\text{Niederdruckvolumen}}{\text{Hochdruckvolumen}} = \sqrt{\frac{p}{p_0}}.$$

Soll z. B. auf 10 at Überdruck verdichtet werden, so ist bei 760 mm Luftdruck, also $p_0 = 1{,}033$ und $p = 10 + 1{,}033 = 11{,}033$, der Druck im Zwischenbehälter

$$p_1 = 1{,}033 \sqrt{\frac{11{,}033}{1{,}033}} = 3{,}37 \text{ at abs.} = 2{,}37 \text{ at Überdruck},$$

und der Hochdruck-Hubraum der 3,26te Teil des Niederdruck-Hubraums.

Sehr hohe Drücke lassen sich praktisch nur durch mehrstufige Verdichtung erreichen, da das Drucksteigerungsverhältnis in einem Zylinder durch die Größe des schädlichen Raumes begrenzt ist. Ist s_0 die Größe desselben in Bruchteilen des Hubraumes, so gilt für den höchsten erreichbaren Druck p

$$p s_0^m = p_0 (1 + s_0)^m$$

$$\frac{p}{p_0} = \left(1 + \frac{1}{s_0}\right)^m.$$

Bei isothermischer Verdichtung, $m = 1$, wird z. B. für

$$s_0 = 0{,}02 \qquad 0{,}05 \qquad 0{,}10$$

$$\frac{p}{p_0} = 51 \qquad 21 \qquad 11.$$

Mit diesen höchsten Drücken können jedoch die Kompressoren nicht arbeiten, weil sich dabei nur der schädliche Raum mit der Druckluft füllt und der Kompressor nichts fördert. Schon bei viel kleineren Drücken wird der Lieferungsgrad infolge des schädlichen Raumes ungenügend[1]).

32. Druckluft-Kraftübertragung.

Die an einem Orte hergestellte Druckluft wird dem an einem entfernten Orte stehenden Druckluftmotor durch eine Rohrleitung oder aus einem Vorratsbehälter zugeführt. Es frägt sich, wieviel von der zur Herstellung der Druckluft im Kompressor aufgewendeten Arbeit im Motor wieder gewonnen werden kann. Der Motor arbeite wie eine Dampfmaschine: Füllung auf dem Teile *DE* des Hubes *AF* (Fig. 56), Expansion der Luft bis zum Hubende (*EF*), Ausströmen auf dem ganzen Kolbenrückweg (*FA*). Wird von Druckverlusten in der Leitung ganz abgesehen, so nimmt das Kompressordiagramm die Form *ABCD* an, worin der Punkt *B* festliegt durch die Beziehung

$$p v' = p_0 v_0, \qquad v_0 = v' \frac{p}{p_0},$$

[1]) Untersuchungen über Luftkompressoren unter Berücksichtigung aller Verhältnisse vgl. insbesondere F. A. 32, F. L. Richter, Thermische Untersuchungen an Kompressoren und F. A. 58, W. Heilemann, Beitrag zur Kenntnis des Wirkungsgrades trockener Luftpumpen.

da bei der Einströmung in den Motor die Luft, wie angenommen wird, die gleiche Temperatur hat wie beim Ansaugen im Kompressor.

Je nach dem Verlauf der Verdichtungslinie BC und der Expansionslinie EF werden die Flächen der übereinander gelegten Diagramme des Kompressors und des Motors ($ABCD$ bzw. $DEFA$) mehr oder weniger verschieden. Am größten wird der durch die Fläche $BFEC$ dargestellte Unterschied, d. h. der „Arbeitsverlust der Kraftübertragung“, wenn BC und EF beide adiabatisch verlaufen. — Verringert wird die Verlustfläche, wenn die Kompression von der Adiabate abweicht (Kühlung; Linie BC'); weiter verringert wird sie, wenn die motorische Expansion über der Adiabate verläuft. In gewissem Grade treffen in der Wirklichkeit beide Umstände zu, so daß die adiabatische Fläche $BCEF$ den größten Verlust darstellt, der unter ungünstigen Umständen, jedoch bei Expansion der Luft bis auf den Gegendruck, zu erwarten ist.

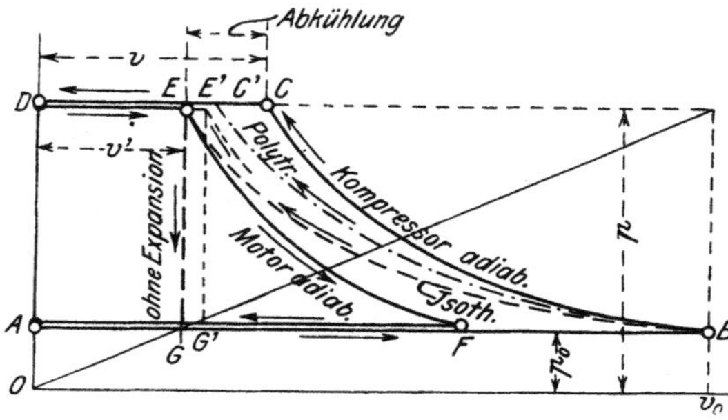

Fig. 56.

Verbessert wird der Wirkungsgrad der Übertragung auch dadurch, daß die Druckluft vor dem Eintritt in den Motor vorgewärmt wird. Dadurch rückt E weiter nach rechts (E'), die Motorfläche wird größer. Diese Verbesserung muß jedoch durch einen zusätzlichen Wärmeaufwand erkauft werden und es ist eine nur durch Kostenberechnung zu entscheidende Frage, ob die „Vorwärmung“ wirtschaftlich vorteilhaft ist. Für den Betrieb des Motors ist sie günstig, weil durch sie eine zu starke Abkühlung der Luft bei der Expansion im Motor und die damit verknüpfte Ablagerung von Schnee aus der Luftfeuchtigkeit in den Steuerungskanälen vermieden wird.

Bei Motoren, die nur mit geringer Expansion oder ohne solche arbeiten, fällt der letztere Umstand weg. Der Verlust wird in diesem Falle überhaupt sehr erheblich und (ohne Vorwärmung) durch die Fläche $BCEG$ dargestellt. Durch Vorwärmung kann hier die Fläche $EE'G'G$ gewonnen werden. Dabei ist

$$DE' = DE \cdot \frac{273 + t'}{273 + t_0},$$

wenn t_0 die Druckluft-Temperatur vor, t' die nach der Vorwärmung ist. Die gleiche Luftmenge (dem Gewicht nach) kann in diesem Falle infolge der Vorwärmung eine im Verhältnis $\frac{273 + t'}{273 + t_0}$ größere Arbeit verrichten.

Der günstigste Prozeß (Idealprozeß) eines mit Druckluft betriebenen Motors ist nicht der adiabatische, sondern der isothermische, bei dem die Expansion der Luft mit gleichbleibender Temperatur gleich derjenigen der Umgebung vor sich geht. Bei adiabatischer Expansion sinkt mit dem Druck auch von Anfang an die Temperatur. Dies kann, wenigstens grundsätzlich, dadurch verhindert werden, daß während der Expansion stetig Wärme aus der Umgebung in das Gas tritt. An die Stelle des Kühlwassers beim Kompressor hat also beim Motor Erwärmungswasser von gewöhnlicher Temperatur zu treten.

Erfolgt die Expansion so langsam, daß Gas- und Erwärmungswasser-Temperatur einander gleich bleiben, so expandiert das Gas isothermisch und verrichtet eine größere Nutzarbeit als bei adiabatischer Ausdehnung, Fig. 57.

Ähnlich wie beim Kompressor läßt sich auch beim Druckluftmotor durch zweistufige Expansion (Verbundanordnung) der ideale isothermische Prozeß besser verwirklichen und die Leistung der gleichen Luftmenge vergrößern. Im ersten Zylinder, Fig. 58 sinkt der Druck adiabatisch von p auf p_1, Linie AB. Die Auspuffluft vom Volumen bei B werde in einen Zwischenbehälter ausgestoßen, in dem sie sich an zirkulierendem Wasser von gewöhnlicher Temperatur wieder auf ihre ursprüngliche Temperatur erwärmt, wobei ihr Volumen auf C wächst. Mit diesem Volumen tritt sie in den Niederdruckzylinder ein und kann sich dort adiabatisch bis auf den Druck der Atmosphäre ausdehnen. Die schraffierte Fläche unter BC ist der Gewinn durch die Zwischenerwärmung.

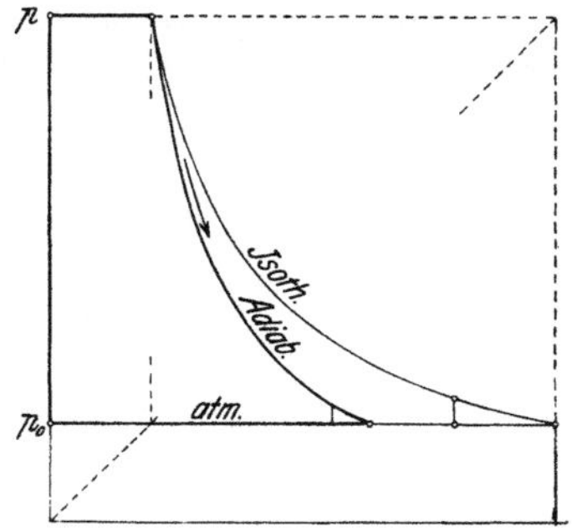

Fig. 57.

Verläuft die Ausdehnung in beiden Zylindern durch den Einfluß von Erwärmungswasser in den Mänteln der Zylinder oberhalb der Adiabate (polytropisch), so wird der Arbeitsgewinn noch um die Flächen zwischen den Adiabaten und Polytropen vergrößert.

Bei amerikanischen Druckluftlokomotiven ist die zweistufige Luftexpansion mit Zwischenerwärmung mit wesentlichem Vorteil angewendet worden.

Ähnlich wie beim Kompressor wird der wirkliche Nutzen der Verbund-Anordnung größer, als er nach dem Diagramm erscheint, weil die Abkühlung der eintretenden Luft an den Zylinderwänden viel geringer ist, als in einem einzigen Zylinder.

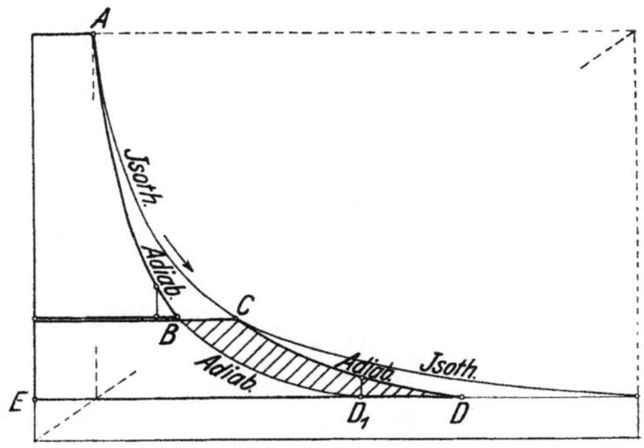

Fig. 58.

Die **Leistung** eines Druckluftmotors mit Expansion bis zum Gegendruck kann auf gleiche Weise wie in Abschn. 31 die Betriebsarbeit des Kompressors berechnet werden. Insbesondere gelten die Formeln 2a für isothermische, 5 für adiabatische und 8 für polytropische Expansion der Druckluft.

33. Die Arbeitsweise der Verbrennungsmotoren nach dem Ottoschen Prinzip (Gas-, Benzin-, Spiritusmotoren).

In dem einfach- oder doppeltwirkenden Arbeitszylinder des Motors wird vom vorwärtsgehenden Kolben ein Gemenge von atmosphärischem oder kleinerem Druck, bestehend aus Luft und Brenngas (Leuchtgas, Generator- oder Kraftgas, Gichtgas, Benzindämpfen usw.) angesaugt, Linie ab (Fig. 59). Nachdem sich im rechten Totpunkt des Kolbens das Einlaßventil geschlossen hat, **verdichtet** der rückwärts laufende Kolben das Gemenge, Linie bc. Im linken Totpunkt ist der größte Verdichtungsdruck p_1 erreicht. Das Drucksteigerungsverhältnis p_1/p_0 hängt von dem Verhältnis der Räume V_c (Verdichtungsraum) und $V_c + V_h$ (V_h = Hubraum) ab. Im Augenblick der stärksten Verdichtung wird das Gemenge entzündet (meist elektrisch), wobei die Spannung infolge der Erhitzung fast augenblicklich, also bei unveränderlichem Gesamtraum der Verbrennungs-

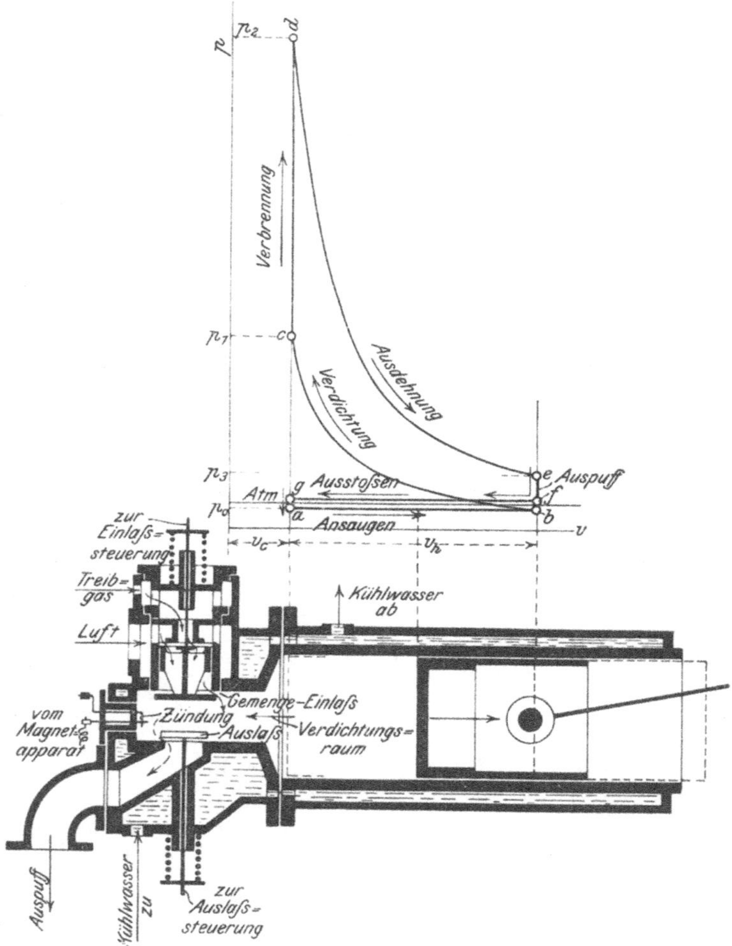

Fig. 59.

produkte, von p_1 auf p_2 steigt, Linie *cd*. Die Höhe von p_2 richtet sich nach der im Gemenge enthaltenen Brenngasmenge und dem Heizwert des Brenngases, oder einfach nach dem Heizwert des **Gemenges**, aber auch nach dem Anfangsdruck p_1 und der Anfangstemperatur T_1 (vgl. Abschn. 19). Die hochgespannten und glühenden Verbrennungsprodukte dehnen sich nun während des Kolbenhingangs von V_c auf $V_c + V_h$ aus, wobei der Druck allmählich von p_2 auf p_3 fällt, Linie *de*. Mit der Spannung p_3 treten die Verbrennungsgase nahe dem äußeren Totpunkt durch das Auslaßventil ins Freie, wobei die Spannung im Zylinder rasch bis p_4 fällt, Linie ef. Während des Rückweges schiebt der Kolben die noch im Zylinder befindlichen Gase von annähernd atmosphärischem Druck hinaus, bis auf den Rest V_c, der sich dann mit dem frischen Gemenge bei dem neuen Spiele vermischt. Ein Arbeitsspiel erfordert also vier Kolbenhübe. Die Maschine arbeitet „im Viertakt".

Zweitakt. Das ganze Verfahren läßt sich auch mit zwei Hüben des Kolbens erledigen, wenn man den Saughub und den Auspuffhub wegfallen läßt. Das Gemisch muß dann mittels besonderer Ladepumpen für Luft und Gas in der Nähe des äußeren Totpunktes in den Zylinder eingeblasen werden. Kurz vorher wird der Zylinder von den Abgasresten durch Ausblasen (Spülluft) gereinigt. Baulich ergeben sich hieraus zwar sehr erhebliche Verschiedenheiten der Motoren; die nachstehenden Erörterungen haben aber im allgemeinen für beide Arten Geltung.

Die bei einem Spiel an den Kolben abgegebene Nutzarbeit ergibt sich wie folgt, Fig. 60. Während der beiden aufeinanderfolgenden Hübe der Verdichtung (bc) und der Ausdehnung (de) wird nach Abschnitt 17 die Arbeit ($bcde$) an das Gestänge abgegeben.

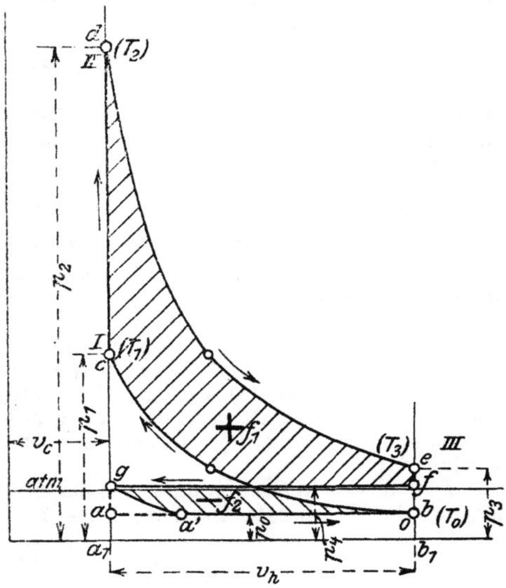

Fig. 60.

Während des Ansauge- und Ausstoßhubes wird dagegen die durch das Rechteck $abfg$ dargestellte Arbeit seitens des Gestänges aufgewendet. In Fig. 60 findet das Ansaugen mit erheblichem Unterdruck statt, so daß diese Fläche wesentlich größer ausfällt als in Fig. 59 (vgl. Abschn. 17).

Die Nutzarbeit ist der Unterschied dieser beiden Flächen; sie wird, wie aus Fig. 60 zu entnehmen, auch durch den Unterschied der beiden schräg schraffierten, mit + und — bezeichneten, geschlossenen Teilflächen dargestellt. — Für die Arbeitsbestimmung aus Indikatordiagrammen ist die letztere Darstellung am bequemsten. Der Kurvenzug $cdefga'bc$ wird mit dem Planimeter von Anfang bis Ende durchfahren, wobei sich die Differenz $+f_1 - f_2$ von selbst ergibt. Für die rechnerische Behandlung dagegen muß die andere Darstellungsweise gewählt werden. Es ist also die Nutzarbeit (theor. indiz. Arbeit)

$$L = \text{Fläche } (a_1 d e b_1) - \text{Fläche } (a_1 c b b_1)$$
(Ausdehnung und Verdichtung)
$$- \text{Fläche } (a_1 g f b_1) + \text{Fläche } (a_1 g a' b b_1)$$
(Ausstoßen und Ansaugen).

Bezüglich der letzten Fläche ist zu bemerken, daß sich der Unterdruck p_0, der durch Drosseln des angesaugten Gemenges zustande kommt, nicht auf einmal nach ga, sondern nur allmählich nach ga' einstellt. Für die Berechnung der theoretisch möglichen Leistung genügt aber diese Annahme vollkommen.

Diagramme mit starkem Unterdruck, wie Fig. 60, kommen bei normal belasteten Maschinen nicht vor, dagegen bei leerlaufenden oder schwach belasteten Maschinen, wenn sich die Regulierung nicht nur auf Verminderung der Gasmenge, sondern auch der Luftmenge erstreckt. Dem größeren Unterdruck entspricht dann eine geringere Menge brennbares Gemisch (Quantitätsregulierung). Fig. 42 ist ein derartiges Leerlaufdiagramm eines Leuchtgasmotors.

Als idealer Fall ist für die Ausdehnung und Verdichtung adiabatischer Verlauf anzunehmen. Die nur aus Betriebsgründen, wie Kolbenschmierung, Verhindern des Erglühens der Wandungen und zu starker Erhitzung des angesaugten Gemenges notwendige kräftige Kühlung, vgl. Fig. 59, vermag auch in Wirklichkeit die Kurven *de* und *bc* nicht sehr erheblich vom adiabatischen Verlauf abzulenken (vgl. Fig. 41 und 42).

Es ist nun nach Abschn. 27:

$$\text{Fläche}\,(a_1 d e b_1) = 427 \cdot (c_v)_{II}^{III} \cdot (T_2 - T_3),$$

wenn T_2 und T_3 die absoluten Temperaturen bei *d* und *e* sind und $(c_v)_{II}^{III}$ die mittlere spez. Wärme zwischen den Temperaturen T_2 und T_3 (vgl. Abschn. 11).

Ferner ist

$$\text{Fläche}\,(a_1 c b b_1) = 427 \cdot (c_v)_0^I \cdot (T_1 - T_0),$$

mit $(c_v)_0^I$ als mittlere spez. Wärme zwischen T_0 und T_1.

Daher ist die nutzbare Gasarbeit aus 1 kg Gemenge während des Ausdehnungs- und Verdichtungshubes

$$L_1 = 427 \cdot \left[c_{vII}^{III} \cdot (T_2 - T_3) - c_{v0}^{I} \cdot (T_1 - T_0)\right] \quad \ldots \ldots \quad (1)$$

Die negative Arbeit ist bei Normalleistung verhältnismäßig sehr klein, da hierbei mit möglichst geringer Drosselung gearbeitet wird. Für den hier betrachteten idealen Fall fällt sie dann grundsätzlich weg, weil sie einen Arbeitsverlust darstellt, von dem abgesehen werden soll. Gl. 1 stellt also den Arbeitsgewinn dar.

Die durch die Verbrennung auf der Strecke *cd* im Gase entstandene Wärme ist, aus der Temperaturänderung $T_2 - T_1$ berechnet,

$$Q_v = c_{v\,I}^{\,II} \cdot (T_2 - T_1).$$

Das absolute mechanische Äquivalent dieser Wärme wäre

$$L_0 = 427 c_{v\,I}^{\,II} \cdot (T_2 - T_1) \quad \ldots \ldots \ldots \ldots \quad (2)$$

Dies ist die dem Prozeß als Wärme zugeführte Energie, von der ein möglichst großer Bruchteil in Arbeit verwandelt werden soll. Dieser Bruchteil, der „thermische Wirkungsgrad des Idealprozesses", ist

$$\eta_{th} = \frac{L_1}{L_0}.$$

Man erhält aus Gl. 1 und 2

$$\eta_{th} = \frac{L}{L_0} = \frac{c_{vII}^{III} \cdot \left(T_2 - T_3\right) - c_{v0}^{I} \cdot \left(T_1 - T_0\right)}{c_{v\,I}^{\,II} \cdot \left(T_2 - T_1\right)} \quad \ldots \ldots (3)$$

Die Wärmemenge im Nenner, die dem Prozeß zugeführte Wärme, ist als gegeben anzusehen.

Die Wärmemengen

$$c_{vII}^{III} \cdot (T_2 - T_3) = Q_{vII}^{III}$$

und

$$c_{v0}^{I} \cdot (T_1 - T_0) = Q_{v0}^{I}$$

können aus Tafel I abgegriffen werden, sobald die Temperaturen T_0, T_1, T_2, T_3 bekannt sind, oder aus den Mittelwerten der spez. Wärmen nach Tafel I berechnet werden. Dann ist

$$\eta_{th} = \frac{(Q_v)_{II}^{III} - (Q_v)_0^I}{Q_v}.$$

Zwecks Gewinnung einer schätzungsweisen Übersicht über die möglichen Werte von η_{th} kann man c_v vorläufig als unveränderlich betrachten. Dann wird aus Gl. 3 einfach

$$\eta_{th} = \frac{T_2 - T_3 - (T_1 - T_0)}{T_2 - T_1}.$$

Die Temperaturen T_0 und T_1 einerseits, T_3 und T_2 anderseits stehen in der Beziehung

$$\frac{T_1}{T_0} = \frac{T_2}{T_3},$$

denn jedes dieser Verhältnisse ist gleich ε^{k-1}. Daraus folgt

$$\frac{T_1 - T_0}{T_1} = \frac{T_2 - T_3}{T_2}$$

oder

$$T_2 - T_3 = \frac{T_2}{T_1} \cdot (T_1 - T_0).$$

Führt man dies in η_{th} ein, so wird

$$\eta_{th} = \frac{T_1 - T_0}{T_1} = 1 - \frac{T_0}{T_1} \quad \text{. . . . . (3a)}$$

Hierfür kann auch geschrieben werden

$$\eta_{th} = 1 - \frac{1}{\varepsilon^{k-1}}$$

oder

$$= 1 - \left(\frac{p_0}{p_1}\right)^{\frac{k-1}{k}} \quad \text{. . . . . (3b)}$$

Wenn nun auch die hieraus zu errechnenden Werte von η_{th} zahlenmäßig wegen der starken Veränderlichkeit der spez. Wärmen nicht ganz richtig sein können, so lassen doch diese Ausdrücke den überragenden Einfluß des Verdichtungsverhältnisses ε bzw. der Drucksteigerung p_1/p_0 erkennen. Je höher die Kompression getrieben wird, desto größer wird η_{th}. Die Erklärung dafür ist, neben der obigen Herleitung, der Umstand, daß mit zunehmendem Verdichtungsgrad auch das räumliche Ausdehnungsverhältnis zunimmt, die Spannkraft der heißen Gase daher durch Expansion in höherem Grade ausgenützt wird. Tatsächlich wiesen schon die ersten Ottoschen Motoren einen dreimal kleineren Gasverbrauch [1]) auf, als die älteren Lenoirschen Maschinen, die ohne Gemengeverdichtung arbeiteten, und alle späteren Erfahrungen haben bewiesen, daß aus der gleichen Gasmenge ein um so höherer Prozentsatz mechanischer Arbeit gewonnen wird, je höher die Kompression gesteigert wird.

Die heutigen mit Leuchtgas oder Kraftgas arbeitenden Motoren mit Verdichtung auf 12 bis 15 kg/qcm verwandeln unter günstigen Umständen bis ca. 34 v. H. des Heizwertes des verbrauchten Gases in indizierte Arbeit.

Für

$$\frac{p_0}{p_1} = \frac{1}{15}$$

würde nach obiger Formel

$$\eta_{th} = 1 - \frac{1}{15^{\frac{0,41}{1,41}}} = \mathbf{0,54.} \quad (= 54 \text{ v. H.})$$

---

[1]) Wenn auch die Verdichtung nicht der einzige Grund dafür war.

Die große Abweichung zwischen dem errechneten Wert und dem tatsächlichen kommt allerdings zu einem sehr erheblichen Teil auf Rechnung der Wärmeverluste durch Übergang an das Kühlwasser; zum anderen aber auf die Ungenauigkeit der Formel. Die genauere Berechnung unter Berücksichtigung der Zunahme der spez. Wärmen mit der Temperatur s. Abschn. 35.

Der Brennstoffverbrauch C_i für 1 PS$_i$St. ergibt sich aus dem Heizwert H des Brennstoffs und dem thermischen Wirkungsgrad wie folgt. Bei vollständiger Verwandlung der Verbrennungswärme in Arbeit würden aus 1 kg (bzw. 1 cbm) Brennstoff 427 H mkg gewonnen. Durch das Verfahren im Gasmotor lassen sich höchstens η_{th} 427 H mkg gewinnen, mit C_i kg (cbm) Brennstoff also

$$427\ \eta_{th}\, C_i H \text{ mkg}.$$

Die aus C_i kg Brennstoff gewonnene Arbeit soll anderseits gleich 1 PS$_i$St. $= 75 \cdot 3600$ mkg sein. Daher ist

$$427\ \eta_{th}\, C_i H = 75 \cdot 3600,$$

somit

$$C_i = \frac{75 \cdot 3600}{427\ \eta_{th} H} \text{ kg (cbm) für 1 PS}_i\text{St.}$$

$$= \frac{632}{\eta_{th} H} \quad \ldots \ldots \quad (4)$$

Der Brennstoffverbrauch ist dem thermischen Wirkungsgrad umgekehrt proportional (vgl. Abschn. 22).

Ist z. B. für Leuchtgas mit $H = 5000$ Cal/cbm $\eta_{th} = 0{,}25$, so wird

$$C_i = \frac{632}{0{,}25 \cdot 5000} = 0{,}506 \text{ cbm} = 506 \text{ l}.$$

Für Kraftgas mit $H = 1200$, $\eta_{th} = 0{,}22$ wäre

$$C_i = \frac{632}{0{,}22 \cdot 1200} = 2{,}39 \text{ cbm} = 2390 \text{ l}.$$

Über die Berechnung des theoretischen Verpuffungsdruckes vgl. Abschn. 19, Beispiel 2. — Bei Gasmotoren übersteigt die größte Spannung in der Regel 25 at nicht; vgl. übrigens das Indikatordiagramm Fig. 41, wo der Druck bis 30 at ansteigt.

Einfluß des Unterdrucks auf den Wirkungsgrad. Das brennbare Gemenge wird, um eine geringere als die normale Leistung der Motoren zu erhalten, bei der sogenannten Quantitätsregulierung mit Unterdruck angesaugt. Es gelangt dann nur ein Bruchteil der normalen Gemischmenge, im Gewicht ausgedrückt, in den Zylinder. Das Diagramm erhält dabei die Form Fig. 60. Die Nutzarbeit im Wärmemaß ist in diesem Falle um die Unterdruckarbeit kleiner.

Wird die negative Fläche $ga'bf$ als Rechteck angenommen, so wird diese Verlustarbeit

$$(p_4 - p_0)\, V_h.$$

Ist G das Gewicht des Zylinderinhaltes am Ende des Saughubes, so entfällt auf 1 kg desselben die negative Arbeit

$$L_2 = (p_4 - p_0) \cdot \frac{V_h}{G}.$$

Wegen

$$p_0 (V_h + V_c) = G R T_0$$

Zustandsgleichung des Zylinderinhaltes in b) wird

$$L_2 = \frac{p_4 - p_0}{p_0} \cdot \frac{V_h}{V_h + V_c} \cdot R T_0.$$

Nun ist
$$\frac{V_h + V_c}{V_c} = \varepsilon$$
das Ausdehnungs- (oder Verdichtungs-)Verhältnis.

Mit
$$\frac{V_h}{V_h + V_c} = \frac{\varepsilon - 1}{\varepsilon}$$
wird daher
$$L_2 = \frac{p_4 - p_0}{p_0} \cdot \frac{\varepsilon - 1}{\varepsilon} \cdot R T_0 .$$

Die von 1 kg des Zylinderinhaltes während eines Spieles verrichtete Arbeit ist:
$$L = L_1 - L_2,$$
somit
$$L = 427 \cdot [c_{v\,II}^{\;III} \cdot (T_2 - T_3) - c_{v0}^{\;I} \cdot (T_1 - T_0)] - \frac{(p_4 - p_0)}{p_0} \cdot \frac{\varepsilon - 1}{\varepsilon} \cdot R T_0,$$
oder
$$A L = (Q_v)_{II}^{III} - (Q_v)_0^I - \frac{p_4 - p_0}{p_0} \cdot \frac{\varepsilon - 1}{\varepsilon} \cdot \frac{R T_0}{427} .$$

Mit Q_v als Wärmegehalt von 1 kg Ladung wird daher
$$\eta_{th} = \frac{(Q_v)_{II}^{III} - (Q_v)_0^I}{Q_v} - \frac{p_4 - p_0}{p_0} \cdot \frac{\varepsilon - 1}{\varepsilon} \cdot \frac{R T_0}{427\, Q_v} \quad \ldots \quad (5)$$

Bei gleichem Verdichtungsverhältnis ε und gleichem Wärmegehalt in 1 kg Gemenge hat das erste Glied den gleichen Wert wie ohne Unterdruck. Die Verdichtungslinie kommt zwar um so tiefer zu liegen, je grösser der Unterdruck ist. Aber dies beeinflußt an sich den Wirkungsgrad nicht, denn die in Betracht kommenden Temperaturen sind nur vom räumlichen Verdichtungsverhältnis, nicht von der absoluten Höhe der Verdichtungsdrücke abhängig.

Trotzdem tritt eine Verschlechterung des Wirkungsgrades ein, die durch das zweite Glied ausgedrückt ist. Dieses entspricht der als Arbeitsaufwand anzusehenden Unterdruckfläche (*fgab*) Fig. 60.

Durch diese Widerstandsarbeit wird η_{th} verschlechtert um
$$\Delta \eta = \left(\frac{p_4}{p_0} - 1\right) \cdot \left(1 - \frac{1}{\varepsilon}\right) \frac{R T_0}{427\, Q_v}, \quad \ldots \ldots \ldots \quad (6)$$
also um so mehr,

je größer der Unterdruck,
je größer das Verdichtungsverhältnis,
je kleiner der Wärmegehalt der Ladung ist.

Mit $\varepsilon = 6{,}84$, $T_0 = 273 + 90 = 363$, $Q_v = 500$ Cal/kg, $R = 31$ wird
$$\Delta \eta = 0{,}045 \cdot \left(\frac{p_4}{p_0} - 1\right).$$

Für $p_4 = 1{,}13$ (Auspuffspannung), 1,03 kg/qcm Luftdruck wird

für	0,1	0,2	0,3	0,4	0,5	0,6 at Unterdruck
$\Delta\eta =$	0,0097	0,0163	0,0247	0,0357	0,051	0,073 oder
rd.	1	1,6	2,5	3,6	5,1	7,3 v. H.

Ist also für volle Belastung $\eta_{th} = 0{,}45$, so ist für die den betreffenden Unterdrücken entsprechende Teilbelastung bei Quantitätsregulierung nur

$\eta_{th} =$	0,44	0,434	0,425	0,414	0,399	0,377

Von etwa 0,3 at Unterdruck an wird der Verlust recht merkbar. Für 0,5 at Unterdruck und $Q_v = 380$ erreicht er z. B. den erheblichen Betrag von $\frac{5,1 \cdot 500}{380} = 6,7$ v. H. Bezogen auf den Absolutwert 0,45 bei Vollast sind dies $\frac{6,7 \cdot 100}{45} = 14,9$ v. H.

Bei geringer Belastung ist es daher besser, mit grösserem Luftüberschuß zu arbeiten, um den Unterdruck zu vermindern. Dies ist freilich nur bis zu einem gewissen Grade möglich, da die Zündfähigkeit und Verbrennungsgeschwindigkeit der schwachen Gemenge schließlich zu gering wird. (Gemischte Quantitäts- und Qualitätsregulierung). Fig. 42 ist das Leerlaufdiagramm einer mit Quantitätsregulierung arbeitenden Gasmaschine. Die Unterdruckarbeit ist hier recht erheblich. Der größte Unterdruck beträgt 0,63 at.

34. Die Arbeitsweise der Verbrennungsmotoren nach Diesel (Ölmotoren).

Auch diese Maschinen arbeiten, wie die Gasmaschinen, gewöhnlich im Viertakt[1]). Der Unterschied gegenüber dem Ottoschen Verfahren besteht darin, daß der Kolben beim ersten Hub nicht ein brennbares Gemisch ansaugt, sondern nur Luft. Diese wird beim zweiten Hub auf 30 bis 40 at, also sehr viel höher als das Gemisch in den Gasmaschinen, verdichtet, wobei sie sich sehr stark erhitzt (s. Abschn. 25, Beispiel 4). Nach Erreichung des höchsten Verdichtungsdruckes, also beim Beginn des dritten Hubes, wird eine größere oder kleinere Menge fein zerstäubtes Öl (Petroleum, Masut, Rohöl, Gasöl, Paraffinöl) mittels Pressluft eingeblasen.

Das Öl verbrennt so wie es eingeblasen wird in der glühenden Luft. Dabei steigt die Temperatur, der zugeführten Verbrennungswärme und dem Druckverlauf entsprechend. Die Einspritzung wird so geleitet, daß der Druck während der Verbrennung unverändert bleibt (Gleichdruckverfahren) oder sich wenigstens nicht erheblich ändert.

Nach beendeter Einspritzung und Verbrennung expandieren die Verbrennungsprodukte bis nahe zum Ende des dritten Hubes und werden alsdann ausgestoßen.

Das Arbeitsdiagramm Fig. 61 entwickelt sich darnach in folgender Weise. Von a bis b Ansaugen von Luft mit geringem Unterdruck. Der Kolben geht vom oberen bis zum unteren Totpunkt. — Von b bis c Verdichten auf 30 bis 40 at; die Luft erhitzt sich bis gegen 800°. Der Kolben geht vom unteren zum oberen Totpunkt. — In c Beginn, in d Ende der Einspritzung und Verbrennung. Linie cd grundsätzlich eine Gerade, in Wirklichkeit meist im Anfang kleine Druckerhöhung, dann Abfall mit allmählichem Übergang in die Expansionslinie[2]). Von d bis e Expansion der glühenden Verbrennungsgase. Der Kolben geht vom oberen bis zum unteren Totpunkt. — In e Beginn des Auspuffs (in Wirklichkeit etwas früher), ef Linie des raschen Druckausgleichs durch Abströmen der gespannten Feuergase. fg Ausstoßlinie, Reinigung des Zylinders von Feuergasresten durch den aufwärtsgehenden Kolben.

---

[1]) Für größere Leistungen wird auch der Zweitakt verwendet, dessen Ausführung hier geringere Schwierigkeiten bietet, als bei den Gasmaschinen.

[2]) Der Druckverlauf ist in hohem Grade abhängig vom Überdruck der Einblaseluft und von der Eröffnungsweise des Brennstoffventils. — Das Indikatordiagramm Fig. 43, das in bezug auf die Verbrennungslinie nicht normal ist, zeigt zuerst starken Abfall, alsdann annähernd unveränderlichen Druck. Vermutlich war der Druck der Einblaseluft zu gering, oder das Einspritzventil öffnete verspätet. — Fig. 62 zeigt normale Diagramme bei verschiedenen Belastungen (nach K. Kutzbach, Z. Ver. deutsch. Ing. 1907 S. 521).

Die bei einem Arbeitsspiel an den Kolben abgegebene Nutzarbeit L kann hier, da Ansaugen mit starkem Unterdruck nicht in Frage kommt, gleich der Fläche $bcde$ gesetzt werden. Diese besteht aus der Volldruckfläche f_1

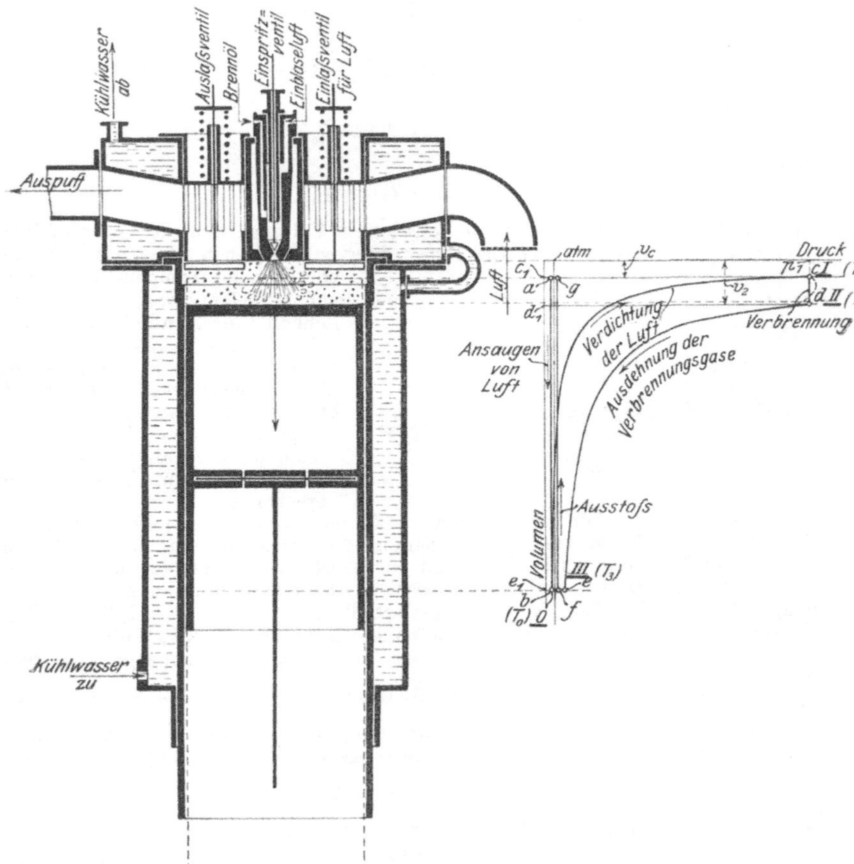

Fig. 61.

$= (c_1 c d d_1)$, der Expansionsfläche $f_2 = (d_1 d e e_1)$ und der Kompressionsfläche $f_3 = (b c c_1 e_1)$. Es ist

$$L = f_1 + f_2 - f_3 .$$

Im einzelnen ist: $\quad f_1 = p_1 (v_2 - v_c)$,

oder mit $p_1 v_2 = R T_2$, $p_1 v_c = R T_1$

$$f_1 = R (T_2 - T_1),$$

giltig für 1 kg des Zylinderinhaltes. Für 1 cbm Inhalt (0°, 760 mm) wäre dagegen

$$f_1 = \gamma_0 R (T_2 - T_1).$$

Ferner ist nach Abschn. 27

$$f_2 = 427 \cdot c_{v\,II}^{\,III} \cdot (T_2 - T_3)$$

und

$$f_3 = 427 \cdot c_{v0}^{\,I} \cdot (T_1 - T_0).$$

Damit wird

$$L = R\,(T_2 - T_1) + 427\,[c_{v\,II}^{\,III} \cdot (T_2 - T_3) - c_{v0}^{\,I} \cdot (T_1 - T_0)].$$

Die Werte

$$c_{v\,II}^{\,III} \cdot (T_2 - T_3) = Q_{v\,II}^{\,III}$$

und

$$c_{v0}^{\,I} \cdot (T_1 - T_0) = Q_{v0}^{\,I}$$

sind die Wärmemengen, die unter konstantem Volumen dem kg Verbrennungsprodukte bzw. dem kg Luft zuzuführen bzw. zu entziehen wären, um die entsprechenden Temperaturänderungen herbeizuführen, die in Wirklichkeit durch adiabatische Abgabe bzw. Aufahme von Arbeit entstehen. Sie können, sobald die Temperaturen T_0, T_1, T_2, T_3 bekannt sind, aus dem Wärmemengendiagramm Tafel I (für 1 cbm 0° 760) abgemessen werden. Die Arbeit L ist alsdann berechenbar.

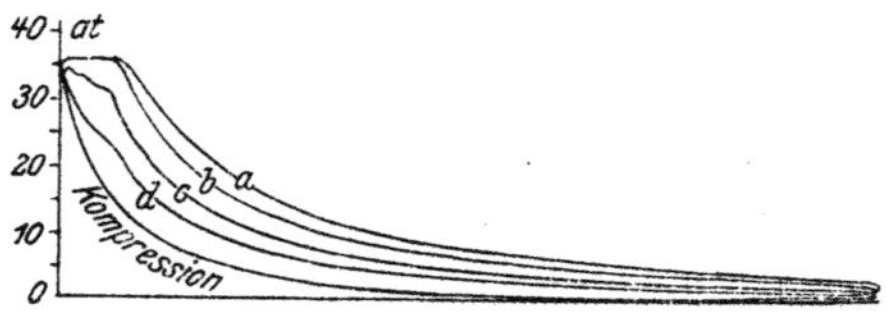

Fig. 62.

Die während der Verbrennung (*cd*) eintretende Temperatursteigerung $T_2 - T_1$ ist von der Wärmemenge abhängig, die durch Verbrennung von Brennöl mit 1 kg Luft frei wird. Nun sind zur vollständigen Verbrennung von 1 kg Petroleum (und Destillaten) nach Abschn. 9 theoretisch 14,5 kg Luft erforderlich, tatsächlich aber, bei 25 v. H. Luftüberschuß, mindestens $14{,}5 \cdot 1{,}25 = 18{,}2$ kg. Es können also praktisch mit 1 kg Luft nicht mehr als 1/18,2 kg Petroleum verbrannt werden. Diese Petroleummenge kann eine Wärmemenge von rund $\frac{11000}{18{,}2} = 605$ Cal. entwickeln. So groß, oder bei grösserem Luftüberschuß beliebig kleiner, kann die bei der Verbrennung unter konstantem Druck zugeführte Wärme Q_p sein. Die Temperatursteigerung $T_2 - T_1$ folgt hiermit aus

$$Q_p = c_{p\,I}^{\,II} \cdot (T_2 - T_1);$$

sie wird am besten durch Abmessen aus Tafel I bestimmt (vgl. Abschn. 15a).

Der absolute Arbeitswert dieser Wärme ist $L_0 = 427\,Q_p$ mkg. Der thermische Wirkungsgrad des Diesel-Prozesses wird hiernach

$$\eta_{th} = \frac{L}{L_0}$$

oder

$$\eta_{th} = \frac{\frac{R}{427}(T_2 - T_1) + (Q_v)_{II}^{III} - (Q_v)_0^{I}}{Q_p}.$$

Werden alle Größen auf 1 cbm (0°, 760 mm) bezogen, so ist der Faktor R im Zähler durch $\gamma_0 R$ zu ersetzen.

Die adiabatischen Temperaturänderungen $T_1 - T_0$ und $T_2 - T_3$ können bei veränderlicher spez. Wärme nach Abschn. 27 oder aus Tafel I und II ermittelt werden.

Zur Gewinnung eines vorläufigen Überblicks können die spez. Wärmen c_v und c_p unveränderlich angenommen werden. Dann wird

$$\eta_{th} = \frac{\frac{R}{427}\cdot(T_3 - T_1) + c_v\cdot[T_2 - T_3 - (T_1 - T_0)]}{c_p(T_2 - T_1)}$$

$$= \frac{R}{427\,c_p} + \frac{1}{k}\cdot\frac{T_2 - T_3 - (T_1 - T_0)}{T_2 - T_1}.$$

Mit

$$\frac{R}{427\,c_p} = \frac{k-1}{k}$$

(nach Abschn. 23) wird hieraus

$$\eta_{th} = 1 - \frac{1}{k}\cdot\frac{T_3 - T_0}{T_2 - T_1}.$$

Wird mit ε das Verdichtungsverhältnis $\frac{V_h + V_c}{V_c}$, mit φ das Verhältnis des größten und kleinsten Verbrennungsraumes $\frac{V_2}{V_c}$ bezeichnet, so wird nach den Formeln für die adiabatische Zustandsänderung (s. Abschn. 25)

$$\frac{T_1}{T_0} = \varepsilon^{k-1} \quad \text{und} \quad \frac{T_2}{T_3} = \left(\frac{\varepsilon}{\varphi}\right)^{k-1}.$$

Ferner ist für die Erwärmung unter konstantem Druck während der Verbrennung (Abschn. 20)

$$\frac{T_2}{T_1} = \varphi.$$

Wird geschrieben

$$\eta_{th} = 1 - \frac{1}{k}\cdot\frac{T_0}{T_1}\cdot\frac{\frac{T_3}{T_0} - 1}{\frac{T_2}{T_1} - 1},$$

so wird mit

$$\frac{T_3}{T_0} = \frac{T_1}{T_0}\cdot\frac{T_3}{T_2}\cdot\frac{T_2}{T_1} = \varphi^k$$

$$\underline{\eta_{th} = 1 - \frac{T_0}{T_1}\cdot\frac{\varphi^k - 1}{k(\varphi - 1)}}$$

oder

$$= 1 - \frac{1}{\varepsilon^{k-1}}\cdot\frac{\varphi^k - 1}{k(\varphi - 1)}.$$

φ liegt zwischen 1 und rd. 3. Es wird für

$$\varphi = 1{,}5 \qquad \varphi = 3$$

$$\frac{\varphi^k - 1}{k(\varphi - 1)} = 1{,}09 \qquad 1{,}31.$$

Verglichen mit dem Wirkungsgrad des Ottoschen Prozesses $\left(1 - \frac{T_0}{T_1}\right)$ ist hiernach der des Diesel-Prozesses bei gleichem $\frac{T_0}{T_1}$, d. h. gleicher Verdichtungsspannung kleiner. Richtiger ist es aber, die beiden Prozesse bei gleichen Höchstdrücken zu vergleichen. Dabei stellt sich der Wirkungsgrad des Diesel-Prozesses etwas höher als der des Ottoschen Verfahrens (vgl. Abschn. 96).

Praktisch ist der Diesel-Motor den mit schwerer brennbaren Ölen (Petroleum) arbeitenden Flüssigkeitsmotoren mit Verpuffung in noch weit höherem

Grade überlegen. Während beim Diesel-Motor auch mit diesen Ölen bis 40 v. H. der Brennstoffwärme in indizierte Arbeit verwandelt werden, kommen jene wegen der unvollständigen Verbrennung noch nicht bis 20 v. H. (Eine Ausnahme machen die Spiritusmotoren und der Bánki-Motor, der mit Benzin und Wassereinspritzung arbeitet; in beiden Fällen kann die Verdichtung infolge des Wassergehalts der Ladung über das sonst mit Rücksicht auf die Vorzündung zulässige Maß gesteigert werden.)

Für gasförmige Brennstoffe kommt das Verfahren nach Diesel nicht in Betracht. Die nach dem Ottoschen Verfahren arbeitenden Gasmaschinen ergeben fast ebenso gute Wärmeausnützung, obwohl sie mit kleineren Höchstdrücken arbeiten.

35. Die Vorgänge in den Verbrennungsmotoren mit Rücksicht auf die Zunahme der spezifischen Wärme mit der Temperatur. (Beispiele.)

a) Gasmotoren (Ottosches Verfahren).

Wenn das Ansaugen unter atmosphärischem Druck erfolgt, wie annähernd bei normaler Belastung der Maschinen, so ist nach Abschn. 33

$$\eta_{th} = \frac{Q_{vII}^{III} - Q_{v0}^{I}}{Q_v}.$$

Hierin ist Q_v die bei der Verbrennung von 1 kg Ladung (Gemisch) entwickelte Wärme (Heizwert von 1 kg Gemenge), Q_{v0}^{I} der Wärmewert der adiabatischen Verdichtungsarbeit, Q_{vII}^{III} derjenige der Expansionsarbeit.

Q_v richtet sich nach dem Gasgehalt der Ladung. Es kann mit Rücksicht auf die vollständige Verbrennung einen bestimmten oberen Grenzwert nicht übersteigen. Ist L_0 der theoretische Luftbedarf in kg für 1 kg Gas, so enthalten $1 + L_0$ kg Gemenge 1 kg Gas. Also darf 1 kg Gemenge höchstens $\frac{1}{1+L_0}$ kg Gas enthalten. Wird n facher Luftüberschuß angewendet, also die Luftmenge $n L_0$ für 1 kg Gas, so ist der Gasgehalt von 1 kg Ladung nur $\frac{1}{1+n L_0}$ kg. Praktisch ist allermindestens $n = 1{,}25$ für die normale Leistung zu setzen. Für kleinere Leistungen kann n größer werden (bei Qualitätsregulierung), jedoch nicht über ein Maß hinaus, das durch die Abnahme der Zündfähigkeit, bzw. deren Aufhören bei abnehmendem Gasgehalt bedingt ist.

Ist H die Wärmemenge, die bei der Verbrennung von 1 kg (bzw. 1 cbm) Gas frei wird (Heizwert), so wird demnach

$$(Q_v)_{max} = \frac{H}{1+L_0}$$

und

$$Q_v = \frac{H}{1+n \cdot L_0}.$$

Für Leuchtgas ist nach Abschn. 9

$$L_0 = 13{,}1 \text{ kg}.$$

1 cbm Leuchtgas von 0,515 spez. Gewicht bei 0° und 760 mm entwickelt durchschnittlich 5000 Cal., 1 kg Leuchtgas demnach

$$\frac{5000}{0{,}515} = 9720 \text{ Cal.}$$

Daher ist

$$(Q_v)_{max} = \frac{9720}{14,1} = 690 \text{ Cal/kg}.$$

Für $n = 1,25$ wird

$$Q_v = \frac{9720}{1 + 1,25 \cdot 13,1} = 560 \text{ Cal/kg}.$$

Die obere Grenze, bei der die Zündfähigkeit aufhört, liegt bei rund 29,4 kg Luft auf 1 kg Gas, entsprechend

$$n_{max} = \frac{29,4}{13,1} = 2,24\,;$$

also ist

$$(Q_v)_{min} = \frac{9720}{1 + 29,4} = 320 \text{ Cal/kg}.$$

Q_v kann sich also etwa innerhalb der Grenzen 600 und 350 Cal/kg bewegen.

Für Generatorgas wird mit $L_0 = 1,08$,

$$H = \frac{1100}{1,1} = 1000 \text{ Cal/kg}$$

in gleicher Weise $(Q_v)_{max} = 480$, und mit

$$n_{max} \cong \frac{1,76}{1,08} = 1,63$$

$$(Q_v)_{min} \cong 400.$$

Die praktischen Grenzen für Q_v liegen also bei rd. 500 bzw. 400 Cal/kg. Bei hoher Verdichtung bzw. Erhitzung mögen auch schwächere Gemische noch hinreichend zündfähig sein.

Für Benzin mit $L_0 = 15$, $H = 10\,500$ Cal/kg wird

$$(Q_v)_{max} = 656.$$

Durch die Vermischung mit den Abgasresten wird die Zündfähigkeit der Ladungen vermindert. Die Kohlensäure ist in dieser Hinsicht besonders nachteilig. Außerdem wird durch die Abgasreste eine Herabsetzung des verhältnismäßigen Gasgehalts der ganzen Ladung im Vergleich zu dem des zuströmenden Gemisches herbeigeführt.

Beispiel. Leuchtgasmaschine mit $\varepsilon = 6,84$facher Verdichtung bei 1,25facher Luftmenge. Anfangstemperatur des Gemenges 90°.

Mit $H = 5000$ Cal/cbm würde

$$Q_v = \frac{5000}{1 + 1,25 \cdot 5,25} = 652 \text{ Cal/cbm}.$$

Durch die Vermengung mit den Abgasresten werde der spez. Wärmegehalt der Ladung bis auf schätzungsweise $Q_v = 558$ Cal/cbm vermindert.

1. Verdichtung. Nach Beispiel 2, Abschn. 27, steigt die Temperatur bei der Verdichtung von 90° auf 497°, wenn das Gemenge als „Gas" behandelt wird. Bis auf den Kohlensäure- und Wasserdampfgehalt der Abgasreste ist diese Annahme zutreffend. Der Wärmewert der Verdichtungsarbeit folgt hiermit durch Abgreifen aus Taf. I (Wärmekurve, für konst. Volumen)

$$(Q_v)_0^I = \underline{83,5} \text{ Cal/cbm}.$$

Bei 1 at Ansaugedruck steigt der Verdichtungsdruck (s. ebenda) auf 14,5 at abs.

2. Verbrennung. Aus Taf. I folgt mit 558 Cal/cbm aus einer Anfangstemperatur von 497° eine Endtemperatur von 2218° (Wärmekurve der Feuergase mit $\mathfrak{v}_l = 0{,}2$ überschüss. Luft, konst. Volumen). Der Explosionsdruck wird daher

$$p_2 = 14{,}5 \cdot \frac{273 + 2218}{273 + 497} = 46{,}9 \text{ kg/qcm abs.}$$

Mit Rücksicht auf die Volumenkontraktion (Abschn. 7 und 8) sei schätzungsweise

$$p_2 = 0{,}98 \cdot 46{,}9 = 45{,}9 \text{ at.}$$

3. Ausdehnung. Mit der Anfangstemperatur $T_2 = 273 + 2218 = 2491$ abs. ist nach Abschn. 27 die Endtemperatur T_3 der Ausdehnung bestimmt aus

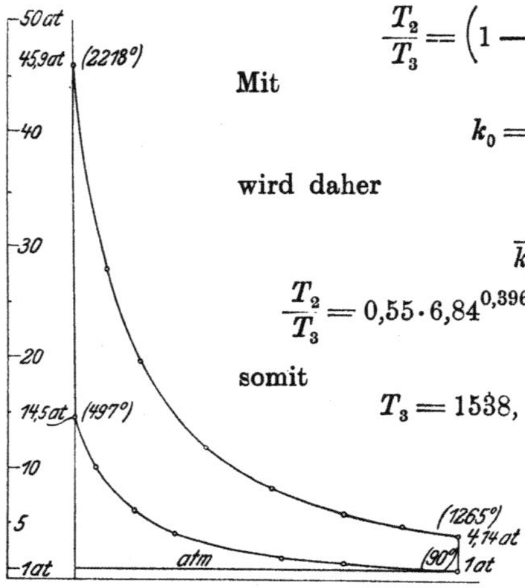

Fig. 63.

$$\frac{T_2}{T_3} = \left(1 - \frac{\alpha\, T_2}{k_0 - 1}\right) \varepsilon^{k_0 - 1} + \frac{\alpha\, T_0}{k_0 - 1}.$$

Mit

$$k_0 = 1{,}396 \qquad \alpha = \frac{0{,}716}{10000}\ ^{1)}$$

wird daher

$$\frac{\alpha\, T_2}{k_0 - 1} = 0{,}45,$$

$$\frac{T_2}{T_3} = 0{,}55 \cdot 6{,}84^{0{,}396} + 0{,}45 = 0{,}55 \cdot 2{,}129 + 0{,}45 = 1{,}62,$$

somit

$$T_3 = 1538, \qquad t_3 = 1538 - 273 = \underline{1265^0}.$$

Die Ausdehnungs-Endspannung p_3 wird aus

$$\frac{p_3}{p_2} = \frac{1}{6{,}84 \cdot 1{,}62} = \frac{1}{11{,}09}$$

$$\underline{p_3 = 4{,}14 \text{ at abs.}}$$

Das Wärmeäquivalent der Ausdehnungsarbeit ergibt sich bei einer Anfangstemperatur von 2218°, einer Endtemperatur von 1265° aus Taf. I zu

$$(Q_v)_{II}^{III} = \underline{332 \text{ Cal.}}$$

Der thermische Wirkungsgrad ist daher

$$\eta_{th} = \frac{(Q_v)_{II}^{III} - (Q_v)_0^I}{Q_v} = \frac{332 - 83{,}5}{500} = \frac{248{,}5}{558} = \underline{0{,}45.}$$

Der theoretische Gasverbrauch für 1 PS_i-St. wird gemäß

$$\eta_{th} = \frac{633}{C_i \cdot 5000}$$

$$\underline{C_i = 0{,}28 \text{ cbm.}}$$

(In Wirklichkeit wird der Verbrauch wegen der Wärmeverluste etwa 0,4 cbm für 1 PS_i-St.)

Für unveränderliche spez. Wärme würde sein

$$\eta_{th} = 1 - \frac{1}{6{,}84^{0{,}40}} = \underline{0{,}54}$$

$$C_i = 0{,}235 \text{ cbm.}$$

---

[1]) Nach den neueren Ermittlungen, Abschn. 14, nur etwa 0,67/10000.

b) Ölmotoren (Diesel-Verfahren).

Nach Absch. 34 ist, wenn alle Größen auf 1 cbm von 0°760 mm bezogen werden,

$$\eta_{th} = \frac{(Q_v)_{II}^{III} - (Q_v)_0^I + \frac{\gamma_0 R}{427}(T_2 - T_1)}{Q_p}$$

Die aus 1 cbm Ladung entwickelte Verbrennungswärme Q_p kann nach Abschn. 34 und 35 nicht mehr als rd. 700 Cal betragen. $(Q_v)_0^I$ und $(Q_v)_{II}^{III}$ sind die adiabatischen Verdichtungs- und Ausdehnungsarbeiten in Cal, $T_2 - T_1$ die Temperatursteigerung bei der Verbrennung.

Beispiel. Das theoretische Spannungsdiagramm und den thermischen Wirkungsgrad eines Diesel-Motors mit 15,73 facher Verdichtung zu berechnen.

$$Q_p = 622 \text{ Cal/cbm entsprechend ein}, \quad t_0 = 100^0, \quad p_0 = 0{,}9 \text{ at}.$$

Verdichtung. Nach Abschn. 27, Beispiel 1, wird die Endtemperatur $T_1 = 1044$ abs. ($t_1 = 771^0$) und die Verdichtungsarbeit in Cal nach Taf. I

$$(Q_v)_0^I = 159 \text{ Cal/cbm},$$

der höchste Verdichtungsdruck

$$p_1 = 40{,}8 \text{ at abs.}$$

Verbrennung. Mit $Q_p = 622$, $t_1 = 771^0$ folgt aus Taf. I, Kurve der Feuergase mit rd. 0,2 Teilen Luft (p = konstant), $t_2 = 2240^0$. Die Raumvergrößerung bei der Verbrennung wird daher

$$\varphi = \frac{T_2}{T_1} = \frac{2240 + 273}{771 + 273} = 2{,}405,$$

also die „Füllung"

$$\frac{2{,}405 - 1}{15{,}73 - 1} = 0{,}095 \ (9{,}5 \text{ v. H.}),$$

das Ausdehnungsverhältnis der Feuergase von Füllungs- bis Hubende

$$\frac{15{,}73}{2{,}405} = 6{,}54.$$

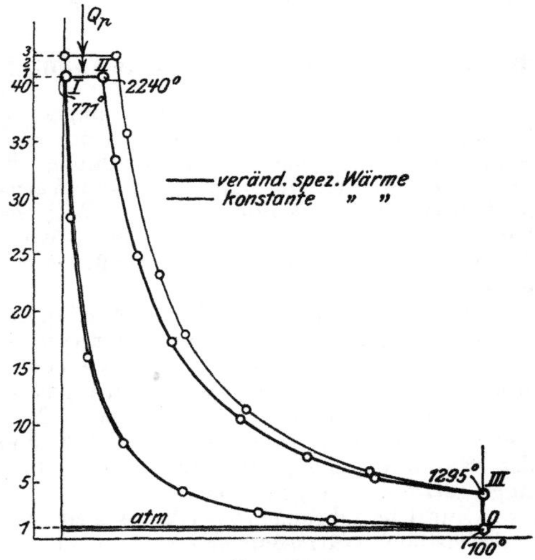

Fig. 64.

Ausdehnung. Nach Abschn. 27 ist

$$\frac{T_2}{T_3} = \left(1 - \frac{\alpha T_2}{k_0 - 1}\right) \cdot \left(\frac{v_3}{v_2}\right)^{k_0 - 1} + \frac{\alpha T_2}{k_0 - 1}.$$

Für die Adiabate der Feuergase gilt Gl. 2 Abschn. 27, wobei gemäß Abschn. 14a etwa

$$k_0 = 1{,}383, \qquad \alpha = \frac{0{,}652}{10000}$$

gesetzt werden kann.

Am Hubende ist daher

$$\frac{T_2}{T_3} = 0{,}5725 \cdot 6{,}54^{0{,}383} + 0{,}4275 = 1{,}601,$$

somit
$$T_3 = 1568 \text{ abs.},$$
$$t_3 = 1295^0.$$

Der Druck am Hubende wird

$$p_3 = p_2 \cdot \frac{1}{1{,}601 \cdot 6{,}54} = \frac{p_2}{10{,}84} = 3{,}9 \text{ at abs.}$$

Die Expansionsarbeit wird entsprechend dem Temperaturfall von 2240° auf 1295° nach Taf. I (Feuergase mit etwa 0,2 Raumteilen Luft, v = const.)

$$(Q_v)_{II}^{III} = 332 \text{ Cal/cbm}.$$

Der thermische Wirkungsgrad wird nun, mit $R \cong 31$, $\gamma_0 = 1{,}29$

$$\eta_{th} = \frac{332 - 159 + \frac{31 \cdot 1469 \cdot 1{,}29}{427}}{622} = \underline{0{,}50}.$$

Das Spannungsdiagramm gibt Fig. 64 wieder.

Für unveränderliche spezifische Wärme würde sich $\eta_{th} = 0{,}57$ und das leicht ausgezogene Spannungsdiagramm ergeben.

36. Kälteerzeugung unter Anwendung von Gasen als Kälteträgern.

Vorbemerkungen. Um die Temperatur eines festen, flüssigen oder gasförmigen Körpers von G kg Gewicht um τ^0 zu erniedrigen, muß ihm für jedes Kilogramm und jeden Grad Abkühlung die Wärmemenge c (spez. Wärme) entzogen werden; im ganzen also die Wärme $Q = G \cdot c \cdot \tau$. Diese Wärme wird in Anbetracht der Wirkung, die ihre Wegschaffung aus dem Körper in diesem hervorbringt, als „Kälte" bezeichnet. Wärmemengen, die zum Zwecke der Abkühlung aus Körpern fortgeschafft werden, werden auch Kältemengen genannt.

Zur Überführung von flüssigen Körpern in den festen Zustand, ebenso zur Verflüssigung von Dämpfen sind nach der Abkühlung auf die Erstarrungs- bzw. Verflüssigungstemperatur noch weitere erhebliche Wärmemengen aus den Körpern zu entfernen, um die Erstarrung oder Verflüssigung, d. h. die Änderung des Aggregatzustandes herbeizuführen. (Schmelzwärme, Verdampfungswärme.) Dabei ändert sich, wenn der Druck unverändert bleibt, die Temperatur trotz der Wärmeentziehung so lange nicht, bis das letzte Teilchen den neuen Aggregatzustand angenommen hat.

Zur Überführung von 1 kg Wasser von 0° in Eis von 0° ist z. B. eine Kälteleistung (Wärmeentziehung) von rd. 80 Cal erforderlich. Um also aus Wasser von $+t^0$ Eis von $-t_1^0$ herzustellen, müssen $Q = t + 80 + 0{,}5\,t_1$ Cal fortgeschafft werden, nämlich t Cal. für die Abkühlung von t^0 auf 0°, 80 Cal. Schmelzwärme für die Erstarrung, 0,5 t_1 Cal. für die Abkühlung des Eises von 0 auf $-t_1^0$, da das Eis eine spez. Wärme von 0,5 Cal/kg besitzt. (Praktisch werden rd. 120 Cal. gerechnet, mit Rücksicht auf Nebenverluste; für Wasser von $+20^0$ und Eis von -5^0 wären theoretisch $20 + 80 + 0{,}5 \cdot 5 = 102{,}5$ Cal. nötig.)

Die Abkühlung fester und flüssiger Körper wird durch Ableitung ihrer Eigenwärme an kältere Körper bewerkstelligt. Dabei erwärmen sich die kälteren Körper B auf Kosten der wärmeren Körper A. So nimmt bei der künstlichen Eisgewinnung die unter 0° abgekühlte Sole (B) Wärme aus dem gefrierenden Wasser (A) auf und wird dadurch wärmer. Das Wasser bzw. Gemisch aus Wasser und Eis behält dagegen trotz der starken Wärmeabgabe seine Temperatur von 0°, bis alles Wasser zu Eis geworden ist. Dann sinkt auch die Eistemperatur bis nahe auf die Soletemperatur. Die erwärmte Sole muß immer von neuem durch kalte ersetzt werden (Zirkulation).

Die Sole selbst wird durch noch kältere Körper C (Kälteträger), mit denen sie in leitender Verbindung steht, auf ihre tiefe Temperatur gebracht und die aus dem Gefrierbehälter ablaufende erwärmte Sole muß sich immer von neuem an den Kälteträgern abkühlen.

Die eigentliche Kälteerzeugung besteht nun in der Beschaffung der Kälteträger C, d. h. in der Herstellung und dauernden Erhaltung tiefer Temperaturen in diesen Körpern.

Da kältere Körper nicht vorhanden sind, so muß den Kälteträgern, um sie zu solchen zu machen, ihre natürliche Wärme und im weiteren die Wärme, die sie fortlaufend aus den abzukühlenden Körpern aufnehmen, auf eine andere Weise als durch Wärmeleitung entzogen werden.

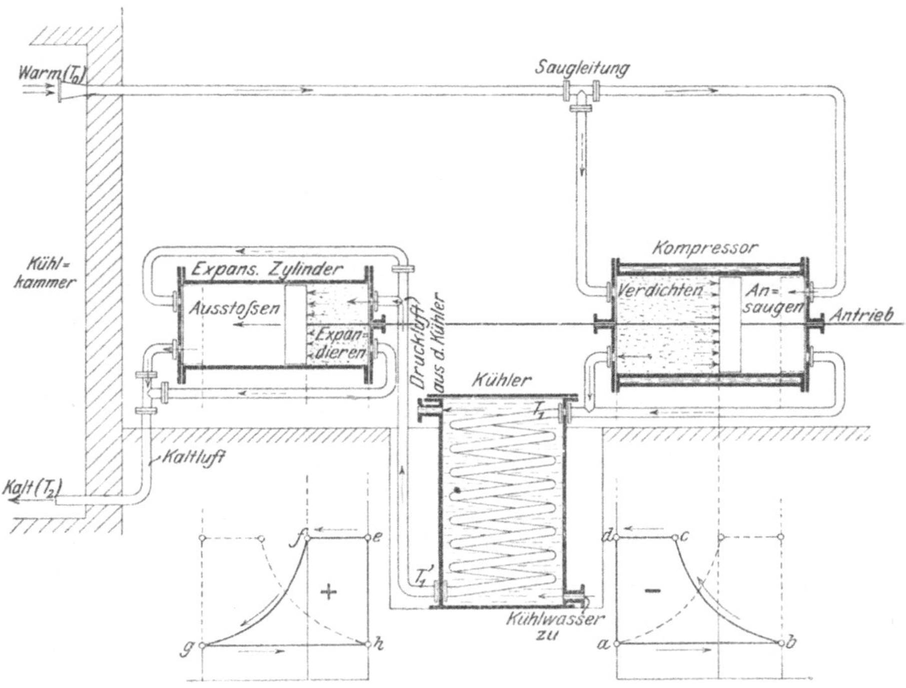

Fig. 65.

Als Kälteträger sind Gase und Dämpfe deshalb geeignet, weil sie auch auf anderem Wege als durch Wärmeleitung abgekühlt werden können, nämlich durch Verwandlung eines Teiles ihrer Eigenwärme in mechanische Arbeit. Die letztere kann entweder, wie bei den Gasen, nach außen abgegeben werden, oder wie bei den Dämpfen, auch zur Verrichtung innerer Arbeit (Verdampfung) dienen.

Methode der Kälteerzeugung mittels Gasen. Wenn sich gespannte Gase adiabatisch, d. h. ohne Zuleitung oder Ableitung von Wärme ausdehnen, so verschwindet eine der absoluten Ausdehnungsarbeit äquivalente Wärmemenge aus dem Gase. Deshalb sinkt mit dem Drucke auch die Temperatur des Gases. (Abschn. 25.) Das kalte Gas kann nun als Kälteträger (C) verwendet werden. Daraus ergibt sich folgendes Verfahren der Kälteerzeugung. (Fig. 65)

Atmosphärische Luft wird in einem Luftkompressor verdichtet. Die verdichtete und dadurch erwärmte Luft wird in einem Kühlgefäß auf die Außentemperatur bzw. auf Kühlwassertemperatur abgekühlt. Je weniger Wärme im Kompressor selbst abgeleitet wurde, um so mehr muß der Kühler aufnehmen. Würde die Luft adiabatisch verdichtet und auch nachträglich nicht gekühlt, so würde bei der darauffo'genden adiabatischen Ausdehnung die Temperatur wieder nur auf Außentemperatur fallen, also der Vorgang ergebnislos verlaufen.

Die Wärmeentziehung aus der verdichteten Luft ist somit ein sehr wesentlicher Teil des Vorganges, ohne den der beabsichtigte Zweck nicht erreicht wird. Seine grundsätzliche Erläuterung findet sich in Abschn. 85.

Dle abgekühlte Druckluft wird von einem zweiten Zylinder aus dem Kühler entnommen und dehnt sich in diesem adiabatisch bis auf den Anfangsdruck aus. (Expansionszylinder.) Dabei sinkt ihre Temperatur weit unter die Außentemperatur. In diesem Zustande ist die Luft nun Kälteträger. Sie wird in ein Röhrensystem oder in eine Kühlkammer ausgestoßen, durch deren große Oberfläche sie den abzukühlenden Körpern, mit denen die Röhren in Berührung stehen (Sole, Luftraum), Wärme entzieht. Hierbei erwärmt sie sich selbst bis gegen die Temperatur der zufließenden Sole bzw. die Raumtemperatur hin.

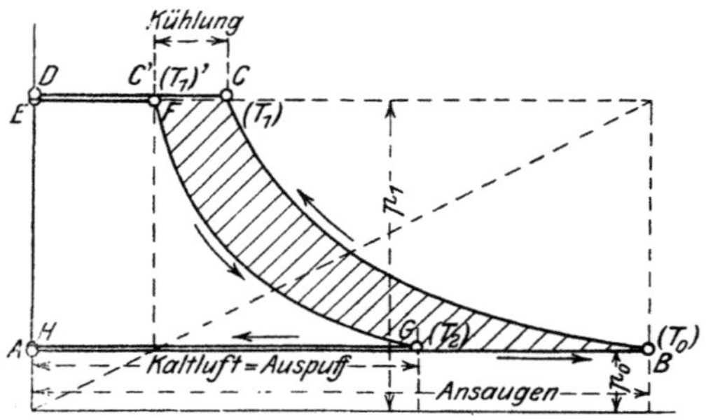

Fig. 66.

Nach der Wärmeaufnahme wird die Luft entweder ins Freie entlassen (offener Prozeß) oder vom Kompressor wieder angesaugt (geschlossener Prozeß). — Fig. 65 zeigt den ganzen Vorgang mit doppelt wirkenden Zylindern. [1])

Die Druck-, Temperatur- und Arbeitsverhältnisse ergeben sich mit Fig. 66 wie folgt:

Kompressor. AB Ansaugen von Luft von atmosphärischem Druck und der Temperatur T_0 (bei offenem Prozeß Außentemperatur). BC Verdichten (adiabatisch), CD Hinausschieben der Druckluft in die Kühlleitung. $ABCD$ ist das Kompressordiagramm (in Fig. 65 $abcd$).

Kühler. Raumverminderung CC' durch die Abkühlung auf die Anfangstemperatur T_0. C' ergibt sich nach der Hyperbelkonstruktion als Endpunkt einer gedachten Isotherme von B nach C'.

Expansionszylinder. EF Füllung des Expansionszylinders mit der vom Kompressor geförderten, gekühlten Luft vom Volumen DC' ($= EF$). Expansion FG bis zum Außendruck p_0, dabei Sinken der Temperatur von T_0 (T_1') auf T_2. GH Ausstoßen der Kaltluft durch den zurücklaufenden Kolben, Fortleitung an die Verbrauchsstelle. $EFGH$ (bzw. $efgh$) ist das Druckdiagramm de Expansionszylinders.

Die im Expansionszylinder von der Luft an den Kolben abgegebene Arbeit ist kleiner als die im Kompressor von außen auf die Luft übertragene Arbeit, wie aus den Größenverhältnissen der beiden Druckdiagramme $ABCD$ und $EFGH$ ersichtlich.

Zum Betriebe der Kälteerzeugungsanlage ist also eine der Fläche $BCC'G$ entsprechende mechanische Arbeit aufzuwenden.

---

[1]) Fig. 65 enthält nur das Schema der Luftwege, keine Absperr- und Steuerungsorgane.

Die Temperatur T_1 folgt aus

$$\frac{T_1}{T_0} = \left(\frac{p_1}{p_0}\right)^{\frac{k-1}{k}},$$

wenn $\frac{p_1}{p_0}$ angenommen wird.

Die Kaltlufttemperatur T_2 ergibt sich aus

$$\frac{T'_1}{T_2} = \left(\frac{p_1}{p_0}\right)^{\frac{k-1}{k}}$$

zu

$$T_2 = T'_1 \left(\frac{p_0}{p_1}\right)^{\frac{k-1}{k}}$$

Kälteleistung von 1 kg Luft. Wenn sich die Kaltluft bei der Wärmeaufnahme aus den kalten Körpern bis zur Temperatur dieser Körper erwärmt, so nimmt jedes kg die Wärmemenge $c_p (T_0 - T_2)$ auf, da die Wärmeentnahme aus den kalten Körpern unter konstantem Druck der Luft erfolgt.

$$Q = c_p (T_0 - T_2)$$

ist die Kälteleistung von 1 kg Luft.

Wegen

$$\frac{T_1}{T_0} = \frac{T_1'}{T_2} = \left(\frac{p_1}{p_0}\right)^{\frac{k-1}{k}}$$

ist auch

$$\boldsymbol{Q = c_p T_0 \left(1 - \frac{T_1'}{T_1}\right).}$$

Arbeitsbedarf. Die Kompressorarbeit ist (nach Abschn. 31)

$$L_c = 427\, c_p (T_1 - T_0),$$

die Arbeit des Expansionszylinders

$$L_e = 427\, c_p (T_1' - T_2),$$

daher die erforderliche Betriebsarbeit (schraffierte Fläche Fig. 66)

$$L = L_c - L_e = 427\, c_p (T_1 - T_0 - T_1' + T_2).$$

Mit

$$\frac{T_1}{T_0} = \frac{T_1'}{T_2}$$

wird hieraus

$$\boldsymbol{L = 427\, c_p (T_1 - T_0) \cdot \left(1 - \frac{T_1'}{T_1}\right).} \quad \text{(Betriebsarbeit.)}$$

Leistungsverhältnis. Mit 1 mkg mechanischer Arbeit wird eine Kälteleistung von $\frac{Q}{L}$ Cal. erzielt, also mit 427 mkg, dem Äquivalent von 1 Cal., die Kälte

$$\frac{427\, Q}{L} = \frac{T_0}{T_1 - T_0} \text{ Cal.}$$

$$= \frac{1}{\frac{T_1}{T_0} - 1} \quad \text{(Leistungsverhältnis).}$$

Dieser Wert wird um so größer, d. h. man erhält aus einer bestimmten Betriebsarbeit um so mehr Kälte, oder man erhält die gleiche Kälte mit um so kleinerer Betriebsarbeit, je näher T_1 an T_0 liegt, d. h. mit je geringerer Verdichtung gearbeitet wird.

Kälteleistung für 1 PS/Stunde. Saugt der Kompressor stündlich G **kg** Luft an, so ist die stündliche gesamte Kälteleistung

$$Q_s = G \cdot Q.$$

Die dazu erforderliche Betriebsarbeit in mkg ist $G \cdot L$, also wegen 1 PS/St. $= 75 \cdot 3600$ mkg

$$N = \frac{GL}{75 \cdot 3600} \text{ PS.}$$

Mit 1 PS werden daher in der Stunde

$$\frac{Q_s}{N} = \frac{G \cdot Q : 75 \cdot 3600}{G \cdot L} = \frac{270\,000}{427} \cdot \frac{T_0}{T_1 - T_0}$$

oder

$$\frac{Q_s}{N} = 633 \cdot \frac{T_0}{T_1 - T_0} \text{ Cal.}$$

Kälte erzeugt.

Beispiel. Kaltluftmaschinen werden heute nur noch zur Kühlung von Gefrierräumen auf Schiffen gelegentlich verwendet. Die Kaltluft wird, wie in Fig. 65, frei in den Gefrierraum ausgestoßen, und an anderer Stelle mit erhöhter Temperatur (aber immer noch „kalt") vom Kompressor wieder angesaugt.

Die Raumtemperatur (an der wärmsten Stelle) sei -8^0, also $T_0 = 273 - 8 = 265$, die mittlere Kühlwassertemperatur $t_1' = +20^0$, also $T_1' = 273 + 20 = 293$. Wird $\frac{p_1}{p_0} = 5$ gewählt (4 at Überdruck), so ergibt sich

$$T_1 = 265 \cdot 5^{\frac{0,40}{1,40}} = 420 \text{ abs.}; \quad t_1 = 147^0.$$

Ferner

$$T_2 = \frac{293}{5^{0,286}} \simeq 185 \text{ abs.}; \quad t_2 = 185 - 273 = \underline{-88^0.}$$

Mit $T_0 - T_2 = 265 - 185 = 80^0$ wird die Kälteleistung von 1 kg Luft

$$Q = 0,239 \cdot 80 = \underline{19,12 \text{ Cal.}}$$

Wird also z. B. eine stündliche Kälteleistung von 10000 Cal. verlangt, so müssen die Zylinder stündlich

$$G = \frac{10\,000}{19,12} = 524 \text{ kg} \left(\text{oder } \frac{524}{1,29} = 406 \text{ cbm von } 0^0\right)$$

Luft verarbeiten können.

Der Hubraum des Expansionszylinders wird im Verhältnis $\frac{GH}{AB} = \frac{T_2}{T_0} = \frac{185}{265} \simeq 0,7$ mal kleiner als der des Kompressors.

Die Kälteleistung für 1 PS/St. wird

$$\frac{Q_s}{N_i} = 633 \cdot \frac{265}{420 - 265} = \underline{1080 \text{ Cal.}}$$

Für 10000 Cal/St. wären also

$$N_i = \frac{10\,000}{1080} = 9,3 \text{ PS nötig.}$$

In Wirklichkeit werden von diesen Maschinen noch nicht 800 Cal/PS_iSt. geleistet, wenn unter indizierter Betriebsarbeit (PS_i) der Unterschied zwischen den indizierten Leistungen des Kompressor- und Expansionszylinders verstanden wird.

Von ungünstigem Einfluß ist der Umstand, daß statt der theoretischen Kaltlufttemperatur von — 88° wegen des Einflusses der Wandungen des Expansionszylinders nur etwa — 65° erreicht werden.

Verbessern ließe sich die Kälteleistung durch Anwendung geringerer Verdichtung (die ausgeführten Maschinen verdichten auf 4—5 at abs.). Dadurch wird aber die Kälteleistung von 1 kg Luft geringer, es müssen größere Luftmengen verwendet werden. Die Zylinderabmessungen wachsen hierdurch und die Maschinen werden zu teuer. Auch durch kräftige Kühlung des Kompressors kann der Wirkungsgrad gegenüber der obigen Formel, die adiabatische Verdichtung voraussetzt, etwas verbessert werden.

Die Leistung der Kaltluftmaschinen ist durch die der Kaltdampfmaschinen so weit überholt, daß sie nur noch eine sehr beschränkte Verwendung finden. Mit den Kaltdampfmaschinen werden unter günstigen Umständen bis 4000 Cal/PS_iSt. und darüber tatsächlich erreicht, also bis zum Fünffachen der Leistung der Luftmaschinen.

II. Die Dämpfe.

Der Wasserdampf.

37. Der gesättigte Wasserdampf. Druck und Temperatur; spezifisches Gewicht und Volumen.

Die Eigenschaften des Wasserdampfes zeigen sich am deutlichsten, wenn seine Entstehung aus dem flüssigen Wasser verfolgt wird.

Soll Wasser in einem offenen Gefäß, also unter dem gleichbleibenden Luftdruck, durch Wärmezufuhr verdampft werden, so steigt seine Temperatur erst auf rd. 100°. Von da ab beginnt die Dampfentwicklung in der ganzen Masse. Der Druck dieses Dampfes ist gleich dem Atmosphärendruck, also 1,033 kg/qcm abs., seine Temperatur wie die des Wassers 100°. Sie steigt auch bei der stärksten Wärmezufuhr nicht weiter.

Liegt auf der Wasseroberfläche im geschlossenen Dampfkessel ein höherer Druck, so ist die Wassertemperatur, bei der die Verdampfung beginnt, und daher auch die Dampftemperatur höher. Das dem Kessel während des Betriebes zugeführte Speisewasser muß erst auf diese Temperatur erwärmt werden, ehe es an der Dampflieferung teilnimmt. Bei niedrigerem Druck, also z. B. auf Bergen im offenen Gefäß oder in einem geschlossenen Gefäß mit teilweisem Vakuum beginnt die Verdampfung schon unter 100°. Wasser von 20° siedet z. B., wenn der Druck bis 17,4 mm Hg erniedrigt wird.

Die Dampfentwicklung und damit auch die Existenz des Dampfes von bestimmtem Druck (p) ist also an ganz bestimmte vom Druck abhängige Temperaturen, die Siedetemperaturen, gebunden[1]). Umgekehrt entspricht auch jeder gegebenen Dampftemperatur ein ganz

---

[1]) Die Verdunstung ist ein Verdampfungsvorgang, bei dem lediglich die freie Oberfläche des Wassers beteiligt ist. Sie ist abhängig von dem Teildruck des Wasserdampfs in der umgebenden Luft und hört erst auf, wenn dieser Druck gleich dem zur Wassertemperatur gehörigen Siededruck wird (wenn also die umgebende Luft mit Wasserdampf gesättigt ist). Im offenen Gefäß beginnt daher die Verdunstung wegen der Kleinheit des Dunstdrucks der Luft schon lange vor dem Sieden.

bestimmter Siededruck. Der Dampf in dem Zustande, wie er sich aus dem flüssigen Wasser entwickelt, heißt gesättigt. Nur für solchen Dampf gelten die Erörterungen in diesem Abschnitt. Der Zusammenhang zwischen Dampfdruck p_s und Dampftemperatur t_s im Siedezustand geht aus Fig. 70 hervor, in der die Dampftemperaturen als Abszissen, die Drücke als Ordinaten aufgetragen sind (Dampfdruckkurve). Die Dampftabellen im Anhang enthalten ebenfalls die zusammengehörigen Werte von p_s und t_s. Die neuesten und wohl genauesten Versuche darüber stammen aus der Physikalisch-Technischen Reichsanstalt[1]). Bis dahin waren im allgemeinen Gebrauch die Werte von Regnault, die recht genau mit den neuesten Ergebnissen übereinstimmen. Andere Versuchsreihen stammen von Battelli, von Ramsay und Young, von Cailletet, sowie aus dem Münchener Laboratorium für Technische Physik (Knoblauch, Linde und Klebe). Die in diesem Buche angegebenen Zahlen sind den erstgenannten Versuchsreihen entnommen.

Eine allgemeine Formel, durch welche die Versuchsergebnisse zwischen 0^0 und 374^0 (kritische Temperatur) oder auch nur zwischen 0^0 und 200^0 (übliche technische Grenzen), genau dargestellt werden, existiert nicht. Dagegen gibt es eine große Zahl von Formeln[2]), die sich in einem engeren Gebiet dem Verlauf der Versuchskurve recht genau anpassen lassen. Eine solche Formel[3]), die auch von der für technische Zwecke nötigen Einfachheit ist, lautet

$$\log p_s = A - \frac{B}{T_s},$$

oder

$$T_s = \frac{B}{A - \log p_s}.$$

Man überzeugt sich leicht von dem Genauigkeitsgrad und den Grenzen dieser Formel, wenn man die Werte von $\log p_s$ als Ordinaten zu den Werten von $1/T_s$, d. h. $1/(273 + t_s)$ als Abszissen aufträgt. Man findet dann, daß die Punkte auf weiten Strecken in der Grenze der zeichnerischen Genauigkeit auf Geraden liegen. Zwischen sehr weiten Grenzen treten indessen merkbare Krümmungen auf. Für die drei Gebiete zwischen etwa 20^0 und 100^0, zwischen 100^0 und 200^0 (15,8 at), zwischen 200^0 und 350^0 (168 at) können die nachstehenden Formeln angewendet werden (p_s in kg/qcm)

a) zwischen 20^0 und 100^0:

$$\log p_s = 5{,}9778 - \frac{2224{,}4}{T_s} \quad (p_s \text{ in kg/qcm}).$$

---

[1]) Im Gebiet zwischen 0^0 und 50^0 von Scheel und Heuse, zwischen 50^0 und 200^0 von Holborn und Henning, zwischen 200^0 und 374^0 von Holborn und Baumann.

[2]) Vgl. darüber z. B. Chwolson, Lehrbuch der Physik, Wärme; Winckelmann, Handbuch der Physik; Zeuner, Technische Thermodynamik.

[3]) Ursprünglich von van der Waals aus theoretischen Erwägungen hergeleitet. Vgl. auch Z. Ver. deutsch. Ing. 1905: Dieterici, Die kalor. Eigenschaften des Wassers und seines Dampfs.

Bei sehr kleinen Drücken ist u. U. die Rechnung in mm Hg erwünschter. Dafür gilt

$$\log p_s = 8{,}8444 - \frac{2224{,}4}{T_s} \; (p_s \text{ in mm Hg}).$$

b) zwischen 100^0 und 200^0:

$$\log p_s = 5{,}6485 - \frac{2101{,}6}{T_s},$$

c) zwischen 200^0 (15,8 at) und 350^0 (168 at)

$$\log p_s = 5{,}45142 - \frac{2010{,}8}{T_s}.$$

Die Koeffizienten sind in jeder der drei Formeln so bestimmt, daß die Anfangs- und Enddrücke für den betreffenden Temperaturbereich genau werden.

Spezifisches Volumen v_s und spezifisches Gewicht γ_s.

Je höher der Dampfdruck ist, um so dichter ist der Dampf; das gleiche Dampfgewicht nimmt einen kleineren Raum ein. Verhielte sich der gesättigte Dampf hinsichtlich des Zusammenhangs von Druck, Volumen und Temperatur wie ein Gas, so wäre

$$\frac{v_{s1}}{v_{s2}} = \frac{p_{s2}}{p_{s1}} \frac{T_{s1}}{T_{s2}}$$

oder

$$p_s v_s = R T_s.$$

Diese Beziehung gilt tatsächlich mit einer gewissen, nicht allzu geringen Annäherung. Setzt man für R die Konstante des gasförmigen Wasserdampfs $R = 47{,}1$, so erhält man

$$v_s = 47{,}1 \frac{T_s}{p_s} \; (p_s \text{ in kg/qm}).$$

Wird hieraus mit den zusammengehörigen Sättigungswerten von p_s und T_s das Volumen berechnet, so findet man, daß sich stets ein etwas größerer Wert ergibt als aus den unmittelbaren Versuchen, oder der richtigen Berechnung mittels der Clapeyronschen Gleichung (Abschn. 97). Der gesättigte Dampf befindet sich also in einem Zustand von etwas größerer Dichte, als wenn er sich genau wie ein Gas mit dem Molekulargewicht des Wassers verhielte. In der TVS-Taf., Anhang, ist das so berechnete Volumen als „gedachtes Gasvolumen“ eingetragen (linke Hälfte des Blattes; die Ordinaten sind die Temperaturen, die Abszissen die spez. Volumina).

Zur unmittelbaren Bestimmung des spez. Volumens des gesättigten Wasserdampfs sind zahlreiche Versuche angestellt worden.

Eine genaue direkte Bestimmung begegnet großen Schwierigkeiten, weil sich der gesättigte Dampf sehr leicht, bei der geringsten Wärmeentziehung durch Gefäßwände, teilweise zu Wasser verdichtet. Auch scheint gerade bei Wasserdampf eine nicht unbeträchtliche Verdichtung des Dampfes (ohne Niederschlag) an der von ihm berührten Oberfläche stattzufinden. Umfangreiche Versuchsreihen stammen von Ramsay und Young, sowie von Battelli. Besonders die ersteren haben sich gut bewährt.

Die neuesten und genauesten Versuche, deren Ergebnisse in vorzüglicher Übereinstimmung mit den aus anderen Versuchswerten (Verdampfungswärme und Dampfspannungskurve) streng berechenbaren Werten stehen, sind im Laboratorium für Technische Physik in

München ausgeführt worden[1]). Diese Werte sind den im Anhang enthaltenen Dampftabellen zugrunde gelegt.

Die Volumenwerte in den bekannten Dampftabellen von Zeuner sind aus den Versuchen Regnaults über Druck, Temperatur und Verdampfungswärme nach der streng gültigen Clapeyron-Clausiusschen Gleichung berechnet. Sie stehen in einer recht guten, wenn auch nicht absoluten Übereinstimmung mit den Münchener Werten. Ferner sind von Mollier[2]) auf Grund der Zustandsgleichung des überhitzten Wasserdampfs von Callendar und der Regnaultschen Werte von p_s, t_s die Volumina berechnet worden. Diese Berechnungsweise ist grundsätzlich die gleiche wie oben bez. des „gedachten Gasvolumens" gezeigt; sie gibt aber sehr wesentlich genauere Werte, da die genauere Zustandsgleichung des überhitzten Dampfes (an Stelle des gasförmigen) zugrunde liegt. Auch diese Zahlen stehen in einer sehr guten, wohl für alle technischen Zwecke ausreichenden Übereinstimmung mit den Versuchswerten. Nach Mollier gilt übrigens mit guter Annäherung

$$v_s = \frac{1{,}7235}{p^{\frac{15}{16}}} \quad (p \text{ in kg/qcm}),$$

$$\gamma_s = 0{,}5802\, p^{\frac{15}{16}}.$$

Für nicht zu weite Grenzen ist daher das spez. Gewicht ungefähr dem Druck proportional (in ganz roher Schätzung etwa die Hälfte der Zahl des absoluten Dampfdrucks in at).

In Fig. 67 sind die Dampfdrücke als Ordinaten, die spez. Volumina und die spez. Gewichte als Abszissen aufgetragen. Die Linie des Volumens (sog. Grenzkurve) ist eine hyperbelartige Kurve, die des Gewichts eine fast gerade, durch den Ursprung gehende Linie.

Über das Volumen bei sehr hohen Temperaturen vgl. Z. Ver. deutsch. Ing. 1911, S. 1506, W. Schüle, Die Eigenschaften des Wasserdampfs nach den neuesten Versuchen. Die Ergebnisse finden sich in der Dampftafel IIIa bis zum kritischen Punkt, also der höchsten Temperatur (374°) und dem höchsten Druck (224,2 at), bei denen gesättigter Dampf noch bestehen kann, eingetragen.

Feuchter oder nasser Dampf. Alles Vorhergehende bezieht sich auf reinen, sog. trockenen Sattdampf. Schon bei der Dampferzeugung werden aber mehr oder weniger Flüssigkeitsteilchen in den Dampfraum mitgerissen, die als Tröpfchen im Dampfe schweben und so einen Teil der Dampfmasse bilden. Wo dies auch nicht der Fall

---

[1]) Forsch.-Arb., Heft 21, Knoblauch, Linde und Klebe, Die thermischen Eigenschaften des gesättigten und des überhitzten Wasserdampfs, I. Teil und R. Linde, II. Teil. Daselbst finden sich auch sehr eingehende kritische Betrachtungen über andere Versuchsergebnisse. Vgl. auch Z. Ver. deutsch. Ing. 1911, W. Schüle, Die Eigenschaften des Wasserdampfs nach den neuesten Versuchen.

[2]) R. Mollier, Neue Tabellen und Diagramme für Wasserdampf. Berlin 1906, Julius Springer.

ist, entstehen doch bei der geringsten Wärmeabgabe des Dampfes an die Gefäßwände, z. B. in allen Rohrleitungen und in den Dampfmaschinenzylindern, solche Wasserteilchen durch Rückverwandlung (Kondensation) eines Teils des reinen Dampfs. Denn wie bei der Verdampfung jedes Flüssigkeitsteilchens vom Dampfe Wärme aufgenommen (verbraucht) wird, ohne daß Druck und Temperatur zu steigen brauchen, so kann umgekehrt der Dampf Wärme nach außen abgeben, ohne daß sich p und t zu ändern brauchen; dabei geht aber eine der abgegebenen Wärmemenge genau entsprechende Gewichtsmenge Dampf in den flüssigen Zustand über. (Hierüber vgl. unten

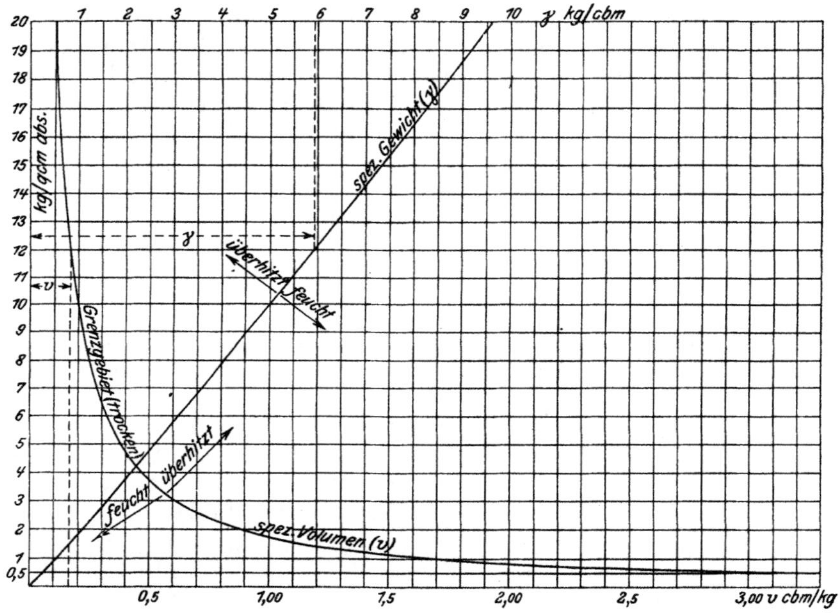

Fig. 67.

„Verdampfungswärme"). Daher existiert der Sattdampf praktisch immer als ein Gemenge von reinem Dampf mit Flüssigkeit. Er wird dann als feuchter oder, je nach dem Grade, als nasser Dampf bezeichnet. Seine Zusammensetzung wird in Gewichtsteilen angegeben. Das Gewicht x des reinen Dampfs in 1 kg feuchtem Dampf heißt verhältnismäßige Dampfmenge oder Dampfgehalt (auch spezifische Dampfmenge). Die Flüssigkeit in 1 kg Dampf wiegt dann $1-x$ kg; dies ist die Dampfnässe oder Feuchtigkeit. Sowohl x als $1-x$ werden häufig in Prozenten angegeben. $x = 0,9$, also $1-x = 0,1$ entspricht 90 v. H. Dampfgehalt und 10 v. H. Feuchtigkeit.

Das Volumen v von 1 kg feuchtem Dampf ist kleiner als das des trockenen Dampfs v_s. Denkt man sich nämlich einen Teil des letzteren bei unveränderlichem Druck kondensiert, so findet eine Raumverminderung (ohne Gewichtsverminderung) statt, da das Niederschlagswasser einen viel kleineren Raum einnimmt als der Dampf, aus dem es entstand. — Der Raum, den x kg trockener Dampf einnehmen, ist $x \cdot v_s$, während die übrigen $1 - x$ kg Wasser den Raum $(1 - x) \cdot 0{,}001$ cbm beanspruchen (1 kg Wasser = 1 l = 0,001 cbm). Daher nimmt 1 kg feuchter Dampf den Raum ein

$$v = x v_s + (1 - x) \cdot 0{,}001 .$$

Ist, wie bei allem Gebrauchsdampf, der Dampfgehalt vorwiegend, so ist $0{,}001 \cdot (1 - x)$ sehr klein gegen $x \cdot v_s$. Es ist z. B. bei $x = 0{,}75$, was schon eine sehr erhebliche Dampffeuchtigkeit bedeutet, für Dampf von

$p =$	0,1	8	15	kg/qcm	
$v_s =$	14,92	0,246	0,136	cbm/kg	
$x v_s =$	11,2	0,185	0,102	"	Dampf
$0{,}001 \cdot (1 - x) =$	0,00025	0,00025	0,00025	"	Wasser.

Selbst im ungünstigsten Fall, bei 15 at, macht der Rauminhalt der Flüssigkeit noch nicht $^1/_4$ v. H. des Gesamtraumes aus. Es genügt also weitaus, das spez. Volumen des feuchten Dampfs zu setzen

$$\boldsymbol{v = x v_s},$$

oder das spez. Gewicht

$$\gamma = \frac{\gamma_s}{x} .$$

Der feuchte Dampf ist im umgekehrten Verhältnis des Dampfgehaltes schwerer als der trocken gesättigte Dampf. Druck und Temperatur des feuchten Dampfs sind identisch mit denen des trockenen gesättigten Dampfs.

37a. Wärmemengen bei der Dampfbildung und der Kondensation des Dampfes.

Die näheren Umstände, unter denen die Überführung des Wassers in Dampf oder des Dampfs in Wasser erfolgt, sind nicht ohne Einfluß auf die verbrauchten bzw. frei werdenden Wärmemengen. Im nachstehenden wird vorausgesetzt, daß beide Vorgänge sich unter unveränderlichem Druck, dem Siededruck p_s, abspielen.

Das flüssige, kalte Wasser soll unter einen Druck gleich dem gewünschten Siededruck gesetzt und dann unter diesem Druck durch Wärmezufuhr verdampft werden. Der Fall liegt im Dampfkessel vor, wo das kalte Wasser durch die Speisepumpe erst auf den Kesseldruck gebracht (und in den Kessel geschafft) wird, wonach erst die Wärmeaufnahme beginnt. Von der zur Förderung des Wassers aus der Atmosphäre in den Kessel nötigen Arbeit, dem Speisungsaufwand, wird als Anteil an dem gesamten Energieaufwand der Dampferzeugung zunächst abgesehen.

Ein Beispiel für den entgegengesetzten Vorgang ist die Kondensation des Dampfes in den Kondensatoren der Dampfmaschinen. Dort erfolgt die Verwandlung des (niedrig gespannten) Dampfes in Wasser und dessen weitere

Abkühlung unter dem unveränderlichen Kondensatordruck (Unterdruck). Von der zur Herausschaffung des Dampfwassers an die Atmosphäre in diesem Falle erforderlichen Arbeit wird zunächst abgesehen, ebenso wie von der noch vorhandenen Druckenergie des Wassers, falls die Kondensation und Abkühlung unter höherem als dem Atmosphärendruck erfolgt (wie z. B. in den Heizkörpern der Dampfheizungen).

Der Vorgang der Dampferzeugung aus kaltem Wasser zerfällt dann in zwei Abschnitte, die Erwärmung des Wassers bis zur Siedetemperatur und die Verdampfung, Fig. 68; ebenso sind bei der Kondensation zu unterscheiden die Verwandlung des Dampfes in Wasser von der Siedetemperatur und die Abkühlung des Wassers (im Normalcall bis 0⁰).

a) **Erwärmung bis zur Siedetemperatur.** Die Wärmemenge, die zur Erwärmung von 1 kg Wasser von 0^0 bis zu der dem jeweiligen Siededruck entsprechenden Temperatur erforderlich ist, heißt Flüssigkeitswärme, q. Man kann, mit c als spez. Wärme des flüssigen Wassers, setzen

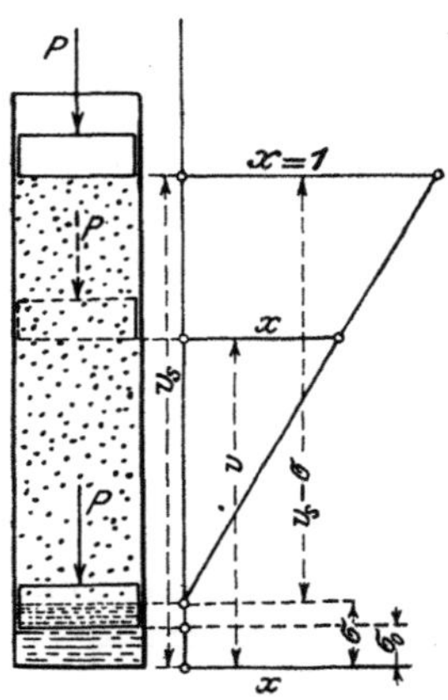

Fig. 68.

$$q = c_m \cdot t.$$

Die spez. Wärme c kann als unabhängig vom Druck angenommen werden. Dagegen nimmt sie mit der Temperatur von etwa 20^0 bis zu den höchsten Temperaturen, unter denen flüssiges Wasser bestehen kann (374^0), stetig zu.

Zwischen 0^0 und 100^0 sind die Unterschiede sehr gering. Die mittlere spez. Wärme c_m ist daher in diesem Gebiete nahezu identisch mit der wahren spez. Wärme c; jedenfalls kann man in diesem Gebiet für alle praktischen Zwecke setzen

$$c = c_m = 1.$$

Damit wird auch

$$q \cong t.$$

Dagegen wird bei höheren Temperaturen

$$q > t,$$

wenn auch innerhalb des praktisch verwerteten Temperaturgebietes der Unterschied nicht groß ist. Bei 200^0 hat man z. B.

$$q = 203{,}1 \text{ Cal.}$$

Fig. 69 zeigt die Veränderung von c mit der Temperatur zwischen 0^0 und 320^0 (115 at Siededruck). In den Tabellen I und II im Anhang sind die Werte von q zwischen 0^0 und 220^0 enthalten.

Nach Dieterici[1]) ist zwischen 40° und 300° die wahre (augenblickliche) spez. Wärme

$$c = 0{,}9983 - 0{,}0001037\,t + 0{,}000002073\,t^2,$$

und die mittlere spez. Wärme

$$c_m = 0{,}9983 - 0{,}00005184\,t + 0{,}0000006912\,t^2.$$

Gleichzeitig mit der Temperatur nimmt bei der Erwärmung auch das Volumen σ des Wassers zu[2]). Bis 100° beträgt die Zunahme 4,33 v. H. des Volumens bei 4°, bis 200° 15,7 v. H., bis 300° schon 38,7 v. H. Die mittleren Ausdehnungskoeffizienten für je 1° betragen also bis zu diesen Temperaturen 0,0433/96 = 1/2218, bzw. 1/1248, bzw. 1/766 zeigen also eine bedeutende Zunahme mit der Temperatur.

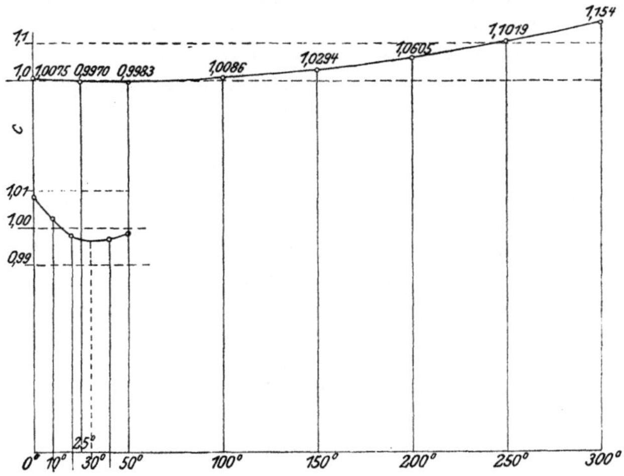

Fig. 69.

Der Unterschied zwischen dem Volumen v_s des gesättigten Dampfes von $t_s{}^0$ und dem des Wassers von $0^0 (\sigma_0)$ ist die Raumvergrößerung infolge der Erwärmung und Verdampfung $(v_s - \sigma_0)$, während die Raumvergrößerung durch die Verdampfung allein $v_s - \sigma$ ist. Für sehr viele Fälle, und immer dann, wenn die Differenz $v_s - \sigma$ vorkommt, ist es innerhalb der gebräuchlichen Dampfdrücke völlig ausreichend, $\sigma = 0{,}001$ zu setzen, bei Drücken über 3 at bis 15 at, wenn man will, $\sigma = 0{,}0011$ (cbm/kg).

In den Tabellen I und II im Anhang ist σ nicht in cbm/kg, sondern in Liter/kg angegeben.

Die verhältnismäßige Raumvergrößerung bei der Dampfbildung ist v_s/σ. Dieser Wert ist bei 100° gleich 1,674/0,00104 = 1610, bei 200° gleich 0,1287/0,00116 = 111; dagegen bei 50° gleich 12,02/0,00101 = 11900!

[1]) Z. Ver. deutsch. Ing. 1905, S. 362.

[2]) Bekannt ist die für das Naturleben so wichtige Abweichung hiervon zwischen 0° und ca. 4°, wo das Volumen bei der Erwärmung abnimmt, bei der Abkühlung zunimmt.

Bei der Raumvergrößerung des Wassers während der Erwärmung unter dem Siededruck leistet das Wasser die Ausdehnungsarbeit $p_s(\sigma - \sigma_0)$, in Fig. 68 die Hubarbeit des Kolbens zwischen σ_0 und σ. Dieser Teil, der nach der Erwärmung nicht mehr als Wärme im Wasser, sondern als äußere potentielle Energie vorhanden ist, ist nur ein sehr kleiner Bruchteil der Flüssigkeitswärme. Selbst bei 200° (15,83 at) ist erst

$$Ap_s(\sigma - \sigma_0) = \frac{15{,}8 \cdot 10000 \cdot (1{,}1566 - 1{,}0001)}{427 \cdot 1000} = 0{,}058 \text{ Cal.},$$

gegen $q = 203{,}1$ Cal.

b) **Verdampfung.** Nachdem die Siedetemperatur erreicht ist, beginnt die Verdampfung. Die gesamte, von da ab zugeführte Wärme wird zur Dampfbildung verbraucht, ohne daß die geringste Temperaturänderung eintritt. Die Wärmemenge r, die nötig ist, um 1 kg Wasser von der dem Siededruck entsprechenden Siedetemperatur vollständig in Dampf überzuführen, heißt Verdampfungswärme[1]). Nach vollendeter Dampfbildung ist diese Wärme im Dampf nicht mehr als Wärme vorhanden, die fühlbare Wärme des Dampfs ist nicht größer als die des siedenden Wassers, da die Temperatur unverändert geblieben ist.

Bei der Verdampfung wird eben die Wärme r ganz in Arbeit umgesetzt. Einerseits ist die äußere Arbeit zu leisten, die zur Überwindung des Druckes p_s bei der Raumvergrößerung $v_s - \sigma$ notwendig ist, also $p_s(v_s - \sigma)$ mkg (in Fig. 68 die Hubarbeit des Kolbens von σ bis v_s). Ihr entspricht die gleichwertige Wärmemenge $Ap_s(v_s - \sigma)$, die als „äußere Verdampfungswärme" bezeichnet wird.

Durch diesen Betrag wird jedoch der Verbrauch r, wie die Versuche zeigen, noch lange nicht gedeckt. Es verschwindet also von der zugeführten Wärme noch außerdem der Betrag

$$r - \frac{1}{427} p_s(v_s - \sigma) = \varrho \text{ Cal.}$$

im Dampf.

Dies ist nur durch den Umstand zu erklären, daß zur Lösung des inneren (molekularen) Zusammenhanges der Flüssigkeit, wie sie zur Dampfentwicklung nötig ist, die mechanische Arbeit $427\,\varrho$ mkg verbraucht wird.

Demgemäß hat man sich die Verdampfungswärme r als Summe einer „äußeren" und einer „inneren" Verdampfungswärme zu denken,

$$r = \frac{1}{427} p_s(v_s - \sigma) + \varrho.$$

Von diesen beiden Teilen ist die innere Verdampfungswärme trotz der sehr bedeutenden Raumvergrößerung bei der Verdampfung der weitaus größere. Aus Fig. 70 ist dies ersichtlich. Die gestrichelte Linie zerlegt r in die beiden Teile.

---

[1]) Früher „latente Wärme", weil sie als Wärme bei der Verdampfung verschwindet und erst bei der Kondensation des Dampfes wieder zum Vorschein kommt.

Hiernach ist nun der gesammte **Wärmebedarf** zur Herstellung von 1 kg trockenen, gesättigten Dampfes aus Wasser von 0⁰ bei Verdampfung unter dem unveränderlichen Siededruck

$$\lambda = q + r.$$

Dieser Wert wird als **Gesamtwärme** bezeichnet. Es ist die Wärmemenge, die aus der Feuerung eines Dampfkessels in jedes dem Kessel zugeführte kg Speisewasser übergehen muß, wenn dieses mit 0^0 in den Kessel eintritt und den Kessel als trockener Dampf verläßt.

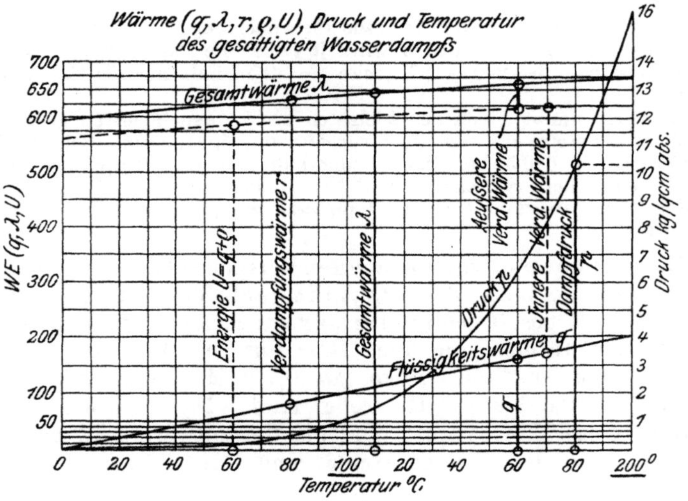

Fig. 70.

Kommt, wie immer, das Speisewasser mit mehr als 0^0 in den Kessel, so ist der Wärmeaufwand λ' um die Flüssigkeitswärme q_0 des Speisewassers bei der Temperatur t_0 **kleiner** als der obige, von 0^0 an gerechnete Wert, also

$$\lambda' = \lambda - q_0.$$

Tritt der Dampf **feucht** aus dem Kessel aus, so ist ein weiterer Betrag abzuziehen, vgl. unten.

Werte der Verdampfungs- und Gesamtwärme.

Die weitaus zuverlässigsten älteren Werte von λ stammten aus Versuchen von Regnault. Sie waren in den Zeunerschen Dampftabellen aufgenommen und können mit großer Annäherung durch die bekannte Gleichung

$$\lambda = 606{,}5 + 0{,}305\, t_s$$

dargestellt werden. Für die Verdampfungswärme r folgte hieraus, wenn man $q \cong t$ setzte

$$r = \lambda - q = 606{,}5 - 0{,}695\, t_s,$$

oder noch etwas genauer, da für höhere Temperaturen $q > t$ ist,

$$r = 607 - 0{,}708\, t_s.$$

Man erkennt daraus, daß r im Verhältnis zur Flüssigkeitswärme groß ist. Für $t_s = 100^0$ hat man z. B.

$$q = 100$$

$$r \cong 536,$$

d. h. zur Verdampfung von 1 kg Wasser von 100^0 ist 5,36 mal so viel Wärme erforderlich, als zur Erhitzung von 0^0 auf 100^0, und der gesamte Wärmeaufwand zur Verdampfung von 1 kg Wasser von 0^0 unter atmosphärischem Druck beträgt rd. 636,5 Cal.

Ferner zeigten die Versuche, wie die Gleichung für r lehrt, daß die Verdampfungswärme um so kleiner wird, je höher die Dampftemperatur, also der Dampfdruck ist. Bei 200^0 erhält man $r = 465{,}4$ Cal., also 71 Cal. weniger als bei 100^0.

Dagegen nimmt λ von den kleinsten bis zu den höchsten gebräuchlichen Dampfdrücken stetig zu, wenn auch verhältnismäßig langsam. Bei 200^0 hat man $\lambda = 667{,}5$ gegen 636,5 bei 100^0. Innerhalb der im Dampfkesselbetrieb gebräuchlichen Drücke zwischen 5 und 15 at ändert sich also λ nur sehr wenig, d. h. der Wärmeaufwand für die Dampferzeugung ist bei allen Drücken fast gleich groß.

Die neuesten und wohl genauesten Versuche über die Verdampfungswärme stammen aus der Physikalisch-Technischen Reichsanstalt[1]). Sie bestätigen in überraschend genauer Weise die Regnaultschen Gesamtwärmen, die über 100^0 nur um 0,4 v. H. kleiner, zwischen 70^0 und 100^0 um weniger als 0,1 v. H. kleiner, und erst unterhalb 50^0 um 0,6 bis 1 v. H. größer sind. Die Tabellen im Anhang enthalten diese Werte von r und als Gesamtwärmen λ die Summen aus diesen und den Werten von q nach Dieterici.

Zwischen 100^0 und 200^0 kann man r sehr angenähert berechnen nach

$$r = 539 - 0{,}712\,(t - 100)$$

$$\boldsymbol{r = 610{,}2 - 0{,}712\, t}$$

und λ aus

$$\lambda = 639 + 0{,}311\,(t - 100)$$

oder

$$\boldsymbol{\lambda = 608 + 0{,}311\, t}.$$

Für Drücke über 25 at vgl. Abschn. 45a, sowie Bd. II, Tab. I.

Speisungsaufwand und Wärmeinhalt bei konstantem Druck.

Der Speisungsaufwand, d. h. die zum Hineindrücken des Wassers in den Kessel aus der Atmosphäre erforderliche Arbeit, ohne Rücksicht auf die Nebenverluste bei diesem Vorgang, beträgt im Wärmemaß

$$A\,(p - p_0)\,\sigma_0 \text{ Cal.},$$

wenn p_0 der äußere Luftdruck in kg/qm ist.

---

[1]) F. Henning, Die Verdampfungswärme des Wassers usw. zwischen 30^0 und 180^0. Z. Ver. deutsch. Ing. 1909, S. 1768.

Dieser Wert ist gegenüber den Wärmemengen, die bei der Dampfbildung auftreten, äußerst gering. Für $p = 20 \cdot 10000$, d. h. 20 at, wird er erst

$$\frac{19 \cdot 10000 \cdot 0{,}001}{427} = 0{,}45 \text{ Cal/kg}.$$

Da der Speisungsaufwand nur mittelbar, unter Umständen auch gar nicht aus der vom Dampf im Kessel aufgenommenen Wärme λ bestritten wird, außerdem in Wirklichkeit, ausgedrückt in Wärme aus der Kesselfeuerung, ein großes Vielfaches des ideellen Wertes betragen kann[1]), so ist es üblich und der Klarheit der Verhältnisse wegen zweckmäßiger, ihn nicht dem Energieaufwand für die Verdampfung zuzurechnen. Praktisch ist die Frage wegen der sehr kleinen ideellen Beträge ohne Bedeutung.

Unter „Wärmeinhalt bei konstantem Druck" versteht man die in Abschn. 90 entwickelte thermodynamische Größe

$$J = U + Apv.$$

Setzt man

$$U = q + \varrho, \quad v = v_s$$

für trockenen Dampf, so wird

$$J = q + \varrho + Apv_s$$

oder

$$= q + \varrho + Ap(v_s - \sigma) + Ap\sigma.$$

Die Summe der drei ersten Werte ist λ, so dass man erhält

$$J = \lambda + Ap\sigma;$$

der „Wärmeinhalt" ist also um den Wert $Ap\sigma$, d. h. fast genau um den Speisungsaufwand, größer als die Gesamtwärme. Im vorliegenden Zusammenhang erscheint die Bezeichnung „Wärmeinhalt" nicht glücklich, weil λ, und nicht J, die in 1 kg Dampf aus der Feuerung eingehende und darin enthaltene Wärme darstellt.

Dagegen ist es nötig, bei der Aufzeichnung und Handhabung der von Mollier zuerst angewandten JS-Tafel mit J und nicht mit λ zu rechnen, was auch in der JS-Tafel im Anhang geschehen ist.

Die Dampftabellen enthalten dagegen, wie Zeuners Tabellen, die Werte von λ.

Energie des Dampfes. Bei der Verdampfung wird die Arbeit (in Cal.) $Ap(v_s - \sigma)$ nach außen abgegeben (äußere Verdampfungswärme), während der Teil ϱ der Verdampfungswärme, der zur Leistung innerer Arbeit verbraucht wird, als Spannungsenergie im Dampf verbleibt. Auch die Flüssigkeitswärme q ist nach der Verdampfung, und zwar als Wärme, im Dampf noch enthalten. Von der gesammten dem Dampf zugeführten Wärme befindet sich also die Menge $q + \varrho$ als Energieinhalt im Dampf.

Man bezeichnet

$$q + \varrho = U$$

als Energie des Dampfs (auch innere Energie).

Von Bedeutung ist dieser Wert insbesondere bei der adiabatischen Ausdehnung des Dampfs, deren Arbeit ganz aus U bestritten wird

---

[1]) z. B., wenn Dampf aus dem Kessel verwendet wird, um eine Dampfspeisepumpe (Kolbenpumpe) zu betreiben, oder wenn eine Speisepumpe von der Transmission aus angetrieben wird.

(Abschn. 42) und bei der Kondensation von Dampf bei unveränderlichem Gesamtraum (Abschn. 44). In Fig. 70 finden sich die Werte von U für trocken gesättigten Dampf bei den verschiedenen Temperaturen.

Die als Raumarbeit bei der Verdampfung nach außen abgegebene Wärme $Ap(v_s - \sigma)$ ist nicht als verloren zu betrachten. Wenn nämlich der Dampf unter unveränderlichem Druck wieder verflüssigt wird, so leistet der äußere Druck p_s bei der Raumverminderung die Arbeit $p_s(v_s - \sigma)$, die im Dampfe in Wärme übergeht, ganz ähnlich wie bei der Abkühlung eines Gases (Abschn. 20), vgl. auch Fig. 27. Nur infolge dieses Umstandes wird bei der Kondensation des Dampfes unter dem Siededrucke genau die gleiche Wärme aus dem Dampf frei (bzw. muß ihm entzogen werden, um ihn zu verflüssigen), wie bei der Verdampfung unter dem gleichen Druck aufzuwenden war.

Findet jedoch die Verdampfung unter konstantem Druck, also bei wachsendem Volumen statt, dagegen die Verflüssigung unter unveränderlichem Volumen, daher bei sinkendem Druck, so wird im letzteren Falle eine um den Wert $Ap_s(v_s - \sigma)$ geringere Wärmemenge frei. Dafür entsteht im Dampfraum ein Unterdruck, vermöge dessen der äußere Luftdruck noch Arbeit zu leisten vermag.

Feuchter Dampf. Die im feuchten Dampf enthaltenen Wärmemengen sind, für die Gewichtseinheit, geringer als im trockenen Dampf. Da 1 kg reiner Dampf die Gesamtwärme $q + r$ erfordert, so müssen für den Dampfgehalt von x kg in 1 kg feuchtem Dampf $(q + r)x$ Cal. aufgewendet werden; außerdem für den Feuchtigkeitsgehalt von $(1 - x)$ kg $(1 - x)\,q$ Cal. Flüssigkeitswärme. Daher ist die Gesamtwärme von 1 kg feuchtem Dampf, gerechnet von 0° an, $(q + r)x + q(1 - x)$ oder

$$\lambda_f = q + xr.$$

Mit v als Volumen des feuchten Dampfs erhält man auch

$$\lambda_f = q + x\varrho + Ap(v - \sigma),$$

da q, die Flüssigkeitswärme, im feuchten Dampf in gleichem Betrag aufzuwenden ist, wie im trockenen, während als innere Verdampfungswärme nur $x\varrho$ Cal. und als äußere Verdampfungswärme nur $Ap(v - \sigma)$ Cal. nötig sind.

Verglichen mit der Gesamtwärme $q + r$ des trockenen Dampfs ist die des feuchten um $(q + r) - (q + xr)$, also um $(1 - x)\,r$ Cal. kleiner. Hat man nun Speisewasser von $t_0{}^0$, so ist der gesamte Wärmeaufwand zur Herstellung von 1 kg feuchtem Dampf mit x Gewichtsteilen Dampfgehalt

$$\lambda_f' = \lambda - q_0 - (1 - x)\,r,$$

worin λ, q_0 und r den Dampftabellen zu entnehmen sind.

Man erhält z. B. für Dampf von 9 at Überdruck mit 5 v. H. Feuchtigkeit bei $t_0 = 15^0$ Speisewassertemperatur wegen $p_s = 9 + 1 = 10$ (bei 735,5 mm Barometerstand)

$$\lambda_f' = 663{,}8 - 15{,}05 - 0{,}05 \cdot 482{,}6$$
$$= \underline{624{,}6}\ \text{Cal/kg}.$$

Die Energie des feuchten Dampfs erhält man als Summe der Flüssigkeitswärme q und der inneren Verdampfungswärme $x\varrho$

$$U_f = q + x\varrho.$$

Beispiele. 1. Ein Dampfkesselmanometer zeigt auf 7,5 kg/qcm. Wie hoch ist die Dampftemperatur, wenn das Barometer zur gleichen Zeit auf 710 mm Hg steht?

Die absolute Dampfspannung ist

$$p = 7{,}5 + \frac{710}{735{,}6} = 7{,}5 + 0{,}966 = \underline{8{,}466} \text{ kg/qcm abs.}$$

Nach den Dampftabellen ist daher

$$t = 172{,}2 - 2{,}6 \cdot \frac{0{,}034}{0{,}5} \text{ (Interpolation von 8,5 rückwärts)} = \underline{172{,}0^0.}$$

2. Wieviel wiegen 10 cbm feuchter Dampf von 7 at Überdruck mit 12 v. H. Feuchtigkeit?

1 cbm trockener Dampf von $7 + 1{,}033 = 8{,}033$ at abs. wiegt nach Tabelle $4{,}082 + 0{,}232 \cdot \frac{0{,}033}{0{,}5} = 4{,}235$ kg.

Mit $x = 1 - 0{,}12 = 0{,}88$ ist daher das Gewicht von 1 cbm des feuchten Dampfes $\frac{4{,}235}{0{,}88} = 4{,}81$ kg. Es wiegen somit 10 cbm 48,1 kg.

3. Eine 1000 PS-Dampfturbine verbrauche stündlich für 1 PS 7 kg gesättigten Dampf. Wenn nun der Dampf sowohl im Hochdruck- als im Niederdruckgebiet mit 100 m/Sek. axialer Geschwindigkeit aus den Leiträdern austritt, wie groß müssen die Leitradquerschnitte sein a) im Hochdruckgebiet bei 7 kg/qcm und $x = 0{,}95$, b) im Niederdruckgebiet bei 0,08 kg/qcm abs. und $x = 1$?

Stündliches Dampfgewicht $1000 \cdot 7 = 7000$ kg, sekundliches Dampfgewicht $\frac{7000}{3600} = 1{,}945$ kg.

a) Volumen von 1 kg bei 7 at abs. gleich 0,2778 cbm für trockenen Dampf. Für den feuchten Dampf $0{,}95 \cdot 0{,}2778 = 0{,}2638$ cbm, daher von 1,945 kg gleich $\underline{0{,}513 \text{ cbm/Sek.}}$ Bei 100 m Geschwindigkeit ist also ein Querschnitt von $\frac{0{,}513}{100} \cdot 10\,000 = \underline{51{,}3 \text{ qcm}}$ erforderlich.

b) Bei 0,08 at abs. ist das spez. Volumen des trockenen Dampfes 18,45 cbm/kg. Daher ist der Querschnitt $\frac{18{,}45 \cdot 1{,}945}{100} \cdot 10\,000 = \underline{3590 \text{ qcm}}$, also rd. 70 mal größer als im Hochdruckgebiet.

4. Ein Dampfkessel liefert den Dampf für eine 100 PS-Dampfmaschine, die für 1 PSSt. 9 kg Dampf von 8 kg/qcm abs. verbrauche. Welche Wärmemenge muß aus der Feuerung stündlich auf das Kesselwasser übergehen? Temperatur des Speisewassers 15°.

Stündliche Dampflieferung 900 kg. Nach der Tabelle Gesamtwärme des trockenen Dampfs bei Speisewasser von 0° gleich 660,9 Cal.; bei 15° Wassertemperatur $660{,}9 - 15 = \underline{645{,}9 \text{ Cal.}}$ Der Dampf muß somit in der Stunde $900 \cdot 645{,}9 = \underline{581\,310 \text{ Cal. aufnehmen.}}$ Bei 70 v. H. Kessel-Wirkungsgrad und Kohle von 7000 Cal/kg Heizwert entspricht dies einer stündlichen Kohlenmenge von $\frac{581\,310}{0{,}7 \cdot 7000} = 118{,}5$ kg.

5. Im Zylinder einer Dampfmaschine, die mit trockenem gesättigtem Dampf von 10 at abs. betrieben wird, nehme der Dampf durch die Abkühlung an den Zylinderwandungen während der Einströmung eine Feuchtigkeit von 15 v. H. an. Wieviel von der mit dem Dampf zugeführten Wärme geht an die Wandungen über?

Die Gesamtwärme von 1 kg trockenem Dampf von 10 at ist 663,8. An die

Wände geht mindestens die Verdampfungswärme von 0,15 kg, also nach Tabelle $0{,}15 \cdot 482{,}6 = 72{,}4$ Cal. über, d. i. $\frac{72{,}4}{663{,}8} \cdot 100 = 10{,}9$ v. H. der Gesamtwärme.

6. Ein mittels Niederdruck-Dampfheizung zu erwärmender Raum brauche stündlich 100000 Cal. Wieviel Kilogramm Dampf von 0,2 at Überdruck müssen stündlich in die Heizkörper eintreten,

a) wenn das Niederschlagswasser mit der dem Dampfdruck entsprechenden Siedetemperatur in den Kessel zurücklaufen würde?
b) wenn das Wasser nicht in den Kessel zurückliefe, sondern mit 80^0 aus den Heizkörpern abfließen würde?
c) wenn das Wasser mit 80^0 aus den Heizkörpern abfließt, und bis zum Kessel, in den es zurückgeleitet wird, weitere 30^0 verliert?

a) Die Verdampfungswärme r wird als Verflüssigungswärme jedem Kilogramm Heizdampf entzogen. Dies sind für Dampf von $1{,}033 + 0{,}20 = 1{,}233$ at abs. $r = 536{,}5$ Cal. Daher muß der Heizkörper stündlich $100000/536{,}5 =$ **186,5** kg Dampf erhalten. Wenn weder vom Kessel zum Heizkörper, noch von da zurück zum Kessel Wärmeverluste auftreten, so wird die Dampfwärme in vollem Maße nutzbar gemacht und der Wirkungsgrad der Heizung ist gleich 1. Der Kessel hat stündlich 100000 Cal. aus der Feuerung aufzunehmen.

b) Aus jedem Kilogramm Dampf werden gegenüber a) soviel mehr Cal. nutzbar gemacht, als der Unterschied der Flüssigkeitswärmen bei 1,233 at und bei 80^0 beträgt. Dies sind $105 - 80 = 25$ Cal., so daß 1 kg Dampf $536{,}5 + 25 = 561{,}5$ Cal. abgibt. Stündlich sind daher $100000/561{,}5 =$ **178,2** kg Dampf nötig.

Der Wärmeaufwand im Kessel ist jetzt größer als 100000 Cal., weil das heiße Wasser wegfließt. Für jedes kg Dampf ist nämlich im Kessel die Gesamtwärme weniger der Speisewasserwärme aufzuwenden. Dies sind bei einer Speisewasser-Temperatur von 15^0 $536{,}5 + 105 - 15 = 626{,}5$ Cal., während nur 561,5 Cal. nutzbar gemacht werden. Daher sind dem Kesselwasser $\frac{100\,000 \cdot 626{,}5}{561{,}5} = 111\,500$ Cal. zuzuführen. Der Wirkungsgrad beträgt, ohne Verluste in der Zuleitung und im Kessel, $561{,}5/626{,}5 = 0{,}895$.

c) Der Gewinn an Wärme aus 1 kg Dampf ist der gleiche wie unter b), daher auch die stündliche Dampfmenge gleich groß. Da jedoch das 50^0 warme Dampfwasser zurückgespeist wird, so sind im Kessel auf 1 kg Dampf nur $536{,}5 + 105 - 50 = 591{,}5$ Cal. zu übertragen, also stündlich $\frac{100\,000 \cdot 591{,}5}{561{,}5} = 105\,100$ Cal. Der Wirkungsgrad der Heizung, ohne Zuleitung und Kessel, beträgt $561{,}5/591{,}5 = 0{,}95$.

7. Eine Abdampfturbine verbraucht für die Kilowattstunde 20 kg Dampf von 1,14 at abs. mit 24,5 v. H. Feuchtigkeitsgehalt. Wie groß ist der hinsichtlich des Wärmewertes gleichwertige Dampfverbrauch in trockenem Dampf von gleichem Druck?

Die Gesamtwärme des trockenen Dampfs von 1,14 at abs. ist 640, bezogen auf Speisewasser von 15^0 nur $640 - 15 = 625$. Die Gesamtwärme des feuchten Dampfs von $1 - x = 0{,}245$ Wassergehalt ist um $0{,}245\, r = 0{,}245 \cdot 537{,}3 = 131{,}3$ Cal. kleiner, also nur $625 - 131{,}3 = 493{,}7$ Cal. Der gesuchte Dampfverbrauch ist daher $\frac{20 \cdot 493{,}7}{625} = \underline{15{,}8}$ kg für 1 KW/St.

8. Aus einer Wasserreinigungsanlage, in der das zufließende kalte Wasser von $t_0{}^0$ durch Dampf aus dem Kessel angewärmt wird, fließen stündlich G kg gereinigtes und auf t^0 erwärmtes Speisewasser der Speisepumpe zu. Es soll ermittelt werden, wie groß die für das Anwärmen verbrauchte Dampfmenge G_2 und wie groß die Frischwasser-Menge G_1 ist, unter der Annahme, daß der Anwärmedampf trocken gesättigt ist.

Das Frischwasser erwärmt sich um $t - t_0$ Grad, nimmt also $G_1\,(t - t_0)$ Cal. auf. Der Dampf kondensiert und kühlt sich auf t^0 ab, wobei er die Wärmemenge $G_2\,(\lambda - t)$ Cal. abgibt. Beide Wärmemengen sind gleich, also

$$G_1\,(t - t_0) = G_2\,(\lambda - t)\,.$$

Ferner ist

$$G_2 = G - G_1\,.$$

Daraus folgt

$$G_1 = G\,\frac{\lambda - t}{\lambda - t_0}$$

$$G_2 = G\,\frac{t - t_0}{\lambda - t_0}\,.$$

Es wird z. B. für $t_0 = 15^0$, $t = 60^0$, $\lambda = 664$ (ca. 10 at abs.)

$$G_1 = G\cdot\frac{664 - 60}{664 - 15} = 0{,}932\,G\,,$$

$$G_2 = 0{,}068\,G\,.$$

9. Bei den **Mischkondensatoren der Dampfmaschinen** kann man aus der Temperatur t_0 des zufließenden kalten Kühlwassers und der Temperatur t_w des abfließenden Warmwassers auf das Verhältnis n der Kühlwassermenge zur kondensierten Dampfmenge schließen.

Der Dampf im Dampfzylinder besitze am Ende der Expansionsperiode, wenn er auszuströmen beginnt, den Druck p_e und den Dampfgehalt x_e, daher die Gesamtwärme $\lambda - (1 - x_e)\,r$.

Wenn nun der Dampf, ohne Arbeit zu verrichten, in den Kondensator ausströmt, so ändert sich, wie im Abschn. 47 gezeigt, sein „Wärmeinhalt" nicht, also praktisch auch seine Gesamtwärme nicht. Jedes kg Dampf bringt somit die Wärme $\lambda - (1 - x_e)\,r$ in den Kondensator mit. Indem es sich dort durch Vermischung mit dem Kühlwasser verflüssigt, gibt es diese Wärmemenge, weniger der Flüssigkeitswärme bei t_w, ab, also die Wärme $\lambda - (1 - x_e)\,r - t_w$ Cal. Zu 1 kg Dampf gehören n kg Kühlwasser. Dieses erwärmt sich um $t_w - t_0$ Grad, wobei es die Wärme $n\,(t_w - t_0)$ Cal. aufnimmt. Beide Wärmemengen sind gleich, also

$$\lambda - (1 - x_e)\,r - t_w = n\,(t_w - t_0),$$

somit

$$n = \frac{\lambda - (1 - x_e)\,r - t_w}{t_w - t_0}\,.$$

Der Druck p_e liegt in den Grenzen um 0,8 bis 1,5 at, also λ zwischen 635 und 643 (Durchschn. 640), r zwischen 543 und 533 (Durchschn. 538). Damit wird

$$n = \frac{640 - (1 - x_e)\,538 - t_w}{t_w - t_0}\,.$$

Wird nun z. B. abgelesen $t_0 = 12^0$, $t_w = 30^0$, so ist

$$n = \frac{610 - (1 - x_e)\,538}{18}\,.$$

Wäre nun der zu kondensierende Dampf trocken, $x_e = 1$, so würde

$$n = 33{,}9\,.$$

Wäre er dagegen feucht, mit $x_e = 0{,}75$ Dampfgehalt, so würde

$$n = 26{,}4\,.$$

Die beiden Annahmen führen zu wesentlich verschiedenen Ergebnissen. Bei Vorausberechnungen pflegt man von der ersten auszugehen, was eine größere Sicherheit gewährt. Bei Untersuchungen an Maschinen wird man den wahren Wert x_e wenigstens annähernd einzuführen haben.

38. Feuchtigkeitsänderungen des gesättigten Dampfs bei beliebigen Zustandsänderungen. Kurven gleicher Feuchtigkeit (oder gleicher Dampfmenge).

Der Zustand des feuchten Dampfs ist bestimmt durch seinen Druck (Sättigungsdruck) und den verhältnismäßigen Dampf- oder Feuchtigkeitsgehalt (x bzw. $1 - x$). Da mit dem letzteren Werte auch das spez. Volumen $v \simeq x v_s$ festliegt, so ist der Dampfzustand auch durch Druck und Volumen gegeben. Trägt man in ein Koordinatensystem mit p als Ordinaten, v als Abszissen zusammengehörige Werte von p und v ein, Fig. 71, so kommt der Punkt A bei feuchtem Dampf innerhalb der Grenzkurve zu liegen. Denn bei gleichem Druck hat der feuchte Dampf ein kleineres Volumen (CA) als der trockene (CA_s). Der Dampfgehalt x wird durch das Verhältnis $CA : CA_s$ dargestellt, der Feuchtigkeitsgehalt $1 - x$ durch $AA_s : CA_s$

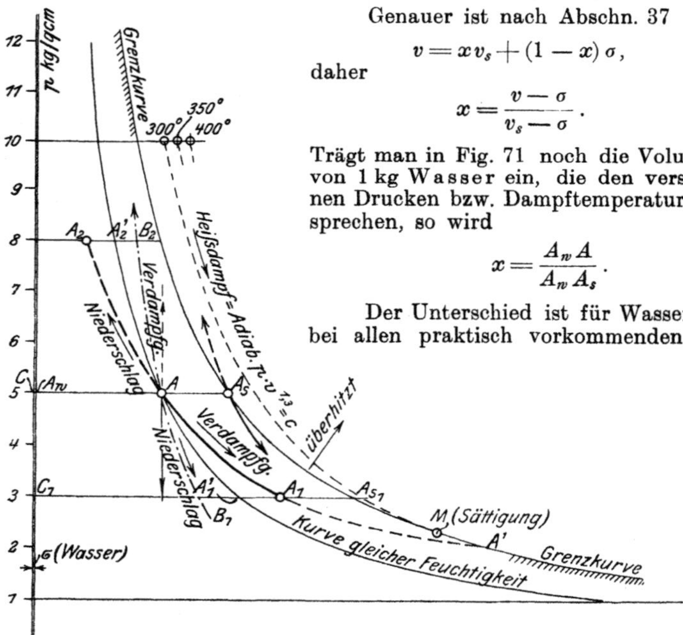

Fig. 71.

Genauer ist nach Abschn. 37

$$v = x v_s + (1 - x)\,\sigma,$$

daher

$$x = \frac{v - \sigma}{v_s - \sigma}.$$

Trägt man in Fig. 71 noch die Volumina σ von 1 kg Wasser ein, die den verschiedenen Drucken bzw. Dampftemperaturen entsprechen, so wird

$$x = \frac{A_w A}{A_w A_s}.$$

Der Unterschied ist für Wasserdampf bei allen praktisch vorkommenden Spannungen verschwindend[1]). Die Kurve der Wasservolumina heißt untere Grenzkurve.

Dehnt sich der Dampf von A an nach einem beliebigen Gesetze aus, Linie AA_1, so ändert sich im allgemeinen der Feuchtigkeitsgrad.

---

[1]) Vgl. dagegen für Kohlensäure Fig. 87.

In A_1 Fig. 71 ist z. B. die Feuchtigkeit $\frac{A_1 A_{s1}}{C_1 A_{s1}}$ kleiner als in A. Es hat also von A bis A_1 eine Verdampfung von Flüssigkeit stattgefunden.

Denkt man sich eine Linie $A A_1'$ so eingetragen, daß A_1' die Strecke $C_1 A_{s1}$ im gleichen Verhältnis teilt, wie A die Strecke $C A_s$, so ist längs $A A_1'$ die Feuchtigkeit unveränderlich. In Fig. 71 stellt $A A_1'$ die Linie mit 35 v. H. Feuchtigkeit ($x = 0{,}65$) dar. Ist diese Linie einmal vorhanden, so läßt sich ohne weiteres erkennen, ob sich bei irgendeiner von A ausgehenden Zustandsänderung Dampf niederschlägt oder ob Feuchtigkeit verdampft. — Auf der strichpunktierten Linie $A B_1$ findet z. B. Vergrößerung des Feuchtigkeitsgrades statt; ebenso auf einer Vertikalen von A nach unten (Abkühlung bei konstantem Volumen). Auf einer Wagerechten durch A nach rechts findet, wie selbstverständlich, Verdampfung statt.

Bei Verdichtung von A aus nach $A A_2$ tritt Dampfniederschlag ein, nach $A B_2$ dagegen Verdampfung.

Bei der Ausdehnung und Verdichtung von feuchtem Dampf kann also je nach dem Verlauf der Zustandsänderung entweder Verdampfung oder Dampfniederschlag eintreten.

Die gleiche Art der Zustandsänderung (stetige Kurve durch A), die bei Ausdehnung Niederschläge bewirkt, ergibt bei Verdichtung Dampftrocknung, und umgekehrt.

Ursprünglich trockener Dampf, Punkt A_s, wird bei Ausdehnung, die unterhalb der Grenzkurve verläuft, stets feucht; bei Verdichtung kann er überhitzt werden (z. B. bei adiabatischer Zustandsänderung).

Die Kurven gleicher Feuchtigkeit sind der Grenzkurve ähnlich, folgen also ebenfalls der Beziehung $p^{\frac{15}{16}} \cdot v = \text{konst.}$

Beispiel. In das Diagramm einer mit gesättigtem Dampf betriebenen Kondensations-Dampfmaschine Fig. 77, Abschn. 43 ist die Volumen-Kurve des trocken gesättigten Dampfs eingetragen, gemäß der durch einen Versuch bestimmten, bei 1 Hub in die Maschine eintretenden Dampfmenge. Die wahre Kurve der Dampfvolumina im Zylinder verläuft, wie man erkennt, ganz im Gebiet des feuchten Dampfs. Die verhältnismäßigen Dampfgehalte x sind als Ordinaten zu den jeweiligen Kolbenstellungen eingetragen. Grundlagen wie in Abschn. 74 Beisp. a.

39. Der überhitzte Wasserdampf. Entstehung. Wärmeinhalt. Wahre und mittlere spezifische Wärme bei konstantem Druck. Zustandsgleichung. Grenzkurve.

Wenn dem gesättigten (und trockenen) Dampf, wie er vom Dampfkessel geliefert wird, an einer vom Wasserspiegel entfernten Stelle noch weiter Wärme aus Feuergasen zugeführt wird, so vergrößert sich sein Volumen, und seine Temperatur steigt über die zum Kesseldruck gehörige Sättigungs-Temperatur. Dabei soll, wie dies immer bei der praktischen Überhitzung zutrifft, der Raum, in dem der Dampf die zusätzliche Wärme aufnimmt (Überhitzer), in freier Verbindung mit dem

Dampfraum des Kessels stehen. Dann herrscht auch im Überhitzer der gleiche Druck wie im Kessel.

Fig. 72 zeigt, unter Hinweglassung aller für den praktischen Betrieb erforderlichen Absperrventile, die Anordnung. Aus dem Dom tritt der Sattdampf in einen Verteilkörper V, an den eine Reihe nebeneinander liegender Rohrschlangen angeschlossen ist. Diese bilden den eigentlichen Überhitzer. Die Überhitzerrohre vereinigen sich beim Austritt aus dem Heizraum in einem Sammler S, an den die Heißdampfleitung anschließt. Der Dampf tritt in den Verteiler V mit der Kesseltemperatur t_s, erhitzt sich beim Durchströmen der Rohre von oben nach unten und tritt in den Sammler mit der Temperatur $t > t_s$ ein. Da gleichzeitig sein Volumen von v_s auf v wächst, so verläßt er die Überhitzerrohre mit **größerer** Geschwindigkeit, als er ihnen aus V zuströmte.

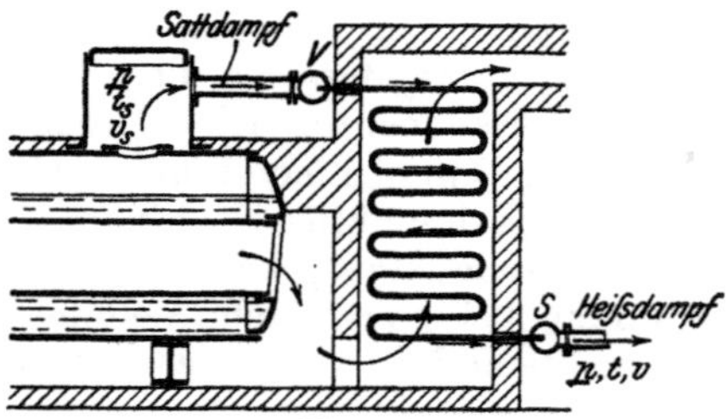

Fig. 72.

Ob zur Überhitzung die Abgase des Kessels verwendet werden oder eine besondere Feuerung angeordnet ist, bleibt selbstverständlich für die *Eigenschaften des Heißdampfs*, um die es sich hier allein handelt, ganz gleich.

Überhitzter Dampf oder Heißdampf ist demnach Dampf, dessen Temperatur höher ist, als die seinem Drucke gemäß den Dampftabellen entsprechende Sättigungstemperatur. Hat z. B. Dampf von 9 at abs. eine Temperatur von 300°, so ist er um $300 - 174{,}6 = 125{,}4^0$ überhitzt; ist bei gleicher Temperatur der Druck nur 5 at abs., so beträgt die Überhitzung $300 - 151{,}1 = 148{,}9^0$.

Der überhitzte Zustand läßt sich auch aus dem spez. Volumen oder spez. Gewicht erkennen, da ja das Dampfvolumen bei der Überhitzung wächst bzw. das spez. Gewicht abnimmt. Dampf ist überhitzt, wenn ein bestimmtes Gewicht bei gleichem Druck einen größeren Raum einnimmt, als es als Sattdampf gemäß den Tabellen einnehmen würde; oder wenn im gleichen Raume dem Gewicht nach weniger Dampf enthalten ist, als der Raum bei gleichem Druck Sattdampf fassen könnte. So ist z. B. der atmosphärische Wasserdampf gewöhnlich im überhitzten Zustand; erst bei der beginnenden Wolken- und Nebelbildung tritt er in das Sättigungsgebiet ein. (Überhitzter Dampf heißt auch *ungesättigt*.)

Gesamtwärme. Die Herstellung des Heißdampfs setzt das Vorhandensein von Sattdampf vom gleichen Druck voraus, erfordert also in jedem Falle zunächst den Wärmeaufwand für Sattdampf, $q + r$ Cal. Dazu tritt die Überhitzungswärme.

Das *allgemeine* Verhalten des in der Überhitzung begriffenen Dampfs stimmt mit dem der Gase überein. Ein Teil der unter konstantem Druck zugeführten Überhitzungswärme wird zur Temperatursteigerung, der andere zur Ausdehnungsarbeit verbraucht. Die ganze Wärmemenge, die zur Erwärmung von 1 kg Dampf um je 1° aufzuwenden ist, heißt wie bei den Gasen spez. Wärme bei konstantem Druck, c_p.

Man nahm früher an, daß c_p unabhängig von der Temperatur und dem Drucke sei und den Wert 0,48 besitze. Durch die Versuche von Knoblauch und Jakob[1]) ist endgültig entschieden, daß diese Annahme nicht entfernt zutrifft. c_p ist vielmehr um so größer, je höher bei gleicher Temperatur der Druck ist; bei gleichem Druck wird c_p vom Sättigungspunkt aus mit steigender Temperatur zunächst kleiner, um dann von 250 bis 300° an wieder langsam zuzunehmen. Fig. 14 Abschn. 13 läßt diese Art der Abhängigkeit erkennen[1]).

Die Überhitzungswärme richtet sich nach dem Mittelwert der spez. Wärme zwischen den betreffenden Temperaturen, wie dies für den Fall der Veränderlichkeit der spez. Wärme in Abschn. 11 ausgeführt ist. Aus den Kurven Fig. 14 sind von Knoblauch die Werte $(c_p)_m$ für die verschiedenen Drücke und Temperaturen berechnet worden, vgl. die umstehende Zahlentafel. Die Zahlen gelten zwischen der Sättigungstemperatur, die unter dem Druck vermerkt ist, und den Heißdampftemperaturen in der ersten Vertikalspalte.

Der Wärmeinhalt kann nun nach

$$\lambda = q + r + (c_p)_m \cdot (t - t_s)$$

berechnet werden. $q + r$ ist aus den Dampftabellen zu entnehmen. Unmittelbar kann $\lambda (= i)$ aus der Tafel IVa (Anhang) entnommen werden. Vgl. Abschn. 45.

Die Zustandsgleichung. Während bei Sattdampf einem bestimmten Druck p nur eine einzige Temperatur und, wenn der Dampf trocken ist, ein einziges Volumen zugehört, kann Heißdampf von bestimmtem Druck jede Temperatur besitzen, die höher ist als die zu seinem Druck p gehörige Sattdampftemperatur, und jedes Volumen, das größer ist als das seinem Drucke entsprechende Sattdampfvolumen. Die drei Zustandsgrößen p, v, T sind unter sich, wie bei den Gasen, durch eine Beziehung, die Zustandsgleichung des Heißdampfes, verbunden. Der Heißdampf verhält sich zwar im allgemeinen wie die Gase. Die bekannte Gasgleichung

$$pv = RT$$

gibt jedoch keine hinreichende Übereinstimmung mit den Versuchsergebnissen, besonders nicht in der Nähe des Sättigungsgebietes.

Nach den Versuchen in München ist es möglich geworden, Gleichungen aufzustellen, die mit großer Genauigkeit innerhalb des Versuchsgebietes, wohl auch eine erhebliche Strecke darüber hinaus, Gültigkeit besitzen. Nach R. Linde ist (Forschungsarbeiten, Heft 21)

$$pv = RT - p(1 + ap)\left[C\left(\frac{373}{T}\right)^3 - D\right],$$

worin

$$R = 47{,}10; \quad a = 0{,}000002; \quad C = 0{,}031; \quad D = 0{,}0052.$$

---

[1]) Vgl. Abschn. 13.

Mittlere spez. Wärme c_{pm} für überhitzten Wasserdampf.

$p=$	0,5 at	1	2	4	6	8	10	12	14	16	18	20
$t_s=$	80,9 °C	99,1	119,6	142,9	158,1	169,6	179,1	187,1	194,2	200,5	206,2	211,4
$c_{ps}=$	0,478	0,487	0,501	0,528	0,555	0,584	0,613	0,642	0,671	0,699	0,729	0,760
120°	0,473	0,483	—	—	—	—	—	—	—	—	—	—
140	0,471	0,480	0,496	—	—	—	—	—	—	—	—	—
160	0,470	0,478	0,491	0,521	—	—	—	—	—	—	—	—
180	0,470	0,476	0,488	0,515	0,544	0,576	—	—	—	—	—	—
200	0,469	0,475	0,486	0,509	0,534	0,561	0,590	0,623	0,660	—	—	—
220	0,469	0,475	0,485	0,505	0,526	0,548	0,572	0,599	0,629	0,661	0,697	0,738
240	0,469	0,474	0,484	0,501	0,519	0,538	0,558	0,580	0,605	0,631	0,660	0,694
260	0,469	0,474	0,483	0,499	0,514	0,530	0,548	0,567	0,588	0,610	0,634	0,660
280	0,470	0,474	0,482	0,497	0,510	0,525	0,540	0,556	0,575	0,594	0,615	0,637
300	0,470	0,474	0,482	0,496	0,508	0,521	0,534	0,548	0,565	0,582	0,600	0,619
320	0,471	0,475	0,482	0,495	0,505	0,517	0,530	0,543	0,558	0,572	0,589	0,606
340	0,472	0,476	0,482	0,494	0,504	0,515	0,527	0,538	0,552	0,565	0,580	0,596
360	0,473	0,477	0,483	0,494	0,504	0,514	0,524	0,535	0,548	0,560	0,574	0,587
380	0,475	0,478	0,483	0,494	0,503	0,512	0,522	0,533	0,545	0,556	0,568	0,580
400	—	—	0,484	0,494	0,503	0,511	—	—	—	—	—	—
450	—	—	0,486	0,495	0,503	0,510	—	—	—	—	—	—
500	—	—	0,489	0,497	0,504	0,510	—	—	—	—	—	—
550	—	—	0,492	0,499	0,505	0,511	—	—	—	—	—	—

Der Zusammenhang ist hiernach recht verwickelt.

Als Näherungsgleichung, die für die meisten technischen Rechnungen, insbesondere die Berechnung des spez. Volumens oder Gewichts aus Druck und Temperatur, völlig ausreicht, gibt R. Linde (frühere Gleichung von Tumlirz)

$$\boldsymbol{pv = 47{,}1\,T - 0{,}016\,p},$$

oder

$$p(v + 0{,}016) = 47{,}1\,T \quad (p \text{ in kg/qm}).$$

In dieser Form hat die Gleichung Ähnlichkeit mit der Gasgleichung. Sie unterscheidet sich von dieser nur durch das Glied 0,016 bei v. — Das zu einem Druck p und einer Temperatur T gehörige spez. Volumen ist somit

$$v = \frac{47{,}1\,T}{p} - 0{,}016,$$

das spez. Gewicht $\gamma = \frac{1}{v}$. Für p in kg/qcm wird

$$\gamma = \frac{10000}{\frac{47{,}1\,T}{p} - 160}.$$

Diese Beziehungen verlieren ihre Gültigkeit vollständig, sobald der Dampf bei einer Zustandsänderung in das Sattdampfgebiet eintritt. Dies ist der Fall, wenn p und v oder p und T oder v und T Werte annehmen, die sich gemäß den für Sattdampf gültigen Dampftabellen entsprechen. — In Fig. 67 trennt die Kurve, welche die zusammengehörigen Werte p_s und v_s gemäß den Dampftabellen wiedergibt, das Gebiet der überhitzten von dem der feuchten Dämpfe. Sie heißt daher auch Grenzkurve. Ihre Gleichung lautet nach Abschn. 37 sehr angenähert

$$p^{\frac{15}{16}} \cdot v_s = 1{,}7235. \quad (p \text{ in kg/qcm.})$$

Beispiele. 1. Welche Wärmemenge wird zur Überhitzung von 1 kg Sattdampf von 10 kg/qcm abs. bis auf 350° gebraucht? Um wieviel v. H. ist also die Gesamtwärme dieses Heißdampfs größer als die des Sattdampfs von 10 kg/qcm.

Die Temperatur des Sattdampfs ist 179,1°, die Überhitzung also $t - t_s = 350 - 179{,}1 = 170{,}9°$. Die spez. Wärme zwischen 179,1° und 350° ist bei 10 at $(c_p)_m = 0{,}525$, daher die Überhitzungswärme $0{,}525 \cdot 170{,}9 = 89{,}7$ Cal.

Die Gesamtwärme des Sattdampfs ist 663,8, daher die des Heißdampfs $\lambda = 663{,}8 + 89{,}7 = 753{,}5$ Cal.; die letztere ist um $\frac{89{,}7 \cdot 100}{663{,}8} = 13{,}5$ v. H. größer.

2. Der in den Dampfmaschinen verwendete Heißdampf hat in der Regel nicht über 350° Temperatur. Wievielmal größer ist also höchstens das Volumen dieses Heißdampfs gegenüber Sattdampf von gleichem Druck bei 1, 4, 8, 13 kg/qcm abs.?

Es ist $v = \frac{47{,}1\,T}{p} - 0{,}016$, also mit $T = 273 + 350 = 623$ abs.

$p =$	10000	40000	80000	130000 kg/qm
$v =$	2,918	0,717	0,351	0,210 cbm/kg.

Für Sattdampf ist

$v_s = 1{,}722 \qquad 0{,}471 \qquad 0{,}246 \qquad 0{,}156,$

die Volumvergrößerung also

$\frac{v}{v_s} = 1{,}69 \qquad 1{,}52 \qquad \underline{1{,}43} \qquad \underline{1{,}35}.$

Überschlägig kann auch, wie bei den Gasen, $\frac{v}{v_s} = \frac{T}{T_s}$ gesetzt werden. Für 8 at würde hiernach mit $T_s = 273 + 169{,}5 = 442{,}5$ das Verhältnis $\frac{v}{v_s} = \frac{623}{442{,}5} = 1{,}41$.

3. Überhitzter Dampf von p at und t^0 dient zur Heizung einer gleich großen Menge von feuchtem Dampf von p' at und t'^0 mit x Gewichtsteilen Dampfgehalt. Wieviel Feuchtigkeit läßt sich verdampfen, wenn die Temperatur des überhitzten Dampfs auf $t_1{}^0$ fällt? p und p' sollen unveränderlich sein.

Mit $(c_p)_m$ als mittl. spez. Wärme zwischen Sättigung t_s und t^0, und $(c_p)_{m1}$ als mittl. spez. Wärme zwischen $t_s{}^0$ und $t_1{}^0$ wird die dem Heißdampf entzogene Wärme

$$(c_p)_m (t - t_s) - (c_p)_{m1} \cdot (t_1 - t_s).$$

Die zur Erhöhung des Dampfgehaltes im feuchten Dampf von x auf x_1 nötige Verdampfungswärme ist $(x_1 - x)\, r$. Daher

$$x_1 - x = \frac{(c_p)_m (t - t_s) - (c_p)_{m1} (t_1 - t_s)}{r}.$$

Es sei z. B. $p = 10$ at abs., $t = 350^0$, $t_1 = 300^0$; $p' = 1$ at abs. Dann ist $t_s = 179{,}1^0$, $t - t_s = 170{,}9$, $t_1 - t_s = 120{,}9$; ferner $(c_p)_m = 0{,}525$, $(c_p)_{m1} = 0{,}534$, $r = 538{,}8$, somit

$$x_1 - x = \frac{0{,}525 \cdot 170{,}9 - 0{,}534 \cdot 120{,}9}{538{,}8} = 0{,}047.$$

Daher verdampfen 4,7 v. H. Feuchtigkeit. — Mit völlig ausreichender Genauigkeit könnte man in diesem Falle auch setzen $x_1 - x = \frac{50 \cdot 0{,}525}{539{,}1} = 0{,}0486$.

40. Entropie des Wasserdampfs.

Bei der Behandlung der Zustandsänderungen der Gase läßt sich auch ohne den Entropiebegriff auskommen. Seine Entwicklung aus dem bekannten Verhalten der Gase konnte daher an den Schluß des Abschnitts über die Gase verlegt werden.

Für die Zustandsänderungen der Dämpfe, insbesondere die adiabatische, liegen nun die Verhältnisse mit Bezug auf die Entropiegröße gerade umgekehrt wie bei den Gasen. Erst wenn man den Begriff der Entropie als bekannt und auf die Dämpfe anwendbar voraussetzt, lassen sich die Zustandsänderungen der Dämpfe, besonders in Hinsicht der verarbeiteten Wärmemengen, theoretisch verfolgen.

Die allgemeine Bedeutung des Entropiebegriffes und seine Anwendbarkeit auf alle Arten und Zustände von Körpern folgt erst aus dem zweiten Hauptsatz der Mechanischen Wärmetheorie (Abschn. 92, 93, 94). Daß der Entropiebegriff, wie er oben bei den Gasen gewonnen worden ist (Abschn. 28), sich auch auf Dämpfe jeden Zustandes anwenden läßt, muß hier als Tatsache vorangestellt werden; es ist dies eben der Ausdruck des zweiten Hauptsatzes für die Zustandsänderungen der Dämpfe (Abschn. 93). Diese konnten erst vollkommene Aufklärung erfahren, nachdem Clausius den zweiten Hauptsatz gefunden und den Entropiebegriff entwickelt hatte.

a) Sattdampf.

Nach Abschn. 28 erhält man die Wärmemenge, die der Gewichtseinheit (des Gases, bzw. Dampfes) bei einer beliebigen kleinen Zustandsänderung zuzuführen oder zu entziehen ist, aus

$$dQ = T dS.$$

Hierin ist T die augenblickliche absolute Temperatur, dS die kleine Änderung der Entropie S (Zunahme oder bei Wärmeentziehung Abnahme).

Die Entropie S ist eine Größe, die nur vom augenblicklichen Zustand des Dampfes abhängt, also durch die diesem Zustande entsprechenden Werte von p, v, T eindeutig bestimmt ist. Wie der Dampf in diesen Zustand gelangt, ist für S ganz gleichgültig. Wenn es daher auch nicht möglich ist, so wie bei den Gasen den Wert von S aus den allgemeinen Beziehungen zwischen p, v, T und Q herzuleiten, weil diese ihren genauen Formen nach nicht bekannt sind, so kann man dazu ebensogut eine beliebige spezielle Zustandsänderung benutzen, deren Verlauf bekannt ist. Setzt man für einen beliebigen Anfangszustand, z B. bei Dämpfen für Wasser von 0^0, die Entropie gleich S_0 oder gleich Null, so läßt sich aus den durch Versuche genau bekannten Vorgängen bei der Verdampfung unter konstantem Druck die Änderung $S - S_0$ der Entropie zwischen zwei beliebigen Zuständen bestimmen.

Der Zuwachs der Entropie für einen sehr kleinen Teil der Zustandsänderung ist allgemein

$$dS = \frac{dQ}{T}.$$

Zunächst ist das Wasser bis auf die Siedetemperatur T_s zu erhitzen. Setzt man die spez. Wärme des flüssigen Wassers $c =$ konst. $= 1$ voraus, so sind zur Erwärmung um dT Grade

$$dQ = c\,dT = dT \text{ Cal.}$$

erforderlich. Dabei wächst die Entropie gemäß

$$dS = \frac{dQ}{T}$$

um

$$dS = \frac{dT}{T}.$$

Durch Summation der kleinen aufeinderfolgenden Zuwächse $\frac{dT_1}{T_1}, \frac{dT_2}{T_2}, \frac{dT_3}{T_3}$ . . . (Integration) von 0^0 bis zur Siedetemperatur T_s folgt

$$S_w = \ln \frac{T_s}{273}$$

(Entropievermehrung des flüssigen Wassers) oder

$$S_w = 2{,}303 \log \frac{T_s}{273}.$$

Im Entropie-Temperaturdiagramm (s. Abschn. 29) wird also die Wassererhitzung durch eine logarithmische Linie dargestellt (wie bei den Gasen die Erwärmung unter konstantem Volumen oder Druck), Fig. 73. Die Fläche unter $A_0 A_1$ ist gleich der Flüssigkeitswärme q.

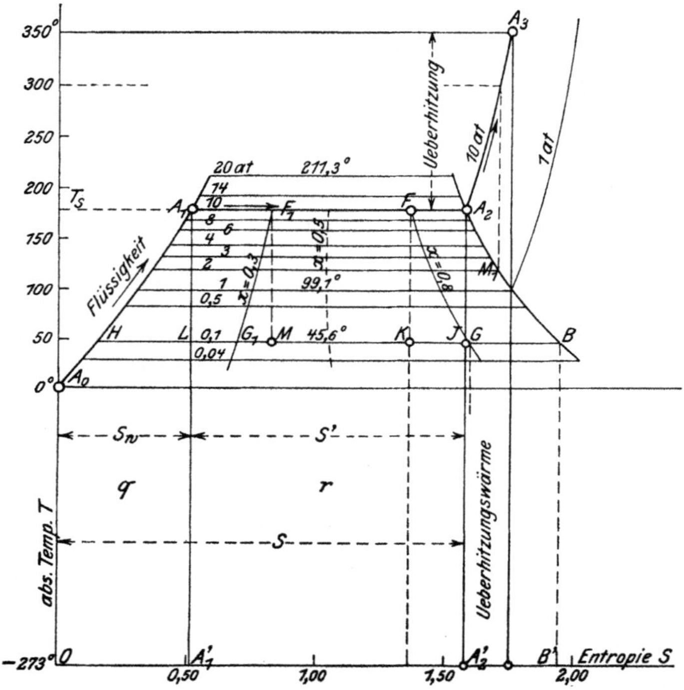

Fig. 73.

Während der nun folgenden Verdampfung unter konstantem Druck steigt die Temperatur nicht mehr; diese isothermische Zustandsänderung entspricht im Diagramm der Geraden $A_1 A_2$, die Entropie wächst von S_w auf S um S'. Die dabei vom Dampf aufgenommene Wärme, also die Verdampfungswärme r, wird durch die unter $A_1 A_2$ liegende Rechteckfläche dargestellt. Diese hat den Inhalt $T_s S'$, also ist

$$r = T_s S'$$

$$S' = \frac{r}{T_s}$$

(Entropievermehrung während der Verdampfung).

Der gesamte Entropiezuwachs vom flüssigen Wasser von 0° bis zum trockenen Dampf von $T_s = 273 + t_s$ ist also

$$\boldsymbol{S = 2{,}303 \log \frac{T_s}{273} + \frac{r}{T_s}}$$

(Entropie des trockenen Sattdampfes).

Die Entropie des feuchten Dampfes mit x Gewichtsteilen Dampf auf 1 kg ergibt sich aus der Überlegung, daß zwar die gesamte Flüssigkeitswärme q für 1 kg aufzuwenden ist, für den Verdampfungsvorgang aber nur xr Cal. Während der Verdampfung von x Gewichtsteilen Wasser von der Siedetemperatur T_s nimmt demnach die Entropie zu um

$$S'_x = \frac{xr}{T_s},$$

somit ist der ganze Unterschied gegenüber Wasser von 0°

$$S_x = 2{,}303 \log \frac{T_s}{273} + \frac{xr}{T_s}.$$

In Fig. 73 ist das Verhältnis der Strecken $A_1F = xr/T_s$ und $A_1A_2 = r/T_s$ gleich dem Dampfgehalt x des feuchten Dampfes.

Berechnet man auf diese Weise die Entropie des trockenen Sattdampfs für verschiedene Drücke und trägt diese Werte als Abszissen zu den Temperaturen als Ordinaten auf, so ergibt sich die Kurve A_2B („obere Grenzkurve“ im Entropie-Temperaturdiagramm).

Ferner erhält man durch Teilung der zwischen der oberen und unteren Grenzkurve liegenden Abszissen-Strecken die Kurven gleicher Feuchtigkeit (oder Dampfmenge), von denen drei, für $x = 0{,}8$, 0,5 und 0,3 in Fig. 73 eingetragen sind.

In Tafel III ist die obere Grenzkurve (für trockenen Sattdampf) in größerem Maßstabe aufgetragen. Zwischen die eingezeichneten Kurven gleicher Feuchtigkeit können beliebige andere eingeschaltet werden. Die untere Grenzkurve (für flüssiges Wasser) ist des größeren Maßstabes wegen in Tafel III weggelassen. Die TVS-Tafel (Anhang) enthält beide Grenzkurven.

Die unter einer beliebigen Kurve im TS-Diagramm liegende Fläche bis zur Abszissenachse (— 273°) ist die bei der Zustandsänderung nach dieser Kurve zugeführte oder (bei abnehmender Entropie) entzogene Wärme, genau wie bei den Gasen. Demgemäß stellt in Fig. 73 dar: Fläche $OA_0A_1A_1'$ die Flüssigkeitswärme bei der Temperatur T_s; Rechteck $A_1A_2A_2'A_1'$ die Verdampfungswärme r; Fläche $OA_0A_1A_2A_2'$ die Gesamtwärme λ des trockenen Dampfs, die Fläche unter OA_0A_1F die Gesamtwärme des feuchten Dampfs von der Temperatur T_s und dem Dampfgehalt 0,8; die Fläche unter A_0HK die Gesamtwärme des feuchten Dampfs vom Zustand bei K (Dampfgehalt $HK:HB$); die Fläche unter FG die bei der Ausdehnung unter konstanter Dampfnässe von F nach G zuzuführende Wärme, die gleiche

Fläche die bei der Verdichtung mit konstanter Dampfnässe von G nach F zu entziehende Wärme; desgleichen die Fläche $A_2BB'A_2'$ die Wärmemenge, die dem trockenen Dampf vom Anfangszustand $A_2\,(T_s)$ zuzuführen ist, wenn er bei der Expansion bis B trocken bleiben soll.

Überträgt man irgendeine Kurve eines Druck-Volumendiagramms ins TS-Diagramm, so stellt die unter der Kurve des TS-Diagramms liegende Fläche die Wärme dar, die bei der Zustandsänderung nach jener Druckvolumen-Kurve zuzuführen oder zu entziehen ist. So ist z. B. in Fig. 80 die Expansionslinie des Dampfmaschinendiagramms Fig. 77 abgebildet. Die unter der Entropiekurve liegende Fläche ist die während der Expansion dem kg Dampf aus den Wandungen zugeführte Wärme, etwa 41 Cal.

Genauer Wert der Flüssigkeits-Entropie. Zur Aufzeichnung der Entropietafeln müssen möglichst genaue Werte der Flüssigkeitsentropie benutzt werden, weil sich auf der Kurve der Flüssigkeitsentropie alle übrigen Kurven aufbauen.

Nun gilt, wenn c die spez. Wärme des Wassers ist,

$$dS = c \cdot \frac{dT}{T}.$$

Nach Dieterici ist, mit Gültigkeit von 40° an aufwärts,

$$c = 0{,}9983 - 0{,}000\,1037\,t + 0{,}000\,002\,073\,t^2.$$

Hieraus wird mit $t = T - 273$

$$c = 1{,}181\,11 - 0{,}001\,235\,56\,T + 0{,}000\,002\,073\,T^2.$$

Man erhält hiermit

$$dS_w = 1{,}181\,11\,\frac{dT}{T} - 0{,}001\,235\,56\,dT + 0{,}000\,002\,073\,T\,dT.$$

Durch Integration in den Grenzen T und $273 + 40 = 313$ wird

$$S_w - S_{40^0} = 1{,}181\,11 \ln \frac{T}{313} - 0{,}001\,235\,56\,(T - 313) + 0{,}000\,001\,036\,5\,(T^2 - 313^2),$$

oder, mit log statt ln und t statt T in den nicht logarithmischen Gliedern

$$S_w - S_{40^0} = 0{,}025\,127 + 2{,}719\,62 \log \frac{T}{313} - 0{,}000\,669\,63\,t + 0{,}000\,001\,036\,5\,t^2.$$

Nun ist, wie man aus den Werten der spez. Wärmen nach Fig. 69 zwischen 0° und 40° auf graphischem Wege finden kann,

$$S_{40^0} = 0{,}136\,89,$$

daher

$$\mathbf{S_w = 0{,}162\,02 + 2{,}719\,62 \log \frac{T}{313} - 0{,}000\,669\,63\,t + 0{,}000\,001\,036\,5\,t^2},$$

gerechnet von 0° an, mit Gültigkeit von 40° bis 300°.[1])

Man erhält z. B. für

$t = 100^0$	200^0	300^0
$S_w = 0{,}3124$	$0{,}5572$	$0{,}7686.$

Hiernach ist die Flüssigkeitskurve der Entropietafel III a gezeichnet.

[1]) Zwischen 0° und 40° läßt sich die spez. Wärme nicht durch die obige Formel darstellen (Dieterici). Die Entropiewerte der Tafeln in diesem Gebiet sind graphisch und durch stufenweise Rechnung bestimmt worden.

b) Überhitzter Dampf.

Wäre die spez. Wärme c_p des Heißdampfs unveränderlich, so ließe sich die Entropie aus der Zustandsänderung bei konstantem Druck, dem gewöhnlichen Überhitzungsvorgang, ohne weiteres bestimmen. Mit

$$dQ = c_p dT = T dS$$

wäre

$$dS = c_p \cdot \frac{dT}{T}.$$

Bezogen auf trockenen Sattdampf als Ausgangszustand würde sich hieraus durch Summation bis zur jeweiligen Überhitzungstemperatur ergeben:

$$S - S_s = c_r \ln \frac{T}{T_s}.$$

Im Entropiediagramm wäre also A_2A_3 eine logarithmische Linie, wie bei den Gasen, und wie die Flüssigkeitslinie A_0A_1. Sie würde etwa doppelt so steil als die letztere ansteigen, weil c_p für Heißdampf rd. halb so groß ist (0,5), als für Wasser ($c = 1$).

In Wirklichkeit trifft diese Voraussetzung über c_p nicht zu. Besonders in der Nähe der Sättigung nimmt c_p mit wachsender Überhitzung erst stark ab, um dann wieder zuzunehmen (Abschn. 39). Die obige Rechnung gibt daher die Verhältnisse nur überschlägig richtig. Da das Veränderungsgesetz von c_p verwickelt und durch eine einfache Formel nicht darstellbar ist, so können auch die richtigen Entropiewerte nicht ohne weiteres in einer allgemeinen Formel ausgesprochen werden. Die Versuche von Knoblauch und Jakob ermöglichen aber die zahlenmäßige Berechnung der Entropie für alle in Betracht kommenden Drücke und Temperaturen ohne Aufstellung einer Formel. Für eine kleine Zustandsänderung unter konstantem Druck gilt, ob c_p veränderlich oder unveränderlich ist

$$dQ = c_p dT = T dS,$$

daher

$$dS = \frac{c_p}{T} \cdot dT.$$

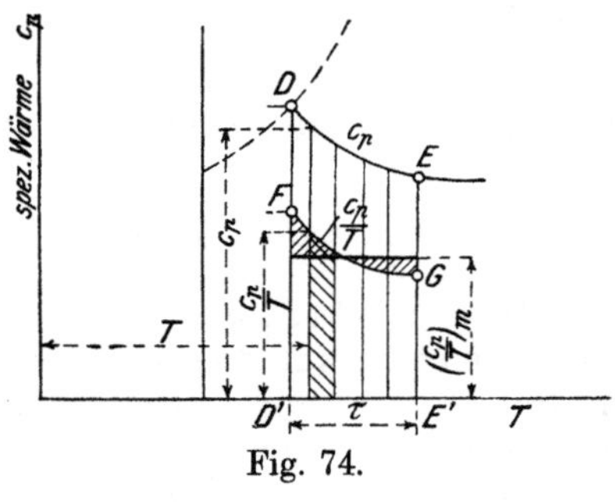

Fig. 74.

Ist nun, Fig. 74, DE die Kurve, die für einen bestimmten Druck das Veränderungsgesetz von c_p wiedergibt, so kann man für beliebig viele Punkte dieser Kurve die Quotienten c_p/T ausrechnen. Trägt man diese als Ordinaten zu den Temperaturen als Abszissen auf, so erhält man die Kurve FG.

Das Flächenelement dieser Kurve zwischen zwei Ordinaten hat die Größe $\frac{c_p}{T}\cdot dT$, ist also gleich der elementaren Entropieänderung.

Die Fläche $FGE'D'$ ist somit gleich der ganzen Änderung der Entropie während der Überhitzung um τ^0. Diese Fläche kann entweder planimetriert oder durch Zerlegung in schmale Streifen berechnet werden. Ist ihre mittlere Höhe $\left(\frac{c_p}{T}\right)_m$, so ist der Entropiezuwachs während der Überhitzung um τ^0

$$S - S_s = \left(\frac{c_p}{T}\right)_m \cdot \tau\,.$$

Auf diesem Wege sind die Kurven konstanten Druckes im Heißdampfgebiet der Texttafel III punktweise aus den von Knoblauch und Jakob durch Versuche ermittelten Kurven der spezifischen Wärme c_p bestimmt worden. Auf dem gleichen Wege sind die Entropiewerte im Heißdampfgebiet der beiden Entropietafeln im Anhang berechnet, und zwar unter Berücksichtigung der neuesten Münchener Versuche über c_p [1]).

41. Ausdehnung und Verdichtung des Sattdampfs ohne Feuchtigkeitsänderung (vgl. Abschn. 38).

In Abschn. 38 ist dargelegt, in welchem Zusammenhange Druck und Volumen bei dieser Art der Zustandsänderung stehen. Es war für trockenen Dampf

$$p^{\frac{15}{16}} \cdot v_s = \text{konst.}$$

Für anfänglich feuchten Dampf mit dem Dampfgehalt x_0 ist wegen

$$v = x_0 v_s$$

bei vorwiegendem Dampfgehalt

$$p^{\frac{15}{16}} \cdot v = x_0 \cdot \text{konst.} = \text{konst.}$$

Welche Wärmemengen jedoch dem Dampf zuzuführen bzw. zu entziehen sind, damit er bei der Ausdehnung oder Verdichtung diesem Gesetze folgt, dies kann jetzt mit Hilfe der Entropie leicht entschieden werden.

Wird im Entropiediagramm, Fig. 73, A_2 (trockener Sattdampf) als Ausgangspunkt gewählt, so ändert sich bei der vorliegenden Zu-

[1]) Vgl. Z. Ver. deutsch. Ing. 1911, S. 1506: W. Schüle, Die Eigenschaften des Wasserdampfes nach den neuesten Versuchen.

standsänderung die Entropie nach der oberen Grenzkurve $A_2 B$. Die Entropie wächst also bei der Ausdehnung. Die hierbei zuzuführende Wärmemenge ist gleich der unter $A_2 B$ liegenden Fläche $A_2 B B' A_2'$. Bei stärkerer Ausdehnung ist diese Wärmemenge im Verhältnis zu dem Wärmeaufwand für die vorangegangene Dampfbildung nicht unerheblich.

Wird diese Wärme dem Dampf nicht oder nicht in vollem Betrage zugeführt, so findet ein teilweiser Dampfniederschlag statt.

Wird umgekehrt B als Ausgangspunkt gewählt und von B bis A_2 verdichtet, so nimmt die Entropie um den Betrag $B' A_2'$ ab. Die unter $B A_2$ liegende Fläche stellt daher abzuführende Wärme vor. Wird diese Wärme bei der Verdichtung nicht oder nicht im vollen Betrage abgeleitet, so muß der Dampf in den überhitzten Zustand übergehen. Wird mehr Wärme entzogen, so wird er während der Verdichtung (und trotz dieser) feucht.

Mit Rücksicht auf diese Wärmeverhältnisse ist nicht zu erwarten, daß z. B. in den Dampfmaschinenzylindern die Ausdehnung und Verdichtung ohne Feuchtigkeitsänderung vor sich gehe.

Es erscheint auf den ersten Anblick widersinnig, daß dem Dampf, wenn er, ohne seine Feuchtigkeit zu ändern, von dem Druck von 10 at auf 0,1 at oder weniger, wie in Fig. 73, expandiert, Wärme zuzuführen ist. Denn der trocken gesättigte Dampf von 0,1 at erfordert ja und enthält nach den Tabellen weniger Wärme als der von 10 at. Dieser Widerspruch löst sich dadurch, daß die gesamte zusätzlich zugeführte Wärme und noch ein Teil der Eigenwärme bei der Ausdehnung in mechanische Arbeit übergeht und aus dem Dampfe verschwindet.

Bei anfänglich feuchtem Dampf mit der Dampfmenge x_0 (Punkt F) verläuft im Entropiediagramm die Zustandslinie nach FG; diese Linie teilt jede Wagerechte zwischen der oberen und unteren Grenzkurve im gleichen Verhältnis x_0. Denn nach Abschn. 40 ist $x_0 = \frac{A_1 F}{A_1 A_2}$ und dieses Verhältnis soll bei sinkendem Druck unverändert bleiben. Die unter FG liegende Fläche bis zur Abszissenachse ist die bei der Ausdehnung zuzuführende Wärme. Bei der Verdichtung (GF) ist die gleiche Wärme abzuleiten. — Linie FG ist für $x = 0{,}8$, also 20 v. H Feuchtigkeit gezeichnet; $F_1 G_1$ gilt für $x = 0{,}3$, also sehr nassen Dampf. Im letzten Falle nimmt die Entropie, im Gegensatz zur Kurve für $x = 0{,}8$, bei der Ausdehnung ab. Daher ist nicht, wie bei vorwiegendem Dampfgehalt, Wärme zuzuleiten, sondern abzuleiten, wenn der Dampfgehalt unverändert bleiben soll. Der annähernd der T-Achse parallele Verlauf der Kurve $x = 0{,}5$, Fig. 73, läßt erkennen, daß hier ungefähr die Grenze zwischen Wärmezufuhr und Wärmeentziehung liegt. Genaueres läßt die Entropietafel für jeden beliebigen Dampfzustand erkennen.

42. Ausdehnung und Verdichtung des Dampfes im wärmedichten Gefäß (adiabatische Zustandsänderung).

a) Sattdampf.

Mit Bezugnahme auf den vorangehenden Abschnitt läßt sich leicht erkennen, daß feuchter Dampf mit überwiegendem Dampfgehalt bei adiabatischer Ausdehnung noch feuchter, dagegen bei adiabatischer Verdichtung trockener wird. Denn es fehlt hier die bei der Ausdehnung erforderliche Wärmezufuhr bzw. die bei der Verdichtung nötige Wärmeentziehung, um die Niederschläge bzw. die Trocknung zu verhindern. Mit Bezugnahme auf Abschnitt 41 ist daher sicher, daß die Dampfadiabate bei Ausdehnung schneller fällt, bei Verdichtung schneller steigt als die Kurven gleicher Feuchtigkeit.

Genaueres ergibt sich über die Feuchtigkeitsänderung und damit für die Volumenänderung bei gegebener Druckänderung, wenn man vom Entropiediagramm ausgeht. Die adiabatische Zustandsänderung wird hier durch eine vertikale Gerade dargestellt (unveränderliche Entropie; vgl. Abschn. 29); Linie A_2G, Fig. 73 entspricht z. B. der Expansion von anfänglich trockenem Sattdampf von 10 auf 0,1 at abs. Die Feuchtigkeit am Ende ist $1-x=JB/BH=$ rd. 0,2. — Linie FK stellt die Expansion von 10 auf 0,1 at bei 20 v. H. anfänglicher Feuchtigkeit dar. Die Feuchtigkeit am Ende ist $1-x=KB/BH=0{,}326$. — Für Zwischenpunkte läßt sich der Dampf- oder Feuchtigkeitsgehalt in gleicher Weise abmessen.

Geht man jedoch von heißem Wasser von der Siedetemperatur aus, Punkt A_1, Linie A_1L, so findet Verdampfung statt. Die bei der adiabatischen Raumvergrößerung gebildete Dampfmenge beträgt $HL/HB=$ rd. 0,2 Bruchteile der Dampfmasse. Die Temperatur sinkt in allen drei Fällen nach den Dampftabellen von $179{,}1^0$ auf $45{,}4^0$.

Übrigens findet Dampfbildung, also nicht Dampfniederschlag wie bei anfänglich vorwiegendem Dampfgehalt, auch schon bei Dampf vom Zustande F_1 statt ($x=0{,}3$). Denn die Kurve gleicher Dampfmenge F_1G_1 läuft von der adiabatischen Vertikalen F_1M nach links, nicht mehr, wie bei FG nach rechts. Dem Punkt M entspricht ein größerer Dampfgehalt als dem Punkt G_1, die Dampfmenge nimmt von anfänglich 30 v. H. auf $HM/HB=0{,}38$ zu.

Die der Ausdehnung nach FK entsprechende Druckvolumenkurve (Dampfadiabate) kann nun leicht gezeichnet werden. Ist $v_0=x_0\,(v_s)_0$ das Anfangsvolumen, $v=xv_s$ ein beliebiges Endvolumen, so ist die verhältnismäßige Raumvergrößerung

$$\frac{v}{v_0}=\frac{x}{x_0}\cdot\frac{v_s}{(v_s)_0}.$$

Die spez. Volumina v_s und $(v_s)_0$ des trockenen Dampfs sind aus den Dampftabellen entsprechend der Anfangstemperatur t_0 und der

Endtemperatur t (oder nach p und p_0) zu entnehmen, während x_0 gegeben und x aus dem Entropiediagramm abzugreifen ist. Wenn das Entropie-Temperaturdiagramm vorliegt, kann also eine beliebige Dampfadiabate mit Hilfe einfachster Zahlenrechnungen verzeichnet werden, indem die zu beliebigen Drücken $p \lesseqgtr p_0$ gehörigen Werte des Volumens

$$v = v_0 \cdot \frac{x}{x_0} \cdot \frac{v_s}{(v_s)_0}$$

berechnet werden.

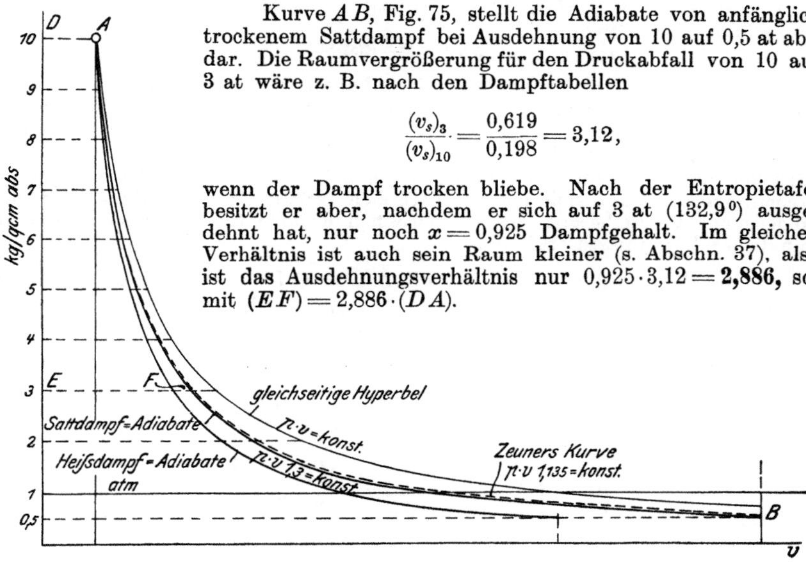

Fig. 75.

Kurve AB, Fig. 75, stellt die Adiabate von anfänglich trockenem Sattdampf bei Ausdehnung von 10 auf 0,5 at abs. dar. Die Raumvergrößerung für den Druckabfall von 10 auf 3 at wäre z. B. nach den Dampftabellen

$$\frac{(v_s)_3}{(v_s)_{10}} = \frac{0{,}619}{0{,}198} = 3{,}12,$$

wenn der Dampf trocken bliebe. Nach der Entropietafel besitzt er aber, nachdem er sich auf 3 at (132,9°) ausgedehnt hat, nur noch $x = 0{,}925$ Dampfgehalt. Im gleichen Verhältnis ist auch sein Raum kleiner (s. Abschn. 37), also ist das Ausdehnungsverhältnis nur $0{,}925 \cdot 3{,}12 =$ **2,886**, somit $(EF) = 2{,}886 \cdot (DA)$.

Die absolute Ausdehnungsarbeit wird ganz auf Kosten der Eigenwärme (Energie) des Dampfes geleistet, da ja keine Wärmezufuhr stattfindet. Die Energie ist nach Abschn. 37a am Anfang $U_0 = q_0 + x_0 \varrho_0$, am Ende $U = q + x\varrho$. Der Unterschied $U_0 - U$ stellt das Wärmeäquivalent der Dampfarbeit L dar. Sonach ist

$$L = 427 \cdot [q_0 + x_0 \varrho_0 - (q + x\varrho)] \text{ mkg/kg}.$$

q_0, r_0, q und ϱ können, wenn der Anfangsdruck p_0 und der Enddruck p gegeben sind, aus den Dampftabellen entnommen werden. Der Dampfgehalt x am Ende ist, wie oben gezeigt, aus der Entropietafel zu entnehmen. — Ganz dasselbe gilt für die Verdichtungsarbeit.

In Fig. 75 ist die unter der Kurve AB liegende Fläche bis zur v-Achse die Dampfarbeit bei Ausdehnung von 10 auf 0,5 at. Mit $x_0 = 1$ (trockener Dampf) ergibt die Entropietafel $x = 0{,}849$. Mit den übrigen Werten aus der Dampftabelle ist daher

$$L = 427\,[181{,}2 + 436{,}4 - 80{,}8 - 0{,}849 \cdot 511{,}9] = 427 \cdot 103{,}3.$$

Es werden also 103,3 Cal. in absolute Dampfarbeit umgesetzt, also $L = 44200$ mkg geleistet.

Näherungsgleichungen nach Zeuner. Für Dampf vom anfänglichen Dampfgehalt x ist die Dampfadiabate angenähert darstellbar durch die Hyperbel

$$p v^{1,035 + 0,1 x} = \text{konst.}$$

Für anfänglich trockenen Dampf gilt also mit $x = 1$

$$p v^{1,135} = \text{konst.}$$

Bei $x = 0,8$ Anfangsdampfgehalt ist z. B.

$$p v^{1,115} = \text{konst.}$$

Es ist klar, daß der Exponent der adiabatischen Kurve größer sein muß, als derjenige der Kurven gleichen Dampfgehaltes (1,0667), weil das Volumen im adiabatischen Fall mit sinkendem Druck weniger rasch zunimmt. Mit wachsender anfänglicher Feuchtigkeit nehmen jedoch die Entropiekurven $x = \text{konst.}$ bei Drücken über 1 at einen wesentlich steileren Verlauf, d. h. die Kurven gleicher Feuchtigkeit nähern sich dem adiabatischen Verlauf. Daher ist die von Zeuner angegebene Verkleinerung des adiabatischen Exponenten bei zunehmender anfänglicher Dampfnässe erklärlich.

Die Beziehungen sind bis etwa $x = 0,7$ und höchstens 20fache Druckänderung anwendbar. Fig. 75 zeigt die Näherungskurve für trockenen Dampf (gestrichelt). Die Dampfarbeit ist, wie in früheren Fällen (Abschn. 25 und 26) die Gasarbeit, mit $1,035 + 0,1\,x = m$

$$L = \frac{p_0 v_0}{m - 1} \cdot \left[1 - \left(\frac{p}{p_0}\right)^{\frac{m-1}{m}}\right]$$

$$= \frac{p_0 v_0}{m - 1} \cdot \left[1 - \left(\frac{v_0}{v}\right)^{m-1}\right].$$

Für das obige Beispiel wird nach dieser Formel

$$L = \frac{10\,000 \cdot 10 \cdot 0,198}{0,135} \cdot \left[1 - \left(\frac{0,5}{10}\right)^{0,119}\right] = 44\,000 \text{ mkg},$$

gegen 44200 mkg oben.

b) Heißdampf.

Die Druckvolumenkurve befolgt bei adiabatischer Zustandsänderung mit guter Annäherung das hyperbolische Gesetz

$$p v^{1,3} = \text{konst.} \quad \ldots \ldots \ldots \quad (1)$$

Die Beziehung (mit dem Exponenten 1,33) ist schon von Zeuner auf Grund seiner genäherten Zustandsgleichung des Heißdampfs und der (unzutreffenden) Annahme konstanter spez. Wärme c_p abgeleitet worden. Mittels der genaueren Zustandsgleichung von Callendar hat indessen Mollier die gleiche Beziehung gewonnen. Obwohl auch dieser Herleitung die nur annähernd richtige Annahme zugrunde liegt, daß c_p für sehr kleine Drücke, aber hohe Temperaturen unveränderlich sei, so dürfte die Gleichung doch den praktischen Anforderungen an Genauigkeit genügen. In Wirklichkeit ist, wie in

Bd. II Abschn. 9 gezeigt wird, der Exponent mit dem Druck und der Temperatur etwa in den Grenzen von 1,2 bis 1,4 veränderlich.

Darnach fällt und steigt die Adiabate des Heißdampfs rascher als die des Sattdampfs, aber nicht ganz so rasch wie die der Gase. Denn der Exponent 1,3 liegt zwischen dem der Gase 1,4 und dem des Sattdampfs 1,135. In Fig. 75 ist auch die Heißdampfadiabate aufgetragen.

Die Temperatur sinkt bei adiabatischer Ausdehnung, während sie bei der Verdichtung steigt, wie bei den Gasen. Durch unmittelbare Versuche fanden Hirn und Cazin, daß die verhältnismäßige Temperatur- und Druckänderung der Beziehung

$$\frac{T}{T_0} = \left(\frac{p}{p_0}\right)^{0,236} \quad \ldots \ldots \ldots \quad (2)$$

folgen.

Nach Callendar (Mollier) soll der Exponent $n = 0,231 = \frac{3}{13}$ sein; für Gase ist er 0,286 (bei gewöhnlicher Temperatur). Aus der neuen auf Grund der Münchener Versuche berechneten Entropietafel ergibt sich z. B.

für $t_0 = 376^0$, $p_0 = 12$ at bei Expansion auf

$p = 8$	6	4	2	1
$n = 0,222$	0,220	0,221	0,233	0,232;

dagegen für $t_0 = 380^0$, $p_0 = 2$ at bei Expansion bis ca. 0,2 at im Durchschnitt $n = 0,234$.

Die Ermittlungen in Bd. II Abschn. 10 zeigen, daß n vom Druck und der Temperatur abhängt und etwa in den Grenzen 0,22 bis 0,247 unveränderlich ist.

Am raschesten erhält man die Temperaturänderung aus den Entropietafeln, vgl. Abschn. 45.

Die absolute Dampfarbeit folgt, wenn von Gl. 1 ausgegangen wird, wie bei den Gasen als Fläche der Hyperbel zwischen zwei Ordinaten

$$L = \frac{p_0 v_0}{m-1} \cdot \left[1 - \left(\frac{p}{p_0}\right)^{\frac{m-1}{m}}\right],$$

also mit $m = 1,3$

$$L = \frac{10}{3} p_0 v_0 \cdot \left[1 - \left(\frac{p}{p_0}\right)^{0,231}\right] \quad \ldots \ldots \quad (3)$$

oder

$$L = \frac{10}{3} p_0 v_0 \cdot \left[1 - \left(\frac{v_0}{v}\right)^{0,3}\right], \quad \ldots \ldots \quad (3a)$$

je nachdem das Ausdehnungsverhältnis der Drücke $\left(\frac{p}{p_0}\right)$ oder der Räume $\left(\frac{v_0}{v}\right)$ gegeben ist.

Beispiel. Welche absolute Arbeit gibt 1 kg Heißdampf von 400^0 bei Ausdehnung von 10 at abs. auf 0,5 at ab, vorausgesetzt, daß der Dampf am Ende noch überhitzt wäre?

Nach der Zustandsgleichung ist

$$p_0 v_0 = 47{,}1 \cdot (273 + 400) - 0{,}016 \cdot 10000 \cdot 10 = 30098$$

somit $$L = \frac{10}{3} \cdot 30098 \cdot \left[1 - \left(\frac{0{,}5}{10}\right)^{0{,}231}\right] = \underline{\underline{50105 \text{ mkg/kg}}}$$

(gegen 44200 mkg bei Sattdampf).

Bei gleichem Anfangs- und Endvolumen ist zwar die adiabatische Arbeit des Heißdampfs kleiner als die des Sattdampfes. Denn die unter der steiler abfallenden Heißdampfadiabate liegende Arbeitsfläche ist bei gemeinsamem Ausgangspunkte A die kleinere, Fig. 75. Für das gleiche Dampfgewicht ist aber, wie das letzte Beispiel und die Formel lehrt, die Heißdampfarbeit größer wegen des größeren Wertes von v_0 in dem Produkte $p_0 v_0$.

Übergang in den Sättigungszustand. Bei adiabatischer Ausdehnung nähert sich der Heißdampf mit sinkendem Druck immer mehr dem Sättigungszustand. Sobald er in diesen eintritt, verliert die Gleichung $p v^{1,3} =$ konst. ihre Gültigkeit und der Dampf expandiert nach $p v^{1,135}$ $=$ konst. weiter.

In Fig. 75 ist die Heißdampfadiabate für 10 at und 300° Anfangstemperatur eingetragen. Sie schneidet die Grenzkurve bei M. Bei 2,3 at hat der Dampf also die Überhitzung völlig verloren. Je höher die Anfangstemperatur ist, z. B. 350°, 400°, Fig. 75, um so länger bleibt er überhitzt.

Aus dem Entropiediagramm Fig. 73 geht das gleiche noch einfacher und bestimmter hervor. Die Expansion beginnt auf dem Punkt der Linie $A_2 A_3$ gleichen Druckes (10 at) bei 300° und verläuft nach der gestrichelten Vertikalen, die bei M_1 auf der Grenzkurve endigt. Bei Expansion bis auf den dem Punkt M_1 entsprechenden Druck wird also der Heißdampf eben gesättigt. Nach der TVS-Tafel sind dies 2,0 at abs., entsprechend 120°.

Auch rechnerisch läßt sich der Übergangsdruck leicht finden. Für die Grenzkurve gilt

$$p_0^{\frac{15}{16}} \cdot (v_s)_0 = p_s^{\frac{15}{16}} \cdot v_s,$$

für die Heißdampfadiabate

$$p_0^{\frac{1}{1,3}} \cdot v_0 = p_s^{\frac{1}{1,3}} \cdot v_s,$$

wenn p_0, $(v_s)_0$, v_0 den Anfangs-, p_s und v_s den gemeinsamen Endpunkt M, Fig. 71 bezeichnen. Durch Division folgt der Sättigungsdruck

$$p_s = \frac{p_0}{\left(\frac{v_0}{v_{s0}}\right)^{5,94}};$$

Überschlägig ist auch

$$p_s = \frac{p_0}{\left(\frac{T_0}{T_{s0}}\right)^{5,94}}.$$

Nach der letzten Formel wird für das obige Beispiel (10 at, 300°) mit $T_0 = 300 + 273 = 573$, $(T_s)_0 = 179 + 273 = 452$

$$p_s = \frac{10}{\left(\frac{573}{452}\right)^{5,94}} = 2,44 \text{ at abs.}$$

Genauer wird mit

$$v_0 = \frac{47,1\, T_0}{p_0} - 0,016 = 0,254$$

$$(v_s)_0 = 0,198$$

$$p_s = \frac{10}{\left(\frac{0,254}{0,198}\right)^{5,94}} = 2,35 \text{ at abs.,}$$

in ziemlicher Übereinstimmung mit der Näherungsformel, aber ziemlich abweichend von dem genaueren Ergebnis (2,0 at) nach der Entropietafel.

43. Zustandsänderung des Dampfes bei der Ausdehnung und Verdichtung in den Dampfmaschinen.

a) Sattdampf.

Die Indikatordiagramme von Dampfmaschinen zeigen, daß bei Sattdampfbetrieb die Ausdehnungslinie durchschnittlich das Gesetz

$$pv = \text{konst. (gleichseitige Hyperbel)}$$

befolgt, wonach also der Druck im gleichen Verhältnis abnimmt, wie der Raum zunimmt.

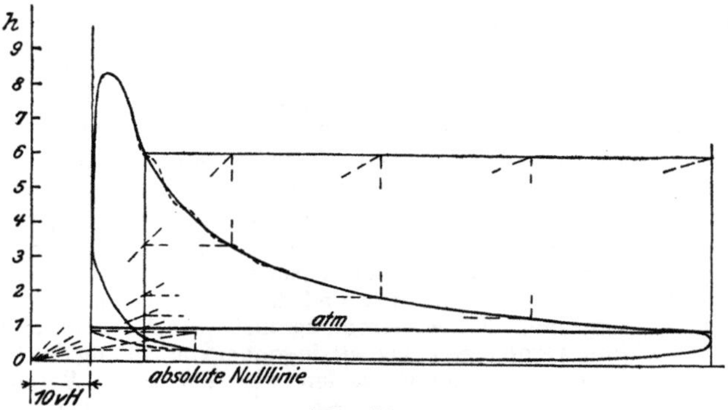

Fig. 76.

Es kommt nicht selten vor, daß die Diagrammlinien genau nach diesem Gesetze verlaufen. Fig. 76 zeigt z. B. das Diagramm einer Ventildampfmaschine, bei dem dies zutrifft. (Zylinderdurchm. 310, Hub 520 mm, 115 Umdr. i. d. M., Mantel- und Deckelheizung.) Um den Verlauf richtig beurteilen zu können, genügt das vom Indikator gelieferte Diagramm allein nicht. Es muß auch die verhältnismäßige Größe des schädlichen Raumes bekannt sein; außerdem der Federmaßstab (Schreibstiftweg für 1 kg/qcm) und der Barometerstand, um die absolute Nullinie ziehen zu können. Auch müssen die Absperrorgane für den Dampfeinlaß und -auslaß und der Dampfkolben dicht sein. — Bei dem Diagramm Fig. 76 sind diese Voraussetzungen erfüllt.

Bei der gleichen Maschine erweist sich der Verlauf der Expansionslinie als abhängig von der Größe der Füllung. Bei großer Füllung verläuft sie häufiger unter, bei kleiner über der Hyperbel. Auch der Umstand, ob die Maschine mit Auspuff oder Kondensation arbeitet, ist von Einfluß, desgleichen die Mantel- und Deckelheizung.

Bei Sattdampfbetrieb ist der Zylinderdampf zu Beginn der Expansion mmer von recht erheblicher Feuchtigkeit (häufig 20 v. H. und mehr). Denn wenn auch der Dampf der Maschine trocken zufließt, so schlägt sich doch während der Einströmung ein Teil an den Zylinderwandungen nieder, die kälter als der Frischdampf sind. Dem feuchten Dampf mit $x_0 = 0{,}8$ anfänglichem Dampfgehalt würde nun nach Zeuner in einem die Wärme nicht leitenden Gefäße die Expansionslinie (Adiabate) $pv^{1,115} = \text{konst.}$ entsprechen. Die gleichseitige Hyperbel fällt aber langsamer als diese Kurve, und daraus folgt, daß der Dampf während der Expansion Wärme aus den Wänden aufnimmt.

Würde der Feuchtigkeitsgehalt während der Expansion unverändert bleiben, was nach Abschn. 41 Wärmezufuhr erfordert, so müßte die Expansionslinie nach $pv^{1,067} = \text{konst.}$ verlaufen, also noch unterhalb der gleichseitigen Hyperbel. Daher nimmt der Dampfgehalt fortwährend zu, die Feuchtigkeit ab, wenn das Indikatordiagramm nach der noch flacheren Kurve $pv = \text{konst.}$ verläuft. Fig. 77 zeigt dies für ein Diagramm der obigen Maschine maßstäblich; vgl. auch Fig. 80, rechts den Verlauf im Entropiediagramm.

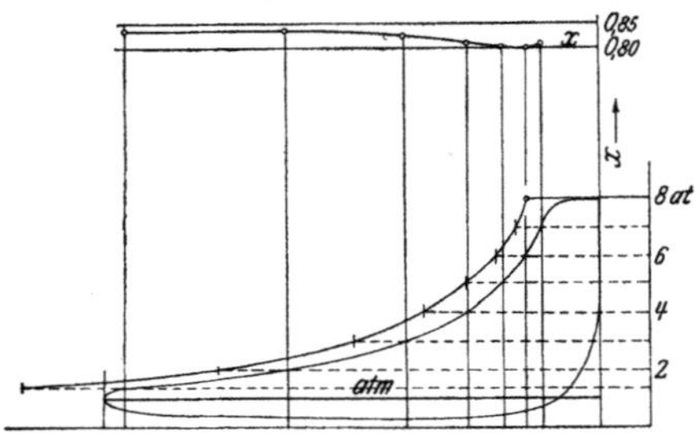

Fig. 77.

Die bei der Einströmung an den Wänden niedergeschlagene Feuchtigkeit behält ihre anfängliche Temperatur länger, als der bei der Ausdehnung sich rasch abkühlende Dampf. Da gleichzeitig der Druck fällt, so tritt eine sehr schnell verlaufende Verdampfung dieser Niederschläge ein (Nachverdampfen), die noch durch die Wärme der bei der Einströmung erhitzten Wände unterstützt wird.

Die Verdichtungslinie im Dampfzylinder folgt im Gegensatz zur Expansionslinie nur ausnahmsweise der gleichseitigen Hyperbel. Ohne Wärmeabgabe während der Verdichtung würde sie nach dem Gesetz $pv^{1,135} = \text{konst.}$ verlaufen, also schneller ansteigen als die Hyperbel. Letztere würde also Wärmeentziehung während der Verdichtung voraussetzen. Da jedoch die Wände, wie Versuche von Callendar und Nicolson bewiesen haben, selbst während der vorhergegangenen Ausströmung nicht erheblich unter ihre Mitteltemperatur abgekühlt werden, so geben sie besonders im Anfang der Kompression Wärme an den Dampf ab. Somit ist ein weit steilerer Verlauf der Verdichtungslinie als nach $pv = \text{konst.}$ wahrscheinlich. Tatsächlich verläuft in der Mehrzahl der Fälle die Verdichtungslinie erheblich über der Hyperbel, was sich besonders in einem viel höheren Enddruck äußert, als $pv = \text{konst.}$ entsprechen würde (Fig. 76 und 78).

Man findet nicht selten in der technischen Literatur die Ausdehnungslinie nach $pv = \text{konst.}$ als „Isotherme" bezeichnet, obwohl jeder weiß, daß dem kleineren Druck bei feuchtem Dampf auch die kleinere Temperatur entspricht. Diese Ausdrucksweise ist um so mehr störend, als die Isotherme des Sattdampfs gar nicht durch eine Kurve, sondern durch eine zur Volumenachse parallele Gerade dargestellt wird. Diese ebenso überflüssige als falsche Bezeichnungsweise, die aus der Theorie der Gase entlehnt ist, sollte vermieden werden. Nicht besser ist die in diesem Zusammenhange selbst in maßgebenden technischen Werken zu findende Bezeichnung „Mariottesche Linie".

b) Heißdampf.

Die wirkliche Ausdehnungslinie verläuft bei Heißdampfbetrieb anders, und zwar fällt sie rascher als bei Sattdampf. Dies ist ganz im Einklang mit der Tatsache, daß im wärmedichten Gefäß der gleichen Volumvergrößerung bei Heißdampf ein stärkerer Druckabfall entspricht als bei Sattdampf. Wenn nun auch der Wärmeaustausch zwischen Dampf und Wandungen die Verhältnisse ändert, so bleibt doch dieser grundsätzliche Unterschied bestehen.

Bei Sattdampf verläuft die Ausdehnungslinie über der Dampfadiabate. Bei Heißdampf ist das gleiche der Fall. Sucht man Hyperbeln mit gebrochenen Exponenten zu ziehen, die sich den Linien der Indikatordiagramme möglichst anschließen, so findet man, daß die Exponenten sich zwischen 1,25 und 1 bewegen, niemals aber den adiabatischen Wert 1,3 erreichen.

Bei der Beurteilung der wirklichen Ausdehnungslinien ist wohl zu beachten, daß der Heißdampf schon beim Beginn der Ausdehnung weitaus nicht mehr die Temperatur besitzt, mit der er dem Zylinder aus der Leitung zuströmt. Er wird durch den Einfluß der kälteren Zylinderwände während des Einströmungsvorganges bedeutend abgekühlt. Bei nur geringer anfänglicher Überhitzung geht diese durch die Eintrittsabkühlung ganz verloren, so daß die Ausdehnung mit trockenem oder feuchtem Sattdampf beginnt. In solchen Fällen verläuft die Expansionslinie wie bei Sattdampf, manchmal recht genau, als gleichseitige Hyperbel.

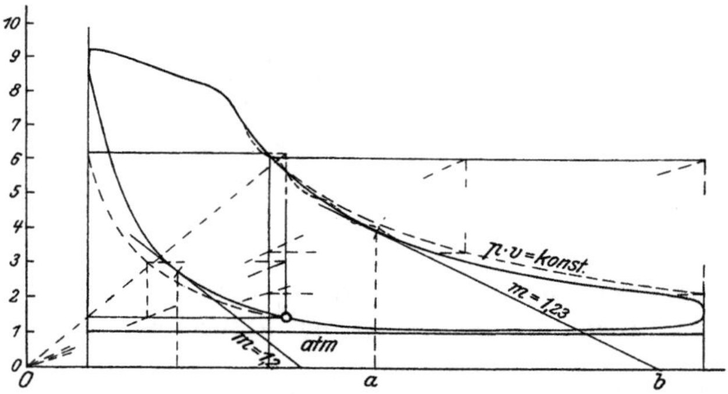

Fig. 78.

Bei starker Überhitzung, wobei mehr die Überhitzungsgrade als die Dampftemperatur maßgebend sind, geht die Abkühlung nicht bis zur Sättigung, so daß die Ausdehnung mit Heißdampf beginnt, dessen Temperatur je nach den besonderen Umständen mehr oder weniger unter der Zuflußtemperatur liegt. In dieser Hinsicht spielen die Größe der Füllung und die Art des Betriebs (Auspuff, Kondensation, Einzylinder- oder Verbundmaschine) die Hauptrolle.

In den seltensten Fällen wird der Dampf bis zum Ende der Ausdehnung überhitzt bleiben. Der Übergang in den Sattdampfzustand, der in Abschn. 42 behandelt ist, findet je nach den Umständen in größerer oder kleinerer Entfernung vom Anfang der Expansion statt. Dann wird der Verlauf überhaupt ein anderer. Für die Verdichtungslinie gilt im allgemeinen dasselbe wie bei Sattdampf. (Vgl. Fig. 78, Heißdampfmaschine mit Auspuff.)

44. Zustandsänderung bei konstantem Volumen.

a) Sattdampf.

Wird trockener oder feuchter Sattdampf in einem Gefäß von unveränderlicher Größe, aus dem kein Dampf entnommen wird, von außen abgekühlt, so schlägt sich ein Teil des Dampfes nieder und der Druck und die Temperatur fallen.

Geht man von dem Druck- oder Temperaturabfall aus, so läßt sich leicht die zugehörige Wärmemenge Q und die Niederschlagsmenge ermitteln.

Mit p_0 als Anfangsdruck und x_0 als anfänglichem Dampfgehalt ($x_0 = 1$ für trockenen Dampf) wird das anfängliche Volumen von 1 kg

$$v_0 \cong x_0 \cdot (v_s)_0 .$$

Mit x als Dampfgehalt nach der Abkühlung ist das Volumen am Ende

$$v = x v_s .$$

Da das Volumen und das Gewicht unverändert bleibt, so ist

$$v_0 = v ,$$

somit

$$x = x_0 \cdot \frac{(v_s)_0}{v_s} .$$

Von jedem Kilogramm der gesamten Dampfmenge werden also

$$x_0 - x = x_0 \cdot \left(1 - \frac{(v_s)_0}{v_s}\right) \text{kg}$$

in Flüssigkeit verwandelt. Die Werte v_s und $(v_s)_0$ sind als Trockendampfräume für die Spannungen p und p_0 den Dampftabellen zu entnehmen.

Da mit der Abkühlung keine Raumänderung verbunden ist, so wird auch keine äußere Arbeit auf den Dampf übertragen und in Wärme umgesetzt, und ebensowenig entweicht ein Teil der Wärme als mechanische Arbeit. Die entzogene Wärme geht daher ganz auf Kosten der Flüssigkeitswärme q und der inneren Verdampfungswärme ϱ. Die Summe von beiden, die nach Abschn. 37a als Energie des Dampfes bezeichnet wird, ist am Anfang

$$U_0 = q_0 + x_0 \varrho_0 ,$$

am Ende

$$U = q + x \varrho .$$

Der Unterschied ist die zu entziehende Wärme

$$U_0 - U = Q_v = q_0 + x_0 \varrho_0 - q - x \varrho .$$

Da x nach dem obigen bekannt ist und q_0, ϱ_0, q, ϱ aus den Dampftabellen hervorgehen, so kann Q_v berechnet werden.

Im Entropiediagramm läßt sich diese Zustandsänderung in nachstehender Weise darstellen, Fig. 79. Der dem Anfangszustand des feuchten Dampfes mit dem Dampfgehalt x_0 entsprechende Punkt A liegt in Höhe der Sattdampftemperatur T_0 so, daß

$$CA : CD = x_0 \text{ (vgl. Abschn. 40).}$$

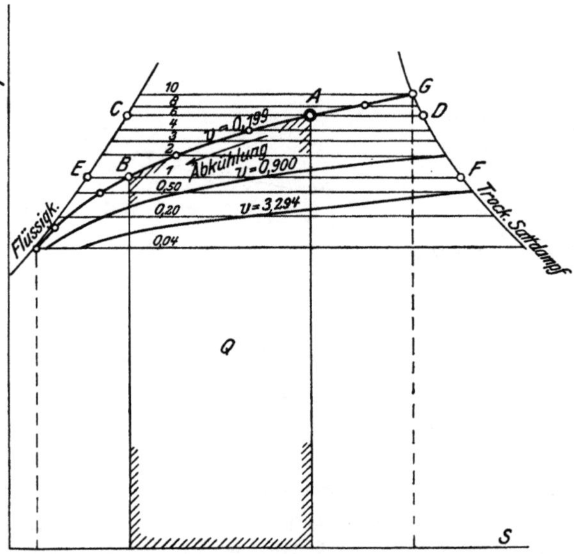

Fig. 79.

Der Punkt B, der einer beliebigen Endtemperatur T entspricht, teilt EF so, daß

$$EB : EF = x.$$

Mit dem obigen Werte von x wird daher

$$\frac{EB}{EF} = \frac{CA}{CD} \cdot \frac{(v_s)_0}{v_s}.$$

Hiermit ist die Lage des zu A gehörigen beliebigen Punktes B bestimmt. Er teilt EF in dem leicht auszurechnenden Verhältnis $\frac{CA}{CD} \cdot \frac{(v_s)_0}{v_s}$.

Die unter AB liegende Fläche ist die Wärme Q_v.

In Fig. 79 sind einige Kurven konstanten Volumens eingetragen.

Wird AB über B hinaus verlängert, so nähert sich die Kurve immer mehr der unteren Grenzkurve, kommt aber nicht mit ihr zum Schnitt, entsprechend der Tatsache, daß auch bei starker Abkühlung immer noch eine gewisse Dampfmenge bestehen bleibt, die freilich dem Gewicht nach schließlich verschwindend klein wird.

Bei Verlängerung über A, entsprechend einer Wärmezufuhr, kommt die Kurve zum Schnitt mit der oberen Grenzkurve. In G ist alle Feuchtigkeit dampfförmig geworden. Bei weiterer Wärmezufuhr tritt der Dampf in das Überhitzungsgebiet.

Sehr einfach lassen sich die Entropiekurven $v = \text{konst.}$ in der TVS-Tafel eintragen. Man hat nur nach Fig. 80 durch den Anfangs-Punkt im TV-Teil der Tafel eine Vertikale ($v = \text{konst.}$) zu ziehen. Ihre Schnittpunkte mit den

Wagrechten gleichen Druckes bezeichnen den bis dahin erreichten Feuchtigkeitsgrad. Die Punkte gleich großer Feuchtigkeit im TS-Teil der Tafel ergeben

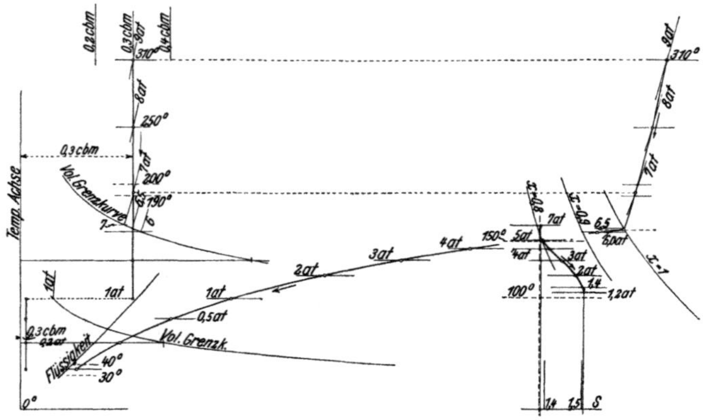

Fig. 80.

die Entropiekurve $v =$ konst. — Die Entropiekurve zwischen 7 und 1,4 at bezieht sich auf Abschn. 43.

b) Überhitzter Dampf.

Während der Druck p und die Temperatur T des feuchten Dampfes bei dieser Zustandsänderung sich gemäß den Dampftabellen entsprechen, ändern sich diese Größen beim überhitzten Dampf in ähnlicher Weise wie bei den Gasen.

Bei unveränderlichem Raum gilt für Gase

$$\frac{p}{p_0} = \frac{T}{T_0} = \frac{273 + t}{273 + t_0},$$

d. h. der Druck steigt oder fällt im gleichen Verhältnis mit der absoluten Temperatur.

Ein ähnliches Gesetz besteht nach den Münchener Versuchen für den überhitzten Wasserdampf. Es gilt

$$\frac{p}{p_0} = \frac{a + t}{a + t_0}.$$

Während nun für Gase (gleichgültig wie hoch Druck, Temperatur und Volumen sind) stets $a = 273$ zu setzen ist, hat a beim überhitzten Dampf kleinere Werte als 273. Für ein und dasselbe spez. Volumen oder spez. Gewicht ist a unveränderlich, wenn Druck oder Temperatur zu- oder abnehmen.

In Fig. 81 sind die Temperaturen als Abszissen, die Drücke als Ordinaten aufgetragen. In A als Anfangszustand sei der Druck p_0, die Temperatur t_0.

Für ein Gas würde nun der Druck proportional der absoluten Temperatur steigen und die Zustandsänderung wäre durch die gerade Linie AB' dargestellt, die durch den absoluten Nullpunkt geht. Beim überhitzten Dampf ist nun zwar die Zustandslinie auch gerade, aber sie geht nicht durch O, sondern durch den weiter außen auf der Abszissenachse liegenden Punkt O_1, und es ist

$$O_1 D = a^0$$

Linie AB gilt für $\gamma = 3$ kg/cbm, während EF in gleicher Weise für $\gamma = 5$ kg/cbm, also für dichteren Dampf gilt. Für diesen hat auch a einen anderen Wert, der Schnittpunkt O_2 liegt näher bei D.

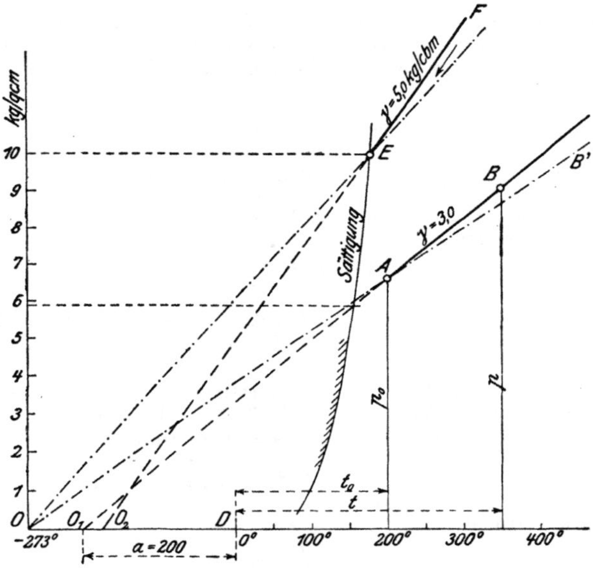

Fig. 81.

Die nachstehende Zahlentafel für a ist durch graphische Interpolation und Ausgleichung aus den Münchener Versuchen gewonnen.

Spez. Gew. kg/cbm	Sättig. Druck at	a °C	Spez. Gew. kg/cbm	Sättig. Druck at	a °C
0,5	0,83	258,0	3,5	6,8	192,2
1,0	1,8	243,5	4,0	7,8	186,0
1,5	2,8	230,5	4,5	8,9	180,4
2,0	3,8	218,6	5,0	10,0	175,5
2,5	4,7	209,0	5,5	11,1	171,0
3,0	5,9	200,0			

Im *TVS*-Diagramm läßt sich die Drucksteigerung im *TV*-Teil ohne weiteres ablesen; auch kann die Entropiekurve durch wagrechtes Übertragen auf die Linien gleichen Druckes ohne weiteres gezeichnet werden, Fig. 80.

Beispiele. 1. Welche Wärmemenge gibt 1 cbm trockener Sattdampf von 10 at abs., der in einem Gefäß von unveränderlichem Inhalt und ohne Verbindung mit einem anderen Dampfraum bis auf 60^0 C abgekühlt wird, dabei nach außen ab? Welcher Druck herrscht am Ende im Dampfraum, wie groß ist der Dampfgehalt (x)?

Zum Anfangszustand gehört das spez. Volumen $(v_s)_0 = 0{,}1980$ cbm/kg des trockenen Dampfes, zum Endzustand gemäß der Temperatur von 60^0 $v_s = 7{,}677$. Daraus folgt der Dampfgehalt am Ende

$$x = x_0 \cdot \frac{0{,}1980}{7{,}677} = \underline{\underline{0{,}0258.}}$$

Der Dampf besteht also zu $100 - 2{,}58 = 97{,}42$ v. H. Gewichtsteilen aus Flüssigkeit. Sein Druck ist nach den Dampftabellen noch 0,203 at abs.

Die Energie war am Anfang für 1 kg nach den Tabellen $181{,}2 + 436{,}4 = 617{,}6$ Cal, am Ende ist sie

$$q + x\varrho = 59{,}9 + 0{,}0258 \cdot 526{,}4 = 73{,}5 \text{ Cal.}$$

Daher sind

$$Q = 617{,}6 - 73{,}5 = 544{,}1 \text{ Cal/kg}$$

abgegeben worden. Das Gewicht von 1 cbm von 10 at ist 5,018 kg. Daher wurden von 1 cbm im ganzen

$$5{,}018 \cdot 544{,}1 = \underline{\underline{2710 \text{ Cal.}}}$$

abgegeben.

Bei Abkühlung unter konstantem Druck (gewöhnlicher Fall) würde der Dampf die Wärme $\lambda_0 - q$, also $663{,}8 - 59{,}9 = 603{,}9$ Cal/kg abgeben, also $5{,}018 \cdot 603{,}9 = 3030$ Cal/cbm.

2. Wieviel Druck verliert überhitzter Dampf von 13 at abs. und 380^0, wenn er bei unveränderlichem Volumen um 150^0 abgekühlt wird?

Das spez. Volumen berechnet sich aus dem Anfangszustand zu

$$v_0 = \frac{47{,}1 \cdot (273 + 380)}{13 \cdot 10000} - 0{,}016 = 0{,}2204\,,$$

also das spez. Gewicht

$$\gamma_0 = \frac{1}{0{,}2204} = 4{,}54.$$

Hierzu gehört nach der Zahlentafel

$$a = 180.$$

Somit ist

$$\frac{p}{p_0} = \frac{180 + 230}{180 + 380} = 0{,}732,$$

daher

$$p = 13 \cdot 0{,}732 = 9{,}52\,.$$

Der Druck sinkt also um

$$13 - 9{,}52 = \underline{\underline{3{,}48 \text{ at.}}}$$

3. In einem Überhitzer bleibe bei Abstellen des Betriebes trockener Sattdampf von 10 at abs. zurück. Wie hoch steigt der Druck, wenn später Feuergase von 550^0 über den Überhitzer geführt werden, ohne daß dieser mit dem Kessel oder mit der Leitung in Verbindung gesetzt wird?

Zunächst steigt der Druck wieder auf 10 at. Dann ist alle Flüssigkeit verdampft und der Dampf wird jetzt bei unveränderlichem Raum überhitzt. Dem Sättigungsdruck von 10 at entspricht $a = 175{,}5$. Wenn nun der Dampf bis auf 550^0 erhitzt wird, so steigt der Druck im Verhältnis

$$\frac{p}{p_0} = \frac{175{,}5 + 550}{175{,}5 + 179} = 2{,}05\,.$$

Entropie - Temperaturtafel für gesätt. u. überhitzten Wasserdampf.

(nach den Münchener Versuchen über c_p)

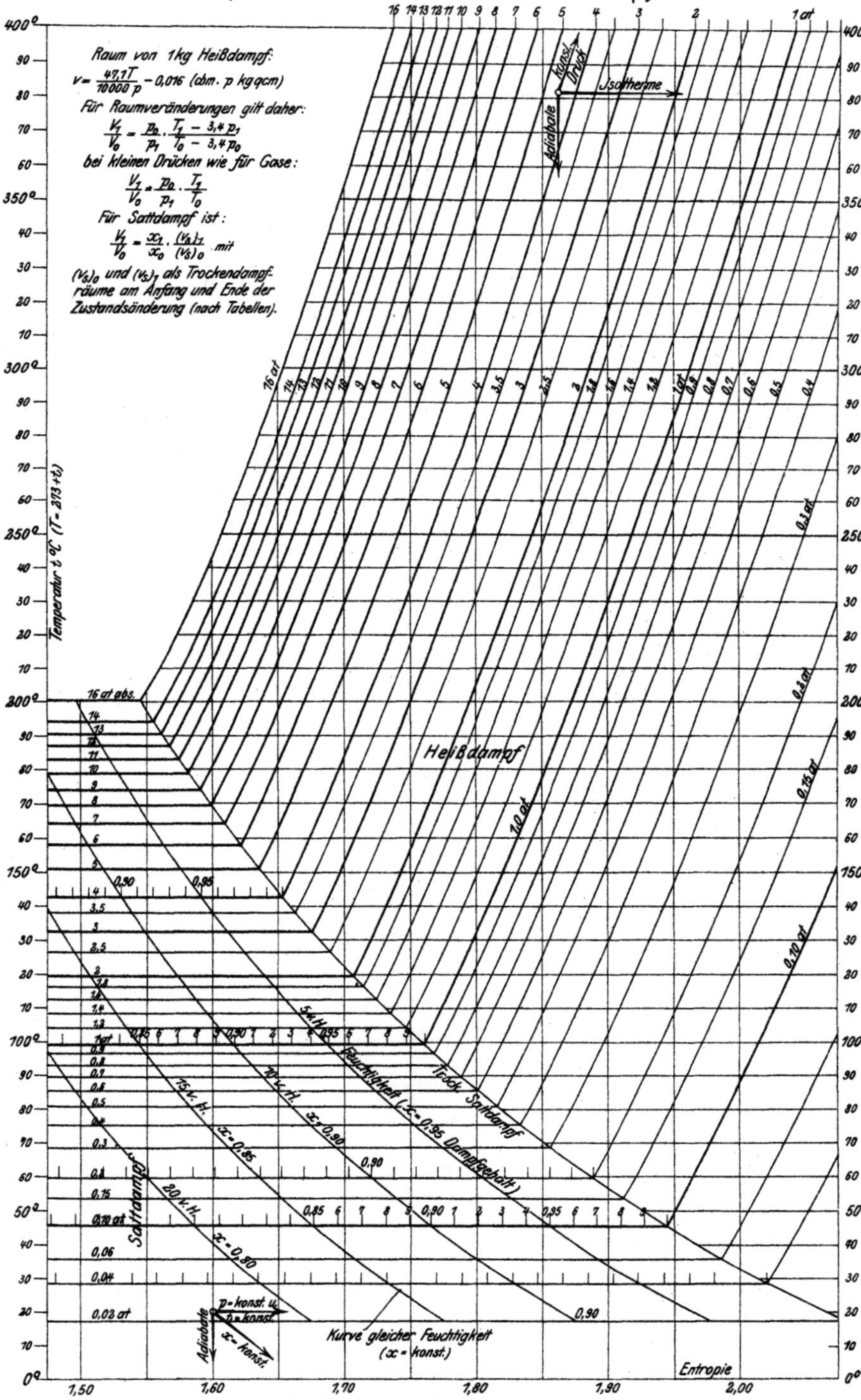

Der Druck erreicht also

$$10 \cdot 2{,}05 = 20{,}5 \text{ at abs.}$$

Viel gefährlicher wird die Drucksteigerung, wenn im Überhitzer feuchter Dampf oder Flüssigkeit zurückgeblieben ist, weil der Druck so lange nach der sehr steilen Sättigungskurve Figur 81 steigt, bis alle Flüssigkeit verdampft ist. Erst dann beginnt der erheblich langsamere Anstieg nach der schrägen Überhitzungsgeraden (*EF*).

45. Dampftafeln.

(*TS*- und *TVS*-Tafel.)

1. Die *TS*-Tafel (Texttafel III) enthält Kurven gleichen Druckes und gleichen Dampfgehalts in den gewöhnlich verwendeten Grenzen des Druckes und der Temperatur für gesättigten und überhitzten Dampf. Die Kurven des Heißdampfgebiets sind nach den Münchener Versuchen berechnet.

Raumänderungen im Heißdampfgebiet können mit Hilfe der links oben vermerkten Formel von Linde-Tumlirz und im Sattdampfgebiet unter Heranziehung der Dampftabellen verfolgt werden.

Die Flüssigkeitsgrenzkurve ist nicht in der Tafel enthalten. Dagegen umfaßt die folgende Tafel das ganze Gebiet der Flüssigkeit und des Dampfs von den kleinsten bis zu den größtmöglichen Spannungen des Sattdampfs und bis zu Heißdampftemperaturen von 450^0, einschließlich des Volumens.

2. Die Temperatur-Volumen-Entropie (*TVS*)-Tafel IIIa.[1])

In dieser Tafel sind die Temperaturen als Ordinaten aufgetragen, als Abszissen einerseits das Volumen, andererseits die Entropie. Es sind also zwei Tafeln in einer vereinigt, eine Zustandstafel *TV* und eine Wärmetafel *TS*. Für die erstere mußten drei verschiedene Volumenmaßstäbe angenommen werden, um die Volumina vom kritischen an bis zu demjenigen des Dampfes von 0,04 at unterzubringen; für das Gebiet unter 1 at bis 0,04 at der kleinste Maßstab, für das Gebiet von 40 at bis 1 at ein größerer und für das kritische Gebiet von 224,2 at bis 40 at der größte Maßstab, so wie es die drei verschieden hoch liegenden hyperbelartigen Kurvenscharen auf der linken Hälfte des Blattes zeigen. Textfig. 82 und 83 lassen die Grundformen beider Einzeltafeln erkennen. Die *TS*-Tafel bedarf einer besonderen Erläuterung nicht. Sie reicht von der Flüssigkeit von 0^0 (ganz links unten) einerseits und vom trockeuen Dampf von rd. 0,04 at andererseits (ganz rechts unten) bis zum kritischen Punkt, enthält also beide Grenzkurven, die sich dort vereinigen, in ihrer ganzen Ausdehnung. Im Gebiet des überhitzten Dampfes reicht die Tafel bis 450^0 und 20 at. Einige Kurven höheren Druckes sind gestrichelt eingetragen.

---

[1]) Zuerst veröffentlicht vom Verf. in der Z. Ver. deutsch. Ing. 1911, S. 1506. Die dortige *TVS*-Tafel ist in etwas kleinerem Maßstab gehalten. Auch enthält sie keine Kurven $i =$ konst. und weniger Volumenkurven.

Im Überhitzungsgebiet dieser Tafel sind Linien unveränderlichen Druckes eingetragen, deren Entropiewerte ursprünglich nach den Münchener Versuchen über die spezifische Wärme berechnet waren. Nach Erscheinen der neueren Münchener Versuche in Z. Ver. deutsch. Ing. 1911, S. 665 konnten die nötigen Änderungen noch angebracht werden. Sowohl im Sattdampf- wie im Heißdampfgebiet wurde auf die üblichen Kurven unveränderlichen Volumens verzichtet. Als Ersatz dafür wurden eben die Volumina selbst in Funktion der Temperatur aufgetragen, so daß man für jeden Dampfzustand Temperatur, Volumen und Entropie als Strecken entnehmen kann, während sich der Druck aus den eingeschriebenen Zahlen ergibt.

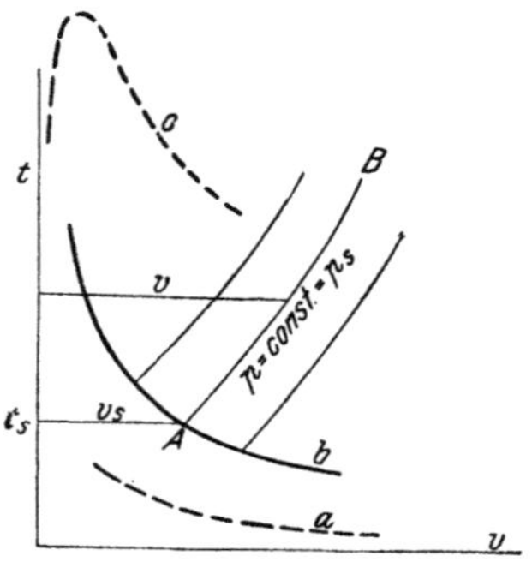

Fig. 82.

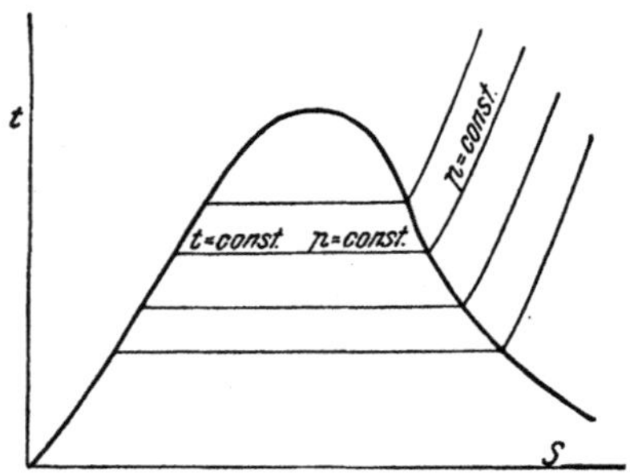

Fig. 83.

Die Volumen-Temperaturkurven bilden für sich ein Zustandsdiagramm, das die Beziehungen zwischen Druck, Volumen und Temperatur im trockenen, nassen und überhitzten Zustand unabhängig von der Entropie wiedergibt.

Um dies für das Gebiet des überhitzten Dampfes zu erreichen, sind die schräg nach oben rechts gerichteten Kurven unveränderlichen Druckes im TV-Diagramm eingetragen, die auf den Kurven der trockenen Sättigung entspringen.

In einem Punkt A der Grenzkurve, Fig. 82, ist Volumen und Temperatur durch die Koordinaten selbst bestimmt, der Druck ist auf den Wagerechten, die über das ganze Blatt, s. Tafel, gehen, eingeschrieben. Die Koordinaten der Kurven AB, Fig. 82, geben an, wie sich bei der Überhitzung unter gleichbleibendem Druck das Volumen mit wachsender Temperatur vergrößert. Jeder solchen Kurve ist ein besonderer Druck zugeordnet, der mit dem Sättigungsdruck übereinstimmt und den Kurven, s. Tafel, beigeschrieben ist. Diese Überhitzungskurven reichen von 0,06 bis 25 at; sie sind nach den Münchener Versuchen über das Volumen des überhitzten Wasserdampfes aufgetragen[1]).

[1]) Mitteilungen über Forschungsarbeiten Heft 21: Knoblauch, Linde und Klebe, Die thermischen Eigenschaften des gesättigten und überhitzten Wasserdampfes zwischen 100° und 160° I. Teil und R. Linde, dasselbe II. Teil.

Fig. 84 läßt erkennen, in welcher Weise das spez. Volumen und die räumliche Ausdehnung des Heißdampfs (bei der Überhitzung unter gleichbleibendem Druck) von dem Verhalten im Gaszustand abweichen. Die Abszisse von A' wäre das Gasvolumen im Sättigungszustand nach der Gasgleichung

$$v' = \frac{RT_s}{p_s},$$

mit $R = 47{,}1$ als Gaskonstante des Wasserdampfs. Das wahre Volumen v_s ist kleiner, Punkt A. Im Gaszustand würde ferner das Volumen bei der Überhitzung nach der Geraden $A'B'$ anwachsen, während der überhitzte Dampf der krummen Linie AB folgt. Die Kurve AB kann die Gerade $A'B'$ nicht schneiden, wogegen z. B. die Zustandsgleichung von R. Linde verstößt.

Die Volumenkurven für Heißdampf oberhalb der Grenzkurve des Volumens für das mittlere Druckgebiet von 1 bis 40 at, die bis zum oberen Rande des Blattes reichen, gehören sämtlich dem mittleren Gebiet an. Der Volumenmaßtab ist längs dem oberen Rand angebracht[1]) und außerdem in der Höhe von 40 at; es ist 1 cbm = 200 mm. Der Maßstab für das Volumen im unteren Gebiete befindet sich am unteren Rand des Blattes; es ist 1 cbm = 100 mm.

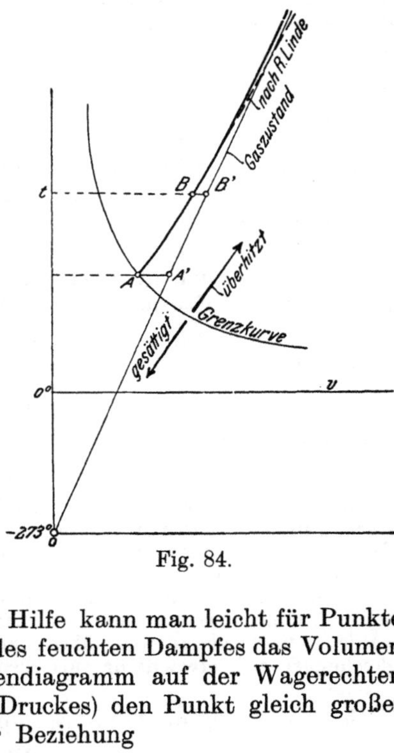

Fig. 84.

Außer den Grenzkurven sind in allen drei Gebieten je zwei Kurven gleicher Feuchtigkeit, für 90 und 80 v. H. Dampfgehalt eingetragen ($x = 0{,}9$ bzw. $0{,}8$).

Auch im Entropiediagramm sind Kurven gleicher Feuchtigkeit eingetragen. Mit ihrer Hilfe kann man leicht für Punkte des Entropiediagramms im Gebiete des feuchten Dampfes das Volumen bestimmen, indem man im Volumendiagramm auf der Wagerechten gleicher Temperatur (und gleichen Druckes) den Punkt gleich großer Feuchtigkeit aufsucht. Gemäß der Beziehung

$$v = \text{rd.}\, x v_s$$

kann der Volumenpunkt auch eingerechnet werden, indem man vom Sättigungsvolumen (Grenzkurve) x Bruchteile nimmt. Für sehr nassen Dampf ($x < 0{,}5$) ist v um den Betrag $0{,}001\,(1 - x)$ größer.

Im Gebiete des überhitzten Dampfes findet man zu irgend einem Punkt des Entropiediagramms den zugehörigen im Volumen-

[1]) Die Grenzkurve des kritischen Gebietes fällt zwischen die Heißdampf-Volumenkurven des mittleren Gebietes; sie hat ihren eigenen zehnmal so großen Maßstab, 1 Liter = 2 mm.

diagramm, indem man wagerecht auf die Kurve gleich hohen Druckes herübergeht.

In dieser Weise kann man beliebige Zustandsänderungen im Entropiediagramm ohne weiteres ins Volumendiagramm übertragen. Gleichzeitig erhält man auch neben Volumen und Temperatur den Druck. Umgekehrt läßt sich jede Zustandsänderung aus dem Volumendiagramm ins Entropiediagramm übertragen und damit die Wärmemenge bestimmen, die für 1 kg bei der Zustandsänderung zu- oder abgeleitet wird.

Aus dem Volumendiagramm allein lassen sich die Änderungen des Volumens mit der Temperatur bei gleich gehaltenem Druck auf den Kurven gleichen Druckes, die Änderung des Druckes und der Temperatur bei unveränderlichem Volumen auf den Senkrechten und die Änderungen von Druck und Volumen bei unveränderlicher Temperatur auf den Wagerechten ohne weiteres ablesen.

Die Änderungen des Druckes mit der Temperatur bei adiabatischer Zustandsänderung ergeben sich in bekannter Weise auf den Senkrechten im Entropiediagramm. Die gleichzeitigen Volumenänderungen findet man auf den Schnittpunkten der Wagerechten (gleicher Temperatur) mit den Linien gleichen Druckes im Volumendiagramm. Im Gebiet des feuchten Dampfes sind die Punkte mit gleich großem Dampfgehalt aufzusuchen, wie oben erwähnt.

Bekanntlich hat Zeuner für die adiabatische Druck-Volumenkurve die Gleichung

$$p\,v^{\frac{4}{3}} = \text{konst.}$$

angegeben, während nach Mollier

$$p\,(v - 0{,}001)^{1{,}3} = \text{konst. bzw. } p \cdot v^{1{,}3} = \text{konst.}$$

ein soll. Die Untersuchung verschiedener Adiabaten in der vorliegenden Tafel ergab gute Übereinstimmung mit der Gleichung von Mollier, während der Exponent von Zeuner zu groß erscheint. Genaueres über diesen Exponenten und seine verwickelte Abhängigkeit vom Dampfzustand vgl. Bd. II, Abschn. 9.

Die Adiabaten des gesättigten Dampfes können an Hand der Tafel von beliebig hohen Drücken an, bis zum kritischen, in gleicher Weise verfolgt werden. Es würde zu weit führen, an dieser Stelle zu erörtern, welche Ersatzgleichungen sich etwa dafür aufstellen lassen.

45a. Gesättigter Wasserdampf bei sehr hohen Drücken und Temperaturen.

Die im Anhang mitgeteilten Dampftabellen[1]) umfassen das Gebiet zwischen 0° und 220°, bzw. 0,02 und 25 at, das heute in der Technik in Anwendung ist.

Ein allgemeines technisches Bedürfnis liegt zwar zur Zeit in bezug auf noch höhere Drücke kaum vor. In einzelnen Fällen sind allerdings Dampfdrücke verwendet worden, die sehr weit über die üblichen Grenzen hinausgehen. De Laval hat (1897) Dampfturbinen mit 100—115 at betrieben; in den Serpollet-Dampfwagen kommen Drücke von 60—70 at vor (Dampfzylinder

[1]) Vom Verf. vollständig neu berechnet und zusammengestellt auf Grund der neuesten Versuche, zuerst veröffentlicht in Z. Ver. deutsch. Ing. 1911, S. 1506.

aus Stahl von rd. 100 mm Bohrung). Grundsätzlich ist die Frage von großem Interesse, ob die Steigerung der Dampfspannung über die bis jetzt gebräuchliche Grenze eine weitere Verbesserung des Wirkungsgrades erwarten läßt.

Verf. hat daher aus den bis heute vorliegenden Versuchen Dampftabellen berechnet[1]), die bis zum kritischen Dampfdruck von rd. 224 at, bei 374⁰ kritischer Temperatur, reichen. Die meisten wesentlichen Größen sind in der *TVS*-Tafel, Anhang, enthalten. Bd. II enthält ferner eine *JS*-Tafel bis zum kritischen Zustand.

Im folgenden seien nur einige ältere Versuchsreihen mitgeteilt, die im ganzen mit den neuesten Ergebnissen[2]) gut übereinstimmen.

In Fig. 85 sind die Versuchsreihen von Cailletet und Colardeau (ausgezogene Kurve), sowie von Battelli und de Laval aufgetragen. Die kritische Temperatur, bei der die Dampfdruckkurve endigt, liegt bei 365⁰, der kritische Druck beträgt etwa 204 kg/qcm (nach neueren Versuchen 374⁰ und 224,2 at).

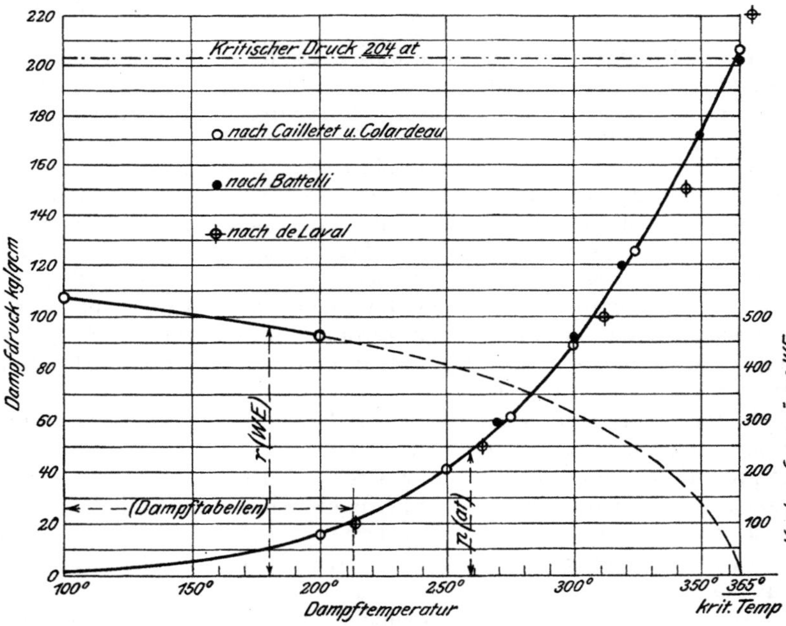

Fig. 85.

In der gleichen Figur sind auch die Verdampfungswärmen nach den gewöhnlichen Dampftabellen eingetragen. In ihrem weiteren Verlauf müßte diese Kurve, wie gestrichelt angedeutet, der Abszissenachse zustreben und auf dieser bei der kritischen Temperatur endigen. Für Kohlensäure und schweflige Säure ist ein derartiger Verlauf nachgewiesen, und er ist auch für Wasserdampf gemäß dem allgemeinen Verhalten der Gase und Dämpfe bestimmt zu erwarten.

Wäre dieser Verlauf genauer bekannt, so könnte nach der Clapeyronschen

[1]) Z. Ver. deutsch. Ing. 1911, S. 1506. — Diese Tabellen sind im 2. Band des Buches enthalten.

[2]) L. Holborn und A. Baumann, Über den Sättigungsdruck des Wasserdampfs oberhalb 200⁰. Annal. d. Physik 1910, Nr. 5. (Versuche in der Physik. Techn. Reichsanstalt).

Gleichung (Abschn. 97) die Volumenzunahme bei der Verdampfung berechnet werden. Um eine für dieses Gebiet gültige Dampftabelle mit den üblichen Werten zu berechnen, müßte auch noch der unbekannte Verlauf der Flüssigkeitswärme bestimmt werden, die in der Nähe des kritischen Punktes eine entscheidende Rolle spielt. Unter Heranziehung neuerer Versuche ist dies a. a. O. vom Verfasser durchgeführt worden.

Dämpfe von CO_2, NH_3 und SO_2. Allgemeines Verhalten der Dämpfe. Dämpfe und Gase.

46. Die Dämpfe der Kohlensäure (CO_2), des Ammoniaks (NH_3) und der Schwefligen Säure (SO_2). Gemeinsame Eigenschaften aller Dämpfe. Kritische Temperatur. Verflüssigung der Gase.

Das allgemeine Verhalten dieser Stoffe stimmt mit dem des Wasserdampfes überein, jedoch nur dem Wesen nach. Hinsichtlich der Höhe der Sättigungstemperaturen und -drücke bestehen sehr erhebliche Unterschiede.

Während Wasser unter atmosphärischem Druck einer Temperatur von 100° bedarf, um als trockener oder nasser Sattdampf bestehen zu können, befinden sich diese Stoffe unter atmosphärischem Druck schon bei 0° im überhitzten Zustand. Als feuchte Dämpfe können sie unter diesem Drucke erst bei rd. — 80° (CO_2), — 35° (NH_3), — 8° (SO_2) bestehen. Diese Temperaturen sind die „Siedetemperaturen" bei atmosphärischem Druck, wenn man den Verdampfungsvorgang im Auge hat, die „Verflüssigungstemperaturen", wenn man an den umgekehrten Vorgang, die Kondensation, denkt.

Unter höherem als atmosphärischem Druck liegt die Verflüssigungstemperatur beim Wasserdampf höher. Ebenso verhalten sich die anderen Dämpfe. Setzt man sie also unter Druck mit der Absicht, sie zu verflüssigen, so genügen dazu um so geringere Abkühlungen, je höher der Druck ist. Bei hinreichend hohem Druck verflüssigen sie sich schon bei + 15°. Es gehören dazu bei CO_2 51,6 at, bei NH_3 7,7 at, bei SO_2 2,9 at abs.

In Fig. 86 sind die zusammengehörigen Werte von Druck und Siedetemperatur eingetragen (Dampfspannungskurven).

Bei 0° besitzen hiernach die gesättigten Dämpfe von CO_2 bereits einen Druck von 35 at, NH_3 von 4,4 at, SO_2 von 1,6 at abs.

Grenzkurve. Wie der Wasserdampf, so befinden sich die Dämpfe überhaupt im „überhitzten" Zustand, wenn ihre Temperatur höher ist, als die zu ihrem Druck gehörige Sattdampf- oder Verflüssigungstemperatur.

Wird ein beliebiger überhitzter Dampf vom Zustand A (vgl. Fig. 87) etwa bei unveränderlicher Temperatur so weit verdichtet, bis in B der Sättigungsdruck eben erreicht ist, so ist B_0B das spez. Volumen des trokkenen Sattdampfes. Trägt man die durch Versuch oder sonstwie zu ermittelnden spez. Volumina als Abszissen zu den zugehörigen Sättigungs-

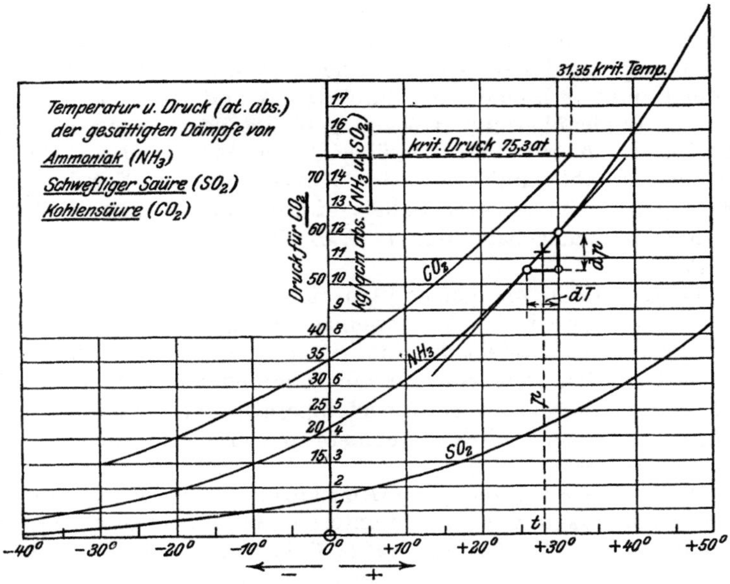

31,35 krit. Temp.
Temperatur u. Druck (at. abs.)
der gesättigten Dämpfe von
Ammoniak (NH3)
Schwefliger Saüre (SO2)
Kohlensäure (CO2)
krit. Druck 75,3 at
Druck für CO2
kg/qcm abs. (NH3 u. SO2)
CO2
NH3
SO2
dp
dT
p
t
-40° -30° -20° -10° 0° +10° +20° +30° +40° +50°

Fig. 86.

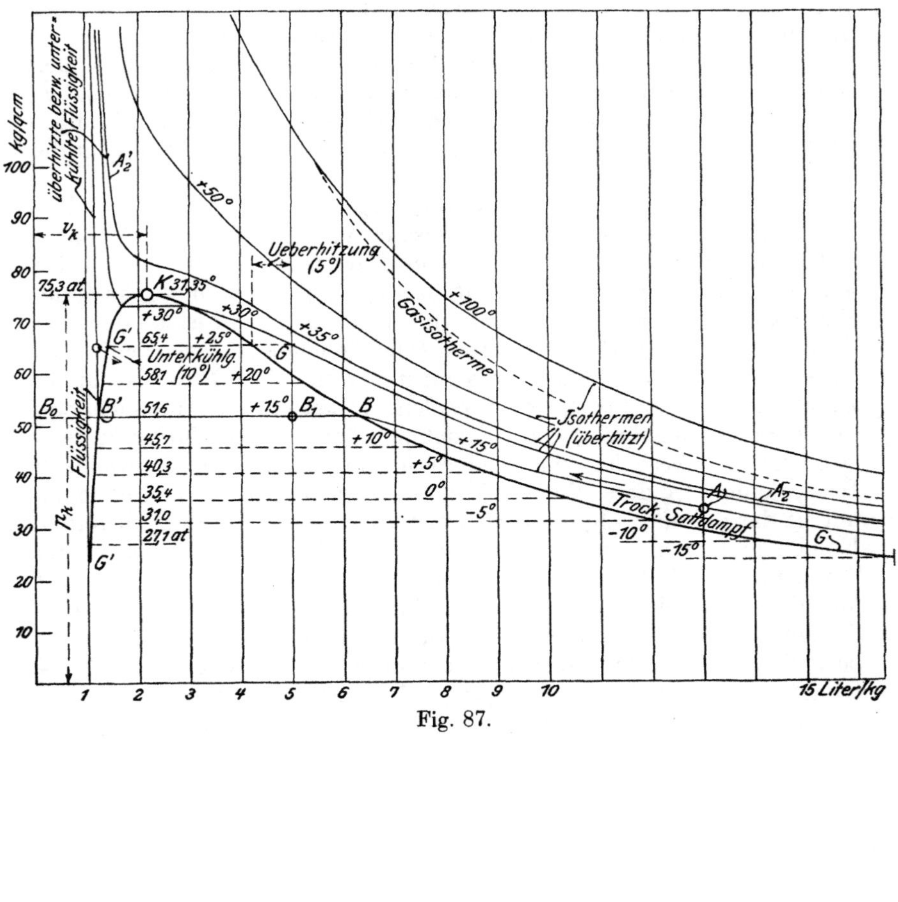

kg/qcm
überhitzte bezw. unterkühlte Flüssigkeit
A2'
+50°
vk
Ueberhitzung (5°)
75,3 at
K 31,35°
+30°
+30°
+35°
+100°
Gasisotherme
G'
65,4
+25°
Unterkühlg.
G
58,1 (10°)
+20°
B0
B'
51,6
+15°
B1
B
Jsothermen (überhitzt)
Flüssigkeit
45,7
+10°
+7,5°
40,3
+5°
35,4
0°
A
A2
31,0
-5°
Trock. Sattdampf
27,1 at
-10°
-15°
G
pk
G'
1 2 3 4 5 6 7 8 9 10 15 Liter/kg

Fig. 87.

drücken als Ordinaten auf, so erhält man eine Kurve GG, die schon beim Wasserdampf als Grenzkurve bezeichnet wurde. Sie läßt erkennen, ob der Dampf in irgendeinem durch Druck und Volumen gekennzeichneten Zustande überhitzt, trocken gesättigt oder feucht ist. Punkte A rechts der Kurve bedeuten überhitzten, Punkte B auf der Kurve trockenen, Punkte links von der Kurve feuchten Sattdampf. Der „Dampfgehalt" im letzteren Falle wird durch das Verhältnis $B'B_1 : B'B$, der Feuchtigkeitsgehalt durch $B_1B : B'B$ ausgedrückt (vgl. Abschnitt 38).

Trägt man in die gleiche Figur noch die spez. Volumina B_0B' der reinen Flüssigkeit bei den jeweiligen Sättigungsdrücken (und Temperaturen) ein, so entsteht die untere Grenzkurve $G'G'$. Diese scheidet die von Dämpfen freie von der mit Dämpfen vermischten Flüssigkeit (z. B. heißes Wasser mit der Siedetemperatur von nassem Dampf oder flüssige Kohlensäure mit Siedetemperatur vom gleich warmen feuchten Kohlensäuredampf).

Die in Fig. 87 gezeichnete Grenzkurve gehört der Kohlensäure an. Wie man erkennt, gehen die untere und die obere Grenzkurve stetig ineinander über. Rückt man auf $G'G'$ dem höchsten Punkte K immer näher, so wird die Flüssigkeit immer wärmer, ihr Druck und ihr Volumen nehmen zu. Rückt man auf GG von unten immer höher, so wird der Sattdampf immer wärmer, sein Druck steigt, sein Volumen wird kleiner, er wird immer dichter. Im Punkte K („kritischer Punkt") sind die Werte von Temperatur, Druck und Volumen gleich groß für Flüssigkeit und für trockenen Dampf. In diesem Zustande (kritischer Zustand) fallen also die Unterschiede zwischen dem flüssigen und dampfförmigen Zustand ganz weg. — Für Wasser liegt K sehr hoch ($p_k \cong 224$ kg/qcm abs. $t_k = 374^0$).

Der Vorgang der Verflüssigung eines Dampfes vom überhitzten Zustand aus (z. B. von Kohlensäure von 1 at abs. und 15^0) spielt sich gemäß Fig. 87 wie folgt ab. Von A aus wird der Dampf zunächst auf irgendeinem Wege AB (z. B. isothermisch, also unter kräftiger Wärmeabfuhr) verdichtet; dabei wird je nach dem Verlauf der Verdichtungslinie der Sattdampfzustand B bei höherem oder weniger hohem Drucke und entsprechender Temperatur erreicht. Von B ab braucht der Druck nicht weiter gesteigert zu werden. Dagegen ist zur nunmehr einsetzenden Verflüssigung die Entziehung der Verdampfungswärme r erforderlich. Diese hat für jeden Stoff und für jeden Druck, wie beim Wasserdampf, andere Werte. Mit der zunehmenden Verflüssigung nimmt das Volumen ab; der zur vorangegangenen Verdichtung benützte Kolben muß dementsprechend weiter vorrücken; dabei bleibt mit der Temperatur auch der Druck des Gemisches von Flüssigkeit und Dampf unverändert. Bei der praktischen Ausführung wird im Zylinder wesentlich nur verdichtet, während die Abkühlung und Verflüssigung in einem besonderen Kühlgefäß (Kondensator) unter unveränderlichem Druck erfolgt. Ist das Volumen bis B_0B' verkleinert und die ganze, der vorliegenden Gewichtsmenge entsprechende Verdampfungswärme ins Kühlwasser übergetreten, so liegt dampffreie Flüssigkeit von der dem Druck entsprechenden Siedetemperatur vor.

Die Flüssigkeit auf den Isothermen links von der unteren Grenzkurve Fig. 87 befindet sich, verglichen mit Sattdampf von gleichem Druck, im Zustande der Unterkühlung[1]) (unter die ihrem Drucke entsprechende Siedetemperatur). In diesem Zustande ist z. B. Wasser von gewöhnlicher Temperatur bei allen Drücken über ca. 0,02 at abs., Kohlensäure bei Drücken über 52 at. Durch Erwärmung auf die Siedetemperatur gelangt sie, bei gleichbleibendem Drucke, an die Grenze des gesättigten Dampfzustandes, falls ihr Druck kleiner als der kritische ist. Ist aber ihr Druck größer als der kritische, so tritt sie in das Gebiet der überhitzten Dämpfe über, ohne vorher gesättigt zu werden. Solange dabei ihre Temperatur noch kleiner als die kritische ist, kann man sie als unterkühlte, nachher als überhitzte Flüssigkeit bezeichnen, ebensogut aber als überhitzten Dampf oder Gas. Eine Grenze zwischen tropfbarer Flüssigkeit und Dampf gibt es in diesen Gebieten nicht.

Bei der Verdichtung des überhitzten Dampfes oder Gases von A aus kann es je nach dem Anfangszustand und dem besonderen, von der Kühlung abhängigen Verlauf der Verdichtungslinie leicht vorkommen, daß die Grenzkurve überhaupt nicht getroffen wird, z. B. wenn Kohlensäure von gewöhnlicher Temperatur ohne hinreichende Kühlung verdichtet wird. Wenn bei der Verdichtung keine niedrigeren Temperaturen als 31,3° erreicht werden, so ist es auch durch den stärksten Druck nicht möglich, die Verflüssigung einzuleiten, da nirgends der Grenzzustand des trockenen Sattdampfes erreicht wird. Bei höherer Temperatur als der dem Punkte K entsprechenden „kritischen Temperatur", die nur von der Natur des Körpers abhängt, ist die Verflüssigung schlechthin unmöglich, wenn der Druck auch noch so hoch getrieben wird.

Soll eine Dampfart verflüssigt werden, deren kritische Temperatur tiefer liegt als die gewöhnlichen Kühlwasser- oder Lufttemperaturen, so muß ihre Temperatur künstlich unter den kritischen Wert erniedrigt werden.

Je tiefer die Temperatur des überhitzten Dampfes unter der kritischen Temperatur liegt, bei um so kleinerem Druck kann die Verflüssigung erfolgen. Die Zahlentafel enthält die kritischen Werte für Cl_2, CO_2, NH_3, SO_2 und H_2O. Als Verflüssigungsdrücke kommen höhere Drücke als der kritische nicht in Frage.

Möglichkeit der Verflüssigung von Gasen. Bevor der Begriff der kritischen Dampftemperatur gefunden und der oben besprochene Verlauf der Grenzkurve durch Versuche mit Kohlensäure und späterhin mit anderen Dämpfen bekannt geworden war, war es nicht gelungen, die gewöhnlichen Gase in den flüssigen Zustand überzuführen. Wenn aber die Gase nichts anderes als hoch überhitzte Dämpfe sind, so mußte es möglich sein, sie nach Abkühlung unter ihre kritische Temperatur zu verflüssigen. Die praktische Schwierigkeit liegt nur darin, daß die kritischen Temperaturen der eigentlichen Gase, wie Sauerstoff, Stickstoff, Luft, Wasserstoff außerordentlich tief liegen, vgl. untenstehende Zahlentafel. Ehe es möglich war, bis zu so tiefen Temperaturen zu gelangen, konnte die Verflüssigung der Gase auch durch die höchsten Drücke nicht gelingen.

---

[1]) ein davon wesentlich verschiedener Zustand, die Abkühlung unter die Gefriertemperatur, ohne daß der Körper fest wird, wird auch als Unterkühlung bezeichnet.

Nachdem es im Juli 1908 Prof. Kamerlingh Onnes in Leiden gelungen ist, das Helium zu verflüssigen [1]), können heute alle bekannten Gase verflüssigt werden. Onnes fand für Helium eine kritische Temperatur von — 268°, einen kritischen Druck von ca. 2,3 at. Unter atmosphärischem Druck erfolgte die Verflüssigung bei — 268,5°. Bei Verdampfung fiel die Temperatur bis — 270°. Der tiefste Druck, bei dem noch flüssiges Helium erhalten wurde, war 0,15 mm Hg, wobei die Temperatur nur noch 1,15° vom absol. Nullpunkt entfernt war.

Kritische Zustandswerte (und Siedepunkte (t_s) bei atmosphärischem Druck).

Stoff	t_k^0	p_k kg/qcm	v_k l/kg	t_s bei 760 mm
Cl_2	+ 141	83,9		— 36,6
CO_2	+ 31,35	75,3	2,16	— 78
NH_3	+ 132,9	116,2	5,22	— 33,7
SO_2	+ 156	81,5	1,92	— 8
H_2O	+ 374	224,2	2,9	+ 100
O_2	— 118	52,5		— 182,8
N_2	— 146	36,2		— 195,6
H_2	— 242	20,7		— 252,8
Luft	— 140	40,4	(5,9)	— 191
CO	— 141	37,2		— 190

Der Vorgang der Verdampfung unter gleichbleibendem Druck ist hinsichtlich der dabei in Betracht kommenden Wärmevorgänge bei allen Dämpfen grundsätzlich identisch mit dem der Verdampfung des Wassers (Abschn. 37). Die Absolutwerte von q, r, ϱ, λ sind aber für verschiedene Dampfarten sehr verschieden. Während z. B. die Verdampfungswärme r für Wasserdampf ungefähr 500 Cal/kg beträgt, ist sie für Ammoniak (in genügender Entfernung vom kritischen Punkt) nur etwa 300 Cal., für SO_2 rd. 90 Cal., für CO_2 nur 65 Cal.

Bezüglich r ist eine Erscheinung sehr bemerkenswert, die beim Wasserdampf wegen der großen Entfernung vom kritischen Zustand nicht zum Ausdruck kam, daß nämlich r gegen diese Stelle hin immer kleiner wird, um schließlich im kritischen Punkte selbst Null zu werden. Fig. 88 zeigt die Abnahme der Verdampfungswärme mit zunehmender Temperatur für Kohlensäure.

Umgekehrt nimmt die Flüssigkeitswärme in steigendem Maße zu, um im kritischen Punkte ihren höchsten Wert zu erreichen. Die Gesamtwärme λ erreicht einen größten Wert noch vor dem kritischen Punkt, worauf sie wieder abnimmt, um im kritischen Punkt gleich der Flüssigkeitswärme zu werden, Fig. 88.

Bei Beachtung des über den kritischen Zustand oben Gesagten und der Fig. 87 ist dies begreiflich. Die Raumzunahme bei der Ver-

[1]) H. Kamerlingh Onnes, Untersuchungen über die Eigenschaften der Körper bei niedrigen Temperaturen, welche Untersuchungen unter anderem auch zur Herstellung von flüssigem Helium geführt haben. (Communic. Leiden Laborat. Suppl. No. 35, Nobelpreisrede.)

dampfung wird nach oben immer kleiner, um im kritischen Punkt Null zu werden. Daher wird dort die äußere Verdampfungswärme Null. Aber auch die innere Verdampfungswärme verschwindet im kritischen Punkte, weil die Flüssigkeit ihren Aggregatzustand behält. Die Gesamtwärme ist dann gleich der Flüssigkeitswärme.

Das gleiche Verhalten wird auch der Wasserdampf in der Nähe der kritischen Stelle zeigen[1]), vgl. Abschn. 45a. Eine erschöpfende experimentelle Feststellung fehlt jedoch.

Dampftabellen für NH_3, CO_2, SO_2 sind im Anhang enthalten.

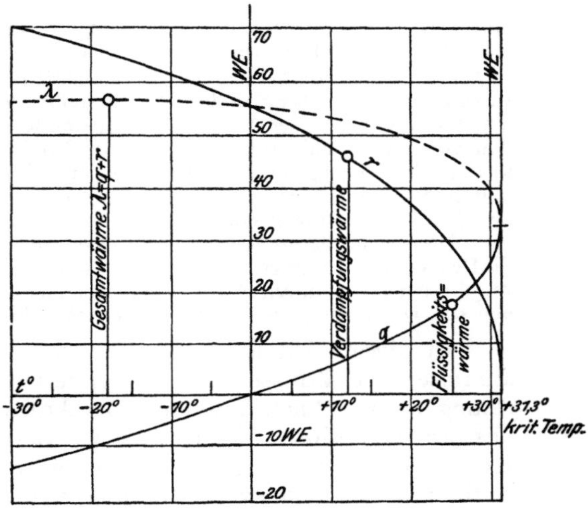

Fig. 88.

Abwärmekraftmaschinen. Ein mit flüssiger SO_2 gefüllter Kessel vermag, wenn er mit dem etwa 60^0 warmen Abdampf einer Kondensationsdampfmaschine geheizt wird, Säuredämpfe von einem Druck bis gegen 11 at zu liefern.

Diesen Umstand kann man benützen, um die sonst verlorene Wärme des Abdampfs der Kondensationsdampfmaschinen zur Arbeitsverrichtung nutzbar zu machen. Anstatt mit dem Kühlwasser, wie gewöhnlich, beschickt man den Oberflächenkondensator der Dampfmaschine mit flüssiger SO_2 als Kühlkörper. Aus der Säure entwickeln sich bei der Wärmeaufnahme Dämpfe, die je nach der Abdampftemperatur bis 13 at Druck besitzen. Mit diesen betreibt man einen ganz wie eine Einzylinderdampfmaschine arbeitenden Motor, der als „Abwärmekraftmaschine" bezeichnet wird.

Die Abdämpfe dieser Maschine müssen selbst wieder verflüssigt werden, und zwar, der Arbeitsweise der Dampfmaschine entsprechend, unter unveränderlichem Druck und ohne Anwendung eines Kompressors. Wenn Kühlwasser von 10^0 zur Verfügung ist, so kann man die Verflüssigung unter einem Säuredruck von 3—4 at erreichen. Das Arbeitsgefälle des Säuredampfs zwischen 13 und 4 at kann also in der Säuremaschine gewonnen werden. Trotzdem der gesamte Wärmeverbrauch der Kraftmaschinenanlage bei gleicher Leistung dadurch erheblich vermindert werden kann, arbeiten solche Abwärmeanlagen wegen der hohen Anschaffungskosten nur in besonderen Fällen wirtschaftlich. Näheres vgl. Josse, Mitteilungen aus d. Maschinenlaborat. d. Kgl. Techn. Hochschule z. Berlin II, III.

Die Verwertung der „Abwärme" der Kolbendampfmaschinen hat jedoch ganz andere Wege genommen, seitdem erkannt worden ist, daß Dampfturbinen mit Wasserdampf von sehr niedriger Spannung vorteilhaft arbeiten. Niederdruckdampfturbinen, die den Abdampf von Auspuffdampfmaschinen

[1]) Vgl. Z. Ver. deutsch. Ing. 1911, S. 1506: W. Schüle, Die Eigenschaften des Wasserdampfes usw., wo eine ausführliche Darstellung der Verhältnisse im kritischen Gebiet des Wasserdampfs gegeben ist.

weiter verarbeiten, werden als „Abwärme-Turbinen" bezeichnet. Mit den oben erwähnten Säuremaschinen haben sie nichts gemein, sie arbeiten wie jede andere Dampfturbine.

47. Die durch Drosselung hervorgebrachte Zustandsänderung.

Wird im Verlaufe einer Rohrleitung von gleicher oder veränderlicher Weite eine Querschnittsverengung angebracht, so wird bekanntlich, wenn Gase oder Dämpfe hindurchströmen, der Druck im zweiten Teile der Leitung kleiner als im ersten. Die auf diese Weise hervorgebrachte Druckerniedrigung wird als Drosselung bezeichnet. Das Maß der Druckabnahme hängt von einer Reihe von Umständen ab, außer von der Art und dem Zustande des strömenden Körpers vornehmlich von der verhältnismäßigen Größe der Verengung, der Geschwindigkeit in der Leitung und dem spez. Gewichte des strömenden Körpers. Als Ventile und Schieber kommen solche Verengungen (besonders bei nur teilweiser Öffnung) an allen Rohrleitungen vor. Bekannt ist die Verwendung der Drosselklappe oder eines Drosselventils zur Regelung der Dampfmaschinen und Dampfturbinen. Auch die Druckverminderungsvorrichtungen (Reduktionsventile) beruhen auf Drosselung. Zur Messung der durch Rohrleitungen strömenden Dampf- oder Gasmengen werden die Drosselungserscheinungen ebenfalls benützt.

In diesem Abschnitte handelt es sich nicht darum, die unter bestimmten Verhältnissen zu erwartende Druckverminderung durch Drosselung zu berechnen[1]), sondern die Änderung der Temperatur und des spezifischen Volumens zu bestimmen, die der strömende Körper bei der Abdrosselung um einen gegebenen Druck gleichzeitig mit der Druckverminderung erfährt.

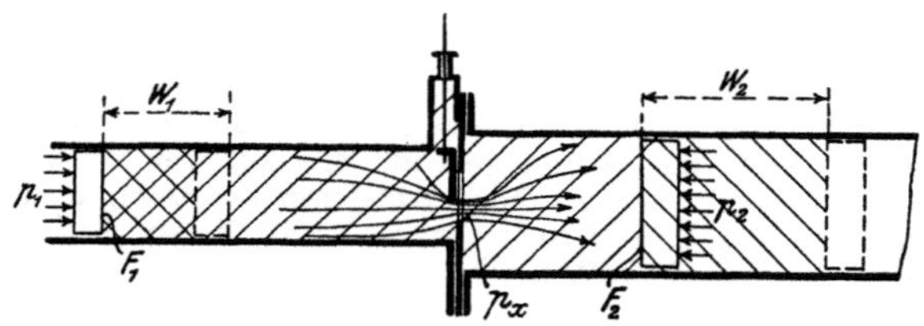

Fig. 89.

Zwecks anschaulicher Lösung dieser Aufgabe denke man sich an zwei Stellen in hinreichender Entfernung hinter und vor der Verengung Kolben in die Leitung eingesetzt, Fig. 89. In der dazwischen liegenden Dampfmasse spielt sich die Zustandsänderung ab. Mittels der Kolben wirkt auf sie von hinten der treibende Druck $F_1 p_1$, von vorn der widerstehende $F_2 p_2$. Der hintere Kolben rückt mit der Zuflußgeschwindigkeit w_1 vor. Dabei überträgt der treibende Druck die absolute Arbeit $F_1 p_1 w_1 = p_1 V_1$ auf die geförderte Dampfmenge (vom Volumen $F_1 w_1 = V_1$). Außer dieser Druckarbeit bringt die Fördermenge V_1, deren Gewicht G sei, noch die innere Energie $G U_1$ in den Drosselungsraum mit. Dazu kommt noch die Strömungsenergie $G w_1{}^2/2g$.

---

[1]) Hierzu vgl. Abschn. 58, e.

Die gesamte in Form von mechanischer Arbeit, freier und latenter Wärme sowie Bewegungsenergie sekundlich in den Drosselraum eintretende Energiemenge ist daher

$$p_1 V_1 + \frac{G U_1}{A} + G \frac{w_1^2}{2g} \text{ (mkg)}.$$

Die sekundlich austretende Dampfmenge verrichtet am vorderen Kolben die absolute Widerstandsarbeit $p_2 F_2 w_2 = p_2 V_2$, sie führt die innere Energie $\frac{G U_2}{A}$ und die Strömungsenergie $G \cdot \frac{w_2^2}{2g}$ mit. Ihre gesamte Arbeitsfähigkeit ist daher

$$p_2 V_2 + \frac{G U_2}{A} + G \frac{w_2^2}{2g}.$$

Da bei der Drosselung keinerlei Energieausgabe nach außen hin, sei es als Wärme oder mechanische Arbeit, stattfindet, so müssen beide Ausdrücke gleich groß sein, also

$$p_1 V_1 + \frac{G U_1}{A} + G \frac{w_1^2}{2g} = p_2 V_2 + \frac{G U_2}{A} + G \frac{w_2^2}{2g}.$$

Mit G dividiert wird wegen

$$\frac{V_1}{G} = v_1, \qquad \frac{V_2}{G} = v_2$$

$$\boldsymbol{U_1 + A p_1 v_1 + A \frac{w_1^2}{2g} = U_2 + A p_2 v_2 + A \frac{w_2^2}{2g}} \quad . \quad . \quad (1)$$

Die Summen $U_1 + A p_1 v_1 = i_1$ und $U_2 + A p_2 v_2 = i_2$, die nur vom Anfangs- und Endzustande abhängen, bezeichnet man als „Wärmeinhalt bei konstantem Druck" (s. Abschn. 54 u. 90).

Daher ist kürzer

$$i_1 + A \frac{w_1^2}{2g} = i_2 + A \frac{w_2^2}{2g},$$

oder

$$\boldsymbol{i_1 - i_2 = A \left(\frac{w_2^2}{2g} - \frac{w_1^2}{2g} \right)} \quad . \quad . \quad . \quad . \quad . \quad . \quad . \quad (2)$$

in Worten: Die Abnahme des Wärmeinhaltes ist gleich der Zunahme der Bewegungsenergie.

In vielen Fällen kann man die Änderung der Bewegungsenergie ganz vernachlässigen; dann ist einfach

$$\boldsymbol{i_1 = i_2} \quad . \quad . \quad . \quad . \quad . \quad . \quad . \quad . \quad . \quad . \quad . \quad (3)$$

Dies trifft insbesondere für den Fall der Überströmung aus einem weiten Gefäß in ein zweites weites Gefäß zu.

Für feuchte Dämpfe ist bei überwiegendem Dampfgehalt sehr angenähert

$$i = \lambda$$

(Gesamtwärme), dann gilt also für die Drosselung

$$\lambda_1 = \lambda_2 \quad \ldots\ldots\ldots\ldots \quad (3\,a)$$

Die **Druckverminderung** bei der Drosselung kommt auf folgende Weise zustande. Beim Durchgang durch die Verengung muß die Geschwindigkeit, dem kleinen Querschnitt entsprechend, mehr oder weniger über die Zuflußgeschwindigkeit steigen. Dies ist nur möglich, wenn unmittelbar vor der Mündung ein kleinerer Druck p_x besteht als dahinter (Fig. 89). Würde nun die Austrittsgeschwindigkeit aus der Mündung wieder vollständig in Druck umgesetzt, so müßte nach dem Gesetz von der Erhaltung der Energie der Druck vor der Mündung (bei gleichweiter Leitung) von p_x wieder bis $p_2 = p_1$ steigen. Eine solche Umsetzung findet aber bei einfachen Mündungen nicht statt. Vielmehr wird der Überschuß an Strömungsenergie durch Wirbel und Dampfstöße zu einem großen Teil vernichtet, d. h. in Wärme umgesetzt, die aber nicht hinreicht, um den Druck p_x wieder bis p_1 zu heben. Nachdem die ganze Masse wieder die gleichmäßige Strömungsgeschwindigkeit w_2 angenommen hat, ist daher ihr Druck p_2 kleiner als p_1 (nicht umkehrbare Zustandsänderung). Für ein näheres Eingehen auf die ziemlich verwickelten Druckverhältnisse in Abhängigkeit von den Querschnittsverhältnissen ist hier nicht der Platz (vgl. Abschn. 58, e).

Anwendung auf Gase. Für Gase ist

$$U = c_v t$$

und

$$i = c_p t + \text{konst.}$$

Es gilt daher für die Drosselung

$$c_p t_1 = c_p t_2$$

$$t_1 = t_2 \quad \ldots\ldots\ldots\ldots \quad (4)$$

Vollkommene Gase ändern also bei der Drosselung, wie tief auch der Druck sinkt, ihre Temperatur nicht.

Dies gilt, wie nach der Ableitung der Drosselgleichung selbstverständlich, nur für hinreichend weite Entfernung von der Verengung, nachdem die Wirbelbewegung verschwunden ist. In der Verengung selbst und kurz vor und hinter ihr kann die Temperatur, gemäß der adiabatischen Ausdehnung, je nach der Druckverminderung erheblich fallen, die aus der Strömungsenergie entstehende Wärme genügt jedoch, um das Gas wieder auf die ursprüngliche Temperatur (aber nicht auf den Druck) zu bringen. Über die wichtige, aus der „Unvollkommenheit" des Gaszustandes sich ergebende Abweichung vgl. Abschn. 48.

Mit $t_1 = t_2$ wird auch $p_1 v_1 = p_2 v_2$. Da durch jeden Querschnitt sekundlich das gleiche Gasgewicht $\frac{Fw}{v}$ fließt, so ist

$$\frac{F_1 w_1}{v_1} = \frac{F_2 w_2}{v_2},$$

also

$$w_2 = w_1 \cdot \frac{F_1}{F_2} \cdot \frac{v_2}{v_1}.$$

Mit
$$\frac{v_2}{v_1} = \frac{p_1}{p_2}$$
wird
$$w_2 = w_1 \cdot \frac{F_1}{F_2} \cdot \frac{p_1}{p_2} \quad \ldots \ldots \ldots \quad (5)$$

In einer gleichweiten Leitung ($F_1 = F_2$) nimmt also vor der Mündung die Strömungsgeschwindigkeit im umgekehrten Verhältnis der Drücke zu. Bei Drosselung auf den halben Druck $\left(\frac{p_2}{p_1} = \frac{1}{2}\right)$ steigt die Geschwindigkeit auf das Doppelte.

Übrigens sind selbst für vollkommene Gase diese Beziehungen nur annähernd richtig. Denn in Wirklichkeit ist nicht
$$i_1 = i_2,$$
sondern
$$i_1 - i_2 = A \cdot \left(\frac{w_2^2}{2g} - \frac{w_1^2}{2g}\right).$$

Hieraus folgt mit den Werten von i_1, i_2 und w_2
$$t_1 - t_2 = \frac{A}{c_p} \cdot \frac{w_1^2}{2g} \left[\left(\frac{F_1}{F_2} \cdot \frac{v_2}{v_1}\right)^2 - 1\right].$$

Für die gleichweite Leitung wird z. B.
$$t_1 - t_2 = \frac{A}{c_p} \cdot \frac{w_1^2}{2g} \left[\left(\frac{v_2}{v_1}\right)^2 - 1\right] \quad \ldots \ldots \ldots \quad (6)$$

Wegen $p_2 < p_1$ ist nun $v_2 > v_1$, daher ist die Klammer positiv, es wird $t_1 > t_2$, oder $t_2 < t_1$. Das Maß der Temperatursenkung für gegebene Drucksenkung läßt sich leicht berechnen, wenn in der letzten Gleichung
$$\frac{v_2}{v_1} = \frac{p_1}{p_2} \cdot \frac{T_2}{T_1}$$
eingeführt wird. Näherungswerte erhält man mit $T_2/T_1 \cong 1$, nämlich
$$t_1 - t_2 = \frac{A}{c_p} \frac{w_1^2}{2g} \cdot \left[\left(\frac{p_1}{p_2}\right)^2 - 1\right] \quad \ldots \ldots \ldots \quad (7)$$

Mit $\frac{p_1}{p_2} = 2$ wird z. B. für Luft
$$t_1 - t_2 = \frac{3}{427 \cdot 0{,}2375 \cdot 2 \cdot 9{,}81} \cdot w_1^2 = \frac{w_1^2}{663}.$$

Mit $w_1 = 20$ m/sec wird z. B.
$$t_1 - t_2 = 0{,}603^0,$$
also verhältnismäßig wenig. Für
$$\frac{v_2}{v_1} = 3$$
würde unter gleichen Verhältnissen
$$t_1 - t_2 = 1{,}61^0.$$

Eine genauere Formel ergibt sich, wenn in (6) das Verhältnis v_2/v_1 durch die Drücke und Temperaturen ersetzt wird.

Man erhält zunächst
$$t_1 - t_2 = \frac{A}{c_p} \frac{w_1^2}{2g} \cdot \left[\left(\frac{p_1}{p_2} \cdot \frac{T_2}{T_1}\right)^2 - 1\right],$$

also eine quadratische Gleichung für T_2 oder t_2. Einfacher wird das Ergebnis, wenn

$$\frac{T_2}{T_1} = 1 - \frac{T_1 - T_2}{T_1} = 1 - \frac{t_1 - t_2}{T_1}$$

gesetzt wird. Mit

$$\left(\frac{T_2}{T_1}\right)^2 \simeq 1 - 2\frac{t_1 - t_2}{T_1}$$

erhält man dann $t_1 - t_2$ aus einer Gleichung vom ersten Grade, und zwar

$$t_1 - t_2 = \frac{A}{c_p}\frac{w_1^2}{2g}\frac{\left(\frac{p_1}{p_2}\right)^2 - 1}{1 + \frac{A w_1^2}{g c_p T_1}\left(\frac{p_1}{p_2}\right)^2} \quad \ldots\ldots\ldots \quad (8)$$

Von Gl. 7 unterscheidet sich Gl. 8 nur durch den Nenner des Bruches. Dieser ist stets > 1, daher $t_1 - t_2$ nach Gl. 8 etwas kleiner als nach Gl. 7. Bei nicht sehr hohen Geschwindigkeiten wird der Unterschied gering.

Temperatursteigerung findet statt, wenn aus einer Rohrleitung Gas in ein größeres Gefäß einströmt, weil die ganze Zuflußgeschwindigkeit in Wärme übergeht. Mit $w_2 = 0$ wird nämlich

$$t_1 - t_2 = -\frac{A}{c_p}\cdot\frac{w_1^2}{2g},$$

daher

$$t_2 > t_1.$$

w_1 muß aber schon sehr bedeutend sein, wenn $t_2 - t_1$ beträchtlich werden soll. Bei $w_1 = 200$ m wird z. B. für Luft

$$t_2 - t_1 = \mathbf{20{,}2^0}.$$

Überhitzte Dämpfe. Den Ausdruck für den Energieinhalt U dieser Körper findet man am einfachsten, wenn man bedenkt, daß bei der adiabatischen Ausdehnung die ganze absolute Gasarbeit aus der eigenen Energie des expandierenden Körpers stammt. Nun ist bekannt, daß z. B. überhitzter Wasserdampf bei adiabatischer Ausdehnung das Gesetz

$$p v^k = \text{konst.} \quad (k = 1{,}3)$$

befolgt.

Gleiche Gesetzmäßigkeit läßt sich, wenigstens innerhalb bestimmter Grenzen, auch für andere überhitzte Dämpfe (z. B. Ammoniak, schweflige Säure, Kohlensäure) annehmen. Die absolute Ausdehnungsarbeit wird dabei (vgl. Abschn. 25)

$$L = \frac{1}{k-1}(p v - p_0 v_0),$$

mit p, v als Endzustand, p_0, v_0 als Normalzustand. Es ist daher

$$U - U_0 = \frac{A}{k-1}(p v - p_0 v_0). \quad \ldots\ldots \quad (9)$$

Hiermit geht die Drosselgleichung, unter Vernachlässigung der Bewegungsenergie und Weglassung von U_0 sowie $p_0 v_0$ auf beiden Seiten über in

$$\frac{A}{k-1}(p_1 v_1 - p_2 v_2) + A p_1 v_1 - A p_2 v_2 = 0,$$

oder
$$\frac{k}{k-1} p_1 v_1 = \frac{k}{k-1} p_2 v_2,$$
einfacher
$$\boldsymbol{p_1 v_1 = p_2 v_2} \quad \ldots\ldots\ldots\ldots \quad (10)$$

Bei der Drosselung bleibt das Produkt aus Druck und spez. Volumen unverändert.

Auf die gleiche Form läßt sich auch die Gleichung für die Gasdrosselung bringen.

Für Wasserdampf (Heißdampf) gilt nun angenähert
$$p_1 v_1 = R T_1 - 0{,}016\, p_1$$
$$p_2 v_2 = R T_2 - 0{,}016\, p_2.$$
Daher ist
$$T_1 - T_2 = \frac{0{,}016}{R}(p_1 - p_2),$$
mit $R = 47{,}1$
$$T_1 - T_2 = t_1 - t_2 = \frac{p_1 - p_2}{2940} \quad (p \text{ in kg/qm}),$$
$$t_1 - t_2 = 3{,}4\,(p_1 - p_2) \quad (p \text{ in kg/qcm}).$$

Im Gegensatz zu den Gasen entsteht also bei der Drosselung von Heißdampf ein Temperaturabfall. Werden z. B. 2,5 kg/qcm Druck abgedrosselt, so nimmt die Temperatur gleichzeitig ab um
$$t_1 - t_2 = \frac{2{,}5 \cdot 10\,000}{2940} = \mathbf{8{,}5^0},$$
also in recht merkbarer Weise.

In der gleichweiten und der verengten Leitung kommt, wie bei den Gasen, eine weitere Temperaturabnahme infolge der Geschwindigkeitsänderung hinzu.

Genauere Werte als diese Näherungsrechnungen ergeben für überhitzten Wasserdampf die Entropietafeln. In der *TVS*-Tafel ist die Zustandsänderung bei der Drosselung durch die Kurven $i = $ konst. dargestellt. So wie diese mit sinkendem Druck fallen, fällt auch die Temperatur bei der Drosselung.

Die Tafel ergibt z. B., wenn anfänglich trockener Sattdampf von 7 at gedrosselt wird, von

	7—5	5—3	3—1 at,
eine Abkühlung um	6^0	6^0	$7{,}5^0$.

Dagegen wenn trockener Sattdampf von anfänglich 15 at gedrosselt wird

15—13	13—11	11—9	9—7	7—5	5—3	3—1 at
$3{,}3^0$	$3{,}7^0$	$3{,}9^0$	$4{,}5^0$	$4{,}7^0$	$5{,}3^0$	$6{,}7^0$.

Wird dagegen anfänglich überhitzter Dampf von rd. 300^0 von 11 at an abgedrosselt, so ergibt sich für die Stufen

11—9	9—7	7—5	5—3	3—1 at
$1{,}3^0$	$1{,}5^0$	$1{,}7^0$	2^0	$3{,}3^0$.

In Wirklichkeit ist also das Verhalten des Wasserdampfs bei der Drosselung viel weniger einfach, als es nach der Tumlirz-Lindeschen Gleichung und unter der obigen Voraussetzung über die Energie scheint, und die obige allgemeine Beziehung gibt viel zu hohe Werte der Abkühlung.

Über die Verwendung der *JS*-Tafel vgl. Fig. 90.

Feuchte Dämpfe.

a) Überwiegender Dampfgehalt. Für diesen Fall ist sehr annähernd

$$i = \lambda = q + x r$$

(Gesamtwärme, Abschn. 37a).

Daher gilt für den Drosselvorgang

$$q_1 + x_1 r_1 = q_2 + x_2 r_2,$$

somit

$$\boldsymbol{x_2 = x_1 \cdot \frac{r_1}{r_2} + \frac{q_1 - q_2}{r_2}} \quad \ldots \ldots \ldots \quad (11)$$

Wegen $q_1 - q_2 \cong t_1 - t_2$ (nur für Wasser)

ist auch

$$x_2 = x_1 \frac{r_1}{r_2} + \frac{t_1 - t_2}{r_2} \quad \ldots \ldots \ldots \quad (11a)$$

Hieraus läßt sich für gegebenen Anfangs- und Enddruck aus dem gegebenen anfänglichen Dampfgehalt x_1 derjenige x_2 nach der Drosselung berechnen.

Daß wie bei den Gasen oder auch nur in dem geringeren Maße wie bei überhitzten Dämpfen die Temperatur erhalten bliebe, davon kann hier keine Rede sein. Denn solange der Dampf feucht bleibt, fällt mit dem sinkenden Druck die Temperatur gemäß den Dampftabellen. Die Vernichtung der Strömungsenergie kann zunächst nur eine Verdampfung von Feuchtigkeit nach sich ziehen. Dies geht aus der letzten Gleichung hervor. Schreibt man diese in der Form

$$x_2 = x_1 - x_1 \frac{r_2 - r_1}{r_2} + \frac{t_1 - t_2}{r_2},$$

so wird

$$x_2 = x_1 + \frac{t_1 - t_2 - x_1 (r_2 - r_1)}{r_2}.$$

Mittels der Dampftabellen ist leicht festzustellen, daß das zweite Glied unter allen Umständen positiv ist, also $x_2 > x_1$ wird, d. h. Trocknung stattfindet. So wird z. B. bei Drosselung von $p_1 = 5$ kg/qcm auf

$p_2 =$	4	3	2	1 kg/qcm
$t_1 - t_2 =$	8,2⁰	18,2⁰	31,4⁰	51,9⁰
$r_2 - r_1 =$	5,7	12,6	21,3	34,2 Cal.

$r_2 - r_1$ ist also immer kleiner als das zugehörige $t_1 - t_2$ und, da $x_1 < 1$ ist, das zweite Glied im Zähler des Bruches um so mehr kleiner als das erste. Der Bruch ist also positiv, $x_2 > x_1$.

Soll feuchter Dampf durch Drosseln gerade getrocknet werden, so muß

$$1 = x_1 \frac{r_1}{r_2} + \frac{t_1 - t_2}{r_2}$$

sein, d. h.
$$x_1 = \frac{r_2 - (t_1 - t_2)}{r_1} \quad . \quad . \quad . \quad . \quad . \quad . \quad (12)$$

Kleiner als dieser Wert darf der anfängliche Dampfgehalt nicht sein.

Es sei z. B. Dampf von 10 at abs. durch Drosselung auf 8,5 at zu trocknen. Wie groß darf der Feuchtigkeitsgehalt höchstens sein?

Mit
$$r_1 = 484{,}6, \quad r_2 = 489{,}9, \quad t_1 = 178{,}9 \quad t_2 = 172{,}0$$

wird
$$x_1 = \frac{489{,}9 - (178{,}9 - 172)}{484{,}6} = \frac{483}{484{,}6},$$

also die Feuchtigkeit
$$1 - x_1 = \frac{1{,}6}{484{,}6}$$

oder
$$\frac{1{,}6 \cdot 100}{484{,}6} = 0{,}33 \text{ v. H.}$$

Die trocknende Wirkung der Drosselung ist in diesem Falle recht gering.

In gleicher Weise können z. B. durch Drosselung von 1 at abs. auf 0,1 at 5,1 v. H. Feuchtigkeit verdampft werden (z. B. beim Ausströmen des Dampfes in Kondensationsdampfmaschinen).

Sehr bequem ist hier die *JS*-Tafel zur Ermittlung des Endzustandes. Auch im Gebiet der feuchten Dämpfe wird die Drosselung durch wagerechte Gerade dargestellt. Wird z. B. Dampf von 10 at mit 7,2 v. H. Feuchtigkeit auf 1 at abgedrosselt, so ist am Ende $x_2 = 0{,}985$.

Gesättigter trockener Dampf wird bei der Drosselung, wie ein Blick auf die *JS*-Tafel zeigt, überhitzt. Wird z. B. trockener Sattdampf von 10 at auf 1 at gedrosselt, so ist seine Endtemperatur 155°, anstatt 99°, er ist um 56° überhitzt, Fig. 90.

Ebenso einfach liefert die *JS*-Tafel das Endergebnis, wenn feuchter Dampf bei der Drosselung in überhitzten übergeht, Fig. 90, während die rechnerische Behandlung in diesem Falle umständlich wird.

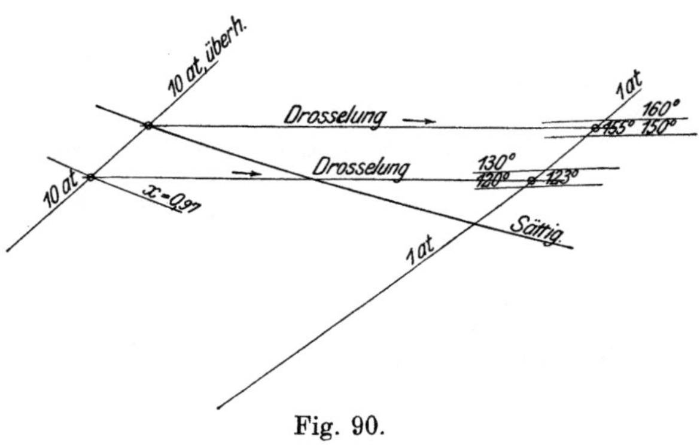

Fig. 90.

Zur Messung der Dampfnässe wird die Trocknung mittels Drosselung in dem sog. Drossel-Kalorimeter verwendet[1]). Da die Ausströmung dabei in die Atmosphäre erfolgen muß, so ist das Verfahren nur für geringe Feuchtigkeitsgrade anwendbar (bis höchstens 5 v. H.,

[1]) Eine sehr eingehende wissenschaftliche und praktische Untersuchung des Drosselkalorimeters enthält Forsch.-Arb. Heft 98 u. 99: A. Sendtner, Die Bestimmung der Dampffeuchtigkeit mit dem Drosselkalorimeter und seine Anwendung zur Prüfung von Wasserabscheidern. (Mitteilung aus dem Laboratorium f. techn. Physik in München.)

je nach der Dampfspannung). Aus der bei der Drosselung eintretenden Überhitzung kann in Verbindung mit der Anfangs- und Endspannung des Dampfes auf den ursprünglichen Feuchtigkeitsgrad y geschlossen werden. Es ist

$$i_1 = i_2,$$

wobei i_1 für den anfänglich feuchten, i_2 für den überhitzten Zustand nach der Drosselung gilt. Beträgt diese Überhitzung τ Grade, so ist

$$i_2 = i_2' + c_{pm}\tau,$$

mit i_2' als Wärmeinhalt des gedrosselten trockenen Sattdampfes. Ferner ist $i_1 = i_1' - y r_1$, mit i_1' als Wärmeinhalt des trockenen Dampfes vom Anfangsdruck. Daher ist

$$i_1' - y r_1 = i_2' + c_{pm}\tau,$$

somit

$$y = \frac{i_1' - i_2' - c_{pm}\tau}{r_1}.$$

Wegen der Veränderlichkeit von c_{pm} ist es aber einfacher, die JS-Tafel zu benützen.

b) Überwiegender Flüssigkeitsgehalt und reine Flüssigkeit. Hier ist statt der Näherung $i = \lambda$ der genaue Ausdruck für i einzuführen. Nach der Definition ist

$$i = U + Apv.$$

Nun ist für feuchten Dampf (Abschn. 37a)

$$U = q + x\varrho,$$

daher

$$i = q + x\varrho + Apv.$$

Andererseits ist die Gesamtwärme

$$\lambda = q + x\varrho + Ap(v - \sigma)$$

(s. Abschn. 37a). Der Ausdruck i ist daher um $Ap\sigma$ größer als die Gesamtwärme. Es ist

$$i = q + xr + Ap\sigma$$

(für Wasser $\sigma = 0{,}001$). Für die Zustände vor und nach der Drosselung gilt nun

$$q_1 + x_1 r_1 + Ap_1\sigma_1 = q_2 + x_2 r_2 + Ap_2\sigma_2.$$

Da nun, wenigstens in einiger Entfernung vom kritischen Zustand, $\sigma_1 \cong \sigma_2 = \sigma$ ist, so folgt

$$x_2 = x_1\frac{r_1}{r_2} + \frac{q_1 - q_2}{r_2} + A\frac{p_1 - p_2}{r_2}\cdot\sigma \quad \ldots\ldots (13)$$

Verglichen mit dem entsprechenden Wert bei überwiegendem Dampfgehalt ist x_2 jetzt um das letzte Glied größer, d. h. es findet eine stärkere Verdampfung statt.

Für anfänglich reine Flüssigkeit von der Siedetemperatur wird mit $x_1 = 0$

$$x_2 = \frac{q_1 - q_2}{r_2} + A\frac{p_1 - p_2}{r_2}\sigma \quad \ldots\ldots\ldots (13\text{a})$$

Für Wasser kann q_1 und q_2 durch t_1 und t_2 ersetzt werden.

Beispiele: 1. Flüssiges Wasser von 9 at abs. mit der Siedetemperatur von 174,4° strömt in einen Raum über, in dem sich Dampf von 1,03 at abs. befindet.

Wie groß ist der Dampfgehalt nach der Ausströmung?

Mit $t_1 = 174{,}4^0,\quad t_2 = 100^0,\quad r_2 = 539{,}1$

wird der Dampfgehalt nach der Abdrosselung

$$x_2 = \frac{174{,}4 - 100}{539{,}1} + \frac{9 - 1{,}03}{427 \cdot 539{,}1} \cdot 10000 \cdot 0{,}001 = 0{,}1378 + 0{,}00035 = 0{,}1381.$$

Der Einfluss des zweiten Gliedes ist sehr gering. Die Formel 11 unter a) würde auch hier genügen.

2. Flüssiges Ammoniak von 12,01 at abs. und der hierzu gehörigen Siedetemperatur von $+30^0$ wird auf 2,92 at abs. abgedrosselt. Wieviel von der Flüssigkeit verdampft?

Der Gegenspannung von 2,92 at entspricht die Siedetemperatur -10^0. Die Verdampfungswärme bei dieser Temperatur ist $r_2 = 322{,}3$ Cal.; die Flüssigkeitswärmen sind bei $+30^0$ $q_1 = 28{,}49$ Cal., bei -10^0 $q_2 = -8{,}83$ Cal.; $\sigma = 0{,}0016$ cbm/kg. Damit wird

$$x_2 = \frac{28{,}49 + 8{,}83}{322{,}3} + \frac{12{,}01 - 2{,}92}{427 \cdot 322{,}3} \cdot 10000 \cdot 0{,}0016 = 0{,}1158 + 0{,}0011 = 0{,}1169.$$

11,69 Gewichtsteile des flüssigen Ammoniaks verdampfen demnach bei der Drosselung. Auch hier würde Gl. 11 genügen.

48. Die Thomson-Joulesche Abkühlung. Der ideale und der wirkliche Gaszustand. Gleichung von van der Waals. Verflüssigung der Luft nach v. Linde.

Bei der Drosselung der Gase hatte sich ergeben (Abschn. 47), daß die Temperatur auch bei starkem Druckabfall unverändert bleibt, wenn von der geringen Abkühlung (in der gleichweiten oder verengten Leitung), die eine Folge der Geschwindigkeitszunahme ist, abgesehen wird.

Im Gegensatz dazu ergab die Drosselung des überhitzten Wasserdampfs eine der Drucksenkung (angenähert) proportionale Temperatursenkung.

Wenn nun Gase wirklich nichts anderes sind, als Dämpfe, die von ihrem kritischen Zustande sehr weit entfernt sind (hochüberhitzte Dämpfe), so ist zu erwarten, daß auch bei der Gasdrosselung ein Temperaturabfall eintreten wird, der ungefähr dem Druckabfall proportional ist. Diese Abkühlung ist schon vor der Entdeckung des kritischen Zustandes durch Andrews (1869) von Thomson und Joule (1853) durch Versuche festgestellt worden. Sie fanden, daß für Luft der Temperaturabfall

$$\Delta t = 0{,}27\,(p_1 - p_2)$$

(p in kg/qcm) beträgt.

Für Kohlensäure wurde gefunden

$$\Delta t = 1{,}35\,(p_1 - p_2).$$

Für Wasserdampf ergab sich oben

$$\Delta t = 0{,}7\,(p_1 - p_2) \text{ bis über } 3\,(p_1 - p_2$$

je nach der Spannung und dem Überhitzungsgrad.

Für die Luft, die unter diesen drei Stoffen am weitesten vom kritischen Zustand entfernt ist, ist demnach die Abkühlung bei gleicher Drucksenkung 5 mal kleiner als für CO_2, und 2,6 bis 11 mal kleiner als für überhitzten Wasserdampf.

Übrigens ist der Temperaturabfall der Gase nicht unabhängig von der absoluten Höhe der Temperatur. Er ist nach Thomson und Joule dem Quadrat der absoluten Temperatur umgekehrt proportional. Für Luft ist also

$$\varDelta t = a \cdot (p_1 - p_2)\left(\frac{273}{T_1}\right)^2 \quad . \quad . \quad . \quad . \quad . \quad . \quad (1)$$

mit $a = 0{,}27$ für Luft, 1,35 für CO_2.

Der Grund, weshalb die Berechnung (Abschn. 47) für die Gasdrosselung keinen Temperaturabfall ergeben hat, ist darin zu suchen, daß die Voraussetzung, die dort über den Wert der Gasenergie gemacht wurde und in den gewöhnlichen Fällen auch gemacht werden kann, nicht genau zutrifft. Es wurde angenommen, daß die einem Gase zugeführte Wärme, soweit sie nicht in äußere, mechanische Arbeit umgesetzt wird, lediglich zur Steigerung der Temperatur diene (Abschn. 23). Daraus ergibt sich der Ausdruck

$$U = c_v t$$

für die Energie des Gases. Die mangelnde Übereinstimmung zwischen der mit diesem Energiewert durchgeführten Rechnung und den Drosselversuchen beweist, daß sich die einem Gase zugeführte Wärme nicht auf die erwähnten beiden Wirkungen beschränkt, sondern noch eine dritte Wirkung ausübt. Diese ist im Innern des Gases zu suchen und besteht, wie dies bei den gesättigten Dämpfen am stärksten, bei den überhitzten weniger stark ausgesprochen ist, in der Überwindung der gegenseitigen Anziehungskraft der kleinsten Teilchen (Moleküle). Bei dem „idealen Gase" kann man sich vorstellen, daß wegen der großen Entfernung dieser Teilchen untereinander, im Verhältnis zu ihrer eigenen Größe gedacht, diese Anziehungskräfte verschwindend klein sind. Dann hat die zugeführte Wärme im Inneren des Gases nur die Temperatursteigerung zu übernehmen, die man sich als eine Zunahme der Geschwindigkeit der in schneller Bewegung befindlichen Teilchen denkt.

Die Thomson-Joulesche Gleichung 1 ist so zu verstehen, daß die Abkühlung durch Drosselung nur von dem Druckabfall $p_1 - p_2$, jedoch nicht von der absoluten Höhe der Drücke abhängt. Es wäre hiernach gleichgültig, ob z. B. von 10 at auf 8 at, oder von 8 auf 6, von 6 auf 4 at usw. gedrosselt würde. Bei gleicher Anfangstemperatur wäre die Abkühlung die gleiche. Werden nun aber sehr große Druckunterschiede angewendet, so daß sich eine erhebliche Abkühlung ergibt, so ändert sich während der Drosselung die Temperatur und wegen der durch Gl. 1 gegebenen Abhängigkeit von der Temperatur ist die Abkühlung z. B. für 100 at Druckunterschied nicht das 10 fache von derjenigen bei 10 at. Für unbeschränkt kleine Änderungen lautet Gl. 1

$$dT = a \cdot \frac{273^2}{T^2}\, dp$$

oder

$$T^2 dT = a \cdot 273^2\, dp\,.$$

Die Integration ergibt

$$\frac{1}{3}\left(T_2{}^3 - T_1{}^3\right) = a \cdot 273^2\,(p_2 - p_1)\,,$$

daher

$$T_2 = \sqrt[3]{T_1^3 - 3a \cdot 273^2 (p_1 - p_2)},$$

also die Abkühlung

$$t_1 - t_2 = T_1 - T_2 = T_1 - \sqrt[3]{T_1^3 - 3a \cdot 273^2 (p_1 - p_2)} \qquad (2)$$

Bei neueren Versuchen im Münchener Laboratorium für technische Physik[1]), die bei bedeutend höheren Drücken — bis 150 at gegen 4,5 at bei Thomson und Joule — angestellt wurden, hat sich nun gezeigt, daß der Kühleffekt $t_1 - t_2$ doch nicht unabhängig von der absoluten Höhe der Anfangsdrücke ist. Der Koeffizient a von Gl. 1 wurde vielmehr bei höheren Drücken kleiner gefunden, so daß also der Kühleffekt mit wachsendem Drucke kleiner wird. — Es wurde gefunden

für Luft $a = 0{,}268 - 0{,}00086\,p$ (p in at),

für Sauerstoff $a = 0{,}313 - 0{,}00085\,p$.

Eine eingehendere Darstellung enthält der 2. Band. Hier sei nur noch erwähnt, daß schon Thomson und Joule für Wasserstoff keinen Kühleffekt, sondern eine Erwärmung bei der Drosselung fanden. Von Olszewski wurde experimentell nachgewiesen, daß ein Kühleffekt erst bei -80^0 eintritt. — Aus den Münchener Versuchen läßt sich schließen, daß bei sehr hohen Drücken, über 300 at, der Kühleffekt auch bei Luft und Sauerstoff in sein Gegenteil übergeht.

Abweichungen von der Zustandsgleichung der Gase. Bei näherer experimenteller Untersuchung des Boyleschen sowohl wie des Gay-Lussacschen Gesetzes in sehr weiten Grenzen des Druckes hat sich gezeigt, daß beide Gesetze auch für die beständigsten Gase nur Näherungen vorstellen, die allerdings bei den gewöhnlichen Drücken und Temperaturen recht weitgehend sind. Die Gasgleichung $pv = RT$ gehört also streng genommen keinem wirklichen, sondern einem idealen Gase an. Dies wird auch bewiesen durch das Vorhandensein des Drosseleffektes nach Thomson-Joule. Auf Grund der mechanischen Wärmetheorie läßt sich nämlich nachweisen, daß bei einem Körper, der die Zustandsgleichung $pv = RT$ befolgt, die innere Energie nur eine Funktion der Temperatur, also unabhängig vom Volumen und Druck ist. Daraus folgt dann weiter, daß bei einem idealen Gas der oben beschriebene Effekt nicht auftreten kann; umgekehrt läßt der Nachweis dieses Kühleffektes den Schluß zu, daß der betreffende Körper der Zustandsgleichung der idealen Gase nicht genau folgt.

Eine Betrachtung von Fig. 87 läßt die Art der Abweichungen vom Gasgesetz noch näher erkennen.

Denkt man sich z. B. in Fig. 87 die Isothermen über 35^0 bis zum Drucke von 1 at oder noch weiter nach rechts verlängert, so unterscheidet sich auch die Kohlensäure nur noch wenig von einem Gase. Noch viel geringer würde bei gleich niedrigem Druck der Unterschied

[1]) E. Vogel, Über die Temperaturveränderung von Luft und Sauerstoff beim Strömen durch eine Drosselstelle bei 10^0 C und Drücken bis zu 150 Atmosphären (Dissertation). — Auch Forsch.-Arb. Heft 108 und 109.

bei höherer Temperatur. Die nach oben konkave Isotherme kann in diesen Gebieten angenähert durch die gleichseitige Hyperbel

$$p v = \text{konst.}$$

dargestellt werden. Dies wird aber, wie der Augenschein lehrt, um so weniger möglich, je höher bei gleicher Temperatur der Druck ist. Denn bei Drücken in der Nähe des kritischen wird die Kurve zunächst konvex nach oben, um später wieder konkav zu werden. In diesem Gebiet versagt die Hyperbel, also das Boylesche Gesetz, vollständig.

Je höher übrigens die Temperatur, bei gleichem Druck, gewählt wird, um so weniger scharf wird die Einknickung in Höhe des kritischen Druckes, auf um so weitere Gebiete bleibt das Boylesche Gesetz anwendbar. Fig. 87 läßt erkennen, wie stark die 100^0 Isotherme für CO_2 (bei Drücken von 50 bis 100 at) noch vom Gasgesetz abweicht, obwohl sie in erheblicher Entfernung von der kritischen Isotherme liegt.

Ähnliches gilt in diesen Gebieten bezüglich des Gay-Lussacschen Gesetzes. Bei gleichem Druck ist das Volumen nicht mehr genau der absoluten Temperatur proportional, wie schon aus den bekannten Beziehungen für den überhitzten Wasserdampf hervorgeht. Für diesen ist nach der Tumlirz-Lindeschen Gleichung für $p = \text{konst.}$

$$(v + 0{,}016) : (v_1 + 0{,}016) = T : T_1,$$

also nicht mehr

$$v : v_1 = T : T_1$$

wie im Gaszustand. Auch die Drucksteigerung durch Erwärmung bei unveränderlichem Raume folgt nicht mehr den absoluten Temperaturen (Fig. 81).

Eine Zustandsgleichung der wirklichen Gase, die das ganze Gebiet der möglichen Drücke und Temperaturen — ausgenommen das der feuchten Dämpfe — umfassen soll, muß daher von wesentlich verwickelterer Form sein, wie schon aus dem Verlauf der Isothermen zu entnehmen ist. Eine solche allgemeine Zustandsgleichung, die sogar noch für den flüssigen Zustand gelten soll, ist z. B. die van der Waalssche Gleichung[1])

$$\left(p + \frac{a}{v^2}\right)(v - b) = R T.$$

---

[1]) Dies ist die älteste und leichtest verständliche derartige Beziehung. Außer ihr existieren noch viele andere, meist wesentlich kompliziertere Zustandsgleichungen (gegen 30). Am bekanntesten ist von diesen die Gleichung von Clausius, die aus der von van der Waals dadurch entstanden ist, daß a nicht als Konstante, sondern als Funktion der Temperatur betrachtet wurde. Eine Form, die allen Körpern gerecht wird, existiert nicht, wahrscheinlich aus dem Grunde, weil bei der Verdichtung der Gase, noch ehe die Sättigungsgrenze erreicht wird, sich mehr und mehr zusammengesetzte Moleküle bilden, eine chemische Veränderung, durch die auch das Volumen und der Druck geändert wird. Diese Vorgänge sind aber wesentlich abhängig von der besonderen Natur des Gases.

Als Isothermen ($T =$ konst.) ergibt diese Gleichung Kurven, die mit den beobachteten Isothermen auch im kritischen Gebiete dem allgemeinen Verlaufe nach übereinstimmen. Eine genaue zahlenmäßige Übereinstimmung leistet jedoch die Gleichung nicht.

Die Form der van der Waalsschen Gleichung läßt sich wie folgt begründen. Die Gasgleichung

$$pv = RT,$$

die aus dem Boyleschen und Gay-Lussacschen Gesetz entstanden ist, kann auch aus der kinetischen Gastheorie hergeleitet werden, wenn zwei Voraussetzungen gemacht werden: erstens die, daß der Raum, den die Gasteilchen selbst in einem Gasvolumen V einnehmen, sehr klein ist gegenüber V; zweitens die Annahme, daß die gegenseitigen Anziehungskräfte der Gasteilchen verschwindend klein sind und den Gasdruck nicht beeinflussen. Wird nun das Gas in einen Zustand viel größerer Dichte als gewöhnlich versetzt, so wird der freie Raum kleiner, die Moleküle rücken einander näher und ihre Stöße, die den Gasdruck hervorrufen, werden häufiger. Der Gasdruck wird dadurch ebenso vergrößert, als ob das Volumen v selbst verkleinert würde. Daher rührt die Korrektion $-\ b$ bei v. b steht in gewissem Zusammenhang mit dem Molekülvolumen w, ohne mit diesem identisch sein zu müssen. Nach van der Waals ist $b = 4\,w$, nach anderen $4\sqrt{2\,w}$ oder w.

Im dichteren Gas beeinflussen aber auch die stärker werdenden Anziehungskräfte den Gasdruck und dieser wird kleiner, als er bei gleichem Volumen und gleicher Temperatur sonst wäre. Daher rührt die Korrektion a/v^2 an p.

Sehr weitgehende Versuche über das Verhalten der Gase bei hohen Drücken sind in neuerer Zeit besonders von Amagat angestellt worden.

Verflüssigung der Luft nach v. Linde. Dieses Verfahren gründet sich auf die im Eingange dieses Abschnitts behandelte geringe Abkühlung der wirklichen Gase durch Drosselung von hohem auf niedrigen Druck.

Von einem Kompressor wird hochverdichtete Luft (100 at u. m.) erzeugt. Diese Druckluft wird, wie bei den mit Dämpfen arbeitenden Kältemaschinen, durch ein in die Druckleitung eingeschaltetes Drosselventil auf einen geringeren (immer noch hohen) Druck abgedrosselt. Die gedrosselte Luft wird vom Kompressor wieder angesaugt, von neuem verdichtet und alsdann wieder gedrosselt. Sie beschreibt einen sich immer wiederholenden Kreislauf zwischen den gleichen Drücken.

Wird nun z. B. auf 100 at verdichtet und auf 20 at gedrosselt, so ensteht ein Temperaturabfall von ungefähr

$$\Delta t = 0{,}27 \cdot 80 = 21{,}6^{\circ}.$$

Besaß also die Druckluft z. B. 25°, so hat die gedrosselte Luft nur noch eine Temperatur von $25 - 21{,}6 = 3{,}4^{\circ}$. Diese kältere Luft wird nun im Gegenstrom zu der vom Kompressor kommenden (wärmeren) Druckluft zum Kompressor zurückgeleitet. Die Druckleitung steckt als konzentrische engere Röhre in der weiteren Rückleitung, die nach außen sehr gut isoliert ist. Durch große Länge (100 m) der Leitungen ist für wirksamen Wärmeaustausch gesorgt. Wäre dieser

Austausch vollkommen, so würde die gedrosselte Luft ihre ganze „Kälte" an die Druckluft abgeben und sich selbst bis zur Anfangstemperatur der Druckluft erwärmen. Die letztere dagegen würde sich bis auf die Anfangstemperatur der gedrosselten Luft abkühlen und mit dieser Temperatur, also im obigen Falle mit 3,4°, am Drosselventil ankommen. Bei der Durchströmung durch dieses kühlt sie sich, da der Druckabfall der gleiche ist, wieder um rund 21,6° ab, so daß sie im gedrosselten Zustande nach dem zweiten Kreislauf eine Temperatur von nur 3,4 — 21,6 = — 18,2° besitzt. Wieder gibt diese Luft bei der Rückleitung ihre Kälte an die zuströmende Druckluft ab. Wirkt der Gegenstromapparat vollkommen, so erwärmt sie sich bis zur Anfangstemperatur der Druckluft, während sich diese bis — 18,2° abkühlt. Wird der Kreislauf oft wiederholt, so kühlt sich die gedrosselte Luft immer weiter ab und kommt schließlich in den Zustand der gesättigten Dämpfe. Sie schlägt sich dann teilweise als Feuchtigkeit nieder, die sich in einem hinter dem Ventil angebrachten Gefäß sammelt.

Durch Einführung frischer Luft in den Kreislauf wird erreicht, daß trotz der Abkühlung und Verwandlung eines Teiles der Luft in Flüssigkeit die Drücke erhalten bleiben und immer neue Luft zur Verflüssigung gelangt.

Man hat also zwei Perioden, die des Anlaufs und die des Beharrungszustandes zu unterscheiden. Der Anlauf kann Stunden in Anspruch nehmen, da nicht nur die Luft, sondern auch die Leitung und die Isolationsmasse abzukühlen sind und vollkommene Isolation nicht möglich ist.

Eine ausführlichere Theorie dieses Verflüssigungsverfahrens enthält Bd. II, Abschn. 55.

III. Strömende Bewegung der Gase und Dämpfe.

49. Allgemeine Zustandsverhältnisse in Flüssigkeits- und Gasströmen.

Der innere Zustand eines strömenden Körpers ist in gleicher Weise durch Druck, spez. Volumen oder spez. Gewicht und Temperatur bestimmt, wie im ruhenden Körper. Die Beziehungen zwischen diesen drei Größen (Zustandsgleichung) bestehen unabhängig von der jeweiligen Geschwindigkeit.

Der einfachste Fall einer Strömung ist die Parallelströmung. Man kann sich vorstellen, daß in einer geraden, gleichweiten Rohrleitung alle Teilchen sich nur in der Rohrrichtung und mit gleichen Geschwindigkeiten fortbewegen, Fig. 91, I. Diese Strömung, wie jede andere, heißt stationär, wenn die Geschwindigkeit zeitlich unverändert bleibt.

Infolge des Einflusses der Wandungen herrscht tatsächlich in keiner Rohrleitung über den ganzen Querschnitt gleiche Geschwindigkeit. Gegen die Wandungen hin ist immer die Geschwindigkeit kleiner als in der Rohrmitte, unmittelbar an der Wand ist die Stromgeschwindigkeit in jedem Falle gleich Null, weil eine dünne Flüssigkeitsschicht an der Wand haftet. Die Geschwindigkeit verteilt sich also nach Fig. 91, II. Die durch den Querschnitt F sekundlich strömende Menge wäre im Falle I $V = F \cdot c$, im Falle II ist sie als Summe aller Beträge $c \cdot df$ über den ganzen Querschnitt anzusehen, also nach

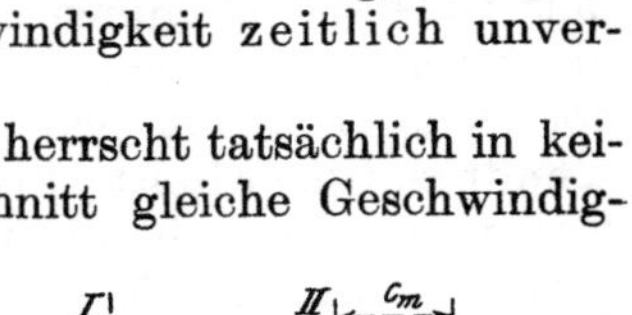

Fig. 91.

$$V = \int c\,df$$

zu berechnen.

Will man z. B. die durch weite Leitungen, Kanäle und Schächte gehenden Luftmengen aus der Strömungsgeschwindigkeit berechnen, so muß man diese stets an mehreren Punkten eines Querschnitts messen. Ein einfaches Berechnungsverfahren, um hieraus die Mengen genau zu bestimmen, vgl. Rietschel, Mitteil. d. Prüfungsanstalt f. Heizungs- und Lüftungseinrichtungen, Heft I. 1910.

Diejenige überall gleich große Geschwindigkeit w_m, bei der die gleichen Mengen durch den Querschnitt gingen, wie bei den in Wirklichkeit verschiedenen Geschwindigkeiten, heißt die mittlere Geschwindigkeit. Es gilt

$$V = F \cdot c_m .$$

Man hat durch Versuche und Erfahrungen gefunden, daß Parallelströmung in längeren Rohrleitungen und Kanälen in dem Sinne, daß alle Teilchen wirklich gerade und parallele Bahnen beschreiben, nur bei ganz geringen Geschwindigkeiten oder in engen Leitungen möglich ist. Bei den üblichen Fortleitungsgeschwindigkeiten und Rohrweiten pflegt die ganze strömende Masse in wirbelnde Bewegung zu geraten. In vielen praktischen Fällen ist zudem die Strömung schon beim Eintritt in die Leitungen wirbelig, und im Verlauf der Leitungen selbst finden sich mannigfache Gelegenheiten zur Störung der Strömung, wie die Rauhigkeit der Wände, die Ventile, Krümmer, Abzweigstücke. Die Natur einer solchen gleichzeitig fortschreitenden und wirbelnden Bewegung zeigen die aus den Schornsteinen austretenden Rauchströme (turbulente Strömung).

Auch bei vollständig wirbeliger Strömung kann man mit einer mittleren Strömungsgeschwindigkeit rechnen. Es ist diejenige Geschwindigkeit, die man erhält, wenn man das sekundlich durchfließende Volumen V mit dem Querschnitt der Leitung dividiert

$$c_m = \frac{V}{F} = \frac{G_{sec}\, v}{F} = \frac{G_{sec}}{\gamma F},$$

mit v als spez. Volumen, γ als spez. Gewicht im Querschnitt F. Geht die Strömung in einer Leitung von veränderlichem Querschnitt vor sich, so ändert sich die mittlere Stromgeschwindigkeit von Querschnitt zu Querschnitt. Im Beharrungszustand der Strömung (stationäre Strömung) fließt nämlich sekundlich durch jeden Querschnitt das gleiche Gewicht. Es gilt also

$$F_1 c_1 \gamma_1 = F_2 c_2 \gamma_2 = F_3 c_3 \gamma_3 \text{ (Kontinuitätsgleichung)} \quad . \quad . \quad (1)$$

Bleibt γ unverändert, wie bei tropfbaren Flüssigkeiten, so wird

$$F_1 c_1 = F_2 c_2$$

$$c_2 : c_1 = F_1 : F_2 .$$

Die mittleren Geschwindigkeiten verhalten sich dann umgekehrt wie die Querschnitte. Für kleine Druckänderungen gilt dies mit großer Annäherung auch bei Gasen und Dämpfen.

Die Bahnen der einzelnen Teilchen („Stromlinien") sind in einem Falle wie Fig. 92 gekrümmt. Streng genommen sind daher die Geschwindigkeitsrichtungen in den einzelnen Punkten eines Querschnitts verschieden, was aber nur bei sehr raschen Querschnittsänderungen von Bedeutung ist.

Druckverhältnisse in Beziehung zu den Geschwindigkeiten.

Unter dem absoluten Druck p einer strömenden Flüssigkeit ist der Druck zu verstehen, den ein von der Strömung mitgeführtes Meßinstrument für absoluten Druck anzeigen würde.

Ein Barometer in einem Freiballon, der mit der Luftströmung treibt, ist ein Beispiel dafür.

Der Überdruck oder Unterdruck in einer Strömung ist, wie bei ruhender Flüssigkeit, der Unterschied zwischen dem absoluten Druck der Flüssigkeit und dem augenblicklichen Barometerstand.

Den so gemessenen absoluten Druck, Überdruck oder Unterdruck bezeichnet man als statischen Druck der Flüssigkeit. Es ist der Druck, der in die Zustandsgleichung des strömenden Körpers einzuführen ist.

In Kanälen und Leitungen ist dieser Druck identisch mit dem Druck, den die Wände von seiten des Gases erfahren. Man kann daher den statischen Druck ermitteln, indem man die Wandung anbohrt und an die Bohrung ein Manometer ansetzt, dessen Anschlußbohrung mit der inneren Rohrwand oder innerhalb der Wandstärke abschließt, Fig. 92.

Genaue Messungen haben übrigens ergeben, daß dieser Meßmethode kleine, durch die Strömung veranlaßte Fehler anhaften. Mäßige Abrundung der inneren Kante erhöht die Genauigkeit.

In einer Leitung mit veränderlichem Querschnitt nach Fig. 92 ist der statische Druck[1]) in jedem Querschnitt ein anderer. Die strömenden Massenteile erfahren nämlich auf dem Wege von F_1 nach F_2 eine Geschwindigkeitszunahme und die hierzu aufzuwendende Arbeit muß von dem statischen Druck geleistet werden, der demzufolge abnimmt.

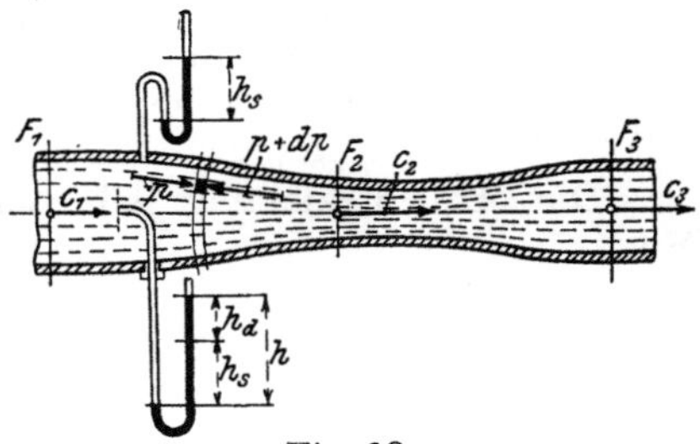

Fig. 92.

Ein Massenelement m, das von zwei unendlich benachbarten Querschnitten begrenzt wird, erleidet auf der Rückseite den Druck fp in der Stromrichtung, auf der Vorderfläche $f(p+dp)$ gegen den Strom, so daß der treibende Druck in der Stromrichtung $-f dp$ ist. Ist dw die Zunahme der Geschwindigkeit[2]) zwischen den beiden Querschnitten, so ist die Beschleunigung dw/dt, somit $m\,dw/dt$ der Beschleunigungsdruck. Man hat daher

$$-f\,dp = m\frac{dw}{dt}.$$

Mit

$$m = \frac{f\gamma}{g}\,ds$$

[1]) Diese neuerdings eingeführte Bezeichnungsweise steht in einem gewissen Widerspruch zu den bisher üblichen Bezeichnungen in der Hydraulik flüssiger Körper. Dort unterscheidet man bekanntlich den hydrostatischen und den hydrodynamischen oder hydraulischen Druck. Der erstere ist der Druck der ruhenden Flüssigkeit infolge des Eigengewichts, während der zweite, also der hydraulische Druck identisch mit dem obigen „statischen“ Druck ist.

[2]) In der Folge ist die Geschwindigkeit mit w bezeichnet.

wird hieraus

$$dp = -\frac{\gamma}{g}\frac{ds}{dt}dw.$$

Da

$$\frac{ds}{dt} = w$$

ist, so wird

$$dp = -\frac{\gamma}{g} w\,dw \quad \ldots\ldots \quad (2)$$

Einer Zunahme der Geschwindigkeit entspricht also, wie es sein muß, eine Abnahme des Druckes, und umgekehrt einer Abnahme der Geschwindigkeit ein Steigen des Druckes. Beim Übergang zu einem kleineren Querschnitt nimmt also im allgemeinen der Druck ab, beim Übergang zu einem größeren Querschnitt zu, weil, wenigstens bei tropfbaren Flüssigkeiten, dem größeren Querschnitt gemäß der Kontinuitätsgleichung die kleinere Geschwindigkeit entspricht, und umgekehrt.

Bei Gasen und Dämpfen kann indessen wegen der Abhängigkeit des spezifischen Volumens von dem Druck auch das umgekehrte eintreten, daß also z. B. dem größeren Querschnitt der kleinere Druck entspricht, wie bei den Expansionsdüsen der Dampfturbinen. Dieser Fall bedingt jedoch eine sehr bedeutende Abnahme des Druckes in der Stromrichtung, wie sie nur in besonderen Fällen vorkommt.

Die obige Beziehung läßt sich noch in anderer Form schreiben. Mit

$$w\,dw = d\frac{w^2}{2}$$

und

$$\gamma = \frac{1}{v}$$

wird

$$-v\,dp = d\left(\frac{w^2}{2g}\right) \quad \ldots\ldots\ldots \quad (3)$$

Nun ist $w^2/2g$ die lebendige Kraft von 1 kg der Flüssigkeit, $d(w^2/2g)$ also die Zunahme der lebendigen Kraft, während $-v\,dp$ die von 1 kg Gas bei der Entlastung um den Druck dp abgegebene Nutzarbeit ist. Auf Grund der Gleichheit dieser beiden Größen würde sich die obige Gleichung auch unmittelbar ergeben. In der graphischen Darstellung ist $v\,dp$ durch die schraffierte Fläche Fig. 93 dargestellt, die bei elastischen Flüssigkeiten rechts durch die p, v Kurve, bei tropfbaren durch die senkrechte Gerade begrenzt ist.

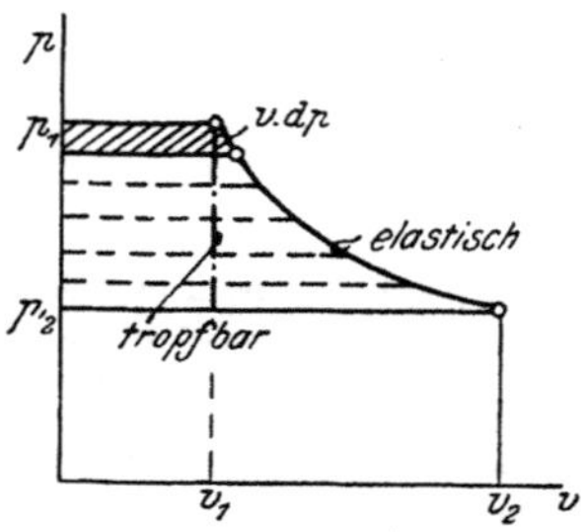

Fig. 93.

Um aus dieser Beziehung, die für eine sehr kleine Druck- und Geschwindigkeitsänderung gilt, die Beziehung für eine beliebig große Änderung herzuleiten, hat man sich die letztere in eine große Zahl kleiner aufeinanderfolgender Änderungen zerlegt zu denken. Schreibt man die obige Gleichung für jede kleine Änderung an und addiert, so erhält man

$$-\int_{v_1}^{v_2} v\,dp = \frac{w_2^2}{2g} - \frac{w_1^2}{2g} \quad \text{. . . . .} \quad (4)$$

Im graphischen Bild der Druck- und Volumenänderungen ist die linke Seite dieser Gleichung die Summe aller Elementarstreifen $v\,dp$, also die ganze schraffierte Fläche der Nutzarbeit zwischen den Drucken p_1 und p_2.

Im weiteren ist es zweckmäßig, zwischen kleinen und großen Druckänderungen zu unterscheiden.

50. Strömung mit kleinen Druckänderungen.

Sind bei einem Strömungsvorgang die Druckänderungen und somit auch die Raumänderungen klein, so wird die Arbeitsfläche Fig. 94 annähernd ein Rechteck mit dem Inhalt $v(p_1 - p_2)$, wie bei tropfbar flüssigen Körpern.

Die erste Frage ist nun, wie weit man mit der Druckänderung gehen kann, ohne daß bei Anwendung der für tropfbare Flüssigkeiten geltenden Formeln auf Gase oder Dämpfe nennenswerte Fehler entstehen.

Die Druck-Volumenkurve in Fig. 94 ist die Adiabate, weil die gleichzeitige Änderung von Druck und Volumen während der Strömung ohne Zufuhr oder Entziehung von Wärme erfolgen soll. Es handelt sich also um Hyperbeln $pv^k = $ konst., mit $k = 1{,}1$ bis 1,4. Bei kleineren Änderungen schließt sich der Kurvenverlauf den Tangenten nahe an, die leicht einzutragen sind (Abschn. 25). Der Fehler, der begangen wird, wenn man die wahre Arbeitsfläche $ABCD$ durch das Rechteck $ABC'D$ ersetzt, ist das Dreieck BCC'. Sein Inhalt verhält sich zu dem des gleich hohen Rechtecks wie $CC' : 2\,C'D$, also wie $\Delta v : 2\,v$. Nun ist aber (Abschnitt 25)

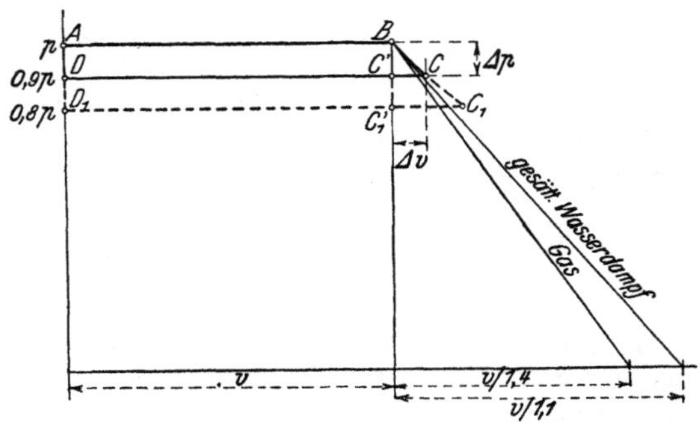

Fig. 94.

$$\frac{\Delta p}{\Delta v} = -k\frac{p}{v}.$$

Unter Weglassung des Vorzeichens erhält man hieraus für den verhältnismäßigen Fehler der Arbeitsfläche

$$\frac{\Delta v}{2v} = \frac{1}{2k}\frac{\Delta p}{p}.$$

Der begangene Fehler hat also höchstens den Wert $\Delta p : 2p$. Soll er z. B. 1/2 v. H. nicht überschreiten, so darf die Druckänderung Δp nicht größer als 1 v. H. des Druckes sein, also z. B. bei $p = 1$ at $= 10000$ kg/qm nicht mehr als 100 kg/qm oder 100 mm H_2O.

Unter der gemachten Voraussetzung geht nun die Grundgleichung 4. vor. Abschn. über in

$$v(p_1 - p_2) = \frac{w_2^2}{2g} - \frac{w_1^2}{2g}.$$

Ersetzt man v durch $1 : \gamma$, so wird

$$\frac{p_1}{\gamma} - \frac{p_2}{\gamma} = \frac{w_2^2}{2g} - \frac{w_1^2}{2g} \quad \ldots \ldots \ldots \quad (1)$$

In Worten: Die Abnahme der Spannungsenergie ist gleich der Zunahme der Geschwindigkeitsenergie, ein Satz, der allerdings nicht nur für kleine Änderungen des Druckes gilt. Nur kann bei den letzteren die Änderung der Spannungsenergie einfach in der Druckänderung selbst ausgedrückt werden.

Schreibt man die Beziehung in der Form

$$\frac{p_1}{\gamma} + \frac{w_1^2}{2g} = \frac{p_2}{\gamma} + \frac{w_2^2}{2g},$$

so kann man aussprechen, daß längs einer solchen Strömung, oder auf dem ganzen Verlaufe einer Stromlinie die Summe von Druckenergie und Geschwindigkeitsenergie konstant bleibt,

$$\frac{p}{\gamma} + \frac{w^2}{2g} = \text{konst.},$$

oder

$$p + \frac{\gamma}{2g} w^2 = \text{konst.} \quad \ldots \ldots \ldots \quad (2)$$

Hierin ist der statische Druck p in kg/qm abs. einzuführen. Wie aus Abschn. 2 bekannt, ist der Druck in mm H_2O durch die gleiche Zahl dargestellt. Man kann also p durch die Höhe einer Wassersäule h_s in mm ersetzen.

Da es sich nur um Druck-Unterschiede handelt, wie aus der Grundgleichung in der Form

$$\frac{p_1 - p_2}{\gamma} = \frac{w_2^2}{2g} - \frac{w_1^2}{2g}$$

klar hervorgeht, so können p_1 und p_2 auch als Überdrücke oder Unterdrücke gemessen werden, also mittels Manometer oder Vakuummeter. Die Grundgleichung lautet dann statt 2)

$$h_s + \frac{\gamma}{2g} w^2 = \text{konst.} \quad \ldots \ldots \ldots \quad (2\text{a})$$

Da h_s ein Druck in mm H_2O ist, so muß auch der Ausdruck $\frac{\gamma}{2g} w^2$ einen Druck in mm H_2O darstellen, und ebenso die Summe der beiden Werte. Man bezeichnet den Wert

$$\frac{\gamma}{2g} w^2 = h_d \quad \ldots \ldots \ldots \quad (3)$$

als den dynamischen Druck der strömenden Flüssigkeit und sinngemäß die Summe von statischem und dynamischem Druck, also den Wert

$$h_s + h_d = H \quad \ldots \ldots \ldots \quad (4)$$

als den Gesamtdruck.

Dem dynamischen Druck kommt eine bestimmte, reelle Bedeutung zu. Wird nämlich innerhalb der Strömung an irgendeiner Stelle die Geschwindigkeit w durch ein Hindernis vollständig vernichtet, so steigt an dieser Stelle der statische Druck bis zur Höhe des Gesamtdruckes H an, also um den Betrag $\gamma w^2 : 2g$.

Kurz vor dem Hindernis ist nämlich

$$h_s + \frac{\gamma w^2}{2g} = H,$$

am Hindernis selbst ist

$$(h_s) + 0 = H,$$

also ist der statische Druck auf das Hindernis

$$(h_s) = h_s + \frac{\gamma w^2}{2g} = H.$$

Ein mit der Mündung seiner Röhre dem Strom zugekehrtes Manometer, Fig. 92, zeigt demgemäß den Gesamtdruck an, sofern die Mündung so geformt ist, daß sie ein Hindernis von der erwähnten Art darstellt.

Instrumente zur Messung des Gesamtdrucks sind seit langem unter dem Namen Pitotsche Röhren bekannt. Neuerdings sind diese Instrumente, die auch als Staurohre bezeichnet werden, von verschiedenen Seiten auf ihre Genauigkeit bei Luftmessungen untersucht worden[1]). Dabei ergab sich, daß sie in der Tat, auch bei ganz einfacher Ausführung als dünnes glattes Rohr an der Meßstelle, sehr genau den Gesamtdruck anzeigen. — Über die sog. Stauscheibe vgl. die Abhandlung Fußbemerkung 1.

Messung der Luftgeschwindigkeit mit dem Staurohr. Mißt man in einem Rohr den Gesamtdruck H und den statischen Druck h_s im gleichen Querschnitt, so ergibt sich aus

$$\frac{\gamma w^2}{2g} = H - h_s \text{ (mm } H_2O)$$

die Luftgeschwindigkeit in diesem Querschnitt

$$w = \sqrt{\frac{2g(H - h_s)}{\gamma}} \text{ (m/sec)} \quad . \quad (5)$$

Die Staurohre zur Messung von H werden so eingerichtet, daß auch der statische Druck h_s mit ihnen gemessen werden kann, Fig. 95; dann läßt sich mit $H - h_s$ die Luftgeschwindigkeit berechnen, falls γ bekannt ist.

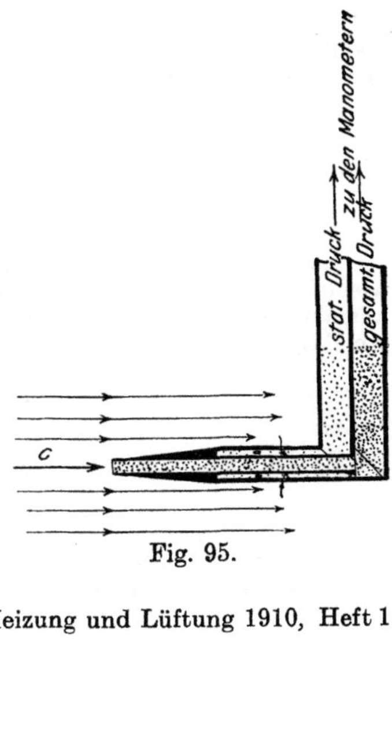

Fig. 95.

Temperaturänderungen bei Änderungen der Geschwindigkeit. Mit Änderungen des statischen Druckes infolge von Änderungen der Gasgeschwindigkeit sind gemäß den Eigenschaften der Gase auch Temperaturänderungen verbunden. Unter der Voraussetzung, daß die Druckänderungen ohne äußere Wärmezuführung oder Entziehung erfolgen, gilt nach Abschn. 25 für kleine Zustandsänderungen

$$\frac{\Delta t}{\Delta p} = \frac{A}{c_p} \cdot v = \frac{A}{\gamma c_p},$$

[1]) Vgl. Rietschel, Mitt. Prüf.-Anst. f. Heizung und Lüftung 1910, Heft 1.

also
$$\Delta t = \frac{1}{427\,\gamma\,c_p}\,\Delta p.$$

Beispiele. 1. Eine Luftleitung von 150 mm Durchmesser, die Luft von 30 mm H_2O stat. Überdruck und 15° mit 10 m/sec führt, wird allmählich auf 100 mm verengert. Wie groß werden (von Reibungserscheinungen abgesehen) Geschwindigkeit, Druck und Temperatur im engeren Teil?

Die Geschwindigkeit wird

$$w_2 = 10 \cdot \left(\frac{150}{100}\right)^2 = \underline{22{,}5} \text{ m/sec},$$

der statische Druck wird aus

$$30 + \frac{10^2}{2g}\gamma = h_s + \frac{22{,}5^2}{2g}\gamma,$$

mit $\gamma = 1{,}25$
$$h_s = 30 - \frac{\gamma}{2g}(22{,}5^2 - 10^2) = 30 - 25{,}9 = +\underline{4{,}1} \text{ mm } H_2O.$$

$$\Delta t = \frac{-25{,}9}{427 \cdot 1{,}25 \cdot 0{,}237} = -\underline{0{,}204}^0.$$

Die Temperatur fällt um nur 0,2°.

2. In einer Luftleitung zeigt das Staurohr einen Gesamtdruck von 100 mm H_2O Überdruck, während der statische Druck zu 20 mm H_2O gemessen wird. Wie groß ist an der Meßstelle die Luftgeschwindigkeit?

Der dynamische Druck ist $H - h_s = 100 - 20 = 80$ mm.
Daher
$$w = \sqrt{\frac{2 \cdot 9{,}81 \cdot 80}{\gamma}} = \frac{39{,}6}{\sqrt{\gamma}}.$$

Befindet sich nun in der Leitung Luft von annähernd atmosphärischem Druck mit $\gamma = 1{,}25$, so ist
$$w = 35{,}3 \text{ m/sec}.$$

Handelt es sich jedoch um eine Vakuumleitung mit 0,1 at abs. Luftdruck, also $\gamma \cong 0{,}125$, so wäre bei gleichen Angaben des Staurohrs

$$w = 112 \text{ m/sec}.$$

Würde die Leitung Leuchtgas führen, $\gamma = 0{,}5$, so wäre

$$w = 56 \text{ m/sec}.$$

3. Aus einem Ventilator tritt die Luft mit 35 m/sec in das Druckrohr. Um wieviel mm H_2O kann der statische Druck der Luft erhöht werden, wenn durch allmähliche Erweiterung des Druckrohres die Luftgeschwindigkeit auf 12 m/sec ermäßigt wird?

$$h_{s1} + \frac{35^2}{2g}\gamma = h_{s2} + \frac{12^2}{2g}\gamma$$

ergibt

$$h_{s2} - h_{s1} = \frac{\gamma}{2g}(35^2 - 12^2) = \underline{68{,}9}.$$

Der Überdruck steigt also um 68,9 mm H_2O; allerdings unter der Voraussetzung wirbelfreier Strömung. In Wirklichkeit wird die Druckerhöhung geringer, vielleicht nur 70 v. H. dieses Wertes.

50a. Stromlinien-Bewegung.

In einer von Gas oder Dampf durchströmten geraden, prismatischen Leitung befindet sich ein Körper von solcher Gestalt, daß der Strom durch ihn zwar eingeengt und die Stromgeschwindigkeit infolgedessen örtlich verändert wird, die Flüssigkeit jedoch von unregelmäßigen Bewegungen (Wirbelung) frei bleibt. Auch von dem störenden Einfluß der Wandungs- und Körperoberflächen werde abgesehen.

Denkt man sich den Strom in hinreichender Entfernung vom Körper in eine große Zahl von Strombändern parallel der Fließrichtung zerteilt, so bleiben die Flüssigkeitsteilchen eines und desselben Strombandes auch während des Umströmens des Körpers im gleichen Stromband vereinigt, obwohl dieses seine Form hierbei beträchtlich ändert, und sie bilden nach dem Vorübergang wieder ein dem Rohre paralleles Stromband in gleicher Lage wie früher.

Diese wichtigste Grundlage der Stromlinien-Theorie beruht darauf, daß Flüssigkeitsteilchen, die senkrecht zur Strömungsrichtung aneinander grenzen, nicht mit endlichen Geschwindigkeiten aneinander vorübereilen können, solange die Bewegung wirbelfrei bleibt. Der experimentelle Nachweis von Stromlinien — Bewegung ist sowohl bei tropfbaren als gasförmigen Flüssigkeiten durch Einführung sichtbarer Beimengungen in den Strom vielfach erbracht worden.

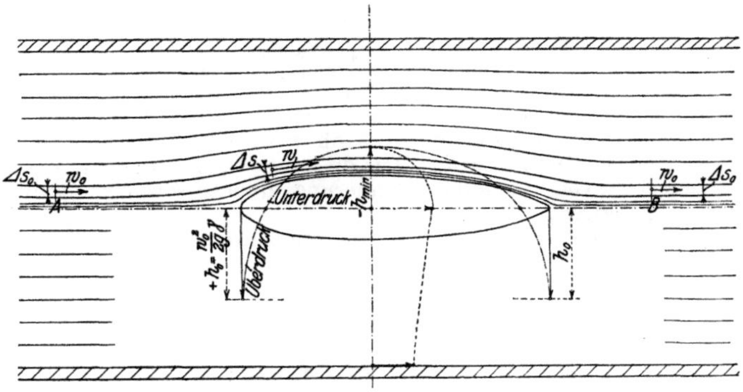

Fig. 96.

Ist nun die Bewegung stationär, d. h. die Geschwindigkeit nach Größe und Richtung an der gleichen Stelle unveränderlich, so muß durch jeden Querschnitt des gleichen Strombandes sekundlich die gleiche Menge fließen; andernfalls müßte Trennung des Strombandes und Vermischung mit den angrenzenden Strombändern eintreten. Die Bewegung der Flüssigkeit in einem Stromband erfolgt daher so, als ob seine Grenzflächen feste Wände wären, weshalb die Strombänder als „Stromröhren" bezeichnet werden können. Die Bahnen der einzelnen Flüssigkeitsteilchen heißen „Stromlinien"[1]). In Fig. 96 erscheinen sie als Längsprofile der Stromröhren.

Bei der Annäherung an den Körper, dem Vorübergang an diesem und der Abströmung verändert sich die Gestalt und gegenseitige Entfernung der Stromlinien stetig, weil sich infolge der Querschnittsänderungen im Rohr die Strom-

[1]) Im Falle der nicht stationären Bewegung versteht man unter Stromlinien geometrische Linien in der Flüssigkeitsmasse, „die so von Punkt zu Punkt gezogen sind, daß ihre Richtung überall mit derjenigen der Bewegung der Flüssigkeit übereinstimmt". (Lamb, Hydrodynamik.) Nur bei stationärer Bewegung stellen diese Linien auch die Bahnen eines und desselben Teilchens dar.

geschwindigkeiten von Ort zu Ort nach Größe und Richtung ändern müssen. Ist in weiterer Entfernung vor und nach dem Körper Δs_0 der Abstand zweier benachbarter Stromlinien, w_0 die Stromgeschwindigkeit, b die Breite des rechteckigen Rohres senkrecht zur Strömung, so ist das sekundlich durch diese Stromröhre fließende Gewicht $b \Delta s_0 w_0 \gamma_0$, wenn der Körper prismatische Gestalt hat. Mit Δs, w und γ als entsprechenden Werten an einer beliebigen Stelle der gleichen Stromröhre in der Nähe des Körpers gilt

$$b \Delta s w \gamma = b \Delta s_0 w_0 \gamma_0 .$$

Im folgenden wird nun angenommen, daß die Druckänderungen und daher auch die Dichteänderungen klein seien. Mit $\gamma = \gamma_0$ wird dann

$$\Delta s w = \Delta s_0 w_0$$

oder

$$\Delta s = \Delta s_0 \frac{w_0}{w} \quad \ldots \ldots \ldots \ldots \quad (1)$$

Hat die Röhre kreisförmigen Querschnitt und der Körper die Form eines Umdrehungskörpers mit der Achse in der Rohrachse, so wird mit d_0 und d als Durchmessern der (hülsenförmigen) Stromröhre

$$\pi d \Delta s w = \pi d_0 \Delta s_0 w_0 ,$$

also

$$\Delta s = \Delta s_0 \frac{w_0}{w} \frac{d_0}{d} \quad \ldots \ldots \ldots \ldots \quad (1a)$$

Die Stromlinien nähern sich also einander an Stellen gesteigerter Geschwindigkeit und entfernen sich voneinander an Stellen verminderter Geschwindigkeit. Bei der runden Röhre entsprechen nach Gl. 1a der gleichen Geschwindigkeitsänderung andere Entfernungsänderungen als bei der rechteckigen.

Für die Druckänderungen in einer Stromröhre gilt die im Abschn. 50 gefundene Beziehung

$$p_0 - p = \gamma \left(\frac{w^2}{2g} - \frac{w_0^2}{2g} \right)$$

oder

$$p_0 - p = \gamma \frac{w_0^2}{2g} \left(\frac{w^2}{w_0^2} - 1 \right).$$

Setzt man

$$\gamma \frac{w_0^2}{2g} = h_0 \text{ (mm } H_2O \text{ oder kg/qm)},$$

so wird

$$p_0 - p = h_0 \left(\frac{w^2}{w_0^2} - 1 \right).$$

Ferner ist nun

$$p - p_0 = h_s$$

der statische Überdruck (an der beliebigen Stelle der Stromröhre) über den statischen Druck in der Leitung in weiterer Entfernung vom Körper. Man erhält also

$$-h_s = h_0 \left(\frac{w^2}{w_0^2} - 1 \right)$$

oder

$$h_s = h_0 \left(1 - \frac{w^2}{w_0^2} \right) \quad \ldots \ldots \ldots \ldots \quad (2)$$

Mit Gl. 1 wird auch

$$h_s = h_0 \left[1 - \left(\frac{\Delta s_0}{\Delta s} \right)^2 \right] \quad \ldots \ldots \ldots \ldots \quad (3)$$

Nun ist h_0 der dynamische Druck, welcher der ursprünglichen Stromgeschwindigkeit w_0 entspricht. Als statische Drucksteigerung tritt dieser Wert an den Stellen des Stromverlaufs auf, wo die Geschwindigkeit in einer Stromröhre $w = 0$ wird, wie aus Gl. 2 oder aus den Erörterungen in Abschn. 50 folgt.

Steht z. B. wie in Fig. 96 die Körperoberfläche in der Rohrmitte senkrecht zur Stromrichtung, so erhält diese Stelle durch den Stromdruck den Überdruck h_0.

Aus Gl. 2 geht weiter hervor, daß an allen Stellen einer Stromröhre, an denen $w < w_0$ ist, h_s positiv wird, also Überdruck herrscht, der aber stets kleiner als h_0 ist. Der Überdruck

$$h_0 = \frac{w_0^2}{2g} \gamma$$

ist also der größte, der überhaupt an irgendeiner Stelle der Körperoberfläche oder sonstwo im Strome herrschen kann.

An allen Stellen, wo $w > w_0$ ist, wird nach Gl. 2 h_s negativ, es tritt Unterdruck ein. Dieser kann das Maß p_0 der absoluten statischen Pressung der Flüssigkeit nicht unterschreiten. Da es sich hier nur um geringe Druckänderungen handelt, so kommt dieser Fall nicht in Frage. Die Unterdrücke werden vielmehr in der Größenordnung der Überdrücke bleiben müssen.

Bei einem Strömungsverlauf, wie er schematisch in Fig. 96 eingetragen ist, wird sich demgemäß eine Druckverteilung einstellen wie Fig. 96 zeigt. Am vorderen und am hinteren Ende herrscht der Überdruck h_0, im mittleren Teil, wo die Stromlinien verengt sind, herrscht Unterdruck und zwischen beiden Druckgebieten findet ein allmählicher Übergang statt, wobei an zwei Stellen der statische Überdruck Null, also die ursprüngliche statische Strompressung, durchschritten wird. Hierbei ist zunächst an die Stromröhre gedacht, deren innere Wand mit der Körperoberfläche zusammenfällt. Stromröhren in verschiedener Entfernung vom Körper besitzen auch andere Drücke, je nach dem Verlauf der Stromlinien, der von der Körperoberfläche und der Rohrweite abhängt. In der geschlossenen Leitung wird auch noch an der Rohrwand Unterdruck herrschen (an der Stelle des größten Körperquerschnitts), jedoch ein geringerer als am Körper. In einer sehr weiten Röhre oder im unbegrenzten Strom muß der Unterdruck mit wachsender Entfernung vom Körper asymptotisch verschwinden.

Es frägt sich weiter, welchen Gesamtdruck der Körper durch die strömende Flüssigkeit in der Stromrichtung unter den gemachten Voraussetzungen erhält. Man kann leicht erkennen, daß dieser Druck gleich Null ist. Betrachtet man nämlich den Teil einer Stromröhre zwischen zwei Querschnitten A und B in weiter Entfernung vor und nach dem Körper, Fig. 96, so erleidet die Röhre in der Stromrichtung keinen Druck durch die Flüssigkeit, weil diese zwischen der Ein- und Austrittsstelle aus der Stromröhre weder Richtung noch Größe ihrer Geschwindigkeit ändert, somit nach Abschn. 77 weder Aktions- noch Reaktionskräfte auf die Röhre wirken. Dies gilt aber auch für die unmittelbar am Körper anliegende Stromröhre, die man als einen Teil des Körpers betrachten kann und somit für den Körper selbst. Auch daraus, daß in der Flüssigkeit beim Vorübergang kein Energieverbrauch stattfindet, kann man den gleichen Schluß ziehen (vgl. Abschnitt 63).

In Wirklichkeit besteht allerdings, abweichend von dem gedachten idealen Fall, immer ein Druck W auf den Körper in der Stromrichtung, weil die gemachten Voraussetzungen niemals erfüllt sind. Alle Flüssigkeiten besitzen einen gewissen Grad von Zähigkeit, die zu Reibungsverlusten zwischen den einzelnen Strombändern führt, an den Oberflächen finden ebenfalls Geschwindigkeitsverluste statt und die Rückverwandlung der Strömungsenergie in Druck, wie sie auf der Rückseite des Körpers erfolgen muß, kommt niemals vollkommen zustande. Auf der Rückseite wird vielmehr die Stromlinienbewegung immer auf einem größeren oder kleineren Gebiet zerstört (Fig. 142, 143) und dafür tritt Wirbelung ein. In sehr hohem Grad pflegt dies der Fall zu sein, wenn die Rückseite des Körpers nicht schlank, sondern stumpf geformt oder gar gerade abgeschnitten wird. Dann kann es vorkommen, daß dort nicht nur kein Überdruck, sondern durch die Wirbel ein Unterdruck erzeugt wird, der den Strömungsdruck bedeutend vergrößert. Viel weniger empfindlich ist die Stromlinienbewegung gegenüber der Form der Kopfseite des Körpers. Selbst über ebenen Vorderflächen kann geordnete Stromlinienbewegung eintreten, wie Versuche gezeigt haben (vgl. Abschn. 63). Der resultierende Strömungsdruck ist daher in hohem Maße von der Formgebung der Rückseite abhängig.

Die Konstruktion des Stromlinienverlaufs und der Druckverteilung für die ideale Stromlinienbewegung ist eine Aufgabe für sich, deren Lösung in bestimmten Fällen mit den Hilfsmitteln der theoretischen Hydrodynamik möglich ist [1]).

Die obigen Betrachtungen gelten zwar zunächst für einen in einer Röhre eingeschlossenen Körper. Wenn man sich aber den letzteren sehr klein gegenüber dem Rohrdurchmesser oder diesen sehr groß vorstellt, so sieht man ein, daß die Ableitungen volle Gültigkeit behalten für einen Körper, der in einem unbegrenzten Luftstrom mit paralleler, wirbelfreier Strömung ruht. Praktisch sehr wichtig ist die Umkehrung dieses Falles, für den die gleichen Regeln gelten, nämlich die Bewegung eines Körpers in einer ruhenden, unbegrenzten Gasmasse. Zum Verständnis der Gesetze des Luftwiderstandes (Abschn. 65) bilden die obigen Erörterungen eine wichtige Grundlage.

Wirbelfreie Bewegung, also in Stromlinien, wird im übrigen in den Ableitungen des Abschnitts 49 und der folgenden überall vorausgesetzt. Die Abweichungen davon werden späterhin durch die sogenannten Widerstandskoeffizienten in Rechnung gestellt.

51. Strömung mit beliebig großen Druck- und Geschwindigkeitsänderungen.

Die allgemeine Beziehung zwischen Änderungen des Druckes und der Geschwindigkeit in der widerstandsfreien (und wirbelfreien) Strömung lautet nach Abschnitt 49

$$-dp = \frac{\gamma}{g} w\,dw$$

oder

$$-v\,dp = d\left(\frac{w^2}{2g}\right).$$

Die gleichzeitige Änderung von Druck, Volumen und Temperatur in einer solchen Strömung folgt dem adiabatischen Gesetz. Stellt also Fig. 93 die adiabatische Druckvolumenkurve dar (für beliebige Gase oder Dämpfe), so ist die elementare Änderung $d\left(\frac{w^2}{2g}\right)$ der Strömungsenergie gleich dem schraffierten Flächenstreifen.

Sinkt der Druck zwischen zwei beliebigen Querschnitten von p_0 auf p, so erhält man durch Summation der aufeinanderfolgenden Änderungen

$$-\int_{p_0}^{p} v\,dp = \frac{w^2}{2g} - \frac{w_0^2}{2g} \quad \ldots\ldots\ldots \quad (1)$$

[1]) Vgl. H. Lamb, Lehrbuch der Hydrodynamik. Deutsche Ausg. von J. Friedel, Leipzig 1907, B. G. Teubner.

1. Fall. Expansions-Strömung (Umsetzung von Druck in Geschwindigkeit).

Die gesamte Änderung der lebendigen Kraft ist gleich der ganzen schraffierten Fläche Fig. 93 oder 97.

Diese Fläche ist die bei abiabatischer Ausdehnung des Gases oder Dampfes verfügbare Betriebsarbeit L (Nutzarbeit, Arbeitsgefälle). Es ist

$$L = \frac{w^2}{2g} - \frac{w_0^2}{2g} \quad \ldots \ldots \ldots \ldots \quad (1a)$$

Ist $w_0 = 0$, beginnt die Strömung aus der **Ruhelage**, so ist die bis zum Druckabfall p erreichte Geschwindigkeit w_x bestimmt aus

$$L = \frac{w_x^2}{2g} \quad \ldots \ldots \ldots \ldots \quad (2)$$

Daher gilt die Beziehung

$$\frac{w_x^2}{2g} = \frac{w^2}{2g} - \frac{w_0^2}{2g},$$

oder für die Endgeschwindigkeit w einer mit w_0 beginnenden Strömung

$$\frac{w^2}{2g} = \frac{w_x^2}{2g} + \frac{w_0^2}{2g} \quad \ldots \ldots \ldots \ldots \quad (3)$$

Der Wert w_x kann sinngemäß als „Gefällegeschwindigkeit" bezeichnet werden. Das Quadrat der Endgeschwindigkeit ist also gleich der Summe der Quadrate der Gefällegeschwindigkeit und der Anfangsgeschwindigkeit.

Im Dampfturbinenbau wird anstatt mit den „Arbeitsgefällen" mit den „Wärmegefällen" gerechnet, d. h. die jeweils umgesetzten oder verfügbaren Arbeitswerte werden nicht im mechanischen, sondern im Wärmemaß angegeben. Multipliziert man beide Seiten der letzten Gleichung mit dem Wärmeäquivalent $A = 1/427$ der mechanischen Arbeit, so wird

$$\boldsymbol{A\frac{w^2}{2g} = A\frac{w_x^2}{2g} + A\frac{w_0^2}{2g}} \quad \ldots \ldots \ldots \quad (3a)$$

$A\frac{w_x^2}{2g}$ ist das dem Arbeitsgefälle L_x gleichwertige (äquivalente) „Wärmegefälle". $A\frac{w^2}{2g}$ und $A\frac{w_0^2}{2g}$ sind die Strömungsenergien (lebendigen Kräfte) von 1 kg des strömenden Körpers am Anfang und am Ende der betrachteten Strecke, gemessen in Calorien.

Die in Cal. gemessenen Arbeitswerte werden häufig mit dem Buchstaben h bezeichnet. Dann ist kürzer

$$\boldsymbol{h = h_x + h_0} \quad \ldots \ldots \ldots \ldots \quad (3b)$$

Außer dieser Arbeits- oder Wärmegleichung muß nun, solange die

Strömung das Rohr überall vollständig ausfüllen soll, die Kontinuitätsgleichung erfüllt sein, also

$$\frac{F_0 w_0}{v_0} = \frac{F w}{v} \quad \ldots \ldots \ldots \ldots (4)$$

Der Endquerschnitt ist also

$$F = F_0 \cdot \frac{w_0}{w} \cdot \frac{v}{v_0} \quad \ldots \ldots \ldots \ldots (4a)$$

Aus diesen Beziehungen ergeben sich folgende wichtige Schlüsse. Mit abnehmendem Druck in der Strömungsrichtung muß nach der Arbeitsgleichung unter allen Umständen w zunehmen, also w_0/w ein echter Bruch sein. Gleichzeitig nimmt jedoch das Volumen nach der adiabatischen Zustandskurve zu, d. h. es wird $v/v_0 > 1$.

In der Richtung der Strömung kann demnach bei stetig abnehmendem Drucke der Querschnitt entweder kleiner oder größer als am Anfang sein, je nachdem $\frac{w_0}{w} \cdot \frac{v}{v_0} \lesseqgtr 1$ ist. Ein solches Verhalten zeigen tropfbare Flüssigkeiten nicht. Bei diesen ist $v/v_0 = 1$, daher bei abnehmendem Drucke auf alle Fälle $F < F_0$, abnehmender Querschnitt im Sinne der Strömung.

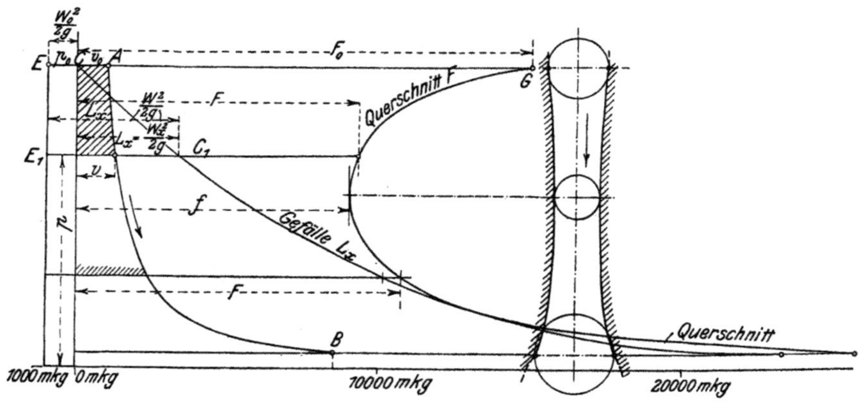

Fig. 97.

Nun verhalten sich Gase und Dämpfe bei geringen Druckänderungen annähernd wie tropfbar flüssige Körper. Das Volumen wächst nur wenig, während schon einer geringen Druckabnahme ein bedeutender Zuwachs an Geschwindigkeit entsprechen kann. Daraus folgt, daß bei stetig abnehmendem Druck (beschleunigte Strömung) die Querschnitte zunächst abnehmen müssen, um später, wenn die Volumenänderungen groß geworden sind und der verhältnismäßige Zuwachs an Geschwindigkeit kleiner wird, wieder zuzunehmen. Zwischen Anfang und Ende kann also, bei bedeutenden Druckänderungen, ein kleinster Querschnitt (eine „Verengung“) liegen.

Fig. 97 zeigt die geschilderten Verhältnisse maßstäblich für Luft von 10 at und 100° im Anfangszustand, Punkt A. AB ist die Adiabate. Als Anfangsgeschwindigkeit w_0 sind ca. 140 m/sec, entspr. rd. 1000 mkg Anfangsgefälle, angenommen, Strecke EC. Die Arbeitsgefälle für Kurve AB sind als Abszissen zu den Drücken als Ordinaten aufgetragen, Linie CC_1. Strecke CG stellt den Anfangsquerschnitt F_0 vor. Die Querschnitte F für kleinere Drücke sind durch die Abszissen der Kurve dargestellt.

Man erhält

$$F = F_0 \cdot \frac{v}{v_0} \cdot \sqrt{\frac{(EC)}{(E_1 C_1)}}.$$

Die Querschnitte nehmen, wie man erkennt, mit abnehmendem Druck zunächst ab, um von da an, wo der kleinste Querschnitt f erreicht ist, wieder zuzunehmen, wie es entsprechend der daneben stehende Längenschnitt durch ein kreiszylindrisches Rohr zeigt. Der kleinste Querschnitt ergibt sich für einen Druckabfall auf rd. 0,57 p_0. Bei tropfbarer Flüssigkeit würden die Querschnitte mit abnehmendem Druck immer kleiner werden, während sie bei elastischen Flüssigkeiten nach Unterschreitung eines gewissen „kritischen" Druckes immer größer werden müssen.

2. Fall. Verdichtungs-Strömung (Umsetzung von Geschwindigkeit in Druck).

Die Grundgleichung

$$-v\,dp = d\left(\frac{w^2}{2g}\right)$$

gilt auch für diesen Fall. Wenn der Druck in Richtung der Strömung zunehmen soll ($dp +$), so muß $d\left(\frac{w^2}{2g}\right)$ negativ sein, d. h. die lebendige Kraft und mit ihr die Geschwindigkeit muß abnehmen.

Soll der Druck bei gleichzeitiger Verlangsamung der Strömung von p_0 auf p steigen, so gilt

$$-\int_{p_0}^{p} v\,dp = \frac{w^2}{2g} - \frac{w_0^2}{2g},$$

oder

$$\int_{p_0}^{p} v\,dp = \frac{w_0^2}{2g} - \frac{w^2}{2g}.$$

Die Arbeitssumme der linken Seite der Gleichung ist die Fläche L_x, Fig. 98, daher gilt

$$L_x = \frac{w_0^2}{2g} - \frac{w^2}{2g} \quad \text{. . . . .} \quad (5)$$

Wäre die Endgeschwindigkeit $w = 0$, so wäre die ganze Anfangsgeschwindigkeit in die Arbeit L_x umgesetzt worden, und der Wert dieser (gedachten) Anfangsgeschwindigkeit folgt mit $w = 0$ aus der Beziehung

$$\frac{w_x^2}{2g} = L_x \quad \text{. . . . .} \quad (6)$$

Daher läßt sich die Grundgleichung auch schreiben

$$\frac{w_x^2}{2g} = \frac{w_0^2}{2g} - \frac{w^2}{2g} \quad . \quad . \quad . \quad . \quad . \quad . \quad . \quad . \quad (7)$$

Im Wärmemaß kann man, wie unter 1, schreiben

$$h_x = h_0 - h \quad . \quad . \quad . \quad . \quad . \quad . \quad . \quad . \quad . \quad (7a)$$

wobei h_0 die in Calorien gemessene ursprüngliche Bewegungsenergie, h die am Ende noch als solche vorhandene Bewegungsenergie und h_x die in Verdichtungsarbeit umgesetzte Bewegungsenergie darstellt.

Der Enddruck p der Verdichtungsströmung folgt aus der Verdichtungsarbeit L_x bzw. h_x durch Rechnung oder graphisch. Rechnerisch kann in der Weise vorgegangen werden, daß man den analytischen Ausdruck für die Arbeit L aufstellt und daraus den unbekannten Druck p berechnet. Unter Zugrundelegung der Gleichung der Adiabate

$$p v^k = \text{konst.}$$

ergibt sich für Gase und Dämpfe nach Abschn. 31

$$L = p_0 v_0 \frac{k}{k-1} \left[\left(\frac{p}{p_0} \right)^{\frac{k-1}{k}} - 1 \right],$$

woraus folgt

$$\frac{p}{p_0} = \left(1 + \frac{k-1}{k} \frac{L}{p_0 v_0} \right)^{\frac{k}{k-1}}, \quad . \quad . \quad . \quad . \quad . \quad . \quad . \quad . \quad (8)$$

worin

$$L = \frac{w_0^2}{2g} - \frac{w^2}{2g}$$

aus den gegebenen Werten der Anfangs- und Endgeschwindigkeit bestimmt ist. Man hat daher auch

$$\frac{p}{p_0} = \left(1 + \frac{k-1}{k} \frac{w_0^2 - w^2}{2 g p_0 v_0} \right)^{\frac{k}{k-1}} \quad . \quad . \quad . \quad . \quad . \quad (8a)$$

Beispiel. Luft von 1 kg/qcm und 0^0 mit einer Anfangsgeschwindigkeit von 767 m/sec soll durch allmähliche Entziehung der Geschwindigkeit bis auf 260 m/sec verdichtet werden. Wie hoch steigt der Druck und die Temperatur? $\gamma_0 = 1{,}25$, also $v_0 = 0{,}8$ cbm/kg.

Man erhält

$$\frac{p}{p_0} = \left(1 + \frac{0{,}4}{1{,}4} \cdot \frac{767^2 - 260^2}{2 \cdot 9{,}81 \cdot 10\,000 \cdot 0{,}8} \right)^{\frac{1{,}4}{0{,}4}} = 1{,}948^{3{,}5} = 10{,}3 .$$

$$\frac{T}{T_0} = \left(\frac{p}{p_0} \right)^{\frac{k-}{k}} = 1{,}948, \qquad T = 532 \text{ abs.}, \qquad t = 259^0.$$

Bemerkung. Man kann auch in folgender Weise rechnen. Die adiabatische Verdichtungs-Nutzarbeit im Betrage

$$\frac{w_0^2}{2g} - \frac{w^2}{2g} \text{ mkg}$$

oder

$$\frac{1}{427}\left(\frac{w_0^2}{2g}-\frac{w^2}{2g}\right)=h_x \text{ Cal.}$$

ist nach Abschn. 31 auch gleich $427\,c_p\tau$ bzw. $c_p\tau$, mit τ als Temperatursteigerung. Also ist

$$h_x = c_p\tau, \qquad \tau = \frac{h_x}{c_p}.$$

Aus τ folgt

$$\frac{p}{p_0}=\left(\frac{T_0+\tau}{T_0}\right)^{\frac{k}{k-1}}.$$

Im obigen Beispiel ist

$$h_x=\frac{1}{427}\left(\frac{767^2}{2g}-\frac{260^2}{2g}\right)=62{,}1 \text{ Cal.}$$

$$\tau=\frac{62{,}1}{0{,}24}\cong 259^0.$$

Querschnittsverlauf. Die Kontinuität der Strömung verlangt wie oben, daß

$$\frac{Fw}{v}=\frac{F_0 w_0}{v_0}$$

ist, daher

$$F=F_0\cdot\frac{w_0}{w}\frac{v}{v_0}.$$

Da nun bei stetig in der Stromrichtung zunehmendem Drucke die Geschwindigkeit abnimmt, so ist $w_0/w > 1$. Andererseits nimmt mit steigendem Drucke das Volumen ab, daher ist $v/v_0 < 1$. Ob nun $F \gtrless F_0$ ist, hängt davon ab, ob das Produkt $\frac{w_0}{w}\cdot\frac{v}{v_0} \gtrless 1$ ist.

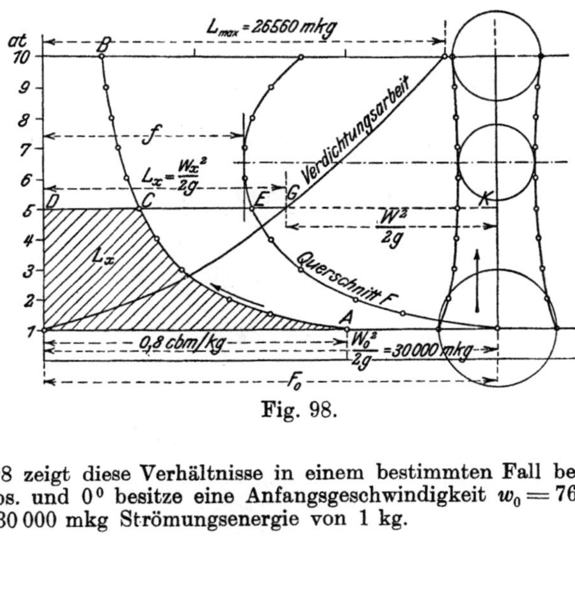

Fig. 98.

Fig. 98 zeigt diese Verhältnisse in einem bestimmten Fall bei Luft. Luft von 1 at abs. und 0^0 besitze eine Anfangsgeschwindigkeit $w_0 = 767$ m/sec, entsprechend 30 000 mkg Strömungsenergie von 1 kg.

Die Strömung werde allmählich verlangsamt, wodurch der Druck steigt und das Volumen nach der Adiabate AB abnimmt. Die jeweiligen Verdichtungsarbeiten L_x sind als Abszissen zu den Verdichtungsdrücken als Ordinaten aufgetragen. Strecke DG stellt z. B. die Verdichtungsarbeit $w_x^2/2g$ von p_0 bis p dar, gleich der schraffierten Fläche. Ist nun die ursprüngliche Bewegungsenergie $w_0^2/2g$, so ist Strecke $GK = w_0^2/2g - w_x^2/2g$, also die beim Druck p noch vorhandene Strömungsenergie $w^2/2g$. Die Querschnitte F, die sich so aus dem Anfangsquerschnitt F_0 ergeben, sind als Abszissen zu den Drücken als Ordinaten aufgetragen. Man erkennt, daß mit zunehmendem Drucke der Querschnitt zunächst abnimmt, bis er einen kleinsten Wert f erreicht. Von da an nimmt er wieder zu. Bei 10 at Verdichtungsdruck ist $F \cong 0{,}57\, F_0$. Die Strömungsenergie beträgt am Ende noch 3440 m/kg, entspr. ca. 260 m/sec.

Der Querschnittsverlauf ist also beim Verdichtungsvorgang ganz ähnlich wie bei der beschleunigten Strömung, obwohl der Vorgang selbst der umgekehrte ist. Man kann daraus schließen, daß in einem und demselben Rohr beide Vorgänge möglich sind.

Nach diesem Beispiel könnte es scheinen, als ob bei der Verdichtungsströmung luftförmiger Körper der Rohrquerschnitt im Sinne der Strömung abnehmen müsse, entgegen dem, was von tropfbaren Flüssigkeiten gilt. Dies ist jedoch nur unter den besonderen Bedingungen des Beispiels der Fall, wie aus der folgenden Darlegung erhellt.

Allgemeine Bedingungen für den Querschnittsverlauf bei beschleunigter und bei verzögerter adiabadischer Strömung.

Die Kontinuität verlangt ganz allgemein, daß

$$F w \gamma = F_1 w_1 \gamma_1$$

ist. Denkt man an zwei unmittelbar aufeinander folgende Querschnitte, so ist

$$w_1 = w + dw, \quad F_1 = F + dF, \quad \gamma_1 = \gamma + d\gamma,$$

also

$$F w \gamma = (F + dF)(w + dw)(\gamma + d\gamma).$$

Nach Ausrechnung der rechten Seite und Weglassung der Glieder mit den Faktoren $dF dw$, $dF d\gamma$, $dw d\gamma$ als unendlich klein von zweiter Ordnung wird

$$o = F\gamma\, dw + w\gamma\, dF + Fw\, d\gamma,$$

oder

$$\frac{dF}{F} = -\frac{dw}{w} - \frac{d\gamma}{\gamma} \quad \ldots \ldots \ldots \quad (9)$$

Nun gilt nach Abschn. 25 für adiabatische Änderungen

$$\frac{dp}{dv} = -k\frac{p}{v}$$

oder mit

$$v = \frac{1}{\gamma}, \quad dv = -\frac{1}{\gamma^2} d\gamma$$

$$dp = \frac{kp}{\gamma} d\gamma,$$

oder

$$\frac{d\gamma}{\gamma} = \frac{1}{k}\frac{dp}{p}.$$

Ferner gilt die Gleichung der lebendigen Kraft

$$-v\,dp = \frac{w\,dw}{g},$$

daher

$$\frac{dw}{w} = -\frac{gv}{w^2}\,dp.$$

Führt man diese Werte in die Kontinuitätsbedingung 9 ein, so wird

$$\frac{dF}{F} = \frac{gv}{w^2}\,dp - \frac{1}{k}\frac{dp}{p}$$

oder

$$\boldsymbol{\frac{dF}{F} = \left(\frac{gv}{w^2} - \frac{1}{kp}\right)dp} \quad \ldots\ldots \quad (10)$$

Beschleunigte Strömung. Bei dieser ist auf alle Fälle dp negativ, abnehmender Druck. Ob daher dF/F negativ oder positiv ist, d. h. ob der Querschnitt im Sinne der Strömung abnimmt oder zunimmt, hängt davon ab, ob der Klammerausdruck positiv oder negativ ist. $\frac{dF}{F}$ wird negativ, d. h. der Querschnitt muß zunehmend enger werden, wenn

$$\frac{gv}{w^2} > \frac{1}{kp}$$

oder

$$w^2 < gkpv,$$

$$\boldsymbol{w < \sqrt{gkpv}.}$$

Wenn umgekehrt

$$\boldsymbol{w > \sqrt{gkpv},}$$

so muß der Querschnitt bei beschleunigter Strömung sich erweitern.

Nun ist $\sqrt{gkpv}$ die Schallgeschwindigkeit im Gas oder Dampf vom augenblicklichen Zustand (im beliebigen Querschnitt F). Ein Rohr für beschleunigte Bewegung muß daher überall da sich verengen, wo die Strom-Geschwindigkeit kleiner als die jeweilige Schallgeschwindigkeit ist, und überall da sich erweitern (im Sinne der Strömung divergieren), wo die Stromgeschwindigkeit die Schallgeschwindigkeit[1]) übersteigt.

---

[1]) Bei Gasen ist wegen $pv = RT$ die Schallgeschwindigkeit $w_s = \sqrt{gkRT}$, also abnehmend mit der Temperatur und bei adiabat. Zustandsänderung mit dem Drucke. Bei gesättigtem Wasserdampf ist $\sqrt{pv}$ wenig veränderlich und daher auch w_s weniger abhängig vom Druck. Überhitzter Wasserdampf verhält sich ähnlich wie die Gase. Werte von w_s s. Abschn. 52.

Eine Strömung, die, mit kleiner Geschwindigkeit beginnend, sich allmählich bis über Schallgeschwindigkeit beschleunigt, bedingt also stets eine im ersten Teil konvergente, im zweiten Teil divergente Leitung.

Eine beschleunigte Strömung, die ganz mit Unterschallgeschwindigkeit verläuft, bedingt eine konvergente Leitung, eine beschleunigte Strömung, die ganz mit Überschallgeschwindigkeit verläuft, eine divergente Leitung.

Verzögerte Strömung. Bei dieser ist auf alle Fälle $dp +$. Soll also $dF +$ werden, die Leitung sich im Sinne der Strömung erweitern, so muß sein

$$\frac{gv}{w^2} > \frac{1}{kp},$$

$$w^2 < gkpv$$

$$\boldsymbol{w < \sqrt{gkpv}}.$$

Soll sich dagegen die Leitung verengen, so muß, damit $dF -$ wird,

$$\frac{gv}{w^2} < \frac{1}{kp}$$

sein, d. h.

$$\boldsymbol{w > \sqrt{gkpv}}.$$

Eine Verdichtungsströmung, die mit Unterschallgeschwindigkeit beginnt, verlangt also eine durchweg divergente Leitung, wie tropfbare Flüssigkeiten.

Eine Verdichtungsströmung, die mit Überschallgeschwindigkeit beginnt und mit Unterschallgeschwindigkeit endet, wie in Fig. 98, verlangt eine zuerst konvergente, später erst divergente Leitung, also eine Röhre mit Einschnürung.

Eine Verdichtungsströmung, die ganz bei Überschallgeschwindigkeit verläuft, bedingt eine durchweg konvergente Röhre.

Geht man von gegebener Form der Leitung aus, anstatt von gegebener Strömungsart, so ergibt sich für den Druckverlauf folgendes. Man hat

$$dp = \frac{dF}{F} \frac{1}{\frac{gv}{w^2} - \frac{1}{kp}} = \frac{dF}{F} \frac{kpw^2}{gkpv - w^2} \quad . \; . \; . \; . \quad (11)$$

In einer im Sinne der Strömung konvergenten Röhre, $dF -$, nimmt der Druck ab, die Geschwindigkeit zu, wenn der Nenner des Bruches positiv, also die Stromgeschwindigkeit kleiner als die Schallgeschwindigkeit ist; dagegen nimmt in der gleichen Röhre der Druck zu, wenn der Nenner des Bruches negativ, die Stromgeschwindigkeit größer als die Schallgeschwindigkeit ist.

In einer **divergenten** Röhre, $dF+$, nimmt der Druck ab, die Geschwindigkeit zu, wenn Überschallgeschwindigkeit herrscht; in der gleichen Röhre findet dagegen Verdichtungsströmung statt, falls Unterschallgeschwindigkeit herrscht.

In einer **eingeschnürten** Röhre, die zuerst konvergent, dann divergent verläuft, kann folgendes eintreten. Beginnt die Strömung mit Unterschallgeschwindigkeit, so nimmt die Geschwindigkeit bis zum engsten Querschnitt zu, der Druck ab. Wird bis dahin die Schallgeschwindigkeit nicht erreicht, so findet im zweiten, divergenten Teile Verdichtung statt. Wird die Schallgeschwindigkeit erreicht, so kann sich die Bewegung unter Überschreitung der Schallgeschwindigkeit als Expansionsströmung fortsetzen; es ist aber auch möglich, daß vom engsten Querschnitt an wieder Verdichtungsströmung erfolgt. Welcher von beiden Fällen eintritt, hängt vom Gegendruck am Ende der Leitung ab.

Beginnt die Strömung mit Überschallgeschwindigkeit, so findet zunächst Verdichtung statt. Bleibt nun bis zum engsten Querschnitt die Geschwindigkeit größer als Schallgeschwindigkeit, so tritt im divergenten Teil beschleunigte Bewegung ein, der Druck nimmt wieder ab. Wird dagegen bis dahin die Schallgeschwindigkeit erreicht, so erfolgt auch weiterhin Verdichtung; es ist aber auch möglich, daß von da an Expansion stattfindet, je nach dem Gegendruck.

Voraussetzung ist in jedem Falle, daß an der Austrittsstelle der Röhre im Außenraum der Druck herrscht, der gemäß dem Eintrittsdruck und dem Querschnittsverlauf sich im Endquerschnitt der Röhre einstellen muß. Ist dies nicht der Fall, so ergeben sich unter Umständen wesentlich andere Verhältnisse, indem sich der Gegendruck, sei es als Über- oder Unterdruck, mehr oder weniger weit ins Innere der Röhre fortsetzt.

Ferner muß, wenn an die Verwirklichung der Vorgänge gedacht wird, stets der Übergang der Rohrquerschnitte ineinander ein allmählicher und stetiger sein.

Geschwindigkeit und Druck im engsten Querschnitt eingeschnürter Röhren.

Die Röhre mit Einschnürung stellt nach dem Vorangehenden den allgemeinsten Fall vor, der für beschleunigte und für verzögerte Bewegung die weitesten Grenzen von Druck und Geschwindigkeit umfaßt. Die Verhältnisse im Übergangsquerschnitt vom konvergenten zum divergenten Teil sind für den Verlauf der Strömung von da ab ausschlaggebend, wie schon aus dem Obigen hervorgeht. An dieser Stelle ist, bei allmählichem Übergang, $dF = 0$. Die allgemeine Beziehung Gl. 10

$$\frac{dF}{F} = \left(\frac{gv}{w^2} - \frac{1}{kp}\right) dp$$

kann nun für $dF = 0$ auf zweierlei Weise erfüllt sein. Einmal mit $dp = 0$, d. h. beim Durchgang durch den Querschnitt bleibt der Druck in der Stromrichtung augenblicklich unverändert. Dies entspricht nun weder dem Fall Fig. 97 noch Fig. 98. In beiden **ändert** sich der Druck an dieser Stelle ebenso stetig wie an jeder anderen. Der Fall $dp = 0$ liegt vielmehr dann vor, wenn im divergenten Teil der **entgegengesetzte** Vorgang wie im konvergenten erfolgt, weil dann im engsten Querschnitt der vorher fallende Druck wieder zu steigen beginnt, und umgekehrt.

$dF = 0$ kann aber auch mit $dp \gtrless 0$, d. h. bei steigendem oder fallendem Druck, erfüllt sein, wenn nämlich

$$\frac{gv}{w^2} - \frac{1}{kp} = 0$$

$$w^2 = gkpv.$$

In diesem **normalen** Fall, Fig. 97 u. Fig. 98, ist also die Stromgeschwindigkeit im engsten Querschnitt gleich der dem Zustand in diesem Querschnitt entsprechenden **Schallgeschwindigkeit**, und zwar sowohl bei der Expansions- als bei der Verdichtungsströmung.

Noch deutlicher ergibt sich dies wie folgt. Dividiert man beide Seiten der Grundgleichung mit dx, der elementaren Zunahme der Rohrlänge in der Stromrichtung, so wird

$$\frac{1}{F} \cdot \frac{dF}{dx} = \left(\frac{gv}{w^2} - \frac{1}{kp}\right) \frac{dp}{dx},$$

also

$$\frac{dp}{dx} = \frac{\frac{dF}{dx}}{F\left(\frac{gv}{w^2} - \frac{1}{kp}\right)}.$$

An der engsten Stelle ist nun dF/dx, die verhältnismäßige Querschnittsänderung mit der Rohrlänge, gleich Null. Soll nun trotzdem dp/dx **nicht** Null sein, d. h. die Expansion regelmäßig weitergehen wie in Fig. 97 u. 98, so ist dies nur möglich, wenn der Nenner rechts gleich Null wird. Dann nimmt nämlich dp/dx den unbestimmten Wert 0/0 an, der größer oder kleiner als Null sein kann.

Bezeichnet man die besonderen Werte von w, p und v in diesem Querschnitt mit w_m, p_m, v_m, so ist

$$w_m^2 = gkp_m v_m \quad . \quad . \quad . \quad . \quad . \quad . \quad . \quad . \quad (12)$$

Ist ferner der Eintrittszustand in die Röhre durch w_0, p_0, v_0 gegeben, so gilt bei Expansionsströmung

$$w_m^2 - w_0^2 = 2gL_m$$

und bei Verdichtungsströmung

$$w_0^2 - w_m^2 = 2gL_m,$$

wenn L_m die vom Eintritt bis zur Mitte umgesetzte Raumarbeit ist. Für beide Fälle gilt also

$$w_m^2 - w_0^2 = \pm 2gL_m.$$

Mit dem Wert von w_m^2 wird hieraus

$$gkp_m v_m - w_0^2 = \pm 2gL_m \quad . \quad . \quad . \quad . \quad . \quad . \quad (12a)$$

Darin ist nun weiter

$$p_m v_m^k = p_0 v_0^k$$

und

$$L_m = \frac{k}{k-1} p_0 v_0 \left[1 - \left(\frac{p_m}{p_0}\right)^{\frac{k-1}{k}}\right] \text{ für Ausdehnung,}$$

$$L_m = \frac{k}{k-1} p_0 v_0 \left[\left(\frac{p_m}{p_0}\right)^{\frac{k-1}{k}} - 1\right] \text{ für Verdichtung,}$$

somit für beide Fälle, da

$$p_m v_m = p_0 v_0 \left(\frac{p_m}{p_0}\right)^{\frac{k-1}{k}}$$

gemäß Gl. 12a

$$g k p_0 v_0 \left(\frac{p_m}{p_0}\right)^{\frac{k-1}{k}} - w_0^2 = 2 g \frac{k}{k-1} p_0 v_0 \left[1 - \left(\frac{p_m}{p_0}\right)^{\frac{k-1}{k}}\right].$$

Daraus folgt einfach

$$\boldsymbol{\left(\frac{p_m}{p_0}\right)^{\frac{k-1}{k}} = \frac{k-1}{k+1} \frac{w_0^2}{g k p_0 v_0} + \frac{2}{k+1}} \quad . \; . \; . \; . \quad (13)$$

Man erkennt, daß das Druckverhältnis im engsten Querschnitt allein durch den Anfangszustand (p_0, v_0) und die Anfangsgeschwindigkeit w_0, sowie durch die Natur des strömenden Körpers (k) bestimmt wird. Mit w_{s_0} als Schallgeschwindigkeit im Anfangszustand hat man

$$g k p_0 v_0 = w_{s_0}^2,$$

somit

$$\left(\frac{p_m}{p_0}\right)^{\frac{k-1}{k}} = \frac{k-1}{k+1} \frac{w_0^2}{w_{s_0}^2} + \frac{2}{k+1} \quad . \; . \; . \; . \; . \quad (13a)$$

Ferner ist

$$w_m = \sqrt{g k p_m v_m}$$

oder mit dem obenstehenden Wert von $p_m v_m$

$$w_m = \sqrt{g k p_0 v_0 \left(\frac{p_m}{p_0}\right)^{\frac{k-1}{k}}}$$

und mit dem Wert von p_m/p_0

$$\boldsymbol{w_m = \sqrt{g k p_0 v_0 \left(\frac{k-1}{k+1} \frac{w_0^2}{w_{s0}^2} + \frac{2}{k+1}\right)}} \quad . \; . \; . \quad (14)$$

Beschleunigte Strömung. In Fällen, wo die Anfangsgeschwindigkeit klein gegen die Schallgeschwindigkeit im Anfangszustand ist, was bei beschleunigter Strömung sehr häufig der Fall ist, ist in Gl. 13a das erste Glied rechts klein gegen das zweite, somit

$$\frac{p_m}{p_0} \cong \left(\frac{2}{k+1}\right)^{\frac{k}{k-1}} \text{(Kritisches Druckverhältnis).}$$

Genau trifft diese Beziehung zu, wenn $w_0 = 0$ ist, die Strömung also vom Ruhezustand aus beginnt („Ausströmung"). In diesem Falle, wie auch bei mäßiger Anfangsgeschwindigkeit, ist also das Druckverhältnis im engsten Querschnitt nicht vom Anfangszustand, sondern nur von der Natur des Gases oder Dampfes (k) abhängig. Fig. 99 zeigt die Werte vom p_m/p_0 für die in Betracht kommenden Grenzen von k (1 bis 1,67). p_m/p_0 ist bei den verschiedenen Körpern verhältnismäßig wenig verschieden; es ändert sich in den äußersten Grenzen zwischen rd. 0,5 und 0,6. Bis zum engsten Querschnitt kann also der Druck noch nicht bis zur Hälfte des Anfangsdruckes sinken.

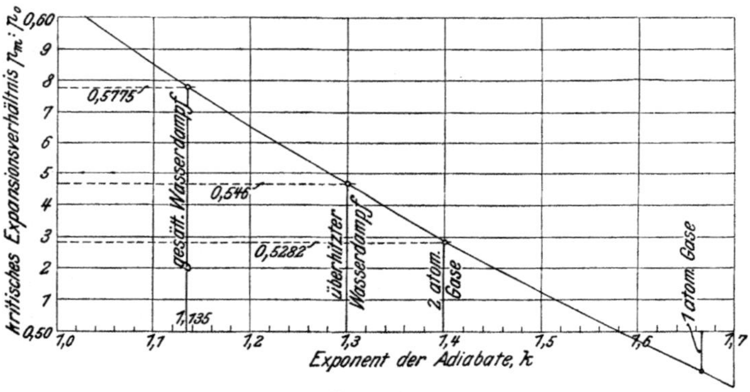

Fig. 99.

Ist dagegen eine im Verhältnis zur Schallgeschwindigkeit nicht vernachlässigbare Anfangsgeschwindigkeit w_0 vorhanden, so wird p_m/p_0 größer, d. h. der Druck fällt noch weniger tief. Im äußersten Falle, wenn $w_0 = w_{s_0}$ ist, wird $p_m/p_0 = 1$, wie leicht zu erhalten, d. h. die engste Stelle muß schon am Eintritt liegen, es ist eine im ganzen divergente Röhre nötig, wie bereits früher gezeigt. — Bei der konvergenten Röhre, mit dem kleinsten Querschnitt am Austrittsende, kann der Druck an dieser Stelle nicht unter p_m/p_0 sinken und die Geschwindigkeit nicht über Schallgeschwindigkeit steigen, was für die Verwendung einfacher Mündungen sehr wichtig ist (vgl Abschn. 52).

Mit $w_0 = 0$ wird

$$w_m = \sqrt{2g\,\frac{k}{k+1}\,p_0 v_0},$$

was auch als größtmögliche Ausflußgeschwindigkeit aus einer konvergenten Röhre zu gelten hat.

Verdichtungsströmung. Soll hierfür überhaupt eine eingeschnürte Röhre in Betracht kommen, so muß die Eintrittsgeschwindigkeit größer als die Schallgeschwindigkeit sein. Es kommt daher stets die Beziehung

$$\left(\frac{p_m}{p_0}\right)^{\frac{k-1}{k}} = \frac{k-1}{k+1} \cdot \frac{w_0^2}{w_{s_0}^2} + \frac{2}{k+1}$$

in Frage, mit $w_0 > w_{s_0}$. Im Grenzfall $w_0 = w_{s_0}$ wird wieder $p_m/p_0 = 1$, d. h. es muß eine von Anfang an divergente Röhre verwendet werden.

Welche Verdichtungsgrade bis zum engsten Querschnitt in Betracht kommen, zeigt Fig. 100 für verschiedene Werte der verhältnismäßigen Anfangsgeschwindigkeit $w_0 : w_{s_0}$, und für $k = 1{,}4$ (Gase bei gewöhnlichen Temperaturen), sowie $k = 1{,}135$ (anfänglich feucht gesätt. Wasserdampf) und $k = 1{,}30$ (überhitzter Wasserdampf).

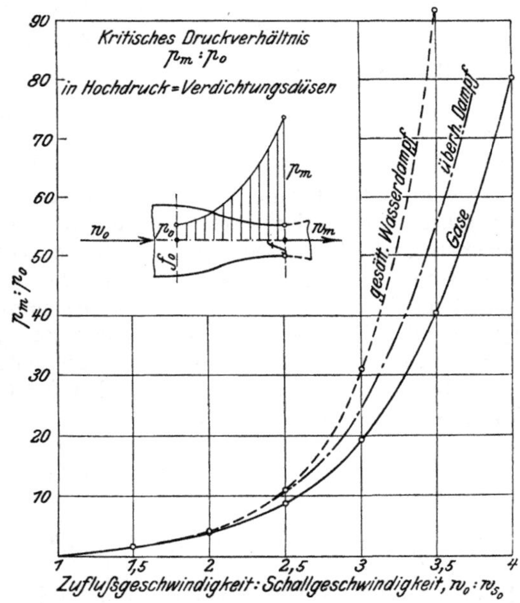

Fig. 100.

Bis $w_0/w_{s_0} = 2$ fallen die Kurven fast zusammen. Bei größeren Zuflußgeschwindigkeiten ist dagegen die Drucksteigerung für Wasserdampf bedeutend größer als für Gase. Die Linie für Wasserdampf gilt übrigens nur so weit, als durch die Verdichtung noch keine Überhitzung eingetreten ist. Bei anfänglich trockenem Dampf tritt von Anfang an die Kurve für überhitzten Wasserdampf in Geltung.

Übersteigt die Zuflußgeschwindigkeit die doppelte Schallgeschwindigkeit, so ergeben sich bis zum engsten Querschnitt sehr rasch wachsende und sehr bedeutende Verdichtungsgrade. Die hier auftretenden Werte von p_m/p_0 stehen in gar keinem Verhältnis zu den entsprechenden Werten bei Expansionsströmung, sie übersteigen diese außerordentlich.

Die Geschwindigkeit im engsten Querschnitt ist, wie oben ermittelt

$$w_m = \sqrt{g k p_0 v_0 \left(\frac{k-1}{k+1} \frac{w_0^2}{w_{s_0}^2} + \frac{2}{k+1}\right)} \quad . \; . \; . \; . \quad (14)$$

ein Wert, der wegen $w_0 > w_{s_0}$ stets größer als bei der Expansionsdüse ausfällt (gleiches $p_0 v_0$ vorausgesetzt) und je nach dem Verhältnis w_0/w_{s_0} sehr verschieden sein kann, während im Gegensatz dazu bei der Expansionsdüse (kleine Einströmgeschwindigkeit vorausgesetzt) w_m einen ganz bestimmten, nur vom Anfangszustand abhängigen Wert besitzt.

Für das Verhältnis des Eintrittsquerschnitts f_0 zum engsten Querschnitt f folgt wegen

$$\frac{f_0}{f} = \frac{w_m}{w_0} \cdot \frac{v_0}{v_m} = \frac{w_m}{w_0} \cdot \left(\frac{p_m}{p_0}\right)^{\frac{1}{k}}$$

mit Gl. 13a und 14

$$\frac{f_0}{f} = \left[\frac{k-1}{k+1} \frac{w_0^2}{w_{s0}^2} + \frac{2}{k+1}\right]^{\frac{k+1}{2(k-1)}} \quad \ldots \quad (14\text{a})$$

Hiernach ist eine Verdichtungsdüse mit gegebenem Verengungsverhältnis wesentlich nur für einen einzigen Wert der Zuflußgeschwindigkeit w_0 richtig, da die Schallgeschwindigkeit w_{s0} sich nur wenig mit dem Anfangszustand des strömenden Körpers ändert. Umgekehrt kann daher eine bestimmte Düse bis zum engsten Querschnitt für die verschiedensten Anfangszustände p_0, v_0, T_0 richtig sein, wenn nur w_0 den richtigen Wert hat.

Gl. 14a ergibt mit $k = 1{,}4$, also für Gase von gewöhnlicher Temperatur, bei

$\frac{w_0}{w_{s0}} =$	1,1	1,25	1,5	1,75	2	2,5	3
$\frac{f_0}{f} =$	1,109	1,309	1,763	2,426	3,375	6,592	12,70,

dagegen mit $k = 1{,}3$, überhitzten Wasserdampf,

$\frac{f_0}{f} =$	1,110	1,314	1,791	2,50	3,55	7,39	15,50.

Durchflußmengen eingeschnürter Düsen. Bei normaler Arbeitsweise (nur Expansion oder nur Kompression über der ganzen Länge) ist die Geschwindigkeit im engsten Querschnitt f nach Gl. 12

$$w_m = \sqrt{g k p_m v_m}$$

und das sekundliche Durchflußgewicht durch diesen Querschnitt (also auch durch jeden anderen)

$$G_{sec} = \frac{f w_m}{v_m},$$

oder

$$G_{sec} = f \sqrt{g k \frac{p_m}{v_m}}.$$

Nun ist
$$v_m = v_0 \left(\frac{p_0}{p_m}\right)^{\frac{1}{k}},$$

daher
$$\frac{p_m}{v_m} = \frac{p_m}{v_0} \cdot \left(\frac{p_m}{p_0}\right)^{\frac{1}{k}} = \frac{p_0}{v_0} \left(\frac{p_m}{p_0}\right)^{\frac{k+1}{k}}.$$

Da nun nach Gl. 13
$$\frac{p_m}{p_0} = \left(\frac{k-1}{k} \frac{w_0^2}{g k p_0 v_0} + \frac{2}{k+1}\right)^{\frac{k}{k-1}},$$

so wird
$$G_{sec} = f \sqrt{g k \frac{p_0}{v_0} \left(\frac{k-1}{k} \frac{w_0^2}{g k p_0 v_0} + \frac{2}{k+1}\right)^{\frac{k+1}{k-1}}} \quad . \; . \; . \quad (15)$$

Die Durchflußmenge solcher Düsen ist also nur abhängig von ihrem kleinsten Querschnitt, dem Eintrittszustand, der Eintrittsgeschwindigkeit und der Natur des strömenden Körpers.

Der Gegendruck auf die Ausströmöffnung kommt nicht in Betracht. Bei allen Gegendrücken, für die normale Wirkungsweise möglich ist, ist die durchfließende Gewichtsmenge nur vom Anfangszustand abhängig. Voraussetzung ist nur, daß die Düse mit solchem Austrittsquerschnitt versehen ist und so betrieben wird, daß der Druck im Endquerschnitt mit dem Außendruck gleich ist.

Bei Expansionsdüsen mit der Eintrittsgeschwindigkeit $w_0 = 0$ wird
$$G_{sec} = f \sqrt{g k \frac{p_0}{v_0} \left(\frac{2}{k+1}\right)^{\frac{k+1}{k-1}}} \quad . \; . \; . \; . \; . \quad (16)$$

Dies ist gleichzeitig die größtmögliche Ausflußmenge einfacher konvergenter Mündungen (vgl. Abschn. 52).

Bei Verdichtungsdüsen muß wegen $w_0 > w_{s_0}$ die Formel 15 beibehalten werden. Die Durchflußmengen können bei größeren Werten von $w_0^2 : g k p_0 v_0$ oder $w_0 : w_{s_0}$ für gleichen Anfangsdruck p_0 sehr erheblich größer sein als bei Expansionsdüsen und sie sind ferner abhängig von der Zulaufgeschwindigkeit, was bei den Expansionsdüsen nur in sehr geringem Maße der Fall ist.

52. Ausströmung von Gasen und Dämpfen aus Mündungen[1]).

Von der Ausströmung tropfbarer Flüssigkeiten unterscheidet sich die der elastischen Flüssigkeiten (Gase und Dämpfe) dadurch, daß sich während des Ausströmvorganges nicht allein der Druck, sondern

[1]) Dieser Abschnitt ist auch ohne die beiden vorangehenden verständlich.

infolge der Druckverminderung auch das Volumen der Gewichtseinheit ändert.

Die Ausflußgeschwindigkeit von Druckwasser (oder von Wasser unter dem Einfluß seines Eigengewichts) kann man auf folgende Weise erhalten (Fig. 101 und 102).

Denkt man sich den Wasserdruck von p_i kg/qm abs. durch einen auf die Wasseroberfläche drückenden Kolben von O qm Querschnitt hervorgebracht, so muß dieser Kolben in der Zeit, in welcher durch die Gefäßmündung von f qm

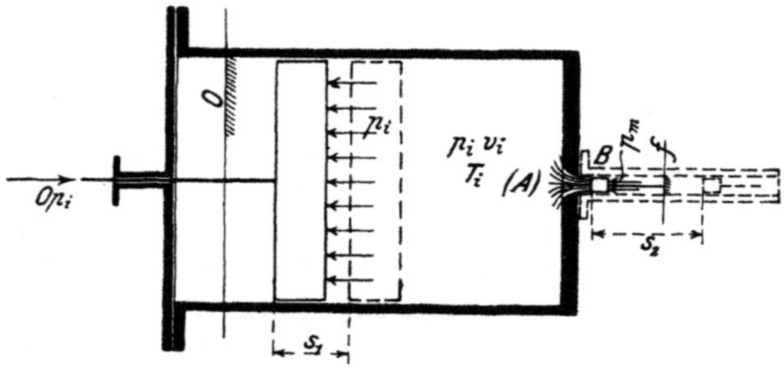

Fig. 101.

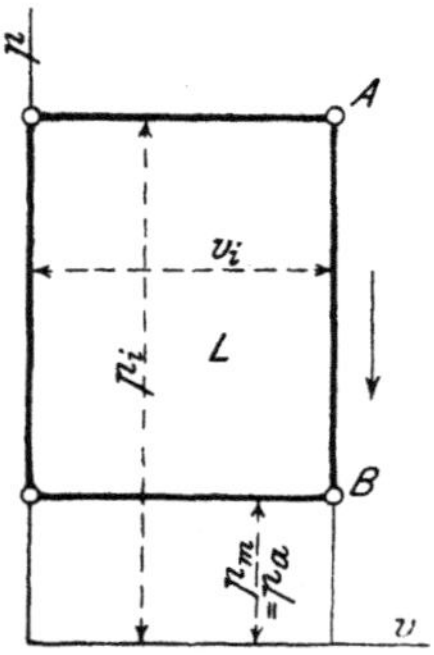

Fig. 102.

Querschnitt 1 kg Wasser ausströmt, so weit vorrücken, daß der von ihm verdrängte Raum gleich dem Raum von 1 kg Wasser ist (spez. Volumen v_i; für Wasser gleich 0,001 cbm). Er muß demnach wegen

$$v_i = s_1 \cdot O$$

den Weg

$$s_1 = \frac{v_i}{O}$$

zurücklegen.

Hierbei verrichtet die an der Kolbenstange wirksame Kraft $O p_i$ die Arbeit $L_i = O p_i \cdot s_1$, also

$$L_i = p_i v_i \text{ mkg}.$$

Der austretende Strahl überwindet in gleicher Weise (man kann sich auch in der verlängerten Mündung einen Kolben vorstellen) die Arbeit

$$L_2 = p_m v_m \text{ mkg},$$

wenn p_m der Druck, v_m das spez. Volumen der Flüssigkeit im Mündungsquerschnitt ist. Bei tropfbaren Flüssigkeiten ist der Mündungsdruck gleich dem Druck p_a des Raumes, in welchen der Strahl austritt (Außendruck). Dann ist $p_m = p_a$; außerdem ist $v_m = v_i = v_a$. Bei Gasen und Dämpfen ist dagegen nicht notwendig $p_m = p_a$, sondern unter Umständen $p_m > p_a$, und immer ist $v_m > v_i$.

Im ganzen wird nun auf das kg ausströmenden Wassers die überschüssige Arbeit

$$L = p_i v_i - p_m v_m$$

übertragen. Diese Arbeit erscheint im austretenden Strahl als Zunahme der lebendigen Kraft von 1 kg Wasser.

Ist die Gefäßmündung klein im Verhältnis zum Querschnitt O des Gefäßes, so kann die lebendige Kraft des von dem großen Kolben verdrängten Wassers

(„Zuflußgeschwindigkeit") vernachlässigt werden. Ist daher w die Ausflußgeschwindigkeit, so ist

$$L = \frac{w^2}{2g}$$

die ganze Zunahme der lebendigen Kraft von 1 kg. Es ist also die Ausflußgeschwindigkeit (für tropfbare Körper)

$$w = \sqrt{2\,g\,L}$$

oder

$$w = \sqrt{2\,g\,(p_i v_i - p_m v_m)}$$

oder

$$w = \sqrt{2\,g\,v_i\,(p_i - p_a)} = \sqrt{\frac{2\,g\,(p_i - p_a)}{\gamma_i}}$$

oder

$$w = 4{,}43\sqrt{\frac{p_i - p_a}{\gamma_i}}.$$

Ist H die Höhe einer Flüssigkeitssäule in m, die einem Überdruck von $p_i - p_a$ kg/qm gleichkommt, so ist mit γ_i als spez. Gewicht

$$\gamma_i H = p_i - p_a$$

oder wegen

$$\gamma_i = \frac{1}{v_i}$$

$$H = (p_i - p_a)\,v_i,$$

somit kurz

$$w = \sqrt{2\,g\,H},$$

die bekannte Ausflußformel für tropfbare Flüssigkeiten.

a) Sehr kleine Druckunterschiede.

Die obige Ableitung besteht auch für luftförmige Körper so lange mit praktisch ausreichender Genauigkeit zu Recht, als es sich um verhältnismäßig kleine Überdrücke handelt. In diesen Fällen ist nämlich die verhältnismäßige Raumänderung gering und man kann $v_a = v_m = v_i$ setzen. Bis zu welchen Druckverhältnissen dies ohne erheblichen Fehler zulässig ist, erhellt aus Abschn. 50, Fig. 94. Für kleinere Werte von p_a/p_i als 0,9 wird man im allgemeinen die später folgenden genaueren Formeln anwenden. Für verhältnismäßig hohe Überdrücke, z. B. $p_i/p_a > 2$ verlieren die einfachen Formeln vollständig ihre Gültigkeit.

Geringe Überdrücke werden gewöhnlich in mm H_2O ausgedrückt. In den obigen Formeln sind p_i und p_a kg/qm. Man kann somit nach Abschn. 2 statt $p_i - p_a$ den in mm H_2O gemessenen Überdruck h setzen. Also wird die Ausflußgeschwindigkeit

$$w = \sqrt{\frac{2\,g\,h}{\gamma_i}} = 4{,}43\sqrt{\frac{h}{\gamma_i}} \quad \ldots\ldots \quad (1)$$

mit γ_i in kg/cbm.

Das sekundliche Ausflußvolumen in cbm aus einem Mündungsquerschnitt von F qm ist

$$V_{sec} = F \cdot w = F\sqrt{\frac{2gh}{\gamma_i}} = 4{,}43\; F\sqrt{\frac{h}{\gamma_i}} \quad . \; . \; . \quad (2)$$

Das sekundliche Ausflußgewicht

$$G_{sec} = F \cdot w \cdot \gamma_i = F\sqrt{2gh\gamma_i} = 4{,}43\; F\sqrt{h\gamma_i} \quad . \; . \quad (3)$$

Beispiele. 1. Luft von ungefähr atmosphärischer Spannung (ca. 760 mm, $\gamma \cong 1{,}29$) und Temperatur ströme unter einem Überdruck von $h = 1$, bzw. 10, 100, 1000 mm H_2O aus. Die Ausflußgeschwindigkeiten zu berechnen.

$$w = \frac{4{,}43}{\sqrt{1{,}29}}\sqrt{h} = 3{,}9\sqrt{h}, \text{ also } w = 3{,}9,\; 12{,}3,\; 39,\; 123 \text{ m/sec.}$$

2. Wieviel Liter bzw. Gramm Luft treten unter den Verhältnissen des 1. Beispiels sekundlich aus einer Mündung von 1 qcm Querschnitt?

$$V_{sec} = \frac{4{,}43}{10\,000}\sqrt{\frac{h}{1{,}29}} = \frac{3{,}9}{10\,000}\sqrt{h} \text{ cbm/sec, oder } \mathbf{0{,}39}\sqrt{h} \text{ Liter/sec;}$$

daher

$$G_{sec} = 1{,}29 \cdot 0{,}39\sqrt{h} = 0{,}504\sqrt{h} \text{ Gramm/sec.}$$

Dies sind für

$h =$	1	10	100	1000	mm H_2O
$V_{sec} =$	0,39	1,23	3,9	12,3	Liter/sec
$G_{sec} =$	0,503	1,59	5,03	15,9	Gramm/sec.

3. In einer Leuchtgasleitung herrscht ein Überdruck von 30 mm H_2O und eine Temperatur von 12°, bei einem Barometerstand von 750 mm Hg. Mit welcher Geschwindigkeit strömt das Gas aus und wieviel cbm Gas treten in 10 Minuten aus einer kreisförmigen Mündung von 1 mm Durchmesser?

Spez. Gewicht des Gases 0,48 kg/cbm bei 0° und 760 mm. Bei 750 mm und 12° ist das spez. Gewicht

$$\gamma_i = 0{,}48 \cdot \frac{750}{760} \cdot \frac{273}{273 + 12} = 0{,}454 \text{ kg/cbm.}$$

Daher ist

$$w = 4{,}43\sqrt{\frac{30}{0{,}454}} = 36{,}1 \text{ m/sec.}$$

Die Mündung hat einen Querschnitt von 0,785 qmm, oder $\frac{0{,}785}{1000 \cdot 1000}$ qm, also ist die sekundliche Ausflußmenge in cbm $\frac{36{,}1 \cdot 0{,}785}{1000 \cdot 1000}$ oder in Litern $\frac{36{,}1 \cdot 0{,}785}{1000}$, in 10 Minuten = 600 Sekunden somit

$$V = \frac{36{,}1 \cdot 0{,}785}{1000} \cdot 600 = \mathbf{17\ Liter}\,[1].$$

b) Ausströmung unter beliebig hohem Überdruck.

Trägt man die Drücke als Ordinaten, die spez. Volumina als Abszissen auf, Fig. 102, so ist für tropfbare Flüssigkeiten der Zustand vor der Ausströmung durch Punkt A, der nach der Aus-

[1] Ist die Mündung innen scharfkantig, so ist der Strahlquerschnitt kleiner als die Bohrung und die Menge nach Abschn. 58 nur etwa $^2/_3$ der obigen.

strömung durch den senkrecht darunter liegenden Punkt B dargestellt. Die „Ausflußarbeit" L erscheint als Inhalt des ausgezogenen Rechtecks $(p_i - p_a)\, v_i$.

Bei Gasen und Dämpfen findet entsprechend der Druckverminderung von p_i auf p_a auch eine Raumzunahme statt. Es ist $v_m > v_i$, der Punkt B, der den Endzustand darstellt, liegt nicht mehr wie in Fig. 102 senkrecht unter A, sondern in der größeren Entfernung v_m vom Ursprung, Fig. 103.

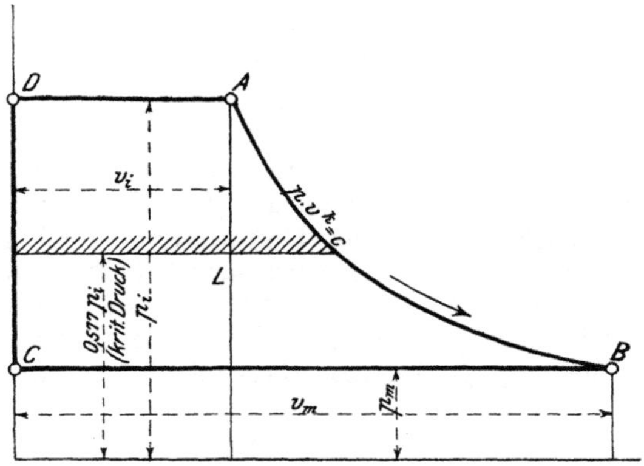

Fig. 103.

Während in Fig. 102 die Zustandsänderung während des Ausströmvorganges durch die senkrechte Gerade AB dargestellt wird, entsprechend der allmählichen Druckabnahme beim Einströmen in die Mündung, ist bei Gasen und Dämpfen die allmähliche Druckabnahme und Raumzunahme vom Beginn der beschleunigten Bewegung bis zur Erreichung der Ausflußgeschwindigkeit und des Außenzustandes im „Mündungsquerschnitt" durch die Kurve AB dargestellt, Fig. 103. An welcher Stelle die Druckabnahme im Gefäß beginnt und wie sich überhaupt der Druckverlauf in verschiedenen Abständen vom Mündungsquerschnitt gestaltet, kommt dabei nicht in Frage. Die Kurve AB bringt nur zum Ausdruck, in welchem gegenseitigen Verhältnis gleichzeitige Werte von Druck und Volumen stehen, also die Art der Zustandsänderung in dem früher behandelten Sinne. Daß das Kilogramm Gas oder Dampf beim Hinströmen zur Mündung außer der Zustandsänderung, die es erfährt, noch eine beschleunigte Bewegung macht (was bei der Expansion in einem Zylinder nicht der Fall ist), ändert an der Zustandsänderung selbst nichts.

Es handelt sich auch hier, wie bei der Raumvergrößerung in einem Zylinder mit Kolben, um eine stetige Raumzunahme oder Expansion vom Volumen v_i auf das Volumen v_m. Diese erfolgt, wenn nicht etwa die Ausflußöffnung als Röhre mit Kühlmantel oder Heizmantel gedacht wird und von der Reibung an den Mündungswänden abgesehen wird, adiabatisch; sie folgt also bei Gasen wie bei Dämpfen dem Gesetz

$$p v^k = \text{konst.},$$

wobei

$k = 1{,}4$ für Gase bei gewöhnlicher Temperatur[1])
$k = 1{,}3$ für überhitzten Wasserdampf,
$k = 1{,}135$ für trockenen Sattdampf,
$k = 1{,}035 + 0{,}1\,x$ für feuchten Sattdampf, mit x als Dampfgehalt.

Während nun bei tropfbaren Körpern die auf Beschleunigung des Strahles verwendete Arbeit nur in der „Überdruckarbeit"

$$p_i v_i - p_m v_m = (p_i - p_a)\, v_i$$

bestehen kann, da eine andere Arbeitsquelle nicht vorhanden ist, tritt bei den elastischen Flüssigkeiten zur „Überdruckarbeit" noch die „Ausdehnungsarbeit", die aus der Umwandlung der Eigenwärme des Körpers hervorgeht. Diese Arbeit wird nach Früherem durch die unter der adiabatischen Zustandskurve AB liegende, bis zur Abszissenachse reichende Fläche L_e dargestellt. Es ist also die gesamte Beschleunigungsarbeit für 1 kg geförderter Gas- oder Dampfmasse

$$L = p_i v_i - p_m v_m + L_e.$$

Dieser Ausdruck wird, wie leicht zu erkennen, in Fig. 103 durch die Fläche $ABCD$ dargestellt.

Wie oben ist

$$L = \frac{w_m^2}{2g},$$

also

$$w_m = \sqrt{2\,g\,L} \quad . \; . \; . \; . \; . \; . \; . \; . \quad (4)$$

(Mündungsgeschwindigkeit).

In dieser Form entspricht der Ausdruck für w_m genau demjenigen für tropfbare Flüssigkeiten

$$w = \sqrt{2\,g H}.$$

Dem „Druckgefälle" H entspricht bei Gasen und Dämpfen das „Arbeitsgefälle" L oder, wenn die Arbeit in Cal. statt in mkg ausgedrückt wird, das „Wärmegefälle" AL. Übrigens ist auch H in obiger Gleichung nicht als Länge, sondern als Arbeit (von 1 kg auf H Meter) aufzufassen.

Für gegebenen Innendruck p_i und Außendruck p_a kann L, gemäß seiner Darstellung durch die Fläche $ABCD$, wie die Arbeit des idealen Dampfmaschinenprozesses mit vollständiger Expansion bestimmt werden. (Abschn. 69; ferner 71 und 54.)

---

[1]) Für heiße Gase und Feuergase Abschn. 12 u. 14.

Ist nun w_m bekannt, so kann auch das sekundliche Ausflußgewicht G_{sec} berechnet werden.

Durch den Mündungsquerschnitt f fließt in einer Sekunde das Volumen $V_m = w_m f$. Das spez. Volumen dieser Masse ist v_m, ihr spez. Gewicht $1/v_m$, ihr Gewicht also

$$G_{sec} = \frac{V_m}{v_m},$$

oder

$$G_{sec} = \frac{f w_m}{v_m}.$$

Das Arbeitsgefälle (Fläche $ABCD$, Fig. 103) ist wie im Abschn. 31.

$$L = \frac{k}{k-1}(p_i v_i - p_m v_m),$$

wofür sich wegen

$$p_i v_i^k = p_m v_m^k$$

schreiben läßt

$$L = \frac{k}{k-1} p_i v_i \left[1 - \left(\frac{p_m}{p_i}\right)^{\frac{k-1}{k}}\right].$$

Daher ist die Ausflußgeschwindigkeit (im Mündungsquerschnitt)

$$w_m = \sqrt{2g \frac{k}{k-1} p_i v_i \left[1 - \left(\frac{p_m}{p_i}\right)^{\frac{k-1}{k}}\right]} \quad . \; . \; . \; . \; (5)$$

Das Ausflußgewicht in 1 Sekunde wird daher mit

$$v_m = v_i \cdot \left(\frac{p_i}{p_m}\right)^{\frac{1}{k}}$$

$$G_{sec} = f \sqrt{2g \frac{k}{k-1} \cdot \frac{p_i}{v_i} \cdot \left[\left(\frac{p_m}{p_i}\right)^{\frac{2}{k}} - \left(\frac{p_m}{p_i}\right)^{\frac{k+1}{k}}\right]} \quad . \; . \; (6)$$

α) Niederdruckgebiet. Kritisches Druckverhältnis.

Bis zu einer bestimmten, durch das folgende noch näher zu bestimmenden Grenze des Verhältnisses p_i/p_a von absolutem Innendruck und absolutem Außendruck ist der Mündungsdruck wie bei tropfbaren Flüssigkeiten gleich dem Außendruck,

$$p_m = p_a.$$

Für dieses als Niederdruckgebiet bezeichnete Gebiet wird also nach Gl. 5 und 6

$$w = \sqrt{2g\frac{k}{k-1}p_i v_i\left[1-\left(\frac{p_a}{p_i}\right)^{\frac{k-1}{k}}\right]} \quad . \quad . \quad . \quad . \quad (7)$$

$$G_{sec} = f \cdot \sqrt{2g\frac{k}{k-1}\cdot\frac{p_i}{v_i}\cdot\left[\left(\frac{p_a}{p_i}\right)^{\frac{2}{k}}-\left(\frac{p_a}{p_i}\right)^{\frac{k+1}{k}}\right]} \quad . \quad (8)$$

Mit $p_i = p_a$ wird, wie erforderlich, sowohl w_m als G_{sec} gleich Null. Für Werte von p_i/p_a, die sich wenig von 1 unterscheiden, werden aus Gl. 7 und 8 die Gl. 1 und 3 oben.

Setzt man zur Abkürzung in der Gewichtsgleichung

$$\psi = \sqrt{\frac{k}{k-1}}\cdot\sqrt{\left(\frac{p_a}{p_i}\right)^{\frac{2}{k}}-\left(\frac{p_a}{p_i}\right)^{\frac{k+1}{k}}} \quad . \quad . \quad . \quad . \quad (9)$$

so wird

$$\frac{G_{sec}}{f_{qm}} = \psi \cdot \sqrt{2g\frac{p_i}{v_i}} \quad . \quad . \quad . \quad . \quad . \quad . \quad . \quad (10)$$

(Ausflußmenge für 1 qm Mündungsquerschnitt; p_i in kg/qm), oder

$$\frac{G_{sec}}{f_{qcm}} = \frac{\psi}{100}\cdot\sqrt{2g\frac{p_i}{v_i}} \quad . \quad . \quad . \quad . \quad . \quad . \quad . \quad (10a)$$

(gültig für 1 qcm Mündungsquerschnitt; p_i in kg/qcm),

$$= 0{,}0443\,\psi\sqrt{\frac{p_i}{v_i}}.$$

Denkt man sich den Innendruck p_i unveränderlich und gibt dem Außendruck p_a verschiedene Werte, so ist G_{sec} nur abhängig von ψ, also in der durch den Ausdruck Gl. 9 für ψ bestimmten Weise vom **Überdruckverhältnis** p_a/p_i. Bei gleichem Überdruckverhältnis, aber anderen Werten von p_i und p_a wächst G_{sec} mit $\sqrt{p_i/v_i}$. Für Gase ist dieser Wert wegen

$$\frac{p_i}{v_i} = \frac{p_i^2}{p_i v_i} = \frac{p_i^2}{\sqrt{RT_i}}, \qquad \sqrt{\frac{p_i}{v_i}} = \frac{p_i}{\sqrt{RT_i}},$$

d. h. bei gleicher Anfangstemperatur und gleichem Druckverhältnis wächst die Ausflußmenge proportional mit dem Druck.

Die Austritts-Geschwindigkeit w ist bei gleichem Innenzustand nur vom Überdruckverhältnis abhängig und nimmt mit abnehmendem Außendruck zu. Bei gleichem Überdruckverhältnis ist w proportional $\sqrt{p_i v_i}$, ein Wert, der bei trockenem Sattdampf nur wenig vom Drucke abhängt und bei Gasen nur durch die Temperatur (nicht durch den Druck) bedingt ist. w hängt also bei gleicher Anfangstemperatur der Gase nur vom Überdruckverhältnis ab und ist daher bei Gasen vom absoluten Druck ganz, bei gesättigten Dämpfen fast unabhängig.

Trägt man zu den Druckverhältnissen p_a/p_i, deren Wert sich zwischen 1 und 0 bewegt, als Abszissen die Werte von ψ als Ordinaten auf, Fig. 104, so erkennt man, daß ψ und daher die bei festem Innen-

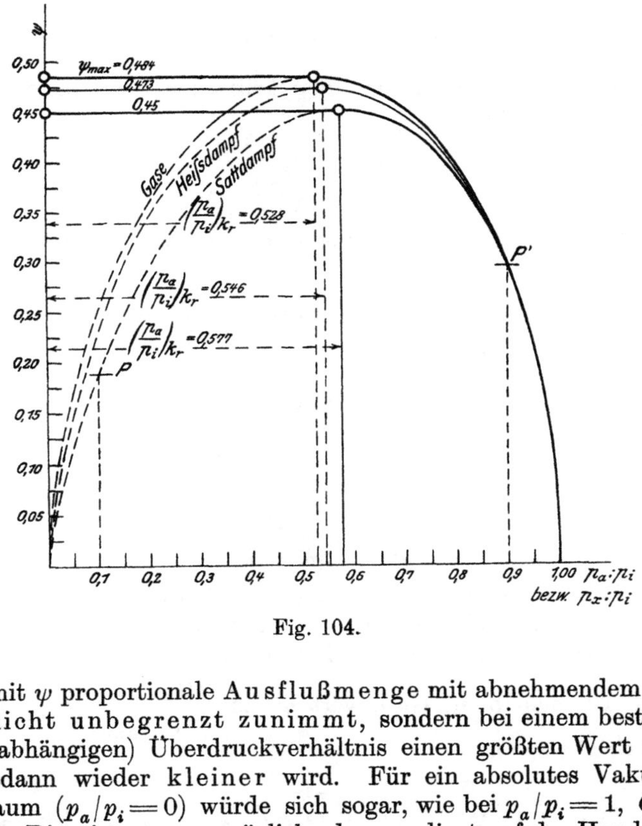

Fig. 104.

druck mit ψ proportionale Ausflußmenge mit abnehmendem Außendruck nicht unbegrenzt zunimmt, sondern bei einem bestimmten (von k abhängigen) Überdruckverhältnis einen größten Wert erreicht und alsdann wieder kleiner wird. Für ein absolutes Vakuum im Außenraum ($p_a/p_i = 0$) würde sich sogar, wie bei $p_a/p_i = 1$, $G_{sec} = 0$ ergeben. Dies ist nun unmöglich, denn es liegt auf der Hand, daß in einen Raum, in welchem jeder Gegendruck beseitigt ist, Gase und Dämpfe erst recht ausströmen. Bis dahin ist daher die Gewichtsformel keinesfalls gültig. Es ist überhaupt unwahrscheinlich, daß bei abnehmendem Außendruck (oder bei steigendem Innendruck) von einem gewissen Wert desselben an die Ausflußmenge kleiner als bei stärkerem Gegendruck werden sollte. Versuche haben vielmehr bewiesen, daß die Ausflußmenge von einem gewissen Überdruckverhältnis an unveränderlich gleich einem Höchstwert bleibt, wie tief auch der Außendruck von da ab sinken mag. In Fig. 104 ist demnach der absteigende gestrichelte Kurvenast ohne wirkliche Bedeutung für die Ausflußmenge[1]), er ist durch eine wagerechte Gerade zu ersetzen, die von der Kurve im höchsten Punkte berührt wird. Ferner haben die Versuche gezeigt, daß die oben entwickelte Formel die Ausflußmengen von 0 ab bis zum Höchstwert richtig wiedergibt.

Kritisches Druckverhältnis. Dasjenige Druckverhältnis p_a/p_i, bei welchem die Ausflußmenge eben ihren Höchstwert erreicht, heißt das „kritische". Nach Fig. 99 ist für Gase ($k = 1{,}40$) der Wert $\left(\frac{p_a}{p_i}\right)_{kr} = 0{,}528$, für Heißdampf 0,546, für trockenen Sattdampf 0,577.

Rechnerisch erhält man den kritischen Wert aus dem Höchstwert des Ausdruckes

$$\left(\frac{p_a}{p_i}\right)^{\frac{2}{k}} - \left(\frac{p_a}{p_i}\right)^{\frac{k+1}{k}},$$

der nach Gl. 8 bei festem Innendruck für die Ausflußmenge maßgebend ist.

Differentiert man diesen Ausdruck nach $\frac{p_a}{p_i}$ und setzt die Ableitung gleich Null, so wird

$$\frac{2}{k} \cdot \left(\frac{p_a}{p_i}\right)^{\frac{2}{k}-1} - \frac{k+1}{k} \cdot \left(\frac{p_a}{p_i}\right)^{\frac{1}{k}} = 0\,.$$

und hieraus[2])

$$\left(\frac{p_a}{p_i}\right)_{kr} = \left(\frac{2}{k+1}\right)^{\frac{k}{k-1}} \quad \ldots\ldots\ldots \quad (11)$$

In Fig. 99 Abschn. 51 sind diese Verhältnisse als Ordinaten zu den verschiedenen Werten von k als Abszissen aufgetragen.

Der Größtwert der Ausflußmenge ergibt sich entsprechend der Gl. 10 aus dem Größtwert ψ zu $\left(\frac{G_{sec}}{f}\right)_{max} = \psi_{max} \sqrt{2\,g\,\frac{p_i}{v_i}}$. Dieser Größtwert ist

$$\psi_{max} = \sqrt{\left(\frac{2}{k+1}\right)^{\frac{2}{k-1}} - \left(\frac{2}{k+1}\right)^{\frac{k+1}{k-1}}} \sqrt{\frac{k}{k-1}} = \left(\frac{2}{k+1}\right)^{\frac{1}{k-1}} \sqrt{\frac{k}{k+1}}$$

und hiermit

$$\left(\frac{G_{sec}}{f}\right)_{max} = \left(\frac{2}{k+1}\right)^{\frac{1}{k-1}} \sqrt{\frac{2\,g\,k}{k+1}} \cdot \sqrt{\frac{p_i}{v_i}} \quad \ldots \quad (12)$$

---

[1]) Über seine wahre Bedeutung vgl. Abschn. 53.
[2]) Wie auch in Abschn. 51 auf anderem Wege abgeleitet.

Näherungsgleichungen für das ganze Niederdruckgebiet.

Die Gleichungen 7 und 8 sind für Zahlenrechnungen unbequem; auch ermöglichen sie nicht die allgemeine Lösung von Ausströmungsaufgaben mit veränderlichem Innendruck oder Außendruck. Es besteht daher ein Bedürfnis nach einer Näherungsgleichung von möglichst einfacher Form, die aber nicht nur, wie die Beziehungen in Abschn. 50 für ein ganz beschränktes Gebiet, sondern möglichst für das gesamte Gebiet zwischen $p_i/p_a = 1$ und dem kritischen Druckverhältnis gelten müßte[1]).

Die unbequeme Form der Gl. 7 und 8 rührt von dem gebrochenen Exponenten k der Adiabaten her. Ersetzt man die Adiabate angenähert durch eine Hyperbel mit dem Exponenten 1, die ihren Mittelpunkt auf der v-Achse, in einem gewissen Abstand a vom Koordinaten-Anfang hat, so erhält man einfachere Formeln. Die Arbeitsgefälle L, die sich mit dieser Ersatzkurve ergeben, weichen nur sehr wenig von den richtigen ab, weil die Abweichung der beiden Kurven auf dem kurzen Stück zwischen $p_i/p_a = 1$ und dem kritischen Druck sehr gering ist, Fig. 105. Mit p_0, v_0 als Anfangswerten, p_m, v_m als kritischen Werten ist nach der Adiabate

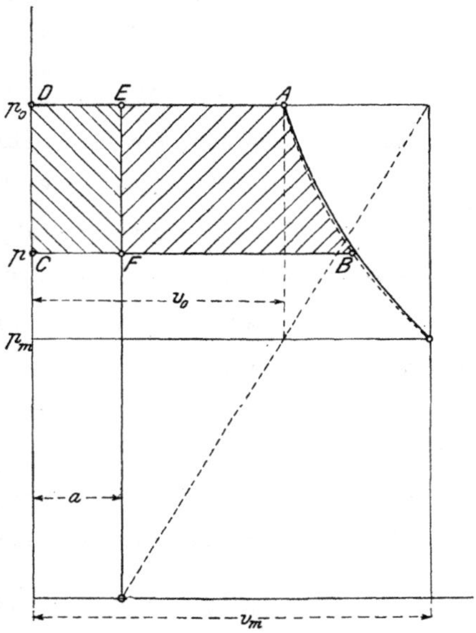

Fig. 105.

$$p_0 v_0^k = p_m v_m^k\,,$$

nach der einfachen Hyperbel

$$p_0 (v_0 - a) = p_m (v_m - a).$$

Daraus folgt in einfacher Weise

$$a = v_0 \frac{p_0}{p_0 - p_m}\left[1 - \left(\frac{p_m}{p_0}\right)^{\frac{k-1}{k}}\right].$$

Da nun nach Gleichung 11

$$\frac{p_m}{p_0} = \left(\frac{2}{k+1}\right)^{\frac{k}{k-1}}$$

ist, so wird

$$\frac{a}{v_0} = \alpha = \frac{1}{1 - \frac{p_m}{p_0}} \frac{k-1}{k+1} \quad \ldots\ldots\ldots\ldots (13)$$

---

[1]) Derartige Beziehungen wurden vom Verf. für gesätt. Wasserdampf aufgestellt in Dinglers Polytechn. Journ. 1903, S. 369; ferner von Bendemann in Forsch.-Arb. 37, S. 40. Die obige Entwicklung gilt für Gase, gesättigte und überhitzte Dämpfe.

oder

$$\alpha = \frac{k-1}{k+1} \cdot \frac{1}{1 - \left(\frac{2}{k+1}\right)^{\frac{k}{k-1}}} \quad \ldots \ldots \ldots \quad (14)$$

Der Wert von a bzw. α hängt somit nur von k ab. Man erhält

$\alpha = 0{,}1493$ für $k = 1{,}135$ (Sattdampf),
$\alpha = 0{,}288$ „ $k = 1{,}3$ (Heißdampf),
$\alpha = 0{,}353$ „ $k = 1{,}4$ (Gase).

Die Ersatzgleichung für die Adiabate lautet

$$p_0 v_0 (1 - \alpha) = p (v - \alpha v_0)$$

oder

$$p v = (1 - \alpha) p_0 v_0 + \alpha v_0 p.$$

Das Arbeitsgefälle setzt sich aus der Hyperbelfläche

$$(ABFE) = p_0 (v_0 - a) \ln \frac{p_0}{p}$$

und der Rechteckfläche

$$(EFCD) = (p_0 - p) \cdot a$$

zusammen, ist also

$$L = p_0 (v_0 - a) \ln \frac{p_0}{p} + (p_0 - p) \cdot a\,.$$

Mit Gl. 13 wird daher die Ausflußgeschwindigkeit $w = \sqrt{2 g L}$

$$w = \sqrt{2 g v_0 \left[2{,}303 (1 - \alpha) p_0 \log \frac{p_0}{p} + \alpha (p_0 - p)\right]} \quad \ldots \quad (15)$$

Diese Formel gestattet eine weitere Vereinfachung, wenn man $\ln p_0/p$ durch einen angenäherten Ausdruck ersetzt. Dies ist möglich, weil p_0/p in den Grenzen von 1 und rd. 1,7 liegt.

Man erhält mit dem angenäherten Wert

$$\ln \frac{p_0}{p} = 2 \frac{p_0 - p}{p_0 + p}$$

$$L = (p_0 - p) v_0 \cdot \left[2 (1 - \alpha) \frac{p_0}{p_0 + p} + \alpha\right]$$

daher

$$w = \sqrt{2 g \frac{p_0 - p}{\gamma_0} \cdot \frac{2 p_0 - \alpha (p_0 - p)}{p_0 + p}} \quad \ldots \ldots \quad (15\text{a})$$

In dieser Form schließt sich die Beziehung unmittelbar an die frühere Gl. 1 für sehr kleine Überdrücke an, in die sie für kleine Werte von $p_0 - p$ übergeht.

Setzt man noch den Überdruck

$$p_0 - p = h \ (\text{kg/qm oder mm } H_2O)$$

und

$$h \frac{2 p_0 - \alpha (p_0 - p)}{p_0 + p} = h' \quad \ldots \ldots \ldots \ldots \quad (16)$$

so wird

$$w = \sqrt{\frac{2 g h'}{\gamma_0}} \quad \ldots \ldots \ldots \ldots \ldots \quad (17)$$

Man kann also w berechnen wie in Abschn. 52a, wenn man zunächst den gegebenen Druckunterschied h nach Gl. 16 in den etwas kleineren Wert h' umrechnet.

Der Genauigkeitsgrad von Gl. 17 geht aus folgendem Vergleich hervor. Für Luft von 0^0 ergibt die genaue Gleichung 7 für

$$\frac{p_0}{p} = \quad 1{,}1 \qquad 1{,}3 \qquad 1{,}5 \qquad 1{,}7$$

$$w = 121{,}6 \qquad 199{,}2 \qquad 245{,}2 \qquad 278{,}0,$$

dagegen die Näherungsgleichung 15a

$$w = 121{,}2 \qquad 198{,}0 \qquad 243{,}2 \qquad 275{,}0.$$

Der Unterschied ist in v. H.

$$0 \qquad -0{,}6 \qquad -0{,}82 \qquad -1{,}1$$

Für überhitzten und besonders für gesättigten Dampf ist die Abweichung noch kleiner. Man wird daher für alle technischen Zwecke in dem ganzen Gebiet zwischen $p_0/p = 1$ bis 1,7 mit der Gl. 15, 15a bzw. 17 rechnen können, anstatt mit der genauen Gl. 7.

Das spez. Volumen im Ausflußquerschnitt ist

$$v = v_0 \cdot \frac{p_0}{p}\left[1 - \alpha\left(1 - \frac{p}{p_0}\right)\right],$$

womit sich das sekundliche Ausflußgewicht ergibt gemäß $G_{sec} = \frac{F \cdot w}{v}$.

β) Überkritische Druckverhältnisse bei einfachen Mündungen.

Die Erscheinung, daß die Ausflußmenge nicht mehr wächst, wenn der Außendruck einen gewissen Wert unterschreitet, oder der Innendruck einen gewissen Wert überschreitet, hängt, wie oben erwähnt, damit zusammen, daß von da ab der Mündungsdruck nicht mehr mit dem Außendruck identisch ist. Er bleibt unveränderlich gleich dem kritischen Druck, wie tief auch der Außendruck sinkt. Der Strahl expandiert dann erst außerhalb der Mündung auf den Außendruck herab, was auch durch unmittelbare Druckmessungen von Stodola nachgewiesen worden ist. Der Mündungsdruck selbst ist

$$p_m = \left(\frac{2}{k+1}\right)^{\frac{k}{k-1}} p_i,$$

bei Sattdampf z. B.

$$p_m = 0{,}577\, p_i.$$

Wenn nun der Mündungsdruck unverändert bleibt, so bleibt auch das für die Beschleunigung verfügbare Arbeitsgefälle zwischen den Drücken p_i und p_m gleich und hiermit auch die Ausflußgeschwindigkeit w_m und die Ausflußmenge. Die Geschwindigkeit kann also den Höchstwert, der sich aus

$$w_m = \sqrt{2g\frac{k}{k-1} \cdot p_i v_i \cdot \left[1 - \left(\frac{p_m}{p_i}\right)^{\frac{k-1}{k}}\right]}$$

mit
$$\frac{p_m}{p_i} = \left(\frac{2}{k+1}\right)^{\frac{k}{k-1}} \quad \ldots \ldots \ldots \ldots \quad (19)$$

ergibt, nicht übersteigen. Es wird

$$(w_m)_{max} = \sqrt{2g\frac{k}{k+1}p_i v_i} \quad \ldots \ldots \ldots \quad (20)$$

Ersetzt man hierin p_i und v_i durch p_m und v_m gemäß

$$p_i v_i^k = p_m v_m^k$$

und

$$\frac{p_m}{p_i} = \left(\frac{2}{k+1}\right)^{\frac{k}{k-1}},$$

so wird auch

$$(w_m)_{max} = \sqrt{g k p_m v_m}\,.$$

Dieser Ausdruck stellt den Wert der Schallgeschwindigkeit im Dampf vom Mündungszustand dar. In gewöhnlichen Mündungen kann also die Ausflußgeschwindigkeit nur die Schallgeschwindigkeit erreichen.

Diese Tatsache ist für den Dampfturbinenbau von der größten Tragweite. In Mündungen oder Kanälen von gewöhnlicher, d. h. prismatischer oder konvergenter Form kann der Dampf höchstens diese Geschwindigkeit annehmen, wie groß auch der Überdruck sein mag[1]). — Der Mündungsdruck kann nicht kleiner werden als 0,577 p_i bei Sattdampf bzw. 0,546 p_i bei Heißdampf, wenn im Außenraum ein noch so tiefes Vakuum herrscht. Das bei hohem Überdruck vorhandene große Arbeitsgefälle kann somit bis zum Austritt aus der Mündung nur mit dem zwischen p_i und 0,577 p_i liegenden Bruchteil in Geschwindigkeit, d. h. Strömungsenergie umgesetzt werden.

In Fig. 103 ist dies die oberhalb der schraffierten Geraden gelegene Fläche. Die Umsetzung des darunterliegenden Flächenrestes in Geschwindigkeit ist mit einfachen Mündungen oder Kanälen nicht möglich, sondern erfordert besondere Maßnahmen. (Düsen, s. Abschn. 53.)

Für Gase wird die größte Ausflußmenge für 1 qcm Mündung

$$\left(\frac{G_{sec}}{f}\right)_{max} = 0{,}0215\sqrt{\frac{p_i}{v_i}} \quad (p_i \text{ in kg/qcm}).$$

Hierin ist $k = 1{,}4$, $\psi_{max} = 0{,}484$ gesetzt.

Ferner ist wegen

$$10000\, p_i v_i = RT_i$$

auch

$$\frac{v_i}{p_i} = \frac{RT_i}{p_i^2 \cdot 10000},$$

[1]) Vgl. jedoch Abschn. 58e die Verhältnisse außerhalb der Mündung im freien Strahl, sowie 58a in Mündungen mit Schrägabschnitt.

somit
$$\sqrt{\frac{p_i}{v_i}} = \frac{100 p_i}{\sqrt{R T_i}}.$$

Daraus folgt
$$\left(\frac{G_{sec}}{f}\right)_{max} = \frac{2{,}15\, p_i}{\sqrt{R T_i}} \quad \ldots \ldots \ldots (21)$$

Das größte Ausflußgewicht bei Druckverhältnissen über 1 : 0,528 oder 1,89 : 1 ist also bei gleicher Temperatur dem Druck proportional.

Das größte Ausflußvolumen, bezogen auf Gas vom Anfangszustand, wird für 1 qcm

$$V_{max} = \left(\frac{G_{sec}}{f}\right)_{max} \cdot v_i = 0{,}000215 \sqrt{R T_i} \text{ cbm/sec} \quad . . (22)$$

ist also für hohen und niederen Druck bei gleicher Temperatur gleich groß.

Die Ausflußgeschwindigkeit für die hohen Überdruckverhältnisse wird

$$w_{max} = \sqrt{2 g \frac{k}{k+1} p_i v_i},$$

also mit $k = 1{,}4$

$$\boldsymbol{w_{max} = 3{,}38 \sqrt{R T_i}} \quad \ldots \ldots \ldots (23)$$

Für Luft wird z. B. mit $R = 29{,}27$, $t_i = 0^0$, $T_i = 273$,

$$w_{max} = 302 \text{ m/sec}.$$

Für Wasserstoff mit $R = 422{,}6$ bei $t_i = 0^0$

$$w_{max} = 1150 \text{ m/sec}.$$

Bei Feuergastemperaturen werden die Geschwindigkeiten entsprechend größer. Für k sind die bei diesen Temperaturen gültigen Werte nach Abschn. 12 einzuführen.

Für Heißdampf ist mit $k = 1{,}30$

$$w_{max} = 333 \sqrt{p_i v_i} \; (p_i \text{ in kg/qcm}) \quad \ldots \ldots (24)$$

worin

$$p_i v_i = \frac{47{,}1 \cdot (273 + t_i)}{10000} - 0{,}016\, p_i \; (p_i \text{ in kg/qcm}).$$

In praktischen Fällen liegt t_i in den Grenzen 200^0 und 350^0, p_i zwischen 2 und 13 kg/qcm abs., daher $p_i v_i$ zwischen 2,2 und 2,8, somit $\sqrt{p_i v_i}$ zwischen 1,48 und 1,68. Äußerstenfalles wird also

$$w_{max} \cong 560 \text{ m/sec}.$$

Ferner wird
$$\frac{G_{sec}}{f} = 0{,}021 \sqrt{\frac{p_i}{v_i}} \quad \ldots \ldots \ldots (25)$$

worin
$$v_i = 47{,}1 \frac{273 + t_i}{10000\, p_i} - 0{,}016 \; (p_i \text{ in kg/qcm}).$$

Für Sattdampf mit $k = 1{,}135$ erhält man

$$w_{max} = 323\sqrt{p_i v_i} \quad (p_i \text{ in kg/qcm}) \quad . \quad . \quad . \quad . \quad . \quad (26)$$

Zwischen 3 und 12 kg/qcm abs. ist $\sqrt{p_i v_i}$ gleich 1,27 bis 1,42. Sattdampf kann also aus einfachen Mündungen mit nicht mehr als 470 m/sec ausströmen.

Die Ausflußmenge für hohe Druckverhältnisse (über 1 : 0,577 oder 1,735 : 1) wird

$$\frac{G_{sec}}{f} = 0{,}020 \cdot \sqrt{\frac{p_i}{v_i}} \quad (p_i \text{ in kg/qcm}) \quad . \quad . \quad . \quad . \quad (27)$$

Berücksichtigung der Zuflußgeschwindigkeit. Die obigen Formeln haben Geltung, wenn die Ausströmung aus einem Gefäß mit ruhendem Inhalte erfolgt. Tritt dagegen der strömende Körper schon mit einer Anfangsgeschwindigkeit w_0 in die Mündung ein, so fällt auch die Ausflußgeschwindigkeit größer aus. Ein Beispiel dafür ist die Bewegung des Dampfes durch die Laufradzellen der Überdruckturbinen. In diese tritt der Dampf mit erheblicher Geschwindigkeit ein, um beim Durchgange gemäß dem noch übrigen Druckgefälle beschleunigt zu werden (vgl. Fig. 203, die Werte w_1 und w_2). Auch die Leiträder der mehrstufigen Turbinen erhalten den Dampf aus dem Laufrad der vorhergehenden Stufe mit der abs. Austrittsgeschwindigkeit (c_2 in Fig. 208) aus dem Laufrad dieser Stufe (oder mit einem Teile dieses Wertes).

Die lebendige Kraft $w^2/2g$ des austretenden Strahles ist nun die Summe aus der ursprünglichen lebendigen Kraft $w_0^2/2g$ und dem Arbeitsgefälle L, das durch Expansion vom Eintritts- auf den Austrittsdruck der Mündung frei wird. Es ist

$$\frac{w^2}{2g} = \frac{w_0^2}{2g} + L,$$

daher

$$w = \sqrt{w_0^2 + 2gL}\,.$$

L ist wie früher zu ermitteln. — Vgl. auch Abschn. 51 u. 78.

53. Expansionsdüsen (Lavalsche Düsen).

Beim Ausströmen aus einfachen Mündungen beliebiger Querschnittsform, nach Fig. 106 oben, kann die Ausflußgeschwindigkeit von Gasen und Dämpfen im kleinsten Mündungsquerschnitt die Schallgeschwindigkeit nicht übersteigen (Abschn. 52) und das zur Geschwindigkeitserzeugung verfügbare Arbeitsgefälle ist durch die Drücke p_i (Anfangsdruck) und $p_m = 0{,}577\,p_i$ (Mündungsdruck bei Sattdampf) begrenzt. Für solche Dampfturbinen, die nach Art der mit Wasser betriebenen Strahlturbinen (Druckturbinen, Aktionsturbinen, Löffelräder) arbeiten sollen, bei denen also der aus einem oder mehreren Mundstücken (oder Kanälen) austretende und bis auf den Gegendruck entspannte Strahl ein Turbinenrad treibt, bedeutet dieser Umstand einen außerordentlichen Nachteil. Denn nur die Strömungsenergie, die der Strahl mitbringt, ist in einem solchen Rade in mechanische Energie umsetzbar. Der Rest der Arbeitsfähigkeit des Dampfes, in Fig. 103 der Flächenteil unterhalb der schraffierten Wagrechten, bedeutet von vornherein Verlust. Dieser fällt um so größer aus, je höher der Anfangsdruck, je tiefer der Gegendruck ist.

De Laval in Stockholm hat das Mittel entdeckt, um diesen Verlust, der Dampfturbinen der bezeichneten Art ökonomisch unmöglich machen würde, zu vermeiden.

Wird nämlich der aus einer einfachen, innen abgerundeten Mündung austretende Strahl nach dem Durchgang durch die engste Stelle (Mündungsquerschnitt f_m) in einer sich allmählich erweiternden Ansatzröhre (Düse), Fig. 106 unten, gefaßt, so sinkt der Druck in dem erweiterten Teil unter 0,577 p_i herab. Das in Geschwindigkeit umsetzbare Arbeitsgefälle wird dadurch vergrößert, je nach dem Erweiterungsgrade der Düse mehr oder weniger, und die Geschwindigkeit steigt daher über die im engsten Querschnitt herrschende Schallgeschwindigkeit. Die beim Austritt erreichte Geschwindigkeit w_a ist von dem Erweiterungsverhältnis der Düse $(f_a : f_m)$ abhängig. Man kann dieses so bemessen, daß der Dampf bis zu beliebigen Gegendrücken expandiert (Atmosphäre bei Auspuff, Vakuum bei Kondensation, bei mehrstufigen Turbinen beliebige Zwischenwerte). Es herrscht dann am Ende der Düse der gleiche Druck wie im Außenraum.

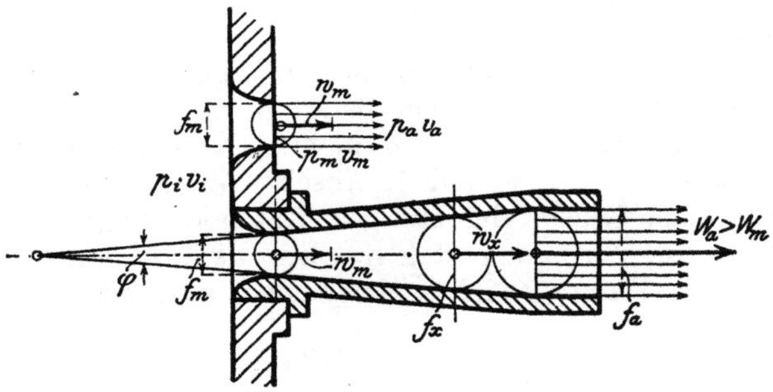

Fig. 106.

Bedingung, daß die Düse diese Wirkung hat, ist ein hinreichend kleiner Kegelwinkel (nicht viel über 10°), da sich bei rascher Erweiterung der Strahl von den Düsenwandungen löst. Die Düsen fallen daher für die gleiche Dampfmenge um so länger aus, je größer der verlangte Expansionsgrad ist.

Die Reibung des Dampfstrahls spielt bei Düsen wegen der sehr großen Geschwindigkeiten (bis 1000 m und mehr) und wegen der erheblichen Oberflächen der inneren Düsenwand eine etwas größere Rolle als bei einfachen Mündungen. Zunächst muß aber die Reibung außer Berücksichtigung bleiben (ideale Düse).

Unter dieser Voraussetzung verläuft die Zustandsänderung in der Düse adiabatisch, wie früher bei den einfachen Mündungen.

Druck p_x und spez. Volumen v_x an verschiedenen Stellen der Düse sind alsdann durch die Beziehung

$$p_x v_x^k = p_m v_m^k \text{ (oder} = p_i v_i^k)$$

verbunden.

Nun kann die Strömung leicht rechnerisch verfolgt werden. Durch jeden Querschnitt (f_x) der Düse strömt in jeder Sekunde das gleiche Dampfgewicht. Dieses ist, da an der engsten Stelle f_m der „Mündungsdruck" $p_m = p_i \left(\frac{2}{k+1}\right)^{\frac{k}{k-1}}$ herrscht[1]), durch die früher entwickelte Formel für $(G_{sec})_{max}$ bestimmt, also

$$G_{sec} = 0{,}0443\, f_m \psi_{max} \sqrt{\frac{p_i}{v_i}} = a f_m \sqrt{\frac{p_i}{v_i}} \quad . \; . \; . \; . \; (1)$$

(f_m in qcm, p_i in kg/qcm).

Hierin ist nach Abschn. 52

für	Sattdampf	$a = 0{,}020$
„	Heißdampf	$a = 0{,}021$
„	Gase	$a = 0{,}0215$.

Für ein gegebenes Dampfgewicht ist hieraus der engste Düsenquerschnitt f_m berechenbar.

Soll sich nun der Dampf nach dem engsten Querschnitt, im erweiterten Düsenteil, bis zu einem Druck $p_x < p_m$ weiter ausdehnen und so die dem Druckgefälle von p_i bis p_x entsprechende Überschallgeschwindigkeit w_x (Gl. 7, Abschn. 52) annehmen, so muß ihm der nach dem Gesetz der stetigen Raumerfüllung erforderliche Querschnitt f_x zur Verfügung stehen. Da die sekundlich durch f_m und f_x fließenden Dampfgewichte gleich sind, so folgt

$$G_{sec} = \frac{f_m w_m}{v_m} = \frac{f_x w_x}{v_x}.$$

Somit ist der gesuchte Querschnitt f_x, in dem der Druck p_x erreicht wird,

$$f_x = f_m \cdot \frac{w_m}{w_x} \cdot \frac{v_x}{v_m} \quad . \; . \; . \; . \; . \; . \; . \; . \; . \; . \; (2)$$

In Abschn. 51 ist gezeigt (Fig. 97), daß daraus für $w_x > w_m$ folgt

$$f_x > f_m,$$

also eine von f_m auf f_x sich erweiternde Düse. Wie groß die Erweiterung sein muß, folgt aus Gl. 2, wenn man darin die entsprechenden Werte w_m, w_x, v_m, v_x einführt, die sich einzeln berechnen lassen. Es kann aber auch ein geschlossener Ausdruck für die Düsenerweiterung gefunden werden.

---

[1]) Hierüber vgl. besonders Abschn. 51.

Für den engsten Düsenquerschnitt f_m gilt nach Gl. 12, Abschn. 52 auch

$$\frac{G_{sec}}{f_m} = \psi_{max} \sqrt{2g \frac{p_i}{v_i}} \quad \ldots \ldots \ldots (1a)$$

Für einen beliebigen Querschnitt f_x im erweiterten Teil ist dagegen nach Gl. 10, Abschn. 52

$$\frac{G_{sec}}{f_x} = \psi_x \sqrt{2g \frac{p_i}{v_i}} \quad \ldots \ldots \ldots (3)$$

Bei einfachen Mündungen gilt diese Beziehung nach Abschn. 52 allerdings nur für das Gebiet der unterkritischen Druckverhältnisse. Wenn jedoch wie hier durch entsprechende Düsenerweiterung dafür gesorgt wird, daß die nach Gl. 7, Abschn. 52 errechenbare Geschwindigkeit $w_x > w_m$ auch wirklich erreicht werden kann, so gilt G. 101, die unmittelbar aus Gl. 7 folgt, auch für überkritische Druckverhältnisse. Nur muß in Gl. 3 für G_{sec} der aus Gl. 1a oder 1 folgende Wert eingeführt werden, der, durch den engsten Querschnitt bedingt wird. Damit ist dann f_x aus Gl. 3 eindeutig bestimmt.

Die Vereinigung von Gl. 1a und 3 ergibt

$$\frac{f_x}{f_m} = \frac{\psi_{max}}{\psi_x} \quad \ldots \ldots \ldots (4)$$

Für den Austrittsquerschnitt f_a der Düse, in dem der Druck p_x gleich dem Außendruck p_a werden soll, gilt

$$\frac{f_a}{f_m} = \frac{\psi_{max}}{\psi_a} \quad \ldots \ldots \ldots (4a)$$

Die Werte ψ sind in Fig. 104 für Gase, Heißdampf und Sattdampf aufgetragen. Der gestrichelte Ast dieser Kurven zwischen $p_a/p_i = 0$ und dem kritischen Druckverhältnis im höchsten Punkt war für einfache Mündungen bedeutungslos. Für die Lavalsche Düse dagegen zeigt Gl. 4, daß das Verhältnis der höchsten Ordinate ψ_{max} zu der beliebigen, zum Druckexpansionsverhältnis p_x/p_i gehörigen Ordinate ψ angibt, wievielmal größer der zur Ausdehnung auf p_x/p_i notwendige Düsenquerschnitt sein muß, als der engste Querschnitt der Düse.

Nun findet aber Expansion auch schon vor Erreichung des engsten Querschnittes statt. Vom Mündungsanfang bis dahin sinkt der Druck von p_i auf p_m, also im Verhältnis p_m/p_i. Dieser Strecke entspricht in Fig. 104 der ausgezogene Ast der Kurven, denn für die hierzu gehörigen Druckverhältnisse zwischen 1 und p_m/p_i gelten die gleichen Formeln, wie oben für den erweiterten Düsenteil.

Das Verhältnis der höchsten Ordinate der Kurven (ψ_{max}) zur Ordinate ψ eines beliebigen auf dem ausgezogenen bzw. gestrichelten Kurvenaste liegenden Punktes P' bzw. P ist zugleich das Verhältnis, in welchem die Düsenquerschnitte, die zur Expansion auf das betreffende Druckverhältnis (in Fig. bei P' auf 0,9 p_i, bei P auf 0,1 p_i) gehören, größer sein müssen, als der engste Düsenquerschnitt f_m. Die Ordinaten der ψ-Kurve stellen also allgemein die reziproken Werte der Düsenquerschnitte dar, wenn die höchste Ordinate gleich dem engsten Düsenquerschnitt gesetzt wird.

Daraus folgt, daß eine Düse für regelmäßig fortschreitende Druckabnahme und stetige Geschwindigkeitszunahme von der Eintrittsstelle an sich zunächst verengen, später aber erweitern muß. Im ersten Teile expandiert der Dampf von p_i auf $p_m = 0{,}577\ p_i$ (Sattdampf), und die Geschwindigkeit erreicht in f_m die zu p_m und v_m gehörige Schallgeschwindigkeit. Im zweiten Teile fällt der Druck weiter, je nach dem Verhältnis des weitesten Querschnitts (Austrittsquerschnitt f_a) zum engsten (f_m), und die Strahlgeschwindigkeit steigt nach dem engsten Querschnitt über die Schallgeschwindigkeit.

In Fig. 107 sind oben als Abszissen die Verhältnisse p_i/p_x (also die reziproken Werte der Abszissen von Fig. 104) aufgetragen, als Ordinaten die Erweiterungsverhältnisse f_x/f_m der Düsen für Sattdampf, Heißdampf und Gase. Am stärksten erweitern sich hiernach bei gleichem Druckabfall die Sattdampfdüsen, weniger die Heißdampfdüsen, am wenigsten die Gasdüsen (der rechte obere Teil der Fig. 107 gilt für 25 bis 100 fache Expansion, wofür ein kleinerer Maßstab erforderlich war).

Im unteren Teil der Fig. 107 sind die Durchmesser einer Düse mit kreisförmigem Querschnitt (für Sattdampf) aufgetragen, wobei als Abszissen wieder die Druckverhältnisse genommen sind. Es ergibt sich daraus eine Düse von konoidischer Form, in welcher der Dampf nach den Ordinaten der darunter liegenden Kurve expandiert (bei der Ordinate 1 herrscht der Innendruck p_i, bei der Ordinate 17 z. B. der Druck 1/17 p_i). — Mittels dieser Darstellung kann auch der Druckverlauf in einer beliebig geformten Düse leicht ermittelt werden. Man hat nur die Verhältnisse f_x/f_m der gegebenen (z. B. konischen) Düse für verschiedene Stellen zu bestimmen und mit diesen Werten aus den oberen Kurven der Fig. 107 die Druck-Expansionsverhältnisse abzugreifen.

Die Austrittsgeschwindigkeit aus der Düse erhält man, falls der Austrittsquerschnitt f_a so berechnet ist, daß der Druck des austretenden Strahles gleich dem Außendruck ist (vollständige Expansion) aus

$$w_a = \sqrt{2\,gL}$$

mit L als gesamtem Arbeitsgefälle zwischen p_i und p_a. Es ist demnach

$$w_a = \sqrt{2\,g\,\frac{k}{k-1}\,p_i v_i\left[1-\left(\frac{p_a}{p_i}\right)^{\frac{k-1}{k}}\right]} \quad . \quad . \quad . \quad . \quad (5)$$

In Fig. 107 sind auch die Vielfachen von w_m, die bestimmten Expansionsgraden angehören, für Sattdampf eingetragen. Bei rund 11 facher Expansion wird die doppelte Schallgeschwindigkeit erreicht.

Bei 12 facher Expansion (z. B. von 12 auf 1 at bei Auspuffturbinen) ist die Austrittsgeschwindigkeit aus der Düse 2,03 w_m (also rd. $2{,}03 \cdot 460 = 934$ m/sec.), bei 100 facher Expansion (von 12 auf 0,12 at) $2{,}6 \cdot 460 = 1195$ m/sec.

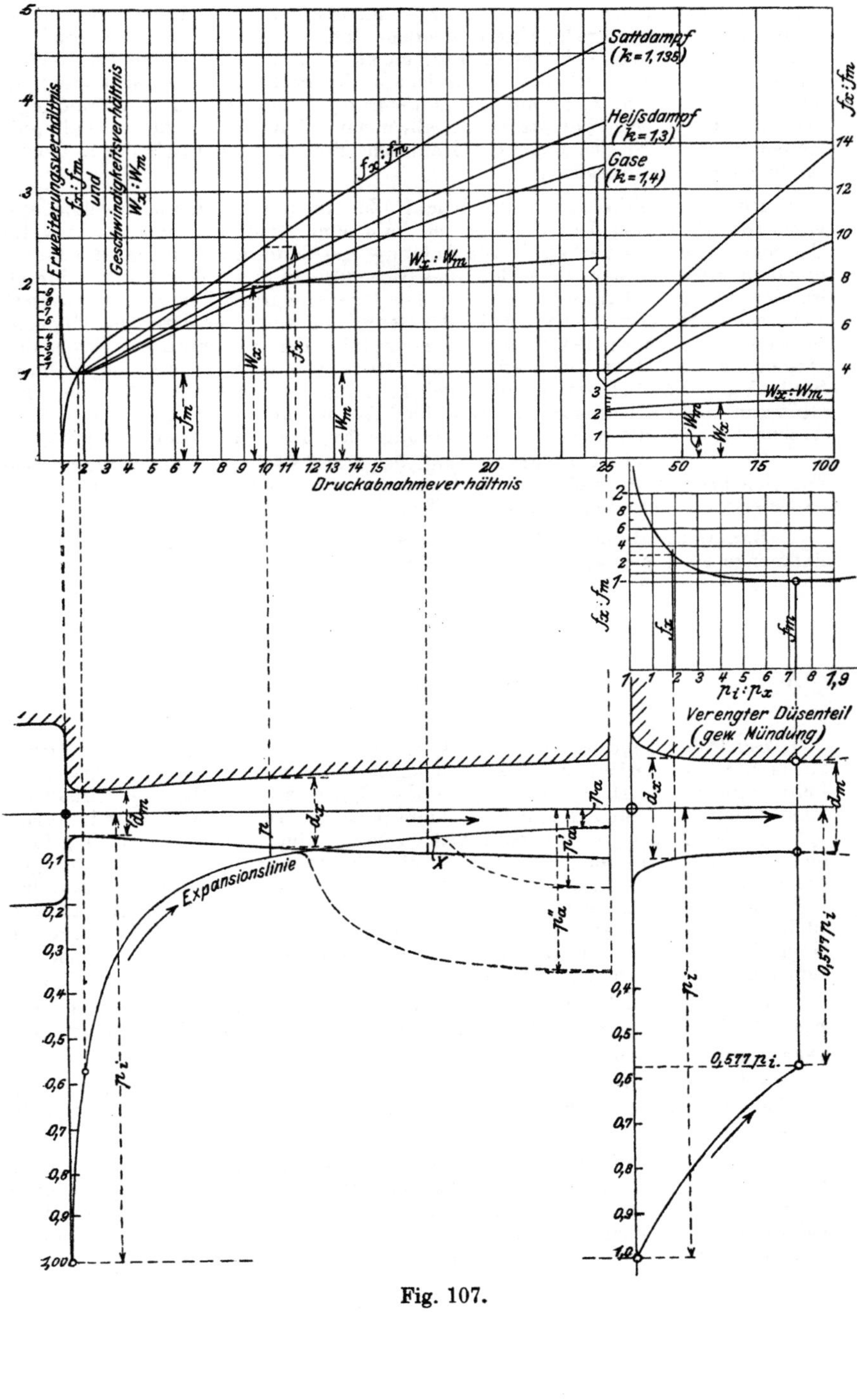
Erweiterungsverhältnis
$f_x : f_m$
und
Geschwindigkeitsverhältnis
$W_x : W_m$
Sattdampf
(k = 1,135)
Heißdampf
(k = 1,3)
Gase
(k = 1,4)
$f_x : f_m$
$W_x : W_m$
Druckabnahmeverhältnis
$p_i : p_x$
Verengter Düsenteil
(gew. Mündung)
Expansionslinie
0,577 p_i

Fig. 107.

Wenn überhitzter Dampf in einer Düse derart expandiert, daß er innerhalb der Düse in den gesättigten Zustand übergeht, so verlieren die obigen Formeln 3, 4 und 5 ihre Gültigkeit aus dem einfachen Grunde, weil die Adiabate von da ab den wesentlich kleineren Exponenten 1,135 (gegen vorher 1,3) besitzt. Findet der Übergang schon vor Erreichung des engsten Querschnitts statt, so gilt auch Gl. 1 nicht mehr und ebensowenig die Beziehung für den Mündungsdruck. Obwohl sich entsprechende allgemeine Formeln für diesen Fall aufttellen lassen, wird sich mehr die graphische Behandlung mittels der Entropiesafeln empfehlen (Abschn. 62).

Düsen bei erhöhtem Gegendruck. Zu einem bestimmten Erweiterungsverhältnis $f_a : f_m$ der Düsen gehört ein bestimmtes nur noch von der Art des Körpers abhängiges Verhältnis von Anfangs- und Enddruck. Die Düsen arbeiten nur dann richtig, wenn der Außendruck (Gegendruck) gleich dem Düsenenddruck ist, der diesem Verhältnis entspricht. Ist der Gegendruck höher, so expandiert zwar nach Versuchen von Stodola der Dampf auf einer kürzeren oder längeren Strecke wie im normalen Falle, und zwar unter den Außendruck. Gegen das Düsenende hin staut sich jedoch der Druck von einer scharf ausgeprägten Stelle X ab, Fig. 107 unten, allmählich bis zum Gegendruck. — Für einen bestimmten hohen Gegendruck kann die Düse in ihrem erweiterten Teil nach Abschn. 51 auch als normale Verdichtungsdüse, also ohne Dampfstoß arbeiten.

Bei X tritt ein Dampfstoß auf, der einen Verlust an Strömungsenergie mit sich bringt. Je mehr der Gegendruck den normalen Wert übersteigt, um so tiefer im Innern liegt der Punkt X[1]).

Dampfaufnahme der Düsen bei wechselndem Anfangsdruck. Die Durchflußmenge einer gegebenen Düse mit dem engsten Querschnitt f_m ist

$$G_{sec} = a f_m \sqrt{\frac{p_i}{v_i}}$$

oder

$$G_{sec} = a f_m \frac{p_i}{\sqrt{p_i v_i}}.$$

Das Produkt $p_i v_i$ ist nun bei trockenem gesättigtem Dampf mit dem Druck nur wenig veränderlich, wie man sich leicht aus den Dampftabellen überzeugt. Bei überhitztem Dampf gilt $p_i v_i = R T_i - C p_i$, wobei das Glied $C p_i$ verhältnismäßig klein ist gegen $R T_i$. Bei einer und derselben Dampftemperatur ist daher $p_i v_i$ mit dem Druck wenig veränderlich. Aus der obigen zweiten Gleichung folgt hiermit, daß sowohl bei gesättigtem als überhitztem Dampf die Durchflußmengen proportional mit dem Anfangsdruck zu- und abnehmen. Bei 10 at abs. ist daher z. B. die Durchflußmenge einer Düse $10/8 = 1{,}25$ mal so groß als bei 8 at, und $10/5 = 2$ mal so groß als bei 5 at. Der Gegendruck spielt dabei keine Rolle, solange sich nicht etwa die Stauung (bei verhältnismäßig zu hohem Gegendruck) bis zum engsten Querschnitt erstreckt oder den kritischen Druck überschreitet.

Bei veränderlicher Überhitzung, aber gleichbleibendem Druck, nimmt dagegen die Dampfmenge ab, wenn die Temperatur zunimmt, und umgekehrt, und zwar ungefähr mit $\sqrt{T_1 : T_2}$.

Geht bei mäßig überhitztem Dampf die Überhitzung schon vor Erreichung des engsten Querschnittes verloren, so verlieren beide Regeln ihre Gültigkeit.

---

[1]) Vgl. darüber die bekannten Versuche von Stodola; ferner in Forsch.-Arb. 37, F. Bendemann, Über den Ausfluß des Wasserdampfs und über Dampfmengenmessung. — Nach Nusselt, Z. f. d. ges. Turbinenwesen 1916, soll in Düsen kein eigentlicher Dampfstoß auftreten, sondern ein allmählicher Übergang zum höheren Druck.

54. Berechnung des Arbeitsgefälles und der Ausflußgeschwindigkeit von Dampf mittels des Wärmeinhaltes.

Die aus 1 kg Dampf von der Spannung p_1 bei Ausdehnung bis auf den Gegendruck p_2 verfügbare Arbeit L_0 wird durch das Diagramm Fig. 108 dargestellt. Diese Arbeit ist die gleiche, ob sie in einer Kolbendampfmaschine mit vollständiger Expansion oder in einer Turbine verrichtet wird, oder als lebendige Kraft eines ausströmenden Strahles in Erscheinung tritt. Die entsprechende Ausflußgeschwindigkeit im letzteren Falle ist

$$w = \sqrt{2\,g\,L_0}.$$

Die Arbeitsfläche ist

$$L_0 = p_1 v_1 - p_2 v_2 + \text{Fläche } (BCC'B').$$

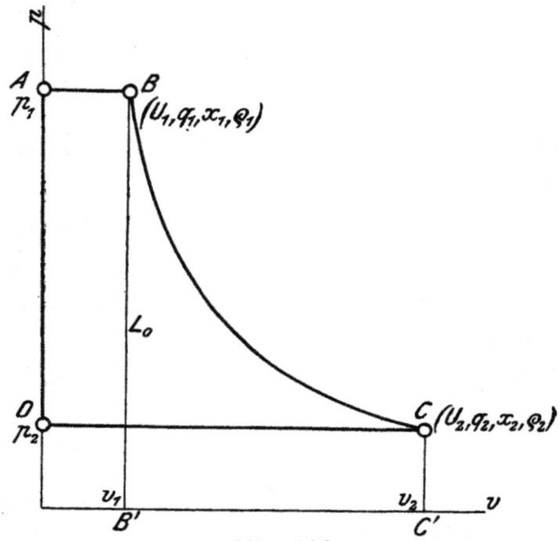

Fig. 108.

Die absolute Ausdehnungsarbeit $L_e\,(BCC'B')$ ist bei adiabatischer Zustandsänderung gleich der Abnahme der eigenen Energie (U) des Dampfes von B bis C, da sie ganz aus dieser heraus verrichtet wird.

Nach Abschn. 37a ist in B

$$U_1 = q_1 + x_1 \varrho_1,$$

in C

$$U_2 = q_2 + x_2 \varrho_2,$$

mit x_1 und x_2 als Dampfgehalt des (feuchten) Dampfes bei B und C. Es ist also

$$L_e = [q_1 + x_1 \varrho_1 - (q_2 + x_2 \varrho_2)]\,427.$$

Somit ist

$$A L_0 = q_1 + x_1 \varrho_1 + A p_1 v_1 - (q_2 + x_2 \varrho_2 + A p_2 v_2).$$

Der Wert $q + x\varrho + Apv$ ist durch den Dampfzustand vollständig bestimmt, wie leicht zu erkennen, und wird als „Wärmeinhalt bei konstantem Druck" bezeichnet (i oder J), vgl. Abschn. 47. Es ist also

$$\boldsymbol{L_0 = 427\,(i_1 - i_2)} \quad \text{und} \quad \boldsymbol{w = 91{,}53\,\sqrt{i_1 - i_2}}.$$

Nach Abschn. 37a ist die Gesamtwärme von feuchtem Dampf

$$\lambda = q + x\varrho + \frac{1}{427}\,p\,(v - 0{,}001).$$

Vernachlässigt man das Volumen 0,001 des flüssigen Wassers gegenüber dem ganzen Volumen v, was selbst bei sehr feuchtem Dampf noch völlig zulässig ist. so wird

$$\lambda = i,$$

d. h. die Gesamtwärme identisch mit dem Wärmeinhalt bei konstantem Druck. Dieser ist nur um den Betrag $Ap\sigma$, also z. B. bei 15 at um

$$\frac{10\,000 \cdot 15 \cdot 0{,}0011}{427} = 0{,}386 \text{ Cal.}$$

größer, was gegenüber den Absolutwerten von 600 bis 700 Cal. verschwindend ist. Daher ist auch sehr angenähert

$$L_0 = 427\,(\lambda_1 - \lambda_2).$$

Hierbei ist aber wohl zu beachten, daß λ_1 nur bei trockenem Dampf, dagegen λ_2 überhaupt nicht den Dampftabellen entnommen werden kann. Denn am Ende der adiabatischen Ausdehnung ist der Dampf stets feucht. λ_2 bzw. i_2 ist vielmehr nach

$$i_2 = q_2 + x_2 \varrho_2 + \frac{1}{427} p_2 x_2 \cdot (v_s)_2$$

zu berechnen, nachdem die Feuchtigkeit x_2 am Ende der Expansion auf die in Abschn. 42 angegebene Weise bestimmt ist.

Dieser Weg ergibt eine besonders einfache Bestimmung von L_0 bzw. w, wenn λ (bzw. i) für das Ende der Expansion aus graphischen Darstellungen entnommen werden kann.

Dazu dient die JS-Tafel[1]) (Abschn. 57) oder die TS-Tafel mit Kurven $i =$ konst.

Das Verfahren selbst gilt für beliebige Körper, nicht nur für Sattdampf.

Die Arbeitsfläche AL_0 Fig. 108 ergibt sich nämlich ganz allgemein in der Form (Abschn. 90)

$$AL_0 = U_1 - U_2 + Ap_1 v_1 - Ap_2 v_2.$$

Setzt man

$$U_1 + Ap_1 v_1 = i_1,$$

$$U_2 + Ap_2 v_2 = i_2,$$

so wird wieder

$$AL_0 = i_1 - i_2.$$

Zur Bestimmung von $i_1 - i_2$ vgl. Abschn. 55—57.

---

[1]) Zuerst von R. Mollier veröffentlicht in Z. Ver. deutsch. Ing. 1904, S. 272, Neue Diagramme zur technischen Wärmelehre. Die erste JS-Tafel für den praktischen Gebrauch rührt ebenfalls von Mollier her (Neue Tabellen und Diagramme für Wasserdampf, Berlin 1906, J. Springer).

Von Stodola wurde die JS-Tafel in den Dampfturbinenbau eingeführt, eine TS- und eine JS-Tafel ist auch dem bekannten Werk über Dampfturbinen beigegeben.

Im Anhang dieses Bandes befindet sich eine vom Verf. entworfene JS- und TS- (bzw. TVS-)Tafel, im II. Band eine zweite JS-Tafel bis zum kritischen Druck des Wasserdampfs.

55. Das Wärmegefälle der Dämpfe in den Entropiediagrammen.

Im TS-Diagramm wird nach Fig. 109 die adiabatische Ausdehnung vom Druck p_1 auf den Druck p_2 dargestellt durch die zur T-Achse parallelen Strecken $A_1 B_1$ für anfänglich trocken gesättigten Dampf, durch die gleich langen parallelen Strecken links davon für anfänglich feuchten Dampf, durch $A_3 B_3$ für überhitzten Dampf, der auch am Ende noch überhitzt ist, und durch $A_2 B_2$ für anfänglich überhitzten, am Ende feuchten Dampf.

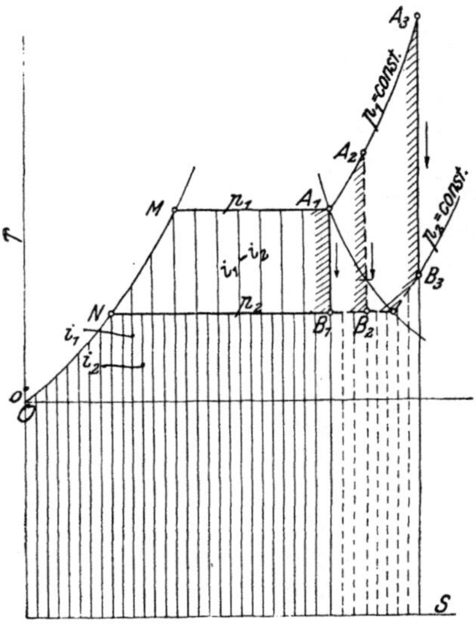

Fig. 109.

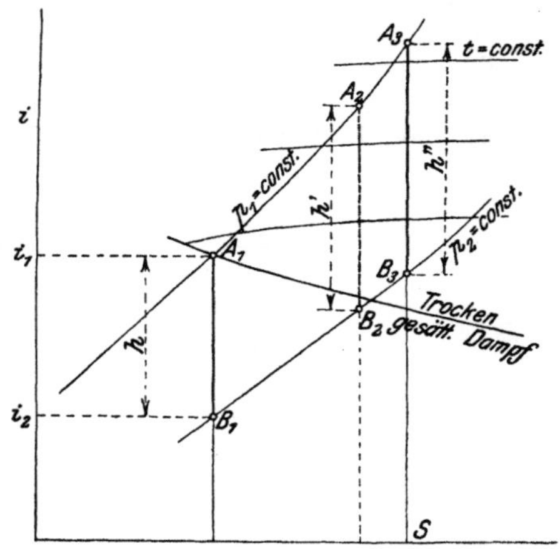

Fig. 110.

Der Wärmeinhalt i_1 im Anfangszustand A_1 ist für **trockenen Sattdampf** die Fläche unter OMA_1 bis zur Abszissenachse, im Endzustand B_1 die Fläche unter ONB_1. Das adiabatische Wärmegefälle $i_1 - i_2$ ist also gleich der Fläche $A_1 B_1 NM$.

Nach Absch. 40 erhält man für diese Fläche

$$i_1 - i_2 = \frac{x_1 r_1}{T_1}(T_1 - T_2) + (q_1 - q_2) - (S_{f_1} - S_{f_2})\, T_2,$$

mit $x_1 = 1$ für trockenen Dampf, S_{f_1} und S_{f_2} als Entropie der Flüssigkeit. Darin ist

$$S_{f_1} - S_{f_2} = 2{,}72 \log \frac{T_1}{T_2} - 0{,}00067\,(t_1 - t_2) + 0{,}000\,001\,(t_1^2 - t_2^2).$$

Für kleine Gefälle ist sehr angenähert

$$i_1 - i_2 = \Delta i = \frac{x_1 r_1}{T_1} \cdot \Delta t$$

und für $\Delta t = 1^0$

$$\Delta i_{1^0} = \frac{x_1 r_1}{T_1}.$$

Für Dampf von 10 at mit $x_1 = 1$ ist z. B. $\Delta i_{1^0} = 482{,}6/452{,}1 = 1{,}07$ Cal; für Dampf von 0,1 at dagegen 1,8 Cal.

Beim **überhitzten Dampf** vom Anfangszustand A_3 ist i_1 gleich der Fläche unter OMA_1A_3 bis zur S-Achse, im Endzustand B_3 die Fläche unter ONB_1B_3, daher $i_1 - i_2$ die Fläche $NMA_1A_3B_3B_1N$. Beim überhitzten Dampf A_2 ist $i_1 - i_2$ die Fläche $NMA_1A_2B_2N$.

Eine Formel wie für Sattdampf läßt sich dafür nicht angeben, wenn man die Veränderlichkeit von c_p berücksichtigen will. Dagegen fand sich aus der JS-Tafel, daß die adiabatischen Wärmegefälle im Heißdampfgebiet wesentlich nur abhängig sind von den Temperaturgrenzen t_1 und t_2, gleichgültig, wie groß die Drucke sind. So ist z. B. zwischen 350° und 150° $i_1 - i_2 = 93$ Cal, sowohl bei 20 at als bei 1 at oder einem dazwischenliegenden Druck. Für Δi_{1^0} fanden sich folgende Werte als Mittel zwischen t_1 und t_2:

t_1	t_2	$\Delta i_{1^0} (= \Delta i / \Delta t)$
450°	400°	0,486
400°	350°	0,480
350°	300°	0,476
300°	250°	0,470
250°	200°	0,464
200°	150°	0,462
150°	100°	0,460
100°	50°	0,458

In dem Diagramm Fig. 110 mit den Wärmeinhalten i als Ordinaten, den Entropien als Abszissen (JS-Diagramm) ist die adiabatische Zustandsänderung, wie in jedem Zustandsdiagramm mit der Entropie als Abszissen, ebenfalls durch eine zur Ordinatenachse parallele Gerade dargestellt. Über den Verlauf der Linien konstanten Druckes und konstanter Temperatur, sowie der Grenzkurven ist der folgende Abschnitt zu vergleichen. Der Wärmeinhalt i_1 im Anfangszustand wird nun, der Annahme gemäß, für trockenen Sattdampf durch die ganze Ordinate von A_1 dargestellt, für feuchten Sattdampf durch die kürzeren Ordinaten der Kurve $p_1 =$ konst. links von A_1, für überhitzten Dampf durch die längeren Ordinaten der Punkte A_2 und A_3. Der Wärmeinhalt im Endzustand ist entsprechend gleich den Ordinaten von B_1, B_2, B_3. Daher sind die adiabatischen Wärmegefälle $i_1 - i_2$ in den Druckgrenzen p_1 und p_2 gleich den Strecken A_1B_1, A_2B_2 und A_3A_3. Sie können also aus dem maßstäblichen Diagramm abgemessen werden (mit Maßstab oder Zirkel), während im TS-Diagramm die oben bezeichneten Flächen zu planimetrieren sind.

Man kann dies allerdings auch im TS-Diagramm umgehen, wenn man in dieses „Kurven konstanten Wärmeinhalts" einträgt[1]), auf denen die zugehörigen Werte von i eingeschrieben sind, vgl. die TVS-Tafel im Heißdampfgebiet[2]). Die Wärmeinhalte lassen sich jedoch nicht als Strecken abmessen, sondern sind zahlenmäßig gegeben, wie die Drücke.

56. Die Wärmegefälle der Gase im Entropiediagramm.

Der Wert $i_1 - i_2$ der Arbeitsfläche $ABCD$ Fig. 108 läßt sich direkt ermitteln, da die Adiabate BC Fig. 108 dem Gesetze $pv^k = \text{konst.}$ folgt. In Abschn. 31 sind die Formeln enthalten, die auch für Dämpfe gelten, soweit eben diese das gleiche Gesetz befolgen (z. B. Abschn. 51, 69, 81).

Nach Abschn. 25 Gl. 5 ist die Arbeitsfläche in Cal. auch einfach

$$i_1 - i_2 = c_p(t_1 - t_2) \quad . \; . \; . \; . \; . \; . \; . \; . \; . \; . \quad (1)$$

Das Wärmegefälle bei adiabatischer Ausdehnung ist also gleich der Wärme, die dem Gas zu entziehen ist, um es bei unveränderlichem Druck so tief abzukühlen, wie es sich bei der adiabatischen Ausdehnung abkühlt.

Das Wärmegefälle bei adiabatischer Verdichtung ist gleich der Wärme, die dem Gas zuzuführen ist, um es bei unveränderlichem Druck um so viel zu erwärmen, als es sich durch die adiabatische Verdichtung erwärmt.

Beide Werte sind gleich dem nutzbaren Arbeitsgewinn bzw. Arbeitsaufwand.

Im Entropiediagramm Fig. 111 kann hiernach $i_1 - i_2$ durch die Wärmefläche dargestellt werden, die sich ergibt, wenn man das Gas bei konstantem Druck (etwa p_1) auf die adiabatische Endtemperatur abkühlt. Die adiabatische Ausdehnung von p_1 auf p_2 wird durch die Strecke AB dargestellt, daher $i_1 - i_2$ oder die adiabatische Nutzarbeit durch die unter AB' liegende Wärmefläche; genau ebenso bei Verdichtung. Da ferner die Strecke AB die Temperaturänderung darstellt und $i_1 - i_2$ nach Gl. 1 dieser proportional ist, so ergibt auch die Strecke AB, wie im JS-Diagramm der Dämpfe, ein Maß für die Nutzarbeit. Man hat nur die Temperaturänderung AB mit der spez. Wärme bei konstantem Druck zu multiplizieren, also bei Luft von gewöhnlicher Temperatur mit 0,24[3]). Insofern stellt das TS-Diagramm der Gase auch ein JS-Diagramm dar.

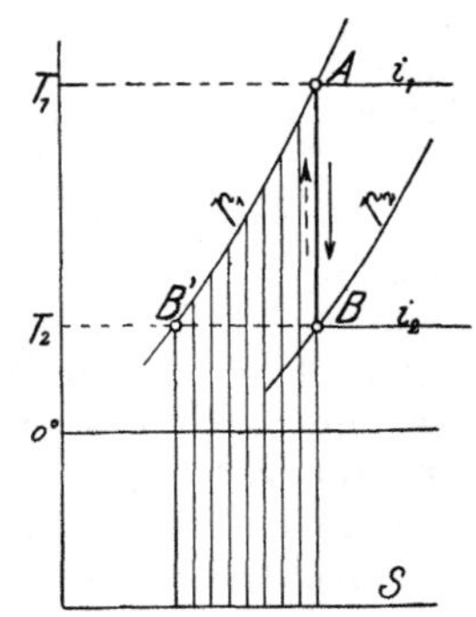

Fig. 111.

[1]) Wohl zuerst von Stodola ausgeführt.

[2]) Im Sattdampfgebiet wurde auf solche Kurven der Klarheit der Tafel wegen verzichtet.

[3]) Wegen der geringen Veränderlichkeit von c_p innerhalb engerer Grenzen der Temperatur genügt dieses Verfahren z. B. für die allermeisten Rechnungen an Kompressoren.

Anders wird dies, wenn man die Veränderlichkeit der spez. Wärmen mit der Temperatur berücksichtigt. Man müßte dann jedesmal die mittlere spez. Wärme zwischen den Temperaturen t_1 und t_2 mit $t_1 - t_2$ multiplizieren, was unbequem ist. Das *TS*-Diagramm fällt nicht mehr mit dem *JS*-Diagramm zusammen.

Die Entropietafel für Gase[1]) (Anhang) enthält daher Linien konstanten Wärmeinhalts ($i =$ konst.), die wagrechte Gerade sind, weil i bei gleicher Temperatur gleichen Wert hat, unabhängig vom Druck. Der Abstand dieser Parallelen wird aber nach oben hin kleiner, weil die gleichen Wärmemengen kleineren Temperaturänderungen entsprechen.

Mittels dieser *TVJS*-Tafel können nun die Ausströmgeschwindigkeiten w sehr bequem ermittelt werden. Man hat nur den Wärmeinhalt $i_1 - i_2$ zwischen den Temperaturen bei A und B zu nehmen. Dann ist

$$w = 91{,}53 \sqrt{i_1 - i_2} \quad \ldots \ldots \ldots \quad (2)$$

57. Die *JS*-Tafel für Wasserdampf.

Seit dem Auftreten der Dampfturbinen haben die Entropiediagramme große praktische Bedeutung gewonnen, hauptsächlich weil sich mit ihrer Hilfe auch der Einfluß der Strömungswiderstände auf die Zustandsänderungen in Düsen und Turbinenkanälen übersichtlich verfolgen läßt (Abschn. 62). Zur Bestimmung von Arbeitsgefällen müssen im *TS*-Diagramm die entsprechenden Wärmeflächen planimetriert werden, oder es müssen Kurven konstanten Wärmeinhalts eingetragen sein[2]). Dies kann nun vermieden und die betreffenden Arbeitswerte können einfach als Strecken abgegriffen werden, wenn man, wie zuerst Mollier gezeigt hat, als Ordinaten im Entropiediagramm anstatt der Temperaturen die Wärmeinhalte i (Abschn. 54 und 90) einführt. Die *JS*-Tafel kommt zustande, wie folgt:

Man trägt zunächst, Texttafel IV, die Entropiewerte S des trockenen Sattdampfes als Abszissen zu den Wärmeinhalten i als Ordinaten auf und vermerkt die Drücke in beliebigen Abstufungen, Kurve AB in Tafel IV für Drücke zwischen 16 und 0,06 at abs. Dies ergibt die „obere Grenzkurve“. In gleicher Weise findet man die „untere Grenzkurve“ A_1B_1 für flüssiges Wasser von der Siedetemperatur (zwischen den gleichen Drücken).

Weiter handelt es sich darum, die wichtigsten Zustandsänderungen, insbesondere diejenigen bei konstantem Druck und bei konstanter Temperatur, auch für das Heißdampfgebiet oberhalb AB, im Diagramm darzustellen. Die Zustandsänderungen bei konstantem Druck erscheinen im Sattdampfgebiet als Gerade. Wird z. B. trockener Sattdampf von 16 at bei unveränderlichem Drucke abgekühlt (wobei er sich niederschlägt), so ändern sich i und S nach der Geraden AA_1.

[1]) Vgl. Abschn. 30a.

[2]) wie z. B. in der Tafel zu Stodola, Dampfturbinen. — Die *TVS*-Tafel im Anhang enthält solche Kurven auch, aber nur im Gebiet des überhitzten Dampfs.

J S Diagramm für Wasserdampf.

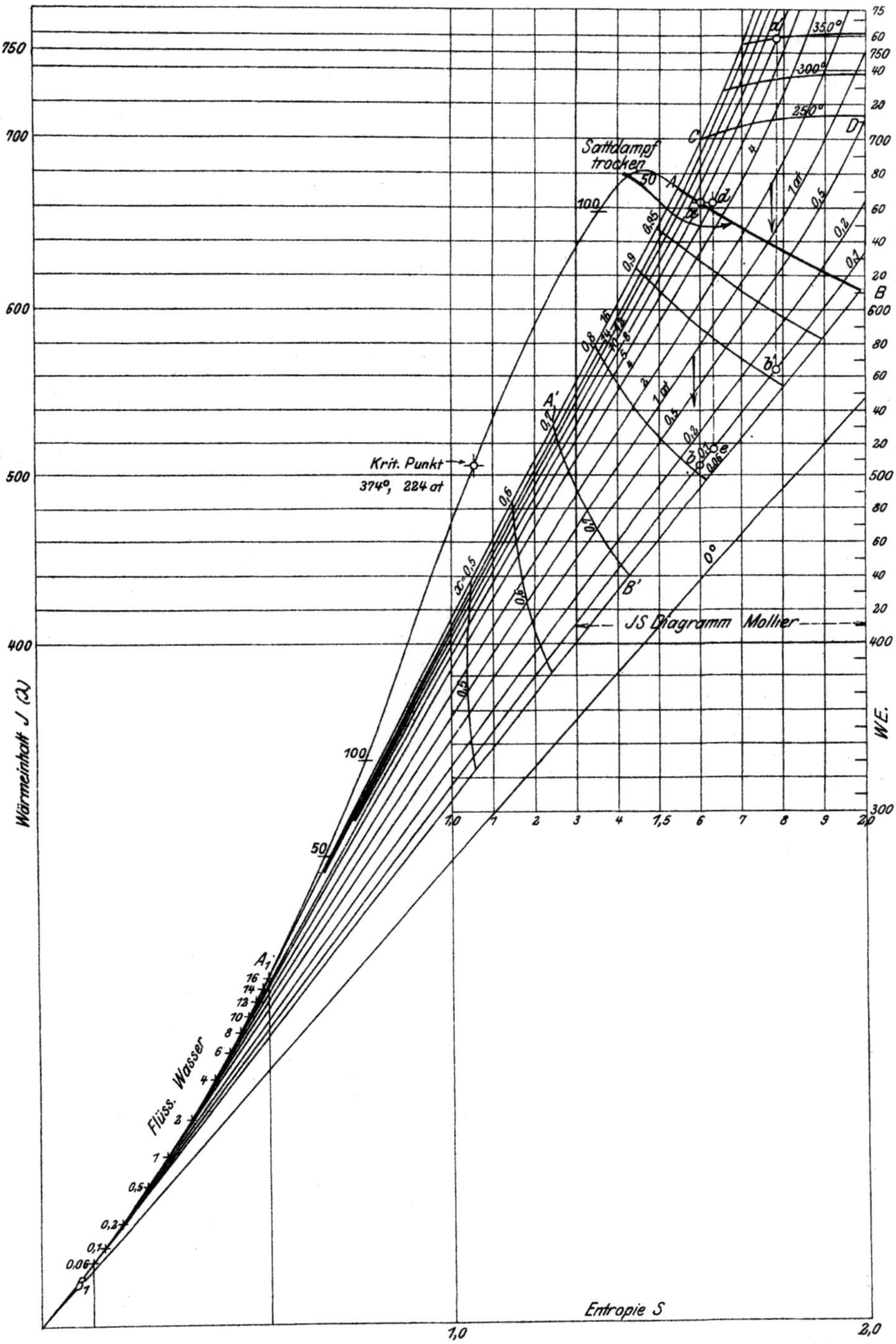

Verlag von Julius Springer in Berlin.

Man erhält also diese Zustandsänderung für beliebige Drücke durch geradlinige Verbindung der zu gleichen Drücken gehörigen Punkte beider Grenzkurven, Tafel IV.

Für feuchten Dampf ist nämlich der Wärmeinhalt

$$i = q + x\varrho + \frac{1}{427} pv \text{ (Abschn. 37a)},$$

und darin

$$v = xv_s + (1 - x) \cdot 0{,}001 \text{ (Absch. 37)},$$

also

$$i = q + x\varrho + \frac{1}{427} px\,(v_s - 0{,}001) + \frac{0{,}001}{427} p.$$

Ferner ist die Entropie

$$S = S_f + \frac{xr}{T} \text{ (Abschn. 40)}.$$

Bei unveränderlichem Druck bleiben nun in den Ausdrücken für i und S alle Größen bis auf x unverändert und wie man leicht erkennt, entsteht durch Elimination von x aus beiden Gleichungen eine einzige Gleichung vom ersten Grade zwischen den beiden Veränderlichen i und S. Diese Gleichung stellt im Diagramm mit i und S als Koordinaten eine Gerade dar.

Die Entropiewerte nehmen bei zunehmender Feuchtigkeit proportional mit x ab, ebenso i, wie man leicht erkennt. Daher erhält man die zu bestimmten Punkten auf AA_1 gehörigen Feuchtigkeitsgrade (bzw. Dampfgehalte) durch Einteilung von AA_1 in gleiche Teile. Bei A' liegt z. B. Dampf von 30 v. H. Feuchtigkeit, also 70 v. H. oder 0,7 Dampfgehalt vor. Es ist

$$\frac{A_1 A'}{A_1 A} = 0{,}7.$$

In ganz gleicher Weise findet man die Dampfgehaltswerte auf den übrigen Geraden gleichen Druckes.

Die Zustandsänderung mit gleichbleibender Feuchtigkeit erhält man durch Verbindung von Punkten gleicher Feuchtigkeit auf den Geraden $p =$ konst., z. B. Kurve $A'B'$ für $x = 0{,}7$.

Die Geraden gleichen Druckes sind im Sattdampfgebiet gleichzeitig Isothermen.

Im Heißdampfgebiet können die Kurven gleichen Druckes, die die Fortsetzung der Geraden des Sattdampfgebietes bilden, eingetragen werden, nachdem erst die Entropiewerte (aus den Münchener Versuchen über c_p) bestimmt sind. Die Tafel im Anhang ist hiernach und nach den sonstigen neueren Versuchen über den Wasserdampf gezeichnet[1]); ebenso die Linien gleicher Temperatur, wie z. B. CD für 250°.

---

[1]) Eine Tafel in kleinerem Maßstab, die wie die Texttafel auch die untere Grenzkurve und den Verlauf dieser und der oberen Grenzkurve im ganzen Sattdampfgebiet bis zum kritischen Punkt enthält, findet sich in Z. Ver. deutsch. Ing. 1911, W. Schüle, Die Eigenschaften des Wasserdampfs nach den neueren Versuchen. Nach dem Original dieser (verkleinerten) Tafel ist die im Anhang beigegebene JS-Tafel hergestellt.

Die Kurven konstanter Temperatur lassen unter anderem durch ihren fast wagerechten Verlauf erkennen, daß die Wärmemengen (i), die zur Herstellung von überhitztem Dampf aus Wasser erforderlich sind, von dem Dampfdruck fast unabhängig sind. So sind z. B. zur Herstellung von Heißdampf von 350° aus Wasser von 0° erforderlich bei

14	10	6	1	at
752,8	753,8	755	757	Cal.

Die Zustandsänderung bei der Drosselung (Abschn. 47) ist im *JS*-Diagramm durch wagerechte Gerade dargestellt, da bei der Drosselung i unverändert bleibt.

Anwendungsbeispiele. 1. Wie groß ist das Wärmegefälle bei adiabatischer Expansion bis 0,1 at für

a) trockenen Sattdampf von 12, 8, 5, 1 at abs.?

b) Heißdampf von 350° bei gleichen Drücken?

Für Sattdampf von 8 at ist das Wärmegefälle gleich der Strecke ab, Taf. IV. Dies sind 157,2 Cal., das Arbeitsgefälle ist daher $427 \cdot 157{,}2 = 67\,120$ mkg. Für Heißdampf von 8 at erhält man $(a'b') = 194$ Cal. $= 82\,800$ mkg.

Die Tafel im Anhang ergibt auf diese Weise für

	12	8	5	1	at
bei Sattdampf $i_1 - i_2 =$	172	158	142	83	Cal. Wärmegefälle,
bei Heißdampf	207,5	195	180	122	Cal.

2. Wie groß ist der thermische Wirkungsgrad des idealen Prozesses von Dampfturbinen, die mit den Drücken und Temperaturen des vorhergehenden Beispiels arbeiten?

Der thermische Wirkungsgrad ist das Verhältnis der Wärmegefälle aus Beispiel 1, die in Arbeit übergehen, zu den aufgewendeten Wärmemengen (vgl. Abschn. 70). Die letzteren sind nach den Dampftabellen bzw. der *JS*-Tafel

für Sattdampf	$i =$ 666,4	660,9	655,2	638,2	Cal.
Daher ist	$\eta_{th} =$ 0,258	0,239	0,217	0,130,	
für Heißdampf	$i =$ 753	754	755	757	Cal.
	$\eta_{th} =$ 0,275	0,256	0,236	0,16.	

Diese Werte sind in Fig. 178 eingetragen. Für Kolbendampfmaschinen kommen sie als Grenzwerte nicht in Betracht, weil mit diesen nicht so tief expandiert werden kann.

3. Wie groß ist die Ausflußgeschwindigkeit von Heißdampf von 12 at abs. und 350° aus einer entsprechend geformten Düse bei einem Gegendruck von 0,1 at abs.?

Allgemein ist

$$w = \sqrt{2gL}.$$

Mit $i_1 - i_2$ als Wärmegefälle, $L = 427\,(i_1 - i_2)$ wird

$$w = \sqrt{2g \cdot 427 \cdot (i_1 - i_2)} = 91{,}53\,\sqrt{i_1 - i_2}.$$

Nach der *JS*-Tafel ist

$$i_1 - i_2 = 207{,}5,$$

daher

$$w = 91{,}53\,\sqrt{207{,}5} = 1320 \text{ m/sec}.$$

4. Um wieviel v. H. nimmt die Arbeitsfähigkeit des Sattdampfes von 8 at abs., bezogen auf einen Gegendruck von 0,1 at, ab, wenn der Dampf vor seiner Verwendung auf 6 at abgedrosselt wird?

Die Abdrosselung von 8 auf 6 at ist durch die gerade Strecke *ad*, Taf. IV, dargestellt. Das Wärmegefälle nach der Drosselung ist nur noch *de*, während es vorher *ab* war. Die Abnahme beträgt nach der *JS*-Tafel 9,2 Cal., daher der verhältnismäßige Verlust $\frac{9,2}{158} \cdot 100 = 5,8$ v. H.

Der gedrosselte Dampf ist überhitzt, Punkt *d*. Trockener Dampf von 6 at würde nur ein Wärmegefälle von 148 Cal. besitzen, also

$$158 - 148 = 10 \text{ Cal.}$$

weniger. Durch die Drosselung geht also fast dieser ganze Betrag verloren.

5. Mittels der *JS*-Tafel in Verbindung mit der *TVS*-Tafel läßt sich auch das Arbeitsgefälle und der thermische Wirkungsgrad von Kolbendampfmaschinen mit unvollständiger Expansion bestimmen. Bei Expansion bis auf den Gegendruck, sog. vollständige Expansion, wie sie gelegentlich bei Auspuffmaschinen oder als Vergleichsmaßstab auch bei Kondensationsmaschinen vorkommt, ist das Verfahren identisch mit demjenigen bei Dampfturbinen, bzw. bei Bestimmung der Ausflußgeschwindigkeit. Vgl. Abschn. 71.

58. Die wirklichen Ausflußmengen und Ausflußgeschwindigkeiten.

a) Allgemeine Verhältnisse.

Aus der Hydraulik tropfbarer Körper ist bekannt, daß die wirklichen Ausflußmengen und Geschwindigkeiten aus Mündungen irgendwelcher Art nicht allein vom Flächeninhalt des engsten Querschnitts der Mündung abhängen, sondern außerdem von der besonderen Gestaltung der Mündungen. Hierbei kommt es viel weniger auf die Querschnittsform an, ob die Mündung kreisförmig, rechteckig, quadratisch usw. ist, als darauf, wie der Übergang des Längenschnittes der Mündung in die anschließende Gefäßwand beschaffen ist. Auch alle Versuche mit Luft oder Dampf haben gezeigt, daß die rechnungsmäßig nach den früher entwickelten Gleichungen Abschn. 52 zu erwartenden Ausflußmengen nur dann nahezu vollständig erreicht werden, wenn die dem Einlauf benachbarten Querschnitte nicht unvermittelt in den sehr viel größeren Gefäßquerschnitt übergehen.

Auf alle Fälle braucht nämlich die ausströmende Flüssigkeitsmasse eine gewisse Zeit und einen entsprechenden Weg, um aus ihrer Ruhe im Gefäß die Ausflußgeschwindigkeit in der Mündung anzunehmen. Besteht also diese z. B. aus einem scharfkantigen Loch, wie jede Öffnung von einiger Größe in dünner Wand oder wie eine Öffnung in dickerer Wand nach Fig. 112, so muß die Strahlbildung schon innerhalb des Gefäßes beginnen, Fig. 112. Versuche mit tropfbaren Flüssigkeiten zeigen auch dem Auge, daß die Fließrichtung des Strahles an seiner Oberfläche in der Ebene der Mündung nicht seiner Mittelachse parallel ist. Im Falle einer kreisrunden Öffnung besteht der freie Strahl aus

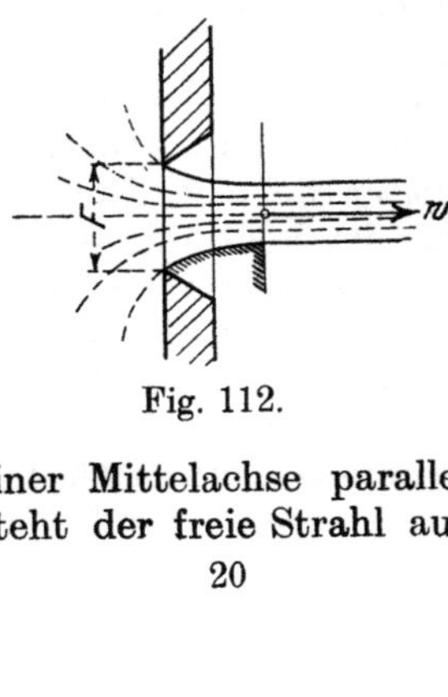

Fig. 112.

einem konoidischen Körper, der erst in einiger Entfernung vom Loche allmählich zylindrisch wird. Erst im kleinsten Querschnitt $F' < F$ kann gemäß der Stetigkeit der Strömung die größte Ausflußgeschwindigkeit w erreicht sein und die sekundliche Ausflußmenge ist daher nicht $Fw\gamma$, sondern $F'w\gamma$. Setzt man das Kontraktionsverhältnis $F'/F = \alpha$, so wird

$$G_{sec} = \alpha F w \gamma .$$

Man kann leicht aus Fig. 112 folgern, daß eine Mündungsform, die sich der natürlichen Form des aus der Ruhe allmählich entstehenden Strahles anschließt, und zwar so, daß im engsten Mündungsquerschnitt alle Flüssigkeitsfäden (Stromlinien) parallel sind, auch nahezu die rechnungsmäßigen Mengen durchlassen wird. Dies wird durch die Ausflußversuche bestätigt, die nebenbei lehren, daß es nicht auf einen besonderen Verlauf der Meridianlinie der Mündung ankommt, sondern im wesentlichen darauf, daß der Übergang (die Abrundung) allmählich ist, wobei schon verhältnismäßig kleine Krümmungshalbmesser bedeutende Wirkung äußern.

Selbst bei sehr vollkommener Abrundung bleiben jedoch die wirklichen Ausflußmengen bei den besten Versuchen noch etwas unter den errechneten. Dies wird so erklärt, daß die größte Ausflußgeschwindigkeit w nicht den Wert w_0 erreicht, der ihr nach dem Druckverhältnis und den sonstigen Eigenschaften des strömenden Körpers zukommt. Ein Teil dieser Geschwindigkeit wird vielmehr durch die Wandreibung des Strahles verzehrt. Man hat also

$$w = \varphi w_0 ,$$

wobei der „Geschwindigkeitskoeffizient“ $\varphi < 1$ ist. Bei einer einfachen Mündung ist also

$$G_{sec} = \alpha f \varphi w_0 \gamma = \alpha \varphi f w_0 \gamma .$$

Setzt man

$$\alpha \varphi = \mu ,$$

so wird

$$G_{sec} = \mu f w_0 \gamma .$$

Im allgemeinen jedoch besteht die Beziehung $\alpha\varphi = \mu$ nicht. Bei dem scharfkantigen Ansatzrohr nach Fig. 114 kann man z. B. annehmen, daß die Kontraktion in gleicher oder ähnlicher Weise im Inneren, an der Eintrittskante, entsteht, wie bei der freien Öffnung nach Fig. 112. Die Ausflußgeschwindigkeit w kommt aber erst nach dieser Stelle im Rohrfortsatz zur Ausbildung, und zwar dadurch, daß die im kontrahierten Querschnitt entstandene Geschwindigkeit zum Teil durch Stoß vernichtet wird und in Wärme übergeht. α und φ können hiernach, da sie ganz verschiedenen Querschnitten angehören, nicht im obigen einfachen Zusammenhang stehen.

Bei allen Mündungen, die nicht aus einem einfachen scharfkantigen Loch nach Fig. 112 bestehen, wird man daher setzen

$$G_{sec} = \mu \cdot G_{0\,sec} \quad \ldots \ldots \ldots \quad (1)$$

wenn man unter G_{0sec} den nach Abschn. 52 berechenbaren theoretischen, widerstands- und kontraktionsfreien Wert der Ausflußmenge versteht. μ wird als „Ausflußkoeffizient" bezeichnet.

Ferner setzt man

$$w = \varphi w_0 \quad . \quad . \quad . \quad . \quad . \quad . \quad . \quad . \quad . \quad . \quad (2)$$

gleichgültig durch welche Umstände die Ausflußgeschwindigkeit herabgesetzt wird.

μ und φ sind die einzigen Werte, die sich aus Ausflußversuchen unmittelbar ermitteln lassen.

An Stelle des Koeffizienten φ, der im Dampfturbinenbau eine wichtige Rolle spielt, wird gelegentlich ein anderer Wert eingeführt. Aus φ folgt nämlich der Verlust an Strömungsenergie, der auf 1 kg ausströmende Masse entfällt, ganz unabhängig davon, wieviel Masse in der Sekunde ausströmt oder wie groß der Ausflußkoeffizient μ ist. Ohne Geschwindigkeitsverlust wäre nämlich die Strömungsenergie identisch mit dem Arbeitsgefälle L_0 und gleich $w_0^2/2g$. In Wirklichkeit ist die Strömungsenergie nur $w^2/2g$. Daher ist der Verlust

$$L_v = \frac{w_0^2}{2g} - \frac{w^2}{2g} = \frac{w_0^2}{2g}\left(1 - \frac{w^2}{w_0^2}\right),$$

oder

$$L_v = L_0 \cdot (1 - \varphi^2).$$

Setzt man den verhältnismäßigen Verlust an Strömungsenergie

$$\frac{L_v}{L_0} = \zeta,$$

so gilt

$$\zeta = 1 - \varphi^2 \quad . \quad . \quad . \quad . \quad . \quad . \quad . \quad . \quad (3)$$

ζ wird als Widerstandskoeffizient bezeichnet.

Bei Gasen und Dämpfen ist nun noch ein weiterer Umstand zu beachten, der später ausführlicher erörtert wird, aber jetzt schon erwähnt werden muß, weil sich nur mit seiner Beachtung eine richtige Beziehung zwischen den Werten von μ nach Gl. 1 und von φ bzw. ζ nach Gl. 2 und 3 herleiten läßt. Durch den als Widerstandsarbeit verbrauchten, in Wärme übergegangenen Teil ζL_0 der Gefälle-Energie wird nämlich der Strahl erwärmt. Das spez. Volumen v' im Mündungsquerschnitt wird dadurch gegenüber dem adiabatischen Endvolumen v der Expansion, das in den Ausflußformeln enthalten ist, vergrößert. Wie später bewiesen wird, ist diese Volumenvermehrung so groß, als ob das adiabatische spez. Endvolumen bei dem konstant gedachten Enddruck durch die Wärme $A\zeta L_0$ vergrößert würde.

Ist nun $v' : v = 1 + \beta$ das Raumvergrößerungsverhältnis, so wird das Ausflußgewicht wegen

$$G_{sec} = \frac{f_a \cdot w}{v'}$$

$$G_{sec} = \frac{f_a \cdot \varphi w_0}{v(1+\beta)} = \frac{\varphi}{1+\beta} \frac{f_a w_0}{v}.$$

Nun ist $f_a w_0/v = G_{0\,sec}$, daher

$$G_{sec} = \frac{\varphi}{1+\beta} G_{0\,sec},$$

also

$$\mu = \frac{\varphi}{1+\beta} \quad \ldots \ldots \ldots \ldots \quad (4)$$

Als Ausflußquerschnitt f_a ist hierbei derjenige anzunehmen, in dem die Geschwindigkeit ihren endgültigen Wert erreicht hat.

Dies ist in solchen Fällen besonders zu beachten, wo die Ausflußmenge aus einem anderen Querschnitt berechnet wird als die Ausflußgeschwindigkeit, also z. B. bei verengten (Lavalschen) Düsen. In diesen Fällen gilt die Beziehung nicht. Es ist dann vielmehr, wenn f_m der Querschnitt ist, mittels dessen die Ausflußmenge bestimmt wird,

$$G_{sec} = \frac{\mu \cdot f_m \cdot w_m}{v_m},$$

mit w_m und v_m als adiabatischen Werten für f_m; andererseits

$$G_{sec} = \frac{\varphi}{1+\beta} \cdot \frac{f_a w_0}{v},$$

somit

$$\mu = \frac{\varphi}{1+\beta} \cdot \frac{f_a}{f_m} \frac{w_0}{w_m} \frac{v_m}{v} \quad \ldots \ldots \ldots \quad (4\text{a})$$

In Gl. 4 ist nun β noch abhängig von φ, jedoch nicht in einfacher Weise. Handelt es sich z. B. um Gase, so gilt für die Erwärmung durch die Widerstandsarbeit

$$A \zeta L_0 = c_p \cdot (T' - T) = c_p \cdot T \left(\frac{T'}{T} - 1\right)$$

oder

$$\frac{T'}{T} = \frac{A \zeta L_0}{c_p T} + 1,$$

mit T' als wirklicher, T als adiab. Endtemperatur.

Nach dem Gay-Lussacschen Gesetz ist dies gleichzeitig das Raumvergrößerungsverhältnis, so daß man erhält

$$1 + \beta = 1 + \frac{A \zeta L_0}{c_p T} \quad \ldots \ldots \ldots \quad (5)$$

und hiermit, wenn $A L_0 = h_0$ (Wärmegefälle) gesetzt wird,

$$\mu = \frac{\varphi}{1 + \frac{\zeta h_0}{c_p T}} \quad \ldots \ldots \ldots \quad (6)$$

oder

$$\mu = \frac{\sqrt{1-\zeta}}{1 + \frac{\zeta h_0}{c_p T}} \quad \ldots \ldots \ldots \quad (6\text{a})$$

Im einzelnen Falle läßt sich hiermit, wenn es sich z. B. um Auswertung von Versuchen handelt, ζ aus μ, oder umgekehrt, bestimmen.

Über die Darstellung dieser Verhältnisse im Entropiediagramm vgl. Abschn 62, desgl. über den hier nicht erörterten Unterschied zwischen der eigentlichen Widerstandsarbeit und dem Verlust an Strömungsenergie, der jedoch für die obigen Darlegungen und Formeln ohne Einfluß bleibt.

Bemerkung. In der Hydraulik tropfbarer Körper wird der Widerstandskoeffizient (ζ') auf die wirkliche Endgeschwindigkeit w, nicht auf den Gefällewert w_0 bezogen, wie es sich für Gase und Dämpfe im Laufe der Entwicklung als zweckmäßiger herausgestellt hat. Der Widerstandsverlust ist bei dieser Darstellung $\zeta' w^2/2g$, während er oben $\zeta w_0^2/2g$ gesetzt wurde. Zwischen ζ' und ζ besteht also der Zusammenhang

$$\zeta' w^2 = \zeta w_0^2$$

$$\zeta' = \zeta \left(\frac{w_0}{w}\right)^2 = \frac{\zeta}{\varphi^2},$$

oder, da $\zeta = 1 - \varphi^2$ ist,

$$\zeta' = \frac{\zeta}{1 - \zeta}$$

oder auch

$$\zeta' = \frac{1}{\varphi^2} - 1.$$

Für Werte $\varphi < \frac{1}{\sqrt{2}} = 0{,}707$ wird also $\zeta' > 1$, während ζ als Bruchteil der Gefälleenergie stets < 1 ist.

b) Experimentelle Prüfung der Ausflußformeln

Gl. 8 und 12, Abschn. 52.

Versuche zu diesem Zweck können nach dem Vorangehenden nur mit kurzen, innen gut abgerundeten Mündungen ausgeführt werden. Mit modernen Mitteln und unter Beachtung aller Umstände sind solche Versuche angestellt worden von Zeuner für Luft[1]), von Gutermuth und Blaeß für trockenen gesättigten Wasserdampf[2]), von Bendemann für mäßig und leicht überhitzten Wasserdampf[3]), desgleichen von Loschge[4]). Sie haben übereinstimmend ergeben, daß die gemessenen Ausflußgewichte nur um wenige Hundertteile von den berechneten abweichen.

Bei seinen älteren Versuchen (Ausfluß von Druckluft aus einem Kessel) fand Zeuner für Drücke, die mehr als ungefähr das Doppelte des Außendrucks betrugen, also bei Schallgeschwindigkeit, eine solche Übereinstimmung von Gl. 12, „daß man die geringfügig abweichenden Resultate den Beobachtungsfehlern zuschreiben darf". Durch diese Versuche wurde erstmals (1871) die Gültigkeit des von de Saint-Venant und Wantzel entdeckten Gesetzes von der Unveränderlichkeit

---

[1]) Zeuner, Technische Thermodynamik, 1. Aufl., 1887, S. 250, 2. Aufl. (neue Versuche), 1900, S. 256, ausgeführt in der Dresdener Techn. Hochschule.
[2]) Forsch.-Arb. Heft 19 (1904).
[3]) Forsch.-Arb. Heft 37. Ebenda auch Bemerkungen über andere Versuche.
[4]) Z. Ver. deutsch. Ing. 1913, S. 60.

der Ausflußmengen bei überkritischen Druckverhältnissen experimentell streng nachgewiesen.

Bei späteren, noch genaueren Versuchen Zeuners (Einströmung atmosphärischer Luft in einen leer gepumpten großen Kessel, Mündungen von 5, 11 und 15 mm Durchmesser) wurden die Ausflußmengen etwas kleiner als die berechenbaren gefunden. Zeuner fand $\zeta = 0{,}066$, $0{,}068$, $0{,}044$, sämtliche Werte bei Schallgeschwindigkeit; dies entspricht ungefähr $\varphi = \mathbf{0{,}97}$ ($\simeq \mu$).

Bei kleineren Druckverhältnissen hatte Weisbach schon früher für kurze Mundstücke mit guter innerer Abrundung (konoidisch mit parallelem Auslauf) Werte von μ gefunden, deren Mittelwert ebenfalls rd. **0,97** ist. Diese Versuchsreihe und der Zeunersche Wert würden, in Fig. 113 eingetragen, eine wagrechte Gerade ganz oben bilden. Bei ganz kleinem Überdruck schienen die Werte etwas kleiner zu sein.

Für Dampf fand Gutermuth bei einer trichterförmigen, gut abgerundeten Mündung „volle Übereinstimmung mit den berechneten Werten" für die Ausflußmengen, und zwar von den kleinsten Überdrücken bis weit über die kritischen Überdrücke und bei Dampfspannungen von 1 bis 9 at abs.

Bendemann, bei dessen Versuchen alle früheren Erfahrungen verwertet werden konnten, fand für mäßig überhitzten Dampf die Versuchswerte von G_{sec} bei allen Druckverhältnissen um etwa 3 bis 4 v. H. kleiner als die rechnungsmäßigen, also $\mu = 0{,}96$—$0{,}97$. Bei gesättigtem Dampf dagegen waren die wirklichen Ausflußmengen im Gebiet der höheren Druckverhältnisse, von etwa $p_i/p_a = 1{,}3$ an, etwas größer als die rechnungsmäßigen, somit scheinbar $\mu > 1$.

Sattdampf und Heißdampf zeigten im übrigen bei gleichem Druckverhältnis auch gleiche Ausflußmengen, was ebenfalls der Theorie widerspricht.

Loschge fand diese Ergebnisse bestätigt. Für überhitzten Dampf von etwa 260° und 5 bis 7 at war $\mu = 0{,}97$, und zwar bei überkritischen Drücken bis herab zu unterkritischen Druckverhältnissen von etwa 0,85. Dagegen waren bei gesättigtem Dampf die wirklichen Ausflußmengen bei den überkritischen Drücken um etwa 3 v. H. größer als die theoretischen. Dieser Widerspruch mit der Theorie wird heute damit erklärt, daß die der adiabatischen Ausdehnung entsprechende Feuchtigkeitsbildung in Wirklichkeit unterdrückt wird (Unterkühlung), so daß der Sattdampf bei der Ausströmung ein dem Heißdampf ähnliches Verhalten zeigt[1]). Dies tritt besonders bei den höheren Überdrücken in die Erscheinung.

Auch ist zu beachten, daß der Exponent der Heißdampfadiabate besonders in der Nähe der Sättigung nicht unveränderlich ist, sondern vom Druck und von der Temperatur abhängt[2]), sowie daß der mäßig überhitzte Dampf während der Ausdehnung ins Sattdampfgebiet eintreten kann.

Der Geschwindigkeitskoeffizient φ solcher Mündungen ist nur wenig von μ verschieden. Gemäß

$$\varphi = \mu(1 + \beta)$$

wird er etwas größer sein als μ. Wenn man den geringen Unterschied berücksichtigen wollte, so könnte man etwa

$$\varphi = 0{,}975$$

setzen.

---

[1]) Bd. II Abschn. 16.

[2]) Bd. II Abschn. 9.

c) Mündungen in dünner Wand und scharfkantige, außen divergente Löcher

lieferten bei allen Versuchen ganz wesentlich kleinere Ausflußmengen als unter gleichen Umständen innen abgerundete Mündungen nach b.

Fig. 113 zeigt (untere Linien) die Ergebnisse von Versuchen Weisbachs[1]) mit Luft. μ liegt in den Grenzen von rd. 0,55 bis rd. 0,7. Es wächst sehr merkbar mit steigendem Überdruck und ist für weitere Öffnungen etwas kleiner als für enge. In der gleichen

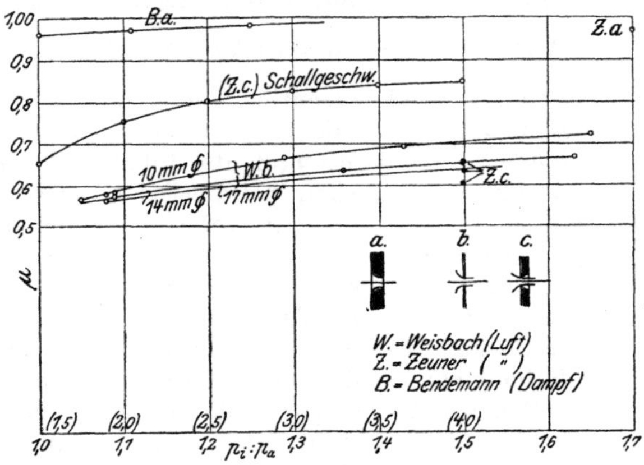

Fig. 113.

Figur sind auch die Ergebnisse Zeuners mit einer runden scharfkantigen Mündung aufgetragen. Die Werte beginnen bei dem Druckverhältnis 1,5 und liegen nahe bei den Weisbachschen. Sie nehmen mit dem Druck zu und wachsen, nachdem die Schallgeschwindigkeit erreicht ist, d. h. von etwa $p_i/p_a = 1{,}7$ an noch weiter. Die größeren Druckverhältnisse von 1,5 an sind in kleinerem Maßstab von links an aufgetragen (eingeklammerte Abszissen, deren Werte gleichzeitig die absoluten Luftdrücke sind). Wenn der Luftdruck von 1,5 bis 4 at steigt, so nimmt hiernach μ, obwohl die Ausflußgeschwindigkeit unverändert bleibt, von rd. 0,65 bis 0,83 zu[2]).

Die bei allen diesen Versuchen beobachtete Verminderung der Ausflußmenge ist der Kontraktion des Strahles und wohl allein dieser zuzuschreiben, so daß man

$$\mu = \alpha$$

---

[1]) Nach Grashof, Hydraulik.

[2]) Diese merkwürdige Erscheinung ist wohl nur bei diesen Versuchen beobachtet und wenig bekannt. Der Bericht darüber ist nur in der älteren Auflage von Zeuners Thermodynamik enthalten.

setzen kann, während $\varphi =$ rd. 1 ist, da an der scharfen Kante weniger Gelegenheit zur Flächenreibung ist, als bei kurzen oder längeren Mundstücken mit geführtem Strahl.

Für sehr kleine Überdrücke von rd. 5 bis 50 mm H_2O, also p_i/p_a höchstens 1,005 fand neuerdings A. O. Müller[1]) bei sorgfältigen Ausflußversuchen mit Luft (im Maschinenlaboratorium der Techn. Hochschule in Berlin) $\alpha = 0{,}597$, also merklich mehr, als sich aus den Weisbachschen Versuchen für solche Überdrücke folgern läßt (0,54). Vielleicht hängt dies damit zusammen, daß bei dieser Mündung, nach Fig. 124, der innere Rand nicht scharfkantig war, sondern zylindrisch mit 0,1 mm Höhe (Fig. 7 a. a. O.).

d) Kurze Ansatzrohre einschl. Laval-Düsen.

Aktions- und Reaktionsmessung.

Die Erscheinungen sind wesentlich andere, je nachdem an der Eintrittskante Kontraktion vermieden wird oder nicht. Im ersteren Falle, also bei guter Abrundung und allmählichem Übergang in die Gefäßwand, sind die Eigenschaften prismatischer oder konvergenter Ansatzröhren von mäßiger Länge nur wenig verschieden von denen der kurzen, gut abgerundeten einfachen Mündungen nach Abschn. b. Als Ausflußquerschnitt ist der letzte Querschnitt, im Sinne der Strömung, zu betrachten. Eine Ausnahme machen, wie bekannt, divergente Röhren mit Einschnürung (Lavalsche Düsen). Die wirklichen Ausflußmengen und Ausflußgeschwindigkeiten stimmen aber auch bei solchen Röhren gut mit den nach Gl. 8 und 12, Abschn. 52 berechneten Werten überein, wenn sie auch infolge der Rohrreibung etwas kleiner als diese ausfallen. Insbesondere ist die Steigerung der Ausflußgeschwindigkeit weit über die Schallgeschwindigkeit hinaus vielfach einwandfrei nachgewiesen. Bei unrichtiger Bemessung bzw. unrichtigem Betrieb der Düsen sind dagegen die Erscheinungen sehr verwickelter Art; sie müssen einer besonderen Darstellung vorbehalten werden[2]).

Bei scharfkantigem Einlauf tritt in zylindrischen oder prismatischen, auch in konisch konvergenten Röhren kurz nach der Eintrittskante im Inneren des Rohres Kontraktion auf. Ist der Rohransatz lang genug, so füllt der Strahl im weiteren Verlauf die Röhre ganz aus und verläßt die Mündung mit vollem Querschnitt. Schon von Weisbach ist bei Wasser und Luft beobachtet worden, daß der Druck im kontrahierten Strahlquerschnitt und in dessen unmittelbarer Umgebung unter den Außendruck fällt, die Geschwindigkeit w' somit an dieser Stelle den Gefällewert übersteigt. Nach dem kontrahierten Querschnitt nimmt die Strahlgeschwindigkeit, dem größeren Querschnitt entsprechend, wieder ab, wobei die lebendige Kraft der Strömung um den Betrag $w'^2/2g - w^2/2g$ fällt, mit w als Ausflußge-

---

[1]) Forsch.-Arb. 49, Messung von Gasmengen mit der Drosselscheibe.

[2]) Versuche hierüber von Gutermuth, Stodola und Bendemann, a. a. O.

schwindigkeit. Ein Teil dieser Energie wird zur Steigerung des statischen Druckes im Strahl bis auf den Außendruck verbraucht, ein anderer Teil geht in Wärme über und ist als Strömungsverlust anzusehen. Dieser Verlust ist nun wesentlich größer als der Reibungsverlust an den Wänden einfacher Mündungen oder gut abgerundeter Ansatzrohre, so daß der Geschwindigkeitskoeffizient φ erheblich kleiner werden muß. Auch die Ausflußmengen werden kleiner als bei abgerundetem Einlauf, jedoch nicht kleiner, sondern trotz des Geschwindigkeitsverlustes erheblich größer als bei einfachen Löchern mit scharfer Kante und einem Durchmesser gleich dem Rohrdurchmesser.

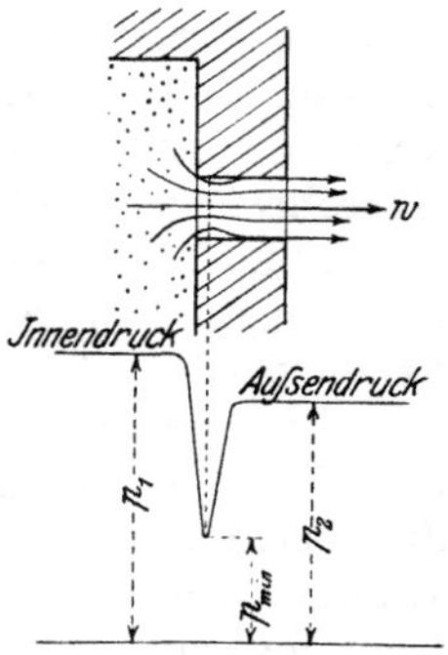

Fig. 114.

Durch die Strahlkontraktion im Inneren der Röhren kann eine ähnliche Wirkung entstehen, als ob die Röhre wirklich innen eingeschnürt wäre, und die Erscheinungen werden deshalb denen bei Laval-Düsen ähnlich. Bei hohem Gegendruck gleicht die Wirkung der scharfkantigen prismatischen Ansatzröhre derjenigen einer mit zu hohem Gegendruck betriebenen Laval-Düse. Bei niedrigem Gegendruck kann der Fall eintreten, daß Rohrquerschnitt und kontrahierter Querschnitt in dem Verhältnis stehen, wie bei einer nach dem herrschenden Druckverhältnis richtig bemessenen Laval-Düse. Ist dieses Druckverhältnis größer als das kritische, so ist es denkbar, daß die Auslaßgeschwindigkeit auch bei einer zylindrischen oder konvergenten Röhre die Schallgeschwindigkeit übersteigt.

In Fig. 115 sind die Ergebnisse der Versuche von Weisbach und von Zeuner mit Luft, von Gutermuth mit trockenem Wasserdampf

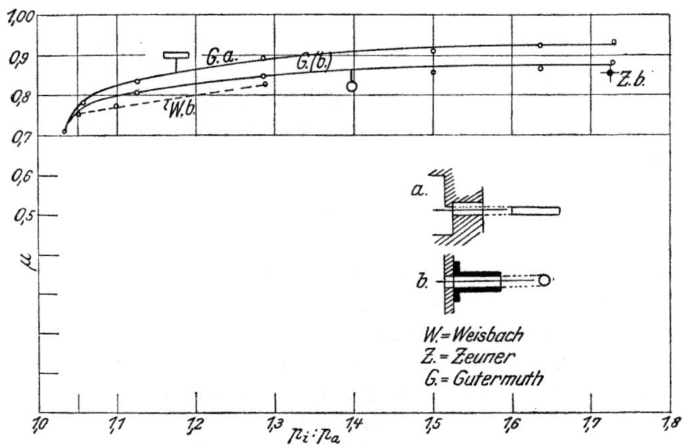

Fig. 115.

aufgetragen. Die Ausflußmengen sind in allen Fällen und bei allen Überdrücken wesentlich kleiner als die theoretischen, am kleinsten bei dem scharfkantigen zylindrischen Ansatzrohr von 10 mm Durchmesser

(Weisbach) und nur wenig größer bei dem kreiszylindrischen Loch der Gutermuthschen Versuche. Etwas größer sind unter sonst gleichen Umständen die Ausflußmengen aus dem lang rechteckigen Loch bei diesen Versuchen, wahrscheinlich deshalb, weil dem Loch eine Platte vorgelagert war, durch die der Koeffizient der inneren Kontraktion vergrößert wurde. Man kann versucht sein, die Öffnungen bei den Gutermuthschen Versuchen als einfache, scharfkantige Mündungen anzusprechen. Daß sie das nicht sind, vielmehr zu den Ansatzrohren zu rechnen sind, geht einerseits aus dem Verhalten der Ausflußkoeffizienten hervor, ganz unzweideutig aber aus Druckmessungen von Stodola an ähnlichen Mündungen, die durchaus den typischen Druckverlauf der Ansatzrohre zeigen, Fig. 114.

Bei neueren Versuchen mit abgerundeten Ansatzrohren von zylindrischer, prismatischer, konvergenter und Lavalscher Form sind die Werte des Geschwindigkeitskoeffizienten φ unmittelbar bestimmt worden, der für den Dampfturbinenbau mit Rücksicht auf die Energieverluste von besonderer Bedeutung ist.

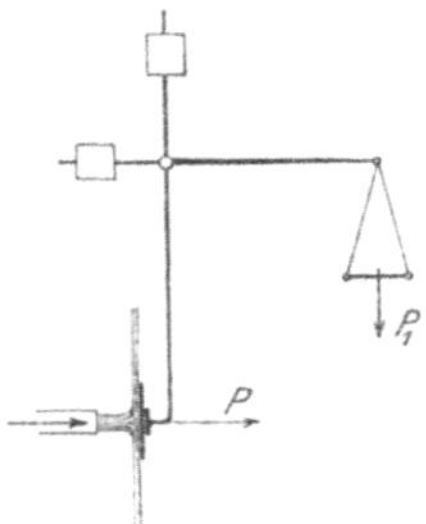

Fig. 116.

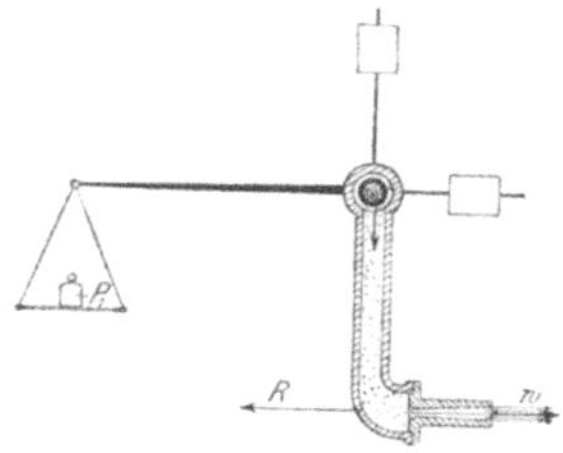

Fig. 117.

Diese Messungen sind teils nach dem Aktions-, teils nach dem Reaktionsprinzip ausgeführt worden, Fig. 116 und Fig. 117. In beiden Fällen gilt

$$P = \frac{G_{sec}}{g} w,$$

mit w als Ausflußgeschwindigkeit. Durch Messung von P und G_{sec} läßt sich w hiernach bestimmen. Über die Beschränkungen, denen dieses Verfahren unterliegt, vgl. unter e).

Die ersten Messungen mit Laval-Düsen nach dem Aktionsprinzip sind wohl von E. Lewicki[1]) ausgeführt; später in ähnlicher Weise von Briling[2]). Durch Lewickis Versuche wurde zum erstenmal das tatsächliche Bestehen von Überschall-Geschwindigkeiten in Lavalschen Düsen unwiderleglich nachgewiesen, das zwar schon von Zeuner

[1]) Z. Ver. deutsch. Ing. 1903, S. 441. Die Anwendung hoher Überhitzung im Dampfturbinenbetrieb.

[2]) Forsch.-Arb. 68. Verluste in den Schaufeln von Freistrahl-Dampfturbinen.

theoretisch begründet, später aber von verschiedenen Seiten, z. T. auf Grund von Versuchen, entschieden bestritten worden war[1]). Diese Versuche ergaben überdies eine vorzügliche Übereinstimmung der berechenbaren Ausflußmengen mit den wirklichen, sowohl für gesättigten als überhitzten Dampf.

Briling fand bei leicht überhitztem Dampf für ein zylindrisches Rohr von 6,45 mm Durchm. und 30 mm Länge $\varphi = \mathbf{0{,}95}$, bei Geschwindigkeiten zwischen 150 und 440 m/sec, und ungefähr gleiche Werte für ein prismatisches Rohr von 4×10 mm. Für eine wenig konvergente Röhre von 8,6 mm kleinstem Durchmesser wurden Werte von $\varphi = 0{,}92$ bis $\varphi = 0{,}965$ gefunden, stetig zunehmend mit der Geschwindigkeit, d. h. mit dem Druckverhältnis, Fig. 118 oben.

In neuester Zeit sind von Josse und Christlein umfangreiche Versuche mit einem nach dem Reaktionsprinzip arbeitenden Apparat ausgeführt worden, und zwar mit 6 Lavaldüsen von den im Dampfturbinenbau üblichen Formen, mit Erweiterungsverhältnissen $f_{max} : f_m = 1{,}185$ bis 12,94, außerdem mit einem Turbinen-Leitapparat mit drei Schaufelkanälen.

Wurden die Düsen mit dem richtigen Druckverhältnis betrieben, so ergab sich jeweils der größte Geschwindigkeitskoeffizient, wie zu erwarten war, da in diesem Falle nur Reibungsverluste, keine Stoßverluste auftreten. Dabei zeigte sich, daß die Verluste in den stärker erweiterten Düsen, aus denen der Dampf mit der größten Geschwindigkeit austritt, etwas geringer sind, als in den schwächer erweiterten für kleinere Druckverhältnisse und Geschwindigkeiten. Die größten Werte von φ, die bei Düsen mit etwa 800 bis 1100 m/sec Austrittsgeschwindigkeit beobachtet wurden, sind rund 0,95, während bei einer Düse mit 650 m/sec $\varphi = 0{,}94$ war. Immerhin sind also die Unterschiede nach Überschreitung von etwa 700 m/sec nicht groß.

Der Kanal-Leitapparat ergab einen noch etwas kleineren Wert, $\varphi = 0{,}92$ bis 0,93.

Mit $\varphi = 0{,}945$ als Mittelwert ist also der Strömungsverlust in Lavaldüsen nach diesen Versuchen

$$\zeta = 1 - \varphi^2 = 1 - 0{,}945^2 = \underline{0{,}107}\,^{2)} \text{ oder } 10{,}7 \text{ v. H.}$$

und bei dem kanalförmigen Leitapparat

$$\zeta = 1 - 0{,}923^2 = \underline{0{,}148} \text{ oder } 14{,}8 \text{ v. H.}$$

für ganz leicht überhitzten Dampf.

Der erwähnte günstigste Wert von $\varphi = 0{,}92$ bei dem Leitapparat trat erst bei Dampfgeschwindigkeiten in Höhe der Schallgeschwindigkeit auf. Mit abnehmender Geschwindigkeit wurde φ stetig kleiner und ging bei 250 m/sec auf 0,85 bis 0,89 herunter, so daß dann der Energieverlust auf

$$\zeta_{250} = 1 - 0{,}85^2 = \underline{0{,}28} \text{ oder } 28 \text{ v. H.}$$

steigt. Mit wachsender Dampfgeschwindigkeit erfährt sonach der Energieverlust eine recht erhebliche Abnahme.

Bei Betrieb mit höher überhitztem Dampf ergab der Leitapparat, wie Fig. 118 zeigt, für normalen Betrieb (mit Unterschallgeschwindigkeit) kleinere Werte von φ; erst bei Schallgeschwindigkeit liegen die Werte von φ

---

[1]) Durch die bekannten Druckmessungen von Stodola und später durch die theoretischen und experimentellen Arbeiten von Prandtl (Phys. Zeitschr. 1904 u. 1907) wurde das Verhalten der Düsen im einzelnen geklärt.

[2]) Stodola gibt an (Dampfturbinen, 4. Aufl., S. 136) $\zeta = 0{,}05$ bis 0,15 für kurze bzw. lange Düsen. Lange Düsen sind im allgemeinen solche für hohe Geschwindigkeiten, bei denen also der Energieverlust wesentlich größer angesetzt wurde.

in der Höhe wie bei Sattdampf. Dem in Fig. 118 eingetragenen Verlauf bei Überschallgeschwindigkeit kommt wohl keine reelle Bedeutung zu, wie aus den späteren Darlegungen hervorgeht. Vgl. jedoch Abschn. 58a.

Von Loschge wurden an ähnlichen Leitkanälen die Ausflußmengen gemessen. Dabei fand sich der Ausflußkoeffizient bei überkritischen Drücken

$$\mu = 0{,}92;$$

mit abnehmendem Überdruck wurde μ kleiner und betrug bei überhitztem Dampf für

$$\frac{p_a}{p_i} = 0{,}7 \qquad 0{,}8 \qquad 0{,}9$$

$$\mu = 0{,}91 \qquad 0{,}90 \qquad 0{,}89$$

Wie bei der einfachen Mündung fanden sich die Ausflußmengen für Heißdampf und Sattdampf gleich groß, was der gleichen Ursache wie dort zuzuschreiben ist.

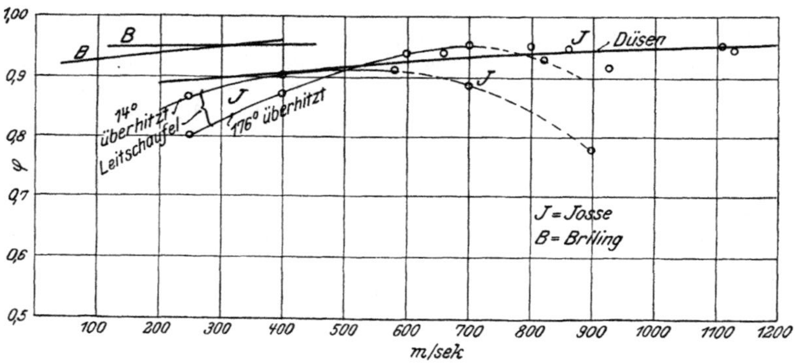

Fig. 118.

Bei Betrieb mit für das Erweiterungsverhältnis zu kleiner Dampfgeschwindigkeit ergaben die Lavaldüsen, wie zu erwarten, rasch abnehmende Werte von φ, also zunehmenden Verlust, ebenso bei Betrieb mit zu starkem Überdruck bzw. zu großer Geschwindigkeit.

W. Nusselt kommt neuerdings durch Versuche mit dem Staurohr und Überlegungen (Zeitschr. ges. Turbinenw. 1916) zu dem Schluß, daß die Strömung in der Lavaldüse „praktisch **verlustlos**" verlaufe (etwa $\varphi = 0{,}99$). Verf. hält diesen Schluß nach dem vorgelegten, sonst höchst beachtenswerten Versuchsmaterial Nusselts für zu weitgehend und nur im mittleren Stromfaden vielleicht zutreffend.

e) Überschallgeschwindigkeit bei einfachen (konvergenten) Mündungen.

Nach der in den Abschnitten 51—53 entwickelten Ausströmungslehre, sowie nach den Versuchen über Ausflußmengen kann die Strömungsgeschwindigkeit im Austrittsquerschnitt einfacher Mündungen und konvergenter Rohre die Schallgeschwindigkeit w_s nicht übersteigen, die dem Zustand des strömenden Körpers in diesem Querschnitt zukommt. Daraus ging auch hervor, daß der Druck p_m im Austrittsquerschnitt höher als der Druck p_a im Außenraum ist, sobald das Verhältnis p_i/p_a von Innen- und Außendruck einen gewissen „kritischen" Betrag überschreitet.

In scheinbarem Widerspruch mit diesen unanfechtbaren Tatsachen fand zuerst E. Lewicki[1]) bei Geschwindigkeitsmessungen nach dem Aktionsprinzip an einer konvergenten Düse, daß die gemessene Dampfgeschwindigkeit die Schallgeschwindigkeit sehr erheblich überstieg. Je nach der Entfernung, in welcher sich die Stoßplatte (Fig. 116) vom Mündungsende befand, wurden beim gleichen Dampfstrahl wieder verschieden hohe Überschallgeschwindigkeiten nachgewiesen. In Fig. 119 sind die gemessenen Geschwindigkeiten als Ordinaten aufgetragen.

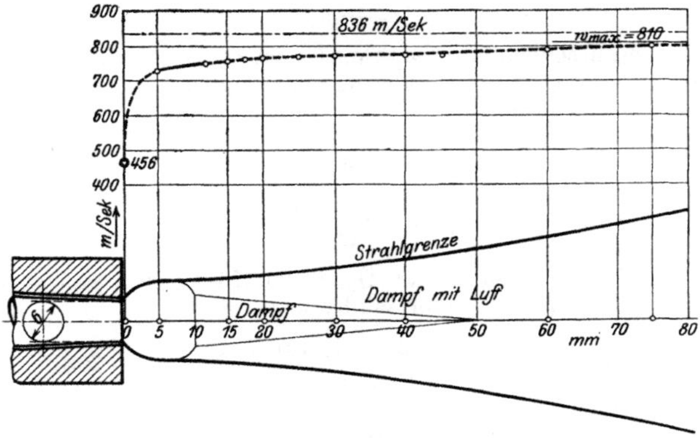

Fig. 119.

Der Dampfdruck war $p_i = 6{,}95$ at abs. (gesättigt), der Außendruck $p_a = 1{,}015$ at, also $p_i/p_a = 6{,}87$, sehr bedeutend größer als das kritische Verhältnis 1,732, dem eine Mündungsgeschwindigkeit von 456 m/sec entspricht. Aus diesem Versuch geht ganz klar hervor, daß die Strahlgeschwindigkeit auch noch außerhalb der Mündung bis zu einer gewissen Entfernung von dieser anwächst. Die Ursache dieser Strahlbeschleunigung kann nur der Überdruck $p_m - p_a$ sein, den der Strahl beim Verlassen der Mündung noch besitzt. Jedoch läßt sich die Geschwindigkeitszunahme nicht so berechnen, als ob der freie Strahl an seiner Oberfläche von einer gleichgeformten Düsenwand umfaßt würde, wobei sich dann als höchste Geschwindigkeit der dem vollen Gefälle p_i/p_a entsprechende Wert (835 m/sec) ergeben müßte, wie bei der Lavaldüse.

Man kann jedoch einen gewissen Grenzwert für die Endgeschwindigkeit w des freien Strahles mit Hilfe des Satzes vom Antrieb (Impulssatz) berechnen, wie Zerkowitz[2]) gezeigt hat. In etwas veränderter Form ist der Gedankengang folgender. Das aus einer einfachen Mündung sekundlich ausströmende Gewicht ist unabhängig vom Außendruck, sobald dieser kleiner als der kritische Druck ist, und zwar nach Abschn. 52

$$G_{sec} = af\sqrt{\frac{p_i}{v_i}}.$$

Dieser Wert ist auch unabhängig davon, was mit dem Strahl nach Verlassen der Mündung geschieht. Daher muß auch die Mündungsgeschwindig-

---

[1]) Zeitschr. Ver. Deutsch. Ing. 1902, 491.

[2]) Dingl. Pol. Journ. 1914, 639.

keit w_m unabhängig vom Außendruck und vom Verhalten des freien Strahles sein, nach Abschn. 52

$$w_m = \sqrt{2\,g\,\frac{k}{k+1}\,p_i\,v_i} = w_s, \text{ wie bekannt.}$$

Man denke sich nun den freien Strahl sowohl im Mündungsquerschnitt als auch an derjenigen Stelle durchschnitten, wo der statische Druck im Inneren des Strahles den Außendruck p_a gerade erreicht. Wird angenommen, daß an der letzteren Stelle der Strahl noch nicht mit der Luft des Außenraums vermischt und somit die sekundlich durchströmende Masse immer noch G_{sec} ist, so ergibt der Satz vom Antrieb folgendes. Die freie äußere Kraft, die auf Beschleunigung des Strahles wirkt, ist mit p_m als statischem Druck im Mündungsquerschnitt

$$f\,(p_m - p_a).$$

Die sekundlich beschleunigte Strahlmasse ist G_{sec}/g, die gesamte Geschwindigkeitsänderung im Sinne der Mündungsachse gleich $w - w_m$. Daher gilt nach dem Satz vom Antrieb

$$f\,(p_m - p_a) = \frac{G_{sec}}{g}\,(w - w_m), \text{ somit}$$

$$w = w_m + \frac{f\,(p_m - p_a)}{G_{sec}} \cdot g$$

Bei dem obigen Versuch war $G_{sec} = 0{,}0276$ kg/sec, $p_m = 0{,}5775 \cdot 6{,}965 = 4{,}025$ at, $f = 0{,}2856$ qcm. Daher müßte sein

$$w = w_m + \frac{0{,}2856 \cdot (4{,}025 - 1{,}015) \cdot 9{,}81}{0{,}0276} = w_m + 306\,.$$

Mit $w_m = 456$ wäre also

$$w = 456 + 306 = 762 \text{ m/sec.}$$

Es findet also außerhalb der Mündung noch eine ganz bedeutende Zunahme der Geschwindigkeit statt. Wie Fig. 119 erkennen läßt, stimmt der berechnete Wert in der Gegend, wo der Strahl anfängt, sich mit der Außenluft zu vermischen, gut mit dem aus dem gemessenen Stoßdruck berechneten Wert überein. Weiter hinaus aber muß die Strahlgeschwindigkeit abnehmen, weil die mit dem Strahl sich mischenden Luftmengen auf Kosten der Strahlgeschwindigkeit beschleunigt werden müssen. Auch verliert die Berechnung von w aus der Stoßdruckformel

$$P = \frac{G_{sec}}{g} \cdot w$$

hier insofern ihre Gültigkeit, als G_{sec} größere (unbekannte) Werte annimmt, als in der Mündung. Berechnet man also w auch in diesem Gebiet mit dem gleichen Wert von G_{sec}, so muß es zu groß ausfallen; die wahre Strahlgeschwindigkeit kann den oben berechneten Wert nicht übersteigen.

Festzuhalten ist, daß Überschallgeschwindigkeit bei einfachen, parallelen oder konvergenten Mündungen nur außerhalb der Mündung auftreten kann.

Auch bei Messungen nach dem **Reaktionsprinzip** (Fig. 117) wurde Überschallgeschwindigkeit bei einfachen Mündungen (Leitkanälen) aus dem gemessenen Reaktionsdruck R errechnet gemäß

$$R = \frac{G_{sec}}{g} \cdot w \quad \ldots \ldots \ldots \ldots \quad (1)$$

Eine solche Berechnung ergibt aber die wahre Geschwindigkeit des Strahles im Austrittsquerschnitt nur unter der Bedingung, daß der Druck p_m in diesem Querschnitt genau gleich dem Außendruck p_a ist. Die Methode versagt somit gerade bei einfachen Mündungen und Kanälen, wenn diese mit **überkritischen** Drucken betrieben werden, weil dann $p_m > p_a$ ist; ebenso muß sie versagen bei Lavaldüsen, die mit zu hohem oder zu niedrigem Gegendruck betrieben werden.

Die auf das Mundstück (Fig. 120) entgegen der Strahlrichtung wirkende freie Kraft setzt sich nämlich zusammen aus der eigentlichen Reaktion R', die der Beschleunigung des Stromes von der Ruhe bis zur Mündungsgeschwindigkeit entspricht (Abschn. 76) gemäß

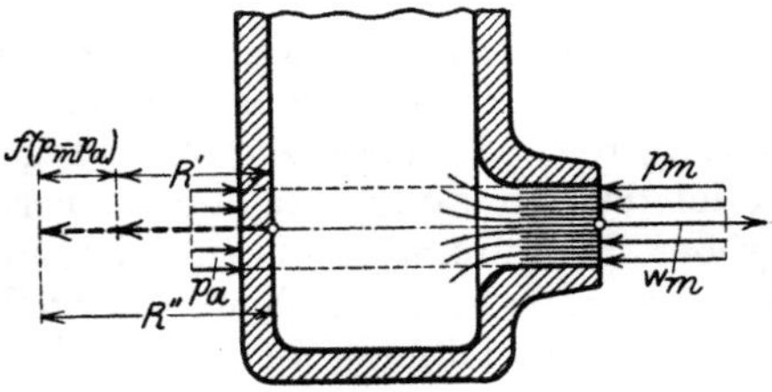

Fig. 120.

$$R' = \frac{G_{sec}}{g} \cdot w_m$$

und aus dem statischen Überdruck $R'' = f\,(p_m - p_a)$ im Austrittsquerschnitt. Also ist die meßbare Gesamtreaktion

$$R = R' + R''$$

$$R = \frac{G_{sec}}{g} w_m + f\,(p_m - p_a) \quad . \quad . \quad . \quad . \quad . \quad . \quad . \quad . \quad . \quad (2)$$

Man hätte also allgemein die Mündungsgeschwindigkeit w_m zu berechnen nach

$$w_m = \left[R - f\,(p_m - p_a)\right] \frac{g}{G_{sec}} \quad . \quad . \quad . \quad . \quad . \quad . \quad . \quad . \quad (3)$$

Außer dem gesamten Reaktionsdruck R wäre somit noch der Mündungsüberdruck $p_m - p_a$ zu messen. Nur wenn dieser Null ist, gilt Gl. 1.

Die Gesamtreaktion R ist nach Gl. 2 gänzlich unabhängig davon, was mit dem Strahl nach Verlassen der Mündung geschieht, insbesondere ob der freie Strahl noch beschleunigt wird oder nicht. Man kann z. B. diese Beschleunigung durch eine in die Nähe gestellte Platte verhindern, ohne daß sich R ändert. **Eine Geschwindigkeit w, die man aus Gl. 1 berechnet, braucht also in Wirklichkeit gar nicht zu existieren**, sobald $p_m > p_a$ ist. Hat allerdings der freie Strahl Gelegenheit, sich zu entwickeln, so wird, wie die Aktionsmessungen zeigen, auch eine weitere Strahlbeschleunigung eintreten, ohne daß sich dies indessen am Reaktionsdruck bemerkbar macht.

f) Einige besondere Fälle.

Fig. 121 bis 123 stellen drei besondere Fälle dar, für die aus neuerer Zeit sorgfältig ermittelte Versuchswerte mit Luft vorliegen[1]).

1. In Fig. 121 findet der Ausfluß nicht aus einem großen Gefäß durch eine verhältnismäßig kleine Öffnung statt, wie in allen früheren Fällen angenommen, sondern aus einer Rohrleitung, deren Durchmesser nicht sehr groß gegenüber demjenigen der Mündung ist. Abgesehen davon, daß durch die Zuflußgeschwindigkeit w_1 die einem bestimmten Gefälle L_0 zukommende theoretische Ausflußgeschwindigkeit w vergrößert wird gemäß

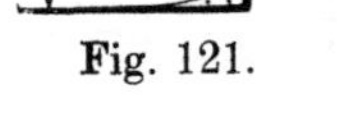

Fig. 121.

[1]) Forsch.-Arb. Heft 49. A. O. Müller, Messung von Gasmengen mit der Drosselscheibe. (Versuche im Masch.-Labor. der Techn. Hochschule Berlin.)

$$\frac{w^2}{2g} = \frac{w_1^{\,2}}{2g} + L_0 \text{ (vgl. Abschn. 52)},$$

wodurch sich auch die Ausflußmenge vergrößert, tritt noch ein weiterer Umstand auf, der im gleichen Sinne wirkt. Infolge der bereits im Zuleitungsrohr vorhandenen Strömung brauchen die Stromlinien in der Nähe der Mündung eine um so geringere Ablenkung zu erfahren, je größer die Öffnung im Verhältnis zum Rohrquerschnitt ist. Die Folge ist eine um so geringere Kontraktion (bei scharfkantigem innerem Rand), je weiter die Öffnung ist. Versuche mit Wasser zeigen dies deutlich.

Für Luft ergab sich nach Müller bei Ausfluß durch kreisrunde Mündungen mit scharfer Kante bei

$$\frac{F}{F_1} = 1:12{,}25 \qquad 1:3{,}48 \qquad 1:1{,}73$$

$$\mu = \quad 0{,}603 \qquad 0{,}644 \qquad 0{,}755$$

bei Überdrücken von rd. 3 bis 80 mm H_2O, wobei also

$$V_{sec} = \mu F \sqrt{\frac{2gh}{\gamma}} \quad \text{oder} \quad G_{sec} = \mu F \sqrt{2gh\gamma} \quad \text{ist.}$$

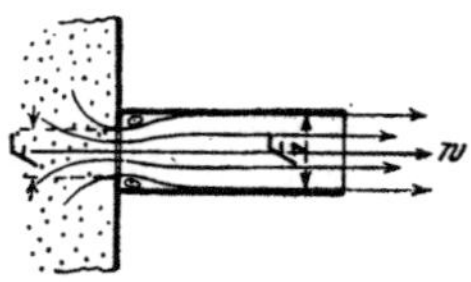

Fig. 122.

2. Fig. 122 zeigt ein Ansatzrohr, das weiter ist, als die scharfkantige Mündung im großen Gefäß.

Hier findet wie bei dem gleichweiten Ansatzrohr unter d) innere Kontraktion statt mit darauffolgender Ausdehnung und Verlangsamung des Strahles. Der hierbei auftretende Strömungsverlust wird größer sein, weil der Geschwindigkeitsunterschied im Rohr und im kontrahierten Querschnitt größer ist.

Nach den Versuchen von Müller ist für

$$\frac{F}{F_1} = \frac{1}{12{,}25} \qquad \frac{1}{3{,}48} \qquad \frac{1}{1{,}73}$$

$$\mu = 0{,}632 \qquad 0{,}685 \qquad 0{,}764$$

wobei F, wie unter 1., als Ausflußquerschnitt gilt ($h = 1$ bis 65 mm H_2O).

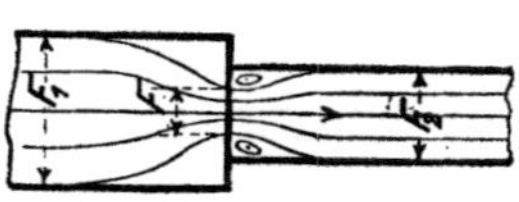

Fig. 123.

3. Fig. 123, Zentrische Verengung in einem zylindrischen Rohr; Fig. 124 mit $F_1 = F_2$. Diese Anordnung wird neuerdings zur Messung von Gas- und Dampfmengen benutzt, die durch Rohrleitungen strömen[1]). Die in die Rohrleitung eingesetzte Platte wird als „Drosselscheibe" bezeichnet.

[1]) Über einen prakt. Fall vgl. Stahl u. Eisen 1909, S. 1737, Messerschmitt, Bau der Kupolöfen.

Es ist selbstverständlich, daß nur geringe Druckunterschiede vor und nach der Scheibe zulässig sind. Nach Müller ist nun für eine scharfkantige kreisrunde Öffnung bei

$\frac{F}{F_1} =$	$\frac{1}{12{,}25}$	$\frac{1}{5{,}18}$	$\frac{1}{3{,}48}$	$\frac{1}{2{,}46}$	$\frac{1}{1{,}73}$
$\mu =$	0,641	0,689	0,750	0,854	1,084

Fig. 124 zeigt diese Werte in graphischer Darstellung. Zwischenwerte werden am besten hieraus entnommen.

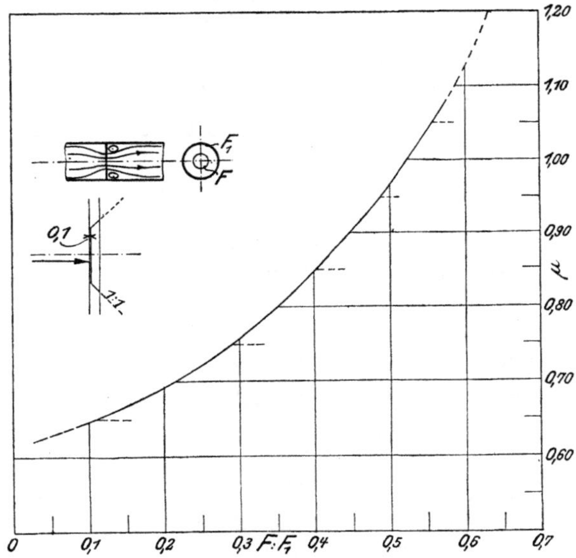

Fig. 124.

Das sekundlich durchfließende Gewicht ist nun

$$G_{sec} = \mu F \sqrt{2\,g h \gamma}\,,$$

das sekundlich durchfließende Volumen

$$V_{sec} = \mu F \sqrt{\frac{2\,g h}{\gamma}}\,,$$

mit h als Druckunterschied vor und nach der Mündung in mm H_2O. Die Geschwindigkeit in der Leitung selbst ist wegen $F_1 w \gamma = G_{sec}$

$$w = \mu \frac{F}{F_1} \sqrt{\frac{2\,g h}{\gamma}}\,.$$

Beispiel. Drosselscheibe $F : F_1 = 0{,}5$. Nach Fig. 124 wird hierfür $\mu = 0{,}965$, also $\mu \frac{F}{F_1} = 0{,}483$, somit

$$w = \frac{2{,}14}{\sqrt{\gamma}} \sqrt{h}\,, \qquad V_{sec} = 4{,}27\, F \sqrt{\frac{h}{\gamma}}\,.$$

Handelt es sich z. B. um Leitungen, durch die Luft von annähernd atmosph. Pressung oder Leuchtgas fließt, so ist für Luft mit $\gamma \cong 1{,}25$

$$w = 1{,}91\sqrt{h}, \qquad V_{sec} = 3{,}82\sqrt{h} \text{ cbm/sec}$$

für Leuchtgas mit $\gamma = 0{,}5$

$$w = 3{,}03\sqrt{h}, \qquad V_{sec} = 6{,}03\sqrt{h} \quad ,,$$

Bei Luft von 1 at entspricht hiernach einer Druckdifferenz von 1 mm H_2O eine Geschwindigkeit in der Leitung von 1,91 m/sec, bei Leuchtgas von 3,03 m/sec; einer Druckdifferenz von z. B. 100 mm H_2O entsprechen 10 mal größere Werte, somit 19,1 bzw. 30,3 m/sec. Kommen in den betr. Leitungen größere Geschwindigkeiten vor und erscheinen größere Druckgefälle als 100 mm $H_2O = 0{,}01$ at unzulässig, so muß die Drosselscheibe weiter gemacht werden.

Bei der praktischen Anwendung ist wohl zu beachten, daß die kreisrunde Drosselöffnung scharfkantig sein muß, jedoch nicht messerscharf, sondern mit einer zylindrischen Kantenfläche von 0,1 mm. Die Scheibe selbst braucht nicht sehr dünn zu sein. Wichtiger ist eine reichliche Divergenz des Loches. Beim Einsetzen der Scheibe ist die Stromrichtung zu beachten, da sonst ganz falsche Ergebnisse!

4. Über Durchflußkoeffizienten von Dampfmaschinen-Steuerungsorganen verschiedener Art vgl. Bd. II, Abschn. 52, sowie Z. Ver. deutsch. Ing. 1906, Zur Dynamik der Dampfströmung in der Kolbendampfmaschine. Daselbst vgl. auch den Fall Fig. 123 mit $F_1 > F_2$.

58a. Strahlablenkung und Überschallgeschwindigkeit bei einfachen, schief abgeschnittenen Mündungen.

(Expansion im Schrägabschnitt.)

Strömt ein Gas oder Dampf vom Anfangsdruck p_i durch eine einfache (konvergente oder prismatische) Mündung in einen Raum mit dem Druck p_a aus, so kann nach Abschn. 52 im Austrittsquerschnitt die Geschwindigkeit nicht größer als die Schallgeschwindigkeit w_s werden. Diese wird erreicht, wenn der Anfangsdruck den Wert

$$p_{i\,kr} = \left(\frac{k+1}{2}\right)^{\frac{k}{k-1}} \cdot p_a \quad \ldots \ldots \ldots \ldots \quad (1)$$

oder einen größeren Wert besitzt. Im letzteren Falle herrscht im Strahle, da wo er die Mündung verläßt, ein Druck p_m, der höher als der Außendruck ist,

$$p_{m\,kr} = \left(\frac{2}{k+1}\right)^{\frac{k}{k-1}} \cdot p_i \quad \ldots \ldots \ldots \ldots \quad (2)$$

Infolge des Überdruckes $p_{m\,kr} - p_a$ sucht sich der Strahl vom Rande der Mündung aus auch seitlich auszubreiten und verliert dadurch seine sonst mit der Kanalform übereinstimmende Gestalt, die in eine solche nach Fig. 119 übergeht. Der Ablenkungswinkel δ der am Rande austretenden Stromfäden von der Kanalrichtung wächst mit dem Mündungsüberdruck und kann nach den Angaben weiter unten berechnet werden. Der Strahl im Ganzen behält seine gerade Mittellinie.

Gegen diese Theorie, die an sich auf vollkommen sicherer Grundlage beruht (Abschn. 52, 58), sind nun von seiten des praktischen Dampfturbinenbaus gewichtige Bedenken erhoben worden, weil man mit einfachen, nicht verengten Leitvorrichtungen, die mit viel höheren als den kritischen Drücken betrieben wurden, Ergebnisse erzielt hat, die nur bei Überschreitung der Schallgeschwindigkeit denkbar sind. Die Lösung des Widerspruchs ist darin gefunden worden, daß die Leitkanäle der Dampfturbinen nicht senkrecht zur Kanalrichtung, sondern schräg dazu abgeschnitten sind, und daß sich eine schräg abgeschnittene einfache Mündung bei Überschreitung des kritischen Anfangsdruckes vollkommen anders verhält, als eine gerade abgeschnittene. Im sogenannten Schrägabschnitt, also im Raume OAE der Fig. 126, tritt nämlich, sobald $p_i > p_{ikr}$ wird, eine weitere Expansion im Strahl unter p_m herab und daher eine Steigerung der Geschwindigkeit über w_s ein. Die Strömungsverhältnisse im Schrägabschnitt liegen nun in Wirklichkeit sehr verwickelt. Sie lassen sich aber hinreichend übersehen und werden sogar in gewissem Grade der Berechnung zugänglich, wenn man von dem folgenden Fall einer Stromlinienbewegung ausgeht, der von Prandtl und Th. Meyer untersucht worden ist.[1])

Aus einem unbeschränkt großen Raum mit dem Druck p_i ströme Gas längs einer an der Austrittsstelle geraden Wand, also in parallelen Stromlinien, in einen zweiten sehr großen Raum über, in dem der unveränderliche Druck p_a herrscht (Fig. 125). Der Übertritt an der Leitfläche selbst erfolge längs der geraden, scharfen Kante O.

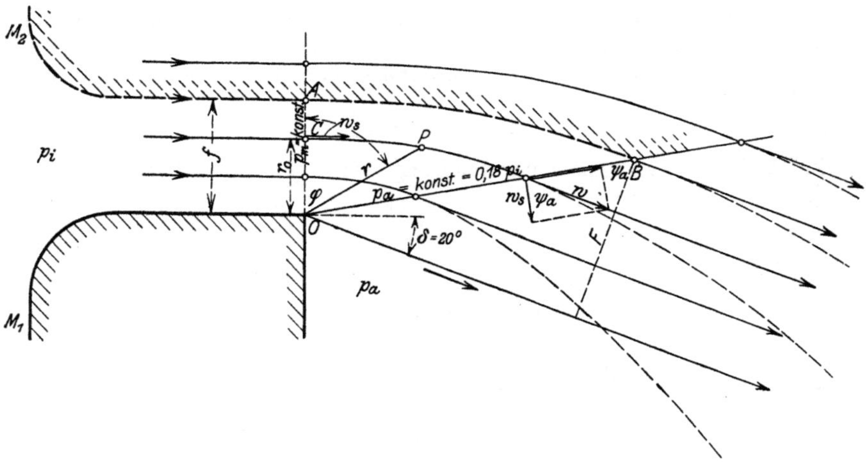

Fig. 125.

Ist nun $p_i > p_{ikr}$, so ist in O und den senkrecht darüber liegenden Punkten aller anderen Stromlinien $w = w_s$ und der Druck gleich dem kritischen Mündungsdruck nach Gl. 2. Unmittelbar rechts von O ist der Druck gleich dem Außendruck p_a. Diesem Drucksprung entspricht eine Knickung (Unstetigkeit) der durch O gehenden Stromlinie, die im Außenraum unter dem Winkel δ gegen die Kanalrichtung geradlinig weiterläuft. Diese von O ausgehende Störung pflanzt sich in der senkrechten Richtung OA fort, weil

[1]) Forsch.-Arb. 62, Th. Meyer, Über zweidimensionale Bewegungsvorgänge in einem Gas, das mit Überschallgeschwindigkeit strömt.

die Stromgeschwindigkeit w_s ist; würde sie $w > w_s$ sein, so verliefe die Störung, d. h. der Beginn der Richtungsänderung auf den einzelnen Stromlinien, von O aus unter einem Winkel α gegen die Strömung nach rechts, der bestimmt ist aus

$$\sin \alpha = w_s / w$$

(sog. Machscher Winkel).[1])

Hier soll nur der erste Fall betrachtet werden. Sämtliche Stromlinien ändern dann an Punkten C senkrecht über O ihre Richtung, um sich von da an immer weiter voneinander zu entfernen. Der Erweiterung der zwischen je zwei benachbarten Stromlinien liegenden Stromröhren entspricht hier, da im Beginn Schallgeschwindigkeit herrscht, eine Abnahme des Druckes und Zunahme der Geschwindigkeit[2]), wie im erweiterten Teil einer Lavaldüse. Punkte gleichen Druckes liegen auf geraden Strahlen, die von O ausgehen, z. B. OP für $p > p_a$. Auf dem Strahl OB sei der Außendruck p_a erreicht. Von hier an verlaufen alle Stromlinien wieder parallel unter sich und zu der gebrochenen Stromlinie durch O. Der ganze Gasstrom wird also schließlich um den Winkel δ aus seiner ursprünglichen Richtung abgelenkt und bleibt in sich parallel.

Unter der Voraussetzung adiabatischer Ausdehnung nach dem Gesetz

$$p v^k = \text{const.}$$

findet Th. Meyer als Polargleichung der Stromlinien bezogen auf O als Pol,

$$r = \frac{r_0}{\left[\cos\left(\varphi \sqrt{\frac{k-1}{k+1}}\right)\right]^{\frac{k-1}{k+1}}} \quad \ldots \ldots \ldots \quad (3)$$

worin $r_0 = OC$ und der Winkel $\varphi = COP$ ist. Mit $k = 1{,}405$ (Gase von gewöhnlicher Temperatur) ist z. B. für

$\varphi = 0^0$	30^0	60^0	90^0	120^0
$r = 1$	1,15	1,77	4,00	12,85.

Zwischen φ und dem Druck p auf dem Strahl OP besteht die Beziehung

$$\varphi^0 = \frac{90}{\pi} \sqrt{\frac{k+1}{k-1}} \cdot \arccos \left[(k+1) \left(\frac{p}{p_i}\right)^{\frac{k-1}{k}} - 1 \right] \quad . \quad . \quad (4)$$

Für $p = p_a$ folgt daraus der Winkel φ_a, bei dem der Außendruck p_a erreicht wird. Die Richtung der Strömung auf diesem Strahl ist die der Tangenten an die Stromlinie in B (Fig. 125),

[1]) Siehe **Fußnote** auf voriger Seite.

[2]) Im Gegensatz zu dem in Abschn. 50a dargelegten Verhalten für Unterschallgeschwindigkeit.

woraus der Ablenkungswinkel graphisch bestimmbar ist. Führt man noch den Winkel ψ bei B zwischen Fahrstrahl und Senkrechter zur Stromrichtung ein, so wird

$$\delta = \varphi_a - \psi_a \quad \ldots \ldots \ldots \quad (5)$$

$90^0 - \psi_a$ ist der Machsche Winkel für die in OB herrschende Stromgeschwindigkeit w, die dem adiabatischen Gefälle zwischen p_i und p_a entspricht. Es ist

$$\sin(90^0 - \psi_a) = \frac{w_s}{w} \quad \ldots \ldots \ldots \quad (6)$$

mit w_s als Schallgeschwindigkeit im Zustand p_a, also

$$w_s = \sqrt{g k p_a v_a} \quad \ldots \ldots \ldots \quad (7)$$

Daraus ergibt sich ψ_a und nach Gl. 4 und 5 auch δ.

Th. Meyer findet mit $k = 1{,}405$ für

$\frac{p_a}{p_i} =$	0	0,01	0,03	0,05	0,1	0,2
$\delta =$	$129^0\,19'$	$61^0\,14'$	$48^0\,17'$	$41^0\,15'$	$30^0\,28'$	$17^0\,58'$

$\frac{p_a}{p_i} =$	0,3	0,4	0,5	0,527
$\delta =$	$9^0\,52'$	$4^0\,6'$	$0^0\,25'$	0^0.

In Fig. 125 sind die Verhältnisse maßstäblich aufgetragen für $p_a/p_i = 0{,}18$, wofür $\delta = 20^0$ und $w = \text{rd. } 1{,}7\, w_s$ wird.

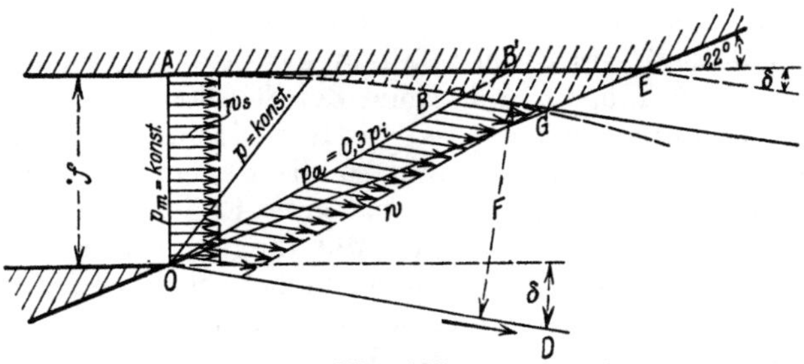

Fig. 126.

Den Übergang dieser halb freien Strömung in eine solche im geschlossenen Leitkanal gewinnt man sogleich, wenn man sich eine Wand in Fig. 125 angebracht denkt, die irgend einer Stromlinie folgt, wie die gestrichelte Kurve AB. Die Strömungsverhältnisse und Drücke werden durch eine solche Wand nicht verändert und alles obige gilt deshalb auch für den Kanal mit der unteren Begrenzung $M_1 O$ und der oberen $M_2 AB$.

Damit ergibt sich die Anwendung auf schief abgeschnittene Mündungen, wie Fig. 126 zeigt. Es soll z. B. untersucht werden, ob ein Leitkanal mit einem Schrägabschnitt von 22° für Gase noch eine Expansion bis $p_a = 0{,}3\,p_i$ erlaubt. Man legt durch A die Prandtl-Meyersche Stromlinie AB gemäß Gl. 3. Zu $p_a/p_i = 0{,}3$ gehört ein Ablenkungswinkel $\delta = 9^0\,52'$. Damit ist die Richtung OD und somit auch der Punkt B bekannt. Letzteren kann man auch aus Gl. 4 finden. Wäre nun der Leitkanal nicht nach AE, sondern nach ABG geformt, so würde auf dem Fahrstrahl OB der Außendruck $p_a = 0{,}3\,p_i$ erreicht werden (mit $w =$ rd. $1{,}5\,w_s$). Im wirklichen Kanal steht aber dem strömenden Körper von A an durchgängig ein etwas größerer Querschnitt zur Verfügung, auf dem Fahrstrahl nach B z. B. OB' statt OB. Infolgedessen wird sich das Gas bis B' etwas stärker ausdehnen als berechnet und der Druck p_a wird schon etwas vor B' erreicht werden. Auch wird die Druckverteilung nicht mehr genau geradlinig sein und der austretende Strahl nicht überall gleich gerichtet. Alle diese Unterschiede werden aber, da sie nicht groß sein können, das Gesamtbild der Strömung nicht wesentlich verschieben. Insbesondere wird der Ablenkungswinkel mit dem berechneten hinreichend übereinstimmen.[1]) Für Sattdampf sind übrigens diese Winkel größer als für Gase. — Entsprechend ließen sich auch die Verhältnisse bei Lavaldüsen darstellen.

59. Spannungsverlust in Rohrleitungen.

Bei der gleichförmigen Fortbewegung von Gasen und Dämpfen in Rohrleitungen treten wie bei der Fortleitung tropfbar flüssiger Körper Bewegungswiderstände auf. Selbst in einer wagerechten, überall gleichweiten, durch Ventile nicht unterbrochenen Strecke einer Leitung ergibt sich deshalb ein Druckabfall in der Strömungsrichtung. Ist p_1 der Druck am Anfang, p_2 am Ende der Strecke von der Länge l, so dient der Druckunterschied $p_1 - p_2$ allein dazu, die Widerstände dieser Strecke zu überwinden und so die Strömungsgeschwindigkeit, die am Anfang vorhanden ist, bis zum Ende zu erhalten[2]); im Gegensatz zur „Ausströmung" aus Mündungen, wo der Druckunterschied zur Beschleunigung der ausfließenden Masse dient[3]).

Die Bewegungswiderstände werden zwar wesentlich durch die Rauhigkeit der Rohrwandungen bedingt, also durch eine ähnliche

---

[1]) Zeitschr. f. d. ges. Turbinenwesen 1912, S. 183, Christlein (mit Strahlbildern) und Zeitschr. d. Ver. deutsch. Ingen. 1916, H. Baer, Zur Frage der Erweiterung der Düsen von Dampfturbinen. Während des Druckes: A. Loschge, Z. V. d. J. 1916 S. 770.

[2]) Eine gewisse Beschleunigung tritt allerdings auf, weil das spez. Volumen infolge der Abnahme des Druckes größer wird. Wichtig wird dieselbe erst bei sehr langen Leitungen.

[3]) Ausströmung gegen einen wesentlich geringeren Druck als den Leitungsdruck kann natürlich auch durch eine längere zylindrische Leitung erfolgen. Die Leitungswiderstände bedingen dann eine Verzögerung der freien Ausflußgeschwindigkeit und außerdem einen allmählichen Druckabfall im Rohr. Dieser Fall wird aber im vorliegenden Abschnitt nicht behandelt.

Ursache wie die Reibung zwischen zwei festen Körpern. Die Einführung eines „Reibungskoeffizienten“ in dem Sinne der Reibung fester Körper ist aber nicht angängig, weil bewegte gasförmige Körper durch die Widerstände in ganz anderer Weise als feste Körper beeinflußt werden, und die „Reibung“ anderen Gesetzen folgt. Übrigens zeigen auch möglichst glatte (polierte) Leitungen noch erheblichen Leitungswiderstand.

In den allermeisten praktischen Fällen erfolgt die Fortbewegung der ganzen Masse nicht in parallelen Stromfäden, sondern in einer Art „rollender“ Bewegung, d. h. in Wirbeln, die in der Rohrrichtung fortschreiten und deren fortwährende Neubildung die Druckverluste hauptsächlich bedingt.

Man hat zwar gefunden, daß die Wirbelbildug bei sehr kleinen Geschwindigkeiten auch vermieden werden kann und trotzdem ein Bewegungswiderstand übrigbleibt. Die Verschiebung einer schwer fließenden zähen Flüssigkeit in sich selbst erfordert nämlich einen gewissen Überdruck, wenn auch bei hinreichend langsamer Bewegung Wirbelung nicht eintritt. Dieser Zähigkeitswiderstand ist allen Flüssigkeiten eigen, selbst den leichtfließenden gas- und dampfförmigen Körpern. In den Rohrleitungen kommt er dadurch zur Wirkung, daß die an der Rohrwand anliegende Flüssigkeitsschicht an dieser durch Adhäsion haftet. An dieser ruhenden Schicht muß sich die nächste vorbeischieben, an dieser wieder die nächste und so fort bis zur Rohrmitte, wo die größte Fließgeschwindigkeit erreicht wird. Dieser Vorgang ist jedoch erfahrungsgemäß nur bei ganz langsamer Bewegung und vornehmlich in engen Leitungen möglich. Bei den in technischen Rohrleitungen auftretenden Geschwindigkeiten tritt regelmäßig völlig turbulente Bewegung ein und der Zähigkeitswiderstand, sofern von einem solchen im gewöhnlichen Sinne noch die Rede sein kann, verschwindet schließlich gegenüber der Wirbelarbeit.

Eine Berechnung der Wirbelwiderstände auf theoretischer Grundlage ist von vornherein nicht möglich. Es handelt sich nur darum, eine einfache Formel zu finden, in der sich die aus Versuchen gewonnenen Ergebnisse zwecks Verwendung in ähnlichen Fällen unterbringen lassen.

Die Oberfläche O', mit der 1 kg der strömenden Masse mit der inneren Rohrwand in Berührung steht, ist kleiner bei weiten, größer bei engen Leitungen (Fig. 127). Demgemäß wird der Widerstand in den letzteren größer sein. Bei einem Rohrdurchmesser d, einem spez. Gewicht γ, ergibt sich die Länge l', die ein Gaskörper von 1 kg in der Leitung annimmt, aus

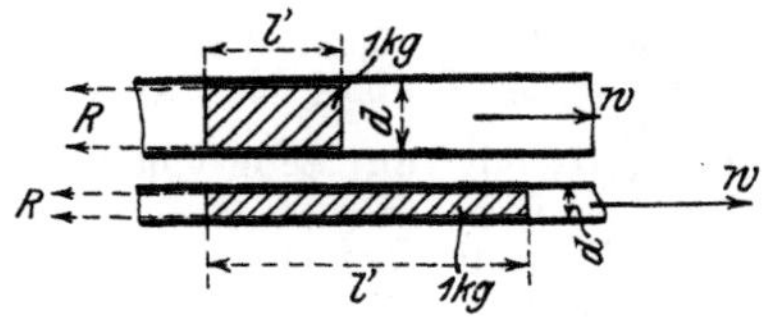

Fig. 127.

$$\frac{\pi d^2}{4} l' \gamma = 1 \qquad \text{zu} \qquad l' = \frac{1}{\gamma \frac{\pi d^2}{4}}.$$

Seine Oberfläche O' ist daher

$$O' = \pi d l' = \frac{4}{\gamma d} (\text{qm}).$$

Man kann sich nun den Bewegungswiderstand von 1 kg als eine gegen den Strömungssinn gerichtete, am Umfang wirkende, über O' verteilte Kraft R vorstellen. Für eine beliebige Leitung läßt sich R ausrechnen, wenn durch Versuche der Verschiebungswiderstand R' für 1 qm Oberfläche bekannt ist. Es ist dann

$$R = R'O',$$

also

$$R = \frac{4R'}{\gamma d}\cdot$$

Die Arbeit dieses Widerstandes, während das Kilogramm Gas oder Dampf die ganze Strecke von der Länge l durchströmt, ist

$$L_R = Rl,$$

also

$$L_R = \frac{4R'}{\gamma}\cdot\frac{l}{d} \quad . \; . \; . \; . \; . \; . \; . \; . \; . \; . \quad (1)$$

Bei nicht kreisförmigem Leitungsquerschnitt F ist $\frac{\pi d^2}{4}$ durch F πd durch den Querschnittsumfang U zu ersetzen, dann wird

$$l' = \frac{1}{\gamma F}$$

$$O' = Ul'$$

$$= \frac{1}{\gamma}\cdot\frac{U}{F},$$

also

$$R = \frac{R'}{\gamma}\frac{U}{F}$$

und

$$L_R = \frac{R'}{\gamma}\cdot\frac{U}{F}\cdot l.$$

Für gleichen Querschnittsinhalt ist also die Widerstandsarbeit um so größer, je größer der Umfang ist. An die Stelle von $4l/d$ beim Kreisquerschnitt tritt jetzt $\frac{U}{F}\cdot l$, oder an Stelle von l/d der Wert $\frac{U}{4F}\cdot l$.

Während des Durchströmens sinkt nun die Spannung von p_1 auf p_2. Dabei vergrößern Gase und Dämpfe ihre Volumen und je nach der Art der Zustandsänderung (Verlauf der Druckvolumkurve) ist die bei der Druckabnahme vom strömenden Körper abgegebene Arbeit, die hier zur Überwindung der Widerstände dient, verschieden. Denkt man nur an kleine Druckabfälle, so spielt die Art der Zustandsänderung eine geringe Rolle. Ohne erheblichen Fehler kann dann auch von der Ausdehnungsarbeit abgesehen und nur die Überdruckarbeit braucht, wie bei tropfbaren Flüssigkeiten, berücksichtigt zu werden.

Diese ist, mit v als mittlerem spez. Volumen, für 1 kg gleich

$$(p_1 - p_2)\cdot v$$

oder mit
$$v = \frac{1}{\gamma}$$
$$L_R = \frac{p_1 - p_2}{\gamma}.$$

Es ist demnach
$$\frac{p_1 - p_2}{\gamma} = \frac{4R'}{\gamma} \cdot \frac{l}{d},$$

somit der gesuchte Druckabfall bei kreisförmigem Querschnitt
$$p_1 - p_2 = 4R' \cdot \frac{l}{d},$$

bei nicht kreisförmigem Querschnitt
$$p_1 - p_2 = R' \cdot \frac{U}{F} \cdot l.$$

Darin ist nun R', der Bewegungswiderstand für 1 qm bespülte Oberfläche, eine von der Geschwindigkeit und der Natur des strömenden Körpers abhängige Größe. Da es sich im wesentlichen, wie oben erwähnt, um Massenwiderstände innerhalb der wirbelnd bewegten Masse handelt, so wird R' ungefähr mit dem Quadrat der Geschwindigkeit wachsen. Da ferner die bei gleicher Geschwindigkeit sekundlich über 1 qm Rohroberfläche fließenden Massen im Verhältnis der spez. Gewichte γ stehen, so wird der Widerstand auch mit γ zunehmen. Setzt man in der letzten Gleichung
$$4R' = 10000 \cdot \beta \gamma w^2,$$

so wird, wenn man den Druck in kg/qcm mißt,
$$\boldsymbol{p_1 - p_2 = \beta \cdot \frac{l}{d} \cdot \gamma w^2} \text{ kg/qcm} \quad \ldots \ldots \quad (2)$$

In der Hydraulik flüssiger Körper wird der Druckverlust meist nicht in kg/qcm, sondern in m Flüssigkeitssäule angegeben. Die dem Druckunterschied $p_1 - p_2$ kg/qcm gleichwertige Druckhöhe in *m* Luftsäule oder Dampfsäule ist
$$h = \frac{10000\,(p_1 - p_2)}{\gamma}.$$

Schreibt man nun die Gleichung für den Druckverlust in der üblichen Form
$$\boldsymbol{h = \lambda \cdot \frac{l}{d} \cdot \frac{w^2}{2g}} \text{ m} \quad \ldots \ldots \ldots \quad (3)$$

so folgt
$$10000\,\beta = \frac{\lambda}{2g} \quad \ldots \ldots \ldots \ldots \ldots \quad (4)$$

oder
$$10^8 \beta = 510\,\lambda \quad \ldots \ldots \ldots \ldots \quad (4a)$$

β und λ bestimmen sich somit gegenseitig, ohne Rücksicht auf die Natur des strömenden Körpers.

Die Reibungsarbeit wird nach Gl. 1 mit dem obigen Wert von $4\,R'$

$$L_R = 10000\,\beta\,\frac{l}{d}\,w^2 \text{ (mkg)}$$

oder mit Gl. 4

$$L_R = \lambda \cdot \frac{l}{d} \cdot \frac{w^2}{2g} \quad \ldots \ldots \ldots \ldots \quad (3\text{a})$$

identisch mit dem in m Flüssigkeitssäule ausgedrückten Druckverlust.

Die zahlreichen Versuche zur Ermittlung von λ oder β sowohl mit tropfbaren Körpern als auch mit Luft und Dampf haben gezeigt, daß diese Koeffizienten des Leitungswiderstands keine Konstanten im gewöhnlichen Sinne sind. Sie sind vielmehr selbst wieder Funktionen der nach Gl. 2 auch sonst für den Druckverlust maßgebenden Größen w, d und γ, außerdem aber noch abhängig von der inneren Reibung oder Zähigkeit (μ)[1]) des strömenden Körpers und in hohem Grade von der rauheren oder glatteren Beschaffenheit der bespülten Oberfläche.

Bei dieser großen Zahl einflußnehmender Größen war es schwierig, die Versuchsergebnisse, die unter verschiedenartigsten Verhältnissen gewonnen wurden, unter ein gemeinsames Gesetz unterzuordnen.

Um eine Übersicht zu gewinnen, ist es, wie man jetzt erkannt hat, zweckmäßig, zwischen glatten und rauhen Rohren zu unterscheiden. Bei den ersteren liegen nämlich die Verhältnisse sehr viel einfacher, weil der Einfluß der Rauhigkeit, der je nach ihrem Grad sehr verschieden sein kann, wegfällt.

Glatte Rohre.

Bei den glatten Rohren muß λ eine Funktion von w, d, γ und μ sein. Eine Vereinfachung ergibt sich, wenn man nur Versuche vergleicht, bei denen z. B. γ annähernd gleichen Wert hat, wie bei Wasser von verschiedener Temperatur. Dann erscheint λ nur noch als Funktion von w, d und μ. Da sich μ bei Wasser mit der Temperatur sehr stark ändert, so wird hier der Einfluß der Zähigkeit stark hervortreten. Im Gegensatz zum Wasser ist bei Versuchen mit Luft von gewöhnlicher Temperatur, aber mit verschieden hohen Drücken, der Einfluß des spez. Gewichts γ leicht zu erkennen, weil es sich mit dem Drucke ändert. Dagegen ist der Einfluß von μ, das sich gar nicht mit dem Drucke und nur verhältnismäßig langsam mit der Temperatur ändert, schwer in der Veränderung von λ nachweisbar, wenn nicht weit verschiedene Temperaturen vorliegen.

Vergleicht man jedoch Versuche mit Wasser und Luft untereinander, so muß sich zeigen, daß alle vier Größen, w, d, γ und μ, auf den Verlauf und die absoluten Werte von λ Einfluß haben.

---

[1]) Vgl. hierüber weiter unten.

Was zunächst γ und μ betrifft, so zeigt eine Betrachtung über das Zusammenwirken der Massenkräfte mit den Kräften der inneren Reibung[1]), daß diese Größen in der Verbindung

$$\frac{\mu g}{\gamma} = \nu$$

auftreten müssen. Dieser Wert wird als kinematische (oder besser als dynamische) Zähigkeit bezeichnet.

Man hat hiernach bei glatten Rohren nur mit den drei Veränderlichen w, d und ν zu tun oder mit anderen Worten, λ ist eine Funktion dieser drei Größen und nur dieser,

$$\lambda = f(w, d, \nu) \quad \ldots\ldots\ldots \quad (5)$$

Nun bedeutet in der Grundgleichung 3 der Quotient $w^2/2g$ eine Druckhöhe in m, während l/d eine reine Zahl ist. Daher muß auch λ eine reine Zahl (oder dimensionslose Größe) sein, wenn der Ausdruck rechts die Dimension einer Länge behalten soll.

Die Größen w, d und ν müssen daher in der unbekannten Funktion Gl. 5 in solcher Zusammenstellung auftreten, daß diese, welche Form sie immer haben möge, eine reine Zahl ergibt. Dies ist nun der Fall, wenn die drei Größen nur in der Verbindung wd/ν vorkommen. Dieser Ausdruck ist nämlich, da ν von der Dimension $m^2 \sec^{-1}$ ist, selbst eine reine Zahl[2]). Anstatt Gl. 5 kann man also bestimmter schreiben

$$\lambda = f\left(\frac{wd}{\nu}\right) \quad \ldots\ldots\ldots \quad (6)$$

Daraus folgt sofort, daß λ für zwei verschiedene Fälle, z. B. Wasser und Luft, bei verschiedenen Werten von w, d und ν nur dann gleich sein kann (und muß), wenn wd/ν gleichen Wert hat.

Trägt man also zu wd/ν als Abszissen die Versuchswerte von λ als Ordinaten auf, so müssen die Punkte für Wasser und Luft auf einer einzigen Kurve liegen.

Dagegen erhält man zwei weit auseinanderliegende Kurven, wenn man λ als Ordinaten zu w als Abszissen für Wasser und für Luft aufträgt, und gar keine Kurve, sondern eine Reihe zerstreuter Punkte, wenn man λ für Wasser von verschiedenen Temperaturen als Ordinaten zu w als Abszissen wählt.

Daß nun tatsächlich die Werte λ zu wd/ν als Abszissen für glatte Rohre von verschiedenen Durchmessern bei verschiedenen Strömungsgeschwindigkeiten und Temperaturen auf einer Kurve liegen, hat Blasius an den umfangreichen Versuchen der amerikanischen Ingenieure Saph und Schoder mit Wasser gezeigt[3]). Diese

---

[1]) Für Bd. II vorgesehen.

[2]) Gewöhnlich als Reynoldssche Zahl bezeichnet. Eine tiefere Begründung aus dem sog. Ähnlichkeitsgesetz, ebenso wie eine ausführlichere Darstellung der Zähigkeit soll im II. Band folgen.

[3]) Zeitschr. Ver. deutsch. Ing. 1912, S. 639: H. Blasius, Das Ähnlichkeitsgesetz bei Reibungsvorgängen.

Kurve zeigt Fig. 128 (Kurve a). Auf der gleichen Kurve liegen nach Blasius auch Versuchsergebnisse von Nusselt mit Druckluft. In einer weiteren, umfangreichen Versuchsreihe mit Luft von verschiedenen Drücken (1 bis 10 at) und Temperaturen zwischen rd. 20^0 und 100^0 hat Ombeck[1]) wesentlich die gleiche Kurve gefunden, wie Fig. 128 (Kurve b) zeigt.

Mit wachsendem wd/ν nimmt also λ ab, im Anfang sehr schnell, später langsamer. Eine untere Grenze für λ bei hohen Werten von wd/ν ist bis jetzt für glatte Rohre nicht gefunden. Der niedrigste gemessene Wert liegt (nach Ombeck) bei $wd/\nu = 500000$ und ist $\lambda = 0{,}0125$, bzw. $10^8 \cdot \beta = 6{,}38$. Man kann aber die Kurve von Ombeck mit Sicherheit auf ein erhebliches Stück extrapolieren. — Kleinere Werte als $wd/\nu = 2000$ kommen nicht in Frage, weil bei solchen die Wirbelströmung aufhört und an ihre Stelle die geschichtete (sog. Poiseuillesche oder laminare) Strömung tritt, für die ein anderes Widerstandsgesetz gilt. Bei etwa $wd/\nu = 3000$ erreicht λ einen Höchstwert

$$\lambda_{max} \simeq 0{,}045, \qquad 10^8 \cdot \beta_{max} = 22{,}9.$$

Wie Blasius und Ombeck gezeigt haben, erhält man eine gerade Linie, wenn $\log wd/\nu$ als Abszissen, $\log \lambda$ als Ordinaten aufgetragen werden. Daraus folgt, daß die Kurven a und b allgemeine Hyperbeln sind. Nach Ombeck gilt

$$\lambda = \frac{0{,}242}{\left(\frac{wd}{\nu}\right)^{0{,}224}} \quad \ldots \ldots \ldots \quad (7)$$

oder

$$10^8 \beta = \frac{123{,}2}{\left(\frac{wd}{\nu}\right)^{0{,}224}} \quad \ldots \ldots \ldots \quad (8)$$

oder

$$\log (10^8 \beta) = 2{,}0906 - 0{,}224 \log \left(\frac{wd}{\nu}\right) \quad \ldots \ldots \quad (8a)$$

Zwecks praktischer Anwendung dieser Ergebnisse muß man wissen, was man unter glatten Röhren zu verstehen hat und wie groß für die beiden technisch wichtigsten Körper, Luft und Wasserdampf, die Zähigkeitswerte μ sind.

Die Versuche von Saph und Schoder sind mit gezogenen Messingrohren von 3 bis 53 mm Durchmesser, die von Ombeck mit „glattgezogenen Messingrohren" von 20 bis 40 mm und einem glattgezogenen schmiedeeisernen Rohr von 20 mm ausgeführt. Solche Rohre sowie gezogene Rohre aus Blei und Kupfer sind als glatt anzusehen. Dagegen kann eine aus einzelnen glatten Rohren zusammengesetzte Rohrleitung nicht ohne weiteres als glattes Rohr behandelt werden, um so weniger, je größer die Zahl der Stoßstellen

[1]) Forsch. Arb. 158 und 159: H. Ombeck, Druckverlust strömender Luft in geraden, zylindrischen Rohrleitungen. (Versuche im Masch.-Lab. der Techn. Hochschule Darmstadt.)

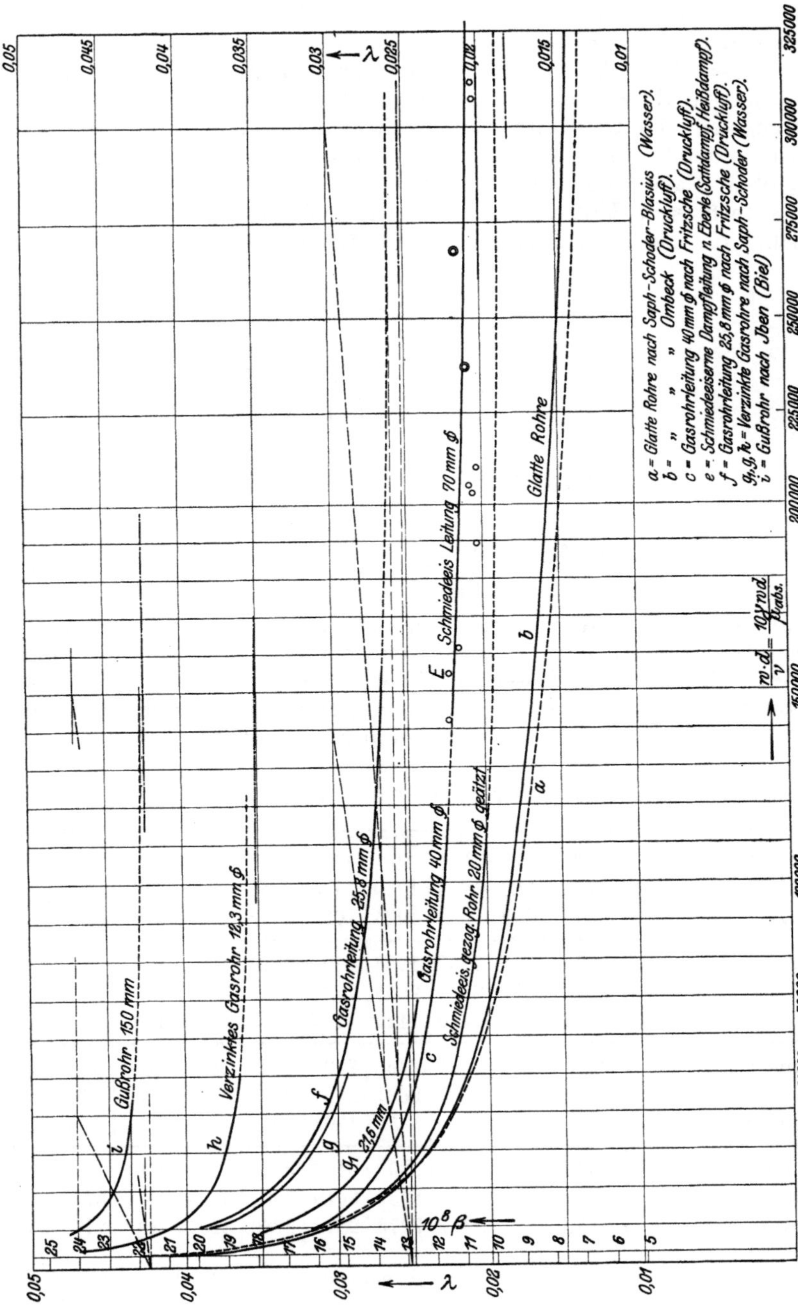
Gußrohr 150 mm
Verzinktes Gasrohr 12,3 mm ∅
Gasrohrleitung 25,8 mm ∅
21,6 mm
Gasrohrleitung 40 mm ∅
Schmiedeeis. gezog. Rohr 20 mm ∅ geätzt
Schmiedeeis. Leitung 70 mm ∅
Glatte Rohre
a = Glatte Rohre nach Saph-Schoder-Blasius (Wasser).
b = " " " Ombeck (Druckluft).
c = Gasrohrleitung 40 mm ∅ nach Fritzsche (Druckluft).
e = Schmiedeeiserne Dampfleitung n. Eberle (Sattdampf, Heißdampf).
f = Gasrohrleitung 25,8 mm ∅ nach Fritzsche (Druckluft).
g, g1, h = Verzinkte Gasrohre nach Saph-Schoder (Wasser).
i = Gußrohr nach Iben (Biel)

Fig. 128.

ist (s. unten). Glatt bearbeitete kurze Mündungsstücke (Düsen) können als glatte Rohre gelten.

Der Zähigkeitswert μ ist von der Natur des strömenden Körpers und von seiner Temperatur abhängig, während der Druck, wenigstens im Gas- und Flüssigkeitsgebiet, ohne Einfluß darauf zu sein scheint. Im physikalischen Gebrauch wird μ immer im absoluten Maßsystem ausgedrückt. Hier ist jedoch für w, d und ν das technische Maßsystem zu verwenden. wd/ν selbst ist als reine Zahl vom Maßsystem unabhängig. Man ermittelt leicht

$$\mu_{techn} = \frac{1}{98,1} \cdot \mu_{abs}$$

und daher

$$\nu_{techn} = \frac{\mu_{techn} \cdot g}{\gamma} = \frac{1}{98,1} \cdot \mu_{abs} \cdot \frac{g}{\gamma},$$

$$\nu_{techn} = \frac{1}{10} \frac{\mu_{abs}}{\gamma}.$$

Somit ist

$$\left(\frac{wd}{\nu}\right) = \frac{10\,\gamma w d}{\mu_{abs}} \quad \ldots \ldots \ldots \ldots \quad (9)$$

woraus für γ in kg/cbm, w in m/sec, d in m, wd/ν für einen bestimmten Fall zu berechnen ist, wenn man μ_{abs} kennt. Die letzteren Werte für Luft und Wasserdampf enthält die Zahlentafel. Bei Wasserdampf ist kein Unterschied zwischen gesättigt und überhitzt gemacht, weil es wesentlich nur auf die Temperatur ankommt.

$10^7 \cdot \mu_{abs}$ für Luft und Wasserdampf.

Temperatur . . .	0°	10°	20°	30°	40°	50°	60°	70°	80°	90°
Luft	1750	1820	1886	1940	1995	2040	2080	2120	2160	2200
Wasserdampf . .	900	942	983	1025	1067	1108	1150	1192	1234	1275
Temperatur . . .	100°	110°	120°	130°	140°	150°	160°	170°	180°	190°
Luft	2240	2270	2308	2340	2372	2405	2437	2468	2500	2532
Wasserdampf . .	1317	1359	1400	1442	1484	1525	1567	1609	1651	1692
Temperatur . . .	200°	210°	220°	230°	240°	250°	260°	270°	280°	290°
Luft	2564	2596	2629	2661	2694	2726	2759	2791	2824	2857
Wasserdampf . .	1734	1776	1817	1859	1901	1942	1984	2026	2068	2109
Temperatur . . .	300°	310°	320°	330°	340°	350°	360°	370°	380°	390°
Luft	2890	2923	2955	2987	3019	3052	3084	3117	3149	3182
Wasserdampf . .	2151	2193	2234	2276	2318	2360	2401	2443	2485	2526

Beispiele. 1. Wie groß ist für ein gerades, glattes, einteiliges Rohr von 55 mm Durchmesser der Koeffizient β des Leitungswiderstands bei einer Geschwindigkeit von 40 m/sec:

a) für Luft von 20° und 1 at,
b) „ „ „ 20° „ 10 at,
c) „ gesättigten Wasserdampf von 10 at,
d) „ „ „ „ 0,1 at.

Für alle vier Fälle gilt

$$\left(\frac{w\,d}{\nu}\right) = \frac{10\,\gamma}{\mu_{abs}} \cdot 40 \cdot 0{,}05 = \frac{20\,\gamma}{\mu_{abs}}\,.$$

Es wird somit für

a) mit $\gamma = 1{,}167$, $\mu_{abs} = 1886/10^7$, $\left(\frac{w\,d}{\nu}\right) = 123\,800$;
also nach Fig. 128 Kurve b

$$10^8 \cdot \beta = \mathbf{9{,}2};$$

b) mit $\gamma = 11{,}67$, $(w\,d/\nu) = 1\,238\,000$ wird nach Gl. 8

$$10^8 \beta = \mathbf{5{,}3};$$

c) nach Dampftabelle ist $t = 179{,}1^0$, $\gamma = 5{,}05$, $\mu = 2500/10^7$, $(w\,d/\nu) = 610\,000$; nach Gl. 8 also

$$10^8 \beta = \mathbf{6{,}2};$$

d) $t = 45{,}4^0$, $\gamma = 0{,}0663$, $\mu = 1090/10^7$, $(w\,d/\nu) = 12\,150$

$$10^8 \beta = \mathbf{15}.$$

2. Wie groß ist β für eine zylindrische Düse von 20 mm Durchmesser, wenn durch dieselbe gesättigter Dampf von 1 at strömt bei 100, 300, 500, 700 m/sec?

Mit $\gamma = 0{,}581$, $\mu_{abs} = 1317/10^7$ wird

$$(w\,d/\nu) = 108\,w\,d/\mu_{abs} = 883\,w,$$

somit bei

w =	100	300	500	700	m/sec.
$(w\,d/\nu)$ =	88 300	264 900	441 500	618 100	
$10^8\beta$ =	9,7	7,5	6,7	6,2.	

Fließt aber durch die gleiche Düse Dampf von 0,1 at, so wird

$10^8\beta$ =	14,3	11,8	10,5	9,8.

60. Rauhe Rohre und Rohrleitungen.

Die meisten zu technischen Leitungen (Dampf-, Luft-, Gas-, Wasserleitungen) verwendeten Rohre sind vermöge ihrer Herstellung an der benetzten Oberfläche keineswegs glatt im Sinne der oben behandelten glatten Rohre. Eine erhebliche Rauhigkeit besitzen die gewöhnlichen Gußeisenrohre. Auch die Innenfläche der schmiedeisernen Gasrohre ist ziemlich rauh, um so mehr wenn die Rohre verzinkt oder angerostet sind. Bei den aus Blech geschweißten Rohren der Ventilatorleitungen erhöhen besonders die Schweißnähte die durchschnittliche Rauhigkeit. Die Nietköpfe fortlaufender Nietreihen bei genieteten Rohren stellen sehr grobe Rauhigkeiten der benetzten Oberfläche dar.

Jede Hervorragung über die glatte Zylinderfläche, ob sie nun höher oder niedriger ist, ob sie an einzelnen Stellen vorkommt (Nietköpfe) oder über die Fläche verteilt ist (rauhe Fläche) oder in Längsstreifen oder Querstreifen (Schweißnähte, Stoßstellen, Nietreihen für Flansche) auftritt, stellt ein Hindernis für die Bewegung des strömenden Körpers dar und erhöht den Leitungswiderstand. Selbst eine aus einzelnen glatten Rohren bestehende Leitung wird einen anderen Leitungswiderstand ergeben als ein glattes Rohr gleicher Länge, weil an den Verbindungsstellen die glatte Fläche unterbrochen wird.

In anschaulicher Weise zeigt Fig. 129 nach einer Messung von Ombeck den Druckverlauf im Rohr und an der Verbindungsstelle, deren Einfluß sich in einer örtlichen Druckstauung kundgibt. Im linken Rohrteil ist allerdings, trotz des mit der Stauung sicher verbundenen Verlustes, der Druck höher, als er ohne Störung sein müßte, weil der Durchmesser etwas größer ist als rechts. Auch war das linke Rohr rauh, das rechte glatt.

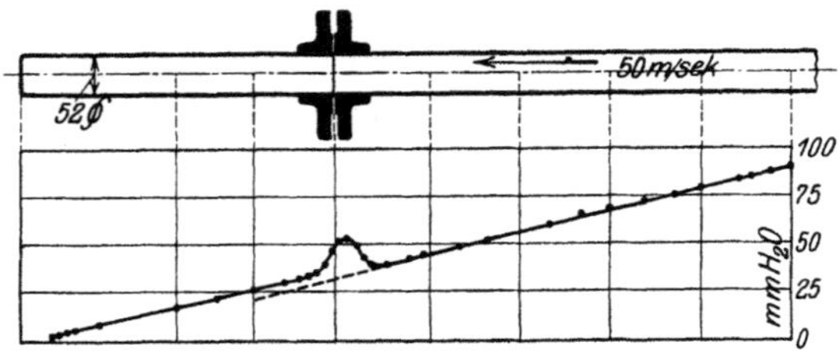

Fig. 129.

Ganz allgemein ist der Leitungswiderstand eines rauhen Rohres größer als der eines glatten (unter sonst gleichen Verhältnissen) und der einer Rohrleitung aus rauhen Rohren größer als der einer gleichlangen ungeteilten rauhen Röhre.

Zu den für den Widerstand eines glatten Rohres maßgebenden Größen w, d, ν tritt also bei rauhen Rohren und Leitungen eine weitere Größe, die Höhe ε der Rauhigkeit. Erfahrungen haben gezeigt, daß die gleiche Höhe ε einen geringeren Einfluß auf den Leitungswiderstand hat, wenn das Rohr einen großen, als wenn es einen kleinen Durchmesser besitzt. Maßgebend wird also das Verhältnis $\varepsilon : d$ sein, das man im Gegensatz zur „absoluten Rauhigkeit" ε als „Rauhigkeitsverhältnis" bezeichnen kann.

Trägt man nun wieder, wie bei den glatten Rohren, wd/ν als Abszissen, λ als Ordinaten auf, so erhält man für ein und dasselbe Rohr, also unveränderliche Rauhigkeit, eine einzige Kurve, gleichgültig ob man mit kaltem oder warmem Wasser, mit Luft oder Dampf, mit großen oder kleinen Geschwindigkeiten arbeitet, weil die Größe ε unveränderlich ist und die übrigen nur in der Verbindung wd/ν in λ vorkommen[1]).

In Fig. 128 ist z. B. h die Widerstandskurve für ein verzinktes Gasrohr von 12,3 mm Lichtweite nach Versuchen von Saph und Schoder.

Die Kurven g und g_1 der gleichen Figur gehören verzinkten Gasrohren von 16 und 21,6 mm an, also Rohren von größerem Durchmesser aber gleicher

[1]) Blasius, a. a. O.

absoluter Rauhigkeit. Die Widerstandswerte λ dieser Rohre sind sehr verschieden, am kleinsten die für das weiteste Rohr; ein Beweis dafür, daß es bei dem Einfluß der Rauhigkeit wesentlich auf das Verhältnis $\varepsilon : d$ ankommt, das bei gleichem ε mit zunehmendem Durchmesser kleiner wird.

Die gleiche Erscheinung bei Rohrleitungen zeigen die Kurven c und f für zwei Gasrohrleitungen von 40 und 25,8 mm Lichtweite und 20 m Länge[1]). Jedoch fällt auf, daß die Kurven der Rohrleitungen höher als die gleichweiter Einzelrohre liegen. Die Kurve f müßte unterhalb der Kurve g des engeren Rohres von 16 mm verlaufen; anstatt dessen verläuft sie oberhalb. Ferner liegt zwar die Kurve c der Leitung von 40 mm, wie zu erwarten, tiefer als die des Einzelrohres von 21,6 mm (g_1), aber weniger tief, als man schätzen würde. Diese Erhöhung des Widerstands der zusammengesetzten Leitung über die des Einzelrohres ist sicher zu einem erheblichen Teil durch die Verbindungsstellen veranlaßt, vielleicht auch durch verschiedene Rauhigkeit der Gasrohre. — Wegen der Fortsetzung der Kurven über den Versuchsbereich hinaus vgl. den Schluß dieses Abschnitts (untere Grenzwerte für λ).

In Fig. 128 ist auch eine Kurve (i)[2]) für ein Gußeisenrohr von 50 mm enthalten. Dem Durchmesser nach, der größer ist als derjenige der 40 mm Gasrohrleitung von Fritzsche, müßte diese Kurve noch unterhalb der Kurve c liegen. Sie verläuft aber im Gegenteil sehr hoch darüber, ein Zeichen dafür, daß die absolute Rauhigkeit des Gußeisenrohres soviel größer ist als die des Gasrohres, daß trotz seines größeren Durchmessers auch das Rauhigkeitsverhältnis erheblich größer ist. Dieses Beispiel zeigt, von wie bedeutendem Einfluß schon eine mäßige Rauhigkeit auf den Leitungswiderstand ist, der bei dem rauhen Rohr i rund doppelt so groß ist als bei glatten Rohren (b). — Besonders nachteilig ist die Rauhigkeit bei engen Rohren. Saph und Schoder fanden z. B. für ein verzinktes Gasrohr von 9 mm Lichtweite $\lambda = 0{,}06$ (fast unveränderlich), also $10^8 \cdot \beta = 30{,}5$.

Man erkennt auch aus Fig. 128, daß die Veränderlichkeit von λ oder β bei rauhen Rohren verhältnismäßig um so kleiner ist, je größer das Rauhigkeitsverhältnis. Geschwindigkeit und Zähigkeit sind also bei **rauheren** Rohren nur von geringem Einfluß auf λ, besonders bei größeren Werten von wd/ν.

Dampfleitungen. Obwohl alles obige auch für Leitungen gilt, die gesättigten oder überhitzten Wasserdampf oder andere Dämpfe (z. B. Ammoniak, Kohlensäure) führen, so geben doch die bekannten Versuche von Eberle[3]) Anlaß zu besonderen Bemerkungen.

Diese Versuche wurden an einer schmiedeisernen Dampfleitung von 70 mm Weite und 26 m Länge ausgeführt. Auf der Meßstrecke befanden sich 6 auf-

---

[1]) Forsch. Arb. 60, O. Fritzsche, Untersuchungen über den Strömungswiderstand der Gase in geraden zylindrischen Rohrleitungen. (Masch.-Lab. Techn. Hochschule Dresden.) „Die einzelnen Rohrstücke waren durch aufgeschraubte normale Gasrohrflansche und Gummidichtungen von 2 mm Dicke verbunden. Jede der beiden Leitungen enthielt 6 solcher auf das sorgfältigste ausgeführter Verflanschungen." Der Meßbereich ist umgrenzt durch

2,5 bis 58 m/sec Geschwindigkeit
0,2 bis 11,1 at abs. Druck
14^0 bis 115^0 Temperatur,

wobei indessen die Werte nicht beliebig kombiniert werden dürfen.

[2]) Von Biel wird dieser Versuch von Iben als einer der genauesten und zuverlässigsten bezeichnet.

[3]) Zeitschr. Ver. deutsch. Ing. 1908. Chr. Eberle, Versuche über den Wärme- und Spannungsverlust bei der Fortleitung gesättigten und überhitzten Wasserdampfes.

gewalzte Flansche und zwei schlanke Krümmer von je 90°. Die Dampfgeschwindigkeiten lagen zwischen 7 und 74 m/sec, der Druck zwischen 3 und 10 at abs. und die Temperatur zwischen Sättigung und 225 bzw. 270°.

Nach Eberle „lag für alle diese Versuche der Wert $10^8\beta$ zwischen 10 und 11. Irgendeine Gesetzmäßigkeit für die Veränderung des Wertes β mit dem Dampfdruck, der Dampfgeschwindigkeit oder der Überhitzung konnte nicht gefunden werden. Sonach kann der Wert β für gesättigten und überhitzten Dampf und für das ganze durch die Versuche beherrschte Meßgebiet als unveränderlich angesehen werden."

Diese Unveränderlichkeit steht in gewissem Widerspruch mit der erheblichen Veränderlichkeit von β nach den Versuchen von Fritzsche. Der Widerspruch entfällt aber, wenn man die Versuchswerte von Eberle *(E)* in gleicher Weise wie die anderen als Ordinaten zu den zugehörigen Werten von wd/ν als Abszissen aufträgt, vgl. die geringelten Punkte in Fig. 128 (die doppelt geringelten für Heißdampf)[1]. Es zeigt sich, daß die Versuche von Eberle in ein Gebiet fallen, in dem selbst bei den glatten Rohren und um so mehr bei den rauhen sich β nur noch sehr langsam ändert. Man kann aber zwischen den Versuchspunkten eine schwach geneigte Kurve ziehen, in der die langsame Abnahme von β mit zunehmendem wd/ν hervortritt. Aus den in Fig. 128 nicht enthaltenen Versuchspunkten bei $wd/\nu = 551\,600$ und $656\,600$ geht hervor, daß dort die untere Grenze für λ praktisch erreicht ist.

Gegen die Verwendung eines unveränderlichen Wertes

$$10^8\beta = 10{,}55$$

nach Eberle ist also nichts einzuwenden, solange wd/ν größer als etwa 150000 ist, was praktisch für Hochdruckdampf meistens zutreffen wird, und wenn sich der Durchmesser der Leitung nicht erheblich von 70 mm unterscheidet.

Hat man es aber z. B. mit Vakuumleitungen zu tun, so ist nach Fig. 128 keine Frage, daß dafür auch bei Dampf erheblich höhere Werte von β gelten.

Aus Fig. 128 ist zunächst ersichtlich, daß die Kurve E nach Eberle die Fortsetzung der Kurve c nach Fritzsche bildet, obwohl die erstere für 70, die letztere für 40 mm gilt. Daraus folgt zunächst, daß zwischen beiden Versuchsreihen innere Übereinstimmung besteht und die eine die andere ergänzt. Jedoch muß das Rauhigkeitsverhältnis der Leitung von Eberle etwas größer sein als das der anderen, was wohl durch die im Verhältnis zum Durchmesser größere Zahl von Verbindungsstellen und die zwei Krümmer bedingt ist, deren Widerstände im Sinne vermehrter Rauhigkeit wirken. Man kann also die Kurve c auch als Widerstandskurve der schmiedeisernen 70 mm Leitung für Wasserdampf außerhalb des Versuchsbereichs von Eberle gelten lassen.

Für Wasserdampf von 0,05 at abs., wie er bei Dampfturbinen vorkommt, der mit 40 m/sec durch eine 70 mm-Leitung abströmt, würde z. B. mit $\gamma = 0{,}0348$, $t = 32{,}5°$, $\mu_{abs} = 1035/10^7$

$$\left(\frac{wd}{\nu}\right) = \frac{10\,\gamma\, w d}{\mu_{abs}} = 9420$$

und hiermit nach Fig. 128

$$10^8\beta = 15{,}6.$$

Auch für Dampfleitungen von anderem Durchmesser als 70 mm wird die Zahl 10,55 von Eberle ihre Gültigkeit verlieren. Für größere Durchmesser liegt β zwischen der Kurve b für glatte Rohre und der Kurve $E-c$. Einen weiteren Anhalt bildet die Kurve k nach Ombeck für ein glattgezogenes durch Ätzung angerauhtes Schmiedeisenrohr. Das gleiche Rohr, aber ungeätzt,

[1] Zwei weitere Punkte für Sattdampf bei $wd/\nu = 551\,600$ und $656\,600$ fallen weit über den Bereich von Fig. 128 hinaus. Ihre Ordinaten sind trotzdem mit $10^8\beta = 10{,}39$ und $11{,}08$ nicht niedriger als die anderen.

fällt in die Kurve b der glatten Rohre. Für kleinere Durchmesser als 70 mm bieten die oberhalb c liegenden Gasrohrkurven einen Anhalt. Nach diesen zu urteilen kann in engen Dampfleitungen λ ganz erheblich über 10,55 steigen. Die Kurve f kann z. B. für Dampfleitungen von etwa 30 bis 40 mm angenommen werden, h für Dampfleitungen von etwa 15 bis 20 mm.

Untere Grenze von λ für rauhe Rohre. Während für glatte Rohre λ mit zunehmendem wd/ν, also beim gleichen Rohr und gleichen strömenden Körper mit zunehmender Geschwindigkeit, unbeschränkt abzunehmen scheint, ist für rauhe Rohre die Sachlage gänzlich anders. Der durch die Rauheiten allein bewirkte Strömungswiderstand kann auch bei großer Geschwindigkeit und sehr großen Rohrdurchmessern nicht verschwinden. So selbstverständlich dies scheint, so werden doch die in letzter Zeit mehrfach als reine Potenzfunktionen aufgestellten Interpolationsformeln, wenn man sie über das jeweilige Versuchsgebiet hinaus verwendet, diesem Umstand nicht gerecht (Formeln von Fritzsche und von Ombeck für rauhe Rohre). Sie ergeben für große Werte von wd/ν zu kleine Werte von λ. Nur die Bielsche Darstellung[1]) wird der grundlegenden Forderung gerecht, daß λ bei großen Werten von wd/ν einem endlichen unteren Grenzwert λ_∞ zustrebt. (Aus dem Bielschen Grundwert a_1 folgt $\lambda_\infty = \frac{8g}{1000} a_1$.) Die Kurven der Fig. 128 für rauhe Rohre haben somit wagrechte Asymptoten im Abstand λ_∞ von der Abszissenachse (in Fig. 128 strichpunktiert eingetragen).

Aus der Bielschen Darstellung einer sehr großen Zahl der besten bisherigen Versuchswerte läßt sich ferner folgern, daß die λ-Kurven der rauhen Rohre gleichseitige Hyperbeln sind, mit den erwähnten Asymptoten als Abszissenachsen. Dies trifft um so genauer zu, je größer die Werte wd/ν sind, so daß man z. B. die Kurven von Fritzsche[2]) unbedenklich als gleichseitige Hyperbeln fortsetzen kann; in dieser Weise ist z. B. Kurve E gezogen[3]).

Hiernach wäre auch die formelmäßige Darstellung von λ für rauhe Rohre sehr einfach. Gemäß der Gleichung der Hyperbel gilt:

$$(\lambda - \lambda_\infty) \cdot \frac{wd}{\nu} = \text{const.}$$

Die Konstanten dieser Beziehung (const. und λ_∞) können aus den Versuchs-

[1]) Forsch. Arb. 44, R. Biel, Über den Druckhöhenverlust bei der Fortleitung tropfbarer und gasförmiger Flüssigkeiten. Diese ausgezeichnete Darstellung aller bisher ausgeführten Versuche, einschließlich der von Fritzsche (im Anhang zu F. A. 60), aber ausschließlich der von Ombeck, behandelt nicht nur die schwierige Frage der rauhen Rohre in grundlegender Weise, sondern ist auch als erste dem Ähnlichkeitsgesetz in Hinsicht des Einflusses der Zähigkeit gerecht geworden, ohne freilich von diesem damals noch wenig bekannten und anerkannten Gesetz auszugehen.

[2]) Nach den Formeln von Fritzsche und Ombeck wären diese Kurven als Hyperbeln mit gebrochenen Exponenten fortzusetzen, deren Achse die wd/ν-Achse der Fig. 128 wäre. Dieser würden die Kurven unbeschränkt zustreben. Der Gegensatz ist also sehr groß. Es ist aber keine Frage, daß hier die Bielsche Darstellung das richtige trifft.

[3]) In der Erläuterung zu Fig. 128 irrtümlich mit e bezeichnet.

kurven leicht bestimmt werden. Für Rohre von anderem Rauhigkeitsverhältnis sind sie jedoch verschieden, und es muß hier von einer weiteren Erörterung abgesehen werden[1]). Für die meisten praktischen Zwecke dürfte Fig. 128 genügende Anhaltspunkte geben. Zufolge der Darstellung mit wd/ν als Abszissen ist in dieser Figur eine sehr viel größere Zahl von Einzelversuchen enthalten, als die wenigen Kurven erkennen lassen.

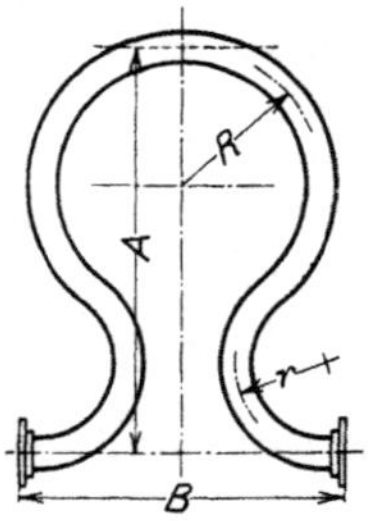

Fig. 130.

In glatten und gewellten Ausgleichrohren (Fig. 130) wurde der Leitungswiderstand von überhitztem Dampf von C. Bach und R. Stückle bestimmt[2]). Wie bei den Versuchen von Eberle an geraden Leitungen wurde β von der Geschwindigkeit, die zwischen 25 und 121 m/sec verändert wurde, und vom Druck des Dampfes unabhängig gefunden. Die Dampftemperatur lag zwischen 350° und 364°. Für die verschiedenen Rohre fanden sich folgende Werte von β.

1. Glatte Ausgleichrohre (nicht isoliert)

$d = 56{,}5$ mm licht. Durchm., $A = 1065$, $B = 1075$, $R = 325$, $r = 275$
58,0 „ „ „ 1055 1110 350 225

$10^8 \cdot \beta = \mathbf{17{,}8}$ (schwankend zw. 17,5 u. 18,25).

2. Gewellte Ausgleichrohre

a) $d = 55$, $A = 1060$, $B = 1090$, $R = 325$, $r = 275$
nicht isoliert: $10^8 \cdot \beta = \mathbf{38{,}1}$
isoliert: $10^8 \cdot \beta = \mathbf{36{,}2}$.

Ein anderes gewelltes Rohr mit gleichem A und B, aber gleichmäßigerem innerem Durchmesser ergab

$$10^8 \cdot \beta = \mathbf{33{,}6} \text{ bzw. } \mathbf{32{,}3}.$$

b) $d = 100$, $A = 1420$, $B = 1135$, $R = 485$, $r = 305$

$$10^8 \cdot \beta = \mathbf{49{,}2}.$$

Dieser erheblich größere Wert ist den im Verhältnis zum Durchmesser weit kleineren Krümmungshalbmessern zuzuschreiben.

Die Einschaltung eines gewellten Ausgleichrohres in eine gerade Rohrstrecke kommt also im Widerstand einer drei- bis fünfmal so langen geraden Strecke gleich, als die gestreckte Länge des Ausgleichrohres beträgt.

Darstellung durch Potenzformeln.

An Stelle der allgemeinen Formel für den Druckverlust Abschn. 59

$$p_1 - p_2 = \beta \cdot \frac{l}{d} \cdot \gamma w^2,$$

in der β eine von w, d, γ und μ abhängige veränderliche Funktion ist, hat man versucht, den Druckverlust durch die Formel darzustellen

$$p_1 - p_2 = a \cdot l \cdot \frac{\gamma^q \cdot w^m}{d^n}.$$

[1]) Die Bielsche Arbeit verfolgt diese Frage weiter, wenn auch in anderer Form.

[2]) Mitteil. aus d. Ingen.-Laborat. der K. Techn. Hochschule Stuttgart, Zeitschr. Ver. deutsch. Ing. 1913, S. 1136f.

Damit wäre die unbekannte Funktion

$$\beta = \frac{a \cdot \gamma^{q-1} \cdot w^{m-2}}{d^{n-1}},$$

weil man auch schreiben kann

$$p_1 - p_2 = \left(\frac{a\,\gamma^{q-1} \cdot w^{m-2}}{d^{n-1}}\right) \cdot \frac{l}{d} \cdot \gamma w^2$$

Durch die sehr genauen und zweckmäßigen Versuche von Fritzsche wurde zuerst der scharfe Beweis erbracht, den auch die auf gleicher Stufe stehenden Versuche von Ombeck bestätigten und erweiterten, daß tatsächlich

$$m < 2, \qquad n > 1, \qquad q < 1$$

ist, so daß also der Druckverlust weder genau mit dem Quadrat von w, noch mit der 1. Potenz von γ wächst und auch nicht allein von l/d, sondern außerdem von dem Absolutwert des Durchmessers abhängt. Im übrigen jedoch erwiesen sich m, n, q für Rohre der gleichen Art merklich unveränderlich. Fritzsche fand

$$m = 1{,}852$$
$$n = 1{,}269$$
$$q = 0{,}852.$$

Je nach der Auswahl der von vielen Seiten angestellten Versuchsgruppen kann man auch andere Exponenten erhalten (z. B. Ombeck, Brabbée), ohne dadurch wesentliches zu ändern.

Nach Fritzsche wäre also für Luft unser Wert

$$\beta = \frac{9{,}4}{(\gamma w)^{0{,}148} \cdot d^{0{,}269}} \cdot \frac{1}{10^8} = (d \text{ in } m,\ p \text{ in at}).$$

Für $\gamma w = 50$, $d = 0{,}07$ m wäre z. B. $\beta = 10{,}58/10^8$.

Für Heizleitungsrohre (Muffenrohre von 14—49 mm Durchm.) fand neuerdings Brabbée[1]) in ausgedehnten Versuchsreihen

bei Wasser von 15° $p_1 - p_2 = 3500 \cdot \frac{w^{1{,}781}}{d^{1{,}298}}$ (p in mm WS, d in mm)

„ „ „ 70° $p_1 - p_2 = 2570 \cdot \frac{w^{1{,}84}}{d^{1{,}26}}$,

woraus der erhebliche Einfluß der verschiedenen Zähigkeit des kalten und heißen Wassers erhellt.

Brabbée hat diese Darstellung mit Erfolg auf die praktische Berechnung der Warmwasser- und Dampfheizungsleitungen angewendet.

An der oben gewählten vertieften Darstellungsweise, die auf den neueren hydrodynamischen Anschauungen fußt, wird dadurch nichts geändert.

Besondere Fälle von Spannungsverlusten.

Die Einzelwiderstände, die in Leitungen durch eingebaute Ventile, Hähne, Schieber, Klappen, Abzweige, Krümmer u. ä. entstehen, hängen in hohem Grade von den Einzelheiten des Organs an der durchströmten Stelle ab. Versuche haben übereinstimmend be

[1]) Zeitschr. Ver. deutsch. Ing. 1916, S. 441, K. Brabbée, Die Berechnung verschiedener Rohrnetze auf einheitl. Grundlage.

wiesen (vgl. besonders Brabbée a. a. O.), daß diese Druckverluste genau mit dem Quadrat der Geschwindigkeit wachsen, was sich daraus erklärt, daß es sich wesentlich um Wirbelwiderstände handelt. Man setzt daher den Druckverlust

$$\Delta p = \zeta \cdot \frac{w^2}{2g} \cdot \gamma \text{ (kg/qm) oder } \Delta h = \zeta \cdot \frac{w^2}{2g} \text{ (m Flüss. Säule).}$$

Aus umfangreichen eigenen und einigen fremden Versuchen findet Brabbée (für Wasser) neben vielen anderen Fällen z. B.

für gewöhnl. Durchgangsventile $\zeta = 7$ bis 6,5,
„ Kniestücke von 90° . . . $\zeta = 1{,}5$ bis 2,
„ Bogen von 90°, wenn . . $r > 5d$, $\zeta = 0$.
Für normale Gußeisen-Krümmer ist etwa $\zeta = 0{,}3$.

Die einem Einzelwiderstand gleichwertige Länge l' der glatten Leitung folgt mit

$$\lambda \cdot \frac{l'}{d}\frac{w^2}{2g} = \zeta \cdot \frac{w^2}{2g} \text{ zu } l' = \frac{\zeta}{\lambda} \cdot d$$

ist also abhängig vom Rohrdurchmesser. Bei den Versuchen von Eberle fand sich z. B. mit $d = 70$ *mm* für ein Absperrventil $l' = 16{,}4$ *m*. Für ein gleichartiges Ventil in einer Leitung von $d = 140$ *mm* ist also (bei gleichem λ) $l' = 2 \cdot 16{,}4 = 32{,}8$ *m*. Enthält eine Leitung n Ventile, so ist in die Widerstandsformel die Länge der Leitung mit $l + nl'$ einzuführen. Besser wird jedoch mit ζ gerechnet.

Berechnung von Luft- und Dampfleitungen.

Es kann sich um folgende Aufgaben handeln.

1. Den Druckabfall in einer Leitung von gegebenem Durchmesser d und bekannter Länge l für eine gegebene Geschwindigkeit w (oder sekundliche Menge G_{sec}) zu berechnen.

Der Druckabfall ist die Summe des Reibungsverlustes und der Einzelverluste

$$p_1 - p_2 = \beta \cdot \frac{l}{d} \gamma w^2 + \frac{1}{10000} \gamma \frac{w^2}{2g} \Sigma\zeta \text{ kg/qcm} \quad \ldots\ldots (14)$$

Um β aus Fig. 128 entnehmen zu können, ist der Wert

$$\left(\frac{wd}{\nu}\right) = \frac{10\,\gamma\, w\, d}{\mu_{abs}} \quad \ldots\ldots\ldots\ldots (9)$$

zu berechnen. μ_{abs} ist aus der Zahlentafel Abschn. 59 zu entnehmen. Nachdem noch das spez. Gewicht γ bestimmt ist, kann $p_1 - p_2$ berechnet werden.

2. Den Durchmesser d einer Leitung von bekannter Länge l so zu berechnen, daß der Druckabfall bei gegebener sekundlicher (oder stündlicher) Menge G_{sec} eine vorgeschriebene Größe nicht überschreitet.

Zunächst muß, unter Annahme eines vorläufigen Wertes von β, aus Gl. 14 ein Näherungswert für d berechnet werden. Mit

$$w = \frac{G_{sec}}{\frac{\pi d^2}{4} \cdot \gamma} \quad \ldots\ldots\ldots\ldots (11)$$

ergibt Gl. 14, wenn das zweite Glied vernachlässigt wird,

$$d^5 = 1{,}6 \cdot \frac{\beta l G^2_{sec}}{(p_1 - p_2)\gamma} \quad (d \text{ in } m,\ p_1 - p_2 \text{ in kg/qcm}) \quad \ldots (12)$$

Mit diesem Näherungswert d ist nach Gl. 9 die Größe (wd/ν) zu berechnen, mit der sich aus Fig. 128 ein bestimmter Wert von β ergibt. Stimmt dieser Wert mit dem erst angenommenen nicht überein, so wird aus Gl. 12 mit dem neuen β ein neuer, besserer Näherungswert von d berechnet und wiederum mit dem neuen $w\,d/\nu$ die Probe auf β gemacht. Sind die Einzelwiderstände erheblich, so ist auf Gl. 14 zurückzugreifen..

3. Die sekundliche (oder stündliche) Menge G_{sec} zu berechnen, die durch eine Leitung von gegebenem Durchmesser d und bekannter Länge l bei einem bestimmten Druckabfall strömt.

Ein erster Näherungswert für w folgt aus Gl. 14, wenn darin ein vorläufiger Wert von β angenommen wird. Mit diesem Wert von w folgt ein Näherungswert von G_{sec} aus Gl. 11. Nun kann (wd/ν) nach Gl. 9 berechnet werden, womit sich aus Fig. 128 ergibt, ob das hierzu gehörige β mit dem erst angenommenen übereinstimmt. Ist dies nicht der Fall, so ist die Rechnung so oft zu wiederholen, bis Übereinstimmung erzielt ist.

Bei starkem, gesamtem Druckverlust ist außerdem auf Folgendes zu achten:

Der Druckabfall $p_1 - p_2$ darf bei obiger Berechnungsweise nur ein verhältnismäßig kleiner Bruchteil des Anfangsdruckes p_1 sein. Durch die Druckverminderung wird nämlich eine Vergrößerung des spez. Volumens bewirkt, infolge deren die Geschwindigkeit am Ende der Leitung stets größer als am Anfang wird. Mit dieser Beschleunigung ist aber ein zusätzlicher Druckabfall Δp verbunden, der für kleine Druckunterschiede annähernd aus

$$10000 \cdot \Delta p \cdot \left(\frac{v_1 + v_2}{2}\right) = \frac{w_2^2}{2g} - \frac{w_1^2}{2g} \quad \ldots \ldots \quad (13)$$

berechnet werden kann. Solange dieses Δp ein kleiner Bruchteil von $p_1 - p_2$ ist, braucht es nicht berücksichtigt zu werden. Bei Leitungen, die im Verhältnis zu ihrem Durchmesser sehr lang sind, kann jedoch ein starker Druckabfall nicht vermieden werden. Man hat in diesem Falle die Leitung in mehrere Teile zu zerlegen und die Rechnung stufenweise durchzuführen.

Stets werden Absperrventile vorkommen, meistens Krümmer und öfters Ausgleichbogen. Krümmer müssen möglichst schlank ausgeführt werden, was bei schmiedeisernen Leitungen ohne weiteres möglich ist. Normale Gußeisenkrümmer ergeben hohe Widerstände. Bei kurzen Leitungen werden die Einzelwiderstände ausschlaggebend.

Beispiele. 1. Eine Dampfmaschine (oder Turbine) verbrauche bei gesteigerter Belastung stündlich 450 kg Heißdampf von 300° und 10 at abs. Die Dampfleitung ist 50 m lang und enthält zwei Absperrventile. Welche Lichtweite muß die Leitung erhalten, wenn der Druckverlust zwischen Kessel und Maschine 0,2 kg/qcm nicht übersteigen darf?

Das spez. Gewicht des Heißdampfs ist $\gamma = 3{,}94$ (Abschn. 39), das sekundliche Dampfgewicht

$$G_{sec} = \frac{450}{3600} = \frac{1}{8}\,\text{kg},$$

die um die geschätzte Widerstandslänge $2 \cdot 16{,}4 = 32{,}8$ m der beiden Ventile vermehrte Leitungslänge $l = 50 + 32{,}8 = 82{,}8$ m. Daraus folgt mit

$$\beta = \frac{10{,}5}{10^8}$$

$$d^5 = \frac{1{,}6 \cdot 10{,}5 \cdot 82{,}8}{0{,}2 \cdot 3{,}94 \cdot 8^2} \cdot \frac{1}{10^8} = \frac{27{,}6}{10^8}\,\text{m}^5,$$

oder mit d in Zentimetern

$$d^5 = \frac{27{,}6}{10^8} \cdot (100)^5 = 2760\ \text{cm}^5.$$

Hiermit

$$d = 4{,}88\ \text{cm}.$$

Die Dampfgeschwindigkeit in dieser Leitung ist $w = 17$ m/sec, wie aus Gl. 11 zu berechnen.

Nun wird

$$\frac{w\,d}{\nu} = \frac{10\,\gamma\,w d}{\mu_{abs}} = \frac{10\cdot 3{,}94\cdot 17\cdot 0{,}05\cdot 10^7}{2151} = 155400\,.$$

Bei diesem Wert ist β nach Fig. 128 so gut wie unveränderlich. Da jedoch d nur 48,8 mm ist, so ist $\beta > 10{,}5/10^8$, schätzungsweise $12{,}5/10^8$. Dagegen wird $n\,l' = 2\cdot 16{,}4\cdot 48{,}8/70 = 23$, $l = 50 + 23 = 73$. Im Gesamtergebnis gleichen sich die Unterschiede in den Werten von β und l zufällig aus, da das Produkt $\beta\,l$ fast gleich bleibt.

2. In eine lange schmiedeiserne Druckluftleitung von 60 mm Lichtweite tritt die Luft mit 9 at Überdruck und 20° ein. Wenn nun in den Entfernungen 100 m, 200 m, 300 m vom Anfang jeweils so viel Luft entnommen wird, daß die Luftgeschwindigkeit am Anfang der Leitung 30 m/sec beträgt, wie groß ist der Druck in der Leitung an den Entnahmestellen?

Das spez. Gewicht am Anfang ist $\gamma = 1{,}293\cdot 10\cdot 735{,}5/760 = 12{,}5$ kg/cbm, die Zähigkeit $\mu_{abs} = 1886/10^7$, daher

$$\frac{w\,d}{\nu} = \frac{10\,\gamma\,w d}{\mu_{abs}} = \frac{10\cdot 12{,}5\cdot 30\cdot 0{,}06}{1886}\cdot 10^7 = 1190000\,.$$

In diesem Gebiet ist nach Fig. 128 der Widerstandskoeffizient β fast unveränderlich und zwar ist rd.

$$10^8\,\beta = 11\,.$$

Auf der I. Strecke von 100 m ist nun der Druckverlust

$$p_1 - p_2 = \frac{11}{10^8}\cdot\frac{100}{0{,}06}\cdot 12{,}5\cdot 30^2 = \underline{2{,}06}\ \text{at}.$$

Der absolute Druck beträgt also an dieser Stelle noch $10 - 2{,}06 = 7{,}94$ at, das spez. Gewicht unter Annahme gleicher Temperatur $12{,}5\cdot 7{,}94/10 = 9{,}92$ kg/cbm, das spez. Volumen 1/9,92 cbm/kg, die Luftgeschwindigkeit $w_2 = 30\cdot 12{,}5/9{,}92 = \underline{37{,}3}$ m/sec.

Auf der II. Strecke von 100 m wird der Druckverlust

$$p_2 - p_3 = \frac{11}{10^8}\cdot\frac{100}{0{,}06}\cdot 9{,}92\cdot 37{,}3^2 = 2{,}60\ \text{at}\,,$$

oder kürzer, da nach Gl. 12 in der gleichen Leitung der Druckverlust auf verschiedenen gleich langen Strecken dem spez. Gewicht umgekehrt proportional ist

$$p_2 - p_3 = 2{,}06\cdot\frac{12{,}5}{9{,}92} = 2{,}60\ \text{at}.$$

Bei 200 m ist also der abs. Luftdruck noch $7{,}94 - 2{,}60 = \underline{5{,}34}$ at, das spez. Gewicht $12{,}5\cdot 5{,}34/10 = 6{,}68$ kg/cbm, die Luftgeschwindigkeit $w_3 = 30\cdot 10/5{,}34 = \underline{56{,}2}$ m/sec.

Auf der III. Strecke von 100 m wird

$$p_3 - p_4 = 2{,}06\cdot\frac{12{,}5}{6{,}68} = 3{,}86\ \text{at},$$

somit der Druck am Ende dieser Strecke noch $5{,}34 - 3{,}86 = \underline{1{,}48}$ at abs., also nur 0,48 at Überdruck, das spez. Gewicht $12{,}5\cdot 1{,}48/10 = 1{,}85$, die Geschwindigkeit $w_4 = 30\cdot 10/1{,}48 = \underline{202}$ m/sec. Auf dieser Strecke ist also nicht nur der Druckverlust, sondern auch das Wachstum der Geschwindigkeit am größten.

Die zur Beschleunigung auf den drei Strecken verbrauchten Arbeiten für 1 kg Luft sind

$$\text{Strecke I} \quad \frac{w_2^2}{2g} - \frac{w_1^2}{2g} = 24{,}5 \text{ mkg}$$

$$\text{„ II} \quad \frac{w_3^2}{2g} - \frac{w_2^2}{2g} = 89 \text{ „}$$

$$\text{„ III} \quad \frac{w_4^2}{2g} - \frac{w_3^2}{2g} = 1920 \text{ „}.$$

Für eine genauere Rechnung müßte mindestens die Strecke III nochmals unterteilt werden. Angenähert entspricht auf der Strecke III der Beschleunigungsarbeit von 1920 mkg nach Gl. 13 ein Druckverlust von 0,56 at, so daß bis 300 m der Luftüberdruck vollständig aufgezehrt sein wird. Vgl. jedoch das folgende.

Sehr lange Leitungen.

Genauere Ermittlungen über lange Leitungen[1]) ergeben für Beispiel 2, daß die Näherungsrechnung für die letzte Strecke vollständig versagen muß. Eine Anfangsgeschwindigkeit von 30 m/sec ist in dieser Leitung überhaupt nicht erreichbar. Die größte Leitungslänge, bei der eine Anfangsgeschwindigkeit w_1 eben noch möglich ist (jedoch auf Kosten eines außerordentlichen Druckverlustes), ist für adiabatische Strömung berechenbar aus

$$\left(\frac{\lambda l}{d}\right)_{max} = \frac{1}{k}\left(\frac{w_{s1}^2}{w_1^2} - 1\right) - 2{,}303\,\frac{k+1}{2k}\cdot\log\left[1 + \frac{2}{k+1}\left(\frac{w_{s1}^2}{w_1^2} - 1\right)\right].$$

Hierin ist $w_{s1}^2 = g k p_1 v_1$ das Quadrat der Schallgeschwindigkeit im Gas oder Dampf vom Anfangszustand.

Am Rohrende erreicht die Geschwindigkeit in diesem Fall den Höchstwert gleich der Schallgeschwindigkeit im Ausströmzustand. Der Druck in der Ausströmöffnung ist gleichzeitig

$$p_{min} = p_1 \cdot \frac{w_1}{w_{s1}} \sqrt{\frac{2}{k+1} + \frac{k-1}{k+1}\left(\frac{w_1}{w_{s1}}\right)^2}.$$

Ist der Gegendruck an der Mündung größer als p_{min}, so ist w_1 nicht erreichbar.

Annehmbare Druckverluste ergeben sich nur bis zu Längen von etwa $^1/_3$ bis $^1/_4\ l_{max}$. Bis dahin ist aber auch die gewöhnliche Leitungsformel noch anwendbar.

61. Der Arbeitsverlust durch Strömungswiderstände.

Die Überwindung der Bewegungswiderstände bei jeder Art von Strömung, sei es gleichförmige, beschleunigte oder verzögerte, bedingt einen Arbeitsaufwand, der entweder aus der eigenen Energie der bewegten Masse bestritten oder von außen zugeführt werden muß.

Bei der annähernd gleichförmigen Bewegung in Rohrleitungen wird der Druck des Dampfes oder Gases durch die Widerstände vermindert; am

[1]) Für Bd. II vorgesehen. — Über die Berechnung sehr langer Erdgasleitungen vgl. Bánki, Zeitschr. Ver. deutsch. Ing. 1916 S. 512.

Ende der Leitung, z. B. beim Eintritt in den Zylinder einer Dampfmaschine, hat infolgedessen der Dampf eine geringere Arbeitsfähigkeit, als er am Kessel hatte.

Bei der beschleunigten Strömung durch eine Düse erreicht der Dampf nicht die Geschwindigkeit, die er ohne die Reibung an den Wandungen annehmen würde. Er kann infolgedessen in einer Turbine nicht die Arbeit verrichten, die bei reibungsfreier Strömung dem Druckgefälle und der Schaufelform entsprechen würde.

Bei der Bewegung des Dampfes durch die Turbinenkanäle und beim Eintritt in diese ist der Verlauf der Strömung nicht so störungsfrei, wie es zur Erzielung einer möglichst großen Arbeitsabgabe an das Laufrad nötig wäre. Der Wirkungsgrad der Turbinen wird demzufolge erheblich kleiner als er gemäß dem Arbeitsgefälle des Dampfes und den geometrischen Verhältnissen der Schaufelung sein müßte.

Die Betriebsarbeit zur Verdichtung von Luft in Kreiselgebläsen (Turbokompressoren) ist infolge der Strömungshindernisse erheblich größer, als dem statischen Druckunterschied entspricht.

In allen diesen Fällen wird die Arbeit der Strömungswiderstände, ähnlich wie die Reibungsarbeit fester Körper, in Wärme verwandelt und findet sich als solche im strömenden Körper unvermindert wieder. Es findet also nicht sowohl ein Verlust an „Energie“ statt (sofern nicht die entwickelte Wärme durch Leitung und Strahlung entweicht), als vielmehr ein „Verlust an Arbeitsvermögen“ (Turbine) oder ein „zusätzlicher Arbeitsaufwand“ (Gebläse).

Bei tropfbar flüssigen Körpern (Wasser) ist ferner ohne weiteres klar, daß die durch die Widerstände, d. h. durch Vernichtung von Strömungsenergie, entwickelte Wärmemenge ihrem vollen Betrage nach Arbeitsverlust darstellt. In einer Wasserturbine erfährt das durch die Strömungswiderstände etwas erwärmte Betriebswasser infolge seiner Temperaturerhöhung[1]) nicht die geringste Steigerung an Arbeitsfähigkeit, wohl aber durch die gleichzeitigen Druckverluste eine erhebliche Verminderung derselben. Ebenso nutzlos ist die Erwärmung des Wassers durch die Widerstandsarbeit in den Kreiselpumpen; dagegen stellt der mit dieser Wärmemenge äquivalente Mehraufwand an Betriebsarbeit einen unter Umständen erheblichen Zuschlag zu der reinen Hubarbeit vor.

Ganz anders und weniger einfach liegt die gleiche Frage bei Gasen und Dämpfen. Beim Durchströmen einer Dampfdüse wird „Reibungswärme“ entwickelt, indem Bruchteile der bereits erlangten Strömungsenergie vernichtet werden. Diese Wärme verbleibt im Dampfe und dient bei Heißdampf zur Erhöhung der Temperatur und Vergrößerung des Volumens, bei feuchtem Sattdampf zur Verdampfung eines Teiles der Feuchtigkeit. Beide Dampfarten gewinnen durch diese Vorgänge an Arbeitsfähigkeit, wenn auch nicht so viel, als durch die vorangehende Umsetzung von Bewegung in Wärme verloren ging. Der „Arbeitsverlust“, d. h. der Verlust an Arbeitsfähigkeit, der sich in Verminderung der Ausflußgeschwindigkeit äußert, wird kleiner als die Widerstandsarbeit. Dampfturbinen sind also in dieser Hinsicht günstiger daran als Wasserturbinen.

Bei Kreiselgebläsen wird die Luft infolge der Widerstandswärme stärker erwärmt, als der adiabatischen reibungsfreien Verdichtung entspricht. Dabei

---

[1]) Es handelt sich hier selbst bei erheblichen Effektverlusten um sehr geringfügige Temperaturänderungen. Ist H das Gefälle in m, so ist H auch die aus 1 kg Wasser verfügbare Arbeit in Meterkilogrammen. Gehen davon durch Wirbel und Wasserstoß $1 - \eta$ Bruchteile verloren, so ist die Widerstandsarbeit $(1 - \eta)\,H$ und die daraus entstehende Wärmemenge $\frac{(1-\eta)\,H}{427}$. Diese Wärme ist imstande, 1 kg Wasser um ebenso viele Grade zu erwärmen. Z. B. wäre die Erwärmung bei $H = 10$ m, $\eta = 0{,}60$, $\tau = \frac{0{,}4 \cdot 10}{427} = \frac{1}{107}$ °C, also sehr gering.

dehnt sich die Luft aus, d. h. ihr Volumen wird für gleiche Drucksteigerung nicht in dem Verhältnisse kleiner, wie bei dem widerstandsfreien Vorgang. Damit ist eine Vergrößerung der reinen Verdichtungsarbeit (Volumenarbeit) verknüpft, die als nutzloser Arbeitsaufwand zu betrachten ist, wenn sie sich auch als äquivalente Wärme in dem verdichteten Gase wiederfindet. Im Gegensatz zu der Turbine ist hier die Erwärmung des strömenden Körpers durch die Widerstände nicht in gewissem Grade nützlich, sondern sogar schädlich. Die Betriebsarbeit ist um die zusätzliche Verdichtungsarbeit größer als die Hubarbeit und die Widerstandsarbeit zusammen. Kreiselgebläse sind in dieser Hinsicht weniger günstig daran, als die Kreiselpumpen.

62. Verhältnis von Widerstandsarbeit und Arbeitsverlust (Geschwindigkeitsverlust); wirkliche Zustandsänderung bei der Expansionsströmung mit Widerständen. Allgemeinste Strömungsgleichungen.

Im vorigen Abschnitte wurde gezeigt, daß Widerstandsarbeit und Arbeitsverlust nicht wie bei den tropfbaren Körpern identisch sind. Zur richtigen Beurteilung der Arbeitsverluste ist es deshalb nötig, zu bestimmen, in welchem Verhältnis die Widerstandsarbeit und der Verlust an Strömungsenergie stehen.

Die Zustandsänderung während der Beschleunigungsperiode (also vom Eintritt bis zum Austritt aus der Düse bzw. dem Kanal) wäre ohne die Widerstände adiabatisch, Druck und Volumen würden durch die Beziehung

$$p v^k = p_0 v_0^{\,k}$$

verbunden sein. Die „Zustandslinie“ wäre die gewöhnliche Adiabate (AB', Fig. 131).

Durch die von den Widerständen entwickelte Wärme wird der strömende Körper erwärmt; bei Gasen kann deshalb die Temperatur während der Strömung nicht in dem Maße mit dem Drucke fallen, wie bei der widerstandsfreien adiabatischen Strömung. Mit der höheren Temperatur wird aber auch das zu einem bestimmten Drucke p gehörige Volumen größer als das dem gleichen Druckabfall entsprechende adiabatische Volumen. Die wirkliche Druckvolumenkurve verläuft daher oberhalb der Adiabate. Ebenso bei Dämpfen. Bei feuchtem Sattdampf gehört zwar zum gleichen Drucke immer die gleiche Temperatur, gleichgültig ob die Strömung mit oder ohne Widerstände verläuft; aber die Widerstandswärme verdampft einen Teil der Feuchtigkeit und dadurch wird das Volumen bei gleichem Drucke auch vergrößert.

Die wahren Zustandsänderungen verlaufen hiernach in den Düsen und Turbinenkanälen stets über der Adiabate. Wegen der stärkeren Volumenzunahme müssen daher die Düsenquerschnitte, besonders im erweiterten Düsenteil, und die Kanalquerschnitte der Turbinen, hauptsächlich in den Niederdruckstufen, für das gleiche Dampfgewicht größer ausgeführt werden, als unter Zugrundelegung der adiabatischen widerstandsfreien Strömung nötig wäre.

Die Ausflußgeschwindigkeit w_0 für widerstandsfreie Strömung kann aus der adiabatischen Arbeitsfläche $AB'CD = L_0$ gemäß

$$\frac{w_0^2}{2g} = L_0$$

berechnet werden.

Bei der wirklichen Strömung ist nun die Arbeitsfläche $(ABCD)$ größer als bei der widerstandsfreien. Dennoch muß die wahre Ausflußgeschwindigkeit w kleiner sein als w_0, da die Widerstände nur

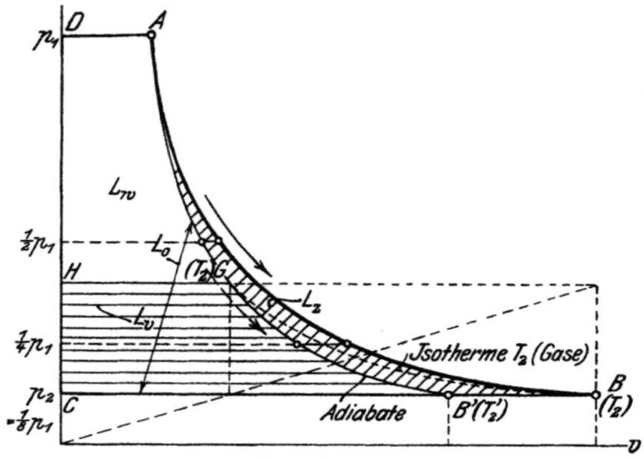

Fig. 131.

hemmend einwirken können. Die Fläche $ABCD = L$ der Ausdehnungsarbeit (reinen Raumarbeit) muß eben nicht allein, wie bei der widerstandsfreien Strömung, die Beschleunigungsarbeit L_w liefern, sondern außerdem noch die Widerstandsarbeit L_R decken, so daß

$$L = L_w + L_R$$

ist. Setzt man die Zusatzfläche $(ABB') = L_z$, so ist

$$L = L_0 + L_z,$$

daher

$$L_0 + L_z = L_w + L_R$$

oder mit

$$L_0 + L_z = -\int_{v_1}^{v_2} v\,dp, \quad L_w = \frac{w_2^{\,2}}{2g} - \frac{w_1^{\,2}}{2g}$$

$$-\int_{v_1}^{v_2} v\,dp = \frac{w_2^{\,2}}{2g} - \frac{w_1^{\,2}}{2g} + L_R \quad . \quad . \quad . \quad . \quad . \quad . \quad (1)$$

Für eine unbeschränkt kleine Zustandsänderung folgt hieraus

$$-v\,dp = d\left(\frac{w^2}{2g}\right) + d\,L_R \quad . \quad . \quad . \quad . \quad . \quad . \quad (1a)$$

Diese Beziehung tritt bei Strömung mit Reibung an die Stelle von Gl. 3, Abschn. 49.

Die wahre Beschleunigungsarbeit ist also

$$L_w = L_0 - (L_R - L_z) \quad \ldots \ldots \quad (1b)$$

Ist nun $L_R > L_z$, d. h. die gesamte Reibungsarbeit größer als der Arbeitsgewinn durch vermehrte Volumenarbeit, so wird $L_w < L_0$, wie es sein muß, damit $w < w_0$ ist. Der Verlust an Strömungsenergie ist nun $L_v = L_R - L_z$ und sein verhältnismäßiger Wert, der Widerstandskoeffizient (Abschn. 58)

$$\zeta = \frac{L_R - L_z}{L_0} \quad \ldots \ldots \quad (2)$$

Die wahre Ausflußenergie folgt aus

$$L_w = \frac{w^2}{2g}$$

mit

$$L_w = L_0 - \zeta L_0$$

zu

$$\frac{w^2}{2g} = (1 - \zeta) L_0 \quad \ldots \ldots \quad (3)$$

Wird nun der Verlauf AB der wahren Zustandsänderung zunächst als bekannt vorausgesetzt, so fragt es sich, wie groß die Widerstandsarbeit L_R ist, da durch AB und AB' Fig. 131 nur L_0 und L_z, nicht aber L_R unmittelbar gegeben ist. Erst dann läßt sich auch ζ bestimmen oder die umgekehrte Aufgabe lösen, bei gegebenem ζ den wahren Endzustand zu bestimmen.

Am raschesten kommt man mit Zuhilfenahme des Entropiediagramms zum Ziel. Aus der wahren Zustandslinie AB (Fig. 131) läßt sich durch Übertragung in das Entropie-Temperaturdiagramm die Wärmemenge bestimmen, die bei der wirklichen Zustandsänderung dem strömenden Körper scheinbar zugeführt wird. Entspricht $A_1 B_1$ im Entropiediagramm (Fig. 132) der Linie AB im Arbeitsdiagramm (Fig. 131), so ist die unter $A_1 B_1$ liegende, bis zur Abszissenachse reichende Fläche $A_1 B_1 E_1 F_1$ (senkrecht schraffiert) diese Wärmemenge. (Über die Gültigkeit des Entropiediagramms, wenn es sich nicht um äußere Wärmezufuhr, sondern um innere Wärmeentwicklung handelt, vgl. Abschn. 99.)

Da von außen keine Wärme zugeführt wurde, so kann diese Wärmemenge nur die Widerstandswärme (Reibungswärme) sein, also $A L_R$. Fläche $A_1 B_1 E_1 F_1$ (Fig. 132) ist somit die gesamte Widerstandsarbeit in Kalorien.

Die Verlustarbeit ist kleiner als L_R, nämlich gleich $L_R - L_z$, da eben infolge der Erwärmung durch die Widerstände der Teil L_z im Druckdiagramm wiedergewonnen wird.

Auch die Arbeit L_z kann als Fläche im Entropiediagramm dargestellt werden. In diesem, Fig. 132, entspricht $A_1 B_1$ der Druckkurve AB, ferner $A_1 B_1'$ der adiabatischen Kurve AB'. Verbindet man die Punkte B_1' und B_1, denen der gleiche Druck p_2 zugehört, durch eine Linie gleichen Druckes (bei Sattdampf wagerecht, bei Gasen und Heißdampf gekrümmt ansteigend), so entspricht $B_1' B_1$ im Entropiediagramm der Strecke $B'B$ im Druckdiagramm. Der Inhalt des Flächenstückes $A_1 B_1 B_1'$, das der Arbeitsfläche $ABB' = L_z$ entspricht, ist im Wärmemaß gleich dieser Fläche. Der wieder in Strömungsenergie zurückverwandelte Teil AL_z der Reibungswärme ist somit durch die dreieckige Fläche $A_1 B_1 B_1'$, Fig. 132, dargestellt.

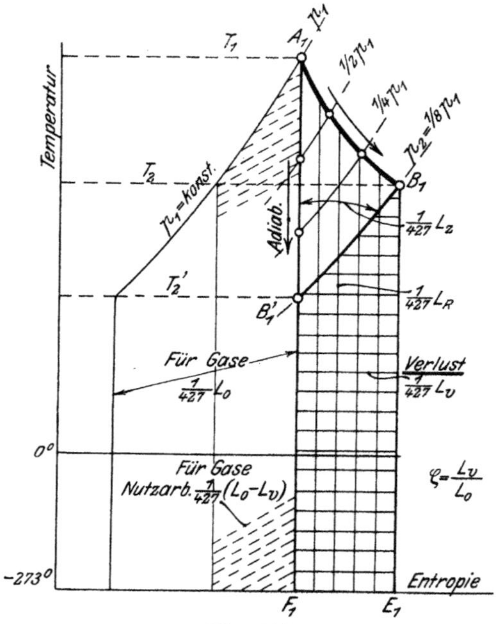

Fig. 132.

Der verlorene Teil der Widerstandsarbeit, der am Ende als Wärme im strömenden Körper enthalten ist, ist somit die unter $B_1 B_1'$ liegende, wagerecht schraffierte Fläche $B_1 B_1' F_1 E_1$. Diese Wärmemenge ist aber auch gleich der Wärme, die zur Erwärmung von der zu B_1' gehörigen adiabatischen Temperatur t_2' auf die wirkliche Endtemperatur t_2 unter dem gleichbleibenden Drucke p_2 nötig wäre, also bei Gasen und Heißdampf $(c_p)_m \cdot (t_2 - t_2')$. Für feuchten Dampf vgl. weiter unten.

Zur Berechnung der Verlustarbeit bzw. des Widerstandskoeffizienten ζ genügt demnach die Kenntnis der beiden Punkte A_1 und B_1 (bzw. A, B), während die ganze Widerstandsarbeit erst durch die Kurve $A_1 B_1$ bestimmt ist. Andererseits ist auch die Lage von B_1 berechenbar, wenn die verhältnismäßige Verlustarbeit ζ bekannt ist.

Für Gase und überhitzten Dampf hat man nämlich

$$A \zeta L_0 = c_p (T_2 - T_2'),$$

somit

$$\zeta = \frac{c\ (T_2 - T_2')}{A L_0} \quad . \quad . \quad . \quad . \quad . \quad . \quad . \quad . \quad (4)$$

Bei Gasen ist nun, sofern von der Veränderlichkeit der spez. Wärme mit der Temperatur abgesehen wird,

$$A L_0 = c_p \cdot (T_1 - T_2'),$$

somit

$$\zeta = \frac{T_2 - T_2'}{T_1 - T_2'} \quad . \quad . \quad . \quad . \quad . \quad . \quad . \quad . \quad (4\,a)$$

also ζ aus der Anfangstemperatur T_1, der adiabatischen (isentropischen) Endtemperatur T_2' und aus der wahren, durch die Widerstände beeinflußten Endtemperatur T_2 bestimmt.

Bei überhitztem Dampf ist es zweckmäßiger, weil c_p in Nähe der Sättigung stark veränderlich ist, mit den Wärmeinhalten bei konstantem Druck zu rechnen, die man den Dampftafeln bei gegebenem Dampfzustand entnehmen kann. Dann wird mit $A \zeta L_0 = i_2 - i_2'$ und wegen $A L_0 = i_1 - i_1'$

$$\zeta = \frac{i_2 - i_2'}{i_1 - i_2'} = \frac{i_2 - i_2'}{h_{ad}} \quad . \quad . \quad . \quad . \quad . \quad . \quad . \quad . \quad (5)$$

mit h_{ad} als Wärmegefälle zwischen dem Anfangs- und Enddruck.

Nach diesen Beziehungen kann der Widerstandskoeffizient ζ aus Beobachtungen des Anfangs- und Endzustandes abgeleitet werden; oder es kann, wenn ζ bekannt ist, der wahre Endzustand berechnet werden. Zunächst ergibt sich die Endtemperatur oder der Wärmeinhalt am Ende, woraus sich die übrigen Zustandsgrößen ableiten lassen. Meist wird es sich um das Endvolumen handeln, von dem die erforderlichen Querschnitte abhängen.

Über die Darstellung der Verhältnisse im Druck-Volumendiagramm bei den Gasen vgl. unten Beispiel 2.

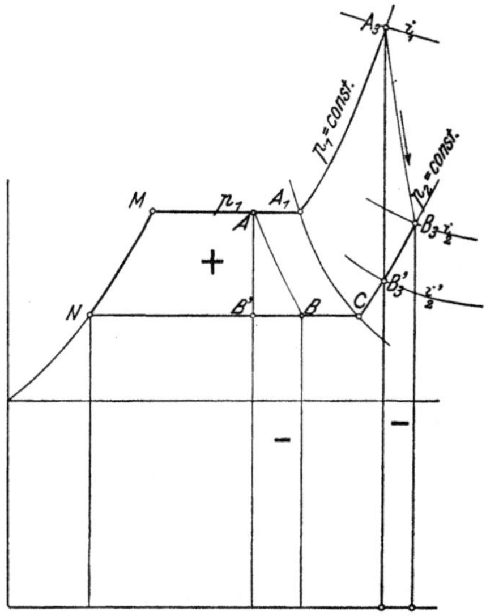

Fig. 133.

Bei gesättigtem und überhitztem Dampf ergibt sich folgende Darstellung in den Entropiediagrammen.

a) Gesättigter Dampf. Nach Abschn. 55 ist im *TS*-Diagramm die Fläche $AB'NM$ das adiabatische Wärmegefälle h_{ad}. Stellt B den wahren Endzustand dar, Fig. 133, so ist nach der obigen allgemein gültigen Beweisführung die unter BB' liegende Rechteckfläche der Verlust an Strömungsenergie, also ζh_{ad}. Nach Abschn. 40 ist diese Fläche der Bruchteil $x_2 - x_2'$ der Verdampfungswärme r, wenn x_2' und x_2 die verhältnismäßigen Dampfgehalte im adiabatischen und im wirklichen Endzustand sind. Also ist

$$\zeta h_{ad} = (x_2 - x_2')\, r \quad . \quad . \quad . \quad . \quad . \quad . \quad . \quad . \quad . \quad . \quad . \quad (6)$$

oder die Zunahme des Dampfgehaltes infolge der Widerstände

$$x_2 - x_2' = \frac{\zeta h_{ad}}{r} \quad \ldots \ldots \ldots \ldots \quad (6a)$$

Sind ferner v_2 und v_2' die spez. Volumina in B und B', so ist wegen $v_2 = x_2 v_{s2}$, $v_2' = x_2' v_{s2}$ die Raumzunahme durch die Widerstandswärme

$$v_2 - v_2' = (x_2 - x_2') v_{s2}$$

oder mit Gl. 6a

$$v_2 - v_2' = \frac{\zeta h_{ad}}{r} v_{s2} \quad \ldots \ldots \ldots \ldots \quad (7)$$

Die in Abschnitt 58 mit β bezeichnete verhältnismäßige Raumänderung $(v_2 - v_2') : v_2'$ ist sonach mit dem Werte von v_2'

$$\beta = \frac{\zeta h_{ad}}{r x_2'} \quad \ldots \ldots \ldots \ldots \quad (8)$$

Das wirkliche Endvolumen ist

$$v_2 = (1 + \beta) v_2' = (1 + \beta) x_2' v_{s2} \quad \ldots \ldots \ldots \quad (9)$$

Im JS-Diagramm Fig. 134 ist, für anfänglich trockenen Dampf vom Zustand A_1, das adiabatische Gefälle h_{ad} gleich $A_1 B_1'$. Stellt B_1 den wirklichen Endzustand dar, so muß in diesem der Wärmeinhalt bei konstantem Druck nach Fig. 133 um die Widerstandswärme ζh_{ad} größer sein als im adiabatischen. In Fig. 134 wird daher ζh_{ad} durch die Strecke $C_1 B_1'$ dargestellt. Ist ζ gegeben, so kann man hiernach in sehr einfacher Weise den wahren Endzustand B_1 finden, indem man ζh_{ad} von B_1' nach oben bis C_1 abträgt und durch C_1 die Wagrechte bis zur Kurve $p_2 =$ konst. zieht.

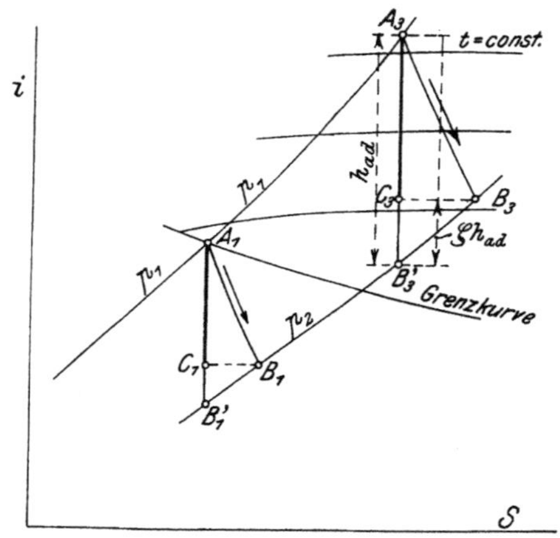

Fig. 134.

b) Überhitzter Dampf. Im TS-Diagramm ist die mit + bezeichnete stark umrandete Fläche das adiabatische Wärmegefälle, während die verlorene Strömungsenergie durch die mit — bezeichnete Fläche unter $B_3'B_3$ dargestellt wird. Die letztere Fläche ist nach Fig. 133 die Überhitzungswärme beim konstanten Druck p_2 für die Temperaturerhöhung von B_3' bis B_3.

Da die mittleren spez. Wärmen nur von der Sättigungsgrenze an gegeben zu sein pflegen, so empfiehlt sich die rein graphische Behandlung. Diese wird außerordentlich vereinfacht, wenn die Entropietafel Linien gleichen Wärmeinhaltes besitzt. Man hat dann nur von B_3' aus auf der Kurve gleichen Druckes bis zu derjenigen Linie $i =$ konst. weiterzugehen, deren Wärmeinhalt um ζh_{ad} größer ist als bei B_3'. Das adiabatische Gefälle selbst kann ebenfalls, wenn B_3' noch im Überhitzungsgebiet liegt, mittels der Linien $i =$ konst. abgelesen werden. Liegt B_3' im Sättigungsgebiet, so empfiehlt sich mehr die JS-Tafel.

In der JS-Tafel ist, genau wie beim gesättigten Dampf beschrieben, $B_3' C_3$ gleich ζh_{ad}.

Die allgemeinste Form der Strömungsgleichung, die für beliebige Körper und Strömungsvorgänge ohne Zufuhr oder Entziehung von Wärme gilt, ergibt sich nach dem Vorhergehenden wie folgt. In Gl. 3

$$\frac{w^2}{2g} = L_0 - \zeta L_0$$

ist der Strömungsverlust ζL_0 gleich dem Unterschied der Wärmeinhalte bei dem konstanten Druck p_2 im wirklichen und im adiabatischen Endzustand

$$A\zeta L_0 = i_2 - i_2'.$$

Das adiabatische Gefälle, in Cal. AL_0, ist seinerseits gleich dem Unterschied der Wärmeinhalte im Anfangs- und im adiabatischen Endzustand, also

$$AL_0 = i_1 - i_2'.$$

Daher ist

$$A\frac{w^2}{2g} = i_1 - i_2' - (i_2 - i_2')$$

oder

$$\boldsymbol{A\frac{w^2}{2g} = i_1 - i_2} \quad \ldots\ldots\ldots\ldots \quad (10)$$

Die wirkliche Strömungsenergie ist gleich dem Unterschied der Wärmeinhalte im Anfangs- und im wahren Endzustand (Strecke $A_3 C_3$ in Fig. 134).

Ist eine Anfangsgeschwindigkeit w_0 vorhanden, so gilt

$$\frac{Aw^2}{2g} - \frac{Aw_0^2}{2g} = i_0 - i \quad \ldots\ldots\ldots \quad (10a)$$

und daher für eine elementare Änderung

$$Ad\left(\frac{w^2}{2g}\right) = -di \quad \ldots\ldots\ldots \quad (10b)$$

Beispiele. 1. Sattdampf von 10 at abs. expandiert in einer Düse mit 15 v. H. Arbeitsverlust auf 0,1 at abs.

In Fig. 135 ist Fläche $(B_1'B_1E_1F_1) = 0{,}15 \cdot (A_1B_1'JM)$. Daraus ergibt sich die Lage von B_1 (Entfernung $B_1'B_1$). Bei adiabatischer Expansion würde B_1' der Endpunkt sein und die Feuchtigkeit am Ende der Expansion

$$\frac{B_1'B_2}{JB_2} = 0{,}21.$$

In Wirklichkeit ist die Feuchtigkeit nur

$$\frac{B_1B_2}{JB_2} = 0{,}166.$$

Durch die Widerstandsarbeit wird das Volumen am Ende im Verhältnis von $\frac{1 - 0{,}166}{1 - 0{,}21} = 1{,}053$ vergrößert. Die Ausflußgeschwindigkeit wird gegenüber adiabatischer Expansion im Verhältnis $\sqrt{1-\zeta} = \sqrt{0{,}85} = 0{,}922$ verkleinert.

Der Endquerschnitt der Düse muß demnach $\frac{1,053}{0,922} = 1,143$ mal größer sein, als bei der widerstandsfreien Düse.

2. Heißdampf von 10 at abs. und 350° expandiert in einer vielstufigen Turbine mit insgesamt 30 v. H. Verlustarbeit durch Strömungswiderstände auf 0,1 at abs.

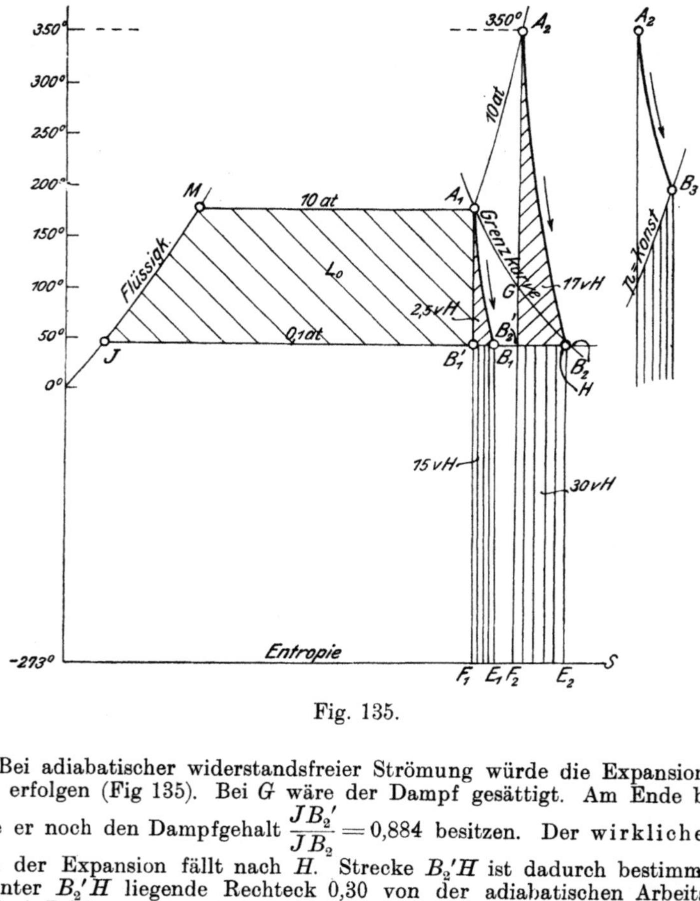

Fig. 135.

Bei adiabatischer widerstandsfreier Strömung würde die Expansion nach $A_2 B_2'$ erfolgen (Fig 135). Bei G wäre der Dampf gesättigt. Am Ende bei B_2' würde er noch den Dampfgehalt $\frac{JB_2'}{JB_2} = 0,884$ besitzen. Der wirkliche Endpunkt der Expansion fällt nach H. Strecke $B_2'H$ ist dadurch bestimmt, daß das unter $B_2'H$ liegende Rechteck 0,30 von der adiabatischen Arbeitsfläche $(JMA_1A_2B_2'J)$ ist. Bei H ist der Dampf eben in das Sättigungsgebiet eingetreten. Der Dampfgehalt ist noch 0,988. Das Dampfvolumen wird demnach im Verhältnis $\frac{0,988}{0,884} = 1,12$ vergrößert, während gleichzeitig die Geschwindigkeit im Verhältnis $\sqrt{1 - 0,30} = 0,838$ vermindert wird. Der Ausflußquerschnitt muß daher $\frac{1,12}{0,838} = \underline{1,338 \text{ mal}}$ größer sein als bei widerstandsfreier Strömung.

Durch Rückverwandlung würden bei einem Verlauf der Expansion nach $A_2 B_2$ 17 v. H. (d.h. $0,17\ L_0$) wiedergewonnen. Die ganze Widerstandsarbeit würde $0,30\ L_0 + 0,17\ L_0 = 0,47\ L_0$ betragen.

Ist der Dampf am Ende der Expansion noch überhitzt, Punkt B_3 Nebenfigur 135, so wird die Verlustfläche oben durch eine Kurve konstanten Druckes für Heißdampf begrenzt.

3. Für Gase kann der Arbeitsverlust und die Beschleunigungsarbeit auch im Druckdiagramm Fig. 131 dargestellt werden. Die Verlustarbeit ist nämlich

$$L_v = 427\ c_p \cdot (T_2 - T_2'),$$

mit T_2 als wirklicher, T_2' als adiabatischer Endtemperatur für gleichen Druckabfall. Dieser Ausdruck kann nun durch ein adiabatisches Druckdiagramm mit dem Temperaturunterschied $T_2 - T_2'$ zwischen Anfang und Ende der Expansion verbildlicht werden (Abschn. 31). Zieht man daher durch B, Fig. 131, eine Isotherme T_2 nach rückwärts bis zum Schnitt G mit der Adiabate durch A, so ist $HGB'C$ der Arbeitsverlust L_v, also $DAGH$ die nutzbare Beschleunigungsarbeit L_w (anstatt $AB'CD$ bei widerstandsfreier Strömung). — Im Entropiediagramm kann L_w, da die Kurven konstanten Druckes für Gase kongruent sind, durch die gestrichelt schraffierte Fläche ausgedrückt werden.

62a. Graphische Düsen-Berechnung.

(Beispiel.)

Die Querschnittsverhältnisse, den Druck- und Geschwindigkeitsverlauf in einer Dampfdüse zu bestimmen, in der Dampf von anfänglich 15 at abs. und 300° auf 1,4 at abs. expandiert: a) ohne Reibung, b) mit 6 v. H. Geschwindigkeitsverlust.

a) Aus dem IS-Diagramm, Fig. 136 rechts, folgt ein nutzbares Wärmegefälle AB von 112 Cal und demgemäß eine Austrittsgeschwindigkeit $w_1 = 91{,}53\sqrt{112} = \underline{970}$ m/sec. Der Dampf ist beim Austritt (Punkt B) feucht gesättigt mit einem Dampfgehalt $x = 0{,}95$. Sein spez. Volumen ist daher

$$v_1 = 0{,}95 \cdot 1{,}258 = 1{,}195 \text{ cbm/kg}.$$

Der erforderliche Austrittsquerschnitt für ein sekundl. Dampfgewicht G_{sec} ist mit

$$G_{sec} = \frac{F_1\, w_1}{v_1}$$

$$F_1 = G_{sec} \cdot \frac{v_1}{w_1} = \frac{G_{sec}}{812} \text{ qm} = \underline{12{,}32} \cdot G_{sec} \text{ qcm}.$$

Der engste Düsenquerschnitt liegt da, wo der Druck den kritischen Wert erreicht, der sich nach Abschn. 52 oder Fig. 99 Abschn. 51 zu $0{,}546 \cdot 15 = 8{,}2$ at berechnet. Da nach Fig. 136 bei diesem Druck der Dampf noch überhitzt ist, so ist diese Rechnung zutreffend. Allgemein und in den Fällen, wo der Dampf beim kritischen Druck schon gesättigt ist, erhält man den engsten Querschnitt und den Druck in ihm wie folgt. Man bestimmt für eine Anzahl Drucke die zugehörigen Querschnitte in genau gleicher Weise wie oben den Endquerschnitt und kann aus dem graphischen Bild des Querschnittsverlaufs leicht den engsten Querschnitt ablesen. Für einen beliebigen Querschnitt gilt

$$G_{sec} = \frac{F \cdot w}{v} = \frac{F_1\, w_1}{v_1}.$$

Daraus folgt

$$\frac{F}{F_1} = \frac{w_1}{w} \cdot \frac{v}{v_1}.$$

Zum Druck von 5 at gehört z. B. ein Wärmegefälle von 57 Cal, also $w = 91{,}53\sqrt{57} = 692$ m/sec. Das zugehörige spez. Volumen folgt aus der TVS-Tafel (Anhang Tafel III a), indem man, wie Fig. 136 links zeigt, im TS-Teil dieser Tafel adiabatisch von 15 at, 300° nach 5 at herabgeht, Strecke

$A_1 C_1$. Von C_1 geht man im *TV*-Teil der Tafel wagrecht bis zur Linie gleichen Druckes von 5 at, Punkt C_2. Die Abszisse dieses Punktes ist das spez. Volumen $v = 0{,}410$. Man erhält

$$\frac{F}{F_1} = \frac{970}{692} \cdot \frac{0{,}410}{1{,}195} = 0{,}48.$$

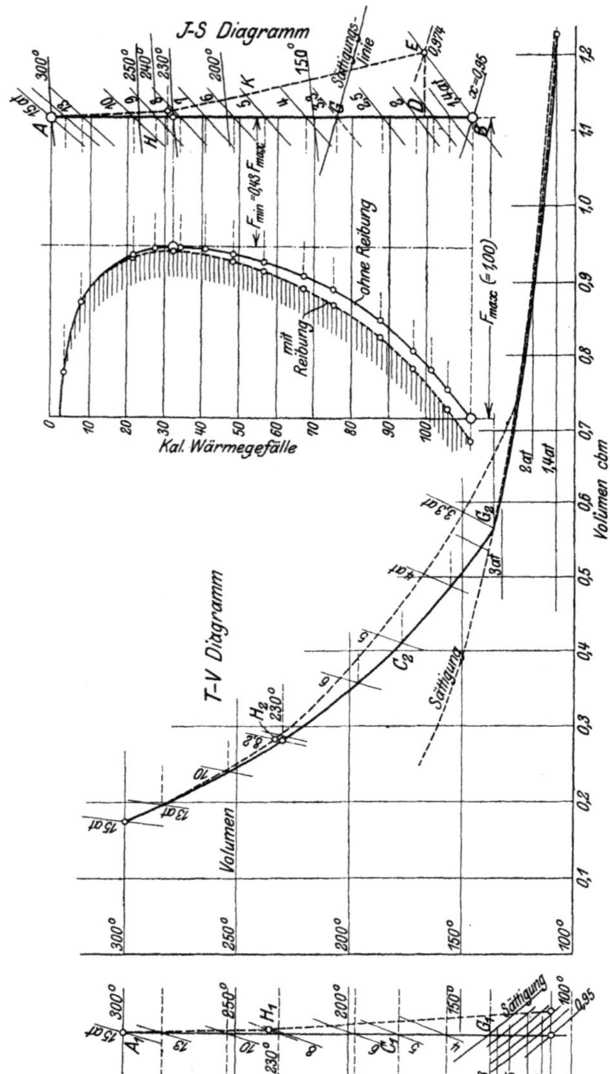

Fig. 136.

In Fig. 136 rechts sind die Querschnitte für eine Reihe von Drücken als Abszissen mit den zugehörigen Wärmegefällen als Ordinaten aufgetragen. Der engste Querschnitt ist 0,43 vom Austrittsquerschnitt; der zugehörige Druck

8,2 at, die Temperatur 230°, das spez. Volumen 0,280, das Wärmegefälle 32,8 Cal, die Geschwindigkeit 524 m/sec (Schallgeschwindigkeit). Probe:

$$\frac{F}{F_1} = \frac{w_1}{w} \cdot \frac{v}{v_1} = \frac{970}{524} \cdot \frac{0,280}{1,195} = 0,434.$$

In Fig. 136 Mitte ist die allmähliche Zunahme des spez. Volumens und die Abnahme der Temperatur beim Durchströmen der Düse zu erkennen. Beim Druck von 3,3 at, Punkte G, G_1, G_2 tritt der Dampf ins Sättigungsgebiet ein; von hier an nimmt die Temperatur mit dem Volumen viel langsamer ab.

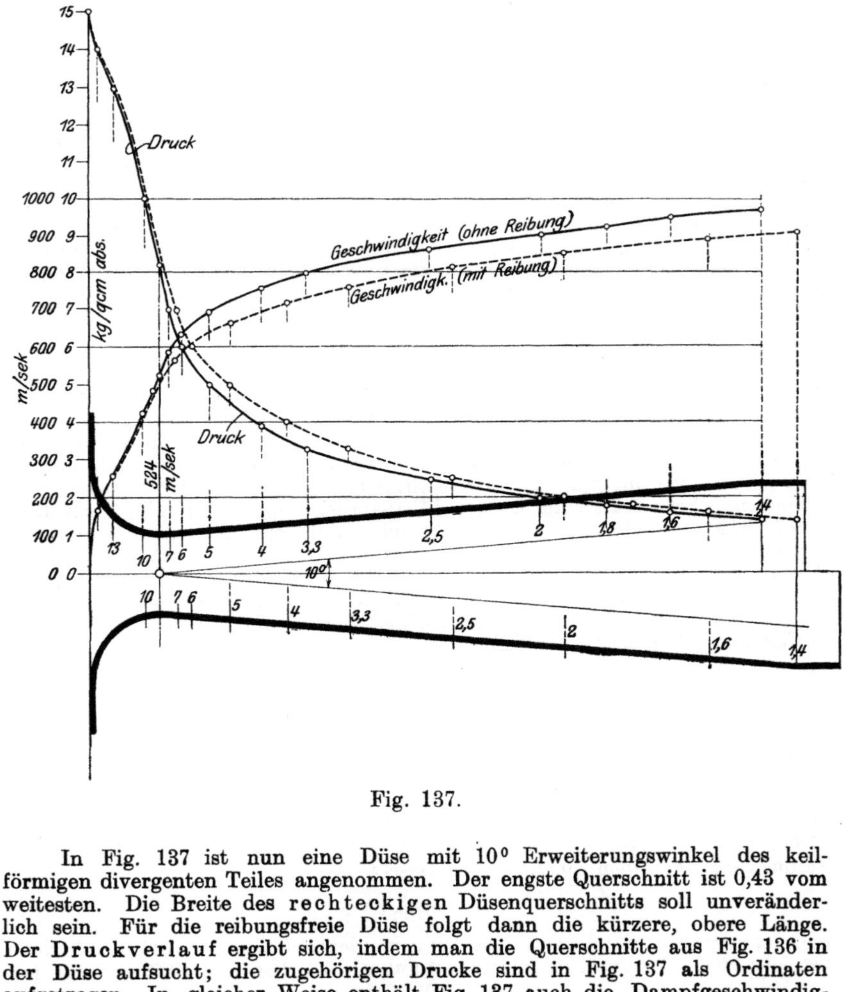

Fig. 137.

In Fig. 137 ist nun eine Düse mit 10° Erweiterungswinkel des keilförmigen divergenten Teiles angenommen. Der engste Querschnitt ist 0,43 vom weitesten. Die Breite des rechteckigen Düsenquerschnitts soll unveränderlich sein. Für die reibungsfreie Düse folgt dann die kürzere, obere Länge. Der Druckverlauf ergibt sich, indem man die Querschnitte aus Fig. 136 in der Düse aufsucht; die zugehörigen Drucke sind in Fig. 137 als Ordinaten aufgetragen. In gleicher Weise enthält Fig. 137 auch die Dampfgeschwindigkeiten längs der Düse, die sich aus den Wärmegefällen in Fig. 136 ergeben.

b) Bei 6 v. H. Geschwindigkeitsverlust, also $\varphi = 0,94$, ist die Austrittsgeschwindigkeit

$$w_1' = 0,94 \cdot 970 = 912 \text{ m/sec.}$$

Der Verlust an Strömungsenergie ist $\zeta = 1 - \varphi^2 = 0{,}116$. Der Endzustand des Dampfes folgt aus dem *IS*-Diagramm, Fig. 136 rechts, Punkt *E*. Es ist $DB = 0{,}116\,AB$ und DE senkrecht AB. Der Dampfgehalt ist 0,974 (statt 0,95). Der Austrittsquerschnitt wird

$$F_1' = G_{sec} \cdot \frac{0{,}974 \cdot 1{,}258}{912} = \frac{G_{sec}}{746} \text{ qm} = \underline{13{,}4 \cdot G_{sec}} \text{ qcm}.$$

Im **engsten** Querschnitt ist der verhältnismäßige Geschwindigkeitsverlust sicher **kleiner** als im Austrittsquerschnitt. Vom Einlauf bis zum engsten Querschnitt gleicht die Düse nach Form und Verhalten durchaus einer kurzen, gut abgerundeten Mündung, deren Geschwindigkeitskoeffizient nach Abschn. 58b

$$\varphi = 0{,}975$$

gesetzt werden kann, entsprechend

$$\zeta = 1 - 0{,}975^2 = 0{,}05.$$

Die verhältnismäßige Größe des engsten Querschnitts erhält man unter der Annahme, daß der Druck an dieser Stelle nur wenig verschieden ist von seinem Wert bei reibungsfreier Strömung, also rd. 8,2 at. Von dem adiab. Wärmegefälle 32,8 Cal bis dahin sind $0{,}05 \cdot 32{,}8 = 1{,}64$ Cal abzuziehen, womit man zum Punkt H gelangt, dem die Punkte H_1 im *TS*, H_2 im *TV*-Diagramm entsprechen. Mit einem spez. Volumen $v' = 0{,}281$, einer Geschwindigkeit $w' = 0{,}975 \cdot 524 = 510$ m/sec wird

$$\frac{F'}{F_1'} = \frac{912}{510} \cdot \frac{0{,}281}{0{,}974 \cdot 1{,}258} = 0{,}410.$$

Mit Rücksicht auf die Reibung muß also die Düse etwas mehr erweitert sein als ohne Reibung, und die Querschnitte werden außerdem etwas größer.

Nimmt man ferner an, daß im *IS*-Diagramm die durch die Reibung veränderte Zustandslinie den (geradlinigen) Verlauf AH und HE nimmt, so kann man wieder, wie unter a), die zu verschiedenen Drucken gehörigen Querschnitte ermitteln. Man erhält zunächst im *TV*-Diagramm die den Punkten der Linie AHE entsprechenden Zustandspunkte und damit die gestrichelte **Volumenkurve**. Das zugehörige Wärmegefälle ist z. B. für 5 at 51,5 Cal (senkrechter Abstand des Punktes K von der Wagrechten durch A). Auf diesem Wege ergibt sich der in Fig. 136 rechts schraffierte Querschnittsverlauf und der in Fig. 137 gestrichelt eingetragene Verlauf der Dampfdrucke und Dampfgeschwindigkeiten längs der Düse.

62b. Verdichtungsströmung mit Widerständen.

Bei der Verdichtungsströmung wird der Druck p_1 eines Gases oder Dampfs dadurch auf einen höheren Wert p_2 gebracht, daß der mit einer Anfangsgeschwindigkeit w_1 strömende Körper stetig bis zu der kleineren Endgeschwindigkeit w_2 verzögert wird[1]). Verläuft die Strömung zwischen w_1 und w_2 ohne Strömungshindernisse, so ändern sich Druck p und Volumen v während der Verdichtung nach dem adiabatischen Gesetz

$$p v^k = p_1 v_1^k$$

und der Arbeitsaufwand zur Verdichtung ist identisch mit der **adiabatischen** Betriebsarbeit. Diese wird dargestellt durch die Arbeitsfläche $AB'GF$ in Fig. 138

---

[1]) Bei den Schleuderkraft-Verdichtern entsteht ein Teil der Druckerhöhung schon während der Erteilung der Anfangsgeschwindigkeit w_1, der Rest im Diffusor durch Verzögerung. Auf die besondere Art dieser Vorgänge kommt es im Folgenden nicht an.

und bei Gasen am einfachsten ausgedrückt mittels der Temperatursteigerung $T_{2ad} - T_1 = \Delta T_{ad}$ durch

$$L_0 = 427\, c_p \cdot \Delta T_{ad} \quad . \quad . \quad . \quad . \quad . \quad . \quad . \quad . \quad . \quad . \quad . \quad (1)$$

Nach dem Energiegesetz ist dieser Wert genau gleich der Änderung der Bewegungsenergie von 1 kg strömender Masse, also gleich

$$\frac{w_1^2}{2g} - \frac{w_2^2}{2g}.$$

Welche Querschnittsveränderungen ein widerstandsfreier Gasstrom zum Zwecke der Verdichtung unter verschiedenen Umständen zu erleiden hat, ist in Abschn. 51 beschrieben.

Sind während der Verzögerung von dem Gasstrom noch Bewegungshindernisse zu überwinden, z. B. Rohrreibungswiderstände, so kann die Verdichtung auch dann nicht adiabatisch verlaufen, wenn sie ohne Zuführung oder Ableitung von Wärme erfolgt. Der zur Überwindung der Widerstände verbrauchte Teil der anfänglichen Strömungsenergie geht nämlich unmittelbar in fühlbare Wärme über, die auf den strömenden Körper den gleichen Einfluß übt wie Wärmezufuhr von außen. Demgemäß muß die Zustandsänderung oberhalb der Adiabate verlaufen, Linie *AB* Fig. 138. Volumen und Temperatur sind also bei gleicher Drucksteigerung höher als beim widerstandsfreien Vorgang, und die zusätzliche Arbeit, die aus diesem Grunde entsteht, ist durch die Fläche *ABB'* dargestellt. Es wäre aber ein großer Irrtum anzunehmen, daß dies die einzige Zusatzarbeit infolge der Widerstände sei und daß somit die Arbeit *ABGF* zum Betrieb des Verdichters genüge. Der wirkliche Mehraufwand an Betriebsarbeit ist vielmehr ein mehrfaches der Zusatzfläche $L_Z = ABB'$.

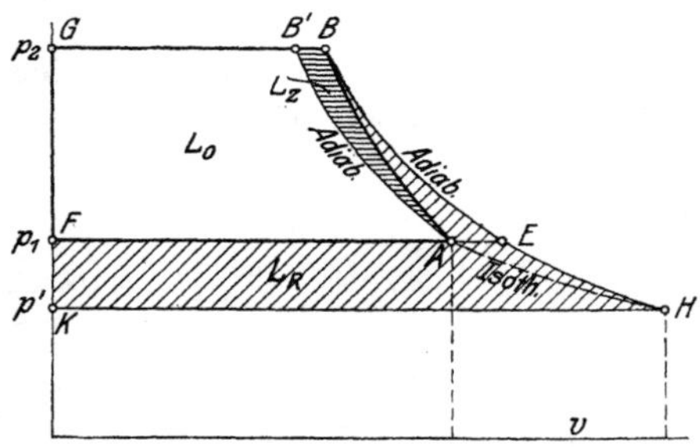

Fig. 138.

Die in die Wärme AL_R umgesetzte, unbekannte Widerstandsarbeit L_R erhöht zwar vermöge der Erwärmung und daraus folgenden Raumvergrößerung des strömenden Körpers die zu leistende Raumarbeit nach Maßgabe von Fig. 138. Jedoch ist dies nur eine Nebenwirkung. Der Hauptbetrag der Zusatzarbeit, die Widerstandsarbeit L_R selbst, kommt im Druck-Volumendiagramm nicht zum Ausdruck. Um ihre Ermittlung wird es sich hauptsächlich handeln. Ist dann L_R bekannt, so ist die im ganzen aufzuwendende Betriebsarbeit

$$L = L_0 + L_Z + L_R \quad . \quad . \quad . \quad . \quad . \quad . \quad . \quad . \quad . \quad (2)$$

Diese Arbeit muß, wenn es sich um einen reinen Düsenverdichter handelt (Abschn. 51), ganz aus der Bewegungsenergie des Gasstroms bestritten werden und es gilt daher mit w_1 als Anfangsgeschwindigkeit, w_2 als Endgeschwindigkeit

$$\frac{w_1^2}{2g} - \frac{w_2^2}{2g} = L_0 + L_Z + L_R \quad . \quad . \quad . \quad . \quad . \quad . \quad (3)$$

Verfolgt man den Verdichtungsvorgang nur bis zu einem beliebigen Druck p zwischen p_1 und p_2, so sind auch die Werte L_0, L_Z, L_R nur bis dahin zu rechnen, und man hat

$$\frac{w_1^2}{2g} - \frac{w^2}{2g} = L_0 + L_Z + L_R \quad . \quad . \quad . \quad . \quad . \quad . \quad (4)$$

Betrachtet man schließlich nur einen unbeschränkt kleinen Teil des Vorgangs, wobei sich w um dw, p um dp ändert, so erhält man durch Differentiation von Gl. 4

$$-d\frac{w^2}{2g} = d(L_0 + L_Z) + dL_R\,.$$

Hierin ist $d(L_0 + L_Z)$ ein schmaler wagrechter Streifen des Druckdiagramms von der Höhe dp, also

$$d(L_0 + L_Z) = v\,dp$$

und somit

$$-\boldsymbol{v\,dp = d\frac{w^2}{2g} + d\,L_R} \quad . \quad . \quad . \quad . \quad . \quad . \quad . \quad (5)$$

gleichlautend mit der entsprechenden Beziehung Gl. 1a Abschn. 62 bei Expansionsströmung.

Bestimmung der Widerstandsarbeit. Die durch Vernichtung dieser Arbeit entstandene Wärmemenge $Q_R = L_R/427$ kann aus dem Verlauf der wahren Zustandslinie AB in gleicher Weise bestimmt werden, als wäre sie dem zu verdichtenden Körper von außen zugeführt worden. Nach der auf dem I. Hauptsatz beruhenden Wärmegleichung der Gase, Abschn. 23 oder 26 (oder bequemer und auch für Dämpfe gültig nach Gl. 1, Abschn. 90) wird

$$Q_W = i_2 - i_1 - A\int_{p_1}^{p_2} v\,dp$$

oder

$$Q_W = i_2 - i_1 - A(L_0 + L_Z), \quad . \quad . \quad . \quad . \quad . \quad (6)$$

für Gase also, da

$$i_2 - i_1 = c_p(T_2 - T_1)$$

$$Q_W = A L_R = c_p(T_2 - T_1) - A(L_0 + L_Z) \quad . \quad . \quad . \quad . \quad (7)$$

Mit Gl. 2 folgt hieraus die gesamte Betriebsarbeit

$$AL = A(L_0 + L_Z) + c_p(T_2 - T_1) - A(L_0 + L_Z),$$

also für Gase

$$\boldsymbol{AL = c_p\,(T_2 - T_1)} \quad . \quad . \quad . \quad . \quad . \quad . \quad . \quad . \quad (8)$$

oder allgemeiner auch für Dämpfe mit Gl. 6 und Gl. 2

$$\boldsymbol{A L = i_2 - i_1} \quad \ldots\ldots\ldots \quad (9)$$

Die Betriebsarbeit kann daher im Wärmemaß einfach als Unterschied der Wärmeinhalte bei konstantem Druck am Ende und am Anfang der Verdichtung berechnet werden, bei Gasen also aus der gemessenen Temperatursteigerung. Dabei ist es belanglos, wie die Zustandsänderung zwischen Anfang und Ende verläuft, es kommt lediglich auf die Grenzzustände an.

Bei einem Düsenverdichter muß dann sein, wegen

$$L = \frac{w_1^2}{2g} - \frac{w_2^2}{2g}$$

$$\boldsymbol{A\left(\frac{w_1^2}{2g} - \frac{w_2^2}{2g}\right) = i_2 - i_1} \quad \ldots\ldots \quad (10)$$

Bei Schleuderverdichtern ist die an die Welle abzugebende Arbeit, da das ursprünglich ruhende Gas beim Austritt die Geschwindigkeit w_2 besitzt, um den Betrag $w_2^2/2g$, die Bewegungsenergie des verdichteten Gases, größer als L, also

$$\boldsymbol{A L_{welle} = i_2 - i_1 + A\frac{w_2^2}{2g}} \quad \ldots\ldots \quad (11)$$

Bei Verdichtung auf hohen Druck wird das Glied $Aw_2^2/2g$ eine geringe, bei niedrigem Druck (Ventilatoren) eine unter Umständen erhebliche Rolle spielen.

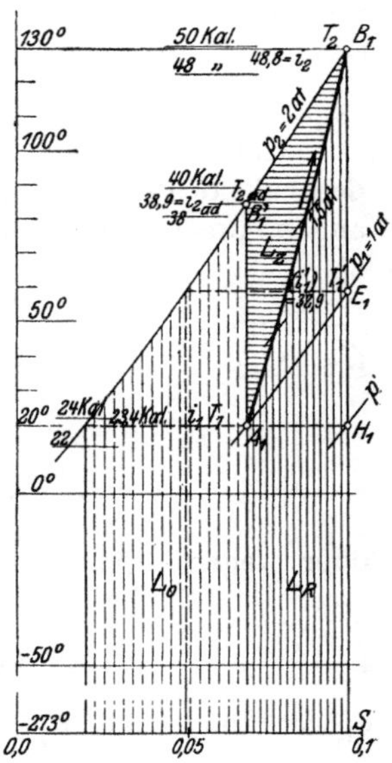

Fig. 139.

Zu den gleichen Ergebnissen führt die anschaulichere Darstellung mittels der Entropie-Diagramme. Überträgt man die Zustandslinie AB in das TS-Diagramm, Fig. 139, Linie $A_1 B_1$, dann ist die unter $A_1 B_1$ liegende Fläche bis zur Abszissenachse die Widerstandswärme Q_R oder L_R im Wärmemaß. Die Zusatzfläche L_Z im Druckdiagramm wird im Wärmediagramm dargestellt durch Fläche $A_1 B_1 B_1'$ und somit die ganze Zusatzarbeit durch die ganze Fläche unter $B_1 B_1'$ bis zur Abszissenachse. Diese Fläche ist aber andererseits, weil B_1 und B_1' auf einer Linie gleichen Druckes liegen, gleich der Wärmemenge, die nötig wäre, um die adiabatische Endtemperatur $T_{2\,ad}$ bei unveränderlichem Druck auf die wahre Endtemperatur T_2 zu erhöhen. Somit ist die gesamte Zusatzarbeit im Wärmemaß

$$A(L_Z + L_R) = c_p (T_2 - T_{2\,ad})$$

oder allgemein

$$A(L_Z + L_R) = i_2 - i_{2\,ad} \quad \ldots\ldots \quad (12)$$

Mit

$$A L_0 = i_{2\,ad} - i_1$$

wird daher nach Gl. 2

$$A L = i_{2\,ad} - i_1 + i_2 - i_{2\,ad} = i_2 - i_1\,,$$

für Gase

$$AL = c_p (T_2 - T_1) .$$

AL_0 wird im TS-Diagramm durch die gestrichelt schraffierte Fläche dargestellt, so daß die ganze schraffierte Fläche die ganze Betriebsarbeit ist.

Im p, v-Diagramm wird L durch die Fläche $BHKG$ dargestellt. H ist der Punkt auf der Adiabate durch B, in welchem die Temperatur wieder T_1 geworden ist. Da also von B bis H die Temperatur um $T_2 - T_1$ fällt, so ist nach Abschn. 90 die erwähnte Fläche gleich $c_p (T_2 - T_1) = L$. H kann als Schnittpunkt der Adiabate durch B mit der Isotherme durch A bestimmt werden. Bei Dämpfen tritt wegen Gl. 9 an Stelle der Isotherme eine Linie gleichen Wärmeinhalts i_1. Bei Gasen ist der Druck p' (der nur geometrische Bedeutung hat) nach Abschn. 25

$$p' = p_2 \cdot \left(\frac{T_1}{T_2}\right)^{\frac{k}{k-1}} .$$

Wirkungsgrade. Die widerstandsfreie adiabatische Betriebsarbeit ist in dem Verhältnis

$$\eta_{ad} = \frac{AL_0}{AL}$$

kleiner als die wahre. Dieser Wert wird als adiabatischer Wirkungsgrad bezeichnet, er wird für Gase

$$\eta_{ad} = \frac{T_{2\,ad} - T_1}{T_2 - T_1} = \frac{\Delta T_{ad}}{\Delta T} \quad \ldots \ldots \ldots (13)$$

oder allgemein

$$\eta_{ad} = \frac{i_{2\,ad} - i_1}{i_2 - i_1} = \frac{\Delta i_{ad}}{\Delta i} \quad \ldots \ldots \ldots (13\text{a})$$

Gebräuchlicher ist der isothermische Wirkungsgrad, bei dem als ideale Betriebsarbeit diejenige bei isothermischer Verdichtung angenommen wird. Man erhält wegen

$$L_{is} = p_1 v_1 \ln \frac{p_2}{p_1} = RT_1 \ln \frac{p_2}{p_1}$$

für Gase

$$\eta_{is} = \frac{ART_1 \ln \frac{p_2}{p_1}}{c_p (T_2 - T_1)}$$

oder wegen $AR = c_p - c_v$, $k = c_p/c_v$

$$\eta_{is} = \frac{k-1}{k} \cdot \frac{T_1}{T_2 - T_1} \cdot \ln \frac{p_2}{p_1} \quad \ldots \ldots \ldots (14)$$

η_{is} ist kleiner als η_{ad}.

Der thermodynamische Wirkungsgrad[1]) endlich gibt an, welcher Bruchteil der zur Verdichtung wirklich aufgewendeten Arbeit L im besten Falle aus dem verdichteten Körper wieder ge-

[1]) Zeitschr. Ver. deutsch. Ing. 1907, S. 1669.

wonnen werden kann. Würde die verdichtete Luft mit der Temperatur T_2 und dem Drucke p_2 in einem verlustfreien Druckluftmotor adiabatisch bis p_1 ausgedehnt, so könnte sie eine Nutzarbeit gleich $BEFG$ Fig. 138 verrichten. Ihre Endtemperatur T_1' wäre dann noch höher als die untere Temperatur T_1, so daß wenigstens theoretisch noch weitere Arbeit $(A_1 E_1 H_1)$ aus ihr zu gewinnen wäre. Sieht man davon ab, so ist der mögliche Arbeitsgewinn gleich $c_p (T_2 - T_1')$, also

$$\eta_{th} = \frac{T_2 - T_1'}{T_2 - T_1} = \frac{i_2 - i_1'}{i_2 - i_1} \quad \ldots\ldots \quad (15)$$

Beispiel. Fig. 138 und 139 sind für Luft mittels der $TVJS$-Tafel maßstäblich gezeichnet bei einem Anfangsdruck $p_1 = 1$ at, einem Enddruck $p_2 = 2$ at, $t_1 = 20^0$. Die adiabatische Endtemperatur würde $t_2' = 84{,}5^0$ sein, während die wirkliche Endtemperatur $t_2 = 130^0$ angenommen wurde. $A_1 B_1$ ist zwischen A_1 und B_1 willkürlich gezogen, AB in Fig. 138 darnach maßstäblich übertragen. Man erhält weiter

$$AL_0 = 38{,}9 - 23{,}4 = 15{,}5 \text{ Cal/kg}$$

$$AL = 48{,}8 - 23{,}4 = 25{,}4 \quad \text{"}$$

$$\eta_{ad} = 15{,}5/25{,}4 = 0{,}61\,,$$

oder angenähert mit den Temperaturen

$$\eta_{ad} = \frac{84{,}5 - 20}{130 - 20} = 0{,}59\,.$$

Die ganze Zusatzarbeit ist

$$25{,}4 - 15{,}5 = 9{,}9 \text{ Cal} = AL_z + AL_R\,.$$

Mit $AL_z = 1{,}6$ Cal aus Fig. 138 wird also $AL_R = 8{,}3$ Cal, somit AL_z nur rd. 1/5 von AL_R.

Ferner wird

$$\eta_{is} = \frac{0{,}4}{1{,}4} \cdot \frac{293}{110} \cdot 2{,}303 \cdot \log 2 = 0{,}53\,,$$

und

$$\eta_{th} = \frac{48{,}8 - 32{,}9}{25{,}4} = 0{,}63\,.$$

Der Luftwiderstand.

63. Ursachen des Luftwiderstandes.

Jeder durch den lufterfüllten Raum fortschreitende Körper erleidet durch die Luft erfahrungsgemäß einen Bewegungswiderstand, der mit seiner Geschwindigkeit wächst. Infolge dieses Widerstandes fällt z. B. jeder Körper in der Luft langsamer als im luftleeren oder luftverdünnten Raum. Ein schief geworfener Körper (Geschoß) erfährt durch den Luftwiderstand eine Verkürzung der theoretischen Wurfweite und Wurfhöhe und eine Veränderung der Parabelbahn. Bei schnellfahrenden Fahrzeugen (Lokomotiven, Automobile) besteht ein ansehnlicher Teil des Fahrwiderstandes aus dem Luftwiderstand. Luftschiffe erfordern zu ihrer Eigenbewegung, auch in horizontaler Fahrt, erhebliche motorische Kräfte. Die fliegenden Tiere benützen den Luftwiderstand ihrer Flügel zur Überwindung der Schwere und zur Fortbewegung. Die Flugmaschinen erhalten durch Luftschrauben, die in der Luft rotierend den Luftwiderstand erwecken, ihre fortbewegende Kraft, und der Luftwiderstand der schrägen Tragflächen liefert in seiner lotrechten Komponente die tragende Kraft. Die bekannten Wirkungen des Windes (Winddruck) entstehen aus gleichen Ursachen wie der Luftwiderstand.

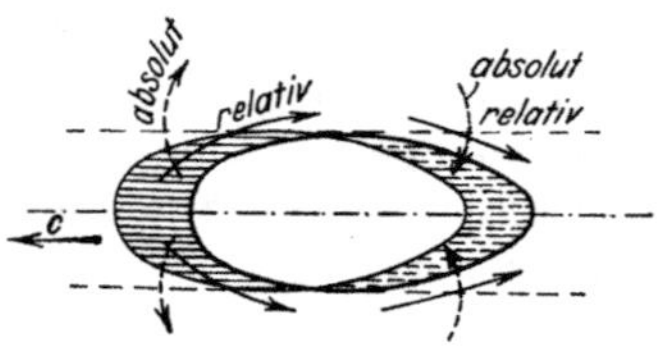

Fig. 140.

Schreitet ein Körper in einer nach allen Seiten unbegrenzten Gasmasse mit der Geschwindigkeit c geradlinig fort, so wird sekundlich das Gasvolumen $F \cdot c$ aus dem Bahnraum vom Querschnitt F verdrängt, während auf der Rückseite in gleicher Zeit eine gleich große Gasmenge in den vom Körper freigegebenen Raum nachströmt, Fig. 140. Durch die Bewegung des Körpers werden also die im Bahnraum und in dessen Nähe befindlichen Gasmassen in Bewegung gesetzt. Dadurch können sowohl Massen-Beschleunigungskräfte von seiten des Körpers auf die Luft, als auch Verzögerungsdrücke von seiten der bewegten Gasmassen auf den Körper entstehen, die sich in ihrer Wirkung auf die Bewegung des Körpers teilweise (oder nahezu ganz) aufheben können. Selbstverständlich bleibt in keinem Falle eine der Bewegung des Körpers förderliche Kraft übrig, vielmehr in allen Fällen, wie die Erfahrung lehrt, ein Bewegungswiderstand.

Würde sich unmittelbar nach dem Durchgang des Körpers durch einen bestimmten Teil des Bahnraums die Gasmasse in diesem Raumgebiet in Ruhe befinden und hätte auch ihre Temperatur keine Änderung erlitten, so wäre zu schließen, daß von seiten des Körpers keine Energie auf das Gas übertragen wurde. Nach dem Gesetz von der Erhaltung der Energie könnte in diesem Falle der Körper auch keinen Bewegungswiderstand in dem Gase gefunden haben.

Aus der Tatsache nun, daß ein Luftwiderstand stets vorhanden ist, ist umgekehrt zu folgern, daß die Luft im Bahnraum des Körpers nach dessen Vorübergang weder in Ruhe ist noch ihre Temperatur behalten hat. Die Summe aus der gesamten ihr innewohnenden Bewegungsenergie und aus der Steigerung ihres Wärmeinhalts muß der Arbeit des Luftwiderstandes auf der betrachteten Strecke gleich sein. In zahlreichen Fällen, besonders bei Körpern mit bedeutendem Luftwiderstand, ist eine heftig wirbelnde Bewegung im Bahnraum hinter dem Körper unmittelbar beobachtet worden und es kann kein Zweifel herrschen, daß auch Temperaturänderungen bestehen.

Dem Luftwiderstand, der der Bewegungsrichtung entgegengesetzt ist, müssen bewegende Drücke entsprechen, die von der Oberfläche des Körpers auf die angrenzende Luft ausgeübt werden, und deren Komponenten nach der Bewegungsrichtung, einschließlich der Komponenten etwaiger Unterdrücke, zusammen gleich dem Luftwiderstand sind.

Solange der Körper ruht, ist der Druck auf allen Teilen seiner Oberfläche gleich dem absoluten Luftdruck der Atmosphäre und, falls Höhenunterschiede vernachlässigbar sind, überall gleich. Am Körper selbst halten sich diese Drücke das Gleichgewicht (abgesehen von der Gewichtsverminderung durch den Auftrieb).

Bewegt sich nun der Körper, so tritt an gewissen Stellen der Oberfläche Überdruck, an anderen Unterdruck auf. Die algebraische Summe aller in die Bewegungsrichtung fallenden Komponenten der Oberflächendrücke ist gleich dem Luftwiderstand. Hierbei ist sogleich zu bemerken, daß zwar die aus dem statischen, manometrisch meßbaren Luftüber- oder Unterdruck hervorgehenden Oberflächendrücke normal zur Oberfläche stehen, außerdem aber tangential wirkende Luftkräfte bestehen, die man als Oberflächenreibung bezeichnet. Die letzteren wirken mit ihrer Komponente nach der Bewegungsrichtung stets der Bewegung entgegen. Sie liefern in gewissen praktischen Fällen (Tragkörper der Luftschiffe, Tragflächen der Flugmaschinen) einen u. U. sehr erheblichen Beitrag zum Luftwiderstand.

Die statischen Drücke dagegen (Über- und Unterdruck) verstärken je nach ihrer Lage auf der Oberfläche den Luftwiderstand oder vermindern ihn. Bei einer schräg gestellten rechteckigen Platte tritt z. B. vorn auf einem großen Teil der Oberfläche Überdruck auf, dessen Komponenten positive

Beiträge zum Luftwiderstand liefern; ein kleinerer Teil der Vorderfläche kann dagegen auch Unterdruck erhalten, der den Luftwiderstand vermindert. Die Rückseite hat überall nur Unterdruck von sehr verschiedener Größe, der den Luftwiderstand vergrößert. An einem Ballonmodell ist die in Fig. 141 eingetragene Druckverteilung gemessen worden [1]). Die Überdrücke von A bis B vermehren den Luftwiderstand, die Unterdrücke von B bis C vermindern ihn, die Unterdrücke von C bis D vermehren ihn, die Überdrücke von D bis E vermindern ihn. (Vgl. auch Fig. 96.)

Aus diesen und anderen [2]) Messungen folgt, daß die Druckverhältnisse auf der Rückseite der Körper von mindestens gleicher Bedeutung für den Luftwiderstand sind wie auf der Vorderseite. Unter Umständen, z. B. bei sehr schräg gestellten Platten, liefert der Unterdruck der Rückseite sogar den größeren Anteil zum Luftwiderstand.

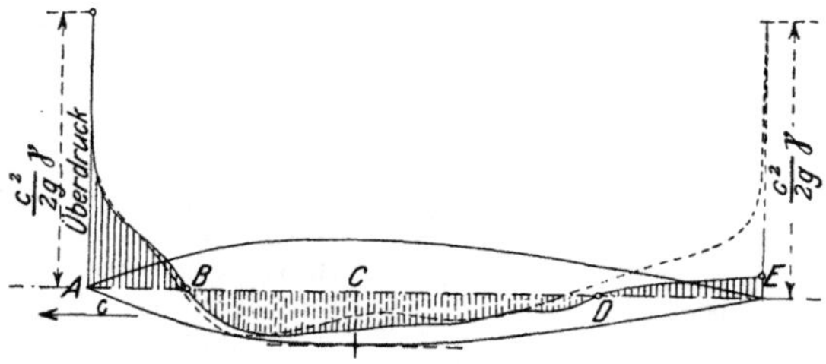

Fig. 141.

Bezüglich der Möglichkeit, die Druckverhältnisse auf der ganzen Oberfläche theoretisch zu verfolgen und den Luftwiderstand bei gegebener Körperform im voraus zu berechnen, ist folgendes zu beachten. Wenn der Luft die Eigenschaft abginge, vermöge deren Wirbelbildung in ursprünglich wirbelfreier Luft erst möglich wird, nämlich die sogenannte innere Reibung oder Zähigkeit, so würde kein Körper, von welcher Gestalt immer, einen Bewegungswiderstand durch die Luft erfahren. Die an der Rückseite nachströmende Luft würde keine Wirbel bilden, sondern in geordneter sog. Stromlinienbewegung den Körper umströmen, wobei die Bewegungsenergie der Luft wieder in Druck umgesetzt würde. Alle Körper würden, so lehrt die Hydrodynamik, widerstandslos durch ein derartiges Medium gleiten (Abschn. 50). Für gewisse Körperformen ist es auch gelungen, die Druckverteilung auf dieser Grundlage zu berechnen (Stromlinientheorie).

Der Widerspruch dieser Theorie mit der Erfahrung liegt auf der Hand, indem tatsächlich alle Körper Luftwiderstand erfahren. Er ist in der Grundannahme über die innere Reibungsfreiheit gasförmiger Körper begründet. Nichtsdestoweniger sind gewisse Ergebnisse jener Theorie sehr brauchbar. Die innere Reibung der Luft ist nämlich an und für sich gering und deshalb an solchen Stellen der in Bewegung gesetzten Luftmassen, wo keine Neigung zur Wirbelbildung besteht, von untergeordneter Bedeutung. Dies ist im allgemeinen an der Vorderseite der Körper der Fall, wo in der Nähe der Körperoberfläche längs dieser eine beschleunigte Bewegung unter Umsetzung von Druck in Geschwindigkeit herrscht. Bei diesem Vorgang besteht, wie man aus Ausströmversuchen weiß, in der Luft selbst keine Neigung Wirbel zu bilden. Die an der beströmten Oberfläche unvermeidlichen Wirbelbildungen beschränken sich

[1]) Zeitschr. für Flugtechnik und Motorluftschiffahrt 1910 und 1911: G. Fuhrmann, Widerstands- und Druckmessungen von Ballonmodellen. (Göttinger Modellversuchsanstalt.)

[2]) Eiffel, La résistance de l'air et l'aviation. 1910. — Boltzmann, Über den Luftwiderstand gekrümmter Flächen. (Sitzber. Akad. d. Wissensch. Wien, Juni 1910); Zeitschr. Flugtechnik und Motorluftschiffahrt 1911.

auf die nächste Umgebung der Oberfläche und pflanzen sich z. B. in Röhren nur bei größerem Längenverhältnis $l:d$ in die ganze Masse fort. Ebenso ist es an der Vorderfläche der durch die Luft bewegten Körper. Dort behält daher im allgemeinen die Strömung den wirbelfreien Charakter (Stromlinien) und die hydrodynamischen Ansätze bestehen im wesentlichen zu Recht. Diese Stromlinienbewegung ist auch vielfach unmittelbar beobachtet worden[1]).

Auf der Rückseite der Körper würde es sich dagegen darum handeln, die der Luft mitgeteilte Strömungsenergie wieder in Druck umzusetzen (Fig. 143, Stromlinien der Rückseite). Von diesem Vorgang ist auch aus anderweitigen Erfahrungen bekannt, daß er sich viel schwerer ohne Verluste verwirklichen läßt, als der entgegengesetzte. So gelingt es auch nur bei sehr schlanker Formgebung der Hinterenden der Körper (fischförmige Körper), ihn bis zu gewissem Grade zu verwirklichen, und dadurch, in Verbindung mit einer geeigneten Formgebung des Vorderteils, den Luftwiderstand des ganzen Körpers auf ein verhältnismäßig sehr kleines Maß zurückzuführen. In allen gewöhnlichen Fällen, wie bei plattenförmigen und prismatischen Körpern, wird dagegen dieser Vorgang durch die Neigung zur Wirbelbildung völlig verhindert, die geordnete Stromlinienbewegung wird zerstört und der ganze Bahnraum hinter dem Körper in ein Wirbelgebiet verwandelt, Fig. 142 u. 143. Wie die Erfahrung lehrt, tritt dort nicht nur kein Überdruck über den Luftdruck der Umgebung auf, sondern sogar ein oft recht erheblicher Unterdruck, der sich aus der saugenden Wirkung der Wirbel ergibt. Wie die neueren Messungen gezeigt haben, kann der durch den Unterdruck der Rückseite bedingte Bewegungswiderstand den Überdruckwiderstand der Vorderseite noch erheblich übertreffen. Der theoretischen Berechnung sind die sehr verwickelten Bewegungsvorgänge im Wirbelgebiet im allgemeinen völlig unzugänglich. Ein auch nur angenähertes Maß des Unterdrucks läßt sich nicht errechnen. Die theoretischen Ansätze von Helmholtz, Kirchhoff und anderen, soviel sie zur Klärung beigetragen haben, führten zu keiner Übereinstimmung mit der Wirklichkeit, soweit der tatsächliche Bewegungswiderstand in Frage steht, weil die Wirbelbewegung auf der Rückseite sich der Berechnung entzog[2]).

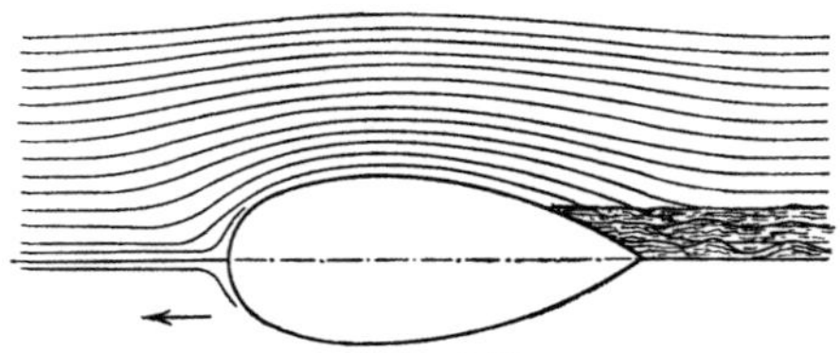

Fig. 142.

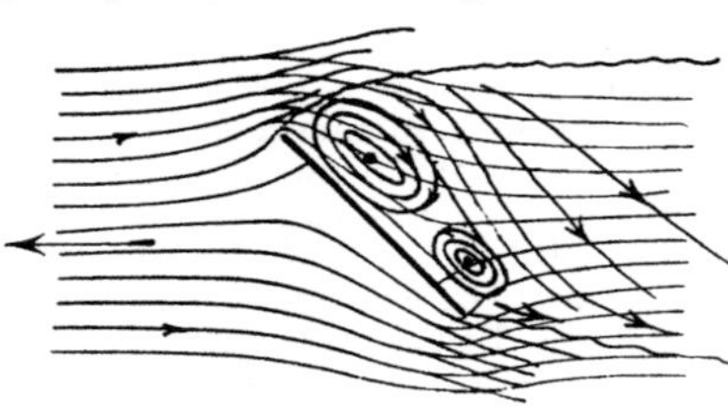

Fig. 143.

Bei dieser Sachlage ist es nicht zu verwundern, wenn früher den Vorgängen auf der Rückseite der Körper scheinbar weniger Beachtung geschenkt wurde. Man konnte mangels geeigneter Messungen des Druckes auf der Rückseite glauben, die abweichenden Verhältnisse dieses Gebietes reichlich berücksichtigt zu haben,

[1]) Besonders von Ahlborn bei seinen berühmten Versuchen über die Strömungsverhältnisse im Wasser, aber auch bei Versuchen mit strömender Luft und darin eingeführten sichtbaren Dampffäden oder Bärlappsamen. Strömungsbilder nach Ahlborn, Riabouchinsky u. a., vgl. z. B. Nimführ, Leitfaden d. Luftschiffahrt. Ferner von dem Borne, Phys. Zeitschr. 1912. Forsch. Arb. 185, Rubach, Über die Entstehung u. Fortbeweg. d. Wirbelpaares hinter zylindr. Körpern.

[2]) Vgl. jedoch „Über den Mechanismus des Widerstandes, den ein bewegter Körper in einer Flüssigkeit erfährt". Physikal. Zeitschr. 1912, S. 49, v. Kármán u. Rubach.

wenn anstatt des nach der Stromlinientheorie zu erwartenden Überdrucks der statische Luftdruck der Umgebung eingeführt wurde. Wie weit sich diese Annahme unter Umständen von der Wirklichkeit entfernen kann, zeigen die in Fig. 164 enthaltenen Druckmessungen.

Eine weitere Ursache des Luftwiderstandes ist die Reibung der Luft an den von ihr bestrichenen Körperoberflächen (Oberflächenreibung). Diese Reibung, deren Bestehen von der Strömung von Gasen und Dämpfen in Leitungen, Mundstücken und Turbinenkanälen bekannt ist, sollte nach einer bis vor kurzem weit verbreiteten Anschauung ohne merkbaren Einfluß auf den Luftwiderstand sein. Die Frage nach ihrer grundsätzlichen, praktischen Bedeutung ließ sich erst entscheiden, nachdem durch Versuche das Wesentliche des Gesetzes, dem sie folgt, und ihr zahlenmäßiger Betrag ermittelt war. Die Versuche von A. F. Zahm in Washington und von A. Frank[1]), Hannover, mit schwingenden Blechplatten haben zuerst diese Unterlagen erbracht. Darnach ließ sich schon vermuten, daß bei den langgestreckten Körpern der lenkbaren Luftschiffe der Reibungswiderstand eine erhebliche Rolle spielt, ebenso wie bei den kleinen Neigungswinkeln der Flugmaschinen-Tragflächen und Steuerflächen[2]).

Durch Versuche an glatten Modellen von Luftschiff-Tragkörpern in Göttingen wurde der Beweis erbracht, daß der von der Reibung herrührende Anteil des Luftwiderstandes bis zur Hälfte des Gesamtwiderstandes solcher Körper ansteigen kann (Fig. 171). Es ist nicht unwahrscheinlich, daß die Hautreibung der wirklichen Luftschiffkörper und Aëroplanflächen wegen ihrer viel größeren Rauheit die aus Modellversuchen an verhältnismäßig glatten Körpern ermittelten Beträge noch übersteigt.

Zusammenfassend läßt sich folgendes über die wesentlichen Ursachen des Luftwiderstandes sagen.

Der Luftwiderstand besteht aus drei Teilen:

1. Dem Widerstand der Stirnflächen, der sich aus der geordneten Stromlinienbewegung auf der Vorderseite der Körper ergibt und sich durch normal gerichtete Überdrücke, in manchen Fällen verbunden mit Unterdruck, auf diese Flächen äußert. Dieser Teil ist nach der Stromlinientheorie in gewissen Fällen auch berechenbar.

2. Dem Unterdruck-Widerstand auf der Rückseite der Körper, entstanden durch das ungeordnete, mit Wirbelbildungen verbundene Zuströmen der Luft in den Bahnraum hinter dem Körper. Dieser Teil entzieht sich jeder, auch nur schätzungsweisen Berechnung.

3. Dem Widerstand der Oberflächenreibung, der im Sinne der relativen Strömungsrichtung der Luft tangential an der Oberfläche angreift.

Die Widerstände unter 1. und 2. lassen sich nicht immer scharf trennen. Sie können zusammengefaßt als Formwiderstand bezeichnet werden, da sie durch die Form des Körpers, und zwar sowohl die Stirnform (1.) als die Rückenform (2.) bedingt sind; oder als Druckwiderstand, insofern sie sich aus den normalen Oberflächendrücken zusammensetzen; schließlich als Wirbelwiderstand, weil die Wirbelbildung ihre letzte Ursache ist.

---

[1]) Z. Ver. deutsch. Ing. 1908: A. Frank, Versuche zur Ermittlung des Luftwiderstands der der Bewegungsrichtung parallelen Seitenflächen der Körper.

[2]) Z. Ver. deutsch. Ing. 1910: W. Schüle, Der Luftwiderstand auf Grund der neueren Versuche. Um jene Zeit lag ein gegen heute nur spärliches Versuchsmaterial vor. Heute hat man insbesondere die Bedeutung der Vorgänge auf der Rückseite der Körper erkannt, über welche damals noch keine zuverlässigen Messungen vorlagen.

64. Gesetz des Luftwiderstands.

a) Gesamtwiderstand in der Bewegungsrichtung.

Einfluß der Geschwindigkeit (c). Die besten bisherigen Versuche[1]), die sich auf Geschwindigkeiten von wenigen Metern bis etwa 40 m/sec erstrecken, ergaben, daß der gesamte Luftwiderstand eines und desselben Körpers nach der Bewegungsrichtung sich mit dem Quadrat der Geschwindigkeit ändert.

Eine Einschränkung erfährt das Gesetz u. U. bei Körpern mit verhältnismäßig großer Oberfläche (Luftschiffkörper), wo bei kleinen Geschwindigkeiten der Reibungswiderstand mit einer kleineren als der 2. Potenz wachsen kann. Vgl. unten. — Bei sehr hohen Geschwindigkeiten, in der Nähe der Schallgeschwindigkeit (Geschosse), wächst der Widerstand mit einer erheblich höheren Potenz. — Für die üblichen flugtechnischen Geschwindigkeiten kann das quadratische Gesetz als recht genau angesehen werden.

Einfluß der Luftdichte. Der Luftwiderstand wächst im gleichen Verhältnis mit der Luftdichte. Er ist also dem spez. Gewicht γ proportional. Da es sich um Trägheitswiderstände handelt, so kommt die spez. Masse in Frage, also der Wert $\gamma : g$.

Einfluß der Körpergröße. Bei Körpern gleicher Gestalt, aber verschiedener Größe wird häufig der Widerstand dem Bahnraumquerschnitt F senkrecht zur Bewegungsrichtung (dem Hauptspantquerschnitt des Körpers) proportional gesetzt. Wie die Versuche mit quadratischen und kreisförmigen Platten, mit Zylindern und Kugeln von verschiedener Größe zeigen (Abschn. 66), kommen sehr bedeutende Abweichungen von dieser Regel vor. Auch die Oberflächenreibung kann in diesem Sinne wirken.

Einfluß der Körperform. Die Körperform ist nach den früheren Erörterungen über die Ursachen des Luftwiderstandes von der größten Bedeutung für diesen. Und zwar kommt dabei sowohl die Form des Stirnendes, als die des Hinterendes als gleich wichtig in Betracht. Den kleinsten Widerstand besitzen fischförmige Körper, den größten plattenförmige. Jeder Körperform kommt ein besonderer, nur durch Versuche zu ermittelnder Widerstandswert (ψ) zu[2]).

Demgemäß berechnet sich der Luftwiderstand W nach der Formel

$$W = \psi F \frac{\gamma}{g} c^2, \quad \ldots \ldots \ldots \ldots (1)$$

mit F in qm, γ in kg/cbm, c in m/sec, $g = 9{,}81$, und ψ als einem von der gesamten Körperform abhängigen Erfahrungswert, der eine unbenannte

[1]) Über die Verfahren zur Messung des Luftwiderstands vgl. z. B. die II. Auflage dieses Buchs, Abschn. 64.

[2]) Früher meist mit k bezeichnet. Eiffel setzt den Wert $\psi \frac{\gamma}{g} = K$, womit also K mit der Luftdichte wechselt, nicht nur mit der Körperform. Verf. hat hier und im weiteren die in der Zeitschr. f. Flugtechnik u. Motorluftschiffahrt verwendeten Bezeichnungen der Koeffizienten angenommen.

(sog. dimensionslose) Zahl ist. Für eine bestimmte Körperform kann sich ψ mit der Größe des Körpers, der Geschwindigkeit und der Luftdichte ändern. Auch die innere Reibung (Zähigkeit) des Mediums ist von Einfluß, was besonders für den Vergleich des Widerstandes desselben Körpers in der Luft und in einer anderen Umgebung (z. B. in Wasser) von Wichtigkeit ist.

b) Der Oberflächen- oder Reibungswiderstand.

Das Auftreten von Bewegungswiderständen beim Vorbeifließen eines Flüssigkeits-, Gas- oder Dampfstroms an Gefäßwänden ist eine Erscheinung, die insbesondere von den technischen Rohrleitungen her wohlbekannt ist. Ein solcher Flächenwiderstand ist auch vorhanden, wenn sich ein freier Gasstrom einer Fläche entlang bewegt oder wenn sich eine Körperoberfläche in ruhender Luft verschiebt. Es sind zwei Grundfälle möglich.

1. Die Oberfläche verschiebt sich so langsam, daß die an ihr haftende dünne Luftschicht bei ihrer Bewegung die angrenzenden Schichten der freien Luft nur durch den Zähigkeitszug mitnimmt, ohne sie in wirbelnde Bewegung zu versetzen. Der Widerstand besteht hier einerseits in der Überwindung der Zähigkeit und würde demgemäß mit der 1. Potenz der Geschwindigkeit c wachsen. Andererseits findet aber auch eine Massenbeschleunigung der ergriffenen Schichten statt, die mit dem Quadrat von c wächst. Lanchester[1]) beweist, daß in diesem Falle der Oberflächenwiderstand mit der 1,5ten Potenz ($c^{1,5}$) der Geschwindigkeit und nicht mit der beströmten Fläche selbst, sondern mit der 0,75ten Potenz derselben wächst.

2. Die Oberfläche verschiebt sich so rasch, daß die angrenzenden Schichten ihren Zähigkeitszusammenhang verlieren und in wirbelnde (turbulente) Bewegung geraten. In diesem Falle fällt der Zähigkeitswiderstand weg und der Widerstand folgt allein dem Quadrat der Geschwindigkeit, da er nur aus Beschleunigungswiderstand besteht; er wächst in diesem Falle im gleichen Verhältnis mit der Fläche. Als Massenwiderstand ist er der spezifischen Masse γ/g der Luft proportional. Er folgt daher dem Gesetz

$$W_r = \zeta_r F \frac{\gamma}{g} c^2 \quad \ldots \ldots \ldots \quad (2)$$

mit F als bespülter Oberfläche.

3. Bei gewissen Körpern, z. B. Luftschifftragkörpern, kann an einzelnen Teilen der Oberfläche das 1. Gesetz, an anderen das 2. zur Geltung kommen, sei es, daß die Geschwindigkeiten oder die Rauhigkeitsverhältnisse (die wahrscheinlich die Grenzgeschwindigkeit beeinflussen[2]), verschieden sind; oder es kann ein Übergangszustand

---

[1]) F. W. Lanchester, Aerodynamik. Deutsch von C. u. A. Runge. 1909. S. 43.

[2]) Durch die am Schluß von Abschn. 68 erwähnten Versuche bestätigt.

zwischen 1. und 2. herrschen. In solchen Fällen wird der Exponent von c zwischen 1,5 und 2 liegen und sich mit dem Absolutwert von c ändern.

Von technischem Interesse ist hauptsächlich der 2. Fall. Bei den gewöhnlichen, selbst kleinen Fahrgeschwindigkeiten, bei der rauhen Oberflächenbeschaffenheit der Tragkörper und der fast immer vorhandenen natürlichen Turbulenz der Luft dürfte der 1. Fall so gut wie gar nicht, der 3. nur selten vorkommen.

Das Vorhandensein des 3. Falles ist in der Göttinger Modellversuchsanstalt an glatten kupfernen Ballon-Modellen nachgewiesen worden [1]). Bei Luftgeschwindigkeiten von 1 bis 2 m/sec zeigte sich eine recht erhebliche Abweichung des Gesamtwiderstandes vom quadratischen Gesetz, die mit zunehmender Geschwindigkeit geringer wurde, Fig. 171. Bei 8—10 m/sec kam bei einigen Körpern das quadratische Gesetz wieder nahezu in Geltung. Für den Reibungswiderstand fanden sich Exponenten der Geschwindigkeit 1,81, 1,71, 1,55 bei drei verschiedenen Körpern.

Für den gewöhnlichen, zweiten Fall fand Frank durch Versuche mit schwingenden Blechplatten den Widerstandskoeffizienten

$$\zeta_r = 0{,}002\,44.$$

Diese Zahl stimmt fast genau überein mit den aus den neueren Versuchen folgenden Rohrreibungswerten [2]). Wie übrigens diese mit abnehmender Geschwindigkeit und abnehmendem Rohrdurchmesser wachsen (Abschn. 59), so ist auch ζ_r streng genommen abhängig von der Geschwindigkeit und der Länge der Platten. Beim Vergleich des Bewegungswiderstands in Luft und in Wasser kommen außerdem die verschiedenen Zähigkeitsverhältnisse in Frage.

Zahm erhielt [3]) mit Platten, die einem parallelen Luftstrom ausgesetzt waren,

$$W_r = 0{,}000\,319\, a\, l^{0,93}\, c^{1,85}$$

oder

$$W_r = \frac{0{,}000\,319\, F c^2}{l^{0,07}\, c^{0,15}}.$$

In der Form von Gl. 2 wird, wenn man für Luft von 15° und 760 mm $\gamma/g = {}^1/_8$ setzt,

$$W_r = \left(\frac{0{,}002\,552}{l^{0,07}\, c^{0,15}}\right) F \cdot \frac{\gamma}{g} \cdot c^2,$$

also

$$\zeta_r = \frac{0{,}002\,552}{l^{0,07}\, c^{0,15}}.$$

Für $l = 1$ m, $c = 1$ m/sec stimmt somit der Franksche Wert fast genau mit dem Zahmschen überein. Für $l = 1$, $c = 6$ würde dagegen nach Zahm $\zeta_r = 0{,}0019$.

---

1) G. Fuhrmann, a. a. O.
2) W. Schüle, a. a. O.
3) Nach Eiffel, La résistance de l'air, 1910.

In der Göttinger Modellversuchsanstalt[1]) wurde für Blechplatten gefunden (bei 6 m Geschwindigkeit)

$$\zeta_r = 0{,}0018.$$

Eine genaue Bestätigung der Zahmschen Werte ergaben Versuche von Thurston mit Glasplatten (Engineering 1913 I, S. 107).

65. Versuchsergebnisse über den Luftwiderstand.

a) Ebene quadratische, rechteckige und kreisförmige Platten, in der Richtung senkrecht zu ihrer Ebene bewegt.

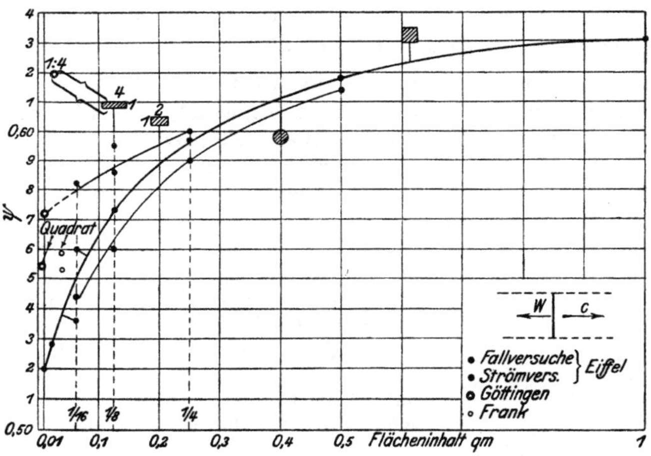

Fig. 144.

Fig. 144 enthält die Ergebnisse Eiffels aus Fallversuchen am Eiffelturm sowie aus Strömungsversuchen, ferner diejenigen Franks aus Pendelversuchen, sowie einige Göttinger Versuche. Als Abszissen sind die absoluten Flächengrößen der Versuchsplatten, als Ordinaten die Werte ψ aufgetragen.

Soweit die Versuche reichen, erkennt man, daß ψ mit wachsender Fläche größer wird und daß bei gleicher Größe der Widerstand von der Gestalt der Platte abhängt, wenn auch z. B. zwischen Kreis und Quadrat die Unterschiede nur unbedeutend sind.

Größer sind die Unterschiede für rechteckige Platten von verschiedenem Seitenverhältnis. Lange und schmale Rechtecke besitzen die größten spezifischen Widerstände. Die Abhängigkeit vom Seitenverhältnis geht aus Fig. 145 hervor (Eiffel, Stanton und Göttinger Modellversuchsanstalt). Den größten Wider-

[1]) Jahrbuch Motorluftsch.-Stud.-Ges. 1910—1911, S. 96. O. Föppl, Windkräfte an ebenen und gewölbten Platten.

standswert besitzt die rechteckige Platte von 1 : 50 Seitenverhältnis mit rd. $\psi_{90} = 0{,}78$.

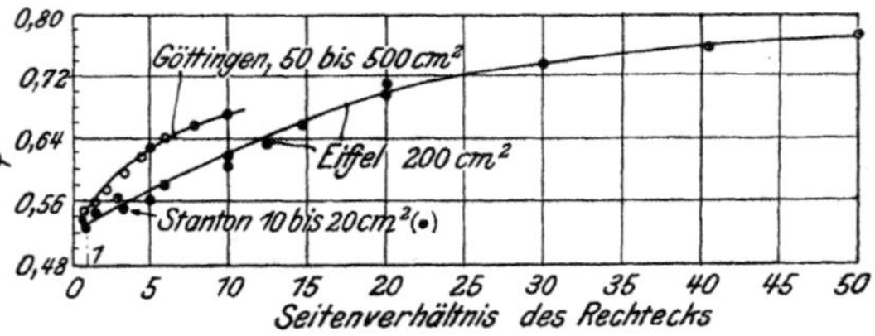

Fig. 145.

b) Ebene quadratische und rechteckige Platten, gegen die Bewegungsrichtung um den Winkel α^0 geneigt, eine Seite senkrecht dazu.

Der resultierende Druck P der Luft auf die Platte steht senkrecht zur Plattenebene, wenn man zunächst von kleinen Winkeln (unter 10 bis 12^0) absieht, wo die Oberflächenreibung eine Rolle spielt.

Zerlegt man P in Komponenten W nach der Richtung der Bewegung und A senkrecht dazu, so ist der Bewegungswiderstand oder eigentliche Luftwiderstand

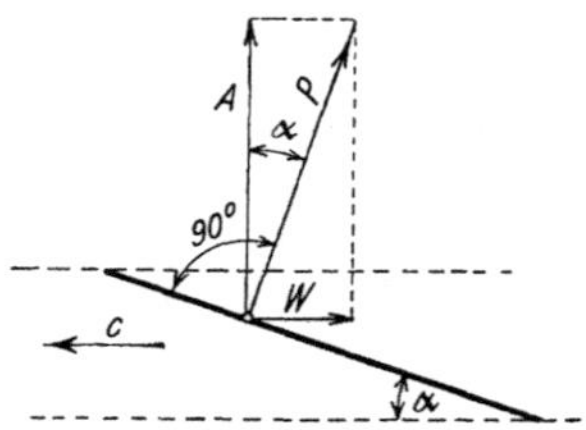

Fig. 146.

$$W = P \sin \alpha \; (\alpha > 10 \text{ bis } 12^0) \quad . \quad . \quad . \quad . \quad (1)$$

Nach dem allgemeinen Gesetz des Luftwiderstands ist andererseits

$$W = \psi \, F' \frac{\gamma}{g} c^2 \text{ (für alle Winkel)}, \quad . \quad . \quad (2)$$

mit F' als Projektion der Platte auf die Ebene senkrecht zur Bahnrichtung, oder mit

$$F' = F \sin \alpha$$

$$W = \psi \sin \alpha \, F \frac{\gamma}{g} c^2 \quad . \quad . \quad . \quad . \quad (3)$$

Setzt man

$$\psi \sin \alpha = \zeta_w, \quad . \quad . \quad . \quad . \quad . \quad . \quad . \quad . \quad . \quad . \quad . \quad . \quad . \quad . \quad (4)$$

so wird

$$\boldsymbol{W = \zeta_w F \frac{\gamma}{g} c^2} \quad . \quad . \quad . \quad . \quad . \quad . \quad . \quad . \quad . \quad . \quad . \quad (5)$$

Ferner erhält man leicht für den Gesamtdruck

$$\boldsymbol{P = \psi \, F \frac{\gamma}{g} c^2} \text{ (für } \alpha > 10^0) \quad . \quad . \quad . \quad . \quad . \quad . \quad . \quad . \quad . \quad (6)$$

Aus Gl. 2 u. 6 erkennt man, daß der Koeffizent ψ des Bewegungswiderstandes W, bezogen auf die Plattenprojektion, gleich ist dem Koeffizienten des gesamten Plattendrucks P, bezogen auf die Plattenfläche. Wird der Gesamtdruck P in der Form geschrieben

$$\boldsymbol{P = \zeta \, F \frac{\gamma}{g} c^2}, \quad . \quad . \quad . \quad . \quad . \quad . \quad . \quad . \quad . \quad . \quad . \quad . \quad (7)$$

so ist also

$$\zeta = \psi,$$

allerdings nur für $\alpha > 10^0$.

Man erhält ferner aus Gl. 6

$$\frac{P}{P_{90}} = \frac{\psi}{\psi_{90}} \quad . \quad . \quad . \quad . \quad . \quad . \quad . \quad . \quad . \quad . \quad . \quad . \quad . \quad (8)$$

Das graphische Bild der Widerstände ist daher das gleiche, ob man die Werte $P:P_{90}$ oder die Koeffizienten ψ aufträgt, wenn man nur den Maßstab so wählt, daß bei 90° die Punkte zusammenfallen. Dies gilt aber nur für Winkel $\alpha > 10^0$. Von da ab läuft die $P:P_{90}$-Kurve dem Ursprung zu, ohne allerdings durch diesen Punkt zu gehen. Sie schneidet vielmehr auf der P-Achse den Wert $P_0 = 2 \cdot \zeta_r \, F \frac{\gamma}{g} c^2$ (Oberflächenreibung) ab. Wegen $P_{90} = \psi_{90} \, F \frac{\gamma}{g} c^2$ hat man

$$P_0 : P_{90} = \frac{2\,\zeta_r}{\psi_{90}} \cong \frac{2 \cdot 0{,}00244}{0{,}58} \cong 0{,}01.$$

Dagegen verläuft die ψ-Kurve asymptotisch gegen die ψ-Achse, nachdem sie zwischen 10° und 0° (ungefähr bei 5°) einen tiefsten Punkt überschritten hat. Damit sich nämlich bei 0° ein endlicher Wert des Widerstandes (Reibung) ergeben kann, muß in

$$W = \psi_0 \, F' \frac{\gamma}{g} c^2$$

wegen $F' = 0$ der Wert $\psi_0 = \infty$ sein.

Wählt man endlich ζ_w als Ordinaten, so erhält man eine Kurve, die wegen

$$\zeta_w = \psi \sin \alpha$$

im ganzen Bereich, außer bei 90°, tiefer läuft als die ψ- und ζ-Kurven. Mit letzterer trifft sie bei $\alpha = 0^0$ zusammen.

Sämtliche Darstellungsweisen treten in der Literatur auf. Fig. 147 zeigt schematisch die gegenseitige Lage der Kurven für die gleiche Platte.

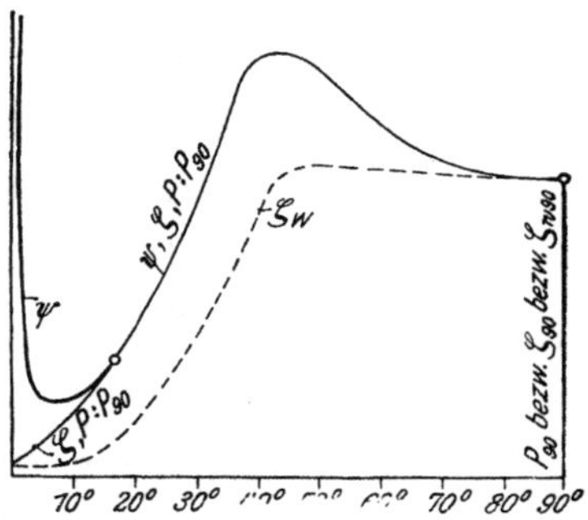

Fig. 147.

Fig. 148 enthält die Koeffizienten des Gesamtdrucks (ψ oder ζ) für quadratische Platten nach den Fallversuchen und den Strömungsversuchen von Eiffel. sowie nach den Göttinger Strömungsversuchen.

Besonders bemerkenswert ist, daß zwischen 30° und 45° die Luftdrücke auf die schräge Platte größer sind als auf die gleich große senkrechte ($\alpha = 90^0$). Nach den Göttinger Versuchen besteht kein stetiger Übergang vom Größtwert zu den kleineren Werten oberhalb 40°. Bei gewissen Winkeln zwischen etwa 38° und 43° kann die schräge Platte entweder einen großen oder kleineren Luftdruck erfahren, je nachdem man die Platte von 90° oder von 0° aus in diese Lage bringt. Beiden Fällen entsprechen verschiedenartige Strömungsgebilde auf der Rückseite der Platten[1]).

Fig. 149 enthält Versuchsergebnisse (nur Strömungsversuche) mit rechteckigen ebenen Platten vom Seitenverhältnis 2:1 und 6:1, die lange Seite senkrecht zur Stromrichtung.

Die Kurven 6:1 nach Eiffel und nach Göttingen laufen oberhalb 20° erheblich verschieden.

Die eigenartige Steigerung des Widerstandes (Höcker in der Kurve) tritt nur bei der Platte 2:1 von Eiffel auf, nicht bei der ähnlichen Platte nach Göttingen, und für 6:1 bei keiner der Versuchsreihen mehr.

[1]) O. Föppl, a. a. O., mit Strömungsbildern beider Fälle.

Sehr bemerkenswert ist, daß diese Platten bei kleineren Winkeln (zwischen 0° und ca. 20°) ganz erheblich größere

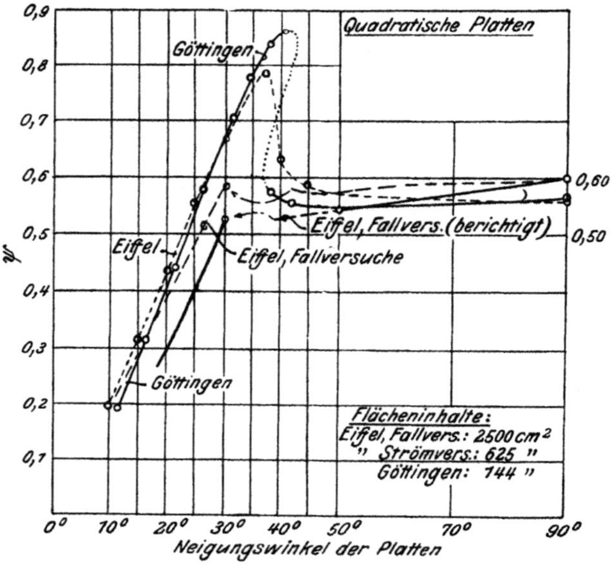

Fig. 148.

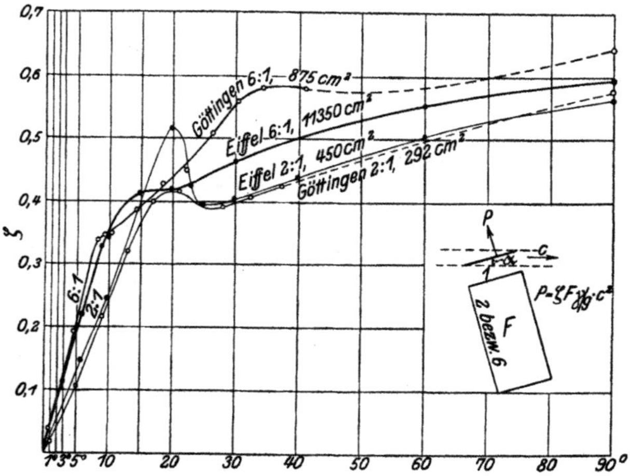

Fig. 149.

Luftwiderstände besitzen als nach Fig. 148 quadratische Platten von gleicher Größe, und zwar um so mehr, je größer verhältnismäßig die zur Bewegungsrichtung senkrechte Seite ist.

c) Gewölbte Platten.

Nach einer zuerst von **Lilienthal** gemachten Beobachtung erleiden gewölbte Platten bei gleicher Geschwindigkeit, Neigung und größter Flächenprojektion größere Luftdrücke als ebene. Von dieser Tatsache wird bei den heutigen Flugmaschinen allgemein Gebrauch gemacht, indem als **Tragflächen** nur noch gewölbte Flächen Verwendung finden, und zwar aus dem Grunde, weil infolge des größeren Gesamtdrucks die lotrechte Komponente, der Auftrieb, er-

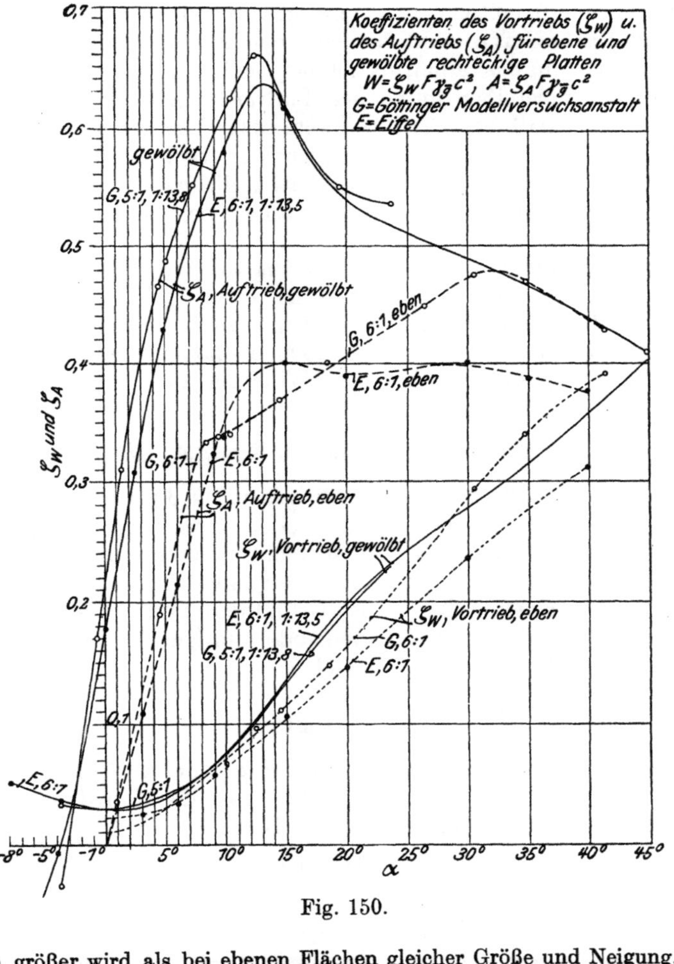

Fig. 150.

heblich größer wird als bei ebenen Flächen gleicher Größe und Neigung. Allerdings wird auch der Bewegungswiderstand der gewölbten Tragfläche größer, aber weitaus nicht in dem gleichen Verhältnis wie der Auftrieb. Die Tragflächen verschiedener Systeme besitzen verschiedenartige Wölbungskurven und demgemäß auch abweichende Eigenschaften[1]). An dieser Stelle kann nur die

[1]) Umfangreiche Versuche **Eiffels** mit Tragflächenmodellen der verschiedensten Systeme sind enthalten in dem Werk von **Eiffel**: La résistance de

kreisförmig gewölbte Platte behandelt werden, über die neue Versuche von zwei verschiedenen Seiten (Eiffel und Göttinger Modellversuchsanstalt) vorliegen.

Die Wölbung der kreisförmigen Platte wird als Verhältnis des Pfeils des Kreisbogens zur Sehne angegeben. Unter dem Neigungswinkel versteht man den Winkel α der Sehne mit der Bewegungsrichtung.

Fig. 150 enthält in den tieferliegenden Kurven die Werte des Widerstandskoeffizienten ζ_w für eine gewölbte Platte von 6 : 1 Seitenverhältnis nach Eiffel und für eine ebensolche von 5 : 1 nach Göttingen; das Wölbungsverhältnis ist bei beiden 1 : 13,5. Der Vergleich mit zwei Versuchsreihen an ebenen Platten vom Seitenverhältnis 6 : 1 läßt erkennen, daß bei allen Winkeln zwischen 0^0 und ca. 28^0 die gewölbten Platten größere Bewegungswiderstände besitzen. Nach der Eiffelschen Kurve für die ebene Platte, die nach oben hin von der Göttinger Kurve abweicht, wäre dies auch noch bei größeren Winkeln der Fall.

Nach Göttinger Versuchen mit Platten von gleicher Wölbung, aber verschiedenem Seitenverhältnis ist zwar ζ_w bei Platten von größerem Verhältnis der Breite zur Länge auch größer, aber, wie es scheint, nicht in dem Maße wie bei ebenen Platten. Nach der gleichen Quelle nimmt ζ_w mit zunehmender Wölbung zu.

66. Der Auftrieb plattenförmiger Körper.

Die lotrechte Komponente des gesamten Luftdrucks auf einen bewegten plattenförmigen (ebenen oder gewölbten) Körper heißt Auftrieb, weil diese Kraft dem lotrecht nach unten wirkenden Gewicht der Platte und etwa mit ihr verbundener Körper (Flugmaschine) unmittelbar entgegenwirkt. Die Grundbedingung des wagrechten, sowie des gleichförmig steigenden oder fallenden Fluges ist die Gleichheit von Auftrieb und Gewicht.

Ebene Platten.

Bewegt sich eine unter dem Winkel α geneigte Platte in wagerechter Richtung, so besitzt nach Fig. 146 der Luftdruck auf die Platte eine lotrechte Komponente im Betrage

$$\boldsymbol{A} = \boldsymbol{W} \cdot \operatorname{cotg} \alpha, \quad \ldots \ldots \ldots \quad (9)$$

unter der bei Platten von mehr als 12^0 Neigung hinreichend genau erfüllten Bedingung, daß der Luftdruck P normal zur Platte steht.

Ist A gerade gleich dem Gewicht der Platte, so bewegt sich diese, ohne zu fallen oder zu steigen, in der Luft wagrecht fort.

Wird eine unter dem Winkel β gegen die Wagerechte geneigte

l'air et l'aviation. Paris 1910, Dunod et Pinat. — Zahlreiche Versuche finden sich auch in den Veröffentlichungen der Göttinger Modellversuchsanstalt in der Zeitschr. f. Flugtechnik und Motorluftschiffahrt.

Platte unter dem Winkel α gegen ihre eigene Richtung fortbewegt, wobei also ihre Bahn unter dem Winkel $\beta - \alpha$ gegen die Wagerechte

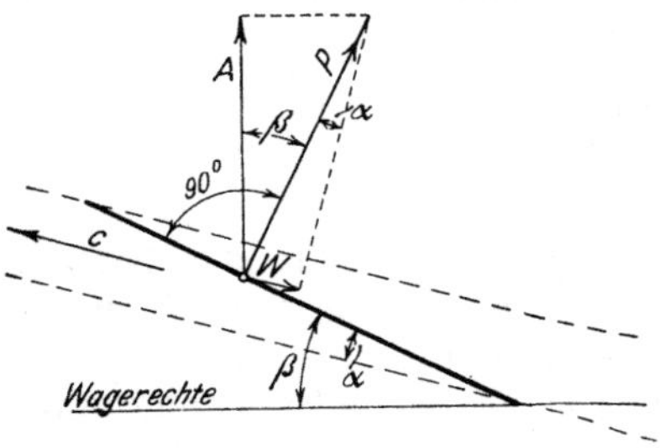

Fig. 151.

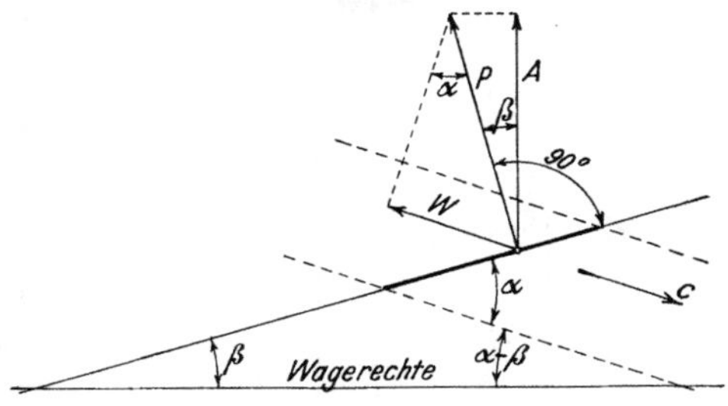

Fig. 152.

geneigt ist, so gilt sowohl bei steigender als fallender Bewegung, Fig. 151 u. 152

$$A = P \cdot \cos\beta,$$

$$W = P \cdot \sin\alpha,$$

daher

$$\boldsymbol{A} = \boldsymbol{W} \cdot \frac{\cos\beta}{\sin\alpha} \quad \ldots\ldots\ldots \quad (10)$$

Mit $\beta = \alpha$ gehen diese Formeln in die der horizontalen Bewegung über,

$$A : W = \operatorname{cotg}\alpha \quad \ldots\ldots\ldots\ldots \quad (11)$$

Bei schräger Bewegung ist dagegen

$$A : W = \cos\beta : \sin\alpha \quad \ldots\ldots\ldots \quad (12)$$

Bei steigender Bewegung ist $\beta > \alpha$, daher $\cos\beta < \cos\alpha$, somit $A : W < \operatorname{cotg}\alpha$. Bei fallender Bewegung ist umgekehrt $\beta < \alpha$, daher $\cos\beta > \cos\alpha$ und $A : W > \operatorname{cotg}\alpha$.

Die Auftriebsübersetzung A/W ist also, bei gleicher Neigung α der Platte gegen die Bewegungsrichtung, stärker bei gleichförmig fallender, schwächer bei steigender Bewegung als bei horizontalem Flug.

Als besonderer Fall ist noch die schräge Abwärtsbewegung der horizontal liegenden Platte zu erwähnen. Dafür gilt (mit $\beta = 0^0$)

$$A = P = \frac{W}{\sin\alpha},$$

oder

$$\boldsymbol{A} : \boldsymbol{W} = \frac{\mathbf{1}}{\sin\alpha} \quad \ldots \quad (13)$$

In allen diesen Fällen ist

$$W = \zeta_w F \frac{\gamma}{g} c^2,$$

worin ζ_w aus Versuchen (Fig. 150) bestimmt sein muß.

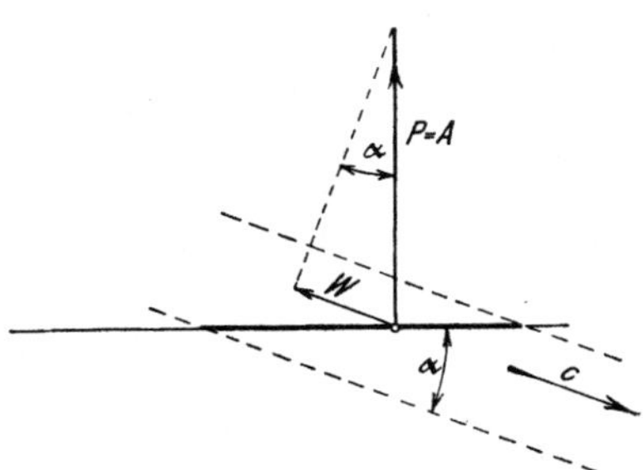

Fig. 153.

Nochmals sei hervorgehoben, daß alle diese Beziehungen zwischen A und W nur so lange gelten, als der Luftdruck mit großer Annäherung senkrecht auf die ebene Platte wirkt, d. h. so lange, als die Oberflächenreibung noch ein kleiner Teil des Gesamtwiderstandes ist. Bei kleineren Winkeln als 12^0 trifft dies nicht mehr zu. Bei Winkeln unter 8^0 treten sehr bedeutende Abweichungen auf. Vgl. unten.

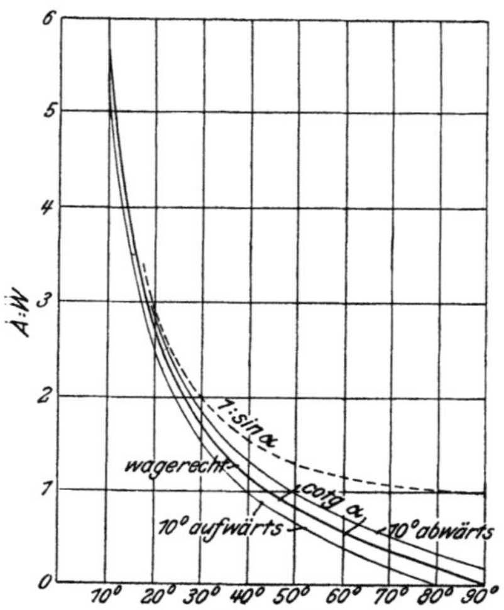

Fig. 154.

Fig. 154 enthält die Kurven der Auftriebsübersetzung für wagerechte Bewegung, sowie für steigende und fallende Bewegung unter den Winkeln $\beta - \alpha = 10^0$, bzw. $\alpha - \beta = 10^0$, und für die in wagerechter Lage unter verschiedenen Winkeln fallende Platte. Sämtliche Kurven gelten bis höchstens $\alpha \gtrless 10^0$.

Der Auftrieb selbst läßt sich allgemein darstellen durch

$$A = \zeta_A \cdot F \frac{\gamma}{g} c^2 \quad \ldots \ldots \ldots \quad (14)$$

worin ζ_A gemäß dem Vorstehenden berechnet werden kann aus

$$\zeta_A = \zeta_w \cdot \frac{A}{W} \quad \ldots \ldots \ldots \quad (15)$$

In den Grenzen, in welchen der Luftdruck senkrecht zur Platte steht, ist daher

$$\zeta_A = \zeta_w \operatorname{cotg} \alpha \quad \text{(wagerechte Bewegung)} \quad \ldots \ldots \quad (16)$$

Bei den neueren Strömungsversuchen werden die Auftriebskoeffizienten ζ_A unabhängig von den Antriebskoeffizienten ermittelt. Oberhalb 10^0 hat sich dabei Übereinstimmung mit $\operatorname{cotg} \alpha$ ergeben.

Unterhalb 10^0 dagegen treten erhebliche Abweichungen auf, ζ_A fällt wesentlich kleiner aus, weil infolge des Einflusses der Reibung $A/W < \operatorname{cotg} \alpha$ ist. Gl. 15 gilt in jedem Fall. Weiteres über A/W s. unten.

In Fig. 150 sind die Auftriebskoeffizienten für ebene, rechteckige Platten mit 6 : 1 Seitenverhältnis nach Eiffel und Göttinger Versuchen enthalten. Bei $\alpha = 90^0$ muß $\zeta_A = 0$ sein, die Kurven müßten bei 90^0 die Abszissenachse erreichen.

Gewölbte rechteckige Platten.

Von den ebenen Platten unterscheiden sich die gewölbten zunächst darin, daß sie auch noch bei $\alpha = 0^0$ Auftrieb besitzen, wie schon Lilienthal beobachtet hat.

Der Strömungsverlauf bei geordneter, wirbelfreier Strömung ist nach der von Kutta für diesen Fall gegebenen Lösung ein solcher, daß auf der oberen, d. h. konvexen Seite der Platte Unterdruck, auf der konkaven Seite dagegen Überdruck entsteht, woraus der Auftrieb hervorgeht, Fig. 155. Der nach Kutta berechenbare Auftrieb ist allerdings um etwa 80 v. H. größer als die bei Messungen des Auftriebs beobachteten Werte, wofür die unvermeidliche Wirbelbildung und Reibung die Erklärung gibt.

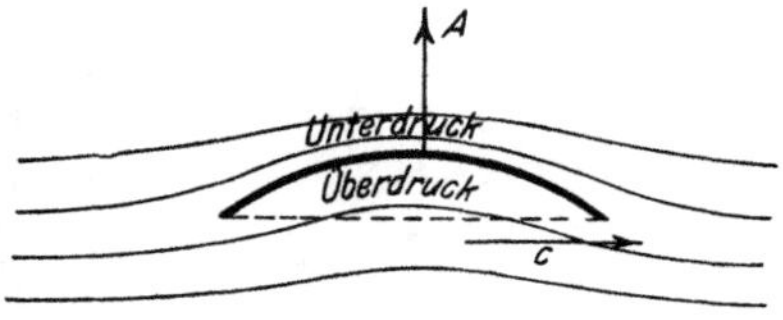

Fig. 155.

Fig. 156 zeigt den theoretischen Stromlinienlauf bei einer um 10° gegen die Bewegungsrichtung geneigten kreiszylindrischen Platte[1]).

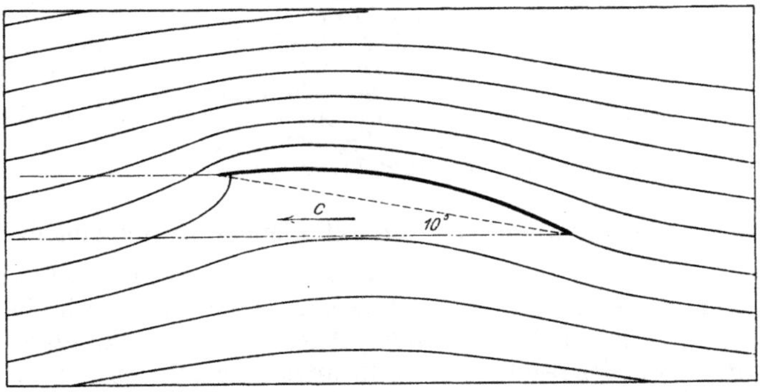

Fig. 516.

Fig. 150 enthält die von Eiffel und in Göttingen nach dem Strömungsverfahren gemessenen Auftriebskoeffizienten ζ_A bis zu Winkeln von 45° für rechteckige Platten mit kreisförmiger Krümmung und einem Verhältnis von Pfeilhöhe zu Sehne gleich 1 : 13,5 (bzw. 1 : 13,8). Die beiden Messungsreihen stimmen gut überein und zeigen die bedeutende Überlegenheit der gewölbten Platte über die ebene hinsichtlich des Auftriebs hauptsächlich bei den praktisch wichtigsten kleineren Winkeln unterhalb 20°.

Bezüglich der Richtung des resultierenden Luftdrucks hat Eiffel gefunden, daß für eine sehr flach gewölbte Platte mit 1 : 27 Wölbung der resultierende Luftdruck bei Winkeln $\alpha > 15°$ senkrecht zur Sehne gerichtet ist, während dies bei stärker gewölbten Platten (1 : 13,5, 1 : 7) erst von größeren Winkeln an (30° bis 50°) der Fall ist.

---

[1]) Zeitschr. f. Flugtechnik u. Motorluftsch. 1912, S. 96. W. Deimler, Zeichnungen zur Kuttaströmung. Der Aufsatz enthält auch eine überaus klare, leicht verständliche Darlegung über die physikalischen Grundlagen dieser Theorie.

Bei kleineren Winkeln α kann der Gesamtdruck P nach der einen oder anderen Seite von der Normale zur Sehne abweichen, so daß der Winkel δ des Gesamtdrucks mit der Lotrechten (allgemeiner mit der Senkrechten zur Bewegungsrichtung) entweder größer oder kleiner als α sein kann (Fig. 157). Nach Eiffel ist bei größeren Winkeln α als rd. 6^0 $\delta < \alpha$, dagegen bei kleineren Winkeln $\delta > \alpha$.

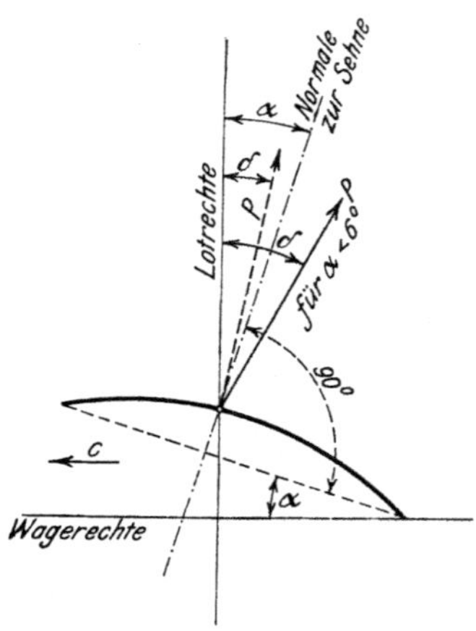

Fig. 157.

Man kann hiernach annehmen, daß ohne den Einfluß der Oberflächenreibung, der bei größeren Winkeln verschwindet, der Luftdruck im Sinne gegen die Lotrechte hin von der Normale zur Platte abweichen würde, daß er jedoch bei kleinen Winkeln durch die Reibung bis nach der entgegengesetzten Seite der Normalen abgelenkt wird. Beteiligt an dieser Verschiebung ist im übrigen auch der Oberflächendruck, dessen Resultante bei sehr kleinen Winkeln von der Vorderkante aus gegen die Plattenmitte zurückrückt, Fig. 162.

Weiteres über den Einfluß der Reibung vgl. unten.

Ebene und gewölbte Platten bei kleinen Anstellwinkeln.

Der Widerstand und Auftrieb ebener und gewölbter Platten wird bei kleinen Winkeln α mit der Bewegungsrichtung durch die Oberflächenreibung erheblich beeinflußt. Auch das Übersetzungsverhältnis und die Richtung des resultierenden Luftdrucks wird infolge der Reibung in diesem Gebiet gegenüber den Verhältnissen bei größeren Winkeln wesentlich geändert.

Ebene Platten. Der Luftdruck besteht im allgemeinen aus dem Normaldruck N auf die Oberfläche (Druckwiderstand) und der Reibungskraft R in Richtung der Oberfläche. Die Resultante von N und R ist der resultierende Luftdruck P, Fig. 158.

Der Bewegungswiderstand ist die wagerechte Komponente W von P (bei wagerechter Bewegung), der Auftrieb die lotrechte Komponente A. P bildet mit der Normale einen Winkel ϱ (Reibungswinkel), der bestimmt ist aus $\operatorname{tg} \varrho = \frac{R}{N}$.

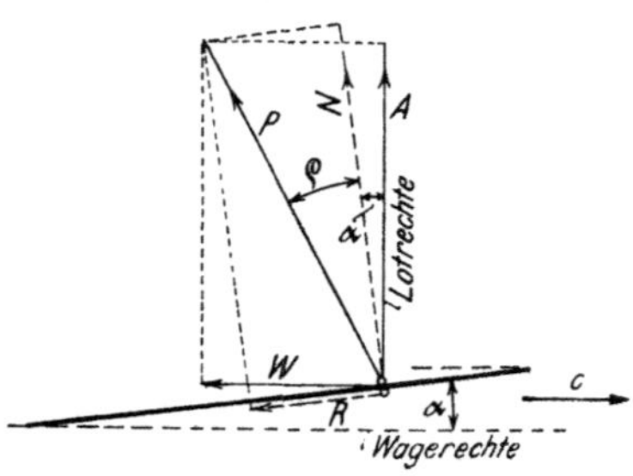

Fig. 158.

Daher ist

$$W = P \sin(\alpha + \varrho)$$

$$A = P \cos(\alpha + \varrho)$$

$$A : W = \operatorname{cotg}(\alpha + \varrho) \qquad (19)$$

während ohne Reibung

$$A : W = \operatorname{cotg} \alpha \text{ wäre.}$$

Die wirkliche Auftriebsübersetzung A/W nach Gl. 19 ist also immer kleiner als $\operatorname{cotg}\alpha$. Ohne Reibung würde A/W mit abnehmendem Neigungswinkel α der Platte fortgesetzt steigen entsprechend der hyperbelförmigen Kurve für $\operatorname{cotg}\alpha$, Fig. 159. In Wirklichkeit muß A/W wegen der Oberflächenreibung bei sehr kleinen Winkeln immer kleiner und bei $\alpha = 0^0$ zu Null werden. Die Kurve der wahren Übersetzung muß daher nach Fig. 159[1]) verlaufen und einen höchsten Punkt besitzen, bei dem die Übersetzung ihren Größtwert erreicht, um dann bis Null abzunehmen.

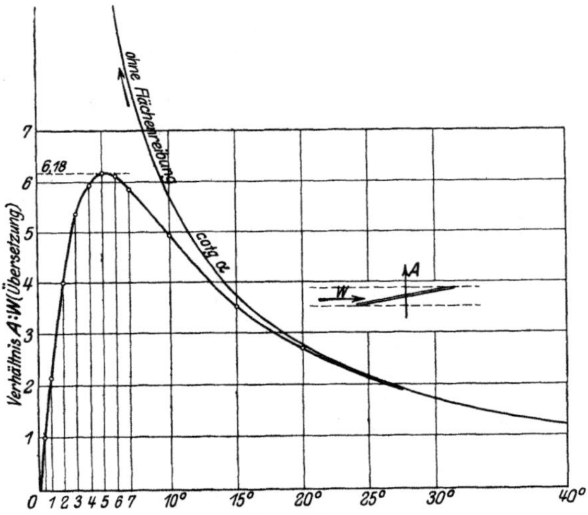

Fig. 159.

Daß die Reibung in dem Gebiet von etwa $\alpha = 7^0$ abwärts von dem außerordentlichen Einfluß ist, wie ihn die maßstäbliche Fig. 159 zeigt, erhellt aus folgender Rechnung.

Ist c' die mittlere Relativgeschwindigkeit der Luft auf der Vorderseite, so ist die Luftreibung auf dieser Seite nach Abschn. 64b

$$R' = 0{,}00244\, F \cdot \frac{\gamma}{g} \cdot c'^2.$$

Auf der Rückseite liegen die Verhältnisse verwickelter, weil dort Wirbelbewegung herrscht. Für $\alpha = 0$ müßte die gesamte Reibung

$$R = 2\, R'$$

sein. Wir setzen daher, um die Reibung der Rückseite zu berücksichtigen,

$$R = n \cdot 0{,}00244\, F \cdot \frac{\gamma}{g} \cdot c'^2,$$

worin n zwischen 1 und 2 liegt, für kleine Winkel α näher bei 2. Andererseits ist nun

$$P = \zeta \cdot F \cdot \frac{\gamma}{g} \cdot c^2.$$

---

[1]) Nach Z. Ver. deutsch. Ing. 1910. W. Schüle, Der Luftwiderstand usw.

Daher ist

$$\frac{R}{P} = \frac{n \cdot 0{,}002\,44}{\zeta} \cdot \left(\frac{c'}{c}\right)^2 = \sin \varrho .$$

Annähernd wird sein $c' = c \cdot \cos \alpha$ und daher

$$\sin \varrho = \frac{n \cdot 0{,}002\,44}{\zeta} \cos^2 \alpha .$$

Nach Fig. 149 ist für rechteckige Platten vom Seitenverhältnis 2 : 1 bei $\alpha = 5^0$, $\zeta = 0{,}11$; daher mit $n = 1{,}8$, $\cos \alpha = 0{,}996$

$$\sin \varrho \cong \operatorname{tg} \varrho = 0{,}04, \quad \varrho = 2^0\,20'.$$

Die wahre Auftriebsübersetzung wird somit $\operatorname{cotg}(\alpha + \varrho) = \operatorname{cotg} 7^0\,20' = \mathbf{7{,}77} = A/W$, während sie ohne Reibung wäre $A/W = \operatorname{cotg} 5^0 = 11{,}43$. Bei der quadratischen Platte, für die Fig. 159 gilt, wäre der Unterschied noch größer.

Auf ähnlichem Wege wurden die in Fig. 160 enthaltenen Werte von ϱ für quadratische Platten aus den Ergebnissen der Eiffelschen Fallversuche

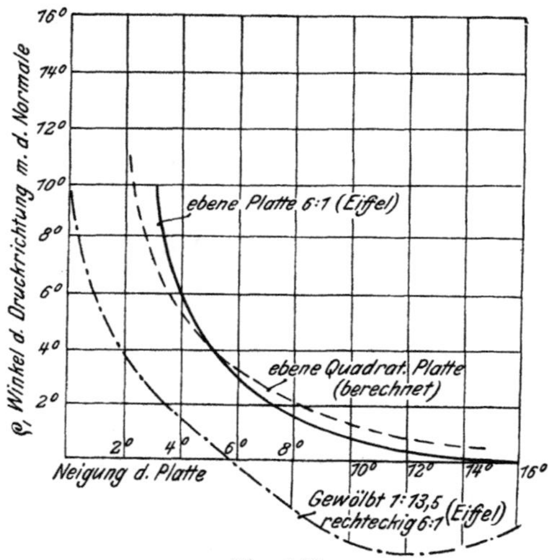

Fig. 160.

und mit dem Frankschen Reibungswerte errechnet. Die gleiche Figur enthält Versuchswerte von ϱ nach den neueren Versuchen Eiffels an einer rechteckigen Platte. Darnach weicht die Richtung des resultierenden Luftdrucks auf ebene Platten bei Winkeln unterhalb 7° recht erheblich von der Senkrechten zur Platte ab.

Die wahre Auftriebsübersetzung $A : W$, wie sie von Eiffel und in Göttingen gemessen wurde, enthält Fig. 161. Man erkennt, daß tatsächlich die Übersetzung nicht mit abnehmendem Winkel unbegrenzt zunimmt, wie es ohne Reibung der Fall sein müßte, sondern nach Überschreitung eines Höchstwertes bei ca. 5° wieder abnimmt, um bei 0° gleich Null zu werden, ganz ähnlich wie es von der schiefen Ebene bzw. Schraube aus der Mechanik der festen Körper bekannt ist.

Gewölbte Platten. Die Auftriebsübersetzung A/W ist nach den unmittelbaren Messungen des Auftriebs (Eiffel und Göttingen) bei allen Winkeln über 20^0 größer als für die ebene Platte, wie Fig. 161 (obere Kurven) zeigt. Der höchste bei der Platte von 5 : 1 Seitenverhältnis und 1 : 13,5 Wölbung gemessene Wert ist gleich 12. Er liegt wie bei der entsprechenden ebenen Platte bei $4{,}5^0$ Anstellwinkel, ist aber $12/7{,}2 = 1{,}67$ mal so groß. Viel größer sind die Unterschiede bei kleineren Winkeln. Noch bei 0^0 hat die gewölbte Platte mit $A/W = 7{,}5$ eine stärkere Übersetzung, als der Größtwert bei der ebenen Platte beträgt.

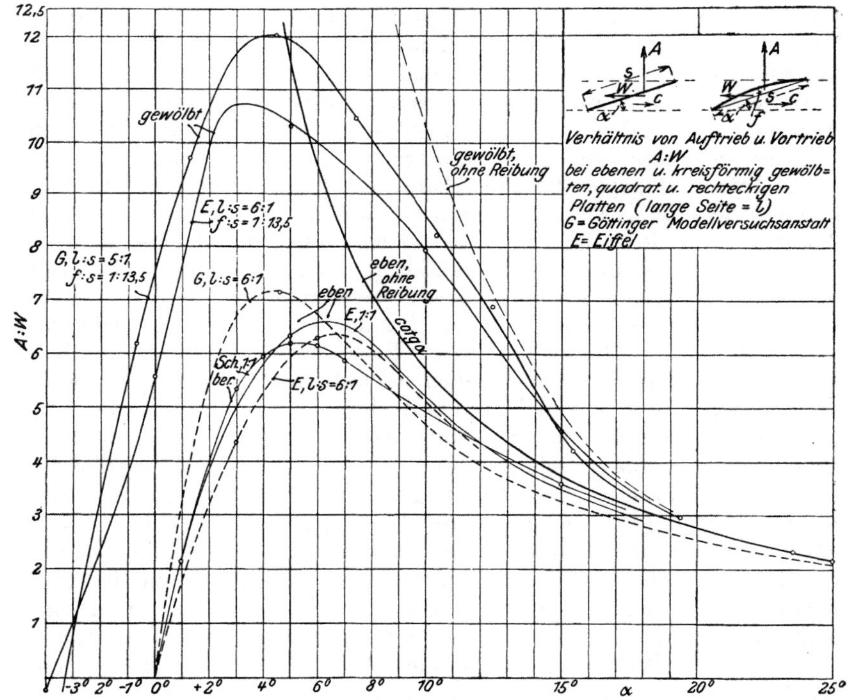

Fig. 161.

Bis 5^0 ist $A/W > \operatorname{cotg} \alpha$, d. h. größer als der reibungsfreie Wert der ebenen Platte. Ohne Reibung würde A/W bei der gewölbten Platte etwa nach der gestrichelten Linie verlaufen. Der wirkliche Verlauf mit einem Höchstpunkt wie bei der ebenen Platte läßt darauf schließen, daß die Oberflächenreibung auch bei der gewölbten Platte bei kleinen Anstellwinkeln den Auftrieb erheblich vermindert[1]).

[1]) In der Tat haben neuere Messungen und Berechnungen an einem gewölbten Tragflächenprofil besonderer Art ergeben (Zeitschr. Flugt. u. Motorluftsch. 1915, S. 178, Mitteil. d. Göttinger Vers.-Anst.), daß der Reibungs-

67. Verteilung der Luftdrücke über die Oberfläche der Platten. Druckmittelpunkt.

Schon aus allgemeinen Betrachtungen ist zu folgern, daß auf der Vorderseite einer ebenen oder leicht gewölbten Platte Luftüberdrücke, auf der Rückseite Unterdrücke entstehen, wenn die Platte geradlinig fortbewegt wird. Aus Versuchen ist schon lange bekannt, daß die Resultante aller Über- und Unterdrücke bei schräg stehenden Platten nicht durch den Mittelpunkt der Platte geht, sondern im allgemeinen näher der Vorderkante liegt. Daraus folgt, daß auch die Druckverteilung nicht gleichförmig sein kann. Für die Vorderfläche läßt sich die Art der Verteilung schon aus dem Stromlinienverlauf folgern. An der vorangehenden Kante und in ihrer Nähe sind die Stromlinien am weitesten voneinander entfernt, gegen die rückwärtige Kante nähern sie sich einander mehr und mehr. Die Luftpressungen müssen demgemäß am größten in der Nähe der Vorderkante sein und gegen die Hinterkante zu stetig kleiner werden; dort können sich die Stromlinien so weit nähern, daß sogar Unterdruck entsteht. Auf der Rückseite der Platten findet im allgemeinen keine Stromlinienbewegung statt, es läßt sich daher von vornherein nichts über die Druckverteilung auf dieser Seite aussagen.

Außer den normalen Drücken sind noch die Oberflächenreibungen vorhanden, deren Resultante in der Plattenebene liegt und die Lage des Druckmittelpunkts bei der ebenen Platte nicht beeinflussen kann.

Es ist ferner anzunehmen und durch Versuche bestätigt, daß bei Platten auch in der Richtung senkrecht zur Bewegung keine gleichmäßige Druckverteilung vorhanden ist, außer bei einer in dieser Richtung verhältnismäßig sehr langen Platte. Bei der quadratischen Platte nehmen die Drücke von der Mitte gegen die seitlichen Ränder hin ab, ebenso beim Rechteck, nur im letzteren Falle weniger schnell. Die Druckverteilung über den Mittelschnitt ist daher anders als in seitlichen Schnitten. Die Lage des Druckmittelpunkts ist deshalb nicht allein durch die Druckverteilung im Mittelschnitt bestimmt.

An dieser Stelle seien nur einige Messungen von Eiffel wiedergegeben. Eiffel hat den Druckmittelpunkt direkt bestimmt, indem nicht nur die Größe, sondern auch die Lage des resultierenden Luftdrucks auf die Platte gemessen wurde. Dabei ergab sich für eine ebene rechteckige Platte von 6 : 1 Seitenverhältnis und für eine ebensolche gewölbte Platte mit 1 : 13,5 Wölbungsverhältnis die Lage des Druckmittelpunkts bei den verschiedenen Anstellwinkeln von 0^0 bis 90^0, wie aus Fig. 162 ersichtlich. Die Vorderkante der Platte ist bei allen Stellungen im Kreismittelpunkt gedacht. Man sieht, daß bei der ebenen Platte der Druckmittelpunkt um so näher an

---

anteil bei 0^0, 3^0, 6^0 Anstellwinkel rd. 0,42, 0,34, 0,28 Bruchteile des gesamten Bewegungswiderstandes betrug. Als Widerstandskoeffizient der Reibung ergab sich $\zeta_r = 0{,}003$, also noch mehr als bei den Frankschen Versuchen ($\zeta_r = 0{,}00244$).

der Vorderkante liegt, je weniger die Platte geneigt ist. Bei der gewölbten Platte ist dies bis zum Winkel von 20⁰ auch der Fall. Von da ab rückt jedoch der Druckmittelpunkt gegen die Plattenmitte nach der hinteren Kante zu. Bei anderem Seitenverhältnis

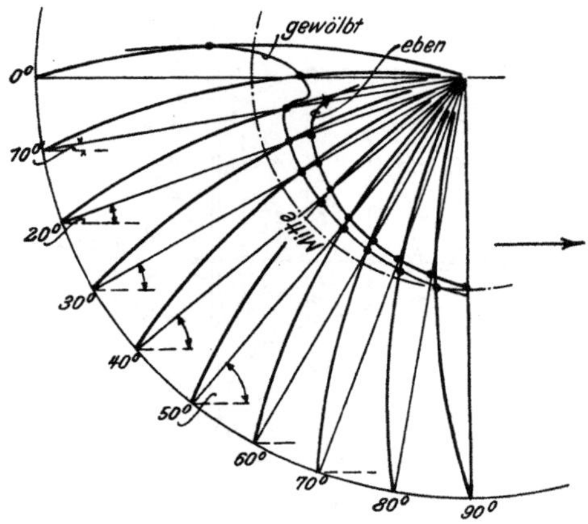

Fig. 162.

und anderer Wölbung ändern sich zwar diese Verhältnisse, aber ohne ihren allgemeinen Charakter zu verlieren.

Fig. 163 zeigt die Druckverteilung im Mittelschnitt und über die Vorderseite einer ebenen quadratischen Platte bei 90^0 Neigungs-

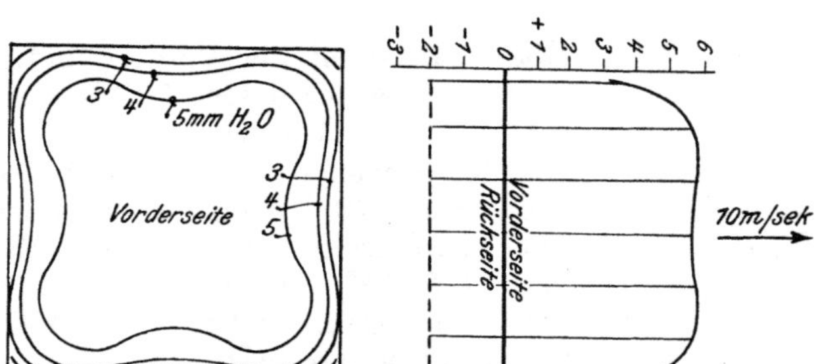

Fig. 163.

winkel. Die eingeschriebenen Drücke in kg/qm oder mm H_2O gelten für 10 m Luft- bzw. Plattengeschwindigkeit. In Fig. 164 sind die Druckkurven des Mittelschnitts für 60^0, 20^0, 10^0 und 5^0 eingetragen.

In gleicher Weise zeigt Fig. 165 die Verhältnisse bei einer

ebenen rechteckigen Platte von 150 × 850 mm und Fig. 166 für eine rechteckige gewölbte Platte von 150 × 900 mm mit 1 : 13,5 Wölbung[1]).

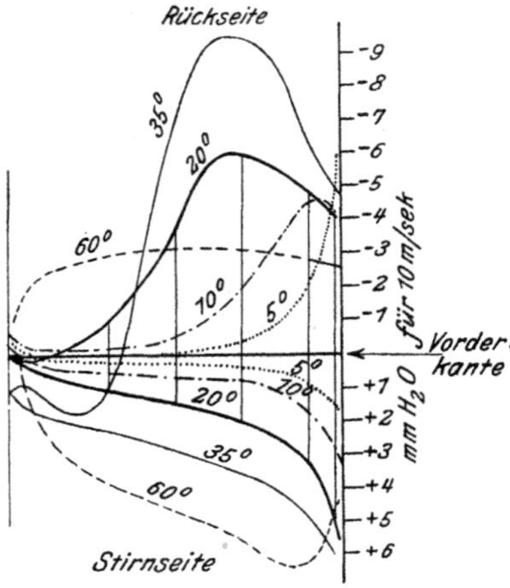

Fig. 164.

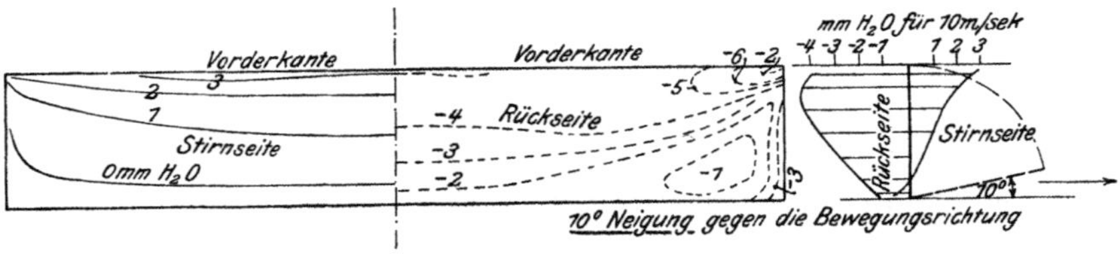

Fig. 165.

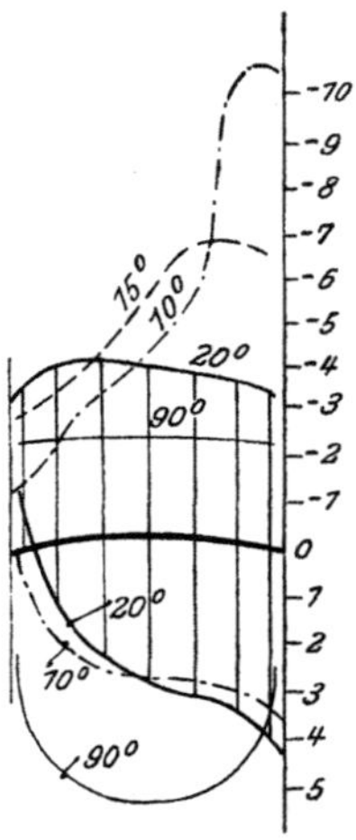

Fig. 166.

Über den Anteil der Vorder- und Rückseite der Platten am gesamten Luftdruck ist nach Eiffel folgendes zu sagen:

Bei der ebenen quadratischen Platte wird zwischen 0° und 40° Neigung etwa $^1/_4$ des Druckes von der Vorderseite, $^3/_4$ von der Rückseite geliefert. Bei 40° nimmt der Unterdruckanteil fast plötzlich bis ungefähr $^1/_2$ ab und von 45° bis 90° stetig weiter bis $^1/_3$.

Bei der rechteckigen Platte von 1 : 6 liegen die Verhältnisse ganz ähnlich, nur ist der Anteil des Unterdrucks bis 20° noch größer, etwa $^4/_5$ vom Gesamtdruck.

Auch für die gewölbte Platte gilt annähernd das gleiche.

[1]) Ähnliche Messungen wurden um die gleiche Zeit (1910) unabhängig von Eiffel auch von A. Boltzmann in Wien ausgeführt. Sie führten zu Druck-

68. Luftwiderstand verschiedener Körper.

1. **Kreiszylinder,** in der Richtung ihrer Achse bewegt.

Die vorliegenden Versuchsergebnisse enthält Fig. 167. Es hat sich gezeigt, daß der Widerstandskoeffizient ψ von dem Verhältnis $l:d$ von Länge und Durchmesser abhängig ist. Am größten ist ψ für die Kreisscheibe, bzw. kurze Zylinder bis $l = 0{,}5\,d$. Darüber hinaus nimmt ψ fast plötzlich ab. Diese merkwürdige Erscheinung ist durch drei verschiedene Versuchsreihen bekräftigt: Fallversuche von Eiffel und Strömungsversuche von Eiffel und Prandtl.

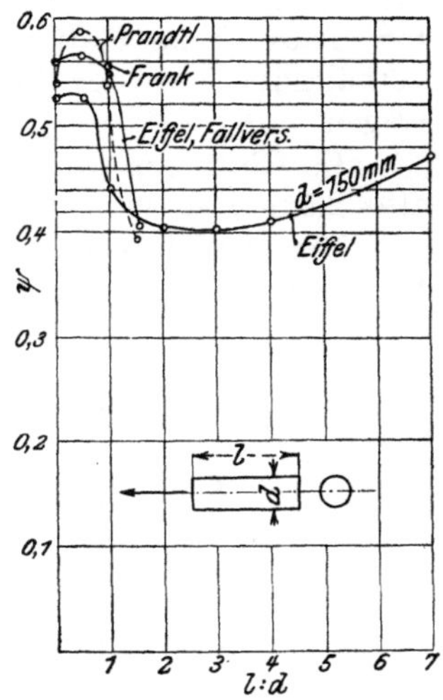

Fig. 167.

Für $l = d$ stimmt auch der Franksche Wert (Pendelversuch) gut mit den anderen.

Die plötzliche Verminderung des Widerstands zwischen $l = 0{,}5\,d$ und $l = 1{,}5\,d$ wird von Prandtl mit einer Änderung der Wirbelverhältnisse auf der Rückseite erklärt. Wenn daran festgehalten wird, daß auf der Vorderseite geordnete Stromlinienbewegung besteht, die bei allen Längenverhältnissen identisch ist und den gleichen Stirndruck liefert, so bleibt nur diese Erklärung übrig. Die von Eiffel gefundene Zunahme von ψ bei größeren Längen als $l = 2{,}5\,d$ dürfte sich aus dem Anwachsen der Oberflächenreibung erklären.

2. **Kegel- und keilförmige Körper.**

Fig. 168 enthält Werte für Keile von Eiffel (Fallversuche) und für Prismen mit beiderseitiger keilförmiger Zuschärfung von Frank. Es herrscht eine sehr gute Übereinstimmung.

Dagegen weichen die drei Versuchsreihen für Kegel und kegelig zugespitzte Zylinder voneinander wesentlich ab. Die weitaus kleinsten Werte liefern die Fallversuche Eiffels, fast doppelt so große die Strömversuche Eiffels und noch größere die Versuche von Frank. Vermutlich dürften die Strömungsversuche von Eiffel die richtigsten sein.

3. **Kugel und Halbkugel, Ellipsoide.**

Für die Kugel fand Eiffel $\psi = 0{,}088$, also noch erheblich weniger als für spitze Kegel. Einen fast genau doppelt so großen

verteilungskurven, die ganz denen der Fig. 164 und 165 entsprechen. Die Plattenabmessungen waren erheblich kleiner, 30 × 120 mm.

Widerstand lieferte die Halbkugel, die konvexe Seite voraus, $\psi = 0{,}168$. Hieraus erhellt sehr klar die wesentliche Bedeutung der Vorgänge auf der Rückseite, da bei der Kugel und der Halbkugel die Stromlinienbewegung auf der Vorderseite im ganzen identisch sein wird.

Einen sehr hohen Widerstandswert fand dagegen Eiffel für die Halbkugelschale, die hohle Seite voraus, $\psi = 0{,}664$, also mehr als für quadratische Platten. Hier dürften auch ungünstige Strömungsverhältnisse auf der Vorderseite wesentlich zum Widerstand beitragen.

In Göttingen wurde früher für die Kugel gefunden $\psi = 0{,}22$, also 2,5 mal so viel als von Eiffel.

Dieser Widerspruch hat später vollständige Aufklärung gefunden. Versuche mit Kugeln verschiedenen Durchmessers bei gleicher Ge-

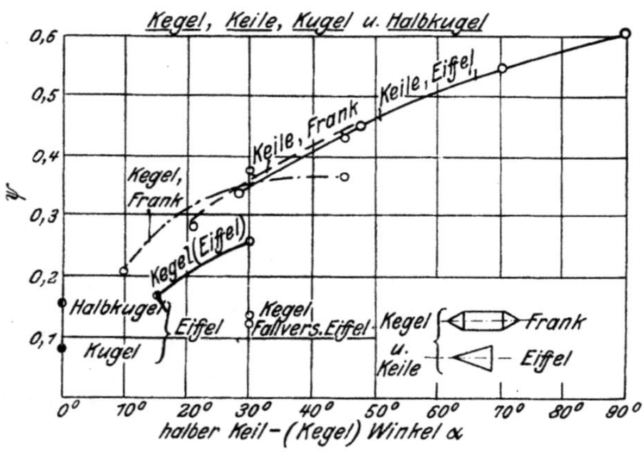

Fig. 168.

schwindigkeit und mit der gleichen Kugel bei verschiedenen Geschwindigkeiten haben nämlich gezeigt, daß ψ sich im allgemeinen sowohl mit dem Durchmesser als mit der Geschwindigkeit ändert und zwar in bestimmten Bereichen sehr bedeutend. Als höchster Wert wurde in Göttingen von Prandtl gefunden $\psi = 0{,}24$, als niedrigster $\psi = 0{,}07$ [1]). Die Versuche mit verschiedenen Kugeln bei verschiedenen Geschwindigkeiten lassen sich am übersichtlichsten darstellen, wenn man als Abszissen die Produkte $w \cdot d$ wählt. Man erhält dann für die verschiedenen Versuche nur eine einzige Kurve [2]).

---

[1]) Zeitschr. f. Flugtechn. u. Motorluftschiff. 1914, S. 140, Mitteilungen aus der Göttinger Modellversuchsanstalt, Der Luftwiderstand von Kugeln.

[2]) Dies ist in dem sogen. Ähnlichkeitsgesetz von Reynolds begründet, nach dem die Strömungsvorgänge um verschiedene Kugeln bei ver-

In Fig. 169 sind die Ordinaten der Kurven III die Widerstandswerte ψ von Kugeln im Bereich $w \cdot d = 0{,}9$ bis 5 m²/sec. (Bei den Versuchen wurden 5 Kugeln von 70, 100, 142, 200, 283 mm Durchm. und Geschwindigkeiten bis 23 m/sec angewendet.) Der Abszisse $w \cdot d$ entspricht z. B. bei einer Kugel von 100 mm = 0,1 m Durchm. eine Geschwindigkeit $w = 3/0{,}1 = 30$ m/sec; der gleichen

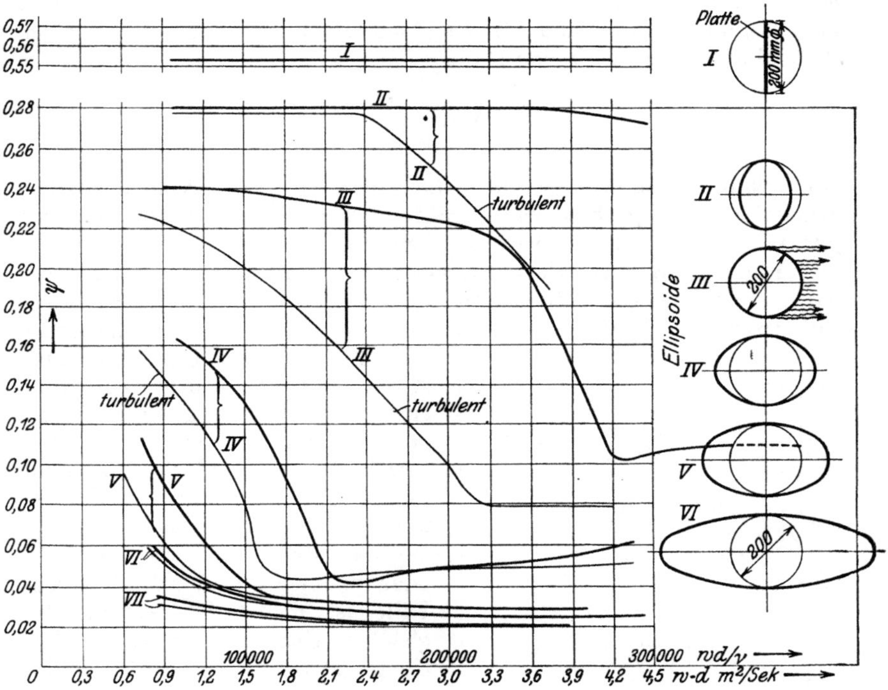

Fig. 169.

Abszisse bei $d = 0{,}3$ m nur $w = 3/0{,}3 = 10$ m/sec. ψ ist für diese Fälle, also $d = 0{,}1$ m, $w = 30$ m/sec und $d = 0{,}3$ m, $w = 10$ m/sec nach Fig. 169 gleich 0,222 (obere Kurve III). Um ψ für eine Kugel

schiedenen Geschwindigkeiten nur dann geometrisch und kinematisch ähnlich verlaufen, wenn das Produkt $w \cdot d$ das gleiche ist. Gleichen Werten von $w \cdot d$ entsprechen dann auch gleiche Werte von ψ. — Will man die Bewegung in verschiedenen Umgebungen, z. B. in Wasser und in Luft vergleichen, so kommt auch noch die verschiedene Zähigkeit dieser Körper in Betracht; ebenso bei Bewegung in der gleichen Umgebung, aber bei anderer Temperatur, weil sich mit dieser die Zähigkeit ändert. Zur Ähnlichkeit der Flüssigkeitsbewegung gehört in solchen Fällen, daß der Wert wd/ν, die sogenannte Reynoldssche Zahl, gleich groß ist. ν ist das kinematische Zähigkeitsmaß. Vgl. Abschn. 59 u. Zeitschr. Ver. deutsch. Ing. 1912, S. 639, H. Blasius, Das Ähnlichkeitsgesetz bei Reibungsvorgängen.

von 50 mm Durchm. bei 25 m/sec aus Fig. 169 zu entnehmen, hat man $w \cdot d = 0{,}05 \cdot 25 = 1{,}25$ zu bilden. Zu dieser Abszisse gehört $\psi = 0{,}238$.

Ungefähr von $wd = 3$ (oder $wd/\nu = 200000$) an fällt ψ sehr rasch mit zunehmendem wd, also bei einer und derselben Kugel mit wachsender Geschwindigkeit. Bei $wd = 4{,}1$ wird ein Kleinstwert $\psi =$ rd. 0,1 erreicht. Von da an steigt ψ nur noch wenig, so daß man annehmen kann, daß für $wd > 4{,}8$ der Wert ψ annähernd gleich 0,11 bleibt. Der Luftwiderstand

$$W = \psi \cdot F \cdot \frac{\gamma}{g} \cdot w^2$$

kann dann in dem Gebiet $wd > 4{,}8$ mit $\psi = 0{,}11$ berechnet werden, gleichgültig wie groß w ist[1]), während für kleinere Werte von wd der Wert ψ von der Geschwindigkeit abhängt.

Ein weiteres wichtiges Ergebnis dieser Versuche ist, daß man ganz verschiedene Werte für ψ erhielt, wenn der verwendete Luftstrom von Wirbeln möglichst frei war, als wenn ein künstlich wirbelig (turbulent) gemachter Luftstrom verwendet wurde. Denkt man sich die Kugel bewegt und die umgebende Luft unbewegt, so entspricht der erste Fall der Bewegung in vollständig ruhiger Luft, der zweite dagegen in Luft, die von Wirbeln durchsetzt ist (unruhige oder turbulente Luft). Im letzteren Falle ist der Luftwiderstand bei gleicher Geschwindigkeit in dem Gebiet zwischen $wd =$ rd. 1 und 4 ganz erheblich kleiner als in ruhiger Luft. Jenseits dieser Grenzen sind die Unterschiede wieder geringer. Als Ursache dieser Erscheinung wurde photographisch nachgewiesen, daß sich in ruhiger Luft die geordnete Strömung schon im größten Kugelkreis ablöst, während dies bei unruhiger Luft erst erheblich (10° bis 25°) hinter dem größten Kreis eintritt. In unruhiger Luft bildet sich also (Fig. 169, Bild der Kugel) ein kleineres Wirbelgebiet hinter der Kugel aus, dem der geringere Luftwiderstand entspricht.

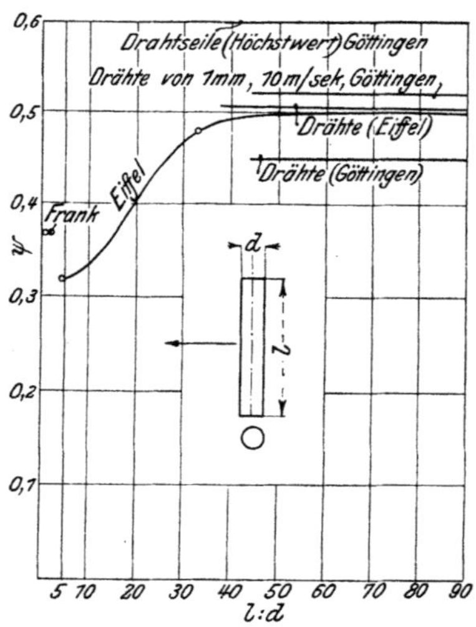

Fig. 170.

[1]) w muß nur erheblich unter der Schallgeschwindigkeit bleiben. Bei Geschoßgeschwindigkeiten gelten andere ψ-Werte.

Fig. 169 enthält ferner die ψ-Werte von Ellipsoiden verschiedener Gestalt. Man erkennt, wie bedeutend der Luftwiderstand sich verringert, wenn das Ellipsoid schlanker wird. Zu jedem Ellipsoid gehören zwei Kurven, eine stärker und eine schwächer ausgezogene, die erstere für ruhige, die letztere für turbulente Luft. Kurve VII gilt für den Körper 3 in Fig. 172.

4. **Kreiszylinder,** senkrecht zu ihrer Achse bewegt.

Hier scheint der Widerstand erheblich von dem Verhältnis $l:d$ abzuhängen, Fig. 170.

Frank fand für Zylinder von $l:d = 1:1$, $1{,}5:1$ und $2:1$ $\psi = 0{,}368$; Eiffel für $l:d = 4:1$ $\psi = 0{,}32$, dagegen für $l:d = 33$ $\psi = 0{,}48$;

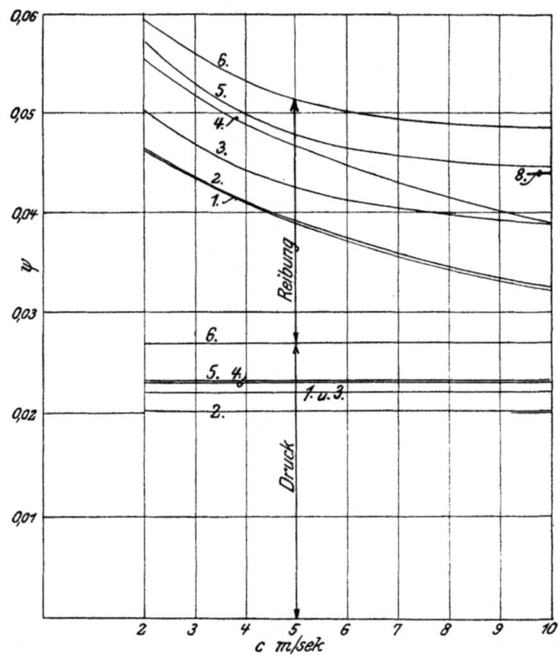

Fig. 171.

für Drähte von 2,75 mm Dicke und 500 mm Länge ($l:d = 182$) $\psi = 0{,}504$. In der Göttinger Modellversuchsanstalt wurde gefunden $\psi = 0{,}45$ für die gewöhnlichen Windgeschwindigkeiten und Drahtstärken, $\psi = 0{,}66 - 14\,cd$ (c in m/sec, d in m) für sehr dünne Drähte oder für kleine Geschwindigkeiten. Die letztere Formel soll für Werte $cd < 0{,}015$ aber $> 0{,}001$ gelten; z. B. würde für einen Draht von 1 mm Dicke bei 10 m/sec $cd = 10 \cdot 0{,}001 = 0{,}01$, also

$\psi = 0,66 - 0,14 = 0,52$, dagegen für den gleichen Draht bei 20 m/sec $cd = 0,02$, also $\psi = 0,45$.

Für Drahtseile und Hanfseile wurde in Göttingen erhalten $\psi = 0,5$ bis 0,6, je nach dem Rauhigkeitsgrad.

Stromlinienförmige Körper (Fig. 172). Darunter sind Körper zu verstehen, die durch ihre Form so wenig wie möglich Veranlassung zur Wirbelbildung geben, so daß sie fast über ihren ganzen Umfang von geordneter Stromlinienbewegung umgeben sind. Für solche Körper fällt der Druckwiderstand klein, im Grenzfall gleich Null aus, während allerdings die Oberflächenreibung im vollem Betrage verbleibt und auch wegen der verhältnismäßigen Größe der Oberflächen einen reheblichen Bruchteil des Gesamtwiderstandes ausmachen kann. Fig. 171

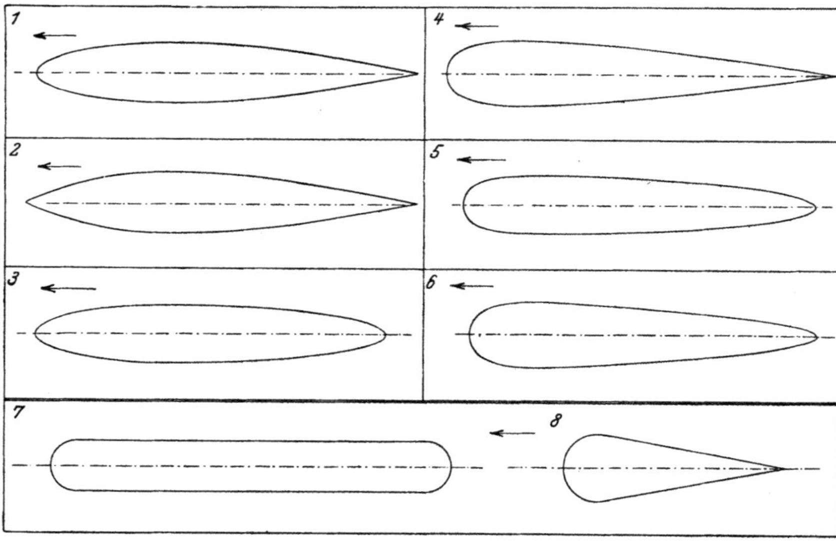

Fig. 172.

und 172 enthält eine Zusammenstellung von bisher bekannt gewordenen Versuchen mit solchen Körpern, No. 1 bis 6 aus der Göttinger Versuchsanstalt[1]), 7 und 8 von Eiffel. Fig. 171 enthält die auf den größten Querschnitt bezogenen Widerstandskoeffizienten ψ. Für No. 7 ist $\psi = 0,096$, also weitaus am größten.

Die Ordinaten der Kurven sind die gesamten, die der parallelen Geraden die jeweiligen Druckwiderstände; die Unterschiede sind die Koeffizienten ψ_r des Reibungswiderstands.

[1]) Eine ausführliche Darstellung dieser grundlegenden Untersuchungen, auch hinsichtlich der Anwendung der Stromlinientheorie, enthält die ausgezeichnete Dissertation von G. Fuhrmann, Theoretische und experimentelle Untersuchungen von Ballonmodellen. (Berlin 1912, Jul. Springer.)

Bei der umgekehrten Bewegungsrichtung sind die Widerstände größer. Maßstab von Fig. 172 ca. 1 : 23.

Neuere Versuche[1]) mit Körpern nach Fig. 172, No. 1, ergaben einen sehr großen Einfluß der Oberflächenbeschaffenheit auf den Widerstand. Ein mit Ballonstoff überzogenes Modell von 269 mm Durchm. zeigte bei gleicher Geschwindigkeit einen 2 bis 3 mal so großen Gesamtwiderstand als ein gleiches mit blanker, lackierter Kupferoberfläche. Noch größer waren die Unterschiede bei kleineren Modellen. — Fig. 171 gilt für blanke Kupferoberfläche.

---

[1]) Zeitschr. f. Flugtechn. u. Motorluftschiff. 1915, S. 125 (Mitteil. Göttinger Modellversuchsanstalt).

IV. Anwendungen aus der Lehre von den Dämpfen und der Strömungslehre.

69. Die Arbeit des Dampfes in der Kolbendampfmaschine.

Der vom Dampfkessel kommende Frischdampf strömt durch den Einlaßkanal (Fig. 173) während eines größeren oder kleineren Kolbenweges s_1 in den Zylinderraum hinter dem Kolben (Füllungsperiode). Linie *ab* im Druckdiagramm. In *b* wird der Frischdampf durch die Einlaßsteuerung (Schieber, Doppelsitzventil, Hahnschieber) abgesperrt. Hinter dem vorwärts laufenden Kolben dehnt sich weiterhin der im Zylinder abgesperrte Dampf aus, wobei seine Spannung stetig abnimmt, Linie *bc*. Im inneren Totpunkt *c* (oder etwas früher) wird der Auslaßkanal von der Steuerung geöffnet und der Dampf ins

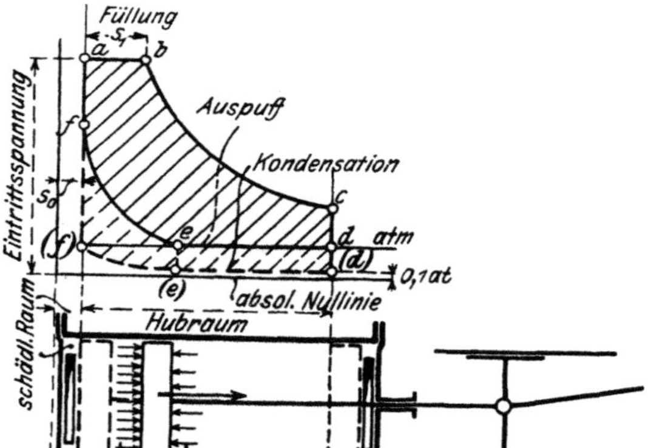

Fig. 173.

Freie oder in einen luftverdünnten und kalten Raum entlassen, in dem er sich niederschlägt (Kondensator). Der Druck im Zylinder sinkt hierbei rasch bis zum Außendruck, Linie *cd*. Während des Kolbenrückweges bleibt das Auslaßorgan zunächst geöffnet und der Kolben schiebt den Dampfrest aus dem Zylinder, Linie *de*. In dem Punkte *e*, der in verschiedener Entfernung von der hinteren Totlage liegen kann, wird der Auslaß geschlossen, so daß der noch übrige Dampfrest von dem rückwärts laufenden Kolben verdichtet wird. Dabei steigt die Spannung im Zylinder, bis der Totpunkt wieder erreicht ist, Linie *ef*. Nun beginnt das Spiel von neuem. — Genau der gleiche Vorgang spielt sich auf der anderen Kolbenseite ab, nur herrscht dort Ausströmung, während hinten Einströmung stattfindet, und umgekehrt.

Wenn sich der Kolben ganz hinten oder vorn befindet (Totlagen), so liegt zwischen seiner Oberfläche, den absperrenden Flächen der Steuerorgane und dem benachbarten Zylinderdeckel noch ein gewisser Raum, der als „schädlicher Raum“ bezeichnet wird, weil sein Vorhandensein stets einen Mehrverbrauch an Dampf für gleiche Leistung bedingt (Abschn. 72). In Betracht kommt seine verhältnismäßige Größe s_0 im Vergleich zum Hubraum des Kolbens ($s_0 = 4$ bis 12 v. H.) und für die abkühlende Wirkung auch seine Oberfläche.

Die Verdichtung (Kompression) des Dampfes auf dem Kolbenrückweg wird angewendet, um mittels des hierdurch gebildeten Dampfpuffers einen weicheren Gang der Maschinen zu erzielen. Gleichzeitig werden dadurch auch die nachteiligen Wirkungen des schädlichen Raumes bis zu gewissem Grade beseitigt (Abschn. 72).

Bei der früher allein üblichen Bauart nach Fig. 173 befinden sich die Einlaß- und Auslaßöffnungen an den Enden des doppeltwirkenden Zylinders.

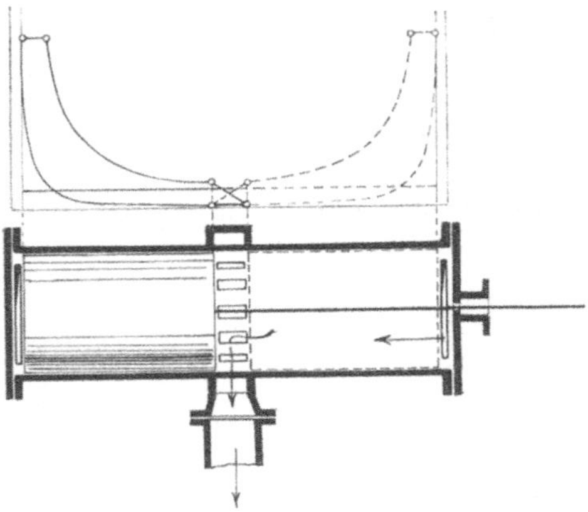

Fig. 174.

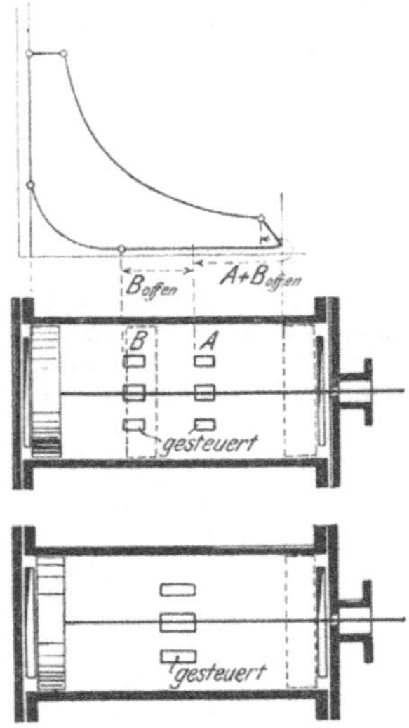

Fig. 175.

Es ist aber auch möglich, den Dampf an den Enden des Zylinders einzuführen und ihn in der Mitte des Zylinders abzuleiten. In einfachster Weise wird dies erreicht nach Fig. 174, dem sog. Gleichstrom-Dampfzylinder[1]). Dabei dient der Kolben mit seinen Kanten gleichzeitig als Auslaßschieber. Er muß dazu annähernd so lang wie sein Hub sein. Die Kompression beginnt schon kurz nach dem Hubwechsel, so spät hinter diesem als die Ausströmung vor ihm begonnen hatte. Die Kompression wird daher außerordentlich hoch und ist, bei mäßigen oder kleinen schädlichen Räumen, nur ausführbar für sehr niedrig gespannten Auspuffdampf, also bei Kondensationsbetrieb.

Will man kurzen Kolben und kleinere Kompression, so muß der Auslaßkanal in Zylindermitte durch ein besonderes Organ (Schieber, Ventil) gesteuert

[1]) D.R.P. Nr. 6470 vom 15. 2. 1879 von J. M. Hack in Hamburg (nach Strnad, Dingl. Pol. Journ. 1916). Die ersten Ausführungen der Bauart sind wohl die bekannten Stumpfschen Gleichstrom-Dampfmaschinen gewesen (1909).

werden. Die Kompression läßt sich dann auf rund die Hälfte des Hubes vermindern, Fig. 175, unten.

Endlich kann man statt einer einzigen gesteuerten Schlitzeihe deren zwei symmetrisch zur Zylindermitte anordnen, wodurch sich bei kurzem Kolben beliebig kleine Kompressionsgrade erzielen lassen, Fig. 175, oben. Die beiden Schlitzreihen und ihre zugehörigen Auslaßorgane brauchen hierbei zusammen nicht mehr Querschnitt zu besitzen, als sonst die eine Schlitzreihe in der Mitte, wenn für geeignetes Zusammenwirken der Auslaßorgane gesorgt wird.

Hinsichtlich des Arbeitsvorganges, dem der Dampf unterworfen wird, unterscheiden sich diese neuen Bauarten von der älteren — übrigens keineswegs veralteten — nur durch die verschiedene Höhe der Kompression, also in grundsätzlicher Hinsicht gar nicht. Ihr wesentlichster Vorteil, dem die Gleichstromdampfmaschine ihre Einführung verdankt, besteht in den günstigeren inneren Abkühlungsverhältnissen. Vermöge dieses Umstandes erreicht sie mit einem Zylinder einen so niedrigen Dampfverbrauch, wie er bisher nur von Verbundmaschinen mit zwei Zylindern erreicht wurde. Dadurch wird die einzylindrige Gleichstrommaschine in vielen Fällen geeignet, die Verbundmaschine zu ersetzen.

Die nachfolgenden Darlegungen, die den Idealprozeß betreffen, gelten in ganz gleicher Weise für alle Bauarten.

Arbeit des Idealprozesses.

Für den idealen Arbeitsvorgang der Dampfmaschine hat man den schädlichen Raum als verschwindend klein anzunehmen, womit auch die Kompression in Wegfall kommt. Das Dampfdiagramm des „Idealprozesses" hat demnach die Form (*abcde*) Fig. 176.

Das wirkliche Dampfdiagramm, wie es mit dem Indikator der im Gange befindlichen Maschine entnommen wird, kann niemals genau die Gestalt des

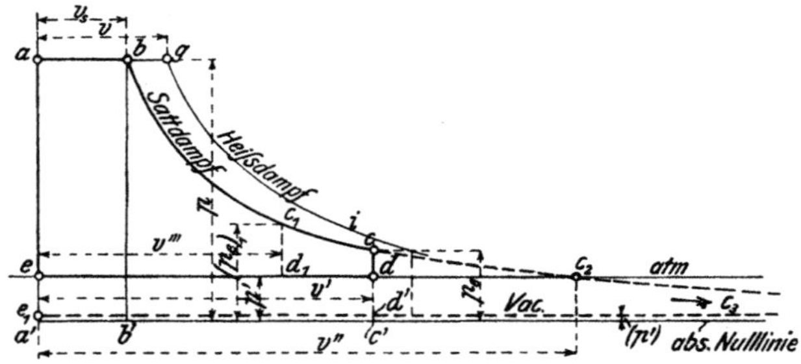

Fig. 176.

idealen Diagramms Fig. 176 besitzen. Das Öffnen und Schließen der Auslaß- und Einlaßorgane erfordert eine gewisse Zeit, während der sie sich allmählich erweitern und verengen. Dadurch werden aus den scharfen Ecken bei *b, c, d, e, f* mehr oder weniger abgerundete Übergänge, wie sie die Indikatordiagramme Fig. 186 und 187 erkennen lassen[1]).

Es handelt sich im folgenden zunächst darum, wieviel mechanische Arbeit aus der Gewichtseinheit Dampf unter bestimmten Druck- und Temperaturverhältnissen mittels des Idealprozesses gewonnen werden kann.

---

[1]) Näheres über die theoretische Behandlung der wirklichen Strömungsvorgänge, vgl. Z. Ver. deutsch. Ing. 1907: W. Schüle, Zur Dynamik der Dampfströmung in der Kolbendampfmaschine; auch Band II Abschn. 48—52.

Die bei einem Arbeitsgang von dem Dampfe einer Kolbenseite verrichtete Arbeit wird durch die Fläche des geschlossenen Druckvolumen-Diagramms dargestellt (Abschn. 17). Diese Fläche, Fig. 176, kann für die gleiche Dampfmenge von sehr verschiedener Größe sein. Ist *ab*, Fig. 176, das Volumen von 1 kg (oder einer anderen Menge) Dampf in dem Zustand, wie er aus dem Kessel kommt, und $V' = (ed)$ der Hubraum des Dampfzylinders, so verrichtet der Dampf die Arbeit $(abcde)$ im Zylinder.

Ist der Hubraum kleiner als V', etwa $V''' = (ea_1)$, so wird nur die Arbeit abc_1d_1e abgegeben, die um (c_1cdd_1) kleiner ist.

Die größte, bei gegebenem Gegendruck p' überhaupt mögliche Arbeit wird vom Dampf verrichtet, wenn der Hubraum so groß ist, daß die Expansionsendspannung dem Gegendruck gerade gleich wird. Diagramm abc_2e zeigt diesen Fall für Auspuff, $abc_2c_3e_1$ für Kondensation.

Liegt ein Dampfzylinder von gegebenem Hubraum vor, so findet eine um so bessere Ausnützung des Dampfes von bestimmter Anfangsspannung statt, je kleiner die Expansionsendspannung gewählt, je weniger Dampf also dem Zylinder bei jedem Arbeitsspiel zugeführt wird. Eine praktische Grenze nach unten hat diese Menge allerdings dadurch, daß schließlich die Abkühlungsverluste an den Wänden des Zylinders den Mehrertrag an Dampfarbeit überwiegen.

Zeichnet man die Diagramme Fig. 176 auf gleichen Hubraum um, etwa auf v', so erhält man Fig. 177. (Die Endspannungen

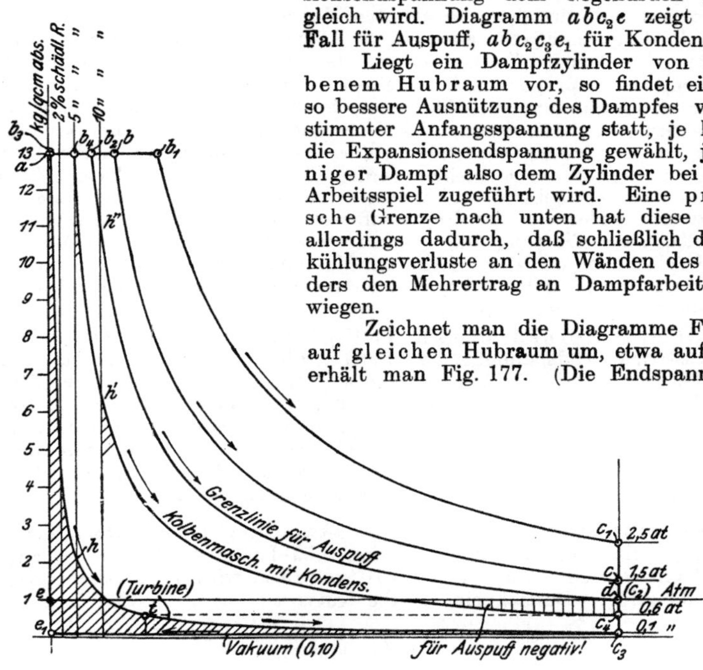

Fig. 177.

in beiden Figuren sind bei den gleich bezeichneten Diagrammen ungefähr gleich.) Diese sämtlichen Diagramme können bei einer und derselben Maschine auftreten, die großen, wie $abcde$, bei stärkerer, die kleineren, wie ab_2de bei schwächerer Belastung der Maschine.

Diagramme wie $ab_3c_3e_1$ kommen allerdings bei Kolbenmaschinen, wenigstens bei Einzylindermaschinen mit hoher Anfangsspannung, niemals vor, denn der schädliche **Raum** bedingt bei gegebener Anfangsspannung eine kleinste, nicht unterschreitbare Endspannung der Expansion. Bei 5 v. H. schädlichem Raum erreicht z. B. mit 13 at abs. Eintrittsdruck die Expansion höchstens 0,6 at abs., Fig. 177, Linie b_4c_4. Der Zylinder arbeitet dabei schon mit „Nullfüllung", d. h. nur mit dem Dampf, der den schädlichen Raum auffüllt. Es kann allerdings noch eine kleinere Endspannung auftreten, wenn nämlich der schädliche Raum nur teilweise aufgefüllt wird. Dann erreicht aber der Anfangsdruck nicht die Frischdampfspannung. Sollte z. B. in einer solchen Maschine 0,1 at abs. Endspannung erreicht werden, so dürfte der schädliche Raum nur so weit mit Dampf von 13 at gefüllt werden, daß der Druck bis 2 at steigt, Punkt h, Fig. 177. Die Steuerung öffnet dann vor Erreichung der Totlage nur ganz kurze Zeit. In ähnlicher Weise arbeiten tatsächlich Maschinen mit großem schädlichem Raume bei schwacher Belastung; die hohe Kesselspannung ist dabei nutzlos. — Das gleiche zeigen die Punkte h' und h'' für eine Maschine mit 10 v. H. schädlichem Raume und einer Endspannung von 0,6 at bzw. 1 at.

Der Hubraum, also die Größe eines Dampfzylinders, der *eine bestimmte Leistung* besitzen muß, richtet sich nach der Expansionsendspannung, mit der die Maschine arbeiten soll. Je kleiner diese gewählt wird, *um so kleiner* fällt für einen bestimmten Hubraum, Fig. 177, die Füllung und daher die Diagrammfläche aus, um so kleiner also der mittlere Arbeitsdruck (Abschn. 17). Damit die *Leistung*, die dem Produkte aus Hubraum und mittlerem Druck proportional ist, einen vorgeschriebenen Wert erreicht, muß also der Hubraum um so größer sein, je kleiner die Expansionsspannung gewählt wird. Die Ausnützung des Dampfes ist nun zwar um so besser, je kleiner diese Spannung wird (bis zu der obenerwähnten, durch die Abkühlung bedingten Grenze), um so kleiner werden demnach auch die Kosten für Brennmaterial. In Wirklichkeit sind indessen die Kosten *für 1 kg Dampf* maßgebend, die außer von den Brennstoffkosten auch von dem Anschaffungspreis der Anlage, der Wartung und dem Ölverbrauch abhängen. Der Anschaffungspreis wächst aber mit der *Größe* der Maschine. Deshalb werden bei Auspuffbetrieb nur etwa 1,2 bis 1,6 at, bei Kondensationsbetrieb 0,6 bis 1 at abs. als normale Endspannung angewendet.

Dampfturbinen arbeiten im Gegensatz zu den Kolbenmaschinen mit möglichst tiefer Endspannung, die 0,1 at erheblich unterschreiten kann. Bei ihnen ist daher die schraffierte Arbeitsfläche $a\,b_3\,t\,c_3\,e_1$ *die normale*. Verglichen mit einer Kolbenmaschine für 0,6 at Endspannung (Punkt c_4 bzw. t) ist somit bei der Turbine die unter $t\,c_3$, Fig. 177, liegende schraffierte Fläche *mehr* verfügbar. Dieser Betrag ist, wie ersichtlich, recht erheblich und wird um so beträchtlicher, mit je kleinerem Kondensatordruck die Turbine arbeitet. Möglichst hohe Luftleere ist deshalb für Turbinen vorteilhaft.

Der Arbeitswert L_0 der Fläche $abcde$ des idealen Dampfdiagramms, Fig. 176, ergibt sich in einfacher Weise, sobald man das Gesetz der Expansion als bekannt ansieht. Für das *Idealdiagramm* wird adiabatische Expansion zugrunde gelegt. Danach gilt für die Kurve bc

$$p v^k = \text{konst.},$$

worin

$$k = 1{,}135$$

für trockenen Sattdampf,

$$k = 1{,}30$$

für Heißdampf.

Die Arbeitsfläche L_0 setzt sich zusammen aus

$$(a b b' a') = p v$$

(Volldruckarbeit),

$$(b c c' b') = \frac{1}{k-1}(p v - p_. v')$$

(absolute Ausdehnungsarbeit, s. Abschn. 25) und

$$-(e d c' a') = -\; p' v'$$

(Gegendruckarbeit).

Somit ist die von 1 kg Dampf verrichtete Arbeit

$$L_0 = pv + \frac{1}{k-1}(pv - p_e v') - p'v'$$

$$= \frac{k}{k-1} pv - \frac{1}{k-1} p_e v' - p'v'$$

$$= \frac{k}{k-1} pv \left(1 - \frac{1}{k}\frac{p_e}{p}\frac{v'}{v} - \frac{k-1}{k}\frac{p'}{p}\frac{v'}{v}\right).$$

Nun ist

$$\frac{v'}{v} = \left(\frac{p}{p_e}\right)^{\frac{1}{k}},$$

somit

$$\frac{v'}{v}\frac{p_e}{p} = \left(\frac{p_e}{p}\right)^{\frac{k-1}{k}}.$$

Setzt man

$$\varepsilon_p = \frac{p}{p_e}$$

(Druck-Expansionsverhältnis), so wird

$$L_0 = \frac{k}{k-1} pv \left[1 - \frac{1}{\varepsilon_p^{\frac{k-1}{k}}} \cdot \left(\frac{1}{k} + \frac{k-1}{k}\frac{p'}{p_e}\right)\right] \quad . \; . \; . \; . \quad (1)$$

Den größtmöglichen Wert erreicht L_0, wie schon oben erwähnt, bei vollständiger Expansion bis auf den Gegendruck, $p_e = p'$. Es wird

$$L_{0\,max} = \frac{k}{k-1} pv \left[1 - \left(\frac{p'}{p}\right)^{\frac{k-1}{k}}\right] \quad . \; . \; . \; . \; . \; . \; . \quad (1a)$$

Bei Heißdampf liegt die Ausdehnungslinie gi, Fig. 176, höher als bei Sattdampf, weil das Volumen $ag = v$ von 1 kg Heißdampf bei gleichem Anfangsdrucke größer ist als das Volumen v_s von 1 kg Sattdampf.

Die Formeln gelten im übrigen für beide Dampfarten, für Heißdampf jedoch nur so lange, als während der Expansion kein Übergang in den Sättigungszustand erfolgt. Von da an folgt nämlich die Ausdehnungslinie wieder dem Gesetz $pv^{1,135} =$ konst., während sie bis dahin nach $pv^{1,3} =$ konst. verlief. Dieser Wechsel ist in der obigen Herleitung nicht berücksichtigt. Rechnet man in einem solchen Falle trotzdem mit $pv^{1,3}$ für den ganzen Verlauf, so erhält man einen etwas zu kleinen Arbeitswert für den Heißdampf.

Bezüglich des Überganges des Heißdampfs in Sattdampf während der Expansion s. Abschn. 42, Schluß.

Es ist zwar möglich, auch für diesen Fall einen geschlossenen Ausdruck für L_0 ähnlich Gl. 1 zu entwickeln. Bei der verwickelten Form desselben ist es jedoch bei weitem vorzuziehen, das viel einfachere und auch genauere Verfahren mittels der Entropiediagramme zu verwenden.

Als normale Endspannungen und Gegendrücke kommen bei Kolbenmaschinen folgende äußerste Werte praktisch in Frage:

Bei Kondensation

$$p_e = 0{,}5 \text{ bis } 0{,}7 \text{ at abs.}; \quad p' = 0{,}10;$$

bei Auspuff

$$p_e = 1{,}00; \quad p' = 1{,}00.$$

Bei Dampfturbinen $p_e = p' = 0{,}10$ bis $0{,}05$.

Fig. 178 enthält für diese Spannungen die nach Gl. 1 berechneten Leistungswerte, sowohl für Sattdampf als für Heißdampf von 350° und für Dampfspannungen von 4 bis 13 at abs. Weiteres über diese Figur s. unten.

Der Dampfverbrauch in kg für 1 PS-St. = 3600·75 mkg ergibt sich aus L_0 zu

$$C_0 = \frac{3600 \cdot 75}{L_0} = \frac{270000}{L_0} \quad \ldots \ldots \ldots \ldots (2)$$

Der thermische Wirkungsgrad des Idealprozesses ist das Verhältnis der idealen Dampfarbeit L_0 zum mechanischen Äquivalent der von 1 kg Dampf bei der Verdampfung aufgenommenen Wärme λ, also

$$\eta_{th} = \frac{L_0}{427\lambda} \quad \ldots \ldots \ldots \ldots (3)$$

Bei Sattdampf liegt für Speisewasser von 30° λ in den Grenzen 639 und 624 (für 13 bzw. 3 at abs.). Es kann also für höhere Drücke etwa der Mittelwert 635 angenommen werden. Dann wird

$$\eta_{th} = \frac{L_0}{271\,145} \quad \ldots \ldots \ldots \ldots (3\,a)$$

Es ist also auch

$$\eta_{th} \simeq \frac{1}{C_0} \quad \ldots \ldots \ldots \ldots (3\,b)$$

Für Heißdampf von **350°** und Speisewasser von 30° liegt λ, mit den Münchener Werten der spez. Wärme, für Dampf von 13 bis 3 at abs. zwischen 724 und 729. Für höhere Drücke kann also (bei 350°!) $\lambda = 726$ gesetzt werden. Damit wird

$$\eta_{th} = \frac{L_0}{310000},$$

oder

$$\eta_{th} = \frac{0{,}871}{C_0}.$$

Reduzierter Dampfverbrauch bei Heißdampfbetrieb. Die Dampfverbrauchszahlen für Heiß- und Sattdampf geben, unmittelbar verglichen, keinen zutreffenden Maßstab für die Güte der Wärmeausnützung in beiden Fällen. Denn es kommt in Wirklichkeit nicht so sehr auf die verbrauchte Dampfmenge, als, mit Rücksicht auf das Brennmaterial, auf die verbrauchte Wärme an. Ist λ_s die Gesamtwärme des Sattdampfs, so ist die des Heißdampfs vom gleichen Druck $\lambda_s + (c_p)_m \tau$, mit τ als Überhitzung. Es enthält also 1 kg Heißdampf im Verhältnis

$$\frac{\lambda_s + c_{pm}\tau}{\lambda_s} = 1 + \frac{c_{pm}\tau}{\lambda_s}$$

mehr Wärme als 1 kg Sattdampf. Mit diesem Wert ist der Dampfverbrauch der Heißdampfmaschine zu multiplizieren, um ihn mit dem einer Sattdampfmaschine vergleichbar zu machen (reduzierter Dampfverbrauch). Im obigen Beispiel für Heißdampf ist diese Zahl 726/635 = **1,142.** — Diese Bemerkung gilt auch für die Dampfverbrauchszahlen wirklicher Maschinen. Ohne die Reduktion erscheinen im Verhältnis zu denen der Sattdampfmaschinen die der Heißdampfmaschinen zu günstig.

Seitdem die meisten Dampfmaschinen mit überhitztem Dampf von durchschnittlich 300° Temperatur betrieben werden, ist die Reduktion der Dampfverbrauchszahlen auf gesättigten Dampf vom gleichen Druck im allgemeinen nicht mehr nötig. Es sollte aber bei jeder Dampfverbrauchszahl mindestens die Dampftemperatur mit angegeben werden, da von ihr der Wärmewert des Heißdampfs fast allein abhängt, während der Druck auf diesen Wert nur einen ganz geringen Einfluß hat.

Erläuterung der Fig. 178. Diese Figur enthält die nach den vorstehenden Formeln berechneten Werte, für Kesselspannungen von 3 bis 13 at abs.,

1. der Arbeit von 1 kg Dampf (L_0 mkg),
2. des thermischen Wirkungsgrades (η_{th} v. H.),
3. des Dampfverbrauchs für 1 PS_i-St. (C_0 kg),

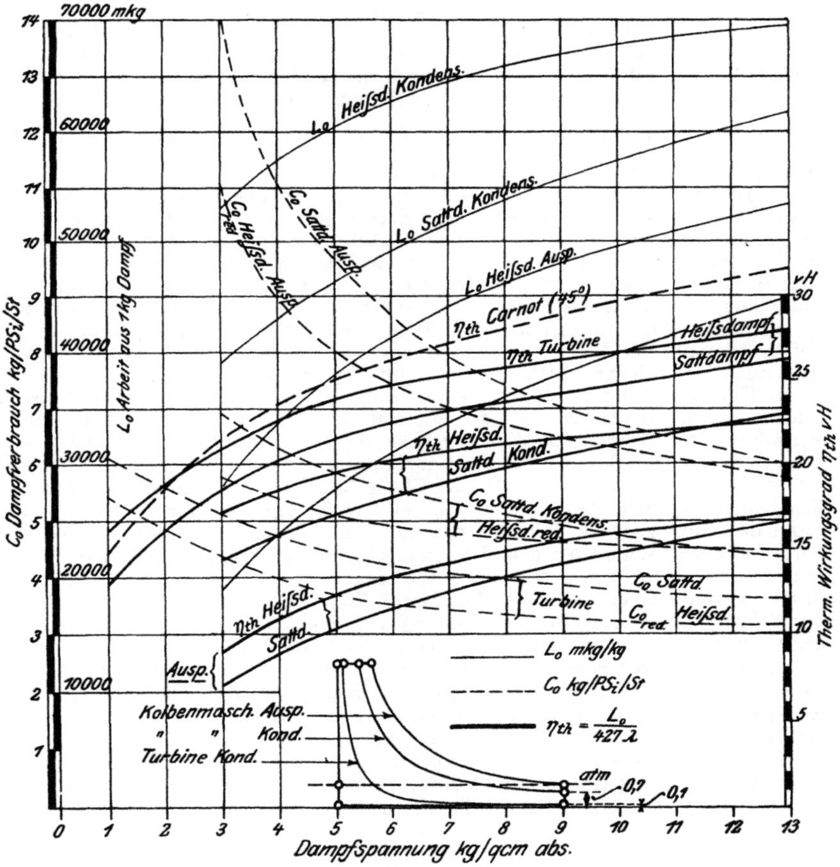

Fig. 178.

für Auspuff und Kondensation bei Sattdampf- und bei Heißdampfbetrieb (350°). Gemäß den eingezeichneten Druckdiagrammen ist die Endspannung der Expansion für alle Fälle bei Auspuff 1,0 kg/qcm abs., bei Kondensation 0,7 kg/qcm angenommen, als im allgemeinen kleinsten, bei Kolbenmaschinen üblichen Werten für Normalleistung. Demgemäß enthält Fig. 178 die idealen Grenzwerte von L_0, η_{th} und C_0, für Heißdampf C_0 red., in den heute bei Kolbenmaschinen üblichen Grenzen der oberen und unteren Dampfspannungen und Überhitzungsgrade; außerdem für Dampfturbinen mit Kondensation und 0,1 at Vakuum.

Aus Fig. 178 erhellt zunächst der sehr bedeutende Vorteil der höheren Dampfspannungen gegenüber den niederen. Sämtliche Kurven L_0 steigen mit der Spannung. Da der Wärmeaufwand (λ) im Kessel für die hohen Spannungen nur unerheblich größer ist, als für die niederen, so steigen auch alle Kurven η_{th} mit der Spannung. Es wird ein um so größerer Bruchteil des Wärmeaufwands in mechanische Arbeit umgesetzt, je höhere Dampfspannungen verwendet werden.

Der Nutzen der Kondensation zeigt sich darin, daß alle Kurven L_0 und η_{th} bei Kondensation erheblich höher liegen als bei Auspuff. Mit Sattdampf werden aus 1 kg Dampf durch die Kondensation durchschnittlich gegen Auspuff bei allen Spannungen rd. 17500 mkg/kg mehr gewonnen, mit Heißdampf rd. 20000 mkg. — Die Ausnützung der Wärme erreicht bei Sattdampf von 5 at für Auspuff 10,3 v. H., für Kondensation 17 v. H., ist also im letzteren Falle um $\frac{17-10{,}3}{10{,}3}\cdot 100 = 65$ v. H. besser! Bei 13 at ist die Kondensation noch mit 36,4 v. H. im Vorteil.

Der Heißdampfbetrieb hat eine ganz erhebliche Steigerung der Leistung (L_0) von 1 kg Dampf gegenüber Sattdampf zur Folge, die sich bei Kondensation für hohe Spannungen auf rd. 10000 mkg/kg, für niedere sogar auf rd. 13000 mkg beläuft. Die Kessel der Heißdampfmaschinen haben daher geringere Wassermengen zu verdampfen als die gleich starker Sattdampfmaschinen. Dafür müssen sie mit Überhitzern ausgerüstet sein. Mit Auspuff ist auch der Wirkungsgrad für alle Spannungen bei Heißdampf höher als bei Sattdampf, der Unterschied wird aber bei höheren Spannungen immer geringer. Bei Kondensationsbetrieb gilt für niedere Spannungen dasselbe. Nach Überschreitung von 9 at nähert sich jedoch η_{th} den Sattdampfwerten sehr rasch, um sie bei rd. 11,8 at zu erreichen und dann scheinbar zu unterschreiten. Den Werten von Fig. 178 liegt aber Gl. 1 zugrunde, in welcher der Übergang des Heißdampfs in den Sattdampfzustand im Verlaufe der Expansion nicht berücksichtigt ist. Dieser Übergang findet bei Dampf von anfänglich 350° und einer Endspannung $p_e = 0{,}7$ at abs. gerade am Hubende statt, wenn der Anfangsdruck 7 at abs. beträgt. Bei höherem Anfangsdruck als 7 at tritt Sättigung schon vor dem Hubende ein und Gl. 1 gibt etwas, jedoch anfänglich nur sehr wenig zu kleine Werte für L_0. Bis etwa 10 at Anfangsdruck besteht daher auch für Heißdampf Fig. 178 zu Recht. Dagegen findet der Schnitt der beiden Kurven für η_{th} bei ungefähr 12 at, wie in Fig. 178, nicht statt, wenn man den Übergang in Sattdampf berücksichtigt. Jedoch fallen beide Kurven sehr nahe zusammen. Für Spannungen zwischen 10 und 13 at ist also die Wärmeausnützung des Heißdampfs bei gleicher Anfangs- und Endspannung wenig anders als die des Sattdampfs. Dies gilt selbstverständlich nur für den theoretischen Prozeß; bei wirklichen Maschinen bleibt für Heißdampf wegen der viel kleineren Abkühlungsverluste noch ein erheblicher Vorteil. Zu beachten ist, daß für Heißdampf wegen des gerechten Vergleiches mit Sattdampf überall die reduzierten, nicht die wahren Dampfverbrauchszahlen eingetragen sind.

Über eine bequemere und im allgemeinen genauere Art der Ermittlung von L_0, η_{th} usw. mit Hilfe der Entropiediagramme vgl. Abschn. 71.

70. Entropiediagramme des idealen Dampfmaschinen-Prozesses für Sattdampf und Heißdampf.

Wie in Abschn. 40 erläutert, kann die Wärmemenge, die bei der Herstellung von Sattdampf oder Heißdampf aus flüssigem Wasser aufzuwenden ist, im Entropie-Temperaturdiagramm als Fläche dargestellt werden. Aber auch der Bruchteil dieser Wärme, der in der Dampfmaschine in Arbeit umsetzbar ist, läßt sich in diesem Diagramm als Fläche abbilden. Das Verhältnis dieser Fläche zur Fläche des gesamten Wärmeaufwandes ergibt dann das Maß der möglichen Wärmeverwandlung, den thermischen Wirkungsgrad. Dies ist ein Vorzug des TS-Diagramms gegenüber dem Arbeitsdiagramm, das nur anzeigt, wieviel Wärme verwandelt, aber nicht wieviel Wärme aufgewendet worden ist.

In Fig. 178 ist angenommen, daß (leicht vorgewärmtes) Speisewasser von 30^0 zur Verwendung komme, Punkt n. Dieses werde in Sattdampf von 10 at abs. verwandelt. Die dabei aufgewendete Wärme (λ) wird nach Abschn. 40 durch die Fläche ($nabc'n'n$) dargestellt.

Wenn man, wie beim idealen Dampfmaschinenprozeß, von allen Wärmeverlusten absieht, so stellt die Fläche des idealen Indikatordiagramms das mechanische Äquivalent der in Arbeit verwandelbaren Wärmemenge dar. Um diese Wärme muß der Dampf, nachdem er die Maschine verlassen hat, ärmer sein, als er vor der Maschine ankam. Wird zunächst vollkommene Expansion bis zum Gegendruck p' vorausgesetzt, so verläßt jedes Dampfteilchen die Maschine mit dem Drucke p'. Der Dampfgehalt dieses (feuchten) Abdampfs wird bei Auspuff durch das Verhältnis der Strecken ec_2 und el, bei Kondensation durch e_1c_3 zu e_1l_1 dargestellt. In beiden Fällen gelangt nämlich der Dampf durch die adiabatische Ausdehnung längs bc_3 nach c_2 bzw. c_3. Der feuchte Abdampf wird nun entweder in der Atmosphäre oder im Kondensator bei unveränderlichem Drucke in den flüssigen Zustand übergeführt und bis 30^0, wie angenommen, abgekühlt. Dabei kann er noch die Wärmemenge ($ec_2c'n'ne$) bzw. ($e_1c_3c'n'ne_1$) nach außen abgeben. Diese Wärmemengen sind aber um die Flächen (abc_2e) bei Auspuff, (abc_3e_1) bei Kondensation kleiner als die dem Dampf im Kessel mitgeteilte Wärme. Die letzteren Flächen stellen somit die als Wärme verschwundenen, in der Dampfmaschine in Arbeit umgesetzten Wärmemengen dar; sie sind im Wärmemaß den Flächen L_0 der (mit gleichen Buchstaben bezeichneten) Druckdiagramme, Fig. 176, Abschn. 69 gleich.

Eine andere, formell schärfere Begründung enthält der Abschnitt 55 über den Wärmeinhalt.

Der thermische Wirkungsgrad ist also (für Sattdampf) bei Auspuff das Verhältnis (abc_2e) : ($nabc'n'n$), bei Kondensation (abc_3e_1) zur gleichen Fläche.

Kurz ausgedrückt ist

$$\lambda - \lambda' = \frac{1}{427} L_0,$$

worin λ die Gesamtwärme des Kesseldampfs nach den Dampftabellen, λ' die Gesamtwärme des **feuchten** Abdampfs ist, also

$$\lambda' = q' + xr',$$

mit

$$x = \frac{ec_2}{el}$$

bei Auspuff,

$$x = \frac{e_1c_3}{e_1l_1}$$

bei Kondensation. Daher ist auch

$$\eta_{th} = \frac{\lambda - \lambda'}{\lambda} = 1 - \frac{\lambda'}{\lambda}.$$

Bei Heißdampfbetrieb ist der Wärmeaufwand nach Abschn. 40 gleich der Fläche ($n'nabgk'n'$). In dem Beispiel Fig. 179 (10 at, 350^0) ist der Dampf sowohl bei Auspuff als bei Kondensation am Ende der (vollkommenen) Expansion nicht mehr überhitzt, sondern feucht (Punkte i bzw. k). Die mit dem Dampf abgehende Wärme ist also gleich der Fläche $eik'n'ne$ bzw. $e_1kk'n'n$.

Die in Arbeit verwandelte Wärme ist somit gleich $(abgie)$ bei Auspuff bzw. $(abgke_1)$ bei Kondensation. Beide Flächen sind zwar erheblich größer als die entsprechenden Flächen bei Sattdampf. Dafür ist aber die Fläche des gesamten Wärmeaufwands um den Abschnitt $(bgk'c'b)$, den Überhitzungsaufwand, größer als die Sattdampffläche. Daher ist auch der thermische Wirkungsgrad, wie in Abschn. 69 auf anderem Wege gefunden und in Fig. 178 aufgetragen, bei Überhitzungsbetrieb nicht so erheblich größer als bei Sattdampf. Bei Auspuff ist der verhältnismäßige Nutzen der Überhitzung im theoretischen Prozeß größer als bei Kondensation, denn im Verhältnis zu (abc_2e) macht die Fläche $(bgic_2)$, die durch Überhitzung gewonnen wird, mehr

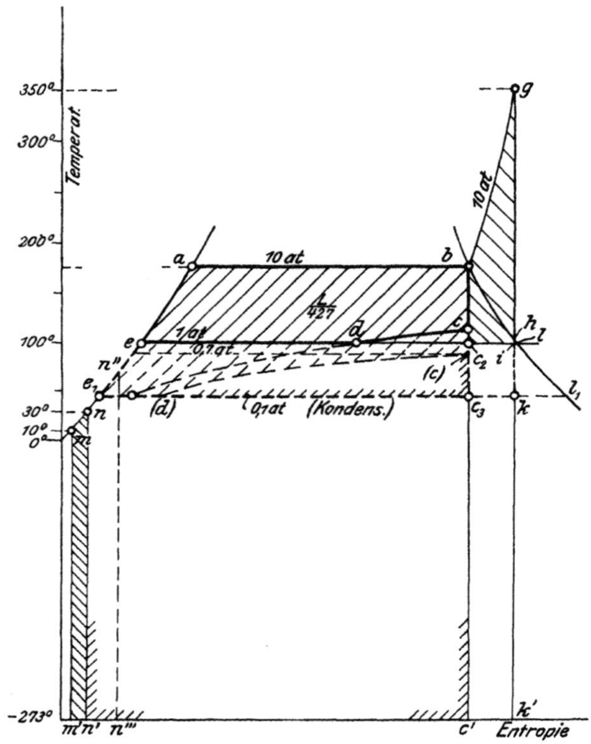

Fig. 179.

aus, als die nicht sehr viel größere Fläche $(bgkc_3b)$ gegenüber der großen Fläche (abc_3e_1) bei Kondensation. Im übrigen fällt der durch die Überhitzung zu erzielende theoretische Gewinn je nach Umständen verschieden aus, er kann auch fast vollständig verschwinden (Abschn. 69).

Eine nicht unerhebliche Verbesserung des Wirkungsgrades (von Kessel und Maschine zusammen) läßt sich dadurch erzielen, daß der Abdampf dazu benützt wird, das Speisewasser vorzuwärmen. In geringem Grade (bis 30°) ist dies schon in Fig. 179 angenommen. Ist das Speisewasser, wie es aus dem Brunnen oder sonstwo entnommen wird, 10° warm und benützt man den Abdampf zur Vorwärmung auf 30°, so braucht die der Fläche $mnn'm'$ entsprechende Wärme nicht besonders aufgewendet zu werden. Sie ist deshalb oben überall außer Rechnung gestellt. Bei Auspuff kann nun die Vorwärmung wesentlich über 30° gehen, da der Abdampf 100° warm ist. Wird z. B. bis 70° vorgewärmt, so wird die Fläche ($mn''n'''m'$) gewonnen. Sogar Vorwärmung bis gegen 100° ist denkbar, da ja der Abdampf etwa sechsmal so viel Wärme enthält, als zur Erwärmung des Wasser um 90° nötig ist.

Die Vorwärmung des Speisewassers durch Abgase der Kesselfeuerung hat den gleichen Erfolg.

Unvollständige Expansion. Ist die Endspannung der Expansion $p_e > p'$, Fig. 176, Diagramm ($abcde$), wie fast immer bei den Kolbendampfmaschinen, so geht gegenüber vollständiger Expansion die Arbeitsfläche (cc_2d) bei Auspuff bzw. (cc_3d') bei Kondensation verloren. Der Dampf tritt zwar wie früher mit atmosphärischem Druck ins Freie, bzw. mit dem Kondensatordruck p' in den Kondensator, aber nicht mit der kleinen Geschwindigkeit, die ihm der rückwärtslaufende Kolben erteilt, sondern mit der viel größeren Ausflußgeschwindigkeit, die er vermöge seines Überdrucks annimmt. Diese Strömungsenergie geht der Dampfmaschine verloren.

Der Verlust kann auch im Entropiediagramm dargestellt werden. Die Verlustfläche cc_2d kann man sich im Druckdiagramm entstanden denken durch adiabatische Ausdehnung der ganzen Dampfmenge nach cc_2, Abkühlung unter konstantem Druck p' nach c_2d, Erwärmung unter konstantem Volumen nach dc. Im Entropiediagramm entspricht dem ersten Vorgang die Senkrechte cc_2, dem zweiten die Wagerechte c_2d, dem dritten die Kurve konstanten Volumens dc. Da die Lage von c im Entropiediagramm durch die Spannung p_e, bzw. die dazu gehörige Temperatur bestimmt ist, so kann auch cd nach Abschn. 44 eingetragen werden. Die Fläche (cdc_2) im Entropiediagramm stellt im Wärmemaß die Verlustarbeit dar, somit Fläche $abcde$ die Nutzarbeit bei unvollständiger Expansion; in Fig. 179 ist $p_e = 1{,}6$ at abs. gewählt.

Auch für Kondensation ist eine Linie gleichen Volumens eingetragen [Punkte (c) und (d)], für eine Expansionsendspannung von $p_e = 0{,}7$ at abs. Der Verlust durch unvollständige Expansion ist noch für diese Endspannung recht erheblich, wie man hier besser als aus dem Druckdiagramm erkennt. Bei Kolbenmaschinen ist dieser Verlust unvermeidlich, bei Dampfturbinen dagegen nicht. In diesen kann sich der Dampf bis auf 0,1 at und noch wesentlich tiefere Drücke arbeitsverrichtend ausdehnen.

71. Bestimmung der verlustfreien Nutzarbeit mit Hilfe der Entropietafeln.

a) Vollständige Expansion.

Nach Abschn. 70 ist der durch das ideale Dampfdiagramm mit Expansion bis auf den Gegendruck dargestellte Arbeitswert gleich dem Unterschied der Wärmeinhalte i_1 und i_2 am Anfang und Ende der adiabatischen Expansion. Er kann für die Kolbenmaschine genau so aus der JS-Tafel bestimmt werden, wie das Arbeitsgefälle der adiabatischen Strömung in Abschn. 54, da er mit diesem identisch ist. Fig. 108 kann auch als ideales Diagramm einer Kolbenmaschine betrachtet werden. Beispiele vgl. Abschn. 57 Beisp. Nr. 1, 2, 3. — Auch die auf das TS-Diagramm begründete einfache Berechnungsweise nach Abschn. 56 gilt hier genau so wie dort; ebenso die Benützung der Linien $i =$ konst. in der TS-Tafel zu dem gleichen Zweck.

Obwohl zwar nutzbare Expansion bis zum Gegendruck (Diagramme „mit Spitze") bei Kolbenmaschinen nur bei Auspuffbetrieb und in den Hochdruckzylindern der Verbundmaschinen vorkommt, dagegen niemals bei Kondensationsbetrieb, so stellt doch das ideale Diagramm mit Expansion bis auf den Kondensationsdruck die obere Grenze des Arbeitswertes des Dampfes in der Maschine dar, deren Erreichung auch bei Kolbenmaschinen angestrebt wird. Daran ändert auch der Umstand nichts, daß die baulichen und thermischen Eigentümlichkeiten der Kolbenmaschine die tatsächliche Erreichung des Gegendrucks durch die nutzbare Expansion verhindern. Bei den Dampfturbinen wird dagegen dieser Expansionsgrad auch tatsächlich erreicht; der Dampf verläßt die letzten Schaufeln mit Kondensatorspannung, wobei er an diese, bei normaler Beanspruchung der Maschine, noch Nutzarbeit abgibt.

Der Vergleich einer Kolbendampfmaschine und Dampfturbine in Hinsicht der Vollkommenheit, mit der beide Maschinen Dampf von gegebenem Anfangszustand bei gegebenem Gegendruck ausnützen, ist nur auf Grund des Diagramms mit vollständiger Expansion möglich.

Ähnlich liegen die Verhältnisse, wenn z. B. eine einzylindrige Gleichstrom-Dampfmaschine mit einer gewöhnlichen Verbundmaschine verglichen werden soll. Den gemeinsamen Maßstab kann hierbei nur das ideale Diagramm mit vollständiger Expansion bilden.

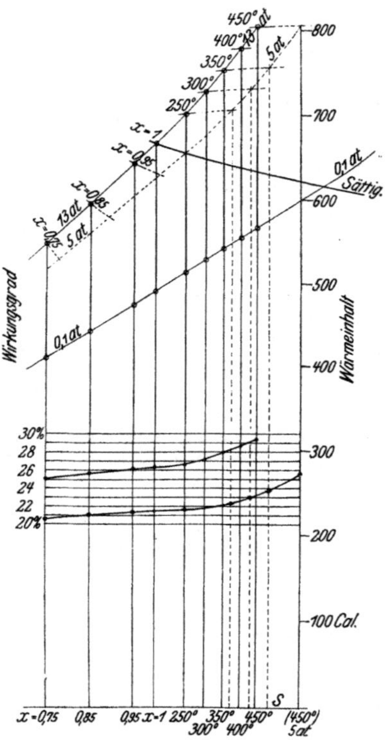

Fig. 180.

Aus diesen Gründen kommt dem Idealdiagramm mit Expansion bis auf den Gegendruck auch für die Kolbenmaschine hohe Bedeutung zu.

Die JS-Tafel gestattet eine ganz besonders übersichtliche Darstellung des idealen Arbeitswerts und des thermischen Wirkungsgrads des Idealprozesses zwischen gegebenen Druckgrenzen bei sonst verschiedenem Dampfzustand.

In Fig. 180 ist als Anfangsspannung 13 at, als Gegendruck 0,1 at abs. angenommen. Die Ordinaten der Kurve $p = 13$ at stellen die Wärmewerte des Dampfes von 13 at dar, unterhalb der Grenzkurve für feuchten, oberhalb für überhitzten Dampf. Diese Wärmewerte (Wärmeinhalte) sind um so größer, je trockener der Dampf bzw. je höher er überhitzt ist.

Die Ordinatenstrecken zwischen den Kurven $p = 13$ at und $p' = 0{,}1$ at sind die idealen nutzbaren Wärmegefälle, die dem Inhalt des Idealdiagramms mit Spitze gleich sind. Auch diese Werte wachsen mit zunehmender Trocknung und Überhitzung; die größte Nutzarbeit für 1 kg Dampfgewicht ergibt der am höchsten überhitzte Dampf, die kleinste der feuchteste Dampf.

Der Grad der Ausnützung des ursprünglichen Wärmewerts des Dampfes ist das Verhältnis der zwischen den Kurven $p = 13$ und $p = 0{,}1$ liegenden Ordinatenstücke zu den ganzen Ordinaten der Kurve $p = 13$ at. Diese Verhältnisse, die thermischen Wirkungsgrade des Idealprozesses, sind als Ordinaten auf den zugehörigen Abszissen aufgetragen. Man erkennt, daß mit zunehmender Trocknung und Überhitzung des Dampfes der Wirkungsgrad langsam aber stetig zunimmt. Dampf von 13 at ergibt z. B. bei 350° Überhitzung $\eta_{th} = 0{,}28$, dagegen bei 5 v. H. Feuchtigkeit nur $\eta_{th} = 0{,}26$. Bei 450° steigt η_{th} bis 0,293. — Die gleiche Figur zeigt die Überlegenheit der höheren Dampfspannung von 13 at gegen 5 at mit rd. etwa 6 v. H. des jeweiligen Wärmeinhalts bei entsprechend gleichen Zuständen.

b) Unvollständige Expansion[1]).

Weniger bekannt dürfte sein, daß sich die Entropietafeln, insbesondere die *JS*-Tafel, auch für die Ermittlung der Dampfarbeit in Kolbenmaschinen in dem gewöhnlichen Falle, daß der Dampf nicht bis zum Gegendruck expandiert, bequem verwenden läßt, indem man noch die Dampftabellen oder den Volumenteil der *TVS*-Tafel zu Hilfe nimmt.

Es sei die Arbeit zu bestimmen, die 1 kg gesättigter oder überhitzter Dampf in einer Kolbendampfmaschine höchstens leisten hann, wenn er von p at abs. und t^0 bis zu einer Endspannung von p_e at expandiert und der Gegendruck p' at beträgt, Fig. 181. — Die Arbeit L ist die ganze schraffierte Fläche *ABCDE*, Fig. 181. Sie zerfällt in zwei Teile: *ABCF* und *CDEF*. Fläche *ABCF* ist gleich der Abnahme des Wärmeinhaltes, wenn der Dampf von p bis p_e expandiert; sie kann aus der *JS*-Tafel abgelesen werden, gemäß Fig. 182 Strecke $B'C'$. Fläche *CDEF* muß ausgerechnet werden. Ist v_e das spezifische Volumen des Dampfes im Punkte C, so ist

$$(CDEF) = (p_e - p')v_e.$$

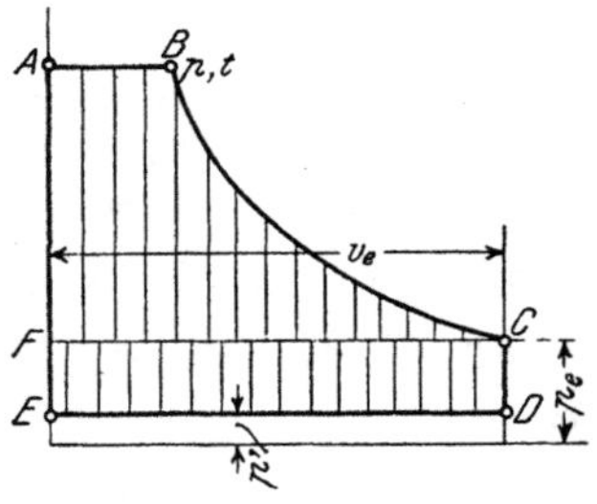

Fig. 181.

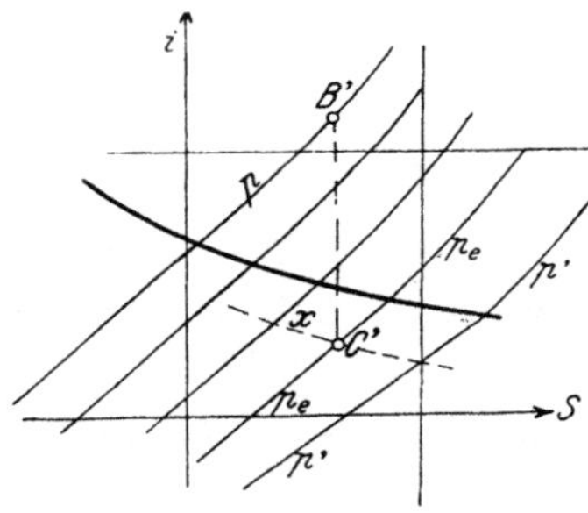

Fig. 182.

Der dem Punkte C entsprechende Punkt C' im *JS*-Diagramm wird meist im Gebiete des feuchten Dampfes liegen. Die spezifische Dampfmenge x geht ohne weiteres aus dem *JS*-Diagramm hervor. Entnimmt man nun den Dampftabellen oder der *TVS*-Tafel das Volumen $(v_e)_s$ des trockenen Sattdampfs vom Drucke p_e, so ist

$$v_e = x\,(v_e)_s.$$

Für das kritische Gebiet, das selten in Frage kommen wird, ist

$$v_e = x(v_e)_s + (1 - x)\sigma.$$

Liegt aber C' im Heißdampfgebiet, so wird man v_e unmittelbar aus der *TVS*-Tafel entnehmen.

Man hat nun die Dampfarbeit in Cal/kg

$$AL_0 = i_1 - i_e + A\,(p_e - p')\,v_e.$$

Mit $A = \dfrac{1}{427}$ und für p in at wird in mkg

$$L_0 = 427\,(i_1 - i_e) + 10000\,(p_e - p')\,v_e.$$

[1]) Z. T. nach Z. Ver. deutsch. Ing. 1911, S. 1506: W. Schüle, Die Eigenschaften des Wasserdampfs usw.

Den thermischen Wirkungsgrad erhält man hieraus durch Division mit λ_1 (oder i_1), den mittleren Druck des Diagramms (in at) durch Division von L_0 mit 10000 v_e, also

$$\eta_{th} = \frac{A L_0}{\lambda}$$

und

$$p_m = \frac{427\,(i_1 - i_e)}{10000\,v_e} + p_e - p'.$$

Durch dieses Verfahren spart man sich umständliche Rechnungen auf Grund der Ersatzgleichung $pv^k =$ konst. für die Adiabate und die Schwierigkeiten und Irrtümer, die durch die Änderung des Exponenten k beim Übergang aus dem Heißdampf- ins Sattdampfgebiet entstehen können. Außerdem ist das Verfahren bis zu den höchsten Drücken anwendbar und führt sehr rasch zum Ziel.

Beispiel. Dampf von 20, 16, 13, 10, 8 und 6 at abs. expandiert in einer Kolbenmaschine auf 0,7 at abs. Spannung. Das Vakuum beträgt 0,1 at abs. Wie groß ist das adiabatische Nutzgefälle AL_0, der thermische Wirkungsgrad η_{th}, der Dampfverbrauch C_0 und der mittlere Arbeitsdruck p_m

a) für anfänglich trocken gesättigten Dampf?

b) für anfänglich überhitzten Dampf von 350°?

a) Die JS-Tafel ergibt für

$p =$	20	16	13	10	8	6	at
$i_1 - i_e =$	132	123,5	115,5	105,5	96,5	85,5	Cal.
$x_e =$	0,83	0,84	0,849	0,861	0,872	0,886.	

Mit $(v_e)_s =$ 2,40 cbm/kg nach den Dampftabellen wird $v_e = x\,(v_e)_s$

$v_e =$	1,99	2,02	2,04	2,06	2,09	2,3	cbm/kg

und mit $A\,(p_e - p') = 10000 \cdot 0{,}6/427 = 14{,}02$

$A\,(p_e - p')\,v_e =$	27,9	28,4	28,6	28,9	29,3	32,3	Cal.
$AL_0 =$	**159,9**	**151,9**	**144,1**	**134,4**	**125,8**	**117,8**	Cal.
$\lambda =$	678,8	670,3	667,5	663,8	660,9	657,3	(Tab.)
$\eta_{th} =$	**0,238**	**0,226**	**0,216**	**0,203**	**0,190**	**0,179**	
$C_0 =$	**3,96**	**4,16**	**4,38**	**4,70**	**5,02**	**5,36**	
$p_m =$	**3,43**	**3,21**	**3,01**	**2,79**	**2,57**	**2,19**	at

b)

$i_1 - i_e =$	157,8	147,8	142,5	133,8	125	114	
$x_e =$	0,925	0,943	0,955	0,972	0,99	(102°)	
$v_e =$	2,22	2,26	2,29	2,33	2,38	2,50	
$A\,(p_e - p')\,v_e =$	31,2	31,8	32,2	32,7	33,4	35,1	
$AL_0 =$	**189,0**	**179,6**	**174,7**	**166,5**	**158,4**	**149,1**	
$\lambda\,(= i_1) =$	751,2	752,5	753	753,8	754,2	755	(JS-Taf.)
$\eta_{th} =$	**0,252**	**0,239**	**0,232**	**0,221**	**0,210**	**0,198**	
$C_0 =$	**3,34**	**3,52**	**3,62**	**3,79**	**3,98**	**4,23**	kg
$p_m =$	**3,63**	**3,39**	**3,26**	**3,05**	2,84	2,55	at.

72. Einfluß des schädlichen Raumes und der Kompression auf den theoretisch möglichen Dampfverbrauch.

Gegenüber dem idealen Arbeitsvorgang, wie er in den vorigen Abschnitten vorausgesetzt ist, zeigen alle Kolbendampfmaschinen zwei Abweichungen: den schädlichen Raum und die Verdichtung des Dampfes durch den zurücklaufenden Kolben. Daraus ergibt sich das von dem idealen Diagramm abweichende theoretische Diagramm des wirklichen Dampfmaschinenprozesses, Fig. 173, Abschn. 69.

Es frägt sich, nach welcher Richtung der schädliche Raum und die Kompression die Arbeitsfähigkeit (L_0) des Dampfes, oder, was auf dasselbe hinauskommt, den Dampfverbrauch (C_0) für die PSi-St. beeinflussen.

Fig. 183 enthält zwei Dampfdiagramme, das eine $ABCDE$ ohne Kompression, das andere $ABCDFG$ mit Kompression, beide mit dem gleichen schädlichen Raum s_0.

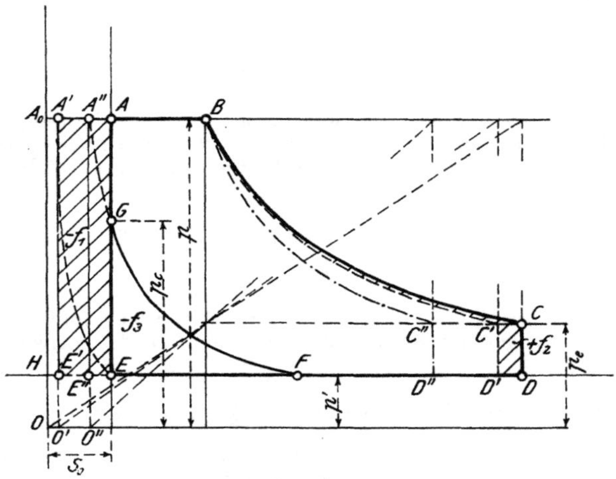

Fig. 183.

Betrieb ohne Kompression ($ABCDE$).

Wenn der Kolben nach Beendigung eines Hin- und Rückganges wieder im inneren Totpunkt anlangt, so ist der schädliche Raum mit Dampf von der Ausströmspannung p' gefüllt, Punkt E. Durch die Zuströmung frischen Dampfes im Totpunkt steigt weiterhin die Spannung von p' auf p, Linie EA. Der Füllungsweg sei AB. Die tatsächlich zugeflossene Dampfmenge ist nun nicht AB, sondern größer als AB, da nicht nur der Hubraum AB, sondern auch der schädliche Raum (teilweise) aufzufüllen ist.

Um beurteilen zu können, wieviel Dampf der schädliche Raum beansprucht, denkt man sich den Restdampf vom Volumen HE nach der Linie EA' (Kurve konstanter Dampfmenge oder schätzungsweise gleichseitige Hyperbel) bis p verdichtet, er nimmt dann noch das Volumen A_0A' ein. Bei der Füllung muß also eine der Strecke $A'B$ entsprechende Frischdampfmenge zuströmen.

Mit dieser Dampfmenge $A'B$ könnte nun, bei Expansion auf den gleichen Enddruck p_e, in einem Zylinder ohne schädlichen Raum die Arbeit $A'BC'D'E'$ geleistet werden. Diese Fläche wäre um den Betrag $f_1 - f_2$ größer als die wirkliche Fläche $ABCDE$ und dies ist der vom schädlichen Raum verursachte Arbeitsverlust.

Je kleiner die Spannung p' ist, um so näher rückt A' gegen A_0 und O' gegen O. Um so weniger weicht dann die Expansionslinie mit O' als Ursprung von der wirklichen ab, so daß schließlich die Fläche $f_2 \simeq 0$; die Fläche $f_1 = A_0AEH$ wird (Größtwert des Verlustes).

Ist $f = ABCDE$ die wirkliche Diagrammfläche, so könnte der Dampf bei fehlendem schädlichem Raum die der Fläche $f + f_1 - f_2$ entsprechende Arbeit leisten, also im Verhältnis

$$\frac{f + f_1 - f_2}{f} = 1 + \frac{f_1 - f_2}{f} = \varphi$$

mehr. Im gleichen Verhältnis wird durch den schädlichen Raum der Dampfverbrauch vergrößert.

Mit p_m als mittlerem Druck und $ED = 1$ ist $f = p_m$. Für sehr kleines p' (Kondensation) wird $f_2 = 0$ und $f_1 = (p - p') \cdot s_0$, so daß

$$\varphi = 1 + s_0 \cdot \frac{p - p'}{p_m}$$

wird.

Da nun p_m bei teilweiser Füllung immer kleiner als $p - p'$ wird, um so mehr, je kleiner die Füllung ist, so wird die verhältnismäßige Steigerung des Dampfverbrauchs erheblich größer als die Maßzahl s_0 des schädlichen Raumes.

Es wird z. B. für

$$p = 9, \qquad p' = 0{,}1; \qquad p_m = 3$$

$$\varphi \cong 1 + 3 s_0 .$$

Ein schädlicher Raum von 10 v. H. vergrößert in diesem Falle den Dampfverbrauch (bei mangelnder Kompression) um 30 v. H. des idealen Wertes.

Betrieb mit Kompression (Diagramm $ABCDFG$).

Hier befindet sich am Ende der Verdichtung im schädlichen Raum Dampf vom Druck p_c, Punkt G. Wird dieser Dampf durch Zusammendrückung, wie oben, auf den Eintrittsdruck gebracht, so nimmt er den Raum A_0A'' ein. Um den Zylinder bis B aufzufüllen, ist jetzt die Dampfmenge $A''B$ nötig. In einem Zylinder ohne schädlichen Raum (Ursprung O'') könnte dieser Dampf die Arbeit $A''BC''D''E''A''$ verrichten. Die Rechteckfläche $A''AEE'' = f_1'$, die früher den Hauptverlust darstellte, ist jetzt erheblich kleiner. Die Fläche $f_3 = FGE$ ist nicht als Verlust zu betrachten, denn die bei der Verdichtung aufgenommene Arbeit gibt der Dampf bei der Ausdehnung wieder ab. Dies äußert sich auch in der bedeutenden Vergrößerung der Fläche f_2' zwischen den Linien BCD und $BC''D''$ gegen vorhin. Die Differenz $f_2' - f_3$ ist also in jedem Falle nicht sehr groß (ähnlich wie vorhin f_2). Maßgebend bleibt daher wie oben die Fläche f_1'. Diese wird zu Null, wenn die Verdichtung bis zur Anfangsspannung getrieben wird, ohne daß jedoch der Verlust ganz verschwindet. Nur bei vollständiger Expansion wird durch gleichzeitige vollständige Kompression der Einfluß des schädlichen Raumes, sofern sein Inhalt (nicht seine Oberfläche) in Betracht kommt, ganz zum Verschwinden gebracht.

Aus einer Reihe von praktischen Gründen, auf die hier nicht einzugehen ist, treibt man die Verdichtung meist nicht bis zur Anfangsspannung. Bei Einzylinderkondensationsmaschinen mit den üblichen schädlichen Räumen ist dies überhaupt nicht möglich. Die genauere Untersuchung in Abschn. 72a zeigt überdies, daß schon bei mäßigen Verdichtungsgraden nahezu der Kleinstwert des Verlustes erreicht wird.

72a. Ermittlung der theoretischen Dampfarbeit, des mittleren Druckes, des Dampfverbrauchs und thermischen Wirkungsgrads von Kolbenmaschinen mit schädlichem Raum und Kompression mit Hilfe der Entropie- und Volumen-Tafeln.

Der vorangehende Abschnitt enthält mehr allgemeine Gesichtspunkte für die Beurteilung des Einflusses von Kompression und schädlichem Raum auf die Arbeitsverhältnisse des Dampfes. In diesem Abschnitt wird dargelegt, wie sich die maßgebenden Werte auf einfache, bequeme und zugleich strenge Weise ermitteln lassen.

Das theoretische von Nebenverlusten freie Indikatordiagramm einer wirklichen Maschine hat die Form $ABCDEF$, Fig. 184. Es handelt sich darum, diese Arbeitsfläche mit Hilfe der Entropietafeln, ähnlich wie es in Abschn. 71

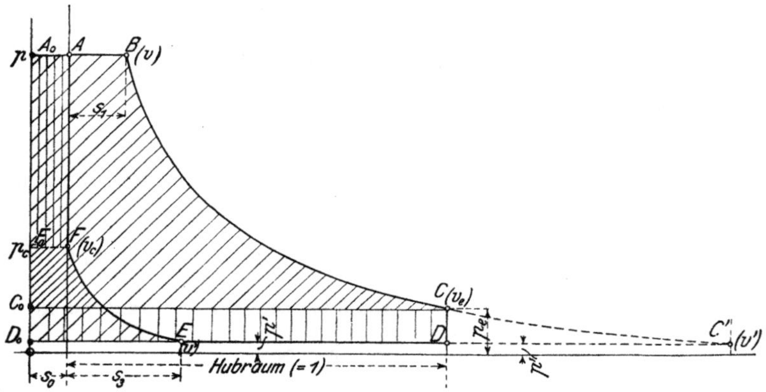

Fig. 184.

für die Maschine ohne schädlichen Raum und Kompression (Idealmaschine) gezeigt wurde, zu berechnen.

Die adiabatische Expansionslinie BC in Fig. 184 wird im JS-Diagramm, Fig. 185, durch die Gerade BC dargestellt. Die Strecke $BC = h_e$ Cal. im JS-Diagramm wäre gleich der schräg schraffierten Arbeitsfläche A_0BCC_0 im Druckdiagramm, wenn die gesamte im Zylinder arbeitende Dampfmenge A_0B 1 kg wäre.

Die Druckkurve EF der Kompression im Druckdiagramm wird durch die Gerade EF im JS-Diagramm abgebildet, wobei der Punkt E (identisch mit C') durch Verlängerung der Strecke BC bis zur Kurve $p' =$ konst. des Gegendrucks gefunden wird. Der Dampfzustand des Restdampfes im Zylinder, mit dem in E, Fig. 184, die Kompression beginnt, ist nämlich identisch mit dem Endzustand, den man erhält, wenn man sich die Expansionslinie BC im Indikatordiagramm bis zur Kondensatorspannung fortgesetzt denkt. Der Dampfrest im Zylinder expandiert während der Ausströmung genau so, als ob der Kolben, ohne daß Ausströmung erfolgte, weiterliefe, wobei selbstverständlich von dem Einfluß der Zylinderwände auf den Restdampf abgesehen wird. Wird von der Endspannung p_c der Kompression ausgegangen, so findet man F im JS-Diagramm ohne weiteres auf der Linie $p_c =$ konst. Die Strecke $EF = h_c$ Cal. wäre gleich der Arbeitsfläche F_0FED_0 des Indikatordiagramms, wenn die Kompressions-Dampfmenge 1 kg wäre.

Wird dem Zylinder bei einem Arbeitshub die Frischdampfmenge G kg zugeführt, und ist G' das Gewicht der Kompressionsdampfmenge, so sind während der Expansion im Zylinder $G + G'$ kg Dampf. Das Verhältnis von G' und $G + G'$, das von der Größe s_0 des schädlichen Raumes und von der Höhe p_c der Kompression abhängt, ergibt sich wie folgt.

Da in den Punkten E und C' Fig. 184 der gleiche Dampfzustand herrscht, so verhalten sich die Dampfgewichte G' und $G + G'$ an diesen Stellen wie ihre absoluten Volumina, also

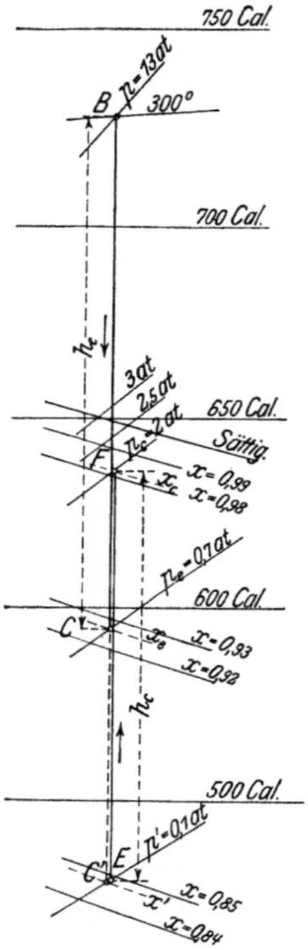

Fig. 185.

$$\frac{G'}{G + G'} = \frac{D_0 E}{D_0 C'}.$$

Auf der gleichen Kurve verhalten sich die absoluten Volumina wie die spez. Volumina, also auf der Kompressionslinie

$$\frac{D_0 E}{F_0 F} = \frac{v'}{v_c},$$

worin v' das dem Zustandspunkt E im JS-Diagramm, v_c das dem Punkt F zukommende spez. Volumen ist. Man hat also

$$D_0 E = \frac{v'}{v_c} \cdot F_0 F.$$

In gleicher Weise ergibt die Expansionslinie für die Punkte C' und C das Verhältnis

$$\frac{D_0 C'}{C_0 C} = \frac{v'}{v_e}, \quad \text{also} \quad D_0 C' = \frac{v'}{v_e} \cdot C_0 C$$

mit v_e als spez. Volumen zum Zustandspunkt C im JS-Diagramm.

Hiermit erhält man

$$\frac{G'}{G + G'} = \frac{\frac{v'}{v_c} \cdot F_0 F}{\frac{v'}{v_e} \cdot C_0 C}$$

und wegen

$$\frac{F_0 F}{C_0 C} = \frac{s_0}{1 + s_0}$$

$$\frac{G'}{G + G'} = \frac{v_e}{v_c} \frac{s_0}{1 + s_0} = \psi \quad . \quad . \quad . \quad (1)$$

Damit erhält man

$$G' = \frac{\psi}{1 - \psi} G \quad . \quad . \quad . \quad . \quad . \quad . \quad . \quad . \quad . \quad . \quad (2)$$

$$G + G' = \frac{1}{1 - \psi} G \quad . \quad . \quad . \quad . \quad . \quad . \quad . \quad . \quad . \quad . \quad (3)$$

Bei $G = 1$ kg Frischdampfmenge arbeiten demnach während der Expansion $1/(1 - \psi)$ kg, während der Kompression $\psi/(1 - \psi)$ kg Dampf.

Nun lassen sich sämtliche Arbeitsflächen des Indikatordiagramms für 1 kg Frischdampfmenge ausrechnen. Es ist in Cal

$$\text{Fläche } A_0 B C C_0 = + \frac{1}{1 - \psi} h_e$$

$$\text{Fläche } C_0 C D D_0 = + \frac{1}{1-\psi} \frac{1}{427} (p_e - p') v_e$$

$$\text{„} \quad F_0 F E D_0 = - \frac{\psi}{1-\psi} h_c$$

$$\text{„} \quad A_0 A F F_0 = - \frac{\psi}{1-\psi} \frac{1}{427} (p - p_c) v_c .$$

Die Fläche der Nutzarbeit ist die algebraische Summe dieser vier Flächen, also in Cal

$$A L_0 = \frac{1}{1-\psi} h_e - \frac{\psi}{1-\psi} h_c + \frac{1}{427} \frac{1}{1-\psi} \cdot [(p_e - p') v_e - \psi (p - p_c) v_c]$$

oder

$$\boldsymbol{A L_0 = \frac{1}{1-\psi} (h_e - \psi h_c)}$$

$$\boldsymbol{+ \frac{10\,000}{427} \frac{1}{1-\psi} [(p_e - p') v_e - \psi (p - p_c) v_c] \text{ Cal.}} \quad . \; . \quad (4)$$

mit den Drücken in kg/qcm.

Der mittlere Arbeitsdruck p_m, bezogen auf den Kolbenhub, ergibt sich hieraus durch Division mit dem dem Hubraum in Fig. 184 entsprechenden Dampfvolumen. Das ganze Volumen $C_0 C$ ist $\frac{1}{1-\psi} v_e$, der Anteil des Hubraums

$$\frac{1}{1+s_0} \frac{1}{1-\psi} v_e .$$

Man erhält hiermit

$$p_m = (1 + s_0)(1 - \psi) \frac{A L_0}{A v_e}$$

oder

$$\boldsymbol{p_m = (1 + s_0) \left[\frac{427 (h_e - \psi h_c)}{10\,000\, v_e} + p_e - p' - \psi (p - p_c) \frac{v_c}{v_e} \right]} \text{ kg/qcm} \quad (5)$$

Der verhältnismäßige Kompressionsweg s_3 folgt mit

$$\frac{s_3 + s_0}{s_0} = \frac{v'}{v_c} \quad \text{zu} \quad s_3 = \left(\frac{v'}{v_c} - 1 \right) s_0 \quad . \; . \; . \; . \; . \; . \; . \; . \quad (6)$$

die Füllung s_1 aus

$$\frac{s_1 + s_0}{1 + s_0} = \frac{v}{e} \quad \text{zu} \quad s_1 = \frac{v}{v_e} (1 + s_0) - s_0 \quad . \; . \; . \; . \; . \quad (7)$$

Der Dampfverbrauch in kg für 1 PS-St. wird

$$C_0 = \frac{3600 \cdot 75}{L_0} \quad \text{oder} \quad \frac{3600 \cdot 75}{427} \cdot \frac{1}{A L_0} = \frac{632}{A L_0} \quad . \; . \; . \; . \; . \quad (8)$$

Der thermische Wirkungsgrad

$$\eta_{th} = \frac{A L_0}{\lambda} \quad . \; . \; . \; . \; . \; . \; . \; . \; . \; . \; . \; . \; . \quad (9)$$

mit λ als Gesamtwärme (oder Wärmeinhalt) des Frischdampfs.

Besondere Fälle. 1. Maschine ohne Kompression.

Hier ist $s_3 = 0$, daher nach Gl. 6

$$v_c = v'$$

und mit Gl. 1

$$\psi = \frac{v_e}{v'}\frac{s_0}{1+s_0},$$

ferner $p_c = p'$, $h_c = 0$.

Daher wird aus Gl. 4

$$A L_0 = \frac{h_e}{1-\psi} + \frac{10\,000}{427}\frac{v_e}{1-\psi}\cdot\left[p_e - p' - \frac{s_0}{1+s_0}(p-p')\right] \quad . \ (4\text{a})$$

und aus Gl. 5

$$p_m = (1+s_0)\cdot\left[\frac{427\,h_e}{10\,000\,v_e} + p_e - p' - \frac{s_0}{1+s_0}(p-p')\right] \quad . \ . \ . \ (5\text{a})$$

Mit $s_0 = 0$, $\psi = 0$ folgen aus Gl. 4a und 5a die Beziehungen in Abschn. 71 ohne schädlichen Raum.

2. Maschine mit Kompression bis zur Anfangsspannung, $p_c = p$. Hier fallen in Gl. 4 und 5 die zweiten Glieder in den Klammern weg. Ferner wird wegen $v_c = v$ (Anfangszustand)

$$\psi = \frac{v_e}{v}\frac{s_0}{1+s_0},$$

daher aus Gl. 4 und 5, da $h_c = h'$ ist, mit h' als Gesamtgefälle, Strecke BC' Fig. 185,

$$A L_0 = \frac{1}{1-\psi}(h_e - \psi h') + \frac{10\,000}{427}\frac{(p_e - p')v_e}{1-\psi} \quad . \ . \ . \ . \ (4\text{b})$$

$$p_m = (1+s_0)\cdot\left[\frac{427\,(h_e - \psi h')}{10\,000\,v_e} + p_e - p'\right] \quad . \ . \ . \ . \ . \ . \ (5\text{b})$$

Geht nun die Expansion bis zum Gegendruck, so wird mit $p_e = p'$, $v_e = v'$, $h_e = h'$

$$A L_0 = h' \quad . \ . \ . \ . \ . \ . \ . \ . \ . \ . \ . \ . \ . \ . \ (4\text{c})$$

und

$$p_m = \frac{427}{10\,000}\frac{h'}{v'}(1+s_0)(1-\psi) = \frac{427}{10\,000}\frac{h'}{v'}\left[1 + s_0\left(1 - \frac{v'}{v}\right)\right] \quad . \ (5\text{c})$$

Aus Gl. 4c erkennt man, daß bei gleichzeitiger vollständiger Expansion und Kompression der Einfluß des schädlichen Raumes auf den Arbeitsgewinn verschwindet, wie groß auch der schädliche Raum ist. Ist dagegen nur die Kompression vollständig, so verschwindet der Einfluß des schädlichen Raumes auf Arbeitsgewinn und Dampfverbrauch nicht, wie Gl. 4b zeigt, in der noch ψ enthalten ist.

1. Beispiel. Überhitzter Dampf von 13 at abs. und 300° soll in einer Kolbenmaschine mit 0,7 at abs. Expansionsendspannung arbeiten. Wie groß ist das Nutzgefälle, der thermische Wirkungsgrad, der Dampfverbrauch und der mittlere Druck, wenn die Kompression bis 1, 2, 6, 10 und 13 at ansteigt,

a) bei einem schädlichen Raum von 8 v. H. ($s_0 = 0{,}08$)?
b) bei einem schädlichen Raum von 2 v. H. ($s_0 = 0{,}02$)?

Die Kondensatorspannung soll 0,1 at betragen.

Die JS-Tafel ergibt die Dampfgehalte $x_e = 0{,}927$, $x' = 0{,}848$; nach den Dampftabellen ist $(v_e)_s = 2{,}40$, $(v')_s = 15{,}08$, daher $v_e = 0{,}927 \cdot 2{,}40 = 2{,}23$, $v' = 0{,}848 \cdot 15{,}08 = 12{,}77$. Ferner ist nach der JS-Tafel $h_e = 132{,}7$ Cal., $\lambda = i = 728$ Cal., und für

$p_c =$	1	2	6	10	13
$x_c =$	0,943	0,982	(210°)	(270°)	(300°), daher
$v_c =$	1,622	0,886	0,378	0,250	0,205 (TVS-Tafel)

$\frac{v'}{v_c} - 1 =$	6,86	13,41	32,8	50,0	61,3
$s_3 =$	0,548	> 1	—	—	— $(s_0 = 0{,}08)$.
$s_3 =$	0,138	0,268	0,656	1,00	> 1 $(s_0 = 0{,}02)$.

Die Kompression ist hiernach nur möglich bis 1 at bei $s_0 = 0{,}08$, bis 1, 2, 6, 10 at bei $s_0 = 0{,}02$.

a) $\boldsymbol{s_0 = 0{,}08}$;

$$\psi = \frac{2{,}23}{1{,}622} \cdot \frac{0{,}08}{1{,}08} = 0{,}102; \quad \frac{1}{1-\psi} = 1{,}12; \quad h_c = 78 \text{ Cal.}; \quad \psi h_c = 8 \text{ Cal.}$$

$$A L_0 = 1{,}12\,(132{,}7 - 8) + \frac{10\,000}{427} \cdot 1{,}12\,[0{,}6 \cdot 2{,}23 - 0{,}102 \cdot 12 \cdot 1{,}622]$$
$$= 139{,}8 - 17 = \underline{122{,}8 \text{ Cal.}}$$

$$C_0 = \frac{632}{122{,}8} = \underline{5{,}15} \text{ kg/PS/St}; \quad \eta_{th} = \frac{122{,}8}{728} = \underline{0{,}168}; \quad p_m = \underline{2{,}27 \text{ at.}}$$

b) $\boldsymbol{s_0 = 0{,}02}$.

$p_c =$	1	2	6	10	at
$\psi =$	0,0269	0,0494	0,118	0,175	
$h_c =$	78	106,5	156,5	184	Cal.
$\psi h_c =$	2,1	5,3	18,5	32,2	„
$A L_0 =$	153,8	155,2	157,2	156,4	„
$C_0 =$	4,11	4,06	4,02	4,04	kg
$\eta_{th} =$	0,211	0,214	0,216	0,215	
$p_m =$	2,92	2,89	2,71	2,52	

Hiernach wird der Dampfverbrauch C_0 und die Ausnützung der Wärme (η_{th}) nur sehr wenig durch die Kompression beeinflußt, wenn diese größer als 1 at ist. Ohne jede Kompression würde $A L_0 = 143{,}1$ Cal., $C_0 = 4{,}41$, $\eta_{th} = 0{,}197$.

Dagegen ergibt der Vergleich mit den Werten unter a) einen sehr bedeutenden Einfluß des schädlichen Raumes. Der Dampfverbrauch steigt von rd. 4,06 kg bei 2 v. H. schädl. Raum auf rd. 5,15 kg bei 8 v. H. schädl. Raum, also um 1,1 kg. Ohne schädlichen Raum wäre er nach Abschn. 71 $C_0 = 3{,}6$ kg. Durch einen schädlichen Raum von 2 v. H. wird also trotz Kompression eine Steigerung des Dampfverbrauchs um das $4{,}1 : 3{,}6 = 1{,}14$fache oder um 14 v. H. bedingt; durch einen schädlichen Raum von 8 v. H. um das $5{,}2 : 3{,}6 = 1{,}44$fache oder um 44 v. H.!

Die außerordentliche Bedeutung des schädlichen Raumes für die Wirtschaftlichkeit des Betriebs erhellt hieraus.

2. Beispiel. Überhitzter Dampf von 10 at und 300° arbeitet in einer Kondensationsdampfmaschine mit 1 at abs. Expansions-Endspannung und 0,2 at abs. Gegendruck. Wie groß ist $A L_0$, C_0, η_{th}, p_m für 2, 5 und 8 at Kompressionsdruck

a) bei 10 v. H. schädl. Raum?
b) bei 2 v. H. schädl. Raum?

Man erhält aus der JS-Tafel

$$x_e = 0{,}961, \quad \text{daher } v_e = 1{,}721 \cdot 0{,}961 = 1{,}656$$

und

$$x' = 0{,}889, \quad \text{daher } v' = 7{,}80 \cdot 0{,}889 = 6{,}93,$$
$$h_e = 111 \text{ Cal.}, \quad \lambda = i = 729.$$

Ferner ergibt sich, daß bei 10 v. H. schädl. Raum Kompression bis 5 und 8 at unmöglich ist ($s_3 > 1$).

a) $s_0 = 0{,}10$. Ohne Kompression ($p_c = 0{,}2$) wird $\psi = \frac{1{,}656}{6{,}93} \cdot \frac{0{,}1}{1{,}1} = 0{,}0217$, $1/(1-\psi) = 1{,}022$, daher nach Gl. 4a

$$AL_0 = 111 \cdot 1{,}022 + \frac{10\,000}{427} \cdot 1{,}022 \cdot [(1 - 0{,}2)\,1{,}656 - 0{,}0217 \cdot (10 - 0{,}2)\,6{,}93]$$
$$= \underline{110\,\text{Cal.}},$$

daher

$$C_0 = \underline{5{,}75}\,\text{kg}, \quad \eta_{th} = \underline{0{,}151}, \quad p_m = \frac{1{,}1 \cdot 0{,}978 \cdot 110}{1{,}656} = \underline{3{,}05}\ \text{at.}$$

Für 2 at Kompression wird $\psi = 0{,}167$, $h_c = 86$, $AL_0 = \overline{119{,}5}$, $C_0 = \overline{5{,}29}$, $\eta_{th} = \underline{0{,}164}$, also eine Verbesserung des Dampfverbrauchs um $5{,}75 - 5{,}29 = 0{,}46$ kg; $s_3 = 0{,}667$.

b) $s_0 = 0{,}02$. Es ergibt sich in ganz gleicher Weise wie im 1. Beispiel für

$p_c = 2$ at,	$AL_0 = 138$ Cal.;	$C_0 = 4{,}58$;	$\eta_{th} = 0{,}19$;	$p_m = 3{,}50$ at;	$s_3 = 0{,}133$,
$p_c = 5$ "	138,8	4,56;	0,19;	3,38	0,288,
$p_c = 8$ "	139	4,54;	0,19;	3,28	0,421.

Auch hier zeigen sich die gleichen Erscheinungen wie in Beispiel 1, nämlich keine nennenswerte Verbesserung bei mehr als 2 at Kompression, dagegen ein sehr bedeutender Einfluß des schädlichen Raumes. Bei gleicher Kompression hat die Maschine mit 2 v. H. schädl. Raum einen um $5{,}29 - 4{,}58 = 0{,}71$ kg geringeren Dampfverbrauch, als die mit 10 v. H. schädl. Raum.

Der Verlust infolge Mischung des Frischdampfs mit dem Restdampf des schädlichen Raums.

Der Dampfzustand am Ende der Füllung wurde oben als gegeben angenommen. Nun stimmt zwar im Punkte B der Druck des Füllungsdampfs p mit dem des Frischdampfs überein, weil ihre Räume in freier Verbindung gedacht sind. Dagegen unterscheidet sich die Temperatur t bzw. die Feuchtigkeit x in B, infolge der Mischung des Frischdampfs mit dem Restdampf in F, um so mehr von der Temperatur T_1 bzw. Feuchtigkeit x_1 des Frischdampfs je größer der schädliche Raum und je niedriger der Verdichtungs-Enddruck p_c ist. Die obigen Entwicklungen werden durch diesen Umstand nur insoweit beeinflußt, als der Vergleich der Diagramm-Arbeit mit dem Wärmeinhalt i_1 des Frischdampfs in Frage kommt. Da $i_1 > i$ ist, so erscheint η oben etwas zu hoch, besonders bei großem schädlichem Raum. Der Wärmeinhalt i_1 des Frischdampfs, der zu einem gegebenen Dampfzustand am Ende der Füllung gehört, ergibt sich wie folgt.

Von F an Fig. 184 tritt die Frischdampfmenge G mit dem Druck p zur Restdampfmenge G' vom Druck p_c. In B ist im Zylinder das Dampfgewicht $G + G'$ vom Druck p enthalten. Nun ist nach dem I. Hauptsatz (Abschn. 89) die Wärmemenge Q, die zwischen F und B zuzuführen ist, gleich der Zunahme der inneren Energie $U_B - U_F$ vermehrt um die vom Dampf geleistete, absolute äußere Arbeit L[1]). Man hat

$$Q = U_B - U_F + AL.$$

Hierin ist

$$U_F = G' u_c, \quad U_B = (G + G')u,$$

[1]) Diese ist die Summe der absoluten Volldruckarbeit $p(V_B - V_F)$ am Kolben und der absoluten Verdichtungsarbeit $(p - p_c)V_F$ beim Auffüllen des schädlichen Raumes.

wenn u_c und u die Energien von 1 kg Dampf im Zustande bei F und B sind. Ferner ist L gleich $pV_B - p_c V_F$. Hierin ist

$$V_B = (G + G')v, \quad V_F = G' v_c,$$

somit

$$L = p(G + G')v - p_c G' v_c.$$

Für 1 kg Frischdampf hat man mit Gl. 2 u. 3

$$U_F - U_B = \frac{\psi}{1-\psi} u_c - \frac{1}{1-\psi} u$$

$$L = p \frac{1}{1-\psi} v - p_c \frac{\psi}{1-\psi} v_c.$$

Wärme wird von F bis B nur mit dem Frischdampf zugeführt, es ist also

$$Q = i_1.$$

Daher ergibt die Hauptgleichung

$$i_1 = \frac{1}{1-\psi} u - \frac{\psi}{1-\psi} u_c + A\left(p \frac{1}{1-\psi} v - p_c \frac{\psi}{1-\psi} v_c\right)$$

$$= \frac{1}{1-\psi}\left[u - \psi u_c + A(pv - \psi p_c v_c)\right].$$

Da nun nach Abschn. 90

$$u + Apv = i$$

$$u_c + A p_c v_c = i_c$$

ist, so wird

$$i_1 = \frac{1}{1-\psi}\left[i - \psi i_c\right] \quad \ldots\ldots\ldots\ldots \quad (10)$$

$$\frac{i_1}{i} = \frac{1 - \psi \dfrac{i_c}{i}}{1-\psi} \quad \ldots\ldots\ldots\ldots \quad (11)$$

Hierin ist nach Fig. 185 $i_c = i - h' + h_c$.

Mit diesem Werte ist der Wirkungsgrad nach der obigen Berechnung zu dividieren, der Dampfverbrauch zu multiplizieren. Der Frischdampfzustand, der zu einem gegebenen Diagramm gehört, folgt aus Gl. 10. Die Beschreitung des umgekehrten Weges, also Annahme eines bestimmten Frischdampfzustandes anstatt, wie oben, eines bestimmten Zustandes am Ende der Füllung, würde die Ermittlungen wesentlich umständlicher machen.

Beispiel. Im obigen 2. Beispiel unter a) war $\psi = 0{,}0217$, $i = 729$, $h_c = 0$, $h' = 169$, daher $i_c = 560$, somit nach Gl. 10 $i_1 = 734$. Nach der JS-Tafel entspricht dies Dampf von 312°, statt 300° wie am Ende der Füllung. η_{th} wird hierdurch nur sehr wenig beeinflußt.

73. Vergleich der Leistung wirklicher Dampfmaschinen mit der Arbeit der idealen Maschinen.

Die höchste Leistung, die 1 kg Dampf von gegebenem Anfangszustande in der Dampfmaschine verrichten kann, wenn er sich bis zu einer bestimmten Endspannung p_e adiabatisch ausdehnt und der Gegendruck einen bestimmten Wert p' besitzt, kann nach Abschn. 69 oder 71 berechnet werden. Sie wird durch das ideale Dampfdiagramm, Fig. 181, dargestellt.

In wirklichen Maschinen, ob mit oder ohne Kompression des Dampfrestes, wird niemals diese höchste Dampfausnützung erreicht. Die wichtigsten Gründe dafür sind schon früher erörtert. Bei Sattdampfbetrieb oder nicht hinreichend hoher Überhitzung schlägt sich während der Dampfeinströmung ein Teil des Dampfes nieder und verrichtet daher keine Arbeit (oder nur sehr wenig durch Nachverdampfen). Bei Heißdampf dagegen vermindert der Dampf durch die Abkühlung an den Wänden seinen Rauminhalt und dadurch auch seine Arbeitsfähigkeit. Hierzu tritt die nachteilige Wirkung des schädlichen Raumes; sofern diese durch seinen Rauminhalt bedingt ist, kann sie teilweise durch die Kompression beseitigt werden; auch hinsichtlich der abkühlenden Wirkung seiner Oberfläche wirkt die Kompression günstig, da sie die mittlere Dampftemperatur während einer Umdrehung und dadurch die mittlere Wandtemperatur erhöht. Schließlich schädigen auch die Spannungsverluste bei der Durchströmung durch die Steuerorgane den Arbeitsgewinn. Denn während der Einströmung ist die Spannung im Zylinder kleiner als in der Dampfleitung (bzw. im Kessel), während der Ausströmung dagegen höher als der Gegendruck. Neben Verminderung der nutzbaren Arbeitsfläche führen diese Spannungsverluste auch zu erheblichen Abweichungen der Form der wirklichen und der theoretischen Diagramme, vgl. Fig. 186 u. 187. Zeichnet man über das wirkliche Indikatordiagramm das den vorliegenden Spannungsverhältnissen (Kesselspannung p, Expansionsendspannung p_e, Gegendruck p') entsprechende ideale Diagramm für die gleiche Dampfmenge, so läßt der Flächenunterschied zwischen beiden Diagrammen die Arbeitsverluste erkennen, die der wirkliche Vorgang gegenüber dem idealen mit sich bringt.

Mit L_0 als Arbeit des idealen, L_i als (indizierter) Arbeit des wirklichen Vorgangs, ergibt der Bruch

$$\eta_g = \frac{L_i}{L_0},$$

der als „Güteverhältnis" bezeichnet wird, ein Maß für die Vollkommenheit des Vorgangs in der Maschine verglichen mit dem idealen Vorgang.

Das zu einem bestimmten Indikatordiagramm gehörige ideale Diagramm kann nur gezeichnet werden, wenn die bei einem Arbeitsspiel in den Zylinder gelangende Dampfmenge dem Gewichte nach bekannt ist. Aus dem Indikatordiagramm selbst läßt sich dieses Gewicht nicht berechnen, weil bei Sattdampfbetrieb die Dampfnässe, bei Heißdampfbetrieb die Dampftemperatur am Ende der Einströmung aus dem Diagramm nicht hervorgehen. Das Dampfgewicht kann vielmehr nur durch Messung der im Oberflächenkondensator in bestimmter Zeit niedergeschlagenen Wassermenge oder aus der vom Kessel verbrauchten Speisewassermenge (ausschließlich des Kondensates der Dampfleitung) ermittelt werden.

Es habe sich nun ein stündlicher gesamter Dampfverbrauch von D_i kg ergeben. Machte die Maschine minutlich n Umdrehungen, so gelangte bei einer Füllung, da in der Stunde $2 \cdot n \cdot 60$ mal Einströmung stattfand, das Dampfgewicht

$$G = \frac{D_i}{120\,n}$$

in den Zylinder.

Das Volumen dieser Frischdampfmenge vom Drucke p ist

$$V = G v = \frac{D_i v}{120 n}.$$

Bei Sattdampf ist v aus den Dampftabellen, bei Heißdampf aus der TVS-Tafel zu entnehmen oder annähernd aus

$$v = \frac{47{,}1 \cdot (273 + t)}{10000\,p} - 0{,}016$$

(p in kg/qcm) zu berechnen.

Ist nun der Hubraum V_h des Dampfzylinders bekannt, so kann auch V als Strecke im Indikatordiagramm eingetragen werden, da die Länge l dieses Diagramms zwischen den Endloten dem Hubraum entspricht.

Es ist zwar für die Fläche des idealen Diagramms und die Summe der Arbeitsverluste gleichgültig, wohin sein Anfangspunkt a gelegt wird. Es empfiehlt sich aber, ihn so zu legen, daß die einzelnen Teile des Gesamtverlustes unterschieden werden können. Dies ist der Fall, wenn a um eine Strecke s' vom Koordinatenanfang O des Indikatordiagramms nach innen zu gerückt wird, die dem beim Beginn der Einströmung im schädlichen Raume befindlichen Restdampf entspricht. Diese Dampfmenge läßt sich dem Gewicht nach schätzungsweise aus Punkten R am Anfang der Kompression ermitteln (gemäß p_r, V_r, Fig. 187), wenn man die Annahme macht, daß daselbst der Restdampf trocken ist.

Es stellt alsdann dar, Fig. 186:

Die schraffierte Fläche rechts vom rechten Endlot den Arbeitsverlust durch den Inhalt des schädlichen Raumes (vgl. Absch. 72).

Die schraffierte Fläche zwischen der wirklichen und der idealen Ausdehnungslinie den Verlust durch Abkühlung, die Fläche unterhalb der Ausströmlinie den Verlust durch unvollkommene Übertragung des Vakuums aus dem Kondensator nach dem Dampfzylinder.

Die unter der Verdichtungslinie liegende Fläche gehört auch zum Gesamtverlust; sie darf aber nicht als „Kompressionsverlust" bezeichnet werden, denn die Verdichtungsarbeit wird bei der Expansion wieder abgegeben; einen „Kompressionsverlust" gibt es nicht. — Eine scharfe Trennung der einzelnen Verlustquellen ist im übrigen nicht möglich. Das Bild, Fig. 186, gibt in dieser Hinsicht nur einen schätzungsweisen Überblick.

Man kann im Zweifel sein, ob die Endspannung p_e der Expansion oder die tatsächliche Raumvergrößerung bei der Expansion für das ideale Diagramm maßgebend sein soll. Beide Annahmen liefern nicht genau gleiche ideale Arbeitswerte, weil die adiabatische Ausdehnung nicht nach $pv =$ konst. erfolgt.

Die zweite Annahme[1]) führt unter Umständen bei Auspuff zu Schwierigkeiten (s. Heilmann, Z. Ver. deutsch. Ing. 1906, S. 319) und setzt vor allem die genaue Kenntnis des schädlichen Raumes voraus, die häufig fehlt. Den schraffierten Flächen in Fig. 186 und 187 liegt die erste Annahme zugrunde. Das Ergebnis nach der zweiten Annahme ist gestrichelt eingetragen, sie ergibt einen kleineren Wert für η_g.

Als ideales Diagramm könnte auch ein Diagramm mit vollständiger Expansion bis auf den Gegendruck zugrunde gelegt werden (Clausius-Rankinescher Prozeß). Man erhält dann für das Verhältnis von tatsächlicher indizierter und idealer Arbeit immer einen kleineren Wert als η_g. Dieser Wert ist kein reines Maß mehr für die durch die Maschine als solche veranlaßten Arbeitsverluste; denn er enthält außer diesen noch den Verlust durch unvollständige Expansion, der nicht durch die Unvollkommenheit der Maschine, sondern durch die Verschiedenheit der Prozesse veranlaßt wird. Vgl. hierzu auch die Darlegung Abschn. 71.

Mit η_{th} wurde in Abschn. 69 der Bruchteil der Gesamtwärme λ des Dampfes bezeichnet, der durch den theoretischen Prozeß in Arbeit umsetzbar ist. Nun wird aber nicht dieser Prozeß, sondern der des Indikatordiagramms verwirklicht, dessen Fläche nur $\eta_g$mal so groß ist als das theoretische Diagramm. In indizierte[2]) Arbeit wird also von der Gesamtwärme verwandelt der Bruchteil

$$\eta_i = {}_g\eta \cdot \eta_{th}$$

(Thermodynamischer Wirkungsgrad des wirklichen Vorgangs oder indizierter thermischer Wirkungsgrad).

---

[1]) Vom Verein Deutscher Ingenieure angenommen. Z. Ver. deutsch. Ing. 1901, S. 404.

[2]) D. h. vom Indikator angezeigte, auf den Dampfkolben tatsächlich übertragene Arbeit.

Nach Abschn. 69 kann dieser Wert aus dem indizierten Dampfverbrauch C_i kg/PS$_i$/St. nach

$$\eta_i = \frac{632}{\lambda \cdot C_i}$$

berechnet werden. Mit η_{th} aus Abschn. 69 oder 71b folgt dann

$$\eta_g = \frac{632}{\eta_{th} \lambda C_i}.$$

Man kann aber η_g auch unmittelbar nach

$$\eta_g = \frac{C_0}{C_i}$$

berechnen, wenn C_i der gemessene, C_0 der verlustfreie Dampfverbrauch nach Abschn. 69 oder 71b ist. Für p_e ist hierbei der im Indikatordiagramm am Ende der Expansion zu messende absolute Druck einzuführen.

Von der indizierten Arbeit, die der Kolben aus dem Dampfe aufnimmt, wird wieder ein Teil zur Überwindung der inneren mechanischen Widerstände der Maschine verbraucht (Reibung der Kolben, Lager, Führungen, Gelenke, Schieber, Stopfbüchsen, Betriebsarbeit des Kondensators). Nur der Bruchteil η_m (mechanischer Wirkungsgrad) erscheint als effektive, verfügbare Arbeit an der Welle der Maschine. Der gesamte Wirkungsgrad der Maschine bezogen auf die vom Dampfe mitgebrachte Wärme ist somit

$$\eta_m \cdot \eta_g \cdot \eta_{th} = \eta_e \quad \text{oder} \quad \eta_e = \eta_i \eta_m$$

(effektiver thermischer Wirkungsgrad der Maschine).

Von der in der Feuerung aufgewendeten Wärme wird nur ein Bruchteil η_k (Wirkungsgrad des Kessels) auf den Dampf übertragen und von dieser Wärme verliert der Dampf in der Leitung vom Kessel zur Maschine durch Wärmeleitung und Strahlung wieder einen Teil, so daß nur der Bruchteil η_l davon an der Maschine anlangt (Wirkungsgrad der Dampfleitung).

Die Dampfmaschine verwandelt also von der im Brennstoff enthaltenen Wärme in reine Nutzarbeit nur den Bruchteil

$$\eta_w = \eta_k \eta_l \eta_m \eta_g \eta_{th}$$

(wirtschaftlicher Wirkungsgrad der Anlage).

Dieser Wert kann nach Abschn. 22 aus dem Kohlenverbrauch für die PS -Stunde berechnet werden.

Schon sehr gute Einzelwirkungsgrade dürften sein (für mittlere bis große Anlagen, hohe Dampfdrücke, Überhitzung bis mindestens 300°):

Kessel, Überhitzer und Leitung	$\eta_k \eta_l = 0{,}75$
Mechanischer Wirkungsgrad	$\eta_m = 0{,}93$
Güteverhältnis der Maschine	$\eta_g = 0{,}80$
Thermischer Wirkungsgrad des theoretischen Prozesses	$\eta_{th} = 0{,}23$

(für Kondensation).

Treffen bei einer Anlage alle diese Werte zusammen, so wird

$$\eta_w = 0{,}75 \cdot 0{,}93 \cdot 0{,}80 \cdot 0{,}23 = \mathbf{0{,}13}.$$

Ungefähr die günstigsten bis jetzt erreichten Werte ergaben Versuche von Josse an einer Heißdampfverbundlokomobile von 181 PS und von Gutermuth an einer ebensolchen von 105 PS normaler Leistung, die erste (I) mit Ventil-, die letztere (II) mit Kolbenschiebersteuerung. Die folgende Zusammenstellung enthält die wichtigsten Daten und die Wirkungsgrade.

Maschine	Kesseldruck-at abs	Dampftemperatur vor dem H.-D.-Zylinder	Minutliche Umdrehungszahl	Kohlen von 7500 Cal. kg/PS/St.	Dampf von 712,2 Cal. kg/PS/St.	η_w	$\eta_k \eta_l$	η_m	η_i
I (Lanz)	13,03	354,5°	173,5	0,546	4,59	**0,154**	0,80	0,928	0,208
II (Wolf)	16,15	329°	237	0,486	4,00	**0,173**	0,78	0,946	0,234

Der etwas günstigere Wert von η_w bei der Maschine II dürfte sich zum Teil aus der um 3 at höheren Dampfspannung herleiten, die bei gleicher Expansionsspannung einen größeren Wert von η_{th}, somit bei gleich gutem η_g einen höheren Wert von $\eta_i = \eta_g \eta_{th}$ bedingt.

Neuerdings wurden bei Lokomobilen gleichen Ursprungs Dampf- bzw. Kohlenverbrauchszahlen bis 3,3 bzw. 0,36 kg herab festgestellt.

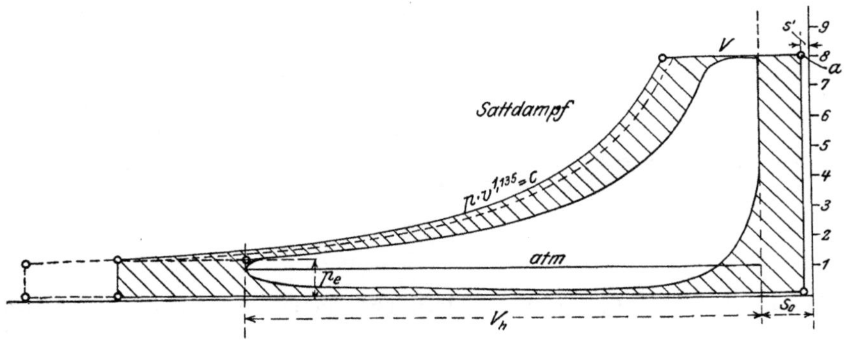

Fig. 186.

Eine unmittelbare Anschauung von dem thermodynamischen Wirkungsgrad des wirklichen Vorgangs in der Maschine oder dem „indizierten thermischen Wirkungsgrad" erhält man durch die Abbildung des wirklichen Indikatordiagramms als Entropiediagramm. Dieses ist an Fläche kleiner als das des idealen Prozesses. Es weicht, wie das wirkliche Indikatordiagramm, in der Form sehr erheblich von dem idealen ab. Sein Entwurf ist mit Umständen und bedeutendem Zeitaufwand verbunden und soll an dieser Stelle nicht besprochen werden (Methode von Boulvin, vgl. Z. Ver. deutsch. Ing. 1903, S. 1281, M. Schröter und A. Koob). In bezug auf das Gesamtergebnis bietet es nichts Neues, wohl aber läßt es (teilweise) die bei den einzelnen Vorgängen zu- und abgeleiteten Wärmemengen erkennen. Es eignet sich mehr für die wissenschaftliche als für die praktische Untersuchung der Vorgänge[1]).

Beispiele. Fig. 186 und 187 gehören einer Einzylinderdampfmaschine mit Kondensation an. Die Abmessungen der liegenden Maschine, die mit freifallender Ventilsteuerung versehen ist, sind:

Zylinderdurchmesser 310 mm, Hub 520 mm, Umdrehungszahlen in der Minute bei Fig. 186 $n = 122{,}2$, bei Fig. 187 $n = 111{,}7$. Schädlicher Raum (durch Wasserfüllung gemessen) 10 v. H.

[1]) Bd. II, Abschn. 47, Kalorimetrie der Dampfmaschine.

a) Fig. 186. Sattdampfbetrieb (mit Dampfmantel). Gesamter stündlicher Dampfverbrauch ausschließlich Leitungskondensat $D_i = 609$ kg von 8,1 at abs.; Leistung 56,3 PS_i, $C_i = 10{,}8$ kg. (Gestrichelte Expansionslinie ohne Mantelkondensat.)

Es ergibt sich (aus Fig. 186) $\eta_g = 0{,}547$, ferner $\eta_i = \frac{632}{10{,}8 \cdot 650} = 0{,}090$ oder 9 v. H.

Am einfachsten folgt η_g aus

$$\eta_g = \frac{C_0}{C_i},$$

wenn C_0 aus der JS-Tafel nach Abschn. 71 (b) bestimmt wird. Mit $p = 8{,}1$ at, $p_e = 1{,}38$ at aus dem Diagramm, $p' = 0{,}1$ at ergibt die JS-Tafel

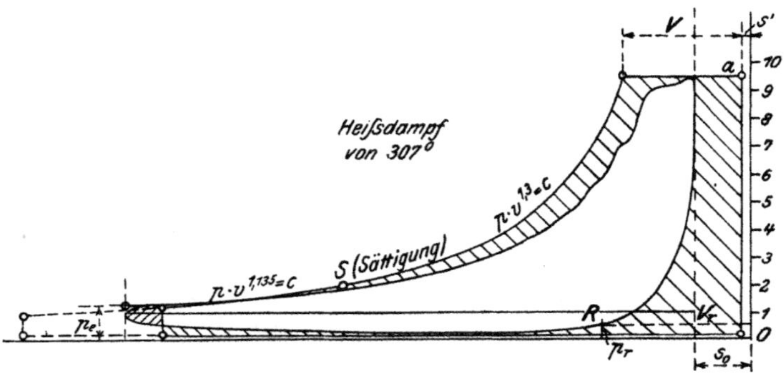

Fig. 187.

$i_1 - i_e = 74 = h_e$ Cal.; ferner $x_e = 0{,}90$ und hiermit $v_e = x_e \cdot (v_e)_s = 0{,}90 \cdot 1{,}28 = 1{,}13$. Daher

$$A L_0 = 74 + \frac{10000}{427} \cdot (1{,}38 - 0{,}1) \cdot 1{,}13 = 107{,}9 \text{ Cal.},$$

und somit

$$C_0 = \frac{632}{107{,}9} = 5{,}86$$

$$\eta_g = \frac{5{,}86}{10{,}8} = 0{,}543.$$

b) Fig. 187. Heißdampfbetrieb. $D_i = 393$ kg, Dampfspannung 9,5 at abs., Dampftemperatur über den Ventilen 307°; Leistung 53,1 PS_i; $C_i = 7{,}4$ kg.

Es folgt mit Fig. 187 $\eta_g = 0{,}63$, $\eta_i = \frac{632}{7{,}4 \cdot 736} \cong 0{,}12$.

Mit der JS-Tafel erhält man aus $p = 9{,}5$, $t = 307°$, $p_e = 1{,}42$, $h_e = 95$ Cal., $x_e = 0{,}991$, $v_e = 0{,}991 \cdot 1{,}24 = 1{,}23$. Daher

$$A L_0 = 95 + \frac{10000}{427} \cdot 1{,}32 \cdot 1{,}23 = 133{,}1$$

$$C_0 = \frac{632}{133{,}1} = 4{,}74 \text{ kg}$$

$$\eta_g = \frac{4{,}74}{7{,}4} = 0{,}64.$$

In beiden Fällen trägt der große schädliche Raum viel zu den Arbeitsverlusten bei (kleines η_g).

Die wesentlich kleinere Fläche zwischen den Expansionslinien in Fig. 187 verglichen mit Fig. 186 läßt den günstigen Einfluß des Heißdampfs auf die Abkühlungsverluste deutlich erkennen.

74. Über den Vorteil des Heißdampfbetriebs, der Verbundanordnung und des Gleichstroms bei den Dampfmaschinen.

Heißdampfbetrieb. In einer nach dem idealen Prozeß arbeitenden Dampfmaschine wird zwar, wie aus Abschn. 69 und 71 zu entnehmen, bei Betrieb mit überhitztem Dampf ein etwas größerer Bruchteil der gesamten mit dem Dampfe zugeführten Wärme in Arbeit verwandelt (bei gleicher Anfangs- und Endspannung und gleichem Gegendruck). Bei Kondensation mit 0,1 at Kondensatordruck und 0,7 at Expansions-Enddruck ist der thermische Wirkungsgrad bei

	$p =$	3	6	8	10	13	16	20 at
für gesättigten Dampf .	$\eta_{th} =$	0,142	0,179	0,190	0,203	0,216	0,226	0,238
für 350° Heißdampf . .		0,171	0,198	0,210	0,221	0,232	0,239	0,252
Unterschied		0,029	0,020	0,019	0,018	0,016	0,013	0,014

Der Heißdampf ist also, absolut genommen, bei üblichen Dampfdrücken mit weniger als 2 v. H. im Vorteil. In Bruchteilen des Wirkungsgrads bei gesättigtem Dampfe beträgt die Verbesserung bzw.

v. H. 20,4 10,6 10,5 9,3 7,4 5,7 5,9,

also bei üblichen Dampfdrücken etwa 10 bis 7 v. H.

Bei Auspuffbetrieb und bei höherem Expansionsenddruck wird der Nutzen noch größer.

Dieser Vorteil wäre aber im allgemeinen doch zu gering, um die Anlage eines Überhitzers und sonstige mit dem Heißdampfbetrieb verbundene Aufwendungen zu rechtfertigen.

Der wirkliche Nutzen ist jedoch größer als der nach dem theoretischen Prozeß zu erwartende. Er wird hauptsächlich durch die viel kleineren Abkühlungsverluste bei Heißdampfbetrieb bedingt. Der Heißdampf verliert zwar während der Einströmung auch Wärme an die Zylinderwände. Solange aber durch die Abkühlung nicht die ganze Überhitzung verloren geht, findet keine Feuchtigkeitsbildung statt. Der Dampf zieht sich durch die Abkühlung zwar zusammen, aber der hierdurch bedingte Arbeitsverlust ist geringer, als wenn ein Teil des Dampfes wie bei Sattdampfbetrieb in den flüssigen Zustand übergeht und dadurch seine Arbeitsfähigkeit vollständig einbüßt. Der gleiche absolute Wärmeverlust bedeutet bei der größeren auf 1 kg Heißdampf in Arbeit umgesetzten Wärmemenge einen geringeren verhältnismäßigen Verlust als bei Sattdampf. Die viel geringere Leitfähigkeit des mehr gasförmigen überhitzten Dampfes für die Wärme gegenüber dem mit Feuchtigkeit durchsetzten Sattdampf trägt ebenfalls wesentlich zur Verminderung der Abkühlungsverluste bei. So kommt es, daß unter sonst gleichen Verhältnissen der Heißdampfbetrieb ein besseres Güteverhältnis η_g der Maschine und im allgemeinen auch einen höheren wirtschaftlichen Wirkungsgrad ergibt. Lediglich diesem Umstande ist seine allgemeine Einführung zuzuschreiben.

Schon eine mäßige Überhitzung, wie sie sich auch noch bei normal gebauten Sattdampfmaschinen anwenden läßt, kann einen so ins Gewicht fallenden Gewinn ergeben, daß sich der nachträgliche Einbau von Überhitzern lohnt. Bei hoher Überhitzung (bis 350°) müssen die Dampfzylinder, besonders bei Ventilsteuerung, mit Rücksicht auf die Temperaturspannungen andere Bauart erhalten.

Für die praktische Anwendung ist ferner wichtig, daß ein Dampfzylinder von gegebener Größe bei gleicher Füllung (und gleichem Druck) mit Heißdampf eine geringere Leistung ergibt als mit Sattdampf, weil die Expansionslinie bei Heißdampf rascher abfällt. Diese Tatsache steht nicht im Widerspruch mit der besseren Ausnützung der Wärme des Heißdampfs.

Auch im Dampfturbinenbetrieb hat sich der überhitzte Dampf dem gesättigten als wesentlich überlegen erwiesen, aber aus anderen Gründen. Hier sind es die geringeren Reibungsverluste des überhitzten Dampfs und die nachteilige, abschleifende Wirkung der im feuchten Dampf enthaltenen Wassertröpfchen auf die Schaufeln, die dem Heißdampf den Vorrang sichern. Schon mäßige Überhitzung zeigt sich nach diesen Richtungen vorteilhaft. Bei höherer Überhitzung tritt hierzu die nicht unwesentliche Verbesserung des thermischen Wirkungsgrades, die bei der Turbine wegen des Wegfalls der Abkühlungsverluste besser zur Wirkung kommen kann, als bei der Kolbenmaschine.

Änderung des Dampfverbrauchs mit der Überhitzungstemperatur.

Im praktischen Dampfmaschinenbetrieb ist der Fall nicht selten, daß die vorgesehene Überhitzung des Dampfes aus irgendwelchen Gründen nicht erreicht werden kann. Es frägt sich dann, um wieviel infolgedessen der Dampfverbrauch größer ist als bei der normalen Überhitzung. Aus vielen Versuchen geht hervor, daß bei der gleichen Maschine der Dampfverbrauch für je 1° Überhitzung innerhalb des Temperaturgebiets von Sättigung bis 350° ungefähr um gleich viel abnimmt (nur in Sättigungsnähe um etwas mehr). Bei verschiedenen Maschinen dagegen, wie auch bei verschiedener Betriebsweise der gleichen Maschine (Auspuff, Kondensation, Höhe der Belastung, Mantel- und Deckelheizung), kann jedoch der Dampfgewinn für 1° sehr verschieden sein. In den äußersten Grenzen schwankt er zwischen etwa 6 g bei hochwertigen Verbund-Kondensationsmaschinen und höchstens etwa 25 g bei Einzylindermaschinen älterer oder weniger vollkommener Bauart. Der Nutzen der Überhitzung ist also größer bei weniger vollkommenen, kleiner bei vollkommeneren Maschinen. Für Maschinen mittlerer Vollkommenheit (d. h. Wirtschaftlichkeit) können etwa 15 g Dampfersparnis für 1° Überhitzung und 1 PS.-Stunde angenommen werden.

Es ist aber wohl zu beachten, daß die Verhältnisse so vielgestaltig sind, daß sich bestimmtere Angaben nur auf Grund besonderer Erfahrungen an einzelnen Maschinenbauarten machen lassen[1]).

Eine untere Grenze für die Dampfersparnis kann aus den theoretisch berechenbaren Dampfverbrauchszahlen hergeleitet werden. Nach Abschn. 77 ist z. B. der Dampfverbrauch bei 0,7 at Expansionsenddruck und 0,1 at Vakuum für

20	16	13	10	8	6	at
3,96	4,16	4,38	4,70	5,02	5,36	kg Sattdampf
3,34	3,52	3,62	3,79	3,98	4,23	„ Heißdampf 350°
0,62	0,64	0,76	0,91	1,04	1,13	„ Ersparnis bei Heißdampf.

Da die Überhitzungen über Sattdampftemperatur betragen

139,5 149,5 159,2 170,9 180,4 191,9°,

so ist die durchschnittliche Ersparnis für 1° Überhitze

4,5 4,3 4,8 5,3 5,7 5,9 g.

Verbundanordnung. Die zwei- und dreistufige, bei Schiffsmaschinen auch vierstufige Expansion ist seiner Zeit mit dem Erfolg eingeführt worden, daß erstens bei allen Dampfdrücken eine wesentliche Verringerung des Dampfverbrauchs erzielt wurde und zweitens der Vorteil höherer Dampfspannungen voll ausgenützt werden konnte. (Auf die baulichen und Betriebsvorteile ist hier nicht einzugehen.)

---

[1]) Vgl. Zeitschr. Bayer. Rev.-Ver. 1912, Nr. 13—16, Die Darlegungen von Deinlein, sowie Zeitschr. Dampfkessel- u. Masch.-Betr. 1914, Nr. 44—46 von V. Kammerer.

Diese Verminderung des Dampfverbrauchs bei sonst gleicher Anfangs- und Expansionsendspannung des Dampfes wird allgemein durch die geringeren Niederschlagsverluste erklärt, die aus den kleineren Temperaturgefällen und größeren Füllungen der Zylinder gegenüber einer Einzylindermaschine folgen. Dieser Vorteil fällt besonders bei hohen Dampfdrücken ins Gewicht, unter denen die Einzylindermaschine mit sehr kleinen Füllungen arbeiten muß, wenn hinreichende Entspannung des Dampfes stattfinden soll. Außer den kleineren Temperaturgefällen sind aber auch die günstigeren Oberflächenverhältnisse im Hochdruckzylinder wesentlich an dem Erfolg beteiligt. Das gleiche Dampfgewicht vom Anfangszustand nimmt in dem viel kleineren Hochdruckzylinder der Verbundmaschine einen zylindrischen Raum ein, dessen Oberfläche nicht nur absolut, sondern auch im Verhältnis zu seinem Inhalt kleiner ist als in dem Zylinder der Einzylindermaschine, der von der Größe des Niederdruckzylinders sein müßte. (Die kleinste Oberfläche bei gegebenem Rauminhalt hat ein Zylinder, dessen Länge gleich seinem Durchmesser ist.)

Vom Gesichtspunkt der idealen Dampfexpansion ohne schädlichen Raum und ohne Abkühlungsverluste ist es ganz gleichgültig, ob die Expansion auf einmal oder in mehreren Stufen erfolgt. Sind jedoch, wie in Wirklichkeit, schädliche Räume vorhanden, so ist dies auch ohne Abkühlungsverluste durchaus nicht mehr der Fall. Im Hochdruckzylinder der Verbundmaschine findet gewöhnlich Expansion bis zum Behälterdruck oder annähernd so tief statt und gleichzeitig auch Kompression bis annähernd auf den Frischdampfdruck. Im Hochdruckzylinder arbeitet demnach der Dampf mit großer Annäherung wie in einem Zylinder ohne schädlichen Raum, wie groß auch der wirkliche schädliche Raum ist, Abschn. 72, also unter den für den Dampfverbrauch möglichst günstigen Raumverhältnissen. Für die andere Hälfte der Dampfarbeit, die im Niederdruckzylinder abgegeben wird, kommt zwar der schädliche Raum dieses Zylinders in Betracht, jedoch wegen des viel kleineren Verhältnisses von Anfangs- und Enddruck lange nicht so nachteilig wie in dem gleich großen Zylinder der Einzylindermaschine. Der Einfluß der schädlichen Räume, soweit deren Inhalt in Frage kommt (Abschn. 72a), wird also durch die Verbundanordnung bei halbwegs günstigen Verhältnissen auf ein sehr geringes Maß beschränkt.

Gleichstrom. Der Arbeitsprozeß im Gleichstromzylinder unterscheidet sich, abgesehen von den Abkühlungsverhältnissen, grundsätzlich in nichts von dem im gewöhnlichen Dampfzylinder. Insbesondere wird durch den Gleichstromzylinder keine Annäherung an den Carnotschen Kreisprozeß gegenüber dem gewöhnlichen Dampfzylinder erreicht, wie behauptet worden ist.

Dagegen ermöglicht die Gleichstrombauart so kleine schädliche Räume, wie sie bis dahin im Dampfmaschinenbau nicht vorkamen (ca. 2 v. H.). Schon dadurch wird der Arbeitsprozeß des Gleichstromzylinders wesentlich günstiger, als bei den früher oft ohne besondere Rücksicht auf den schädlichen Raum gebauten Einzylindermaschinen. Die Dampfersparnisse, die hierdurch bedingt werden, können nach Abschn. 72a ganz erheblich sein. Der Gleichstromzylinder mit seinem kleinen schädlichen Raume nähert sich also den in bezug auf die wirksamen schädlichen Räume sehr günstigen Verhältnissen der Verbundanordnung (vgl. oben).

Die Anwendung von Verdichtungsdrücken, die der Eintrittsspannung des Dampfes nahekommen, zwingt sogar bei der Kondensationsgleichstrommaschine trotz des sehr langen Verdichtungsweges zu ungewöhnlich kleinen schädlichen Räumen. Die Spannung im Zylinder fällt nämlich bei der Gleichstrommaschine infolge der reichlichen Ausströmquerschnitte schon kurz nach dem Hubende bis auf die Kondensatorspannung, also im allgemeinen auf mindestens 0,1 at. Soll also ein höchster Verdichtungsdruck von z. B. 8 at erreicht werden, so muß die Verdichtung eine 80fache Drucksteigerung bewirken, was nur mit sehr kleinem schädlichen Raum möglich ist. Mit s_0 als schädlichem Raum, s_3 als Verdichtungs-, s_4 als Voreinströmweg, p' als Kondensatorspannung gilt für die Verdichtung

$$p'(s_0 + s_3)^m = p_c (s_0 + s_4)^m .$$

also

$$\frac{s_0 + s_3}{s_0 + s_4} = \left(\frac{p_c}{p'}\right)^{\frac{1}{m}} = \varphi ,$$

$$s_0 = \frac{1}{\varphi - 1} s_3 - \frac{\varphi}{\varphi - 1} s_4 .$$

Mit $s_3 = 0{,}85$, $s_4 = 0{,}005$, $m = 1{,}15$, $p' = 0{,}1$ wird für

$$\begin{array}{llll} p_e = & 5 & 7 & 13 \text{ at} \\ s_0 = & 0{,}024 & 0{,}017 & 0{,}008. \end{array}$$

Gerade umgekehrt liegt die Frage des schädlichen Raums beim Auspuffbetrieb der Gleichstrommaschine. Damit bei dem langen Verdichtungsweg die Verdichtungsspannung den Frischdampfdruck nicht übersteigt, müssen ungewöhnlich große schädliche Räume verwendet werden, was für den Dampfverbrauch nachteilig sein muß.

Auch mit Bezug auf die Abkühlungsverhältnisse findet eine Annäherung an die Verbundanordnung dadurch statt, daß die absolute Größe der Oberfläche des schädlichen Raumes durch den Wegfall des Auslaßventils und seines Kanals gegenüber der gewöhnlichen Anordnung mit Ein- und Auslaß am Zylinderende vermindert wird. Der Nutzen dieses Umstands wird noch dadurch erhöht, daß gerade die Oberflächen der Auslaßorgane die stärkste Kühlwirkung auf den Frischdampf äußern. Ferner wird durch den Wegfall der Auslaßorgane am Deckel die Heizwirkung des Deckels insofern verbessert, als keine Heizwärme nach diesen kalten Stellen abströmt, somit alle Heizwärme dem Zylinderdampf erhalten bleibt. Auch nimmt der ausströmende Dampf, der sonst am geheizten Deckel vorüberströmt, beim Gleichstromzylinder nichts von der Heizwärme des Deckels mit.

Durch die bis jetzt bekannt gewordenen Versuche erscheint der Beweis erbracht, daß eine gute Gleichstrommaschine den Dampfverbrauch der Verbundmaschinen erreichen kann. Indessen ist nicht zu vergessen, daß die tiefe Expansionsendspannung der Verbundmaschinen (bis 0,5 at abs.) bei der Einzylinder-Gleichstrommaschine unausführbar ist und daher die Verbundmaschine immer noch mit dem Dampfverbrauch im Vorteil sein kann.

Eine Verdrängung der Verbundmaschine durch die Einzylinder-Gleichstrommaschine scheint, besonders bei großen Einheiten, nicht in Aussicht zu stehen. Die Vorteile der Stufen-Expansion bestehen eben nicht nur in dem kleineren Dampfverbrauch, sondern auch in anderen, für den Maschinenbetrieb u. U. ebenso wichtigen baulichen und Betriebs-Eigenschaften, auf die hier nicht einzugehen ist. Dagegen dürfte eine Vervollkommnung der Verbundmaschinen-Zylinder nach den Gesichtspunkten der Gleichstrommaschine zu erwarten sein.

Mechanische Wirkungen strömender Gase und Dämpfe.

75. Druck und Drehmoment abgelenkter freier Strahlen (Aktion).

Vorbemerkungen. Ein mit gleichförmiger Geschwindigkeit w über eine gekrümmte Leitfläche AB laufender Massenpunkt mit der Masse m übt auf seinem Wege Zentrifugaldrücke C auf die Leitfläche aus, Fig. 188. Die Richtung von C ist jeweils normal zur Führungsrichtung, also veränderlich; die Größe von C ist vom augenblicklichen Krümmungshalbmesser ϱ abhängig, also ebenfalls veränderlich, wenn nicht zufällig die Leitlinie kreisförmig ist.

Anstatt nun die Zentrifugaldrücke nach der bekannten Formel

$$C = \frac{m\,w^2}{\varrho}$$

u bestimmen, ermittelt man im vorliegenden Falle besser ihre Komponenten C_x und C_y nach den zwei zueinander senkrechten Richtungen x und y. Die Zentrifugalkraft C entsteht durch die Ablenkung der bewegten Masse m aus der geraden Richtung, die sie nach dem Beharrungsgesetz einzuschlagen sucht. Bei der Ablenkung ändern sich die Komponenten der Geschwindigkeit w nach den Richtungen x und y. Es entstehen daher Beschleunigungen und Verzögerungen in diesen Richtungen, denen nach dem Massenbeschleunigungsgesetz die proportionalen Massenkräfte $-C_x$ und $-C_y$, die Komponenten der Zentripetalkraft, entsprechen. In D seien w_x und w_y die Geschwindigkeitskomponenten, in dem um das Bogenelement db entfernten Punkte seien sie w_x' und w_y', Fig. 188. Die Geschwindigkeitsänderung in der x-Richtung ist daher

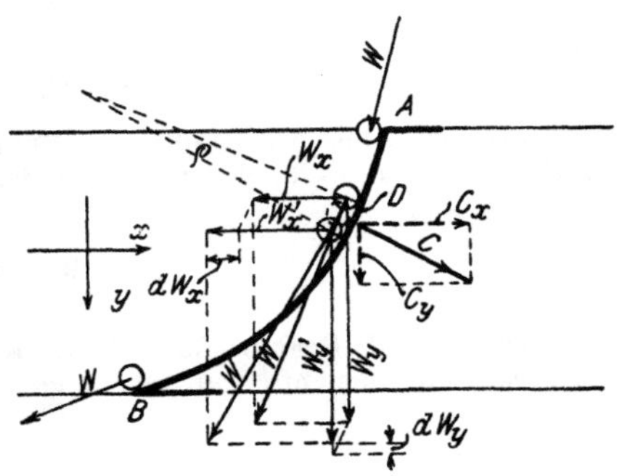

Fig. 188.

$$w_x' - w_x = d\,w_x,$$

in der y-Richtung

$$w_y' - w_y = d\,w_y.$$

Ist dt die Zeit zum Durchlaufen des Bogenelementes db, so sind die Beschleunigungen (oder Verzögerungen) gleich $\frac{d w_x}{d t}$ bzw. $\frac{d w_y}{d t}$; die entsprechenden Massenkräfte sind daher

$$-C_x = m \cdot \frac{d w_x}{d t} \quad \ldots \ldots \ldots \quad (1)$$

$$-C_y = m \cdot \frac{d w_y}{d t} \quad \ldots \ldots \ldots \quad (2)$$

Das **Moment** von C in bezug auf den Koordinaten-Ursprung ist

$$\Delta M = C_y x - C_x y$$

(rechtsdrehend um den links oben gedachten Drehpunkt), oder mit den Werten von C_x und C_y

$$-\Delta M = m \frac{x\,d w_y - y\,d w_x}{dt}.$$

Da nun

$$dx = w_x\,dt$$

$$dy = w_y\,dt$$

ist, so gilt

$$\frac{dx}{w_x} = \frac{dy}{w_y}$$

oder

$$w_y\,dx - w_x\,dy = 0.$$

Fügt man diesen Wert dem Zähler des Ausdrucks für ΔM bei, so wird

$$-\Delta M = m \frac{x\,d w_y + w_y\,dx - (y\,d w_x + w_x\,dy)}{dt}.$$

Mit

$$x\,d w_y + w_y\,dx = d(x w_y)$$

$$y\,d w_x + w_x\,dy = d(y w_x)$$

wird der Zähler gleich

$$d(x w_y) - d(y w_x)$$

oder einfacher

$$d(x w_y - y w_x).$$

Nun ist aber

$$x w_y - y w_x = w a,$$

mit a als senkrechtem Abstand des Drehpunkts von der Tangente in C, weil w die Diagonale im Parallelogramm von w_x und w_y ist.

Daher gilt

$$-\Delta M = m \frac{d(wa)}{dt} \quad \ldots\ldots\ldots\ldots \quad (3)$$

Druck und Drehmoment eines kontinuierlichen Strahles. Teilt man den Strahl in Elemente von der Länge db, Fig. 189, so liefert jedes Element Kräfte C_x und C_y. Die Summe aller x-Komponenten sei P_x, die der y-Komponenten P_y. Die Resultante aus P_x und P_y ist alsdann nach Größe, Richtung und Lage übereinstimmend mit der Resultante P aller Zentrifugaldrücke, dem resultierenden Schaufeldruck.

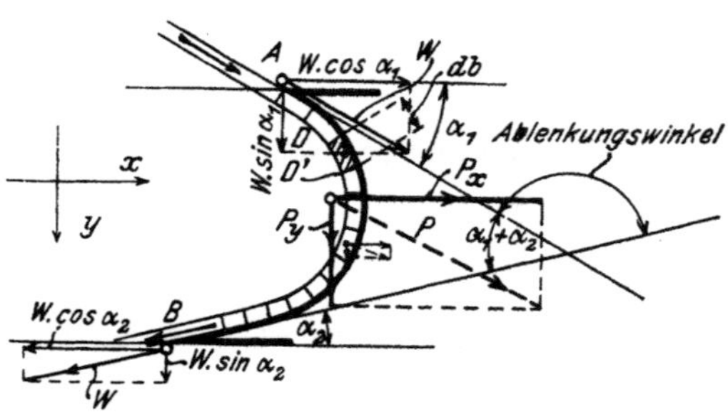

Fig. 189.

Es sei nun G_{sec} das sekundlich durch jeden Strahlquerschnitt fließende Gewicht. In dt Sekunden, der Zeit zur Zurücklegung des Weges db, fließt dann z. B. durch D, Fig. 189, das Gewicht $G_{sec} \cdot dt$. Dieses Gewicht wird auch durch das zwischen D und D' liegende Strahlelement dargestellt, dessen Masse oben gleich m gesetzt wurde.

Es ist also

$$m = \frac{G_{sec}\,dt}{g}.$$

Hiermit werden die von m herrührenden Komponenten des Zentrifugaldrucks

$$C_x = -\frac{G_{sec}\,dt}{g}\cdot\frac{dw_x}{dt} = -\frac{G_{sec}}{g}\cdot dw_x \quad \ldots\ldots \quad (4)$$

und

$$C_y = -\frac{G_{sec}}{g}\cdot dw_y \quad \ldots\ldots\ldots\ldots \quad (5)$$

Das Drehmoment des Zentrifugaldrucks um den Ursprungspunkt wird

$$\varDelta M = -\frac{G_{sec}}{g}\,d(wa) \quad \ldots\ldots\ldots \quad (6)$$

Die Summe aller x-Komponenten zwischen A und B ist daher

$$P_x = \sum C_x = -\frac{G_{sec}}{g}\cdot\sum_A^B dw_x,$$

also gemäß Fig. 189, wenn mit w_{x1} und w_{x2} die Werte von w_x bei A und B bezeichnet werden,

$$P_x = -\frac{G_{sec}}{g}\cdot[w_{x2} - w_{x1}] \quad \ldots\ldots\ldots \quad (7)$$

und ebenso die Summe aller y-Komponenten

$$P_y = -\frac{G_{sec}}{g}\cdot[w_{y2} - w_{y1}] \quad \ldots\ldots\ldots \quad (8)$$

sowie das Drehmoment des gesamten Schaufeldrucks

$$M = -\frac{G_{sec}}{g}\cdot[(wa)_2 - (wa)_1] \quad \ldots\ldots \quad (9)$$

Ist w unveränderlich, wie hier angenommen, und sind a_1 und a_2 die kürzesten Abstände der Ein- und Austrittstangente vom Ursprung, so wird

$$M = -\frac{G_{sec}}{g}\,w\,(a_2 - a_1) \quad \ldots\ldots\ldots \quad (9a)$$

Denkt man sich den Drehpunkt irgendwo auf der Resultante aller Bahndrücke, so wird das Drehmoment gleich Null und somit

$$a_2 = a_1,$$

d. h. die Resultante P halbiert den Winkel zwischen der Eintritts- und Austrittstangente. Damit ist ihre Lage sehr einfach zu bestimmen, wie Fig. 190 zeigt. In Fig. 189 ist dagegen P willkürlich eingetragen.

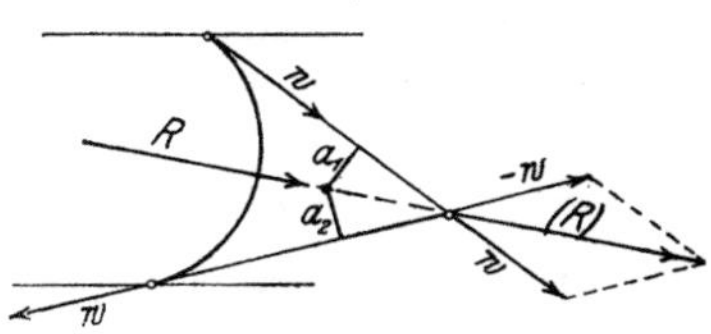

Fig. 190.

Sind α_1 und α_2, Fig. 189, die Winkel der Leitfläche bei A und B mit der x-Richtung, so ist

$$w_{x1} = w\cos\alpha_1, \qquad w_{x2} = -w\cos\alpha_2$$

und

$$w_{y1} = w\sin\alpha_1, \qquad w_{y2} = w\sin\alpha_2,$$

somit

$$P_x = \frac{G_{sec}}{g} \cdot w\,(\cos\alpha_2 + \cos\alpha_1) \quad \ldots\ldots\ldots \quad (10)$$

$$P_y = \frac{G_{sec}}{g} \cdot w\,(\sin\alpha_1 - \sin\alpha_2) \quad \ldots\ldots\ldots \quad (11)$$

α_2 kann kleiner als α_1 sein, dann ist P_y nach unten gerichtet, weil positiv. P_x wirkt unter allen Umständen nach rechts, selbst wenn α_1 stumpf, $\cos\alpha_1$ negativ ist, weil immer

$$180^0 - \alpha_1 > \alpha_2$$

ist.

Der resultierende Schaufeldruck wird

$$P = \sqrt{P_x^2 + P_y^2}$$

also

$$\boldsymbol{P} = \frac{G_{sec}\,w}{g} \sqrt{2 \cdot [1 + \cos(\alpha_2 + \alpha_1)]} \quad \ldots\ldots \quad (12)$$

Die Richtung des Schaufeldrucks gegen die Wagerechte folgt aus

$$\operatorname{tg}\varphi = \frac{P_y}{P_x} = \frac{\sin\alpha_1 - \sin\alpha_2}{\cos\alpha_1 + \cos\alpha_2}, \qquad \varphi = \frac{1}{2}(\alpha_1 - \alpha_2),$$

geometrisch einfacher als Winkelhalbierende der Ein- und Austrittstangenten.

Es ist bemerkenswert, daß sowohl Größe als Richtung des gesamten Schaufeldruckes unabhängig von der Gestalt der Leitlinie sind. Sie sind durch die Eintritts- und Austrittswinkel allein bestimmt. Dagegen ist die Lage dieser Kraft noch von der gegenseitigen Lage der Ein- und Austrittsstelle ababhängig, jedoch nicht von dem Krümmungsgesetz.

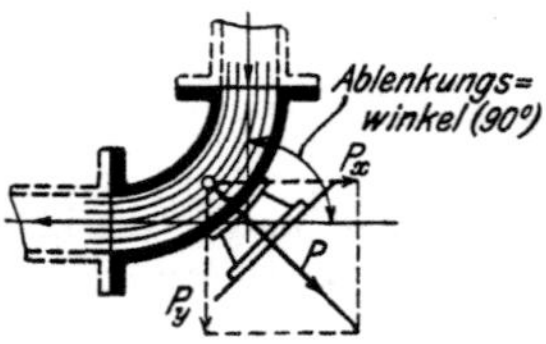

Fig. 191.

Beispiele. 1. Rohrkrümmer von 90° (Fig. 191). Mit $\alpha_1 + \alpha_2 = 90^0$ wird die resultierende Aktionskraft

$$P = \frac{G_{sec}\,w}{g}\sqrt{2}.$$

2. Rohrkrümmer von 180°. Mit

$$\alpha_1 + \alpha_2 = 0^0$$

wird

$$P = 2\,\frac{G_{sec}}{g}\,w.$$

Fließt z. B. durch einen Rohrkrümmer von 100 mm Lichtweite Dampf von 12 kg/qcm abs. mit 40 m Geschwindigkeit, so ist mit $\gamma \cong 6$ kg/cbm

$$G_{sec} = \frac{\pi \cdot 0{,}1^2}{4} \cdot 40 \cdot 6 = 1{,}844 \text{ kg}.$$

Hiermit wird für 90° Ablenkung

$$P = \frac{1{,}884 \cdot 40 \cdot 1{,}414}{9{,}81} = \underline{\underline{10{,}7 \text{ kg}}},$$

für 180° Ablenkung $P = 15{,}3$ kg.

3. Ruhende Schaufel von $\alpha_1 = 20^0$ Eintritts-, $\alpha_2 = 20^0$ Austrittswinkel, nach Fig. 189.

Wegen

$$\cos\alpha_1 = \cos\alpha_2 = 0{,}94, \qquad \sin\alpha_1 = \sin\alpha_2 = 0{,}34$$

wird

$$P_x = \frac{G_{sec}}{g} w \cdot (0,94 + 0,94) = 1,88 \frac{G_{sec} w}{g}$$

$$P_y = \frac{G_{sec}}{g} w \cdot (0,34 - 0,34) = 0.$$

Der Strahldruck in der y-Richtung ist Null. Für $G_{sec} = 1$ kg und $w = 1000$ m/sec würde

$$P_x = \frac{1,88}{9,81} \cdot 1000 = 191,5 \text{ kg}.$$

4. Ein freier Strahl prallt senkrecht auf eine ebene Fläche. Die Erfahrung zeigt, daß sich der Strahl, wenn die Ebene genügend ausgedehnt ist, in der Ebene ausbreitet und in dieser nach allen Seiten abfließt.

Wenn man Strömungsverluste als nicht vorhanden annimmt, so ist die Abflußgeschwindigkeit überall gleich der Zuflußgeschwindigkeit und der Druck des Strahles gegen die Platte ist so groß, als wenn der Strahl um 90^0 abgelenkt würde. Wird die Zuflußrichtung als x-Richtung gewählt, so erhält man aus 7. mit

$$w_{x1} = w$$

$$w_{x2} = 0$$

$$P = \frac{G_{sec}}{g} w .$$

Diese Beziehung ist mehrfach zur experimentellen Bestimmung der Ausflußgeschwindigkeit von Dampf benützt worden, indem P und G_{sec} gemessen, w hiernach berechnet wurde (Abschn. 58).

75a. Schaufelung und Wirkungsgrad der reibungsfreien Aktions- oder Druck-Dampfturbine.

Der aus einer einfachen Mündung oder bei höheren Druckgefällen aus einer Lavaldüse mit der absoluten Geschwindigkeit c_1 austretende Strahl fließt unter dem Winkel α_0 gegen die mit der Geschwindigkeit u umlaufende (annähernd geradlinig fortschreitende) Schaufelreihe, von der in Fig. 192 nur eine Schaufel gezeichnet ist.

Die Druckwirkung des über die Schaufel laufenden Strahles kann ebenso berechnet werden wie bei der ruhenden Schaufel. Wird mit w die unveränderliche Relativgeschwindigkeit (Fließgeschwindigkeit) des Strahles auf der Schaufel bezeichnet, so ist nach Abschn. 75, Gl. 7 u. 8

$$P_x = \frac{G_{sec}}{g} w (\cos \alpha_1 + \cos \alpha_2)$$

$$P_y = \frac{G_{sec}}{g} w (\sin \alpha_1 - \sin \alpha_2).$$

Die sekundliche Arbeit (Effekt) des Strahldruckes, hier gleich der seiner Komponente P_x, ist

$$L = P_x u ,$$

also

$$L = \frac{G_{sec}}{g} wu (\cos \alpha_1 + \cos \alpha_2).$$

Damit der Strahl ohne Anprall (Stoß) in die Schaufelung einläuft, muß hier die Schaufelgeschwindigkeit einen ganz bestimmten, durch c_1 und die Winkel α_0 und α_1 bedingten Wert besitzen. Sie muß gleich der Umfangskomponente u der nach den Richtungen von u und w zerlegten Zuflußgeschwindigkeit c_1 sein. Würde nämlich die Schaufelgeschwindigkeit $u' < u$, so müßte der Strahl mit $u - u'$ gegen die weglaufende Schaufel stoßen. Wäre sie $u' > u$, so bliebe der Strahl in der Umlaufrichtung zurück und müßte von den nachfolgenden Schaufeln mit $u' - u$ getrieben werden; es muß also, da beide Möglichkeiten die Wirkung des Strahles beeinträchtigen, $u' = u$ gewählt werden. Der Strahl läuft dann störungsfrei mit w in der Richtung α_1 auf die Schaufel. Kurz ausgedrückt muß c_1 die Diagonale in dem Parallelogramm aus u und w sein (Eintrittsparallelogramm).

Setzt man zur Vereinfachung $\alpha_1 = \alpha_2$, so wird

$$L = 2\,\frac{G_{sec}}{g}\,w\,u\cos\alpha_1 \quad \ldots\ldots\ldots\ldots (15)$$

Bei Turbinen soll dieser Wert möglichst groß werden. Es handelt sich also darum, die Verhältnisse so zu wählen, daß

$$w\,u\cos\alpha_1$$

einen größten Wert erreicht. Bezeichnet man vorübergehend die Projektion von w auf die Umlaufrichtung, also den Wert $w\cos\alpha_1$ mit w_u, so soll

$$w\,u\cos\alpha_1 = u\,w_u$$

ein Maximum sein.

Bei gegebener Zuflußrichtung α_0 und Zuflußgeschwindigkeit c_1 hat nun die Summe $u + w_u$ den festen Wert $c_1 \cos\alpha_0$, vgl. Fig. 192. Die Einzelwerte von u und w_u sind aber innerhalb dieser Summe je nach dem Schaufelwinkel verschieden. Ihr Produkt wird am größten, wenn

$$u = w_u = \frac{1}{2}\,c_1\cos\alpha_0$$

ist.

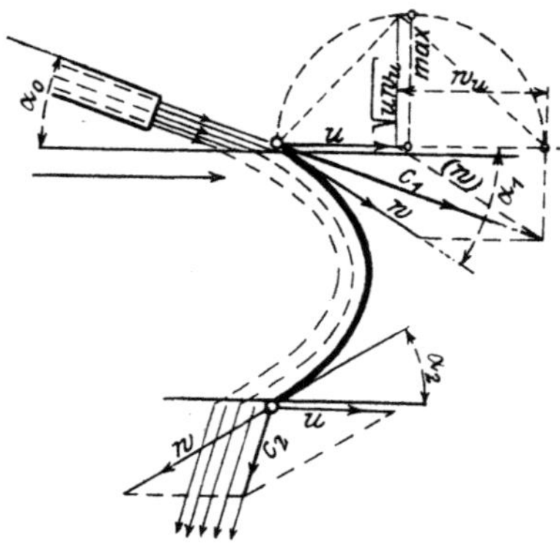

Fig. 192.

Nach dem Satz der Geometrie, daß im rechtwinkligen Dreieck das Quadrat der Höhe gleich dem Produkt aus den Abschnitten der Hypotenuse ist, ergibt sich dies aus Fig. 192 unmittelbar.

Die Arbeit wird für diesen Fall

$$L = \frac{c_1^{\,2}}{2\,g}\cos^2\alpha_0.$$

Sie erreicht ihren Größtwert bei $\cos^2\alpha_0 = 1$ mit $\alpha_0 = 0$

$$L_{max} = \frac{c_1^{\,2}}{2\,g},$$

d. h. die ganze lebendige Kraft des Strahles wird in Schaufelarbeit umgesetzt. Praktisch ist dieser Fall nicht möglich. Es bleibt nur übrig, α_0 möglichst klein zu machen. Gleichzeitig wird dann, wegen $\cos\alpha_0 \cong 1$

$$u \cong \frac{1}{2}\,c_1,$$

d. h. die Umfangsgeschwindigkeit gleich der halben Strahlgeschwindigkeit. Ferner wird angenähert

$$\alpha_1 = 2\,\alpha_0.$$

Allgemein ist, wenn u von $\frac{1}{2} c_1$ und α_0 von 90^0 abweicht,

$$L = 2 \frac{G_{sec}}{g} u w \cos \alpha ,$$

wofür sich wegen

$$u + w \cos \alpha = c_1 \cos \alpha_0$$

schreiben läßt

$$L = 2 \frac{G_{sec}}{g} u (c_1 \cos \alpha_0 - u) \quad \ldots \ldots \ldots \ldots (16)$$

Der Wirkungsgrad wird nun mit $L_{max} = \frac{c_1^2}{2g}$

$$\eta = \frac{L}{L_{max}} = \frac{4u}{c_1^2} (c_1 \cos \alpha_0 - u)$$

oder

$$\eta = 4 \frac{u}{c_1} \left(\cos \alpha_0 - \frac{u}{c_1} \right), \quad \ldots \ldots \ldots \ldots (17)$$

also im wesentlichen nur abhängig von dem Verhältnis der Umlaufgeschwindigkeit zur Dampfgeschwindigkeit.

Dieser Wert erreicht bei $\frac{u}{c_1} = \frac{1}{2} \cos \alpha_0$ sein Maximum

$$\eta_{max} = \cos^2 \alpha_0 .$$

Für jedes Verhältnis $\frac{u}{c_1} < \frac{1}{2} \cos \alpha_0$ wird η kleiner.

Die absolute Ausflußgeschwindigkeit c_2 ergibt sich, da auch

$$L = G_{sec} \left(\frac{c_1^2}{2g} - \frac{c_2^2}{2g} \right)$$

ist, aus

$$\eta = \frac{L}{L_{max}} = \frac{c_1^2 - c_2^2}{c_1^2} = 1 - \frac{c_2^2}{c_1^2}$$

zu

$$c_2 = c_1 \cdot \sqrt{1 - \eta} \quad \ldots \ldots \ldots \ldots (18)$$

Bei einstufigen Druckturbinen (nach de Laval) muß der Dampfstrahl beim Eintritt in das Laufrad die dem ganzen Druckgefälle entsprechende Geschwindigkeit besitzen. Bei Kondensationsbetrieb mit einem Vakuum von 0,1 at abs. ist also nach Abschn. 52 für einen Dampfdruck von 10 at abs. $c_1 = 1170$ m/sec. Bei Auspuffbetrieb wäre $c_1 = 880$ m/sec. Ist der Zuflußwinkel $\alpha_0 = 18^0$, so wird $u = \frac{1}{2} c_1 \cos \alpha_0 = 0{,}475\, c_1$ und $\eta_{max} = 0{,}904$. Die Radgeschwindigkeiten müßten also bei Kondensationsbetrieb

$$0{,}475 \cdot 1170 = 556 \text{ m/sec},$$

bei Auspuffbetrieb

$$0{,}475 \cdot 880 = 418 \text{ m/sec}$$

sein. Die letztere Geschwindigkeit ist noch anwendbar. Die Abflußgeschwindigkeit wird $c_2 = 0{,}31\, c_1$, also 362 bzw. 273 m/sec.

Bei mehrstufigen Druckturbinen (Rateau, Zoelly) kommt in einem Rad nur ein Bruchteil des ganzen Arbeitsgefälles zur Ausnutzung. Je nach der Zahl der Stufen wird dann auch die Umfangsgeschwindigkeit kleiner.

Sollen Düsen vermieden werden, so darf das Druckgefälle eines Rades nach Abschn. 52 den kritischen Wert nicht überschreiten. Bei der Zoelly-Turbine ist das Druckgefälle in jeder Stufe gleich dem kritischen. Sie hat also die geringste, ohne Düsen mögliche Stufenzahl. Alle Räder einer Turbine besitzen gleiche Umfangsgeschwindigkeit und daher, weil sie miteinander umlaufen, gleiche Durchmesser. Bei den Rateau-Turbinen ist das Gefälle noch weiter unterteilt und die Umfangsgeschwindigkeit entsprechend kleiner.

Betreibt man eine einstufige Druckturbine mit kleinerer Umfangsgeschwindigkeit als dem obenerwähnten für den Wirkungsgrad günstigsten Wert, aber mit stoßfreiem Eintritt, so wird der Wirkungsgrad schlechter. Dies äußert sich in einer größeren absoluten Abflußgeschwindigkeit c_2. Man kann nun, um diese noch auszunützen, den abströmenden Dampf unmittelbar mit c_2 einem zweiten Rade zuführen, das dem Dampfe wieder einen Teil seiner Strömungsenergie entzieht. Die öftere Wiederholung dieses Vorganges ist möglich, aber der Nutzen wird schließlich durch erhöhte Reibungs- und Wirbelverluste begrenzt. Man nennt dieses Verfahren Geschwindigkeitsabstufung. Es dient ebenfalls zur Herabsetzung der Umlaufgeschwindigkeit.

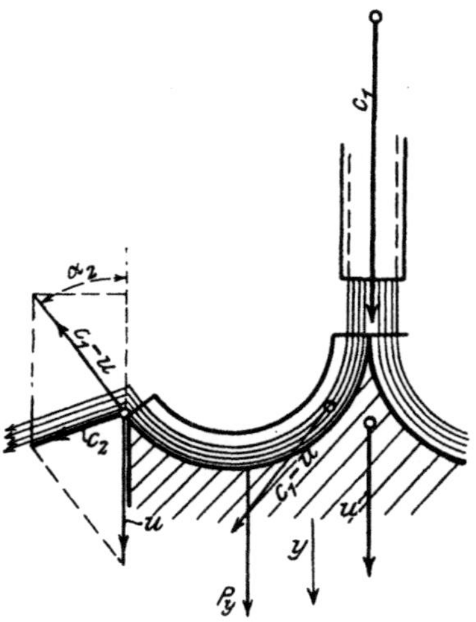

Fig. 193.

Auch vielstufige Druckturbinen können in den einzelnen Druckstufen noch mit Geschwindigkeitsstufen versehen sein (Curtis-Turbinen).

Druckturbinen haben den Vorzug, daß sie ohne besondere Vorrichtungen von Axialdrücken entlastet werden können. Dies ist nach Gl. 11 der Fall, wenn die Schaufelwinkel α_1 und α_2 von gleicher Größe sind.

Bei praktischen Ausführungen ist es mit Rücksicht auf die Anlagekosten im allgemeinen nicht möglich, Werte von $u : c_1$ bis 0,5 anzuwenden, man ist vielmehr genötigt, wenn man mäßige Umfangsgeschwindigkeiten und Tourenzahlen mit einer nicht allzu großen Zahl von Rädern (Druckstufen) erreichen will, unter $u : c_1 = 0{,}35$ zu bleiben. Nach Rateau[1]) kommen für die Praxis sogar nur Werte von $u : c_1 = 0{,}20$ bis $0{,}35$ in Frage und in besonderen Fällen (Schiffsturbinen) bis 0,10.

Die bei Hochdruck-Wasserturbinen (sog. Peltonrädern) so bewährte Schaufelform Fig. 193 hat sich bei den Dampfturbinen nicht eingeführt, weil der Dampfstrahl auf solchen Schaufeln ein ungünstiges Verhalten zeigt. Für den theoretischen Wirkungsgrad erhält man mit

$$L = P_y \cdot u$$

auf einfache Weise

$$\eta = 2\,\frac{u}{c_1}\left(1 - \frac{u}{c_1}\right)(1 + \cos\alpha_2).$$

Die günstigste Geschwindigkeit der Schaufeln ist auch hier

$$u = \tfrac{1}{2}\,c_1\,.$$

[1]) Zeitschr. f. Turbinenwesen 1911, S. 98.

76. Reaktion und Reaktionsarbeit beschleunigter Gas- und Dampfströme; reines Reaktionsrad; Vergleich mit dem Aktionsrad.

Wenn aus einem Gefäß mit ruhendem Inhalt ein Gas- oder Dampfstrahl austritt, Fig. 194, so nehmen alle ausströmenden Teile von gewissen Stellen im Inneren des Gefäßes an (A) bis dahin, wo sie das Gefäß verlassen (B), allmählich die Ausflußgeschwindigkeit an. Sie vollführen auf im allgemeinen nicht näher bestimmbaren, krummen Bahnen AB, $A'B'$ ungleichförmig beschleunigte Bewegungen. Bei der Entstehung einer solchen Bewegung müssen nach dem für alle Körper gültigen Massenbeschleunigungsgesetz Triebkräfte in der Richtung und im Sinne der Bewegung tätig sein. Ist m die Masse eines Strahlelementes (Fig. 194, Mündung I), w seine Geschwindigkeit, dt die Zeit zur

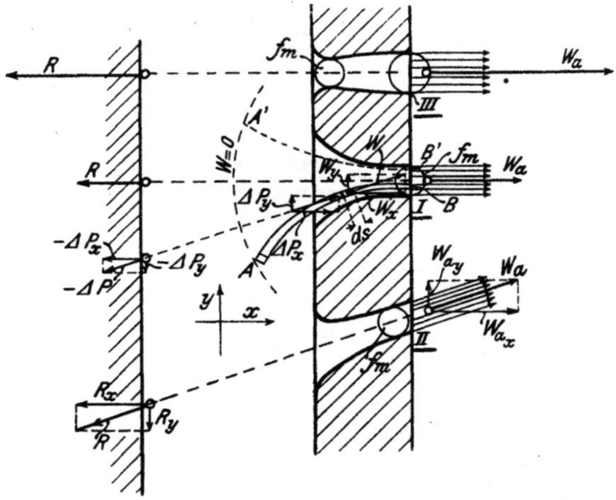

Fig. 194.

Zurücklegung des Wegelements ds in der Bewegungsrichtung, dw die Zunahme von w während dieser Zeit, also dw/dt die Bahnbeschleunigung, so ist die Triebkraft

$$\Delta P = m \cdot \frac{dw}{dt}.$$

Diese Kraft, die ihre Größe und Richtung während des Durchganges des Massenteilchens durch die Mündung fortwährend ändert, entsteht im Innern der Dampfmasse auf nicht näher angebbare Weise. Ihr Vorhandensein zeigt sich an ihrer experimentell leicht nachweisbaren Gegenkraft (Reaktion), ohne die sie nicht bestehen kann. Diese Gegenkraft überträgt sich durch die Gasmasse hindurch auf die Gefäßwände. Der Ort, wo sie am Gefäß angreift, ergibt sich durch Rückwärtsverlängerung der augenblicklichen Bewegungsrichtung, Fig. 194.

Im Beharrungszustand der Strömung (stationäre Strömung) treten nun alle die Triebkräfte und Reaktionen, die ein Strahlelement auf seinem Wege AB nacheinander erfährt, gleichzeitig auf und gleichzeitig mit denen aller anderen, auf anderen Wegen sich bewegenden Strahlteile. Um die Berechnung der Resultanten aller dieser Kräfte nach Größe und Richtung handelt es sich.

Berechnung der Gesamtreaktion. Man zerlegt den ganzen Strahl in eine große Zahl von Stromfäden, die nach den Bahnen AB der einzelnen Strahlelemente verlaufen. Die Masse eines sehr kurzen Teiles eines Stromfadens sei m. Die dazu gehörige Triebkraft ΔP wirkt in der Tangente des Stromfadens. Es ist zweckmäßig, sowohl ΔP, als die Geschwindigkeit w in Komponenten ΔP_x und ΔP_y, bzw. w_x und w_y zu zerlegen. Dann gilt (Abschn. 75)

$$\Delta P_x = m \cdot \frac{d w_x}{d t}$$

$$\Delta P_y = m \cdot \frac{d w_y}{d t}.$$

Der einzelne Stromfaden führt sekundlich einen kleinen Bruchteil des ganzen sekundlichen Ausflußgewichtes G_{sec}, das nach Abschn. 52 zu berechnen ist. Ist ΔG_{sec} dieser Bruchteil, so fließt in dt Sekunden durch den Stromfadenquerschnitt das Gewicht $\Delta G_{sec} \cdot dt$. Diese Menge ist identisch mit dem Stromfadenelement selbst, da zur Zeit dt die Bogenlänge ds gehört, Fig. 194. Es ist somit

$$m = \frac{\Delta G_{sec}}{g} \cdot dt.$$

Hiermit wird nun

$$\Delta P_x = m \cdot \frac{d w_x}{d t} = \frac{\Delta G_{sec}}{g} \cdot dt \cdot \frac{d w_x}{d t}$$

oder

$$\Delta P_x = \frac{\Delta G_{sec}}{g} \cdot d w_x,$$

ebenso

$$\Delta P_y = \frac{\Delta G_{sec}}{g} \cdot d w_y.$$

Durch Addition der sämtlichen wagerechten bzw. senkrechten Komponenten eines Stromfadens erhält man die Komponenten der Gesamtreaktion dieses Fadens. Da in ΔP_x und ΔP_y nur dw_x und dw_y veränderlich sind, so erhält man die gesuchten Summen durch Multiplikation von $\Delta G_{sec}/g$ mit den ganzen Änderungen der Strahlgeschwindigkeitskomponenten auf dem Wege AB. Diese sind gleich den Komponenten $(w_a)_x$ und $(w_a)_y$ von w_a, also ist

$$P_x = \frac{\Delta G_{sec}}{g} \cdot (w_a)_x$$

und

$$P_y = \frac{\Delta G_{sec}}{g} \cdot (w_a)_y.$$

Vorausgesetzt, daß alle Stromfäden parallel und mit gleichen Geschwindigkeiten w_a austreten, ergeben sich hieraus die Komponenten R_x und R_y der ganzen Strahlreaktion, wenn man an Stelle von ΔG_{sec} die ganze Menge G_{sec} setzt und das Vorzeichen umkehrt. Es wird dann

$$R_x = -\frac{G_{sec}}{g} \cdot (w_a)_x$$

und

$$R_y = -\frac{G_{sec}}{g} \cdot (w_a)_y.$$

Die Vorzeichen sind so aufzufassen, daß die Richtungen der Komponenten der Strahlreaktion den Richtungen der Komponenten der Austrittsgeschwindigkeit entgegengesetzt sind.

Die Gesamtreaktion, deren Richtung mit der Richtung des Strahles an der Austrittsstelle zusammenfällt, ist

$$R = \sqrt{R_x^2 + R_y^2}$$

$$R = \frac{G_{sec}}{g} \cdot w_a \quad . . . . \quad (1)$$

Größtwert der Reaktion bei einfachen Mündungen (Fig. 194 I und II). Die Austrittsgeschwindigkeit kann hier nach Abschn. 52 die Schallgeschwindigkeit w_m nicht übersteigen. Für Sattdampf ist daher mit den Werten von G_{sec} und w_m nach Abschn. 52

$$R_{max} = \frac{0{,}020 \cdot 323}{g} \cdot p_i f = 0{,}66 \cdot p_i f.$$

Bei $p_i = 10$ kg/qcm ergibt sich z. B. für jeden Quadratzentimeter Austrittsquerschnitt eine größte Reaktion vou **6,6 kg.**

Für Gase wird

$$R_{max} = \frac{2{,}15 \cdot 3{,}38}{g} \cdot p_i f = 0{,}74 \cdot p_i f,$$

also bei $p_i = 10$ at abs.

$$R_{max} = 7{,}4 \text{ kg}$$

für 1 qcm.

In den Fällen, wo der Mündungsdruck größer als der äußere Druck ist, ist auch die Reaktion um den Unterschied des Mündungsdrucks und des äußeren Drucks stärker; vgl. hierüber Abschn. 58.

Reaktion bei Düsenmündungen (Fig. 194 III). Da hier sehr erheblich größere Austrittsgeschwindigkeiten möglich sind, so ergeben sich auch entsprechend stärkere Reaktionskräfte. Bei Ausströmung von hochgespanntem Sattdampf in ein Vakuum von rd. 0,1 at lassen sich Geschwindigkeiten bis 1200 m erreichen. Dabei wird dann

$$R = \frac{G_{sec}}{g} \cdot 1200,$$

also für gleiche Querschnitte (bei der Düse auf f_{min} bezogen) $\frac{1200}{450} = 2{,}67$ mal so viel, als bei der einfachen Mündung. Bei 10 at Innendruck wird z. B. $R = 2{,}67 \cdot 6{,}6 = 17{,}6$ kg für 1 qcm. — Der größere Teil der Reaktion entsteht bei einer solchen Düse im erweiterten äußeren Teile.

Reaktionsarbeit. Solange das Ausströmgefäß festgehalten wird, verrichtet der Strahl keine mechanische Arbeit. Läßt man jedoch das Gefäß mit gleichförmiger Geschwindigkeit $u < w_a$ in der Richtung der Reaktion, dieser nachgebend, fortschreiten, so verrichtet die Reaktion, die jetzt mit R' bezeichnet werde, die sekundliche Arbeit

$$R' u = L.$$

Man erhält L wie folgt. Die Geschwindigkeit, mit welcher der Strahl am Mündungsende anlangt, ist w_a, die bei der Strahlbeschleunigung freigewordene lebendige Kraft somit $G_{sec} w_a^2/2g$ für G_{sec} kg. In den freien Raum tritt der Strahl mit der absoluten Geschwindigkeit $w_a - u$ aus; die Energie, die er mitnimmt, ist demnach $G_{sec} \frac{(w_a - u)^2}{2g}$. Der Unterschied ist die auf das Gefäß übertragene Reaktionsarbeit

$$L = G_{sec} \left[\frac{w_a^2}{2g} - \frac{(w_a - u)^2}{2g} \right]$$

oder

$$L = G_{sec}\left(\frac{w_a u}{g} - \frac{u^2}{2g}\right) \quad \ldots \ldots \ldots \ldots \quad (2)$$

Die Reaktionskraft $R' = \frac{L}{u}$ wird hiermit

$$R' = G_{sec}\left(\frac{w_a}{g} - \frac{u}{2g}\right) = G_{sec}\frac{w_a}{g}\left(1 - \frac{u}{2w_a}\right) \quad \ldots \ldots \quad (3)$$

also kleiner als die Reaktion der Ruhe $G_{sec}\frac{w_a}{g}$.

Die Nutzarbeit L ist abhängig von der Geschwindigkeit u des Gefäßes. Sie erreicht mit $u = w_a$ ihren Größtwert

$$L_{max} = G_{sec}\left(\frac{w_a^2}{g} - \frac{w_a^2}{2g}\right) = G_{sec}\frac{w_a^2}{2g},$$

die gesamte Strahlenergie wird dann in Nutzarbeit verwandelt. Der Strahl hat, wenn er die Mündung verläßt, gar keine absolute Geschwindigkeit mehr.

Bei kleinerer Gefäßgeschwindigkeit wird nur der Bruchteil

$$\eta = \frac{L}{\frac{w_a^2}{2g}} = 2\cdot\frac{u}{w_a} - \left(\frac{u}{w_a}\right)^2 \quad \ldots \ldots \ldots \ldots \quad (4)$$

in Nutzarbeit umgesetzt. Für $u = \frac{1}{2}w_a$ wird z. B. $\eta = 1 - \frac{1}{4} = 0{,}75$, während bei der Arbeitsgewinnung mittels Strahlablenkung (Aktion) der Wirkungsgrad mit $u = \frac{1}{2}w_a$ schon $\eta = 1$ ist.

Bei gleichem Wirkungsgrad verlangt die Reaktionswirkung größere Gefäßgeschwindigkeiten.

Beispiele. 1. Man könnte daran denken, die Strahlreaktion zur Bewegung von Fahrzeugen, insbesondere von Luftfahrzeugen zu verwenden. Ein auf dem Fahrzeug aufgestellter, von einem Motor angetriebener Kompressor könnte Druckluft erzeugen, die durch Mündungen ausströmen müßte. Die Strahlreaktion würde das Fahrzeug entgegen der Strahlrichtung bewegen.

Dabei ist nun, abgesehen von allem anderen, zu bedenken, daß die Fahrgeschwindigkeit u an Grenzen gebunden ist, die viel tiefer liegen, als Luftausflußgeschwindigkeiten w_a, die auch nur mäßigen Überdrücken entsprechen. Man müßte daher, um annehmbare Wirkungsgrade zu erzielen, verhältnismäßig kleine Überdrücke und Luftgeschwindigkeiten anwenden. Bei $u = 20$ m/sec, $w_a = 100$ m/sec würde noch

$$\eta = 2\cdot\left(\frac{20}{100}\right) - \left(\frac{20}{100}\right)^2 = 0{,}36.$$

Davon ginge der Wirkungsgrad des Gebläses ab.

Die Nutzarbeit in Pferdestärken ist

$$N = \frac{L}{75},$$

also

$$N = \frac{G_{sec}}{75g}\cdot\left(w_a u - \frac{u^2}{2}\right),$$

somit das erforderliche sekundliche Luftgewicht für 1 PS

$$\frac{G_{sec}}{N} = \frac{736}{w_a u - \frac{u^2}{2}}.$$

Bei $w_a = 100$, $u = 20$ m/sec müßten demnach sekundlich für 1 PS $\frac{736}{100 \cdot 20 - 200} = 0{,}408$ kg $= 0{,}316$ cbm von 0^0 und 760 mm verarbeitet werden.

2. **Reines Reaktionsrad.** Am Umfang einer mit zentraler Dampfzuführung versehenen, drehbar gelagerten Trommel seien Mündungen in einer gegen den Radius geneigten Richtung angebracht, Fig. 195. Die Reaktionsdrücke, die in die Austrittsrichtung des Strahles fallen, suchen das Rad entgegengesetzt der Strahlrichtung zu drehen. Das größte Drehmoment ergibt, bei gleichem Abstand der Mündungsmitte von der Achse, die tangential gerichtete Mündung II, ein kleineres die dazu schräge Mündung III, gar kein Moment die radiale Mündung I.

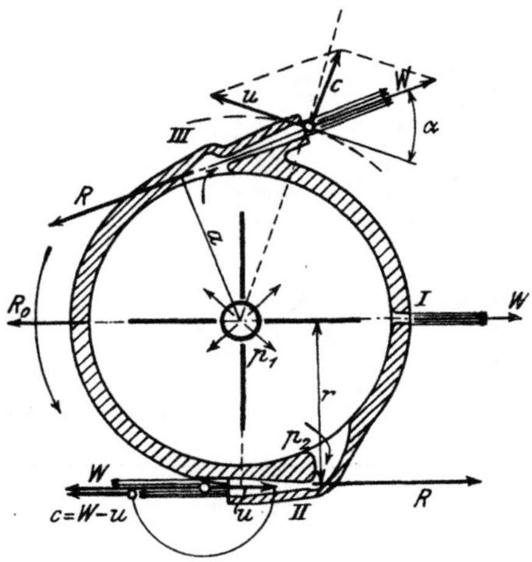

Fig. 195.

Soll der Strahl bei den üblichen Dampfdrücken die volle Reaktion entwickeln, so müssen die Mündungen als D ü s e n ausgebildet sein.

Läßt man die Trommel, dem Reaktionsdruck nachgebend, mit einer beliebigen unveränderlichen Umfangsgeschwindigkeit rotieren, indem man auf die Trommelwelle eine Bremse oder einen entsprechenden Nutzwiderstand wirken läßt, so verrichtet die Reaktion Nutzarbeit.

Ist R die Reaktion im Zustande der gleichförmigen Drehung, so ist die Nutzarbeit bei der tangentialen Mündung II

$$L = R u,$$

bei der schrägen Mündung III

$$L = R u \cos \alpha.$$

Wie groß nun L im einzelnen Falle wird, hängt davon ab, mit welcher absoluten Geschwindigkeit c der Dampf in den freien Raum außerhalb der Trommel ausströmt. Bei Mündung II ist $c = w - u$, mit w als Strahlgeschwindigkeit im Mündungsende. Für Mündung III erhält man c als Diagonale des Parallelogramms aus den Seitengeschwindigkeiten w und u des Strahles.

Bei gleichen Werten von u und w wird c um so kleiner, je kleiner α ist, also am kleinsten bei der tangentialen Mündung. Diese wird unter sonst gleichen Umständen die größte Nutzarbeit liefern.

N u t z a r b e i t d e r t a n g e n t i a l e n M ü n d u n g. Der Dampf strömt in der Achse des Rades zu und wird durch die Zentrifugalkraft gegen den inneren Umfang geschleudert. Dadurch wird die Dampfspannung p_2 vor dem Eintritt in die Mündung höher als die ursprüngliche Dampfspannung p_1. Zur Verdichtung von p_1 auf p_2 steht die Arbeit zur Verfügung, die auf das Kilogramm Dampf durch die Schleuderkräfte auf dem Wege vom Mittelpunkt bis zum Umfang übertragen wird. Diese Arbeit ist nach einem bekannten Satze der Mechanik $u^2/2\,g$. Die mit diesem Werte gleiche Verdichtungsarbeit für die Druckerhöhung von p_1 auf p_2 wird in Fig. 196 durch die Fläche *a b f e* dargestellt. Verrichtet wird diese Arbeit durch die Turbine selbst.

Die Strömungsgeschwindigkeit w in der Mündung wird durch das adiabatische Arbeitsgefälle Fläche $efcde$ zwischen p_2 und dem Außendruck p' bedingt. Ist L_0 das Arbeitsgefälle des zufließenden Dampfes (in der Radmitte), Fläche $abcd$, so könnte mit dem Dampf in diesem Zustand eine Ausflußgeschwindigkeit w_0 erzielt werden, die sich aus

$$L_0 = \frac{w_0^2}{2g}$$

ergibt.

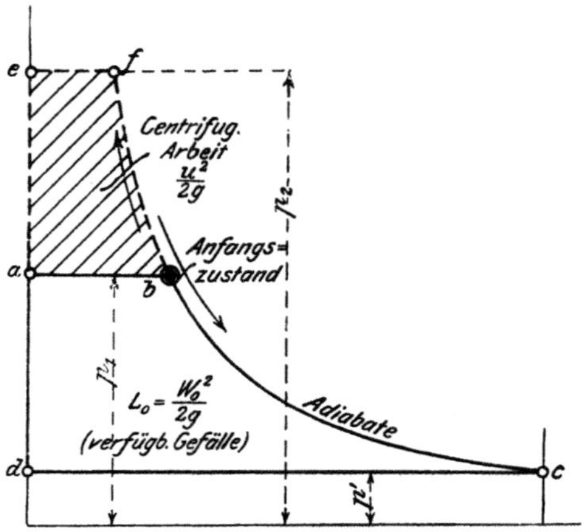

Fig. 196.

Infolge der Schleuderwirkung wird die Ausflußgeschwindigkeit $w > w_0$. Sie berechnet sich aus

$$\frac{w^2}{2g} = L_0 + \frac{u^2}{2g}$$

$$= \frac{w_0^2}{2g} + \frac{u^2}{2g}.$$

Bei gegebener Umfangsgeschwindigkeit u, Dampfspannung p_1 und Außenspannung p' kann somit w berechnet werden aus

$$w = \sqrt{w_0^2 + u^2} = \sqrt{2g\,L_0 + u^2}.$$

Die absolute Austrittsgeschwindigkeit ist nun $w - u$, die ihr entsprechende lebendige Kraft von 1 kg Strahlmasse $\frac{(w-u)^2}{2g}$. Dies ist der Arbeitsverlust. Die Nutzarbeit ist daher

$$L = \frac{w_0^2}{2g} - \frac{(w-u)^2}{2g}.$$

Mit dem Werte von w wird

$$L = \frac{w_0^2}{2g} - \frac{(\sqrt{w_0^2 + u^2} - u)^2}{2g}$$

$$= \frac{u}{g}\cdot(\sqrt{w_0^2 + u^2} - u),$$

oder auch

$$L = \frac{u}{g}\cdot(w - u).$$

Der Wirkungsgrad des Rades wird

$$\eta = \frac{L}{L_0} = 1 - \left[\sqrt{1 + \left(\frac{u}{w_0}\right)^2} - \frac{u}{w_0}\right]^2 \quad \ldots\ldots\ldots (5)$$

Hieraus folgt umgekehrt

$$\frac{u}{w_0} = \frac{1}{2}\,\frac{\eta}{\sqrt{1-\eta}} \quad \ldots\ldots\ldots\ldots (6)$$

Beispiel. Ein reines Reaktionsrad soll mit gesättigtem Dampf von 10 at abs. bei 0,1 at Kondensatordruck betrieben werden. Wie groß muß seine Umfangsgeschwindigkeit sein bei einem Wirkungsgrad $\eta = 0,3$ bzw. $\eta = 0,7$? Wieviel minutliche Umdrehungen macht es bei 1 m Raddurchmesser?

Nach der JS-Tafel ist das Wärmegefälle von 10 auf 0,1 at gleich 166 Cal. Man hat also nach Abschn. 54

$$w_0 = 91{,}53\sqrt{166} = 1180 \text{ m/sec.}$$

Ferner wird nach Gl. 6 für

$$\eta = 0{,}3 \qquad 0{,}7,$$

$$\frac{u}{w_0} = 0{,}179 \qquad 0{,}639,$$

also

$$u = \underline{212} \qquad \underline{755} \text{ m/sec,}$$

somit

$$n = \frac{60\,u}{\pi \cdot 1} \cong 4000 \qquad 14\,400 \text{ minutl. Umdr.}$$

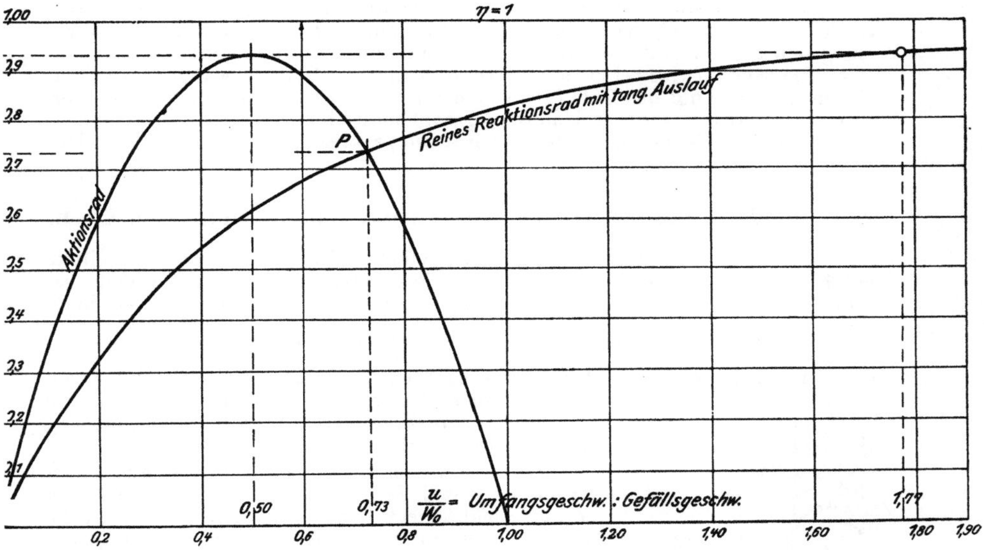

Fig. 197.

Das Verdichtungsgefälle $u^2/2g$ in Cal. wird

$$\frac{A\,u^2}{2g} = 5{,}4 \qquad 68,$$

daher der Verdichtungsdruck am Düseneingang

$$p_2 \cong 11{,}4 \qquad \text{ca. } 40 \text{ at,}$$

und die Dampftemperatur

$$t_2 \cong 190^0 \qquad \text{ca. } 330^0.$$

Die obige allgemeine Entwicklung gilt auch für Gase.

Vergleich zwischen dem reinen Reaktionsrad und dem Aktionsrad mit 15⁰ Leitradwinkel nach Fig. 192. In Fig. 197 sind die Wirkungsgrade beider Räder nach den entwickelten Formeln als Ordinaten zu den Verhältnissen u/w_0 von Umfangs- und Gefällsgeschwindigkeit als Abszissen aufgetragen.

Das **Reaktionsrad** erreicht einen nahe bei 1 liegenden Wirkungsgrad erst bei einer Umfangsgeschwindigkeit, die ein Mehrfaches der Gefällsgeschwindigkeit ist, den Wert 1 erst bei $u/w_0 = \infty$. (Das Aktionsrad mit Peltonschaufelung und vollständiger Richtungsumkehr würde $\eta = 1$ schon bei $u = 0{,}5\,w_0$ erreichen.)

Das **Aktionsrad** besitzt bei $u = 0{,}5\,w_0$ seinen größten Wirkungsgrad $\eta = 0{,}932$. Sollte das Reaktionsrad den gleichen Wert erreichen, so müßte es mit der $1{,}77/0{,}5 = 3{,}54$fachen Umfangsgeschwindigkeit des Aktionsrades laufen, also bei $w_0 = 900$ m/sec mit $0{,}5 \cdot 900 \cdot 3{,}54 = \mathbf{1590}$ **m/sec,** einem praktisch unmöglichen Werte.

Bei $\eta = 0{,}70$ ermäßigt sich das Verhältnis der Umfangsgeschwindigkeiten auf das $0{,}65/0{,}25 = 2{,}6$fache; für das Aktionsrad wäre

$$u = 0{,}25 \cdot 900 = 225 \text{ m/sec},$$

für das Reaktionsrad

$$u = 0{,}65 \cdot 900 = 585 \text{ m/sec}.$$

Ein Aktionsrad, das mit 0,73facher Dampfgeschwindigkeit umläuft, also schneller als normal, würde nach Fig. 197 keinen größeren Wirkungsgrad als ein gleich schnell umlaufendes Reaktionsrad besitzen, Punkt P.

Die Strömungsverluste dürften beim Reaktionsrad geringer sein. Durch Unterteilung des Gefälles in eine größere Anzahl von Stufen wäre auch hier eine Verringerung der Umdrehungszahl möglich.

Das reine Reaktionsrad hat bisher keine praktische Verwendung gefunden.

77. Gleichzeitiges Auftreten von Aktions- und Reaktionskräften.

Ist wie in Fig. 198 (unten) an eine Gefäßmündung mit gerader Mittellinie ein Krümmer mit gleichem Querschnitt angeschlossen, so wird in dem geraden Kanalteil der Strahl beschleunigt. Dort entsteht die Reaktionskraft $R_r = \frac{G_{sec}}{g} \cdot w_a$; im gekrümmten Teile wird der Strahl nur abgelenkt; dort entsteht die nach Abschn. 75 berechenbare Aktionskraft R_A. Beide Kräfte lassen sich zu einer Resultanten R zusammensetzen, die nach Größe und Richtung die vereinigte Wirkung von Reaktion und Aktion darstellt.

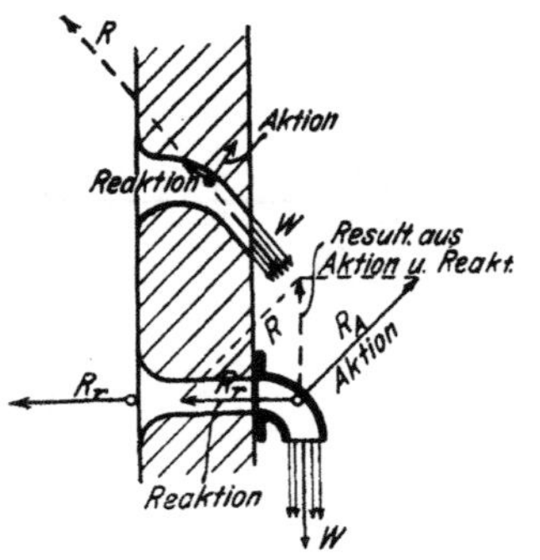

Fig. 198.

Ähnlich liegen die Verhältnisse in einem gekrümmten Kanal, Fig. 198 oben. Jedes Strahlteilchen ergibt gemäß der Bahnkrümmung Aktionsdrücke und entsprechend der augenblicklichen, von den Querschnittsverhältnissen abhängigen Bahnbeschleunigung Reaktionsdrücke. Die Einzelkräfte R_r und R_A lassen sich aber in diesem Falle nicht ohne weiteres angeben.

Der resultierende Druck kann in jedem Falle einfach berechnet werden, sobald die Eintritts- und Austrittsgeschwindigkeiten nach Größe und Richtung bekannt sind.

Da nämlich nicht nur die Reaktionskräfte Beschleunigungskräfte sind, sondern auch die Aktionskräfte durch die Seitenbeschleunigungen der ihre Richtung ändernden Bahngeschwindigkeit entstehen, so können beide Kräfte in einem einzigen rechnerischen Ansatz berücksichtigt werden. Die Komponenten des Gesamtdrucks eines Massenpunktes sind den totalen Änderungen dw_x und dw_y seiner Geschwindigkeit proportional, gleichgültig ob diese Änderungen durch Ablenkung oder durch Bahnbeschleunigung oder durch beide Ursachen entstehen.

Führt man die gleiche Rechnung, wie in Abschn. 75 für den gekrümmten freien Strahl, für einen in einem gekrümmten ruhenden Kanal von veränderlichem Querschnitt, Fig. 199, fortschreitenden Strahl aus, dessen Geschwindigkeit beim Durchgang von w_1 auf w_2 wächst, so ergibt sich folgendes:

Zerlegt man w_1 in Komponenten w_{1x} und w_{1y}, ebenso w_2 in w_{2x} und w_{2y}, so erkennt man, daß in der Richtung $-x$ die Geschwindigkeit um $w_{1x}+w_{2x}$ zunimmt.

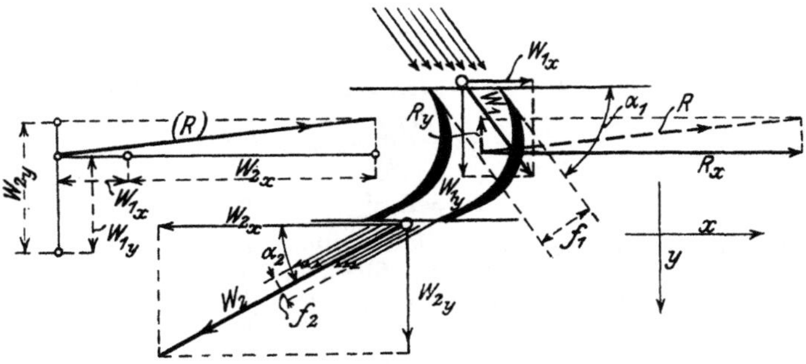

Fig. 199.

Dieser Beschleunigung entspricht eine in der Richtung $-x$ auf den Strahl wirkende Druckkomponente im Betrage von

$$R_x = \frac{G_{sec}}{g}(w_{1x}+w_{2x}) \quad \ldots \ldots \ldots \ldots \quad (1)$$

Die auf die Schaufelung wirkende Gegenkraft dieser Kraft ist die wagerechte Komponente R_x des gesamten Strahldrucks.

In der Richtung $+y$ nimmt die Geschwindigkeit um $w_{2y}-w_{1y}$ zu. Dieser Beschleunigung entspricht eine auf den Strahl nach unten wirkende Beschleunigungskraft $\frac{G_{sec}}{g}(w_{2y}-w_{1y})$. Die Gegenkraft dieser Kraft ist die auf die Kanalwände wirkende, nach oben gerichtete Schaufeldruckkomponente R_y. Wäre $w_{1y}>w_{2y}$, so würde R_y nach unten gerichtet sein.

Der gesamte Strahldruck ist nach Größe und Richtung die Resultante aus R_x und R_y.

Für das Drehmoment der Schaufeldrücke um einen beliebigen Punkt gilt nach Abschn. 75, Gl. 9.

$$M = -\frac{G_{sec}}{g}(w_2 a_2 - w_1 a_1)$$

mit a_1 und a_2 als senkrechten Abständen der Ein- und Austrittstangenten vom Drehpunkt. In Punkten der Resultante ist $M=0$, also $w_2 a_2 = w_1 a_1$. Man findet somit Lage und Richtung der Resultante von P_x und P_y, indem man w_1 und $-w_2$ wie Kräfte behandelt. Fig. 200 läßt dies erkennen. Hiernach kann auch in Fig. 199 die genaue Lage von R eingetragen werden, die in dieser Figur nur schätzungsweise angenommen ist.

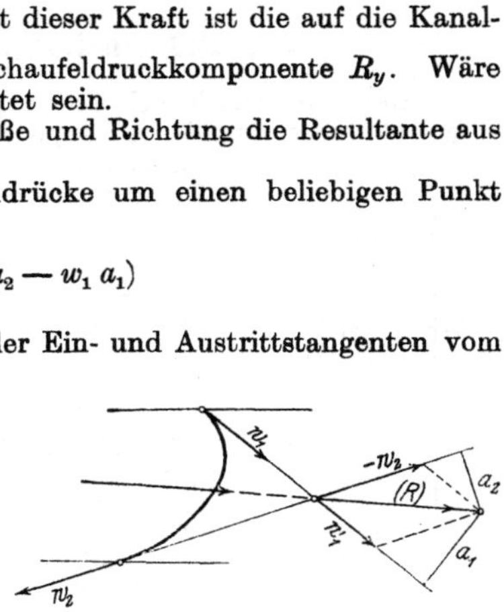

Fig. 200.

Wendet man dieses Ergebnis auf die Mündung mit Krümmer, Fig. 198, an, so folgt, daß die Resultante der Aktionskraft R_A und der Reaktionskraft R_r, die beide auch einzeln bestimmt werden können, vertikale Richtung nach oben hat. Denn die wagerechte Strahlgeschwindigkeit ist sowohl innen im Gefäß, als auch an der Ausmündung gleich Null. Der Strahl erleidet in wagerechter Richtung keine Geschwindigkeitsänderung; nur die senkrechte Komponente wächst von 0 auf w_a an und der entsprechende Strahldruck, der senkrechte Richtung besitzt, ist gleich $\frac{G_{sec}}{g} w_a$.

Im einzelnen ist

$$R_A = \frac{G_{sec}}{g} w_a \sqrt{2}$$

(nach Abschn. 75) unter 45° nach oben am Krümmer wirkend,

$$R_r = \frac{G_{sec}}{g} w_a \text{ am Gefäß,}$$

somit

$$R_A = R_r \sqrt{2}, \quad R = R_r.$$

Das Dreieck aus R_A, R_r und R ist also rechtwinklig, wie es sein muß.

Der gesamte Strahldruck läßt sich überhaupt, wenn $w_1 = 0$ ist, berechnen, als ob er nur von der Reaktion herrührte, seine Richtung fällt in die Austrittsrichtung des Strahles und ist der Bewegungsrichtung entgegengesetzt.

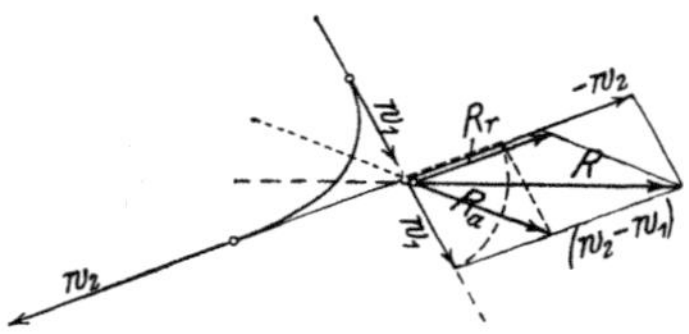

Fig. 201.

Ist $w_1 > 0$, so läßt Fig. 199 (Nebenfigur) erkennen, wie die Richtung des resultierenden Schaufeldruckes zu bestimmen ist. Sie ist nicht mehr der Austrittsrichtung parallel. Das Ergebnis ist das gleiche wie nach Fig. 200.

Die Trennung der Aktions- und Reaktionskräfte läßt sich beim gekrümmten Kanal durchführen, wie Fig. 201 zeigt. R_A wird gefunden als Diagonale im Rhombus mit w_1 als Seiten. R_r ist mit $w_2 - w_1$ verhältnisgleich und fällt in die Richtung von w_2. R ist die Resultante aus beiden, aber auch die Diagonale im Parallelogramm aus w_1 und $-w_2$, wie nötig.

77a. Die einstufige Überdruck-Dampfturbine.

Denkt man sich auf einer schmalen Kreisringfläche viele Schaufeln nach Fig. 199 hintereinander so angeordnet, daß eine ununterbrochene Reihe von Kanälen entsteht, so erhält man das Laufrad einer axialen Überdruckturbine, Fig. 203. Es erhält seinen Dampf aus einer dazugehörigen Gruppe von Zuführungskanälen in der durch das Eintrittsparallelogramm vorgeschriebenen Richtung. Dieses zweite feststehende Rad heißt das Leitrad.

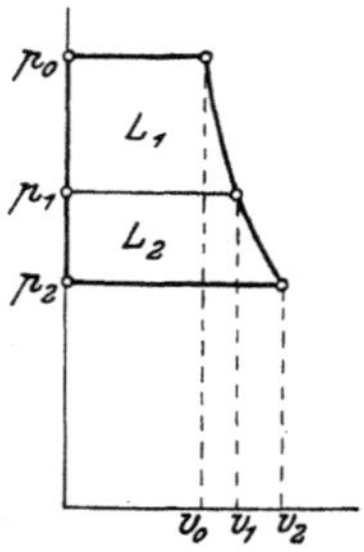

Fig. 202.

Beim Durchgang durch das Leit- und Laufrad, die zusammen die Überdruckturbine bilden, expandiert der Dampf vom Anfangsdruck p_0 auf den Gegendruck p_2. Dabei wird die Arbeitsfläche $L_0 = L_1 + L_2$, Fig. 202, in Geschwindigkeit umgesetzt. Ist p_1 der Dampfdruck im Austrittsquerschnitt des Leitrades und im Raume zwischen dem Leit- und Laufrad, dem Spalt, so wird im Leitrad die Arbeitsfläche L_1 zwischen p_0 und p_1, im Laufrad L_2 zwischen p_1 und p_2 in Geschwindigkeit umgesetzt. Das Verhältnis

$$\varrho = L_2 : L_0 \quad \ldots \ldots \ldots \ldots \quad (2)$$

ist der Reaktionsgrad. Je kleiner L_2 gegen L_0 ist, um so näher liegt der Fall dem des Aktionsrads ($\varrho = 0$), je kleiner L_1 ist, um so näher dem des reinen Reaktionsrads ($\varrho = 1$). Häufig findet sich $\varrho = \frac{1}{2}$.

Bewegt sich der Kanal nach Fig. 199 in der Richtung x mit der gleichförmigen Geschwindigkeit u, so leistet die Strahldruckkomponente R_x sekundlich die Arbeit $R_x \cdot u$. Die stoßfreie Zuführung des Strahles verlangt, wie bei dem Aktionsrad, daß die absolute Zuflußgeschwindigkeit c_1 die Diagonale in dem Parallelogramm aus w_1 und u ist, Fig. 203. Der Strahl bringt vermöge seiner Geschwindigkeit c_1 die Arbeitsfähigkeit $L_1 = c_1^2 : 2g$ mkg/kg mit. Im Schaufelkanal selbst muß er, wenn er diesen ausfüllen soll, seine Geschwindigkeit von w_1 auf w_2 vergrößern. Dies ist nur denkbar, wenn zwischen der Ein- und Austrittsstelle des Kanals ein Druckunterschied besteht (Spaltüberdruck), der den Strahl durch die Schaufel preßt und beschleunigt. Der Zuwachs an Arbeitsfähigkeit, den der Strahl hierdurch erfährt, ist $L_2 = w_2^2 : 2g - w_1^2 : 2g$. Die gesamte Arbeitsfähigkeit des Strahles zwischen der Ein- und Austrittsstelle ist somit, ausgedrückt in den Dampfgeschwindigkeiten,

$$L_0 = \frac{c_1^2}{2g} + \frac{w_2^2}{2g} - \frac{w_1^2}{2g}$$

und der Reaktionsgrad

$$\varrho = \frac{L_2}{L_0} = \frac{w_2^2 - w_1^2}{c_1^2 + w_2^2 - w_1^2} \quad \ldots \ldots \ldots \quad (3)$$

Dem zwischen dem Anfangsdruck p_0 und dem Gegendruck p_2 liegenden Arbeitsgefälle würde bei vollständiger Umsetzung eine Ausflußgeschwindigkeit c entsprechen (Gefällegeschwindigkeit), die sich aus

$$\frac{c^2}{2g} = L_0$$

ergibt.

Die wirkliche Austrittsgeschwindigkeit c_1 aus dem Leitrad ist nur

$$c_1 = c\sqrt{1 - \varrho}, \quad \ldots \ldots \ldots \quad (4)$$

da

$$\frac{c_1^2}{2g} = L_1 = (1 - \varrho)\, L_0$$

ist.

Im Laufrad wird die anfängliche (relative) Geschwindigkeit w_1 durch Umsetzung von L_2 auf w_2 vergrößert. Hierfür gilt

$$\frac{w_2^2}{2g} - \frac{w_1^2}{2g} = L_2 = \varrho\, L_0$$

oder mit der Gefällegeschwindigkeit c anstatt mit L_0

$$w_2^2 - w_1^2 = \varrho\, c^2 \quad \ldots \ldots \ldots \quad (5)$$

Zur Bestimmung von w_2 und w_1 sind die Querschnittsverhältnisse heranzuziehen. Durch jeden Querschnitt fließt im Beharrungszustand der Turbine sekundlich das gleiche Gewicht („Kontinuität“). Für den Austrittsquerschnitt des Leitrads (f_0) ist dieses Gewicht

$$G_{sec} = \frac{f_0 c_1}{v_1},$$

für den Eintrittsquerschnitt f_1 des Laufrads

$$G_{sec} = \frac{f_1 w_1}{v_1},$$

mit v_1 als spez. Volumen an diesen Stellen. Daraus folgt

$$\frac{f_0}{f_1} = \frac{w_1}{c_1},$$

$$w_1 = \frac{f_0}{f_1} \cdot c_1 .$$

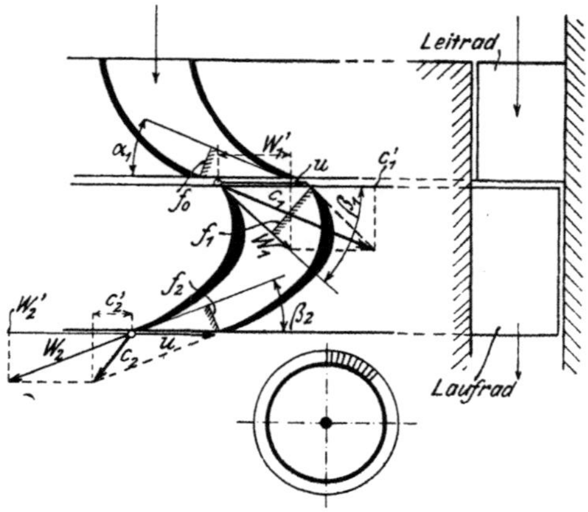

Fig. 203.

Für die Austrittsquerschnitte des Laufrads und Leitrads folgt ebenso

$$\frac{f_0 c_1}{v_1} = \frac{f_2 w_2}{v_2},$$

somit

$$w_2 = c_1 \cdot \frac{f_0}{f_2} \cdot \frac{v_2}{v_1} .$$

Mit dem Werte von c_1 aus Gl. 4 wird daher die relative Austrittsgeschwindigkeit

$$w_2 = c \cdot \frac{f_0}{f_2} \cdot \frac{v_2}{v_1} \sqrt{1 - \varrho}$$

und mit Gl. 5 die relative Eintrittsgeschwindigkeit im Laufrad

$$w_1 = \sqrt{w_2^2 - \varrho c^2}$$

oder

$$w_1 = c \cdot \sqrt{(1 - \varrho) \left(\frac{f_0}{f_2} \frac{v_2}{v_1}\right)^2 - \varrho} \, .$$

Es ist hiermit

$$\frac{w_1}{w_2} = \sqrt{1 - \frac{\varrho}{1 - \varrho} \left(\frac{f_2}{f_0} \frac{v_1}{v_2}\right)^2} \quad \ldots \ldots \ldots \ldots (6)$$

Andererseits folgt aus der Kontinuität zwischen f_1 und f_2

$$\frac{w_1}{w_2} = \frac{f_2}{f_1} \cdot \frac{v_1}{v_2} .$$

Durch Gleichsetzen dieser beiden Ausdrücke ergibt sich

$$\left(\frac{v_2}{v_1}\right)^2 = \left(\frac{f_2}{f_1}\right)^2 + \frac{\rho}{1 - \rho} \cdot \left(\frac{f_2}{f_0}\right)^2 \quad \ldots \ldots \ldots (7)$$

Man erkennt hieraus, daß der Reaktionsgrad nicht allein von den Querschnittsverhältnissen bzw. Winkeln der Schaufelung abhängt wie bei Wasserturbinen, sondern auch von der räumlichen Ausdehnung des Dampfes $v_2 : v_1$. Einem bestimmten Wert von $v_2 : v_1$ entspricht nun bei gegebenem Druck ein ganz bestimmtes Arbeitsgefälle im Laufrad gemäß den oben für L_2 entwickelten Ausdrücken. Der Reaktionsgrad einer bestimmten Schaufelung ist also verschieden je nach dem absoluten Gefälle, das verarbeitet wird. Umgekehrt wird auch das absolute Gefälle, das eine Turbine verarbeiten kann, außer durch die Querschnittsverhältnisse noch durch den Reaktionsgrad bedingt.

Soll die Laufradschaufel, wie meist üblich, mit gleichbleibender radialer Breite ausgeführt sein (Fig. 203), so ist

$$\frac{f_2}{f_1}=\frac{\sin\beta_2}{\sin\beta_1},\qquad \frac{f_2}{f_0}=\frac{\sin\beta_2}{\sin\alpha_1}.$$

Hat dagegen das Laufrad am Eintritt die radiale Länge a_1, am Austritt a_2, so ist

$$\frac{f_2}{f_1}=\frac{a_2}{a_1}\frac{\sin\beta_2}{\sin\beta_1},\qquad \frac{f_2}{f_0}=\frac{a_2}{a_1}\cdot\frac{\sin\beta_2}{\sin\alpha_1}\quad\ldots\ldots\quad(9)$$

Besonderer Fall. Schaufelung mit gleichen Austrittswinkeln am Leit- und Laufrad, $\alpha_1=\beta_2$, und gleichbleibender radialer Schaufellänge $\alpha_1=\alpha_2$. Man erhält aus Gl. 7 mit $f_2=f_0$

$$\varrho=\frac{\left(\frac{v_2}{v_1}\right)^2-\left(\frac{f_0}{f_1}\right)^2}{1+\left(\frac{v_2}{v_1}\right)^2-\left(\frac{f_0}{f_1}\right)^2}\quad\ldots\ldots\ldots\ldots\quad(10)$$

Für tropfbare Flüssigkeit, $v_2=v_1$, wäre hiermit

$$\varrho=\frac{1-\left(\frac{f_0}{f_1}\right)^2}{2-\left(\frac{f_0}{f_2}\right)^2}.$$

Da nun die Austrittswinkel β_2 wegen des Wirkungsgrades klein gewählt werden müssen, also $(f_0/f_1)^2$ ein verhältnismäßig kleiner Bruch wird, so liegt im allgemeinen ϱ in der Nähe von $^1/_2$, besonders für $\beta_1=90^0$, wo f_1 am größten ist.

Für elastische Flüssigkeiten ist dagegen stets $v_2:v_1>1$, selbst bei sehr kleinen Gefällen. Der Reaktionsgrad ist also um so mehr gleich $^1/_2$ oder sogar größer je nach dem Gefälle. Genau halbe Reaktion hat man für

$$\left(\frac{v_2}{v_1}\right)^2-\left(\frac{f_0}{f_1}\right)^2=1,$$

also

$$\frac{v_2}{v_1}=\sqrt{1+\left(\frac{f_0}{f_1}\right)^2}\quad\ldots\ldots\ldots\ldots\quad(11)$$

Beispiel. Die Grenzen der Druckgefälle für Schaufelung mit halber Reaktion und gleichen Austrittswinkeln am Leitrad und Laufrad zu bestimmen.

Die Winkel α_1 und β_1 sind an gewisse Grenzen gebunden und damit auch das Verhältnis $\frac{\sin\alpha_1}{\sin\beta_1}=\frac{f_0}{f_1}$.

Als kleinster Wert von α_1 (und β_2) ist etwa 15^0 anzusehen, als größter 22^0 (mit Rücksicht auf den weiter unten behandelten Wirkungsgrad). Ferner kann $\sin\beta_1$ höchstens gleich 1 sein ($\beta_1=90^0$) und der Kleinstwert von β_1 liegt bei 40^0-50^0, bisweilen noch darunter. Der Kleinstwert von $\sin\alpha_1/\sin\beta_1$ ist somit gleich $\sin 15^0$ (mit $\alpha_1=15^0$, $\beta_1=90^0$), der Größtwert etwa gleich $\sin 22^0/\sin 45^0$.

Hiermit ergeben sich die Werte des kleinstmöglichen und des größtmöglichen Ausdehnungsverhältnisses im **Laufrad** nach Gl. 7 bzw. 11

$$\left(\frac{v_2}{v_1}\right)_{min} = 1{,}033$$

und

$$\left(\frac{v_2}{v_1}\right)_{max} = 1{,}132\,.$$

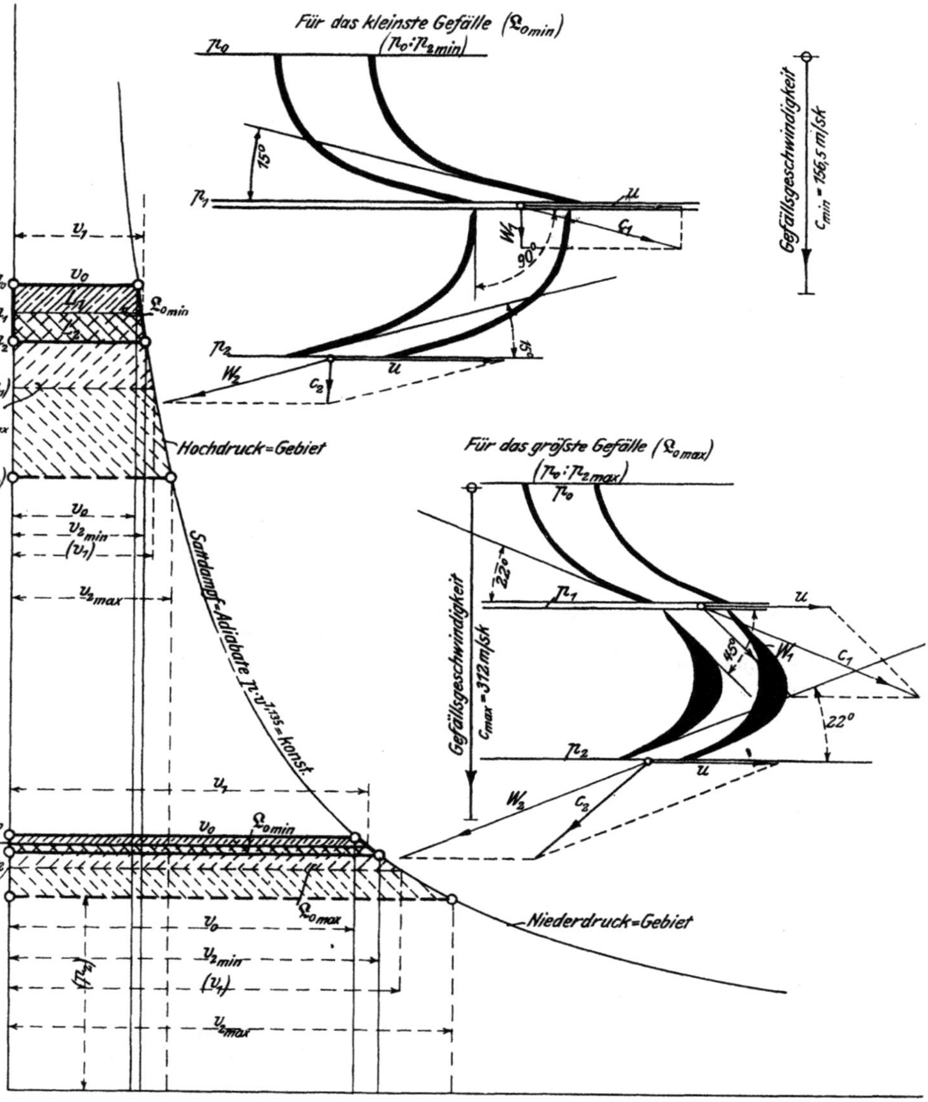

Fig. 204.

Für trockenen Sattdampf wird daher das Druckgefälle, das eine Einzelturbine $\left(\text{mit } \varrho = \frac{1}{2},\ \alpha_1 = \beta_2\right)$ mindestens verarbeiten muß, mit $k = 1{,}135$

$$\left(\frac{p_0}{p_2}\right)_{min} = (2 \cdot 1{,}033^{0{,}135} - 1)^{\frac{1{,}135}{0{,}135}} = 1{,}0765,$$

entsprechend etwa 3 Cal. Wärmegefälle, und das größte Gefälle, das sie verarbeiten kann,

$$\left(\frac{p_0}{p_2}\right)_{max} = 1{,}323,$$

entsprechend etwa 11 Cal.

Das Diagramm Fig. 204 zeigt diese Verhältnisse maßstäblich für Sattdampf im Hochdruck- und Niederdruckgebiet, sowie die dazu gehörigen Schaufelungen.

Die obere Figur entspricht dem kleinstmöglichen, die untere dem größtmöglichen Gefälle bei halber Reaktion.

Für Heißdampf ($k = 1{,}3$) wird dagegen

$$\left(\frac{p_0}{p_2}\right)_{min} = 1{,}088$$

und

$$\left(\frac{p_0}{p_2}\right)_{max} = 1{,}372,$$

also nur wenig mehr als für Sattdampf. Fast die gleichen Werte würden sich für Gase ergeben.

Schaufelungen mit gleichen (kleinen) Austrittswinkeln $\alpha_1 = \beta_2$ und gleicher Länge $a_1 = a_2$ arbeiten demnach bei kleinen Gefällen mit annähernd halber Reaktion. Umgekehrt bedingt halbe Reaktion bei solchen Schaufeln kleine Gefälle.

78. Die Radgeschwindigkeit und der Gang der Berechnung für die reibungsfreie einstufige Überdruckturbine.

Bei der Berechnung der Dampfturbinen pflegt man von der Umfangsgeschwindigkeit u als der praktisch wichtigsten Größe auszugehen. Die Umdrehungszahlen der Turbinen sind durch diejenigen der angetriebenen Maschinen begrenzt, wenn man, wie meist, von Übersetzung zwischen beiden absehen muß. Turbodynamos laufen mit 1500 bis 3000 minutlichen Umdrehungen, für Schiffsschrauben sind schon 600 minutliche Umdrehungen sehr viel. Da nun auch die Durchmesser D der Räder nicht beliebig groß sein können, so ist die Umfangsgeschwindigkeit gemäß

$$u = \frac{\pi D n}{60}$$

auf Werte beschränkt, die im Verhältnis zu den Dampfgeschwindigkeiten, die bei einigermaßen höheren Druckunterschieden entstehen (Abschn. 52), klein sind. Für $D = 1$ m, $n = 1000$ wird z. B. $u = 52{,}4$ m/sec. Für $n = 600$ kommt man also bei $D = 1$ m auf $u = 31$ m/sec, für $n = 3000$ auf $u = 156$ m/sec.

Auch die Rücksicht auf die Festigkeit der Räder und Schaufelbefestigungen die durch die Zentrifugalkraft beansprucht werden, begrenzt die Umfangsgeschwindigkeit. Bei $u > 300$ m/sec treten in dieser Hinsicht schon erhebliche Schwierigkeiten auf; die Zentrifugalkraft einer in einem Kreise von 1 m Durchmesser mit 300 m/sec rotierenden Turbinenschaufel beträgt bereits das $\frac{300^2}{9{,}81 \cdot 0{,}5} = 18350$ fache ihres Gewichtes!

Ein weiterer, sehr wichtiger Umstand ist der Dampfverbrauch. Nun ist, wie unten gezeigt wird, und auch schon aus Abschn. 77 erhellt, der Wirkungsgrad einer Schaufelung in erster Linie abhängig von dem Verhältnis $u:c_1$ der Umfangs- und Zuflußgeschwindigkeit (ebenso bei Aktionsturbinen, s. Abschn. 75). Der Dampfverbrauch wird also um so geringer, je größer, bis zu einer gewissen Grenze, $u:c_1$ gewählt wird. Wird nun von einer bestimmten Umfangsgeschwindigkeit ausgegangen, so wird die Dampfgeschwindigkeit c_1 um so kleiner, je größer $u:c_1$ ist. Das Gefälle, das von einem einzelnen Turbinenrad verarbeitet wird, ist daher um so kleiner, je größer $u:c_1$; damit wächst die Zahl der zur Verarbeitung des ganzen Gefälles nötigen Räder (Stufenzahl), die Turbine wird schwerer und teurer. Die Wirtschaftlichkeit verlangt daher gewisse mittlere Werte von $u:c_1$, die unter den theoretisch besten Werten liegen.

Als zweiter Ausgangspunkt hat also das Verhältnis $u:c_1$ zu gelten, das bei Überdruckturbinen 0,5 bis 0,3, für langsamlaufende Turbinen (Schiffsturbinen) bis 0,2 und weniger gewählt wird[1]).

Als dritte Annahme hat man den Winkel α_1 am Leitradaustritt zu wählen, der zwischen 20^0 und 30^0 angenommen wird und als vierte Annahme entweder den Winkel β_2 am Laufradaustritt, häufig gleich α_1, womit sich bei kleinen Gefällen ungefähr halbe Reaktion ergibt; oder man wählt als vierte Annahme das ganze Gefälle $L_0 = L_1 + L_2$, was bei bekanntem c_1 auf das gleiche hinauskommt, wie eine Annahme über L_2 oder über den Reaktionsgrad.

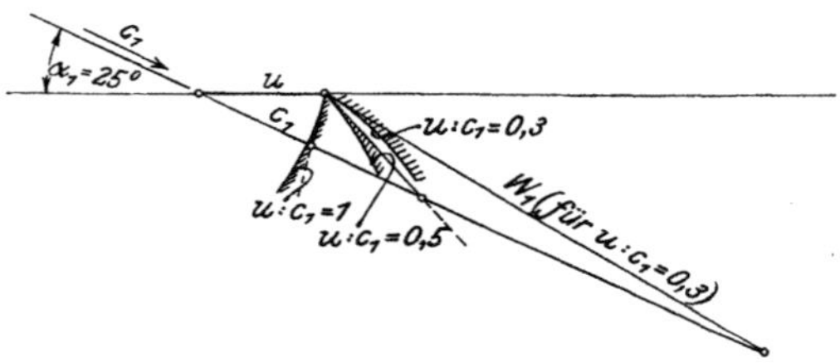

Fig. 205.

Durch die zweite und dritte Annahme ($u:c_1$ und α_1) ist, wie Fig. 205 zeigt, der Eintrittswinkel β_1 ins Laufrad bestimmt. Er wird um so kleiner, je kleiner $u:c_1$. Für sehr kleine Werte von $u:c_1$ muß deswegen unter Umständen α_1 größer gewählt werden.

Hiernach wird der Rechnungsgang (ohne Rücksicht auf Strömungsverluste) folgender.

Angenommen wird u und $u:c_1$, sowie α_1. Damit ist das Eintrittsparallelogramm (von dem nur eine Hälfte, das Eintrittsdreieck, zu zeichnen ist) bekannt, also der Laufradwinkel β_1, ferner $c_1 = u \cdot \frac{c_1}{u}$ und w_1 als dritte Seite des Dreiecks aus u und c_1. Mit c_1 ist auch das Arbeitsgefälle im Leitrad L_1 in mkg, das in Cal. gemessen mit h_1 bezeichnet werde, bekannt, nämlich $L_1 = c_1^2 : 2g$, $h_1 = \frac{1}{427} c_1^2 : 2g$.

Daraus ergibt sich auch der Druckabfall $p_0 - p_1$ bis zum Leitradaustritt, entweder aus dem JS-Diagramm, nach Fig. 110, oder rechnerisch nach Abschn. 56; für kleinere Gefälle hinreichend genau[2]) nach

$$AL_1 = h_1 = \frac{1}{427}(p_0 - p_1)\,v_0,$$

---

[1]) Nach Stodola, Dampfturbinen, 4. Aufl. 1910, S. 188. Nach Rateau, Zeitschrift für das gesamte Turbinenwesen 1911, S. 99 kommen nur Werte von 0,20 bis 0,35 in Betracht, in besonderen Fällen bis 0,1. Praktische Erwägungen spielen bei dieser Frage eine große Rolle.

[2]) Für sehr kleine Gefälle, etwa $h < 3$ Cal. dürfte dies genauer werden als mit der JS-Tafel. — Im übrigen vgl. Abschn. 56.

also

$$p_0 - p_1 = \frac{427\, h_1}{v_0} \text{ kg/qm.}$$

Als letzte Annahme ist am bequemsten das Gefälle h_2 im Laufrad. Dieses kann man entweder gleich h_1 wählen (halbe Reaktion), dann erhält man nahezu oder genau gleiche Winkel β_2 und α_1; oder größer oder kleiner als h_1, dann wird $\beta_2 \gtrless \alpha_1$. Meist wird wohl die erste Annahme gemacht. Mit h_2 erhält man sofort w_2 aus

$$\frac{w_2^2}{2g} = \frac{w_1^2}{2g} + 427\, h_2,$$

da ja

$$\frac{w_2^2}{2g} - \frac{w_1^2}{2g} = L_2$$

ist. Nun muß noch die Kontinuitäts-Bedingung im Laufrad erfüllt sein

$$\frac{f_1 w_1}{v_1} = \frac{f_2 w_2}{v_2},$$

es muß also

$$\frac{f_2}{f_1} = \frac{w_1}{w_2} \cdot \frac{v_2}{v_1},$$

für kleine Gefälle

$$\frac{f_2}{f_1} \cong \frac{w_1}{w_2}$$

sein. $\frac{v_2}{v_1}$ ergibt sich nach Berechnung des Druckabfalles im Laufrad

$$p_1 - p_2 = \frac{427\, h_2}{v_1}$$

entweder aus der Gleichung der Adiabate, oder aus der Zustandstafel, aus der auch v_1 abgelesen werden kann. Für ganz kleine Gefälle wird genügend genau wegen

$$\frac{\Delta p}{\Delta v} = -k \cdot \frac{p}{v} \quad \text{(Abschn. 25)}$$

im Leitrad

$$\Delta v_1 = v_0 - v_1 = \frac{v_0 \Delta p}{k p},$$

also

$$v_1 = v_0 \left(1 + \frac{p_0 - p_1}{k \cdot p_0}\right)$$

und daher im Laufrad

$$v_2 = v_1 \left(1 + \frac{p_1 - p_2}{k \cdot p_1}\right).$$

Damit ist das Verhältnis $\frac{f_2}{f_1}$ der Querschnitte am Laufrad berechenbar. Man hat nun weiter, um den Austrittswinkel zu bestimmen

$$\frac{f_2}{f_1} = \frac{a_2 \sin \beta_2}{a_1 \sin \beta_1},$$

womit sich bei gleich langen Schaufeln, $a_2 = a_1$, sofort $\sin \beta_2$ ergibt. $\sin \beta_1$ kann man dem Eintrittsdreieck entnehmen. — Ungleich breite Schaufeln wird man nur wählen, wenn sich mit gleich breiten ein zu großer Austrittswinkel und damit eine zu große Austrittsgeschwindigkeit c_2 (Auslaßverlust) ergibt.

Endlich ergibt sich das Austrittsparallelogramm (Austrittsdreieck) aus dem berechneten w_2, dem berechneten $\sin \beta_2$ und dem gegebenen u. Die dritte Seite des Dreiecks aus w_2 und u ist nach Größe und Richtung die absolute Austrittsgeschwindigkeit c_2 aus dem Laufrad. Der Wert $\frac{1}{427} c_2^2 : 2g$ ist der Arbeitsverlust, so daß also auf die Schaufelung die Nutzarbeit

$$A L_i = h_1 + h_2 - \frac{1}{427} c_2^2 : 2g$$

übertragen ist. Der Wirkungsgrad der Schaufelung (ohne Reibungsverluste) ist also

$$\eta_0 = A L_i : (h_1 + h_2).$$

Beispiel. Für eine Umfangsgeschwindigkeit von $u = 70$ m/sec und ein Verhältnis $u : c_1 = 0{,}3$ ist eine Überdruckschaufelung mit $\alpha_1 = 25^0$ zu bestimmen,

1. unter der Annahme halber Reaktion, $\varrho = 1 : 2$.
2. unter der Annahme $\varrho = 1 : 3$.
3. unter der Annahme $\varrho = 2 : 3$.

Vor dem Leitrad gesättigter Dampf von 10 at.

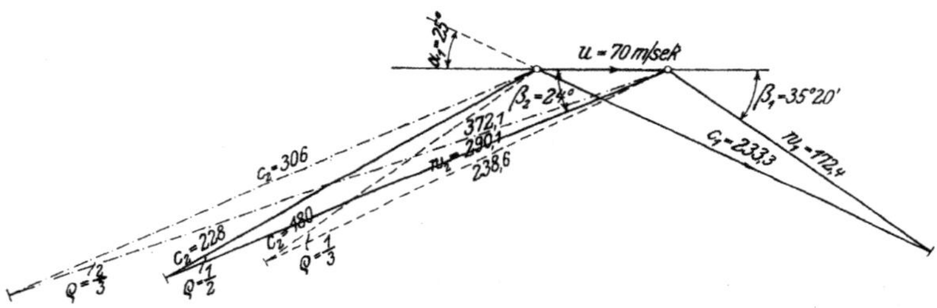

Fig. 206.

Wie groß werden die Laufradwinkel, die gesamten Arbeits- und Druckgefälle, sowie die Wirkungsgrade?

Man erhält $c_1 = 70 : 0{,}3 = 233{,}3$, $c_1^2 : 2g = 2765$ mkg; $h = 6{,}48$ Cal., und aus dem Eintrittsdreieck $w_1 = \mathbf{172{,}4}$, $\sin \beta_1 = 0{,}578$, $\beta_1 = \mathbf{35^0 20'}$. Nach den Dampftabellen ist $v_0 \simeq 0{,}20$ cbm/kg, daher $p_0 - p_1 = 2765 : 0{,}2 = 13825$ kg/qm $= 1{,}38$ at; $v_1 = 0{,}2 \cdot \left(1 + \frac{1{,}38}{1{,}135 \cdot 10}\right) = 0{,}2 \cdot 1{,}122 = 0{,}2244$. Genauer wäre daher mit dem mittleren Volumen $0{,}2122$ $p_0 - p_1 = 2765 : 0{,}2122 = 13020$, also **1,30** at, und korrigiert $v_1 = 0{,}2 \cdot \left(1 + \frac{1{,}30}{1{,}135 \cdot 10}\right) = 0{,}2 \cdot 1{,}115 = \mathbf{0{,}223}$.

Für $\varrho = 1 : 2$ ist nun $L_2 = L_1 = 2765$, daher $w_2^2 = 172{,}4^2 + 19{,}62 \cdot 2765$ oder $= 172{,}4^2 + 233{,}3^2$, $w_2 = 290{,}1$, wie sich auch graphisch aus dem rechtwinkligen Dreieck ergibt. Ferner ist $p_1 - p_2 = 2765 : 0{,}223 = 12400$, also $1{,}24$ at und $v_2 = 0{,}223 \cdot \left(1 + \frac{1{,}24}{1{,}135 \cdot 8{,}7}\right) = 0{,}223 \cdot 1{,}126 = 0{,}251$; mit dem mittleren Volumen $0{,}237$ wird genauer $p_1 - p_2 = 2765 : 0{,}237 = \mathbf{1{,}17}$ at und

$$v_2 = 0{,}223 \cdot \left(1 + \frac{1{,}17}{1{,}135 \cdot 8{,}7}\right) = 0{,}223 \cdot 1{,}183 = \underline{0{,}264}, \quad p_2 = \underline{7{,}53}.$$

(Das Mollier-Diagramm liefert mit $2 \cdot 6{,}48$ Cal. $p_2 = 7{,}5$.)

Nun wird

$$\frac{f_2}{f_1} = \frac{172,4}{290,1} \cdot \frac{0,264}{0,223} = 0,703.$$

Mit $a_2 = a_1$ wird daher

$$\sin \beta_2 = 0,578 \cdot 0,703 = 0,406, \quad \beta_2 = 24^0,$$

also annähernd gleich α_1.

Das Austrittsdreieck liefert nun mit u, w_2 und β_2 die Austrittsgeschwindigkeit $c_2 = 228$ m/sec, daher den Auslaßverlust $c_2^2 : 2g = 2645$ mkg $= 6,2$ Cal. Das Arbeitsgefälle ist $2 \cdot 6,48 = 12,96$ Cal., also der Wirkungsgrad $(12,96 - 6,2) : 12,96 = \mathbf{0,52}$.

Verglichen mit den Werten 0,96 und 0,79 von η zu Fig. 204, denen $u : c_1 = 0,97$ bzw. 0,55 entspricht, ist dies wenig.

Für $\varrho = 1 : 3$ wird

$$L_2 = \frac{\varrho}{1 - \varrho} L_1 = \frac{1}{2} L_1 = 1383 \text{ mkg}, \quad h_2 = 3,24 \text{ Cal.}$$

Die Eintrittswerte bleiben unverändert. Für den Austritt wird $w_2^2 = 172,4^2 + 2g \cdot 1383$, $w_2 = 238,6$; ferner $p_1 - p_2 = 0,585$ at, $v_2 = 0,244$, $p_2 = 8,12$ at.

$$\frac{f_2}{f_1} = \frac{172,4}{238,6} \cdot \frac{0,244}{0,223} = 0,790.$$

Mit $a_2 = a_1$, $\sin \beta_2 = 0,578 \cdot 0,790 = 0,457$, $\beta_2 = 27^0 10'$. Das Austrittsdreieck erhält die gestrichelte Form. $c_2 = 180$, Auslaßverlust $180^2 : 2g = 1650$ mkg $= 3,9$ Cal., Gesamtgefälle $6,48 + 3,24 = 9,72$ Cal., Nutzgefälle $9,72 - 3,9 = 5,82$ Cal., Wirkungsgrad $5,82 : 9,72 = \mathbf{0,60}$, also höher als bei halber Reaktion.

Für $\varrho = 2 : 3$ (starke Reaktion) wird $L_2 = 2 L_1 = 5530$, $h_2 = 12,96$; $w_2^2 = 172,4^2 + 19,62 \cdot 5530$, $w_2 = 372,1$, $p_2 = 6,5$ (JS-Tafel),

$$v_2 = 0,223 \cdot \left(\frac{8,7}{6,5}\right)^{\frac{1}{1,135}} = 0,287, \quad \frac{f_2}{f_1} = \frac{172,4}{372,1} \cdot \frac{0,287}{0,223} = 0,596.$$

$\sin \beta_2 = 0,596 \cdot 0,578 = 0,344$, $\beta_2 = 20^0 10'$; $c_2 = 308$, Auslaßverlust 4820 mkg $= 11,42$ Cal., Gesamtgefälle $6,48 + 12,96 = 19,44$ Cal., Nutzgefälle 8,02 Cal., Wirkungsgrad $8,02 : 19,44 = 0,412$, also sehr gering und wesentlich kleiner als bei halber Reaktion.

Hinsichtlich der sehr niedrigen Wirkungsgrade muß schon hier, um einer irrtümlichen Beurteilung zu begegnen, auf die Hintereinanderschaltung mehrerer oder vieler Einzelturbinen in der vielstufigen Turbine hingewiesen werden. Indem bei dieser jedem nächsten Leitrad der Auslaß-Dampf des vorhergehenden Laufrades mit der Geschwindigkeit c_2 zufließt und Arbeit verrichtet, ist für die ganze Gruppe von n Stufen der Gesamtverlust auch nur $c_2^2 : 2g$ (Auslaßverlust der Stufengruppe) und der verhältnismäßige Verlust erscheint entsprechend kleiner.

Der „Auslaßverlust" spielt demnach bei solchen Turbinen eine mehr untergeordnete Rolle, während der **Reibungsverlust** für den Wirkungsgrad ausschlaggebend wird.

Anders ist dies bei einer einstufigen oder nur aus wenigen Stufen bestehenden Überdruckturbine, die ein größeres Gefälle zu verarbeiten hat. Bei dieser tritt der Auslaßverlust in voller Größe oder im Bruchteil 1 : 2, 1 : 3 je nach der Zahl der Stufen auf, spielt also u. U. eine recht bedeutende Rolle; dazu tritt dann noch der Reibungsverlust. Wenn auch derartige Überdruckturbinen für die üblichen hohen Dampfdruckgefälle kaum mehr gebaut werden, so dürfte es doch zweckmäßig sein, wie in Abschn. 75a für die Druckturbine, eine allgemeine Formel für den Wirkungsgrad der reibungsfreien Überdruckturbine zu entwickeln, die auch für die erste Stufe der vielstufigen Überdruckturbine Geltung behält (Abschn. 79).

79. Wirkungsgrad der einstufigen reibungsfreien Überdruckturbine; Vergleich mit der Druckturbine.

Die in die Umlaufrichtung fallende arbeitende Komponente R_x des Schaufeldrucks R (Fig. 199) ergibt sich aus der gesamten Änderung der Dampfgeschwindigkeit nach der Umlaufrichtung (im Laufrad) durch Multiplikation mit G_{sec}/g. Man kann diese Änderung als Unterschied (bzw. Summe) der Umfangskomponenten c_1' und c_2' der absoluten Austrittsgeschwindigkeiten c_1 und c_2 aus Leit- und Laufrad bestimmen; ebensogut aber als Differenz (Summe) der Umfangskomponenten der relativen Geschwindigkeiten w_1 und w_2. Denn man erhält nach einem bekannten Satz, der sich aus dem Anblick der Parallelogramme, Fig. 199, leicht bestätigen läßt, die gleiche Umfangskomponente, ob man c_1 unmittelbar auf die Umlaufrichtung projiziert (c_1') oder ob man ihre Komponenten w_1 und u projiziert (w_1' und u); gleiches gilt für den Laufradaustritt. Bei dem letzteren Vorgehen fallen die gleichen Werte u im Unterschied hinaus. Aus Fig. 199 läßt sich unmittelbar ablesen

$$c_1' + c_2' = w_1' + w_2' = c_1' + (w_2' - u).$$

Am raschesten kommt man zum Ziel, wenn an der Eintrittsstelle die Komponente von c_1, an der Austrittsstelle die Komponente von w_2 und u benützt werden. Die erstere ist $c_1 \cos\alpha$, die Differenz der letzteren $w_2 \cos\alpha_2 - u$. Die Summe dieser Werte

$$c_1 \cos\alpha_1 + w_2 \cos\beta_2 - u$$

ist die gesamte Geschwindigkeitsänderung in der Umlaufrichtung.

Daher ist die arbeitende Komponente für 1 kg Dampf

$$R_x = \frac{1}{g} \cdot (c_1 \cos\alpha_1 + w_2 \cos\beta_2 - u)$$

und ihre sekundliche Arbeit, die das Laufrad als Nutzarbeit aufnimmt

$$L = R_x \cdot u,$$

also

$$L = \frac{u}{g} \cdot (c_1 \cos\alpha_1 + w_2 \cos\beta_2 - u) \quad \ldots \ldots \quad (1)$$

Die im Dampf verfügbare Arbeit ist

$$L_0 = L_1 + L_2 = L_1 + \frac{\varrho}{1-\varrho} L_1 = \frac{1}{1-\varrho} L_1.$$

oder

$$L_0 = \frac{1}{1-\varrho} \cdot \frac{c_1^2}{2g}.$$

Hiervon wird also der Bruchteil $\eta_a = \frac{L}{L_0}$ in Arbeit verwandelt (Wirkungsgrad).

Man erhält

$$\eta_a = 2(1-\varrho)\frac{u}{c_1} \cdot \left(\cos\alpha_1 + \frac{w_2}{c_1}\cos\beta_2 - \frac{u}{c_1}\right) \quad \ldots \ldots \quad (2)$$

Hierin kann nach Abschn. 78 angenommen werden u, $u : c_1$, womit auch c_1 und $L_1 = c_1^2 : 2g$, das Leitradgefälle festliegt; ferner α_1, womit sich w_1 und

β_1 ergibt. Auch kann man ϱ und damit das Laufradgefälle $L_2 = \frac{\varrho}{1-\varrho} L_1$ frei wählen. Dann sind aber w_2 und β_2 nicht mehr wählbar. Bevor sich also aus obiger Gleichung allgemeinere Schlüsse ziehen lassen, muß w_2 und β_2 in den übrigen Größen ausgedrückt werden.

Man hat

$$w_2^2 - w_1^2 = 2\,g\,L_2$$

und

$$L_2 = \frac{\varrho}{1-\varrho} L_1 = \frac{\varrho}{1-\varrho} \frac{c_1^2}{2g},$$

daher

$$w_2^2 = w_1^2 + \frac{\varrho}{1-\varrho} c_1^2.$$

Aus dem Eintrittsdreieck ergibt sich hierin w_1 nach dem Kosinussatz

$$w_1^2 = u^2 + c_1^2 - 2\,u c_1 \cos\alpha_1$$

$$= u^2 \left[1 + \left(\frac{c_1}{u}\right)^2 - 2\frac{c_1}{u}\cos\alpha_1\right],$$

also

$$w_2^2 = u^2 \left[1 + \left(\frac{c_1}{u}\right)^2 - 2\frac{c_1}{u}\cos\alpha_1\right] + \frac{\varrho}{1-\varrho} c_1^2$$

$$= u^2 \left[1 + \frac{1}{1-\varrho}\left(\frac{c_1}{u}\right)^2 - 2\frac{c_1}{u}\cos\alpha_1\right].$$

Mit diesem Werte wird

$$\eta_a = 2\,(1-\varrho)\frac{u}{c_1} \cdot \left[\cos\alpha_1 + \sqrt{\left(\frac{u}{c_1}\right)^2 - 2\frac{u}{c_1}\cos\alpha_1 + \frac{1}{1-\varrho}}\cos\beta_2 - \frac{u}{c_1}\right] \qquad (3)$$

Auch $\cos\beta_2$ müßte, wie früher, in den übrigen Werten bestimmt werden. Dies würde jedoch umständliche Ausdrücke ergeben. Wie aus dem Beispiel Fig. 206 ersichtlich, ist β_2 für die gleichbreite Schaufel selbst für die weit auseinanderliegenden Reaktionsgrade $1:3$ und $2:3$ nicht so verschieden, daß man für β_2 nicht einen Mittelwert, etwa den für $\varrho = 1:2$, einführen könnte; um so mehr als nicht β_2 selbst, sondern das weit weniger veränderliche $\cos\beta_2$ in Betracht kommt. Man hat nur extreme Werte von ϱ auszuschließen, dann kann $\cos\beta_2 \simeq \cos\alpha_1$ gesetzt werden. Oder man nimmt überhaupt einen willkürlichen Wert von β_2 für die verschiedenen Werte von ϱ an und erzielt die erforderlichen Austrittsquerschnitte durch radiale Schaufelverlängerung am Laufradaustritt[1]). Dann gilt die obige Gl. 3.

Im ersteren Falle wird dagegen

$$\eta_a = 2\,(1-\varrho)\frac{u}{c_1}\left\{\left[1 + \sqrt{\left(\frac{u}{c_1}\right)^2 - 2\frac{u}{c_1}\cos\alpha_1 + \frac{1}{1-\varrho}}\right]\cos\alpha_1 - \frac{u}{c_1}\right\}. \qquad (4)$$

Der Übergang zum Aktionsrad ergibt sich aus der obigen Grundgleichung 2 mit $w_2 = w_1$, $\beta_2 = \beta_1$, $\varrho = 0$. Man erhält

$$\eta_a = 2\frac{u}{c_1}\left(\cos\alpha_1 + \frac{w_1}{c_1}\cos\beta_1 - \frac{u}{c_1}\right).$$

---

[1]) Aus der Kontinuitätsbedingung im Laufrad folgt $\frac{a_2}{a_1} = \frac{\sin\beta_1}{\sin\beta_2}\frac{w_1}{w_2}\frac{v_2}{v_1}$.

Aus dem Eintrittsdreieck folgt

$$w_1 \cos \beta_1 = c_1 \cos \alpha_1 - u.$$

Setzt man dies ein, so wird

$$\eta_a = 4 \frac{u}{c_1} \left(\cos \alpha_1 - \frac{u}{c_1} \right)$$

wie in Abschn. 75a.

In Fig. 207 sind die Werte η_a nach diesen Formeln für $\cos \alpha_1 = 0{,}93$, $\alpha_1 = 21^0 30' = \beta_2$ und für die Reaktionsgrade 1 : 2, 1 : 3, 2 : 3 und 0 aufgetragen. Die Überdruckräder erreichen hiernach größte Wirkungsgrade bis $\eta_a = 0{,}94$, während das Aktionsrad nur bis 0,87 kommt. Bei gleich hohem Wirkungsgrad ist die Umfangsgeschwindigkeit des Überdruckrades stets ein größerer Bruchteil der Dampfgeschwindigkeit c_1 als beim Aktionsrad, je nach dem Reaktionsgrad bis zum doppelten und darüber. Bei gleichem Gesamtgefälle ist aber dafür c_1 beim Reaktionsrad kleiner. Bei kleineren Werten von $u : c_1$ als 0,5, wie sie praktisch fast ausschließlich vorkommen, hat das

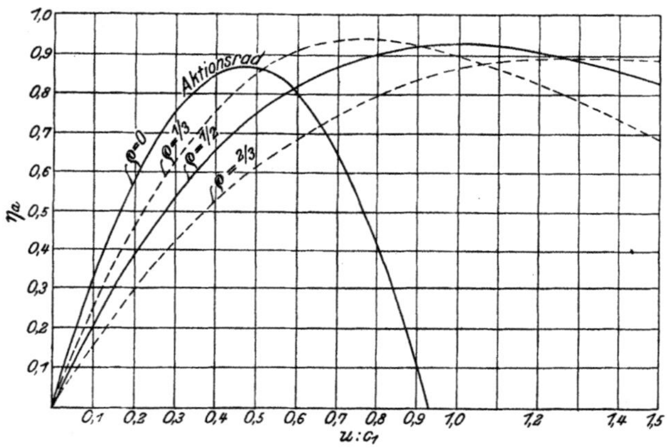

Fig. 207.

Aktionsrad weitaus größere Wirkungsgrade. Am nächsten kommt ihm das Rad mit der schwachen Reaktion 1 : 3.

Sollen daher mehrstufige Überdruckturbinen bei Werten von $u : c_1$ erheblich unter 0,5 gute Wirkungsgrade ergeben, so sind sie in viel höherem Grade als Aktionsräder darauf angewiesen, daß die Abflußgeschwindigkeit der vorhergehenden Stufe in der nächstfolgenden ausgenützt wird.

Bemerkung. Bei einer Schaufelung, deren Geschwindigkeitsverhältnisse vollständig bekannt sind, wie in den Beispielen Abschn. 78, ist es nicht nötig, von vorstehenden Formeln Gebrauch zu machen, um den Wirkungsgrad zu bestimmen. In solchen Fällen ist einfach

$$\eta_a = \frac{h - A \dfrac{c_2^2}{2g}}{h} = 1 - \frac{A c_2^2}{2gh},$$

oder mit c_1 und ϱ wegen

$$\frac{h}{A} = \frac{c_1^2}{2g} + \frac{\varrho}{1-\varrho} \frac{c_1^2}{2g} = \frac{1}{1-\varrho} \frac{c_1^2}{2g}$$

$$\eta_a = 1 - (1 - \rho) \frac{c_2^2}{c_1^2}.$$

Will man statt mit dem Gesamtgefälle selbst mit der diesem Gefälle entsprechenden Dampfgeschwindigkeit c rechnen (Gefällegeschwindigkeit) gemäß

$$A\frac{c^2}{2g} = h,$$

so hat man auch

$$\eta_a = 1 - \frac{c_2^2}{c^2}.$$

Hiernach erhält man z. B. für die Schaufelungen Fig. 204 mit $c_2/c_1 = 0{,}288$, bzw. 0,622, und $\varrho = \frac{1}{2}$ die Wirkungsgrade[1]) $\eta_a = 0{,}96$ bzw. 0,80. Diese hohen Werte erklären sich aus den ziemlich großen Werten von $u : c_1 = 0{,}97$ bzw. 0,55.

79a. Stufen-Turbinen.

Dampfturbinen werden heute fast ausschließlich als Stufenturbinen ausgeführt, d. h. derart, daß das ganze verfügbare Wärmegefälle in mehreren oder vielen hintereinander geschalteten Einzelturbinen, die auf einer gemeinsamen Welle sitzen, ausgenützt wird. Jedes Laufrad gibt seinen Abdampf an das Leitrad der nächsten Stufe oder an einen vor diesem angeordneten Dampfraum ab, und verarbeitet selbst nur einen Bruchteil h des gesamten Wärmegefälles H. Der Zweck dieser Anordnung ist, durch die Verkleinerung des Gefälles und der Dampfgeschwindigkeit c_1 auch die Radgeschwindigkeit u zu vermindern und möglichst soweit herabzusetzen, daß die von der angetriebenen Maschine verlangte Umdrehungszahl ohne weitere mechanische Übersetzung erreicht wird. Da nach Abschn. 78 die Beziehung besteht

$$h = k \cdot u^2,$$

so gilt

$$u = \sqrt{\frac{h}{k}},$$

d. h. die Radgeschwindigkeit nimmt unter sonst gleichen Verhältnissen mit der Quadratwurzel aus dem Wärmegefälle ab. Liegt z. B. ein Wärmegefälle von 160 Cal. vor (Dampf von rd. 9 at), und ordnet man 16 Stufen an, von denen jede 10 Cal. verarbeitet, so ist die Umfangsgeschwindigkeit einer solchen vielstufigen Turbine $\sqrt{16} = 4$mal kleiner als die einer einstufigen Turbine für das gleiche Gefälle.

Jede einzelne aus Leit- und Laufrad bestehende Teilturbine stellt eine Druckstufe dar. Führt man nun bei hohem Gesamtgefälle nur wenige solche Druckstufen oder Teilturbinen aus, so ist man genötigt, um auf brauchbare Radgeschwindigkeiten zu kommen, die Schaufelung mit kleinen Werten von $u : c_1$ auszubilden. Dies bedingt einen bedeutenden Auslaßverlust aus der Druckstufe (Abschn. 78) und damit eine Erhöhung des Dampfverbrauchs. Man ordnet daher in solchen Fällen innerhalb der Druckstufe noch eine oder mehrere sogenannte Geschwindigkeitsstufen an, in denen die hohe Auslaßgeschwindigkeit des ersten Laufkranzes der Druckstufe noch weiter ausgenützt wird. Das Laufrad erhält also noch einen oder mehrere zusätzliche Laufkränze mit dazwischen angeordneten Leitkränzen, die eben als Geschwindigkeitsstufen bezeichnet werden. Diese sind der Natur der Sache nach Gleichdruckräder. Auch die erste Teilturbine der Stufe wird wohl immer als Gleichdruckrad ausgeführt (Curtis).

Hinsichtlich der Wirkungsweise der Einzelstufe gilt sowohl für Überdruck- als für Gleichdruckräder alles das, was in den Abschnitten 77

[1]) 1. Aufl. S. 293.

bis 79 über die einstufige Turbine enthalten ist. Aus den kleinen Gefällen, die von den als Beispielen berechneten Rädern verarbeitet werden, geht auch hervor, daß diese Räder als einzelne Druckstufen von Stufenturbinen zu denken sind. Von Überdruckrädern mit am Ein- und Austritt gleich langen Schaufeln können bei gutem Wirkungsgrad ohnehin nur kleine Gefälle verarbeitet werden, weil für die bedeutenden Volumenänderungen bei großen Gefällen, die sich innerhalb der Laufschaufel vollziehen, in dieser kein Raum ist; bei Gleichdruckrädern zwingt nur die Umfangsgeschwindigkeit und Tourenzahl zu kleinen Gefällen, wenn auch nicht im gleichen Maße wie bei den Überdruckrädern.

Ein wichtiger Unterschied besteht im übrigen zwischen der einstufigen Turbine und der einfachen Stufe der Stufenturbine, der in den früheren Abschnitten nicht behandelt ist. In Abschn. 78 wurde gelegentlich des Auslaßverlustes bereits auf den Umstand hingewiesen, daß man bei einer vielstufigen Turbine diesen bedeutend herabsetzen kann, wenn man den Auslaßdampf des

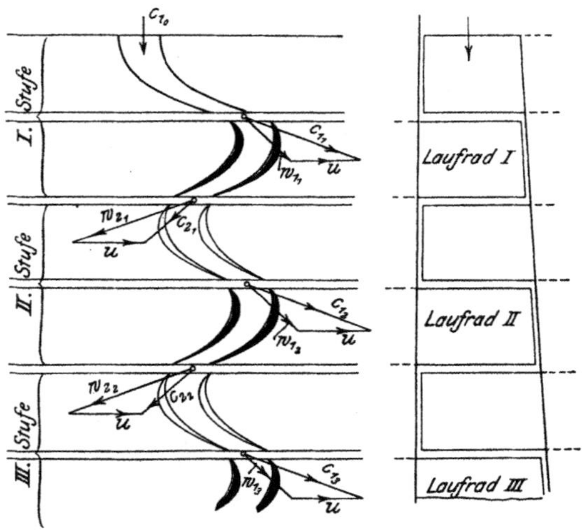

Fig. 208.

einzelnen Laufrades dem Leitrad der nächsten Stufe so zuführt, daß er möglichst mit seiner vollen Geschwindigkeit in dieses eintritt. Nun ist besonders bei Überdruckturbinen mit kleinem $u : c_1$ der Auslaßverlust sehr bedeutend, und größer als bei einer Gleichdruckturbine mit gleichem $u : c_1$. Daher ist es erklärlich, daß man bei mehrstufigen Überdruckturbinen stets von der Ausnützung der Abflußgeschwindigkeit Gebrauch macht; bei Gleichdruckturbinen wird oft davon abgesehen, jedoch kann auch hier diese Maßregel erheblichen Nutzen gewähren.

Fig. 208 zeigt das Schema der Anordnung. Oft werden alle Laufschaufeln unter sich und alle Leitschaufeln (mit Ausnahme der ersten) unter sich gleich gemacht, so daß jede Stufe (mit Ausnahme der ersten) das gleiche Teilgefälle verarbeitet. Auch wiederholen sich dann alle Geschwindigkeiten in den aufeinanderfolgenden Stufen und der Dampf verläßt die letzte Stufe mit der gleichen Geschwindigkeit c_2 wie die erste. Es ist auch möglich die Leit- und Laufschaufeln mit kongruenten Profilen auszuführen (halbe Reaktion, s. u.).

In sämtlichen Stufen nach der ersten tritt der Dampf mit c_2 in die Leiträder ein. Nur dem Leitrad der ersten Stufe (I) fließt er mit einer anderen Geschwindigkeit c_0 zu, die im Verhältnis zu den sonst im Rade auftretenden

Geschwindigkeiten klein ist und im folgenden vernachlässigt wird. Nur für die Stufe I gilt also das in den früheren Abschnitten über die einstufige Turbine Ausgeführte unmittelbar, während alle übrigen Stufen mit (meist bedeutender) Zuflußgeschwindigkeit im Leitrad arbeiten. Wie im folgenden für die Überdruckturbine gezeigt, lassen sich aber die Verhältnisse der Stufenturbine auf die der einstufigen zurückführen, so daß alles Frühere seinen vollen Wert auch für die Stufenturbine behält.

Ausgegangen soll werden von der Umfangsgeschwindigkeit u, dem Verhältnis $u:c_1$, womit auch c_1 bekannt ist, und dem Austrittswinkel α_1 der Leiträder. Diese Werte sollen für alle Stufen gleich sein.

Das im Leitrad der I. Stufe in Geschwindigkeit umgesetzte Wärmegefälle ist

$$h_I' = \frac{A}{2g} c_1^2 \quad \ldots \ldots \ldots \ldots \quad (1)$$

Arbeitet diese Stufe mit dem Reaktionsgrad ϱ_I, so ist das im Laufrad I in Geschwindigkeit umgesetzte Wärmegefälle

$$h_I'' = \frac{\varrho_I}{1-\varrho_I} h_I' \quad \ldots \ldots \ldots \ldots \quad (2)$$

und das ganze Wärmegefälle der I. Stufe

$$h_I = \frac{1}{1-\varrho_I} h_I' \quad \ldots \ldots \ldots \ldots \quad (3)$$

Im Laufrad der II. und aller folgenden Stufen sollen sich die Geschwindigkeiten des Laufrads der I. Stufe wiederholen. Daher ist auch das in jedem Laufrad dieser Stufen in Geschwindigkeit umgesetzte Wärmegefälle

$$h_{II}'' = h_I'' = \frac{\varrho_I}{1-\varrho_I} h_I' \quad \ldots \ldots \ldots \ldots \quad (2\,\mathrm{a})$$

Um die Verhältnisse in den Leiträdern der sämtlichen auf die I. Stufe folgenden Stufen zu bestimmen, muß die Auslaßgeschwindigkeit c_2 aus der I. Stufe bekannt sein. Nach Abschn. 78 ist der Wirkungsgrad der I. Stufe (ohne Rücksicht auf Strömungswiderstände)

$$\eta_{aI} = 1 - \frac{A}{2g}\frac{c_2^2}{h_I}.$$

Der Wert von η_{aI} hängt von $u:c_1$ und ϱ_I in der in Abschn. 79 ermittelten Weise ab und kann hiernach als bekannt angenommen werden, oder er wird wie in den Beispielen Abschn. 78 unmittelbar bestimmt. Es ist nun

$$\frac{A}{2g} c_2^2 = (1-\eta_{aI})\, h_I = \frac{1-\eta_{aI}}{1-\varrho_I} h_I'.$$

Das im Leitrad II in Geschwindigkeit umgesetzte Wärmegefälle ist nun

$$h_{II}' = \frac{A}{2g} c_1^2 - \frac{A}{2g} c_2^2,$$

und mit den Werten c_1^2 und c_2^2

$$h_{II}' = h_I' - \frac{1-\eta_{aI}}{1-\varrho_I} h_I' = h_I' \left(1 - \frac{1-\eta_{aI}}{1-\varrho_I}\right) = h_I' \frac{\eta_{aI} - \varrho_I}{1-\varrho_I} \quad \ldots \quad (4)$$

Daraus folgt, daß das Leitradgefälle II kleiner ist als das Leitradgefälle I. Soll im Leitrad II und in den folgenden Leiträdern überhaupt noch Wärmegefälle und damit Zunahme der Geschwindigkeit auftreten, so muß nach Gl. 4

$$\varrho_I < \eta_{aI}$$

sein. Geht man nun von einem bestimmten Wert von $u : c_1$ aus, so muß der Reaktionsgrad ϱ_I so gewählt werden, daß er größer ist als der nach Fig. 207 dazu gehörige Wirkungsgrad.

Das Wärmegefälle der II. Stufe und aller folgenden ist

$$h_{II} = h_{II}' + h_{II}'' = h_I' \left(1 - \frac{1 - \eta_{aI}}{1 - \varrho_I} + \frac{\varrho_I}{1 - \varrho_I}\right)$$

$$= \frac{\eta_{aI}}{1 - \varrho_I} h_I' = \eta_{aI} \cdot h_I \quad \ldots \ldots \ldots \ldots \quad (5)$$

also nur η_{aI} mal so groß als das Gefälle der I. Stufe.

Der Reaktionsgrad der II. und der folgenden Stufen ist

$$\varrho_{II} = \frac{h_{II}''}{h_{II}} = \frac{\varrho_I}{1 - \varrho_I} \cdot \frac{1 - \varrho_I}{\eta_{aI}} = \frac{\varrho_I}{\eta_{aI}}, \quad \ldots \ldots \quad (6)$$

also arbeiten sämtliche Stufen mit im Verhältnis $\frac{1}{\eta_{aI}}$ stärkerer Reaktion als die I. Stufe. Wollte man von ϱ_{II} ausgehen, so hätte man $\varrho_I = \eta_{aI} \varrho_{II}$ einzuführen. Da sowohl η_{aI} als $\varrho_{II} < 1$ ist, so ergibt sich stets ein möglicher Wert von ϱ_I, während bei Annahme von ϱ_I sich mögliche Werte von ϱ_{II} nur ergeben mit $\eta_{aI} > \varrho_I$. Wie unten gezeigt, erhält man für $\varrho_{II} = 0{,}5$ kongruente Leit- und Laufschaufeln. Dabei arbeitet die I. Stufe mit der Reaktion $\varrho_I = 0{,}5\, \eta_{aI}$, also für die üblichen Werte von $u : c_1$ mit geringer Reaktion.

Das Wärmegefälle, das von einer Turbine mit n Stufen verarbeitet wird, ist

$$H = h_I + (n - 1)\, h_{II}$$

$$\mathbf{H = h_I\, [1 + \eta_{aI}\, (n - 1)]} \quad \ldots \ldots \ldots \quad (7)$$

Das Nutzgefälle der I. Stufe ist um den Auslaßverlust kleiner als das Wärmegefälle, also gleich

$$h_I - \frac{A}{2g} c_2^2 = \eta_{aI} h_I.$$

Das Nutzgefälle der II. und der folgenden Stufen ist gleich ihrem Wärmegefälle, weil sich der Auslaßverlust $-\frac{A}{2\,g} c_2^2$ gegen die Zuflußenergie $+\frac{A}{2\,g} c_2^2$ weghebt, also gleich h_{II}, somit gleich $\eta_{aI} h_I$, ebenso groß wie das Nutzgefälle der I. Stufe. Sämtliche Stufen, mit Einschluß der I., haben also gleiches Nutzgefälle, dagegen hat die I. Stufe ein größeres Wärmegefälle als alle übrigen. Das Nutzgefälle der n-stufigen Turbine ist

$$(H_i) = n \eta_{aI} h_I.$$

Der Wirkungsgrad der n-stufigen Turbine (ohne Strömungswiderstände) ist demnach

$$\eta_a = \frac{(H_i)}{H} = \frac{n \eta_{aI}}{1 + (n - 1)\, \eta_{aI}},$$

oder

$$\eta_a = \frac{\eta_{aI}}{\eta_{aI} + \frac{1}{n}(1 - \eta_{aI})} \quad \ldots \ldots \ldots \quad (8)$$

Fig. 209 zeigt die ganz bedeutende Steigerung des Wirkungsgrades, bzw. Verminderung des Auslaßverlustes mit steigender Stufenzahl, besonders bei niedrigen Wirkungsgraden (kleinem $u : c_1$) der ersten Stufe. Immerhin verbleiben für $\eta_{aI} = 0{,}2$ noch bei 10 Stufen 30 v. H. als Auslaßverlust, d. i. $0{,}8 : 0{,}3 = 2{,}7$ mal weniger als bei 1 Stufe.

Turbine mit halber Reaktion in der II. und den folgenden Stufen. Das Wärmegefälle im Leitrad der II. und der folgenden Stufen ist

$$\frac{A}{2g}(c_1^2 - c_2^2),$$

im Laufrad

$$\frac{A}{2g}(w_2^2 - w_1^2).$$

Bei halber Reaktion sind beide gleich, dann muß sein

$$c_1^2 - c_2^2 = w_2^2 - w_1^2.$$

Diese Bedingung ist erfüllt, wenn z. B.

$$c_1 = w_2 \quad \text{und} \quad c_2 = w_1.$$

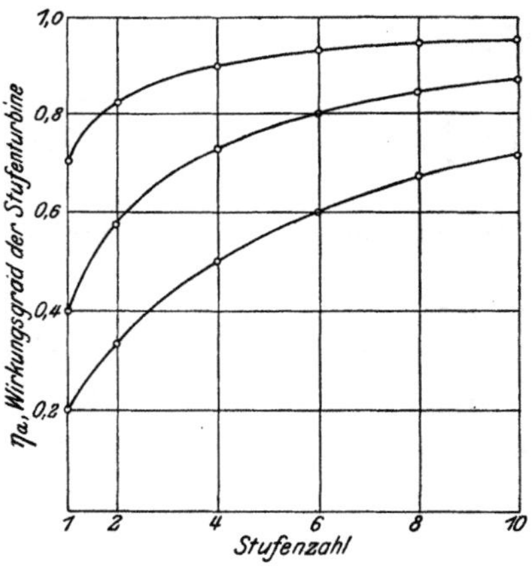

Fig. 209.

Fig. 210 mit dem Ein- und Austrittsdreieck des Laufrads zeigt, daß in diesem Falle die Dreiecke, weil alle drei Seiten je in beiden gleich sind, kongruent sind. Dann ist auch

$$\beta_2 = \alpha_1,$$

d. h. die Austrittswinkel am Leit- und Laufrad gleich groß, und ferner

$$\alpha_0 = \beta_1,$$

d. h. die Eintrittswinkel in Leit- und Laufrad ebenfalls gleich. Die Leit-

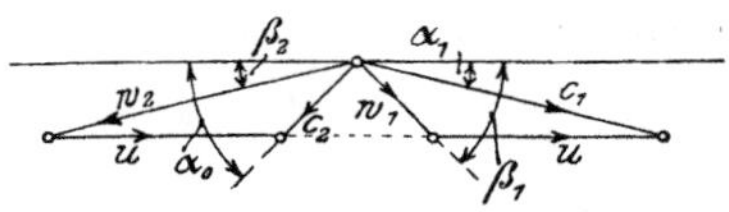

Fig. 210.

und Laufradschaufeln, ausgenommen das Leitrad der I. Stufe, können also kongruent werden.

Geht man nun von $u : c_1$, α_1 und u aus, so ist auch das Leitradgefälle bestimmt. Man hat

$$h_{II}'' = \frac{A}{2g}(w_2^2 - w_1^2)$$

und wegen $w_2 = c_1$

$$h_{II}'' = \frac{A}{2g}(c_1^2 - w_1^2).$$

w_1 kann aus dem Eintrittsdreieck entnommen, oder nach

$$w_1^2 = u^2 + c_1^2 - 2\,u c_1 \cos\alpha_1$$

berechnet werden. Mit diesem Ausdruck erhält man auch das Leitradgefälle

$$h_{II}'' = \frac{A}{2g} \cdot u^2 \cdot \left(2\frac{c_1}{u}\cos\alpha_1 - 1\right) \quad \ldots\ldots\ldots \quad (9)$$

somit das Gefälle der II. und der folgenden Stufen

$$h_{II} = \frac{A}{g} u^2 \left(2 \frac{c_1}{u} \cos \alpha_1 - 1\right) = k u^2 \quad \ldots \ldots \quad (10)$$

Man erhält z. B mit $\alpha_1 = 25^0$

$u : c_1 =$	0,2	0,4	0,7
$10000\,k =$	19,2	8,44	3,80

also z. B. für $u = 100$ m/sec

$h_{II} =$	19,2	8,44	3,80 Cal.

Das Leitradgefälle der I. Stufe ist $h_1' = \frac{A}{2g} c_1^2$, das Laufradgefälle $h_I'' = \frac{A}{2g}(c_1^2 - w_1^2)$, daher das Gesamtgefälle der I. Stufe

$$h_I = \frac{A}{2g}(2 c_1^2 - w_1^2),$$

oder

$$h_I = \frac{A}{2g} u^2 \left[\left(\frac{c_1}{u}\right)^2 + 2 \frac{c_1}{u} \cos \alpha_1 - 1\right] \quad \ldots \ldots \quad (11)$$

Das Wärmegefälle der I. Stufe ist im Verhältnis $\frac{2 c_1^2 - w_1^2}{2(c_1^2 - w_1^2)}$, also

$$m = \frac{1 - \frac{1}{2}\left(\frac{w_1}{c_1}\right)^2}{1 - \left(\frac{w_1}{c_1}\right)^2} \quad \ldots \ldots \ldots \ldots \quad (12)$$

mal so groß als das der folgenden Stufen, worin

$$\left(\frac{w_1}{c_1}\right)^2 = 1 + \left(\frac{u}{c_1}\right)^2 - 2 \frac{u}{c_1} \cos \alpha_1 .$$

Für

$\frac{u}{c_1} =$	0,2	0,4	0,7

wird

$m =$	2,07	1,39	1,14
$\varrho_I =$	1 : 4,13	1 : 2,79	1 : 2,28.

Das Wärmegefälle der I. Stufe ist daher bei praktischen Werten von $u : c_1$ rd. 1,5 bis 2 mal so groß als das der übrigen Stufen.

Der Reaktionsgrad der I. Stufe ist

$$\varrho_I = \frac{h_I''}{h_I} = \frac{c_1^2 - w_1^2}{2 c_1^2 - w_1^2} = \frac{1 - \left(\frac{w_1}{c_1}\right)^2}{2 - \left(\frac{w_1}{c_1}\right)^2} = \frac{1}{2m} \quad \ldots \ldots \quad (13)$$

also bei üblichen Werten von $u : c_1$ gleich rd. 1 : 3 bis 1 : 4.

Der Wirkungsgrad der I. Stufe ist

$$\eta_{aI} = \frac{2 c_1^2 - w_1^2 - c_2^2}{2 c_1^2 - w_1^2} \quad \ldots \ldots \ldots \ldots \quad (14)$$

und mit $c_2 = w_1$

$$\eta_{aI} = \frac{1-\left(\frac{w_1}{c_1}\right)^2}{1-\frac{1}{2}\left(\frac{w_1}{c_1}\right)^2} = \frac{1}{m} \quad \ldots\ldots\ldots\ldots \quad (14\text{a})$$

Der Wirkungsgrad der ganzen Stufengruppe von n Stufen ist daher

$$\eta_a = \frac{\eta_{aI}}{\eta_{aI} + \frac{1}{n}(1-\eta_{aI})} = \frac{1}{1+\frac{1}{n}(m-1)} \quad \ldots\ldots \quad (15)$$

Das ganze von der Stufengruppe verarbeitete Gefälle ist

$$H = h_I + (n-1)\,h_{II}$$

und mit $h_I = m h_{II}$

$$H = (m+n-1)\,h_{II} = (m+n-1)\,\frac{A}{g}\left(2\,\frac{c_1}{u}\cos\alpha_1 - 1\right)u^2 \quad . \quad (16)$$

Beispiel. Für eine Überdruckturbine ist diejenige Stufenreihe zu berechnen, deren erste Stufe Dampf von 2 at abs. mit 150° erhält und aus deren letzter Stufe der Dampf mit 0,5 at abs. austritt. Sämtliche Stufen dieser Reihe (Trommel) sollen 80 m/sec Umfangsgeschwindigkeit haben. Der Leitrad-Austrittswinkel soll überall $\alpha_1 = 21^0\,30'$ sein, das Verhältnis $u : c_1 = 0{,}35$.

Das gesamte Wärmegefälle H, das die Reihe verarbeiten muß, ist nach der JS-Tafel 56 Cal., Fig. 212.

Zunächst ist die I. Stufe genau so zu berechnen, wie eine einstufige Turbine nach Abschn. 78, dabei ist der Reaktionsgrad ϱ_I dieser Stufe zu wählen; es sei $\varrho_I = 1:3$.

Man erhält nun mit $c_1 = 80/0{,}35 = 228{,}5$ das I. Leitradgefälle

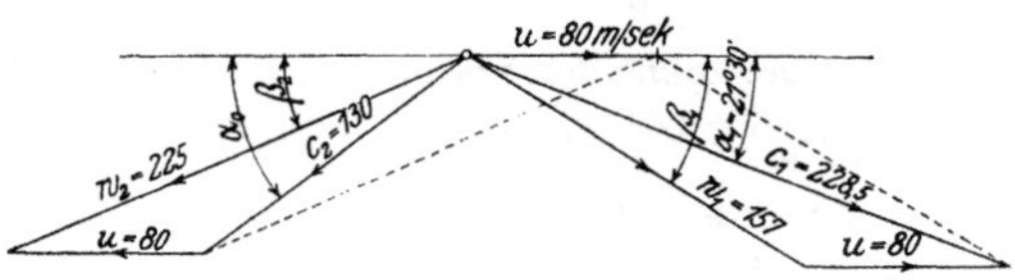

Fig. 211.

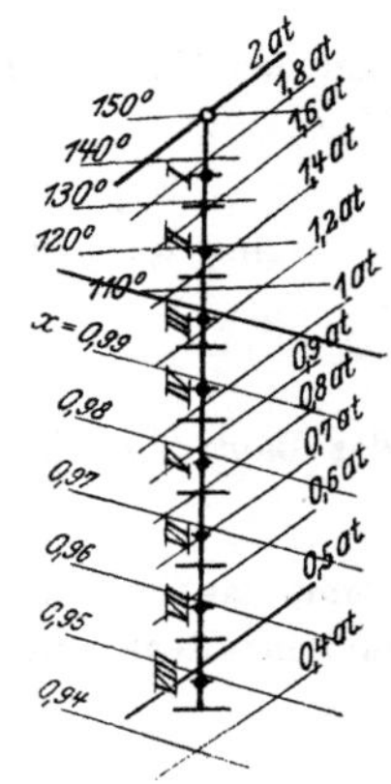

Fig. 212.

$$h_I' = \frac{A}{2g}\cdot 228{,}5^2 = \frac{1{,}194}{10000}\cdot 228{,}5^2 = \underline{6{,}2}\ \text{Cal.};$$

das Laufradgefälle muß daher $\frac{1}{2}\cdot 6{,}2 = 3{,}1$ Cal. betragen, wenn die erste Stufe mit 1 : 3 Reaktion arbeiten soll, somit das Gefälle der I. Stufe 9,3 Cal.

Die relative Eintrittsgeschwindigkeit folgt aus dem Eintrittsdreieck zu $w_1 = 157$ m/sec, daher die relative Austrittsgeschwindigkeit aus

$$w_2^2 - w_1^2 = \frac{2g}{A}\cdot 3{,}1$$

$$w_2^2 = 157^2 + \frac{10\,000}{1{,}194}\cdot 3{,}1$$

$$w_2 = \underline{225}\ \text{m/sec.}$$

Um den Austrittswinkel zu bestimmen, muß das räumliche Ausdehnungsverhältnis ermittelt werden (wegen des kleinen Laufradgefälles könnte es auch annähernd = 1 gesetzt werden). Nach der *JS*-Tafel ist beim Eintritt ins Laufrad die Temperatur noch 136°, der Druck 1,75 at, beim Austritt 129° bzw. 1,62 at, daher sehr annähernd

$$\frac{v_2}{v_1} = \frac{1,75}{1,62} \cdot \frac{129 + 273}{136 + 273} = 1,05.$$

Somit wird wegen

$$\frac{f_1 w_1}{v_1} = \frac{f_2 w_2}{v_2} \quad \text{und} \quad \frac{f_2}{f_1} = \frac{\sin \beta_2}{\sin \beta_1}$$

$$\sin \beta_2 = \sin \beta_1 \cdot 1,05 \cdot \frac{157}{225}$$

und mit

$$\sin \beta_1 = 0,535, \quad \underline{\beta_1 = 32^0\,20'} \text{ (aus Eintrittsdreieck)}$$

$$\sin \beta_2 = 0,392, \quad \text{also rd.} \quad \underline{\beta_2 = 23^0\,8'}.$$

Das Austrittsdreieck ergibt hiermit $c_2 = 130$ m/sec, daher den Austrittsverlust

$$\frac{A}{2g} \cdot c_2^2 = \frac{1,194}{10\,000} \cdot 130^2 = \underline{2,02} \text{ Cal.},$$

und den Wirkungsgrad der I. Stufe

$$\eta_{aI} = 1 - \frac{2,02}{9,3} = \underline{0,78}.$$

Nun folgt das Leitradgefälle der zweiten Stufe

$$h_{II}' = \frac{A}{2g} (228,5^2 - 130^2) = \underline{4,2} \text{ Cal.};$$

das Laufradgefälle II ist das gleiche wie für die I. Stufe, also

$$h_{II}'' = 3,1 \text{ Cal.},$$

somit das Gesamtgefälle der II. und der folgenden Stufen je $4,2 + 3,1 = 7.3$ Cal. und ihr Reaktionsgrad $3,1 : 7,3 = \underline{0,425}$. Die Stufenzahl folgt aus

$$56 = 9,3 + (n - 1) \cdot 7,3$$

$$n - 1 = 6,4, \quad n = \underline{7,4}.$$

Der Gesamtwirkungsgrad folgt mit dem Auslaßverlust von

$$2,02 \text{ Cal. zu } \eta_a = 1 - \frac{2,02}{56} = 1 - 0,036 = \underline{0,96}.$$

Als Stufenzahl ergab sich die gebrochene Zahl 7,4. Man hätte daher, ausgehend von 7 oder von 8 Stufen, die Rechnung zu wiederholen, oder schätzungsweise die Annahmen so abzuändern, daß sich 7 oder 8 Stufen mit größerer Annäherung ergeben, am besten durch eine kleine Änderung an $u : c_1$.

Die Querschnitte werden von Stufe zu Stufe größer, weil die Volumina größer werden, während die Geschwindigkeiten und Winkel gleich bleiben. Man hat also den Schaufeln von Stufe zu Stufe größere radiale Längen zu geben. Beim Austritt aus der letzten Stufe ist z. B. nach dem *JS*-Diagramm der Dampfgehalt noch $x = 0,951$, bei einem Druck von 0,5 at, also das spez. Volumen $0,951 \cdot 3,29 = 3,12$ cbm, beim Austritt aus der ersten Stufe (1,62 at, 129°) nach der *TVS*-Tafel 1,15 cbm. Daher müßten die Schaufeln der letzten Stufe $3,12 : 1,15 = 2,71$ mal länger sein als die der I. Stufe.

Bemerkung. In dieser, wie in allen vorstehend ausgeführten Rechnungen sind die Reibungs- und Stoßverluste nicht berücksichtigt. Die Ergebnisse entsprechen also der oberen, theoretisch möglichen Grenze, wie die früheren Berechnungen für Kolbendampfmaschinen, wo die Abkühlungsverluste außer Rechnung blieben. Bei Turbinen treten wesentliche Abkühlungsverluste nicht auf, an ihre Stelle treten die Strömungsverluste, die in den wirklichen Dampfturbinen eine ähnliche wichtige Rolle spielen, wie in den wirklichen Kolbendampfmaschinen die Abkühlungsverluste. Ihre Berücksichtigung ist eine Aufgabe der technischen Dampfturbinenlehre.

80. Die Energieverhältnisse der Flugmaschine.

(Anwendung zu den Abschnitten über Luftwiderstand.)

Die heutige Flugmaschine beruht auf der Grundtatsache, daß eine in geringer Neigung zur Wagrechten stehende Fläche (Tragfläche), wenn sie in wagrechter Richtung schnell fortbewegt wird, durch die Luft nicht nur einen Bewegungswiderstand (Rücktrieb), sondern auch einen lotrecht nach oben gerichteten Druck von der mehrfachen Größe des Rücktriebs erfährt (Auftrieb). Dieser Druck muß, wenn die Maschine frei in der Luft schweben soll, gleich dem Gewicht der Maschine einschließlich der Nutzlast sein.

Daß die Tragflächen, wenn der Auftrieb ein für den Hubzweck hinreichend großes Vielfaches des Rücktriebs erreichen soll, eine geringe Wölbung mit der hohlen Seite nach unten besitzen müssen, ist eine Erkenntnis, die man dem Begründer der praktischen und wissenschaftlichen Fluglehre, Otto Lilienthal, verdankt[1]).

Der zweite Hauptbestandteil der Flugmaschine ist die Luftschraube, die in ähnlicher Weise wie die Schiffsschraube durch ihren axialen Zug oder Druck den Rücktrieb der Tragflächen und den schädlichen Stirnwiderstand des Flugmaschinenkörpers überwindet und der Flugmaschine ihre Geschwindigkeit verleiht[2]).

Der dritte Hauptbestandteil ist der Antriebsmotor der Schraube, der die gesamte Energie für die Flugmaschine zu liefern hat. Es ist bekannt, daß erst die Entwicklung der nach dem Ottoschen Verfahren arbeitenden Verbrennungskraftmaschine zur raschlaufenden und daher leichten mehrzylindrigen Maschine den Bau der Flugmaschinen ermöglicht hat.

Ein wesentliches Zubehör, ohne das eine Flugmaschine den praktischen Forderungen des Fliegens nicht genügen kann, sind die Stabilisierungsflächen, das Höhensteuer und Seitensteuer. Die Fläche zur Erhaltung der Längs-

---

[1]) Vgl. O. Lilienthal, Ingenieur und Maschinenfabrikant in Berlin, Der Vogelflug als Grundlage der Fliegekunst (2. Aufl. 1910, herausgeg. von G. Lilienthal). O. Lilienthal hat im Verein mit seinem Bruder Gustav L. die für den Flug wichtigsten Eigenschaften gekrümmter Flächen nicht nur entdeckt, sondern auch grundlegende Versuche über den Luftwiderstand gekrümmter und ebener Platten ausgeführt, deren Ergebnisse den Erbauern der ersten mit Motoren ausgerüsteten Flugmaschinen und noch lange hin als Grundlage für die Berechnung der Tragkräfte, Widerstände und Leistungen gedient haben.

Erkenntnisse, die man später auch auf theoretischem Wege gewonnen hat, wie z. B. die Tragkraft gewölbter Platten, die in Richtung ihrer Sehne bewegt werden (Abschn. 66) und die Bedeutung einer abgerundeten Verdickung der Vorderkante gewölbter Tragflächen findet man bei Lilienthal in voller Klarheit ausgesprochen. Auch die Wichtigkeit des Reibungswiderstandes hat Lilienthal erkannt.

[2]) Von welcher Bedeutung Lilienthals Versuche auch für die Beurteilung und Berechnung der Luftschrauben gewesen sind, zeigt das grundlegende Buch von C. Eberhardt, Theorie und Berechnung der Luftschrauben (1910).

stabilität (Schwanzfläche) ist meist eben und oft ohne Steigung gegenüber der Flugrichtung angeordnet. Ihre Wirkung besteht darin, daß sie bei Drehbewegungen der Flugmaschine um eine wagrechte (zum Flug senkrechte) Achse aus der Flugrichtung heraustritt und dabei im Fluge einen Luftwiderstand erfährt, der sie in ihre Mittellage zurückzuführen sucht. Diese Fläche kann auch geneigt angeordnet sein und wirkt dann gleichzeitig als Tragfläche. Seltener ist sie gewölbt. Das Höhensteuer bildet ihre Fortsetzung und ist um eine wagrechte Achse drehbar. Es zwingt die Maschine, wenn es vorübergehend aus seiner Mittellage gedreht wird, zu Änderungen der Flugrichtung in der lotrechten Ebene. Zur Steuerung nach der Seite dient das Seitensteuer, eine ebene, um eine lotrechte Achse drehbare Fläche, die über der Schwanzfläche liegt. Gegen Drehungen um die Längsachse des Flugzeugs (Querstabilität) werden verwindbare Tragflächen oder drehbare Klappen an den Tragflächen angeordnet. Besondere Formen der Tragflächen oder ihrer Anordnung bedingen eine gewisse selbsttätige Querstabilität.

Die Tragfläche erfährt einen von der Geschwindigkeit c in der Flugrichtung, der Form und Größe (Fqm) und dem Anstellwinkel α abhängigen gesamten

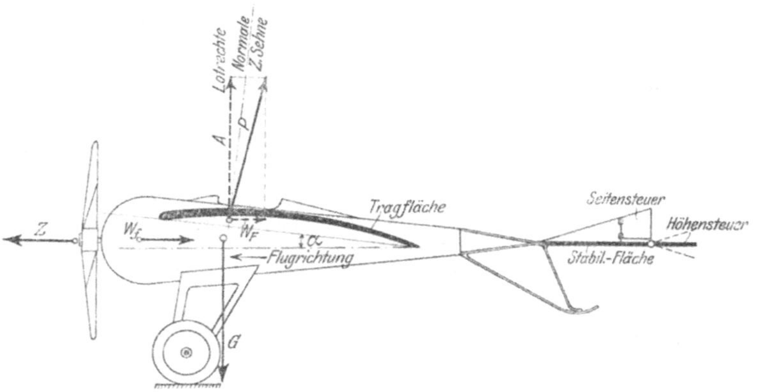

Fig. 213.

Luftwiderstand P, der gegen die Lotrechte nach rückwärts geneigt ist und meist auch von der Normalen zur Sehne der Tragfläche abweicht (Abschn. 66). Die wagrechte Komponente von P ist der Rücktrieb W_F, die lotrechte der Auftrieb A der Tragfläche (Fig. 213). Der Rumpf der Maschine, die Streben und Spanndrähte, das Untergestell und die Schwanzflächen ergeben einen wesentlich in der Flugrichtung gelegenen Luftwiderstand W_f (Stirnwiderstand, oft auch schlechthin „Luftwiderstand"). Der gesamte Bewegungswiderstand beim wagrechten Flug ist also $W_F + W_f$. Ist Z die von der Schraube ausgeübte Zugkraft, so gilt im Zustand des gleichförmigen wagrechten Flugs

$$Z = W_F + W_f \quad \ldots\ldots\ldots\ldots \quad (1)$$

Das Gewicht G der Flugmaschine mit Nutzlast hat man sich im Schwerpunkt der Gesamtmasse zu denken. Soll die Maschine, wie im gleichförmigen wagrechten Flug, vom Auftrieb eben getragen werden, so muß sein

$$A = G \quad \ldots\ldots\ldots\ldots \quad (2)$$

Es ist nun zu ermitteln, welche Schraubenzugkräfte und Schraubenleistungen nötig sind, um eine Flugmaschine von bestimmtem Gesamtgewicht wirklich zum wagrechten Fliegen und zum Aufstieg zu bringen, und dazu ist es notwendig, im voraus zahlenmäßige Grundlagen für die verschiedenen Gewichtsanteile festzustellen, aus denen sich das Gesamtgewicht einer Flugmaschine zusammensetzt[1]).

Das Gewicht des Motors mit Zubehör und Schraube ist ungefähr der Leistung des Motors (N-PS) proportional; es beträgt bei Leistungen zwischen etwa 20 und 120 PS und Umdrehungszahlen von 1200—1300 in der Minute für 1 PS

rd. 2,5 kg für Motoren mit feststehenden Zylindern und Wasserkühlung (Standmotoren),

rd. 1,5 kg für Motoren mit umlaufenden Zylindern und Luftkühlung (Umlaufmotoren).

Bei einem 100 PS-Motor ist also auf ein Motorgewicht von 250 bzw. 150 kg zu rechnen.

Darin ist der Brennstoff- und Schmierölbedarf des Motors noch nicht enthalten. Dieser beträgt für 1 PS-Stunde

rd. 0,3 kg Benzin und Öl bei Standmotoren,
rd. 0,5 „ „ „ „ „ Umlaufmotoren.

Soll also ein 100 PS-Motor mit Brennstoff und Öl für 3 Stunden versehen sein, so ergeben diese Stoffe eine zusätzliche Anfangsbelastung von

$100 \cdot 0{,}3 \cdot 3 = 90$ kg bei Standmotoren,
$100 \cdot 0{,}5 \cdot 3 = 150$ „ „ Umlaufmotoren.

Die Nutzlast Q besteht zum mindesten aus einer Person, dem Flugzeugführer, öfter aus 2 Personen. Für je eine Person sind 70 bis 80 kg zu rechnen. Dazu kommen etwaige tote Lasten.

Das Gewicht G_0 des leeren Flugzeugkörpers einschl. der Tragflächen (aber ohne Motor) ist wesentlich bedingt durch die vorgenannten Lasten und die Festigkeitseigenschaften der Baustoffe. Erfahrungsgemäß ist dieses Gewicht ungefähr von gleicher Größe wie die Summe der übrigen Gewichte, die nach obigem beträgt (für t-Stunden Flugzeit)

$2{,}5\,N + Q + 0{,}3 \cdot t \cdot N$ kg bei Standmotoren,
$1{,}5\,N + Q + 0{,}5 \cdot t \cdot N$ „ bei Umlaufmotoren.

Das Gesamtgewicht ist demnach für Standmotoren

$$G = (2{,}5\,N + Q + 0{,}3\,t \cdot N) \cdot m \qquad (3)$$

worin

$$m = 2 \text{ bis } 1{,}8.$$

Soll z. B. eine Flugmaschine mit einem Standmotor von 100 PS und 2 Personen 5 Stunden lang fliegen, so ist mit einem Gesamtgewicht zu rechnen von

$$G = 1{,}8 \cdot (2{,}5 \cdot 100 + 2 \cdot 75 + 0{,}3 \cdot 5 \cdot 100) = \text{rd. } 1000 \text{ kg.}$$

Ein Umlaufmotor würde unter den gleichen Umständen ergeben

$$G = 1{,}8\,(1{,}5 \cdot 100 + 2 \cdot 75 + 0{,}5 \cdot 5 \cdot 100) = \text{rd. } 1000 \text{ kg.}$$

Bei 50 PS Motorleistung würde sein beim Standmotor und einer Person

$$G = 1{,}8\,(2{,}5 \cdot 50 + 1 \cdot 75 + 0{,}3 \cdot 5 \cdot 50) = \text{rd. } 500 \text{ kg,}$$

beim Umlaufmotor

$$G = 1{,}8\,(1{,}5 \cdot 50 + 1 \cdot 75 + 0{,}5 \cdot 5 \cdot 50) = \text{rd. } 500 \text{ kg.}$$

---

[1]) Die folgenden Angaben darüber sind den letzten Jahrgängen der Zeitschr. f. Flugtechnik u. Motorluftschiffahrt entnommen.

Größe der Tragfläche F und wagrechten Fahrgeschwindigkeit c_0 bei gegebenem Gesamtgewicht G.

Für den Auftrieb gilt nach Abschn. 66

$$A = \zeta_A F \frac{\gamma}{g} c_0^2 = G \quad \text{. . . . . (4)}$$

Daraus folgt

$$c_0 = \sqrt{\frac{A}{F} \cdot \frac{g}{\gamma} \frac{1}{\zeta_A}} = \sqrt{\frac{G}{F} \cdot \frac{g}{\gamma} \frac{1}{\zeta_A}} \quad \text{. . . . . . . (5)}$$

ζ_A ist abhängig vom Anstellwinkel und der Gestalt, insbesondere der Wölbung der Tragfläche. Sein Wert muß in Abhängigkeit vom Anstellwinkel durch Versuche ermittelt worden sein (Abschn. 66). So ist z. B. für eine kreisförmig gewölbte Platte (Zylinderschale) mit einem Wölbungspfeil von 1/13,5 der Sehne und 1 : 5 Seitenverhältnis nach Göttinger Versuchen (Fig. 150) bei den Anstellwinkeln

$\alpha =$	-2^0	-1^0	0^0	1^0	2^0	3^0	5^0	$7{,}5^0$	10^0	12^0	15^0	20^0
$\zeta_A =$	0,1	0,14	0,21	0,28	0,35	0,40	0,486	0,55	0,61	0,658	0,62	0,562.

Nach Gl. 5 hängt nun die Fahrgeschwindigkeit, die nötig ist, um einen Auftrieb von G-kg zu erhalten, außer von ζ_A noch von dem Wert G/F, der Belastung von 1 qm Tragfläche, ab. Je größer dieser Wert ist, je kleiner also die Tragfläche für ein gegebenes Gewicht, desto rascher muß die Maschine fliegen. Wäre z. B. eine Flugmaschine von 1000 kg Gewicht mit 2 Tragflächen von 10 m Länge und 2 m Tiefe versehen, also $F = 2 \cdot 2 \cdot 10 = 40$ qm, so wäre

$$\frac{G}{F} = \frac{1000}{40} = 25 \text{ kg/qm},$$

was einem mittleren Luftüberdruck von 25 mm H_2O auf die Tragflächen gleichkommt. Dafür ergibt nun Gl. 5, mit $g/\gamma =$ rd. 8

$$c_0 = \sqrt{\frac{25 \cdot 8}{\zeta_A}} = \text{rd.}\ \frac{14}{\sqrt{\zeta_A}} \quad \text{. . . . . (6)}$$

Für die obige kreisförmig gewölbte Platte wird also bei

$\alpha =$	-2^0	-1^0	0^0	1^0	2^0	3^0	5^0	$7{,}5^0$	10^0	12^0	15^0	20^0
$c_0 =$	44,3	37,4	30,5	26,5	23,6	22,1	20,1	18,9	17,92	17,27	17,80	18,66 m/sec.

Für eine andere Flächenbelastung G/F ist c_0 im Verhältnis von $\frac{1}{5}\sqrt{G/F}$ größer, also z. B. für $G/F = 16$ kg/qm nur $\frac{4}{5}$ so groß, für $G/F = 36$ dagegen $\frac{6}{5}$ mal so groß.

In Fig. 214 sind nun diese Werte von c_0 als Abszissen zu den zugehörigen Winkeln α als Ordinaten aufgetragen (unterste Kurve). Die Kurve läßt erkennen, welche Geschwindigkeit der Flugmaschine bei einem gegebenen Anstellwinkel erteilt werden muß, damit der zum Tragen des Gewichtes nötige Auftrieb entsteht. Bei der wirklichen Maschine kann man durch geeignete Einstellung des Höhensteuers jeden beliebigen Anstellwinkel herbeiführen (wobei dann im allgemeinen die Schraubenachse sich gegen die Bewegungsrichtung schief stellt). Fig. 214 zeigt, daß eine Geschwindigkeit von 17,3 m/sec die kleinste ist, mit der sich der nötige Auftrieb noch bewirken läßt; dabei muß der Anstellwinkel α 12^0 betragen. Bei größerem oder kleinerem α ist der Auftrieb für 17,3 m/sec zu klein. Will man aber z. B. mit 2^0 Anstellwinkel anfliegen, so muß man der Maschine eine Geschwindigkeit von rd. 24 m/sec erteilen, bei 0^0 Anstellwinkel eine solche von 30,5 m/sec.

Eine **kleinere** Flächenbelastung, also größere Tragfläche, würde die erforderlichen Geschwindigkeiten herabsetzen, z. B. bei $G/F = 16$ auf das 0,8fache, also die niedrigste Geschwindigkeit auf $0{,}8 \cdot 17{,}3 = 13{,}8$ m/sec; eine **höhere** (also eine kleinere Tragfläche) würde sie erhöhen, z. B. bei $G/F = 36$ auf das 1,2fache.

Der Fahrwiderstand. Der Bewegungswiderstand der Flugmaschine besteht aus der wagrechten Teilkraft W_F des Tragflächendruckes P und dem

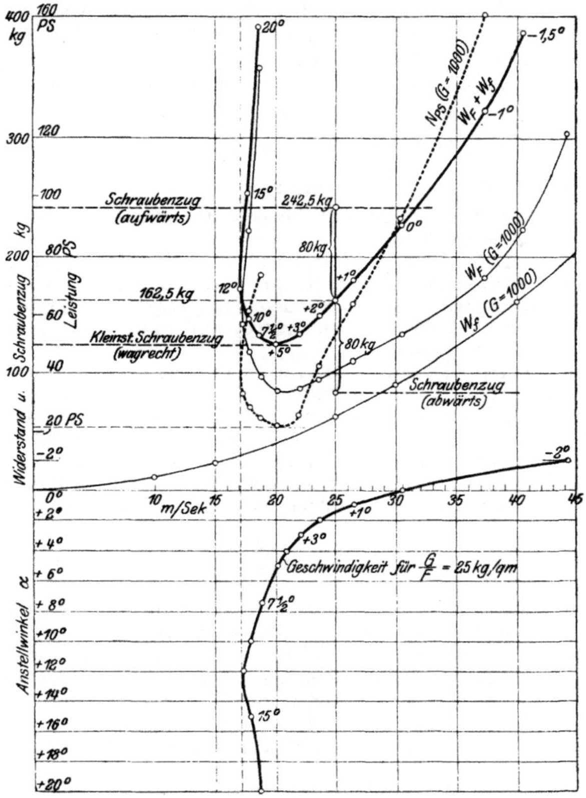

Fig. 214.

Stirnwiderstand W_f der nicht tragenden Teile der Maschine. Nach Abschnitt 66 ist

$$W_F = \zeta_W \cdot F \cdot \frac{\gamma}{g} \cdot c^2 \quad . \; . \; . \; . \; . \; . \; . \; . \; . \; . \; . \quad (7)$$

worin ζ_W, wie früher ζ_A, aus der Tragflächenuntersuchung bekannt sein muß (Fig. 150).

Wenn c den Wert c_0 besitzt, dem ein Auftrieb $A = G$ beim Winkel α entspricht, so ist nach Gl. 4

$$F \frac{\gamma}{g} c^2 = \frac{G}{\zeta_A},$$

also

$$W_F = \frac{\zeta_W}{\zeta_A} \cdot G \quad \text{. . . . . (8)}$$

Die Verhältniswerte ζ_A / ζ_W, die angeben, wie viel mal größer der Auftrieb ist als der Rücktrieb, sind aus der Tragflächenuntersuchung bekannt. Für das vorliegende Profil finden sie sich in Fig. 161 als Ordinaten zu α als Abszissen aufgetragen. Für alle Tragflächen gibt es einen gewissen, von der Gestalt der Fläche abhängigen Höchstwert von ζ_A / ζ_W, der beim vorliegenden Profil nach Fig. 161 gleich 12 ist (bei $4^1/_2{}^0$ Anstellwinkel) und bei den günstigsten Profilformen bis höchstens etwa 16 steigen kann. Für obiges Profil wird bei

$\alpha =$	-2^0	-1^0	0^0	1^0	2^0	3^0	$4^1/_2{}^0$	5^0	$7{,}5^0$	10^0	12^0	15^0	20^0
$\zeta_A / \zeta_W =$	3,3	5,5	7,5	9,25	10,6	11,6	12,0	11,9	10,4	8,6	7,1	4,5	2,8

Bei Winkeln über 20^0 ist $\zeta_A / \zeta_W = \operatorname{cotg} \alpha$.

Mit diesen Werten wird nun z. B. für eine Flugmaschine von $G = 1000$ kg Gewicht bei den gleichen Winkeln

$W_F =$ 303,3 181,8 133,3 108,1 94,4 86,3 83,3 84,0 96,2 116,2 141 222 357,5 kg.

Auch diese Werte sind in Fig. 214 als Ordinaten (nach oben) zu den zugehörigen Geschwindigkeiten c_0 als Abszissen aufgetragen;[1]) der dazu gehörige Winkel α ergibt sich aus der unteren Kurve; außerdem sind diese Winkel der $W_F + W_f$-Kurve angeschrieben.

Der Fahrwiderstand, soweit er von der Tragfläche herrührt, besitzt somit einen kleinsten Wert von 83,3 kg bei $\alpha = 4^1/_2{}^0$. Bei allen größeren und kleineren Winkeln ist W_F größer. Der Kleinstwert liegt bei einer Fahrgeschwindigkeit von rd. 20,6 m/sec, also keineswegs dem Kleinstwert der Fahrgeschwindigkeit, bei dem W_F schon 141 kg beträgt.

Für den Stirnwiderstand kann man, da alle seine Bestandteile dem allgemeinen Luftwiderstandsgesetz folgen, den Ansatz machen

$$W_f = \psi \cdot f \cdot \frac{\gamma}{g} \cdot c^2 \quad \text{. . . . . (9)}$$

Darin versteht man unter f am besten die Projektion der gesamten, nicht tragenden Maschinenteile auf eine zur Bewegungsrichtung senkrechte Ebene. Bei verschiedenen Anstellwinkeln α wird f allerdings auch verschieden sein; jedoch sind die Unterschiede innerhalb der fraglichen Winkelgrenzen so gering und ist andererseits die Unbestimmtheit in der Wahl von ψ so groß, daß sie ohne Bedeutung sind. Wären übrigens f_1, f_2, f_3 usw. die Projektionen der einzelnen Maschinenteile und ψ_1, ψ_2, $\psi_3 \ldots$ ihre Luftwiderstandskoeffizienten, so wäre etwa

$$\psi f = \psi_1 f_1 + \psi_2 f_2 + \psi_3 f_3 + \cdots$$

wenn alle Teile, denen die Flächen f_1, f_2, $f_3 \ldots$ zugehören, vom gleichen Luftstrom und in gleicher Richtung getroffen würden, was auch nicht genau zutrifft.

Es ist klar, daß f von der absoluten Größe der Maschine und ihrer Bauart abhängt, jedoch einen gewissen Kleinstwert nicht unterschreiten kann, da es sich selbst bei den kleinsten Flugmaschinen um Gewichte von mehreren 100 kg handelt. Der Wert ψf, auf den es ankommt, ist aber auch von der Formgebung der Einzelteile, insbesondere des größten derselben, des Rumpfes, abhängig. Man kann sich den Fall denken, daß zwei Flugmaschinen mit gleichem f wesentlich verschiedene Werte ψf besitzen. Wären alle Einzelteile mit rechteckigen Stirnflächen f_1, f_2, $f_3 \ldots$ versehen, so wäre ungefähr $\psi = 0{,}6$. Sind aber diese Teile im Sinne des Luftstroms als Körper möglichst kleinen Luft-

[1]) Vgl. Zeitschr. f. Flugtechn. u. Motorluftsch. 1911, S. 301, G. König Zugkraftdiagramme von Flugzeugen.

widerstands ausgebildet, so kann ψ ganz erheblich kleiner werden und vielleicht auf 0,3 oder noch darunter sinken.

Wählt man den von **Eiffel** angegebenen Wert

$$\psi f \cdot \frac{\gamma}{g} = 0{,}07$$

als Mittelwert für mittelgroße Maschinen von etwa 700 kg Gewicht und nimmt an, daß sich der Wert im gleichen Verhältnis wie das Gewicht ändert[1]), so erhält man für eine Maschine von 1000 kg Gewicht

$$\psi f \frac{\gamma}{g} = 0{,}07 \cdot \frac{1000}{700} = 0{,}1$$

und für eine Maschine vom beliebigen Gewicht G

$$\frac{\psi f \gamma}{g} = 0{,}1 \cdot \frac{G}{1000} \quad . \; . \; . \; . \; . \; . \; . \; . \; . \; . \; . \; . \; . \quad (10)$$

Für die Maschine von 1000 kg Gewicht wäre also mit $g/\gamma = 8$

$$\psi \cdot f = 0{,}8$$

und z. B. mit

$$\psi = 0{,}6$$

$$f = 4/3 \text{ qm},$$

d. h. der Stirnwiderstand würde demjenigen einer rechteckigen, zur Flugrichtung senkrecht stehenden Platte von 4/3 qm Inhalt ungefähr gleichkommen. Würde die wirkliche Projektion $f = 2$ qm sein, so wäre der Durchschnittswert von ψ

$$\psi = 0{,}8/2 = 0{,}4.$$

Mit Gl. 10 ergibt nun Gl. 9

$$W_f = 0{,}1\, c^2 \cdot \frac{G}{1000} \quad . \; . \; . \; . \; . \; . \; . \; . \; . \; . \; . \; . \quad (11)$$

Für eine Maschine von 1000 kg Gewicht sind dies bei

$c =$	10	15	20	25	30	40	50 m/sec
$W_f =$	10	22,5	40	62,5	90	160	250 kg.

In Fig. 214 sind diese Werte als Ordinaten (nach oben) zu den Geschwindigkeiten als Abszissen aufgetragen. Sie bleiben zwar bei allen Geschwindigkeiten unter den Werten des Tragflächenwiderstandes, sind aber von gleicher Größenordnung (ungefähr $^1/_2$ bis $^3/_4$ von W_F).

Der **Gesamtwiderstand** ist

$$W = W_F + W_f$$

und wird in Fig. 214 durch eine Kurve dargestellt, deren Ordinaten die Summe der Ordinaten der Kurven W_F und W_f sind. Diese Kurve hat einen tiefsten Punkt, der in der Nähe der tiefsten Stelle der W_F-Kurve liegt, aber nicht mit dieser zusammenfällt. Der **kleinste Fahrwiderstand** beträgt nach Fig. 214 rd. 125 kg und liegt bei einem Anstellwinkel von $+5^0$, sowie einer Fahrgeschwindigkeit von rd. 20 m/sec. Die Schraube des Flugzeugs muß also bei

---

[1]) Die Frage nach dem Wert von ψf ist Gegenstand verschiedener Erörterungen in der Zeitschr. f. Flugtechnik und Motorluftsch., Jahrg. 1914, gewesen. Sie lassen deutlich erkennen, daß diese wichtige Frage noch eingehender Untersuchungen an ausgeführten Maschinen bedarf. Die obige Annahme genügt aber für den vorliegenden Zweck.

einer Fahrgeschwindigkeit von 20 m/sec allermindestens 125 kg Zugkraft entwickeln können. Soll aber die Maschine z. B. mit 25 m/sec = 90 km/St fliegen, so muß die Schraube bei dieser Geschwindigkeit eine Zugkraft von 162,5 kg besitzen.

Die Antriebsleistung. Die sekundliche Widerstandsarbeit, die beim Fliegen zu überwinden und von der Schraube aufzubringen ist, ist

$$N = \frac{W \cdot c_0}{75} \text{(PS)} \quad . \; . \; . \; . \; . \; . \; . \; . \; . \; . \; . \quad (12)$$

Ihre Werte bei verschiedenen Anstellwinkeln ergeben sich aus den früher ermittelten, in der Kurve für W dargestellten zusammengehörigen Werten von W und c_0. Es ist für

$\alpha =$	$-1,5^0$	-1^0	0^0	$+1^0$	2^0	3^0	5^0	$7^1/_2{}^0$	10^0	12^0	15^0	20^0	
$W =$	388	322,3	227,6	179,5	135	86,3	83,7	96,5	116,5	141	254	392	kg
$c =$	40,5	37,4	30,5	26,5	23,6	22,1	20,1	18,9	17,92	17,27	17,80	18,66	m/sec
$N =$	209	161	92,5	63,4	42,5	25,4	22,4	24,3	27,9	32,5	60,3	73,2	PS.

Diese Werte sind in Fig. 214 als Ordinaten (nach oben) zu den Geschwindigkeiten als Abszissen aufgetragen. Die Kurve hat einen tiefsten Punkt mit $N_{min} = 21,5$ PS, zu dem ein Anstellwinkel von rd. 4^0 gehört. (Der Kleinstwert der Leistung fällt mit dem Kleinstwert des Widerstandes W nicht genau zusammen.) Die Schraube muß also eine Mindestleistung von 21,5 PS entwickeln, wenn der Flug denkbar sein soll. Bei einem Schraubenwirkungsgrad von rd. $^2/_3$ müßte also der Motor eine Nutzleistung von $21,5 \cdot {}^3/_2 = 32,2$ PS besitzen. Die Fluggeschwindigkeit würde rd. 20,8 m/sec betragen. Sollte aber die Maschine mit 25 m/sec = 90 km/St. fliegen, so müßte der Motor $1,5 \cdot 52 = 78$ PS an die Schraubenwelle abgeben und der Anstellwinkel $+1,5^0$ sein.

Die Widerstands- und Leistungskurven von Fig. 214 gelten für eine Maschine von 1000 kg Gewicht. Da jedoch sowohl W_F als W_f dem Gewicht proportional sind, so haben die Kurven auch für eine Maschine von anderem Gewicht Geltung, wenn man ihre Ordinaten mit $G/1000$ vervielfacht, vorausgesetzt, daß die Einheitsbelastung der Tragfläche G/F die gleiche ist. Für eine andere Einheitsbelastung dagegen nimmt nicht nur die untere Kurve einen anderen Verlauf, sondern auch die Kurve W_F und W, während W_f unverändert bleibt.

Der steigende Flug.

Eine Flugmaschine muß, um überhaupt vom Boden loszukommen, außer zum wagrechten Flug auch zum Flug schief nach oben befähigt sein. Dazu tritt die Aufgabe, mehr oder weniger rasch in größere Höhen aufzusteigen.

Die Bahn der Flugmaschine steige unter dem Winkel β gegen die Wagrechte geradlinig (oder in einer Spirallinie mit gleichbleibendem Steigungswinkel und großem Halbmesser) an, Fig. 215; die Bahngeschwindigkeit sei c-m/sec, der Anstellwinkel der Tragfläche gegen die Bahnrichtung α. Dann wirken, wie beim wagrechten Flug, die Kräfte P (Luftwiderstand der Tragfläche), W_f (Stirnwiderstand), G und der Schraubenzug Z an der Flugmaschine.

Die Komponenten A und W_F von P senkrecht zur Flugrichtung und in Richtung des Fluges sind so groß wie beim wagrechten Flug unter dem gleichen Anstellwinkel und bei gleicher Geschwindigkeit, also

$$A = \zeta_A \cdot F \cdot \frac{\gamma}{g} \cdot c^2 \quad . \; . \; . \; . \; . \; . \; . \; . \; . \; . \; . \; . \quad (4)$$

$$W_F = \zeta_W \cdot F \cdot \frac{\gamma}{g} \cdot c^2 = \frac{\zeta_W}{\zeta_A} \cdot A \quad . \; . \; . \; . \; . \; . \; . \; . \quad (7)$$

Zerlegt man das Gewicht G in zwei Komponenten in Richtung der Bahn und senkrecht dazu, so ergibt das Gleichgewicht der Kräfte die folgenden beiden Beziehungen:

$$A = G \cdot \cos \beta \quad \ldots \ldots \ldots \ldots \quad (13)$$

$$Z = W_F + W_f + G \sin \beta \quad \ldots \ldots \ldots \quad (14)$$

Beschränkt man sich nun, wie in allen praktischen Fällen, auf verhältnismäßig kleine Bahnwinkel β, z. B. $\beta < 10^0$, so wird

$$\cos \beta > \cos 10^0,$$

also

$$\cos \beta > 0{,}985.$$

Daher liegt A zwischen 0,985 G und G, d. h. es muß auch beim steigenden Flug die Luftkraft senkrecht zur Bahn praktisch gleich dem Gewicht der Maschine sein. Wir setzen statt Gl. 13

$$A = G \quad \ldots \ldots \ldots \ldots \ldots \quad (13\,a)$$

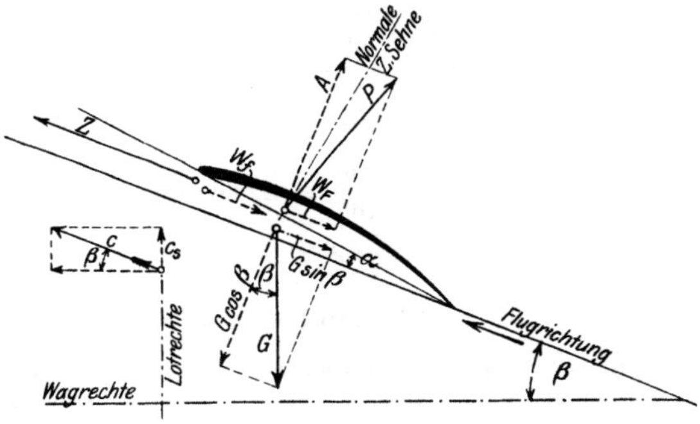

Fig. 215.

und mit Gl. 4

$$c = \sqrt{\frac{G}{F} \frac{g}{\gamma} \frac{1}{\zeta_A}} = c_0 \quad \ldots \ldots \ldots \quad (5)$$

Genauer würde sein

$$c = \sqrt{\frac{G}{F} \cdot \frac{g}{\gamma} \cdot \frac{\cos \beta}{\zeta_A}} < c_0 \quad \ldots \ldots \ldots \quad (5\,a)$$

Mit Gl. 13a bleibt nun auch Gl. 8 in Geltung:

$$W_F = \frac{\zeta_W}{\zeta_A} \cdot G \quad \ldots \ldots \ldots \ldots \quad (15\,a)$$

Genauer würde sein

$$W_F = \frac{\zeta_W}{\zeta_A} \cdot G \cdot \cos \beta \quad \ldots \ldots \ldots \quad (15)$$

Aus Gl. 5 (bzw. 5a mit $\cos \beta \cong 1$) folgt nun, daß die zum steigenden Flug nötigen Fluggeschwindigkeiten bei gleichem Gewicht und Anstellwinkel ebenso groß sind wie beim wagrechten Flug. Man erhält also in Fig. 214 unten wieder die gleiche Geschwindigkeitskurve.

Aus Gl. 15a folgt (bzw. aus Gl. 15 mit $\cos \beta \cong 1$), daß auch W_F ebenso groß ist wie bei wagrechtem Flug; daher fällt die Kurve W_F für steigenden

Flug in Fig. 214 zusammen mit der früheren für wagrechten Flug. W_f hat bei gleicher Geschwindigkeit selbstverständlich gleichen Wert.

Damit wird nun auch die Kurve W des gesamten Widerstandes in Fig. 214 für beide Fälle die gleiche.

Gemäß Gl. 14 besteht also der Unterschied zwischen dem wagrechten und dem steigenden Flug bezüglich der Kräfte darin, daß die Zugkraft der Schraube um den Betrag

$$G \sin \beta$$

größer sein muß, als wenn die gleiche Maschine mit gleicher Geschwindigkeit bei gleichem Anstellwinkel wagrecht fliegt.

Nach Gl. 14 ist ferner

$$G \sin \beta = Z - (W_F + W_f) \quad \ldots \ldots \ldots \quad (14a)$$

Damit also die Maschine unter dem Winkel β gegen die Wagrechte aufsteigen kann, muß der Schraubenzug Z um den Betrag $G \sin \beta$ größer sein, als der von den Luftkräften herrührende Bahnwiderstand, der durch die Ordinaten der Kurve $W = W_F + W_f$ dargestellt wird. Bei einer Bahngeschwindigkeit von 25 m/sec ist z. B. $W = 162{,}5$ kg für die Maschine von $G = 1000$ kg Gewicht mit der Tragflächenbelastung von 25 kg/qm. Nimmt man nun den Schraubenzug z. B. um 80 kg größer, so ist

$$G \sin \beta = 80,$$

also

$$\sin \beta = \frac{80}{1000} = 0{,}080$$

$$\beta = 4^0\, 35',$$

also das Steigungsverhältnis

$$\operatorname{tg} \beta = 0{,}0801 = 1/12{,}5.$$

Die Antriebsleistung wird entsprechend dem größeren Schraubenzug höher als beim gleichschnellen wagrechten Flug, im Beispiel um

$$\frac{1{,}5 \cdot 80 \cdot 25}{75} = 40 \text{ PS}$$

an der Motorwelle.

Die Gesamtleistung des Motors steigt hierdurch auf

$$78 + 40 = \underline{118} \text{ PS.}$$

Würde nun die Zugkraft der Schraube oder die Leistung des Motors so bemessen, daß die Maschine mit dem kleinstmöglichen Widerstand oder der kleinstmöglichen Leistung wagrecht fliegen könnte, so würde sie nicht imstande sein, aufzusteigen. Deshalb muß Zugkraft und Leistung stärker bemessen werden.

Die Geschwindigkeit der Maschine in der lotrechten Richtung (Steiggeschwindigkeit) ist

$$c_s = c \cdot \sin \beta,$$

also im obigen Beispiel

$$c_s = 25 \cdot 0{,}08 = 2{,}0 \text{ m/sec.}$$

Diese Steiggeschwindigkeit entspricht ungefähr neuzeitlichen Maschinen. Eine Höhe von 1000 m würde hiermit, vorausgesetzt daß c_s unverändert bleibt, in $1000/2 = 500$ sec $= 8{,}4$ Minuten erreicht.

Der fallende Flug. Zerlegt man gemäß Fig. 216 wiederum P und G in ihre Komponenten nach der Richtung der Flugbahn und senkrecht dazu, so erhält man als Gleichgewichtsbedingungen

$$A = G \cos \beta \cong G \quad \ldots \ldots \ldots \ldots \quad (13)$$

und

$$Z + G \sin \beta = W_F + W_f \quad \dots \dots \dots \quad (16)$$

also

$$Z = (W_F + W_f) - G \sin \beta \quad \dots \dots \dots \quad (16\text{a})$$

Der Schraubenzug muß also, wenn die Maschine mit der Geschwindigkeit c unter dem Winkel β abwärts fahren soll, um $G \sin \beta$ kleiner sein als beim wagrechten Flug mit gleicher Geschwindigkeit und gleichem Anstellwinkel.

Wäre z. B. bei 25 m/sec Fahrgeschwindigkeit der Schraubenzug um 80 kg kleiner als für den gleichschnellen wagrechten Flug, also im ganzen

$$Z = 162{,}5 - 80 = 82{,}5 \text{ kg},$$

so wäre nach Gl. 16a

$$G \sin \beta = 80$$

und für $G = 1000$ kg

$$\sin \beta = 0{,}08$$

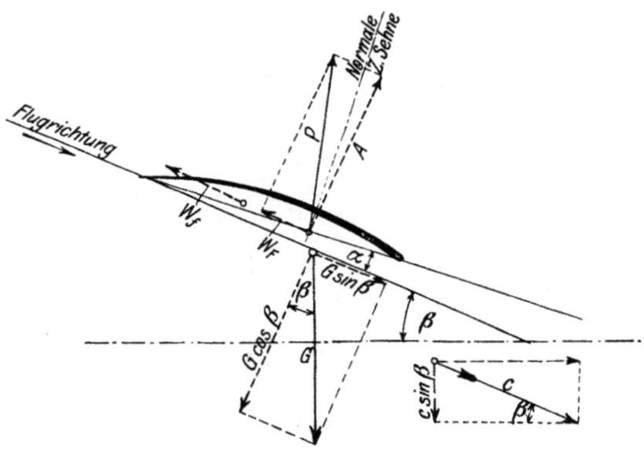

Fig. 216.

wie oben beim steigenden Flug. Die Leistung an der Motorwelle wäre kleiner als beim horizontalen Flug um

$$\frac{1{,}5 \cdot 80 \cdot 25}{75} = 40 \text{ PS},$$

würde also im ganzen nur

$$78{,}5 - 40 = 38{,}5 \text{ PS}$$

betragen müssen.

Gleitflug. Ein Flug nach abwärts bei abgestelltem Motor wird als Gleitflug bezeichnet. Für diesen Sonderfall ergibt Gl. 16a mit $Z = 0$

$$\sin \beta' = \frac{W_F + W_f}{G} \quad \dots \dots \dots \quad (17)$$

Der Winkel β' wird als Gleitwinkel bezeichnet. Nach Gl. 17 ist $\sin \beta'$ den Ordinaten der W-Kurve in Fig. 214 proportional. Der Gleitwinkel ist also durchaus abhängig vom Anstellwinkel α gegen die Flugrichtung. Ist dieser z. B. $+1{,}5^0$, so ist $W = W_F + W_f = 162{,}5$ kg, somit

$$\sin \beta' = \frac{162{,}5}{1000} = 0{,}1625.$$

$$\beta' = 9^0\, 20'.$$

Der kleinstmögliche Gleitwinkel tritt ein bei $W_{min} = 125$ kg und $\alpha = 5^0$, es ist

$$\sin \beta'_{min} = \frac{125}{1000} = 0{,}125,$$

$$\beta'_{min} = 7^0\,10'.$$

Die Gleitgeschwindigkeit ist im ersten Falle 25 m/sec, im zweiten rd. 20 m/sec; die Fallgeschwindigkeit $25 \cdot 0{,}1625 = 4{,}06$ bzw. $20 \cdot 0{,}125 = 2{,}5$ m/sec.

In beiden Fällen ist $\cos \beta$ noch nahe bei 1, somit die früher gemachte Vereinfachung zulässig.

Einen allgemeinen Ausdruck für den Gleitwinkel erhält man wie folgt. Man setzt in Gl. 16a für W_F und W_f ihre Werte nach Gl. 15 und Gl. 9 ein und erhält

$$Z = \frac{\zeta_W}{\zeta_A} \cdot G \cdot \cos \beta + \frac{\psi f \gamma}{g} \cdot c^2 - G \cdot \sin \beta.$$

Hierin ist nach Gl. 5a

$$c^2 = \frac{G}{F} \frac{g}{\gamma} \frac{\cos \beta}{\zeta_A}$$

Hiermit wird

$$Z = \frac{\zeta_W}{\zeta_A} \cdot G \cos \beta + \frac{\psi f \gamma}{g} \frac{G}{F} \frac{g}{\gamma} \frac{\cos \beta}{\zeta_A} - G \sin \beta$$

$$Z = \cos \beta \left(G \frac{\zeta_W}{\zeta_A} + \psi f \cdot \frac{G}{F} \cdot \frac{1}{\zeta_A} \right) - G \cdot \sin \beta \quad \ldots\ldots \quad (18)$$

Dies ist die allgemeine Gleichung für den Abwärtsflug unter dem Winkel β beim Anstellwinkel α.

Für den Gleitflug wird hieraus mit $Z = 0$

$$\operatorname{tg} \beta' = \frac{\zeta_W}{\zeta_A} + \frac{\psi f}{F} \frac{1}{\zeta_A} \quad \ldots\ldots\ldots\ldots \quad (18)$$

Diese Gleichung gilt ganz allgemein. Für einen bestimmten Anstellwinkel wird also der Gleitwinkel um so größer (der Gleitflug um so steiler), je kleiner die Auftriebsübersetzung ζ_A/ζ_W der Tragfläche ist; aber daneben ist der Gleitwinkel noch abhängig von dem Verhältnis $\frac{\psi f}{F} \frac{1}{\zeta_A}$, also dem Stirnwiderstand. Je größer dieser ist, um so steiler wird der Gleitflug.

Schreibt man in Gl. 18

$$\frac{\psi f}{F} \frac{1}{\zeta_A} = \psi f \cdot \frac{G}{F} \frac{1}{G \zeta_A}$$

und setzt nach Gl. 10

$$\psi f = 0{,}1 \frac{G}{1000} \cdot \frac{g}{\gamma} = 0{,}8 \frac{G}{1000},$$

so wird

$$\frac{\psi f}{F} \cdot \frac{1}{\zeta_A} = \frac{8}{10\,000} \cdot \frac{G}{F} \frac{1}{\zeta_A} \quad \ldots\ldots\ldots\ldots \quad (19)$$

und somit

$$\operatorname{tg} \beta' = \frac{\zeta_W}{\zeta_A} + \frac{8}{10\,000} \frac{G}{F} \cdot \frac{1}{\zeta_A} \quad \ldots\ldots \quad (18a)$$

Hieraus entnimmt man, daß der Gleitflug um so steiler ausfällt, je größer die Einheitsbelastung G/F der Tragfläche ist.

Für das obige Tragflächenprofil war bei $\alpha = 5^0$ $\zeta_W/\zeta_A = 1/11{,}9$ und $\zeta_A = 0{,}486$. Daher wird

$$\operatorname{tg}\beta' = \frac{1}{11{,}9} + \frac{8}{4860}\cdot\frac{G}{F}$$

und daraus für

$\frac{G}{F} =$	10	20	25	35	kg/qm
$\operatorname{tg}\beta' =$	0,100	0,117	0,125	0,141	
$\beta' =$	$5^0\,40'$	$6^0\,40'$	$7^0\,10'$	$8^0\,5'$.	

Die Gleitgeschwindigkeit ist allgemein nach Gl. 5a

$$c = \sqrt{\frac{G}{F}\,\frac{g}{\gamma}\,\frac{\cos\beta'}{\zeta_A}} \quad \ldots\ldots\ldots\ldots \quad (5\,\mathrm{a})$$

und daher für kleine Gleitwinkel mit $\cos\beta' \cong 1$

$$c = \sqrt{\frac{G}{F}\cdot\frac{g}{\gamma}\,\frac{1}{\zeta_A}} \quad \ldots\ldots\ldots\ldots \quad (5)$$

wie schon oben am Beispiel Fig. 214 gezeigt.

Die Fallgeschwindigkeit (in lotrechter Richtung) beim Gleitflug ist

$$c_f = c\cdot\sin\beta',$$

also mit $\sin\beta' \cong \operatorname{tg}\beta'$ nach Gl. 18a

$$c_f = \left(\frac{\zeta_W}{\zeta_A} + \frac{\psi f}{F}\,\frac{1}{\zeta_A}\right)\cdot\sqrt{\frac{G}{F}\cdot\frac{g}{\gamma}\,\frac{1}{\zeta_A}} \quad \ldots\ldots \quad (20)$$

oder mit Gl. 19

$$c_f = \left(\frac{\zeta_W}{\zeta_A} + \frac{8}{10\,000}\cdot\frac{G}{F}\,\frac{1}{\zeta_A}\right)\cdot\sqrt{\frac{G}{F}\,\frac{g}{\gamma}\cdot\frac{1}{\zeta_A}} \quad \ldots \quad (20\,\mathrm{a})$$

Bemerkung. Zur vollständigen Klärung der Energieverhältnisse der Flugmaschine muß auch der Zusammenhang der Schraubenzugkräfte und -leistungen mit den Umdrehungszahlen und Belastungen (Drehmomenten) des Motors bekannt sein. Hierüber vgl. besonders A. Betz, Zeitschr. f. Flugtechnik u. Motorluftsch. 1912, S. 86.

81. Kälteerzeugung mittels Dämpfen.

Das Wesen der Kälteerzeugung im allgemeinen und der Begriff des „Kälteträgers" ist bereits in Abschn. 36 erläutert worden (Kälteerzeugung durch Gase). Als Kälteträger sind heute bei der technischen Kälteerzeugung ausschließlich die Dämpfe von Ammoniak (NH_3), Kohlensäure (CO_2) und schwefliger Säure (SO_2), neuerdings auch wieder der Wasserdampf (H_2O) in Verwendung.

Auch auf Dämpfe ist das bei den Gasen beschriebene Verfahren anwendbar. Die Eigenschaften der Dämpfe erlauben jedoch eine erhebliche Vereinfachung jenes Verfahrens.

Mit Gasen kann nämlich die angestrebte tiefe Temperatur **nur** durch arbeitsverrichtende adiabatische Expansion des vorher verdichteten Kälteträgers (Luft) in einem besonderen Expansionszylinder erreicht werden.

Feuchte Dämpfe können dagegen ohne Expansionszylinder, einfach durch Drosseln von hohem auf niedrigen Druck abgekühlt werden (Abschn. 47).

Dabei geht allerdings die Expansionsarbeit verloren, die bei gleicher Expansion in einem Zylinder gewonnen und zur Verminderung der Betriebsarbeit des Prozesses verwendet werden könnte. Dieser Umstand verliert aber dadurch an Bedeutung, daß die anfängliche Feuchtigkeit bis zur reinen Flüssigkeit getrieben wird.

Nach der Drosselung ist die Flüssigkeit mit Dampf vermischt. Nur der noch flüssige Teil kommt als Kälteträger in Betracht. Indem dieser dem abzukühlenden Körper Wärme entzieht, verdampft er selbst und behält seine tiefe Temperatur, bis alle Flüssigkeit dampfförmig geworden ist. Weiter wird die Wärmezufuhr (Kälteleistung) nicht getrieben.

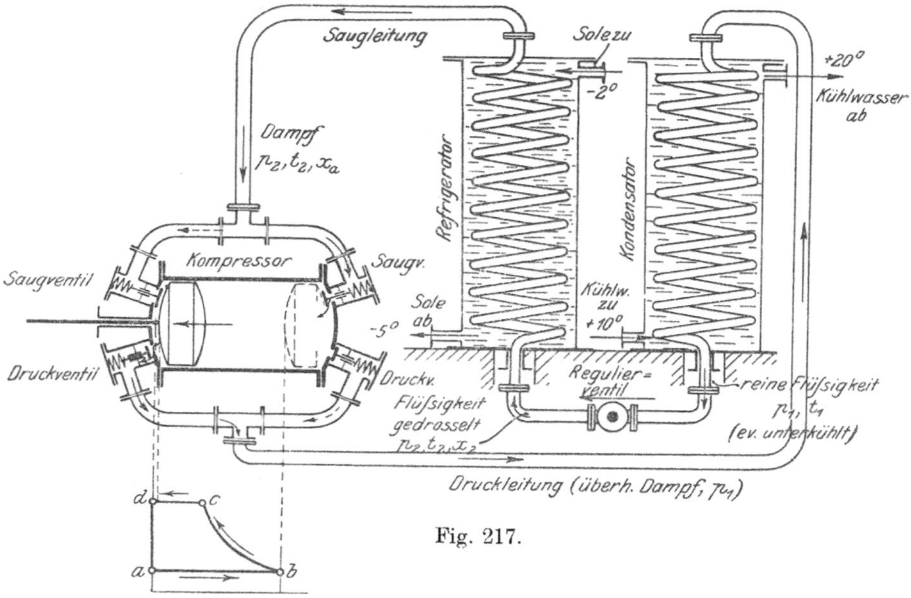

Fig. 217.

Für die Kälteleistung der Dämpfe ist demnach die Verdampfungswärme der Flüssigkeit maßgebend, während die Kälteleistung der Gase durch ihre spez. Wärme c_p bedingt ist.

Bei den Dämpfen geht die Kälteerzeugung unter unveränderlicher Temperatur vor sich. Dies ist ein grundsätzlicher Vorteil gegenüber den Gasen, bei denen während dieses Vorganges die Temperatur steigt.

Demgemäß ergibt sich nun das nachstehende Verfahren, Fig. 217.

Ein Kompressor saugt Ammoniakdämpfe (oder SO_2, CO_2-Dämpfe) im nahezu trocken gesättigten Zustande an und verdichtet sie bis zu einem solchen Druck, daß die Temperatur des gewöhnlich zur Verfügung stehenden Kühlwassers (10 bis 20°) genügt, um die verdichteten Dämpfe bei unveränderlichem Druck zu verflüssigen. Nach Abschn. 46 muß also für Kühlwasser von 15° die größte Kompressorspannung bei NH_3 mindestens 7,45 kg/qcm abs. betragen. Die Verflüssigung erfolgt nicht im Kompressorzylinder selbst, sondern in einer Rohrspirale (oder in einem System von Spiralen) in der Druckleitung des Kompressors (Fig. 217). Die Spiralen liegen entweder in einem Gefäß, das vom Kühlwasser durchströmt wird, oder an der freien Luft und werden dann vom Kühlwasser berieselt (Tauchkondensator und Berieselungskondensator).

Das flüssige Ammoniak strömt nun aus dem Kondensator durch ein von Hand verstellbares Ventil (Regelventil, Drosselventil) in eine zweite Rohrspirale, die in der Saugleitung des Kompressors liegt, in der also ein Druck gleich dem Ansaugedruck des Kompressors herrscht. Dieser Druck ist durch die Temperatur in der zweiten Spirale bestimmt und diese ist wieder durch den Verwendungszweck der Kälte bedingt, also vorgeschrieben. Sie wird bei Maschinen zur Raumkühlung und Eisgewinnung ungefähr — 7 bis — 10° gewählt (die als „Normalwerte“ zu betrachtenden Temperaturen von Sole und Kühlwasser sind in Fig. 217 eingeschrieben). Bei Ammoniak ist demgemäß die Ansaugespannung, der Druck im Refrigerator, durch das Drosselventil auf etwa 3 kg/qcm abs. einzustellen.

In dieser zweiten Spirale geht die eigentliche Kälteerzeugung vor sich. Sie liegt in einem Gefäß, das von Salzwasser (Sole) durchströmt wird, und die Sole gibt, indem das Ammoniak durch die Spirale strömt, einen Teil ihrer Eigenwärme an das kältere Ammoniak ab. Dieses verdampft infolge der Wärmezufuhr bei unveränderlicher Temperatur, während die Sole infolge der Wärmeabgabe an das Ammoniak sich nahe bis zur Temperatur des letzteren abkühlt. Die Sole läuft mit etwa — 2° zu und mit — 5° ab; sie wirkt trotz ihrer „Kälte“ auf das noch kältere Ammoniak wie ein Heizkörper und bringt den beim Drosseln flüssig gebliebenen Teil des Ammoniaks zum Verdampfen. Das Solegefäß mit der Verdampferspirale heißt „Refrigerator“ (Kälteerzeuger).

Die ablaufende kalte Sole führt die Kälte ihrem Verwendungszwecke zu (Eisgewinnung, Raumkühlung, Gefrierwirkung), d. h. sie entzieht auf ihrem weiteren Wege den abzukühlenden Körpern Wärme. Diese werden kälter, während sich die Sole durch die Wärmeaufnahme bis — 2° erwärmt. Mit dieser Temperatur fließt sie dem Refrigerator wieder zu, um von neuem abgekühlt zu werden. Auch das dampfförmig gewordene Ammoniak wird wieder verdichtet, verflüssigt und gedrosselt, worauf es wieder im Refrigerator als Kälteträger wirksam wird.

Der Vorgang kann an Hand der schematischen Figur 217 verfolgt werden. Er beginnt mit der Verflüssigung des oben aus dem Refrigerator austretenden nahezu trockenen Ammoniakdampfes vom Druck p_2 und der Temperatur t_2. Dieser wird durch die Saugleitung vom (doppeltwirkenden) Kompressor angesaugt und beim nächsten Kolbenhub verdichtet und in die Druckleitung geschoben. Als überhitzter Dampf vom Drucke p_1 strömt er durch diese Leitung dem Kondensator zu, in den er oben eintritt. Dort verwandelt er sich durch die Wärmeabgabe an das Kühlwasser in flüssiges Ammoniak vom gleichen Drucke, das den Kondensator unten mit der dem Druck p_1 entsprechenden Siedetemperatur, unter Umständen auch mit tieferer Temperatur (unterkühlt) verläßt. Durch das Regulierventil, das nach Bedarf eingestellt werden kann, strömt die Flüssigkeit dem Refrigerator zu. Ihr Druck wird durch die Drosselung auf p_2, ihre Temperatur auf die zugehörige Siedetemperatur t_2 erniedrigt und ein kleiner Teil wird dampfförmig. Die oben mit — 2° zufließende Sole bringt das Ammoniak zum Verdampfen, kühlt sich dabei ab und verläßt als Kälteträger den Refrigerator unten.

Der Arbeitsaufwand ist mit der zum Betriebe des Kompressors erforderlichen Arbeit identisch. Von Nebenverlusten abgesehen erhält man sie aus dem Druckverlauf im Kompressor (Kompressordiagramm).

Der Kompressor sauge Dampf von p_2 at abs. mit etwa 5 v. H. Feuchtigkeit an, Linie ab, Fig. 218. Bei der darauf folgenden adiabatischen Verdichtung, Linie bc, befolgen die Dämpfe annähernd das Gesetz

$$p v^k = \text{konst.},$$

wobei etwa zu setzen ist für

Ammoniak . . . . $k = 1{,}323$,
Kohlensäure . . . . $k = 1{,}30$,
Schweflige Säure . . . . . $k = 1{,}26$.

Voraussetzung für einen solchen Verlauf ist sogenannter „trockener“ Kompressorgang, d. h. Beginn der Verdichtung mit annähernd trockenem Dampf, wobei dann die Verdichtungslinie zum größten Teile im Überhitzungsgebiet verläuft.

Bei zu großer Nähe des kritischen Punktes, was z. B. bei Kohlensäure vorkommt, weicht die Adiabate erheblich von pv^k ab.

Die der Fläche des theoretischen Diagramms, Fig. 218, entsprechende Kompressorleistung (Saugen, Verdichten, Hinausschieben) ist, wie in früheren Fällen (vgl. Abschn. 31),

$$L = \frac{k}{k-1} p_2 v_2 \left[\left(\frac{p_1}{p_2}\right)^{\frac{k-1}{k}} - 1\right],$$

gültig für 1 kg.

Fig. 219 zeigt das Indikatordiagramm eines Ammoniakkompressors[1]). Entsprechend dem Ansaugedruck von rund 2,9 at abs. ist die Ansaugetemperatur rund — 10°. Am Ende der Verdichtung im Zylinder ist wegen der Überhitzung

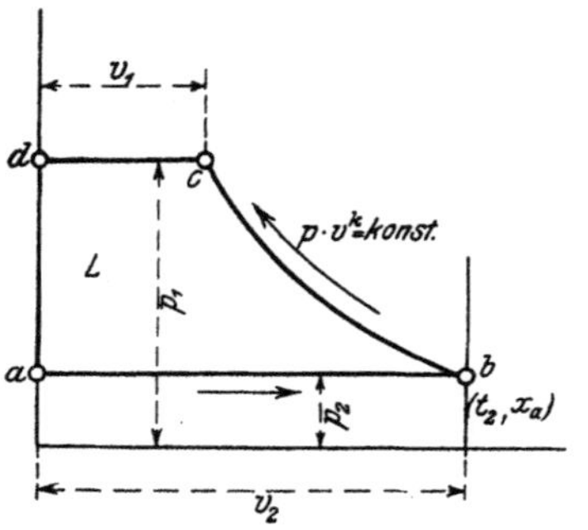

Fig. 218.

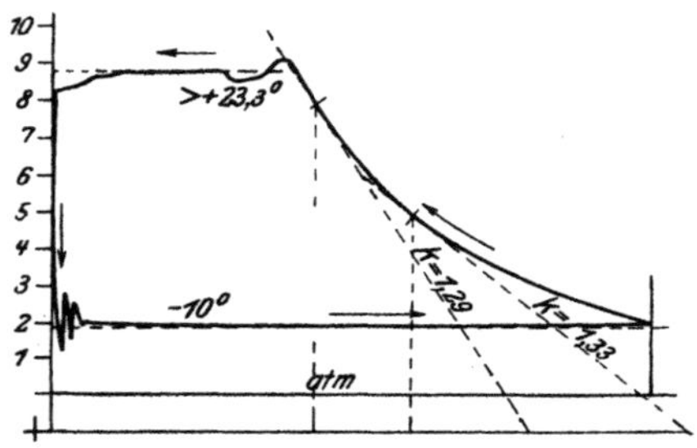

Fig. 219.

die Ammoniaktemperatur entsprechend dem Drucke von rund 9,8 at abs. höher als 23,3° (im Druckrohr gemessen 36,6°).

Die Kondensatortemperatur ist gemäß dem Drucke von rund 9,2 at abs. am Ende des Druckhubes rund + 21,3°.

Der Exponent der Verdichtungslinie ergibt sich nach dem Tangentenverfahren an zwei Stellen zu 1,29 bzw. 1,33.

Kälteleistung von 1 kg Kälteflüssigkeit. Die im Refrigerator seitens der Kälteflüssigkeit (NH_3, SO_2, CO_2) aus der Sole aufgenommene, zur Verdampfung verbrauchte Wärme ist die Kälteleistung der Kälteflüssigkeit. Sie kann als Verdampfungswärme der in der letzteren enthaltenen reinen Flüssigkeit bestimmt werden, nachdem der Anfangs- und der Endzustand (Dampfgehalt) des Gemisches im Refrigerator bekannt ist.

Der Anfangszustand der Verdampfung ist identisch mit dem Endzustand der Drosselung. Dieser kann nach Abschn. 47 aus dem Zustande der ungedrosselten Flüssigkeit berechnet werden, wenn der Anfangs- und Enddruck (p_1 und p_2) der Drosselung bekannt ist. Nach Abschn. 47 ist, wenn vor der Drosselung reine Flüssigkeit von der dem Druck p_1 entsprechenden Siedetemperatur t_1 vorliegt, der Dampfgehalt der abgedrosselten Flüssigkeit

$$x_2 = \frac{q_1 - q_2}{r_2} + \frac{1}{427} \cdot \frac{p_1 - p_2}{r_2} \cdot \sigma.$$

[1]) Zeitschr. f. d. gesamte Brauwesen, 29. Jahrg., S. 355.

Bei gegebenen Werten von p_1 und p_2 können alle Größen aus den Dampftabellen entnommen werden, womit x_2 berechenbar ist.

Ist nach der Verdampfung der Dampfgehalt x_a (rund 0,95), so wird im Refrigerator von 1 kg Kälteflüssigkeit der Gewichtsteil

$$(1 - x_2) - (1 - x_a) = x_a - x_2 \text{ kg}$$

in Dampf verwandelt. Hierzu muß seitens der Sole die Wärmemenge (Verdampfungswärme)

$$r_2 (x_a - x_2) = Q_k$$

geliefert werden. Dies ist die gesuchte Kälteleistung von 1 kg Kälteflüssigkeit.

Mit dem Werte von x_2 wird

$$Q_k = x_a r_2 - q_1 + q_2 - \frac{p_1 - p_2}{427} \cdot \sigma .$$

Wäre es möglich, die Flüssigkeit ohne teilweise Verdampfung von dem hohen auf den niedrigen Druck zu bringen ($x_2 = 0$), und würde außerdem im Refrigerator alle Flüssigkeit verdampft ($x_a = 1$), so wäre $Q_k = r_2$, d. h. die Kälteleistung von 1 kg gleich der Verdampfungswärme bei der Refrigeratortemperatur. In Wirklichkeit wird immer $Q_k < r_2$. Das letzte Glied in Q_k spielt, wie schon aus Abschn. 47 ersichtlich, eine geringe Rolle. Mit ziemlicher Annäherung ist daher

$$Q_k = x_a r_2 - (q_1 - q_2),$$

und im besten Falle ($x_a = 1$)

$$Q_k = r_2 - (q_1 - q_2),$$

d. h. die Kälteleistung ist mindestens um den Unterschied der oberen und unteren Flüssigkeitswärmen kleiner als die Verdampfungswärme der Flüssigkeit vom Ansaugedruck.

Aus der Kälteleistung Q_k von 1 kg ergibt sich das für 1 Cal. Kälteleistung erforderliche Gewicht der Kälteflüssigkeit gleich $1/Q_k$.

Der Hubraum der Kompressoren ist durch den Rauminhalt der anzusaugenden Dämpfe bedingt. Ist nun v_2 das zum Ansaugedruck p_2 gehörige Volumen von 1 kg trockenem Dampf (nach den Tabellen), so besitzt 1 kg der angesaugten Dämpfe bei $x_a = 0{,}95$ Dampfgehalt ein Volumen von $0{,}95\, v_2$ cbm. Für 1 Cal. Kälteleistung muß also der Kompressor ein Saugvolumen von

$$V(1 \text{ Cal.}) = \frac{0{,}95\, v_2}{Q_k} \text{ cbm}$$

bewältigen.

Bei vorgeschriebener stündlicher Kälteleistung ergibt sich hiermit das in 1 Stunde vom Kompressor zu verarbeitende Volumen und weiterhin bei gegebener Umdrehungszahl auch das (theoretisch erforderliche) Hubvolumen des Kompressors.

Vergleich von NH_3-, SO_2-, CO_2-Maschinen. Mit der abgekürzten Formel für die Kälteleistung von 1 kg

$$Q_k = 0{,}95\, r_2 - (q_1 - q_2)$$

ergibt sich für eine untere Temperatur $t_1 = -8^0$ und eine obere $t_2 = +20^0$ nach den Dampftabellen

für NH_3 $Q_k = 0{,}95 \cdot 321{,}1 - (18{,}66 + 7{,}08) \cong 279$ Cal/kg

für SO_2 $Q_k = 0{,}95 \cdot 93{,}02 - (6{,}68 + 2{,}54) \cong 79$ „

für CO_2 $Q_k = 0{,}95 \cdot 60{,}34 - (12{,}82 + 4{,}19) \cong 40$ „

Ammoniak ergibt also bei gleichem Gewicht weitaus die größte Kälte leistung.

Die bei gleicher Umdrehungszahl für dieselbe Kälteleistung erforderlichen Hubräume der Kompressoren verhalten sich wie die Werte von $\frac{v_2}{Q_k}$. Diese sind (für die obigen Temperaturgrenzen)

$$\text{für } NH_3 \text{ gleich } \frac{0{,}402}{279} = \frac{1}{694},$$

$$\text{für } SO_2 \text{ gleich } \frac{0{,}3047}{79} = \frac{1}{259},$$

$$\text{für } CO_2 \text{ gleich } \frac{0{,}0135}{40} = \frac{1}{2961}.$$

Die Hubräume verhalten sich also wie

$$\frac{1}{694} : \frac{1}{259} : \frac{1}{2961}$$

oder wie

$$4{,}27\,(NH_3) : 11{,}4\,(SO_2) : 1\,(CO_2).$$

Weitaus die kleinsten Kompressoren (dem Hubraum nach) verlangt also die Kohlensäure, die größten die Schweflige Säure, während Ammoniak dazwischen steht.

Die Kondensatorspannung (p_1) und die Refrigeratorspannung (p_2) betragen für die oben angenommenen Temperaturen

bei NH_3	$p_1 = 8{,}8$	$p_2 = 3{,}2$	kg/qcm abs.,
bei SO_2	$p_1 = 3{,}35$	$p_2 = 1{,}14$	„
bei CO_2	$p_1 = 58{,}1$	$p_2 = 28{,}7$	„

Mit den weitaus höchsten Spannungen arbeitet demnach die Kohlensäuremaschine, mit den niedrigsten die Schwefligsäuremaschine.

Kälteleistung für 1 PS$_i$/Stunde. Die wirtschaftlich wichtigste Größe bei Kälteerzeugungsanlagen ist die für eine bestimmte Kälteleistung aufzuwendende mechanische Arbeit. Es ist nun nicht üblich, die Anzahl Pferdestärken, die zur Bewältigung einer bestimmten Wärmemenge in gegebener Zeit erforderlich sind, anzugeben, sondern umgekehrt die Kälteleistung (in Cal.), die durch 1 PS$_i$ während einer Stunde erzielt wird.

Ist Q die gesamte stündliche Kälteleistung, N_i die indizierte Kompressorleistung, so ist Q/N_i der Wert, um dessen Ermittlung es sich handelt.

Die theoretische Kompressorarbeit für 1 kg Kälteflüssigkeit ist

$$L = \frac{k}{k-1} p_2 v_2 \left[\left(\frac{p_1}{p_2}\right)^{\frac{k-1}{k}} - 1\right] \text{mkg}.$$

Die mit dieser Arbeit theoretisch erzielbare Kälteleistung ist

$$Q_k \cong x_a r_2 - (q_1 - q_2) \text{ Cal.}$$

Mit 1 mkg wird nun eine Kälteleistung von $\frac{Q_k}{L}$ Cal. erzielt. Da 1 PS$_i$-St. $= 75 \cdot 3600 = 270000$ mkg ist, so ergibt diese Arbeit eine Kälteleistung von

$$270000 \frac{Q_k}{L} \text{ Cal/PS}_i\text{/St.}$$

Dies ist der gesuchte Wert $\frac{Q}{N_i}$. Mit den Werten Q_k und L wird

$$\frac{Q}{N_i} = 270\,000 \cdot \frac{x_a r_2 - (q_1 - q_2)}{\frac{k}{k-1} p_2 v_2 \left[\left(\frac{p_1}{p_2}\right)^{\frac{k-1}{k}} - 1\right]}.$$

Für die Verhältnisse des obigen Beispiels ist bei NH_3 mit

$$p_1 = 8{,}79 \cdot 10000 \text{ kg/qm}, \quad p_2 = 3{,}18 \cdot 10000, \quad v_2 = 0{,}95 \cdot 0{,}402 \text{ cbm/kg}$$

$$L = \frac{1{,}323}{0{,}323} \cdot 3{,}18 \cdot 10\,000 \cdot 0{,}95 \cdot 0{,}402 \cdot \left[\left(\frac{8{,}79}{3{,}18}\right)^{0{,}244} - 1\right] = 13970 \text{ mkg/kg},$$

bei SO_2

$$L = \frac{1{,}26}{0{,}26} \cdot 1{,}14 \cdot 10\,000 \cdot 0{,}95 \cdot 0{,}3047 \cdot \left[\left(\frac{3{,}35}{1{,}14}\right)^{0{,}206} - 1\right] = 3970 \text{ mkg/kg},$$

bei CO_2

$$L = \frac{1{,}30}{0{,}30} \cdot 28{,}7 \cdot 10\,000 \cdot 0{,}95 \cdot 0{,}0135 \cdot \left[\left(\frac{58{,}1}{28{,}7}\right)^{0{,}231} - 1\right] = 2822 \text{ mkg/kg}.$$

Daraus folgt mit den oben für Q_k ermittelten Werten

für	NH_3	SO_2	CO_2
$\frac{Q}{N_i} =$	5390	5370	3820 Cal/PS$_i$/St.

Für andere Werte der oberen und unteren Temperaturen würden sich auch andere (größere oder kleinere) spezifische Kälte-Leistungen ergeben. Die obere Temperatur ist durch das Kühlwasser, die untere durch den Verwendungszweck der Kälte bedingt. Die angenommenen Werte von $+20^0$ und -8^0 dürften mittleren Verhältnissen entsprechen.

Der für Kohlensäure errechnete Wert ist wegen zu großer Nähe des kritischen Punktes weniger sicher als die anderen, immerhin dürfte der theoretische Prozeß für die vorliegenden Verhältnisse bei CO_2 am ungünstigsten sein.

Die praktisch erreichten und erreichbaren Kälteleistungen sind erheblich kleiner als die errechneten theoretischen Werte. Mit den besten Ammoniakmaschinen wurden unter günstigsten Umständen bis 4500 Cal/PS$_i$/St., mit SO_2- und CO_2-Maschinen bis höchstens 4000 Cal. erreicht.

Unter gewöhnlichen Betriebsverhältnissen sind die verschiedenen Maschinensysteme, vorausgesetzt, daß sie richtig verwendet sind und baulich auf der Höhe stehen, in bezug auf Kälteleistung wenig verschieden. Auch ist selbstverständlich die Kälteleistung nicht der einzige Maßstab für die praktische Beurteilung der Maschine.

Die wichtigsten Ursachen der Verminderung der praktischen Kälteleistung gegenüber den theoretischen Beträgen sind:

1. Das unvermeidliche Temperaturgefälle zwischen Kälteflüssigkeit und Kühlwasser bzw. Sole.
2. Die Ventilwiderstände. Sie äußern sich in Vergrößerung des wirklichen Kompressordiagramms gegenüber dem theoretischen,
3. Die Undichtigkeit der Kolben und Ventile.
4. Die Verluste durch Wärmeleitung und Wärmestrahlung.

Infolge der Reibungswiderstände der bewegten Teile wird außerdem der Kraftbedarf größer als die (wirkliche) indizierte Kompressorleistung. Der mechanische Wirkungsgrad ist etwa 0,85 bis (höchstens) 0,95.

Unterkühlung. Die Dampftemperatur t_1 im Kondensator kann nicht kleiner sein als die Temperatur des abfließenden Kühlwassers. Dagegen kann das flüssig gewordene Ammoniak (oder SO_2, CO_2) eine niedrigere Temperatur besitzen, als der im oberen Teile der Kondensatorspirale befindliche nasse Dampf; selbstverständlich nur unter der ja in Wirklichkeit erfüllten Bedingung, daß sowohl die Kälteflüssigkeit als auch das Kühlwasser in strömender Bewegung ist (vgl. den verwandten Vorgang der Überhitzung des Dampfes). Die Flüssigkeitstemperatur t_1' kann ihrerseits nicht kleiner werden als die Zuflußtemperatur des Kühlwassers. Die „Unterkühlung" $t_1 - t_1'$ kann also der Temperaturdifferenz des ab- und zufließenden Kühlwassers nahekommen.

In den obigen Berechnungen wurde überall angenommen, daß die Temperatur des flüssigen Kälteträgers vor dem Durchtritt durch das Regelventil gleich der dem Dampfdruck p_1 entsprechenden Dampftemperatur sei; demgemäß wurde in der Beziehung für die Kälteleistung

$$Q_k = x_a r_2 - (q_1 - q_2)$$

für q_1 die Flüssigkeitswärme nach den Dampftabellen eingeführt. In Wirklichkeit kann diese Flüssigkeitswärme um den Betrag $c(t_1 - t_1')$ kleiner sein als q_1, also

$$q_1' = q_1 - c(t_1 - t_1'),$$

worin c die spez. Wärme der Flüssigkeit unter dem herrschenden Kondensatordruck ist. Dann wird aber die Kälteleistung

$$Q_k = x_a r_2 - (q_1' - q_2),$$

also größer als ohne die Unterkühlung. Diese bedeutet demnach eine Verbesserung des Prozesses.

Um die Unterkühlung möglichst groß zu machen, werden auch besondere „Flüssigkeitskühler" angewendet. Die aus dem Kondensator kommende Kälteflüssigkeit durchfließt dabei noch vor dem Durchtritt durch das Regelventil eine zweite Kühlschlange.

Flüssigkeitskühler haben sich besonders bei Kohlensäuremaschinen als nützlich erwiesen.

81 a. Kälteerzeugung durch Wasserdampf.

Grundsätzlich kann zwar das Wasser in gleicher Weise zur Kälteerzeugung Verwendung finden, wie die im Abschn. 81 behandelten Stoffe NH_3, SO_2 und CO_2. Die Schwierigkeit, daß das Wasser bei 0° gefriert, ist zu überwinden, da das Gefrieren durch Beimengung von Salzen, z. B. Kochsalz, bei den üblichen Kältegraden verhindert werden kann, ohne daß dadurch die übrigen Eigenschaften des Wassers wesentliche Änderungen erleiden. Jedoch erschweren die besonderen physikalischen Eigentümlichkeiten des Wasserdampfs seine Verwendung in der bei den anderen Kälteträgern üblichen Weise so sehr, daß es erst in neuester Zeit gelungen ist, brauchbare Kälteerzeugungsanlagen mit ausschließlicher Anwendung von Wasser zu bauen.

Die Verdampfungswärme des Wassers, die für seine Kälteleistung maßgebend ist, beträgt bei 0° $r = 594{,}8$ Cal/kg. Bei Kältegraden ist r noch etwas größer; als Mittelwert mag $r = 600$ gelten. Nimmt man an, daß die Verdampfung bei $-8°$ und mit 5 v. H. Feuchtigkeit erfolge, während das verdampfte und im Verflüssiger niedergeschlagene Wasser diesen mit 20° verlasse, so ist nach Abschn. 81 die Kälteleistung von 1 kg Wasser mit großer Annäherung

$$Q_k = 0{,}95 \cdot 600 - (20 + 8) = 542 \text{ Cal/kg},$$

also etwa doppelt so groß als von 1 kg NH_3.

Das Volumen von 1 kg trocken gesättigtem Wasserdampf von -8^0 ist nach Tab. IIIa 388 cbm ($=v_2$). Das Verhältnis v_2/Q_k, das für 1 Cal. Kälteleistung abzusaugende Dampfvolumen (bei trockenem Dampf), ist daher

$$\frac{v_2}{Q_k}=\frac{388}{542}=\frac{1}{1,4}\text{ cbm}.$$

Bei Ammoniak ist der entsprechende Wert nach Abschn. 81 gleich 1/694, also 694/1,4 = 495 mal kleiner! Somit müßte der Kolbenkompressor einer Wasserdampfkältemaschine bei gleicher Kälteleistung ein 495 mal so großes Fördervolumen besitzen, als der einer NH_3-Kältemaschine! Die Verwendung von Kolbenkompressoren ist daher bei Wasserdampfmaschinen ausgeschlossen. An Stelle der mechanischen Verdichtung ist früher versucht worden, die aus dem Verdampfer kommenden Wasserdämpfe durch Schwefelsäure zu absorbieren. Jedoch geht dadurch der Hauptvorzug des Wassers für den Betrieb mittelbar wieder verloren. Als durchführbar erwies sich dagegen die Verdichtung der kalten Wasserdämpfe mittels Dampfstrahlgebläsen (Düsen-Strahlpumpen), die mit Dampf von beliebigem Druck, auch mit Abdampf von 1 at abs., betrieben werden können. Dieses Verfahren ist von Josse und Gensecke erfolgreich durchgebildet worden[1]).

Der sehr niedrige Druck der kalten Wasserdämpfe, 4,58 mm Hg bei 0^0, 2,52 mm Hg bei -8^0 bringt es ferner mit sich, daß abweichend von den Stoffen NH_3 usw. nicht mit Überdruck, sondern im tiefen Vakuum gearbeitet werden muß. Eine Folge davon ist, daß auch die atmosphärische Luft dem Verdampfer und Verflüssiger nicht vollständig fern gehalten werden kann (Undichtigkeiten, Luftgehalt des Wassers). Auch diese Luftmengen müssen aus dem Verdampfer dauernd abgesaugt und in den Verflüssiger gedrückt werden. Schließlich müssen sie aus dem Verflüssiger durch eine Luftpumpe (Wasserstrahlpumpe) in die Atmosphäre geschafft werden, eine Arbeit, die bei NH_3 usw. ganz erspart wird.

Die Wirkungsweise der Wasserdampfstrahlkältemaschine geht aus der schematischen Fig. 220 hervor. Die Vorrichtung besteht wie bei den anderen Kompressionskältemaschinen aus einem Verdampfer *A*, in dem die Kälte erzeugt wird (Refrigerator) und einem Verflüssiger *B*, in dem die aus *A* kommenden Dämpfe niedergeschlagen werden (Kondensator). Die Verdichtung dieser Dämpfe von dem tieferen Druck im Verdampfer auf den höheren im Verflüssiger erfolgt durch ein Dampfstrahlverdichtungsgebläse *C*. Das Herausschaffen der verflüssigten Dämpfe und eingedrungener Luftmengen aus dem Verflüssiger an die Atmosphäre geschieht durch ein Wasserstrahlgebläse *D*, dessen Betriebswasser auch als Kühlwasser für den Verflüssiger dient.

Der Betrieb verläuft in folgender Weise. Zunächst muß durch Anstellen des Strahlapparates *D* eine tiefe Luftleere in *B* und *A* hergestellt werden. Darauf wird der Strahlapparat *C* angestellt, der die Luftleere in *A* weiter vermehrt. Hätte das Wasser in *A* anfänglich eine Temperatur von z. B. 15^0, so würde es zu sieden anfangen, wenn der Druck in *A* auf 12,8 mm Hg = 0,0174 at abs. gesunken ist. Nun kann auch die durch den Verdampfer strömende Sole, deren Abkühlung der Zweck der ganzen Vorrichtung ist, in Umlauf gesetzt werden. Diese Sole muß die zur Verdampfung des Wassers nötige Wärme abgeben und kühlt sich dabei ab. Gleichzeitig wird auch das verdampfende Wasser und mit ihm der entwickelte Dampf immer kälter. Kann durch den Dampfstrahlapparat der Druck in *A* bis auf 2,52 mm Hg erniedrigt und auf dieser Höhe erhalten werden, so fällt die Wasser- und Dampftemperatur auf -8^0, falls keine Luft in *A* eintritt.

Die aus *A* abgesaugten Dämpfe gelangen in den Kondensator *B*. Dort werden sie durch Kühlwasser niedergeschlagen, das ein Röhrensystem um-

[1]) Z. Ver. deutsch. Ing. 1911; Zeitschr. ges. Kälteindustrie 1911; Zeitschr. ges. Turb.wesen 1913; Eis- u. Kälteindustrie 1915.

strömt[1]). Hat das Niederschlagswasser, das sich am Boden sammelt, eine Temperatur von 20°, so ist der Dampfdruck im Kondensator 17,5 mm Hg. Tritt Luft in den Kondensator, so wird der Druck höher. Der Dampfstrahlverdichter C muß also die kalten Wasserdämpfe von 2,52 mm auf 17,5 mm Hg (oder höher) verdichten und in den Verflüssiger drücken.

Die kleinstmögliche (theoretische) Betriebsarbeit der Kältemaschine ergibt sich bei luftfreiem Betrieb des Verdampfers und Verflüssigers als Förderarbeit des im Verdampfer entwickelten Kaltdampfs aus dem Verdampfer in den Verflüssiger.

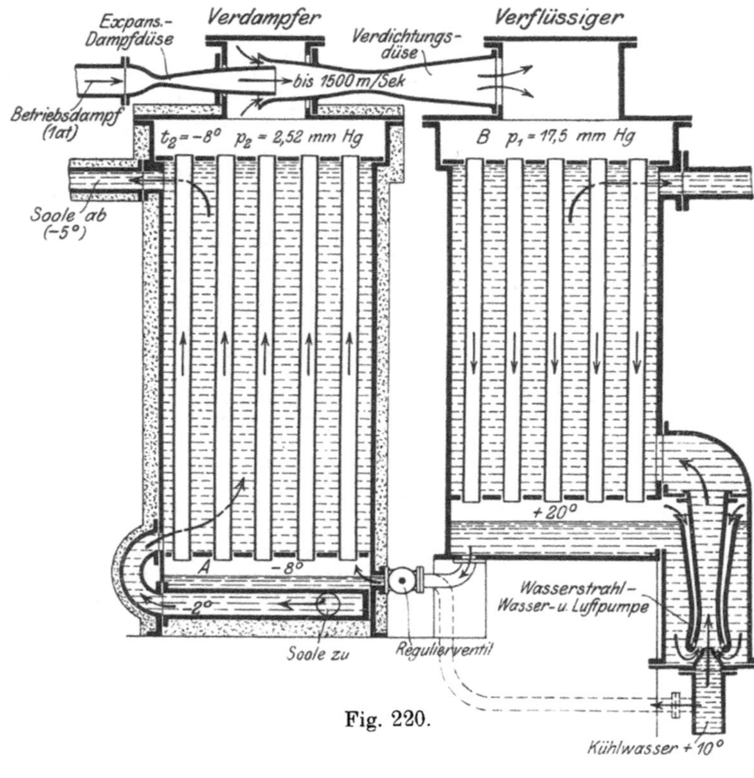

Fig. 220.

Mit p_1 als Druck im Verflüssiger, p_2 als Druck, v_2 als spez. Volumen im Verdampfer ist diese Arbeit, für 1 kg geförderten Dampfes, nach Abschn. 81

$$L_d = \frac{k}{k-1} \cdot p_2 v_2 \left[\left(\frac{p_1}{p_2}\right)^{\frac{k-1}{k}} - 1\right] \text{mkg} \quad \ldots \ldots \quad (1)$$

Die Kälteleistung von 1 kg verdampftem Wasser ist nach Abschn. 81 sehr angenähert

$$Q_k = x_a r_2 - (q_1 - q_2), \quad \ldots \ldots \ldots \ldots \quad (2)$$

wenn der Dampf mit dem Dampfgehalt x_a aus dem Verdampfer abgesaugt wird.

[1]) In der praktischen Ausführung der Oberflächenkondensatoren strömt meist das Kühlwasser durch das Rohrsystem.

Die Kälteleistung für 1 PS_i-Stunde folgt aus 1 und 2 wie in Abschn. 81

$$\frac{Q}{N_i} = 270\,000 \frac{Q_k}{L_d} \quad \ldots \ldots \ldots \ldots \quad (3)$$

Dieser Wert ist unmittelbar vergleichbar mit den für NH_3, SO_2 und CO_2 in Abschn. 81 berechneten Werten Q/N_i. Hier erhält man, mit den gleichen Temperaturen im Verflüssiger und Verdampfer und $k = 1{,}3$

$$L_d = \frac{1{,}3}{0{,}3} \cdot \frac{2{,}52}{735{,}6} \cdot 10\,000 \cdot 0{,}95 \cdot 388 \left[\left(\frac{17{,}5}{2{,}52}\right)^{\frac{0{,}3}{1{,}3}} - 1\right] = 30\,800 \text{ mkg.}$$

Mit $Q_k = 542$ folgt hieraus

$$\frac{Q}{N_i} = \frac{270\,000 \cdot 542}{30\,800} = 4750 \text{ Cal/PS-St.}$$

Dieser Wert ist um etwa 12 v. H. kleiner als für NH_3 (5390) und SO_2 jedoch um 24 v. H. größer als für CO_2 bei gleichen Temperaturgrenzen.

Theoretisch ist somit der Wasserdampf nur wenig im Nachteil gegenüber NH_3 und SO_2. Jedoch ist zu bedenken, daß selbst dann, wenn keine Luft in den Verdampfer eindringen sollte, dies doch unvermeidlich ist beim Verflüssiger, da der Betriebsdampf des Dampfgebläses stets Luft enthält. Die Förderarbeit dieser Luft aus dem Verflüssiger ist immer zusätzlich aufzuwenden, was bei NH_3 usw. nicht der Fall ist. Auf den nicht unwichtigen Einfluß eines Luftgehalts im Verdampfer kann nicht eingegangen werden.

Die Überströmung des aus verdichtetem Kaltdampf herrührenden Teils des Kondensats durch ein Drosselventil (Regulierventil) in den Verdampfer ist nicht wie bei NH_3 usw. unbedingt nötig. Das Wasser im Verdampfer kann auch durch Frischwasser ergänzt werden, das kälter als das Kondensat ist. Daraus ergibt sich sogar die „Unterkühlung“ mit ihrem Kältegewinn von selbst. Jedoch ist das Frischwasser bedeutend lufthaltiger als das Kondensat und für das letztere ist im Falle seiner Nichtverwendung Pumpenarbeit zu verrichten.

Der Wirkungsgrad der Dampfstrahlpumpe ist wohl erheblich niedriger als derjenige von NH_3-Kolbenverdichtern. Jedoch kann dieser Nachteil in bestimmten Fällen durch Verwendung von billigem Abdampf wirtschaftlich ausgeglichen werden.

Folgende Ergebnisse wurden an einer neueren Josse-Genseckeschen Kälteanlage praktisch erzielt[1]).

59 700 Cal stündl. Kälteleistung,
405 kg stündl. Verbrauch von Dampf von 0,98 at abs.,
— 2,30° Zulauftemperatur der Sole zum Verdampfer,
— 4,74° Ablauf „ „ „ aus dem „
9,1 PS_e Arbeitsverbrauch zweier elektrisch betriebener Umlaufpumpen für die Sole und das Kühlwasser.

[1]) Eis- und Kälteindustrie 1915, S. 9. Stetefeld, Neuere Ausführung der Wasserdampfstrahlkältemaschine, Bauart Josse-Gensecke.

V. Allgemeine Grundlagen der mechanischen Wärmetheorie.

82. Wärme und mechanische Arbeit. Erster Hauptsatz.

Mit den ersten in dauernden Betrieb genommenen Dampfmaschinen war der praktische Nachweis dafür erbracht, daß durch Aufwand von Wärme mechanische Arbeit in beliebigen Mengen gewonnen werden kann, nur begrenzt einerseits durch die Größe der Maschinen und die Höhe des Dampfdrucks, andererseits durch die Menge der im Kessel verbrannten Kohlen. Aber die Rolle, die die Wärme als solche bei dieser Arbeitserzeugung spielt, der zahlenmäßige Zusammenhang zwischen den aufgewendeten Wärme- und den gewonnenen Arbeitsmengen, blieb noch geraume Zeit nach der allgemeinen Einführung der Dampfmaschinen unaufgeklärt. Die technische Praxis gewann zwar ein großes Erfahrungsmaterial über das Verhältnis von Kohlen- bzw. Dampfverbrauch und Maschinenleistung, das dem technischen Fortschritt nutzbar gemacht wurde. Hierher gehört insbesondere die Anwendung immer höherer Dampfdrücke, weitgehender Expansion und der Verbundwirkung. Man war aber nicht in der Lage, zu entscheiden, bis zu welchem Grade eine Maschine die von der Kohle gelieferte Wärme ausnützte, solange der naturgesetzliche Zusammenhang zwischen Wärme und Arbeit unbekannt war. Man konnte zwar Maschinen nach praktischen Ergebnissen untereinander vergleichen, aber die obere Grenze des Erreichbaren blieb unbekannt. Die Frage, ob nicht vielleicht durch andere Prozesse als mittels Dampfkessel und Dampfmaschine erheblich größere Arbeitsmengen aus gleichen Brennstoffmengen gewonnen werden könnten, mußte offen bleiben. Über Fehlschlüsse hinsichtlich der Möglichkeit, aus Wärme Arbeit zu gewinnen, berichtet die ältere Geschichte der Heißluftmaschinen.

Der erste erfolgreiche Schritt in die mechanische Wärmetheorie gelang dem französischen Ingenieur-Offizier Sadi Carnot (1824). Angeregt durch die bekannte Tatsache, daß der Dampf die Dampfmaschine mit wesentlich geringerer Temperatur verläßt, als er ihr zuströmt, stellte er als allgemein gültiges Prinzip fest, daß die Wärme nur dann für mechanische Arbeit nutzbar gemacht werden könne, wenn ein Temperaturgefälle vorhanden sei. Unter der Voraussetzung der Unmöglichkeit eines Perpetuum mobile wies er ferner nach, daß die mechanische Arbeit, die mit einer gegebenen Wärmemenge zwischen zwei festen Temperaturgrenzen höchstens verrichtet werden kann, nur von diesen Temperaturen, nicht aber von der besonderen Beschaffenheit des arbeitenden Körpers (ob Gas oder Dampf) abhänge. Die innere Ursache der Arbeitsleistung mußte hiernach in der Wärme selbst zu suchen sein, während der arbeitende Körper nur die vermittelnde Rolle spielt.

Carnot verglich die arbeitsverrichtende Tätigkeit der Wärme mit der des fallenden Wassers. Die Wärmemenge sollte der Wassermenge, der Temperaturfall dem Gefälle der Wasserkräfte entsprechen. Heute wissen wir, daß bei jeder Arbeitsleistung durch Wärme ein ganz bestimmter Teil der aufgewendeten Wärmemenge als Wärme verschwindet. Während Carnot mit seinen Zeitgenossen annahm, daß im Abdampf, trotz dessen geringerer Temperatur, ebensoviel Wärme wie im Frischdampf enthalten sei, ist heute bekannt, daß ebendeswegen, weil die Wärme in der Maschine Arbeit verrichtet („sich in Arbeit verwandelt"), im Abdampf weniger Wärme enthalten sein muß als im Frischdampf.

Diese Erkenntnis wurde durch die Entdeckung des mechanischen Äquivalentes der Wärme durch Robert Mayer, einen württembergischen Arzt, ermöglicht. Mayer zeigte zuerst (1842), daß die Wärmemenge, ganz unabhängig von der Temperatur, die sie gerade besitzt, der mechanischen Arbeit unmittelbar vergleichbar und ihr gleichwertig (äquivalent) ist; daß sie also nicht, wie Carnot annahm, der Wassermenge der Wasserkräfte entspricht, vielmehr dem Produkt aus Wassermenge (Wassergewicht) und Gefälle. In jedem Falle, wo durch Vermittlung von Wärme L mkg mechanische Arbeit verrichtet werden, müssen AL Cal. als Wärme verschwinden, wobei A eine völlig unveränderliche Zahl ist. Mayer berechnete auch zuerst einen guten Näherungswert des mechanischen Wärmeäquivalents auf dem in Abschnitt 21 angegebenen Wege. Der genauere Wert wurde später durch Versuche von dem Engländer Joule zu 1/425 bestimmt. Heute wird 1/427 als richtigster Wert angenommen.

Der erste experimentelle Nachweis dieses Gesetzes an der Dampfmaschine gelang dem um die technische Thermodynamik hochverdienten elsässischen Ingenieur Gustav Adolf Hirn.

Daß umgekehrt durch Aufwand mechanischer Arbeit Wärme erzeugt werden kann (z. B. durch Reibung, Stoß, Bearbeitung fester Körper mit Werkzeugen, Gasverdichtung), ist praktisch seit alter Zeit bekannt. Auch für diesen umgekehrten Vorgang gilt das Äquivalenzgesetz. Durch 427 mkg, die in Wärme umgesetzt werden, entsteht immer 1 Cal. Fast alle Versuche zur direkten Ermittlung des Wärmeäquivalents sind auf diesem Wege durchgeführt worden, indem die Wärmemengen, die durch vollständige Verwandlung mechanischer Arbeit (Reibung, Wirbelung, Stoß) oder elektrischer Energie entstehen, kalorimetrisch gemessen wurden. Aber auch auf anderen Wegen, die sich aus der weiteren Anwendung der mechanischen Wärmetheorie ergeben, wurde die gleiche Äquivalentzahl gefunden (z. B. können die Messungen des Volumens, des Druckes, der Temperatur und Verdampfungswärme des Wassers benutzt werden). Die Verwendung von Vorgängen, bei denen Wärme in Arbeit verwandelt wird, wie in den Gas- und Dampfmaschinen, führt zwar auch zum Ziel, ist aber wegen der zahlreichen Fehlerquellen sehr viel schwieriger und im allgemeinen weniger genau.

Die Erweiterung dieses ersten Hauptgesetzes der Wärme auf andere Naturvorgänge, wie die elektrischen und chemischen, führte Mayer und Helmholtz zur Aufstellung des Satzes von der Erhaltung der Energie, der besagt, daß eine einmal vorhandene Menge von Energie nicht verloren gehen und auf keine Weise vernichtet werden kann. Nur die Form der Energie kann sich ändern; grundsätzlich kann jede Form der Energie in jede andere, sei es unmittelbar oder mittelbar, übergeführt werden. Die Hauptformen der Energie sind die mechanische Energie, als Bewegungsenergie (kinetische) oder Spannungsenergie (potentielle), die Wärmeenergie, die elektrische Energie und die chemische Energie.

Der Satz besagt aber weiter noch, daß Energie auch nicht erschaffen werden kann[1]). Wenn auf irgendeine Weise Energie „gewonnen" wird, so kann es sich immer nur um eine Entnahme aus dem vorhandenen Energievorrat der Welt handeln. Dieser Satz ist gleichbedeutend mit der Unmöglichkeit eines Perpetuum mobile, d. h. einer ständig ohne fremden Antrieb in Bewegung bleibenden Vorrichtung, welche Nutzarbeit leisten oder auch nur die eigene Reibungsarbeit überwinden könnte.

83. Das zweite Hauptgesetz der Wärme. Zweiter Hauptsatz.

Zwischen der Verwandlung von mechanischer Arbeit in Wärme, z. B. bei der Reibung fester oder flüssiger Körper, und dem umgekehrten Vorgang, der Verwandlung von Wärme in mechanische Nutzarbeit, besteht ein tiefgreifender Unterschied, der aus folgendem erhellt.

Eine gegebene Menge mechanischer Arbeit, z. B. die von einem Wassermotor oder von einem fallenden Gewicht geleistete Arbeit oder die Bewegungsenergie von Massen läßt sich durch Bremsen der Vorrichtung bzw. durch vollständige Hemmung der Bewegung restlos in Wärme umsetzen und als solche kalorimetrisch nachweiseu, wenn man nur sorgt, daß keine Wärme entweicht. Die mechanische Energie L findet sich dann als die äquivalente Wärme

$$Q = \frac{1}{427} L$$

vollständig wieder.

Dagegen kann man an jeder Dampf- oder Gasmaschine aufs leichteste feststellen, daß weder die indizierte und noch weniger die Nutzarbeit der Maschine das mechanische Äquivalent der vom Dampf oder Gas in den Zylinder mitgebrachten Wärme Q_1 ist. Diese Arbeit stellt vielmehr das Äquivalent einer bedeutend kleineren Wärmemenge dar. Von der ursprünglichen Wärme des Gases wird also, wie die Erfahrung zeigt, stets nur ein Bruchteil (bei der Dampfmaschine 5—20 v. H., bei

[1]) Mayer pflegte dies in die Worte zu kleiden, „ex nihilo nihil fit", d. h. „aus dem Nichts kann nichts werden".

der Gasmaschine bis 35 v. H.) in mechanische Arbeit verwandelt, und dies, obwohl alle möglichen Mittel angewendet werden — schon aus wirtschaftlichen Gründen —, um die Wärme so restlos wie möglich in Arbeit umzusetzen.

Will man also die Äquivalentzahl 1/427 aus der zugeführten Wärme- und gewonnenen Arbeitsmenge eines Wärmemotors bestimmen, so muß man auch die nicht verwandelten Wärmemengen bestimmen, die teils mit dem Abdampf, den Abgasen, dem Kühlwasser, teils durch direkte Leitung und Strahlung verloren gehen. Sind diese Mengen gleich Q_2, so gilt

$$Q_1 = AL + Q_2,$$

woraus sich A ergibt, wenn Q_1, Q_2 und L bekannt sind. Es leuchtet ein, daß einer genauen Bestimmung von A auf diesem Wege große Schwierigkeiten begegnen.

Die Frage ist nun, ob und warum es nicht möglich ist, nahezu die ganze zugeführte Wärme, abgesehen vom unvermeidlichen Entweichen einer geringen Wärmemenge, in Arbeit umzusetzen.

Der erste Hauptsatz besagt lediglich, daß, wenn auf irgendeinem beliebigen Wege durch Wärme Arbeit entstanden ist, zwischen dieser Arbeit L und dem verwandelten Teile Q der ganzen beteiligten, an den Arbeitskörper gebundenen Wärme Q_1, ein unveränderliches, von der Art und Weise der Arbeitsgewinnung unabhängiges Verhältnis besteht

$$\frac{L}{Q} = 427.$$

Wie groß aber im allgemeinen der verwandelte oder verwandelbare Bruchteil Q von Q_1 sein kann, darüber sagt er gar nichts aus. Die Annahme, daß die Arbeit $427 \cdot Q_1$ zu gewinnen sein müßte, würde sogar zu einer falschen und irreführenden Beurteilung der Wärmemotoren verleiten, da sie einen unter den gewöhnlich gegebenen Verhältnissen viel zn hohen Nutzen in Aussicht stellen würde. Anderseits sagt der erste Hauptsatz auch nichts dagegen aus, ob aus der Wärme Q_1 nicht doch ein erheblich größerer Gewinn nnter veränderten Umständen zu erzielen sein würde. Tatsächlich können wir z. B. in der Gasmaschine einen wesentlich größeren Prozentsatz der zugeführten Wärme als Arbeit gewinnen als in der Dampfmaschine.

Nach dieser für die Technik ungemein wichtigen Richtung bedurfte das Äquivalenzgesetz einer Ergänzung, die sich als ein zweites, selbständiges Gesetz von überaus weittragender Bedeutung erwies.

Die Grundlage dafür ist bereits von Carnot gegeben worden, der erkannte, daß die Möglichkeit, überhaupt aus Wärme Arbeit zu gewinnen, unter allen Umständen an das Vorhandensein eines Temperaturunterschiedes gebunden ist. So unermeßlich groß das mechanische Äquivalent der in den Körpern unserer Umgebung enthaltenen, von der Sonne zugestrahlten Wärme ist, so vermögen wir doch so gut wie nichts davon für mechanische Arbeitsverrichtung nutzbar zu machen, weil alle diese Körper annähernd gleiche Temperatur besitzen. Wir müssen, wie ja die technische Erfahrung lehrt, künstlich möglichst große

Temperaturunterschiede schaffen, indem wir Verbrennungsprozesse mit höchster Temperatursteigerung herbeiführen (Dampfkesselfeuerung, Verbrennungskraftmaschinen). Von der hierbei entwickelten hochtemperierten Wärme vermögen wir einen Bruchteil in Arbeit zu verwandeln, die der Motor nach außen abgibt.

Wie nun die Arbeitsfähigkeit der Wärme vom Temperaturgefälle abhängt (Carnotsche Funktion), konnte Carnot schon deshalb nicht allgemein entscheiden, weil hierzu die Kenntnis des Äquivalenzgesetzes notwendig ist. Nach der Entdeckung des letzteren war es der deutsche Physiker Clausius, der, an die Carnotschen Untersuchungen anknüpfend, den „zweiten Hauptsatz" der Wärmemechanik auffand. Nach der gleichen Richtung war in England W. Thomson erfolgreich tätig.

Clausius zeigte, daß allerdings nach dem Carnotschen Prinzip bei jeder Arbeitsleistung durch Wärme die Temperatur fallen muß, gleichzeitig aber nach dem Mayerschen Gesetz unter allen Umständen ein der Arbeit äquivalenter Teil der Wärme als solche verschwindet. Mit einem Temperaturfall muß noch lange keine Arbeitsleistung verbunden sein, wie die gewöhnlichsten Erfahrungen über Wärmeleitung und -strahlung lehren. Wenn aber die Wärme, durch besondere Einrichtungen (Maschinen) dazu gezwungen, beim Temperaturfall auch Arbeit verrichtet, dann verwandelt sich ein äquivalenter Bruchteil dieser Wärme in Arbeit und verschwindet als Wärme. Der Rest der mitarbeitenden Wärme kann zwar keine Arbeit mehr verrichten (jedenfalls nicht in der gleichen Maschine), aber wäre dieser nicht verwandelte, größere Rest nicht aufgewendet worden, so wäre auch die Verwandlung des anderen Teiles nicht gelungen. Mit anderen Worten:

Die Umwandlung einer Wärmemenge Q in die äquivalente mechanische Nutzarbeit $427\ Q$ ist technisch unmöglich, wenn nicht gleichzeitig eine zusätzliche Wärmemenge Q_2 aufgewendet wird, die nicht in Arbeit übergeht. Um demnach die Arbeit $L = 427\ Q$ zu gewinnen, ist die Wärme aufzuwenden

$$Q + Q_2 = Q_1.$$

Q_2 ist je nach Umständen verschieden; je kleiner es ist, um so besser, denn diese Wärme muß ursprünglich ebenso wie Q hohe Temperatur besitzen, also aus Brennstoffen erzeugt werden.

Bei der Leistung motorischer Arbeit geht die Wärme von höherer zu tieferer Temperatur über. Der umgekehrte Fall ist die Kälteerzeugung. Bei dieser müssen Körper unter die Temperatur ihrer Umgebung abgekühlt werden. Dabei muß die Wärme des mehr und mehr sich abkühlenden Körpers von einem immer tieferen Temperaturniveau auf das der Umgebung „gehoben" werden. (Über Kälteerzeugung vgl. Abschn. 36 und 81). Dieser Vorgang ist nun ebensowenig ohne Aufwand von mechanischer Arbeit möglich, als die Gewinnung motorischer Arbeit aus Wärme ohne zusätzlichen Wärmeaufwand gelingt.

„Wärme kann nicht ohne Aufwand von mechanischer Arbeit oder andersartiger Energie von einem Körper mit tieferer Temperatur auf einen solchen von höherer Temperatur übergehen.“

Dieser Satz ist von Clausius als in der Erfahrung begründeter Grundsatz aufgestellt und als „zweiter Hauptsatz“ der mechanichen Wärmetheorie bezeichnet worden.

Der Satz kennzeichnet in der Tat die Sachlage äußerst zutreffend. Denn wenn es möglich wäre, Körper ohne Energieaufwand unter die Temperatur ihrer Umgebung abzukühlen, d. h. ihren Wärmeinhalt unter Erniedrigung ihrer Temperatur der Umgebung zuzuführen, so könnte man künstlich Wärmegefälle schaffen, mittels deren sich nachher ein Teil der Wärme unserer Umgebung in Arbeit verwandeln ließe. Ein Perpetuum mobile zweiter Art, das nicht gegen das Energiegesetz verstößt, da es tatsächlich vorhandene Energiemengen nur in die Form der mechanischen Energie umsetzen würde, wäre alsdann denkbar. Aber auch eine solche Maschine ist, wie alle Erfahrungen lehren, unmöglich und mit den Naturgesetzen unvereinbar. Darin besteht eben der zweite Hauptsatz der mechanischen Wärmetheorie.

Auf diesen Satz gestützt hat Clausius die Carnotschen Ansätze vervollkommnet und mit Hilfe des Mayerschen Gesetzes berichtigt. Die scharfe mathematische Fassung der Tatsachen führte ihn ferner auf einen neuen, äußerst fruchtbaren Begriff, die Entropie, mittels dessen der zweite Hauptsatz in sehr einfacher Weise in die Rechnung eingeführt werden kann.

Über eine erweiterte Fassung des Satzes, besonders für den Fall der Umwandlung chemischer in mechanische Energie, vgl. Bd. II.

84. Kreisprozesse. (Der motorische Prozeß.)

Die Umsetzung von Wärme in Arbeit erfolgt in den Zylindern der Dampfmaschinen und Verbrennungskraftmaschinen dadurch, daß die durch Wärmezufuhr in Spannung versetzten Dämpfe oder Gase ihren Druck auf den Kolben übertragen, der ihn mittels des Gestänges nach außen weitergibt. Trägt man die Drücke als Ordinaten, die dazugehörigen Kolbenwege (richtiger die Volumina der arbeitenden Mengen) als Abszissen auf, so erhält man das „Arbeitsdiagramm“, dessen Inhalt die Arbeit einer Kolbenseite während eines Arbeitsspieles darstellt (Abschn. 17). Wird ein solches Diagramm mittels des Indikators von der im Gange befindlichen Maschine abgenommen, so heißt es „Indikatordiagramm“ (Fig. 37, 57, 72, 74).

Bei aller sonstigen Verschiedenheit haben solche Diagramme ein Gemeinsames: Die beim Vorwärtsgang des Kolbens von diesem aufgenommene absolute Arbeit L_1 muß größer sein, als die beim Rückgang von dem Kolben an die arbeitende Gas- oder Dampfmenge abgegebene Arbeit L_2. Der Unterschied dieser beiden Arbeiten, die von der Diagrammkurve eingeschlossene Fläche L, Fig. 221, ist die durch das Gestänge nach außen abgegebene Arbeit, die zur Überwindung der Eigenwiderstände der Maschine und der angeschlossenen Nutzwiderstände dient.

Zu den Änderungen von Druck und Volumen, wie sie das Diagramm abbildet, treten bei den Dampfmaschinen während eines Arbeitsspieles Änderungen in den Gewichtsmengen des arbeitenden Dampfes, bei den Gasmaschinen außerdem solche der chemischen Beschaffenheit.

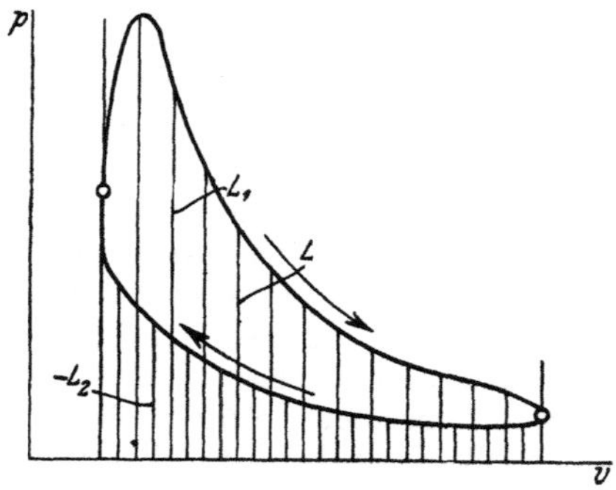

Fig. 221.

Man kann sich indessen Maschinen denken, in denen eine sowohl dem Gewicht als der chemischen Beschaffenheit nach unveränderliche Gasmenge (oder Dampfmenge) in ganz entsprechender Weise Arbeit verrichtet, wie in den wirklichen Maschinen.

Am Anfang des Kolbenhubes (Totlage) befinde sich im Zylinder 1 kg Luft von der Spannung p_0 und dem Volumen v_0, Punkt a, Fig. 222. Beim Vorwärtsgang solle die Spannung der Luft auf dem Wege ab bis p_{max} ansteigen. Dies ist nur möglich, wenn der Luft während dieser Zustandsänderung kräftig Wärme von außen zugeführt wird (Abschn. 23). Bei II höre die Wärmezufuhr auf und das Gas dehne sich adiabatisch bis III aus. Von III an solle der Druck, damit das Diagramm „Flächenentwicklung" erhält, rascher sinken. Dies ist nur möglich, wenn ihm von da an durch Leitung Wärme entzogen wird. Diese Wärmeentziehung muß sich auch über den äußeren Totpunkt (c) hinaus fortsetzen, damit der „Gegendruck" auf den zurücklaufenden Kolben möglichst klein wird. In IV solle die Wärmeentziehung aufhören und der Kolben solle, durch äußere Kräfte, etwa durch ein Schwungrad veranlaßt, das Gas adiabatisch verdichten bis I. Dort solle die Wärmezufuhr wieder beginnen und

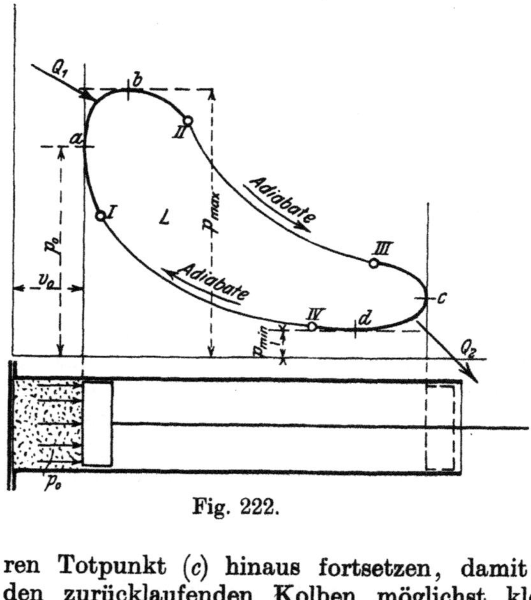

Fig. 222.

so geregelt werden, daß in der inneren Totlage wieder die Anfangsspannung p_0 erreicht wird. — Auf dem Wege *I a b II* sei im ganzen die Wärme Q_1 von außen in die Arbeitsluft eingeleitet, auf dem Wege *III c d IV* die Wärme Q_2 aus der Luft nach außen abgeleitet worden. Die Nutzarbeit L ist gleich der von der Diagrammlinie umschlossenen Fläche.

Ein solcher gedachter Arbeitsvorgang heißt ein Kreisprozeß, weil das Arbeitsgas, nachdem es eine Reihe von Druck-, Raum- und Temperaturänderungen erlitten hat, am Ende wieder in seinen Anfangszustand gelangt. Bei n maliger Wiederholung des gleichen Kreisprozesses wird die Wärme nQ_1 im ganzen verbraucht, die Wärme nQ_2 wieder vom Gase abgeliefert und die Nutzarbeit nL vom Gase verrichtet.

Die Vorgänge in den Maschinen unterscheiden sich von diesem Kreisprozeß dadurch, daß die Strecke *III c d IV* nicht durch Ableitung von Wärme aus der dem Gewicht nach unveränderlichen Gasmenge, sondern durch Entweichen eines Teiles des Gases oder Dampfes zustandekommt. Die Strecke der Wärmezufuhr entsteht ferner bei den Maschinen nicht durch Zuleitung von Wärme von außen, sondern bei Gasmaschinen durch innere Wärmeentwicklung infolge Verbrennung, bei Dampfmaschinen durch Zufuhr von Frischdampf. Fig. 223 kann z. B. als Dampfmaschinendiagramm aufgefaßt werden. Im theoretischen Kreisprozeß entspricht dann Linie *I IV* der Wärmeaufnahme (Verdampfung) des Wassers, im wirklichen Vorgang dagegen der Einströmung der vorher verdampften Menge in den Zylinder. Linie *III II* stellt im Kreisprozeß das Niederschlagen des Dampfes im Kondensator dar; im wirklichen Vorgange dagegen die Ausströmung des Dampfes aus dem Zylinder. Für das Endergebnis ist es belanglos[1]), in welcher Weise man sich die Mitteilung oder Entziehung der Wärmemengen vorstellen will. Das Wesen der Wärmeverwandlung tritt aber viel deutlicher zutage, wenn die arbeitenden Gas- oder Dampfmengen ihrem Gewicht und ihrer chemischen Beschaffenheit nach während der Vorgänge als unveränderlich gedacht werden, wie beim idealen Kreisprozeß.

Die dem arbeitenden Gase oder Dampfe während eines Kreisprozesses zugeführte Wärme ist Q_1, die ihm entzogene Wärme Q_2. Am Ende müßte daher, wenn $Q_2 < Q_1$ wäre, die überschüssige Wärmemenge $Q_1 - Q_2$ im Gase vorhanden, oder wenn $Q_2 > Q_1$ wäre, der Wärmeverlust $Q_2 - Q_1$ im Gase festzustellen sein. Keiner von beiden Fällen ist möglich, denn der Endzustand des Arbeitskörpers ist mit seinem Anfangszustande völlig identisch. Es müßte also (wie Carnot annahm) $Q_2 = Q_1$ sein.

Dann wäre aber die Nutzarbeit L ohne Wärmeverbrauch geleistet worden, und dies widerspricht dem Mayerschen Gesetz. Nach diesem muß $Q_2 < Q_1$ sein.

[1]) Allerdings nur in grundsätzlicher Hinsicht, im besonderen Falle können sich gewisse Unterschiede ergeben.

Die Wärme $Q = Q_1 - Q_2$ ist demnach während des Prozesses verschwunden, d. h. sie hat sich in Arbeit verwandelt. Das Wärmeäquivalent der verrichteten Arbeit ist $A \cdot L \left(A = \frac{1}{427}\right)$ und es ist

$$AL = Q_1 - Q_2$$

oder

$$Q_1 = AL + Q_2 = Q + Q_2 .$$

In Worten:

Die Verwandlung einer Wärmemenge Q in die äquivalente mechanische Arbeit $L = 427\,Q$ ist nur möglich, wenn dem arbeitenden Körper bei höherer Temperatur eine Wärmemenge Q_1 zugeführt wird, die größer als Q ist.

Der nicht verwandelte Teil $Q_2 = Q_1 - Q$ der aufgewendeten Wärme ist bei tieferer Temperatur aus dem Arbeitskörper zu entfernen und hat, mit Bezug auf den gesamten Wärmeaufwand (Q_1), als Verlust zu gelten. Der Quotient

$$\frac{Q}{Q_1} = \frac{Q_1 - Q_2}{Q_1} = 1 - \frac{Q_2}{Q_1} = \eta$$

wird als thermodynamischer (thermischer) Wirkungsgrad des Kreisprozesses bezeichnet. Er gibt an, welcher Bruchteil der aufgewendeten Wärme in Arbeit übergeht.

Man könnte bei dem Kreisprozeß die adiabatischen Strecken, auf denen Wärme weder zu- noch abgeleitet wird, auch wegfallen lassen. Dann würden *II* und *III*, sowie *IV* und *I* zusammenfallen und die Wärmeentziehung würde ohne Unterbrechung in Wärmezufuhr übergehen. Dieser Fall wäre aber weniger allgemein. Ferner könnte man Strecken der Wärmezufuhr mehrfach (oder beliebig oft) mit solchen der Wärmeentziehung abwechseln lassen. Dieser Fall würde nichts wesentlich Neues ergeben und viel weniger durchsichtig sein. Auch sind bei den wirklichen Maschinen immer zwei Hauptstrecken für Wärmezufuhr und Wärmeentziehung (bzw. Ausstoß) zu unterscheiden, wie in Fig. 222, während die Strecken *II III* und *IV I* wenigstens grundsätzlich adiabatisch verlaufen.

85. Rückläufige Kreisprozesse (Kälteprozesse).

Die Überführung von Wärme aus einem Körper mit tieferer Temperatur zu Körpern von höherer Temperatur, wie sie zur Kälteerzeugung notwendig ist (Abschn. 36 und 81), läßt sich in Kreisprozessen darstellen, die in umgekehrter Richtung wie die motorischen Kreisprozesse verlaufen. Wegen der Deutlichkeit und des Zusammenhanges mit der technischen Praxis werde ein besonders einfacher Prozeß, Fig. 223, und als vermittelnder Körper Ammoniakdampf angenommen.

Zu Beginn des Kolbenhubes befinde sich 1 kg sehr nasser Ammoniakdampf von der hohen Spannung p_1 im Zylinder, Fig. 223, Punkt I. Beim Vorwärtsgang dehne sich der Dampf zunächst adiabatisch aus, wobei sein Druck bis p_2 falle, sein Volumen bis v_2

wachse. Gleichzeitig **sinkt** die **Temperatur** dem Druckabfall entsprechend, und ein Teil der Flüssigkeit verdampft (vgl. Abschn. 42). Von *II* an solle trotz der Raumvergrößerung durch den Kolben der Druck nicht fallen, sondern gleich p_2 bleiben. Dies ist nur möglich, wenn von *II* bis *III* so viel Wärme Q_2 **zugeführt** wird, daß durch die fortschreitende **Verdampfung** von Feuchtigkeit der Druck des Ammoniaks erhalten bleibt. Die Temperatur ändert sich hierbei nicht.

Beim Rückweg des Kolbens wird der Dampf adiabatisch bis zum Anfangsdruck p_1 verdichtet, Strecke *III* bis *IV*; dabei steigt auch die Temperatur auf den Anfangswert (wenn der Dampf feucht bleibt). Von *IV* an solle der Druck, trotz der Raumverkleinerung durch den Kolben, nicht weiter steigen. Dies ist nur möglich, wenn durch Wärmeentziehung von außen (Kühlwasser) so viel Dampf niedergeschlagen wird, als der Raumverkleinerung durch den Kolben entspricht. Q_1 sei die ganze von *IV* bis *I* entzogene Wärmemenge. Druck, Volumen und Temperatur haben in *I* ihre anfänglichen Werte wieder. Der Kreisprozeß ist vollendet.

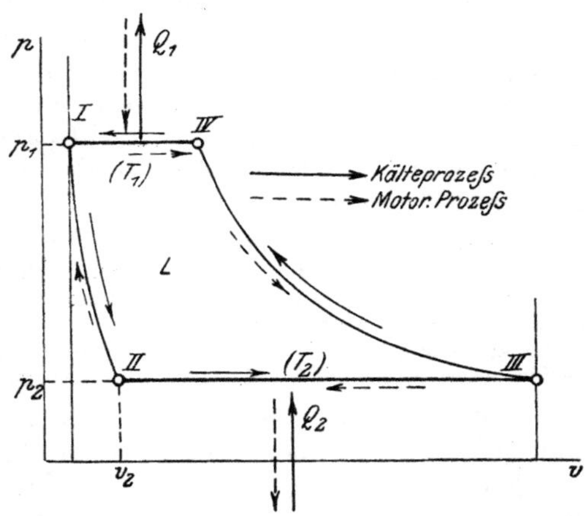

Fig. 223.

Die im ganzen von außen auf das Ammoniak **übertragene** Arbeit L wird durch die geschlossene Diagrammfläche dargestellt. Der Vorgang besteht, wie der motorische, aus einem unter Wärmezufuhr *II III* und einem unter Wärmeentziehung verlaufenden Teile *IV I*, außerdem aus zwei adiabatischen Teilen. Während jedoch im motorischen Prozeß die Wärmezufuhr unter den hohen, die Wärmeentziehung unter den niedrigen Drücken und Temperaturen vor sich ging, ist jetzt das Umgekehrte der Fall; und anstatt Nutzarbeit zu liefern, beansprucht der Prozeß zu seiner Durchführung einen **Aufwand** von mechanischer Antriebsarbeit gleich der Fläche des Diagramms Fig. 223 (Kompressorarbeit). Verglichen mit einem motorischen Prozeß vom gleichen Druckverlauf wird das Diagramm des Kälteprozesses im entgegengesetzten Sinne durchlaufen. Kehrt man die Pfeile des Kältediagramms um, so erhält man (gestrichelt) das Diagramm einer Dampfmaschine, die mit gespannten Ammoniak- oder anderen Dämpfen (Wasser, SO_2) arbeitet.

Trotz der Zufuhr der Wärme Q_2 und der Entziehung der (größeren) Menge Q_1 ist, wie im motorischen Prozeß, am Ende weder ein Überschuß noch ein Fehlbetrag von Wärme im Ammoniak festzustellen. Denn der Endzustand ist identisch mit dem Anfangszustande. Die zu viel entzogene Wärme $Q_1 - Q_2$ muß demnach durch die vom Kolben auf den Dampf übertragene Betriebsarbeit L, bzw. deren äquivalente Wärme AL gerade gedeckt werden. Es muß sein

$$AL = Q_1 - Q_2$$

oder

$$Q_1 = Q_2 + AL.$$

Das Ergebnis des Kreisprozesses besteht nun darin, daß die Wärmemenge Q_2, die von dem Ammoniak bei tiefer Temperatur aufgenommen wurde, ihm bei höherer Temperatur (von *IV* bis *I*) wieder entzogen wird. Gleichzeitig mit Q_2 wird die der Betriebsarbeit äquivalente Wärme $AL = Q$ abgeleitet.

Um die Wärme Q_2 von dem tieferen Temperaturniveau T_2 auf das höhere T_1 zu befördern, ist also ein Arbeitsaufwand L erforderlich, dessen Wärmewert gleich ist dem Unterschied der mit dem Kühlwasser abgeleiteten Wärme Q_1 und der von dem Ammoniak (aus der Sole) aufgenommenen Wärme Q_2 („Kälte").

Die Durchführung dieses Prozesses in einem Zylinder wäre nicht möglich. Es wären vielmehr erforderlich ein Zylinder für die Verdichtung *III IV* (Kompressor), ein zweiter für die Ausdehnung *I II* (Expansionszylinder); außerdem ein Kondensator zur teilweisen oder vollständigen Verflüssigung des verdichteten Dampfes (*IV I*) und ein Verdampfer zur Wiederverdampfung der verflüssigten Menge (*II III*). — Über den praktischen Prozeß s. Abschn. 81.

Durch Umkehrung des Vorganges Fig. 222 kann man einen Kälteprozeß von noch allgemeinerer Art gewinnen, wie überhaupt aus jeder Umkehrung eines motorischen Prozesses ein Kälteprozeß hervorgeht, in dem die gleichen Wärmemengen und Arbeiten auftreten, wie im motorischen.

86. Der Carnotsche Kreisprozeß.

Will man feststellen, welche Arbeit aus einer gegebenen Wärmemenge Q_1 von der Temperatur T_1 mittels eines motorischen Prozesses zu gewinnen ist, wenn ein Temperaturgefälle von T_1 bis auf die feste untere Grenze T_2 verfügbar ist, so hat man die Wärme Q_1 bei der unveränderlichen Temperatur T_1 zuzuführen und die Wärmeentziehung muß bei der unveränderlichen Temperatur T_2 erfolgen. Die Kurven *I II* und *III IV* des allgemeinen Falles Fig. 222 werden also zu Isothermen. Beim Arbeiten mit nassen Dämpfen nimmt daher das Druckdiagramm des Kreisprozesses die Form Fig. 223 an. Mit Gasen dagegen erhält es wegen des hyperbolischen Verlaufes der Isothermen die davon gänzlich verschiedene Gestalt Fig. 224.

Den isothermischen Verlauf kann man sich, ob nun Gase oder Dämpfe beteiligt sind, dadurch verwirklicht denken, daß das Gas während der Wärmezufuhr mit einem unbeschränkt großen Körper K_1 von der Temperatur T_1 (Heizkörper) in Verbindung steht, der die Wärme Q_1 abgeben kann, ohne seine Temperatur merkbar zu ändern. Während der Wärmeentziehung muß ferner das Gas mit einem zweiten sehr großen Körper K_2 (Kühlkörper) von der unteren Temperatur T_2 leitend verbunden sein, der die abzuleitende Wärme ohne Temperaturerhöhung seinerseits aufnimmt. Der Prozeß muß so langsam verlaufen und die Berührungsflächen zwischen K_1 bzw. K_2 und dem arbeitenden Körper müssen so groß sein, daß die geringsten Temperaturunterschiede hinreichen, um den Wärmeaustausch herbeizuführen.

Der Erfolg des motorischen Prozesses ist unter diesen Umständen, daß die Wärmemenge Q_1 von der höheren Temperatur T_1 zum einen Teil in die Arbeit L, zum anderen in die Wärme Q_2 von der tieferen Temperatur T_2 verwandelt wird. L überwindet die Nutzwiderstände, Q_2 geht in den Kühlkörper.

Der Prozeß wurde von Carnot erdacht und soll zur Beantwortung der Frage dienen, wie groß im besten Falle die Arbeitsfähigkeit einer gegebenen Wärmemenge Q_1 innerhalb der festen Temperaturgrenzen T_1 und T_2 ist.

Für den Kreisprozeß mit Gasen läßt sich die Arbeit L leicht bestimmen, wie weiter unten ausgeführt. Der wichtigere Teil der Frage ist aber, ob die gleiche Wärmemenge Q_1 bei gleichen Temperaturgrenzen auch dann die gleiche Arbeit abgibt, wenn nicht mit Gasen, sondern mit feuchten oder überhitzten Dämpfen gearbeitet wird. Mit anderen Worten, ob die Arbeitsfähigkeit der Wärme Q_1 in diesem Prozeß grundsätzlich nur vom Temperaturgefälle oder auch von der Beschaffenheit des arbeitenden Körpers abhängt. Bei der großen Verschiedenheit im Verlaufe der Zustandslinien (vgl. Fig. 223 und 224) erscheint die Antwort keineswegs selbstverständlich. Die unmittelbare Rechnung mit Dämpfen, wie unten mit Gasen, führt nicht zum Ziele, da wesentliche Eigenschaften der Dämpfe erst aus dem bewiesenen Satze hervorgehen.

Auf folgende Weise läßt sich die Frage entscheiden (nach Clausius).

Mit einem beliebigen Körper, z. B. feuchtem Wasserdampf, werde ein motorischer Carnot-Prozeß durchgeführt. Dabei werde die Wärme Q_1 zugeführt, Q_2 abgeleitet und die Arbeit L gewonnen (Fig. 224).

Der gleiche Prozeß, ebenfalls mit feuchtem Wasserdampf und unter sonst gleichen Umständen, in umgekehrter Richtung (als Kälteprozeß) durchgeführt, würde wegen der Kongruenz der Diagramme den Arbeitsaufwand L verlangen, der mithin, von allen Nebenverlusten abgesehen, aus der Arbeit eines gleichzeitigen (in einem anderen Zylinder durchgeführten) oder eines vorhergehenden motorischen Prozesses bestritten werden könnte. Für beide Prozesse kann man sich gemeinsame Heizkörper K_1 und Kühlkörper K_2 vorstellen. Durch den Kälteprozeß könnte die Wärme Q_2 in ihrem vollen Betrag wieder aus K_2 nach K_1 zurückbefördert werden, und auch die bei dem motorischen Prozeß nach außen verrichtete Arbeit L würde wieder als Wärme in vollem Betrage nach K_1 zurückkehren. Nach Vollendung des Doppelprozesses ist alles wieder wie zuvor.

Wird hingegen der Kälteprozeß anstatt mit Wasserdampf mit Ammoniakdampf oder mit Luft durchgeführt, so wäre es denkbar, daß mittels der vorher bei dem motorischen Prozeß mit Wasserdampf freigewordenen Arbeit L durch den Kälteprozeß entweder eine größere oder eine kleinere Wärmemenge als Q_2, also $Q_2' = Q_2 \pm q$ von K_2 nach K_1 zurückbefördert werden könnte; denn das Diagramm des Kälteprozesses wird verschieden von dem des motorischen.

Im Falle $Q_2' = Q_2 + q$ würde dann bei dem Kälteprozeß die Wärmemenge $Q_2 + q + AL$ in den Kühlkörper (K_1) übergehen. Im motorischen Prozeß wurde aber aus K_1 nur die Wärme $Q_1 = Q_2 + AL$ entnommen. K_1 würde daher durch den Doppelprozeß einen Wärmezuwachs von $Q_2 + q + AL - (Q_2 + AL)$, also von q Cal. erfahren. Die im ganzen verrichtete Arbeit ist $+L - L = 0$. Die Wärme q wäre somit ohne Aufwand mechanischer Betriebsarbeit von dem kälteren Körper K_2 zu dem wärmeren K_1 übergegangen.

Wäre dagegen $Q_2' = Q_2 - q$, so könnte man den motorischen Prozeß mit Ammoniak, den Kälteprozeß mit Wasserdampf verlaufen lassen, und würde auf das gleiche Ergebnis kommen.

Wäre nun ein solches Ergebnis möglich, so könnte man weiter aus der ohne Arbeitsaufwand auf das höhere Temperaturniveau beförderten Wärme q mittels eines motorischen Kreisprozesses wieder Nutzarbeit gewinnen. Durch Wiederholung des Carnotschen Doppelprozesses mit den beiden verschiedenen Arbeitskörpern könnte man so ohne Ende neue arbeitsfähige Wärmemengen q ohne Arbeitsaufwand aus dem unteren Wärmebehälter, den man sich als unbeschränkt groß vorstellen muß, herausholen. Man wäre hiernach imstande, die unermeßlichen Wärmevorräte der Körper unserer Umgebung zum Betriebe eines Perpetuum mobile zu verwerten, das Nutzarbeit leisten und doch nicht gegen das Prinzip von der Erhaltung der Energie verstoßen würde.

Dies ist aber der Erfahrung nach nicht möglich, so wenig als es möglich ist, eine Wärmemenge ohne Hinzufügung einer anderen von höherer Temperatur oder ohne Arbeitsaufwand auf höhere Temperatur zu bringen.

Die Wärmemenge $\pm q$ muß also bei dem obigen Doppelprozeß gleich Null sein, gleichgültig mit welchen Körpern die Teilprozesse durchgeführt werden.

Es folgt daraus weiter, daß es auf den Arbeitsgewinn (oder Aufwand) ohne Einfluß ist, mit welcherlei Körpern der ideale Carnot-Prozeß arbeitet. Es kommt also lediglich auf das vorhandene Temperaturgefälle an, welcher Bruchteil der zugeführten Wärme in Arbeit übergeht, bzw. welche Arbeit nötig ist, um eine bestimmte Kältemenge zu erzeugen.

Der Carnot-Prozeß mit Gasen. Allgemein ist nach Abschn. 84 für Kreisprozesse

$$AL = Q_1 - Q_2 = Q_1\left(1 - \frac{Q_2}{Q_1}\right).$$

Die bei der isothermischen Ausdehnung (AB, Fig. 224) dem Gase zuzuführende Wärme ist nach Abschn. 24

$$Q_1 = RT_1 \ln \frac{v_2}{v_1}.$$

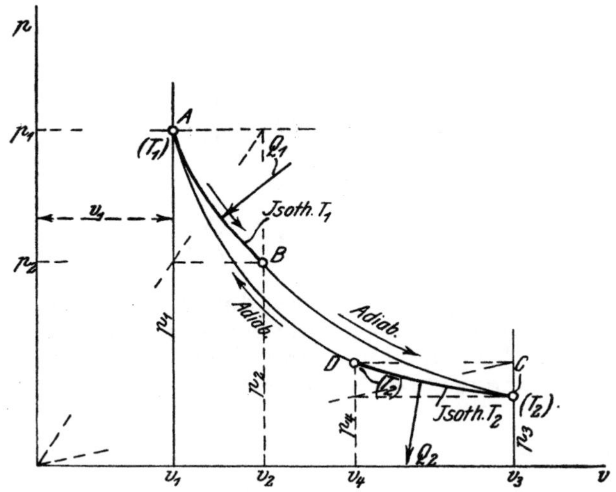

Fig. 224.

Die bei der isothermischen Verdichtung (CD) abzuleitende Wärme ist ebenso

$$Q_2 = RT_2 \ln \frac{v_3}{v_4}.$$

Für die Adiabaten BC und AD gilt nach Abschn. 25a

$$\frac{T_2}{T_1} = \left(\frac{v_2}{v_3}\right)^{k-1}$$

und

$$\frac{T_2}{T_1} = \left(\frac{v_1}{v_4}\right)^{k-1}.$$

Aus der Gleichheit folgt

$$\frac{v_2}{v_3} = \frac{v_1}{v_4}$$

oder

$$\frac{v_2}{v_1} = \frac{v_3}{v_4}.$$

Nun ist

$$\frac{Q_2}{Q_1} = \frac{T_2}{T_1} \cdot \frac{\ln \frac{v_3}{v_4}}{\ln \frac{v_2}{v_1}}$$

daher wegen der letzten Gleichung auch

$$\frac{Q_2}{Q_1} = \frac{T_2}{T_1},$$

somit

$$AL = Q_1\left(1 - \frac{T_2}{T_1}\right).$$

Der thermische Wirkungsgrad ist

$$\eta = \frac{AL}{Q_1} = 1 - \frac{T_2}{T_1}.$$

Der Bruchteil η der aufgewendeten Wärme Q_1, der durch den Carnot-Prozeß in mechanische Arbeit verwandelt werden kann, ist hiernach nur von dem Verhältnis der absoluten Temperaturen abhängig, zwischen denen der Prozeß verläuft.

Schreibt man

$$\eta = \frac{T_1 - T_2}{T_1},$$

so erkennt man, daß η nicht allein vom Temperaturgefälle, sondern auch von dem Absolutwert der oberen Temperatur abhängt.

Das Ergebnis gilt nicht nur für Gase, sondern für alle Körper, mit denen sich ein Carnotscher Prozeß durchführen läßt (nasser Sattdampf beliebiger Natur: Wasser, Kohlensäure, Ammoniak usw.), wie oben gezeigt wurde.

Die ganze Wärme Q_1 könnte nur dann in Arbeit verwandelt werden, wenn $\frac{T_2}{T_1} = 0$, d. h. $T_2 = 0$ wäre. Die Wärmeentziehung müßte bei einer Temperatur von -273^0 vor sich gehen können, was nicht möglich ist, da es so kalte Kühlkörper nicht gibt. Aus diesem Grunde ist es auch unmöglich, eine gegebene Wärmemenge vollständig in nutzbare Betriebsarbeit umzusetzen.

Die tiefsten Temperaturen, die für die Wärmeentziehung bei motorischen Prozessen in Frage kommen, sind die gewöhnlichen Kühlwassertemperaturen, also 5^0 bis 20^0, durchschnittlich 10^0, somit $T_2 = 273 + 10 = 283$.

Um annehmbare Wirkungsgrade zu erhalten, bleibt daher nur übrig, möglichst hohe obere Temperaturen T_1 anzuwenden, damit der Quotient $\frac{T_2}{T_1}$ möglichst klein wird.

Könnte man in der Dampfmaschine den motorischen Carnot-Prozeß verwirklichen, so wäre bei einer Sattdampftemperatur von 180^0 (10,3 at abs.) und einer Warmwassertemperatur im Kondensator von 25^0

$$\eta = 1 - \frac{273 + 25}{273 + 180} = 0{,}34.$$

Für 45^0 untere Temperatur, die praktisch leicht erreichbar ist wäre noch

$$\eta = 1 - \frac{273 + 45}{273 + 180} = \mathbf{0{,}30}.$$

Der Dampf müßte dabei bis auf den der Temperatur von 45^0 entsprechenden Druck von rd. 0,1 at abs. expandieren, Linie *IV III*, Fig. 223. Dann wäre er im Kondensator so weit niederzuschlagen, bis sein Rauminhalt nur noch v_2 wäre, Linie *III II*. Dieser sehr nasse Dampf wäre schließlich bis auf den Kesseldruck zu verdichten, wobei er vollständig in Wasser von der Kesseltemperatur überginge, das wieder als Speisewasser zu verwenden wäre.

In Kolbenmaschinen ist nun so tiefe Expansion sowohl wegen der unvermeidlichen schädlichen Räume als wegen der dann sehr bedeutenden Niederschlagsverluste an den Zylinderwänden unmöglich. Dagegen ist in Dampfturbinen derartige und noch tiefere Expansion ohne weiteres möglich und die Regel.

Zur Verdichtung des Kondensats bis auf den Kesseldruck wäre ein besonderer Verdichtungszylinder (mechanischer Speisewassererhitzer) nötig, dessen Eigenwiderstände, von baulichen Schwierigkeiten und Kosten abgesehen, den Nutzen illusorisch machen würden. Der Carnot-Prozeß gilt aus diesen Gründen heute nicht mehr als Idealprozeß für Dampfmaschinen.

Der Idealprozeß der wirklichen Dampfmaschine ergibt übrigens bei Expansion auf 0,1 at (Turbine) für die obige Dampfspannung auch schon $\eta = 0{,}26$.

Mit überhitztem Dampf ist ein Carnot-Prozeß in der gewöhnlichen Dampfmaschine[1]) überhaupt undurchführbar, weil die Überhitzung bei steigender Temperatur erfolgt. Es würde daher zu einem unzutreffenden (und zwar zu ungünstigen) Urteil über den tatsächlichen Wirkungsgrad unserer Heißdampfmaschinen führen, wenn man sie gemäß dem Carnot-Prozeß nach dem Verhältnis der oberen und unteren Temperaturen beurteilen wollte.

Weiteres über den motorischen Carnot-Prozeß, besonders wenn die arbeitenden Körper Gase sind, vgl. Abschn. 94, 95, 96.

Für Kälteprozesse mit feuchten Dämpfen ist der Carnotsche

---

[1]) Die Gleichstrom-Dampfmaschine, ob sie nun mit gesättigtem oder überhitztem Dampf betrieben wird, unterscheidet sich in dieser Hinsicht nicht im geringsten von der gewöhnlichen Dampfmaschine; sie erfüllt die wesentlichen Bedingungen des Carnot-Prozesses genau ebenso wenig wie diese.

Prozeß als Idealprozeß zu betrachten, wenn man unbeschränkt große Mengen von Heiz- und Kühlkörpern voraussetzt, die Wärme abgeben und aufnehmen können, ohne ihre Temperatur zu ändern. In Wirklichkeit wird freilich mit endlichen Mengen (Sole und Kühlwasser) gearbeitet, deren Temperatur sich bei der Wärmeabgabe vermindert (Sole), bei der Wärmeaufnahme erhöht (Kühlwasser). Sind diese Temperaturänderungen, wie bei den praktischen Kühlanlagen, gering, so kann man den Carnotschen Prozeß mit den mittleren Temperaturen von Sole und Kühlwasser als Vergleichsprozeß benutzen.

Will man aber auch im Idealprozeß auf die der Wirklichkeit entsprechenden endlichen Mengen Rücksicht nehmen, so kann an Stelle des Carnotschen Prozesses der sogenannte polytropische Prozeß nach H. Lorenz gesetzt werden. Bei diesem wird vorausgesetzt, daß zwar die Aufnahme nnd Abgabe der Wärme des arbeitenden Körpers ohne Temperaturgefälle gegenüber Heiz- und Kühlkörper erfolgt, jedoch bei abnehmender Temperatur des Heizkörpers, bei zunehmender des Kühlkörpers (wie in Wirklichkeit).

Dann müßte aber, gemäß Fig. 217, die Temperatur des Arbeitskörpers (NH_3 usw.) während der Wärmeaufnahme (im Refrigerator) zunehmen, während der Wärmeabgabe (im Kondensator) abnehmen. In Wirklichkeit sind diese Temperaturen unveränderlich, da es sich um feuchte Dämpfe und unveränderliche Drücke handelt. Nur im Kondensator deckt sich da, wo der niederzuschlagende Dampf noch überhitzt ist, und während der Unterkühlung der Flüssigkeit der Lorenzsche Prozeß grundsätzlich mit der Wirklichkeit.

Kälteprozesse zu Heizungszwecken. Der einzige praktische Zweck der Kälteprozesse ist bekanntlich die Abkühlung von Körpern unter ihre natürliche Temperatur. Dabei werden dem abzukühlenden Körper (Sole) durch den Arbeitskörper (Ammoniak) Wärmemengen Q_2 entzogen, die dieser bei höherer Temperatur zusammen mit dem Wärmeäquivalent der Kompressorarbeit AL an den Kondensator wieder abgibt. Mit der erzeugten Kälte Q_2 ist also eine noch größere (scheinbare) Wärmeerzeugung im Betrage $Q_1 = Q_2 + AL$ notwendig verbunden. In einem Carnotschen Kälteprozeß ist z. B.

$$Q_1 = AL \cdot \frac{T_1}{T_1 - T_2}$$

$$Q_2 = Q_1 \cdot \frac{T_2}{T_1}.$$

Ist nun, wie fast immer, $T_1 - T_2$ klein gegen T_1, z. B. $T_1 - T_2 = 15^0$, $T_1 = 300^0$ abs. ($t_1 = 27^0$), so wird Q_1 und Q_2 ein Vielfaches von AL, z. B.

$$Q_1 = 20\,AL,$$

$$Q_2 = 19\,AL.$$

Vom Arbeitskörper wird also eine Wärmemenge im 20fachen Betrag des Äquivalents der Kompressorarbeit an den Kondensator abgegeben und zwar mit 27^0, während aus der Sole eine fast ebenso große Wärmemenge von 12^0 an das Ammoniak übergeht. Durch Vermittlung der Kompressorarbeit AL wird somit eine Heizwirkung erzielt, die sich im Auftreten einer 20 mal so großen Wärmemenge von 27^0 im Kondensator-Kühlwasser zeigt.

Man könnte hiernach daran denken, Kälteprozesse lediglich zum Zwecke der Heizwirkung, z. B. zur Erwärmung von Wasser von 12^0 auf 27^0 auszuführen[1]). Wenn man jedoch erwägt, daß durch unmittelbare Verwandlung der Arbeit L des Antriebsmotors in die Wärme AL mittels einer Reibungsbremse die gleiche Erwärmung der gleichen Wassermenge viel einfacher zu erzielen ist,

[1]) An Vorschlägen dazu, selbst aus jüngster Zeit, hat es nicht gefehlt.

so erkennt man, daß es keinen praktischen Sinn hat, einen Kälteprozeß allein zum Zwecke der Wärmeerzeugung auszuführen.

Die Tatsache, daß die bei den Kälteprozessen auftretenden Wärmemengen ein großes vielfaches der aufgewendeten Arbeit sind, erscheint nur deshalb paradox, weil es üblich ist, von „Kälteerzeugung" zu sprechen, während in Wirklichkeit die Wärme (Kälte) Q_2 in der Sole vorhanden ist und nur durch Vermittlung des Arbeitskörpers in den Kondensator befördert wird. Erzeugt wird lediglich die Wärmemenge $AL = Q_1 - Q_2$, die auch die alleinige Ursache der Temperatursteigerung ist.

87. Absolute Temperatur.

Vor der Auffindung des zweiten Hauptsatzes der mechanischen Wärmetheorie war über eine untere Grenze der Temperatur (Kältegrenze) nichts bekannt, eine solche erschien ebensowenig angebbar, wie eine obere Grenze der Temperatur (Hitzegrenze). Der Begriff der „absoluten" Temperatur hat aber nur dann einen Sinn, der über ihre Begriffsbestimmung als bequeme Rechengröße nach dem Gay-Lussacschen Gesetz[1]) hinausgeht, wenn eine untere, nicht willkürliche, von der Thermometersubstanz und überhaupt von der Temperaturmessung als solcher unabhängige Grenze der Temperatur besteht, eine Kälte, unter welche eine Abkühlung nicht nur praktisch, sondern auch naturgesetzlich unmöglich ist.

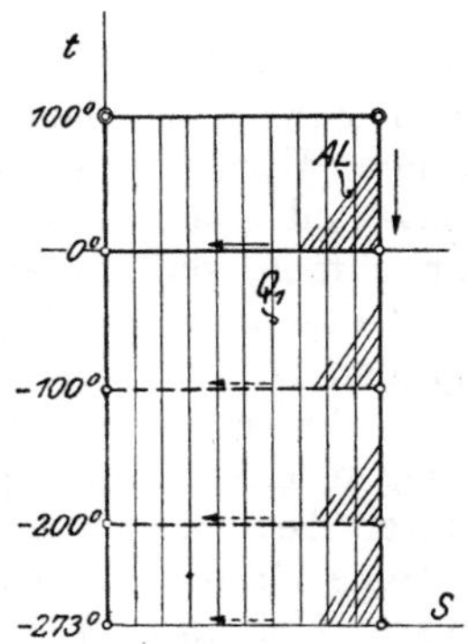

Fig. 225.

Daß es eine solche Kältegrenze gibt, kann mit Hilfe des Carnot-Clausiusschen Prinzips, wie es sich in der Darstellung des Carnotschen Kreisprozesses ausspricht, gefolgert werden; dieses allein in Verbindung mit dem Energieprinzip hat zur Entdeckung des absoluten Nullpunktes geführt.

Will man mit Hilfe des Carnotschen Kreisprozesses eine gegebene Wärmemenge Q_1, die man sich aus einem sehr großen Wärmevorrat von der Temperatur t_1 entnommen zu denken hat, in mechanische Nutzarbeit umsetzen, so stößt man bekanntlich auf die Schwierigkeit — die auch durch kein anderes Arbeitsverfahren zu beseitigen ist —, daß bei den gewöhnlichen, natürlichen Grenzen der Temperaturen, besonders der Temperaturen t_2 der Kühlkörper (Kühlwasser), nur ein Bruchteil von Q_1 mechanisch umsetzbar ist, nämlich

$$\eta Q_1 = \frac{t_1 - t_2}{273 + t_1} Q_1 .$$

Im praktischen Falle der Arbeitsgewinnung aus Wärme ist man daher gezwungen, die obere Temperatur t_1 möglichst in die Höhe zu rücken.

[1]) Abschn. 3.

Wenn jedoch angenommen wird, es stünden Kühlkörper von wesentlich tieferen Temperaturen als 0^0, bzw. von beliebig tiefer Temperatur zur Verfügung, so kann man auch Wärme von gewöhnlicher, ja von niedriger Temperatur, mit beliebig hohem Wirkungsgrad in Arbeit umsetzen.

Man erhält z. B. für $t_1 = 100^0$ bei

$t_2 = 0^0$	-100^0	-200^0	-273^0	(-300^0)
$\eta = 0{,}268$	$0{,}536$	$0{,}805$	**1,0**	$(1{,}07)$.

Bei einer Kühltemperatur von -273^0 würde also die gesamte dem Prozeß zugeführte Wärme in Nutzarbeit übergeführt werden. Dies ist auch noch der Fall, wenn eine beliebige höhere oder tiefere Anfangstemperatur t_1 gewählt wird, denn man erhält mit $t_2 = -273$

$$\eta Q_1 = \frac{t_1 + 273}{273 + t_1} Q_1 = Q_1,$$

für jeden Wert von t_1.

Würde nun eine noch tiefere Temperatur als -273^0 existieren, so wäre es wenigstens denkbar, auch einen Kühlkörper von solcher Temperatur, z. B. -300^0 zu beschaffen. Mit einem solchen würde dann, im obigen Beispiel, $\eta = 1{,}07$, und in jedem Falle $\eta > 1$. Man könnte also mehr Nutzarbeit aus der Wärme Q_1 gewinnen, als dem mechanischen Wärmeäquivalent entspricht. Dies würde aber dem I. Hauptsatz und somit dem Energieprinzip widersprechen. Man muß daher annehmen, daß tiefere Temperaturen als -273^0 C nicht existieren und daß dies die Temperatur des absoluten Nullpunktes in Celsiusgraden ist.

Die bis heute vorliegenden unmittelbaren Temperaturbeobachtungen haben auch gezeigt, daß man sich dieser „absoluten" Kälte unter Anwendung besonderer Mittel (Expansion flüssiger Gase) auf wenige Grade nähern kann, ohne daß sie je überschritten worden wäre oder Anzeichen für ihre Überschreitbarkeit vorliegen würden. So näherte sich die Temperatur von flüssigem Helium, das unter atmosph. Druck eine Verflüssigungstemperatur von $-268{,}5^0$ besitzt, wenn man es durch Expansion sich weiter abkühlen ließ, dem absoluten Nullpunkt auf 2 bis 3^0[1]).

Die Messung so tiefer Temperaturen erfolgt mittels Gasthermometern (Messung der Druckänderung eines eingeschlossenen Gases durch die Abkühlung unter konstantem Volumen). Nur müssen bei den sehr tiefen Temperaturen die Gasfüllungen sehr niedrigen Druck besitzen, damit sie nicht in den dampfförmigen oder flüssigen Zustand übergehen. Nach J. Dewar kann man die nachstehenden Kältegrade mit Gasthermometern verschiedener Füllung noch genau messen.

---

1) Abschn. 46.

Füllgas des Thermometers	Anfangsdruck des Füllgases bei 0° in mm Quecks.	Untere noch meßbare Temperatur T abs.	t^0 C
CO_2	$\frac{1}{2}\cdot 273$	171,4	— 101,6
O_2	$\frac{1}{2}\cdot 273$	69,2	— 203,8
H_2	$\frac{1}{2}\cdot 273$	11,72	— 261,28
H_2	$\frac{1}{10}\cdot 273$	10,40	— 262,60
Helium . . .	$38\cdot 273$	2,95	— 270,05
Helium . . .	$\frac{1}{2}\cdot 273$	1,90	— 271,10
Helium . . .	$\frac{1}{10}\cdot 273$	1,71	— 271,29

Durch Verdampfung (bzw. Sublimation) der folgenden flüssigen (bzw. festen) Stoffe unter sehr niedrigen Drücken lassen sich nach Dewar die nachstehenden Kältegrade erzielen.

	p (mm Hg)	T	t
Eis (H_2O) . . .	0,001	203	— 70°
CO_2	0,63	132	— 141°
O_2	0,19	51	— 222°
N_2	0,7	37	— 236°
H_2	0,59	9	— 264°
Helium	0,26	1,8	— 271,2°
X (?)	—	0,4	— 272,6°

Diese niedrigsten Temperaturen sind durchschnittlich, wie Dewar zeigt, ungefähr $^1/_3$ der (absoluten) kritischen Temperatur des betreffenden Körpers. X ist ein hypothetischer Körper, der gegenüber Helium ebenso „flüchtig" sein müßte, wie dieses gegenüber Wasserstoff.

Temperatur nach den Gasthermometern und absolute Temperaturskala. Die Gase folgen, streng genommen, dem idealen Gasgesetz $pv = RT$ nicht vollkommen, und die Abweichungen davon sind um so größer, je mehr sich das Gas hinsichtlich Temperatur und Druck der kritischen Gegend nähert bzw. der Sättigungsgrenze. Nur für ein ideales Gas gilt die bei Gasthermometern verwendete Beziehung

$$\frac{p_1}{p_2} = \frac{T_1}{T_2}$$

mit aller Schärfe und nur mit solchem Füllgas ließen sich die Temperaturen völlig richtig bestimmen. Mit wirklichen Gasen verschiedener Art als Füllung ergeben sich für gleiche, sonst unbekannte Temperaturänderungen Thermometer-Ablesungen (Druckverhältnisse $p_1 : p_2$) von nicht absolut gleichem Betrage, und folglich, wenn man danach die Temperaturänderung berechnet, etwas verschiedene Werte je nach dem Füllgas. Bei gewöhnlichen oder hohen Temperaturen sind diese Abweichungen sehr gering, sie sind für technische Zwecke ohne Bedeutung. Von größerer Wichtigkeit werden sie selbstverständlich für sehr tiefe

Temperaturen, jedoch lassen sie sich, bei Anwendung hinreichend tiefer Gasdrücke, auch da auf ein geringes Maß beschränken. Nach Henning[1]) zeigt z. B. ein Stickstoffthermometer niedriger als ein Wasserstoffthermometer und zwar

bei	$+445^0$	-99^0	-183^0	$-193{,}6^0$
um	$0{,}11^0$	$0{,}00^0$	$0{,}19^0$	$0{,}26^0$,

wobei der Druck der Thermometergase 620 bis 780 mm Hg betrug. Tatsächlich verhalten sich weder Wasserstoff noch Helium genau wie ein vollkommenes (ideales) Gas, beide weichen auch bei sehr kleinen Drücken merkbar vom Boyleschen Gesetz ab.

Temperaturskalen, die zwischen 0^0 und 100^0 C mittels eines Stickstoff- oder Wasserstoffthermometers gebildet werden, weichen folglich in ihrer Einteilung voneinander und von der absoluten Skala ab, als welche diejenige des idealen Gasthermometers zu gelten hat. Die Frage der Temperaturmessung nach der absoluten Skala, die auf schwierige experimentelle und theoretische Untersuchungen führt, ist zwar von bedeutendem wissenschaftlichem, aber kaum von unmittelbarem technischem Interesse[2]).

Durch die neueren Untersuchungen erscheint festgestellt[3]), daß die Skala des Wasserstoffthermometers zwischen 0^0 und 450^0 C ohneweiters mit der idealen Gasskala gleichgesetzt werden kann. Bei 450^0 unterscheiden sich beide nur um rd. $0{,}01^0$. (Wasserstoffthermometer konstanten Volumens mit einem Anfangsdruck von 620 mm Hg.)

Zur Herstellung genau bestimmter Temperaturen behufs Eichung von Thermometern dienen die folgenden Siedepunkte und Schmelz- bzw. Erstarrungspunkte reiner flüssiger und fester Körper.

Sauerstoff-Siedepunkt bei 760 mm Hg	$t_s = -183{,}0^0$ C
bei Drücken p (in mm Hg) in der Nähe von 760	$t_s = -183{,}0 + 0{,}01258\,(p - 760) - 0{,}0000079\,(p - 760)^2$
Kohlensäure-Siedepunkt desgl. . . .	$t_s = -78{,}5^0$
bzw.	$t_s = -78{,}5 + 0{,}01595\,(p - 760) - 0{,}000011\,(p - 760)^2$
Erstarrungspunkte von	
Äthyläther[4])	$t_e = -123{,}6^0$
Schwefelkohlenstoff[4])	$-112{,}0^0$
Chloroform[4])	$-63{,}7^0$
Chlorbenzol[4])	$-45{,}5^0$
Quecksilber	$-38{,}89^0$
Wasser	0^0
Siedepunkt von Wasser bei 760 mm .	$+100^0$
„ „ Naphthalin	$217{,}96^0 + 0{,}058\,(p - 760)$

[1]) Tätigkeitsber. d. Phys. Techn. Reichsanst. für 1914.

[2]) In F. Henning, Grundlagen, Methoden und Ergebnisse der Temperaturmessung (1915), finden sich alle die wissenschaftliche Thermometrie betreffenden Fragen behandelt.

[3]) Tätigkeitsber. d. Phys. Techn. Reichsanst. 1911.

[4]) Nach Henning, Annal. Phys. 1914.

Schmelz- und Erstarrungspunkte Zinn	$+231{,}84^0$
Siedepunkt von Benzophenon	$+305{,}9^0 + 0{,}063\,(p - 760)$
„ „ Schwefel	$+444{,}55^0 + 0{,}0908\,(p - 760)$ $- 0{,}000047\,(p - 760)^2$
Schmelz- und Erstarrungspunkte von	
Cadmium	$+ 320{,}9^0$
Zink	$419{,}4^0$
Antimon	$630{,}0^0$
Silber	$960{,}5^0$
Gold	1063
Kupfer	1083
Palladium	1557
Platin	1764

Diese Werte sind, mit Ausnahme der mit [4]) bezeichneten, der „Bekanntmachung der Physik. Techn. Reichsanstalt vom 16. Dez. 1915 über die Prüfung von Thermometern" (giltig vom 1. April 1916) entnommen. Zur Interpolation zwischen 0^0 und dem Schwefelsiedepunkt dient daselbst das Platin-Widerstandsthermometer, für höhere Temperaturen das Thermoelement aus Platin und $10\,^0/_0$iger Platinrhodium-Legierung; bei Kältegraden ein mit dem Wasserstoffthermometer verglichenes Platin-Widerstandsthermometer.

88. Energie der Gase und Dämpfe.

Gase und Dämpfe enthalten in jedem Zustande eine gewisse Menge von Energie. Man erkennt dies daran, daß diese Körper aus sich selbst Wärme abgeben und Arbeit verrichten können, falls ihre Temperatur oder Spannung die ihrer Umgebung überschreitet. Der Absolutwert des Energieinhaltes einer gegebenen Gas- oder Dampfmenge ist nicht zu ermitteln[1]). Es kann sich nur darum handeln, festzustellen, um wie viel größer (oder kleiner) die Energie in einem beliebigen Zustand ist, als in einem gewissen „Normalzustand". Diesen kann man willkürlich wählen, z. B. bei Dämpfen zweckmäßig die Flüssigkeit von 0^0, bei Gasen 0^0 Temperatur und 1 kg/qcm Druck.

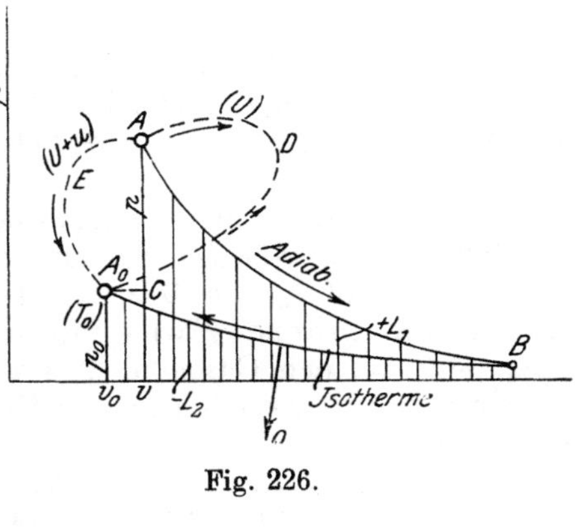

Fig. 226.

Man versteht unter Energie die Summe aus den Wärmemengen und mechanischen Arbeiten (im Wärmemaß), die 1 kg eines Gases nach außen abgeben kann, wenn es aus dem

[1]) Über diese Frage, mit der sich neuerdings die theoretische Physik befaßt, sagt Planck in Physik. Zeitschr. 1912, S. 168 (Neuere thermodynamische Theorien) folgendes: „Nach dem modernen Lorentz-Einsteinschen Prinzip der Relativität ist der absolute Betrag der Energie eines ruhenden Körpers, wenn der äußere

betreffenden Zustande durch beliebige Zustandsänderungen in seinen Normalzustand übergeführt wird.

Soll diese Begriffsbestimmung eindeutig sein, so muß die Energie unabhängig von der besonderen Art der Zustandsänderungen sein, mittels deren die Überführung in den Normalzustand erfolgt. Sie muß also durch den augenblicklichen Zustand selbst fest bestimmt sein.

Zur Erläuterung und zum Beweis dient das folgende: Ein Gas im Zustande A, Fig. 226, bestimmt durch p, v, T, kann man z. B. durch adiabatische Ausdehnung auf die Temperatur 0^0 ($T_0 = 273$) bringen, Punkt B. Von B aus kann es durch isothermische Verdichtung auf den Normaldruck gebracht werden. Bei der Ausdehnung wird die adiabatische Ausdehnungsarbeit L_1 abgegeben, bei der Verdichtung die isothermische Arbeit L_2 aufgenommen und eine Wärmemenge Q abgeleitet.

Danach wird die Energie

$$U = + AL_1 - AL_2 + Q.$$

Nach Abschn. 24 ist aber

$$Q = AL_2,$$

somit

$$U = AL_1.$$

Nach Abschn. 25 ist

$$AL_1 = c_v(T - T_0) = c_v t, \text{ mit } t_0 = 0^0,$$

somit

$$\boldsymbol{U = c_v t.}$$

Die Energie der Gase ist also durch die Temperatur allein bestimmt. Das gleiche Ergebnis hätte z. B. eine Zustandsänderung von A über C nach A_0, oder eine beliebig verlaufende von A über D nach A_0.

Diese Übereinstimmung ist jedoch nur eine Folge der bei der Aufstellung der Wärmegleichung der Gase (Abschn. 23) gemachten Annahmen, daß c_v von Druck und Temperatur unabhängig sei und eine andere innere Wärmeaufnahme, als die durch Temperatursteigerung, bei den Gasen nicht stattfinde. Beide Annahmen treffen für Gase nur innerhalb gewisser Grenzen zu, bei Dämpfen sind sie

---

Druck zu vernachlässigen ist, gleich dem Produkt seiner Masse in das Quadrat der Fortpflanzungsgeschwindigkeit des Lichtes im Vakuum, — eine ungeheuer große Zahl, die sich aber in der Thermodynamik nirgends geltend macht und daher auch bis heute noch keine praktische Bedeutung gewonnen hat."

Bekannt ist auch, daß beim Zerfall des Radiums sehr bedeutende Energiemengen aus dem Inneren der Atome frei werden, über deren Existenz bis dahin nichts bekannt war. Arbeitswert hat auch diese Energie, sofern sie als Wärme auftritt, nur insoweit, als ihre Temperatur die der Umgebung übertrifft. Mit den neuesten, besonders reinen Radiumpräparaten erhielt man eine Wärmemenge von 132,3 Cal. stündlich für 1 kg Radium, wenn die gesamte Strahlung in Wärme umgesetzt wird.

hinfällig. Trotzdem ist die Energieabgabe gänzlich unabhängig von der Art der Herstellung des Normalzustandes.

Denkt man sich nämlich den Körper, der auf dem beliebigen Wege ADA_0 in den Normalzustand A_0 gebracht wurde, auf dem gleichen Wege wieder in den alten Zustand nach A zurückgeführt, so wird dazu die gleiche Energie, die auf dem Hinweg frei wurde, ausreichend sein, da die Zustandsänderung mit keinen Nebenverlusten verknüpft, d. h. in allen Teilen umkehrbar sein soll. Für die adiabatischen und isothermischen Vorgänge ist dies am leichtesten einzusehen.

Es wäre aber denkbar, daß auf irgend einem anderen Hinwege, z. B. AEA_0, eine größere Energiemenge als vorher frei würde, etwa $U+u$. Führte man nun den Körper auf diesem Wege von A nach A_0 hin, auf dem früheren Wege (über D) wieder von A_0 nach A zurück, so würde sich der Körper am Ende genau im früheren Zustande befinden, was Druck, Volumen und Temperatur betrifft, aber beim Hinweg wäre eine überschüssige Energie von

$$U+u-U=u$$

(als Wärme, Arbeit oder beides) frei geworden. Dies ließe sich beliebig oft wiederholen. Man könnte beliebige Vielfache von u aus dem Körper heraus gewinnen, ohne entsprechenden Aufwand. — Gleiches ergibt die Annahme $U-u$, wenn man die Wege umkehrt.

Die Erschaffung von Energiemengen ist aber unmöglich. Der obige Vorgang würde ein gewöhnliches Perpetuum mobile bedeuten. Es muß also $u=0$ sein. Die Energie U ist demnach von dem Wege, der zu ihrer Bestimmung gewählt wird, unabhängig, sie ist allein durch den augenblicklichen Körperzustand bestimmt. Die Energie eines Körpers kann daher auch wie Druck, Volumen und Temperatur, wo es nötig ist, als Kennzeichen für den Körperzustand dienen.

Natur der in den Körpern enthaltenen Energie. Die in den Gasen aufgespeicherten Energiemengen sind lediglich als Wärme in diesen Körpern enthalten (bis auf einen sehr kleinen Rest). Von den gesättigten Dämpfen ist im Gegensatze dazu bekannt, daß die als fühlbare Wärme enthaltene Energie nur ein verhältnismäßig kleiner Bruchteil des ganzen Energieinhaltes ist. Man erkennt dies am besten aus dem Verdampfungsprozeß (Abschn. 37). Die sogenannte innere Verdampfungswärme verschwindet während der Verdampfung im Innern des Dampfes; sie wird zur Trennung des Zusammenhangs der kleinsten Teile verbraucht und kommt erst bei der Abkühlung als Wärme des niedergeschlagenen Wassers wieder zum Vorschein. Im Dampfe selbst ist sie als sogenannte „innere potentielle Energie“ enthalten.

In den Gasen ist solche potentielle Energie auch vorhanden, sie ist aber wegen der verhältnismäßig großen Entfernung der kleinsten Teile sehr gering im Vergleich mit der Wärmeenergie, die man sich als Bewegungsenergie (kinetische Energie) der kleinsten Teile vorstellt.

Sehr hohe Erhitzung kann unter Umständen einen Zerfall der Moleküle zusammengesetzter Gase zur Folge haben (Dissoziation). Kohlensäure kann z. B. in Kohlenoxyd und Sauerstoff zerfallen. Auch hierbei wird, wie die Erfahrung lehrt, Wärme latent. Dies beweist, daß die Spaltung der Moleküle Energie in Anspruch nimmt.

Selbst unterhalb der Dissoziationstemperatur[1]) beanspruchen mehratomige Gase (z. B. O_2, N_2) Energie zur Lockerung des molekularen Zusammenhangs (beginnende Spaltung von O_2 in $O + O$). Die bekannte Zunahme der spez. Wärmen c_p und c_v der zwei- und mehratomigen Gase mit der Temperatur erklärt sich daraus.

Man hat sich demnach die innere Energie U eines Körpers im allgemeinen als Summe seiner Wärmeenergie und der inneren potentiellen Energie vorzustellen. (Die äußere Energie, die ein Körper infolge seiner bewegten Masse und seines Gewichtes besitzt, ist nicht zu U zu rechnen.)

Bestimmung der Energie der Körper. Da der Energieinhalt eines Körpers nur von seinem augenblicklichen Zustande abhängt, nicht von der besonderen Art der Zustandsänderungen, die zufällig während der Aufnahme oder Abgabe der Energie stattfinden, so kann man nach Fig. 226 jede beliebige Zustandsänderung zur Energiebestimmung verwenden. Nur müssen die Verhältnisse dieser Zustandsänderung durch den Versuch genau bekannt sein.

Gase. Bei der Erwärmung unter konstantem Volumen verschwindet die ganze zugeführte Energie im Gase und dient zur Temperatursteigerung. Ist diese gleich t^0, so ist

$$U = c_v t$$

(von 0^0 aus gerechnet). Über einen anderen Weg vgl. diesen Abschnitt, oben.

Sattdampf. Zur Verdampfung von 1 kg Wasser von 0^0 unter gleichbleibendem Druck werden $q + r$ Cal. verbraucht. Bei der Raumvergrößerung gibt der Dampf die mechanische Arbeit

$$p(v - 0{,}001)$$

weiter. Von der aufgewendeten Wärme ist also nur

$$U = q + r - Ap(v - 0{,}001)$$

im Dampfe als Energie enthalten. Mit

$$\varrho = r - Ap(v - 0{,}001)$$

wird

$$U = q + \varrho.$$

[1]) Nach der neueren theoretischen Chemie besteht ein gewisser, wenn auch u. U. sehr kleiner Dissoziationsgrad in zusammengesetzten Gasen bei jeder Temperatur und jedem Druck. Was man gewöhnlich unter Dissoziationstemperatur versteht, ist diejenige Temperatur, bei der ein deutlich erkennbarer Dissoziationsgrad herrscht. — Über Dissoziation vgl. Bd. II.

Für feuchten Dampf mit x Gewichtsteilen Dampf ist

$$U = q + x\varrho$$

(vgl. Abschn. 37a).

Überhitzter Dampf. Vgl. Abschn. 47 und Fig. 231.

89. Beliebige Zustandsänderung eines Gases oder Dampfes. Erste Hauptgleichung.

Druck und Volumen eines beliebigen gas- oder dampfförmigen Körpers sollen sich nach der Kurve ACB, Fig. 227, ändern. Dabei werde die Wärme Q zugeführt.

Das Ergebnis der Zustandsänderung ist eine Änderung der Körperenergie von U_1 auf U_2, also um $U_2 - U_1$, und die Leistung der absoluten Ausdehnungsarbeit L, die durch die Fläche $ACBDE$ dargestellt

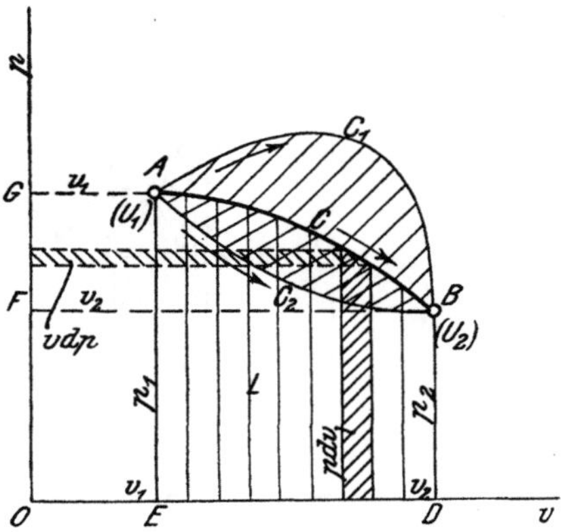

Fig. 227.

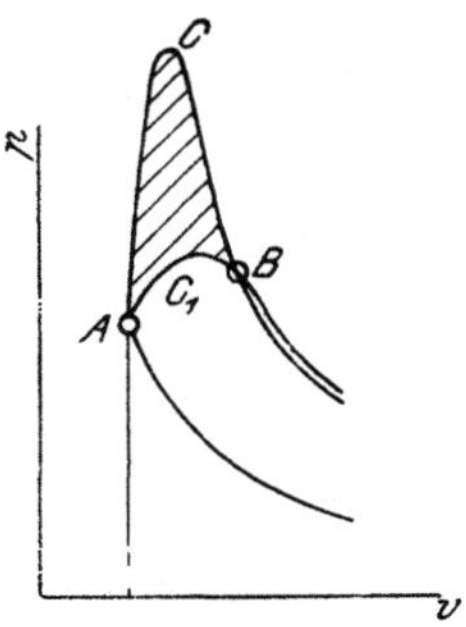

Fig. 228.

ist. Die zugeführte Wärme muß sowohl die Energieänderung des Körpers (die auch negativ sein kann), als die mechanische Arbeit decken.

Es ist also

$$\boldsymbol{Q = U_2 - U_1 + AL.}$$

Für einen sehr kleinen Teil der Zustandsänderung gilt

$$dQ = dU + AdL$$

oder

$$\boldsymbol{dQ = dU + Apdv.}$$

1. Bemerkung. Würde die Druckvolumenkurve anstatt über C über C_1 oder C_2 verlaufen, so hätte dies auf $U_2 - U_1$ gar keinen Einfluß. Denn U_2 und U_1 sind allein schon durch die Grenzzustände A und B bestimmt. Verschieden sind aber die mechanischen Arbeiten, bei C_1 größer, bei C_2 kleiner als bei C. Aus der obigen Gleichung folgt hiernach, daß die Wärmemengen Q_1 und Q_2, die auf den Wegen C_1 und C_2 zuzuführen sind, je um die Wärmeäquivalente der schräg schraffierten Arbeitsflächen größer (bei C_1), bzw. kleiner (bei C_2) sind, als die Wärme Q, die auf ACB zuzuführen ist.

Verläuft z. B. in einer Gasmaschine die Verbrennungslinie einmal nach ACB, Fig. 228, das andere Mal nach AC_1B, so wird im zweiten Falle von A bis B eine um das Wärmeäquivalent der schraffierten Fläche kleinere Wärmemenge auf den Gasinhalt des Zylinders übertragen. Dies kann verursacht sein entweder durch Zufuhr von weniger Brenngas oder durch verlangsamte Verbrennung (dann liegt die Fortsetzung von AC_1B über der von ACB) oder durch unvollständige Verbrennung; auch durch Zusammenwirken dieser Umstände.

2. Bemerkung. Die bei einer beliebigen Zustandsänderung ACB, Fig. 227, zugeführte Wärme Q kann man bei Gasen auch im Druckvolumendiagramm als Fläche zum Ausdruck bringen, Fig. 229. Geht man, anstatt von A unmittelbar nach B, zunächst isothermisch bis C und von da adiabatisch rückwärts nach B, so ist die zugeführte Wärme Q' um das Äquivalent von f (schräg schraffiert) kleiner als auf dem direkten Wege (Q), also

$$Q' = Q - Af,$$

oder

$$Q = Q' + Af.$$

Auf BC wird Wärme weder zu- noch abgeleitet (Adiabate). Q' ist also die Wärmezufuhr auf der Isotherme AC. Bei Gasen ist diese Wärme identisch mit

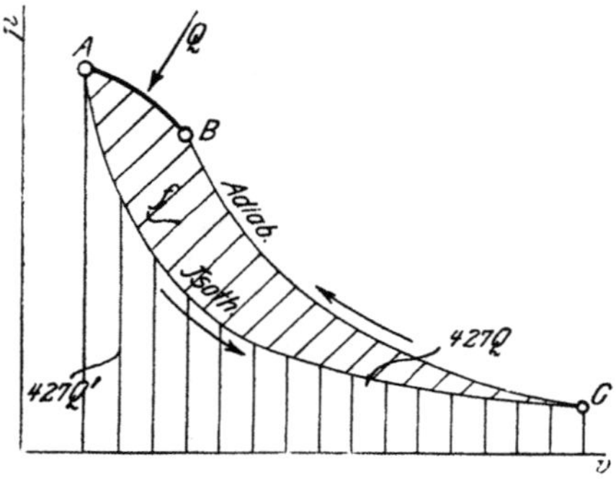

Fig. 229.

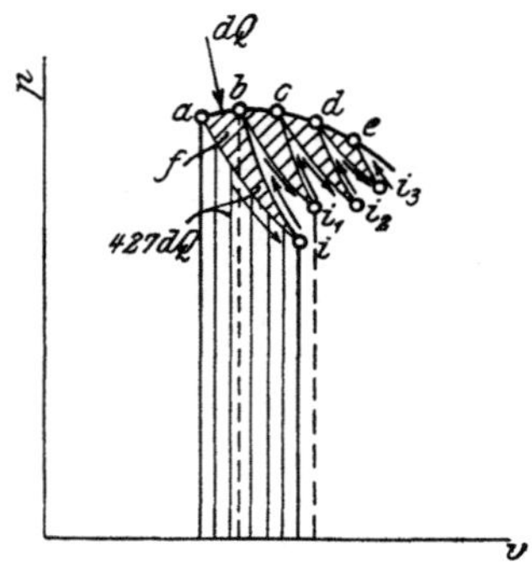

Fig. 230.

dem Äquivalent der absoluten Gasarbeit (nach Abschn. 24), also mit der Fläche unterhalb AC im Wärmemaß. Q ist somit die ganze schraffierte unter ABC liegende Fläche bis zur Abszissenachse.

Hiernach könnte man z. B. die bei Gasmotoren innerhalb beliebiger Phasen der Verbrennung, Ausdehnung oder Kompression zugeführten bzw. entzogenen Wärmemengen bestimmen, und zwar im Arbeitsmaßstab des Druckvolumendiagramms.

3. Bemerkung. Jede endliche Zustandsänderung kann man sich als Aufeinanderfolge unbeschränkt kleiner Zustandsänderungen ab, bc, cd, Fig. 230, vorstellen. Die auf ab zugeführte Wärme erhält man bei Gasen nach Bemerkung 2 als die unter abi liegende Fläche bis zur Abszissenachse, wobei ai eine Isotherme, bi eine Adiabate ist. Rückt man mit den Punkten a, b, c, d näher und näher zusammen, so werden die kleinen dreieckigen Flächen abi, bci_1 usw. immer kleiner im Verhältnis zu den unter ai liegenden, bis zur Abszissenachse reichenden Streifen. Die Summe dieser Stückchen ist im Grenzfall verschwindend klein gegenüber der Summe der isothermischen Streifen.

Man kann demnach, was die zugeführten Wärmemengen betrifft, jede beliebige (endliche) Zustandsänderung ersetzen durch eine Aufeinanderfolge von elementaren isothermischen und adiabatischen Stücken; oder die stetige Kurve $abcde$ durch den Zickzackverlauf $aibi_1ci_2d\ldots$ Dasselbe läßt sich auch für

Dämpfe beliebiger Art beweisen, wenn man an Stelle der Isothermen in Fig. 229 und 230 Kurven gleichbleibender innerer Energie treten läßt.

Für Zustandsänderungen mit wechselnder Wärmezufuhr und Wärmeentziehung ist unter Q die algebraische Summe aus den zu- und abgeleiteten Wärmemengen zu verstehen.

Kreisprozesse sind Zustandsänderungen mit Rückkehr zum Ausgangspunkt. Die gesamte Änderung der Energie $U_2 - U_1$ ist also gleich Null und die Hauptgleichung geht über in

$$Q = AL.$$

Es handelt sich bei den Kreisprozessen stets um Wärmezufuhr und -entziehung, die auch mehrfach wechseln können.

Für einen Kreisprozeß nach Abschn. 84, Fig. 222, ist

$$Q = Q_1 - Q_2;$$

für einen solchen mit öfterem Wechsel, oder mit stetig veränderlicher Wärmezufuhr oder -entziehung (Fig. 232) ist

$$Q = \sum_0^0 Q$$

bzw.

$$Q = \int_0^0 dQ,$$

die Summen über den ganzen Verlauf von Anfang bis Ende genommen.

Die Formel

$$\int_0^0 dQ = AL$$

ist der kürzeste mathematische Ausdruck des 1. Hauptsatzes für Kreisprozesse.

90. Andere Form der ersten Hauptgleichung. Wärmeinhalt bei konstantem Druck.

Die bei einer beliebigen Zustandsänderung AB, Fig. 227, verrichtete absolute Arbeit $ABDE$ kann auch durch die Flächen $L' = GABF$, Rechteck $FBDO = p_2 v_2$ und Rechteck $GAEO = p_1 v_1$ ausgedrückt werden. Es ist

$$L = L' + p_2 v_2 - p_1 v_1.$$

Für L' kann $-\int_{p_1}^{p_2} v\,dp$ geschrieben werden (vgl. den wagerechten Streifen). Das negative Vorzeichen ist nötig, weil bei sinkendem Druck (dp —) das Produkt $v\,dp$ negativ wird, während doch L' als positive Größe in L erscheinen muß.

Die Hauptgleichung

$$Q = U_2 - U_1 + AL$$

geht hiermit über in

$$Q = U_2 - U_1 + Ap_2v_2 - Ap_1v_1 + AL'$$

oder

$$Q = (U_2 + Ap_2v_2) - (U_1 + Ap_1v_1) - A\int_{p_1}^{p_2} v\,dp.$$

U_1 und U_2 sind nur von den Zuständen in A und B, also von p_1, v_1, T_1 und p_2, v_2, T_2 abhängig; das gleiche gilt daher auch von den Summen $U_1 + Ap_1v_1$ und $U_2 + Ap_2v_2$. Mit dem Verlaufe der Zustandsänderung zwischen A und B haben diese Werte nichts zu tun; sie sind schon durch den augenblicklichen Zustand bestimmt.

Setzt man

$$J_1 = U_1 + Ap_1v_1$$

$$J_2 = U_2 + Ap_2v_2,$$

so wird die erste Hauptgleichung

$$\boldsymbol{Q = J_2 - J_1 - A\int_{p_1}^{p_2} v\,dp} \quad \ldots \ldots \quad (1)$$

Für eine elementare (unbeschränkt kleine) Zustandsänderung wird daraus

$$\boldsymbol{dQ = dJ - Av\,dp} \quad \ldots \ldots \ldots \quad (2)$$

Man bezeichnet J als Wärmeinhalt bei konstantem Druck. Für eine Zustandsänderung mit unveränderlichem Drucke ($p_2 = p_1 = p$) wird nämlich $v\,dp = 0$ und $\int_{p_1}^{p_2} v\,dp = 0$, die Fläche $\overline{L'}$ schrumpft zu einer geraden Strecke zusammen. Für diesen Fall ist dann

$$Q = J_2 - J_1 \quad (p = \text{konst.}).$$

Der Unterschied der Werte J in zwei verschiedenen Zuständen mit gleichem Drucke ist daher gleich der Wärmemenge, die nötig ist, um den Körper unter unveränderlichem Drucke aus dem einen in den anderen Zustand zu versetzen.

Bestimmung von J für Gase und Dämpfe.

Für Gase wird im Anfangszustand

$$J_1 = U_1 + Ap_1v_1$$

$$= c_v t_1 + Ap_1v_1$$

und mit $p_1v_1 = RT_1$

$$J_1 = c_v t_1 + ART_1.$$

Im Endzustand ist in gleicher Weise

$$J_2 = c_v t_2 + ART_2.$$

Daher ist

$$J_2 - J_1 = c_v(t_2 - t_1) + AR(T_2 - T_1)$$

oder wegen

$$T_2 - T_1 = t_2 - t_1$$

$$J_2 - J_1 = (c_v + AR)(T_2 - T_1).$$

Wegen

$$c_v + AR = c_p$$

ist somit

$$\boldsymbol{J_2 - J_1 = c_p\,(T_2 - T_1)} \quad \ldots\ldots \quad (3)$$

Wegen $p_1 v_1 = RT_1$, $p_2 v_2 = RT_2$ und $c_p/AR = k/(k-1)$ wird auch

$$\boldsymbol{J_2 - J_1 = A\frac{k}{k-1}\cdot(p_2 v_2 - p_1 v_1)} \quad \ldots \quad (3\,a)$$

Für $t_1 = 0^0$, $t_2 = t$ wird

$$J - J_0 = c_p t,$$

also bei t^0

$$J = J_0 + c_p t.$$

Nun ist

$$J_0 = U_0 + A p_0 v_0$$

und da für 0^0 $U_0 = 0$ gesetzt wird

$$J_0 = A p_0 v_0 \quad \ldots\ldots\ldots \quad (4)$$

Der Wärmeinhalt J ist also bei 0^0 nicht gleich Null.

Für t^0 erhält man allgemein

$$J = c_p t + A p_0 v_0 \quad \ldots\ldots\ldots \quad (5)$$

oder da $p_0 v_0 = RT_0 = 273\,R$ ist

$$J = c_p t + 273\,AR \quad \ldots\ldots\ldots \quad (5\,a)$$

Wegen $AR = c_p - c_v$ wird auch

$$J = c_p t + 273\,(c_p - c_v) = c_p T - 273\,c_v \quad \ldots\ldots \quad (5\,b)$$

Daraus ist zu entnehmen, daß $J = 0$ sich erst ergibt für

$$T = 273\,\frac{c_v}{c_p} = \frac{273}{k},$$

also bei $k = 1{,}41$ z. B. bei $T = 193{,}2$ oder $t = 193{,}2 - 273 = -79{,}8^0$.

Für feuchte Dämpfe ist J nahezu identisch mit der Gesamtwärme λ. Es ist wegen $U = q + x\varrho$ (Abschn. 37 a)

$$J = q + x\varrho + Apv,$$

während

$$\lambda = q + x\varrho + Ap(v - \sigma) \text{ ist.}$$

Für Wasserdampf ist σ (Raum von 1 kg Flüssigkeit) gleich 0,001, ein Wert, der selbst bei sehr feuchtem Dampf noch klein ist gegenüber dem Gesamtraum v. daher ist $J \simeq \lambda$.

Für überhitzten Dampf ist

$$J = q + \varrho + Apv_s + (c_p)_m (t - t_s),$$

nämlich um die Überhitzungswärme bei konstantem Drucke größer als für trocken gesättigten Dampf vom gleichen Drucke.

Für adiabatische Zustandsänderungen geht mit $Q = 0$ die erste Hauptgleichung über in

$$0 = J_2 - J_1 + AL'.$$

somit ist

$$L' = \frac{J_1 - J_2}{A}$$

(für alle Körper).

Diese Arbeitsfläche L' spielt bei Vorgängen in Maschinen eine wichtige Rolle (Nutzarbeit bei Dampfmaschinen mit vollständiger Expansion; Betriebsarbeit zur Gasverdichtung), ebenso bei den Ausströmungsvorgängen. Auf dieser Formel beruht auch die Verwertung des JS-Diagramms von Mollier für die Berechnung der Arbeitsgefälle in Turbinen.

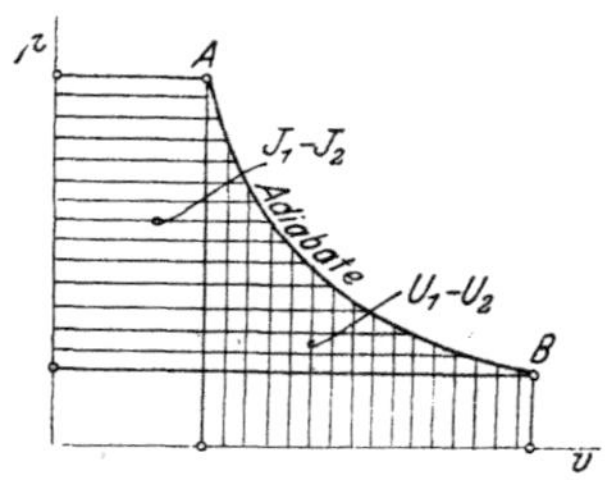

Fig. 231.

Ausführliches über die zahlenmäßige Ermittlung der Wärmeinhalte und deren Änderungen bei adiabatischen Vorgängen vgl. Abschn. 54 u. f.

Hier sei nur noch auf die graphische Darstellung im pv-Diagramm hingewiesen. Ist in Fig. 231 AB die Adiabate, so ist die unter AB liegende, senkrecht schraffierte Fläche gleich der Energieänderung $U_2 - U_1$, dagegen die wagerecht schraffierte Fläche bis zur Ordinatenachse die Änderung des Wärmeinhalts. Für Gase ist die letztere Fläche im Wärmemaß gleich $c_p(t_1 - t_2)$, die erstere $c_v(t_1 - t_2)$.

91. Der elementare Kreisprozeß.

Zerlegt man die Fläche eines Kreisprozesses, Fig. 232, durch nahe nebeneinanderliegende adiabatische Kurven in schmale Felder, so bezeichnet man ein solches Feld, begrenzt durch zwei Adiabaten und durch zwei Elemente der Zustandskurve, als „elementaren Kreisprozeß“. Dieser ist dem Wesen nach identisch mit dem in Abschn. 84, Fig. 222, erläuterten allgemeinen Fall eines endlichen Prozesses.

Stellt man sich vor, es durchlaufe der Körper (Gas oder Dampf) alle Elementarprozesse hintereinander, so ist die im ganzen abgegebene mechanische Arbeit gerade so groß wie beim wirklichen Prozeß. Auch die Summe der zugeführten Wärmemengen dQ_1, also $+Q_1$, und die Summe der entzogenen Wärmemengen dQ_2, also $-Q_2$, ist im ganzen die gleiche wie beim wirklichen Prozeß. Man kann sich also diesen durch die Gesamtheit der Elementarprozesse ersetzt denken.

Wärmeverwandlung im Elementarprozeß. Die auf ab zugeführte Wärme sei dQ_1, die auf $a'b'$ abgeleitete Wärme dQ_2. Wird mit dL die Arbeit des Elementarprozesses, Fläche $abb'a'$, bezeichnet, so ist

$$A\,dL = dQ_1 - dQ_2.$$

Zieht man nun durch a eine Isotherme ai, so ist die auf dem Wege ai zuzuführende Wärme nach Abschn. 89 von der wirklich auf ab zugeführten Wärme dQ_1 nur um einen gegen dQ_1 verschwindend kleinen Betrag verschieden. Im Grenzfall kann man beide Wärmemengen als gleich groß betrachten.

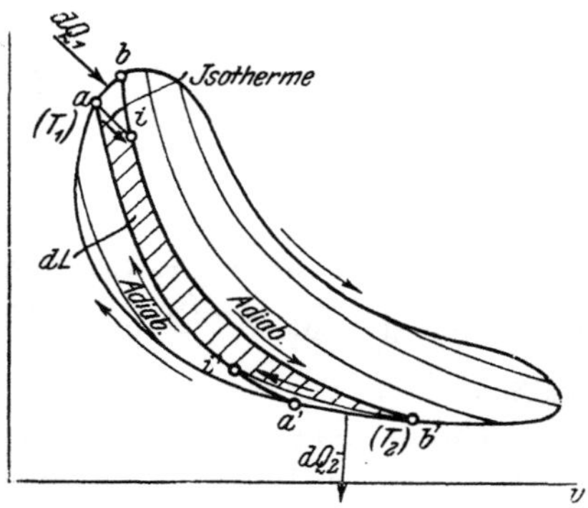

Fig. 232.

Auch durch b' ziehe man eine Isotherme $b'i'$. Die auf $b'i'$ zu entziehende Wärme ist identisch mit der zu $b'a'$ gehörigen Wärme dQ_2. Man hat nun einen neuen Elementarprozeß $aib'i'a$ gewonnen, dem die gleichen Wärmemengen dQ_1 und dQ_2 zugehören, wie dem ursprünglichen. Auch seine Arbeitsfläche ist von dL nur um verschwindend kleine Größen verschieden.

Dieser Ersatzprozeß ($aib'i'$) ist aber ein Carnot-Prozeß, und nach Abschn. 86 ist daher

$$A\,dL = dQ_1\left(1 - \frac{T_2}{T_1}\right),$$

wenn T_1 und T_2 die absoluten Temperaturen auf ai bzw. $b'i'$ sind. Es ist auch, wie dort

$$\frac{dQ_1}{dQ_2} = \frac{T_1}{T_2} \quad \text{und} \quad \eta = 1 - \frac{T_2}{T_1}.$$

Für den ursprünglichen Elementarprozeß gilt nach Abschn. 84

$$\eta = 1 - \frac{dQ_2}{dQ_1}.$$

Somit gilt auch für ihn

$$\eta = 1 - \frac{T_2}{T_1}.$$

Der Wirkungsgrad des beliebigen adiabatischen Elementarprozesses ist gleich dem eines Carnotschen Prozesses zwischen den gleichen Grenztemperaturen.

Daraus folgt z. B., daß in endlichen Kreisprozessen mit Wärmezufuhr unter veränderlicher Temperatur diejenigen Teile der Wärme am besten ausgenützt werden können, die unter den höchsten Temperaturen zugeführt werden. — Die grundsätzlich wichtigste Folgerung enthält der nächste Abschnitt.

92. Kürzester Ausdruck des zweiten Hauptsatzes für Kreisprozesse. Die Entropie.

Für den elementaren Kreisprozeß ergab sich oben die Beziehung

$$\frac{dQ_1}{dQ_2} = \frac{T_1}{T_2},$$

oder

$$\frac{dQ_1}{T_1} = \frac{dQ_2}{T_2}.$$

Während also dQ_1 und dQ_2 immer ungleich sind, und zwar $dQ_2 < dQ_1$, sind die Quotienten $\frac{dQ_1}{T_1}$ und $\frac{dQ_2}{T_2}$ im Elementarprozeß von gleicher Größe.

Schreibt man in einem Kreisprozeß wie Fig. 232 und 222 diese Beziehung für alle Elementarprozesse an und addiert, so erhält man

$$\int_{I}^{II} \frac{dQ_1}{T} = \int_{III}^{IV} \frac{dQ_2}{T} \quad \ldots\ldots\ldots\ldots \quad (1)$$

Während der Wärmezufuhr wächst also die Summe aller Quotienten dQ/T zu dem gleichen Betrage an, um den sie während der Wärmeentziehung, wo dQ_2 negativ ist, abnimmt. In Abschn. 28 wurde die Größe S in der Beziehung

$$dS = \frac{dQ}{T}$$

als Entropie des Körpers (dort eines Gases) bezeichnet. dQ_1/T ist also die Zunahme, dQ_2/T die Abnahme der Entropie bei einer unbeschränkt kleinen Zustandsänderung mit der Wärmezufuhr dQ_1 bzw. der Wärmeentziehung dQ_2.

Schreibt man Gl. 1 in der Form

$$\int_{I}^{II} \frac{dQ_1}{T} + \int_{III}^{IV} \frac{-dQ_2}{T} = 0$$

und faßt dies als algebraische Summe aller über den ganzen Verlauf genommenen Quotienten dQ/T auf (wobei die zugeführten Wärmeelemente dQ_1 positiv, die entzogenen dQ_2 negativ eingeführt werden), so erhält man

$$\int \frac{dQ}{T} = 0 \quad . \quad . \quad . \quad . \quad . \quad . \quad . \quad . \quad . \quad . \quad (2)$$

d. h. bei einem idealen Kreisprozeß ist die gesamte Änderung der Entropie gleich Null.

Dies ist die Folgerung, die sich für einen beliebigen (umkehrbaren) Kreisprozeß aus dem zweiten Hauptsatz ergibt, der ja mit dem Elementarprozeß bzw. dem gleichwertigen elementaren Carnot-Prozeß in den allgemeinen Fall eingeführt wurde.

Die letzte Gleichung ist der kürzeste mathematische Ausdruck des zweiten Hauptsatzes der mechanischen Wärmetheorie in seiner Anwendung auf beliebige, mit Nebenverlusten nicht verbundene (ideale oder umkehrbare) Kreisprozesse, die mit Körpern ganz beliebiger Art ausgeführt werden können. — Für den Carnot-Prozeß lautet Gl. 1 einfacher

$$\frac{Q_1}{T_1} = \frac{Q_2}{T_2} \quad . \quad . \quad . \quad . \quad . \quad . \quad . \quad . \quad . \quad . \quad (1a)$$

weil T_1 und T_2 konstant sind; eine graphische Darstellung der letzteren Beziehung im TS-Diagramm zeigt z. B. Fig. 225. Die zugeführten und entzogenen Wärmemengen sind durch Rechtecke dargestellt, deren Inhalte sich wie ihre Höhen, die absoluten Temperaturen, verhalten.

93. Die Entropie als Zustandsgröße.

Schon aus dem Versuche, die bei beliebigen Zustandsänderungen der Gase auftretenden Wärmemengen graphisch darzustellen, Abschn. 28, also auf ganz anderem Wege als im vorigen Abschnitt, ging der Begriff der Entropie hervor. Bei den Gasen erwies sich damals der Unterschied der Entropiewerte für zwei verschiedene Zustände der gleichen Gasmenge als unabhängig von dem Wege, auf dem das Gas von dem einen in den anderen Zustand übergeführt wird.

In diesem Abschnitt ist der Nachweis zu führen, daß die Entropie diese Eigenschaft für alle Körper, also z. B. beliebige gesättigte und überhitzte Dämpfe besitzt. Über die außerordentliche Bedeutung dieses Umstandes vgl. Abschn. 40.

In einem beliebigen Anfangszustande p_0, v_0, T_0, Punkt A, Fig. 233, besitze die Entropie den Wert S_0. Bei einer beliebigen unter Wärmezufuhr erfolgenden Zustandsänderung ACB nimmt die Entropie um $\int_A^B \frac{dQ}{T}$ zu. Dieser Wert kann ausgerechnet werden, wenn die bei der Zustandsänderung auftretenden Wärmemengen und Temperaturen an jeder Stelle gegeben sind. S sei der Endwert der Entropie in B, also $S - S_0$ der Zuwachs auf dem Wege AB.

Führt man den Körper auf dem gleichen Wege BCA in seinen Anfangszustand zurück, so nimmt die Entropie wieder bis S_0 ab. Denn an jeder Stelle herrschen die gleichen Temperaturen wie auf dem Hinweg, und die gleichen Wärmemengen, die früher zugeführt wurden, müssen jetzt abgeleitet werden; daher muß auch die Summe aller $\frac{dQ}{T}$ die gleiche sein.

Es wäre nun denkbar, daß die Entropie, wenn der Körper auf einem anderen Wege $AC'B$ aus dem Anfangs- in den Endzustand überginge, auch einen anderen Zuwachs, etwa $S - S_0 \pm s$ erfahren würde. Da auf $AC'B$ ganz andere Wärmemengen und in anderer Verteilung zugeführt werden, die Summanden $\frac{dQ}{T}$ also an jeder Stelle andere sind als vorher, so erscheint dies fast selbstverständlich. — Auf dem Rückwege $BC'A$ nimmt dann die Entropie um den gleichen Betrag ab.

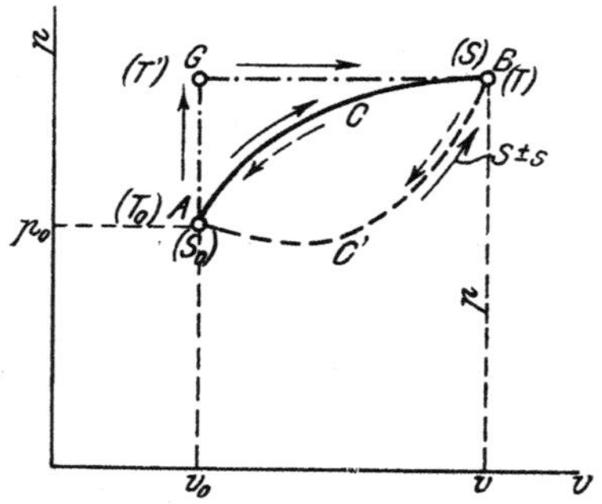

Fig. 233.

Führt man nun aber den Körper von A über C nach B hin und von B nicht über C, sondern über C' zurück, so durchläuft er einen umkehrbaren Kreisprozeß. Dabei muß nach Abschn. 92 die gesamte Entropieänderung gleich Null sein. Wäre nun, wie oben angenommen, auf dem Hinweg der Zuwachs $S - S_0$, auf dem Rückweg die Abnahme $S - S_0 \pm s$, so würde sich beim Durchlaufen des Kreisprozesses die Entropie um $\mp s$ ändern. Dies würde dem zweiten Hauptsatz widersprechen. Daher muß $\mp s = 0$ sein. Der Unterschied der Entropie in A und B ist also ausschließlich durch die Lagen von A und B, d. h. durch p_0, v_0, T_0 und p, v, T bestimmt. Auf allen Wegen, die von A nach B führen, erfährt die Entropie den gleichen Zuwachs.

Diese Eigenschaft hat die Entropie S außer mit den Zustandsgrößen Druck, Volumen und Temperatur z. B. mit der Energie (U) und dem Wärmeinhalt (J) der Körper gemeinsam. Alle drei haben für einen und denselben Zustand fest bestimmte Werte, gleichgültig wie der Körper in diesen Zustand gelangt. Sie sind daher umgekehrt auch kennzeichnend für den Zustand selbst (Zustandskennzeichen).

Ein analoges Verhalten zeigt z. B. das Arbeitsvermögen, das die Körper durch ihr Gewicht besitzen (Energie der Schwere). Ob ein Körper vom Gewichte G auf senkrechter, geneigter, ebener oder räumlich gekrümmter Bahn um die vertikale Höhe h fällt, er verrichtet immer die gleiche Gewichtsarbeit $G \cdot h$, mit h als lotrechtem Niveauabstand. Dagegen ist z. B. die Arbeit L gespannter Gase und Dämpfe nicht allein von den Anfangs- und Endwerten von p und v, sondern außerdem in hohem Grade von dem Verlauf der Zustandsänderung abhängig. L ist kein Zustandskennzeichen, so wenig wie die einem Gase zwischen zwei Zuständen zugeführte Wärme Q, die alle möglichen Werte annehmen kann.

Mathematisch wird dies dadurch zum Ausdruck gebracht, daß man

$$\frac{dQ}{T} = dS \quad \ldots\ldots\ldots \quad (1)$$

als „vollständiges Differential" bezeichnet. Dies will sagen, daß die Summe

$$\int_{T_0}^{T} \frac{dQ}{T} = S - S_0 \quad \ldots\ldots\ldots \quad (2)$$

zwischen zwei festen Grenzen der in Q und T enthaltenen Veränderlichen von den besonderen Veränderungen dieser Größen (p, v, T), die sehr verschiedenartig sein können, unabhängig sei. Das gleiche gilt von der Funktion S in der Form des allgemeinen Integrals von Gl. 1

$$S = \int \frac{dQ}{T} + \text{const.} \quad \ldots\ldots\ldots \quad (3)$$

Die Gleichung

$$\boldsymbol{dQ = T \cdot dS} \quad \ldots\ldots\ldots \quad (4)$$

wird als zweite Hauptgleichung (für umkehrbare Zustandsänderungen) bezeichnet. Sie gilt, ebenso wie die gleichwertigen Beziehungen Gl. 1 bis 3, für alle Körper.

Mit der Zuführung oder Entziehung von Wärme ($\pm dQ$) ist immer eine Änderung der Entropie verbunden, wie ohne weiteres aus $\frac{dQ}{T}$ als Entropieänderung folgt. Man kann daher aussprechen, daß fühlbare Wärme in einen Körper weder eintreten noch aus ihm austreten kann, wenn sich seine Entropie nicht ändert. Ganz ähnlich, wie eine Abgabe oder Aufnahme von mechanischer Arbeit durch Gase oder Dämpfe nicht ohne gleichzeitige Volumenänderung möglich ist. Die bei einer beliebigen sehr kleinen, umkehrbaren Zustandsänderung irgend eines Körpers aufgenommene oder abgegebene Wärme ergibt sich aus Gl. 4 als Produkt der absoluten Temperatur und der kleinen Entropieänderung des Körpers (wie in Abschn. 28 für Gase).

Umgekehrt darf aber nicht unbedingt geschlossen werden, daß wenn in einen Körper keine Wärme ein- oder austritt, sich dann auch seine Entropie nicht ändern könne. Für umkehrbare Zustandsänderungen gilt allerdings der Satz, daß da, wo keine Wärme zu- oder abgeht, auch keine Entropieänderung stattfindet; dagegen kann bei den nicht umkehrbaren Zustandsänderungen in diesem Falle die Entropie nur zunehmen, nicht abnehmen (Abschn. 99).

Bestimmung der Entropiefunktion für Gase und Dämpfe. Jede Zustandsänderung, für welche die Wärmezufuhr und -entziehung in ihrem Zusammenhang mit der Temperaturänderung bekannt ist, kann dazu verwertet werden, die Entropie zu bestimmen.

a) **Gase.** Man erwärmt z. B. das Gas vom Normalzustand 0^0 und 1 at zunächst bei konstantem Volumen, bis sein Druck den Endwert p erreicht, Strecke AG, Fig. 233. Dabei steigt die Temperatur von T_0 auf T'; alsdann erwärmt man weiter bei konstantem Druck, bis das Volumen auf den Endwert v gewachsen ist; dabei steigt die Temperatur von T' auf den Endwert T.

Im ersten Teile ist die Wärmezufuhr für dt Grade $dQ = c_v dt$, daher der elementare Entropiezuwachs

$$dS = \frac{dQ}{T} = c_v \cdot \frac{dt}{T} = c_v \cdot \frac{dT}{T}.$$

Die Summe dieser Beträge, genommen von A bis G, ist

$$S_G - S_A = c_v \ln \frac{T'}{T_0}$$

oder wegen

$$\frac{T'}{T_0} = \frac{p}{p_0}$$

$$S_G - S_A = c_v \ln \frac{p}{p_0}.$$

Man erhält diese Summe entweder aus der Integralformel $\int\limits_{T_0}^{T} \frac{dT}{T} = \ln \frac{T}{T_0}$ oder als Fläche einer gleichseitigen Hyperbel, indem man T als Abszissen, $\frac{1}{T}$ als Ordinaten abträgt.

Für die zweite Strecke, GB, gilt

$$dQ = c_p \cdot dT,$$

daher ganz wie vorhin

$$S_B - S_G = c_p \ln \frac{T}{T'}$$

oder wegen

$$\frac{T}{T'} = \frac{v}{v_0}$$

$$S_B - S_G = c_p \ln \frac{v}{v_0}.$$

Der ganze Zuwachs der Entropie zwischen den beliebigen Zuständen A und B ist demnach

$$\boldsymbol{S_B - S_A = c_v \ln \frac{p}{p_0} + c_p \ln \frac{v}{v_0}}.$$

In der allgemeinen Form nach Gl. 3 wäre

$$S = c_v \cdot \ln p + c_p \cdot \ln v + \text{const.}$$

Dasselbe Ergebnis würde jeder andere Weg liefern. Darüber, wie über alle Einzelheiten bei Gasen, vgl. Abschn. 28 und 29a.

Dämpfe. Vgl. Abschn. 40.

Wie aus der obigen Entwicklung hervorgeht, handelt es sich immer nur um den Unterschied der Entropiewerte für verschiedene Körperzustände, nicht um den Absolutwert der Entropie. Den Nullpunkt der Entropie kann man willkürlich annehmen, z. B. wie bei der Energie, Abschn. 88.

Aus einem von Nernst[1]) angegebenen neuen Wärmetheorem über das Verhalten fester und flüssiger homogener Körper im absoluten Nullpunkt der Temperatur und in dessen Nähe wird von Planck[2]) gefolgert, daß bei der Temperatur $T = 0$ die Entropie eines jeden chemisch homogenen festen oder flüssigen Körpers den Wert Null besitzt. Daraus geht dann weiter hervor, daß auch die spezifische Wärme fester und flüssiger Körper sich mit abnehmender Temperatur unbegrenzt dem Werte Null nähert, ebenso der Wärmeausdehnungskoeffizient. Durch unmittelbare Versuche über die spez. Wärme c_p bei sehr tiefen Temperaturen scheint erwiesen zu sein, daß ein derartiger Verlauf tatsächlich stattfindet, daß jedoch der Wert $c_p = 0$ schon bei einer etwas höheren Temperatur als $T = 0$ erreicht wird. Vgl. Bd. II, Abschn. 7 u. 38.

94. Entropiediagramm der Kreisprozesse. Thermischer Wirkungsgrad. Prozesse der größten Wärmeverwandlung.

Trägt man die zu den einzelnen Punkten des Arbeitsdiagramms Fig. 222 gehörigen Werte der absoluten Temperatur T und der Entropie S als Ordinaten und Abszissen auf, so erhält man ein geschlossenes Diagramm nach Fig. 234. Der Kurve *I II* der Wärmezufuhr in Fig. 222 entspricht in Fig. 234 die Kurve *I' II'*, der Kurve *III IV* der Wärmeentziehung die Kurve *III' IV'*. Die adiabatischen Kurven von Fig. 222 werden in Fig. 234 durch die geraden, der T-Achse parallelen Strecken abgebildet, da die Entropie bei adiabatischen Zustandsänderungen unverändert bleibt (Abschn. 29).

Fehlen im Druckdiagramm die adiabatischen Kurven, so fallen auch im Entropiediagramm die geraden Strecken weg und die Kurven der Wärmezufuhr und -entziehung gehen (stetig oder gebrochen) ineinander über.

Die unter der Kurve *I' II'*, Fig. 234, liegende Fläche bis zur Abszissenachse ist die zugeführte Wärme Q_1, die unter *III' IV'* liegende Fläche die abgeleitete Wärme Q_2. Daher ist die geschlossene Fläche des Entropiediagramms (*I' II' III' IV'*) gleich dem Unterschiede $Q_1 - Q_2$. Dies ist aber nach Abschn. 84 die in Arbeit verwandelte Wärme, deren mechanischer Wert L durch die geschlossene Fläche des entsprechenden Arbeitsdiagramms Fig. 222 dargestellt wird.

Die Fläche des geschlossenen Entropiediagramms des Kreisprozesses stellt im Wärmemaß die gleiche Arbeit dar, wie die Fläche des Druckvolumendiagramms (nur für den ganzen Kreisprozeß, nicht für seine einzelnen Zustandsänderungen!).

---

[1]) W. Nernst, Theoret. Chemie, 6. Aufl. 1909, S. 699. — Zuerst veröffentlicht in den Nachr. d. Gesellsch. d. Wissensch. zu Göttingen, Math.-physik. Kl., 1906, Heft I. — Vgl. Bd. II, Abschn. 38.

[2]) M. Planck, Vorlesungen über Thermodynamik, 3. Aufl. 1911, S. 268.

Die nicht in Arbeit verwandelte Wärmemenge Q_2, der Wärmeverlust, ist durch zwei Umstände bedingt, wie man aus dem Entropiediagramm entnehmen kann. Erstens dnrch die Höhe der (absoluten) Temperaturcn, unter denen die Wärmeentziehung vor sich geht (mittlere Höhe T_m' der Fläche Q_2); zweitens durch die Vergrößerung der Entropie S während der Wärmezufuhr (Breite der Fläche Q_2).

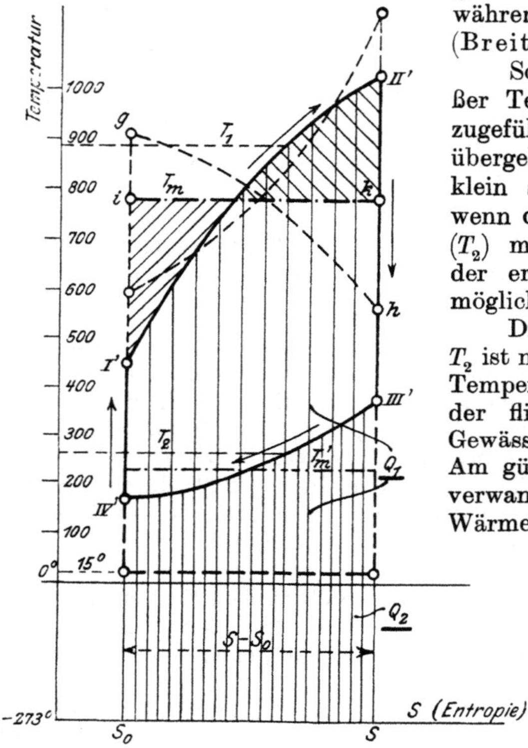

Fig. 234.

Soll nun ein möglichst großer Teil der dem Kreisprozeß zugeführten Wärme Q_1 in Arbeit übergehen, so muß Q_2 möglichst klein sein. Dies ist der Fall, wenn die unteren Temperaturen (T_2) möglichst tief liegen und der erwähnte Entropiezuwachs möglichst klein ist.

Die untere Temperatur T_2 ist nun durch die gewöhnliche Temperatur der Atmosphäre oder der fließenden und stehenden Gewässer (Kühlwasser) begrenzt. Am günstigsten für die Wärmeverwandlung ist es, wenn die Wärmeentziehung von Anfang bis Ende bei dieser Temperatur, also isothermisch vor sich geht. Dann wird die untere Begrenzung des Entropiediagramms eine mit der Abszissenachse parallele Gerade in der Höhe T_2, die des Arbeitsdiagramms eine Isotherme (bei feuchten Dämpfen eine Gerade, bei Gasen eine gleichseitige Hyperbel wie $A\ D$ in Fig. 237 und 239).

Bei gegebener Wärmezufuhr Q_1, also gegebenem Inhalt der ganzen unter $I'\ II'$ liegenden Fläche (bis zur S-Achse) hängt die Breite dieser Fläche von ihrer mittleren Höhe ab, die gleich dem Temperaturmittel T_m während der Wärmezufuhr ist (genommen im Entropiediagramm). Je höher also die mittlere Temperatur während der Wärmezufuhr liegt, um so kleiner wird der Entropiezuwachs, um so geringer auch der Verlust durch die abziehende Wärme Q_2.

Geht man bei gegebenem Wärmeaufwand Q_1 von der mittleren Temperatur T_m während der Wärmezufuhr als festem Werte aus, so erscheint es gleichgültig für die Ausnützung der Wärme Q_1, welche Zustandsänderung der arbeitende Körper während der Wärmezufuhr durchmacht. Die Temperatur kann von Anfang bis Ende steigen, fallen oder unverändert bleiben (Kurven I' II', gh, ik).

Für die Wärmezufuhr gibt es also keine „günstigste" Zustandsänderung. Eine solche mit kleinerer Anfangstemperatur kann ebenso günstig wie eine andere mit höherer sein, wenn nur das Temperaturmittel im Entropiediagramm das gleiche ist, oder, was auf dasselbe hinauskommt, der Entropiezuwachs gleich groß ist.

Insbesondere erscheint isothermische Wärmezufuhr, wie beim Carnot-Prozeß, in keiner Hinsicht günstiger als solche mit steigender Temperatur, wie bei unveränderlichem Raum oder unveränderlichem Druck (Prozesse der Gasmotoren und Ölmotoren).

Dagegen hat isothermischer Verlauf der Kurve der Wärmeentziehung wegen der festen unteren Temperaturgrenze theoretisch als günstigster Fall zu gelten, wenigstens dann, wenn unbeschränkt große Kühlwassermengen zur Verfügung stehen.

Im Druckdiagramm entsprechen den Adiabaten I' IV' und II' III' des Wärmediagramms zwei adiabatische Druckkurven von bestimmtem gegenseitigem Abstand. Bei unveränderlicher spez. Wärme c_v wäre das diesen Abstand bestimmende Verhältnis v''/v' Fig. 235 in jeder Höhe das gleiche (Abschn. 25, Fig. 34). Bei veränderlichem c_v ist dagegen v''/v' in gewissem Grade veränderlich. Für den ersteren Fall ergibt sein Wert sich wie folgt:

Die Zunahme $S - S_0$ der Entropie bei der Wärmezufuhr ist bestimmt aus

$$Q_1 = (S - S_0) T_m,$$

also

$$S - S_0 = \frac{Q_1}{T_m}.$$

Wie aus dem Entropiediagramm ersichtlich, nimmt die Entropie zwischen zwei beliebigen Punkten der unteren und oberen Adiabate um gleich viel zu. Für Gase kann man diese Zunahme im Zusammenhang mit dem Verhältnis v''/v' erhalten, wenn man auf einer Kurve gleichen Druckes, die der Geraden AB im Druckdiagramm Fig 235 entspricht, von der unteren zur oberen Adiabate übergeht. Dafür gilt nach Abschn. 29

$$S - S_0 = 2{,}303\, c_p \log \frac{v''}{v'}.$$

Daher ist

$$\frac{Q_1}{T_m} = 2{,}303\, c_p \log \frac{v''}{v'},$$

somit

$$\log \frac{v''}{v'} = \frac{Q_1}{2{,}303\, c_p T_m}.$$

Beispiele. $Q_1 = 450$ Cal/kg (kräftige Ladung), $c_p = 0{,}3$, $T_m = 1200 + 273$. Hierfür wäre

$$\log \frac{v''}{v'} = \frac{450}{2{,}303 \cdot 0{,}3 \cdot 1473} = 0{,}442 \qquad \frac{v''}{v'} = 2{,}77.$$

Für veränderliches c_v läßt sich kein so bequemer Ausdruck aufstellen. In diesem Falle führt die Benützung der Entropietafel leichter zum Ziel. Man geht mit der Entropiezunahme Q_1/T_m auf der betreffenden Kurve gleichen Druckes nach rechts und bestimmt mit Hilfe der Linien gleichen Volumens die Raumänderung,

In dem Indikatordiagramm eines Gasmotors, Fig. 41, ist in Höhe der Kompression $v''/v' = 2{,}4$, in Höhe der Vorausströmung 2,3.

In Fig. 43, Diesel-Motor, ist bei der stärksten Belastung oben $v''/v' = 1{,}93$, unten 2,5.

Je kleiner bei gleich starker Ladung v''/v' ausfällt, um so höher ist die mittlere Temperatur der Wärmezufuhr, um so geringer der unvermeidliche Wärmeverlust Q_2.

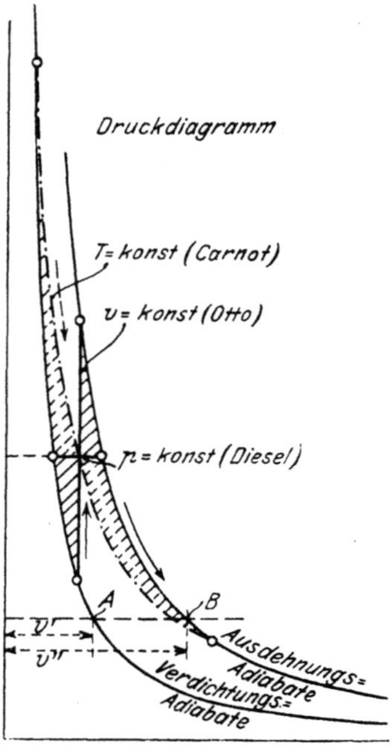

Fig. 235.

Alle Nutzflächen im Wärmediagramm, die zwischen zwei festen Adiabaten liegen, sind von gleicher Größe, wenn sie gleiche Mitteltemperatur T_m der Wärmezufuhr und gemeinsame untere Begrenzung besitzen. Die Linie der Wärmezufuhr kann dabei jeden beliebigen Verlauf nehmen.

Die diesen Nutzflächen äquivalenten Arbeitsflächen im entsprechenden Druckdiagramm sind dann ebenfalls von gleicher Größe. In Fig. 235 sind drei Fälle, isothermische Wärmezufuhr (Carnot), Wärmezufuhr bei konstantem Druck (Diesel) und bei konstantem Volumen (Otto) mit gleicher Wärmeverwandlung gezeichnet. Man erkennt, das der isothermische Fall bedeutend größere Höchstdrücke verlangt, als die anderen Prozesse, ohne sonst einen Vorteil zu bieten. Ein vorgeschriebener thermischer Wirkungsgrad läßt sich durch das Diesel-Verfahren mit dem kleinsten Höchstdruck erreichen.

Die höchste Verdichtung verlangt das isothermische, die niedrigste das Ottosche Verfahren.

Gleich starke Maschinen, die nach den drei Verfahren mit gleichem Wirkungsgrad arbeiten, müssen auch gleiche Hubräume besitzen, um dieselben Wärmemengen aufnehmen zu können[1]). Die

[1]) Vorausgesetzt, daß der Auspuff in gewöhnlicher Weise erfolgt und der volle Hub zum Ansaugen, sowie gleicher Brennstoff benützt wird.

Verdichtungsräume sind dagegen verschieden, am kleinsten beim isothermischen, am größten beim Ottoschen Verfahren.

Für einen Prozeß mit beliebiger oberer und unterer Begrenzung wird der thermische Wirkungsgrad wegen

$$Q_1 = T_m(S - S_0) \quad \text{und} \quad Q_2 = T_m'(S - S_0),$$

$$\eta = \frac{Q_1 - Q_2}{Q_1} = \frac{T_m - T_m'}{T_m}$$

oder

$$\eta = 1 - \frac{T_m'}{T_m}.$$

Wäre z. B. $T_m = 1200 + 273$, $T_m' = 100 + 273$, so würde

$$\eta_{th} = 1 - \frac{373}{1473} \cong 0{,}75.$$

Die absolute Höhe der oberen Temperatur T_m hängt nun von zwei Umständen ab. Erstens von der auf 1 kg Gemenge zugeführten Wärme Q_1, die durch die Höhe des Heizwertes brauchbarer Gemenge begrenzt ist; zweitens durch die Höhe der adiabatischen Vorverdichtung. Erst die letztere ermöglicht die zu einer rationellen Umsetzung der Wärme in Arbeit nötigen hohen Temperaturen. Theoretisch läßt sich nun durch die Verdichtung die obere Temperaturgrenze beliebig in die Höhe rücken, praktisch ist sie aber beschränkt durch die Rücksicht auf die Drücke, auf das Material der Maschinen und auf die Schmierung, und bei den Maschinen mit Gemengeverdichtung durch die bei einer gewissen Temperatur eintretende Selbstzündung.

Übersteigt die obere Temperatur 2000° erheblich, so tritt teilweise Dissoziation ein (für CO_2 schon über **1700°**). Dabei wird ein Teil der Verbrennungswärme zur Zerlegung der Gasmoleküle verbraucht, kann also keine Temperatursteigerung hervorbringen. Die Verhältnisse werden daher gegen oben verändert.

Könnte man, bei getrennter Verdichtung von Luft und Brennstoff, diese so weit treiben, daß infolge der sehr hohen Endtemperatur beim Zusammentreffen der beiden Gase keine Verbrennung eintreten würde, sondern vollständige Dissoziation bestehen bliebe und die chemische Verbindung erst während der Expansion allmählich erfolgte, so würde (nach Nernst, Z. Ver. deutsch. Ing. 1905, S. 1427) der absolute Höchstwert des thermischen Wirkungsgrades erreicht werden. Dieser soll sich nur unbedeutend vom Heizwert unterscheiden. Es wären dazu rd. 5000° obere Höchsttemperatur erforderlich. An eine Verwirklichung dieses Idealvorgangs ist nicht zu denken. — Über eine andere Art der Verwandlung chemischer in mechanische Energie mit unter Umständen fast vollständiger Umsetzung vgl. Bd. II, Abschn. 31, 46.

95. Arbeitswert der unter konstantem Druck entwickelten Wärme (Verbrennung auf Rosten und in Gleichdruck-Verbrennungsmotoren; Sattdampfmaschine, Dampfturbine).

Die bei Verbrennungsvorgängen entwickelte Wärme ist an die gasförmigen Verbrennungsprodukte gebunden. Diese stellen zunächst den vermittelnden oder arbeitenden Körper dar, durch dessen Zustandsänderungen die Wärme in Arbeit verwandelt werden soll.

Unter der nicht völlig genauen Annahme, als werde die Verbrennungswärme den Feuergasen bei unveränderlicher Zusammensetzung von außen zugeführt, kann man nach Abschn. 94, Fig. 234, den Kreisprozeß angeben, der den größten Arbeitsgewinn ergibt. Er besteht aus zwei Adiabaten, eine für Ausdehnung, die andere für Verdichtung, einer isothermischen Kurve für die Wärmeentziehung

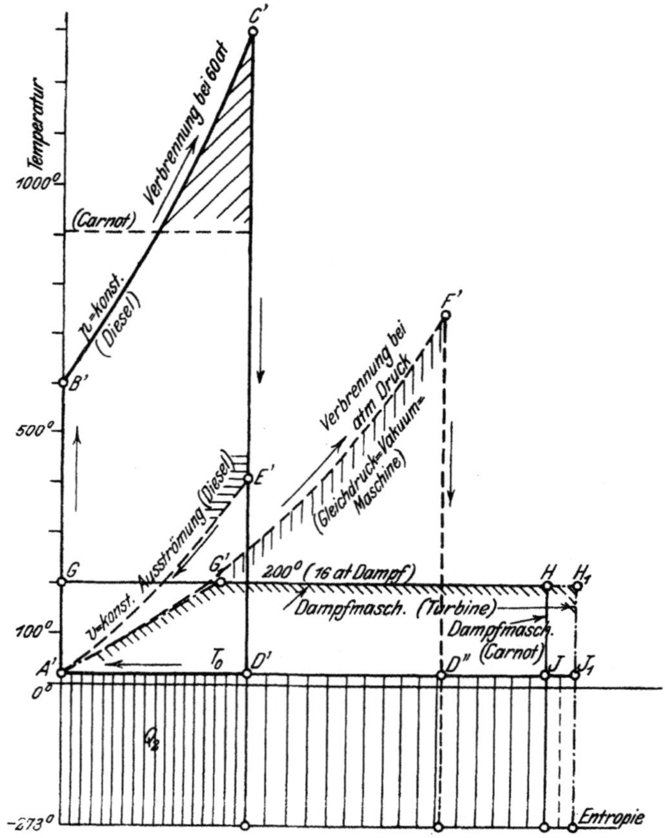

Fig. 236.

und einer Linie gleichen Druckes, gemäß der Voraussetzung, für die Wärmezufuhr.

Fig. 236 zeigt das Entropiediagramm, maßstäblich für 20° Anfangstemperatur, 600° am Ende der Verdichtung und 1300° am Ende der Verbrennung. (Das Druckvolumendiagramm, Fig. 237, ist der Deutlichkeit wegen für noch wesentlich tiefere Temperaturen und Drücke gezeichnet.) $B'C'$ (bzw. BC im Arbeitsdiagramm, Fig. 237) ist die Linie der Wärmezufuhr, $C'D'$ (CD) die adiabatische Ausdehnung,

$D'A'$ (DA) die isothermische Verdichtung, während welcher die Wärme abgeleitet und der Druck auf den Anfangswert gebracht wird, $A'B'$ (AB) die adiabatische Verdichtung, mit der der Vorgang beginnt.

Die unter $B'C'$ liegende Fläche bis zur Abszissenachse ist die zugeführte Wärme Q_1, das unter $A'D'$ liegende Rechteck der unvermeidliche Wärmeverlust Q_2, Fläche $A'B'C'D'A'$ die in Arbeit verwandelte Wärme $Q_1 - Q_2$.

In dem angenommenen Falle beträgt Q_2 rd. 24 v. H. von Q_1, der thermische Wirkungsgrad ist demnach $100 - 24 = 76$ v. H.

Bei dem **Diesel-Verfahren** (Gleichdruck-Verbrennungsmotor, Abschnitt 34) fällt im Druckdiagramm das Stück EAD, im Entropiediagramm die entsprechende Wärmefläche $E'A'D'$ weg. ($E'A'$ ist die dem Auspuff EA entsprechende Linie gleichen Volumens.) Um diesen Betrag wird der Wärmeverlust vergrößert, so daß der Wirkungsgrad nur noch 62 v. H. beträgt. Über den wirklichen Prozeß vgl. Abschn. 34.

Findet die Verbrennung anstatt unter dem hohen Druck von rd. 60 at wie in Fig. 236 nur unter atmosphärischem Drucke statt (Roste), so verläuft die Linie der Wärmezufuhr nach $A'F'$. Die unter $A'F'$ liegende Fläche bis zur Abszissenachse muß bei gleicher zugeführter Wärmemenge so groß wie die Fläche unter $B'C'$ sein.

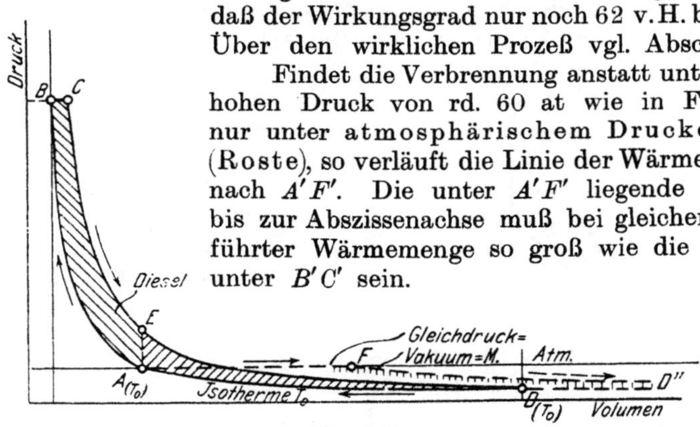

Fig. 237.

Der unvermeidliche Wärmeverlust, das Rechteck unter $A'D''$ ist jetzt etwa doppelt so groß wie früher. Die Verbrennung auf Rosten mit geringer Anfangstemperatur ist daher von vornherein bezüglich der grundsätzlichen Möglichkeit der Arbeitsgewinnung im Nachteil gegenüber der Verbrennung in Gleichdruckmotoren mit Verdichtung.

In einer Sattdampfmaschine oder Dampfturbine mit Kondensation und Expansion bis auf den Gegendruck, die mit der gleichen Wärmemenge und Dampf von 200^0 (16 at abs.) nach dem Carnot-Prozeß arbeitet, Flächen unter GH, ist der unvermeidliche Verlust noch größer, gleich dem Rechteck unter $A'J$ $(\eta = 0{,}38)$; und noch etwas mehr Verlust ergibt der ideale Prozeß der wirklichen Sattdampfmaschine (Verlustfläche unter $A'J_1$, $\eta = 0{,}34$). Vorausgesetzt ist dabei eine Temperatur des Kondensates von 20^0.

Bei unmittelbarer Umsetzung mittels der Feuergase von atmosphärischem Druck (anstatt mit Dampf) würde der durch $A'F'D''A'$

abgebildete Gasmaschinen-Prozeß $\eta = 0{,}46$ ergeben. Im Druckdiagramm Fig. 237 wäre dies die Arbeitsfläche $AFD''DA$, die ganz unter der Atmosphäre liegt. Diesen Prozeß könnte man als den einer „Gleichdruck-Vakuum-Maschine“ ansprechen. Eine solche Maschine ist zwar theoretisch vorstellbar, aber wegen der sehr bedeutenden Hubräume, wegen der geringen Spannungen und der Notwendigkeit eines besonderen Kompressors (für die isothermische Verdichtung) praktisch wohl ohne Aussicht, jedenfalls als Kolbenmaschine.

96. Arbeitswert der unter konstantem Volumen entwickelten Wärme. (Verbrennung in Explosionsmotoren.)

Der Kreisprozeß der größtmöglichen Arbeitsverwandlung, Fig. 238 und 239, unterscheidet sich hinsichtlich seines Entropiediagramms von dem vorigen nur durch die Linie $B'C'$ der Wärmezufuhr, die jetzt eine Kurve konstanten Volumens ist. Im Arbeitsdiagramm, Fig. 239, ist dies die senkrechte Strecke BC. Die übrigen Linien haben die gleiche Bedeutung wie früher.

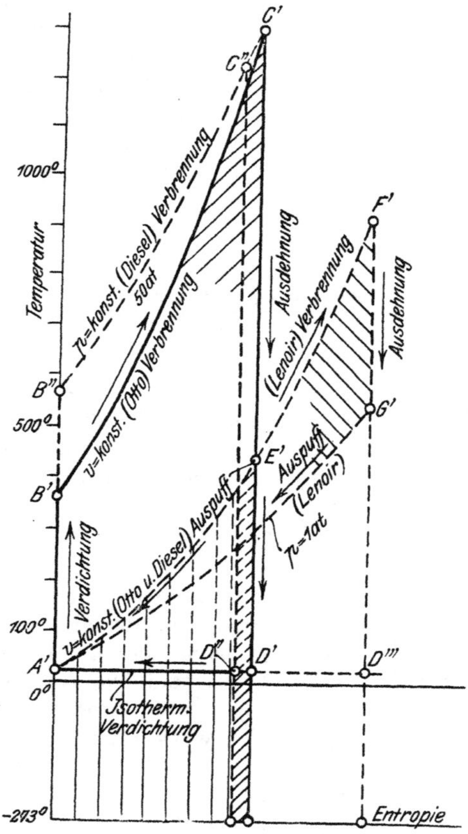

Fig. 238.

Bei den angenommenen Temperaturen von 360° am Ende der Verdichtung, 1300° am Ende der Verbrennung wird der unvermeidliche Verlust (Rechteck unter $A'D'$) rd. 29 v. H. der zugeführten Wärme, also der Wirkungsgrad $\eta = 0{,}71$.

Bei dem gewöhnlichen Gasmotorenprozeß (Otto) fällt die Fläche EDA im Arbeitsdiagramm weg, ihr entspricht im Entropiediagramm der zusätzliche Wärmeverlust $E'D'A'$. Mit diesem wird noch $\eta = 0{,}46$.

Der Wirkungsgrad eines mit gleicher Höchstspannung arbeitenden idealen Gleichdruckprozesses ergibt sich leicht, wenn man durch C' eine Linie gleichen Druckes zieht und auf dieser C'' so bestimmt, daß die ganze unter $B''C''$ liegende Fläche gleich der ganzen Fläche unter $B'C'$ ist. Hierbei wird nun der Wärmeverlust um das unter $D'D''$ liegende Rechteck kleiner; bei dem Prozeß mit Auspuff (Diesel) um den mehr als doppelt so großen schraffierten Streifen unter E'. Bei gleicher Höchstspannung ist somit das Gleichdruckverfahren (Diesel) etwas im Vorteil gegenüber dem Verpuffungsverfahren (Otto).

Der Absolutwert der Wirkungsgrade hängt in erster Linie von der Höhe der Verdichtung ab, Punkt B'. Wird gar nicht verdichtet, so verläuft die Wärmezufuhr nach $A'F'$. Der Wärmeabgang, Rechteck unter $A'D'''$, erreicht seinen höchsten, der Wirkungsgrad seinen niedrigsten Wert.

Zieht man durch den Ausgangspunkt A' des Prozesses eine Linie gleichen Druckes $A'G'$, so erkennt man, daß während der adiabatischen Expansion nach $C'D'$ oder $F'D'''$ der Gasdruck unter den Anfangsdruck (bei A'), d. h. unter die Atmosphäre fällt. (Punkt D' gehört einer viel tiefer liegenden Kurve gleichen Druckes an, als G', s. Abschn. 30.) Aus den Druckdiagrammen ist der Unterdruck unmittelbar zu erkennen.

Läßt man bei dem Prozeß ohne Verdichtung die Expansion nur bis zur Atmosphäre gehen (G im Druckdiagramm, G' im Wärmediagramm) und stößt bei unveränderlichem Drucke aus (Linie $G'A'$), so erhält man den idealen Kreisprozeß des Lenoir-Motors, der ältesten Gasmaschine. Im Arbeitsdiagramm entspricht er der

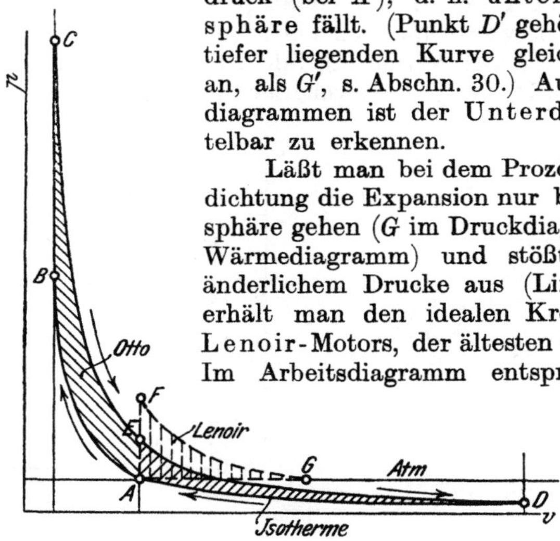

Fig. 239.

Fläche $AFGA$, im Wärmediagramm der Fläche $A'F'G'A'$. Die gewonnene Arbeit beträgt nur 19 v. H. des Äquivalentes der aufgewendeten Wärme (das Druckdiagramm ist der Deutlichkeit wegen für kleinere Drücke gezeichnet als das Wärmediagramm).

Beim wirklichen Lenoir-Motor ging die Expansion weitaus nicht bis zur Atmosphäre. Dagegen expandierten in Langen und Ottos sog. atmosphärischer Gasmaschine die Gase noch erheblich unter die Atmosphäre. Daraus erklärt sich (zum Teil) der wesentlich geringere Gasverbrauch der letzteren Maschine.

Bei den wirklichen Prozessen (Otto, Diesel) gehen die unter der Atmosphäre liegenden Arbeitsflächen gegenüber dem theoretisch günstigsten Prozeß verloren. Diese Verluste sind, wie aus dem Wärmediagramm ersichtlich, keineswegs gering. Sie fallen aber verhältnismäßig um so kleiner aus, mit je höheren Drücken (und Temperaturen), also mit je stärkerer Vorverdichtung gearbeitet wird.

Die Entropiekurven sind in den obigen Figuren für unveränderliche Werte der spez. Wärme eingetragen. Wo es sich um genauere Zahlenwerte für einzelne Fälle handelt, führen die Tafeln I und II, die für veränderliche spez. Wärmen gelten, zum Ziele (vgl. Abschn. 35).

97. Die Clapeyron-Clausiussche Gleichung.

Zwischen der Verdampfungswärme r und der Raumvergrößerung bei der Verdampfung unter gleichbleibendem Druck besteht eine bestimmte allgemeine Beziehung, um deren Ermittelung es sich handelt.

Im Punkte A, Fig. 240, liege 1 kg tropfbare Flüssigkeit von der zu dem Drucke p gehörigen Siedetemperatur T vor. Ihr Raum sei σ. Der Druck werde nun um einen sehr geringen Betrag dp erhöht und es werde so viel Wärme zugeführt, daß die Flüssigkeit die zu dem etwas höheren Drucke $p + dp$ gehörige höhere Siedetemperatur $T + dT$

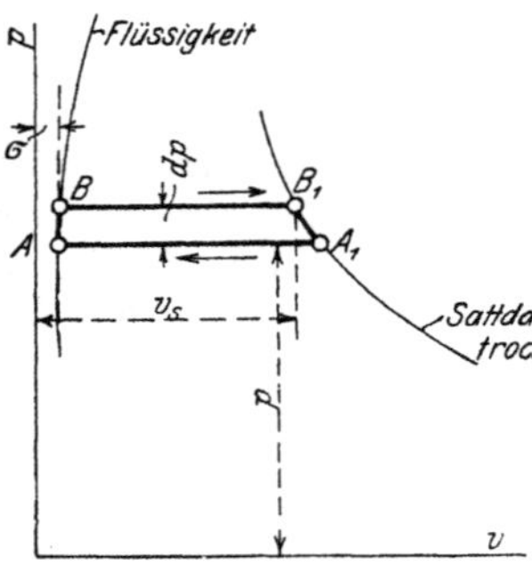

Fig. 240.

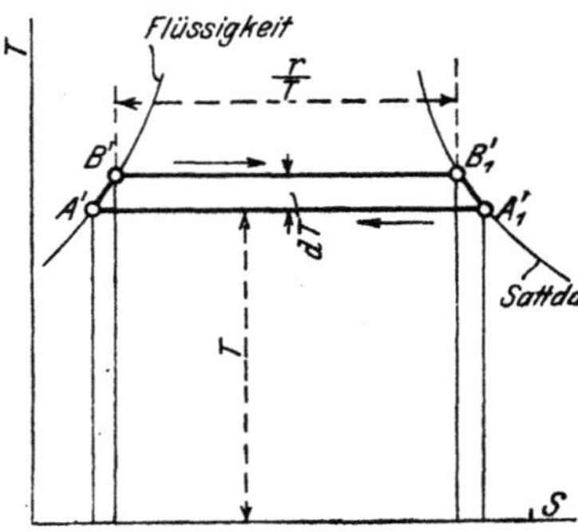

Fig. 241.

annimmt. Die Zustandsänderung AB erfolge auf der unteren Grenzkurve. Die zuzuführende Wärme ist dann gleich dem Unterschiede der Flüssigkeitswärmen für die Drücke p und $p + dp$. Sie wird im Wärmediagramm, Fig. 241, durch die unter $A'B'$ liegende Fläche bis zur Abszissenachse dargestellt. Nun werde die Flüssigkeit bei dem Drucke $p + dp$ vollständig in Dampf verwandelt. Dabei wächst ihr Raum um $BB_1 = v_s - \sigma$, ihre Entropie um $B'B_1' = \frac{r}{T}$. Die zuzuführende Verdampfungswärme r ist das unter $B'B_1'$ liegende Rechteck bis zur Abszissenachse. Weiter dehne sich der trockene Dampf vom Volumen v_s so aus, daß er trocken bleibt, bis er in A_1 den Anfangsdruck p erreicht hat. $B_1 A_1$ ist dann ein Element der oberen Grenzkurve. Die hierbei zugeführte Wärme ist der ganze Streifen unter $B_1'A_1'$.

Von A_1 aus werde der Dampf bei unveränderlichem Drucke vollständig niedergeschlagen, in A erreicht er dann wieder den Ausgangszustand der Flüssigkeit. Hierbei mußte eine Wärmemenge gleich dem Rechteck unter $A_1'A'$ entzogen werden.

Bei dem Kreisprozeß ABB_1A_1A, den der Dampf auf diese Weise beschrieben hat, ist nun eine Arbeit gleich der Fläche ABB_1A_1 vom Dampfe abgegeben und eine äquivalente Wärmemenge gleich $A'B'B_1'A_1'$ verwandelt worden (Abschn. 94). Die Arbeitsfläche ist $(v_s - \sigma)\,dp$, wenn man die kleinen Ecken unter AB und A_1B_1, die im Grenzfall verschwinden, vernachlässigt. Die verwandelte Wärmemenge ist $\frac{r}{T}\cdot dT$, ihr Arbeitswert $427\,\frac{r}{T}\cdot dT$.

Somit gilt

$$(v_s - \sigma)dp = 427\,\frac{r}{T}\cdot dT$$

oder

$$\frac{r}{v_s - \sigma} = \frac{1}{427}\,T\cdot\frac{dp}{dT}.$$

Dies ist die Clapeyron-Clausiussche Gleichung.

Der Quotient $\frac{dp}{dT}$ stellt die Neigung der Dampfspannungskurve beim Drucke p dar, Fig. 86, ist also mit dieser gegeben. Ist außerdem die Raumvergrößerung bei der Verdampfung bekannt $(v_s - \sigma)$, so kann r (ohne Versuch) aus der Gleichung berechnet werden. Oder es kann, wenn r durch Versuch bekannt ist, $v_s - \sigma$ berechnet werden. Diesen Weg hatte schon Zeuner bei seiner Berechnung der Dampftabellen aus den Versuchen von Regnault eingeschlagen.

Sind endlich aus Versuchen alle Größen der Gleichung einzeln bekannt, so müssen die Versuchswerte sich nach der Gleichung zusammenschließen. Dies ist eine der schärfsten Proben auf die Richtigkeit des ersten und zweiten Hauptsatzes der mechanischen Wärmetheorie. Nach den besten Versuchen über die Dampfspannungskurve, die Verdampfungswärme und das Volumen des gesättigten Dampfes trifft diese Probe in denkbar schärfster Weise zu, wie ein Vergleich der aus r und dp/dT berechenbaren Dampfvolumina[1]) und der durch den unmittelbaren Versuch gefundenen Volumina[2]) lehrt.

98. Umkehrbare und nicht umkehrbare Vorgänge.

1. Adiabatische Zustandsänderungen. Bei aufeinanderfolgender rein adiabatischer Ausdehnung AB und Verdichtung BA zwischen gleichen Raumgrenzen, Fig. 242, werden die gleichen Zwischenzustände durchlaufen und am Ende ist nicht nur der Druck und der Raum,

---

[1]) Z. Ver. deutsch. Ing. 1909, S. 1768: Holborn und Henning, Die Verdampfungswärme des Wassers usw.

[2]) Forsch.-Arb. Heft 21 (1905): Knoblauch, Linde und Klebe, Die thermischen Eigenschaften des gesättigten und überhitzten Wasserdampfs. — Die Gegenüberstellung der Werte findet sich in Z. Ver. deutsch. Ing. 1911, S. 1506 ff.

sondern auch die Temperatur, die Energie und die Entropie des Körpers so groß wie am Anfang. Diese adiabatischen Vorgänge sind also umkehrbar. Voraussetzung ist dabei vollständige Wärmedichtheit der Gefäßwände, die zwar in Wirklichkeit nicht vorhanden ist, aber durch einen raschen Verlauf des Prozesses annähernd verwirklicht werden kann.

Auch einen zusammengesetzten Vorgang mit adiabatischer Expansion, wie den in einem Druckluftmotor, kann man sich im idealen Falle als umkehrbar vorstellen, Fig. 242. Der Motor ohne schädlichen Raum entnehme Druckluft aus einem großen Behälter *I*, Linie *DA*. Im Motor expandiere die Druckluft adiabatisch bis auf den Gegendruck p_2, Linie *AB*. Mit dem Drucke p_2 werde sie in einen großen Behälter *II* ausgestoßen, der Luft vom gleichen Zustande enthalte, Linie *BC*. Aus diesem Behälter werde sie von einem Kompressor wieder angesaugt (*CB*), alsdann auf den Anfangsdruck p_1 adiabatisch verdichtet (*BA*) und in den Behälter *I* geschoben (*AD*). Hätten nun nirgends die geringsten Wärmeverluste durch Leitung und Strahlung, keinerlei Umsetzung von Strömungsenergie in Wärme durch Wirbelung, keine Reibungs- und Stoßverluste in den Maschinenteilen stattgefunden, so würde der Motor ohne zusätzliche Betriebsarbeit imstande sein, den Kompressor zu betreiben. Die Luft würde einen Kreislauf beschreiben, an dessen Ende sie sich wieder im Anfangszustand befände. Daß ein derartiger Vorgang nur denkbar, nicht wirklich ausführbar ist, liegt auf der Hand, da Verluste nicht vermieden werden können. Vollkommene „Umkehrbarkeit“ ist ein Idealfall, den es in Wirklichkeit nicht gibt, bei der einzelnen Zustandsänderung so wenig, wie bei dem zusammengesetzten Vorgang.

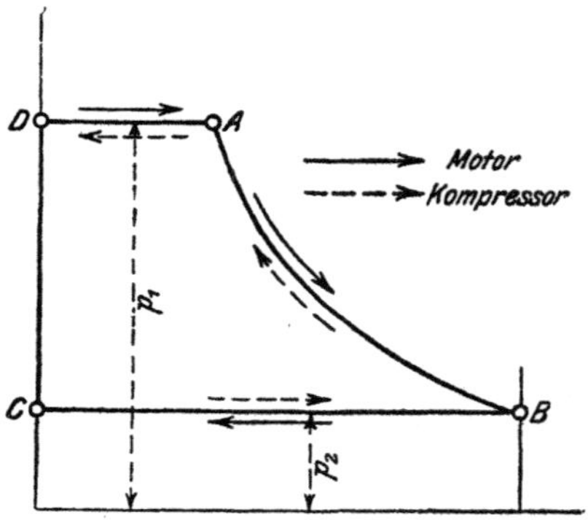

Fig. 242.

Übrigens kann man sich den beschriebenen Arbeitsvorgang ebensowohl mit Kolben- als mit Turbinenmaschinen ausgeführt denken. Denkt man sich eine Druckluftturbine, die einen Kolbenkompressor treibt, so wird es einleuchtend, daß auch die Strömungsvorgänge, sofern sie völlig reibungs- und stoßfrei verlaufen, umkehrbar sein müssen, und zwar sowohl die beschleunigte Strömung (Turbine) als die verzögerte. An Stelle des Kolbenkompressors kann man sich für den letzteren Fall einen Turbokompressor denken. — Einfacher geht diese Umkehrbarkeit der Strömungsvorgänge aus der Darstellung der beschleunigten und verzögerten Strömung in Abschn. 51 hervor; sie ist aber an die Bedingung gebunden, die in Wirklichkeit nicht vollkommen erfüllbar ist, daß weder während der beschleunigten noch während der verzögerten Bewegung Reibungs-, Wirbelungs- oder Stoßverluste auftreten.

Es gibt indessen Zustandsänderungen, die auch in Wirklichkeit so gut wie adiabatisch verlaufen und doch weit davon entfernt sind, umkehrbar zu sein. Strömt Luft aus einem wärmedichten Gefäß in ein zweites luftleeres, oder Druckluft in ein Gefäß mit Luft von geringerem Drucke über, so verläuft dieser Vorgang gänzlich ohne äußere Wärmezufuhr oder Abkühlung, also adiabatisch. Trotzdem ist er, wenn man den Zustand der Luft nach dem Druckausgleich betrachtet, nicht umkehrbar.

Die gesamte während der Überströmung entwickelte Strömungsenergie ist nämlich, nachdem sich der Inhalt beruhigt hat, durch Reibung, Wirbel und Stoß in Wärme umgesetzt worden. Diese Wärme genügt gerade, um die während der Strömung sich stark abkühlende Luft wieder auf die Anfangstemperatur zu erwärmen (vgl. Abschn. 47, Drosselung). Im Endzustand liegt Luft von gleicher Temperatur, also gleichem Energie-Inhalt (Abschn. 88) vor. Es ist aber nicht möglich, diese Luft ohne zusätzlichen Arbeitsaufwand in den Anfangszustand zurückzuversetzen, ganz abgesehen davon, daß der Rückweg über die gleichen (zufälligen) Zwischenzustände nicht möglich wäre. Energie ist zwar nicht verloren gegangen, aber die Arbeitsfähigkeit der Luft ist vermindert worden: die Energie der Luft ist entwertet. — Alle Vorgänge in wirklichen Maschinen sind mehr oder minder mit solchen Verlusten behaftet und daher nicht umkehrbar.

2. Zustandsänderungen mit Wärmezufuhr und -entziehung, aber ohne Reibungsverluste. Alle diese Zustandsänderungen sind unter der Bedingung umkehrbar, daß in jedem Augenblick die Temperatur des Gases oder Dampfes mit der Temperatur der Heiz- und Kühlkörper übereinstimmt.

Der einfachste Fall ist die isothermische Zustandsänderung der Gase. Bei dieser wird die ganze Verdichtungsarbeit in Wärme verwandelt und diese muß vollständig ins Kühlwasser übergehen; bei der Ausdehnung muß umgekehrt die ganze Ausdehnungsarbeit als äquivalente Wärme aus dem Heizkörper in das Gas eingeführt werden.

Es sei nun während der Verdichtung AB, Fig. 243, die Gastemperatur in jedem Augenblick gleich der Kühlwassertemperatur, was bei sehr langsamer Verdichtung, großen Kühlflächen und unbeschränkter Kühlwassermenge wenigstens denkbar ist. Dann kann während der darauffolgenden Ausdehnung BA, wenn diese unter gleichen Umständen erfolgt, die ganze bei der Verdichtung ins Kühlwasser getretene Wärme aus diesem wieder in das Gas zurücktreten. Die Ausdehnung kann völlig übereinstimmend mit der Verdichtung verlaufen. Die Zustandsänderung ist umkehrbar.

Ist jedoch die Gastemperatur während der isothermischen Verdichtung nur wenig höher als die Kühlwassertemperatur, was z. B. bei den rasch ablaufenden Vorgängen in Maschinen immer der Fall ist, so ist zwar bei gleichem Druckverlauf wie vorhin die abzuleitende Verdichtungswärme die gleiche; aber diese Wärme nimmt die tiefere Temperatur des Kühlwassers an. Bei der darauffolgenden Ausdehnung BA müßte nun diese Wärme, wenn der Vorgang in jeder Hinsicht umkehrbar sein sollte, wieder in das Gas übertreten. Dies ist aber nicht möglich, weil die Gastemperatur jetzt höher ist als die Wassertemperatur. Ein isothermischer Rückweg ist zwar möglich, aber nur bei tieferer Gastemperatur als auf dem Hinweg, nämlich höchstens bei der Temperatur T_k des Kühlwassers. Der Vorgang ist also nicht umkehrbar, denn der Rückweg verläuft günstigsten Falles auf der tieferliegenden Isotherme $B'A'$. Die auf dem Rückweg zwischen gleichen Raumgrenzen gewonnene Ausdehnungsarbeit ist kleiner als die aufgewendete Verdichtungsarbeit. Von der auf dem Hinweg entstandenen Wärme ist zwar, wenn man Kühlwasser und Gas als ein Ganzes betrachtet, nichts verloren gegangen. Aber diese Wärme hat einen Temperatursturz erlitten und ist dadurch mechanisch minderwertiger geworden.

Ein sehr wichtiger hierhergehöriger Fall ist die unter unveränderlicher Temperatur erfolgende Dampferzeugung in den Kesseln. Selbst wenn die in der Feuerung erzeugte Wärme vollständig in den Dampf überginge, würde sie doch durch den sehr bedeutenden Temperatursturz von Feuergas auf Dampftemperatur mechanisch erheblich entwertet werden (vgl. Abschn. 95 und Fig. 236). Der Verdampfungsvorgang an sich ist zwar umkehrbar, wie aus den Darlegungen in Abschn. 37a hervorgeht, nicht umkehrbar ist aber der Temperatursturz der Feuergaswärme. Es gibt kein Mittel, diesen wieder rückgängig zu machen, ausgenommen die Aufwendung neuer Energiemengen (Abschn. 85).

Die nicht umkehrbaren Vorgänge sind demgemäß immer mit irgendwelchen Verlusten an Wärme, Arbeit oder Arbeitsfähigkeit verbunden. Außer den erwähnten Verlustquellen gehören hierher auch die unmittelbaren Wärmeverluste durch Leitung und Strahlung.

99. Die Entropie und das Entropiediagramm bei den nicht umkehrbaren Zustandsänderungen.

1. Zustandsänderungen mit Temperatursturz. Auf solche Zustandsänderungen, die nur wegen Temperaturunterschieden zwischen den Wärmequellen und dem arbeitenden Körper nicht umkehrbar sind, kann das Entropiediagramm unverändert angewendet werden. Denn die Änderung der Körperentropie hängt nur von der Größe der zu- und abgehenden Wärmemengen und der Körpertemperatur ab. (Abschn. 93.) Für den Körperzustand als solchen ist es gleichgültig, was mit der Wärme geschieht, die den Körper verlassen hat oder noch nicht in ihn eingegangen ist.

Insofern allerdings das ganze System von Körpern, also Heizkörper, Arbeitskörper und Kühlkörper, betrachtet wird, zeigt die Entropie bei diesen nicht umkehrbaren Vorgängen ein anderes Verhalten als bei den umkehrbaren. So nimmt bei der isothermischen umkehrbaren Verdichtung (Abschn. 24) die Gasentropie um Q/T ab, die Kühlwasserentropie gleichzeitig um Q/T zu, so daß die gesamte Entropieänderung im System $\frac{Q}{T} - \frac{Q}{T} = 0$ ist. Bei der nicht umkehrbaren isothermischen Verdichtung nimmt die Gasentropie um Q/T ab, die Kühlwasserentropie um Q/T_k zu. Da nun $T_k < T$ ist, so ist der Wert $\frac{Q}{T_k} - \frac{Q}{T}$, um den die Entropie des Systems sich ändert, immer positiv. Die Entropie des Systems nimmt daher bei Zustandsänderungen mit Temperatursturz zu. Diese Entropiezunahme ist charakteristisch

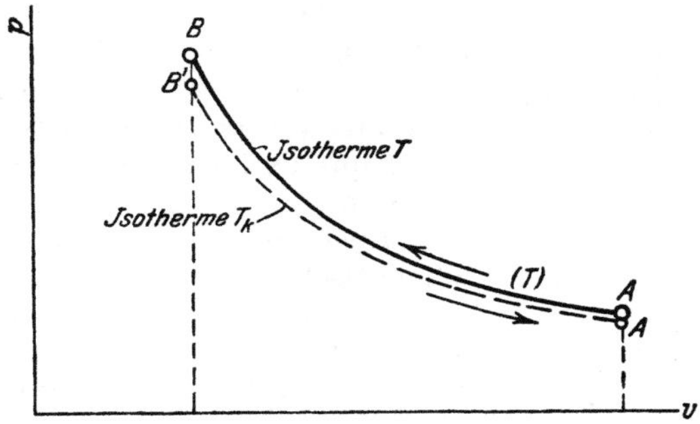

Fig. 243.

für die Abnahme des mechanischen Wertes der im System enthaltenen Energie, ihre teilweise Entwertung durch den nicht umkehrbaren Teil des Vorganges (vgl. auch Abschn. 95).

2. Zustandsänderungen mit innerer Wärmeentwicklung durch Widerstände. Anders liegen die Verhältnisse, wenn während der Zustandsänderungen des arbeitenden Körpers in diesem selbst durch Vernichtung von Strömungsenergie (Wirbel, Stoß, Reibung) Wärme entwickelt wird. Zu der bei dem allgemeinen Fall der Zustandsänderung stets erforderlichen äußeren Wärmemitteilung oder Wärmeentziehung dQ tritt dann eine innere Wärmeentwicklung dQ_w (Widerstandswärme). Die Änderung der Entropie kann nun nicht mehr dQ/T sein. Vielmehr muß sie, da die mitgeteilte Wärme $dQ + dQ_w$ ist, aus

$$dS = \frac{dQ + dQ_w}{T}$$

bestimmt werden.

Bei adiabatischen Vorgängen wird im besonderen, wegen $dQ = 0$, die Entropieänderung

$$dS = \frac{dQ_w}{T}.$$

Da nun dQ_w stets positiv ist, so kann auch dS nur positiv sein. Das heißt: Bei allen nicht umkehrbaren adiabatischen Vorgängen, also sowohl bei Ausdehnung als bei Verdichtung, kann die Entropie nur zunehmen, nicht abnehmen. Die adiabatische Ausdehnung, wenn sie mit Widerständen verbunden ist, kann also wohl nach AB verlaufen, Fig 244, jedoch nicht nach AB''. Ebenso kann die adiabatische, nicht umkehrbare Verdichtung zwar nach CD verlaufen, aber nicht nach CD''. Eine Verdichtung nach CD'' ist unbedingt mit äußerer Wärmeentziehung verbunden, ebenso eine Ausdehnung nach AB''. Außerdem können diese beiden Vorgänge noch mit Widerständen behaftet sein, wodurch sie dann nicht umkehrbar werden.

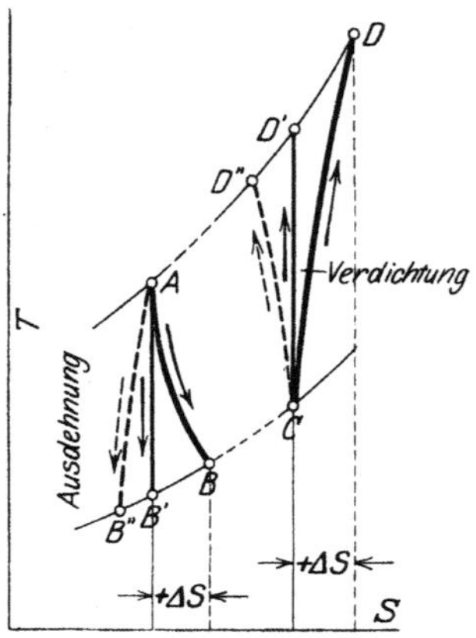

Fig. 244.

Die Vorgänge nach AB können ebenfalls mit Wärmezufuhr- oder -entziehung verknüpft und außerdem nicht umkehrbar sein.

Auch für solche nicht umkehrbare adiabatische Vorgänge, wie Drosselung und Überströmung, bei denen sich nur der Endzustand, nicht der Verlauf im einzelnen angeben läßt, gilt das gleiche.

Bei dem obenerwähnten Vorgange der Überströmung der Luft in einen luftleeren Raum (Abschn. 98) sei z. B. nach vollendetem Ausgleich der Luftdruck nur noch p', gegen vorher p_0. Zwischen den Drücken und Räumen besteht nach Abschn. 47 (Drosselung) die Beziehung

$$p'v' = p_0 v_0 \quad \text{oder} \quad \frac{p'}{p_0} = \frac{v_0}{v'}.$$

Daher erfährt die Luft gemäß der allgemeinen Entropiegleichung der Gase den Entropiezuwachs

$$S' - S_0 = c_v \ln \frac{p'}{p_0} + c_p \ln \frac{p_0}{p'} = (c_p - c_v) \ln \frac{p_0}{p'}.$$

Dieser Wert ist, da $p_0 > p'$, stets positiv, die Entropie hat zugenommen. Die, ohne schließliche Temperatursteigerung, in Wärme verwandelte Strömungsenergie ist wegen

$$S' - S_0 = \frac{Q_w}{T}$$

$$Q_w = (c_p - c_v)\, T \ln \frac{p_0}{p'} = A p_0 v_0 \ln \frac{p_0}{p'},$$

also gleich dem Äquivalent der isothermischen Ausdehnungsarbeit.

Ist nun die wirkliche, nicht umkehrbare Zustandsänderung durch die Druckvolumenkurve AB gegeben, wie Fig. 131, Abschn. 62, so kann die Abbildung der Kurve im Entropiediagramm, $A_1 B_1$ Fig. 132, daraus mittels der bekannten Formeln der Körperentropie hergeleitet werden. Denn der Wert der Entropie hängt lediglich vom augenblicklichen Körperzustande ab, gleichgültig wie der Körper in denselben gelangt.

In diesem Entropie-Temperatur-Diagramm stellt aber gemäß dem obigen die unter $A_1 B_1$ liegende Fläche bis zur Abszissenachse nicht mehr, wie bei umkehrbarer Zustandsänderung, die dem Körper von außen zugeführte oder entzogene Wärme dar, sondern

a) bei adiabatischer Zustandsänderung die im Innern entwickelte Widerstandswärme Q_w,

b) bei beliebigen, nicht adiabatischen, Zustandsänderungen, die algebraische Summe der von außen zugeführten oder entzogenen Wärme $\pm Q$ und der von innen entwickelten Widerstandswärme Q_w.

Die Fläche $A_1 B_1 E_1 F_1$, Fig. 132, oder Fig. 244, die Fläche unter AB, ist also gleich

$$Q_w \pm Q,$$

oder mit L_w als Widerstandsarbeit im Arbeitsmaß gleich

$$\frac{L_w}{427} \pm Q.$$

Ist z. B. Q durch Messung bekannt, so kann L_w aus dem Diagramm bestimmt werden. Dagegen kann die von außen zugeführte oder entzogene Wärme Q nicht, wie bei umkehrbaren Zustandsänderungen, aus dem Entropie-Diagramm abgeleitet werden, sofern nicht die Widerstandsarbeit L_w bekannt ist.

Über Anwendungen auf Dampfturbinen und Geschwindigkeitsverdichter vgl. Abschn. 62.

Mit Rücksicht auf die Änderung der Entropie durch die inneren Widerstände kann nun der zweite Hauptsatz für nicht umkehrbare Zustandsänderungen nicht mehr in der Form

$$dQ = TdS \quad \text{(Abschn. 93)}$$

geschrieben werden. Es ist vielmehr für diese Fälle

$$dQ + dQ_w = TdS,$$

also allgemein
$$\boldsymbol{dQ < TdS.}$$

Auch bei der Anwendung des Entropiediagramms auf Vorgänge in Kolbenmaschinen ist wenigstens grundsätzlich zu beachten, daß es nur in dem Falle die zugeführten und entzogenen Wärmemengen (einschließlich der Wärmebewegung durch die Wände) richtig wiedergibt, wenn Gleichgewichtsstörungen des arbeitenden Gases und Dampfes, die zu innerer Wärmeerzeugung Veranlassung geben, während der betreffenden Zustandsänderungen nicht auftreten. Die den letzteren Vorgängen entsprechenden Wärmemengen (AW) sind im Entropiediagramm mit enthalten und von den übrigen nicht zu trennen. Derartige Störungen treten mehr oder minder bei jeder Maschine auf, am stärksten vielleicht in den Gasmaschinen während des Verbrennungsvorganges, der übrigens auch in Hinsicht der frei werdenden chemischen Energie nicht umkehrbar verläuft (Bd. II, 19, 31).

Dampftabellen.

I.

Gesättigter Wasserdampf von 0,02 bis 25 kg/qcm abs.[1])

Druck p kg/qcm abs.	Temperatur t °C	Spezifisches Volumen der Flüssigkeit $1000\,\sigma$ ltr/kg	Spezifisches Volumen des Dampfes v_s cbm/kg	Spezifisches Gewicht des Dampfes γ_s kg/cbm	Flüssigkeitswärme q Cal/kg	Verdampfungswärme r Cal/kg	Gesamtwärme $q+r=\lambda$ Cal/kg	Äußere Verdampfungswärme $Ap\,(v_s-\sigma)$ Cal/kg	Innere Verdampfungswärme ϱ Cal/kg
0,02	17,2	1,0013	68,28	0,01465	17,2	586,0	603,2	32,0	554,0
0,04	28,6	1,0040	35,47	0,02819	28,6	580,0	608,6	33,2	546,8
0,06	35,8	1,0063	24,19	0,04134	35,7	576,2	611,9	34,0	542,2
0,08	$41,1_5$	1,0083	18,45	0,05420	41,1	573,4	614,5	34,7	538,7
0,10	45,4	1,0100	14,96	0,06631	45,3	571,4	616,7	35,3	536,1
0,15	53,6	1,0131	10,22	0,09785	53,5	566,6	620,1	36,1	530,5
0,20	59,7	1,0165	7,80	0,1282	59,6	563,1	622,7	36,6	526,5
0,25	64,6	1,0195	6,33	0,1580	64,5	560,1	624,6	37,0	523,1
0,30	68,7	1,0219	5,33	0,1876	68,6	557,9	626,5	37,5	520,4
0,35	72,3	1,0241	4,620	0,2164	72,2	555,7	627,9	37,8	517,9
0,40	75,4	1,0260	4,062	0,2462	75,3	553,9	629,2	38,1	515,8
0,45	78,2	1,0278	3,630	0,2755	78,1	552,2	630,3	38,3	513,9
0,50	80,9	1,0296	3,290	0,3039	80,8	550,4	631,2	38,5	511,9
0,60	$85,4_5$	1,0327	2,775	0,3603	85,4	547,2	632,6	39,0	508,2
0,70	89,4	1,0355	2,400	0,4167	89,4	544,6	634,0	39,3	505,3
0,80	93,0	1,0381	2,115	0,4728	93,0	542,5	635,4	39,6	502,9
0,90	96,2	1,0405	1,900	0,5263	96,2	540,6	636,8	40,0	500,6
1,00	99,1	1,0426	1,721	0,5811	99,1	538,8	637,9	40,3	498,5[2])
1,20	$104,2_5$	1,0467	1,451	0,6892	104,3	535,7	640,0	40,7	495,0
1,40	108,7	1,0503	1,258	0,7949	108,8	532,9	641,7	41,2	491,7
1,60	112,7	1,0535	1,108	0,9025	112,8	530,4	643,2	41,6	488,8
1,80	116,3	1,0563	0,993	1,007	116,5	528,0	644,5	41,9	486,1

[1]) Nach Z. Ver. deutsch. Ing. 1911, S. 1506: W. Schüle, Die Eigenschaften des Wasserdampfes nach den neuesten Versuchen.

[2]) Zwischen 1 und 2 at sind die Spalten r, λ und ϱ gegen die 2. Aufl. unbedeutend geändert.

I.

Fortsetzung.

Druck p kg/qcm abs.	Temperatur t °C	Spezifisches Volumen der Flüssigkeit $1000\,\sigma$ ltr/kg	Spezifisches Volumen des Dampfes v_s cbm/kg	Spezifisches Gewicht des Dampfes γ_s kg/cbm	Flüssigkeitswärme q Cal/kg	Verdampfungswärme r Cal/kg	Gesamtwärme $q+r=\lambda$ Cal/kg	Äußere Verdampfungswärme $A\,p\,(v_s-\sigma)$ Cal/kg	Innere Verdampfungswärme ϱ Cal/kg
2,00	119,6	1,0589	0,902	1,109	119,9	525,7	645,6	42,2	483,5
2,50	126,8	1,0650	0,735	1,361	127,2	520,3	647,5	42,9	477,4
3,00	132,9	1,0705	0,619	1,615	133,4	516,1	649,5	43,4	472,7
3,50	138,2	1,0755	0,5335	1,874	138,7	512,3	651,0	43,7	468,6
4,00	142,9	1,0803	0,4710	2,123	143,8	508,7	652,5	44,1	464,6
4,50	147,2	1,0848	0,4220	2,370	148,1	505,8	653,9	44,4	461,6
5,00	151,1	1,0890	0,3823	2,616	152,0	503,2	655,2	44,7	458,5
5,50	154,7	1,0933	0,3494	2,862	155,7	500,6	656,3	44,9	455,7
6,00	158,1	1,0973	0,3218	3,107	159,3	498,0	657,3	45,1	452,9
6,50	161,2	1,1011	0,2983	3,352	162,4	495,9	658,3	45,3	450,6
7,00	164,2	1,1049	0,2778	3,600	165,5	493,8	659,3	45,5	448,3
7,50	167,0	1,1085	0,2608	3,834	168,5	491,6	660,1	45,7	445,9
8,00	169,6	1,1119	0,2450	4,082	171,2	489,7	660,9	45,8	443,9
8,50	172,2	1,1153	0,2318	4,314	173,9	487,8	661,7	45,9	441,9
9,00	174,6	1,1186	0,2194	4,557	176,4	486,1	662,5	46,0	440,1
9,50	176,9	1,1208	0,2080	4,808	178,6	484,5	663,2	46,1	438,4
10,00	179,1	1,1246	0,1980	5,050	181,2	482,6	663,8	46,2	436,4
10,50	181,2	1,1278	0,1896	5,274	183,3	481,2	664,5	46,4	434,8
11,00	183,2	1,1308	0,1815	5,510	185,4	479,8	665,2	46,5	433,3
11,50	185,2	1,1337	0,1740	5,747	187,5	478,3	665,8	46,6	431,7
12,00	187,1	1,1364	0,1668	5,995	189,5	476,9	666,4	46,6	430,3
12,50	189,0	1,1382	0,1607	6,223	191,6	475,5	667,1	46,7	428,8
13,00	190,8	1,1419	0,1544	6,477	193,4	474,1	667,5	46,8	427,3
13,50	192,5	1,1447	0,1492	6,702	195,2	472,8	668,0	46,9	425,9
14,00	194,2	1,1474	0,1442	6,935	197,0	471,4	668,4	47,0	424,4
14,50	195,8	1,1500	0,1395	7,169	198,7	470,1	668,8	47,1	423,0
15	197,4	1,1525	0,1350	7,407	200,4	468,9	669,3	47,2	421,7
16	200,5	1,156	0,1272	7,862	203,7	466,6	670,3	47,3	419,3
17	203,4	1,163	0,1203	8,312	206,8	464,1	670,9	47,5	416,6
18	206,2	1,167	0,1140	8,772	209,8	461,8	671,6	47,6	414,2
19	208,9	1,171	0,1086	9,208	212,7	459,5	672,2	47,8	411,7
20	$211{,}4_5$	1,176	0,1035	9,662	215,4	457,4	672,8	47,8	409,6
21	213,9	1,180	0,0985	10,15	218,0	455,3	673,3	47,8	407,5
22	216,3	1,184	0,0942	10,62	220,6	453,3	673,9	47,9	405,4
23	218,6	1,189	0,0901	11,10	223,1	451,4	674,5	47,9	403,5
24	220,8	1,193	0,0864	11,57	225,5	449,5	675,0	47,9	401,6
25	223,0	1,197	0,0829	12,06	227,9	447,7	675,6	47,9	399,8

II.

Gesättigter Wasserdampf von 0° bis 220°.

Temperatur t °C	Druck p kg/qcm abs.	Spez. Vol. der Flüssigkeit $1000\,\sigma$ ltr/kg	Spez. Vol. des Dampfes v_s cbm/kg	Spez. Gew. des Dampfes γ_s kg/cbm	Flüssigkeitswärme q Cal/kg	Verdampfungswärme r Cal/kg	Gesamtwärme $q+r=\lambda$ Cal/kg	Äußere Verd.-Wärme $Ap(v_s-\sigma)$ Cal/kg	Innere Verd.-Wärme σ Cal/kg
0	0,00622	1,0001	206,5	0,004843	0,00	594,8	594,8	30,4	564,4
5	0,00889	1,0000	147,1	0,006798	5,03	592,2	597,2	30,6	561,6
10	0,01252	1,0003	106,4	0,009398	10,05	589,5	599,5	31,3	558,2
15	0,0174	1,0009	77,95	0,01283	15,05	586,9	601,9	31,8	555,1
20	0,0238	1,0018	57,81	0,01730	20,05	584,3	604,3	32,3	552,0
25	0,0323	1,0029	43,38	0,02305	25,04	581,7	606,7	32,8	548,9
30	0,0433	1,0043	32,93	0,03037	30,03	579,2	609,2	33,4	545,8
35	0,0573	1,0060	25,24	0,03962	35,0	576,6	611,6	33,9	542,7
40	0,0752	1,0078	19,54	0,05118	39,9	574,0	613,9	34,4	539,6
45	0,0977	1,0098	15,28	0,06545	44,9	571,3	616,2	34,9	536,4
50	0,1258	1,0121	12,02	0,08320	49,9	568,5	618,4	35,4	533,1
55	0,1602	1,0145	9,581	0,10437	54,9	565,7	620,6	36,0	529,7
60	0,2028	1,0167	7,677	0,13026	59,9	562,9	622,8	36,5	526,4
65	0,2547	1,0198	6,200	0,16129	64,9	560,0	624,9	37,0	523,0
70	0,3175	1,0227	5,046	0,1982	69,9	557,1	627,0	37,5	519,6
75	0,3929	1,0258	4,123	0,2425	74,9	554,1	629,0	38,1	516,0
80	0,4827	1,0290	3,406	0,2936	79,9	551,1	631,0	38,6	512,5
85	0,5893	1,0324	2,835	0,3527	84,9	548,0	632,9	39,1	508,9
90	0,7148	1,0359	2,370	0,4219	89,9	545,0	634,9	39,6	505,4
95	0,8619	1,0396	1,988	0,5030	95,0	541,9	636,9	40,2	501,7
100	1,0333	1,0433	1,674	0,5974	100,0	538,7	638,7	40,7	498,0
105	1,2319	1,0473	1,420	0,7042	105,0	535,4	640,4	41,1	494,3
110	1,4608	1,0513	1,210	0,8264	110,1	532,1	642,2	41,5	490,6
115	1,7237	1,0556	1,030	0,9709	115,2	528,7	643,9	41,8	486,9
120	2,0242	1,0592	0,891	1,122	120,2	525,3	645,5	42,2	483,1
125	2,3662	1,0635	0,771	1,297	125,3	521,7	647,0	42,6	479,1
130	2,7538	1,0678	0,668	1,497	130,5	518,2	648,7	43,0	475,2
135	3,1914	1,0725	0,581	1,721	135,6	514,6	650,2	43,3	471,3
140	3,6835	1,0772	0,508	1,968	140,7	510,9	651,6	43,7	467,2
145	4,2352	1,0825	0,446	2,242	145,8	507,4	653,2	44,1	463,3
150	4,8517	1,0878	0,3926	2,547	150,9	503,8	654,7	44,5	459,3
155	5,5373	1,0936	0,3470	2,882	156,1	500,2	656,3	44,8	455,4
160	6,2986	1,0995	0,3074	3,253	161,2	496,6	657,8	45,1	451,5
165	7,1414	1,1060	0,2725	3,670	166,4	493,0	659,4	45,4	447,6
170	8,0714	1,1124	0,2431	4,114	171,6	489,4	661,0	45,7	443,7
175	9,0937	1,1192	0,2170	4,608	176,8	485,8	662,6	46,0	439,8
180	10,215	1,1260	0,1945	5,141	182,0	482,2	664,2	46,2	436,0
185	11,443	1,1334	0,1743	5,737	187,3	478,5	665,8	46,5	432,0
190	12,785	1,1407	0,1574	6,353	192,6	474,7	667,3	46,8	427,9
195	14,246	1,1487	0,1417	7,057	197,8	470,8	668,6	47,0	423,8
200	15,834	1,1566	0,1287	7,770	203,1	467,0	670,1	47,3	419,7
205	17,56	1,165	0,1167	8,569	208,5	462,9	671,4	47,5	415,4
210	19,43	1,173	0,1059	9,443	213,8	458,8	672,6	47,7	411,1
215	21,45	1,182	0,0963	10,38	219,2	454,6	673,8	47,8	406,8
220	23,62	1,191	0,0879	11,38	224,6	450,2	674,8	48,0	402,2

III.

Gesättigter Wasserdampf von + 10° bis + 50°.

Temperatur °C	Druck mm Hg	Druck kg/qcm	Spezifisches Volumen v_s cbm/kg	Spezifisches Gewicht $1000\,\gamma_s$ g/cbm	Verdampfungs-Wärme r Cal/kg	Gesamt-Wärme λ Cal/kg
10	9,21	0,0125	106,4	9,40	589,5	599,5
11	9,84	0,0134	99,7	10,03	589,0	600,0
12	10,52	0,0143	93,7	10,67	588,5	600,5
13	11,23	0,0153	87,9	11,38	588,0	601,0
14	11,99	0,0163	83,0	12,05	587,5	601,5
15	12,79	0,0174	77,9$_5$	12,83	586,9	601,9
16	13,64	0,0186	73,2	13,66	586,4	602,4
17	14,5	0,0197	69,0	14,49	585,9	602,9
18	15,5	0,0211	65,1	15,36	585,4	603,4
19	16,5	0,0224	61,4	16,29	584,9	603,9
20	17,5	0,0238	57,8	17,3	584,3	604,3
21	18,6$_5$	0,0254	54,5	18,3	583,8	604,8
22	19,8	0,0270	51,4	19,4	583,3	605,3
23	21,1	0,0287	48,6	20,6	582,8	605,8
24	22,4	0,0305	45,9	21,8	582,3	606,3
25	23,8	0,0324	43,4	23,0	581,7	606,7
26	25,2	0,0343	41,0	24,4	581,2	607,2
27	26,7	0,0363	38,8	25,8	580,7	607,7
28	28,3$_5$	0,0386	36,8	27,2	580,2	608,2
29	30,0$_5$	0,0408	34,8	28,7	579,7	608,7
30	31,8	0,0432	32,9	30,4	579,2	609,2
31	33,7	0,0458	31,2	32,0	578,7	609,7
32	35,7	0,0486	29,6	33,8	578,2	610,2
33	37,7	0,0513	28,0	35,7	577,7	610,7
34	39,9	0,0543	26,6	37,6	577,2	611,2
35	42,2	0,0573	25,2	39,6	576,6	611,6
36	44,6	0,0606	23,9	41,8	576,1	612,1
37	47,1	0,0641	22,7	44,0	575,6	612,6
38	49,7	0,0676	21,6	46,3	575,1	613,1
39	52,5	0,0715	20,5	48,8	574,6	613,6
40	55,3	0,0752	19,5	51,2	574,0	614,0
41	58,4	0,0795	18,6	53,8	573,5	614,5
42	61,5	0,0836	17,7	56,5	572,9	614,8
43	64,8	0,0882	16,8	59,5	572,4	615,3
44	68,3	0,0930	16,0	62,5	571,8	615,7
45	71,9	0,0978	15,3	65,5	571,3	616,2
46	75,7	0,103	14,6	68,5	570,7	616,6
47	79,6	0,108	13,9	71,9	570,2	617,1
48	83,7	0,114	13,2	75,8	569,6	617,5
49	88,0$_5$	0,120	12,6	79,4	569,1	618,0
50	92,5	0,126	12,0	83,2	568,5	618,4

IIIa.

Gesättigter Wasserdampf von — 20° bis + 9°.

Temperatur t °C	Druck p mm Hg	Spez. Volum. v cbm/kg	Spez. Gewicht γ g/cbm	Temperatur t °C	Druck p mm Hg	Spez. Volum. v cbm/kg	Spez. Gewicht γ g/cbm	Temperatur t °C	Druck p mm Hg	Spez. Volum v[1] cbm/kg	Spez. Gewicht γ[1] g/cbm
— 20	0,960	995	1,00	**— 10**	2,159	451	2,22	**0**	4,579	211	4,74
— 19	1,044	920	1,09	— 9	2,335	418	2,39	+ 1	4,921	198	5,05
— 18	1,135	848	1,18	— 8	2,521	388	2,58	+ 2	5,286	185	5,41
— 17	1,233	782	1,28	— 7	2,722	359	2,78	+ 3	5,675	172	5,81
— 16	1,338	722	1,38	— 6	2,937	332	3,01	+ 4	6,088	161	6,21
— 15	1,451	667	1,50	— 5	3,167	307	3,26	+ 5	6,528	150	6,67
— 14	1,573	615	1,63	— 4	3,413	282	3,55	+ 6	6,997	141	7,09
— 13	1,705	568	1,76	— 3	3,677	262	3,82	+ 7	7,494	132	7,58
— 12	1,846	526	1,90	— 2	3,958	244	4,10	+ 8	8,023	123	8,13
— 11	1,997	486	2,06	— 1	4,258	227	4,40	+ 9	8,584	116	8,62

[1]) Diese Werte sind etwas verschieden von Tab. II.

IV.

Gesättigter Wasserdampf von 0,01 bis 0,20 kg/qcm abs.

Druck p_s kg/qcm	Druck p_s mm Hg	Temp. 0° C	Spez. Vol. v_s cbm/kg	Spez. Gew. 1000 γ_s g/cbm	Verdampf.-Wärme r Cal/kg	Gesamtwärme λ Cal/kg
0,010	7,35	6,7	131,7	7,60	591,1	597,8
0,015	11,03	12,7	89,5	11,2	588,2	600,9
0,020	14,7	17,2	68,3	14,7	586,0	603,2
0,025	18,4	20,8	55,3	18,1	583,9	604,7
0,030	22,1	23,8	46,6	21,4	582,4	606,2
0,035	25,8	26,4	40,2	24,9	581,1	607,5
0,040	29,4	28,6	35,5	28,2	580,0	608,6
0,045	33,1	30,7	31,7	31,5	578,8	609,5
0,050	36,8	32,5	28,7	34,8	578,0	610,5
0,055	40,5	34,2	26,2	38,2	577,0	611,2
0,060	44,1	35,8	24,2	41,3	576,2	612,0
0,065	47,8	37,3	22,4	44,6	575,4	612,7
0,070	51,5	38,7	20,9	47,8	574,7	613,4
0,075	55,2	39,9	19,6	51,0	574,0	613,9
0,080	58,8	41,1	18,5	54,2	573,4	614,5
0,085	62,5	42,3	17,4	57,5	572,7	615,0
0,090	66,2	43,4	16,5	60,6	572,2	615,6
0,095	69,9	44,4	15,7	63,7	571,6	616,0
0,10	73,5	45,4	15,0	66,3	571,1	616,5
0,11	80,9	47,3	13,8	72,5	570,0	617,2
0,12	88,3	$49{,}0_5$	12,6	79,4	569,1	618,0
0,13	95,6	50,7	11,7	85,5	568,2	618,8
0,14	103,0	52,2	10,9	91,7	567,4	619,5
0,15	110,3	53,6	10,2	97,9	566,5	620,0
0,16	117,6	55,0	9,62	103,9	565,7	620,6
0,17	125,0	56,2	9,09	110,0	565,1	621,1
0,18	132,3	57,4	8,62	116,0	564,4	621,6
0,19	139,7	58,6	8,20	121,9	563,7	622,2
0,20	147,1	59,7	7,80	128,2	563,1	622,7

V.

Gesättigte Dämpfe von Ammoniak (NH_3).

Temperatur °C t	Druck [2]) kg/qcm abs. p	Flüssigkeitswärme [1]) Cal/kg q	Verdampfungswärme [2]) Cal/kg r	Gesamtwärme Cal/kg λ	Spez. Volumen [2]) der Flüssigkeit ltr/kg $1000\,\sigma$	Spez. Volumen [2]) des Dampfes cbm/kg v_s
— 40	0,727		328,5		1,449	1,562
— 35	0,942		325,5		1,464	1,227
— 30	1,206	— 32,7	322,5	289,8	1,477	0,9734
— 25	1,528	— 27,4	319,3	291,9	1,490	0,7802
— 20	1,916	— 22,0	316,0	294,0	1,506	0,6312
— 15	2,378	— 16,6	312,6	296,0	1,520	0,5151
— 10	2,926	— 11,1	309,0	297,9	1,536	0,4237
— 5	3,571	— 5,6	305,3	299,7	1,550	0,3512
0	4,322	0	301,4	301,4	1,567	0,2931
+ 5	5,192	+ 5,7	297,4	303,1	1,585	0,2462
+ 10	6,194	+ 11,4	293,2	304,6	1,603	0,2080
+ 15	7,340	+ 17,1	288,9	306,0	1,621	0,1768
+ 20	8,645	+ 22,9	284,4	307,3	1,639	0,1510
+ 25	10,121	+ 28,8	279,6	308,4	1,658	0,1296
+ 30	11,778	+ 34,8	274,8	309,6	1,678	0,1117
+ 35	13,647	+ 40,8	269,6	310,4	1,701	0,0966
+ 40	15,727	+ 46,9	264,2	311,1	1,721	0,0839

[1]) Nach Mollier.
[2]) Nach Kamerlingh-Onnes u. G. Holst.

VI.

Gesättigte Dämpfe von Schwefligsäure (SO_2).

Temperatur °C t	Druck kg/qcm abs. p	Flüssigkeitswärme Cal/kg q	Verdampfungswärme r	Spez. Volumen cbm/kg ($\sigma = 0{,}0007$) v_s	Spez. Gewicht kg/cbm γ
— 40	0,222	— 11,94	96,00	1,3052	0,766
— 35	0,297	— 10,55	96,08	1,0124	0,988
— 30	0,391	— 9,31	95,89	0,7941	1,259
— 25	0,508	— 7,68	95,59	0,6289	1,590
— 20	0,652	— 6,20	95,00	0,5026	1,990
— 15	0,826	— 4,70	94,30	0,4049	2,470
— 10	1,037	— 3,16	93,44	0,3287	3,042
— 5	1,287	— 1,60	92,40	0,2687	3,722
0	1,584	0	91,20	0,2211	4,525
+ 5	1,932	+ 1,62	89,83	0,1829	5,467
+ 10	2,338	+ 3,28	88,29	0,1521	6,575
+ 15	2,807	+ 4,96	86,58	0,1272	7,862
+ 20	3,347	+ 6,68	84,70	0,1068	9,363
+ 25	3,964	+ 8,42	82,65	0,0902	11,086
+ 30	4,666	+ 10,19	80,44	0,0762	13,123
+ 35	5,458	+ 11,99	78,05	0,0647	15,456
+ 40	6,349	+ 13,82	75,50	0,0552	18,116
+ 50	8,455	+ 17,70	69,89	0,0401	24,94
+ 60	11,066	+ 21,35	63,60	0,0291	34,36

VII.

Gesättigte Dämpfe der Kohlensäure (CO_2).

Nach Amagat und Mollier.

Temperatur °C t	Druck kg/qcm abs. p	Flüssigkeitswärme Cal/kg q	Verdampfungswärme r	Spez. Volum. der Flüssigkeit cbm/kg σ	Spez. Volum. des Dampfes cbm/kg v_s	Spez. Gew. der Flüssigkeit kg/cbm	Spez. Gew. des Dampfes kg/cbm γ_s
— 30	15,0	— 13,78	70,40	0,00097	0,0270	1031	37,04
— 25	17,5	— 11,70	68,47	0,00098	0,0229	1020	43,67
— 20	20,3	— 9,55	66,36	0,00100	0,0195	1000	51,28
— 15	23,5	— 7,32	64,03	0,00102	0,0167	980,4	59,88
— 10	27,1	— 5,00	61,47	0,00104	0,0143	961,5	69,93
— 5	31,0	— 2,57	58,63	0,00107	0,0122	934,6	81,97
0	35,4	0,00	55,45	0,00110	0,0104	909,1	96,15
+ 5	40,3	+ 2,74	51,86	0,00113	0,0089	884,9	112,4
+ 10	45,7	+ 5,71	47,74	0,00117	0,0075	854,7	133,3
+ 15	51,6	+ 9,01	42,89	0,00123	0,0063	813,0	158,7
+ 20	58,1	+ 12,82	36,93	0,00131	0,0052	763,3	171,6
+ 25	65,4	+ 17,57	28,98	0,00142	0,0042	704,2	238,1
+ 30	73,1	+ 25,25	15,00	0,00167	0,0030	598,8	333,3
+ 31	74,7	+ 28,67	8,40	0,00186	0,0026	537,6	384,6
+ 31,35	75,3	+ 32,91	0,00	0,00216	0,0022	463,0	463,0

Alphabetisches Sachverzeichnis.

Die Ziffern bedeuten die Seitenzahlen.

Berichtigungen.

Seite 9,	Zeile 7	von unten:	statt „tiefere“ lies „andere“.
„ 21,	„ 18	„ oben:	statt „Kohlenoxyd“ lies „Kohlendioxyd“.
„ 68,	„ 2	„ oben:	statt „310⁰“ lies „350⁰ und darüber“.
„ 103,	„ 7	„ unten:	lies $\frac{R}{c_p - c_v}$.
„ 131,	„ 16	„ oben:	statt „m/kg“ lies „mkg“.
„ 140,	„ 6	„ oben:	lies „$Q_p = c_p \cdot (T - T_0)$“.
„ 162,	„ 11	„ unten:	statt „$\frac{L}{L_0}$“ lies „$\frac{L_1}{L_0}$“.
„ 173,	„ 11	„ oben:	Die Worte „entsprechend ein“ sind zu streichen.
„ 226,	„ 25	„ oben:	lies „$pv^{\frac{4}{3}} =$ konst.“ und Zeile 28 „sein“ statt „ein“.
„ 266,	„ 19	„ unten:	statt „adiabadischer“ lies „adiabatischer“.
„ 293,	„ 11	„ oben:	lies „Gl. 10“.
„ 350,	„ 3	„ unten:	In Gl. 4 lies „c_p“ statt „c“.
„ 379,	„ 15	„ unten:	statt „Fig. 516“ lies „Fig. 165“.
„ 389,	„ 5	„ oben:	statt „$w \cdot d$“ lies „$w \cdot d = 3$“.
„ 403,	„ 7	„ oben:	statt „Fig. 178“ lies „Fig. 179“.
„ 413,	„ 9	„ unten:	lies $\frac{v}{v_e}$.
„ 419,	„ 3	„ unten:	lies $\eta_i = \eta_g \cdot \eta_{th}$.

GPSR Compliance

The European Union's (EU) General Product Safety Regulation (GPSR) is a set of rules that requires consumer products to be safe and our obligations to ensure this.

If you have any concerns about our products, you can contact us on ProductSafety@springernature.com

In case Publisher is established outside the EU, the EU authorized representative is:

Springer Nature Customer Service Center GmbH
Europaplatz 3
69115 Heidelberg, Germany

Batch number: 10682323

Printed by Printforce, the Netherlands